生态遥感：理论、方法与应用

侯　鹏等　编著

科学出版社

北　京

内 容 简 介

面对生态文明和美丽中国建设的国家重大需求，聚焦生态学和遥感科学的研究进展，本书系统地介绍了生态遥感理论、方法及其在生态系统监测评估的应用。本书共有三篇17章。第一篇是理论篇，包括第1章和第2章，分别介绍了遥感和生态系统的基础理论知识。第二篇是方法篇，包括第3~7章，分别介绍了生态系统分类、陆表植被、陆表水文、陆表能量等信息定量获取的方法，以及生态遥感验证的技术方法。第三篇是应用篇，包括第8~17章，分别介绍了遥感技术在森林、草地、湿地、城市、海岸带、矿山，以及生物多样性保护、自然保护地、生态修复、区域生态等领域监测评估的模型方法与实践案例。

本书适合于生态、地理、遥感等有关学科领域的科研与技术人员，以及大学生和研究生等阅读与参考。

审图号：GS 京(2025)0626 号

图书在版编目(CIP)数据

生态遥感：理论、方法与应用 / 侯鹏等编著. —北京：科学出版社，2025. 6

ISBN 978-7-03-070274-6

Ⅰ. ①生…　Ⅱ. ①侯…　Ⅲ. ①遥感技术-应用-生态环境-研究
Ⅳ. ①X171. 1

中国版本图书馆 CIP 数据核字（2021）第 216205 号

责任编辑：周　杰 / 责任校对：樊雅琼
责任印制：徐晓晨 / 封面设计：无极书装

科学出版社出版
北京东黄城根北街 16 号
邮政编码：100717
http://www.sciencep.com
北京建宏印刷有限公司印刷
科学出版社发行　各地新华书店经销
*
2025 年 6 月第　一　版　开本：787×1092　1/16
2025 年 6 月第一次印刷　印张：49 1/2
字数：1200 000

定价：600. 00 元
（如有印装质量问题，我社负责调换）

《生态遥感：理论、方法与应用》
编 写 委 员 会

前　　言

生态系统通过能量流动、物质循环和信息传递等过程，源源不断地为人类社会提供着供给、调节、支持和文化等生态系统服务，支撑着人类社会的基本生存与永续发展。但是，在自然气候变化和人为活动的双重驱动下，生态系统结构与功能正在发生变化，对人类社会产生各种不同的影响。如何准确地获取生态系统的时空信息、了解生态系统变化的时空特征、科学评估和正确判断生态系统变化所带来的影响特征，是关系到区域生态安全和社会可持续发展的一个关键命题。可以说，生态系统的"时空性"特征研究是这一关键命题中的关键。

以"时空性"特征为关键内容的生态系统研究，遇到以"时空观测"为核心优势的遥感时，这种"完美相遇"孕育并推动生态遥感成为科学研究的热点领域。作为20世纪发展起来的新型交叉学科，遥感科学为人类社会多维、宏观、准确地认识自然世界和地球系统提供了新方法，已经被广泛地应用于地球科学的各个研究领域，特别是生态、环境、资源、海洋、地理等学科领域。可以说，在大区域尺度或生态系统宏观研究的科学活动中，遥感科学已经成为不可或缺的技术方法。进入21世纪，随着传感器性能的不断提高和遥感科学方法的不断发展，遥感观测可以更好地对生态系统进行宏观而精细、综合而丰富、动态而高效的观测，更加成为生态系统研究不可或缺的技术方法和重要手段。

面对生态文明和美丽中国建设的国家重大需求，我们团队（生态环境部卫星应用中心自然生态遥感部）持续多年开展生态遥感监测与评估的科技攻关和业务化应用研究，为国家生态保护修复、监督管理、综合决策提供技术支撑。2020年初，我萌生了编写一本生态遥感的想法，在广泛地开展资料调研基础上编写了初步的撰写提纲。2020年9月，我先后与自己的良师益友北京师范大学蒋卫国教授、陈云浩教授交流了这一想法，得到了他们的鼓励和指导。之后，我陆续邀请并确定了各章节的牵头专家。2020年12月12日，在北京西郊宾馆召开了第一次编委会的交流讨论会议，明确了本书的定位（即通过本书能够让生态领域的研究人员了解遥感是什么、遥感可以做什么；让遥感领域的研究人员了解生态是什么、生态监测评估主要包括什么），深入讨论了编写提纲和每个章节的内容，将书名确定为了《生态遥感：理论、方法与应用》。希望本书的出版，能够为有关领域的研究、技术和管理人员提供一些帮助和参考，也能够作为有关学科领域的大学生和研究生学习的参考书籍。

本书共有三篇17章。第一篇是理论篇，包括第1章和第2章，分别介绍了遥感和生态系统的基础理论知识。第二篇是方法篇，包括第3～7章，分别介绍了生态系统分类、陆表植被、陆表水文、陆表能量等信息定量获取的方法，以及生态遥感验证的技术方法。第三篇是应用篇，包括第8～17章，分别介绍了遥感技术在森林、草地、湿地、海岸带、城市、矿山，以及生物多样性保护、自然保护地、生态修复、区域生态等领域监测评估的模型方法与实践案例。

第 1 章是遥感基础理论，由首都师范大学的邓磊教授和赵文吉教授、北京师范大学的李京教授共同作为牵头专家主笔撰写，主要撰稿人员还有首都师范大学的博士研究生郭莉杰和硕士研究生卢卓等。

第 2 章是生态系统基础理论，由中国科学院生态环境研究中心的郑华研究员、文志副研究员共同作为牵头专家主笔撰写，主要撰稿人员还有博士研究生耿念姿等。

第 3 章是陆地生态系统遥感分类，由北京大学的杜世宏教授作为牵头专家主笔撰写，主要撰稿人员还有北京大学的博士研究生刘波等。

第 4 章是陆表植被参数，由北京科技大学的张玉珍副教授和生态环境部卫星环境应用中心的侯鹏正高级工程师共同作为牵头专家主笔撰写，主要撰稿人员还有中国矿业大学（北京）的博士研究生赵燕红等。

第 5 章是陆表水文参数，由北京师范大学的蒋卫国教授、中国水利水电科学研究院的李小涛正高级工程师和孙亚勇工程师共同作为牵头专家主笔撰写，主要撰稿人员还有中国科学院大学的宋小宁教授、中国科学院地理科学与资源研究所的唐荣林研究员、中国水利水电科学研究院的马建威高级工程师、中国电科网络通信研究院的湛南渝助理工程师、生态环境部土壤与农业农村生态环境监管技术中心的陈征高级工程师、北京师范大学的硕士研究生邓雅文等。

第 6 章是陆表能量参数，由南京信息工程大学的祝善友教授和国家卫星气象中心的曹广真研究员作为牵头专家主笔撰写，主要撰稿人员还有南京信息工程大学的徐永明教授、张桂欣副教授、硕士研究生朱佳恒和于法川等。

第 7 章是生态遥感的真实性检验，由中国科学院空天信息创新研究院的肖青研究员和生态环境部卫星环境应用中心的侯鹏正高级工程师共同作为牵头专家主笔撰写，主要撰稿人员还有中国科学院空天信息创新研究院的闻建光研究员、李静研究员和历华副研究员，西南交通大学的吴小丹教授等，生态环境部卫星环境应用中心的万华伟研究员和孙晨曦工程师等。

第 8 章是森林生态遥感，由中国科学院地理科学与资源研究所的刘洋副研究员和河海大学的秦元伟教授共同作为牵头专家主笔撰写，主要撰稿人员还有中国科学院地理科学与资源研究所的刘荣高研究员和生态环境部卫星环境应用中心的翟俊正高级工程师等。

第 9 章是草地生态遥感，由北京林业大学的杨秀春教授作为牵头专家主笔撰写，主要撰稿人员还有中国农业科学院农业资源与农业区划研究所的金云翔副研究员、徐斌研究员、博士研究生张文博，北京师范大学的郭剑博士后，北京林业大学的博士研究生陈昂、邢晓语、杨东和硕士研究生王兴、侯志艳、张慧龙等。

第 10 章是湿地生态遥感，由中国科学院东北地理与农业生态研究所的毛德华研究员和王宗明研究员、北京师范大学的蒋卫国教授共同作为牵头专家主笔撰写，主要撰稿人员还有中国科学院东北地理与农业生态研究所的博士研究生任永星和田艳林，天津师范大学的彭凯锋讲师等。

第 11 章是城市生态遥感，由北京师范大学的陈云浩教授和宫阿都教授、首都师范大学的胡德勇教授、中国矿业大学（北京）的孙灏副教授共同作为牵头专家主笔撰写，主要撰稿人员还有北京师范大学的博士研究生陈艳玲、硕士研究生孙晗煜、本科生郑铭真和董宛容，首都师范大学的博士研究生王一辰和于琛，北京大学的博士研究生陈姗姗，中国矿业大学（北京）的硕士研究生马艳辉和马立茹等。

第 12 章是海岸带生态遥感，由中国科学院空天信息创新研究院的张丽研究员作为牵头专家主笔撰写，主要撰稿人员还有中国科学院空天信息创新研究院的廖静娟研究员、陈博伟助理研究员、中国科学院东北地理与农业生态研究所的贾明明副研究员等。

第 13 章是矿山生态遥感，由中国矿业大学（北京）的蒋金豹教授和赵恒谦副教授共同作为牵头专家主笔撰写，主要撰稿人员还有中国矿业大学（北京）的博士研究生付含聪等。

第 14 章是生物多样性遥感，由生态环境部卫星环境应用中心的万华伟研究员和侯鹏正高级工程师共同作为牵头专家主笔撰写，主要撰稿人员还有生态环境部卫星环境应用中心的施佩荣、孙晨曦等工程师，中国林业科学研究院的李佳助理研究员、薛亚东副研究员、李迪强研究员等，中国科学院动物研究所的夏霖高级工程师、杨奇森研究员等。

第 15 章自然保护地遥感，由生态环境部卫星环境应用中心的侯鹏正高级工程师和付卓正高级工程师共同作为牵头专家主笔撰写，主要撰稿人员还有生态环境部卫星环境应用中心的肖如林正高级工程师、侯静工程师，北京师范大学的蒋卫国教授和天津师范大学的彭凯峰讲师，南京大学的左平副教授和硕士研究生戴子熠、陈珊珊及周鑫高级工程师等。

第 16 章是区域生态修复评估遥感，由中国科学院地理科学与资源研究所的宁佳助理研究员和邵全琴研究员作为牵头专家主笔撰写，主要撰稿人员还有成都大学的刘璐璐副教授、浙江海洋大学的杨帆副教授、郑州大学的贺添副教授、西北大学的郭兴健讲师、生态环境部环境规划院的刘国波助理研究员、中国科学院地理科学与资源研究所的博士研究生刘树超和张雄一等。

第 17 章是区域生态遥感，由生态环境部卫星环境应用中心的侯鹏正高级工程师和翟俊正高级工程师共同作为牵头专家主笔撰写，主要撰稿人员还有生态环境部卫星环境应用中心的祝汉收、陈妍、金点点、杨旻、王永财等工程师和高海峰副研究员，中国环境科学研究院的硕士研究生白君君等。

统稿由生态环境部卫星环境应用中心的侯鹏正高级工程师和翟俊正高级工程师，祝汉收、陈妍、金点点、杨旻等工程师和高海峰副研究员，中国矿业大学（北京）的博士研究生马毓窕，以及中国环境科学研究院的硕士研究生白君君共同完成。本书撰稿专家共有 27 个科研单位的百余名专家学者和技术人员，大多都是相关领域的知名专家，也是自己的前辈、老师和挚友，对本书的顺利出版给予了极大的支持和帮助，在此衷心地感谢每位撰稿者的辛勤付出！

衷心地感谢生态环境部卫星环境应用中心、自然生态保护司、生态环境监测司、综合司等单位的领导和同事，以及多个省级生态环境部门技术单位的一些同事和朋友多年来对我们团队生态遥感监测与评估业务的指导和帮助！衷心地感谢我们团队——生态环境部卫星环境应用中心自然生态遥感部长期以来的辛勤付出和全力支持！衷心地感谢我的家人，无私地支持着我！正是长期以来得到大家的关心、指导和帮助，才使得自己有勇气尝试组织编写这本书，使得本书的出版成为可能。

本书所涉及的学科领域和研究内容十分广泛，撰写本书是一件具有很大挑战性的事情。有可能，对同一个指标参数和评估内容在不同章节、应用案例选用的模型方法不同，这属于科学研究中的正常现象，请各位读者能够理解。尽管每位撰稿人都已经尽心尽力，但是难免会存在一些不足。若有不妥之处，敬请各位读者和专家学者批评指正。本书没有包括香港、澳门和台湾的相关数据资料。本书编写过程中，查阅了大量的文献资料，借鉴和参考了大量的前人及相关领域专家的宝贵成果，可能有些没有在参考文献中一一列出，在此表示衷心的感谢。

侯鹏

2024 年 5 月于北京

目　　录

三、应　用　篇

一、理 论 篇

1 遥感基础理论

遥感一词来自英文 Remote Sensing，即“遥远的感知”，泛指采用一切非接触手段对目标物或自然现象进行远距离探测。遥感技术广泛应用于地学研究的各个领域，已经成为区域生态学研究中不可或缺的技术手段之一。利用遥感技术对生态系统结构、过程、功能等进行定量或定性观测，获取生态系统的属性特征及其变化信息，进而识别和判定生态系统的状态，就是生态遥感。本章主要从遥感基本概念与原理、遥感平台、主要遥感传感器类型及数据源等方面，简要介绍遥感基础理论。

1.1 定义与分类

1.1.1 遥感的定义

遥感有广义和狭义之分。广义遥感泛指采用一切非接触手段，如电磁场、力场和机械波（声波、地震波）等，对目标物或自然现象进行远距离探测。狭义遥感是指不与目标相接触，利用各种探测仪器把目标的电磁波特性记录下来，揭示物体特征性质及其变化的综合性探测技术（梅安新等，2001）。

图 1-1 是遥感过程的示意图。所有的地物都可以反射、吸收和发射电磁波，这是遥感探测的原理和依据。地物目标的电磁波信息经过地球大气，被搭载于遥感平台上的遥感传感器接收，并根据其电磁波的辐射特性记录为不同强度的信号（通常为图像），回传至地面站后经信息处理（如信息恢复、辐射校正等）转换成用户能使用的形式，最终按照不同的目的进行应用。

生态遥感主要是指遥感技术在生态领域中的应用，具体是指利用遥感技术对生态系统结构、过程、功能等进行定量或定性观测，获取生态系统的属性特征及其变化信息，进而识别和判定生态系统的状态。例如，利用遥感技术监测评估草地生态系统的面积、植被覆盖度等。

1.1.2 遥感的分类

遥感是一门新兴的交叉学科，可按遥感平台、工作方式、工作波段和应用等对遥感进行分类，如图 1-2 所示。

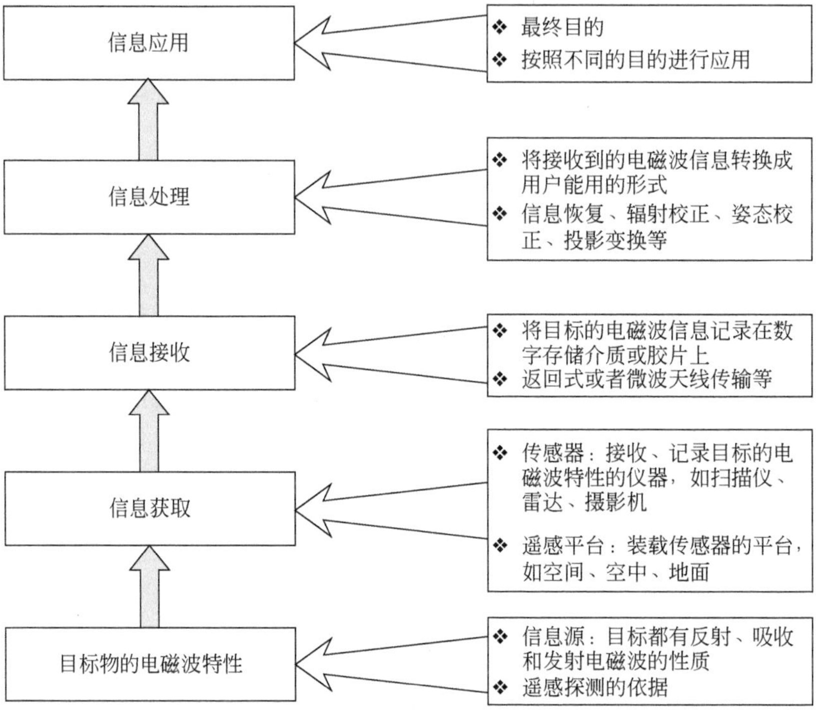

图 1-1　遥感过程示意

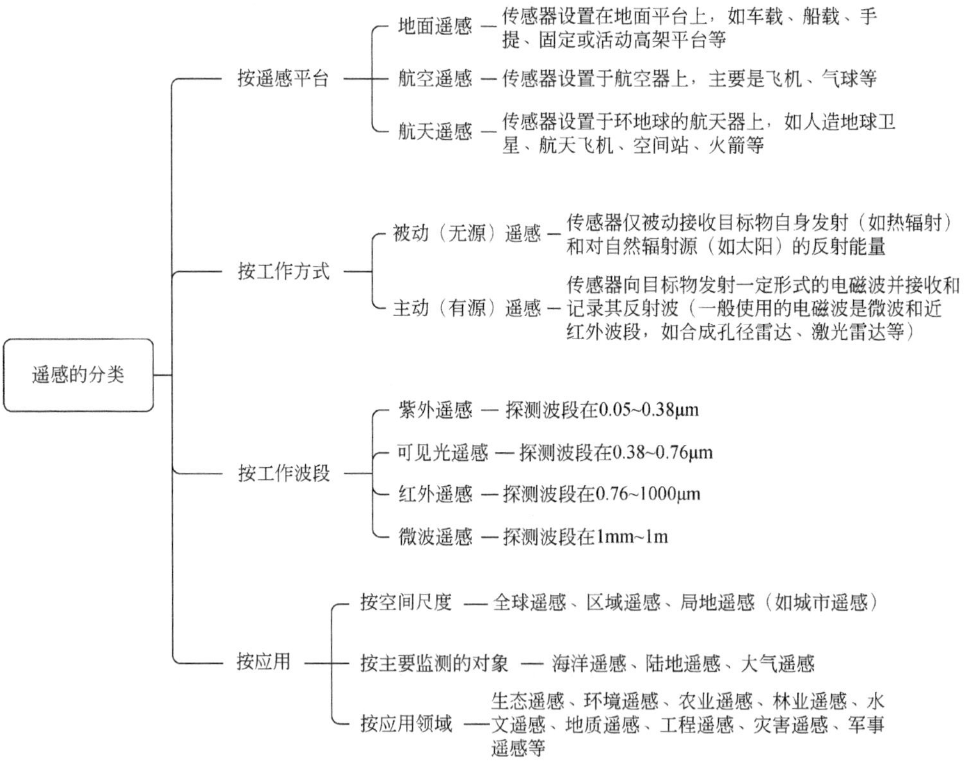

图 1-2　遥感分类

值得注意的是，在按遥感传感器的工作波段进行分类时，有的传感器能够同时在多个电磁波段内进行探测，或者可以将某个宽电磁波段（如可见光和红外波段）再分成若干个窄波段来探测目标。根据波段宽度和波谱连续性，可将之细分为高光谱遥感和多光谱遥感。

高光谱遥感：利用多个（数十乃至数百个）狭窄的电磁波波段（波段宽度通常小于10nm）产生光谱连续的图像数据。

多光谱遥感：波段宽度一般大于100nm，波段数量较少（一般不到10个）且在波谱上不连续。

1.2 遥感基本原理

1.2.1 电磁波谱与电磁辐射

自然界中的一切物体，由于种类、特征和环境条件的不同而具有完全不同的电磁波辐射特征。所以，遥感能够根据收集到的电磁波信息来判别地物目标和自然现象。

1.2.1.1 电磁波及其特性

振动的传播称为波，电磁振动的传播是电磁波，在近代物理中电磁波也称为电磁辐射。当电磁振荡进入空间，变化的磁场激发了涡旋电场，变化的电场又激发了涡旋磁场，使电磁振荡在空间传播。电磁波是横波，即传播方向垂直于振动方向，且振动方向一般会随时间变化。

电磁波在真空中以光速传播，且满足以下公式：

$$f \cdot \lambda = c \tag{1-1}$$

$$E = h \cdot f \tag{1-2}$$

式中，f 为频率；λ 为波长；c 为真空中光速（3×10^8m/s）；E 为能量（单位：J）；h 为普朗克常数（6.626×10^{-34}J·s）。

电磁波传播到气体、液体、固体介质时，会发生反射、吸收、折射、透射等现象。在传播过程中，若碰到粒子还会发生散射现象，从而引起电磁波的强度、方向等发生变化。这种变化随波长而改变，因此电磁辐射是波长的函数。

1.2.1.2 电磁波谱

γ 射线、X 射线、紫外线、可见光、红外线、微波、无线电波等都属于电磁波。如果按电磁波在真空中传播的波长（或频率）递增（或递减）顺序排列，就能得到电磁波谱。习惯上人们将电磁波区段划分（梅安新等，2001）(表 1-1)。

表 1-1　电磁波谱

<table>
<tr><th colspan="2">波段</th><th colspan="2">波长</th></tr>
<tr><td colspan="2">长波</td><td colspan="2">大于 3000m</td></tr>
<tr><td colspan="2">中波和短波</td><td colspan="2">10 ~ 3000m</td></tr>
<tr><td colspan="2">超短波</td><td colspan="2">1 ~ 10m</td></tr>
<tr><td colspan="2">微波</td><td colspan="2">1 ~ 1000mm</td></tr>
<tr><td rowspan="4">红外波段</td><td>超远红外</td><td rowspan="4">0. 76 ~ 1000μm</td><td>15 ~ 1000μm</td></tr>
<tr><td>远红外</td><td>6 ~ 15μm</td></tr>
<tr><td>中红外</td><td>3 ~ 6μm</td></tr>
<tr><td>近红外</td><td>0. 76 ~ 3μm</td></tr>
<tr><td rowspan="7">可见光</td><td>红</td><td rowspan="7">0. 38 ~ 0. 76μm</td><td>0. 62 ~ 0. 76μm</td></tr>
<tr><td>橙</td><td>0. 59 ~ 0. 62μm</td></tr>
<tr><td>黄</td><td>0. 56 ~ 0. 59μm</td></tr>
<tr><td>绿</td><td>0. 50 ~ 0. 56μm</td></tr>
<tr><td>青</td><td>0. 47 ~ 0. 50μm</td></tr>
<tr><td>蓝</td><td>0. 43 ~ 0. 47μm</td></tr>
<tr><td>紫</td><td>0. 38 ~ 0. 43μm</td></tr>
<tr><td colspan="2">紫外线</td><td colspan="2">1×10^{-3} ~ 3.8×10^{-1} μm</td></tr>
<tr><td colspan="2">X 射线</td><td colspan="2">1×10^{-6} ~ 1×10^{-3} μm</td></tr>
<tr><td colspan="2">γ 射线</td><td colspan="2">小于 1×10^{-6} μm</td></tr>
</table>

1.2.1.3　电磁辐射的度量

任何物体都是辐射源，不仅能够吸收其他物体对它的辐射，也能够向外辐射。物体在所有电磁波谱范围内均有辐射现象，只是其强度和波长不同而已。电磁波传递的是电磁能量，因此遥感探测实际上是对电磁辐射能量的测定。表 1-2 中列出了用于对电磁辐射进行度量的物理量。

表 1-2　度量电磁辐射的物理量

<table>
<tr><th>名称</th><th>公式</th><th>单位</th><th>说明</th></tr>
<tr><td>辐射能量</td><td>W</td><td>J</td><td>电磁辐射的能量</td></tr>
<tr><td>辐射通量</td><td>$\Phi=\mathrm{d}W/\mathrm{d}t$（$t$ 为时间）</td><td>W</td><td>单位时间内通过某一面积的辐射能量</td></tr>
<tr><td>辐射通量密度</td><td>$E=\mathrm{d}\Phi/\mathrm{d}s$（$s$ 为面积）</td><td>W/m^2</td><td>单位时间内通过单位面积的辐射能量</td></tr>
<tr><td>辐照度</td><td>$I=\mathrm{d}\Phi/\mathrm{d}s$</td><td>$W/m^2$</td><td rowspan="2">辐照度（I）与辐射出射度（M）都是辐射通量密度的概念，不过 I 为物体接收的辐射，M 为物体发出的辐射</td></tr>
<tr><td>辐射出射度</td><td>$M=\mathrm{d}\Phi/\mathrm{d}s$</td><td>$W/m^2$</td></tr>
</table>

续表

名称	公式	单位	说明
辐射亮度*	$L=\frac{\Phi}{\Omega\ (A\cos\theta)}$ （Ω 为立体角，全球面对应的立体角为 4π）	W/（sr·m²）	面状辐射源在某一方向上单位投影表面、单位立体角内的辐射通量，表明面状辐射源向外辐射的强度随辐射方向而不同

* 辐射亮度 L 往往随观察角 θ 角而改变。L 与 θ 无关的辐射源，称为朗伯源。严格地说，只有绝对黑体才是朗伯源。

注：以上物理量均与波长有关，如辐射通量是波长的函数，总辐射通量是各谱段辐射通量之和或辐射通量在所有波长上的积分值

1.2.1.4　黑体辐射

如果一个物体对于任何波长的电磁辐射都全部吸收，则称该物体为绝对黑体。具体而言，一个温度为 T 的不透明物体对入射到它上面波长为 λ 的电磁波只有反射和吸收作用时，这一物体的光谱吸收率 $\alpha(\lambda,\ T)$ 与光谱反射率 $\rho(\lambda,\ T)$ 之和恒等于1。对于一般物体而言，温度不同或入射电磁波的波长不同，则会产生不同的吸收和反射作用。

1）普朗克公式

普遍适用于绝对黑体辐射的公式，叫作普朗克公式，表达式为

$$M_\lambda(\lambda,T)=\frac{2\pi hc^2}{\lambda^2}\cdot\frac{1}{e^{hc/\lambda kT}-1} \tag{1-3}$$

式中，c 为真空中的光速；k 为玻尔兹曼常数，$k=1.3806\times10^{-23}$ J/K；h 为普朗克常数，$h=6.626\times10^{-34}$ J·s；M 为辐射出射度。

2）斯特藩–玻尔兹曼定律

整个电磁波谱的总辐射出射度 M 等于某一单位波长的辐射出射度从波长0到无穷大的积分，即

$$M=\int_0^\infty M_\lambda(\lambda)\mathrm{d}\lambda \tag{1-4}$$

将普朗克公式对波长积分，便可推导出斯特藩–玻尔兹曼定律，即绝对黑体的总辐射出射度与黑体温度的四次方成正比：

$$M=\sigma T^4 \tag{1-5}$$

式中，T 为开氏温度（单位：K）；σ 为斯特藩–玻尔兹曼常数，$\sigma=5.67\times10^{-8}$ W/（m²·K⁴）。

3）维恩位移定律

黑体温度越高，其辐射出射度与波长的关系曲线的峰顶（峰值波长 λ_{max}，黑体辐射光谱中最强辐射对应的波长）就越往左移，即往波长短的方向移动。也就是说，λ_{max} 与黑体绝对温度 T 成反比：

$$\lambda_{max}\cdot T=b \tag{1-6}$$

式中，b 为常数，$b=2.898\times10^{-3}$ m·K，这就是维恩位移定律。

1.2.2 地球辐射的分段特性

太阳辐射是温度接近于6000K的黑体辐射，根据维恩位移定律，其峰值波长为0.47μm。地球表层（包括植被、水、土壤等）的平均温度约300K（26.85℃），其峰值波长约为9.66μm，两者差距很大。一般情况下，太阳的电磁辐射主要集中在可见光及近红外波段（0.3～2.5μm）。在这一波段，地球的辐射主要是反射太阳的辐射。地球自身发出的辐射主要集中在波长较长的部分，即6μm以上的远红外波段。在2.5～6μm的中红外波段，既有地表对太阳辐射的反射，又有地表物体自身的热辐射。地球辐射的分段特征可用表1-3来概括。

表1-3 地球辐射的分段特征 （单位：μm）

波段名称	波长	辐射特征
可见光与近红外	0.3～2.5	地表物体反射太阳辐射为主
中红外	2.5～6	地表对太阳辐射的反射和地表物体自身的热辐射
远红外	>6	地表物体自身的发射辐射，以热辐射为主

1.2.3 地物的发射辐射

温度一定时，物体的发射辐射遵循基尔霍夫定律，可表述为：在给定温度下，物体单位面积上的辐射出射度 M（λ，T）和吸收率 α（λ，T）之比，等于该温度下同面积的黑体辐射出射度 M_b（λ，T），即

$$M(\lambda,T)/\alpha(\lambda,T)=M_b(\lambda,T) \tag{1-7}$$

这个比值是温度、波长的函数，与物体本身的性质无关。上式可改写为

$$\alpha(\lambda,T)=M(\lambda,T)/M_b(\lambda,T)=\varepsilon(\lambda,T) \tag{1-8}$$

式中，$\varepsilon(\lambda, T)$ 为比辐射率，又称发射率，表示同一温度下物体发射的辐射量与黑体发射的辐射量之比。

发射率是一个介于0和1之间的数，用于比较一个辐射源接近黑体的程度。各种不同的材料，表面的粗糙程度不一样，发射率也不一样，并且随着波长和材料的温度而变化。表1-4列出一些地物在不同温度下的发射率。

表1-4 几种主要地物的发射率

地物	温度/℃	发射率 ε
土壤（干）	20	0.92
水	20	0.96
岩石（石英岩）	20	0.63
大理石	20	0.94

续表

地物	温度/℃	发射率 ε
铝	100	0.05
铜	100	0.03
铁	40	0.21
钢	100	0.07
油膜（厚0.0508mm）	20	0.46
（厚0.0254mm）	20	0.27
沙	20	0.90
混凝土	20	0.92

温度一定时，物体的比辐射率随波长变化，表示这种变化的曲线被称为物体的发射波谱曲线，通常用平面坐标曲线表示：横坐标表示波长 λ，纵坐标表示比辐射率 ε（发射率）。

发射波谱曲线的形态可以反映物体本身的特性，包括其组成、温度、表面粗糙度等物理特性。尤其在夜间，地面发出的能量以发射光谱为主，利用遥感传感器探测地物的红外辐射并与同温下的发射率曲线比较，是识别地物的重要方法之一。

1.2.4 地物的反射辐射

1.2.4.1 反射率

地面物体反射的能量（P_ρ）占入射总能量（P_0）的比例被称为反射率（ρ），它表示物体对电磁波谱的反射能力：

$$\rho=\frac{P_\rho}{P_0}\times100\% \tag{1-9}$$

反射率的值满足 $\rho\leqslant1$，其大小主要取决于物体本身的性质和表面状况，同时也与入射电磁波的波长和入射角有很大关系。

1.2.4.2 反射波谱

地物的反射波谱指地物反射率随波长的变化规律。通常在平面直角坐标系中表示：横坐标表示波长 λ，纵坐标表示反射率 ρ（图 1-3）。同一物体的反射波谱曲线反映出该地物在不同波段的不同反射率，将此与遥感传感器对应波段接收到的辐射数据相对照，可以得到遥感数据与对应地物的识别规律。

不同地物具有不同的反射波谱曲线，同种地物在不同内部结构和外部条件下的波谱曲线也不相同。一般来说，地物反射率随波长变化有规律可循，从而为遥感影像的判读提供依据。下面简要介绍植被、水体、土壤、云和雪的反射光谱的典型特征。

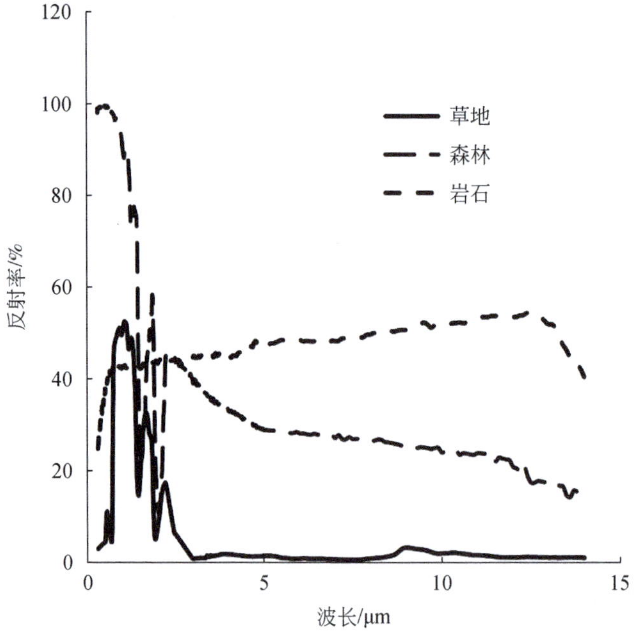

图 1-3　不同地物反射波谱曲线

1）植被

植被具有独特而明显的反射光谱特征，如图 1-4 所示。植被的光谱曲线主要分为三段：可见光、近红外和中红外。

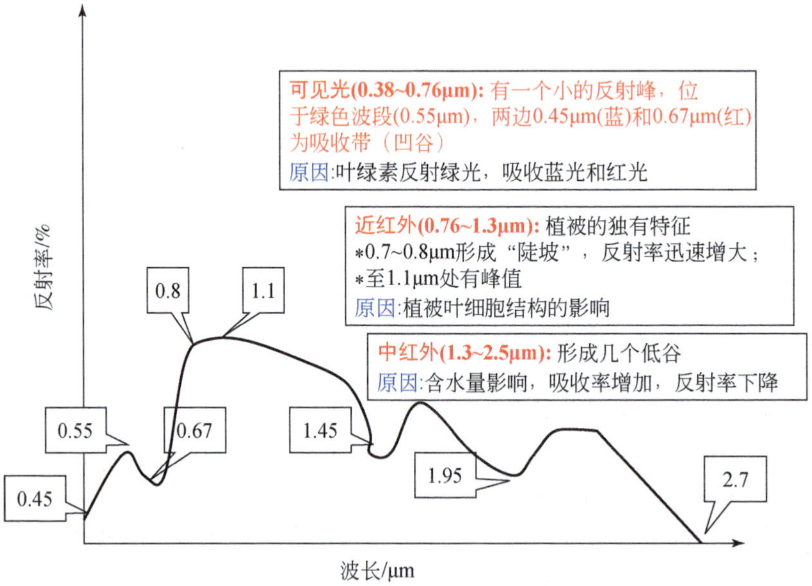

图 1-4　绿色植被的反射波谱曲线

可见光波段（0.38～0.76μm）主要受叶绿素的影响，对蓝光和红光吸收作用强，而对绿光反射作用强，因此在0.55μm（绿）附近有一个反射峰，其两侧0.45μm（蓝）和0.67μm（红）有两个明显的吸收带。

近红外波段（0.76～1.3μm）主要植被叶细胞结构的影响，反射率急剧上升，形成一个“陡坡”，至1.1μm附近有一峰值。反映在遥感图像上，植被在近红外波段上亮度较高。

中红外波段（1.3～2.5μm）受到绿色植物含水量的影响，吸收率增大而反射率大幅下降，特别是在1.45μm、1.95μm和2.7μm处形成了水的吸收带，因而在光谱曲线上形成低谷。

当然，植被的反射波谱曲线除符合上述基本特征外还具有细部差别，如图1-5所示，这种差别与植物种类、物候、病虫害影响、含水量多少等诸多因素有关。

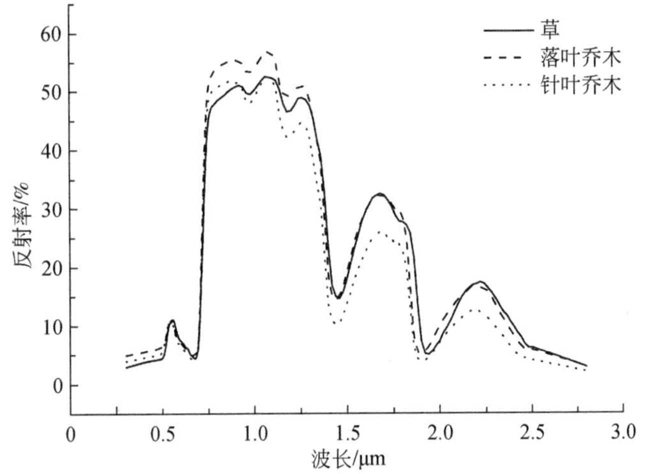

图1-5　不同植被的反射光谱曲线

2）水体

水体的反射主要集中在蓝绿光波段，其他波段吸收都很强，特别是在近红外波段吸收更强［图1-6（a）］。正因如此，在遥感影像（特别是近红外影像）上，水体大多呈黑色［图1-6（b）］。

当水中含有其他物质时，其反射光谱曲线会发生变化。例如，当水中含泥沙时，由于泥沙散射，可见光波段反射率会增加，峰值出现在黄红区；当水中叶绿素含量较高时，近红外波段明显抬升。这些都是遥感影像分析的重要依据。

3）土壤

土壤的光谱特性曲线与土壤类别、水含量、有机质含量和土壤表面的粗糙度等因素有关，自然状态下土壤表面的反射率没有明显的峰值和谷值。一般情况下，土质越细反射率越高，有机质含量越高和含水量越高反射率越低（图1-7）。

由于土壤反射波谱曲线呈现出比较平滑的特征，所以在不同光谱段的遥感影像上，不同颗粒土壤的亮度区别并不明显。

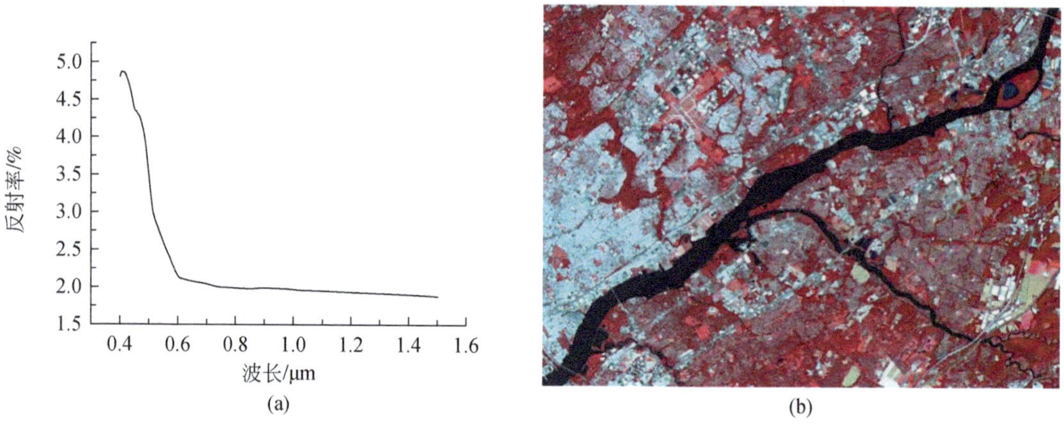

图 1-6　水体反射波谱曲线（a）及其在遥感影像（b）上的表现

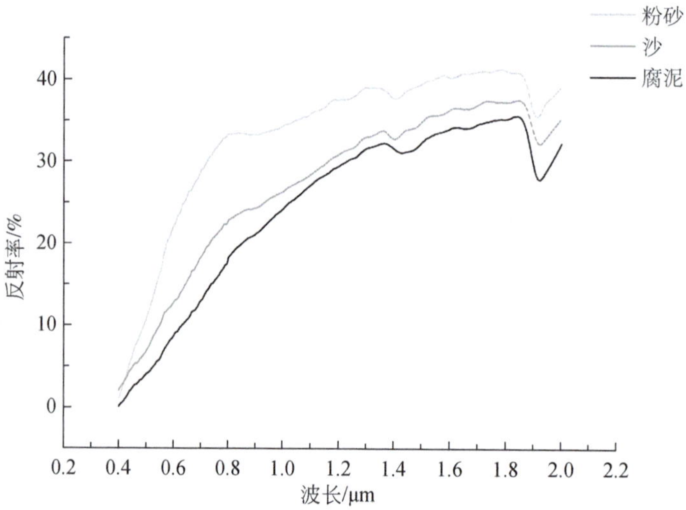

图 1-7　不同颗粒土壤的反射波谱曲线

4）云和雪

干雪在人眼看来是白色的，也就是说，它在人眼能感觉到的波长范围（0.4～0.7μm）内具有很高的反射能力，并且与云的反射率差别不大，如图 1-8 所示。不同类型的雪在不同光谱波段具有不同的吸收或反射特性。在可见光波段冰雪反射率较大，随着波长的增加，对太阳辐射吸收逐渐增大，在近红外波段反射率明显降低。

从图 1-8 可以看出，在短波红外波段，云和雪的反射率有较大的差异，在这一波段范围内，云会反射太阳辐射，而积雪却吸收太阳辐射，因此，云的反射率远远大于积雪。可见，通过多光谱综合分析和多波段组合可达到区分云和雪的目的。

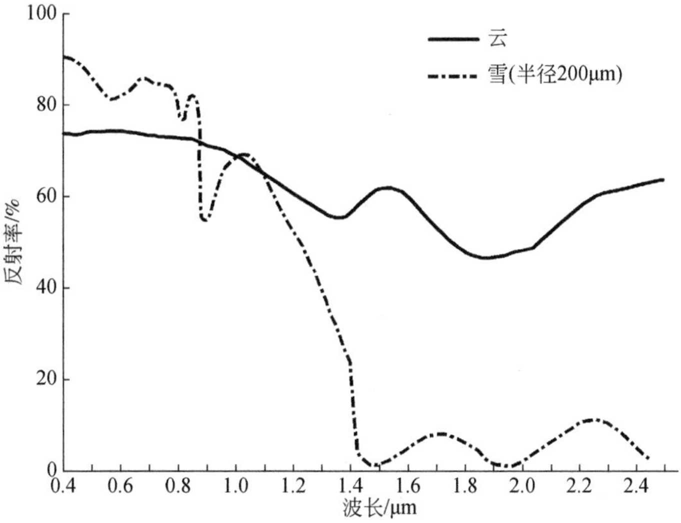

图 1-8　云和雪在 0.4～2.5μm 范围内的光谱曲线

1.3　遥感图像基本概念

遥感图像是各种遥感传感器所获信息的产物，是遥感探测目标的信息载体，它记录了地物目标的电磁波辐射特性。本节介绍与遥感图像相关的基本概念。

1.3.1　遥感数字图像

遥感数字图像最基本的单元是像元，每个像元具有其空间位置特征和属性特征，属性特征常用亮度值（DN）表示，其大小由传感器所探测到的电磁辐射强度决定。根据传感器在电磁谱段中的细分程度，遥感图像可以分为单波段图像、多波段（也称多光谱）图像和超波段（也称高光谱）图像。单波段图像在每个像元点只有一个亮度值，多波段图像上每个像元点具有多个亮度值，超波段图像上每个像元点具有几十甚至几百个亮度值。

1.3.2　遥感数字图像的存储

遥感数字图像的存储一般采用以下三种格式（图 1-9）。

（1）BSQ（Band Sequential）格式［图 1-9（a）］：各波段的二维图像数据按波段顺序排列，数据排列遵循第一波段位居第一，第 N 波段位居第 n 位的规律。

（2）BIL（Band Interleaved by Line）格式［图 1-9（b）］：是逐行按波段次序排列的格式，数据排列遵循第一波段的第一行，第二波段的第一行……第 N 波段的第一行；第一波段的第二行……

（3）BIP（Band Interleaved by Pixel）格式［图 1-9（c）］：在一行中，每个像素按波

段次序交叉排列，即第一行按波段次序排列每一波段的第一个像素，第二行按波段次序排列每一波段的第二个像素……按此规律重复排列。

波段1	(1,1)	(1,2)	(1,3)	(1,4)	(1,5)
	(2,1)	(2,2)	(2,3)	(2,4)	(2,5)
	…				
波段2	(1,1)	(1,2)	(1,3)	(1,4)	(1,5)
	(2,1)	(2,2)	(2,3)	(2,4)	(2,5)
	…				
波段3	(1,1)	(1,2)	(1,3)	(1,4)	(1,5)
	(2,1)	(2,2)	(2,3)	(2,4)	(2,5)
	…				

(a)BSQ

	BAND1	BAND2	BAND3	BAND1	BAND2	BAND3	
第1行	(1,1)	(1,1)	(1,1)	(1,2)	(1,2)	(1,2)	…
第2行	(2,1)	(2,1)	(2,1)	(2,2)	(2,2)	(2,2)	…
	…						…
第*N*行	(*N*,1)	(*N*,1)	(*N*,1)	(*N*,2)	(*N*,2)	(*N*,2)	…

(b)BIL

波段1	(1,1)	(1,2)	(1,3)	(1,4)	(1,5)
波段2	(1,1)	(1,2)	(1,3)	(1,4)	(1,5)
波段3	(1,1)	(1,2)	(1,3)	(1,4)	(1,5)
波段1	(2,1)	(2,2)	(2,3)	(2,4)	(2,5)
波段2	(2,1)	(2,2)	(2,3)	(2,4)	(2,5)
波段3	(2,1)	(2,2)	(2,3)	(2,4)	(2,5)
	…				
	(*N*,1)	(*N*,2)	(*N*,3)	(*N*,4)	(*N*,5)
	…				

(c)BIP

图 1-9　遥感图像的存储格式

1.3.3　遥感图像的分辨率

遥感图像中蕴含着丰富的地物目标特征，可以体现目标的形状、大小及空间分布特点（几何特征），目标地物的属性特点（物理特征）及其动态变化的特点（时间特征）。在遥感图像上，几何特征表现为空间分辨率，物理特征表现为光谱分辨率和辐射分辨率，时间特征则表现为时间分辨率。

1.3.3.1　空间分辨率

一般来说，空间分辨率是指像素所代表的地面范围的大小，或能够分辨的地面物体的最小单元。对摄影成像方式而言，其空间分辨率的大小主要取决于成像系统的焦距、成像系统的分辨率（如像素数）以及传感器与目标之间的距离；对于扫描成像方式而言，空间分辨率通常用瞬时视场角（IFOV）表示，即扫描成像过程中一个光敏探测元件通过望远镜系统投射到地面上的直径或者边长。IFOV 越小，最小可分辨单元（可分像素）越小，空间分辨率越高。IFOV 取决于遥感器光学系统和探测器的大小。一个瞬时视场角内的信息，表示一个像元。

一般来说，遥感系统的空间分辨率越高，其识别物体的能力越强。但实际上每个目标在图像上的可分辨程度不完全取决于空间分辨率的具体值，而是和目标的形状、大小及它与周围物体亮度和结构的相对差异有关。

1.3.3.2 光谱分辨率

光谱分辨率指传感器在接收目标辐射的波谱时能分辨的最小的波长间隔。间隔越小，光谱分辨率越高。从广义上讲，光谱分辨率取决于遥感器所选用的波段数量的多少、各波段的波长位置及波段间隔的大小。

不同光谱分辨率的传感器对同一地物的探测效果有很大的区别。例如，成像光谱仪在可见光至红外波段范围内，分割出几百个窄波段（高光谱），具有很高的光谱分辨率，从近乎连续的光谱曲线上，可以分辨出不同物体光谱特征的微小差异。一般而言，传感器的波段越多，波段宽度越窄，所包含的信息量越大，针对性越强。

1.3.3.3 辐射分辨率

辐射分辨率指传感器对光谱信号强弱的敏感程度或区分能力，即传感器接收波谱信号时，能分辨的最小辐射度差，是衡量传感器目标识别能力的一个重要指标。在遥感图像上，它表现为每一像元的辐射量化级，也就是从最暗到最亮灰度值（亮度值）间分级的数目。例如，美国 Landsat 影像通常都为 8bit 数据，IKONOS 卫星影像通常为 11bit 数据。显然，IKONOS 数据的辐射分辨率更高，对图像中微弱信号的可检测能力更强。

1.3.3.4 时间分辨率

时间分辨率也称重访周期，指对同一地点进行重复遥感成像的时间间隔。它由遥感平台（一般指卫星）的轨道倾角、轨道高度等参数共同决定。遥感的时间分辨率范围较大，比如静止气象卫星的时间分辨率为 1 次/0.5 小时；太阳同步气象卫星的时间分辨率为 2 次/天；Landsat 为 1 次/16 天；中巴合作的 CBERS 为 1 次/26 天。遥感按一定的时间间隔采集数据，因此遥感数据具有明显的时间特征。根据多时相遥感信息可获取目标变量的动态变化特征以及提高目标识别能力和精度，不仅可以实现对自然资源和灾害的监测、预报，还能为更新数据库提供保证。

1.4 对地观测遥感平台

遥感平台是搭载遥感传感器的工具。根据遥感平台工作的高度，可分为地面平台、航空平台和航天平台（梅安新等，2001）。航天平台的高度在 150km 以上，其中最高的是静止卫星，位于赤道上空 36 000km 的高度上；其次是高 700 ~ 900km 左右的 Landsat、Sentinel 等地球观测卫星。航空平台包括低、中、高空飞机、无人驾驶飞行器（简称无人机）、飞艇和气球等，高度在百米至十余千米不等。地面平台主要包括车、船和观测塔等，高度在 0 ~ 100m 的范围内。

1.4.1 地面遥感平台

地面遥感平台是指高度一般在 100m 以下、可安置遥感器的装置，包括三脚架、遥感塔、遥感车、遥感船和建筑物顶部等。在上面可搭载各种传感器，以测定各类地物的波谱特征、理化参数等数据。

近年来，基于物联网的地面遥感监测方式发展迅速，如网络叶面积指数仪（LAINet）等。LAINet观测系统由冠层下测量节点、冠层外测量节点、汇聚节点（可作为路由节点）、联网计算机和数据处理软件组成，多个节点之间可自由组网，并利用无线传感器网络技术实现自动采集和无线传输，可实现长时间自动观测，极大地降低了时间和人力成本。

1.4.2 航空遥感平台

航空遥感平台具有机动灵活、快捷高效、飞行周期可控等特点，因此广泛应用于各种资源调查、摄影测量和巡视监测等工作。飞机是航空遥感中最常用，也是用得最早、最广泛的一种遥感平台。航空遥感平台按是否有人驾驶可分为有人航空遥感平台和无人航空遥感平台两类。

1.4.2.1 有人航空遥感平台

有人飞机具有高度高、速度快、载重大、飞行时间长及环境适应性强等优点，可携带性能更好的大型遥感设备。但有人飞机操作难度大，需要专门的飞行员驾驶，定点运行能力差且使用成本很高（彭桂林等，2019）。早期我国使用的有人飞机主要为进口的奖状系列飞机（钱锋，2016）。2017年，新舟60遥感飞机［图1-10（a）］在陕西阎良完成定型试飞，成为当时中国飞行性能最好、飞行时间最长、航程最远、遥感设备集成度和观测效率最高的航空遥感平台。近几年，为适应小面积、高分辨率的航摄需求，研制了多款小型有人飞机，如蜜蜂［图1-10（b）］、海鸥、海燕等。

(a)新舟60遥感飞机　　(b)蜜蜂飞机

图1-10　有人机遥感平台

上述有人飞机作为遥感平台可搭载多种航空遥感仪器，如航空数码相机、高像素航空数码相机、三维激光雷达（LiDAR）、低空数码遥感系统、合成孔径雷达（SAR）、成像光谱仪以及惯性测量单元（IMU）、全球导航卫星系统（GNSS）等设备。

1.4.2.2 无人航空遥感平台

无人机（UAV）是一种机上无人驾驶、靠油或电力驱动、以空气提供升力、可重复使用航空器的简称（樊邦奎等，2017）。由于具有以下优点，无人机已逐步成为遥感应用领域广为使用的航空遥感平台（李德仁等，2014；廖小罕等，2016；晏磊等，2019）。

（1）操作简单、机动灵活，环境容忍度较高；

（2）购置及维护使用成本低，对操作员的培养周期相对较短；

（3）可满足多种遥感传感器的挂载需求，如多/高光谱成像仪、热成像仪、LiDAR、SAR以及气体浓度传感器等传感器，满足多种快速监测所需；

（4）具有多种飞行方式，飞行高度可控，可获取超高分辨率影像数据，具备垂直和倾斜成像的能力等。

无人机按结构可分为多旋翼无人机、固定翼无人机和复合翼无人机。多旋翼无人机适合小范围、极高分辨率作业任务；固定翼无人机适合大范围、较低分辨率作业任务；复合翼无人机则兼具二者的优势。

1）多旋翼无人机

多旋翼无人机是指具有三个及以上旋翼轴的无人驾驶飞行器（Segui-Gasco et al., 2014），具有可垂直起降和操控性强等特点，主要适用于有垂直起降和悬停要求、低空、低速的任务类型。下面介绍几种目前应用较多的多旋翼无人机遥感平台。

（1）大疆系列无人机。大疆系列无人机是目前常用的无人机遥感平台，该系列多旋翼无人机主要有大疆精灵系列（Phantom 4-RTK、Phantom 4-M）、经纬系列（M100、M200、M300、M600等）、御系列（Mavic 1、Mavic 2）和悟系列等（Inspire1、Inspire 2）等。图1-11和表1-5列出了几种代表性机型的图片和主要性能参数。

表1-5 大疆系列无人机配置参数

配置参数	精灵 Phantom 4-M	经纬 M300 RTK	御 Mavic 2	悟 Inspire 2
轴距/mm	350	895	354	605
重量/kg	1.487	3.6	0.905	3.44
最大续航时间/分钟	27	55	31	27
最大飞行速度/（m/s）	16	23	20	26
最大飞行海拔高度/m	6000	5000	6000	5000
最大可抗风速/（m/s）	10	15	10	10
感知系统	前视、后视、下视	前视、后视、左视、右视	前视、后视、上视、下视、左视、右视	前视、后视、下视
最大图传距离/km	7	15	10	7

（2）飞马系列无人机。飞马系列无人机也是常用的无人机遥感平台之一，主要有D200、D1000、D2000和E2000等（图1-12），这四种型号的多旋翼无人机参数如表1-6所示。

(a) Phantom 4-M

(b)经纬M300 RTK

(c)御Mavic 2

(d)悟Inspire 2

图 1-11　大疆系列无人机

表 1-6　飞马系列无人机配置参数

配置参数	飞马 D200	飞马 D1000	飞马 D2000	飞马 E2000
轴距/mm	988	350	598	598
重量/kg	6. 5	1. 388	2. 6	2. 8
最大续航时间/分钟	48	30	74	60
最大飞行速度/（m/s）	13. 5	20	20	20
最大飞行海拔高度/m	4500	6000	6000	4000
最大可抗风速/（m/s）	10	10	13. 8	13. 8
最大图传距离/km	5	7	10	10

2）固定翼无人机

固定翼无人机是指飞机的机翼位置、后掠角等参数固定不变的无人机（Kim et al., 2013）。此类无人机具有速度快、航时长、覆盖范围广等诸多优点，但其受天气影响较大、起降对场地条件要求较高，使用时需考虑天气和场地等环境因素的影响。

瑞士 Sensefly-eBee［图 1-13（a）］系列固定翼无人机是一款高精度、高效率、耐用可靠、可搭载多款相机的长航时（90 分钟）电动无人机，内置高精度 RTK/PPK 功能，在无地面控制点的情况下也可达到 3cm 的绝对精度。由于采用短距降落技术，降落精度在 2m 以内，安全易用，可单人作业。

(a)飞马D200

(b)飞马D1000

(c)飞马D2000

(d)飞马E2000

图 1-12　飞马系列无人机

(a)瑞士Sensefly-eBee

(b)飞马P300

图 1-13　固定翼无人机

飞马 P300 是一款工业级固定翼无人机系统［图 1-13（b）］。全机重量 3.8kg，最大续航时间为 90 分钟。支持手抛起飞，滑降/伞降模式降落。可搭载可见光、热红外、高光谱及倾斜摄影相机等，具备全天候作业能力。

3）复合翼无人机

复合翼又称垂直起降固定翼，它解决了固定翼无人机起降难的问题。该机型产生升力的装置既有旋翼也有固定机翼，前者主要负责飞机的起降，后者则用于无人机的飞行航摄任务。

纵横 CW-100［图 1-14（a）］是一款油动大型复合翼无人机（常天星，2019），翼展 5.4m，机身长达 3.1m，具有全自主飞行、RTK 定点起降、精准导航等功能。该机最大起飞重量为 100kg，有效载荷能达到 20kg。最大飞行速度为 144km/h，抗风能力可达 6 级。油箱大小为 31 L，在大负载的情况下，其最大续航时间依然可达 6 小时。

纵横 CW-007［图 1-14（b）］是一款便携式电动轻型复合翼无人机，翼展 2.2m，机身长度 1.3m，最大起飞重量为 6.8kg，有效载荷 800g，巡航速度 65km/h，最大续航时间为 60 分钟。该机具有重量轻、易运输、操作简易等优势，适用于单人作业。

(a)纵横CW-100

(b)纵横CW-007

图 1-14　复合翼无人机

1.4.3　航天遥感平台

航天遥感平台具有稳定性高、覆盖面积广、时效性强和可持续观测等优势，因而是发展最快、应用最广的遥感平台，主要包括陆地、海洋和气象三大遥感卫星系统，具备全色、多光谱、高光谱、红外、激光雷达、合成孔径雷达、视频和夜光等多种手段的观测能力，广泛服务于生态环境监测、自然资源调查、海洋环境保护、气象灾害防治等诸多领域。

1.4.3.1　卫星运行轨道及其特点

1）卫星运行轨道参数

星载遥感器获取地面信息的过程不仅受太阳辐照度、天顶角、方位角、大气状况、地理位置、地形地貌等外界因素影响，还与其自身的运行方式、轨道参数等有关。表 1-7 中的六个参数决定了卫星运行轨道在空间的具体位置和形状。

表 1-7　卫星运行轨道参数

参数名称	含义
轨道长半轴 a	卫星轨道远地点到椭圆轨道中心的距离
轨道偏心率 e	椭圆轨道焦距 c 与长半轴 a 之比，又称扁率（$e=c/a$）
轨道倾角 i	卫星轨道面与地球赤道面的交角，即从升交点一侧的轨道面至赤道面的夹角
升交点赤经 Ω	卫星轨道上由南向北自春分点到升交点的弧长。所谓升交点为卫星由南向北运行时，与地球赤道面的交点；反之，轨道面与赤道面的另一个交点称为降交点；春分点为黄道面与赤道面在天球上的交点
近地点角距 ω	轨道面内近地点与升交点之间的地心角
过近地点时刻 t_0	卫星过近地点的时间，以格林尼治时间为准，北京时间比其早 8 小时

在六个轨道参数中，Ω、ω、i 和 t_0 决定了卫星运行轨道面与赤道面的相对位置，而 a 和 e 则决定了卫星运行轨道的形状。e 越大，轨道越扁；e 越小，轨道越接近圆形。圆形轨道有利于在全球范围内获取比例尺趋近一致的影像，还可使卫星的速度接近匀速，便于扫描仪用固定扫描频率对地面扫描成像，避免扫描行之间不衔接的现象。当 e 固定时，a 越大则轨道离地高度越大。离地高度与传感器的地面分辨率和总视场宽度密切相关。

倾角 i 决定了轨道面与赤道面或与地轴之间的关系。$i=0$ 时，轨道面与赤道面重合；$i=90°$时，轨道面与地轴重合（卫星轨道通过地球两极），称为极地轨道。但是严格意义的极地轨道较少，多采用 $i\approx90°$的近极地轨道。近极地轨道有利于增大卫星对地球的观测范围，借助“重访”能力几乎可以覆盖全球，Landsat 和 SPOT 的轨道均属于此类。

其他一些与遥感卫星相关的参数包括：

（1）卫星高度，卫星距离地面的高程；

（2）运行周期，卫星绕地一圈所需的时间，即从升交点开始运行到下一次过升交点时的时间间隔，它与卫星的平均高度成正比；

（3）扫描带宽度，当卫星沿一条轨道运行时其传感器所观测的地面带的横向宽度，一般与卫星的平均高度成正比；

（4）重访周期，卫星从某地上空开始运行，经过若干时间后回到该地上空时所需的天数；

（5）降交点时刻：卫星经过降交点时的地方太阳时的平均值。

2）太阳同步运行与地球同步运行

（1）太阳同步轨道：如图 1-15 所示，当卫星的轨道平面（用红色线段表示，通常采用近极地轨道）与太阳和地心连线之间的夹角 θ 保持不变时，可以满足卫星每次都以相同的太阳时和高度经过地面上同一点。

由于在太阳同步轨道上的卫星和太阳夹角是固定的，这样就可以保证遥感器每次对地观测时太阳辐射量的大致相同，给遥感资料的处理带来方便。绝大多数的遥感卫星均采用近极地太阳同步轨道。

（2）地球同步轨道：当卫星的运行周期等于地球的自转周期，或者说卫星公转的角速度等于地球自转的角速度时，对地面观测者而言，卫星与地球之间处于相对静止的状态，

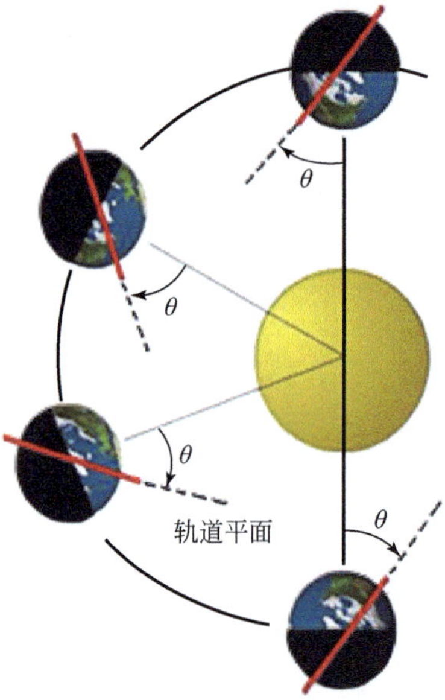

图 1-15　太阳同步轨道示意图

因此又称为“静止卫星”。地球同步轨道卫星能够长期观测特定地区，并且由于卫星高度较高（约 36 000km），因此能够覆盖地球表面的大范围，广泛应用于气象卫星和通信卫星中。高分四号卫星是我国发射的第一颗地球同步轨道高分辨率对地观测卫星。

1.4.3.2　常见的遥感卫星平台

1）陆地卫星（Landsat）

美国国家航空航天局（NASA）的陆地卫星（Landsat）计划［1975 年前称为地球资源技术卫星（ERTS）］从 1972 年 7 月 23 日以来已发射 9 颗（第 6 颗发射失败）。Landsat-1 ~ Landsat-4 均相继失效后，Landsat-5 也于 2013 年 6 月退役，Landsat-7 和 Landsat-8 分别于 1999 年 4 月 15 日和 2013 年 2 月 11 日发射升空。目前使用较多的影像来自 Landsat-5、Landsat-7 和 Landsat-8（主要卫星轨道参数见表 1-8）。

表 1-8　Landsat 系列卫星参数

卫星参数	Landsat-5	Landsat-7	Landsat-8
发射时间	1984 年 3 月 1 日	1999 年 4 月 15 日	2013 年 2 月 11 日
轨道类型	近极地太阳同步轨道	近极地太阳同步轨道	近极地太阳同步轨道
卫星高度/km	705	705	705
半主轴/km	7085.438	7085.438	
倾角/（°）	98.22	98.2	98.2（轻微右倾）
经过赤道的时间	9：30am	10：00am	10：00am
覆盖周期/天	16	16	16

续表

卫星参数	Landsat-5	Landsat-7	Landsat-8
扫描宽度/km	185	185	185
波段数	7	8	11
机载传感器	MSS、TM	ETM+	OLI、TIRS
运行情况	2011 年 11 月 18 日 美国地质调查局（USGS） 停止获取数据	2003 年出现故障	正常运行

注：多光谱扫描仪（Multi-Spectral Scanner，MSS）；专题制图仪 TM（Thematic Mapper）；ETM+（Enhanced Thematic Mapper）；陆地成像仪 OLI（Operational Land Imager）；热红外传感器 TIRS（Thermal Infrared Sensor）

Landsat 系列遥感影像数据覆盖范围为 83°N～83°S 的所有陆地区域，在传感器波段设计上充分考虑了水、土壤、植被等不同地物在波段反射率上的差异，从而有效扩充了遥感影像数据的应用范围。

2）哨兵卫星（Sentinel）

Sentinel 系列地球观测卫星是欧盟委员会和欧洲航天局共同倡议的全球环境与安全监测系统（即“哥白尼计划”）的重要组成部分，目前，Sentinel 地球观测卫星系列包括 Sentinel-1、Sentinel-2、Sentinel-3、Sentinel-4、Sentinel-5 和 Sentinel-5P（表 1-9）。

表 1-9　Sentinel 系列卫星

卫星	简介
Sentinel-1	主要服务于海洋和陆地监测，采用 C 波段雷达成像，单颗卫星每 12 天覆盖全球一次，双星模式将周期缩短至 6 天，赤道地区重访周期 3 天，北极重访周期 2 天。该卫星有两种主要工作模式（干涉宽幅模式、波模式）和两种附加模式（条带模式、超宽幅模式）。干涉宽幅模式幅宽 250km，地面分辨率 5m×20m；波模式幅宽 20km×20km，图像分辨率 5m×5m；条带模式幅宽 80km，分辨率 5m×5m；超宽幅模式幅宽 400km，分辨率 20m×40m
Sentinel-2	包括 Sentinel-2A 和 Sentinel-2B 两颗卫星，用于陆地监测，所搭载有效载荷为多光谱成像仪（MSI），共有 13 个波段，涵盖了可见光、近红外和短波红外。空间分辨率分别为 10m（4 个波段）、20m（6 个波段）和 60m（3 个波段），幅宽为 290km
Sentinel-3	主要服务于海洋，搭载的仪器有光学成像仪和地形学仪器，前者包括海洋和陆地彩色成像光谱仪（OLCI）等；后者包括微波辐射计（MWR）等。能够实现海洋重访周期小于 3.8 天，陆地重访周期小于 1.4 天
Sentinel-4、Sentinel-5、Sentinel-5P	Sentinel-4 搭载的传感器为紫外-可见光-近红外（UVN）扫描光谱仪；Sentinel-5、Sentinel-5P 搭载的传感器为紫外-可见光-近红外-短波红外（UVNS）推扫式光栅分光计。Sentinel-4、Sentinel-5、Sentinel-5P 均用于大气监测

3）斯波特卫星（SPOT）

SPOT 卫星由法国国家空间研究中心（CNES）设计制造，瑞典、比利时等多国参与。该系列卫星轨道为近极地太阳同步轨道，轨道高度 850km 左右，轨道倾角为 98.77°，卫星的覆盖周期是 26 天，重访周期一般为 3～5 天，部分地区可达 1 天。与其他的陆地卫星相比，该系列卫星具有倾斜观测的能力（SPOT-5），可获得垂直和倾斜的图像，并可在不同轨道扫描重叠产生立体像对。SPOT 系列卫星所搭载的传感器如表 1-10 所示。

表 1-10　SPOT 系列卫星

卫星	传感器
SPOT-1、SPOT-2、SPOT-3	两台高分辨率可见光传感器（High Resolution Visible，HRV）
SPOT-4	高分辨率可见光-红外传感器（High Resolution Visible and Infrared，HRVIR）和一台植被仪（VGT）
SPOT-5	两台高分辨几何成像装置（High Resolution Geometric，HRG）和一台高分辨率立体成像装置（High Resolution Stereo scopic，HRS）

4）EOS-Terra/Aqua 卫星

EOS（Earth Observation System）卫星是美国地球观测系统计划中一系列卫星的简称。1999 年 12 月 18 日发射的 Terra 卫星是 EOS 的第一颗卫星，其主要目标是对太阳辐射、大气、海洋和陆地进行综合观测。该卫星长约 6.8m，直径 3.5m，重达 5190kg。轨道高度 705km，采用近极地太阳同步轨道，在地方时 10:30 穿过赤道。2002 年 5 月 4 日发射的 Aqua 卫星于地方时 13:30 穿过赤道，这两颗卫星提供了每天的变化情况。Aqua 和 Terra 分别是拉丁语中“水”和“土”的意思，用以表明两颗卫星分别对地球水圈和土圈进行观测。两颗卫星的主要参数如表 1-11 所示。

表 1-11　EOS 系列卫星参数

卫星参数	Terra 卫星	Aqua 卫星
发射时间	1999 年 12 月 18 日	2002 年 5 月 4 日
轨道类型（高度）	近极地太阳同步（705km）	近极地太阳同步（705km）
轨道周期/分钟	98.8	98.8
过境时间	10:30	13:30
地面重复周期/天	16	16
重量/kg	5190	2934
星载传感器数据量/个	5	6
星载传感器名称	MODIS、MISR、CERES、MOPITT、ASTER	AIRS、AMSU-A、CERES、MODIS、HSB、AMSR-E
遥测	S 波段	S 波段
卫星设计寿命/年	5	6

Terra 卫星搭载了 5 种不同的传感器，分别是高级星载热发射与反射辐射计（Advanced Spaceborne Thermal Emission and Reflection Radiometer，ASTER）、云与地球辐射能量系统（Clouds and Earth Radiant Energy System，CERES）、多角度成像分光辐射计（Multi-Angle Imaging Spectro Radiometer，MISR）、中等分辨率成像分光辐射计（Moderate-Resolution Imaging Spectrometer，MODIS）和对流层污染测量仪（Measurement of Pollution In The Troposphere，MOPITT）。Aqua 卫星保留了 Terra 卫星上已经有了的 CERES 和 MODIS 传

感器，并在数据采集时间上与 Terra 卫星形成互补。

5）NOAA 系列卫星

NOAA 系列卫星是美国海洋和大气管理局发射的极轨气象系列卫星。目前使用较多的为第五代 NOAA 卫星，包括 NOAA-15～NOAA-18，NOAA-19 卫星因检修失误而损毁。

NOAA 系列卫星的轨道是近圆形近极地太阳同步轨道，轨道高度在 800～870km，轨道倾角在 98.6°～99.1°，回归周期 9 天左右。NOAA 系列卫星上携带的探测仪器主要有高级甚高分辨率辐射仪（Advanced Very High Resolution Radiometer，AVHRR）和泰罗斯垂直分布探测仪（TIROS Operational Vertical Sounder，TOVS）。最新的 NOAA-20 搭载的传感器有先进技术微波探测仪（Advanced Technology Microwave Sounder，ATMS）和跨轨红外探测仪（Cross-track Infrared Sounder，CrIS），可为天气和气候应用提供更准确、详细的大气温度和湿度观测值；可见红外成像辐射仪套件（Visible Infrared Imaging Radiometer Suite，VIIRS），用于收集可见光和近红外图像以及对陆地、大气、冰冻圈和海洋的全球观测；臭氧测绘和分析仪套件（Ozone Mapping and Profiler Suite，OMPS），可跟踪臭氧层的健康状况并测量地球大气中臭氧的浓度；云与地球辐射能量系统（CERES），用于测量反射的太阳光和地球发射的热辐射。

6）EO-1 卫星

EO-1 卫星于 2000 年 11 月 21 日从范登堡空军基地发射升空，是美国国家航空航天局新千年计划（NMP）的第一颗新型对地观测卫星，主要目的是对卫星本体和新型遥感器技术进行验证。该卫星运行轨道为近极地太阳同步轨道，高度 705km，轨道倾角 98.7°，轨道运行周期 99 分钟，重访周期 16 天，降交点地方时为 10:15。EO-1 卫星上搭载了 3 种传感器：高光谱成像光谱仪（Hyperion）、高级陆地成像仪（Advanced Land Imager，ALI）和大气校正仪（Atmospheric Corrector，AC）。

7）Radarsat 卫星

1995 年 11 月 4 日发射的 Radarsat-1 卫星搭载 C 波段（波长 5.6cm）HH 极化的合成孔径雷达（SAR）传感器，是世界上第一颗商业雷达卫星。该卫星采用近极地太阳同步轨道，轨道倾角 98.5°，高度 790～800km，重访周期 24 天。它具有 7 种模式、25 种波束和不同入射角（10°～59°可调），因而可获得具有多种分辨率（10～100m）和不同幅宽（50～500km）的 SAR 影像。

2007 年 12 月 14 日发射的 Radarsat-2 卫星性能得到了较大的提升，增加了 1m 分辨率的 spotlight 模式、3m 分辨率超精细模式、多视精细模式和四种极化模式。此外，由于可通过指令进行左视和右视切换，该卫星的重访周期缩短，而且具备了单星立体成像能力。

8）ICESat 卫星

ICESat（Ice、Cloud and Land Elevation Satellite）卫星是世界上首颗激光测高仪试验卫星。该卫星发射于 2003 年 1 月 13 日，轨道高度约 590km，是一颗非太阳同步卫星（卫星轨道主要参数见表 1-12）。该卫星主要任务是测量地球两极的冰盖总量及其对海平面变化的影响，测量云和气溶胶的水平分布和垂直结构，以及测量海冰、地形和植被高度等特征。

表 1-12　ICESat 卫星参数

卫星参数	ICESat	ICESat-2
轨道类型	非太阳同步	非太阳同步
轨道高度/km	590	500
轨道倾角/（°）	94	92
轨道周期/天	183	91
设计寿命	3 年（实际在轨 7 年）	5 年
开始工作时间	2003 年 1 月	2018 年 9 月

星上搭载了地球科学激光测高系统（Geoscience Laser Altimeter System，GLAS），是第一个用于连续观测地球的激光系统，可提供比星载雷达高度计更精确的观测数据，在极地冰雪环境遥感应用中（冰盖高程测量、海冰厚度测量等）发挥了巨大作用，并在植被及生物量测量方面也充分展现了尺度和精度上的优势。

2018 年 9 月 15 日发射的 ICESat-2 卫星搭载了更为先进地形激光高度计系统（Advanced Topographic Laser Altimeter System，ATLAS），并且首次将单光子探测技术引入地球高程探测，极大地提高了地形数据探测的获取效率。

9）高分系列卫星

高分专项工程是中国《国家中长期科学和技术发展规划纲要（2006—2020 年）》确定的 16 个重大科技专项之一，极大地提高了中国天基对地观测水平，推动中国遥感卫星技术跨上了新的台阶。表 1-13 简要介绍了目前广为应用的几颗高分卫星。

表 1-13　高分系列卫星

名称（类型）	发射时间（年/月/日）	卫星轨道	主要特点
高分一号（光学）	2013/4/26	近极地太阳同步轨道，轨道高度 645km，轨道倾角为 98.0506°，降交点地方时为 10:30	搭载两台高分辨率相机，其中全色相机分辨率 2m、多光谱相机分辨率 8m，并携带 16m 分辨率，幅宽为 800km 的宽幅相机，是典型的高时间分辨率（宽覆盖）遥感卫星
高分二号（光学）	2014/8/19	近极地太阳同步轨道，轨道高度为 631km，轨道倾角为 97.9080°，降交点地方时为 10:30	我国目前分辨率最高的民用陆地观测卫星，携带了全色分辨率优于 1m、多光谱分辨率优于 4m 的高分辨率相机，实现了较高的空间分辨率
高分三号（SAR）	2016/8/10	近极地太阳同步轨道，轨道高度为 755km	C 波段多极化合成孔径雷达，分辨率可达 1m，具备全天时、全天候观测能力
高分四号（光学）	2015/12/29	地球同步轨道，轨道高度为 36 000km，定点位置 105.6°E	我国第一颗地球同步轨道遥感卫星。搭载了一台可见光 50m/中波红外 400m 分辨率、大于 400km 幅宽的凝视相机，具备可见光、多光谱和红外成像能力，可通过指向控制实现对中国及周边地区的观测

续表

名称（类型）	发射时间（年/月/日）	卫星轨道	主要特点
高分五号（高光谱）	2018/5/9	近极地太阳同步轨道，轨道高度为 705km，轨道倾角 98.2°	世界上第一颗同时对陆地和大气进行综合观测的卫星。配备 6 个载荷（可见短波红外高光谱相机、全谱段光谱成像仪、大气主要温室气体监测仪、大气环境红外甚高光谱分辨率探测仪、大气气溶胶多角度偏振探测仪和大气痕量气体差分吸收光谱仪），可对大气气溶胶、二氧化硫、二氧化氮、二氧化碳、甲烷、水华、水质、核电厂温排水、陆地植被、秸秆焚烧、城市热岛等环境要素进行监测
高分六号（光学）	2018/6/2	近极地太阳同步轨道，轨道高度 645km，轨道倾角为 98.0506°	实现了 8 谱段 CMOS 探测器的国产化研制，国内首次增加了“红边”波段。搭载 2m 全色/8m 多光谱高分辨率相机（幅宽 90km）、16m 多光谱中分辨率宽幅相机（幅宽 800km），具有高分辨率、宽覆盖、高质量和高效成像等特点
高分七号（光学立体测绘）	2019/11/3	近极地太阳同步轨道，轨道高度为 500km	具有目前国内最高的定位精度。搭载 0.8m 分辨率的两线阵全色立体相机和 3.2m 分辨率的多光谱相机，可实现 1:1 万比例尺的立体测图

10）环境系列卫星

环境系列卫星是中国专门用于环境和灾害监测的对地观测卫星系统。该系统由两颗光学卫星（HJ-1A 和 HJ-1B）和一颗雷达卫星（HJ-1C）组成，具备全天候、全天时、大范围的环境及灾害动态监测能力。

HJ-1A 和 HJ-1B 卫星于 2008 年 9 月 6 日同时发射成功，轨道高度 650km，轨道倾角 97.95°，重访周期为 31 天。HJ-1A 卫星搭载了 CCD（Charge Coupled Device）相机和高光谱成像仪（Hyperspectral Imager），HJ-1B 卫星搭载了 CCD 相机和红外多光谱相机（IRS）。

HJ-1C 卫星于 2012 年 11 月 19 日升空，轨道高度 500km，轨道倾角 97.37°，重访周期同样为 31 天。星上搭载 S 波段的合成孔径雷达，具有条带（单视，5m 分辨率）和扫描（四视，20m）两种工作模式，成像带宽度分别为 40km 和 100km。

11）资源系列卫星

资源系列卫星是专门用于探测和研究地球资源的卫星，采用太阳同步轨道，能够全面、迅速获取有关地球资源的情况。我国已陆续发射中巴地球资源卫星（又称资源一号卫星）、资源二号卫星和资源三号卫星。资源系列卫星简介如表 1-14 所示。

表 1-14　资源系列卫星

卫星	简介
资源一号卫星（ZY-01）	由我国和巴西联合研制，于 1999 年 10 月发射成功，采用近极地太阳同步圆轨道，轨道高度 778km，轨道倾角为 98.5°，降交点时间为 10:30，重访周期 26 天。卫星上搭载 CCD 相机、红外多光谱扫描仪（IRMSS）和宽视场成像仪（WFI）

续表

卫星	简介
资源二号卫星（ZY-02）	2003 年 10 月升空，采用与 ZY-01 完全相同的卫星轨道参数和传感器参数。这两颗卫星填补了我国资源卫星的空白，已被广泛应用于农业、林业、水利、矿产、能源、测绘和环保等众多领域，取得了显著成效
资源二号卫星（ZY-02B）	2007 年 9 月 19 日升空，搭载了 CCD 相机、高分辨率相机 HR（High Resolution）和宽视场成像仪（WFI）
资源二号卫星（ZY-02C）	2011 年 12 月 22 日升空，搭载多光谱相机和高分辨率相机
资源三号卫星（ZY-3）	2012 年 1 月 9 日成功发射，是我国首颗民用高分辨率光学传输型立体测图卫星，集测绘和资源调查功能于一体。该卫星采用近极地太阳同步圆轨道，卫星高度为 505.984km，倾角为 97.421°，降交点时间为 10:30，重访周期为 5 天。所搭载传感器有正视全色 TDI-CCD 相机、前视全色 TDI-CCD 相机、后视全色 TDI-CCD 相机和正视多光谱相机，空间分辨率 3.5m，因此可以获取同一地区三个不同观测角度的高分辨率立体像对，从而提供丰富的三维几何信息，填补了我国立体测图领域的空白，具有里程碑意义
资源三号 02 星（ZY3-02）	2016 年 5 月 30 日发射升空，卫星轨道和传感器与 ZY-3 基本相同，从而实现了自主民用立体测绘双星组网运行，缩短了重访周期和覆盖周期，能够长期、连续、稳定、快速地获取覆盖全国乃至全球的高分辨率立体影像和多光谱影像。该卫星的空间分辨率提升至 2.5m，为 1:5 万、1:2.5 万比例尺立体测图提供了坚实基础

1.5 传感器类型及数据源特征

根据所使用的电磁波谱段不同，遥感传感器主要包括四种类型：可见光-反射红外遥感、热红外遥感、微波遥感以及激光雷达遥感。

1.5.1 可见光-反射红外遥感

1.5.1.1 多光谱

多光谱遥感依据地物的光谱特性差异以及在影像中的形态和结构差异来判别地物，达到在光谱维度上扩大遥感信息量的目的。近年来，多光谱遥感技术已广泛应用于植被生长状态监测（Belluco et al.，2006；Naik et al.，2021）、土地利用（Wu et al.，2020；付青等，2020）、水环境监测（骆剑承等，2009；Sayers et al.，2021）等方面，成为生态环境可持续发展研究的重要手段之一。

1）原理与特点

多光谱遥感是一种使用多个（两个以上）波谱通道的传感器对地物进行同步成像的遥感技术，一次拍摄可形成多幅同一场景、具有不同光谱波段的影像（童庆禧等，1983）。一般来说，多光谱遥感在可见光的基础上向红外和紫外两个方向扩展，并通过各种滤光片或分光器与多种感光设备（如胶片、CCD 或 CMOS 等）的组合，将目标反射辐射的电磁波信息分成若干波谱段进行接收和记录，从而获得同一目标在不同光谱带上的辐射信息，形成若干张不同光谱带的照片（童庆禧，1983；王斌永等，2004）。

多光谱遥感按照成像方式的不同可分为扫描成像系统和摄影成像系统两大类，前者是利用飞行器与探测器成正交方向的移动来获得目标的二维信息，后者一般通过照相机（摄影机）直接成像。

2）主要载荷与应用

（1）Landsat 系列卫星载荷。Landsat-1 ~ Landsat-3 搭载多光谱扫描仪（MSS），Landsat-4 ~ Landsat-5 携带的有效载荷为 MSS 和专题制图仪（TM），Landsat-7 使用的是增强型专题制图仪（ETM+），Landsat-8 则升级为陆地成像仪（OLI）。随着 Landsat 系列遥感系统的发展，其成像方式由原来的摆扫式（MSS、ETM、和 ETM +）转变为推扫式（OLI），波段数量由 MSS 的 4 波段增加到 OLI 的 9 波段，成为世界各国广泛使用的遥感数据源。下面对其主要载荷进行简介。

a. MSS。MSS 传感器共有 4 个波段，主要信息如表 1-15 所示。

表 1-15　MSS 传感器参数

Landsat-1 ~ Landsat-3	Landsat-4 ~ Landsat-5	类型	波长/μm	分辨率/m	主要作用
Band 4	Band 1	绿色波段	0.5 ~ 0.6	80	对水体有一定透射能力，清洁水中透射深度可达 10 ~ 20m，可判别地形和近海海水泥沙，可探测健康绿色植被反射率
Band 5	Band 2	红色波段	0.6 ~ 0.7	80	用于城市研究，对道路、大型建筑工地、砂场和采矿区反应明显。可用于地质研究、水中泥沙含量研究，植被分类
Band 6	Band 3	近红外	0.7 ~ 0.8	80	用于区分健康与病虫害植被，水陆分界，以及土壤含水量研究
Band 7	Band 4	近红外	0.8 ~ 1.1	80	用于测定生物量和监测作物长势，水陆分界，以及地质研究

Landsat-1 ~ Landsat-5 上都搭载有 MSS 传感器，Landsat-1 ~ Landsat-3 的四个波段编号为 Band 4、Band 5、Band 6 和 Band 7。Landsat-4 ~ Landsat-5 开始重新编号，波段顺序分别为 Band 1、Band 2、Band 3 和 Band 4。MSS 选用可见光–近红外（0.5 ~ 1.1μm）波段，空间分辨率为 80m，在植被状态监测、地质调查、城市管理等领域有广泛应用（Pickens et al.，2020；乔丹玉等，2021）。

b. TM。TM 传感器工作期间，状态良好，几乎实现了连续地获取地球影像。主要参数如表 1-16 所示。

TM 传感器共 7 个波段，Band 1 ~ Band 5 和 Band 7 的空间分辨率为 30m，Band 6 为热红外波段，其空间分辨率为 120m。TM 传感器南北向的扫描范围大约为 170km，东西向扫描范围大约为183km。

表 1-16　TM 传感器主要参数

Landsat-4 ~ Landsat-5	波段	波长/μm	分辨率/m	主要用途
Band 1	蓝绿波段	0.45-0.52	30	用于水体穿透，分辨土壤和植被
Band 2	绿色波段	0.52 ~ 0.60	30	分辨植被
Band 3	红色波段	0.63 ~ 0.69	30	处于叶绿素吸收区域，用于观测道路、裸露土壤、植被种类等
Band 4	近红外波段	0.76 ~ 0.90	30	用于估算生物量
Band 5	中红外波段	1.55 ~ 1.75	30	用于分辨道路、裸露土壤、水体，在不同植被之间有好的对比度，并且有好的穿透云雾的能力
Band 6	热红外波段	10.40 ~ 12.50	120	感应发出热辐射的目标
Band 7	中红外波段	2.08 ~ 2.35	30	对于岩石、矿物的分辨很有用，也可用于辨识植被覆盖和湿润土壤

c. ETM 和 ETM+。ETM+是 ETM 的增强版，主要参数如表 1-17 所示。

表 1-17　ETM+传感器

波段	波段名称	波长/μm	分辨率/m	主要用途
Band 1	蓝绿波段	0.45 ~ 0.52	30	用于水体穿透，分辨土壤植被
Band 2	绿色波段	0.52 ~ 0.60	30	用于分辨植被
Band 3	红色波段	0.63 ~ 0.90	30	处于叶绿素吸收区，用于观测道路、裸露土壤和植被种类等
Band 4	近红外	0.76 ~ 0.90	30	用于估算生物量、分辨潮湿土壤
Band 5	中红外	1.55 ~ 1.75	30	用于分辨道路、裸露土壤和水体，在不同植被间有好的对比度，且有较好的大气、云雾分辨能力
Band 6	热红外	10.40 ~ 12.50	60	感应目标的热辐射
Band 7	中红外	2.09 ~ 2.35	30	用于岩石、矿物的分辨，也可用于辨识植被覆盖和湿润土壤
Band 8	全色	0.52 ~ 0.90	15	为15m 分辨率的全色图像，用于提高空间分辨率

ETM 在原来 TM 传感器 7 个波段基础上，增加了一个全色波段（0.52 ~ 0.90μm，空间分辨率 15m），称之为改进型专题制图仪（ETM）。另外，还改善了探测器设计，使得所有波段的影像可自动配准，并提高了信噪比。ETM+在 ETM 的基础上，设置了太阳定标器和内部光源定标用来改善辐射定标，且热红外谱段的空间分辨率由 120m 提高到 60m，称之为增强型专题制图仪（ETM+）。需要注意的是，该载荷在 2003 年 5 月 31 日发生故障，导致获取影像出现条带缺失（约占影像总面积的 1/5），严重影响了该遥感影像的使用。

（2）哨兵系列卫星载荷。目前，哨兵系列包括 Sentinel-1 ~ Sentinel-5 和 Sentinel-5P，

本节主要介绍Sentinel-2 的有效载荷。Sentinel-2 包括两颗卫星：Sentinel-2A 和 Sentinel-2B，所搭载的有效载荷为多光谱成像仪（MSI），用于陆地监测，其主要参数如表 1-18 所示。

表 1-18　Sentinel-2A 和 Sentinel-2B 有效载荷 MSI 参数

波段	Sentinel-2A 中心波长/nm	Sentinel-2B 中心波长/nm	分辨率/m	主要用途
Band 1	443.9	442.3	60	用来监测近岸水体和大气中的气溶胶
Band 2	496.6	492.1	10	可见光波段
Band 3	560.0	559.0	10	
Band 4	664.5	665.0	10	
Band 5	703.9	703.8	20	红边波段，对植被健康监测非常有效
Band 6	740.2	739.1	20	
Band 7	782.5	779.7	20	
Band 8	835.1	833.0	10	近红外波段（宽）
Band 8a	864.8	864.0	20	近红外波段（窄）
Band 9	945.0	943.2	60	水蒸气波段
Band 10	1373.5	1376.9	60	短波红外波段
Band 11	1613.7	1610.4	20	
Band 12	2202.4	2185.7	20	

MSI 的工作谱段为可见光、近红外和短波红外，共包括 13 个波段，具有 10m、20m 和 60m 三种空间分辨率，多光谱图像的幅宽为 290km，可提供有关陆地植被生长、土壤覆盖状况、内河和沿海区域环境等信息，对于改善农林业种植、预测粮食产量、保证粮食安全具有重要意义，还可用于监测洪水、泥石流等自然灾害（田琰琰，2019；Dong et al.，2020）。

（3）NOAA 系列卫星载荷。NOAA-6 之前的卫星搭载的是甚高分辨率辐射仪（Very High Resolution Radiometer，VHRR），NOAA-6 ~ NOAA-14 上搭载的是高级甚高分辨率辐射（AVHRR）。一般把 NOAA-6、NOAA-7、NOAA-8、NOAA-10 上的传感器称为第一代，即 AVHRR/1；把 NOAA-7、NOAA-9、NOAA-11、NOAA-12、NOAA-13、NOAA-14 上的 AVHRR 称为第二代，即 AVHRR/2；把自 NOAA-15 开始的称为第三代，即 AVHRR/3，并将第三通道分设为 3A 和 3B 两个通道。表 1-19 给出了 AVHRR/3 的主要参数。

表 1-19　AVHRR/3 各波段主要用途

波段	波段范围/μm	波段	主要用途
Band 1	0.58 ~ 0.68	可见光	海洋水色、叶绿素、泥沙、海洋污染等
Band 2	0.725 ~ 1.10	近红外	植被、水陆边界、大气状况等
Band 3A	1.58 ~ 1.68	中红外	土壤湿度、植物含水量、云雪识别

续表

波段	波段范围/μm	波段	主要用途
Band 3B	3.55 ~ 3.93	中红外	夜间成像、高温火点监测
Band 4	10.5 ~ 11.3	热红外	地球背景温度场、热污染、海温、海流和涡旋、土壤湿度
Band 5	11.5 ~ 12.5	热红外	云顶温度

AVHRR 的成像范围较大，所以其空间分辨率是变化的，星下点处为 1.1km，远离星下点处约为 4km。AVHRR 的数据采用 10bit 记录，具有较高的辐射分辨率。由于将中红外波段细分为 3A 和 3B 两个通道，AVHRR/3 能够获得更为丰富的地物信息。AVHRR 数据广泛应用于环境科学、地球物理等众多领域，在农作物估产、森林火灾监测、云顶测定、海面温度计算等方面均有建树（张明伟，2006；Rojas，2021）。

（4）SPOT 系列卫星载荷。SPOT 1 ~ SPOT 3 携带两台高分辨率可见光传感器（HRV），SPOT 4 和 SPOT 5 增加了一个多角度遥感成像仪——宽视域植被探测仪 VGT（Vegetation），以及一个短波红外波段（1.58 ~ 1.75μm）。SPOT 5 上搭载了 2 台 HRV、1 台 VGT 和 1 台高分辨率立体成像装置 HRS，表 1-20 中总结了 SPOT 使用的主要载荷。

表 1-20　SPOT 主要载荷信息

SPOT 1 ~ SPOT 3		SPOT 4			SPOT 5			
波段	HRV 空间分辨率/m	波段	HRG 空间分辨率/m	VGT 空间分辨率/km	波段	HRG 空间分辨率/m	VEG 空间分辨率/km	HRS 空间分辨率/m
0.51 ~ 0.73μm	10	0.49 ~ 0.73μm	10		0.49 ~ 0.69μm	2.5 或 5		10
		0.43 ~ 0.47μm		1.15	0.43 ~ 0.47μm		1	
0.50 ~ 0.59μm	20	0.50 ~ 0.59μm	20	1.15	0.49 ~ 0.61μm	10	1	
0.61 ~ 0.68μm	20	0.61 ~ 0.68μm		1.15	0.61 ~ 0.68μm	10	1	
0.79 ~ 0.89μm	20	0.78 ~ 0.89μm	20	1.15	0.78 ~ 0.89μm	10	1	
		1.58 ~ 1.78μm	20	1.15	1.58 ~ 1.75μm	20	1	
视场/km	60	视场/km	60	2250	视场/km	60	2250	120

SPOT 1 ~ SPOT 3 的 HRV 不仅可以获得 0.51 ~ 0.73μm 波段范围的全色单波段影像（空间分辨率为 10m），也可获取 0.50 ~ 0.89μm 波段范围的，具有 3 个波段的多光谱影像（空间分辨率为 20m）。SPOT 4、SPOT 5 增加的 VGT 扫描宽度可达 2250km，星下点分辨率 1.15km，在可见光-短波红外波段（0.43 ~ 1.78μm）有 5 个波段。SPOT 4 中的 VGT 和高分辨率几何成像装置（HRG）具有公共视野，因此可同时获得一个区域的低分辨率和高分辨率数据。SPOT 5 则具有分辨率多样（2.5m、5m、10m、20m 和 1km）、覆盖范围广（60km、120km、2250km）的影像获取能力，而且可以获得 2.5m×2.5m、5m×5m 和 5m×

10m（实时前后模式）高精度立体像对，可应用于军事、测绘及资源环境大比例尺遥感制图等领域。SPOT 4、SPOT 5 所增加的短波红外波段（1.58～1.78μm）具有 20m 的空间分辨率，可有效提高对作物的管理能力和灾害评估能力。

（5）环境系列卫星载荷。HJ-1A 有效载荷为两台多光谱可见光相机（CCD 相机）和一台高光谱成像仪。HJ-1B 有效载荷为两台多光谱可见光相机和一台红外多光谱相机。表 1-21 列出了 CCD 载荷的参数信息。

表 1-21　HJ-1 CCD 各波段及主要用途

波段号	波段名称	波长/μm	分辨率/m	主要用途
Band 1	蓝	0.43～0.52	30	水体
Band 2	绿	0.52～0.60	30	植被
Band 3	红	0.63～0.69	30	叶绿素、水中悬浮泥沙、陆地
Band 4	近红外	0.76～0.90	30	植物识别、水陆边界、土壤湿度

单台 CCD 相机的幅宽为 360km，两台 CCD 相机以星下点平分视场、并行推扫成像，联合幅宽为 710km，具有 30m 的空间分辨率。环境系列卫星遥感数据对于快速、实时捕捉灾害事件信息，及时掌握其发展动态和趋势具有重要作用，同时在生态环境监测、作物生长监测等领域也具有一定的应用潜力（李传荣等，2008）。

（6）高分系列卫星载荷。中国高分系列卫星已经从高分一号发展到高分十四号（截至 2021 年 4 月），极大地丰富了我国的自主对地观测数据源，为精准农业、灾害监测等领域提供了可靠稳定的卫星数据支持。下面对高分一号（GF-1）、高分二号（GF-2）和高分四号（GF-4）的主要载荷进行介绍。

GF-1 是国家高分辨率对地观测系统重大专项天基系统中的首发星，目的是促进我国高空间分辨率与多光谱相结合的光学遥感、多载荷图像拼接融合等关键技术的提升，提高我国高分辨率数据的自给率。其主要载荷参数如表 1-22 所示。

表 1-22　高分 1 号载荷技术参数

<table>
<tr><th>传感器</th><th>波段号</th><th>波谱范围/μm</th><th>空间分辨率/m</th><th>宽幅/km</th><th>重访周期/天</th></tr>
<tr><td rowspan="5">PMS 相机</td><td>Band 1</td><td>0.45～0.9</td><td>2</td><td rowspan="5">60
（两台相机）</td><td rowspan="5">4</td></tr>
<tr><td>Band 2</td><td>0.45～0.52</td><td rowspan="4">8</td></tr>
<tr><td>Band 3</td><td>0.52～0.59</td></tr>
<tr><td>Band 4</td><td>0.63～0.69</td></tr>
<tr><td>Band 5</td><td>0.77～0.89</td></tr>
<tr><td rowspan="4">WFV 相机</td><td>Band 6</td><td>0.45～0.52</td><td rowspan="4">16</td><td rowspan="4">800
（四台相机）</td><td rowspan="4">2</td></tr>
<tr><td>Band 7</td><td>0.52～0.59</td></tr>
<tr><td>Band 8</td><td>0.63～0.69</td></tr>
<tr><td>Band 9</td><td>0.77～0.89</td></tr>
</table>

GF-1 搭载的有效载荷有两类：①WFV 相机，四台空间分辨率为 16m；②两台空间分辨率为 2m 全色和 8m 多光谱的 PMS 相机。可为城市交通管理、气候气象观测以及林业资源监测等领域提供数据支持。

GF-2 搭载了两台高分辨率的 1m 全色、4m 多光谱相机，成像幅宽为 45km，具有空间分辨率高、定位精度高、快速姿态机动能力等特点，其主要技术指标如表 1-23 所示。

表 1-23　GF-2 载荷技术参数

<table>
<tr><th>载荷名称</th><th>波段号</th><th>波段范围/μm</th><th>空间分辨率/m</th><th>幅宽/km</th></tr>
<tr><td rowspan="5">全色多光谱相机</td><td>1</td><td>0.45～0.90</td><td>1</td><td rowspan="5">45
（2 台相机组合）</td></tr>
<tr><td>2</td><td>0.45～0.52</td><td rowspan="4">4</td></tr>
<tr><td>3</td><td>0.53～0.59</td></tr>
<tr><td>4</td><td>0.63～0.69</td></tr>
<tr><td>5</td><td>0.77～0.89</td></tr>
</table>

GF-4 携带的有效载荷是一台具有可见光（分辨率 50m）和中波红外（分辨率 400m）的面阵相机，采用面阵凝视方式成像，具有可见光、多光谱和红外成像能力，其主要技术参数如表 1-24 所示。由于它是一颗地球同步卫星且传感器可以摆动，因此具有时间分辨率高、定点成像的特点，重访周期只有 20s，可以每三分钟成像一次（许洁平，2017），可为我国减灾、林业、地震、气象等应用提供快速、可靠、稳定的光学遥感数据，为灾害风险预警预报、林火灾害监测、地震构造信息提取、气象天气监测等业务补充了全新的技术手段，开辟了我国地球同步轨道高分辨率对地观测的新领域（She et al.，2017；凡堃堃，2019）。

表 1-24　高分 4 号载荷技术参数

<table>
<tr><th colspan="2">传感器名称</th><th>波段数量</th><th>光谱范围/nm</th><th>波段范围/nm</th><th>空间分辨率/m</th><th>幅宽/m</th><th>重访时间/s</th><th>轨道类型</th></tr>
<tr><td rowspan="6">面阵相机</td><td rowspan="3">可见光近红外（VNIR）</td><td rowspan="5">5</td><td rowspan="5">450～900</td><td>450～900</td><td rowspan="5">50</td><td rowspan="5">400</td><td rowspan="5">20</td><td rowspan="6">地球同步轨道</td></tr>
<tr><td>450～520</td></tr>
<tr><td>520～600</td></tr>
<tr><td rowspan="3">中波红外（MNIR）</td><td>630～690</td></tr>
<tr><td>760～900</td></tr>
<tr><td>1</td><td>35 000～41 000</td><td>—</td><td>400</td><td></td><td></td></tr>
</table>

（7）无人机载荷。无人机多光谱成像系统多使用小型成像传感器作为机载遥感设备。目前主流的小型多光谱相机一般是采用多个独立的镜头与传感器（如 CMOS 等），传感器前端设置不同波段的滤光片（如 Tetracam Mini-MCA6、Parrot Sequoia 等）以实现多波段影

像的同时获取（孙刚等，2018）。下面介绍几种常用的无人机多光谱相机。

a. Tetracam Mini-MCA6。Min-MCA6 为六通道（6 个镜头）多光谱相机（图 1-16），每个通道都有它自己的检测器/滤镜/镜头，固定在其光学模块上，并配有独立的存储卡用于存储每个通道的影像。

图 1-16　Tetracam Mini-MCA6

该相机的参数如表 1-25 所示，其主要特点是：①波宽仅 10nm，因而具有很高的光谱精度；②每通道具有 1.3M 像素，可达到较高的空间分辨率；③可更换镜头和滤光片，因此可按需定制光谱波段；④可外接 GPS 并采用按位置拍摄的方式获取影像，适用于无人机遥感使用；⑤可视频输出。

表 1-25　Tetracam Mini-MCA6 参数

参数	内容
分辨率	SXGA（1280×1024）1.3M 像素
传感器	CMOS
通道数	6 个
波段（波宽）	蓝光：490（10nm）、绿光：550（10nm）、红光：680（10nm）、红边：720（10nm）、近红外 1：800（10nm）、近红外 2：900（20nm）

b. Parrot Sequoia。Parrot Sequoia 的主要优点是精度高、尺寸小、重量轻、适配性强、操作简便［图 1-17（a）］。由于自带 GNSS、IMU 和光照传感器［图 1-17（b）］，其可以获得拍照时的光照环境以及精准的图像地理位置，且具有手动拍摄、定时拍摄、定点拍摄等多种控制模式，适用于绝大多数类型的无人机。

(a)多光谱传感器

(b)光照传感器

图 1-17　Parrot Sequoia

Parrot Sequoia 传感器的参数信息介绍见表 1-26。

表 1-26　Parrot Sequoia 参数信息介绍

参数	内容
分辨率	1600 万像素
通道数	4 个
水平视角	61.9°
垂直视角	48.5°
光谱通道	绿光（550nm）、红光（660nm）、红边（735nm）、近红外（790nm）
帧率	1 帧/s

该传感器的 4 个多光谱波段包括绿光（带宽 40nm）、红光（带宽 40nm）、红边（带宽 10nm）和近红外（带宽 40nm）波段，视场角为 61.9°。此外，该传感器还配备一个 RGB 相机，视场角为 63.9°。需要注意的是，RGB 相机采用的是卷帘快门，所以当无人机平台稳定性较差时，相片会出现波纹效应（也称果冻效应）。

c. MicaSense Altum。MicaSense Altum 是新型的“多光谱+热红外”成像光谱仪，能够同时进行多光谱和热红外成像（表 1-27，图 1-18）。

表 1-27　MicaSense Altum 主要参数

参数	内容
通道数	6 个（5 个多光谱+1 个热红外）
波段	蓝光（450nm）、绿光（560nm）、红光（650nm）、红边（730nm）、近红外（840nm）、热红外（8～14μm）
分辨率	2064×1544 像素（多光谱）160×120 像素（热）
视场角/（°）	48.0×36.8（多光谱）57.0×44.3（热）

图 1-18　MicaSense Altum

该传感器的主要优势是能够在获取高空间分辨率的蓝光、绿光、红光、红边、近红外五个光谱影像的同时，获取热红外影像，为近低空遥感观测提供高集成度的数据获取解决方案。此外，通过光照传感器、窄带滤光片、圆形快门等技术手段极大地提高了光谱精度和影像空间分辨率，消除/减弱了图像的失真。

d. 大疆精灵 Phantom 4-M。大疆精灵 4 多光谱版（Phantom 4-M）的图片和主要参数见图 1-19 和表 1-28。

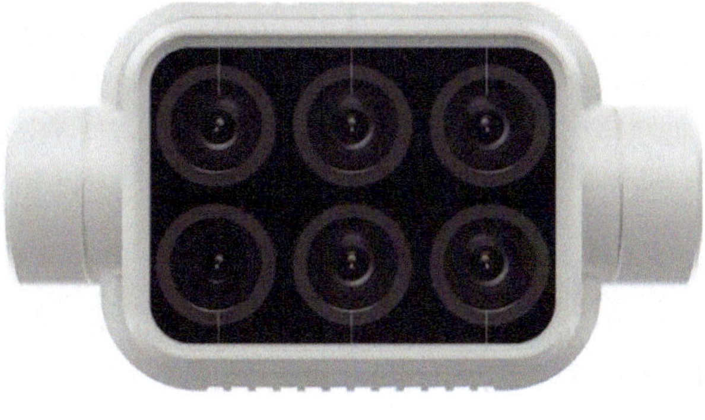

图 1-19　大疆精灵 Phantom 4-M

表 1-28　大疆精灵 Phantom 4-M 主要参数

参数	内容
传感器	CMOS
有效像素	208 万像素
视场角	62.7°

续表

参数	内容
焦距	5.74mm
分辨率	1600×1300 像素
波段	蓝光（450nm）、绿光（560nm）、红光（650nm）、红边（730nm）、近红外（840nm）

大疆精灵 Phantom 4-M 搭载了一体式的多光谱成像系统：1 个 RGB 和 5 个多光谱（蓝光、绿光、红光、红边和近红外，均为 200 万像素）。由于使用全局快门，大疆精灵 Phantom 4-M 可避免飞行平台抖动对成像造成的影响。与 Parrot Sequioa 类似，该系统也集成了光强传感器，可把成像瞬间的太阳辐照度记录下来用于后期处理时进行光照补偿，降低环境光照变化对数据的干扰，获取更准确的光谱值。

1.5.1.2 高光谱遥感

高光谱遥感是高光谱分辨率遥感的简称，是用很窄且连续的光谱通道对目标成像的技术，是研究地表物质的成分、含量、存在状态和动态变化与光谱反射率之间对应关系的科学。由于具有光谱精细、信息丰富等特点，高光谱遥感技术在已经在精准农业（何勇等，2021）、森林火灾监测（张光辉，2007；Chen et al.，2015）、草地退化监测（Kycko et al.，2019；张亦然等，2021）、水质监测（田野等，2015；Kravitz et al.，2021）等诸多方面取得了巨大成就。

1）原理与特点

高光谱遥感技术利用很多很窄的电磁波波段（通常小于 10nm）从目标获取光谱数据，把遥感波段从几个、几十个推向数百个、上千个。与多光谱遥感相比，高光谱遥感主要具有以下特点：①光谱分辨率高且波段连续，可提供几乎连续的地物光谱，极大地提高了地物识别能力（如不同矿物、不同树种的区分），为遥感由定性向定量/半定量转化提供了可能；②“图谱合一”的特点使其可将光谱信息与空间信息结合起来，综合表现地物的属性特征和几何位置关系；③数据量大，相邻波段间高度相关，信息冗余度大，传统的遥感图像处理算法和技术无法直接使用，数据处理难度大。

2）主要载荷与应用

（1）Terra & Aqua / MODIS。MODIS 主要搭载在 Terra 和 Aqua 卫星上。MODIS 具有 36 个光谱波段（0.4～4.3μm）（表 1-29），其中可见光短波红外 20 个，热红外 16 个；光谱带宽度在 10～35nm（0.659μm 和 2.1μm 处除外），且具有较高的辐射分辨率（数据量化等级为 12bit）。此外，MODIS 还具有许多针对大气特征的波段，便于进行大气校正或大气参数反演。

表 1-29 MODIS 载荷参数

波段	波段范围	光谱带宽	地面分辨率/m	主要用途
Band 1	320～670nm	50nm	250	植物叶绿素吸收
Band 2	841～876nm	35nm	250	云和植物、土地覆盖

续表

波段	波段范围	光谱带宽	地面分辨率/m	主要用途
Band 3	459 ~ 479nm	20nm	500	土壤、植被差异
Band 4	545 ~ 565nm	20nm	500	绿色植物
Band 5	1230 ~ 1250nm	20nm	500	叶子/冠层差异
Band 6	1628 ~ 1652nm	20nm	500	雪/云差异
Band 7	2105 ~ 2155nm	50nm	500	土地和云特性
Band 8	405 ~ 420nm	15nm	1000	海洋水色、浮游生物
Band 9	438 ~ 448nm	10nm	1000	
Band 10	483 ~ 493nm	10nm	1000	
Band 11	526 ~ 536nm	10nm	1000	
Band 12	546 ~ 556nm	10nm	1000	海洋水色、沉积物
Band 13	662 ~ 672nm	10nm	1000	沉积物、大气
Band 14	673 ~ 683nm	10nm	1000	叶绿素荧光
Band 15	743 ~ 753nm	10nm	1000	气溶胶特性
Band 16	862 ~ 877nm	15nm	1000	气溶胶/大气特性
Band 17	890 ~ 920nm	30nm	1000	云/大气特性
Band 18	931 ~ 941nm	10nm	1000	
Band 19	915 ~ 965nm	50nm	1000	
Band 20	3. 660 ~ 3. 840μm	0. 18μm	1000	海面温度
Band 21	3. 929 ~ 3. 989μm	0. 05μm	1000	
Band 22	3. 929 ~ 9. 989μm	0. 05μm	1000	云/表面温度
Band 23	4. 020 ~ 4. 080μm	0. 05μm	1000	
Band 24	4. 433 ~ 4. 498μm	0. 05μm	1000	大气温度/云
Band 25	4. 482 ~ 4. 549μm	0. 05μm	1000	
Band 26	1. 360 ~ 1. 390μm	0. 30μm	1000	卷云、气溶胶
Band 27	6. 535 ~ 6. 895μm	0. 36μm	1000	大气温度
Band 28	7. 175 ~ 7. 475μm	0. 30μm	1000	
Band 29	8. 400 ~ 8. 700μm	0. 30μm	1000	表面温度
Band 30	9. 580 ~ 9. 880μm	0. 30μm	1000	臭氧
Band 31	10. 780 ~ 11. 280μm	0. 50μm	1000	云/表面温度
Band 32	11. 770 ~ 12. 270μm	0. 50μm	1000	云顶高度/表面温度
Band 33	13. 185 ~ 13. 485μm	0. 30μm	1000	云顶高度
Band 34	13. 485 ~ 13. 785μm	0. 30μm	1000	
Band 35	13. 785 ~ 14. 085μm	0. 30μm	1000	
Band 36	14. 085 ~ 14. 385μm	0. 30μm	1000	

MODIS 传感器具有三种空间分辨率：Band 1、Band 2 为 250m；Band 3 ~ Band 7 为 500m，其余波段均为 1000m。由于视域较宽（扫描角±55°，扫描宽度 2330km），因此影像边缘像元的空间分辨率比星下点像元大 4 倍左右。由于 MODIS 宽视场角和多颗卫星（Terra 和 Aqua）协同工作，每 1 ~ 2 天就可获得一次覆盖全球的观测数据（包括白天的可见光及白天/夜间的红外）。我国的观测时间一般为白天 10:30 ~ 12:00，夜间 21:30 ~ 23:00。

目前，针对关键地球科学研究领域已发展了多种 MODIS 产品，如反照率（Albedo）、地表温度（Ts）、大气光学厚度（AOD）、植被指数（NDVI）、叶面积指数（LAI）、土地利用与土地覆盖（LULC）、光合有效辐射吸收率（FPAR）和净初级生产量（NPP）等。

（2）EO-1/Hyperion。EO-1 搭载了三种对地成像传感器，其高光谱成像仪 Hyperion 是第一个星载民用高光谱成像仪，光谱范围 400 ~ 2000nm，具有 242 个波段（70 个可见光-近红外波段，172 个短波红外波段），光谱分辨率达到 10nm。其载荷参数如表 1-30 所示。

Hyperion 影像在空间分辨率、光谱分辨率和信噪比等方面均十分出色，成像幅宽 7.7km，地面分辨率为 30m，重复观测周期为 16 天。Hyperion 产品分为两级：Level 0 和 Level 1，前者是原始数据，仅用于生产供用户使用的 Level 1 产品。

表 1-30　Hyperion 载荷参数

波段	波段名称	波段范围/nm	主要用途
1 ~ 7	可见光近红外（VNIR）	356 ~ 417	地物波谱测量和成像、海洋水色要素测量以及大气水汽、气溶胶、云参数等的测量
8 ~ 55		426 ~ 895	
56 ~ 57		913 ~ 926	
58 ~ 70		936 ~ 1058	
71 ~ 76	短波红外（SWIR）	852 ~ 902	
77 ~ 78		912 ~ 923	
79 ~ 224		933 ~ 2396	
225 ~ 242		2406 ~ 2578	

（3）高分五号（GF-5）。高分五号（GF-5）卫星是高分专项工程中的一颗高光谱遥感卫星，其上搭载了大气痕量气体差分吸收光谱仪、大气主要温室气体监测仪、大气多角度偏振探测仪、大气环境红外甚高分辨率探测仪、可见短波红外高光谱相机、全谱段光谱成像仪共 6 台载荷，可对甲烷、水华、大气气溶胶、二氧化碳、二氧化硫等多种环境要素进行监测。表 1-31 是其主要参数。

表 1-31　GF-5 可见短波红外高光谱相机主要参数

参数	内容
空间分辨率/m	30
幅宽/km	60

续表

参数	内容
光谱分辨率/nm	0.5（VNIR）、10（SWIR）
波段范围/μm	0.4～2.5

该相机成像宽幅 60km，空间分辨率 30m，具有 330 个光谱通道，是国际上首台同时兼顾宽覆盖和宽谱段（0.4～2.5μm）的高光谱相机。由于具备足够高的光谱分辨率、空间分辨率和辐射分辨率，它能定量获取观测目标的构造和成分等信息，实现对陆地表面高光谱、高空间、高辐射分辨率成像观测，目前已服务于我国林业、生态、资源环境、农业等多个领域。

（4）资源一号（ZY-02D）。ZY-02D 卫星是我国空间基础设施规划中的重要型号，由自然资源部牵头负责建设。该卫星搭载的高光谱相机可有效获取大幅宽高光谱数据，其参数如表 1-32 所示。

表 1-32　ZY-02D 高光谱相机参数

参数	内容	
光谱范围	0.40～2.50μm 共 166 个谱段	
空间分辨率/m	30	
光谱分辨率/nm	可见光近红外	10
	短波红外	20
幅宽/km	60	

该高光谱相机共有 166 个谱段，可见光近红外波段的光谱分辨率为 10nm，短波红外为 20nm，幅宽 60km，空间分辨率为 30m，兼顾了空间分辨率、光谱分辨率、幅宽和高信噪比，综合性能处于国际先进水平，大大降低了对国外数据的依赖。该星定位于为国家自然资源资产管理和生态监理工作提供稳定的数据保障，同时兼顾交通运输管理、资源环境保护、防灾减灾等相关领域的应用需求。

（5）无人机载高光谱成像仪。微小型高光谱成像仪具有体积小、重量轻等特点。得益于近年来技术飞速进步、制造成本不断降低以及无人机平台超强的机动灵活性，无人机载高光谱遥感拥有卫星遥感所不具备的优势，已成为高光谱遥感领域不可或缺的重要力量。本节介绍几个有代表性的无人机载高光谱成像仪。

a. Headwall Hyperspec® VNIR。根据波段范围，美国 Headwall 公司推出的轻小型化的机载/地面两用成像光谱仪分为 5 种类型：①Hyperspec® VIS，光谱范围为 380～825nm，也称 Micro-HyperSpec™微型高光谱成像光谱仪；②Hyperspec® VNIR，光谱范围为 400～1000nm；③Hyperspec® Extened VNIR，光谱范围为 600～1600nm；④Hyperspec® NIR，光谱范围为 900～1700nm；⑤Hyperspec® SWIR，光谱范围为 1000～2500nm。表 1-33 列出了 Hyperspec® VNIR 的主要参数。

表 1-33　Headwall Hyperspec® VNIR 载荷参数

性能	C 系列	N 系列	性能	C 系列	N 系列
光谱范围	400～1000nm		通光孔径	F/2.0	
狭缝宽度	25μm（可选择 12μm、16μm、40μm、60μm 或者 100μm 宽度狭缝并现场更换）		狭缝长度	18mm	
像素色散值	0.72nm	0.89nm	光谱分辨率	2～3nm	
光谱通道数	837	675	空间通道数	1392	1004
光谱弯曲校正	是		梯形失真校正	是	
杂散光	<0.02%		镜头接口规格	C-mount	
镜头焦距	12mm（17mm、23mm、35mm 和 70mm 焦距镜头可选）		视场角	41°	37°
狭缝宽度方向	1.0mrad		瞬时视场角（IFOV）	0.54mrad	0.67mrad
探测器	CCD 1392×1024 像元	EMCCD 1004×1002 像元	像素尺寸	6.45μm	8.0μm
帧频	12～23fps（取决于设定的像元混合）	12～236fps（取决于设定的像元混合）	动态范围	68db	64db
A/D 转换	12bit	14bit	制冷	否	TE，-20℃
感兴趣区域	否	是	电源要求	12VDC	9VDC
相机控制接口	Compact PCI	USB2.0	储存温度	-20～90℃	-25～55℃
操作温度	10～40℃	0～30℃	重量	3.0kg	3.4kg
相对湿度	10%～90%	<70%			
外形尺寸	15.5cm（长）×10cm（宽）×22.5cm（高）（不含镜头并且可能会随探测器制造厂的参数变化而改变）				

Hyperspec® VNIR 基于 Headwall 的像差修正和高效率衍射光栅的技术，分为 C 系列和 N 系列。该成像仪采用 CCD 探测器，采用同轴全反射，f/2.0 光学设计。Hyperspec® VNIR 高光谱成像系统有 3 种配置，可以根据应用需要（如帧率、动态范围、ROI binning 图像读出模式等）提供不同的成像形式，也可以与 Hyperspec Starter Kit、Hyperspec 反射/荧光系统，以及 pan/tilt 一起组成静态的观测系统。

b. 双利合谱 GaiaSky-mini。GaiaSky-mini 是一款适用于小型旋翼无人机的高光谱成像系统，采用内置扫描系统和增稳系统以克服无人机系统的震动造成的成像质量问题。表 1-34对 GaiaSky-mini 的主要参数进行了介绍。

表 1-34　GaiaSky-mini 载荷参数

性能参数	技术指标	性能参数	技术指标
光谱范围	400～1000nm	像素数量	1392×1040px
光谱分辨率	4nm±0.5nm	扫描方式	悬停（内置扫描）

续表

性能参数	技术指标	性能参数	技术指标
像素尺寸	6.45um	横向视角	27.3@18.5mm
辐射精度	16bit	数值孔径	F/2.8

GaiaSky-mini 在应用于无人机时可采用悬停拍摄的方式，因此无须高精度惯导系统即可实现图像的实时自动拼接（图 1-20）。此外，它还可根据光照环境进行曝光测试以获得精准的曝光时间，进而得到实时帧速并计算合适的扫描速度，避免了扫描图像的变形。

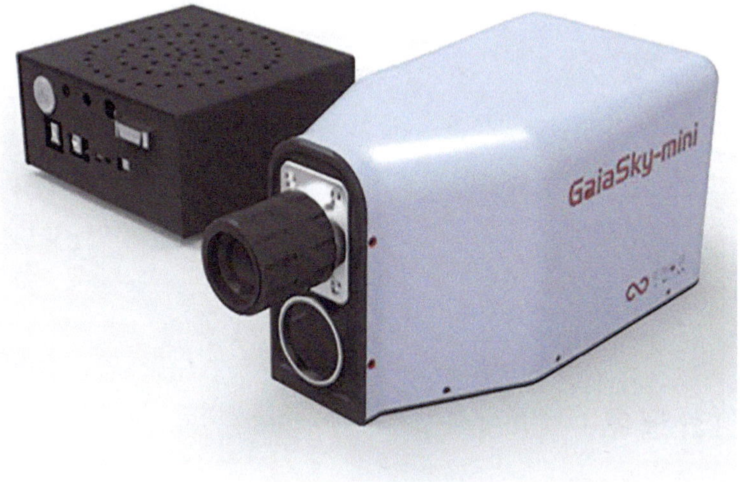

图 1-20　GaiaSky-mini

c. Cubert S185。德国 Cubert S185 是一种框幅式高光谱成像技术，它同时获取一个高分辨率（1000×1000 像素）的全色影像和若干低分辨率（约 50×50 像素）的高光谱影像，然后通过影像融合的方式生成高光谱影像。该技术的优势是兼具高光谱数据的精确性和快照成像的高速性，且不依赖于高精度 POS 等设备，能够瞬间（0.1 ~ 1000ms）获得整个视场范围内的高光谱图像。其主要参数介绍如表 1-35 所示。

表 1-35　Cubert S185 载荷参数

性能参数	技术指标	性能参数	技术指标
产地	德国	位深度/bit	12
光谱范围/nm	450 ~ 950	连接方式	C-mount
光谱分辨率	8nm@532nm	扫描方式	框幅式
光谱通道数/个	125	操作温度/℃	0 ~ 44
每秒最大帧数/（帧/s）	5	重量/g	490

Cubert S185 光谱范围为 450 ~ 950nm，有效波段数量为 125 个。Cubert S185 需配合终端设备（如工业电脑等）并使用 Cubert-Pilot 软件进行采集参数设置及拍摄控制，采用定时拍摄的方式进行连续数据获取（图 1-21）。它快速成像的特点更适合机载移动式快速测量，其结构设计有利于多种 UAV 集成，尤其适合搭载于固定翼无人机进行大面积快速测量，在环境遥感、精准农业和病害检测等方面获得大量应用。

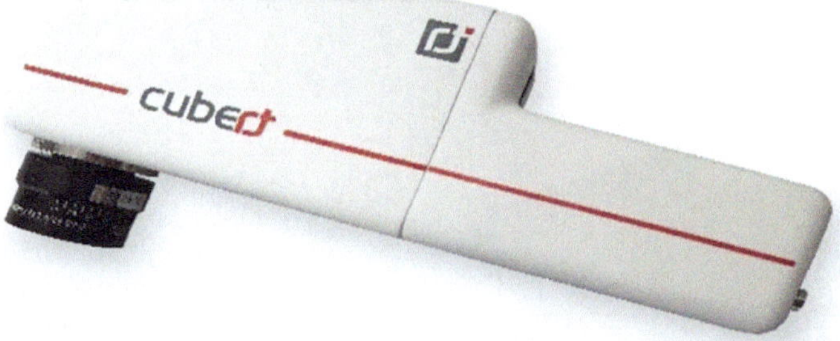

图 1-21　Cubert S185

1.5.2　热红外遥感

热红外遥感由于可记录地物的发射辐射信息、可绕过小障碍物以及不需借助光源等特点，具有独特的优势，在城市热岛（杨朝斌等，2016；Mandelmilch et al.，2020）、干旱监测（夏虹等，2005；买买提·沙吾提等，2017）、水质环境（濮静娟等，1997；Wang et al.，2019）等方面有着广泛的应用。

1.5.2.1　原理与特点

热红外遥感是一种利用红外热像仪将物体表面的温度转换成图像，并以不同颜色表示物体表面温度分布的技术。红外热像仪利用红外探测器、光学成像物镜和光机扫描系统（若使用焦平面技术则无须光机扫描系统）接收目标的红外辐射能量并反映到红外探测器上，然后由探测器将红外辐射能转换成电信号并存储或显示为热红外图像（田国良，2006）。

相较于可见光近红外遥感，热红外遥感有其自身的特点和难点，主要体现在以下几个方面：①热红外遥感图像的空间分辨率一般较低，“混合像元”（非同温像元）问题更加突出；②大气自身的热辐射叠加于地面物体的热辐射信号之上，大气影响更为复杂；③目标物与周围物体互为辐射源，目标物与周围环境之间的关系需通过多次散射来描述；④热像仪获得的物体发射辐射信息包含物体温度和比辐射率，二者的分离是热红外遥感的一个难点。

1.5.2.2 主要载荷与应用

1）Landsat / ETM+和 TIRS

Landsat-7 搭载的 ETM+中有一个热红外波段（10.4～12.5μm），空间分辨率为 60m。Landsat-8 也搭载了热红外传感器（TIRS），空间分辨率为 100m，其主要参数如表 1-36 所示。

表 1-36 TIRS 载荷参数

波段	波段名称	波段范围/nm	地面分辨率/m	主要用途
Band 8	PAN	500～680	15	图像锐化
Band 9	SWIR	1360～1390	30	卷云测定
Band 10	TIR	10 300～11 300	100	地表温度
Band 11	TIR	11 500～12 500	100	地表温度

TIRS 使用量子阱红外探测器（Quantum Well Infrared Photo-detectors，QWIP）检测地球的长波光发射（其强度随地表温度改变），有助于将地表温度从大气温度中分离出来。

2）NOAA / AVHRR3

第 3 代的 AVHRR 传感器中的第 4 和第 5 波段是热红外波段，波段范围分别为 10.5～11.3μm 和 11.5～12.5μm（详见表 1-19），主要应用于云顶温度、地球背景温度场和土壤湿度等。

3）Terra / Aster

ASTER 是 Terra 卫星上载有的五个对地观测传感器之一，其主要波段设置如表 1-37 所示。

表 1-37 ASTER 载荷的主要波段参数

波段名称	波段序号	波段宽度/μm	空间分辨率/m
VINR	Band 1	0.52～0.60	15
	Band 2	0.63～0.69	
	Band 3N	0.78～0.86	
	Band 3B	0.78～0.86	
SWIR	Band 4	1.600～1.700	30
	Band 5	2.145～2.185	
	Band 6	2.185～2.225	
	Band 7	2.235～2.285	
	Band 8	2.295～2.365	
	Band 9	2.360～2.430	

续表

波段名称	波段序号	波段宽度/μm	空间分辨率/m
TIR	Band 10	8.125～8.475	90
	Band 11	8.475～8.825	
	Band 12	8.925～9.275	
	Band 13	10.25～10.95	
	Band 14	10.95～11.65	

ASTER 可以获得覆盖全球的观测数据，包括了从可见光到热红外的 14 个波段，其中 3 个可见光-近红外波段（分辨率 15m）、6 个短波红外波段（分辨率 30m）以及 5 个热红外波段（分辨率 90m），而且可实现同一轨道的立体观察。LEVEL 1 数据有 L1A 和 L1B 两种类型，L1A 是未经处理的原始数据，包含图像数据、辐射参数、几何参数和其他辅助数据，L1B 是经过辐射校正和几何重采样的数据。

4）HJ-1B

HJ-1B 有效载荷为两台多光谱 CCD 相机和一台红外相机，红外相机主要技术指标如表 1-38 所示。

表 1-38　HJ-1B 红外相机主要参数

参数	内容
地面分辨率/m	150、300
谱段数/个	4
宽幅/km	720
谱段/μm	0.17～1.10、1.55～1.75、3.50～3.90、10.5～12.5
原始数据率/（Mbit/s）	7.5

该红外相机具有 4 个波段，分别为近红外、短波红外、中波红外和长波红外，幅宽为 720km，具有 150m 和 300m 两种空间分辨率。近红外对植物分类、健康状况、水情监测具有很好的效果；短波红外可以很好地对植被等的特性进行检测；中波红外分辨率为 150m，可以探测到地表 500K 的温度，非常适合于监测森林火灾及其走势、秸秆焚烧等；长波红外对热特性敏感，可用来记录地球表面的发热特性（白照广，2009）。

5）无人机载热红外成像仪

由于热红外面阵探测器、深低温光学系统等关键技术的限制，热红外成像仪是近年来航空遥感载荷发展的重点和难点。近年来，随着焦平面探测器与制冷技术的发展，热红外成像仪的研制工作越来越受到重视（晏磊等，2019）。下面介绍几种常用的无人机载热红外成像仪。

（1）Flir Duo Pro R。Flir Duo Pro R（图 1-22）是一款专为无人机研发的双视红外热成像传感器，集成有 640×512 像素的红外探测器和 1200 万像素的可见光相机，单通道即可实现红外、可见光、融合或画中画影像自由切换。表 1-39 是该传感器的主要参数。

图 1-22　Flir Duo Pro R

表 1-39　Flir Duo Pro R 主要参数介绍

规格参数	型号	Duo Pro R
探测器	探测器类型	非制冷氧化钒焦平面探测器
	探测器分辨率/像素	640×512/336×256
	像素间距/μm	17
	波段/μm	7.5～13.5
	热灵敏度/mK	<50
测温	测温范围/℃	高增益：-25～135 低增益：-40～550
	测温精度/℃	±5
压缩标准	视频压缩标准	H.264
	视频格式	MP4，MOV
	视频输出	HDMI，模拟视频
可见光	像素	1200 万像素
	帧频/Hz	30（待定）
	水平视场角/（°）	56×45
接口	10PIN 接口	PWM，MAVLINK，模拟信号
	USB	USB TypeC
	视频接口	HDMI
基本参数	尺寸	85mm×81.3mm×68.5mm
	镜头	标配 19mm（可选 9mm、13mm、25mm 镜头）
	重量/g	325
	工作温度/℃	-20～50
	工作湿度/%	0～90 RH（非凝结）
	电压/V	DC 5～26
	功耗/W	10

Flir Duo Pro R 热红外成像仪仅重325g，主要有以下特点：①具有4种显示模式，可自由切换红外、可见光、融合或画中画影像；②内置GPS模块，GPS信息可直接添加至图像的头文件中；③图像上同时显示最高温度、最低温度和平均温度，实时追踪最高温度和最低温度点，可拍摄带温度数据图片，便于观察分析，可用于与温度相关的搜索和检测等任务。

（2）WIRIS Pro。WIRIS Pro（图1-23）配备了640×512像素的长波红外微辐射探测器，其超分辨率模式的最高分辨率可达1280×1024像素（通过软件提供）。

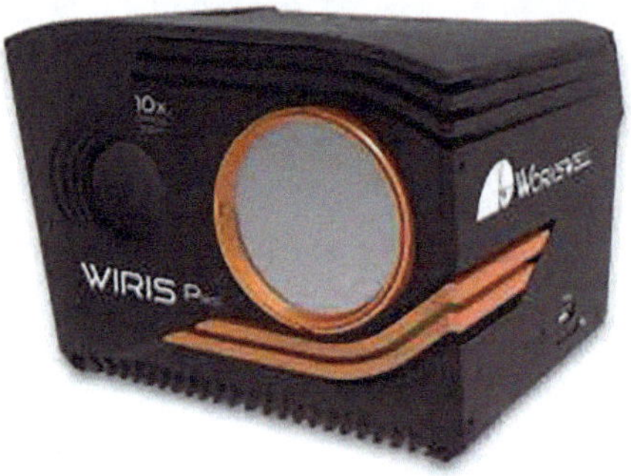

图1-23　WIRIS Pro热红外成像仪

此外，该相机还配有一个10倍变焦（视场角6.9°～58.2°）的RGB相机，可获取1920×1080像素的可见光影像。该相机的主要参数见表1-40。

WIRIS Pro的温度灵敏度最高可达30mK，可测温度最高达1500℃。为了适应多种应用场景，配备了可选/可更换镜头。值得一提的是，WIRIS Pro热红外成像仪具备极为丰富的外围硬件接口，如CAN bus、S. BUS、GPS和外部触发等多种接口，可以方便地与无人机、飞行控制器、外部GPS传感器等进行连接；提供HDMI高清视频接口，可以利用无人机的图传系统进行远程实时查看与分析数据。

表1-40　WIRIS Pro的主要参数

相机	参数	相机规格
热相机	红外影像分辨率/像素	640×512
	红外超分辨率模式/像素	1280×1024（本机分辨率可提高至1.33M）
	FPA传感器尺寸/cm	1.088cm×0.8705cm
	温度范围	-25～150℃、-40～550℃；可选温度范围：50～1000℃、400～1500℃
	温度敏感度	标准0.05℃（50mK），可选0.03℃（30mK）
	精度	±2%或±2℃
	帧率	30Hz或9Hz
	光谱范围/探测器	7.5～13.5μm/非制冷VOx微辐射探测器
	镜头校准	包装内含校准证书
	可选镜头	18°、32°、45°、69°（可互换镜头，均已校准）
	镜头防护滤波片	滤波片在飞行过程中保护镜头不受外部损伤
	数字变焦	1～14倍连续

续表

相机	参数	相机规格
数码可见光相机	分辨率	1920×1080 像素（全高清画质），自动白平衡，宽动态范围，背光补偿，曝光和 Gamma 控制
	光学变焦	10 倍光学减震变焦
	视场角	超变焦 6.9°（焦距 33.0mm）～超宽 58.2°焦距（3.3mm）
	降噪	特殊的 3D 降噪功能
	聚焦	自动对焦与直接变焦同步

1.5.3 微波遥感

微波遥感是指利用波长范围为 1～1000mm（频率 300～300 000MHz）的电磁波对目标进行探测和分析的技术。微波遥感中常使用的波段为 Ka（0.5～1.1cm）、K（1.1～1.7cm）、Ku（1.7～2.4cm）、X（2.4～3.75cm）、C（3.75～7.5cm）、S（7.5～15cm）、L（15～30cm）和 P（30～100cm）波段。由于其独特的优势，微波遥感已成为遥感大家庭中不可或缺的一员，目前在防灾减灾（萨楚拉，2015；Song et al.，2021）、大气研究（Dicaire et al.，2015；李丽等，2015）、海洋观测（王静等，2012）、土壤水分（王舒等，2020；Kang et al.，2021）、自然资源管理（Tebaldini et al.，2019；刘雪莲等，2020）等方面得到了大量的应用。

1.5.3.1 原理与特点

微波遥感按照探测方式的不同可以分为主动微波遥感和被动微波遥感。

1）主动微波遥感

主动微波遥感是指传感器发射信号并接收经目标反射或散射后返回的信号，利用信号中包含的幅度和相位等信息获取地表参数。常见的主动微波遥感传感器有真实孔径雷达（Real Aperture Radar，RAR）、合成孔径雷达（Synthetic Aperture Radar，SAR）、微波散射计（Microwave Scatterometer，MS）和微波高度计（Microwave Altimeter，MA）等。

2）被动微波遥感

被动微波遥感是指不主动发射信号，仅接收来自目标物的辐射信号。主要使用的传感器是微波辐射计（Microwave Radiometer，MR），可用于对海面状态、降水强度、大气温度和成分等进行监测和分析。

微波遥感数据获取、处理和应用难度大，但因以下的独特优势而成为对地观测中十分重要的前沿领域。

（1）全天时、全天候的工作能力。主动微波遥感不依赖太阳光，可全天时（昼夜）工作；因波长较长而具有很强的穿透能力，大气对其衰减也小，因此能全天候（云、雾、小雨等）工作，甚至能穿透一定厚度的植被、土壤和冰雪，提供部分地表以下的信息。

（2）对地表粗糙度、介电性质（土壤水分）和几何特性（大小、形状、结构、粗糙度等）敏感，与光学和热红外遥感形成互补，可更全面地了解地物。

（3）合成孔径雷达不仅可记录电磁波的振幅（后向散射强度），还可记录极化和相位（干涉测量的基础）等方面的信息。

1.5.3.2 主要载荷与应用

本节介绍几个常见的星载和机载微波遥感系统。

1）Radarsat

Radarsat 系列包含两颗卫星：Radarsat-1 和 Radarsat-2。二者搭载的传感器有所不同，主要信息如表 1-41 所示。

表 1-41 Radarsat 上的 SAR 和 ASAR 传感器对比

参数	SAR 传感器	ASAR 传感器
工作波段	C	C
工作频率/GHz	5.3	5.405
极化方式	HH	HV、HH、VV、VH
空间分辨率/m	8～100	1～100
入射角/（°）	10～59	10～59
带宽/MHz	30	100
幅宽/km	50～500	20～500

两种传感器都工作在 C 波段，工作频率（波长）略有差异。Radarsat-1 搭载的 SAR 传感器具有 7 种成像模式，分别是窄幅扫描、超高入射角、超低入射角、精细模式、标准模式、宽模式和宽幅扫描，因而具有多种分辨率和不同的幅宽。Radarsat-2 在保留上一代所有成像模式的基础上，增加了 VV、HV、VH 等极化方式，并新增 SPOTLIGHT、超精细和多视精细等新模式。Radarsat 主要应用于农作物估产、海洋观测、森林砍伐监测、土壤湿度分析等领域。

2）TerraSAR-X

TerraSAR-X 是德国研制的一颗高分辨率雷达卫星，搭载有 X 波段 SAR 传感器，空间分辨率高达 1m，其主要参数如表 1-42 所示。

表 1-42 TerraSAR-X 传感器主要参数

参数	内容
极化方式	HH、VV、HV、VH
波长/cm	3.2
频率 GHz	9.65
方位向扫描角/（°）	±0.75
距离向扫描角/（°）	±20
脉冲重复频率（PRF）/kHz	3.0～6.5

续表

参数	内容
星上数据存储能力/Gbit	256
脉冲带宽/MHz	5 ~ 300
侧视方向	右侧视
天线类型	有源相控阵天线
天线尺寸	4.8×0.8×0.15m
波束宽度/（°）	方位向：0.33
	距离向：2.3
峰值输出功率/W	2260
数据传输速度/Mbps	300（X 波段下行）
成像能力/（sec/orbit）	300
系统噪声/dB	5.0

TerraSAR-X 提供三种成像模式：聚束模式（幅宽 5km×10km/10km×10km，分辨率 1m）、条带模式（幅宽 30km，分辨率 3m）和推扫模式（幅宽 100km，分辨率 16m），可以在 1 个轨道内快速进行不同图像模式和扫描区域的变化，并拥有多种极化方式。TerraSAR-X 在水域提取、城镇动态变化监测、工程形变探测和生态资源评估等方面有着广泛的应用。

3）COSMO-SkyMed

COSMO-SkyMed 系统由意大利研发，包含 4 颗雷达卫星，每颗卫星都配备了 X 波段（3.1cm）的 SAR 传感器，因而具有很好的数据获取连续性，能够对大区域进行多幅宽、多分辨率、多极化成像，具备覆盖全球的高分辨率、高精度、干涉/极化测量能力。表 1-43 列出了 COSMO-SkyMed 的可提供的工作模式和产品情况。

表 1-43　COSMO-SkyMed 传感器参数

成像模式		图像分辨率/m	单景图像覆盖范围	入射角/（°）	极化方式
聚束模式（SPOTLIGHT）		1	10km×10km	20 ~ 60	HH、VV 可选
条带模式（STRIPMAP）	Himage	3	40km×40km	20 ~ 60	HH、HV、VH、VV 可选
	PingPong	15	30km×30km		双极化组合可选 HH/VV、HH/HV、VV/VH
扫描模式（SCANSAR）	WideRegion	30	100km×100km	20 ~ 60	HH、HV、VH、VV 可选
	HugeRegion	100	200km×200km		

COSMO-SkyMed 的 SAR 传感器可以在 3 种波束模式下工作，提供 5 种分辨率的 SAR 数据：①聚束模式（SPOTLIGHT），幅宽 10km×10km，空间分辨率为 1m；②条带模式

（STRIPMAP），包含 Himage 和 PingPong 两种模式，幅宽分别为 40km×40km 和 30km×30km，分辨率分别为 3m 和 15m；③扫描模式（SCANSAR），包含 WideRegion 和 HugeRegion 两种成像模式，幅宽分别为 100km×100km 和 200km×200km，分辨率分别为 30m 和 100m（耿旭朴和薛思涵，2017）。

4）高分三号

高分三号（GF-3）是我国首颗 C 波段多极化 SAR 卫星，具有高分辨率（1m）、大成像幅宽（10～650km）、多成像模式（13 种）等特点，可应用于水利、气象和灾害等众多领域，其主要技术指标如表 1-44 所示。

表 1-44　GF-3 C 波段 SAR 传感器主要参数

成像模式名称		分辨率/m	幅宽/km	范围/km	极化方式	应用领域
滑块聚束模式（SL）		1	10	≥10×10	单极化	海面溢油现场尺度观测；城市规划监测等
条带成像模式	超精细条带（UFS）	3	30	≥30	单极化	
	精细条带 1（FSL Ⅰ）	5	50	≥50	双极化	进行海冰表面拓扑、洪涝淹没范围、毒品原植物监测等
	精细条带 2（FSL Ⅱ）	10	100	95～110	双极化	进行冰凌或海森林资源相关地类识别等
	标准条带（SS）	25	130	95～150	双极化	进行积雪范围、干旱范围、海冰监测等
	全极化条带 1（QPS Ⅰ）	8	30	20～35	全极化	进行农业普查统计、城市建设专题信息提取等
	全极化条带 2（QPS Ⅱ）	25	40	35～50	全极化	进行积雪范围、海洋藻类监测等
扫描成像模式	窄幅扫描（NSC）	50	300	≥300	双极化	进行旱情、近海海冰、水体监测等
	宽幅扫描（WSC）	100	500	≥500	双极化	进行海冰外缘线、极冰监测等
	全球观测成像模式（GLQ）	500	650	≥650	双极化	进行冰融化阶段、内波、极地冰川监测等
波成像模式（WAV）		10	5	≥5×5	全极化	进行海面风场风速、风向、水体监测等
扩展入射角（EXT）	低入射角	25	130	120～150	双极化	进行船舶、溢油和防灾救灾检测等
	高入射角	25	80	70～90	双极化	

GF-3 有 13 种工作模式且支持多种极化方式，不但能够大范围观测，也能够实现对特定目标的精确测量，从而支持高精度的遥感反演应用。在滑块聚束模式下，空间分辨率可达 1m，在全球观测成像模式（GLO）下，幅宽可达 650km。

5）风云三号

风云三号（FY-3）系列共包括 4 颗卫星，其中 01 星搭载 11 台有效载荷，其中微波遥感传感器主要有微波温度计、微波湿度计和微波成像仪，其主要参数如表 1-45 所示。

表 1-45　FY-3 微波遥感载荷参数

大气探测仪器包	频段范围/GHz	通道数/个	扫描范围/（°）	地面分辨率/km	主要应用
微波温度计（MWTS）	50 ~ 57	4	±48.3	50 ~ 75	大气温度、湿度廓线、O_3 总含量、CO_2 浓度、气溶胶、云参数、极地冰雪、降水等
微波湿度计（MWHS）	150 ~ 183	5	±53.35	15	
微波成像仪（MWRI）	10 ~ 89	10	±55.4	15 ~ 85	降水率、云含水量、水汽总量、土壤湿度、海冰、海温、冰雪覆盖等

微波温度计主要用于全天候探测大气温度的垂直分布；微波湿度计用于探测大气湿度垂直分布、水汽含量、云中液态水含量和降水等（李卿等，2008）；微波成像仪则负责进行全球降水、全球云的液态水含量和云水相态、全球植被、土壤湿度和海冰覆盖的探测（陆登柏等，2009）。

6）无人机载 SAR 载荷

a. ASAR2000 MiniSAR。ASAR2000 MiniSAR 是一种轻小型、低功耗、高集成度的轻小型 SAR 传感器（图 1-24），适合搭载于无人机或小型飞机上使用。主要参数信息介绍如表 1-46 所示。

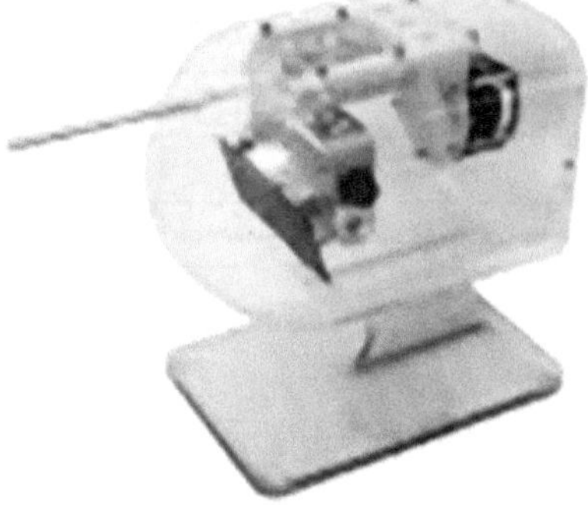

图 1-24　MiniSAR

表 1-46　MiniSAR 主要信息介绍

参数	内容
续航时间/min	≤60
飞行高度/m	≤2400
成像频率	Ku/X 波段
中心频率/GHz	14.5
成像幅宽/m	300～2000
作用距离/m	500～6000
极化方式	HH
斜距图像分辨率/m	0.3×0.3
天线方式	微带天线
工作体制	脉冲体制，跳频调频体制
空间分辨率/m	0.25、0.5、1、2
扫描宽幅/km	1（typ）
测量距离/km	4
动态范围/bit	16
处理方式	实时处理
重量/kg	2.5

MiniSAR 系统具有小型化、重量轻、功耗低、机动灵活、维护成本低等特点，可搭载于各种载荷能力在 3kg 以上的小型无人机平台上，提供了一种全天时、全天候、高可靠性、高时效性的近低空 SAR 观测手段，应用于地质地貌测绘、边境巡逻、农林业监测、灾情评估、环境监测、资源勘探、海岛监视等多个领域。

b. Lynx 多模雷达。Lynx 是一种高分辨率 SAR 传感器（图 1-25），其参数介绍见表 1-47。Lynx 可以在各种有人驾驶和无人驾驶平台上使用。

表 1-47　Lynx 多模雷达参数介绍

参数	内容
分辨率/m	0.1～3
范围/km	4～25
图像大小	640×480 像素

Lynx 具有 SAR、地面/缓慢移动目标指示器（GMTI/DMTI）以及海上广域搜索（MWAS）的工作模式。其中，SAR 模式包括两种聚束和两种条带模式，聚束模式可在局部区域生成高分辨率图像，而条带模式可将多幅 SAR 图像拼接在一起以形成幅宽更大的图像（王岩飞等，2016）。

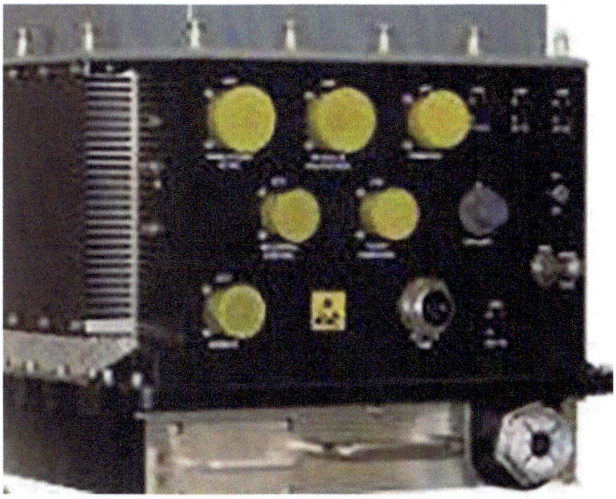

图 1-25　Lynx 多模雷达

1.5.4　激光雷达遥感

LiDAR 是一种主动遥感系统，集激光、卫星导航定位系统（GNSS）和惯性测量单元（IMU）三种技术于一身，以获取目标的有关信息。与其他遥感方式不同的是，LiDAR 获取的不是二维图像，而是每个采样点的位置（三维坐标）和属性（如强度和颜色等）信息。LiDAR 具有高精度、高效率等特点，已广泛应用于测绘（朱毅斌，2020；Wen et al.，2021）、环境监测（Li et al.，2021；Wang et al.，2021）、气溶胶测定（Michailidis et al.，2020；Shimizu et al.，2021）、农林资源监测（Rishmawi et al.，2021）、城市规划（Mahdianpari et al.，2021）等各个方面。

1.5.4.1　原理与特点

LiDAR 的工作原理是由激光器发射出脉冲激光打到目标（如树木、道路、建筑等）上，一部分光波会被反射回 LiDAR 接收器，根据发射信号与接收信号之间的时间差，即可得到目标点的距离（熊辉丰，1994）。脉冲激光不断扫描，就可以得到目标物上全部目标点的数据，经成像处理后即可得到三维立体数据（点云）。激光本身的测距精度很高（可达几厘米），但最终结果的精度是由 LiDAR 系统中的三要素（激光、GNSS 及 IMU）共同决定的。

LiDAR 遥感主要有以下特点：①由于是主动式遥感，因此具备全天候观测能力；②由于激光波束窄、指向性强、数据密度大，因此具有很高的测量精度和高度的还原性；③具有多次回波特性，因而具有一定的穿透性，可以返回叶面、枝丫、地面等不同层次目标的信息。

1.5.4.2 主要载荷与应用

1）ICESat-1 GLAS 和 ICASat-2 ATLAS

ICESat-1 卫星是全球第一颗载有激光测高仪的极地轨道卫星，其上搭载的 GLAS 在冰盖高程测量、海冰厚度测量等方面起到了不可替代的作用（唐国强等，2015）。2018 年 9 月 15 日升空的 ICESat-2 搭载了 ATLAS，其性能较 GLAS 有了较大提升（许艺腾等，2019）。GLAS 和 ATLAS 的主要参数如表 1-48 所示。

表 1-48 GLAS 和 ATLAS 的主要参数

参数	GLAS	ATLAS
波长/nm	1064 和 532	532
波束数量/个	1	6
脉冲频率/Hz	40	10K
光斑直径/m	60 ~ 70	~17.5
脉冲能量/mJ	1064nm：75 532nm：32	强激光束：0.12 弱激光束：0.04
光斑间距/km	航向 0.17 旁向（最大）15 旁向（最小）2.5	航向（垂轨）0.09 旁向（两强或两弱）3.3 旁向（强弱）2.5
重复周期/天	183	91
测高精度/m	0.15	0.1
数据采集方式	模数转换	光子计数

GLAS 系统携带了三台激光器，前两台在工作后不久就因故障和快速消耗而无法使用。第三台由不间断测量改为每年进行 3 个周期（约 33 天/周期）精确重复轨道周期测量，5 年半内共采集了 15 个周期（近 2 亿个激光点），直至 2009 年 10 月 11 日停止运转。GLAS 的激光光斑接近于椭圆，光斑直径约 70m，其大小和形状随着激光器能量和时间改变而变化。沿轨道方向相邻光斑间隔约为 170m。GLAS 激光器以 40Hz 频率发射 1064nm 和 532nm 的激光脉冲，1064nm 激光信号用于测量冰盖和陆地的高度，532nm 激光信号则用于测量大气的后向散射。

ATLAS 在性能方面有了较大提升，主要表现在增加了采样的密度，所获地表高程精度可达到 10cm，而采样数量的增加和仅有 10m 的光斑尺寸极大地提高了探测精度。

2）无人机载激光雷达

与星载 LiDAR 相比，无人机载 LiDAR 具有灵活性强、精度高、成本低等诸多优势，随着近年来传感器技术、IT 技术的不断进步，无人机载 LiDAR 已经逐步进入实用化阶段。以下是常见的两种无人机载 LiDAR 系统。

a. 大疆 DJI L1。大疆 DJI L1（图 1-26）是一款高度集成化的无人机载 LiDAR 系统，配合经纬 M300 RTK 无人机和大疆智图软件，形成了一体化的解决方案。该系统中集成了三轴云台、测绘相机、高精度惯导、Livox 激光雷达等模块，可实现全天候、高效率的实时三维数据获取以及复杂场景的高精度重建。大疆 DJI L1 的主要参数如表 1-49 所示。

图 1-26　大疆 DJI L1

表 1-49　大疆 DJI L1 主要参数

分类	参数	内容
激光雷达参数	测距精度	3cm@ 100m
	最多支持回波数量	3 次
	扫描模式	重复线性扫描模式；非重复花瓣扫描模式
	FOV	重复线性扫描模式：70. 4°×4. 5°；非重复花瓣扫描模式：70. 4°×77. 2°
辅助定位相机参数	分辨率/像素	1280×960
	FOV/（°）	95
测绘相机参数	传感器尺寸	1 英寸
	有效像素	2000 万像素
	图像尺寸/像素	4864×3648（4∶3）5472×3648（3∶2）
	焦距/mm	8. 8/24（等效）
	快门速度/s	机械快门：1/2000 ~ 8；电子快门：1/8000 ~ 8
	ISO 感光度	视频：100 ~ 3200（自动），100 ~ 6400（手动）；照片：100 ~ 3200（自动），自动 100 ~ 12800（手动）
	光圈	f/2. 8 ~ f/11

DJI L1 的高程精度 5cm，平面精度 10cm，单架次作业面积可达 $2km^2$，有效点云数据率 240 000 点/s，支持 3 次回波，测量距离最大可达 450m，并可实时显示与测量。在地形测绘、基础设施建模、应急测绘等方面有着广泛的应用。

b. RIEGL VUX-120。RIEGL VUX-120 是一款较为轻巧、用途广泛的机载 LiDAR 系统，

重量约 2kg，可提供 100° 的宽视场角和高达 1.8 MHz 的超高数据采集速率，非常适合于高点密度的带状测图（图 1-27）。表 1-50 列出了该传感器的主要参数。

图 1-27　RIEGL VUX-120

表 1-50　RIEGL VUX-120 的主要参数

测量范围		扫描参数		综合参数	
激光发射频率/kHz	1800	视场角/（°）	±50=100	输入电压/V	11～34 DC
精度/重复精度/mm	100/5	扫描速度/（线/s）	50～40	功率/W	标准 45
				主机尺寸	225mm×117mm×126mm（不含电扇）
					242mm×117mm×126mm（含电扇）
最大测量范围/m	1430	扫描数据输出	LAN 10/100/1000 Mbit/s 或 USB 2.0	重量/kg	约 2（不含 IMU/GNSS）/ 约 2.2（含 IMU/GNSS）
				湿度	在 31℃条件下，湿度 80% 不结露
最小距离/m	5	内置存储器	1 TB 固态硬盘	防护等级	IP64，防尘防溅
激光等级	Class 1	外置相机	TTL 输入/输出	湿度范围/℃	存储：-20～+50℃
					操作：-10～+40℃

VUX-120 最大量程 1430m，可从三个不同方向进行连续扫描（前向+10°、星下点、后向-10°），因此其采集的数据具有非常高的完整性，对垂直表面和狭窄峡谷等复杂数据获取环境更具优势。另外，该设备提供外部 IMU/GNSS 接口，并最多支持四个自定义相机，可方便地完成多种传感器系统的集成和使用。

参 考 文 献

白照广 . 2009. 环境减灾-1A、1B 卫星技术 . 航天器工程，18（6）：1-11.
常天星 . 2019. 复合翼无人机自主着舰控制技术研究 . 厦门：厦门大学硕士学位论文 .

段俊杰 . 2019. 基于 EO-1 Hyperion 高光谱遥感图像的地表物分类研究 . 呼和浩特：内蒙古农业大学硕士学位论文 .
凡堃堃 . 2019. 基于 GF4 卫星数据反演京津冀地区的气溶胶光学厚度 . 秦皇岛：燕山大学硕士学位论文 .
樊邦奎，张瑞雨 . 2017. 无人机系统与人工智能 . 武汉大学学报（信息科学版），42（11）：1523-1529.
付青，郭晨，罗文浪，等 . 2020. 基于高分一号卫星遥感影像的土地利用变化检测 . 激光与光电子学进展，57（16）：356-363.
耿旭朴，薛思涵 . 2017. 合成孔径雷达星座发展综述 . 地理信息世界，24（4）：58-63.
何勇，杨培洁，张春梅，等 . 2021. 高光谱技术在农业遥感中的应用思考 . 南方农业，15（2）：219-220.
李传荣，贾媛媛，胡坚，等 . 2008. HJ-1 光学卫星遥感应用前景分析 . 国土资源遥感，（3）：1-3.
李德仁，李明 . 2014. 无人机遥感系统的研究进展与应用前景 . 武汉大学学报（信息科学版），39（5）：505-513.
李丽，王雪松 . 2015. 微波辐射计在现代大气探测中的应用 . 吉林农业，（7）：111.
李卿，董瑶海 . 2008. 中国气象卫星技术成就与展望 . 上海航天，（1）：1-10.
廖小罕，周成虎，苏奋振，等 . 2016. 无人机遥感众创时代 . 地球信息科学学报，18（11）：1439-1447.
刘雪莲，欧绍龙，陆双飞，等 . 2020. 基于 Sentinel-1A 微波遥感数据的森林蓄积量估测 . 西部林业科学，49（6）：128-136.
陆登柏，邱家稳，蒋炳军，等 . 2009. 星载微波辐射计的应用与发展 . 真空与低温，15（2）：70-75.
骆剑承，盛永伟，沈占锋，等 . 2009. 分步迭代的多光谱遥感水体信息高精度自动提取 . 遥感学报，13（4）：610-615.
买买提·沙吾提，吐尔逊·艾山，塔西甫拉提·特依拜，等 . 2017. 基于热红外光谱的干旱区土壤盐分监测研究 . 干旱区地理，40（1）：181-187.
梅安新，彭望琭，秦其明，等 . 2001. 遥感导论 . 北京：高等教育出版社 .
彭桂林，万志强 . 2019. 中国浮空器遥感遥测应用现状与展望 . 地球信息科学学报，21（4）：504-511.
濮静娟，董卫东，关燕宁，等 . 1997. 热红外遥感用于陡河水库生态环境研究 . 遥感学报（4）：290-297.
钱锋 . 2016. 桨状 CJ1 飞机减推力起飞的研究 . 广汉：中国民用航空飞行学院硕士学位论文 .
乔丹玉，郑进辉，鲁晗，等 . 2021. 面向不同环境背景的 Landsat 影像水体提取方法适用性研究 . 地球信息科学学报，23（4）：710-722.
萨楚拉 . 2015. 内蒙古草原牧区雪灾监测与风险评价研究 . 北京：中国农业科学院博士学位论文 .
孙刚，黄文江，陈鹏飞，等 . 2018. 轻小型无人机多光谱遥感技术应用进展 . 农业机械学报，49（3）：1-17.
唐国强，龙笛，万玮，等 . 2015. 全球水遥感技术及其应用研究的综述与展望 . 中国科学：技术科学，45（10）：1013-1023.
田国良 . 2006. 热红外遥感 . 北京：电子工业出版社 .
田琰琰 . 2019. 巴基斯坦克什米尔地震滑坡区植被动态变化特征 . 北京：北京林业大学硕士学位论文 .
田野，郭子祺，乔彦超，等 . 2015. 基于遥感的官厅水库水质监测研究 . 生态学报，35（7）：2217-2226.
童庆禧，田国良，茅亚澜，等 . 1983. 多光谱遥感波段选择方法的研究 . 宇航学报，（2）：1-13.
王斌永，舒嵘，贾建军，等 . 2004. 无人机载小型多光谱成像仪的设计 . 光学与光电技术，（2）：18-20.
王静，唐军武，张锁平，等 . 2012. 雷达技术在海洋观测系统中的应用 . 气象水文海洋仪器，29（2）：59-64.
王舒，蒋玲梅，王健，等 . 2020. 基于多频被动微波遥感的土壤水分反演——以黑河上游为例 . 遥感技术与应用，35（6）：1414-1425.
王岩飞，刘畅，詹学丽，等 . 2016. 无人机载合成孔径雷达系统技术与应用 . 雷达学报，5（4）：

333-349.
夏虹，武建军，刘雅妮，等 . 2005. 中国用遥感方法进行干旱监测的研究进展 . 遥感信息（1）：55-58，31.
熊辉丰 . 1994. 激光雷达 . 北京：中国宇航出版社 .
许洁平 . 2017. 凝视光学成像卫星遥感图像超分辨率重建技术研究 . 长沙：国防科技大学博士学位论文 .
许艺腾，李国元，邱春霞，等 . 2019. 基于地形相关和最小二乘曲线拟合的单光子激光数据处理技术 . 红外与激光工程，48（12）：148-157.
晏磊，廖小罕，周成虎，等 . 2019. 中国无人机遥感技术突破与产业发展综述 . 地球信息科学学报，21（4）：476-495.
杨朝斌，何兴元，张树文，等 . 2016. 基于 Landsat8 的城市热岛效应与地表因子关系研究——以长春市为例 . 干旱区资源与环境，30（12）：110-115.
张光辉 . 2007. 高光谱遥感技术在现代林业中的应用与发展 . 今日科苑，（16）：214.
张明伟 . 2006. 基于 MODIS 数据的作物物候期监测及作物类型识别模式研究 . 武汉：华中农业大学博士学位论文 .
张亦然，刘廷玺，童新，等 . 2021. 基于 XGBoost 算法的草甸地上生物量的高光谱遥感反演 . 草业学报，30（4）：1-12.
朱毅斌 . 2020. 激光雷达技术在工程测绘中的应用 . 江西建材，（12）：75-76.
Belluco E，Camuffo M，Ferrari S，et al. 2006. Mapping salt-marsh vegetation by multispectral and hyperspectral remote sensing. Remote Sensing of Environment，105（1）：54-67.
Chen G，Metz M R，Rizzo D M，et al. 2015. Object-based assessment of burn severity in diseased forests using high-spatial and high-spectral resolution MASTER airborne imagery. ISPRS Journal of Photogrammetry and Remote Sensing，102：38-47.
Dicaire I，Nakamura R，Arikawa Y，et al. 2015. Space options for tropical cyclone hazard mitigation. Acta Astronautica，107：208-217.
Dong T，Liu J，Qian B，et al. 2020. Estimating crop biomass using leaf area index derived from Landsat 8 and Sentinel-2 data. ISPRS Journal of Photogrammetry and Remote Sensing，168：236-250.
Kang J，Jin R，Li X，et al. 2021. Mapping high spatiotemporal-resolution soil moisture by upscaling sparse ground-based observations using a bayesian linear regression method for comparison with microwave remotely sensed soil moisture products. Remote Sensing，13（2）：228.
Kim H J，Kim M，Lim H，et al. 2013. Fully autonomous vision-based net-recovery landing system for a fixed-wing UAV. IEEE-ASME Transactions on Mechatronics，18（4）：1320-1333.
Kravitz J，Matthews M，Lain L，et al. 2021. Potential for high fidelity global mapping of common inland water quality products at high spatial and temporal resolutions based on a synthetic data and machine learning approach. Frontiers in Environmental Science，（9）：1-23.
Kycko M，Zagajewski B，Lavender S，et al. 2019. In situ hyperspectral remote sensing for monitoring of alpine trampled and recultivated species. Remote Sensing，11（11）：1296.
Li T，Pei L，Xiang Y，et al. 2021. P3-LOAM：P3/LiDAR loosely coupled slam with accurate covariance estimation and robust RAIM in Urban canyon environment. IEEE Sensors Journal，21（5）：6660-6671.
Mahdianpari M，Granger J E，Mohammadimanesh F，et al. 2021. Smart solutions for smart cities：Urban wetland mapping using very-high resolution satellite imagery and airborne LiDAR data in the City of St. John's，NL，Canada. Journal of Environmental Management，280：111676.
Mandelmilch M，Ferenz M，Mandelmilch N，et al. 2020. Urban spatial patterns and heat exposure in the

mediterranean city of Tel Aviv. Atmosphere, 11 (9): 963.

Michailidis K, Koukouli M, Siomos N, et al. 2020. First validation of GOME-2/MetOp absorbing aerosol height using EARLINET LiDAR observations. 280: 111676.

Naik P, Dalponte M, Bruzzone L, et al. 2021. Prediction of forest aboveground biomass using multitemporal multispectral remote sensing data. Remote Sensing, 13 (7): 1282.

Pickens A H, Hansen M C, Hancher M, et al. 2020. Mapping and sampling to characterize global inland water dynamics from 1999 to 2018 with full Landsat time-series. Remote Sensing of Environment, 243: 111792.

Rishmawi K, Huang C, Zhan X, et al. 2021. Monitoring key forest structure attributes across the conterminous united states by integrating GEDI LiDAR measurements and VIIRS data. Remote Sensing, 13 (3): 442.

Rojas O. 2021. Next generation Agricultural Stress Index System (ASIS) for agricultural drought monitoring. Remote Sensing, 13 (5): 959.

Sayers M J, Fahnenstiel G L, Shuchman R A, et al. 2021. A new method to estimate global freshwater phytoplankton carbon fixation using satellite remote sensing: Initial results. International Journal of Remote Sensing, 42 (10): 3708-3730.

Segui-Gasco P, Al-Rihani Y, Shin H, et al. 2014. A novel actuation concept for a multi rotor UAV. Journal of Intelligent & Robotic Systems, 74 (1-2): 173-191.

She L, Mei L, Xue Y, et al. 2017. SAHARA: A simplified atmospheric correction algorithm for Chinese gaofen Data: 1. Aerosol Algorithm. Remote Sensing (Basel, Switzerland), 9 (3): 253.

Shimizu A, Iguchi M, Nakamichi H, et al. 2021. Seasonal variations of volcanic ash and aerosol emissions around sakurajima detected by two LiDARs. Atmosphere, 12 (3): 326.

Song K, Liu X, Gao T, et al. 2021. Real-time rainfall estimation using microwave links: A case study in east China during the plum rain season in 2020. Sensors, 21 (3): 858.

Tebaldini S, Minh D H T, D'Alessandro M M, et al. 2019. The status of technologies to measure forest biomass and structural properties: State of the art in SAR tomography of tropical forests. Surveys in Geophysics, 40 (4): 779-801.

Wang K, Jiang Q, Yu D, et al. 2019. Detecting daytime and nighttime land surface temperature anomalies using thermal infrared remote sensing in Dandong geothermal prospect. International Journal of Applied Earth Observation and Geoinformation, 80: 196-205.

Wang X, Cai Y, Wang J, et al. 2021. Concentration monitoring of volatile organic compounds and ozone in Xi'an based on PTR-TOF-MS and differential absorption LiDAR. Atmospheric Environment, 245: 118045.

Wen WW, Zhang G, Hsu L, et al. 2021. GNSS NLOS exclusion based on dynamic object detection using LiDAR point cloud. IEEE Transactions on Intelligent Transportation Systems, 22 (2): 853-862.

Wu Y, Bai Z, Miao Q, et al. 2020. A classified adversarial network for multi-spectral remote sensing image change detection. Remote Sensing, 12 (13): 2098.

2 生态系统基础理论

生态系统（Ecosystem）是生态学研究的基本单位，也是环境生物学研究的核心问题。生态系统一词是英国植物生态学家坦斯利（A. G. Tansley）于1935年最先提出的。他发现气候、土壤和动物对植物的生长、分布和丰富度均有明显影响，进而提出“生物与环境形成了一个自然系统，这种系统构成了地球表面大小和类型各异的基本单元，这就是生态系统”。许多生态学家对生态系统进行探索，发展了生态系统理论，一些新的与生态系统有关的词汇相继被提出，如生态系统管理、生态系统服务和生态系统可持续发展概念等，进一步促进了生态系统理论的发展。本章节从生态系统基本内涵出发，主要介绍生态系统的结构、功能和服务的基本知识。

2.1 生态系统的基本内涵

2.1.1 生态系统的基本概念

生态系统是指在一定时间和空间内，由生物群落与非生物环境共同构成的动态整体，系统内各组分要素通过物种迁移、物质循环、能量流动和信息传递等生态过程相互联系、相互制约，并形成具有自我调节功能的复合体。系统中生物和非生物结构的协同作用支撑着生态系统功能和生态系统服务的形成，进而保障人类福祉和社会经济发展。

生态系统定义的基本含义是：①生态系统是客观存在的实体，有时间、空间概念的功能单元；②由生物和非生物成分组成，以生物为主体；③各要素间有机地组织在一起，具有整体的功能；④生态系统是人类生存和发展的基础。

2.1.2 生态系统的特征

每一个生态系统都有一定的生物群落与其栖息的环境相结合，进行着物种、能量、物质和信息的交流。在一定时间和相对稳定条件下，系统内各组成要素的结构与功能处于协调的动态之中。关于这部分内容，蔡晓明（2000）作了相应阐述，结合近几十年对生态系统认识的深入，生态系统的主要特征可以概括如下。

1）以生物为主体，具有整体性特征

生态系统以生物为主体，包括植物、动物和微生物等群体，生物在空间中的组合形成了生物多样性特征。生态系统中，没有单个独立存在物，每一个生物都与其他生物、与环境相互联系和相互作用，在竞争、共生或合作中存在，形成活的生命共同体，保证了系统的稳定性和整体性。

2）受环境影响深刻

生态系统中生物的存在受环境的筛选，只有适应生态系统中环境条件的生物才能生存下去，生态系统中生物多样性是环境筛选的结果。生态系统中环境的变化又进一步影响生物的性状和行为，引起生物的进化。反过来，生态系统中生物类群的变化也会影响环境条件。

3）具有系统多样性和层次性

组成生态系统的生物和环境是复杂的，生物种类具有多样性特征，环境因子亦有多样性特征，这就决定了生态系统具有多样性特征，不同的生态系统在空间上有序地组合排列，形成了景观格局。在复杂的生态系统或景观格局中，生物的地位及其能获取的资源各不相同，不同生物类群占据不同生态位，形成有序的层级系统。

4）开放的、远离平衡态的热力学系统

任何一个自然生态系统都是开放的，可以与其他生态系统或环境自由交流物质和能量。自然生态系统中的能量可从太阳能获取，绿色植物捕获 CO_2进行光合作用，合成生态系统所需的有机物，这是能量和物质在生态系统中的输入，生态系统间也有物质和能量的交换。生态系统变得更大更复杂时，就需要更多能量去维持，经历着从混沌到有序，到新的混沌，再到新的有序的发展过程。

5）具有明确功能和服务性能

生态系统不是生物分类学单元，而是功能单元，通过生物与生物、生物与环境的作用形成了能量流动、物质循环和信息传递等生态系统功能。生态系统通过这些生态系统功能，为人类提供了必需的工业原料和粮食物质产品，同时提供旅游、休憩娱乐等文化产品，形成生态系统服务。

6）具有自维持、自调控功能

生态系统自调控功能主要表现在三方面：第一是同种生物的种群密度的调控，有限空间中资源的限制将加剧个体对资源的竞争，从而限制种群发展；第二是异种生物种群之间的数量调控，多出现于植物与动物、动物与动物之间，常有食物链关系；第三是生物与环境之间的相互适应的调控。生物经常不断地从所处的环境中摄取所需的物质，环境亦需要对其输出进行及时的补偿，例如牛羊通过排泄物对土壤养分元素的补充，生物与环境进行着输入与输出之间的供需调控。

7）具有抵抗力和恢复力

生态系统对干扰具有抵抗和恢复的能力。当面临季节、年际或长期的气候变化的扰动，生态系统结构能对扰动进行适应性响应，进而能保持结构和功能的相对稳定。当遭遇大干扰事件导致生态系统结构受损后，生态系统可通过内部的自我修复机制完成结构的自我修复。生物多样性可能是生态系统抵抗力和恢复力的关键决定因子。

8）具有动态的、生命的特征

生态系统和自然界许多事物一样，具有发生、形成和发展的过程。生态系统可分为幼期、成长期和成熟期，表现出鲜明的历史性特点，具有自身特有的整体演化规律。换言之，任何一个自然生态系统都是经过长期发展形成的，亦有其自然发展的规律。生态系统的这一特性为预测未来提供了重要的科学依据。

9）具有可管理和可持续发展特性

人类可以根据自身利益需求，对生态系统中的生物和环境进行改造，采取各种措施来促进生态系统的可持续发展。例如，建立植树造林来恢复生物多样性；建立自然保护区以保护各种生物的生存环境，维护生态平衡；实施生态修复措施以修复退化的湿地和草原生态系统，恢复其生态功能等。根据生态系统时空变化规律，通过对生态系统的科学管理，确保人类的行为不会对生态系统造成长期的损害和不可逆转的影响。

2.1.3　生态系统的分类

地球表面的生态系统类型多种多样，其规模可大可小且相互交错，具体界定往往依据研究目的和对象而定。小至一棵树木、一个池塘均可视为独立的生态系统，而最大的生态系统则是生物圈（Biosphere），它涵盖了地球上所有的生物及其生存环境，可将其视为全球生态系统。

根据生态系统构建的原动力和影响力，可将生态系统分为自然生态系统和人工生态系统。自然生态系统是指未受人类活动显著干扰，主要依靠生物与环境之间的自我调节机制维持其结构和功能稳定的生态系统类型，包括陆地生态系统和水域生态系统两大类别，这两类生态系统又可进一步细分为各种具体的生态系统类型（图2-1）。按人的需求构建的，受人类活动强烈干扰的生态系统为人工生态系统，包括农田生态系统和城市生态系统（图2-1）。

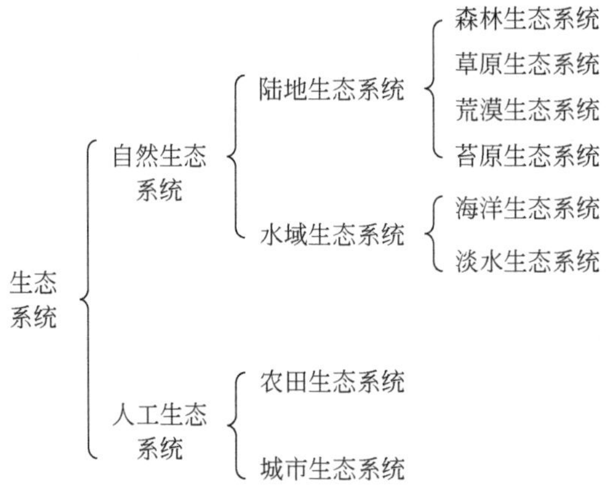

图2-1　生态系统的分类

各生态系统有各自的特点，具体如下。

（1）森林生态系统：以乔木为建群种，可形成典型的垂直分层结构（乔木层、灌木层、草本层）。动物生活习性分化显著，包括树栖、攀缘、地栖、穴居等多种类型。在自然环境条件下，种群密度呈现周期性波动，群落结构通过种间竞争和生态位分化维持相对动态平衡。

（2）草原生态系统：以草本植物为主，啮齿目和适于奔跑的动物较多，但动植物种类较少，种群密度和群落结构常发生剧烈变化。

(3) 荒漠生态系统：以超旱生的小乔木、灌木和半灌木占优势的生物群落为主，植被稀疏，仅能维持一些有特殊适应能力的昆虫、爬行类、啮齿类和鸟类生存，大型哺乳类物种很少，生态系统十分脆弱，一旦遭到破坏，其恢复困难且极其缓慢，甚至不可恢复。

(4) 苔原生态系统：主要是分布在60°N以北、北极圈以南的多年冻土带，地表土壤几厘米以下终年结冰，有机物不能彻底分解。其中，地衣是极地苔原的典型植物。

(5) 海洋生态系统：生物数量和种类较多，以浮游植物为主，它们是植食性动物的重要饵料，一般分布在水深200m以内的海域中。

(6) 淡水生态系统：可分为流水生态系统和静水生态系统，前者包括江河、溪流和水渠等，后者包括湖泊、池塘和水库等。植物主要有浮游植物和水生高等植物，动物包括浮游动物、底栖动物和游泳动物等。动植物种类较多，结构稳定。

(7) 农田生态系统：人的作用突出，群落结构单一，主要成分是农作物。

(8) 城市生态系统：具有很大的依赖性，它所需的物质和能量大多从其他生态系统人为地输入。

2.2 生态系统的结构特征

生态系统结构（Ecosystem Structure）可理解为在一定时空范围内，由生态系统内的生物要素（包括植物、动物和微生物）与非生物环境（如土壤、水和空气等）之间通过相互作用和相互联系所形成的组织形态。作为生态系统的基础属性，生态系统结构直接决定系统的稳定性和功能实现。依据生态系统中各要素的数量比特征、时空分布特征，以及能量、物质和信息传递特征，生态系统结构可分为组分结构、时空结构和营养结构三个方面。

2.2.1 组分结构

生态系统的组分结构是指生态系统中不同生物类型及环境构成要素的属性及其数量比关系，既包括生物类群间的数量组合关系，也包括非生物因素特征及相互联系。生物种群既是构成生态系统的基本单元，也是生态系统的核心单元，不同生物的类型和数量构成生态系统的基本特征。例如，热带地区由“常绿植物、菌类和鸟类”形成的热带雨林生态系统和温带地区由“草和畜”形成的草原生态系统，由于物种组成的类型差异，二者的结构和功能各不相同。即使物种类型相同，但由于物种所处的环境条件不同，也会形成差异性的生态系统类型。依据生物和环境的特征，生态系统的组分结构主要分为生物组分和非生物组分（图2-2）。

2.2.1.1 生物组分

根据生物在生态系统中的作用和地位，可将生态系统中的生物划分为生产者、消费者和分解者，即三大功能类群，三大类群相互作用、相互制约、相互依存（图2-2）。

1）生产者

生产者主要指绿色植物，包括生态系统中的高等植物、藻类和地衣，这些绿色植物通

- 生态系统组分结构
  - 生物组分
    - 生产者
      - 绿色植物
      - 光合细菌
      - 化能细菌等
    - 消费者
      - 初级消费者：食草动物
      - 次级消费者：肉食动物
      - 三级消费者：大型肉食动物
      - 其他消费者：杂食动物、腐食消费者等
    - 分解者
      - 细菌
      - 真菌
      - 小型动物等
  - 非生物组分
    - 能源 —— 太阳能、化学能等
    - 气候 —— 温度、光照、辐射、降雨、风等
    - 基质 —— 岩石、土壤、水、空气等
    - 资源
      - 氧气、二氧化碳、水蒸气、空气等
      - 腐殖质、蛋白质等
      - 无机盐

图 2-2　生态系统的组分结构

过光合作用把无机物转为有机物，并将有机物贮存于生态系统中。不同生态系统生产者类型有所差异，如热带雨林生态系统的主要生产者为乔木和灌木，温带草原的主要生产者为草本植物，而淡水生态系统中浮水植物、挺水植物和潜水植物为主要生产者。

除绿色植物外，利用太阳能或化学能把无机物转化为有机物的光合细菌和化能细菌也属于生产者，包括绿色硫细菌、紫色硫细菌、紫色非硫细菌、硝化细菌和硫氧化细菌等，如硝化细菌包括亚硝化菌和硝化菌，利用 NH_3 和 HNO_2 氧化所释放的能量合成有机物。

生产者在生态系统中，除了通过光合作用或化能合成作用将无机物合成有机物外，至少还有两个重要作用。一是调节环境。绿色植物对生态系统的小气候、水分分配和肥力均有显著的调控作用，如绿色植物通过枯枝落叶和根系分泌物的分解影响土壤肥力。植物是决定生活在该生态系统中的生物种类、类群和分布的关键因子。二是影响物质循环。绿色植物和自养微生物的光合作用、化能合成作用及呼吸作用直接关联着碳、氮和氧等元素的生物地球化学循环，如光合作用吸收了二氧化碳而释放了氧气。总体而言，生产者既是生态系统最基础的组分，也是连接无机环境和生物群落的桥梁。

2）消费者

消费者是不能利用无机物直接制造有机物、直接或间接地依赖于生产者所制造的有机物的生物。消费者根据取食地位和食性的不同，可分为以下几类。

食草动物（Herbivore）：又称草食动物，是指直接以植物体为营养的动物，属于初级消费者，如昆虫、啮齿类、马、牛、羊等。植食动物与植物的关系既可是捕食，如牛吃

草；也可是寄生，如蚜虫以从植物个体中吸取汁液为生。这类动物对植物个体的影响从短期来看很少是致死的。

食肉动物（Carnivore）：以食草动物或其他动物为食，又可分为：一级食肉动物（又称二级消费者），以食草动物为食的捕食性动物；二级肉食动物（又称三级消费者），以一级食肉动物为食的动物。有的还有四级、五级消费者等。

将生物按营养阶层或营养级进行划分，居于最底层的生产者属于第一营养阶层，食草动物居第二营养阶层，以食草动物为食的肉食动物属于第三营养阶层，以此类推。

许多消费者是杂食动物（Omnivore），如狐狸，既以水果为食物，又可捕获鼠类，还可取食动物尸体等。因此，这些动物可分为几个营养级。

消费者在生态系统中，除了起着对初级生产者进行加工和生产的作用外，还对其他生物类群有着重要的调控作用。此外，消费者是能量传递、物质循环和信息传递的中介者，促进了整个生态系统循环和发展，维持着生态系统的稳定。

3）分解者

分解者，亦称还原者，是指生态系统中具有分解能力的生物，主要生物种类为细菌、真菌和放线菌等，也包括某些原生动物和腐食性动物，如蜣螂、蚯蚓、线虫等。

细菌是最重要的分解者之一，一般是单细胞，结构简单，但比表面积大，种类繁多，分布广泛，能在底物丰富的地方迅速吸收可溶性底物，并快速生长和分裂，进而分解生态系统中动植物的排泄物和有机残体。大多数细菌是固着不动的，其分解作用需直接接触到暴露有机物，因而在非暴露有机物中受到限制。

真菌是陆地上死亡植物的最初分解者，其与细菌一起占分解者生物量和呼吸作用的80%～90%。不同于细菌，真菌具有菌丝，菌丝纵横交错形成网络结构，穿透力强，并具有破坏各种植物成分的酶系统，是许多生态系统中枯枝落叶的主要分解者。

小型无脊椎动物，如蜣螂和蚯蚓，可将植物残体粉碎，起着加速有机物在微生物作用下分解和转化的作用。此外，这些土壤动物也能够在体内进行分解，将有机物转化成无机盐类，供植物再次吸收、利用。

分解者是异养生物，依靠分解动植物的排泄物和死亡的有机残体取得能量和营养物质，同时把复杂的有机物分解为生产者可以利用的简单化合物或元素，并释放出能量，其作用与生产者相反。分解者的作用在生态系统中的地位是很重要的，如果没有分解者，动植物残体、排泄物等无法循环，物质将被锁在有机质中不能被生产者利用，生态系统的物质循环功能将终止，生态系统将会崩溃。不同的阶段需要不同的生物来扮演分解者的角色。

2.2.1.2 非生物组分

非生物组分与生物组分相对应，指生态系统中除去生产者、消费者和分解者以外的其他结构成分，包括生物活动的空间和参与生物生理代谢过程的各种要素，是生态系统的物质和能量的来源。非生物组分的类型可分为：能源、气候、基质和资源（图2-2）。其中，能源主要有太阳能和化学能；气候包括光照、风、辐射、温度、湿度和降雨等；基质包括岩石、土壤、水和空气等；资源包括气体资源，如二氧化碳、氧气、水蒸气等，还包括其他资源，如无机盐和土壤中的腐殖质及蛋白质等有机物质。

生态系统中非生物组分均与生物组分密切相关（图 2-3），非生物组分是不同生态系统生物种类、群落和丰富度的决定性因子。例如，由于缺乏水分，荒漠生态系统中的植被主要为耐干旱植被。即使在降雨充沛的热带雨林，旱季的土壤水分仍是导致生物多样性差异的关键因子之一（Wen 等，2022）。不同的非生物组分以不同形式影响生态系统中的生物组成，如缺乏光照的时候，植物可能会因没有得到足够的阳光，而未能完成光合作用的循环，进而枯萎和死亡。但二氧化碳浓度的升高，将促进生态系统中植物的光合作用。此外，生物组分的呼吸作用，以及生物间的捕食和分解等关系，又会反过来影响非生物组分的含量，如微生物对植物凋落物和动物尸体的分解速率直接影响了土壤中有机物浓度（陈法霖等，2011a；徐璇等，2019）。

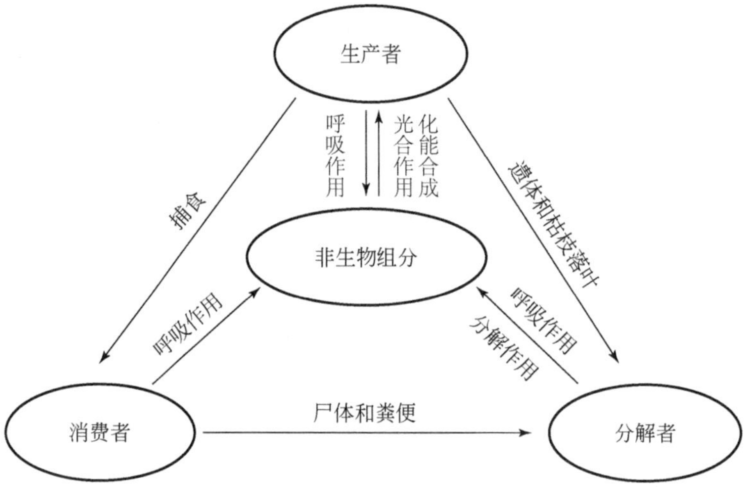

图 2-3　生态系统组分结构之间相互关系

2.2.2　时空结构

生态系统时空结构也称形态结构，是指各种生物组分或群落在时间上和空间上的不同配置和形态变化特征，在分类上主要包括时间结构和空间结构，其中空间结构包括水平结构和垂直结构。

2.2.2.1　时间结构

时间结构是指生态系统生物组分或群落随时间的变化特征，依时间长短分为三个度量：一是短时间度量，如昼夜和季节；二是中等时间度量，以生态系统中生物群落的演替为主要内容；三是长时间度量，以生态系统进化为主要内容。

生态系统结构在短时间度量中的变化，反映了植物、动物等为适应环境因素的周期性变化，进而引起生态系统结构上的变化。例如，我国北方森林植被由温度变化引起的叶片的新生和凋落；许多森林中白天可见多种鸟类活动，夜间则有猫头鹰和鼠类活动等变化特征。生态系统结构的这种短时间变化主要体现为环境因子的变化，而且不同生态系统具有各自的特殊性，如陆地生态系统中的植物个体较大，而水域生态系统中的植物个体相对较小。

生态系统结构在中等时间度量上的变化，反映了生物群落的演替特征。生物群落的演替是指群落随时间的推移而发展变化的动态过程，在这个过程中，一些物种的种群消失，而另一些物种随之兴起，最后发展为相对稳定的顶级群落。就演替速度而言，早期阶段极为缓慢，中期速度较快，后期停止演替。

生态系统结构在长时间度量中的变化，反映了生态系统进化过程。生态系统的进化是气候、土壤等外部环境的长期变迁，与生物群落新物种的形成和出现所引起的内部变化所共同作用的结果。生态系统进化的动力是环境的变迁（如灾变）和新物种的出现，进而打破原有生态系统的稳定，导致生态系统结构的大改变。这种变化是非周期性和不可逆的，其总趋势是复杂性和有序性的增加，对物理环境控制或内部稳定性加大，以及外界干扰对生态系统的影响降低。

2.2.2.2 空间结构

1）水平结构

生态系统的水平结构是指在一定区域内生物和非生物要素在水平空间上的组合与分布。生态系统水平结构是生物群落与地形、水文、土壤和气候等环境因子综合作用的体现。首先，在生态系统内部，环境因子在水平空间的分布是不均匀的，如有的地段坡度较陡峭，有的地段土壤更肥沃等，不同的环境因子适合不同的生物类群生存。其次，在生态系统中，除去人工林可能存在植物的均匀分布外，其他生态系统中植物在地面上的分布极少是均匀的，种类和数量多、植被盖度大的地段动物种类也相应多，这形成了物种在水平空间中的差异。

植被的斑块性和镶嵌性也是水平空间结构异质性的表现，体现在景观中，即是形成了所谓的带状分布、同心圆式分布和块状镶嵌分布等景观格局（葛方龙等，2008）。不同的植被斑块在生物种类、数量、分布及生物间相互关系方面均可能表现出差异性（Fahrig et al.，2019；卢训令等，2019）。例如，景观中以水稻为主的农田斑块仅有相对单一的植物群落结构，但与之毗邻的森林斑块却有较高的植物多样性及丰度较高的动物种类，维持着相对完整的食物链关系（Levey et al.，2016；卢训令等，2019）。植物斑块在水平空间的组合及排列方式影响着能量传递、物质传输及信息传递过程，使生态系统表现出不同的功能。

2）垂直结构

生态系统的垂直结构是指生物群落和非生物因子在垂直高度上的分化状况，又称为垂直分层现象。生态系统的垂直结构包括生态系统内部不同类型物种及不同个体的垂直分层和不同类型的生态系统随海拔高度在生境上的垂直分布两个方面。

在生态系统内部，生物群落的分层能直观地体现垂直结构的特征。例如，森林生态系统中，高大乔木组成了林冠层，其次为灌木层、草本层和地被等层次。还可将根和土壤分成若干层次，各个层次中栖息着特征各异的动物类群，如鸟类栖息于林冠层，而步甲科和金龟科的幼虫则栖息于植物根部。不同的层次之间相互联系，林冠层的发育情况对其他层次具有较大影响，如果林冠层的郁闭度大，则影响了光照的穿透，容易影响到林下灌木和地表植物的生长发育（Brosofske et al.，2001）。相反，如果林冠层相当开阔，林下植被将获得更充足的光照资源，从而促进植被生长发育。在淡水和湖泊等以水生生物为主的生态系统中，生物的垂直结构也很明显。一般可分为漂浮生物、浮游生物、游泳生物、底栖生物、附底生物和底内生物等类型。当然，生物群落的垂直分布与环境因子密切相关，如水体群落的垂直分布主要取决于光穿透情况。

随着海拔高度的变化，生物类型出现有规律的垂直分层现象，这也是生态系统的垂直结构的重要表现。生物群落随着海拔高度的变化存在多种形式。一是物种群落随海拔升高而逐渐减少，如陕西佛坪国家级自然保护区植物群落的物种多样性沿海拔梯度单调下降（岳明等，2002）。二是山谷型曲线，即物种数量随着海拔高度的变化呈现为先下降再上升的趋势，在中等海拔地区物种丰富度最低，如天山云杉群落草本植物随海拔的变化（刘贵峰等，2008）。三是单峰型变化趋势，即物种丰富度随着海拔先升高后降低，在中等海拔高度物种丰富度最大，也称为中间高度膨胀，在已有研究结果中近一半属于单峰型分布格局（Rahbek，1995；胡佳玉等，2021）。即使是同一地区，不同生物类群随海拔变化的趋势也可能是不一样的。例如，陕西佛坪国家级自然保护区乔木层的物种多样性表现为单峰型变化规律，但草本层植物多样性则呈现为先降后升的趋势（岳明等，2002）。随海拔梯度出现的生物垂直分层现象，主要是海拔梯度的差异导致温度、湿度、光照和土壤等环境因子发生相应的变化。

2.2.3 营养结构

生态系统营养结构是指生态系统生物与生物之间，以食物营养为纽带所形成的食物链和食物网，它是物质循环和能量转化的主要途径，生态系统内各要素之间最本质的联系是通过营养来实现的。

2.2.3.1 食物链

食物链是生态系统内不同生物之间在营养关系中形成的一环套一环的链条式的关系（图 2-4），食物链上的每一环节，称为营养级。营养级刻画了物种在生态系统中的营养位置，通常定义为从非生物资源到该物种的能量传递路径的长度。基于营养级特征，自然生态系统主要有三种类型的食物链。

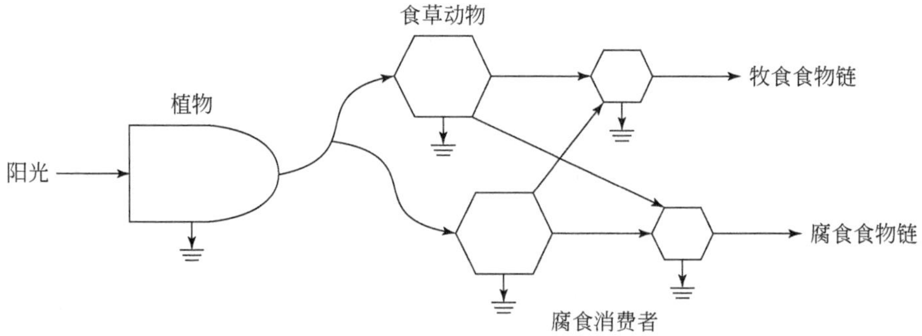

图 2-4　两大类型的食物链间的关系（改自 Odum，1983）

(1) 牧食食物链 (Grazing Food Chain) 或捕食性食物链 (Predatory Food Chain), 是以活的绿色植物为基础, 从食草动物开始的食物链, 如小麦—蚜虫—瓢虫—食虫鸟。

(2) 腐食食物链 (Saprophagous Food Chain) 或分解链 (Decompose Chain), 是以死的动植物残体为基础, 从真菌、细菌和某些土壤动物开始的食物链, 如动植物残体—蚯蚓—动物—微生物—土壤动物。

(3) 寄生性食物链 (Parasitic Food Chain), 是以活的动植物有机体为基础, 从某些专门营寄生生活的动植物开始的食物链。

受能量传递效率的限制, 食物链最少有 3 个环节, 一般为 4 ~ 5 个环节。但也有例外的时候, 比如我国的蛇岛, 曾出现过 7 个环节"花蜜—飞虫—蜻蜓—蜘蛛—小鸟—蝮蛇—老鹰", 但这种情况是极为特殊的。具有较长食物链的生态系统, 一旦受到内外环境的干扰, 不仅易遭到破坏, 而且恢复原状的时间也长。

2.2.3.2 食物网

在生态系统中, 不同生物间的取食与被取食关系, 并不像食物链所表达的那样简单, 一种生物可被多种生物捕食, 同时也捕食多种其他生物, 即一个生物可以存在于多条食物链中 (图 2-5), 而且生态系统中的食物链很少是单条、孤立出现, 往往是交叉形成复杂的网络式结构, 即食物网。食物网形象反映了生态系统内各生物有机体间的营养位置和相互关系。自然界中的各种物种, 正是通过食物网发生直接和间接的联系, 才保持着生态系统结构和功能的相对稳定性。

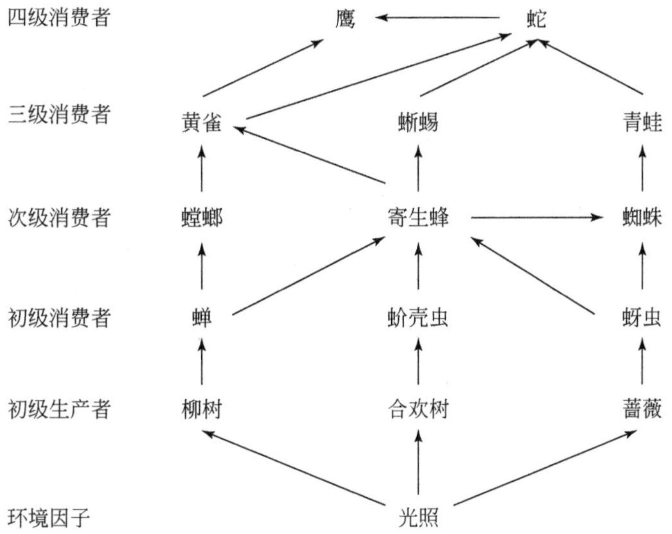

图 2-5 食物网结构示意

一个复杂的食物网是生态系统保持稳定的重要条件, 具有复杂食物网的生态系统, 一般不会因为一种生物的消失而引起整个生态系统的失衡, 但食物网中任何一种生物的灭绝都会在不同程度上使生态系统抵抗外界干扰的能力下降, 也会降低生态系统的稳定性。食物网越简单, 生态系统对外界的变化 (环境改变) 的响应越剧烈, 假如在一个生态系统中仅有青蛙—蛇—鹰构成简单食物网结构，青蛙一旦消失，蛇就会饿死。假如食物网中还有蜥蜴等动物，那么蛇也可捕食蜥蜴继续维持生态系统的稳定运转。假如食物网中的蛇灭绝了，那么生态系统中青蛙或蜥蜴的数量也会因缺乏天敌而急剧增加，最终生态系统的捕食关系被打破，引起生态系统失衡。

2.3　生态系统的过程与功能特征

最早对生态系统功能进行定义的是著名生态学家奥德姆（E. P. Odum），他认为生态系统功能（Ecosystem Function）是指生态系统的不同生境、生物学及其系统性质或过程，这一定义获得了学者的认可（冯剑丰等，2009）。生态系统功能是生物组分与非生物组分共同作用的结果，这种共同作用既包括生物对环境因子的响应，也包括了生物与生物间的捕食、竞争、寄生和共生互利等关系，还包括生态系统中亚系统间的相互影响，是生态系统本身所具备的一种基本属性，生态系统的基本功能包括生态系统的能量流动、物质循环和信息传递。

2.3.1　生态系统的能量流动

能量流动是生态系统的重要功能，是指生态系统中能量输入、传递、转化和散失的过程。生态系统的能量流动，始于光能自养生物（植物和光合细菌）通过光合作用固定的太阳能，以及化能自养生物通过化能合成作用固定的化学能，以绿色植物固定太阳能为主。在生态系统中，生物与环境、生物与生物间的密切联系，可以通过能量流动来实现。

生态系统能量流动具有以下特征：①遵循热力学第一和第二定律，即自然界能量可以在利用形式之间进行转化，在转化过程中，能量既不会消灭，也不会凭空产生。而且，能量从一种形式转化为另一种形式时，总有一部分能量转化为不能利用的热能而消耗。②生态系统能量流动的特点是单向流动，即能量流动只能从第一营养级流向第二营养级，再依次流向后面的各个营养级，一般不能逆向流动。这是由生物长期进化所形成的营养结构决定的。③能量逐级递减，即输入到一个营养级的能量不可能百分之百地流入后一个营养级，能量在沿食物链流动的过程中是逐级减少的。能量沿食物网传递的平均效率为 10%~20%，即一个营养级中的能量只有 10%~20% 被下一个营养级所利用。

流入生态系统的总能量通过食物链和食物网逐级传递。无论是生产者，还是消费者，一个营养级的生物所同化的能量一般用于四个方面：一是生物自身的呼吸作用消耗；二是用于生长、发育和繁殖，其能量贮存在构成有机体的有机物中；三是流入下一个营养级的生物体内，以及未被利用的部分；四是供分解者使用，有机物中的能量有一部分是死亡的遗体、残落物、排泄物等，其被分解者分解掉。在生态系统内，能量流动与物质循环是紧密联系在一起的。

2.3.1.1　生态系统中的初级生产

生态系统的初级生产量（Primary Production），又称为第一性生产量，主要是指绿色植物和某些光合细菌的生产。植物通过光合作用，吸收和固定光能，把无机物转化为有机物，最终得到生产量。生产量（Production）与生产力（Productivity）同义，是指某一时间内，某个种群或生态系统所生产出的有机体数量、重量或能量，单位为 $g/(m^2 \cdot a)$。生产过程可以用以下化学方程式概述：

$$6CO_2+12H_2O \xrightarrow[\text{叶绿素}]{\text{光能 }2.8\times10^6 J} C_6H_{12}O_6+6O_2+6H_2O \tag{2-1}$$

植物在单位面积、单位时间内，通过光合作用固定的太阳能的总能量称为总初级生产量或总第一性生产量（GPP）。植物的总初级生产量减去呼吸作用消耗的能量（R），余下的有机物质为净初级生产量或净第一性生产量（NPP），公式表达为 $NPP=GPP-R$。NPP 包括植物生产的新生产量、扩散或由根分泌到土壤中（根分泌）的可溶性有机化合物、转移到与根有共生关系的微生物（如菌根和固氮细菌）中的碳，以及叶片向大气挥发性排放的损失（Clark et al., 2001）。各组分占比差异较大，植物生产的新生产量组分占比可达 40%～70%（表 2-1），大多数 NPP 的野外研究只评估了植物生产的新生产量，因此可能至少低估了实际 NPP 的 30%。NPP 能够用于判定生态系统的健康状况和可持续发展水平，其时空变化能够直接体现区域陆地碳循环的变化，在全球变化背景下，NPP 已成为表征生态系统受全球变化影响的重要指标和核心内容（徐海洋等，2023）。

表 2-1　NPP 的主要组分成分及其相对大小的达标值

NPP 的组成成分	比例/%
植物生产的新生产量	40～70
叶和繁殖部分（细凋落物）	10～30
茎的顶端生长	0～10
茎的次生生长	0～30
新生根	30～40
根系分泌	20～40
根系分泌物	10～30
根向菌根的转移	10～30
食草动物和死亡造成的损失	1～40
挥发排放	0～5

注：该表改自 Chapin 和 Eviner（2003）

不同生态系统类型 NPP 的差异较大，估算全球生态系统 NPP 的方法主要有两种。一是基于实测数据估算总值（Lieth and Whittaker, 1975）；二是利用与气候因素关联的生产量模型进行估算（洪长桥等，2017）。基于实测数据的估算表明，全球 NPP 为 1.7×10^{11}t，其中，约 1.15×10^{11}t 来自陆地生态系统。尽管海洋面积覆盖了地球表面的71%，却占不到全球生产量的一半。陆地生态系统中，热带雨林（包括季雨林）和稀树草原约占 NPP 的 60%，体现了这些生态系统生物群落的大面积覆盖和高水平生产力。

生产量估算模型有多种，相关模型可分为统计模型、参数模型和过程模型，不同的模型对基础数据的需求不同。其中，统计模型主要利用气象数据与实测 NPP 的经验统计关系来估算 NPP；参数模型以太阳辐射作为主要变量，采用温度、降水等作为限制因子来估算NPP；过程模型则采用气象、土壤数据和植物生理参数来估算 NPP（洪长桥等，2017）。我国学者周广胜和张新时（1995）建立的自然植被净初级生产量模型，通过模型的计算，发现我国自然植被净初级生产量在东南沿海地区最高，向西北内陆递减，直到西北沙漠、荒漠区最低，自然植被的净初级生产量在森林地带由北向南的递增趋势十分明显。该模型可为区域甚至是全球范围确定植物净初级生产量的分布提供分析工具，具体公式如下：

$$\mathrm{NPP}=\mathrm{RDI}\times\frac{r\times R_n(r^2+R_n^2+r\times R_n)}{(r+R_n)\times(r^2+R_n^2)}\times\exp(\sqrt{9.87+6.26\mathrm{RDI}}) \tag{2-2}$$

式中，RDI 为辐射干燥度；R_n 为净辐射（单位：W/m^2）；r 为年降水量（单位：mm）；NPP 为自然植被净初级生产量［单位：TDM/（hm^2·a）］。

生物因子是影响生态系统初级生产量的主要因素。植物种类、数量和多样性等通过光合作用和呼吸作用等共同调控初级生产量。不同的绿色植物通过 C_3、C_4和 CAM 途径捕获二氧化碳和光能生产 GPP，但又通过呼吸作用消耗生态系统部分生产量。被消耗的生产量是植物 GPP 中一个相对恒定的部分，大约为50%（Zhang et al.，2009），剩下的则为 NPP。不同生态系统每单位土地面积的日 NPP 差异较大（表2-2）。例如，热带森林中可达到6.8 g/（m^2·d），然而在北方森林中仅为2.5g/（m^2·d）（表2-2）。绿色植物生长季节的长度对于生态系统 NPP 具有重要作用（表2-2），生态系统的叶面积揭示了生态系统在生长季节内 NPP 的差异，生产量最高的生态系统一般具有最高的叶面积（表2-2）。在我国，2000～2017 年全国陆地生态系统的 NPP 增长速率从大到小依次为农田、城市、森林、草地和荒漠生态系统，这段时间内各陆地生态系统的 NPP 整体上呈现增加的趋势，单位面积NPP 均值范围从大到小依次为：森林、农田、城市、草地和荒漠（涂海洋等，2023）。

表2-2　每天和每单位叶面积的生产力

生态系统类型	季节长度*/天	每单位土地面积的日 NPP/［g/（m^2·d）］	总 LAI/（m^2/m^2）	每单位叶面积的日 NPP/［g/（m^2·d）］
热带森林	365	6.8	6.0	1.14
温带森林	250	6.2	6.0	1.03
北方森林	150	2.5	3.5	0.72
地中海式灌丛	200	5.0	2.0	2.50
热带稀树草原和草地	200	5.4	5.0	1.08
温带草原	150	5.0	3.5	1.43
沙漠	100	2.5	1.0	2.50
基地苔原	100	1.8	1.0	1.80
农田	200	3.1	4.0	0.76

*季节长度为估算值，表中数据引自 Gower（2002）和 Chapin 等（2002）

影响初级生产量的另一重要因素是环境因子。环境因子主要有六大类：光照、温度、水分、土壤养分、氧气和二氧化碳。其中，氧气和二氧化碳含量在地面上的分布比较稳定，在决定生态系统初级生产量的差异上可能并无太大作用。光照和温度一般随纬度位置变化而不同；水分主要受制于海陆关系的位置及其所联系的洋流、风向、气团和高大山脉走向等因素；土壤养分则与地面岩石性质及其风化壳所形成的土壤有关。因此，光照、温度、水分和土壤养分在不同区域可能差异较大，是初级生产量的限制因子。

在全球尺度上，生态系统 NPP 的最大差异与气候有关（Schuur，2003；Clark et al.，2010）。在热带雨林温暖潮湿的环境中 NPP 最大，而在干旱或寒冷的气候中 NPP 最小。这可能与土壤中水分的供应有关，因充足的土壤水分是绿色植物 NPP 的保障。NPP 与降水也表现出区域的差异，如 2000～2017 年，我国境内 70.36% 的地区 NPP 与降水呈正相关关系，主要分布于东北地区的中部、华北、华中和西北地区以及四川盆地、华南地区的西部和华东地区的北部；但 29.64% 的区域呈负相关，主要分布于我国西南地区以及华东地区南部等地，这些地区由于降水、土壤水分较为充沛或是冷湿地区主要受温度影响等原因，受降水影响较小（涂海洋等，2023）。全球的分析显示，总体趋势为 NPP 随着年均降水量增加呈先升高后降低趋势，但随着年均气温的升高呈升高趋势（图 2-6）。

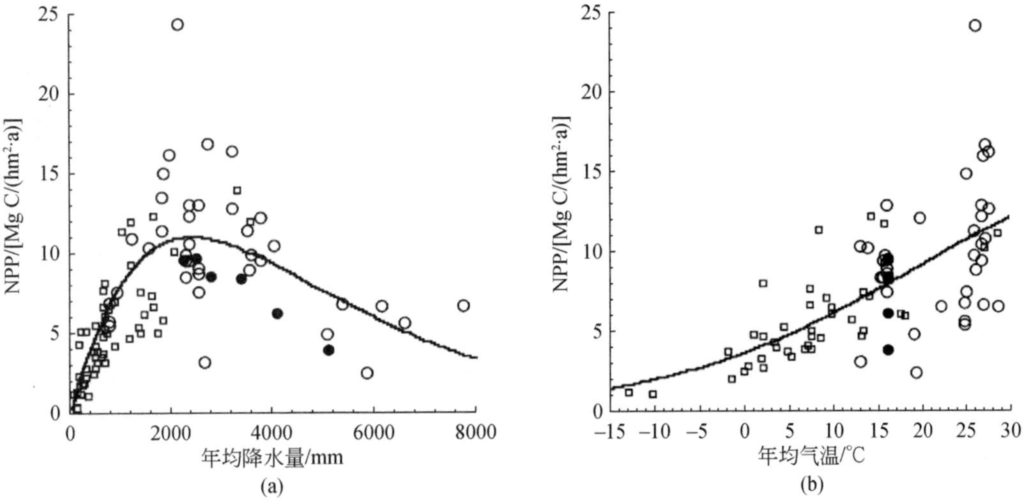

图 2-6　NPP 与年均降水量（a）和年均气温（b）的相关性（改自 Schuur，2003）

2.3.1.2　生态系统中的次级生产

生态系统的次级生产或称为第二性生产，是指生态系统初级生产以外的生物有机体的生产。次级生产就是异养生物（包括动物、异养细菌和真菌）的生产，异养生物直接消费绿色植物，或通过取食其他异养生物合成自身所需有机物。动物的肉、蛋、奶、毛皮和骨骼等都是次级生产的产物。

生态系统次级生产以初级生产为基础，两者之间被认为存在显著正相关关系。例如，在湖泊生态系统中，以浮游植物作为主要取食对象的浮游动物，其次级生产力与浮游植物的生产力呈正相关，湖泊和海洋中的异养细菌生产力与浮游植物也就有显著正相关性（Cole et al.，1988）。从理论上来讲，NPP 可全部被异养生物所利用，转化为次级生产量。然而，任何一个生态系统的 NPP 总有部分在转化过程中要丢失。因此，各级消费者所利用能量仅是被食者生产量的一部分，这导致了一个生产力金字塔的形成（图 2-7），其中，初级生产者提供的 NPP 是基础，该基础决定了初级消费者更小的生产水平，在此基础上进一步限制了次级消费者的生产量。次级生产量可以用以下公式表示：

$$PS = C - Fu - R \tag{2-3}$$

式中，PS 为次级生产量；C 为摄入的能量；R 为呼吸中丢失的能量；Fu 为排泄物、分泌物和粪便等。

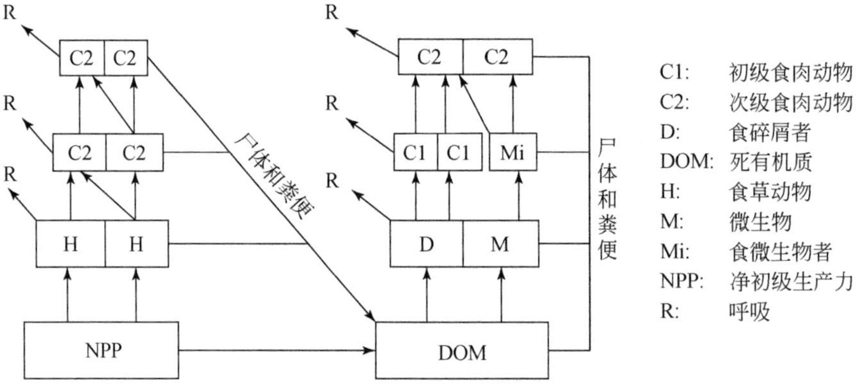

图 2-7　生态系统营养结构和能量流动的一般模式（改自 Heal and MacLean，1975）

生态系统中食物网是实现从初级生产到次级生产的途径（图 2-7）。绿色植物生产获得的生物量和能量被食草动物消费和同化，而食草动物的生物量和能量能够被食肉动物消费和同化，在食肉动物死亡后进入死有机质中。在每一个消费阶段都有部分生产量和能量以呼吸的形式丧失，剩余能量可能有部分不被完全同化，以粪便的形式进入死有机质中。死有机质中的物质和能量通过食碎屑者和微生物进入食物网中，然后通过食肉动物或食微生物者的同化作用继续进行物质和能量的传递，死有机质通常需要经过数次循环才能将物质完全代谢。当然，生态系统中也可能存在部分生产量不参与此过程，如被冲蚀到生态系统之外的碎屑物。在陆地上，由于营养物质供应有限、食物链复杂以及每个营养级的能量损失等因素，植物将从太阳获得的能量的 90% 用于自身的生长和繁殖，从植物到食草动物和食肉动物的能量转移效率较低，约为 10%（Eddy et al.，2021），即一个营养级中只有约 10% 以生物量形式储存的能量会传递到下一级。

不同的生态系统中的净次级生产量具有较大差异，而且净次级生产量均比净初级生产量少很多。在陆地生态系统中，热带稀树草原具有最高的净次级生产量，可达到 2.14Pg C/a，常绿阔叶林的净次级生产量约为 1.08Pg C/a，草地生态系统中约为 0.33Pg C/a，农田生态系统中为 0.31Pg C/a，但常绿针叶林仅为 0.05Pg C/a（Street and McNickle，2019）。尽管海洋生态系统的初级生产量与陆地生态系统相差不大，但海洋生态系统中动物利用植物的效率约为陆地生态系统的 5 倍，海洋生态系统表现出更高效的能量转移和营养循环（Field et al.，1998）。

2.3.1.3 生态系统中的分解作用

生态系统的分解作用（Decomposition）是指动物、植物和微生物残体等复杂有机物通过物理和化学作用被逐步分解为简单无机物质的过程，多种分解者（细菌、真菌和土壤动物）起关键作用。生态系统通过对生物残体的分解，使营养物质再循环，为生产者提供了营养，维持和稳定了土壤有机质含量，影响着土壤性质，并直接调节着以动物、植物和微生物残体等为食物的土壤动物和微生物群落，在生态系统中扮演着重要作用。

1）分解作用的过程

生态系统的分解作用较复杂，具体包含了淋溶、破碎化和生物异化等相互影响的过程，不同的过程作用结果不同。淋溶是物理过程，其是生物残体（如凋落物）刚到地表上时决定生物残体损失速度的一步。通过水分参与的淋溶过程将可溶的物质从正在分解的有机物转移到土壤基质中，这些可溶物或者被生物有机质吸收，或者与土壤矿质元素反应，以溶解状态从系统中损失掉。破碎化过程亦是物理过程，其将大块的有机物裂解成小块，增加了有机物整体表面积，为微生物的移植与有机物分解创造了条件，大大增强分解作用，土壤动物是破碎化过程的主力军（曾锋等，2010；徐璇等，2019）。生物异化过程是化学过程，主要指腐生生物在酶的作用下，把有机物碎屑转变成为腐殖酸和其他可溶性有机物，即从聚合体变成单体，然后腐殖酸和其他可溶性有机物缓慢分解，逐步变成生产者可以重新利用的无机物，参与生物异化过程的生物包括细菌、真菌和土壤动物。

2）分解作用的时间变化特征

生态系统中的分解作用具有明显的时间变化特征。凋落物的分解与时间近似地显现指数关系。叶的凋落物通常在第一年内丧失其质量的30%～70%，在之后的5～10年丧失另外的20%～30%。凋落物质量的指数下降意味着每年有一个恒定比例的凋落物被分解，分解作用的指数模型公式如下：

$$L_t = L_0 e^{-kt} \tag{2-4}$$

$$\ln \frac{L_t}{L_0} = -kt \tag{2-5}$$

式中，L_0为初始凋落物质量；L_t为时间 t 的质量；k 为分解作用常数，是一个反映特定物质分解作用速率特征的指数，凋落物在生态系统中的存留时间等于 $1/k$，即凋落物在稳定状态下被分解所需要的时间。

分解作用的指数模型反映的是一个恒定的分解速率，其仅是凋落物质量随时间减少样式的一种近似。一般至少需要三个阶段的曲线才能精确描述这个过程。第一阶段中，对细胞可溶物的淋溶占优势，新的凋落物仅通过淋溶作用就能在24小时内损失其质量的5%。第二阶段较慢，包括通过土壤动物的破碎化、土壤微生物的化学改造以及来自凋落物的腐烂产物淋溶组合。分解作用的指数模型主要用于揭示第二阶段过程。最后一个阶段十分缓慢，包括与矿质土壤混合在一起的有机物的化学改变和分解作用产物淋溶到其他土壤层。

不同类型的凋落物的分解作用随时间变化趋势不同。通常来讲，同一地区内草本植物的分解速率高于木本植物，阔叶树种高于针叶树种，植物叶片的分解速率高于树干和枝条（Taylor et al.，1991；李志安等，2004；Parton et al.，2007）。不同地区中，生态系统中植物凋落物的分解作用也有差异（图 2-8），热带雨林的凋落物的分解速率高于北方森林、针叶林和落叶林，不管是叶片还是根系凋落物（Parton et al.，2007），湿润地区的草地凋落物的分解速率高于干旱地区（图 2-8）。分解作用的这种差异是凋落物质量自身、土壤生物及环境因子综合作用的结果。

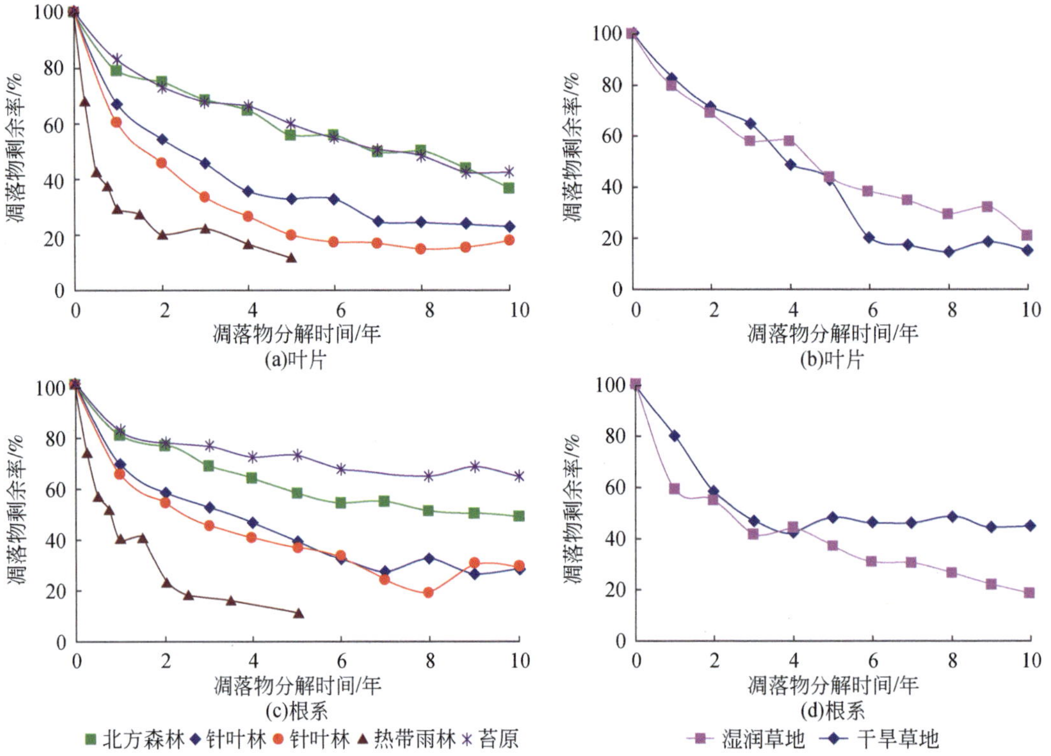

图 2-8　凋落物剩余率与时间的关系（改自 Parton et al.，2007）

3）分解作用的空间变化特征

分解作用在地表以下的空间具有异质性。大多数分解作用发生在凋落物输入集中的地表附近，地上凋落物随重力作用落入地表，在地表附近发生最初的分解作用和营养释放。植物根系会在表层土壤接近并吸收这些营养，这样根的枯落物（包括根的残体、死亡组织等）也就主要发生在表层土壤中，这加强了大多数分解作用在表层土壤的发生。然而，这并不意味着可以忽视深层土壤中的分解作用，动物和淋溶可将表层土壤的腐殖质带至深层（徐璇等，2019），而且深层土壤中的深根亦有根系分泌物，但根系凋落物的分解速率随着土壤深度的增加而减慢（Hicks Pries et al.，2018）。

分解速率在地表以上的空间亦存在异质性，这种空间异质性表现在两个方面。一是海拔影响了分解速率。在低海拔地区（<1000m），分解速率随着海拔的增加表现出增加趋势，海拔高的生态系统反而具有更高的分解速率（Gavazov et al.，2014）。当海拔大于

1000m 后，在分解作用发生的早期，海拔对分解作用的影响可能并不明显（Marian et al., 2017），随着时间推移，不管是对于叶片还是根系的分解作用，海拔低的地区的分解速率将强于海拔高的地区（Gavazov et al., 2014；Marian et al., 2017）。从总体上看，分解速率随着海拔增加表现为先增加后降低趋势。二是纬度影响了分解速率。纬度与陆地生态系统分解速率呈现显著负相关关系（图 2-9），即纬度越高，生态系统的分解速率越低。

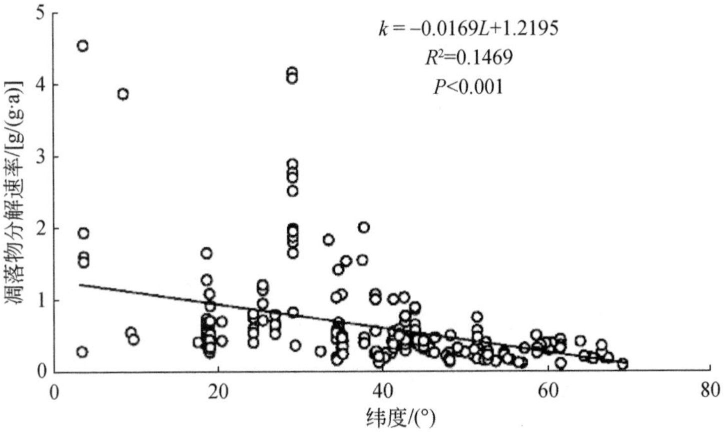

图 2-9　凋落物分解速率随纬度变化趋势（改自 Zhang et al., 2008）

4）分解作用的影响因素

影响生态系统分解作用的因素包括生物和环境因素。生物因素包括底物（凋落物）的数量和质量（Zhang et al., 2008），以及凋落物所处生态系统的生物组成、类型和多样性特征（陈法霖等，2011；Esquivel et al., 2020）。其中，底物（凋落物）的质量和数量可能控制了分解作用的主要化学过程（Zhang et al., 2008）。在特定气候条件下，由于底物性质的差异，凋落物的分解速率可相差 5～10 倍。阔叶林凋落物分解作用大于针叶林（林波等，2004），动物尸体的分解作用比植物更快，草本植物比木本植物分解更快，植物叶片的分解速率比枝条更快，落叶植物的叶片分解比常绿植物的叶片更快（李志安等，2004；Esquivel et al., 2020）。这种分解速度的差异与底物的化合物类型有关（Zhang et al., 2008；潘冬荣等，2013）。例如，底物中更高的 N 和 P 含量具有更高的分解速率，但更高的木质素和 C/N 比则有更低的分解速率（图 2-10）。此外，K、Mg 和 Ca 的含量也会显著地影响凋落物的分解作用（Zhang et al., 2008；曾锋等，2010）。

土壤生物在凋落物分解中占有重要地位。细菌、放线菌、真菌等微生物和蚯蚓、白蚁、昆虫幼虫等土壤动物全部参与到凋落物的分解中，且相互之间是协同、共同作用的。土壤动物通过破碎、掘穴、取食和刺激微生物活动等作用，能够直接或间接地影响分解过程（李志安等，2004；徐璇等，2019）。研究表明，热带森林中土壤动物对凋落物分解的贡献率为 1.6%～66.2%（Yang and Chen, 2009）。土壤动物可影响 N 释放和刺激微生物对 N 的矿化来提高凋落物中的 N 浓度，从而调节凋落物 C/N 比，促进微生物对凋落物的后续分解（Yang and Chen, 2009；曾锋等，2010）。微生物数量以及土壤酶活性均表现为初期增加或旺盛，后期减少或衰弱。真菌定着和破坏凋落物表层使得内居性动物大量侵入

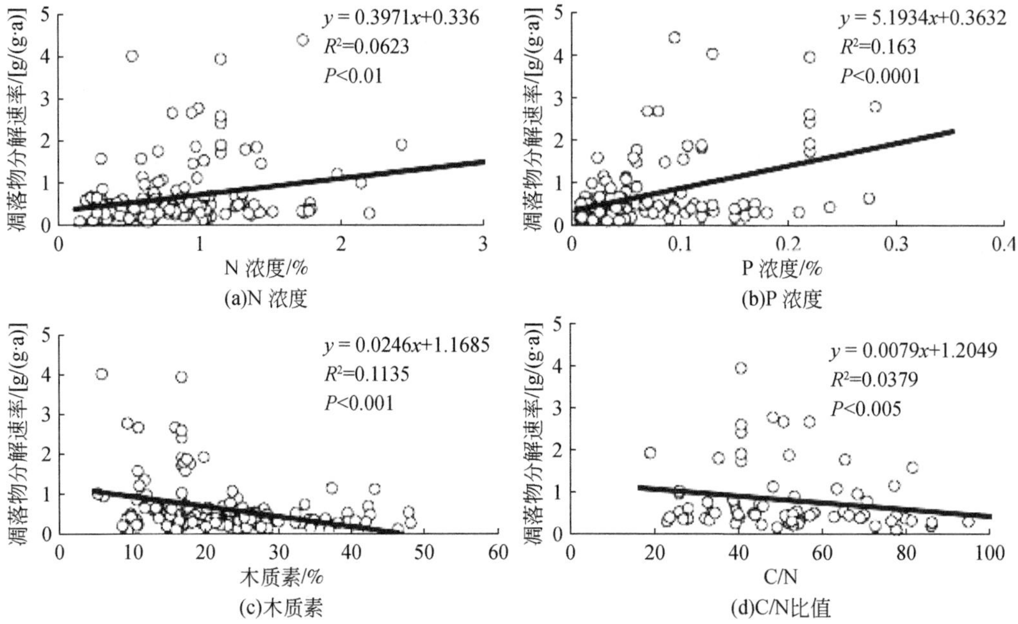

图 2-10　凋落物质量与分解速率的关系（改自 Zhang et al.，2008）

凋落物内部，随着分解凋落物碎片的体积越来越小而表面积却相对变大，微生物易定着并分解这些碎片，在最后阶段的有机养分无机化过程中起主要作用的可能是细菌（陈法霖等，2011b；Gavazov et al.，2014）。

影响分解作用的环境因素包括气候和土壤特征。其中，温度、降雨和湿度被认为是影响分解作用的重要气候因子（Zhang et al.，2008；黄锦学等，2010）。温度与降雨和分解速率呈显著的正相关关系（图 2-11），温度升高影响土壤养分的矿化，可提高养分的可利用性，增加微生物的活性，进而促进分解作用（李志安等，2004；黄锦学等，2010）。此外，温度影响生态系统的生物群落组成、结构及物候变化、凋落物基质的质量和土壤养分可利用性等，进而影响凋落物的分解速率。充沛的降水量既可通过淋溶作用直接影响分解作用（Zhang et al.，2008），也可通过补充凋落物中的水分间接影响凋落物质量，还可增加土壤可利用水含量（李志安等，2004；曾锋等，2010），特别是在干旱的陆地生态系统，提高土壤分解体的活动对凋落物分解有积极作用。

土壤类型对凋落物分解速率有极显著影响，其中置于黄红壤中分解的凋落物的分解速率最快。这种差异主要是不同类型土壤的水热条件、土壤生物及本身的理化性质差异造成的（曾锋等，2010；黄锦学等，2010）。森林凋落物的分解速率与土壤营养元素的含量密切相关。土壤越贫瘠，里面的土壤生物就越少，分解速率就比较慢（曾锋等，2010）。森林土壤的凋落物分解速率大于草原土壤的凋落物分解速率，因为森林土壤有比草原土壤更好的营养成分，而且黄红壤分布于中国低纬地区，间接表明了水热条件对分解的促进作用。

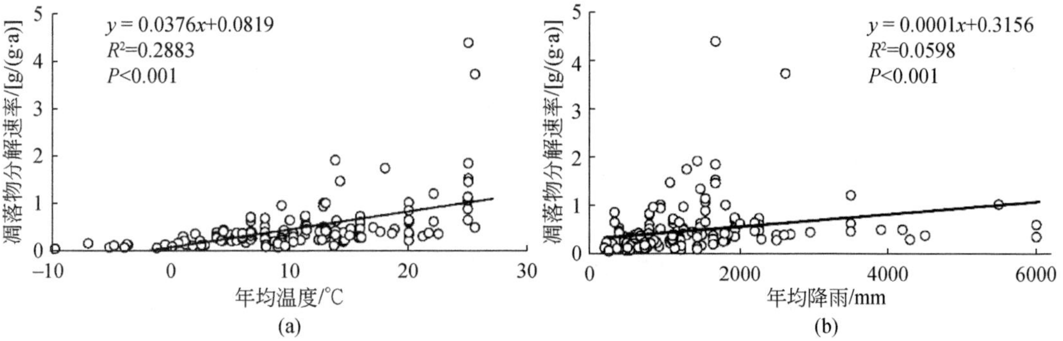

图 2-11　温度（a）和降雨（b）对凋落物分解速率影响（改自 Zhang et al.，2008）

2.3.1.4　生态系统净生产量

生态系统净生产量（NEP）是生态系统净的年碳累积量，是生态系统中植物、动物和土壤的净碳累积之和加上生态系统之间碳的横向转移量（图 2-12）。大多数碳以 GPP 的形

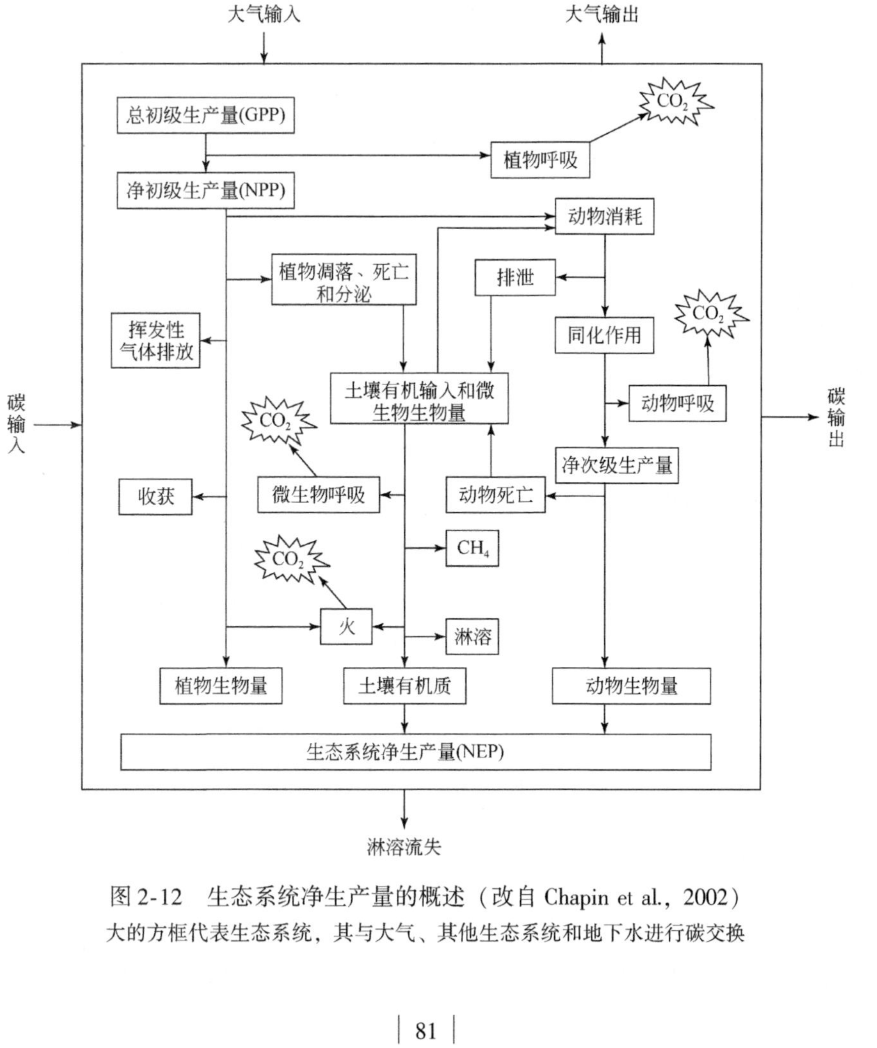

图 2-12　生态系统净生产量的概述（改自 Chapin et al.，2002）

大的方框代表生态系统，其与大气、其他生态系统和地下水进行碳交换

式进入生态系统，通过多个生态过程离开生态系统，这些过程包括生物（植物、动物和微生物）呼吸作用、淋溶作用、挥发性气体排放和火灾等干扰事件中碳的损耗（图 2-12）。当生态系统的碳输入超过碳损失时，NEP 为正数；当损失量超过输入时，NEP 为负数。NEP 决定了陆地生物圈对大气中 CO_2 的影响，大气中 CO_2 的量强烈地影响着气候和转移到海洋的碳量。

陆地上不同生态系统净生产量不同。在不同森林类型中，阔叶混交林、杨桦林、落叶阔叶林和常绿阔叶林对中国森林植被净生产量贡献较大，热带林、阔叶混交林、常绿阔叶林平均生产量较高，油松林和马尾松林平均生产量相对较低（余超等，2014；熊华等，2021）。此外，不同林龄的森林生态系统净生产量也有差异，中龄森林的净生产量大于幼龄和老龄森林（熊华等，2021）。我国森林平均净生产量总体呈增加趋势，植被净生产量由 1973 ~ 1976 年的 7.3t/(hm² · a) 增加到 2004 ~ 2008 年的 9.5t/(hm² · a)，增加了约 30%（余超等，2014），寒温带、暖温带和亚热带地区的森林的植被净生产量均表现出增加趋势（表 2-3）。

表 2-3　1973 ~ 2008 年中国不同气候带森林植被净生产量

森林资源清查时期	寒温带		暖温带		亚热带	
	净生产量/($\times10^6$t/a)	平均净生产量/[t/(hm² · a)]	净生产量/($\times10^6$t/a)	平均净生产量/[t/(hm² · a)]	净生产量/($\times10^6$t/a)	平均净生产量/[t/(hm² · a)]
1973 ~ 1976 年	350.5	8.92	77.7	8.27	375.2	6.12
1977 ~ 1981 年	342.8	9.10	77.6	7.93	428.9	8.90
1984 ~ 1988 年	376.4	9.68	85.7	7.85	433.5	8.36
1989 ~ 1993 年	394.4	9.97	86.4	7.73	461.4	8.06
1994 ~ 1998 年	420.9	9.72	97.3	7.44	564.5	7.84
1999 ~ 2003 年	451.4	9.83	116.8	8.22	777.3	9.50
2004 ~ 2008 年	477.4	9.84	131.8	7.46	855.8	9.66
1973 ~ 2008 年	402.0	9.61	96.2	7.80	556.6	8.50

注：该表改自余超等（2014）

生态系统的净生产量（NEP）由碳获取和碳损失间不平衡的因素决定。NEP 是多个生态过程共同作用的结果，从理论上来说，任何影响各生态过程的生物和非生物因素都会对 NEP 产生影响，如调控植被光合作用的温度，其随季节变化进而影响 NEP，降雨的分布通过调控淋溶作用也会影响到有机质的分布。干扰是造成许多生态系统碳损失的一个重要的偶发因子，在强干扰出现的年份，如火灾的发生，其有可能成为碳损失的决定性因子。在全球尺度下，人类活动正以改变全球气候的方式改变着 NEP 的大部分主要控制因素。

2.3.2　生态系统的物质循环

生态系统是由物质构成的，这些物质主要由 109 种化学元素（2000 年）组成，其中，生命元素包括：①基本生命元素，C、H、O、N、P 等；②营养元素，Ca、Mg、S、Na 等；

③微量元素，Cu、Zn、B、Bo 等。这些元素在物种循环中起着重要作用。

生态系统的物质循环是指各种有机物质经过分解者分解成可被生产者利用的形式，归还环境中重复利用，周而复始的循环利用过程。物质循环可用库和流通两个概念来加以概括。库是由存在于生态系统某些生物或非生物成分中的一定数量的某种化合物所构成的，对于某一种元素而言，存在一个或多个主要的蓄库。在库里，该元素的数量远远超过正常结合在生命系统中的数量，并且该元素通常只能缓慢地从蓄库中放出。物质在生态系统中的循环实际上是在库与库之间彼此流通。单位时间或单位体积的转移量就称为流通量。

物质循环的主要特征表现在：①遵守“物质不灭”定律，物质在生态系统流动过程中，只是改变形式而不会消灭；②物质在生态系统中不同的子系统或生物或环境间循环利用。物质循环与能量流动是相互依存、互相制约、密不可分的。能量流动是物质循环的动力，物质循环是能量流动的载体。但两者又有不同，物质循环具有可逆性和多向性，而能量流动具有不可逆性和单向性。

物质循环依据尺度可分为两个层次。一是生态系统层次，也称为小循环或养分循环，主要发生在生态系统内部，包括元素在生态系统中的内循环及生态系统间的传递。由元素构成的物质在各营养级传递并联结起来构成了物质流，如碳元素随食物链在生态系统中的流动。二是生物圈层次，也称为生物地化循环（Biogeochemical Cycle），是指营养元素在生态系统之间的输入和输出，在生物间的流动和交换，以及在大气圈、水圈、岩石圈间的流动。在两个层次上，物质循环在分类上均可分为水循环（液体循环）、气相循环（碳和氮循环）和沉积型循环（磷循环等）。

2.3.2.1 水循环

水是地球上最丰富的无机化学物，在元素上由氢和氧两种元素构成，其既是生物组织中含量最多的一种化学物，也是人类进行生产活动的重要资源。水在地球上广泛分布，在地球表面构成了水圈。水循环是指地球上不同地方的水，通过吸收太阳的能量，转变存在的状态到地球上其他地方。例如，湖泊中的水被太阳蒸发成为空气中的水蒸气。生态系统中所有的物质循环都是在水循环的推动下完成的，因此没有水循环，也就没有生态系统的功能。

1）全球水库

水在地球上广泛分布并在地球表面构成了水圈，水在地球的状态包括固态、液态和气态。地球表面大约71%被水覆盖，地球上的水分布在海洋、湖泊、沼泽、河流、冰川、雪山，以及大气、生物体、土壤和地层。地球上大部分水储存在海洋（95.5%）、冰盖和冰川（2.4%）以及地下水中（1%）。从水质方面来看，地球上的水超过96%是咸水，淡水仅占小部分，68%以上的淡水储存于冰盖和冰川中，30%储存于地下，河流是人类使用的淡水地表水的主要来源。全球约86%的水分蒸发发生在海洋表面，大部分蒸发的水90%~95%以降水形式返回海洋。只有小部分海洋蒸发（5%~10%）通过降水转移到陆地，随后通过地表径流返回海洋。全球陆地降雨中36%~57%来源于陆地的蒸发（Tuinenburg et al., 2020）。

2）水循环过程

水循环过程的主要驱动力是太阳辐射，太阳辐射传递的能量导致海洋和陆地表面的水分蒸发到大气中，从海洋表面蒸发的水分在大气中形成云，并最终以降雨的形式返回海洋，形成海洋水分的内循环。当海洋上蒸发的水分被气流带到陆地上并以雨或雪的形式降落到地表时，水分经过不同途径再次回到大气中：一部分通过蒸发和植被蒸腾回到大气中，一部分渗入土壤形成土壤水分或地下水，另一部分形成地表径流，最终再次汇入海洋。同时，陆地上蒸发的水汽也可能被带到海洋上空并以降雨的形式降落。从水循环的空间角度来看，水分在水平和垂直方向上进行移动。在水平方向，水以径流的形式从高处流向低处，并在空气中以气态水的形式随气流移动。在垂直方向，水分主要通过以下方式移动：地面土壤水分的蒸发，植物从根部吸收水分并通过叶片蒸腾，水分在土壤中垂直入渗，以及大气中水汽遇冷后形成降水。

在土壤水分充足的区域，植被相比自由水面加速了陆地水分的蒸发。无论陆地还是海洋，蒸发率在不同的区域间有很大的差异，这些变化与气候有关，在陆地上，蒸发率的差异同水分可利用性和植被的蒸腾速率相关。陆地降雨中超过三分之一的水分来自海洋，其余部分则来自陆地水分的蒸发和循环。蒸发和降雨在不同区域和季节都表现出显著的变化（Tuinenburg et al.，2020）。

大气中的水量仅占每年通过大气蒸发和蒸腾水量的 2.6%，其周转时间约为 10 天。处在上风向位置的生态系统，降水和蒸散密切相关，水分从蒸散到降水的时间从数小时到数周不等。与之相反，土壤水分的周转时间大约为一年，通过降水输入，再通过蒸散和径流输出。周转时间使得土壤湿度对降雨和蒸散的年际变化非常敏感。

3）水循环特征

水循环是最基本的生物地球化学循环，其主要有以下特征：①生物发挥了重要作用，陆地生态系统中的植被很大程度上改变了水的通量。生产 1g 初级生产量，植物蒸腾的水量约为 500g，陆地生态系统初级生产量每年大约是 1.1×10^{17}g，陆地植物每年蒸腾的水量约为 5.5×10^{19}g。②水时空分布不均衡。低纬度地区的水量高于高纬度地区，赤道低纬度地区是地球上降水量最大的区域。③地球上各种水体的周转周期不同。除生物外，以大气中水分和河川水的周期最短，一般在两周以内，这部分水不断地得到更替。地下水一般在地表以下 1m 处，其周转周期通常在 10～100 年。而存储在南极冰块中的淡水的平均 0.1 万～10 万年。

2.3.2.2 碳循环

碳（C）是构成生物体的主要元素，其与 O、H、N 和 P 等元素相互结合成为紧密而稳定的共价键化合物，构成复杂的生物体的主要成分。地球上主要有四大碳库，即大气碳库、海洋碳库、陆地生态系统碳库和岩石圈碳库（表 2-4）。碳元素在大气、陆地和海洋等不同生态系统中及生态系统之间不断地循环变化，即为碳循环。

1）全球碳库

最大的碳被固定于岩石圈中（表 2-4），其次被固定于海洋、化石燃料中，这几个碳库占地球总碳量的 99.9%。碳在岩石圈主要以碳酸盐的形式存在（陶波等，2001），总量超过 6×10^{16}t，该碳库的循环速率非常缓慢，周转时间达到几百万年，因此在碳循环研究中可以把岩石圈碳库近似认为是静止不动的。在水圈中，碳以多种形式存在，海洋中大部分碳为无机碳（表 2-4），其成分主要是碳酸氢钠，其余的无机碳主要是碳酸盐，游离的 CO_2 在无机碳库中的占比不到 1%，能被许多海洋初级生产者直接利用。碳在大气圈中以 CO_2、CH_4 和 CO 的形式存在，总量有 7.2×10^{11} t，CO_2 是主要部分，也是碳参与物质循环的主要形式，碳含量在大气碳库中含量虽低，但其活性最强。生物碳库中存在着几百种被生物合成的有机物，森林是碳的主要吸收者，其固定的碳相当于其他植被类型的两倍。森林又是生物碳库中碳的主要贮存者，贮存量大约为 4.82×10^{11} t，相当于目前大气含碳量的约 61%，是受人类活动影响最大的碳库。

表 2-4　地球上各主要碳库　　（单位：Gt C）

碳库	大小	碳库	大小
大气圈	720	陆地生物圈（总）	2 000
海洋	38 400	活生物量	600 ~ 1 000
总的无机碳	37 400	死生物量	1 200
表层	670	水圈	1 ~ 2
深层	36 730	化石燃料	4 130
总的有机碳	1 000	煤	3 510
岩石圈		石油	230
沉积碳酸盐	>60 000 000	天然气	140
油母原质	15 000 000	其他（泥炭）	250

注：该表引自陶波等（2001）；$1\text{Gt C}=1\times10^9$ t

2）碳循环过程

生物圈的碳循环主要是指绿色植物通过光合作用将 CO_2 转变为有机物，将碳储存于植物体内，并通过食物网在生态系统中转移和传递，植物与动物在获得含碳有机物的同时，一部分有机物的碳通过呼吸作用、发酵作用及燃烧以 CO_2 形式回到大气中（图 2-13），另一部分则构成生物的机体而留在机体内储存。动、植物死后，残体中的碳通过微生物的分解作用也成为二氧化碳而最终排入大气。大气中的 CO_2 循环一次约需 20 年。碳的生物小循环包含三个循环：一是光合作用和呼吸作用之间的细胞水平循环；二是大气 CO_2 和植物间的个体水平循环；三是大气 CO_2—植物—动物—微生物间的食物链水平循环。

小部分动、植物残体在被分解之前可被沉积物所掩埋而成为有机沉积物。这些沉积物经过悠长的年代，在热能和压力作用下转变成矿物燃料——煤、石油和天然气等，于是进入了碳的地质大循环。当这些矿物在风化过程中或作为燃料燃烧时，其中的碳氧化成为 CO_2 排入大气。人类消耗大量矿物燃料对碳循环产生重大影响。此外，大量的 CO_2 与水反应形成碳酸氢盐或碳酸盐，许多动物，如贝壳就含有碳酸盐。这些动物死后碳酸盐或成为溶解状态，或在风化和地壳运动中暴露，或成为沉积物（图 2-13）。

3）碳循环特征

碳循环是重要的生物地球化学循环，其主要特征如下：①绿色植物通过光合作用固定 CO_2 合成有机物，构成全球的基础生产。通过食物链，碳实现在生物圈中的转移和传递，部分碳以 CO_2 形式回到大气。②不同生态系统固定 CO_2 的速率差异大。干燥的沙漠碳的固定能力约为热带雨林的1%。③CO_2是生物地球化学循环最重要的核心之一，其与 CH_4 和 CO 是最主要的温室气体。④人类活动对碳循环产生重大影响。燃烧化石燃料释放大量 CO_2 到大气中，加剧了温室效应和气候变化。同时，土地利用变化、森林砍伐和农业实践也影响了碳的存储和释放，进一步改变了碳循环的动态。

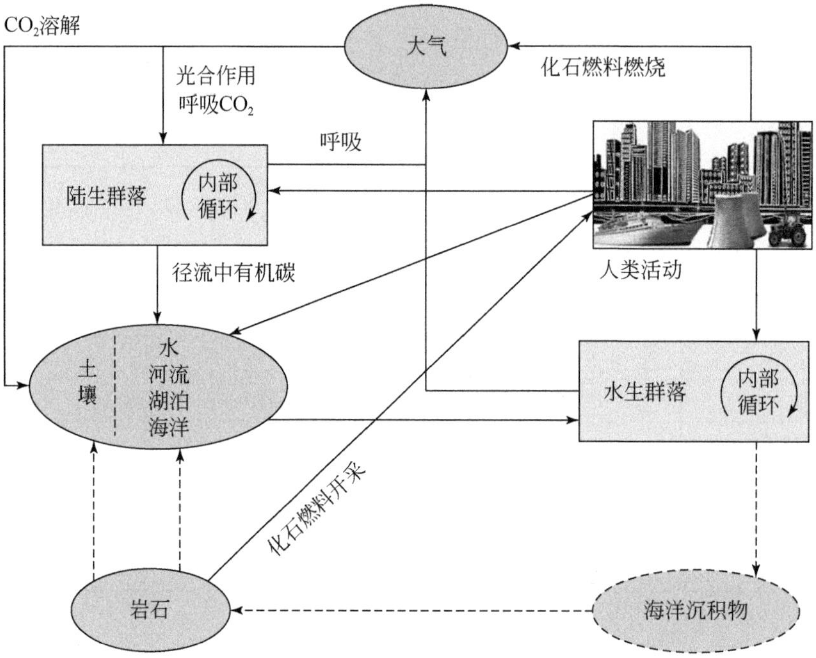

图 2-13　碳循环示意

2.3.2.3　氮循环

氮（N）为不活泼元素，是氨基酸的组成元素。在全球大多数海洋中，初级生产量在短时间内的主要限制性元素是氮。氮循环是指氮元素在自然界中存在的各种形式（氮气、无机氮化合物、有机氮化合物）相互转化的过程的总称，包括氨化作用、硝化作用、反硝化作用、固氮作用以及有机氮化合物的合成等基本生物化学过程，是自然界基本的物质循环之一。

1）全球氮库

大气中的氮主要以 N_2形式存在，约占大气总量的78%，这部分氮对大多数生物而言无法直接利用，它在生物圈中仅占生物总量的0.3%左右。极少数的氮存在于海洋、岩石和沉积物中。有机氮库主要存在于土壤和陆地植被中，与大气氮库相比，数量极其微小。每年由自然生态系统固定的氮量难以准确估计，陆地生态系统年均固氮量为 40 ~ 190Tg（$1Tg=10^{12}g$），其中非共生固氮量约占陆地生物固氮量的一半，森林、草原、湿地等不同类型的生态系统固氮量有所不同（王加龙等，2022）。海洋生态系统年固氮量为 40 ~ 200Tg，海洋中的固氮主要来自生物固氮作用，如蓝藻等微生物和植物（Davies-Barnard and Friedlingstein，2020）。此外，农业生产中豆科植物每年固氮量为30Tg，工业化生产化肥而固定的氮每年在80Tg以上，另外还有工业上释放的氮量约25Tg。氮在陆地生态系统中的循环非常紧凑，每年氮的输入量通常显著高于输出量。

2）氮循环过程

在生态系统中，植物吸收土壤中的铵盐和硝酸盐等含氮化合物，进而将这些氮同化成植物体内的蛋白质等有机氮，这样无机氮就被转化为有机氮进入生态系统循环中。动物通过食物链直接或间接以植物为食，将植物体内的有机氮同化成动物体内自身所需的有机氮。动植物的排泄物、残落物和遗体中的含氮有机物被微生物分解后形成氨，还回至环境中，这一过程是氨化作用。在有氧的条件下，土壤中的氨或铵盐在硝化细菌（亚硝酸盐细菌、硝酸盐细菌）等微生物作用下氧化成亚硝酸盐和硝酸盐，这一过程叫作硝化作用。氨化作用和硝化作用产生的无机氮，除能被植物吸收外，还可能被微生物吸收。在氧气不足的条件下，土壤中的硝酸盐等较复杂的含氮化合物被反硝化细菌等多种微生物转化为氮气或氮氧化物，这一过程被称作反硝化作用。由上可见，由于氮循环过程依赖于多种微生物的活动，土壤是氮循环中最活跃的区域。氮在循环过程中常因有机物的燃烧而挥发损失（图2-14），或因灌溉、水土流失及淋溶而流失。损失的氮进入大气或水体，变为多数植物不能直接利用的氮素。因此，需通过多种途径进行氮的补充才能维持生态系统的氮素平衡。

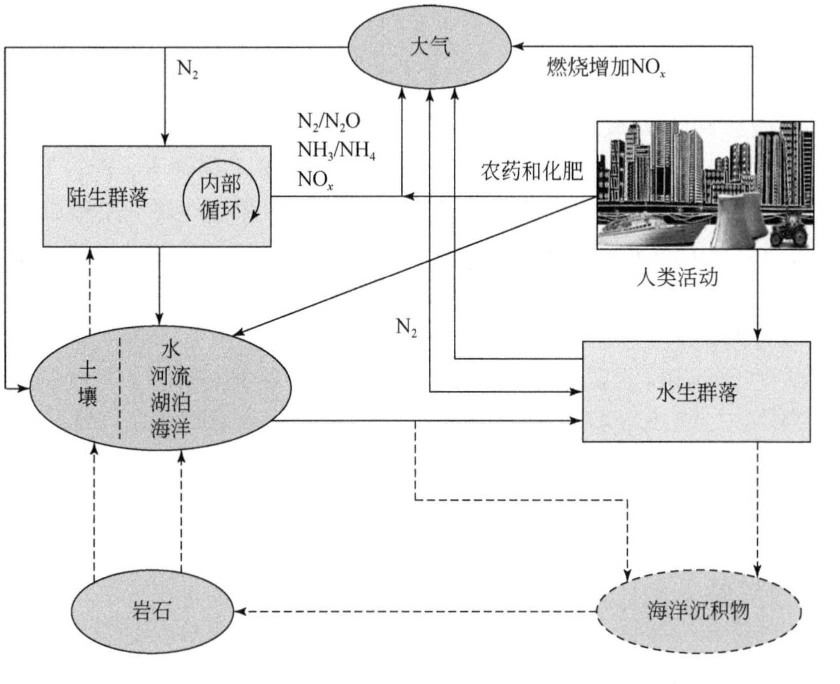

图2-14 氮循环示意

3）氮循环特征

氮循环是基本的生物地球化学循环之一，其主要特征如下。①主要以气体形式储存于大气中，植物难以直接利用。因此，氮的利用需要先进行固定，将氮气转化为可植物利用的形式。②生物固氮、工农业固氮和高能固氮是氮固定的三条主要途径。生物固氮是由一些特定微生物（如根瘤菌和蓝绿藻）将大气中的氮气转化为氨或其他可植物利用的形式。工农业固氮则是通过工业和农业活动增加土壤中的氮含量。高能固氮是指闪电等高能过程将氮气转化为可溶解于雨水中的氮化合物，进而被送到地表。③氮循环中存在氨化作用、硝化作用、反硝化作用和固氮作用 4 种基本生物化学过程。氨化作用是将有机氮转化为氨的过程，硝化作用是将氨氧化为硝态氮（硝酸盐）的过程，反硝化作用是将硝态氮还原为气态氮（氮气）的过程，而固氮作用则是将氮气转化为可植物利用的形式。④土壤是氮循环过程的最活跃区域，上述的氨化作用、硝化作用、反硝化作用和固氮作用主要发生在土壤中。土壤中的微生物、根系以及土壤物理化学性质都影响着这些生物化学过程的进行。

2.3.2.4 磷循环

磷（P）是重要的生命元素，是包括微生物在内的所有生命体中不可缺少的元素。生物大分子核酸、高能量化合物 ATP，以及生物体内糖代谢的某些中间体中都有磷的存在。磷在能量储存、利用和转化方面均起着重要作用，其是陆地生态系统生产力最主要的限制养分之一（彭淑娴等，2020）。在陆地淡水环境中，磷是一个重要的限制性营养元素。磷循环是指磷元素在生态系统和环境中运动、转化和往复的过程，是地球系统中大气圈、水圈、岩石圈（地壳、地幔、地核）和生物圈（包括人类）相互作用、相互影响的动态过程。

1）全球磷库

磷以矿物岩石作为主要贮藏库。在自然界中，磷元素能以无机化合物（正磷酸盐、焦磷酸盐、聚磷酸盐和含磷酸盐矿物）或有机化合物（磷酸单酯、磷酸二酯、磷酸酯、ATP、DNA）的形式存在，磷酸盐是最主要的磷的化合物（周强等，2021）。磷灰石是地壳中最常见的天然含磷矿物，可在火成岩、变质岩、沉积和生物环境中形成，但以磷灰石的形式存在于土壤中的磷难以被生物利用。除磷灰石之外，自然界还有 300 多种含有磷酸盐的矿物，但这些矿物占地壳中总磷的比例不足 5%，其中蓝铁矿是自然界中除自生磷灰石外最普遍的沉积型自生磷矿物相。陆地生态系统中，几乎所有的磷都以磷灰石或长石中的磷的形式赋存于岩石和土壤。据估计，磷矿中的磷约为 8300Tg，土壤中的磷约为95 000 Tg，陆地生物体内的磷约为 470Tg。在海洋生态系统中，磷不断地在有机和无机形式、颗粒态和溶解态之间发生转化。海水中的溶解态磷为 90 000 ~ 93 000Tg，其中深层海水中溶解态磷的量约为 89 900Tg，而表层海水中溶解态磷约为 3100Tg。此外，海洋生物体内约含有 100Tg 的磷（Yuan et al.，2018）。

2）磷循环过程

陆地生态系统是全球磷生物地球化学循环的源。陆地生态系统中的土壤磷来源主要有岩石矿物的风化、大气干湿沉降和磷肥的使用。在没有外来肥料施入的情况下，土壤磷含量主要取决于岩石矿物的风化。据统计，通过岩石矿物风化进入生态系统的磷的通量为 0.05 ~ 1.0kg/（hm^2 · a）（赵琼和曾德慧，2005）。岩石土壤风化和大气干湿沉降形成的土壤磷酸盐和农田施用的磷肥，被植物根系吸收进入植物体内。动物直接或间接以植物为食物从而得到磷，动物粪便、动植物残体和尸体经过微生物的分解，使得生物中的磷又回到土壤中，这是磷的生物小循环。

有一小部分磷可脱离生物小循环，进入地质大循环。部分动植物遗体的磷在陆地表面通过矿化作用而磷矿化。陆地生态系统中的一小部分磷由于降雨冲洗等作用进入河流、湖泊中，然后归入海洋（图 2-15）。陆地生态系统中海岸带的海蚀也会将磷带入海洋生态系统中，海洋中的磷又以捕鱼等方式被人类或海鸟等动物带回陆地，进入海洋中的磷一部分经海洋的沉降和成岩作用，变成岩石，然后经过地质和造山等运动，形成可供开采的磷矿石。

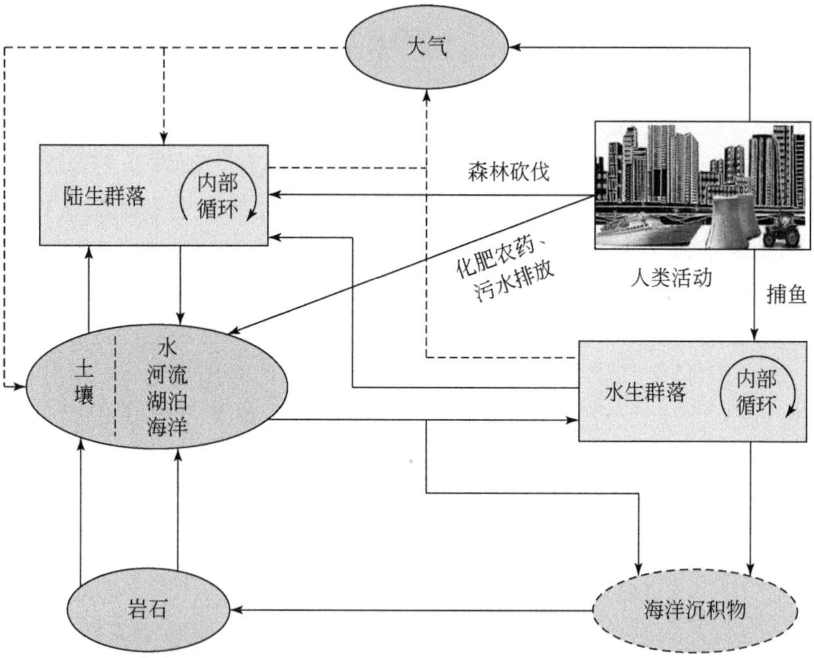

图 2-15　磷循环示意

人类活动通过多条途径影响磷的循环。人类在海洋的捕鱼每年可使 50Tg 的磷从海洋转移到陆地，而海洋中的磷总量约为 120Pg（$1Pg = 10^{15}g$），被捕获的鱼中的磷最终由河流还回海洋，因此渔猎的直接影响是增加了河流的磷含量。此外，森林砍伐及多种形式的土地耕作，增加了土壤的侵蚀，这也会增加河流中磷含量。农业生产中使用的磷肥及家用清洁剂的添加，对河流中磷含量的增加也有贡献。据估计，与自然情况相比，人类活动已经使流入海洋的磷增加了近一倍。

3）磷循环特征

磷循环是重要的生物地球化学循环之一，其特征如下：①磷的主要储存库是沉积岩，磷循环的起始点是风化，终点是水中的沉积；②磷循环没有气体成分的参与，主要以固态形式进行；③受人类活动的干扰大，据估计，与自然情况相比，人类活动已经使流入海洋的磷增加了近一倍。

2.3.2.5　硫循环

硫（S）是生物必需的大量营养元素之一，是蛋白质、酶和维生素 B1 等物质的构成成分。硫是可变价态的元素，价态变化在-2 价至+6 价之间，可形成多种无机和有机硫化合物，硫化物在自然水体中呈现出一定程度的溶解性，通常不会成为水域中的主要限制因素。硫循环是指硫元素在生态系统和环境中运动、转化和往复的过程。

1）全球硫库

自然界中硫的最大储存库在岩石圈，总含量约为 2×10^{10}Tg S。硫在水圈中的储存量也较大，在海洋中的总含量约为 1.3×10^{9}Tg S，在海洋沉积物中的含量约为 3×10^{8}Tg S，在极地冰帽、冰山和陆地冰川中的含量为 2.8×10^{7}Tg S。陆地生物和土壤中储存的总硫量约为 3×10^{5}Tg S（Brimblecombe，2013）。陆地上湖泊、地表水和大气圈中的硫含量较小。

2）硫循环过程

在数个世纪以前，生物圈的可利用的硫元素主要来源于沉积硫铁矿的风化。一旦风化，硫通过水分运输在地球系统中运动，或作为含硫气体和含硫颗粒物释放到大气中。硫释放到大气涉及三种自然生物化学过程：一是挥发性化合物二甲基硫醚（DMS），生物释放到大气中的总硫量每年为 22Tg，其中 90% 以上为 DMS，海洋中的 DMS 年释放通量在天然源中占主导地位，占 DMS 年释放通量的 80% 以上，陆地生态系统中的 DMS 释放量要比海洋低很多（李云哲等，2021）；二是硫酸盐还原细菌的厌氧呼吸；三是火山活动，火山喷发产生的二氧化硫是大气硫化物的主要来源，释放到大气中的硫一般只有很短的存留时间。通过与氢氧根离子的反应，硫元素被氧化为硫酸盐，数天之内就可以酸雨形式沉降还回地面（图 2-16）。

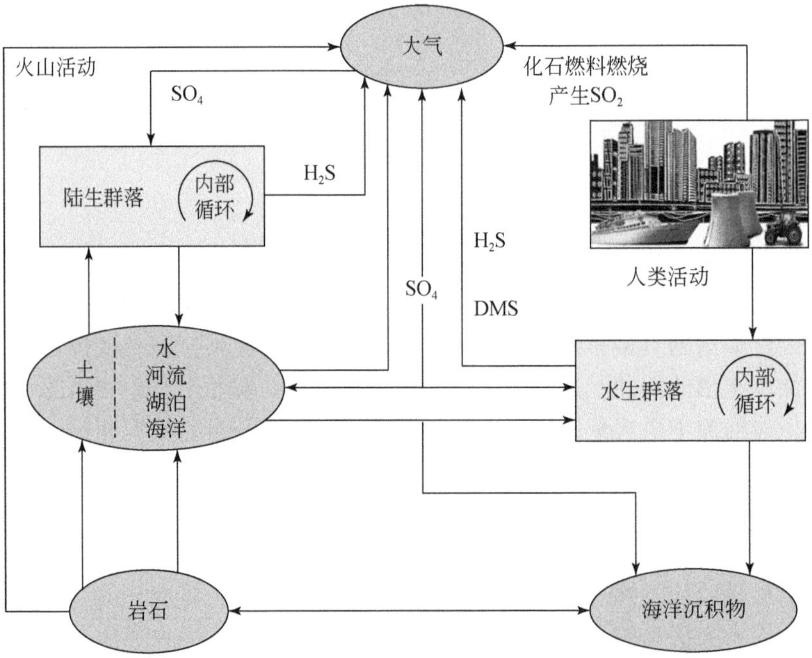

图 2-16　硫循环示意

排出地面进入河流湖泊中的硫，约一半源自岩石风化，其他则源于大气。在这条进入海洋的途径中，一部分可利用的硫被植物吸收，经过食物链，并通过分解作用再次成为可植物利用的形式。与磷循环类似，硫元素最终会流失到海洋沉积物中，这主要通过非生物过程，如 H_2S 与铁反应转化为硫化亚铁。

人类活动对硫循环产生较大影响，自然和人为释放到大气的硫每年总共有 70Tg，两者的数量级极为接近，人类活动已使得硫的自然循环速率提升了 50%。化石燃料的燃烧，是人类对全球硫循环的主要干扰，其他人为源硫包括农业生产和动物放牧等活动释放的硫。多数人为源硫在大气中流动或在陆地上沉降，通过积累在土壤和生物中，或溶解于水中，最终排放向海洋。

3）硫循环特征

作为对生物地球化学循环甚为重要的硫循环，其特征主要有：①硫的主要贮存库为岩石圈，以硫化亚铁的形式存在。②硫循环既属于沉积型，也属于气体型。沉积阶段，沉积物中的硫只有通过风化和分解才能释放；气体阶段，硫可在全球范围内流动。

2.3.3 生态系统的信息传递

信息传递是指通信系统中消息、情报、指令、数据和信号等的传送，用来消除对客观事物认识的不确定性。对于生态系统而言，信息就是生态系统中生物与生物、生物与环境间普遍联系的信号，通过信号带来的可利用的消息，就是信息。信息不是物质，也不是能量，信息来源于物质，与能量关系密切。信息传递是生态系统的功能之一，没有信息传递也就不存在生态系统。

2.3.3.1 信息的分类

生态系统中的信息种类可分为物理信息、化学信息和行为信息。

1）物理信息

生态系统的光、声、温度、湿度、磁力等，通过物理过程传递的信息，称为物理信息。物理信息可来源于无机环境，如光照和温度的季节性变化；也可以来源于生物，如不同鸟类的叫声等。

植物的叶、芽以及细胞中的特殊物质（光敏色素）可以感受到环境的变化，植物据此做出行为响应。例如，多年生植物依据光照和温度的周期变化而周期性地开花和结果。昆虫利用声音信号进行种间通信，直翅目、同翅目、鳞翅目和双翅目等昆虫有不少种类能发出声音，摩擦和膜振动是发出声音信号的两种方式。鸟类的通信与声音密不可分，其声音信号可分为机械声、叫声和歌声。哺乳类可通过声音传递危险信号，灵长类动物报警时会发出咆哮或尖叫。

2）化学信息

生物在生命活动过程中产生一些可以传递信息的化学物质，如植物的生物碱、有机酸等代谢产物，以及动物的性外激素等，这就是化学信息。每一类生物类群中都存在化学信息的交流，这是自然界的普遍规律。化学信息将生态系统中的各个营养级水平联系起来，甚至将没有营养级关系的生物联系起来，化学信息是生物各营养阶层或非营养水平的种间关系和种内个体间关系的纽带和桥梁。

化学信息一般分为用于生物种内个体间通信的信息素，以及用于生物种间通信的他感化学物质或异种化感物（图 2-17）。信息素是由生物个体分泌到外界，被同种的另一个体接受后，能引起特定行为或发育反应的微量化学物质，主要影响同种个体的行为，如蚁后或蜂后会分泌调控信息素来引导工蚁或者工蜂的行为。所有的信息素都是分支质量不大、挥发性很强的化学物质，较容易释放和传播。他感化学物质或异种化感物多数情况下由植物产生，根据其作用效果，又可分为利己素、利他素、互益素和同抗素（Howse et al., 2013）。其中，利己素只对产生者有利，对接受者不利，如苦楝树分泌印楝素以抵御害虫的侵袭；利他素对产生者不利，但对接受者有利，如步甲的幼虫以猎物的气味为线索找到猎物；互益素对产生者和接受者均有利，如一些植物受到害虫侵袭后会释放挥发性物质以吸引害虫的天敌，通过天敌对害虫的捕食而获得保护（González-Mas et al., 2019）；同抗素是一种生物（产生者）产生或获得的化学物质，当另一种生物（接受者）的个体接触后，产生对产生者或接受者都不利的行为，如病原菌为自保而分泌的防御物质，常会引起寄主的异常行为甚至导致寄主死亡，这在寄主–病原菌的关系中最为普遍。

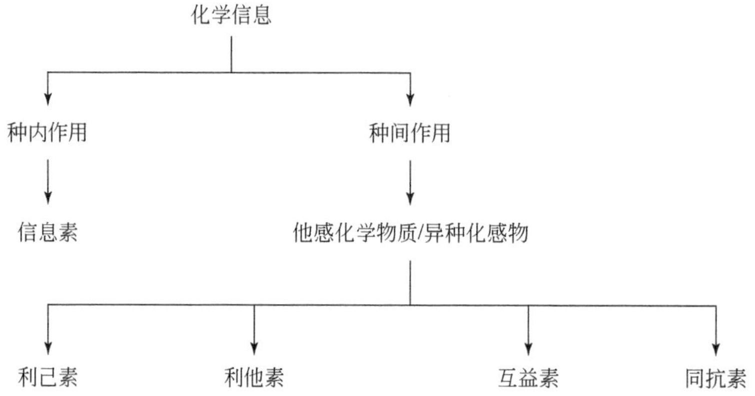

图 2-17　化学信息的分类（改自 Howse et al., 1998）

3）行为信息

行为是动物适应自然环境的主要手段，动物以适当的行为来获取营养、逃避天敌和繁衍后代，也依赖这些行为来传递信息，即生物的行为特征传递了行为信息。在生态系统中，动物所处的生态环境是影响其行为形成的关键因素。当一个物种表达某种行为，而在该物种近缘种中没有发现这种行为时，自然选择一定影响了这种种间差异的形成。

动物的行为信息丰富多样，每个物种都有自己独特的行为信息。例如，蜜蜂可通过舞蹈向同伴传递信息，而且不同的舞蹈传递的信息内容不同，圆圈舞传达的是蜂箱近距离采蜜的信号，而摆尾舞传达的是百米以外去采蜜的信号。一些鸟类通过舞蹈传递求偶的信息。动物的这些行为信息具有遗传性，同种生物的不同世代个体用同种行为传递相同的信息。一些动物的行为信息具有明显的社会性，如蚂蚁和蜜蜂等群居昆虫，个体在群体中具有社会等级的划分，这是一种利他和互利的群体行为。

2.3.3.2 信息传递过程

信息传递过程由信息产生者、媒介和信息受体共同完成，信息传递过程通常包括信息产生、信息流动、信息获取、信息处理和信息再生等环节。信息的产生过程是自然发生的，生态系统中产生信息的既可以是生物，如植物释放信息素等过程，也可以是环境因素，如温度的升高。信息的流动是信息借助媒介从产生到接收的过程。空气、土壤和水流等都可以作为信息媒介，如植物挥发性激素借助空气传播至受体的过程，就是信息流动的过程。信息获取是指信息受体对信息的感知。例如，植物对光照长短的感知就是信息的获取。信息处理即是受体感知信息后的反应，这可能会导致受体新行为出现，如蛇感受到温度的变化进而结束冬眠期。信息再生是利用已有信息来产生信息的过程，它在整个信息过程中具有重要作用。受体对信息做出的响应行为，同时也传递了新的信息，进而引发生态系统中生物或环境的变化。

生物间的信息传递是通过多种方式实现的。植物接受光信息的时间长度，决定了植物的形态建设。但光信息对不同的植物种子的影响也不一样，如烟草和莴苣的种子，在萌发时必须要有光信息。另外一些植物，如瓜类和茄子等的种子在萌发时见光则受到抑制。植物本身要发出一系列的信息，植物可产生多种次生代谢产物，在生长过程中，植物的次生代谢产物可抑制其他植物的生长和发育，这种情况，甚至可发生在同一物种之间。在一些寄生植物和寄主植物之间，如向日葵列当寄生于向日葵、蚕豆和烟草等植物上，寄生植物的种子细小如尘埃，随风扩散，它们并非在任何地方都可以发芽，而只有在接收到寄主植物根部分泌物的信号后，才萌动和发芽。

植物不能运动，但这并不意味着其在与动物的信息传递中处于完全的劣势地位，植物可采用多种手段来传递可以保卫自己的信息。例如，有些植物长出各种荆棘和皮刺，明确给动物传播“不可食”的信息；有些植物能产生有毒的生物碱，使取食这类植物的昆虫望而生畏，不敢触碰。但植物在需要昆虫帮助其生存和繁殖时，也会毫不吝啬地传递出有用信息，如开花植物需要昆虫传粉的时候，会通过花色或者分泌花蜜等方式与昆虫建立信息联系。一朵花生成什么颜色，往往与能感觉到这种颜色信号的昆虫有关。例如，蝴蝶识别红花的本领最高，夜间蛾类则善于识别白花。由于长期通过相对稳定的信息方式进行交流，花的开放、花粉的成熟和花蜜的分泌等与授粉者活动形成了良好的配合，维持着两者的依存关系。

2.3.3.3 信息传递的特征

生态系统的信息传递是一个复杂的过程，其主要特征主要有以下四个方面：①生态系统中的信息种类繁多，如可作为信息的植物次生代谢物质就超过万种；②信息传递涉及生态系统中所有生物类型，既包括植物、动物、微生物等生物类群，还包括生物类群之间关系，以及生物与环境之间信息的流动；③生物以不同方式传递信息，有以体型显示其引诱或者趋避作用，有以毒素进行抑制或毒杀信号，有以行为进行交流和联系等；④信息传递是一个变化过程，在流动过程中不断发生信息的交换和转化。

2.4 生态系统服务

生态系统服务是人类从生态系统中获得的惠益，既包括食物、纤维等物质产品，也包括维持人类生存和发展所需的各种环境条件与效用（Costanza et al.，1997；郑华等，2003）。作为连接自然与社会的桥梁，生态系统服务与人类福祉及经济社会的可持续发展息息相关，已成为生态学、环境科学、地理学、生态经济学等多个学科领域的前沿方向（Costanza et al.，2017；欧阳志云和郑华，2009）。自联合国启动千年生态系统评估计划以来，生态系统服务的研究内容由单一的价值量评估逐渐转向其形成的机理、服务间的权衡/协同关系、尺度特征、流动等方面，生态系统服务与人类福祉间的关联及可持续发展也受到广泛关注（傅伯杰和张立伟，2014；李双成，2019）。

生态系统服务涉及产生、传输、使用等过程，由生态系统的结构、过程、功能等属性控制，同时受到人类活动、需求与管理措施等多因素的影响（郑华等，2013；Felipe-lucia et al.，2015），生态系统服务在关联自然与社会的工程中，既具有生态系统固有的基本特征，如生态系统质量决定功能、空间异质性、尺度依赖性；也具有因社会经济系统需求而表现出来的特征，如多功能之间的权衡与协同，多尺度利益相关者需求带来的权衡。生态系统服务供给侧和需求侧表现出来的复杂特征，是生态系统管理和生态系统服务优化的重要基础。

生态系统管理的核心目的之一是提升生态系统服务以满足不同利益相关者对多种生态系统服务的需求，而这一前提是科学认识生态系统服务，了解其基本特征。加强生态系统管理是实现多方利益相关者协同增益、区域可持续发展的必要途径，缺乏科学有效的生态系统管理手段，将导致生态系统服务的退化与衰减，甚至对人类的生存与发展构成威胁（Daily et al.，2009）。因此，如何将生态系统服务的理论认知应用于生态系统管理与决策，通过科学有效的管理手段协调生态系统与经济社会发展之间的关系，已成为地理学和生态学研究的重要议题。本节围绕生态系统服务的产生、传输与利用等过程，阐述了生态系统服务的五个基本特征，并在此基础上论述这些基本特征对生态系统管理的启示，最后展望了未来的研究方向，期望能为深化生态系统服务认识、服务生态系统管理提供借鉴。

2.4.1 生态系统服务基本特征

2.4.1.1 生态系统质量依赖性

生态系统质量指一定时空范围内自然生态系统的优劣程度，是生态系统结构、状态、恢复力和完整性等性质的综合体现（陈强等，2015）；从生态系统服务的角度出发，生态系统质量可表示为生态系统为人类提供服务的能力强弱程度（孙滨峰，2015）。生态系统质量多采用指标体系法进行衡量，湖泊生态系统常以湖泊水面积比、富营养化程度为指标，河流生态系统质量可选取断流长度比例来评估，森林、草地等陆地生态系统的质量多用植被覆盖度、叶面积指数、净初级生产量、生物量等指标进行衡量。这些与植被相关的生态参数可以有效反映茂密程度、生产能力、生长状况等，对生态系统质量及服务的变化起到指示作用。作为自然生态系统的重要组成部分，植被可提供食物、纤维、木材、天然药物等产品，影响气候、土壤、水文等生态过程，通过改变土壤养分、含碳量、含水量等性质产生多种调节服务（Sinare and Gordon，2015），并在影响生态系统结构与功能的基础上产生文化服务与支持服务（张琨等，2016）。

生态系统质量是影响生态系统服务的核心因素之一。物种与功能多样性较高、生态系统质量较好的地区通常是生态系统服务形成与供给的热点区域（Lavorel et al.，2011；文志等，2020），反之，生态系统的质量恶化与退化、植被覆盖度的降低常与生态系统服务的衰退相伴发生（Delgado-Aguilar et al.，2019）。大量的事实证据表明，生态系统质量的改善能够带来生态系统服务的提升：各国案例表明，实施生态恢复可增加25%的生态系统服务（Benayas et al.，2009）；长江流域2000～2015年森林、灌丛、草地等自然生态系统的质量均有不同程度提高，流域内的作物生产能力、洪水调蓄及土壤保持功能也随之呈现出明显的上升趋势（丁肇慰等，2020）；拉萨河流域1990～2000年生态系统质量的改善是土壤保持和固碳服务增长的主要原因（卢慧婷等，2018）；植被覆盖度增长使黄河流域兰州站以上地区的洪水调蓄服务上升了8.6%（Li et al.，2019）。

2.4.1.2 空间异质性

受自然背景、地域差异与人类活动的影响，生态系统服务的形成与供给及其种类、数量、重要性在空间上呈现出明显的差异性分布，即空间异质性（刘绿怡等，2018）。地形、气候、土壤等自然因素影响生态系统的结构与过程，是决定生态系统服务空间异质性的基础。例如，地形影响温度与湿度、太阳辐射强度、土壤侵蚀速率、植被覆盖等环境因素（赵文武等，2018），不同地形的养分利用、水文循环等生态过程不同，生态系统服务的分布规律也不同；气候因素控制着降水、温度、物种分布、物候等环境条件（Grimm et al.，2016），直接影响支持服务的空间特征，又通过影响土地及其他资源的利用，间接作用于供给、调节、文化等服务（Runting et al.，2017）；土壤的理化性质及其含碳量、含水量、养分含量等不同也会使与之相关的生态系统服务呈现分布差异。此外，人类活动及土地利用变化导致的生态系统组成与类型改变，不同利益相关者的需求存在差异（Bagstad et al.，2013；Zoderer et al.，2019），同样使得生态系统服务呈现出空间异质性。

生态系统类型与区位不同，其生态过程、功能存在差异，主导的服务种类及其供给能力也不同，许多研究者通过量化评估或空间制图来表征生态系统服务的分异规律。同一种服务在空间上存在高低值的不同，如流域的产水服务受气候、土壤性质、海拔等因素的强烈影响表现出空间异质性（Ahmed et al.，2017）；我国森林生态系统水源涵养服务在水热条件较好的华中、华南地区较高（冯继广等，2016）；地形与气候是导致四川省土壤保持服务分布差异的主要原因，且服务高值区域主要分布在地形起伏较大的盆周山地区（饶恩明和肖燚，2018）。不同生态系统类型在空间上也呈现出明显的分异性，如农田的供给服务突出，林地则能产生更多的气候调节、水质净化等调节服务（Andersson et al.，2015）；淡水资源的供给与湿地、城市的覆盖率呈负相关，而耕地覆盖率较低、湿地面积较大的子流域拥有更高的地表水质量（Qiu and Turner，2015）；水源涵养服务的形成区域集中在湖泊水体流经地，空气质量调节与休闲娱乐服务的供给区主要为林区（杨冕等，2019）。

2.4.1.3 尺度关联性

生态系统服务形成在生态系统和景观尺度甚至区域尺度存在着密切联系，呈现出尺度关联性。例如，咖啡林提供作物产品，其周边天然林中的蜜蜂可产生授粉服务，通过授粉这一过程，基于两种不同的生态系统产生的服务在景观尺度上彼此关联，且天然林的保护能够促进咖啡产量的提高（Librán-Embid et al.，2017）。生态系统服务在不同尺度上的关联是其形成与传递机制引起的，受到景观异质性与多种生态过程的控制。景观异质性体现了景观组成单元的类型及其组合与配置在空间上的差异，影响物质、能量、信息的流动及传递，是生态系统服务过程的驱动力（刘绿怡等，2018）；生态过程是生态系统中生物组分与非生物要素之间相互作用的结果（Mace et al.，2012），生物（如授粉昆虫、天敌等）分布、迁移及多样性对授粉、生物控制等生态系统服务产生直接影响，生物地球化学循环、能量流动、养分循环等过程的改变也可间接影响其他类型的生态系统服务（Vaughn，2018）。多个空间尺度的关联往往是部分生态系统服务形成和维持的基础。

解析生态系统服务形成的尺度关联需关注其背后的生态过程，景观组成与配置、生境比例与覆盖度、植被组成情况均会产生一定程度的影响（Wen et al.，2023；Costa et al.，2020）。农田往往比人工林地具有更高的提供授粉服务的能力，原因是大部分人工林物种组成较为单一，而农田周围常存在沟渠、树篱等半自然生境，传粉昆虫的多样性和丰富度较高，因此更有利于授粉服务的形成与作物产量的提高（Fahrig et al.，2015）。热带自然系统中鸟类和蝙蝠的捕食作用能够降低附近农田的虫害，使粮食增产并为当地农民带来可观的经济效益（Maas et al.，2013），且天然森林与农田距离越近，食虫鸟类的丰富度及相关生态系统服务的供给能力越高（Maas et al.，2015）；区域中农林交互的管理模式有助于增加植食昆虫的多样性及其对田间杂草的取食能力，从而实现农业生产与作物产量的提高（Diektter et al.，2010）。而农业景观简化、森林砍伐及自然栖息地的破坏会影响种间关系及营养级联效应，一定程度上会造成虫害控制服务的降低（Rusch et al.，2016），甚至增加疾病传播的风险（Prist et al.，2016）。因此，维持生态系统病虫害控制服务、授粉服务等，需要考虑多个空间尺度的时间内在关联，确保形成生态系统服务的生态过程的完整性。

2.4.1.4 权衡与协同

各生态系统服务并不是完全独立的，而是存在着复杂、非线性的相互影响（Barbier et al.，2008），表现为权衡或协同等关系。某种生态系统服务的使用增加导致其他生态系统服务供给减少的状况，被称为生态系统服务的权衡（Rodríguez et al.，2006）；两种或多种生态系统服务同时增加或同时减少即为协同（李双成等，2013）。权衡关系在供给服务和调节、文化等服务之间最为常见，如牧草供给与侵蚀控制（Daryanto et al.，2018）、肉类供应与固碳服务（Pan et al.，2014）、农业生产与美学价值（Geneletti et al.，2018；Pan et al.，2022）等。相比之下，协同关系较多存在于调节与支持服务中，如水质净化、灾害防护、固碳等之间（Schirpke et al.，2019；Pan et al.，2022）。过去几十年，生态系统服务权衡研究受到了巨大关注。Rodríguez 等（2006）将生态系统权衡分为四类：空间权衡、时间权衡、恢复力权衡以及不同服务类型之间的权衡。生态系统服务与生物多样性经济学提出了相似的分类：空间权衡、时间权衡、利益相关者之间的权衡以及不同服务类型之间的权衡。Mouchet 等（2014）从人类需求的角度出发，将生态系统服务权衡分为三类：供给-供给权衡、供给-需求权衡和需求-需求权衡。

土地利用/土地覆被变化通过改变生态系统类型、结构与景观格局影响能量流动、水文过程、生物地球化学循环等生态过程（MA，2005），进而影响生态系统服务的关系与相互作用，是生态系统服务权衡与协同的主要驱动力之一（Dade et al.，2019）。耕地扩张与农业发展在为人类提供粮食、纤维等产品的同时，对其他类型的服务造成了削减。例如，集约化农业活动带来的产量提高是以降低产水量和土壤保持服务为代价的，且这种权衡在上游地区更加显著（Li et al.，2020）；大规模农业发展增加了作物产量，却导致了栖息地的丧失和生物多样性的下降，也削减了审美、户外休闲等文化服务（Geneletti et al.，2018）；城市化进程中，建筑用地大幅扩张，农田和林地、草地等自然生态系统面积急剧缩减，使多种调节服务、支持服务明显降低（Li et al.，2016；Zheng et al.，2019a），同时影响生态系统服务的权衡/协同关系（郝梦雅等，2017），甚至会导致某些权衡的加剧。此外，农作物收割和资源需求、自然资源管理、政策手段、科学和技术进步等也是生态系统服务权衡/协同的常见驱动力。

2.4.1.5 多尺度传输

生态系统服务通过空气、水、生物等介质进行传输，实现其产生到使用的过程，并通过服务供给区与受益区的时空关联呈现出多尺度传输的特性，涉及多个时空尺度的利益相关者（张宏锋等，2007）。生态系统服务传输的介质也会影响服务使用的尺度，如在流域尺度以水流为介质，上游产生的淡水及水质净化服务可为中下游城乡居民提供农业、工业及生活用水；以空气为介质，上风向森林、草地等生态系统提供的防风固沙服务可为下风向居民降低灾害与侵蚀的风险。

人类从不同尺度上都可能获得并使用生态系统服务（Scholes et al.，2013），而不同尺度的利益相关者获取的服务类型、数量、质量与重要性存在差异（Hu et al.，2018），由此导致了多尺度的权衡。这种权衡受到利益相关者角色与权力关系的影响（Felipe-Lucia et al.，2015），如农民通常更在意经济效益而忽略潜在的生态系统服务供给能力，政府则是从区域整体的发展出发综合衡量社会与生态效益（Hu et al.，2018）。以湿地生态系统为例，当地居民最看重物质生产及关联的其他生态系统服务带来的直接经济收益，如水产品、芦苇等或将湿地开垦为耕地收获的作物；洪水调蓄、水质净化服务为区域、流域的居民生产生活提供环境条件，而其生物多样性及生境质量服务则更为国家及全球决策者所关注（Rodríguez et al.，2006；Andersson et al.，2015）。对某一尺度生态系统服务的过度使用，有可能导致其他尺度服务的降低与丧失，对其他利益相关者造成损害。全美运河（All-American Canal）上游美国居民的增长及对水资源的过分消耗，破坏了河流下游墨西哥境内的湿地生态系统，致使维护生物多样性的自然栖息地质量下降（López-Hoffman et al.，2010）；牧民追求草原生态系统中短期内的食物供给服务，过度放牧，降低了草原生产力及其长期的调节与支持服务，导致下风向城市沙尘暴天气频发，并且造成未来经济收益的损失（Shan et al.，2011）。可见，不同尺度的利益相关者对生态系统服务类型和数量的需求不同，生态系统服务传输给不同空间尺度的利益相关者时，往往容易在不同利益相关者之间产生矛盾和冲突。

2.4.2 生态系统管理启示

生态系统服务理论在管理中的应用可以有效改善生态系统管理状况、提高生态系统服务供给能力、改善人类生存与发展环境，科学认识生态系统服务的基本特征能够为生态系统管理提供重要启示。

2.4.2.1 提高生态系统质量

生态系统质量是影响生态系统服务的核心因素之一，提升生态系统质量对生态系统服务供给能力的提高具有重要意义，可以通过实施生态保护工程、落实生态保护红线制度、实施生态恢复等手段提高生态系统质量。

（1）实施生态保护工程。近年来，我国实施了天然林保育、退耕还林还草等一系列生态保护工程，提高了植被覆盖率，使我国呈现出明显的变绿趋势（Macias-Fauria，2018；Chen et al.，2019），对自然生态系统质量起到了改善作用。但生态工程的实施应综合考虑气候、地形等自然条件，结合当地实际情况与特点，坚持“宜林则林、宜灌则灌、宜草则草、宜荒则荒”等基本原则（刘鸿雁，2019）。

（2）落实生态保护红线制度。划定生态保护红线有助于优化国土生态空间、保持生态功能稳定、改善生态系统质量并提升生态系统服务。城市化、人口增长及经济开发活动导致自然生态系统面积缩减及质量下降，划定生态保护红线可控制城镇生态系统的扩张，并限制开发建设的强度、避免生态系统质量的恶化（徐德琳等，2015）。

（3）实施生态恢复。对于生态系统质量严重恶化或已出现退化的生态系统，有必要通过人为干预的方式，采取适当措施进行生态恢复。限制人类活动，如放牧、采伐、污染物排放等（余辉，2016；Fedrigo et al.，2018），能够减轻生态系统胁迫，提升生态系统服务；种群结构调控、土地利用方式改变等直接干预手段（吴舒尧等，2017），在一定情况下能够更为明显地改善生态系统质量，提高生物多样性及生态系统服务的供给。

2.4.2.2 辨识和保护高保护价值区域

生态系统服务的空间分布呈现出显著的异质性，区域间的保护价值也存在着较大的差异，因此有必要通过量化手段辨识不同区域的保护价值，并采取差异化的生态系统管理措施（Turner et al.，2007）。

（1）生态系统服务的量化与空间可视化。生态系统服务的定量评估及空间制图是管理决策从提出到实施过程中的基础性工作（Naidoo et al.，2008），应用于决策制定的初期。对于生态系统服务的量化，已有许多学者利用参数法、模型模拟等方法评估其物质量，或将其与货币价值相联系对其价值量进行核算（赵文武等，2018）。生态系统服务空间制图是对生态系统服务的种类、数量、分布、相互关系等进行可视化描述的过程，能够使服务的量化结果更直观地在空间上表征，其主要流程为：采用定量指标、模型模拟等方法，表征生态系统服务在空间上的分布情况及其重要性等级；借助空间分析、空间叠加等技术，明确重点生态功能区的主导服务与功能；依据生态系统服务定量评估与空间化分析结果，确定生态功能定位及保护价值，进行分区域、分类别的保护与管理。

（2）优先保护区的确定及分类管理。为有效避免城市化、工业与农业等经济开发活动对关键的生态系统服务造成损害（Johnson et al., 2017），既要根据其空间分异规律实施分类、分区管理，也要确定优先保护区域以构建生态安全格局。《全国生态功能区划》（2015 年修编）遵循主导功能、区域相关性、生态系统分异及等级性等原则，将我国划分为不同类型、不同级别的生态功能区，划分结果为我国生态环境保护、生态安全格局的构建提供了依据，有助于明确区域主要生态问题并采取针对性的保护与恢复措施，也可应用于生态保护红线划定及生态转移支付范围的确定等工作。

2.4.2.3 维护生态系统服务过程的完整性

生态系统管理应维护生态系统服务形成、传递、使用等过程的完整性，维持能量流、物质流、信息流、服务流的畅通。为保持生态系统服务过程的完整性，将不同的生态系统整合为景观单元，通过土地利用调整景观组成或构型，在景观或区域尺度上采取管理以提高生物多样性及生态系统服务通常更为有效（Isbell et al., 2017）。

（1）调整景观组成。景观组成指生态系统或土地利用类型的数量及比例，增加生态系统服务提供单元的面积可直接增加服务供给（Fahrig et al., 2011）。农业景观中，永久性半自然生境的比例是影响授粉的重要因素，提高自然或半自然生态系统的面积能够增加授粉昆虫的多样性，并通过授粉过程起到提高作物产量的作用（Dainese et al., 2015）。生物控制服务的基本过程与天敌、鸟类等服务提供单元、害虫等损害产生单元均有关联（Maas et al., 2013），且二者均在农田和景观尺度受人为因素影响（Birkhofer et al., 2015），因此病虫害的防治除在生态系统尺度上采取直接干预手段（如除草剂、灭虫剂的使用），也可考虑增加农业景观中森林、草地的覆盖度，提升生物控制服务消除病虫害及田间杂草（Diektter et al., 2010；Birkhofer et al., 2015）。

（2）优化景观构型。景观构型指生态系统或土地利用类型的空间分布及排列情况（Fahrig et al., 2011），适当增加景观构型异质性，能够维护生态系统服务过程的完整性，有效促进某些服务的形成与供给（刘绿怡等，2018）。城镇化及集约农业造成了自然栖息地破碎化，将增加某些病毒宿主存活率并导致疾病传播，适当增加人工生态系统边缘的复杂度，有助于抑制宿主的活动，提高疾病控制服务并降低传染病的传播风险（Prist et al., 2016）。提高农业生态系统边缘自然或半自然生境的复杂程度（其中动植物组成的复杂程度也随之提高）也能够对授粉、生物控制等服务的供给起到促进作用（Fahrig et al., 2015；Mitchell et al., 2014）。

2.4.2.4 协调生态系统服务权衡关系

理解生态系统服务间的相互作用是生态系统管理的基本前提。目前已有许多研究通过设计干预以及合适的环境管理等手段（Howe et al., 2014），尝试最小化甚至消除服务之间的权衡进而实现双赢。基于生态系统服务权衡的驱动因素和产生机制，可以通过生态系统、景观尺度、多目标最优及政策干预等途径协调生态系统服务权衡（Zheng et al., 2019）。

（1）生态系统途径。在生态系统中，植物功能性状与耕作管理方式是影响生态系统服务权衡的主要因素。利用不同植物功能性状之间的相关性，可以减少农产品供给与调节服务之间的权衡，同时保护当地的生物多样性（Somarriba et al., 2013）；间作、轮作、轮牧及多种耕种与森林管理措施（Daryanto et al., 2019；Zheng et al., 2019b）常用于协调生态系统服务的权衡，进而消除其负面影响。

（2）景观尺度途径。在景观尺度上，景观组成与格局的优化可能改变生态过程、物种组成及生物多样性（Qiu and Turner, 2015；Wong et al., 2017），进而对生态系统服务之间的相互作用产生影响。自然栖息地的保护可以通过提升主导服务功能的供给能力缓解不同类型服务间的权衡（Kennedy et al., 2016）；确定栖息地与农田的最佳地点与比例能够在提升作物产量的同时确保生物多样性、调节服务维持较高的水平（Johnson et al., 2014；Sabatier et al., 2014）。

（3）多目标最优途径。相比生态系统和景观尺度途径，多目标最优途径可以协调多种权衡，满足不同利益相关者的多个目标。综合考虑经济和环境目标进行规划，可以协调生物多样性、水质净化及水土保持等多种服务与农业生产所获得的经济利润之间的权衡（Kennedy et al., 2016）。

（4）政策干预及其他途径。适当的政策干预和市场指导也是协调生态系统服务权衡关系的重要手段，在政策设计与市场制度建立的过程中应综合多方利益相关者。

2.4.2.5 权衡多尺度利益相关者需求

多尺度利益相关者的协同增益是可持续发展的基础，而不同尺度的利益相关者可使用的生态系统服务类型、数量与质量常存在差异，其获得的收益和采取的资源利用方式与管理措施也往往相互冲突（张宏锋等，2007）。决策时需综合考虑多尺度利益相关者的角色与关系，通过生态系统综合管理、生态补偿等手段采取措施协调权衡，实现双赢甚至多赢。

（1）生态系统综合管理。生态系统综合管理考虑多方利益相关者进行综合规划与系统管理，实现生态系统服务的可持续供给并尽可能减少各尺度的利益冲突。以流域生态系统的综合管理为例，面向生态-经济协调发展的流域综合管理将上中下游看作一个整体，注重不同利益相关者的相互联系，能够有效减轻其相互之间的权衡关系并促进生态效益与经济效益的协同增长（Lu et al., 2015）。

（2）生态补偿。建立合理可行的生态补偿制度，以经济手段为主，协调利益相关者，是权衡利益冲突、实现生态系统服务可持续供给的重要途径（Brownson et al., 2019；Calle et al., 2020）。例如，美国纽约市的清洁供水协议，下游水用户缴纳附加税，对上游农场主实施补偿以调整土地利用与生活方式，从而改善水质，补偿的费用远小于建设过滤设施的资金投入。中国京冀地区合作实施了密云水库上游退稻还田工程以提高水量、改善水质，由北京市向“稻改旱”农民支付每亩[①] 550 元的补偿费用，在提高流域生态系统服务的同时确保农户收入不减少，实现了跨地区协作及多方利益相关者的共赢（Zheng et al., 2013）。

此外，农业技术的进步也能够起到协调多尺度权衡的作用。例如，Lu 等（2015）研究发现提高作物的水分利用效率可增加径流，并削减流域中游作物供给与下游生态可持续性之间的权衡。

参考文献

蔡晓明. 2000. 生态系统生态学. 北京：科学出版社.

陈法霖，郑华，阳柏苏，等. 2011a. 外来种湿地松凋落物对土壤微生物群落结构和功能的影响. 生态学报，31（12）：3543-3550.

陈法霖，郑华，欧阳志云，等. 2011b. 土壤微生物群落结构对凋落物组成变化的响应. 土壤学报，48（3）：603-611.

丁肇慰，肖能文，高晓奇，等. 2020. 长江流域 2000—2015 年生态系统质量及服务变化特征. 环境科学研究，33（5）：1308-1314.

冯继广，丁陆彬，王景升，等. 2016. 基于案例的中国森林生态系统服务功能评价. 应用生态学报，27（5）：1375-1382.

冯剑丰，李宇，朱琳. 2009. 生态系统功能与生态系统服务的概念辨析. 生态环境学报，18（4）：1599-1603.

傅伯杰，张立伟. 2014. 土地利用变化与生态系统服务：概念、方法与进展. 地理科学进展，33（4）：441-446.

葛方龙，李伟峰，陈求稳. 2008. 景观格局演变及其生态效应研究进展. 生态环境，17（6）：2511-2519.

洪长桥，金晓斌，陈昌春，等. 2017. 集成遥感数据的陆地净初级生产力估算模型研究综述. 地理科学进展，36（8）：924-939.

胡佳玉，蒋勇，王宇，等. 2022. 贡嘎山石松类和蕨类植物的多样性与海拔分布. 广西植物，42（2）：220-227.

黄锦学，黄李梅，林智超，等. 2010. 中国森林凋落物分解速率影响因素分析. 亚热带资源与环境学报，5（3）：56-63.

李双成. 2019. 生态系统服务研究思辨. 景观设计学，7（1）：82-87.

李云哲，唐傲寒，刘学军. 2021. 大气环境中二甲基硫的研究进展. 中国农业大学学报，26（10）：164-174.

李志安，邹碧，丁永祯，等. 2004. 森林凋落物分解重要影响因子及其研究进展. 生态学杂志，23（6）：77-83.

刘贵峰，臧润国，郭仲军，等. 2008. 不同经度天山云杉群落物种丰富度随海拔梯度变化. 应用生态学报，（7）：1407-1413.

刘鸿雁. 2019. 中国大规模造林变绿难以越过胡焕庸线. 中国科学（地球科学），49（11）：1831-1832.

刘绿怡，卞子亓，丁圣彦. 2018. 景观空间异质性对生态系统服务形成与供给的影响. 生态学报，38（18）：6412-6421.

① 1 亩≈666.67m^2。

卢慧婷，黄琼中，朱捷缘，等. 2018. 拉萨河流域生态系统类型和质量变化及其对生态系统服务的影响. 生态学报，38（24）：8911-8918.
卢训令，刘俊玲，丁圣彦. 2019. 农业景观异质性对生物多样性与生态系统服务的影响研究进展. 生态学报，39（13）：4602-4614.
欧阳志云，郑华. 2009. 生态系统服务的生态学机制研究进展. 生态学报，29（11）：6183-6188.
彭淑娴，陈登鹏，王嘉伟，等. 2020. 全球变化背景下磷生物地球化学循环研究进展. 环境生态学，2（12）：1-7，22.
饶恩明，肖燚. 2018. 四川省生态系统土壤保持功能空间特征及其影响因素. 生态学报，38（24）：8741-8749.
陶波，葛全胜，李克让，等. 2001. 陆地生态系统碳循环研究进展. 地理研究，20（5）：564-575.
涂海洋，古丽・加帕尔，于涛，等. 2023. 中国陆地生态系统净初级生产力时空变化特征及影响因素. 生态学报，43（3）：1219-1233.
王加龙，刘驰，雷丽，等. 2022. 非共生固氮菌及其固氮作用. 微生物学报，62（8）：2861-2878.
文志，郑华，欧阳志云. 2020. 生物多样性与生态系统服务关系研究进展. 应用生态学报，31（1）：340-348.
熊华，于飞，谷晓平，等. 2021. 梵净山不同森林植被生物量、净生产量、碳储量及空间分布特征. 生态环境学报，30（2）：264-273.
徐璇，王维枫，阮宏华. 2019. 土壤动物对森林凋落物分解的影响：机制和模拟. 生态学杂志，38（9）：2858-2865.
杨冕，张艺千，王春晓. 2019. 湖北省关键生态系统服务供需状况的时空变化研究. 长江流域资源与环境，28（9）：2080-2091.
余超，王斌，刘华，等. 2014. 中国森林植被净生产量及平均生产力动态变化分析. 林业科学研究，27（4）：542-550.
岳明，张林静，党高弟，等. 2002. 佛坪自然保护区植物群落物种多样性与海拔梯度的关系. 地理科学，22（3）：349-354.
曾锋，邱治军，许秀玉. 2010. 森林凋落物分解研究进展. 生态环境学报，19（1）：239-243.
张宏锋，欧阳志云，郑华. 2007. 生态系统服务功能的空间尺度特征. 生态学杂志，26（9）：1432-1437.
张琨，吕一河，傅伯杰. 2016. 生态恢复中生态系统服务的演变：趋势、过程与评估. 生态学报，36（20）：6337-6344.
赵琼，曾德慧. 2005. 陆地生态系统磷素循环及其影响因素. 植物生态学报，29（1）：153-163.
赵文武，刘月，冯强，等. 2018. 人地系统耦合框架下的生态系统服务. 地理科学进展，37（01）：139-151.
郑华，欧阳志云，赵同谦，等. 2003. 人类活动对生态系统服务功能的影响. 自然资源学报，18（1）：118-126.
郑华，李屹峰，欧阳志云，等. 2013. 生态系统服务功能管理研究进展. 生态学报，33（3）：702-710.
周广胜，张新时. 1995. 自然植被净第一性生产力模型初探. 植物生态学报，19（3）：193-200.
周强，姜允斌，郝记华，等. 2021. 磷的生物地球化学循环研究进展. 高校地质学报，27（2）：183.
Ajaz Ahmed M A，Abd-Elrahman A，Escobedo F J，et al. 2017. Spatially-explicit modeling of multi-scale drivers of aboveground forest biomass and water yield in watersheds of the Southeastern United States. Journal of Environmental Management，199：158-171.
Andersson E，McPhearson T，Kremer P，et al. 2015. Scale and context dependence of ecosystem service providing units. Ecosystem Services，12：157-164.

Birkhofer K, Diehl E, Andersson J, et al. 2015. Ecosystem services—current challenges and opportunities for ecological research. Frontiers in Ecology & Evolution, 2 (87): 1-12.

Brimblecombe P. 2014. The global sulfur cycle//Holland H D, Turekian K K. Treatise on Geochemistry. Amsterdam: Elsevier.

Brosofske K D, Chen J, Crow T R. 2001. Understory vegetation and site factors: Implications for a managed Wisconsin landscape. Forest Ecology and Management, 146 (1/2/3): 75-87.

Chapin F S, Eviner V T. 2007. Biogeochemistry of terrestrial net primary production//Holland H D, Turekian K K. Treatise on Geochemistry. Amsterdam: Elsevier.

Chapin F S, Matson P A, Mooney H A, et al. 2002. Principles of terrestrial ecosystem ecology. New York: Springer.

Chen C, Park T, Wang X H, et al. 2019. China and India lead in greening of the world through land-use management. Nature Sustainability, 2 (2): 122-129.

Clark D A, Brown S, Kicklighter D W, et al. 2001. Measuring net primary production in forests: Concepts and field methods. Ecological Applications, 11 (2): 356-370.

Costa A, Silva B, Jiménez-Navarro G, et al. 2020. Structural simplification compromises the potential of common insectivorous bats to provide biocontrol services against the major olive pest *Prays oleae*. Agriculture, Ecosystems & Environment, 287: 106708.

Costanza R, d'Arge R, de Groot R, et al. 1997. The value of the world's ecosystem services and natural capital. Nature, 387: 253-260.

Costanza R, de Groot R, Braat L, et al. 2017. Twenty years of ecosystem services: How far have we come and how far do we still need to go? Ecosystem Services, 28: 1-16.

Daily G C, Polasky S, Goldstein J, et al. 2009. Ecosystem services in decision making: Time to deliver. Frontiers in Ecology and the Environment, 7 (1): 21-28.

Dainese M, Luna D I, Sitzia T, et al. 2015. Testing scale-dependent effects of seminatural habitats on farmland biodiversity. Ecological Applications: A Publication of the Ecological Society of America, 25 (6): 1681-1690.

Daryanto S, Fu B J, Zhao W W. 2019. Evaluating the use of fire to control shrub encroachment in global dry lands: A synthesis based on ecosystem service perspective. Science of the Total Environment, 648: 285-292.

Davies-Barnard T, Friedlingstein P. 2020. The global distribution of biological nitrogen fixation in terrestrial natural ecosystems. Global Biogeochemical Cycles, 34 (3): 1-17.

Delgado-Aguilar M J, Hinojosa L, Schmitt C B. 2019. Combining remote sensing techniques and participatory mapping to understand the relations between forest degradation and ecosystems services in a tropical rainforest. Applied Geography, 104: 65-74.

Eddy T D, Bernhardt J R, Blanchard J L, et al. 2021. Energy flow through marine ecosystems: Confronting transfer efficiency. Trends in Ecology & Evolution, 36 (1): 76-86.

Egger M, Jilbert T, Behrends T, et al. 2015. Vivianite is a major sink for phosphorus in methanogenic coastal surface sediments. Geochimica et Cosmochimica Acta, 169: 217-235.

Esquivel J, Park B B, Casanoves F, et al. 2020. Altitude and species identity drive leaf litter decomposition rates of ten species on a 2950m altitudinal gradient in Neotropical rain forests. Biotropica, 52 (1): 11-21.

Fahrig L, Girard J, Duro D, et al. 2015. Farmlands with smaller crop fields have higher within-field biodiversity. Agriculture, Ecosystems & Environment, 200: 219-234.

Fahrig L, Arroyo-Rodríguez V, Bennett J R, et al. 2019. Is habitat fragmentation bad for biodiversity? Biological

Conservation, 230: 179-186.

Felipe-Lucia M R, Martín-López B, Lavorel S, et al. 2015. Ecosystem services flows: Why stakeholders' power relationships matter. PLoS One, 10 (7): e0132232.

Field C B, Behrenfeld M J, Randerson J T, et al. 1998. Primary production of the biosphere: Integrating terrestrial and oceanic components. Science, 281 (5374): 237-240.

Gavazov K, Mills R, Spiegelberger T, et al. 2014. Biotic and abiotic constraints on the decomposition of *Fagus sylvatica* leaf litter along an altitudinal gradient in contrasting land-use types. Ecosystems, 17 (8): 1326-1337.

Geertsema W, Rossing W A, Landis D A, et al. 2016. Actionable knowledge for ecological intensification of agriculture. Frontiers in Ecology& the Environment, 14 (4): 209-216.

Geneletti D, Scolozzi R, Adem Esmail B. 2018. Assessing ecosystem services and biodiversity tradeoffs across agricultural landscapes in a mountain region. International Journal of Biodiversity Science, Ecosystem Services & Management, 14 (1): 188-208.

González-Mas N, Cuenca-Medina M, Gutiérrez-Sánchez F, et al. 2019. Bottom-up effects of endophytic *Beauveria bassiana* on multitrophic interactions between the cotton aphid, *Aphis gossypii*, and its natural enemies in melon. Journal of Pest Science, 92 (3): 1271-1281.

Gower S T. 2002. Productivity of terrestrial ecosystems. Encyclopedia of Global Change, 2: 516-521.

Grimm N B, Groffman P, Staudinger M, et al. 2016. Climate change impacts on ecosystems and ecosystem services in the United States: Process and prospects for sustained assessment. Climatic Change, 135 (1): 97-109.

Hicks Pries C E, Sulman B N, West C, et al. 2018. Root litter decomposition slows with soil depth. Soil Biology and Biochemistry, 125: 103-114.

Howse P E, Stevens I D R, Jones O T. 1998. Insect Pheromones and Their Use in Pest Management. Dordrecht: Springer.

Hu Y N, Peng J, Liu Y X, et al. 2018. Integrating ecosystem services trade-offs with paddy land-to-dry land decisions: A scenario approach in Erhai Lake Basin, southwest China. Science of the Total Environment, 625: 849-860.

Isbell F, Gonzalez A, Loreau M, et al. 2017. Linking the influence and dependence of people on biodiversity across scales. Nature, 546 (7656): 65-72.

Kennedy C M, Hawthorne P L, Miteva D A, et al. 2016. Optimizing land use decision-making to sustain Brazilian agricultural profits, biodiversity and ecosystem services. Biological Conservation, 204: 221-230.

Lavorel S, Grigulis K, Lamarque P, et al. 2011. Using plant functional traits to understand the landscape distribution of multiple ecosystem services. Journal of Ecology, 99 (1): 135-147.

Levey D J, Caughlin T T, Brudvig L A, et al. 2016. Disentangling fragmentation effects on herbivory in understory plants of longleaf pine savanna. Ecology, 97 (9): 2248-2258.

Li B, Chen D, Wu S, et al. 2016. Spatio-temporal assessment of urbanization impacts on ecosystem services: Case study of Nanjing City, China. Ecological Indicators, 71: 416-427.

Li P, Sheng M Y, Yang D W, et al. 2019. Evaluating flood regulation ecosystem services under climate, vegetation and reservoir influences. Ecological Indicators, 107: 105642.

Li Z H, Deng X Z, Jin G, et al. 2020. Tradeoffs between agricultural production and ecosystem services: A case study in Zhangye, Northwest China. Science of the Total Environment, 707: 136032.

Librán-Embid F, De Coster G, Metzger J P. 2017. Effects of bird and bat exclusion on coffee pest control at multiple spatial scales. Landscape Ecology, 32 (9): 1907-1920.

Lieth H, Whittaker R H. 1975. Primary Productivity of the Biosphere. New York: Springer-Verlag.

Lu Z X, Wei Y P, Xiao H L, et al. 2015. Trade-offs between midstream agricultural production and downstream ecological sustainability in the Heihe River Basin in the past half century. Agricultural Water Management, 152: 233-242.

López-Hoffman L, Varady R G, Flessa K W, et al. 2010. Ecosystem services across borders: A framework for transboundary conservation policy. Frontiers in Ecology and the Environment, 8 (2): 84-91.

Maas B, Tscharntke T, Saleh S, et al. 2015. Avian species identity drives predation success in tropical cacao agroforestry. Journal of Applied Ecology, 52 (3): 735-743.

Macias-Fauria M. 2018. Satellite images show China going green. Nature, 553 (7689): 411-413.

Marian F, Sandmann D, Krashevska V, et al. 2017. Leaf and root litter decomposition is discontinued at high altitude tropical montane rainforests contributing to carbon sequestration. Ecology and Evolution, 7 (16): 6432-6443.

Mouchet M A, Lamarque P, Martín-López B, et al. 2014. An interdisciplinary methodological guide for quantifying associations between ecosystem services. Global Environmental Change, 28: 298-308.

Pan Q, Wen Z, Wu T, et al. 2022. Trade-offs and synergies of forest ecosystem services from the perspective of plant functional traits: A systematic review. Ecosystem Services, 58: 101484.

Parton W, Silver W L, Burke I C, et al. 2007. Global-scale similarities in nitrogen release patterns during long-term decomposition. Science, 315 (5810): 361-364.

Prist P R, Uriarte M, Tambosi L R, et al. 2016. Landscape, environmental and social predictors of hantavirus risk in São Paulo, Brazil. PLoS One, 11 (10): e0163459.

Qiu J X, Turner M G. 2015. Importance of landscape heterogeneity in sustaining hydrologic ecosystem services in an agricultural watershed. Ecosphere, 6 (11): 1-19.

Rey Benayas J M, Newton A C, Diaz A, et al. 2009. Enhancement of biodiversity and ecosystem services by ecological restoration: A meta-analysis. Science, 325 (5944): 1121-1124.

Rodríguez J P, Beard T D Jr, Bennett E M, et al. 2006. Trade-offs across space, time, and ecosystem services. Ecology and Society, 11 (1): 709-723.

Runting R K, Lovelock C E, Beyer H L, et al. 2017. Costs and opportunities for preserving coastal wetlands under sea level rise. Conservation Letters, 10 (1): 49-57.

Rusch A, Chaplin-Kramer R, Gardiner M M, et al. 2016. Agricultural landscape simplification reduces natural pest control: A quantitative synthesis. Agriculture, Ecosystems & Environment, 221: 198-204.

Schirpke U, Candiago S, Egarter V L, et al. 2019. Integrating supply, flow and demand to enhance the understanding of interactions among multiple ecosystem services. Science of the Total Environment, 651: 928-941.

Schuur E A G. 2003. Productivity and global climate revisited: The sensitivity of tropical forest growth to precipitation. Ecology, 84 (5): 1165-1170.

Shan Y M, Chen D M, Guan X X, et al. 2011. Seasonally dependent impacts of grazing on soil nitrogen mineralization and linkages to ecosystem functioning in Inner Mongolia grassland. Soil Biology and Biochemistry, 43 (9): 1943-1954.

Sinare H, Gordon L J. 2015. Ecosystem services from woody vegetation on agricultural lands in Sudano-Sahelian West Africa. Agriculture, Ecosystems & Environment, 200: 186-199.

Somarriba E, Cerda R, Orozco L, et al. 2013. Carbon stocks and cocoa yields in agroforestry systems of Central

America. Agriculture, Ecosystems & Environment, 173: 46-57.

Street G M, McNickle G G. 2019. A global estimate of terrestrial net secondary production of primary consumers. Global Ecology and Biogeography, 28 (12): 1763-1773.

Tuinenburg O A, Theeuwen J J E, Staal A. 2020. High-resolution global atmospheric moisture connections from evaporation to precipitation. Earth System Science Data, 12 (4): 3177-3188.

Wen Z, Wu J N, Yang Y Z, et al. 2022. Implementing intercropping maintains soil water balance while enhancing multiple ecosystem services. CATENA, 217: 106426.

Wen Z, Yang Q F, Huang B B, et al. 2023. Landscape composition and configuration relatively affect invasive pest and its associator across multiple spatial scales. Frontiers in Sustainable Food Systems, 7: 1114508.

Yang X D, Chen J. 2009. Plant litter quality influences the contribution of soil fauna to litter decomposition in humid tropical forests, southwestern China. Soil Biology and Biochemistry, 41 (5): 910-918.

Yuan Z W, Jiang S Y, Sheng H, et al. 2018. Human perturbation of the global phosphorus cycle: Changes and consequences. Environmental Science & Technology, 52 (5): 2438-2450.

Zhang D Q, Hui D F, Luo Y Q, et al. 2008. Rates of litter decomposition in terrestrial ecosystems: Global patterns and controlling factors. Journal of Plant Ecology, 1 (2): 85-93.

Zhang Y J, Xu M, Chen H, et al. 2009. Global pattern of NPP to GPP ratio derived from MODIS data: Effects of ecosystem type, geographical location and climate. Global Ecology and Biogeography, 18 (3): 280-290.

Zheng H, Robinson B E, Liang Y C, et al. 2013. Benefits, costs, and livelihood implications of a regional payment for ecosystem service program. Proceedings of the National Academy of Sciences of the United States of America, 110 (41): 16681-16686.

Zheng H, Wang L J, Wu T. 2019a. Coordinating ecosystem service trade-offs to achieve win-win outcomes: A review of the approaches. Journal of Environmental Sciences, 82 (8): 103-112.

Zheng H, Wang L J, Peng W J, et al. 2019b. Realizing the values of natural capital for inclusive, sustainable development: Informing China's new ecological development strategy. Proceedings of the National Academy of Sciences of the United States of America, 116 (17): 8623-8628.

Zoderer B M, Tasser E, Carver S, et al. 2019. Stakeholder perspectives on ecosystem service supply and ecosystem service demand bundles. Ecosystem Services, 37: 100938.

二、方　法　篇

3 陆地生态系统遥感分类

陆地生态系统遥感分类是人们掌握大范围陆地生态系统实时信息的有效方法，是人们理解生态系统功能的技术支撑。通过遥感技术可以获取大面积的遥感影像，对遥感影像进行解译获得陆地生态系统遥感分类数据，成为了解陆地生态系统状况和变化规律的主要途径。本章主要介绍陆地生态系统遥感影像分析方法、分类体系制定和数据源确定、分类样本选择、分类特征提取和分类模型选择等主要内容，阐述如何进行陆地生态系统遥感分类及其研究现状。

3.1 概　述

陆地生态系统是人类福祉的主要来源，全面认知和了解陆地生态系统状态和演化规律对于人与自然和谐相处及可持续发展是至关重要的。随着人类社会的快速发展，采矿、城市扩张、耕种等人类活动使得陆地生态系统和全球环境发生了巨大变化，这种变化反过来又会影响人类的生产生活方式，实时掌握陆地生态系统状况是实现人类可持续发展的重要支撑。陆地生态系统是一个极其复杂的系统，使用遥感技术研究陆地生态系统分类主要是先对土地覆盖/利用进行分类，然后通过土地覆盖/利用的变化来推测陆地生态系统内部物质与能量交换的情况，因此本章的陆地生态系统遥感分类指的是使用遥感数据和技术对陆地生态系统中的土地覆盖/利用进行分类提取。

土地覆盖/利用包括地球表层的植被覆盖物和人工覆盖物的综合，其变化对陆地生态系统的要素、结构和功能均有较大影响。土地覆盖是指地表自然形成的或者人类活动引起的覆盖状况（陈佑启和杨鹏，2001），如不透水面、植被、裸土等；而土地利用是指人类为所需要的产品或服务所进行的土地资源利用活动，是人类对土地自然属性的利用方式和利用状况，包含了人类利用土地的目的和意图（黄秉维等，1999），如居民用地、商业用地、科教文卫机构用地等都是土地利用的概念。基于土地覆盖或土地利用图，可以了解陆地生态系统的基本情况，或者耦合土地利用图与生态环境数据，可反映人类对陆地生态系统的影响。人类利用土地资源并通过土地覆盖作用于全球和区域陆地生态系统，已有很多研究关注土地利用、土地覆盖与气候、水文、土壤、碳循环、生物多样性及生态系统服务价值等的作用关系（Xu，2017；Mendoza-Ponce et al.，2018；Sleeter et al.，2018；Bai and Xue，2020；Kim et al.，2021）。

传统方法通过实地调查了解土地覆盖/利用情况，虽然可以得到更加准确的数据，但是效率极低且需要耗费大量人力物力；同时土地利用/覆盖情况是变化的，一次的实地调查解决不了问题。自 20 世纪 60 年代以来，随着遥感和航空航天等技术的迅猛发展，地面、航空、航天三位一体的遥感观测平台形成，人们可快速获取大范围、高空间分辨率、高时间分辨率及高光谱分辨率的遥感影像，遥感广泛应用于土地覆盖/利用监测。遥感技术从开始应用到现在，已经积累了不少基于遥感影像研制的土地覆盖/利用数据集（表3-1）。Loveland等（2009）使用1992年4月至1993年3月的AVHRR数据制作了全球0.25°、0.5°和1°分辨率的土地覆盖数据集；Hansen等（1998）基于AVHRR卫星获得的1981～1994年的影像制作了全球100km、8km和1km分辨率的土地覆盖数据集；Friedl等（2010）使用2000年10月至2001年10月的MODIS数据制作了全球0.25°、0.5°和1°的土地覆盖产品；美国国家航空航天局（NASA）使用了多年的MODIS数据制作了2001～2013年的全球1km土地覆盖数据集；欧洲航天局（ESA）使用SPOT 4卫星上的Vegetation仪器采集的14个月的数据制作了全球1km的土地覆盖数据集（Global Land Cover 2000，GLC2000）；Chen等（2015）使用像素、对象和知识相结合的方法和Landsat影像制作了全球30m分辨率的土地覆盖数据集（Global Land Cover 30，GLC30）；Zhang等（2021）使用USGS Landsat-8地表反射率数据制作了全球30m精细土地覆盖产品；Gong等（2019）使用Landsat数据、中国高分数据、资源卫星数据、SRTM DEM数据等制作了2015年和2017年全球30m分辨率土地覆盖数据集（FORM-GLC），还使用Sentinel-2数据制作了2017年全球10m分辨率土地覆盖数据集。

表3-1　现有的全球土地覆盖/利用数据集

作者/机构	数据集名称	数据源	数据集时间	空间分辨率
Loveland等（2009）	IGBP GLCC	AVHRR	1992～1993年	0.25°、0.5°、1°
Hansen等（1998）	UMD LCC	AVHRR	1981～1994年	1km、8km、100km
Friedl等（2010）	IGBP LC	MODIS	2000～2001年	0.25°、0.5°、1°
NASA	MODIS LCT	MODIS	2001～2013年	1km
欧空局	GLC2000	SPOT 4	2000年	1km
Chen等（2015）	GLC30	Landsat系列	2000年，2010年，2020年	30m
Zhang等（2021）	全球30米精细地表覆盖产品	Landsat-8	2015年	30m
Gong等（2019）	FROM-GLC	Landsat数据、中国高分数据、资源卫星数据、STRM DEM数据等	2015年、2017年	10m，30m

表3-1中土地覆盖/利用数据集的研制，都采用了特定的遥感分类方法从遥感数据中提取土地覆盖/利用信息。虽然土地覆盖和土地利用的含义不同，但使用遥感数据分类时采用的步骤是相似的：选择合适的影像分析方法、制定分类体系和确定数据源、选择分类样本、提取分类特征以及选择分类模型（图3-1）。本章将分别介绍这5个步骤。

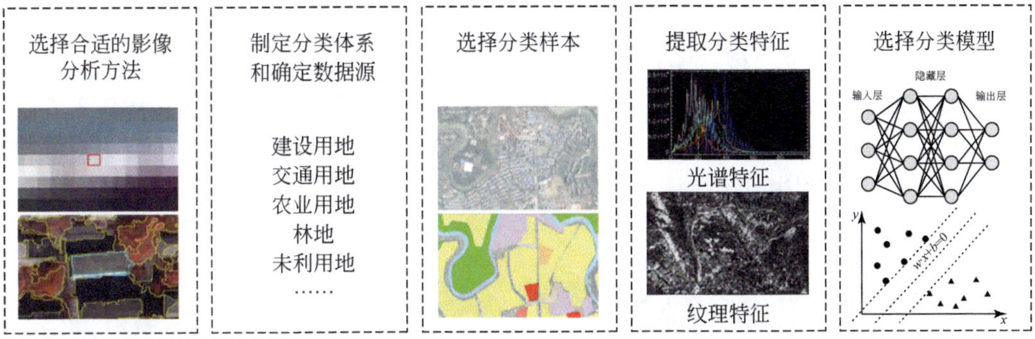

图 3-1　遥感分类基本步骤

3.2　遥感影像分析方法

土地覆盖/利用是自然环境影响与人类活动共同作用产生的结果，是开展陆地生态系统遥感分类的基础。目前，遥感影像分析方法主要有两种：基于像素的影像分析方法（Pixel-based Image Analysis，PBIA）和面向对象的影像分析方法（Object- oriented Image Analysis，OBIA）。这两种影像分析方法在遥感影像分类分析中有重要作用，在实际应用中各有优势。

3.2.1　基于像素的影像分析方法

像素是遥感数据的基本单元，也是早期影像分析的基本单元（Beaubien et al.，1999；Stuckens et al.，2000）。由于不同地物的光谱一般存在差异，因此可以借此来区分不同地物。基于像素的影像分析方法的基本流程是以像素为基本单元进行特征提取与选择、模型训练和影像分类（图 3-2）。

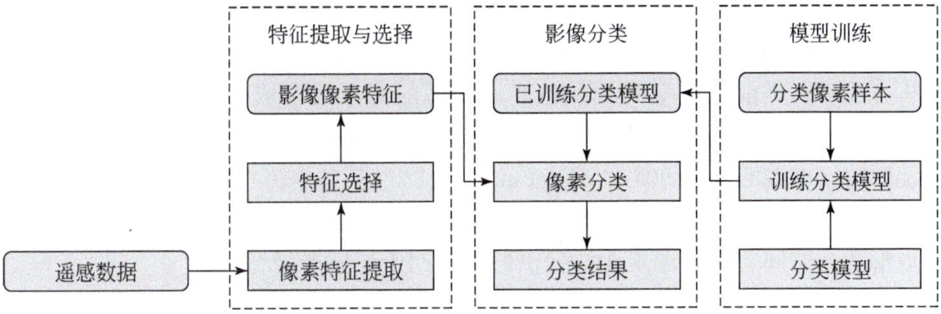

图 3-2　基于像素的影像分析方法的基本流程

在遥感发展的早期阶段，影像的空间分辨率较低，像素的大小往往比地物要大，这导致一个像素通常由多个不同地物组成，因而基于像素的影像分析方法有助于获取每个像素的类别信息。随着遥感技术的发展，遥感影像空间分辨率越来越高，这时一个地物通常由多个像素组成，使得地物内部的光谱异质性增强，导致基于像素的影像分析方法将同一地物分为多个类别，产生“椒盐噪声”现象，如图 3-3（a）中不同材质的屋顶和道路上的车道线和车辆。与此同时，由于遥感本身存在的同谱异物和同物异谱现象［图 3-3（b）］，很多像素经常出现误分，因此在遥感影像分类时不能仅仅依赖光谱特征，需要更多其他特征来辅助土地覆盖/利用分类，因此该方法通常不适用于空间分辨率过高的遥感影像分类（Blaschke and Strobl，2001）。

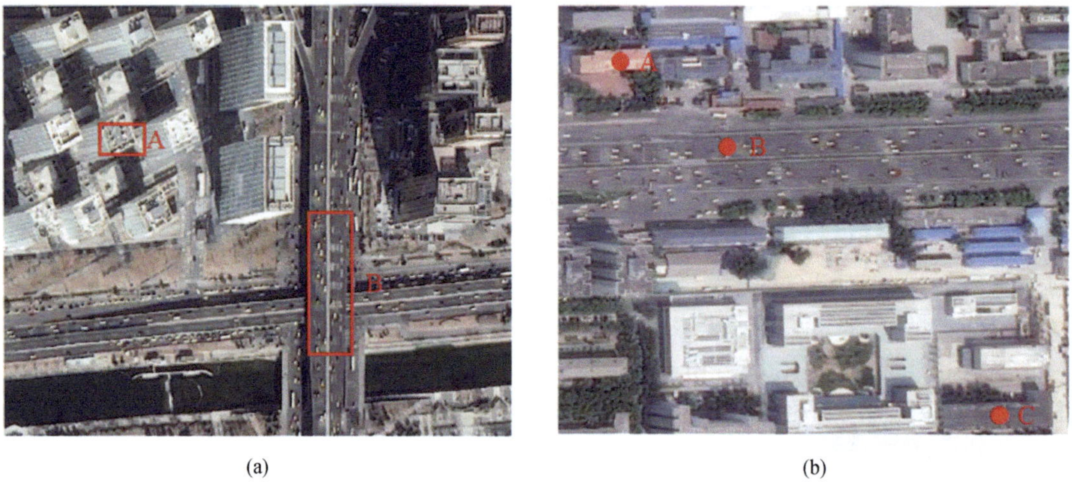

图 3-3　地物光谱异质性

（a）A 指不同材质屋顶，B 为道路上的车道线和车辆；（b）B、C 同谱异物，A、C 同物异谱

3.2.2　面向对象的影像分析方法

为了解决基于像素的影像分析方法在对高空间分辨影像进行分类时无法解决因地物内部差异性和类间异质性而导致的“椒盐噪声”现象，面向对象的影像分析方法应运而生（Blaschke，2010；Blaschke et al.，2014）。与基于像素的影像分析方法不同，面向对象的影像分析方法在分类前先将空间相邻且光谱相似的像素聚合成一个影像对象（即影像分割），用于表达实际地物；然后针对影像对象进行特征提取与选择、模型训练和影像分类（Petropoulos and Kalaitzidis，2012；Ma et al.，2017），其基本流程如图 3-4 所示。以影像对象为基本单元进行影像分析，不仅能够解决地物内部异质性的问题，同时通过影像对象还可以提取形状、空间关系等像素无法提供的特征用于遥感影像分类。

与此同时，基于对象的影像分析方法也有不足，主要在于难以获得最佳的影像分割结果。目前已有上千种分割算法（章毓晋，2001；冉维等，2019），包括分水岭分割算法、均值漂移分割算法（Comaniciu and Meer，2002）和多分辨率分割算法（Baatz and Schäpe，2000），但这些分割算法都有一个尺度参数用于控制生成影像对象的大小，且需要人工设置，自动的分割尺度选择方法仍然不成熟。若分割尺度选择不合适（即分割尺度过大或过小），会导致生成的影像对象与真实的地理对象不匹配，从而产生错误的分类结果。在实

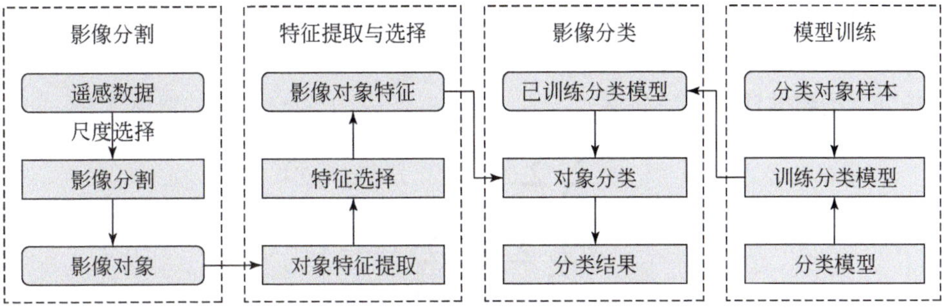

图 3-4 面对对象的影像分析方法的基本流程

际分类中，很难选择一个合适的尺度使得分割出来的影像对象的大小与实际的地理对象一致，图 3-5 展示了同一建筑在不同分割尺度参数下的分割结果，可以看到在 170 的分割尺度下建筑物的分割效果更好，但在实际的分类中只能通过尝试不同的分割尺度参数来确定分类效果最好的分割尺度。

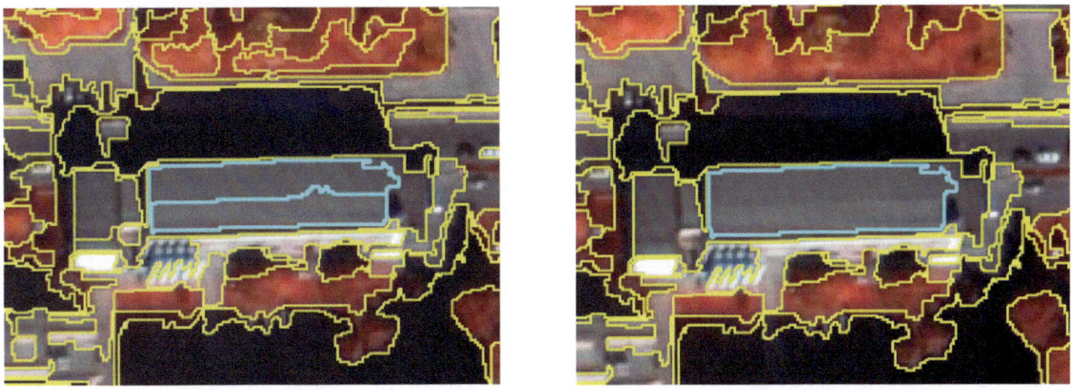

(a)分割尺度为130　　(b)分割尺度为170

图 3-5 同一建筑在不同分割尺度下的分割结果

为解决尺度选择的难题，学者们已开展一些尝试性的工作（Drăgut et al.，2010，2014；Johnson and Xie，2011；Yang et al.，2014；刘兆祎等，2014）。其中，Drăgut 等（2010）利用局部方差（Local Variance，LV），即所有影像对象方差的均值进行自动尺度选择，随后又将该方法扩展到多波段遥感影像分析。其选择流程如图 3-6 所示。一般而言，局部方差是随着分割尺度而增加的，因此当局部方差不再增加时，就选择对应的尺度作为最优分割尺度。Yang 等（2014）使用平均光谱角来进行自动尺度选择，方法与 Drăgut 等（2014）的方法类似。Johnson 和 Xie（2011）则是利用 Global Score（GS）来对分割结果进行评价，GS 是通过加权方差和全局莫兰指数来进行计算的，加权方差计算方法如下：

$$w_{\mathrm{Var}} = \frac{\sum_{i=1}^{n} a_i \times v_i}{\sum_{i=1}^{n} a_i} \tag{3-1}$$

式中，w_{Var}为加权方差；v_i和a_i为第 i 个影像对象的方差和面积。加权方差越小，影像对象内部越均质。

全局莫兰指数的计算方法如下：

$$\mathrm{MI}=\frac{n\sum_{i=1}^{n}\sum_{j=1}^{n}w_{ij}(y_i-\bar{y})(y_j-\bar{y})}{(\sum_{i\neq j}\sum w_{ij})\sum_{i=1}^{n}(y_i-\bar{y})^2} \tag{3-2}$$

式中，n 为影像对象的个数；w_{ij}为两个对象的邻接关系，若两个对象相邻，则其值为 1，否则为 0；y_i为第 i 个影像对象的平均光谱值；$\bar{y}$为整个影像的平均光谱值。较低的 M I 值表示对象之间较高的异质性。对于多波段影像来说，每个波段都需要计算加权方差和 M I 值，同时将这两个值使用下式进行归一化：

$$X_{\mathrm{norm}}=(X-X_{\min})/(X_{\max}-X_{\min}) \tag{3-3}$$

式中，X_{norm}为归一化后的值；$X_{\min}$和$X_{\max}$为多个波段中的最小值和最大值。将归一化后的加权方差和 M I 值进行求和，得到各个波段的 GS 值，最后将各个波段 GS 值求均值得到最终的 GS 值。GS 值越小，分割质量越好，因此可将 GS 值用于尺度选择。

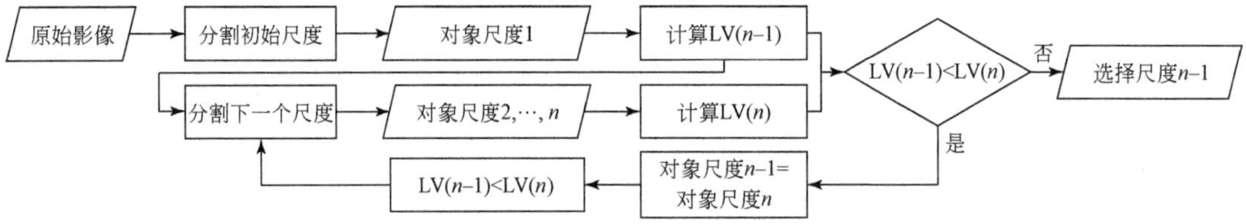

图 3-6　基于局部方差（LV）的分割尺度选择方法

3.3　生态系统遥感分类体系与数据源

确定一个好的分类体系对于土地覆盖/利用分类是十分重要的。目前，专门研究分类体系的文章比较少，本章参考蔡红艳等（2010）的分类方法根据分类区域的尺度将分类体系分为三个类别：局部尺度分类体系、区域尺度分类体系和全球尺度分类体系。此外，数据源是进行土地覆盖/利用分类的基础，本节也会介绍一些土地覆盖/利用分类常用的遥感数据源。

3.3.1　分类体系

3.3.1.1　局部尺度分类体系

局部尺度分类体系指的是针对特定研究区域的分类体系，如一个城市、一景影像或者特殊的区域。若对城市进行土地利用分类，会将城市分为居民区、商业区、工业区、公园等（Fabio et al.，2009；Zhang et al.，2017）；对农村地区进行土地利用分类，则会考虑分为建设用地、耕地、草地、林地等（Sun et al.，2003）。目前，一些学者针对特定的研究对象设计了针对性的局部尺度分类体系。邸向红等（2014）针对我国海岸带土地利用显著而分类系统研究相对不足的问题，在国内外海岸带土地利用分类系统研究基础上，提出了包含 8 个一级类型和 24 个二级类型的涵盖全国海岸带土地资源类型的海岸带土地利用遥感分类体系优化方案，同时对 2010 年中国海岸带区域土地利用进行遥感制图。温礼等（2016）基于年度提取的多源高分辨率遥感影像围填海图斑的可解译程度、围填海的定义、用途属性和形成机理等因素，制订了应用于围填海遥感监测的分类体系，包括农业用围填海、建设用围填海和在建围填海 3 个一级类和 13 个二级类。高云飞等（2018）以黄河流域不同类型土地土壤侵蚀差异为出发点，遵循科学性、可行性和完整性原则，参考《中国土地利用现状分类》标准，基于水利部颁布的土壤侵蚀分类分级标准，构建了黄河流域土壤侵蚀遥感监测土地利用现状分类体系，包含坡耕地、梯田、林草地、在建开发用地、淤地坝、沙地和其他用地 7 类。

3.3.1.2 区域尺度分类体系

区域尺度分类体系一般是针对一个国家或者大洲制定的分类体系。从区域尺度分类体系开始，确立科学标准的土地覆盖/利用分类体系至关重要（蔡红艳等，2010），有利于数据集的集成和共享。针对区域尺度土地覆盖/利用分类体系科学标准的建立，国内外已有一些研究成果。国际上，Anderson（1971）提出土地覆盖两级分类体系，随后在 1976 年，在 Anderson 土地覆盖分类系统的基础上，美国地质调查局发展了适用于遥感数据的土地覆盖分类体系。该分类体系有 4 个层级，一级类别包括 9 种土地利用及土地覆盖类型，分别是城市建设用地、农业用地、草地、森林、水体、湿地、荒漠、苔原和永久性冰雪覆盖区。该分类体系随后得到了广泛的应用，如美国基于 Landsat TM 遥感数据建立国家土地覆盖数据集时就使用了该分类体系。为了建立一种稳定、一致的欧洲土地覆盖数据库，1985 年，欧洲共同体发起了 CORINE（Coordination of Information on the Environment）土地覆盖分类体系，包含 5 个一级类、15 个二级类和 44 个三级类，并在欧洲各国进行了实践，其分类系统的逻辑框架如图 3-7 所示。在国内，1984 年国家发布了《土地利用现状调查技术规程》，规定了土地利用现状分类及含义，其土地利用现状分类采用两级系统，8 个一级类，46 个二级类。2007 年又发布了《土地利用现状分类》（GB/T 21010—2007），共分 12 个一级类，57 个二级类，标志着中国土地利用现状分类第一次有了全国统一的标准（陈百明和周小萍，2007）。最新的中国土地利用现状分类标准是《土地利用现状分类》（GB/T 21010—2017），包含 12 个一级类和 73 个二级类。

3.3.1.3 全球尺度分类体系

全球尺度分类体系顾名思义就是能够覆盖全球所有地物的类别体系，基本没有专门的论文研究如何制定全球尺度分类体系，其主要在全球土地覆盖/利用数据集中体现。马里兰大学和美国地质调查局先后建立了 1°、8km 和 1km 的全球土地覆盖数据集，分别设计了 17 类 IGBP 全球土地覆盖分类系统和 14 类根据 IGBP 全球土地覆盖分类系统修改的马里兰大学分类系统，IGBP 全球土地覆盖分类体系如表 3-2 所示（Loveland et al.，2000）。

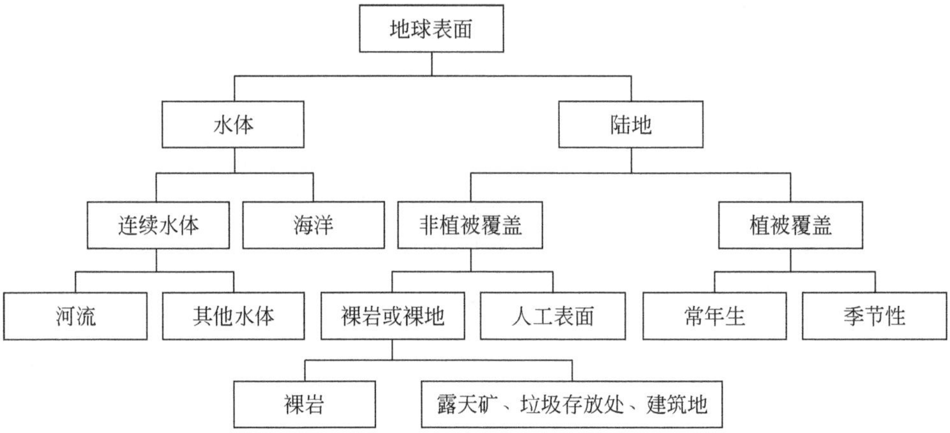

图 3-7　CORINE 土地覆盖分类系统的逻辑框架

表 3-2　IGBP 全球土地覆盖分类系统

编码	类型	含义
1	常绿针叶林	森林覆盖度>60%和高度超过 2m，且常年绿色，针状叶片的乔木林地
2	常绿阔叶林	森林覆盖度>60%和高度超过 2m，且常年绿色，具有较宽叶片的乔木林地
3	落叶针叶林	森林覆盖度>60%和高度超过 2m，且有一定的落叶周期，针状叶片的乔木林地
4	落叶阔叶林	森林覆盖度>60%和高度超过 2m，且有一定的落叶周期，具有较宽叶片的乔木林地
5	混交林	前四种森林类型的镶嵌体，且每种类型的覆盖度不超过 60%
6	郁闭灌木林	森林覆盖度>60%，高度低于 2m，常绿或落叶的木本植被用地
7	稀疏灌木林	森林覆盖度在 10%～60%，高度低于 2m，常绿或落叶的木本植被用地
8	有林草地	森林覆盖度在 30%～60%，高度超过 2m，和其他林下植被系统组成的混合用地类型
9	稀树草原	森林覆盖度在 10%～30%，高度超过 2m，和其他林下植被系统组成的混合用地类型
10	草地	由草本植被类型覆盖，森林和灌木覆盖度小于 10%
11	永久湿地	常年或经常覆盖着水与草本或木本植被的广阔区域，是介于陆地和水体之间的过渡带
12	农田	由农作物覆盖，包括作物收割后的裸露土地
13	城镇与建成区	被建筑物覆盖的土地类型
14	农田与自然植被镶嵌体	指由农田、乔木、灌木和草地组成的混合用地类型，且任何一种类型的覆盖度不超过 60%
15	冰雪	常年由积雪或者冰覆盖的土地类型
16	裸地	指裸地、沙地、岩石。植被覆盖度不超过 10%
17	水体	指海洋、湖泊、水库和河流，可以是淡水和咸水

欧洲委员会联合研究中心联合 30 多个合作机构建立全球土地覆盖数据集 2000（GLC2000），其分类在联合国粮食及农业组织土地覆盖分类系统基础上发展得到。此外，国内一些学者也进行了全球土地覆盖/利用数据集的制作。例如，Chen 等（2015）基于 Landsat 影像制作了全球 30m 分辨率土地覆盖数据集（GLC30），分类体系包含 10 个类别。Gong 等（2019）基于 Sentinel-2 号和 30 m 分辨率样本数据制作了全球 10 m 分辨率土地覆盖数据集（FROM-GLC10），分类体系包含 10 个类别。

3.3.2 数据源

各种遥感数据源是进行土地利用/覆盖分类的基础。遥感技术发展至今，已经积累了大量光学遥感、微波遥感和激光雷达（LiDAR）等遥感数据。除遥感数据外，POI、VGI 等众包数据和社交媒体数据也经常用于土地利用制图。

3.3.2.1 光学遥感数据

光学遥感包括可见光近红外遥感、热红外遥感、夜光遥感等。用于陆地生态系统遥感分类的光学遥感数据以可见光近红外遥感数据为主，热红外遥感一般用于反演陆地生态系统地表温度。可见光近红外遥感可以获取陆地生态系统不同空间分辨率的遥感影像（图 3-8），从亚米级到百米级，可以满足不同应用场景的需求。在所有遥感数据源中，可见光近红外遥感数据是最容易获取且处理难度最低的，在土地覆盖/利用分类中也应用最多。历史上存在和现有的光学遥感卫星有 Landsat 系列、AVHRR、MODIS、SPOT 系列、Sentinel 系列、高分系列、WorldView 系列等，其中可以免费获取的空间分辨率最高的影像数据是 Sentinel-2 分辨率为 10m 的多光谱数据。光学遥感的主要缺点是只能在白天成像且容易受天气和云层的影响，在光学遥感无法获取到正常数据时，通常就需要其他的数据源作为补充。

(a)2.4m分辨率　　(b)9.5m分辨率　　(c)38m分辨率

图 3-8　北京奥林匹克公园空间分辨率为 2.4m、9.5m 和 38m 的真彩色遥感影像

3.3.2.2 微波遥感数据

微波遥感包括被动式微波辐射计、微波散射计和主动式雷达遥感，被动式微波遥感一般不能成像。目前微波遥感成像主要通过合成孔径雷达（SAR）来完成的，与光学遥感传

感器被动接收地物信息的原理不同，SAR 通过主动发射电磁波并接收地物后向散射的电磁波来判断地物的方位和散射强度。因此，SAR 可以全天时进行成像，不受天气的影响。此外，SAR 发射的电磁波的波长相比于光学遥感接收的电磁波波长要长很多，可以穿透云层、树冠甚至浅层地表。因此，SAR 可以进行全天候成像，同时可以获取树木、森林下垫面甚至浅层地底的数据。SAR 可以发射水平（H）或者垂直（V）电场矢量，接收水平（H）或者垂直（V）或者两者的返回信号，可以产生四种极化方式：HH、VV、HV、VH。根据发射和接收不同极化方式电磁波，SAR 可以被分为单极化 SAR、多极化 SAR 和全极化 SAR，单极化 SAR 只包含四种极化方式中的一种，多极化 SAR 可包含上述四种极化方式中的两种及以上，全极化 SAR 包含上述四种极化方法。极化 SAR 除了可以获取地物后向散射的强度信息外，还可以获取地物的极化信息，更有利于地物识别与分析。历史上存在和现有的 SAR 遥感卫星有 ENVISAT、ALOS 系列、Radarsat 系列、Terra SAR、Terra DEM、Sentinel-1 和高分三号等。虽然 SAR 数据相比于光学遥感数据有较多优势，但是其数据获取难度相比于光学遥感数据更大，且 SAR 数据处理较为复杂。

3.3.2.3 LiDAR

与微波遥感类似，LiDAR 也是一种主动遥感方式，LiDAR 通过发射激光束进行测量。与光学遥感和微波遥感相比，LiDAR 最大的优势就是能够获得地表三维信息，因此 LiDAR 常应用于地表复杂的城市地区。LiDAR 使用高精度的激光束进行测量，非常容易受到大气的干扰，目前星载 LiDAR 平台主要是 ICESat-2 卫星，车载和机载 LiDAR 平台在实际应用中更为广泛。车载 LiDAR 平台受限于其观测角度和运动速度，无法快速获取大范围点云信息。而机载 LiDAR 平台则受限于空域限制，在很多地方无法进行测量。由于 LiDAR 传感器比较贵，LiDAR 数据获取成本较高。此外，LiDAR 也无法获取地表的光谱信息。

3.3.2.4 众包数据和社交媒体数据

近十年以来，随着互联网的发展，产生了非常多的兴趣点（Point of Interest，POI）数据和社交媒体数据，同时也产生了众包形式的自发地理信息（Volunteered Geographic Information，VGI），这些信息可以反映人们的社会经济生活情况，在土地覆盖/利用分类中可以直接反映地物的属性信息。但这些信息在空间上不具有空间连续性，需要依赖遥感数据作为基底数据进行土地覆盖/利用分类。随着科学技术的发展，数据获取手段越来越多，越来越多的学者开始考虑融合多源数据进行土地覆盖/利用制图。Pippuri 等（2016）利用 LiDAR 数据和 Landsat-5 TM 数据对芬兰南部进行土地覆盖制图；Zhang 等（2019）利用高分辨率遥感数据、POI 数据、腾讯热力图数据进行土地利用识别；Zong 等（2020）融合了 Sentinel-1 SAR 数据、Sentinel-2 光学数据、珞珈一号夜光遥感数据、腾讯热力图数据、高德 POI 数据和开放街道地图（Open Street Map，OSM）道路数据进行城市土地利用分类。可以看到，融合多源数据进行土地覆盖/利用制图已逐渐成为趋势。

3.4 生态系统遥感分类样本

在遥感监督分类中，样本质量直接影响分类结果的好坏，如何进行样本选择也是遥感领域的重要研究点，本节将分为两个部分分别介绍样本选择的基本原则和手工、计算机辅助的样本选择方法。

3.4.1 样本选择的基本原则

分类样本对于遥感监督分类至关重要，什么样的样本算是高质量、有效的样本？一般来讲，在选择样本时要保证这三个原则：充足性、平衡性和多样性（舒弥，2020）。

（1）充足性，顾名思义就是样本数量要足够多。目前主要的遥感监督分类方法（尤其是深度学习）在模型训练过程中需要大量样本，样本量过少得不到理想的分类模型，容易导致欠拟合，从而影响最终的分类精度，因此需要有充足的样本。在自然图片处理领域，有 ImageNet 这样包含 1000 多万个图片的样本库（图 3-9），但在遥感领域还没有如此大的样本库。

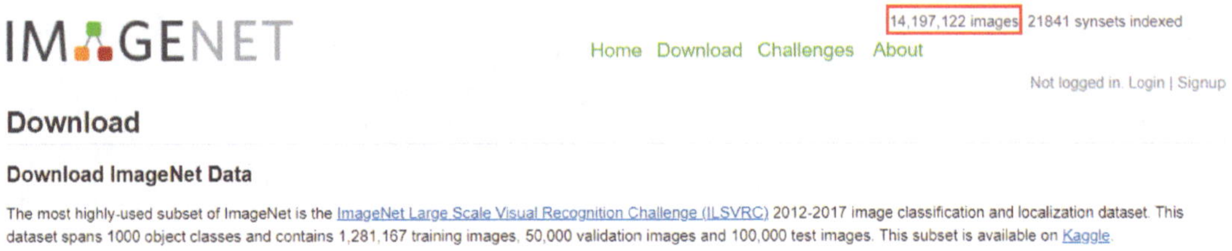

图 3-9 ImageNet 样本库

（2）平衡性，指不同类别的样本数量要平衡。样本的类间平衡是大多数监督分类算法的要求，类间不平衡的样本会导致分类器在分类样本少的那些类别时更容易误分，因此在监督分类时，平衡的样本是必需的。He 和 Garcia（2009）对不平衡的样本分类进行了研究，图 3-10 中两张图分别代表原始不平衡样本和经过处理后的平衡样本，经过样本平衡处理后分类效果更好。如果初选的样本本身就是平衡的，可省略这个步骤。

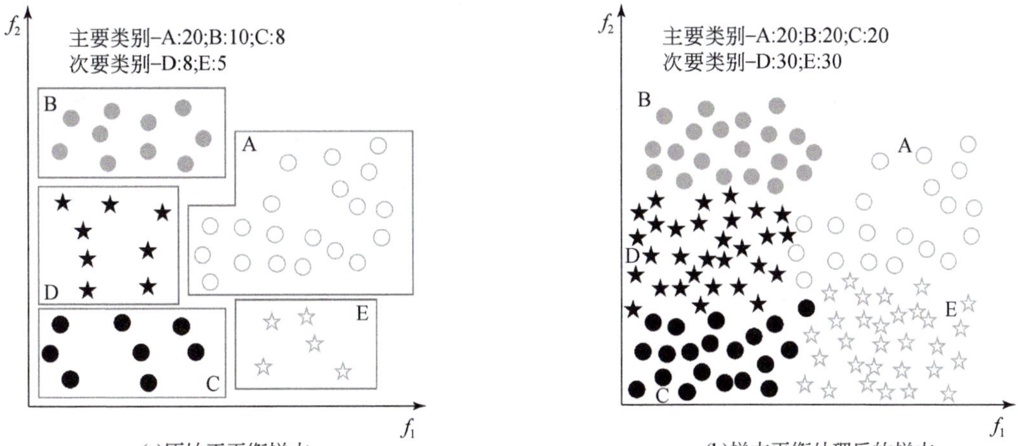

(a)原始不平衡样本　　(b)样本平衡处理后的样本

图 3-10 样本平衡性（He and Garcia，2009）

（3）多样性，同类地物往往具有不同的影像特征，同类地物个体间也有较大差异，因此在选择样本时要保证同类样本的多样性，即同类别中具有不同特征表现的样本都要有。图 3-11 显示了水体在遥感影像上的不同表现形式。如果样本不具备多样性也会造成误分。

(a)长江入海口　(b)太湖　(c)青海湖　(d)尼罗湖

(e)纳木错　(f)和田河　(g)里海　(h)密西西比河

图 3-11　水体在遥感影像上的不同表现形式

3.4.2　样本选择方法

目前常用样本选择方法主要有两种，一种是手工选择，另一种则是借助计算机来辅助或自动选择。手工选择是一种劳动密集型方法，虽然选择的样本精度较高，但需要耗费大量人力物力，难以在短时间获取大量样本；同时手工选择的样本受人的主观影响，很难保证样本的多样性。借助计算机辅助或自动选择样本相比于手工选择的效率要更高，在保证样本的平衡性和多样性上也比手工选择好。计算机辅助或自动选择样本方法包括样本增强、基于主动学习的样本选择和基于生成对抗网络（Generative Adversarial Network，GAN）的样本生成。

1）样本增强

样本增强在深度学习中被广泛使用（Shorten and Khoshgoftaar，2019），需要一定的手工选择样本为基础，通过对这些原始样本进行简单的几何和色彩变换，就可以在短时间内生成大量训练样本，可以在很大程度上减少模型的过拟合并提高分类精度。常用的几何变换包括翻转、旋转和裁剪等，色彩变换包括对亮度、饱和度和对比度的增减等（图 3-12）。Krizhevsky 等（2012）在利用 AlexNet 对图片进行分类时，就采用了水平翻转、调整图片亮度的方法来对样本进行增强，将模型的误分率降低了 1%。除了进行几何和色彩变换外，也可以通过添加随机噪声或者滤波的方法得到更多的样本。Moreno-Barea 等（2018）和

Kang 等（2017）分别通过对原始样本添加随机噪声和滤波来增加样本量，结果表明无论是在样本中添加随机噪声还是进行滤波都能让模型学习到更加鲁棒的特征，降低模型的误分率。样本增强可以增加样本的充足性，通过色彩变换可以适当增加样本的多样性，但无法增加样本的平衡性。

- 样本增强
  - 几何变换
    - 翻转：将原始图片进行上下或者左右翻转
    - 旋转：将原始图片随机旋转一个角度
    - 裁剪：将原始图片随机进行裁剪
  - 色彩变换
    - 亮度增减：对原始图片的亮度和饱和度进行修改
    - 饱和度增减：对原始图片的亮度和饱和度进行修改
    - 对比度增减：对原始图片的亮度和饱和度进行修改
  - 滤波：使用锐化或者平滑滤波器对原始图像滤波
  - 添加随机噪声：添加高斯或者其他分布的随机噪声

图 3-12　样本增强

2）基于主动学习的样本选择

主动学习是一种半自动样本选择方法，在遥感影像分类领域广泛使用（Tuia et al.，2011；Samat et al.，2016；Lu et al.，2017）。相比于样本增强，主动学习是一种更加精准化的模型，它能够挑选出那些最具代表性的样本。主动学习一般由标记样本、未标记样本、特征空间、分类器、选择器、专家构成。专家一般是有相关专业知识的人，分类模型可以是随机森林（Random Forest，RF）、持向量机（Support Vector Machine，SVM）或者深度学习（Deep Learning，DL）模型等。基于主动学习的样本选择流程如图 3-13 所示。首先，利用专家标注的少量标记样本集训练一个分类模型；然后利用该分类模型对未标记样本集进行评价，选出这些样本中分类模型难以判定类别的样本，或者说在分类边界的样本作为感兴趣样本交给专家进行标记；最后将专家标记的样本加入标记样本集，至此完成一次循环。通过一次或多次循环，就可以得到大量有代表性的样本。

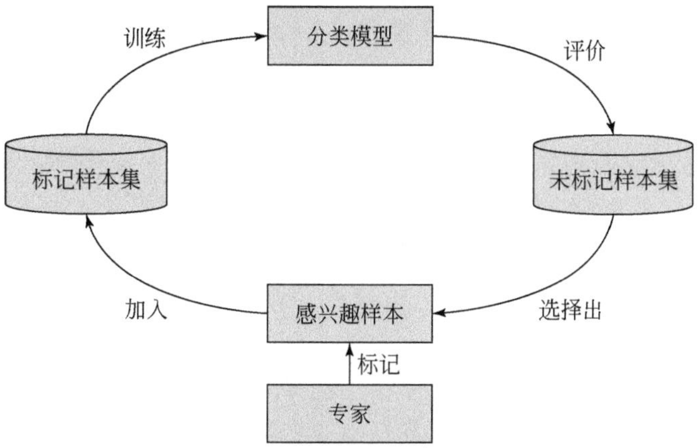

图 3-13　基于主动学习的样本选择

主动学习的关键在于如何通过分类模型对未标记的样本集进行评价，从而选择出感兴趣样本。记 $X=\{x_i, y_i\}_{i=1}^{l}$ 为标记样本集，$x_i \in \chi$ 并且 $y_i = \{1, \cdots, N\}$，χ 是 d 维特征空间。记 $U=\{x_i\}_{i=l+1}^{l+u} \in \chi$，$u \gg l$ 为未标记样本集。目前对于未标记样本的评价方法主要分三类：基于委员会的方法、基于边缘的方法和基于后验概率的方法。

基于委员会的方法主要通过标记样本集训练多个不同的模型对未标记样本集进行分类，多个模型分类结果最不一致的未标记样本即为感兴趣样本。这里介绍一种基于 Bagging 的归一化熵查询（Normalized Entropy Query-by-Bagging，nEQB）方法。首先利用 Bagging 方法从标记样本集中得到 k 个训练样本集，然后利用这 k 个训练样本集训练 k 个分类器并且预测未标记样本集中样本的类别，每个未标记样本集的样本 $x_i \in U$ 都有 k 个分类结果，最后计算归一化的熵来选择感兴趣样本，选择方法如下：

$$\hat{X}^{n\mathrm{EQB}} = \underset{x_i \in U}{\operatorname{argmax}} \left\{ \frac{H^{\mathrm{BAG}}(x_i)}{0(N_i)} \right\} \tag{3-4}$$

$$H^{\mathrm{BAG}}(x_i) = -\sum_{w=1}^{N_i} p^{\mathrm{BAG}}(y_i^* = w \mid x_i) \log\left[p^{\mathrm{BAG}}(y_i^* = w \mid x_i) \right] \tag{3-5}$$

$$p^{\mathrm{BAG}}(y_i^* = w \mid x_i) = \frac{\sum_{m=1}^{k} \delta(y_{i,m}^*, w)}{\sum_{m=1}^{k} \sum_{j=1}^{N_i} \delta(y_{i,m}^*, w_j)} \tag{3-6}$$

式中，$\hat{X}^{n\mathrm{EQB}}$ 表示感兴趣的样本集；$H^{\mathrm{BAG}}(x_i)$ 为熵的经验度量；y_i^* 为模型预测的 x_i 的类别；$p^{\mathrm{BAG}}(y_i^* = w \mid x_i)$ 为观测到的多个分类模型使用训练集 X 预测样本 x_i 为类别 w 的概率；N_i 为多个分类模型预测样本 x_i 的类别个数，$1 \leqslant N_i \leqslant N$。若分类器使用第 m 个训练样本集将样本 x_i 分为类别 w，则 $\delta(y_{i,m}^*, w)$ 的值为 1，否则为 0。

基于边缘的方法一般采用基于边缘的分类器，如 SVM 分类器。样本到分离超平面的距离用于表示样本被分类的可靠性。对于二分类问题来说，样本 x_i 到 SVM 分离超平面的距离为

$$f(x_i) = \sum_{j=1}^{n} \alpha_j y_j K(x_j, x_i) + b \tag{3-7}$$

式中，$K(x_j, x_i)$ 为核函数，用于计算候选样本 x_i 和支撑向量 x_j 之间的相似性；支撑向量 x_j 为那些使得 α_j 非 0 的样本；y_j 为支撑向量 x_j 的类别，正样本其值为 1，负样本其值为 -1。

基于后验概率的方法则是使用分类器得到的后验概率对未标记样本进行排序，后验概率直观地反映了分类器对未标记样本分类的可信度。一种基于后验概率的方法与前面的基于 Bagging 的归一化熵查询方法类似，利用人工神经网络（Artificial Neural Network，ANN）模型或者极大似然模型，可以很容易得到未标记样本集中每一个样本 $x_i \in U$ 的条件概率 $p(y_i^* = w \mid x_i)$，一旦获得了后验概率，就可以直接用其评价模型分类的不确定性。

基于主动学习的样本选择方法相比于手工选择或者样本增强的优势在于通过一定的评价标准，可以选择位于分类边界的感兴趣样本并交给专家进行标注，这种选择方法可以很大程度上增加样本的多样性，包括代表性样本和易混淆样本，但由于在分类边缘的样本的

分布也是不平衡的，因此这种方法无法增加样本的平衡性。

3）基于 GAN 的样本生成

随着深度学习的兴起，尤其是 GAN（Goodfellow et al., 2014）的出现，也涌现了一批采用 GAN 进行样本生成的方法，其中有代表性的就是数据增强生成对抗网络（Data Augmentation GAN, DAGAN）（Antreas et al., 2018），接下来将以 DAGAN 为例介绍如何使用 GAN 进行样本生成。图 3-14 是 DAGAN 进行样本生成的基本流程。同 GAN 的基本结构一样，DAGAN 也是由生成网络和判别网络两部分组成。生成网络一般由全卷积网络（Fully Convolutional Networks, FCN）构成，判别网络一般由卷积神经网络（Convolutional Neural Networks, CNN）构成。生成网络中，首先从类别 C 中选择出真实影像X_i，通过编码器将其编码为低维特征表示r_i，然后将r_i与线性变换后的高斯噪声Z_i叠加，最后使用解码器将叠加后的特征进行解码得到生成影像 X_g。判别网络中，对得到的生成影像是否符合原始的样本分布进行判断。在训练过程中，通过损失函数进行生成网络和判别网络的对抗学习，使得生成网络能够生成更加符合真实样本分布的影像，从而得到更多的样本。基于 GAN 的样本生成方法不仅能够通过添加高斯噪声的方式增加样本的多样性，在生成样本的时候还可以控制生成样本的类别，以此控制样本的平衡性。

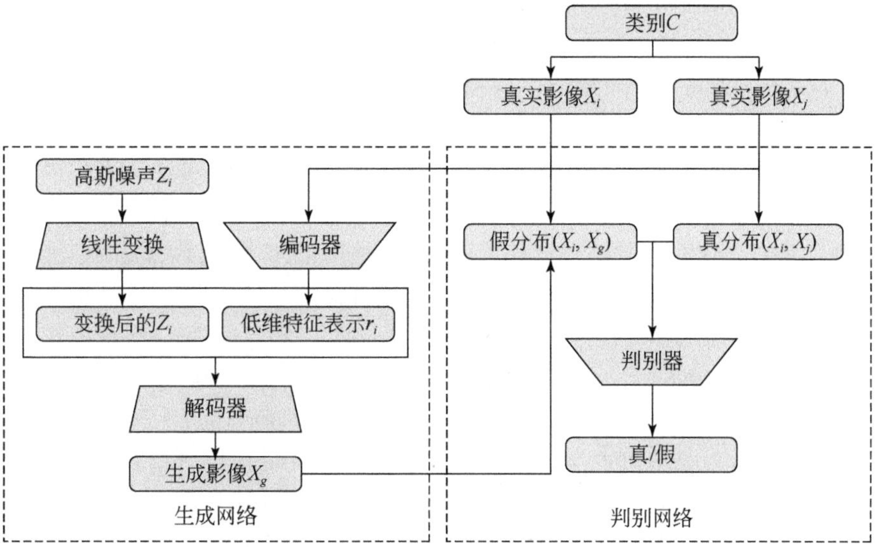

图 3-14　DAGAN 结构

3.5　生态系统遥感分类特征

提取有效特征对于提高遥感分类结果是至关重要的。只有提取的特征使得各个类别在特征空间有较强的可分性才算是有效特征。本节将特征分为影像特征和自学习特征，影像特征是基于影像进行简单的数学计算即可提取到的特征，自学习特征则是通过一些数学模型学习影像的特征。

3.5.1 影像特征

3.5.1.1 光学影像特征

在遥感技术发展的早期，遥感影像的空间分辨率都比较低，且没有种类繁多的机器学习方法，因此在对遥感影像进行分析时普遍采用光谱特征来区分不同地物。随后，针对某些特定地物的光谱曲线，一系列光谱指数被提出并用于区分特定地物。例如，用于区分植被的 NDVI、EVI、RVI、SAVI、PVI 等（Huete，1988；Maselli et al.，1992；王正兴等，2003），用于区分建筑物的 NDBI 等（查勇等，2003），用于区分水体的 NDWI 等（Gao，1996）。由于地理分异，遥感影像中普遍存在同物异谱和同谱异物现象，仅依靠光谱特征很难将所有地物都区分开来，因此一些学者提出在分类时不仅考虑像素的光谱，同时也需要考虑该像素邻域像素的光谱分布，如 Robert 等（1973）提出使用灰度共生矩阵（Gray-level Co-occurrence Matrix，GLCM）来描述纹理特征。纹理表达的是灰度在空间位置上反复交替变化的规律，因而在图像中相隔固定距离的两个像素间一定存在一定的灰度关系（高程程和惠晓威，2010）。GLCM 的思想就是通过研究灰度的空间相关性来描述纹理。GLCM $G_m(i, j)(i, j=0, 1, 2, \cdots, L-1)$被定义为从灰度级 i 的像素距离某个固定位置关系 $d=(D_x, D_y)$达到灰度为 j 的概率，其中 L 表示图像的灰度级，i、j 分别表示像素的灰度，d 表示两个像素间的空间位置关系。当两像素间的位置关系 d 选定后，就生成一定关系 d 下的 GLCM。为了能更直观地描述影像的纹理情况，一般是通过 GLCM 得到一些二次统计量，Robert 等（1973）基于 GLCM 定义了 14 个二次统计量，Ulaby 等（1986）发现这 14 个纹理统计量中，仅有二阶矩、对比度、相关度和熵这 4 个是不相关的，能提高分类精度，因此一般采用这 4 个特征来提取影像的纹理特征。

除了 GLCM，局部二值模式（Local Binary Patterns，LBP）也是一种提取影像纹理特征的方法（Ojala et al.，1996）。原始 LBP 算子定义在 3×3 的窗口中，以窗口中心像素为阈值，若周围像素值大于中心像素值，则该像素点的位置被标记为 1，否则为 0。如图 3-15 所示，3×3 邻域内的 8 个点可产生一个 8 位二进制数 10000111，可将其转换为十进制的 LBP 码 135，即中心像素 LBP 纹理特征的值。为了提高 LBP 特征的表达能力，Ojala 等（2002）扩展了原始 LBP 算子，在计算 LBP 特征时不再局限于 3×3 的邻域，而是设定一个采样半径 R 和采样点数 N，并且在以中心点为圆心、R 为半径的圆周上等间隔地采样 N 个点。随后 Ojala 等（2002）又针对 LBP 特征存在旋转相关的缺点，将其改进为具有选择不变性的 LBP 特征。随着影像空间分辨率的提高和面向对象影像分析方法的使用，除了上述基于像素可以提取的光谱和纹理特征，基于影像对象可以提取形状等更多的影像特征。形状特征包括面积、周长、长宽比、边界指数等，在诸如道路和建筑物这种光谱特征相似但形状特征相差很大的地物可以通过形状特征区分开来。

3.5.1.2 SAR 影像特征

SAR 的影像特征除了有类似于光学影像亮度特征的强度信息外，还有 GLCM、LBP 等

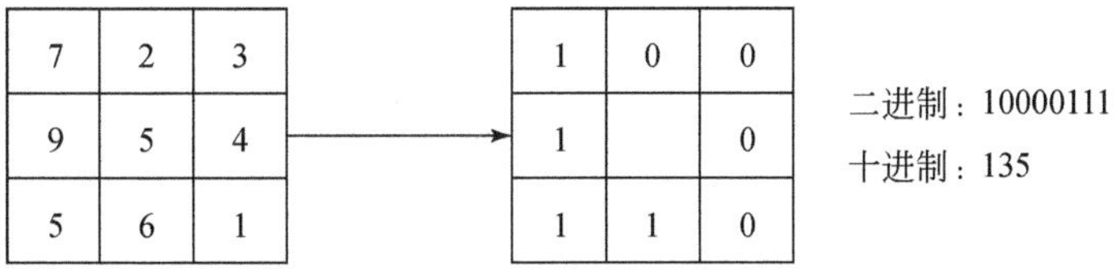

图 3-15　LBP 计算流程

纹理特征和面积、周长等形状特征。但对于极化 SAR 来说，更有用的是极化 SAR 的极化特征。极化特征主要分三类：由原始观测数据进行代数运算构造的特征、统计分布特征和极化目标分解特征。极化 SAR 的原始观测数据一般由极化散射矩阵、极化协方差矩阵、极化相干矩阵等构成。极化散射矩阵包含了目标的全部极化信息，描述了入射波 Jones 矢量与散射波 Jones 矢量之间的关系。极化协方差矩阵也包含了 SAR 测量得到的全部目标极化信息，极化协方差矩阵可通过将极化散射矩阵矢量化后计算内积得到。极化相干矩阵与极化协方差矩阵之间仅存在线性变化关系，相比于极化协方差矩阵，它可以更好地解释散射机理。通过对这些矩阵进行简单的运算就可以得到目标的极化特征。统计分布特征主要表达的是极化 SAR 数据服从的各种分布，Lee 和 Grunes（1992）通过 Gamma 分布，推导出了极化协方差矩阵与极化相干矩阵服从 Wishart 分布，且在实验中验证了这种分布的可行性，同时 Lee 等（1994）也推导出了多视极化数据服从 K 分布。Frery 和 Cintra（2013）借助于斑点噪声乘积模型，推导了极化 SAR 数据的 G 分布。刘涛等（2009）借助于斑点噪声乘积模型，推导了极化 SAR 数据的 L 分布。这些不同的分布模型可以用于表达极化 SAR 数据的分布，但是并不是某一个分布就可以适用于所有情况，如 Wishart 分布在均值区域更加有效，而 K 分布在异质区域更加有效，因此在实际使用过程中要考虑地物的实际情况。极化目标分解是将目标的观测矩阵（如极化散射矩阵、极化协方差矩阵、极化相干矩阵等）的表现形式分解为多个描述相应物理机理的独立成分之和的处理方法，包括相干目标分解和非相干目标分解两类。相干目标分解主要是针对极化散射矩阵进行的，常用的方法有 Pauli 分解、Krogager 分解、Cameron 分解等。非相干目标分解则是针对极化协方差矩阵和极化相干矩阵进行的，非相干目标分解也可以分为三类：目标二分法、基于模型的分解和基于特征矢量的分解。目标二分法包括 Huynen 分解、Holm-Barnes 分解、Yang 分解等，基于模型的分解包括 Freeman 分解、Yamaguch 分解等，基于特征矢量的分解包括 Cloude 分解、Holm 分解、van Zyl 分解、H/A/α 分解等。基于这些分解方法可以直接得到表征特定物体特征的物理量用于极化 SAR 影像的分类。

3.5.2　自学习特征

随着机器学习算法与深度学习技术的发展，特征提取方法不再局限于人工定义特征，通过机器学习也可以提取特征，如视觉词袋（Bag of Visual Words，BOVW）模型、主题语义模型和卷积神经网络（CNN）模型是三个代表性模型。

3.5.2.1 视觉词袋模型

词袋模型本来是用于文本处理领域的，随后被引入图像处理领域发展为 BOVW 模型，不再考虑文档中词法和语序的问题，将语料库中所有的词构建为一个词典，随后统计文档中各个词出现的频次构建一个向量，从而将这个向量作为该文档的一个特征（图 3-16）。在图像处理领域中，特征库即对应文本处理中的语料库，特征库可以由光谱、纹理、形状等影像特征构成。由于特征库中的特征的取值非常多，无法将每一个特征的取值都作为词典中的一个单词，因此一般将所有的特征取值采用 K 均值算法聚为 N 类，然后将这 N 类的聚类中心作为词典中的单词，随后统计分类对象的特征分布从而得到一个特征分布向量作为分类对象的特征，这种特征提取方法广泛应用于遥感影像分类中。Zhu 等（2016）基于影像提取出均值、方差、SIFT 特征、SITI 特征等局部或全局特征，然后通过 BOVW 模型将这些特征融合为新的特征用于遥感影像的场景分类并取得了较好的效果。

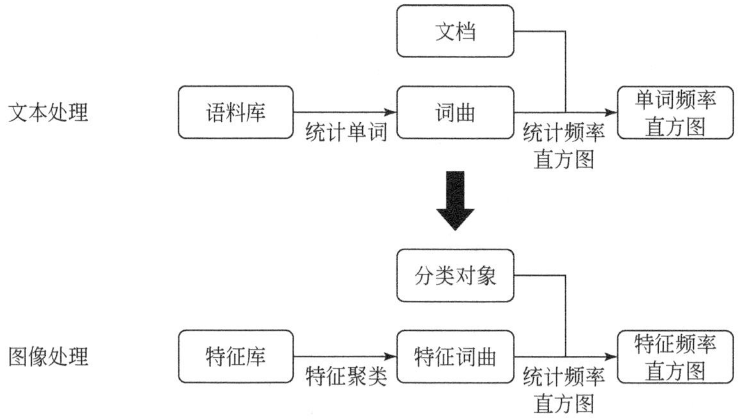

图 3-16 词袋模型：从文本处理到图像处理

3.5.2.2 主题语义模型

与词袋模型类似，主题语义模型也是用于文本处理领域，随后被引入图像处理领域。主题语义中最为经典的模型就是潜在狄利克雷分配（Latent Dirichlet Allocation，LDA）。LDA 模型是一个复杂的三层贝叶斯模型，在对文本进行分类时不像词袋模型直接考虑文本中的单词分布，而是在文本和单词之间添加了一个主题，每一篇文本都可以包含多个主题，每一个主题也包含多个单词，如图 3-17 所示。在遥感影像处理中，θ 表示主题向量，向量的每一列表示每个主题在文本出现的概率；α 表示 θ 所服从的 Dirichlet 分布的参数；β 表示各个主题对应的单词概率分布矩阵；z 表示一个特定的主题，w 表示该主题中的单词。在使用 LDA 进行图像分类时，文本一般表示为影像分割后的分类对象，主题则对应着分类对象中的潜在语义信息，单词对应着分类对象中的像素。设分类对象集有 M 个对象 $D=\{O_1, O_2, \cdots, O_M\}$，在 LDA 模型处理前会首先提取分类对象中像素的特征，然后每一个分类对象可以用一个 N 维向量 $w=\{w_1, w_2, \cdots, w_N\}$ 表示。在 LDA 处理过程中，对象

O_d的像素$w_{d,n}$的主题$z_{d,n}$服从参数为θ_d的多项式分布，θ_d服从先验参数为 α 的 Dirichlet 分布，像素$w_{d,n}$为主题$z_{d,n}$的条件概率为 P（$w_{d,n}|z_{d,n}$，β），β 表示每个主题生成每个像素的概率矩阵。第 d 个对象w_d的似然函数如下：

$$P(w_d \mid \alpha,\beta) = \int P(\theta_d \mid \alpha)\left(\prod_{n=1}^{N_d}\sum_{z_{d,n}} P(z_{d,n} \mid \theta_d)P(w_{d,n} \mid z_{d,n},\beta)\right)\mathrm{d}\,\theta_d \tag{3-8}$$

式中，N_d为对象w_d的像素个数。为了使整个对象集的似然函数最大化，需要使用一定的方法进行参数学习，目前主要的参数学习方法有两种：Gibbs 采样和变分推断。Gibbs 采样的精度较高，变分推断的效率较高，详细方法参考 Blei 等（2003）。

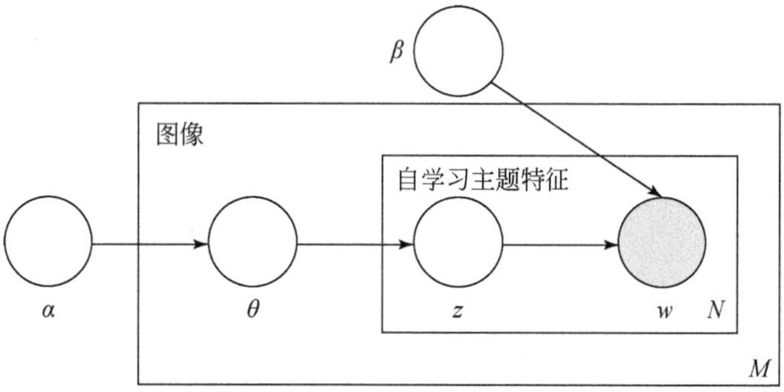

图 3-17　LDA 模型示意

3.5.2.3　卷积神经网络模型

深度学习是近年来使用最为广泛的模型，从 Krizhevsky 等（2012）使用 AlexNet 拿下 ImageNet 分类冠军后，深度学习就开始迅猛发展，遥感领域也开始使用深度学习对影像进行分析。深度学习尤其是卷积神经网络（CNN）除了可以直接对遥感影像进行分类外，也可以对遥感影像进行特征提取。如图 3-18 所示，CNN 一般由卷积层、池化层和全连接层组成（LeCun et al.，1989）。卷积层可以对输入的影像或者特征图进行特征提取；池化层则可以减小卷积层提取到的特征图的大小以降低计算量；全连接层则是对卷积层和池化层提取到的深度特征进行分类，得到输入图片的类别。卷积层、池化层和全连接层可分别用以下公式表达：

$$X_l = f(X_{l-1} * W_l + B_l) \tag{3-9}$$

$$X_l = \mathrm{pool}_p(X_{l-1}) \tag{3-10}$$

$$X_l = f(X_{l-1} W_l + B_l) \tag{3-11}$$

式中，X_{l-1}为第 l 层的输入；X_l为第 l 层的输出；W_l和B_l为第 l 层的参数，需要通过训练确定；$*$ 为卷积操作；$f(\cdot)$ 为非线性激活函数，如 sigmoid、tanh、修正线性单元（Rectified Linear Unit，ReLU）等；pool_p为核大小为 p 的池化层，池化层一般为最大池化层或者平均池化层。

与手工定义特征相比，深度学习能够提取到更加鲁棒的特征（Zhao et al.，2017），因此广泛用于遥感影像分类中（Chen et al.，2016；Petrovska et al.，2020）。Hu 等（2015）利用迁移学习使用 CNN 提取深度特征对遥感场景图片进行分类，并探讨了使用全连接层

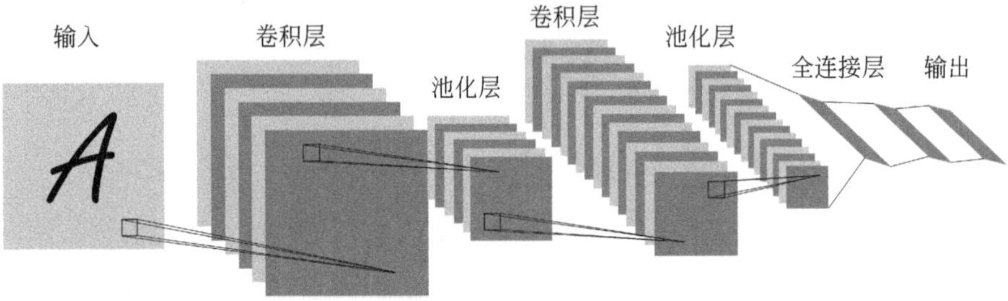

图 3-18 CNN 基本结构示意

作为特征和使用卷积层作为特征两种情况。实验结果表明，卷积层的特征更有利于遥感场景分类。Romero 等（2016）提出了一种基于 CNN 的非监督训练方法，随后将其用于影像深度特征的提取，这种方法提取到的特征无论是对航空场景影像进行分类，对高分辨率影像进行分类，还是对多/高光谱影像进行分类，都可以得到很好的分类效果。

3.6 生态系统遥感分类方法

在土地覆盖/利用分类中，除了样本和特征对分类结果有重要影响外，选择一个有效的分类器也是十分必要的。遥感影像分类方法主要有非监督分类方法和监督分类方法。由于非监督分类方法的分类精度一般较低，且分类得到的类别可能不是人们感兴趣的类别，因此本节介绍监督分类方法，包括传统分类方法、基于像素的深度学习分类方法和基于对象的深度学习分类方法。这里的传统分类方法泛指深度学习出现前用于遥感影像分类的各种方法。

3.6.1 传统分类方法

在遥感发展早期，遥感分类使用比较多的方法是最小距离法和极大似然法。最小距离法直接通过在特征空间中的距离判定像素的类别，极大似然法则是通过贝叶斯公式来对像素进行分类。这两种方法都基于一个共同的前提，即各类特征服从正态分布，但实际情况往往不符合这个前提，因此这两种方法的分类精度往往不高。随着机器学习的发展，出现了更加优秀的机器学习模型，包括随机森林（RF）、支持向量机（SVM）、人工神经网络（ANN）等。这些分类器随后也用于遥感影像的分类（Darius and Justin，2017；Swapan et al.，2020），且至今仍在使用。

3.6.1.1 随机森林

随机森林（RF）由多个决策树构成，决策树的构建是随机森林中重要的一步，其主要思想是将所有样本通过特征阈值划分的方法，自决策树根节点向叶子节点进行划分，使其在叶子节点相对纯净，其构建步骤一般如下：

（1）将所有数据看成是一个节点，即根节点；

（2）从所有特征中挑选一个最优的特征对节点进行分割，进入步骤（3）；

（3）生成若干子节点，对每一个子节点进行判断，如果满足停止分裂条件，进入步骤（4），否则进入步骤（2）；

（4）设置该节点为叶节点，其输出的结果为该节点数量占比最大的类别。

在决策树的构建中，有两个重要的问题：一是如何选择最优的特征；二是如何判断是否停止分裂。决策树在构建子节点过程中希望每个子节点的数据尽量类别单一，因此在构建子节点时使用信息增益表示父节点分裂前后数据复杂度的变化值，计算公式如下：

$$\Delta \mathrm{Gain} = \mathrm{Gain} - \sum_{i=1}^{n} \mathrm{Gain}_i \tag{3-12}$$

式中，Gain 为节点的复杂度，复杂度越低，节点的类别越单一；n 为子节点的个数；ΔGain 为信息增益，信息增益越大，说明子节点的复杂度越低，类别越单一。Gain 一般有两种计算方法：熵（E）和基尼值（Gini）。计算公式如下：

$$E = -\sum_{i=1}^{n} p_i \log(p_i) \tag{3-13}$$

$$\mathrm{Gini} = 1 - \sum_{i=1}^{n} p_i^2 \tag{3-14}$$

式中，p_i为类别 i 的占比。熵和基尼值越小，节点的复杂度越低。信息增益作为选择分裂的指标会导致节点分裂时倾向选择分支比较多的属性进行分裂，因此使用信息增益率进行分裂更合适。计算方法如下：

$$\Delta \mathrm{Ratio} = \frac{\Delta \mathrm{Gain}}{-\sum_{i=1}^{n} q_i \log q_i} \tag{3-15}$$

式中，q_i为第 i 个子节点的数据个数除以父节点的数据个数。ΔRatio 越大，父节点分裂效果越好。决策树的分裂停止条件一般有多个，如节点最小数据量、熵或基尼值小于阈值、决策数最大深度等。一般在决策树构建完之后，还会对决策树进行优化，优化方法一般有剪枝和组合数两种。

随机森林中每一个决策树都使用 Bootstrap 采样，从所有样本中选择一部分样本进行构建，最后由所有决策树共同投票决定分类结果（Breiman and Rndom，2001），如图 3-19 所示。Rodriguez-Galiano 等（2012）针对随机森林进行土地覆盖分类的有效性进行了详细的评估，其在结论中指出随机森林有以下特点：利用随机森林进行遥感分类不会产生过拟合现象，且用户只需要设置两个参数，即决策树的数量和随机分割变量的数量；决策树的数量与分类器的准确性成正比，直到决策树的数量达到 100 棵。此外，随机森林可以通过基尼指数和袋外误差来估计不同特征对分类的重要性，这对于复杂区域分类中的特征选择非常重要。基于随机森林的这些特点，其在土地覆盖/土地利用分类中经常被使用（Pal，2005；Belgiu and Drăgut，2016）。

3.6.1.2 支撑向量机

支撑向量机（SVM）最初是一种二分类模型，设有训练数据集，由属于特征空间 X 的 N 个 d 维向量$x_i \in \chi^d (i=1, 2, \cdots, N)$ 组成。若x_i为正样本，则y_i为 1；若x_i为负样本，则

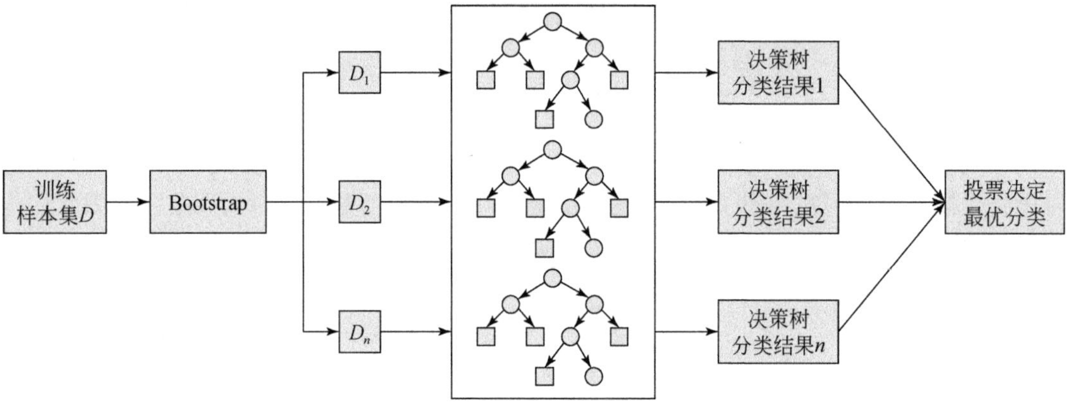

图 3-19　随机森林分类基本流程

y_i为−1。对于线性可分数据集来说，SVM 进行分类的基本思想就是求解能够正确划分训练数据集并且几何间隔最大的分离超平面，如图 3-20 所示。

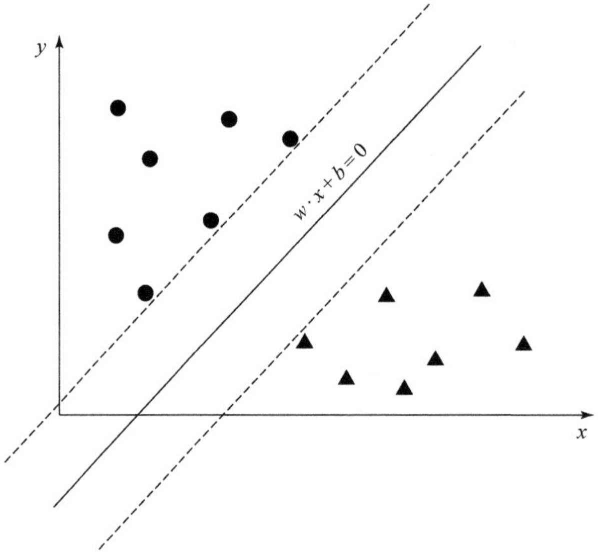

图 3-20　SVM 分类示意

对于一般的非线性可分数据集来说，则首先使用核函数将数据映射到更高维度的空间中，如 $\boldsymbol{\Phi}(X)\in\chi^{d'}(d'>d)$；然后使用线性 SVM 进行分类。分类决策函数为 $\mathrm{sign}[f(x)]$，其中 $f(x)$ 表示在变换后的空间中与超平面相关的判别函数，定义如下：

$$f(x)=\omega^{*}\Delta\boldsymbol{\Phi}(x)+b^{*} \tag{3-16}$$

由权重向量$\omega^{*}\in\chi^{d}$和偏置$b^{*}\in\chi$定义的最优超平面是使得由两个准则组合的损失函数最小的超平面，两个准则分别为最大化到超平面的距离和最小化分类误差，损失函数定义如下：

$$\Psi(\omega,\xi)=\frac{1}{2}\|\omega\|^2+C\sum_{i=1}^{N}\xi_i \tag{3-17}$$

损失函数最小化过程中服从以下约束：

$$y_i(\omega\Delta\Phi(x_i)+b)\geqslant 1-\xi_i$$
$$\xi_i\geqslant 0,i=1,2,\cdots,N$$

式中，ξ_i为解释无法区分的数据而引入的所谓的松弛变量；常数 C 为一个正则化参数，当数据无法区分时，它可以控制判别函数的形状，从而控制决策边界。可以通过拉格朗日函数重新构造上述优化问题，对于该问题可以通过二次规划的对偶优化找到拉格朗日乘数，如

$$\max_{\alpha}\sum_{i=1}^{N}\alpha_i-\frac{1}{2}\sum_{i,j=1}^{N}\alpha_i\alpha_j y_i y_j K(x_i,x_j) \tag{3-18}$$

其中，

$$\alpha_i\geqslant 0,i=1,2,\cdots,N$$
$$\sum_{i=1}^{N}\alpha_i y_i=0$$

式中，$\alpha=[\alpha_1,\ \alpha_2,\ \cdots,\ \alpha_N]$ 是拉格朗日乘数向量，最终结果是一个判别函数，表示为原始特征空间 X 中数据的函数：

$$f(x)=\sum_{i\in S}\alpha_i^* y_i K(x_i,x)+b^* \tag{3-19}$$

式中，$K(\cdot)$ 为核函数；集合 S 为下标集合 $\{1,\ 2,\ \cdots,\ N\}$ 的子集，对应着非 0 拉格朗日乘积α_i，也被定义为支撑向量。核函数 $K(\cdot)$ 必须满足 Mercer 定理，典型的核函数——高斯核函数定义如下：

$$K(x_i,x)=\exp(-\gamma\|x_i-x\|^2) \tag{3-20}$$

式中，γ 为与高斯核的宽度成反比的参数。由上可知 SVM 本质是二类分类器，但在实际应用中通常遇到的是多类分类问题，在遥感土地覆盖/利用分类中也是如此。为了能够使用 SVM 进行多类分类，需要使用多个二分类 SVM 组合，一般有两种组合方式。一种方式是在要分类的 M 类之间两两构建一个二分类 SVM 模型，从而将所有类别区分开（Chang and Lin，2011）；另一种方式则是构建 M 个二分类 SVM 模型，每一类用于区分某个类别和剩下的所有类别。Oommen 等（2008）针对 SVM 对遥感影像分类的有效性进行了评估，在实验中他们将 SVM 与极大似然法进行了对比，得出的结论是 SVM 可以无限制地应用于多光谱和高光谱数据，且 SVM 在分类过程中随着波段数从 7 个增加到 196 个，分类精度也增加了，而极大似然法的精度在降低，说明 SVM 抵抗维度灾难的能力更强。SVM 也广泛应用于遥感土地覆盖/利用分类中（Brown et al.，2000；Pal and Mather，2005）。

3.6.1.3 人工神经网络

人工神经网络（ANN）是一种前馈神经网络模型，其一般由输入层，多个隐藏层和输出层构成（Hornik et al.，1989），一个包含两个隐藏层的 ANN 结构如图 3-21 所示。ANN 中每层都由若干神经元构成，其中输入层的神经元个数由输入特征的维数决定，输出层的神经元个数由分类的类别数决定，隐藏层的神经元个数为超参数，可以进行设置，不同隐

藏层可以设置不同的神经元个数。除了输入层之外，每个神经元的输入为前一层所有神经元的输出，该神经元的输出使用以下公式进行计算：

$$O_i^l = f\left(\sum_{j=1}^{n} w_{ij}^l O_j^{l-1} + b_i^l\right) \tag{3-21}$$

式中，O_i^l为第 l 层第 i 个神经元的输出；$f(\cdot)$ 为非线性激活函数，如 sigmoid、tanh、ReLU 等；w_{ij}^l为第 l 层第 i 个神经元与第 $l-1$ 层第 j 个神经元之间的权重；O_j^{l-1}为第 $l-1$ 层第 j 个神经元的输出；b_i^l为偏置项。在使用训练样本对 ANN 进行训练时，会使用损失函数来衡量目标输出与实际输出之间的差异，用该差异反向传播对整个 ANN 进行训练，常用于 ANN 的损失函数如下：

$$L = \frac{1}{2}\sum (d_k - o_k)^2 \tag{3-22}$$

式中，L 为计算得到的损失值；d_k为目标输出矢量；o_k为实际输出矢量，通过上式计算得到的损失通过后向传播算法就可以用于修正 ANN 的参数，最简单的随机梯度下降算法更新 ANN 参数步骤如下：

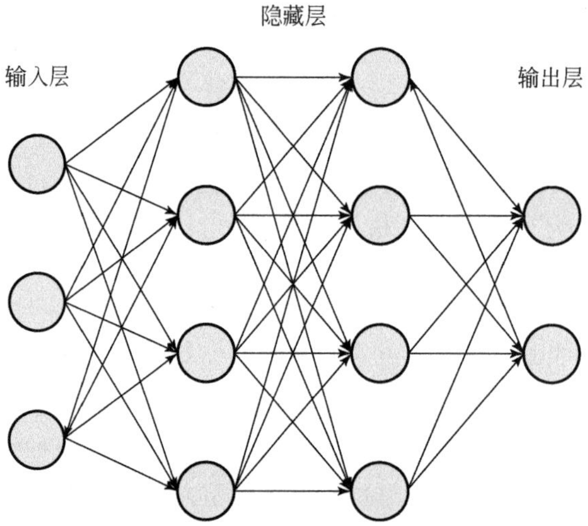

图 3-21　ANN 基本结构

（1）随机选择训练数据中的一个输入到 ANN 中并计算损失 L；

（2）通过损失 L 计算权重和偏置的更新量：

$$\Delta w_{ij}^l = \frac{\partial L}{\partial w_{ij}^l} \tag{3-23}$$

$$\Delta b_i^l = \frac{\partial L}{\partial b_i^l} \tag{3-24}$$

（3）更新权重和偏置：

$$w_{ij}^l = w_{ij}^l - \alpha\, \Delta w_{ij}^l \tag{3-25}$$

$$b_i^l = b_i^l - \alpha\, \Delta b_i^l \tag{3-26}$$

式中，α 为学习率，随机梯度下降是 ANN 更新参数的最初始的方法，使用该方法会导致训练过程中损失的剧烈波动，难以使训练达到收敛，因此后来又发展了批量梯度下降，即不再每输入一个数据就更新一次参数，而是输入多个数据后才更新一次参数。ANN 在土地覆盖/土地利用分类中也被广泛使用（Civco，1993；Kavzoglu and Mather，2003；Zhai et al.，2006），Kadavi 和 Lee（2018）使用 ANN 和 SVM 对四个山区进行了土地覆盖分类实验，除了一个山区 ANN 分类精度差一点外，其余三个山区两种分类器都得到了很好的分类结果，说明了 ANN 是可以应用于土地覆盖/利用分类的。

3.6.2 基于像素的深度学习分类方法

早在 1989 年，LeCun et al.(1989) 就使用了卷积神经网络（CNN）对手写邮政编码进行识别，由于受运算能力和模型结构限制，CNN 在当时并没有引起太大的关注。随着科技的发展，显卡的出现使得大规模的矩阵运算可以快速进行，且 CNN 模型上的改进使得 CNN 的潜力慢慢为人们所关注。尤其是在 2012 年，Krizhevsky 等（2012）使用 AlexNet 拿下 ImageNet 分类冠军之后（AlexNet top5 错误率比第二名低 10.9%），大量学者开始投入到深度学习的研究中来。随着深度学习在自然图像处理、文本处理等领域的盛行，遥感领域也开始使用深度学习进行土地覆盖/利用分类、场景分类、对象检测（Zhu et al.，2017；Ma et al.，2019）。深度学习方法包括卷积神经网络（CNN）、自编码器（Autoencoder，AE）、全卷积网络（FCN）、循环神经网络（Recurrent Neural Networks，RNN）、深度信念网络（Deep Belief Networks，DBN）和生成对抗网络（GAN）等，这里以在土地覆盖/利用分类中使用得最多的两种网络 CNN 和 FCN 为例介绍基于像素的深度学习分类方法。

3.6.2.1 卷积神经网络

如图 3-18 所示，CNN 的输入一般是一张图片，输出则是该图片的类别或者代表该图片中心像素的类别。卷积层用于提取输入图片的深度特征，池化层可以缩小所提取到的特征图，从而减少计算量，经过多次卷积池化操作，CNN 可以提取到有效的深度特征用于分类，而全连接层则是利用卷积层和池化层提取到的特征对图片进行分类。目前基于 CNN 的基本结构已经构建出了各种结构更加复杂的 CNN，如 VGG（Simonyan and Zisserman，2014）、GoogLeNet（Szegedy et al.，2015）、ResNet（He et al.，2016）和 DenseNet（Huang et al.，2017）等。在利用 CNN 进行土地覆盖/利用分类时一般以要分类的像素为中心截取一定大小的影像作为 CNN 输入，进行逐像素的分类（Sharma et al.，2017；Mahdianpari et al.，2018；Carranza-Garcia et al.，2019）。除了标准的单支 CNN 结构之外，Gaetano 等（2018）采用了具有两个分支的 CNN 根据全色和多光谱影像对土地覆盖进行分类（图 3-22），P-CNN 分支用于提取全色影像的特征，MS-CNN 分支用于提取多光谱影像的特征，最终将两个 CNN 分支提取到的特征融合用于影像分类。

相比于传统机器学习方法，CNN 的优势在于其将特征提取与分类集成在一起，CNN 根据样本自动提取深度特征，而不再需要人工定义特征，这种以数据驱动的特征提取方式在图像处理领域往往十分有效。

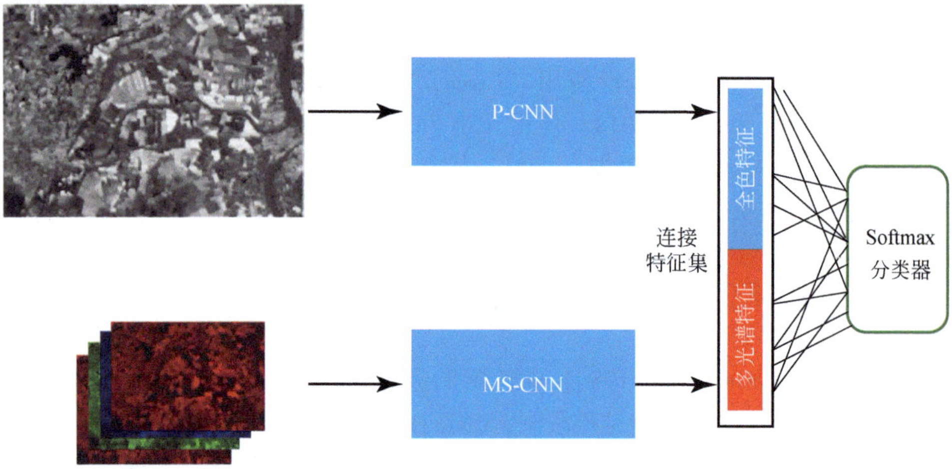

图 3-22　两分支 CNN 结构示意

3.6.2.2　全卷积网络

尽管 CNN 相比于传统的机器学习分类方法有着众多的优点，但是 CNN 本身也存在一些缺点，同时利用 CNN 进行逐像素的土地覆盖/利用分类也有一些缺点。首先，在 CNN 的结构中，以 VGG16 网络为例，仅仅两层的全连接层需要的训练参数占到整个网络结构的 80% 以上，产生了极大的参数冗余。与此同时，基于 CNN 的逐像素分类过程中，在分类空间相邻的像素时，会产生大量的重复计算，导致该方法的效率非常低。为了解决这些问题，Long 等（2015）提出了用于语义分割的 FCN，FCN 的结构中去掉了参数最多的全连接层，在使用卷积层和池化层提取完特征之后，利用反卷积层或者上采样层将特征图还原成模型输入的大小，直接对输入的所有像素进行密集分类，其基本结构如图 3-23 所示。基于这个基本结构也产生了一些分类效果更好的模型，如 U-Net（Ronneberger et al., 2015）、SegNet（Badrinarayanan et al., 2017）、PSPNet（Zhao et al., 2017）和 DeepLab（Cheng et al., 2018）等。FCN 不再对单个像素逐一分类，而是对一个区域的像素同时分类，这种方式可更有效地减少相邻像素分类过程中产生的重复计算，因此 FCN 在土地覆盖/利用分类中也经常被使用（Gao et al., 2019；季顺平等，2020）。

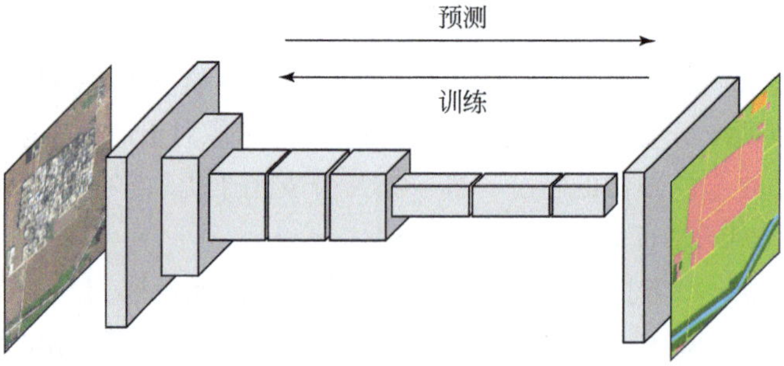

图 3-23　FCN 基本结构

3.6.3 基于对象的深度学习分类方法

虽然深度学习能力强大，在土地覆盖/利用分类中有良好的表现，但是也有一些学者认为这还不够，需要将深度学习与 OBIA 结合起来对土地覆盖/利用进行分类（Zhao et al., 2017）。3.2 节详细介绍了像素分类的缺陷，虽然深度学习比起传统的机器学习方法凭借其出色的特征提取能力能够在一定程度上克服这种缺陷，但基于像素分类产生的“椒盐噪声”现象仍然存在。与此同时，由于深度学习是一个黑盒子，无法保证深度学习能够学习到一些非常有效的手工定义的特征，因此将深度学习与 OBIA 相结合，在分类时不仅考虑深度学习提取的深度特征，同时也考虑一些常用的手工定义的特征。

将深度学习与 OBIA 结合需要考虑两个问题：一是如何利用 CNN 或者 FCN 提取具有不规则形状的影像对象的深度特征；二是 CNN 或者 FCN 提取到的特征是基于影像块的，如何将其聚合到影像对象中去（Liu et al., 2020）。针对第一个问题，Zhao 等（2017）以对象的每一个像素为中心裁剪一个影像块用于提取该像素的类别，然后对象内所有像素投票决定该对象的类别；Fu 等（2018）则每个对象选取中心像素来代表该对象，以对象中心像素为中心裁剪一个影像块直接对影像对象分类，如图 3-24（a）所示。Zhang 等（2018）将影像对象分为两个类别：一般对象和线性形状的对象，对于一般对象来说，采用一个较大的窗口输入的 CNN 模型来对该对象进行分类，对于线性形状的对象，则采用多个较小的窗口输入的 CNN 模型来对该对象进行分类，这几个窗口的分类结果投票决定对象的分类结果，其中小窗口的位置使用卷积位置分析法来决定，如图 3-24（b）所示。Liu 等（2020）则采用多个较小的窗口覆盖整个影像对象，用这些小窗口提取的深度特征，而不是直接对小窗口进行分类，如图 3-24（c）所示。

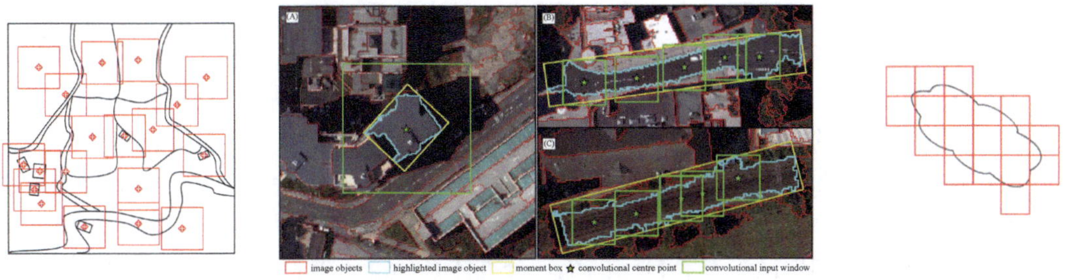

(a)Fu等(2018)的方法　　(b)Zhang等(2018)的方法　　(c)Liu等(2020)的方法

图 3-24　CNN 分类窗口与对象的位置关系

针对第二个问题，前三种方法（Zhao et al., 2017；Fu et al., 2018；Zhang et al., 2018）都是直接基于裁剪的窗口对其分类，然后通过投票的方式决定影像对象的类别，第四种方法（Liu et al., 2020）则是通过窗口提取深度特征，然后将这些深度特征聚合为影像对象的深度特征，最后将深度特征与对象的光谱、纹理、形状等特征结合，对影像对象进行分类，发现深度特征的确十分有利于土地覆盖/利用分类，但是如果再加上一些人工定义的特征，可以在一定程度上进一步提高分类的精度，如图 3-25 所示。

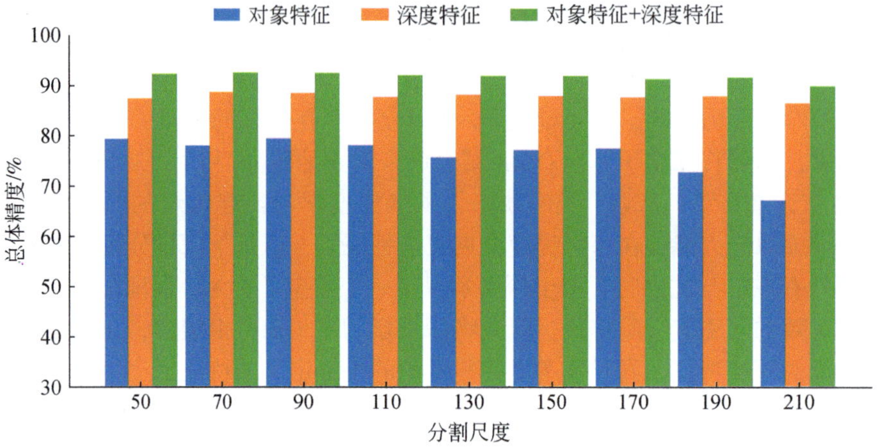

图 3-25　深度特征、对象特征对分类的影响

3.7　小　　结

陆地生态系统遥感分类是人们快速了解陆地生态系统的一种重要手段，对人们进行生态监测、生态保护和生态规划具有重要意义。土地覆盖/利用是陆地生态系统在遥感影像上最显著的表现形式，在遥感技术的支持下，目前已能使用多种数据源通过不同方法进行土地覆盖/利用分类，并能取得较高的分类精度，但是在统一分类体系的构建、多源异构数据融合、高质量大范围样本选择、大范围精细生态系统分类方面还需要进一步研究。

1）统一分类体系的构建

随着人们环保意识的增强，全球生态环境变化越来越受人们的关注。通过遥感技术可以获取全球土地覆盖/利用分布，从而了解全球的陆地生态系统的变化。目前为止也有不少基于遥感技术制作的全球土地覆盖/利用产品，基本上每个产品都有着自己的分类体系。这种分类体系不一致的问题给这些土地覆盖/利用产品的使用带来了诸多问题，如何综合不同产品的类别体系和分类结果成为一个不可回避的问题。一个统一的分类体系会使得这些数据集的集成和共享更方便，有利于科学家和政府机构使用这些产品。目前，中国、美国和欧盟等一些国家和地区虽然有自己的统一分类体系标准，但都无法成为全球的统一标准。因此，建立一个全球统一的分类体系标准在未来研究中是一个需要解决的问题，但也是一个较难实现的目标。

2）多源异构数据融合

在进行生态系统分类时，通常会使用到不同来源的数据，包括不同遥感数据、POI 数据、社交媒体数据等。仅仅是遥感数据之间就有着巨大的差异，不同的空间分辨率、不同的光谱范围、不同的成像时间、不同的成像角度等，涉及空间尺度转换、光谱融合、迁移学习等内容。除此之外，POI、社交媒体等社会经济数据与遥感影像的存储结构完全不同，可能是带有属性的点状数据，也可能是带有地理坐标的文本数据。目前虽有部分土地覆盖/利用分类研究已经涉及多源数据融合，但这些研究中涉及数据类型的数量相比于已存在数据类型的数量来说较少，融合方法也较简单，没能完全发挥出多源数据的优势。融合多源异构数据的生态系统分类是未来的研究热点和难点。

3）高质量大范围样本选择

样本对于监督分类来说至关重要，只有高质量样本才能提高陆地生态系统遥感分类精度的上限。虽然目前已可以通过计算机辅助帮助人们选择更多样本，但在实际研究和生产中，更多的仍然是采用手工选择方式，手工选择的样本质量仍然比计算机辅助选择的样本质量高。目前通过计算机辅助进行样本的选择都只在小范围的研究区域进行过实验，且在这个区域能够取得很好的效果，但当将研究区域放大或者换一个研究区域时，这些计算机辅助进行样本选择的方法就失效了。在目前科学界和政府机构都更关注大范围的生态环境变化时，还没有一个有效的计算机辅助样本选择方法，只能通过大量的人工进行目视解译生成样本，效率低下且费时费力。因此，构建一个能实现高质量大范围样本选择的方法亟待解决。

4）大范围精细生态系统分类

正如问题（1）中所说，目前人们更关注全球这种大范围的生态环境变化，因此进行大范围精细生态系统分类是十分必要的。虽然目前的一些研究中生态系统分类的精度能够达到90%甚至95%以上，但当把这种方法应用于别的研究区域或者换一个大范围的研究区域时，往往精度就会下降很多。大范围的生态系统类型通常是极端异质的，遥感中存在的“同谱异物、异物同谱”现象十分显著，这也是当前全球生态系统分类产品精度普遍不高的一个重要原因。要解决这个问题除了要解决问题（2）和问题（3）外，还需要考虑模型的选择、分类策略等问题。在今后的研究中，仅仅只考虑一个很小研究区域的实验结果意义是不大的，应该更多地关注大范围生态系统分类这种实际意义更大的问题。

参考文献

蔡红艳，张树文，张宇博. 2010. 全球环境变化视角下的土地覆盖分类系统研究综述. 遥感技术与应用，25（1）：161-167.

陈百明，周小萍. 2007.《土地利用现状分类》国家标准的解读. 自然资源学报，22（6）：994-1003.

陈佑启，杨鹏. 2001. 国际上土地利用/土地覆盖变化研究的新进展. 经济地理，21（1）：95-100.

邸向红，侯西勇，吴莉. 2014. 中国海岸带土地利用遥感分类系统研究. 资源科学，36（3）：463-472.

高程程，惠晓威. 2010. 基于灰度共生矩阵的纹理特征提取. 计算机系统应用，19（6）：195-198.

高云飞，李智广，刘晓燕. 2018. 黄河流域水土流失遥感监测中土地利用现状分类体系构建. 水土保持通报，38（1）：111-115.

呙维，彭旭，刘异，等. 2019. 边缘约束下的分形网络分割算法. 武汉大学学报（信息科学版），44（11）：1693-1699.

黄秉维，郑度，赵名茶，等. 1999. 现代自然地理. 北京：科学出版社.

季顺平，田思琪，张弛. 2020. 利用空洞卷积神经网络进行城市土地覆盖分类与变化检测. 武汉大学学报（信息科学版），45（2）：233-241.

刘涛，黄高明，王雪松，等. 2009. 极化SAR图像处理中L分布杂波统计分析. 自然科学进展，19（1）：89-96.

刘兆祎，李鑫惠，沈润平，等. 2014. 高分辨率遥感预想分割的最优尺度选择. 计算机工程与应用，50（6）：144-147.

舒弥 . 2020. 基于生成对抗网络的高分辨率、多时相遥感影像分类方法研究 . 北京：北京大学遥感与地理信息系统研究所 .

王正兴，刘闯，HUETE Alfredo. 2003. 植被指数研究进展：从 AVHRR-NDVI 到 MODIS-EVI. 生态学报，23（5）：979-987.

温礼，吴海平，姜方方，等 . 2016. 基于高分辨率遥感影像的围填海图斑遥感监测分类体系和解译标志的建立 . 国土资源遥感，28（1）：172-177.

查勇，倪绍祥，杨山 . 2003. 一种利用 TM 图像自动提取城镇用地信息的有效方法 . 遥感学报，7（1）：37-40.

章毓晋 . 2001. 图象分割 . 北京：科学出版社 .

Anderson James R. 1971. Land use classification schemes used in selected recent geographic applications of remote sensing. Photogrammetric Engineering，37（4）：379-387.

Antoniou A，Storkey A，Edwards H. 2018. Data Augmentation Generative Adversarial Networks. arXiv，1711：04340.

BAATZ Martin，SCHÄPE Arno. 2000. Multiresolution Segmentation：An Optimization Approach for High Quality Multi-Scale Image Segmentation. Journal of Photogrammetry and Remote Sensing，（58）：12-23.

Badrinarayanan V，Kendall A，Cipolla R. 2017. SegNet：A deep convolutional encoder-decoder architecture for image segmentation. IEEE Transactions on Pattern Analysis and Machine Intelligence，39（12）：2481-2495.

Beaubien J，Cihlar J，Simard G，et al. 1999. Land cover from multiple thematic mapper scenes using a new enhancement-classification methodology. Journal of Geophysical Research：Atmospheres，104（D22）：27909-27920.

Belgiu M，Drăguţ L. 2016. Random forest in remote sensing：A review of applications and future directions. ISPRS Journal of Photogrammetry and Remote Sensing，114：24-31.

Blaschke T，Hay G J，Kelly M，et al. 2014. Geographic Object-Based Image Analysis-Towards a new paradigm. ISPRS Journal of Photogrammetry and Remote Sensing，87：180-191.

Blaschke T，Strobl J. 2001. What's wrong with pixels? Some recent developments interfacing remote sensing and GIS Geo-Informations-System，14（6）：12-17.

Blaschke T. 2010. Object based image analysis for remote sensing. ISPRS Journal of Photogrammetry and Remote Sensing，65（1）：2-16.

Blei D M，Ng A Y，Jordan M I. 2003. Latent Dirichlet Allocation. Journal of Machine Learning Research，3（4-5）：993-1022.

Breiman L. 2001. Random forests. Machine Learning，45（1）：5-32.

Brown M，Lewis H G，Gunn S R. 2000. Linear spectral mixture models and support vector machines for remote sensing. IEEE Transactions on Geoscience and Remote Sensing，38（5）：2346-2360.

Carranza-García M，García-Gutiérrez J，Riquelme J C. 2019. A framework for evaluating land use and land cover classification using convolutional neural networks. Remote Sensing，11（3）：274.

Chang C C，Lin C J. 2011. LIBSVM. ACM Transactions on Intelligent Systems and Technology，2（3）：1-27.

Chen J，Chen J，Liao A P，et al. 2015. Global land cover mapping at 30m resolution：A POK-based operational approach. ISPRS Journal of Photogrammetry and Remote Sensing，103：7-27.

Chen L C，Papandreou G，Kokkinos I，et al. 2018. DeepLab：Semantic image segmentation with deep convolutional nets，atrous convolution，and fully connected CRFs. IEEE Transactions on Pattern Analysis and Machine Intelligence，40（4）：834-848.

Chen Y S，Jiang H L，Li C Y，et al. 2016. Deep feature extraction and classification of hyperspectral images based on convolutional neural networks. IEEE Transactions on Geoscience and Remote Sensing，54（10）：

6232-6251.

Civco D L. 1993. Artificial neural networks for land-cover classification and mapping. International Journal of Geographical Information Systems, 7 (2): 173-186.

Comaniciu D, Meer P. 2002. Mean shift: A robust approach toward feature space analysis. IEEE Transactions on Pattern Analysis and Machine Intelligence, 24 (5): 603-619.

Drǎgut L, Tiede D, Levick S R. 2010. ESP: A tool to estimate scale parameter for multiresolution image segmentation of remotely sensed data. International Journal of Geographical Information Science, 24 (6): 859-871.

Drăguţ L, Csillik O, Eisank C, et al. 2014. Automated parameterisation for multi-scale image segmentation on multiple layers. ISPRS Journal of Photogrammetry and Remote Sensing: Official Publication of the International Society for Photogrammetry and Remote Sensing (ISPRS), 88 (100): 119-127.

Edith B, Xue B. 2020. A review of influences of land use and land cover change on ecosystems. Chinese Journal of Plant Ecology, 44 (5): 543-552.

Frery A C, Cintra R J, Nascimento A D C. 2013. Entropy-based statistical analysis of PolSAR data. IEEE Transactions on Geoscience and Remote Sensing, 51 (6): 3733-3743.

Friedl M A, Strahler A H, Hodges J. 2010. ISLSCP II MOIDS (Collection 4) IGBP Land Cover, 2000-2001// Hall F G, Collatz G, Meeson B, et al. ISLSCP Initiative II Collection. Data Set. http://daac.ornl.gov [2023-06-01].

Fu T Y, Ma L, Li M. C, et al. 2018. Using convolutional neural network to identify irregular segmentation objects from very high-resolution remote sensing imagery. Journal of Applied Remote Sensing, 12 (2): 025010.

Gaetano R, Ienco D, Ose K, et al. 2018. A two-branch CNN architecture for land cover classification of PAN and MS imagery. Remote Sensing, 10 (11): 1746.

Gao B C. 1996. NDWI—a normalized difference water index for remote sensing of vegetation liquid water from space. Remote Sensing of Environment, 58 (3): 257-266.

Gao L, Luo J, Xia L, et al. 2019. Topographic constrained land cover classification in mountain areas using fully convolutional network. International Journal of Remote Sensing, 40 (18): 7127-7152.

Gong P, Liu H, Zhang M N, et al. 2019. Stable classification with limited sample: Transferring a 30-m resolution sample set collected in 2015 to mapping 10-m resolution global land cover in 2017. Science Bulletin, 64 (6): 370-373.

Goodfellow I J, Pouget-Abadie J, Mirza M, et al. 2014. Generative adversarial networks. http://arxiv.org/abs/1406.2661v1 [2023-06-01].

Hansen M, DeFries R, Townshend J R R, et al. 1998. (Specify 1 Degree, 8 km, or 1 km) Land Cover Classification Derived from AVHRR. College Park, Maryland: The Global Land Cover Facility.

Haralick R M, Shanmugam K, Dinstein I. 1973. Textural features for image classification. IEEE Transactions on Systems, Man, and Cybernetics, SMC-3 (6): 610-621.

He H, Garcia E A. 2009. Learning from Imbalanced Data. IEEE Transactions on Knowledge and Data Engineering, 21 (9): 1263-1284.

He K M, Zhang X Y, Ren S Q, et al. 2016. Deep residual learning for image recognition. 2016 IEEE Conference on Computer Vision and Pattern Recognition (CVPR). Las Vegas, NV, USA.

Hornik K, Stinchcombe M, White H. 1989. Multilayer feedforward networks are universal approximators. Neural Networks, 2 (5): 359-366.

Hu F, Xia G S, Hu J W, et al. 2015. Transferring deep convolutional neural networks for the scene classification of high-resolution remote sensing imagery. Remote Sensing, 7 (11): 14680-14707.

Huang G, Liu Z, van Der Maaten L, et al. 2017. Densely connected convolutional networks. 2017 IEEE Conference on Computer Vision and Pattern Recognition (CVPR) . Honolulu, HI, USA.

Huete A R. 1988. A soil-adjusted vegetation index (SAVI) . Remote Sensing of Environment, 25 (3): 295-309.

Johnson B, Xie Z X. 2011. Unsupervised image segmentation evaluation and refinement using a multi-scale approach. ISPRS Journal of Photogrammetry and Remote Sensing, 66 (4): 473-483.

Kadavi P R, Lee C W. 2018. Land cover classification analysis of volcanic island in Aleutian Arc using an artificial neural network (ANN) and a support vector machine (SVM) from Landsat imagery. Geosciences Journal, 22 (4): 653-665.

Kang G, Dong X, Yang Y. 2017. Patch Shuffle Regularization. http://arxiv.org/abs/1707.07103v1 [2023-06-01].

Kavzoglu T, Mather P M. 2003. The use of back propagating artificial neural networks in land cover classification. International Journal of Remote Sensing, 24 (23): 4907-4938.

Kim D, Baik J, Umair M, et al. 2021. Water use efficiency in terrestrial ecosystem over East Asia: Effects of climate regimes and land cover types. Science of the Total Environment, 773: 145519.

Krizhevsky A, Sutskever I, Hinton G E. 2017. Image Net classification with deep convolutional neural networks. Communications of the ACM, 60 (6): 84-90.

LeCun Y, Jackel L D, Boser B, et al. 1989. Handwritten digit recognition-applications of neural network chips and automatic learning. IEEE Communications Magazine, 27 (11): 41-46.

Lee J S, Grunes M R. 1992. Classification of multi-look polarimetric SAR data based on complex Wishart distribution. NTC-92: National Telesystems Conference. Washington, DC, USA. IEEE.

Lee J S, Schuler D L, Lang R H, et al. 1994. K-distribution for multilook processed polarimetric SAR imagery . International Geoscience & Remote Sensing Symposium. IEEE, MA: IEEE.

Liu B, Du S H, Du S J, et al. 2020. Incorporating deep features into GEOBIA paradigm for remote sensing imagery classification: A patch-based approach. Remote Sensing, 12 (18): 3007.

Long J, Shelhamer E, Darrell T. 2015. Fully Convolutional Networks for Semantic Segmentation. The Proceedings of the IEEE Conference on Computer Vision and Pattern Recognition. Boston, MA, USA, 7-12 Jun 2015.

Loveland T, Reed B C, Brown J F, et al. 2000. Development of a global land cover characteristics database and IGBP DISCover from 1 km AVHRR data. International Journal of Remote Sensing, 21 (6/7): 1303-1330.

Loveland T, Brown D, Ohlen B, et al. 2009. ISLSCP II IGBP DISCover and SiB Land Cover, 1992-1993//Hall F G, Collatz G, Meeson B, et al. ISLSCP Initiative II Collection. Data set. http://daac.ornl.gov [2023-06-01] .

Lu Q K, Ma Y, Xia G S. 2017. Active learning for training sample selection in remote sensing image classification using spatial information. Remote Sensing Letters, 8 (12): 1210-1219.

Ma L, Liu Y, Zhang X L, et al. 2019. Deep learning in remote sensing applications: A meta-analysis and review. ISPRS Journal of Photogrammetry and Remote Sensing, 152: 166-177.

Mahdianpari M, Salehi B, Rezaee M, et al. 2018. Very deep convolutional neural networks for complex land cover mapping using multispectral remote sensing imagery. Remote Sensing, 10 (7): 1119.

Maselli F, Conese C, Petkov L, et al. 1992. Use of NOAA-AVHRR NDVI data for environmental monitoring and crop forecasting in the Sahel. Preliminary results. International Journal of Remote Sensing, 13 (14): 2743-2749.

Mendoza-Ponce A, Corona-Núñez R, Kraxner F, et al. 2018. Identifying effects of land use cover changes and climate change on terrestrial ecosystems and carbon stocks in Mexico. Global Environmental Change, 53: 12-23.

Moreno-Barea F J, Strazzera F, Jerez J M, et al. 2018. Forward noise adjustment scheme for data augmentation. 2018 IEEE Symposium Series on Computational Intelligence (SSCI). Bangalore, India. IEEE.

Ojala T, Pietikäinen M, Harwood D. 1996. A comparative study of texture measures with classification based on featured distributions. Pattern Recognition, 29 (1): 51-59.

Ojala T, Pietikainen M, Maenpaa T. 2002. Multiresolution gray-scale and rotation invariant texture classification with local binary patterns. IEEE Transactions on Pattern Analysis and Machine Intelligence, 24 (7): 971-987.

Oommen T, Misra D, Twarakavi N K C, et al. 2008. An objective analysis of support vector machine based classification for remote sensing. Mathematical Geosciences, 40 (4): 409-424.

Pacifici F, Chini M, Emery W J. 2009. A neural network approach using multi-scale textural metrics from very high-resolution panchromatic imagery for urban land-use classification. Remote Sensing of Environment, 113 (6): 1276-1292.

Pal M. 2005. Random forest classifier for remote sensing classification. International Journal of Remote Sensing, 26 (1): 217-222.

Pal M, Mather P M. 2005. Support vector machines for classification in remote sensing. International Journal of Remote Sensing, 26 (5): 1007-1011.

Petropoulos G P, Kalaitzidis C, Prasad Vadrevu K. 2012. Support vector machines and object-based classification for obtaining land-use/cover cartography from Hyperion hyperspectral imagery. Computers & Geosciences, 41: 99-107.

Petrovska B, Zdravevski E, Lameski P, et al. 2020. Deep learning for feature extraction in remote sensing: A case-study of aerial scene classification. Sensors, 20 (14): 3906.

Phiri D, Morgenroth J. 2017. Developments in landsat land cover classification methods: A review. Remote Sensing, 9 (9): 967.

Pippuri I, Suvanto A, Maltamo M, et al. 2016. Classification of forest land attributes using multi-source remotely sensed data. International Journal of Applied Earth Observation and Geoinformation, 44: 11-22.

Rodriguez-Galiano V F, Ghimire B, Rogan J, et al. 2012. An assessment of the effectiveness of a random forest classifier for land-cover classification. ISPRS Journal of Photogrammetry and Remote Sensing, 67: 93-104.

Romero A, Gatta C, Camps-Valls G. 2016. Unsupervised deep feature extraction for remote sensing image classification. IEEE Transactions on Geoscience and Remote Sensing, 54 (3): 1349-1362.

Ronneberger O, Fischer P, Brox T. 2015. U-Net: Convolutional Networks for Biomedical Image Segmentation. The Proceedings of the Medical Image Computing and Computer-Assisted Intervention, PT III. Munich, Germany, 5-9 OCT.

Samat A, Gamba P, Liu S C, et al. 2016. Jointly informative and manifold structure representative sampling based active learning for remote sensing image classification. IEEE Transactions on Geoscience and Remote Sensing, 54 (11): 6803-6817.

Sharma A, Liu X W, Yang X J, et al. 2017. A patch-based convolutional neural network for remote sensing image classification. Neural Networks, 95: 19-28.

Shorten C, Khoshgoftaar T M. 2019. A survey on image data augmentation for deep learning. Journal of Big Data, 6 (1): 60.

Simonyan K, Zisserman A. 2014. Very deep convolutional networks for large-scale image recognition. ArXiv e-Prints, 1409. 1556.

Sleeter B M, Liu J X, Daniel C, et al. 2018. Effects of contemporary land-use and land-cover change on the carbon balance of terrestrial ecosystems in the United States. Environmental Research Letters, 13

(4): 045006.

Stuckens J, Coppin P R, Bauer M E. 2000. Integrating contextual information with per-pixel classification for improved land cover classification. Remote Sensing of Environment, 71 (3): 282-296.

Sun W X, Heidt V, Gong P, et al. 2003. Information fusion for rural land-use classification with high-resolution satellite imagery. IEEE Transactions on Geoscience and Remote Sensing, 41 (4): 883-890.

Szegedy C, Liu W, Jia Y Q, et al. 2015. Going deeper with convolutions. 2015 IEEE Conference on Computer Vision and Pattern Recognition (CVPR). Boston, MA, USA.

Talukdar S, Singha P, Mahato S, et al. 2020. Land-use land-cover classification by machine learning classifiers for satellite observations—a review. Remote Sensing, 12 (7): 1135.

Tuia D, Volpi M, Copa L, et al. 2011. A survey of active learning algorithms for supervised remote sensing image classification. IEEE Journal of Selected Topics in Signal Processing, 5 (3): 606-617.

Ulaby F T, Kouyate F, Brisco B, et al. 1986. Textural information in SAR images. IEEE Transactions on Geoscience and Remote Sensing, GE-24 (2): 235-245.

Xu K. 2017. Review of Land Use/Cover (LULC) impact on the ecological environment. Energy and Energy Conservation, (1): 92-93, 188.

Yang J, Li P J, He Y H. 2014. A multi-band approach to unsupervised scale parameter selection for multi-scale image segmentation. ISPRS Journal of Photogrammetry and Remote Sensing, 94: 13-24.

Zhai Y S, Thomasson J A, Boggess J E, et al. 2006. Soil texture classification with artificial neural networks operating on remote sensing data. Computers and Electronics in Agriculture, 54 (2): 53-68.

Zhang C, Sargent I, Pan X, et al. 2018. An object-based convolutional neural network (OCNN) for urban land use classification. Remote Sensing of Environment, 216: 57-70.

Zhang X, Liu L, Chen X, et al. 2021. GLC_ FCS30: Global land-cover product with fine classification system at 30m using time-series landsat imagery. Earth System Science Data, 13 (6): 2753-2766.

Zhang X Y, Du S H, Wang Q. 2017. Hierarchical semantic cognition for urban functional zones with VHR satellite images and POI data. ISPRS Journal of Photogrammetry and Remote Sensing, 132: 170-184.

Zhang Y T, Li Q Q, Tu W, et al. 2019. Functional urban land use recognition integrating multi-source geospatial data and cross-correlations. Computers, Environment and Urban Systems, 78: 101374.

Zhao H S, Shi J P, Qi X J, et al. 2017. Pyramid scene parsing network. 2017 IEEE Conference on Computer Vision and Pattern Recognition (CVPR). Honolulu, HI, USA.

Zhao W Z, Du S H, Emery W J. 2017. Object-based convolutional neural network for high-resolution imagery classification. IEEE Journal of Selected Topics in Applied Earth Observations and Remote Sensing, 10 (7): 3386-3396.

Zhu Q Q, Zhong Y F, Zhao B, et al. 2016. Bag-of-visual-words scene classifier with local and global features for high spatial resolution remote sensing imagery. IEEE Geoscience and Remote Sensing Letters, 13 (6): 747-751.

Zhu X X, Tuia D, Mou L C, et al. 2017. Deep learning in remote sensing: A comprehensive review and list of resources. IEEE Geoscience and Remote Sensing Magazine, 5 (4): 8-36.

Zong L L, He S J, Lian J T, et al. 2020. Detailed mapping of urban land use based on multi-source data: A case study of Lanzhou. Remote Sensing, 12 (12): 1987.

4 陆表植被参数

植被是陆地生态系统的主体，它在生长过程中通过光合作用将太阳能转化成化学能，将大气中的二氧化碳转化成有机物，为人类提供最基本的物质和能量来源。陆表植被参数是陆表生态过程研究的重要参量。遥感技术以其大面积、快速、动态的优势为区域乃至全球大尺度的陆表植被参数反演提供了有效途径。本章主要介绍植被叶面积指数、植被覆盖度、光合有效辐射、植物光合有效辐射吸收比率、植被生产力和森林生物量等地表参数的遥感反演方法。从估算陆表植被参数最常用到的植被指数切入，然后逐个介绍各植被参数的定义、地面测量值的获取以及区域尺度上的遥感反演方法，最后是本章内容的小结。

4.1 概　述

植被参数是生态系统最主要参量之一，对生态系统的结构、过程和功能有着重要影响，一直是生态学和遥感技术研究的热点问题。但在实际工作中，植被的相关参数并不是通过遥感数据直接解译得到的，而是依据植被光谱特征建立相应模型进行定量反演得到的。植被遥感参数主要表征植被生态系统特征，现有的植被生态遥感参数概括为物理类、生化类、能量和功能类。物理类植被生态遥感参数是植被生态学研究的基础性参数，也是其他植被生态参数定量反演和植被状况监测评估等研究的基础性参数，例如 Rahman（2001）以植被冠层反射率模型定量反演的植被冠层物理参数。生化类植被生态遥感参数主要反映了植被的生理状况，如 Padalia 等（2019）利用统计模型定量反演了叶绿素。能量和生产功能类植被生态遥感参数主要反映了植被生长过程中对太阳光照辐射的吸收利用情况，如 Zhang 等（2017）采用生态系统过程模型和光能利用效率模型定量反演的光合有效辐射吸收比率，以及植被净初级生产力、碳循环等表征着植被生态系统供给能力等的参数。

随着卫星遥感数据源的不断丰富与发展，植被生态遥感参数定量反演方法也呈现多元化、多形式的发展趋势。梁顺林等（2020）对陆表定量遥感的核心进展进行了总结，涉及数据预处理以及相关应用等内容，着重介绍了下行太阳辐射、长波辐射和总净辐射、叶面积指数、植被覆盖度、森林高度、森林生物量、反照率、反射率、地表温度、荧光遥感、光合有效辐射比、植被生产力、土壤水分、雪水当量、雪盖、蒸散发、地表与地下水量等陆表变量产品的最新进展。Song 等（2013a）介绍了利用光学遥感数据反演陆地生态系统初级生产力的相关进展，重点从利用光谱植被指数构建与初级生产力有关的经验方法、基于光利用率模型理论的植物初级生产力模型和利用遥感产品搭建非光利用率的模型三个方法入手，分析了陆地生态系统初级生产力的反演现状和方法。

4.2 常用植被指数

绿色植物由于其自身构造的特点，在可见光波段的反射率较低，而在近红外等波段的反射率较高。研究者们根据这一特性，将遥感影像的可见光和红外等波段的反射率利用数学计算模型或变换公式进行组合，形成了各种植被指数（赵英时，2003）。植被指数以一种简单且有效的方式表达了植被状态信息，已广泛用于定性或定量评价植被覆盖及生长活力、土地利用覆盖探测以及诸多地表参数如叶面积指数、植被覆盖度、生物量、光合有效辐射吸收系数、净初级生产力、生物量、蒸散等的定量估算（梁顺林等，2013）。

伴随着遥感技术的发展，植被指数的发展受到了很多研究者的关注，迄今已经定义了40多种植被指数，常见的植被指数如表4-1所示。

表4-1　常用的植被指数及其定义

植被指数	计算公式	来源
比值植被指数（Ratio Vegetation Index，RVI）	$RVI=\frac{\rho_{NIR}}{\rho_R}$ 式中，ρ_{NIR}和ρ_R分别为近红外波段和红光波段的反射率	Jordan（1969）
差值植被指数（Difference Vegetation Index，DVI）	$DVI=\rho_{NIR}-\rho_R$	Richardson 和 Wiegand（1977）
归一化植被指数（Normalized Difference Vegetation Index，NDVI）	$NDVI=\frac{\rho_{NIR}-\rho_R}{\rho_{NIR}+\rho_R}$	Rouse 等（1974）
宽动态范围植被指数（Wide Dynamic Range Vegetation Index，WDRVI）	$WDRVI=\frac{a\times\rho_{NIR}-\rho_R}{a\times\rho_{NIR}+\rho_R}$ 式中，a为权重系数，一般取值为0.1～0.2	Gitelson（2004）
土壤调节植被指数（Soil-Adjusted Vegetation Index，SAVI）	$SAVI=\frac{\rho_{NIR}-\rho_R}{\rho_{NIR}+\rho_R+L}(1+L)$ 式中，L为土壤调节系数	Huete（1988）
修正土壤调节植被指数（Modified Soil-Adjusted Vegetation Index，MSAVI）	$MSAVI=\frac{2\times\rho_{NIR}+1-\sqrt{(2\times\rho_{NIR}+1)^2-8\times(\rho_{NIR}-\rho_R)}}{2}$	Qi 等（1994）
转换型土壤调节植被指数（Transformed Soil-Adjusted Vegetation Index，TSAVI）	$TSAVI=\frac{a\times(\rho_{NIR}-a\times\rho_R-b)}{a\rho_{NIR}+\rho_R-a\times b+0.08\times(1+a^2)}$ 式中，a和b分别为土壤基线的斜率和截距	Baret 等（1989）、Baret 和 Guyot（1991）
大气阻抗植被指数（Atmospherically Resistant Vegetation Index，ARVI）	$ARVI=\frac{\rho_{NIR}^*-\rho_{RB}^*}{\rho_{NIR}^*+\rho_{RB}^*}$ $\rho_{RB}^*=\rho_R^*-\gamma(\rho_B^*-\rho_R^*)$ 式中，ρ^*为预先经过分子散射和臭氧订正的反射率；ρ_B^*为蓝光波段的反射率；γ为大气调节参数	Kaufman 和 Tanre（1992）
新的抗大气影响植被指数（Infection Atmospherically Vegetation Index，IAVI）	$IAVI=\frac{\rho_{NIR}-[\rho_R-\gamma(\rho_B-\rho_R)]}{\rho_{NIR}+[\rho_R-\gamma(\rho_B-\rho_R)]}$ 式中，γ可从0.65变化到1.21	张仁华等（1996）

续表

植被指数	计算公式	来源
全球环境监测指数（Global Environment Monitoring Index，GEMI）	$\mathrm{GEMI}=\eta\times(1-0.25\times\eta)-\frac{\rho_R-0.125}{1-\rho_R}$ $\eta=\frac{2\times(\rho_{NIR}^2-\rho_R^2)+1.5\times\rho_{NIR}+0.5\times\rho_R}{\rho_{NIR}+\rho_R+0.5}$	Pinty 和 Verstraete（1992）
增强型植被指数（Enhanced Vegetation Index，EVI）	$\mathrm{EVI}=G\times\frac{\rho_{NIR}-\rho_R}{\rho_{NIR}+C_1\times\rho_R-C_2\times\rho_B+L}$ 式中，L 为背景调节参数；C_1 和 C_2 为大气修正参数；G 为增益因子（MODIS EVI 算法中，$L=1$，$C_1=6$，$C_2=7.5$，$G=2.5$）	Huete 等（2002）

简单植被指数是最早提出的一类植被指数，通常只涉及红光和近红外两个波段，利用波段之间简单的比值或者加减等方式得到。Jordan（1969）利用近红外波段与红光波段的反射率的比值，即比值植被指数（RVI），突出植被在红光波段和近红外波段的光谱反射特性差异。研究表明，在高密度植被覆盖区域，该指数与叶面积指数、叶绿素含量以及叶干物质含量等植被特征指数息息相关。

研究者也经常使用 RVI 指数用于估算以及监测植物的生物量（赵英时，2003；Xue and Su，2017）。同时，由于构造方式简单，RVI 对大气状况敏感，而且在植被覆盖相对稀疏的地区（覆盖度<50%），与绿色植被生物量之间的关系较差。差值植被指数（DVI）同样是为了突出植被在近红外与红外波段的光谱反射差异性，由近红外波段和红光波段反射率的差值计算得到（Richardson and Wiegand，1977）。对于植被来说，DVI>0，而 DVI≤0 对应裸地等其他地表类型。DVI 可用于监测地表生态环境，但它容易受土壤背景变化的影响。

归一化植被指数（NDVI）是使用最为广泛的植被指数，定义为近红外波段与红光波段反射率之差与这两个波段反射率之和的比值（Rouse et al.，1974）。NDVI 可认为是 RVI 经非线性归一化处理所得，其取值范围为［-1，1］，NDVI 值越接近于 1 表示植被覆盖越大。对于稀疏冠层，NDVI 是叶面积指数及叶绿素含量等生化成分的敏感指示因子，并且与冠层光合作用有关（Gamon et al.，1995）。为此，研究者基于 NDVI 与叶面积指数、光合有效辐射吸收比率和植被覆盖度的线性或非线性关系建立经验模型进行区域植被叶面积指数、光合有效辐射吸收比率和植被覆盖度等地表参数的反演（Peng et al.，2012；Zhu et al.，2013；Wu et al.，2014；Kross et al.，2015）。时间序列 NDVI 常用于区域或全球尺度植被动态变化评估（de Jong et al.，2011；Ju and Masek，2016）、作物分类（Murakami et al.，2001；Zhang et al.，2008）、土地退化区域识别（Eckert et al.，2015；Lanfredi et al.，2015；Gichenje and Godinho，2018）和森林扰动信息提取（DeVries et al.，2015）。此外，还有一些研究基于 NDVI 探索植被对人类活动和气候变化的响应（Zheng et al.，2019；Zhang et al.，2020a）。

随着植被覆盖的增加，NDVI 会出现“饱和”现象，即当叶面积指数超过 2 时，红光波段反射率基本保持不变，而近红外波段反射率呈显著上升。为解决这一问题，Gitelson

(2004) 提出了宽动态范围植被指数 (WDRVI)。WDRVI 通过在近红外波段引入权重系数 (一般取值为 0.1 ~ 0.2)，使得在中高植被覆盖度条件下 WDRVI 与叶面积指数保持线性关系，从而更有效地描述中高植被覆盖区域的植被状态和变化信息 (李喆等，2015)。

与 NDVI 的构建方式相似，研究者对不同波段进行组合，形成了多种植被指数。Hardisky 等 (1983) 提出归一化水汽指数 (Normalized Difference Moisture Index，NDMI)，通过计算近红外与短波红外之间的差异来定量化植被冠层水分含量。研究表明，NDMI 与地表温度有较强的相关性，因此也常用于量化地表温度 (李斌等，2017)。López García 和 Caselles (1991) 提出了归一化燃烧指数 (Normalized Burn，NBR)，该指数通过计算近红外波段和短波红外波段的比值来增强火烧迹地的特征信息，常用于火烧迹地信息提取以及火烧区域植被的恢复状况监测 (Roy et al.，2006；彭燕等，2020)。在提取植被物候信息时，归一化差异红外指数 (Normalized Difference Infrared Index，NDII) 和归一化差异绿度指数 (Normalized Difference Greenness Index，NDGI) 更有优势 (Hudson Dunn and de Beurs，2011；Yang et al.，2019)。

在实际应用中，植被指数的计算会受到土壤和大气等外部因素的影响。Huete (1988) 年结合土壤线的理论，提出了土壤调节植被指数 (SAVI)，该指数在 NDVI 公式中引入土壤调节系数 L 来消除土壤背景对植被光谱信号的影响。L 的取值范围会随植被覆盖度的不同在 0 ~ 1 变化，当 $L=0$ 时，SAVI 等同于 NDVI。在一些植被覆盖中等的地方，L 的取值大多数为 0.5；但是研究植被覆盖度较高的地区时，L 推荐值为 0.25 (李晶等，2015；李喆等，2015)。目前 SAVI 已在草地、城市、干旱和半干旱地区的植被提取及农作物生长监测中得到广泛应用 (Ullah et al.，2012；Candiago et al.，2015)。

Richardson 和 Wiegand (1977) 在研究植被和土壤之间的关系时，提出土壤基线的概念。土壤基线是指土壤的近红外波段反射率与红光波段反射率之间的函数关系近似一条直线，即 $\text{NIR}=a\times\text{Red}+b$ (其中 a 为土壤基线的斜率，b 为土壤基线的截距)。SAVI 的基本假设是土壤基线的斜率和截距为常数，由于下垫面的复杂性，这一假设往往并不成立。在 SAVI 基础上，Baret 等 (1989) 提出加入土壤基线中的参数 a 和 b，形成了一种新的植被指数即转换型土壤调节植被指数 (TSAVI)。实验证明，该指数在描述土壤背景以及植被覆盖的时候相比于 SAVI 具有一定的优势 (李凤秀等，2007)。在 SAVI 的基础上，为了进一步削弱土壤背景因素的影响，Qi 等 (1994) 用土壤调节函数来代替土壤调节系数对 SAVI 进行修正，提出了修正土壤调节植被指数 (MSAVI)。

除了土壤的影响之外，大气的吸收和散射效应也会影响到植被指数计算的准确性。为减少大气对 NDVI 的影响，Kaufman 和 Tanre (1992) 发展了大气阻抗植被指数 (ARVI)。他们根据大气效应对红光波段的影响比近红外波段大很多的特点，利用蓝光波段与红光波段的差值对 NDVI 指数进行修正，以减少植被指数对大气的依赖 (郭铌，2003)。ARVI 在计算过程中引入的大气调节参数 γ 取决于气溶胶的类型，Kaufman 推荐的 γ 一般取值为 1，但是该常数只能针对某些特定尺寸的气溶胶，具有一定的局限性。此外，ARVI 需要先经过辐射传输方程的预处理消除气溶胶和臭氧的影响，但是进行预处理时需要输入的大气实况参数往往难以获取，这给 ARVI 的实际应用带来一定困难。张仁华等 (1996) 在 ARVI 的基础上，结合大气辐射传输方程以及大气下行光谱的同步观测实际值，对参数 γ 进行一定的校正，改进了 ARVI 中 γ 为 1 的计算方法，而不必采用辐射传输模型进行预处理，得到新的抗大气影响植被指数（IAVI）。实验结果表明，IAVI 比 NDVI 抗大气影响的能力有明显的改善，大气效应导致 IAVI 的计算误差最高为 3.7%，而 NDVI 的相对百分比误差可达 31%。

为了更好地在全球尺度上监测植被的生长状况，Pinty 和 Verstraete（1992）引入了全球环境监测指数（GEMI），该指数利用非线性的波段组合方式减少了大气效应对植被指数的影响，引入的调节因子不仅能降低大气干扰，还能保存更多的植被信息。GEMI 最初的目的是减少大气的影响用于全球大范围植被生长监测，但它容易受到土壤亮度和土壤颜色的影响，在植被稀疏地区的应用还会有一定的局限性。

Huete 等（2002）综合考虑了土壤背景与大气效应等多重因素的影响，提出了增强型植被指数（EVI）。EVI 在高植被区仍有较高的灵敏度，是目前应用最为广泛的植被指数之一，已经成功用于生物量估算、植被覆盖度、森林病虫害监测、植被物候和植被绿度监测等方面（Walker et al.，2014；杨强等，2015；Zhang et al.，2017；郭仲伟等，2019）。

除上述植被指数之外，随着高光谱遥感、热红外遥感、微波遥感以及无人机遥感等技术的发展，研究者提出了多种植被指数用于植被监测领域。例如，刘杨等（2021）基于无人机高光谱影像，提取高光谱特征参数估算马铃薯地上生物量。Mahlein 等（2013）利用高光谱 SDIs（Spectral Disease Indices）进行植物病虫害识别。Shi 等（2008）提出微波植被指数（Microwave Vegetation Index，MVI），该微波植被指数与土壤表面发射信号无关，能更好地反映植被几何以及生物量等方面的信息（施建成等，2012）。Kogan（1995）提出温度状态指数（Temperature Condition Index，TCI）以监测植被水分胁迫状况。王永前等（2014）用微波植被指数（MVI）代替 NDVI 构建干旱指数，发展了温度微波植被干旱指数（Temperature Microwave Vegetation Dryness Index，TMVDI）用于干旱遥感监测的研究。

需要注意的是，虽然存在多种植被指数，然而在实际应用时不同的植被指数往往受限于环境背景和大气状况等条件而表现出地域性与时效性的差异，在不同领域应用效果还有一定的差别。随着遥感传感器的发展，越来越多的植被指数会在遥感对地植被监测领域发挥重要的作用。

4.3 物理类植被参数

4.3.1 叶面积指数

叶面积指数（LAI）定义为单位地表面积上单面绿叶面积的总和（Chen and Black，1992），是反映植被结构特征的一个重要参数。由于叶片表面是物质和能量交换的主要场所，植被光合作用、冠层截留以及蒸散发等重要的生物物理过程都与 LAI 密切相关（Fang et al.，2019）。植被 LAI 对于构建气候、水文及生态系统模型非常重要（Sellers et al.，1997）。

植被 LAI 的实地测量方法有两种，包括了直接测量法与间接测量法。直接测量法是直接在野外或者实验室中对采集到的叶片测量面积得到植被 LAI，如通过 Li-3000 叶面积仪测得叶片的面积及其他形状信息。间接测量法通过冠层透射率等其他易于观测的参数估算得到 LAI，常用的观测仪器有 LAI-2000 或新型的 LAI-2200 冠层分析仪和 TRAC 冠层分析仪（梁顺林等，2013；昝梅等，2013）。与直接测量法相比，间接测量法更加方便快捷。因此，野外实验测量 LAI 经常利用光学仪器进行间接测量。实地测量可以准确地获取植被 LAI，但这种方式只能获取有限的样点或样地数据，难以满足大区域 LAI 获取的需求。卫星遥感技术的发展为获取区域植被 LAI 提供了一种新的方法。光学遥感数据在空间覆盖和观测频率等方面很有优势，成为长时间序列植被 LAI 估算以及全球 LAI 产品生产最为常用的数据源（刘洋等，2013）。目前，基于遥感数据的植被 LAI 反演主要有如下几种方式。

4.3.1.1 经验模型法

经验模型法是一种比较经典的反演植被 LAI 的方法。该方法首先建立 LAI 与光谱数据或者其变换形式（比如植被指数）之间的经验关系，然后将经验关系用于估算同类区域植被 LAI。经验模型法的优势是简单易用，因此这种方法也常用于植被覆盖度和生物量等其他地表参数的反演。

在估算 LAI 的经验模型中，以 NDVI 为自变量，建立 NDVI 与 LAI 之间的经验关系，进而估算 LAI 的方法较为常见。但在植被覆盖度低时，NDVI 易受土壤等背景信号的影响；在植被覆盖度高时，NDVI 容易达到“饱和”，因此 NDVI 不能用于低植被覆盖区域和高植被覆盖区域的 LAI 估算。除了 NDVI 这一植被指数之外，研究者尝试寻找其他与 LAI 密切相关的植被指数估算 LAI。Wang 等（2007）发现 GNDVI（Green NDVI）和 GBNDVI（Green-Blue NDVI）比传统的 NDVI 更适合预测植被 LAI。Yang 等（2007）比较了不同植被指数与 LAI 的关系，发现 DVI 与 LAI 的相关性较高，可用于高分辨率 LAI 制图。Hasegawa 等（2010）提出了 NHVI（Normalized Hotspot-signature Vegetation Index）适于北方森林 LAI 估算。

无论基于哪种植被指数估算植被 LAI，其本质是基于经验统计的思想，试图从观测数据中找出一种尽可能反映 LAI 数值动态变化的光谱组合。但光谱数据或植被指数与 LAI 的经验关系具有很强的地域性和时效性，这也导致了该方法应用的局限性（Gobron et al., 1997）。

4.3.1.2 物理模型法

冠层反射模型从机理上解释了植被冠层结构参数与冠层反射率等因素之间的物理关系，常用的模型有 SAIL（Scattering by Arbitrarily Inclined Leaves）模型、Kuusk 模型和几何光学模型（李小文和王锦地，1995）。

SAIL 模型是一个冠层二向反射率模型，描述了直射以及上行下行辐射光通量在水平均匀冠层中的辐射传输过程（Verhoef，1984）。SAIL 模型中，植被冠层结构与反射率之间的定量关系可简化为 ρ=SAIL（LAI，LAD，ρ_L，τ_L，ρ_S，VIS，θ_v，θ_s，φ）。其中，LAI 为叶面积指数；LAD 为叶倾角分布；ρ_L 和 τ_L 分别为叶片反射率和透射率；ρ_S 为土壤反射率；VIS 为水平可见度（与天空散射光比例有关）；θ_v 为观测天顶角，θ_s 为太阳天顶角；φ 为相对方位角；ρ 为冠层反射率。当冠层结构参数以及环境参数等相关因素确定时，即可计算给定任意观测方向条件以及任意太阳高度的冠层反射率。

SAIL 模型不断发展和完善，至今已发展了一系列 SAIL 模型（Verhoef and Bach，2003；Pinty et al.，2004）。Kuusk（1985）将热点效应参数引入 SAIL 模型中，形成了 SAILH 模型。SAILH 模型与仅使用少数几个参数描述 400 ~ 2500nm 区间光谱的反射率的 PROSPECT 模型耦合形成了 PROSAIL 模型（Baret et al.，1992）。PROSAIL 模型在植被 LAI 反演中应用非常广泛，Jacquemoud 等在 2009 年发表了第一篇关于 PROSAIL 模型的综述文章（Jacquemoud et al.，2009），目前有多个版本的代码可供下载使用（http：//teledetection. ipgp. jussieu. fr/prosail/）。

随着计算机技术的发展，除了常用的辐射传输模型和几何光学模型，计算机模拟模型也得到重视。基于辐射度算法的 RGM 模型（Qin and Gerstl，2000）和 RAPID 模型（Huang et al.，2013）以及基于光线追踪算法的 DART 模型（Gastellu- Etchegorry et al.，2004）和 LESS 模型（漆建波等，2019）等也用于植被参数遥感反演中。

物理模型反演主要是基于目标函数对这些冠层反射模型进行反演，最大化模拟数据与实际数据的接近程度或者最小化模拟数据与实际数据的偏差。物理模型法反演植被 LAI 在数学上可归结为对反问题的求解。目标函数优化方式不同，反演方法也不同。Meroni 等（2004）利用拟牛顿优化算法最小化 PROSAIL 模型模拟的反射率和观测反射率之间的差异，反演得到杨树 LAI。黄春林等（2006）以 SAIL 模型为正向模型，以模型输出的光谱反射率和观测的光谱反射率残差平方和为目标函数，采用模拟退火算法优化目标函数反演植被 LAI 和叶绿素含量。在没有观测误差的情况下，LAI 和叶绿素含量的反演精度均非常高。Zhang 等（2009）发展了一种集成辐射传输与几何光学特性的反射模型，在此基础上利用 Power 优化反演算法估算半干旱地区草地 LAI，取得了较好的效果。

4. 3. 1. 3 查找表法

与数值优化方法相比，基于查找表（Look up Table，LUT）的植被 LAI 反演方法应用更为广泛。

1）查找表法进行植被 LAI 反演的步骤

利用查找表法反演 LAI 首先需要利用物理模型模拟反射率生成 LUT，具体来说，确定遥感反射模型的输入参数范围，在前向模式下运行模型，模拟不同参数组合情况下的冠层反射率生成 LUT。利用 LUT 进行 LAI 反演时，通常选取遥感观测反射率与模型模拟反射率之间的均方根误差为代价函数，在 LUT 中找到使得代价函数最小对应的生物物理参数作为反演结果。这种方法所需要时间较少且精度较高，MODIS 陆地产品小组用此算法作为生产 LAI 产品的主算法（Knyazikhin et al.，1999）。

2）应用实例：基于查找表的内蒙古包头地区作物 LAI 估算

下面以 Duan 等（2014）所做的研究为例说明 PROSAIL 模型构建查找表的过程以及如何基于查找表反演内蒙古包头地区作物 LAI。

首先在前向模式下运行 PROSAIL 模型，输入变量的取值范围根据先前的研究结果选定（表 4-2）。除了表 4-2 中列出的参数，模型输入变量还包括了太阳和观测天顶角及相对方位角，取值对应于无人机高光谱数据采集时的角度几何信息。根据表 4-2 列出的参数取值范围，在取值范围内进行随机采样，生成 100 000 个参数组合情况下的 LUT。

表 4-2 PROSAIL 模型输入变量的取值范围

输入变量	缩写	单位	最小值	最大值
叶片结构参数	N	—	1	2
叶绿素浓度	Cab	$\mu g/cm^2$	20	70
干物质含量	Cm	g/cm^2	0.004	0.007
等效水厚度	Cw	g/cm^2	0.005	0.03
叶面积指数	LAI	m^2/m^2	0.001	6
平均叶倾角	ALA	Deg	30	70
热点参数	hot	m/m	0.05	1
土壤亮度参数	scale	—	0.5	1.5

然后使用相同的 LUT 对玉米、马铃薯和向日葵的 LAI 进行估算，选取观测反射率 R_{measured} 与模拟反射率 $R_{\text{simulated}}$ 之间的均方根误差（RMSE）作为代价函数 χ_{RMSE}，通过选取 LUT 中最小化 χ_{RMSE} 的变量集得到 LAI 反演结果。

$$\chi_{\text{RMSE}} = \sqrt{\frac{1}{n_{\text{d}} \cdot n_{\text{b}}} \sum_{i=1}^{n_{\text{d}}} \sum_{j=1}^{n_{\text{b}}} \left(R_{\text{measured}}^{i,j} - R_{\text{simulated}}^{i,j}\right)^2} \tag{4-1}$$

式中，n_{d} 为传感器观测方向的数量；n_{b} 为波段数。

由于测量误差和模型误差等方面的原因，LAI 反演是一个欠定问题。因此，从 LUT 中找到的解决方案可能不唯一。本实例将参数组合对应的 χ_{RMSE} 在最小化 χ_{RMSE} 值 20% 以内的一组变量取值均作为较优解，并使用参数的平均值作为反演结果。

内蒙古包头地区玉米、马铃薯和向日葵三种作物的 LAI 反演结果如图 4-1 所示。基于 L1 航线观测反演 LAI 的对应 RMSE 为 $0.55m^2/m^2$，相对误差 RRMSE 为 14.3%。LAI 超过 $3.5m^2/m^2$ 的样地，其估计值略高于实测值。基于 L2 航线观测反演得到的 LAI 值的对应 RMSE 为 $0.51m^2/m^2$，RRMSE 为 13.6%。当同时利用 L1 和 L2 航线的观测信息进行 LAI 反演时，反演精度有所提升，RMSE 约为 $0.55m^2/m^2$，RRMSE 约为 13.6%。表 4-3 显示了基于 L1 和 L2 航线单角度观测的玉米、马铃薯和向日葵三种农作物的 LAI 反演精度。基于 L1 航线单角度观测进行 LAI 反演时，RMSE 值从马铃薯的 $0.62m^2/m^2$ 和玉米的 $0.58m^2/m^2$ 降低到向日葵的 $0.45m^2/m^2$，而 RRMSE 值从马铃薯的 14.2% 和玉米的 21.1% 降至向日葵为 10.6%。基于 L2 航线单角度观测进行 LAI 反演时，RMSE 值从玉米的 $0.96m^2/m^2$ 和向日葵的 $0.39m^2/m^2$ 降低到马铃薯的 $0.22m^2/m^2$，而 RRMSE 值从玉米的 31.1% 和向日葵的 10.3% 降至马铃薯的 5.2%。对于三种作物类型，利用 L1 和 L2 观测值反演得到的 LAI 精度较为接近。

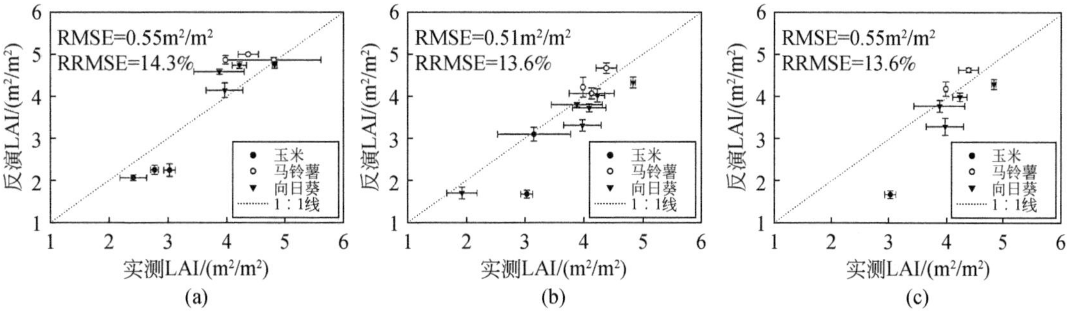

图 4-1　玉米、马铃薯和向日葵三种作物的 LAI 反演结果

其中，(a) 和 (b) 分别表示利用 L1 航线和 L2 航线单角度观测值估算 LAI 的结果；
(c) 表示利用 L1 和 L2 航线双角度观测值估算 LAI 的结果

表 4-3　基于 L1 和 L2 单角度观测值的玉米、马铃薯和向日葵三种农作物的 LAI 反演精度

农作物类型	L1		L2	
	RMSE/ (m^2/m^2)	RRMSE/%	RMSE/ (m^2/m^2)	RRMSE/%
玉米	0. 58	21. 1	0. 96	31. 1
马铃薯	0. 62	14. 2	0. 22	5. 2
向日葵	0. 45	10. 6	0. 39	10. 3
三种农作物	0. 55	14. 3	0. 51	13. 6

4. 3. 1. 4　神经网络方法

神经网络算法是植被参数反演中最常用的机器学习算法之一。神经元模型是神经网络中的基本组成单位（图 4-2），位于神经网络中的某一神经元在接收到其他 n 个神经元的传递输入信号之后，这些输入信号经过权重的连接并进行传递，神经元接收到的总输入值将与神经元的阈值进行比较，然后通过“激活函数”处理以产生神经元的输出（周志华，2016）。

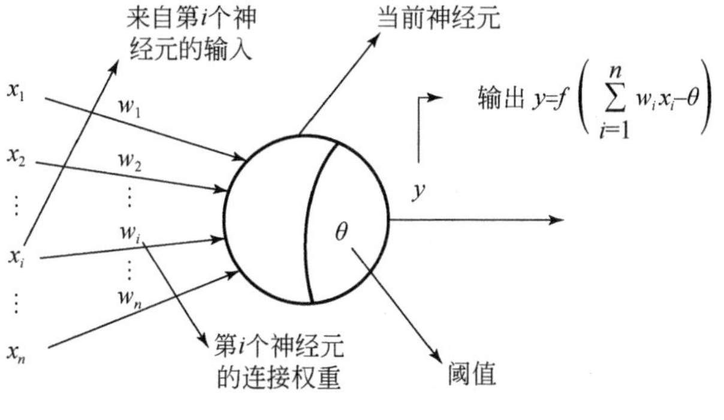

图 4-2　神经元模型

1）BP 神经网络反演 LAI 基本原理

BP（Back Propagation）神经网络是迄今最成功的神经网络学习算法，它是由一个输入层、一个输出层和一个或多个隐层构成，采用 BP 算法训练的多层前馈神经网络。图 4-3 是一个 BP 神经网络结构，包含了 d 个输入神经元、q 个隐层神经元和 l 个输出神经元，其中输出层第 j 个神经元的阈值用 θ_j 表示，隐层第 h 个神经元的阈值用 γ_h 表示。输入层第 i 个神经元与隐层第 h 个神经元之间的连接权为 v_{ih}，隐层第 h 个神经元与输出层第 j 个神经元之间的连接权为 w_{hj}。记隐层第 h 个神经元接收到的输入为 $\alpha_h = \sum_{i=1}^{d} v_{ih}x_i$，输出层第 j 个神经元接收到的输入为 $\beta_j = \sum_{h=1}^{q} w_{hj}b_h$，其中 b_h 为隐层第 h 个神经元的输出。该网络中有 $(d+l+1)\times q+l$ 个参数需要确定，包括输入层到隐层的 $d\times q$ 个权值、隐层到输出层的 $q\times l$ 个权值、q 个隐层神经元的阈值和 l 个输出层神经元的阈值。

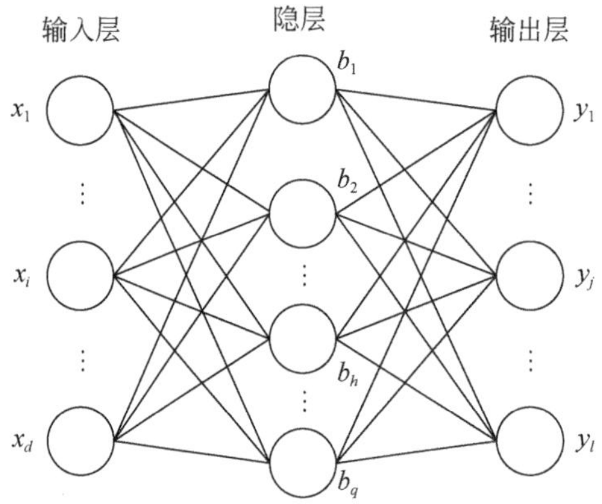

图 4-3　BP 神经网络

如果隐层和输出层神经元都使用 sigmoid 函数，对训练样本（x_k，y_k），假定神经网络的输出为 $\hat{y}_k=(\hat{y}_1^k, \hat{y}_2^k, \cdots, \hat{y}_l^k)$，即

$$\hat{y}_j^k = f(\beta_j - \theta_j) \tag{4-2}$$

则网络在（x_k，y_k）上的均方误差为

$$E_k = \frac{1}{2}\sum_{j=1}^{l}(\hat{y}_j^k - y_j^k)^2 \tag{4-3}$$

BP 神经网络算法的基本思想：对于每个训练样例，首先，将输入示例传递给输入神经元，然后进行信号的逐层传递，直到输出层产生结果；然后，计算输出层的误差，误差随后被逆向传播到隐层神经元；最后，根据隐层神经元的误差来对连接权值和阈值进行调整。上述迭代过程循环至符合某些停止条件为止。

Baret 等（2007）基于 SPOT/VEGETATION 传感器数据，采用 BP 神经网络算法生产了全球 1999 年以来的 LAI 产品，即 CYCLOPES LAI 数据集。他们利用 PROSAIL 模型模拟的数据训练神经网络模型（图 4-4）。神经网络的输入数据为经过大气校正和 BRDF 校正的 VEGETATION 红光（B2）、近红外（B3）和短波红外（SWIR）波段反射率数据，以及合成期太阳天顶角的中值（θ_s），输出数据为植被 LAI。模拟的训练数据经过归一化处理（Norm）后，利用 Levenberg-Marquardt 优化算法对图 4-4 所示的神经网络进行训练。然后，将经过校正的植被归一化红光波段、近红外波段和短波红外波段的光谱反射率和合成期间太阳天顶角中值输入训练好的神经网络，生产 10 天合成的 LAI 产品。

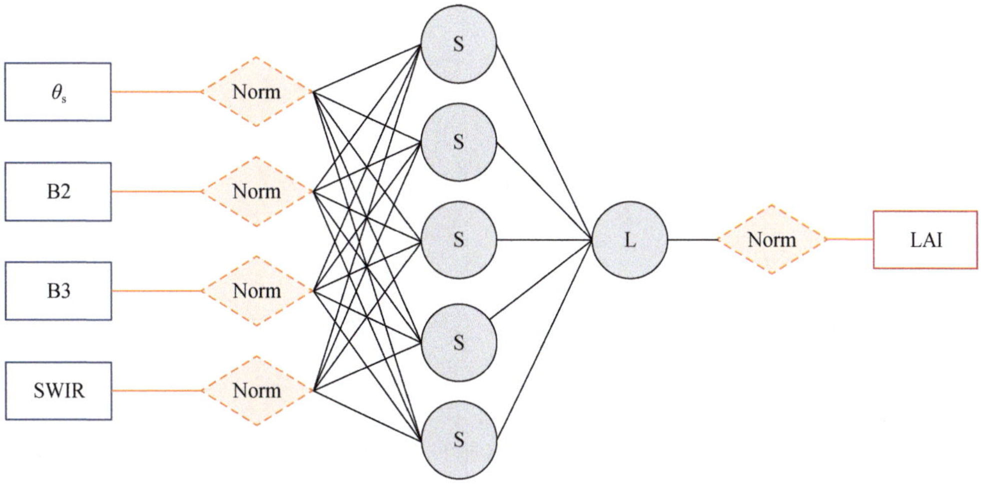

图 4-4　CYCLOPES LAI 反演的神经网络结构

除了 BP 神经网络外，广义回归神经网络（General Regression Neural Network，GRNN）也用于植被 LAI 的产品生产。

2）GRNN 算法反演 LAI 的基本原理

GRNN 由 Specht（1991）提出，它是径向基函数网络和概率神经网络的推广，具有训练过程不需迭代、学习速度较快以及仅有一个自由参数需要调整等优点，广泛应用于模式识别、自适应控制、系统辨识、时间序列预测和地表参数反演等众多领域（Li et al., 2008；Feng et al., 2017）。

图 4-5 为一个多输入、多输出的广义回归神经网络，共包括四层，分别是输入层（Input Layer）、模式层（Pattern Layer）、求和层（Summation Layer）和输出层（Output Layer）。对应网络输入为 $X=[x_1, x_2, \cdots, x_n]^{\mathrm{T}}$，其输出为 $Y=[y_1, y_2, \cdots, y_m]^{\mathrm{T}}$。

（1）输入层。输入层神经元的数目与学习样本中输入向量的维数相等，各个神经元作为独立分布单元，其功能比较简单，能够将输入变量传递到模式层。

（2）模式层。模式层神经元与学习样本的个数 num 相等，各神经元对应不同的样本，模式层神经元 i 的传递函数如下：

$$p_i=\exp\left[-\frac{(X-X_i)^{\mathrm{T}}(X-X_i)}{2\sigma^2}\right]\quad i=1,2,\cdots,\mathrm{num} \tag{4-4}$$

即神经元 i 的输出为输入变量 X 与其对应的样本 X_i 之间 Euclid 距离平方 $D_i^2=(X-X_i)^{\mathrm{T}}(X-X_i)$ 的指数形式。其中，X 为网络输入变量，X_i 为第 i 个神经元对应的学习样本。

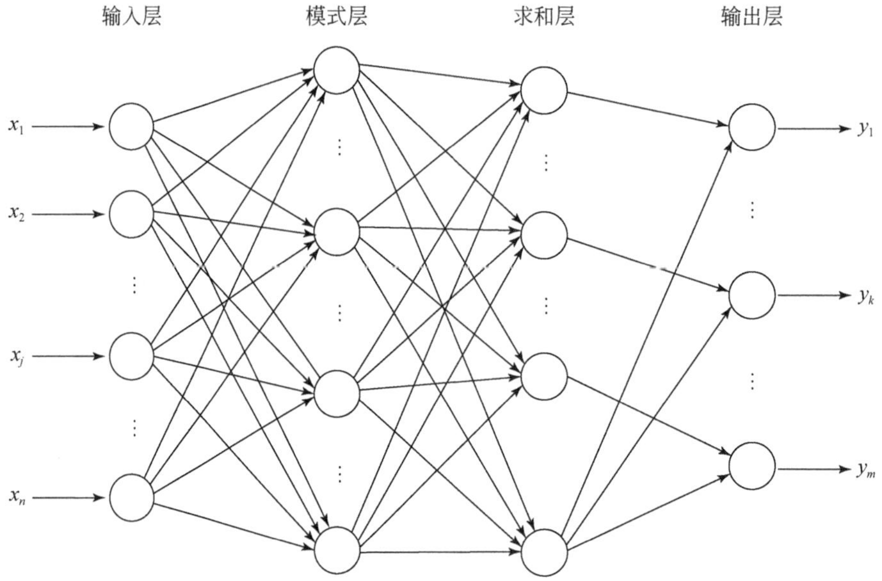

图 4-5　GLASS LAI 反演的 GRNN 结构（Xiao et al.，2014）

（3）求和层。求和层中存在两类不同的神经元用于求和。一类的计算公式为 $\sum_{i=1}^{\text{num}} \exp\left[-\frac{(X-X_i)^{\mathrm{T}}(X-X_i)}{2\sigma^2}\right]$，该类神经元对于模式层神经元的输出值进行算术求和运算，其与模式层各神经元的连接权值为 1，传递函数为

$$S_D = \sum_{i=1}^{\text{num}} p_i \tag{4-5}$$

另一类计算公式是 $\sum_{i=1}^{\text{num}} Y_i \exp\left[-\frac{(X-X_i)^{\mathrm{T}}(X-X_i)}{2\sigma^2}\right]$，其对模式层神经元的输出值进行加权求和运算，模式层中第 i 个神经元与求和层中第 j 个分子求和神经元之间的连接权值为第 i 个输出样本 Y_j 中的第 j 个元素 y_{ij}，其传递函数为

$$S_{Nj} = \sum_{i=1}^{\text{num}} y_{ij} p_i \qquad j = 1,2,\cdots,m \tag{4-6}$$

（4）输出层。输出层中的神经元数目等于学习样本中输出向量的维数 m，各神经元将求和层的输出相除可得输出结果，神经元 j 的输出对应估计结果为

$$y_j = \frac{S_{Nj}}{S_D} \qquad j = 1,2,\cdots,m \tag{4-7}$$

由此可见，广义回归神经网络模型设计简单，当输入输出节点确定后，仅需要确定平滑参数 σ 的值。

3）基于 GRNN 生成 GLASS LAI 产品

Xiao 等（2014）利用 GRNN 集成时间序列 MODIS 地表反射率数据生成了 GLASS LAI 产品。GRNN 模型的输入数据是 MODIS 反射率数据，包括预处理后的红光（R）和近红外（NIR）波段的时间序列反射率（时间分辨率为 8 天，每年有 46 个数据），即输入变量 $X=$

$(R_1, R_2, \cdots, R_{46}, NIR_1, NIR_2, \cdots, NIR_{46})^T$ 共 92 个分量；输出为对应年份的时间序列 LAI，即 $Y=(LAI_1, LAI_2, \cdots, LAI_{46})^T$，包含 46 个分量。

为了生成全球尺度范围内的 LAI 产品数据，他们选择了全球范围内 402 个 BELMANIP 站点，提取对应的 2001 ~ 2003 年预处理后的 MODIS 地表反射率数据、MODIS LAI 数据和 CYCLOPES LAI 数据，对 MODIS LAI 和 CYCLOPES LAI 数据进行融合生成 LAI 数据用于 GRNN 模型的训练，然后利用训练好的 GRNN 模型反演 LAI，结果如图 4-6 所示。

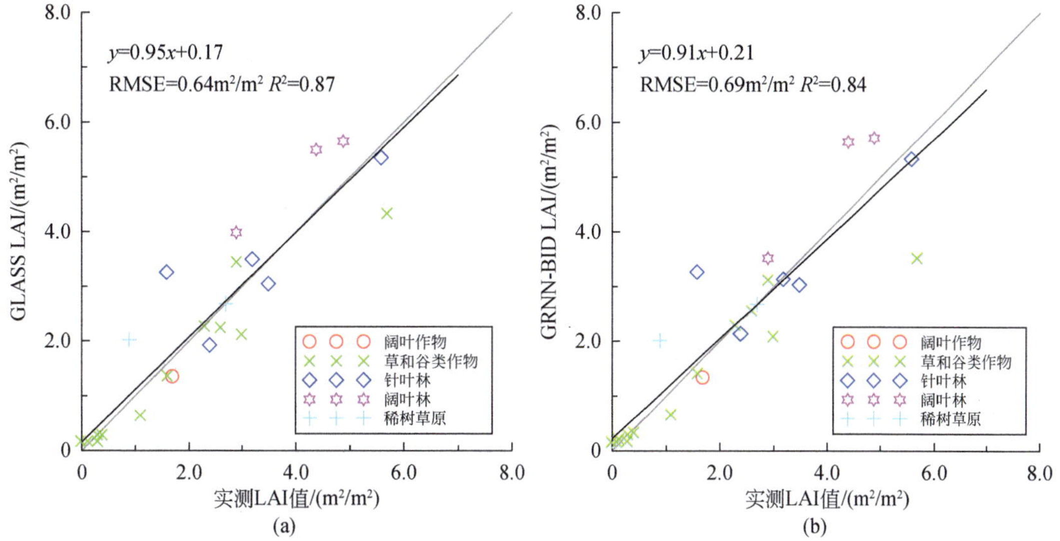

图 4-6　GRNN 估算 LAI 与实测 LAI 结果比较

从图 4-6 可以看出，GRNN 反演得到的 LAI 与地面测量 LAI 之间的一致性较好（$R^2=0.87$，RMSE = 0. 64m^2/m^2），GRNN-BID（Biome-Independent GRNN）反演得到的 LAI 与地面测量值之间的 R^2 为 0. 84，RMSE 为 0. 69m^2/m^2。GLASS 和 GRNN-BID 得到的 LAI 值与实测 LAI 值大多分布在 1 : 1 线附近。

此外，与 MODIS LAI 和 CYCLOPES 相比，GLASS LAI 与 GRNN-BID LAI 在时间序列上的曲线更为平滑。图 4-7（a）和（b）为针叶林生物群落类型 BELMANIP 站点 LAI 时间轨迹曲线，结果显示：MODIS LAI 时间序列曲线在 NOBS-BOREAS 站点上表现出剧烈的波动，冬季缺乏 CYCLOPES LAI 值，而 2001 ~ 2002 年 GLASS 和 GRNN-BID LAI 值的时间曲线相对平滑，且与实测值更为接近。在 Larose 和 Nezer 站点，MODIS LAI 在时间剖面上波动较大，CYCLOPES LAI 在整个生长季都大大低估了 LAI 值；与 MODIS LAI 和 CYCLOPES LAI 相比，GLASS LAI 和 GRNN-BID LAI 值时间序列曲线相对平滑，且与站点实测 LAI 值吻合性好。这也进一步说明了基于 GRNN 估算 LAI 可取得较好的反演结果。

4.3.1.5　贝叶斯网络

贝叶斯网络（Bayesian Network），又称为信念网络（Belief Network），是概率论和图论相结合的产物，它从概率的角度处理各种信息的不确定性，并且具有良好的概率推理能

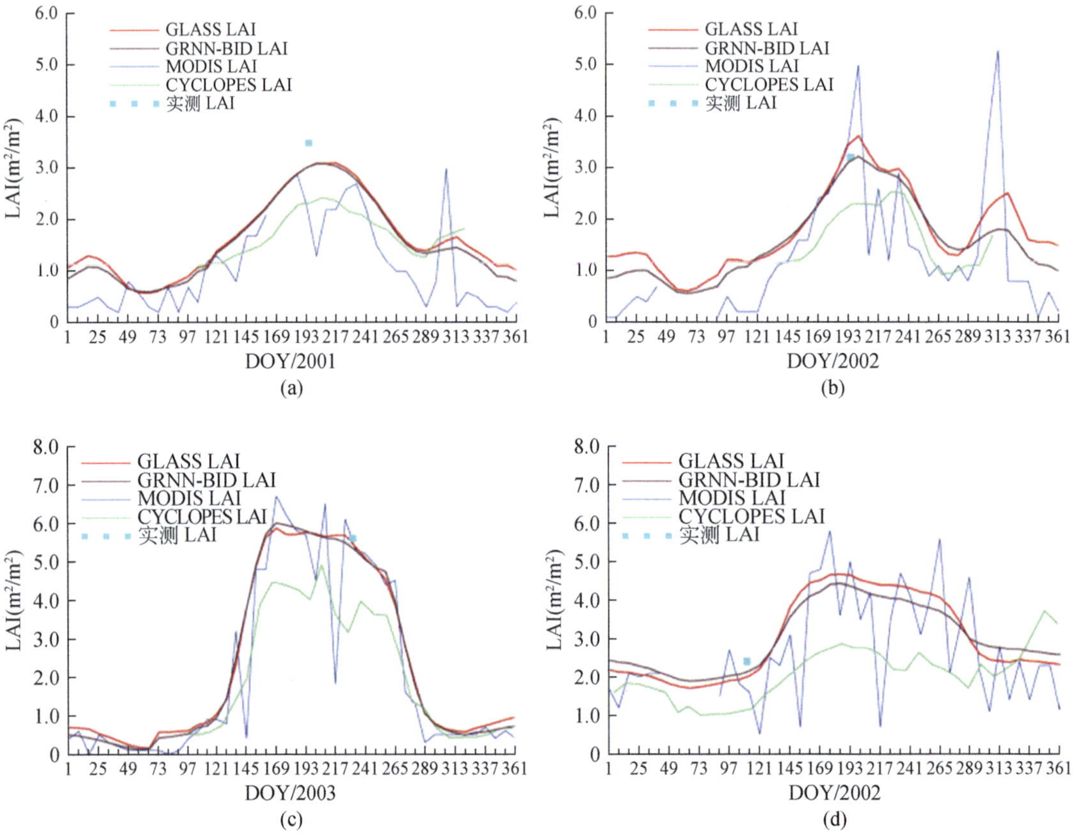

图 4-7 GLASS、GRNN-BID、CYCLOPES 和 MODIS LAI 的时间序列剖面

（a）和（b）分别对应 2001 年和 2002 年 NOBS-BOREAS 站点的 LAI 时间序列曲线；（c）对应 2003 年 Larose 站点的 LAI 反演结果；（d）对应 Nezer 站点 2002 年 LAI 反演结果

力，在不确定性知识表示和推理相关领域有广泛的应用（Farine and Strandburg-Peshkin，2015；Simon et al.，2008）。在定性层面，有向无环图（Directed Acyclic Graph，DAG）用于描述变量之间的依赖或者独立关系；在定量层面，条件概率分布用于描述变量对其父节点的依赖关系。

1）贝叶斯网络反演植被 LAI 的基本原理

贝叶斯网络是一个有向无环图，由代表变量的节点和连接这些节点的有向边构成，有向边由父节点指向子节点，用单线箭头“→”表示。有向边描述节点与节点之间的依赖以及影响关系等，而依赖关系的程度则使用条件概率分布进行量化。

图 4-8 为一个贝叶斯网络示例，令 $G=(N, E, P)$表示贝叶斯网络，(N, E)组成了一个有向无环图，其中 N 表示网络中的节点集合，E 表示网络中的有向边的集合，P 是与每个节点相关的条件概率分布，可以用 $P(V_i|\text{Pa}(V_i))$来表示，$\text{Pa}(V_i)$表示节点 V_i的所有父节点。对于离散变量，条件概率分布即为条件概率表。除父节点之外的任何节点均有其对应的条件概率表，条件概率表中的值表示父节点对应某一状态或某一状态组合下，子节点处于某一状态的概率。

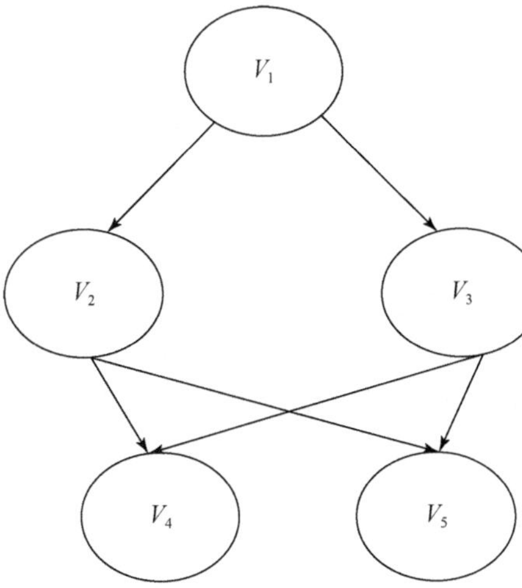

图 4-8 贝叶斯网络示例

贝叶斯网络反演的一个重要定理是贝叶斯定理。根据贝叶斯定理，对于随机事件 A 和 B：

$$P(A|B)=\frac{P(A)\times P(B|A)}{P(B)} \tag{4-8}$$

式中，$P(A)$ 为 A 的先验概率或者边缘概率，不考虑任何 B 方面的因素；$P(A|B)$ 为已知 B 发生时 A 发生的条件概率，即 A 的后验概率；$P(B|A)$ 为已知 A 发生后 B 发生的条件概率，当 B 为固定值时对应似然函数；$P(B)$ 为标准化常量。从语义上可表达为

$$\text{后验概率}=\frac{\text{先验概率}\times\text{似然函数}}{\text{标准化常量}}$$

即后验概率可以根据贝叶斯定理，用先验概率和似然函数计算出来。

在植被 LAI 反演中，若 V_2 表示 LAI，V_4 和 V_5 代表红光波段与近红外波段的反射率，利用贝叶斯网络进行反演本质上是计算后验概率 $P(V_2|V_4,V_5)$，似然函数 $P(V_4,V_5|V_2)$ 表示已知 LAI 时，红光波段与近红外波段的反射率，两者的关系可通过冠层反射模型定量表示。根据贝叶斯定理计算出 LAI 的后验概率分布，将使得 LAI 后验概率最大的值作为一定观测反射率数据下的 LAI 估算结果。因此，贝叶斯网络反演 LAI 时综合了三方面的信息，参数的先验分布、遥感物理模型以及观测数据提供的参数信息（屈永华等，2006）。

综上所述，贝叶斯网络地表参数反演方法是以贝叶斯定理为基础，同时与数学中的图论相结合，以图形化的方法直观描述变量之间相互关系。在遥感反演过程中，遥感数据、地表测量数据和模型都存在不确定性，贝叶斯网络具备较好的不确定性表达能力，因而在遥感反演中有广阔的应用前景。当涉及时间序列地表参数反演，贝叶斯网络框架下发展起来的动态贝叶斯网络能够将地表参数的时间演变信息、遥感反射模型、遥感观测数据以及它们的不确定性结合起来，将它们集成到地表参数的反演过程中，以得到时空连续的地表参数实时估计结果（Qu et al.，2012；Zhang et al.，2012）。

2）基于贝叶斯网络的顺义地区植被 LAI 和叶绿素含量反演

下面以 Qu 等（2008）的研究为例介绍贝叶斯网络反演植被 LAI 的方法。反演植被 LAI 和叶绿素含量 Cab 的贝叶斯网络结构如图 4-9 所示。该网络有 9 个节点，Growth Stage、LAI、Cab、ALA、VZenith、VAzimuth、Green、Red 和 NIR，分别代表变量植被发育期、叶面积指数、叶绿素含量、平均叶倾角、观测天顶角、相对方位角、绿光波段反射率、红光波段反射率和近红外波段反射率。节点之间的依赖或影响关系为：植被发育期直接影响到 LAI 和 Cab 的概率分布，即在植被的不同生长阶段，叶面积指数和叶绿素含量的概率分布不同；叶面积指数、叶绿素含量、叶倾角、观测天顶角和相对方位角会影响到绿光、红光和近红外波段反射率，叶面积指数、叶绿素含量、叶倾角、观测天顶角和相对方位角与绿光、红光和近红外波段反射率之间的定量关系可通过辐射传输模型描述。

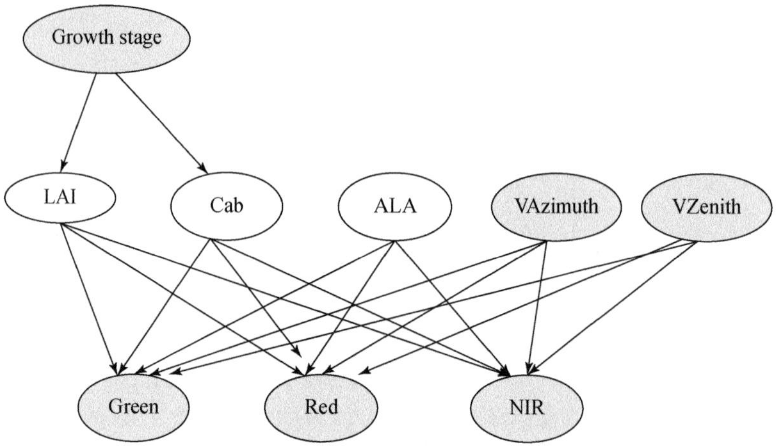

图 4-9　估算植被 LAI 和 Cab 的贝叶斯网络

从遥感观测到的反射率数据中估算植被 LAI，实质上是计算 LAI 的边缘或后验概率。对于图 4-9 所示的贝叶斯网络，如果用变量 T 表示 Growth Stage，L、V_1、V_2、G、R 和 N 分别表示节点 LAI、VAzimuth、VZenith、Green、Red 和 NIR，用小写字母表示具体变量的取值，在 $V_1=v_1$、$V_2=v_2$ 条件下获得三个波段的反射率值分别为 g、r、n，则在以上条件下的 LAI=l 后验概率为

$$\begin{aligned} & p(L=l \mid T=t, V_1=v_1, V_2=v_2, G=g, R=r, N=n) \\ = & \text{Const} \times p(L=l \mid T=t) \times \sum_{\{C,A\}} P(G=g, R=r, N=n \mid L=l, C, A, V_1=v_1, V_2=v_2) \end{aligned} \tag{4-9}$$

式中，Const 为常数，对应贝叶斯公式中的分母；p（$L=l \mid T=t$）为在给定发育期下 LAI 的条件概率分布；最后一项为模型对给定条件下数据的拟合能力。

参数先验知识从波谱库中提取，不同发育期植被 LAI 的概率分布如图 4-10 所示。

采取顺义 NW4 地块的 4 月 2 日、4 月 11 日、4 月 17 日及 4 月 21 日的地面多角度观测数据反演了植被 LAI 和 Cab，反演结果如图 4-11 所示。结果表明，LAI 的估计值和地表实测 LAI 较为接近，均方根误差为 $0.22\text{m}^2/\text{m}^2$。

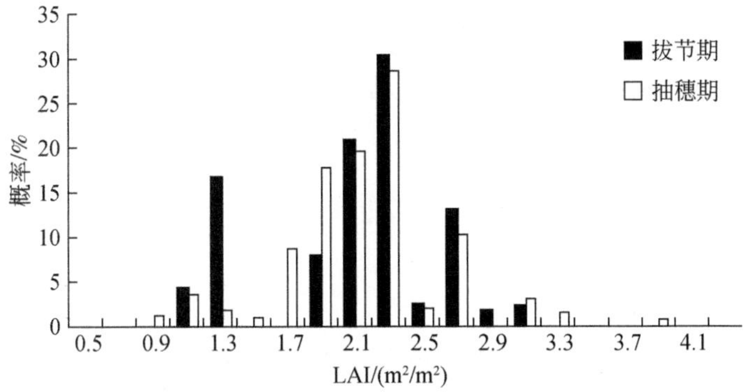

图 4-10　不同发育期植被 LAI 的概率分布

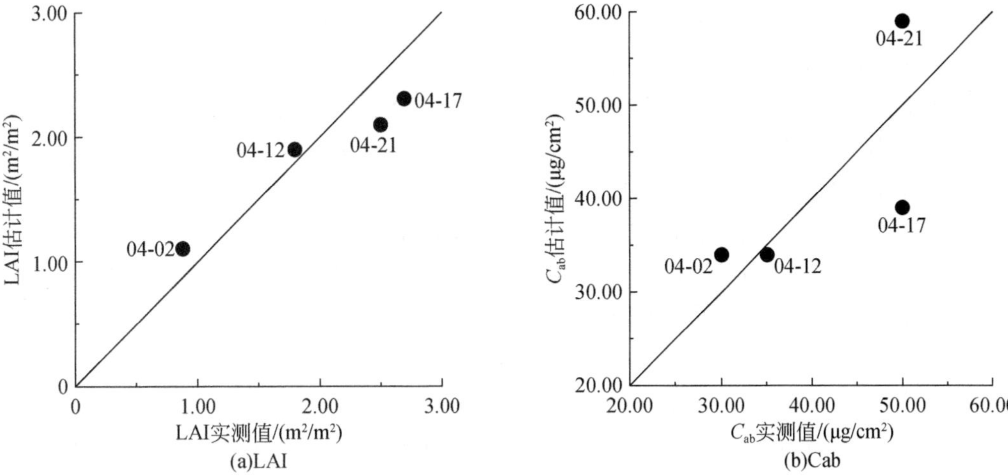

图 4-11　植被 LAI 和 Cab 的反演结果

4.3.1.6　数据同化算法

利用传统的经验模型或物理模型反演植被 LAI 大多基于单一时刻的遥感观测数据，由于反演过程中利用的信息有限，反演结果在时间序列上明显不连续，并且精度相对较低。实际应用中需要尽可能利用更多的信息进行 LAI 反演以提高参数反演质量。一种可行的方法是将时间序列遥感数据与反演参数随时间变化的先验廓线（如 LAI 先验生长变化曲线）结合起来。在植被 LAI 反演中，一些研究者围绕时间序列上遥感数据与 LAI 动态过程模型相结合的方法开展了相关研究，建立了植被 LAI 反演的集合卡尔曼滤波算法、粒子滤波算法以及变分数据同化算法，证实了数据同化系列算法在提高 LAI 反演精度中的可行性（王东伟，2008；梁顺林等，2013；黄健熙等，2015）。

在数据同化遥感反演过程中，动态过程模型可以描述地表参数如植被 LAI 在时间序列上的基本趋势，遥感观测数据则反映地表参数的实时信息。在没有高质量遥感观测数据时，地表参数可以通过动态过程模型预测得到；当获取到高质量遥感观测数据时，通过观测数据信息校正动态过程模型的预测值得到更好的分析值（李喜佳等，2014）。在地表参数遥感反演中，数据同化技术利用了动态过程模型的预测信息和遥感观测数据进行参数反演，因而反演结果基本符合地表参数的时间序列变化规律，其时间连续性优于基于单一时刻遥感观测的传统反演方法。

4.3.2 植被覆盖度

植被覆盖度（FVC），是刻画地表植被覆盖程度的重要参数，通常定义为植被地上器官（包括叶、茎、枝）在地面的垂直投影面积占统计区总面积的比例（贾坤等，2013）。

植被覆盖度获取方法有传统的地面测量方法和遥感反演方法两大类。传统的地面测量方法包括目视估测法、采样法和仪器测量法（梁顺林等，2013）。其中，目视估测法是目估者凭经验直接判别样方植被覆盖度或利用相片、网格等参照物肉眼估计样方的植被覆盖度。采样法对于选定的采样单元，按照一定的方法进行等距不连续采样，进而通过植被样数与总样数之比计算得到植被覆盖度。采样法操作复杂、测量速度慢，但精度较高（丁艳玲，2015）。仪器测量法比目视估测法和采样法先进，采用的仪器有空间定量计（Spatial quantum sensor，SQS）、移动光量计（Traversing quantum sensor，TQS）和数码相机。SQS以及TQS方法都是使用传感器测出光通过植被层的状况，然后估算植被覆盖度，这些方法需要特定的仪器，对于测量设备的要求都比较高。数码相机的出现，使得植被覆盖信息的地表实测和估算更加方便、快捷且准确（宋莎，2010）。照相法获取植被覆盖度是利用相机垂直向下拍照，结合数字图像处理技术对所拍图像进行解译，统计出植被像元数占总像元数的比例即为植被覆盖度（Zhou and Robson，2001）。White 等（2000）使用数码相机等四种仪器对美国干旱生态系统的植被覆盖度进行了测量，发现数码相机可以准确有效地监测干旱生态系统。目前，使用数码相机获取植被覆盖度是最广泛使用的地面测量植被覆盖度的方法，真实性检验的地面实验一般也采用照相法获取地面植被覆盖度（李新等，2008；Camacho et al.，2013；Mu et al.，2015）。需要注意的是，数码相机向下垂直拍照产生的图像存在几何畸变，照片边缘处畸变较大，在使用时需要对照片进行裁剪，以保留中心区域。

在区域尺度上，遥感方法因为具有较大范围的获取数据能力以及连续观测能力，而广泛用于植被覆盖度的估算中。在遥感反演方法中，常用于估算植被覆盖度的方法有回归模型法、混合像元分解法和基于机器学习的方法等。

4.3.2.1 回归模型法

与植被LAI的反演方法类似，利用回归模型估算植被覆盖度首先要建立遥感光谱波段或植被指数与植被覆盖度的经验关系，然后利用建立的模型估算更大尺度上的植被覆盖度。

基于植被指数的回归模型是最常用的模型之一。Wittich 和 Hansing（1995）针对不同的土地覆被类型建立了植被覆盖度与NDVI的经验模型，进而估算研究区植被覆盖度。虞连玉等（2015）基于回归分析方法建立 NDVI、TSAVI、MSAVI 和 EVI 四种植被指数反演冬小麦覆盖度的模型，其中 NDVI 和 TSAVI 与覆盖度之间的关系利用抛物线拟合效果较好，而 MSAVI 和 EVI 与覆盖度符合线性关系。在解释植被覆盖度的变化规律上，NDVI 和 TSAVI 比 EVI 以及 MSAVI 具有更大的优点。

回归模型法相对简单、容易实现，但这种经验模型只适用于特定的区域或植被类型。然而在实际情况中，由于地表具有一定的复杂性，区域性模型在大尺度植被覆盖度估算研究中可能并不适用。

4.3.2.2 混合像元分解法

1）混合像元分解方法进行植被覆盖度反演的基本原理

混合像元分解法是植被覆盖度反演常用的方法之一，它的基本原理是：对于图像中的某一个像元，其在实际地物中可能是由多个不同的成分组合而成的，而组成的每一个成分对于传感器观测到的信息都有一定的贡献，因此可以采取像元的分解模型对多波段信息进行分解进而求解各组分在混合像元中所占的比例，其中植被组分在像元中的比例就是植被覆盖度。像元分解模型存在线性模型与非线性模型。非线性模型考虑像元内部不同组分之间的多重散射，相对复杂且结果不够直观，因此，目前研究大都基于线性混合像元分解模型（Guerschman et al.，2009）。

线性混合像元分解模型的一般表达式为

$$R_k = \sum_{i=1}^{M} f_i \times r_{i,k} + e_k \tag{4-10}$$

式中，R_k为第 k 波段的反射率；M 为端元数（混合像元内组分的数量）；f_i为第 i 组分所占的比例；$r_{i,k}$为第 i 个组分在第 k 波段的反射率；e_k为残差项。在通常情况下，各组分所占的比例之和一般被限定为 1，即

$$\sum_{i=1}^{M} f_i = 1 \tag{4-11}$$

模型拟合程度用均方根误差（RMSE）进行评价。

$$\text{RMSE} = \left(\sum_{k=1}^{N} (e_k)^2/N\right)^{1/2} \tag{4-12}$$

式中，N 为波段数；e_k为波段 k 拟合的残差项（$k=1, 2, \cdots, N$）。

像元二分模型是使用较多也较为简单的一类像元分解模型，在该模型中，假定像元仅由植被和土壤两部分组合而成，像元的光谱信息由植被及土壤两个组分线性叠加而成，则植被覆盖部分占像元的比例就表示像元的植被覆盖度（Gutman and Ignatov，1998）。计算植被覆盖度时多采用 NDVI，其数学表达形式为

$$\text{NDVI} = f_{\text{veg}}\text{NDVI}_{\text{veg}} + (1-f_{\text{veg}})\text{NDVI}_{\text{soil}} \tag{4-13}$$

$$f_{\text{veg}} = \frac{\text{NDVI}-\text{NDVI}_{\text{soil}}}{\text{NDVI}_{\text{veg}}-\text{NDVI}_{\text{soil}}} \tag{4-14}$$

式中，f_{veg}为混合像元中植被所占的比例，即植被覆盖度；NDVI 为混合像元的 NDVI；NDVI_{veg}为植被全覆盖时对应的 NDVI；$\text{NDVI}_{\text{soil}}$为裸土对应的 NDVI。

估算植被覆盖度需要先确定纯植被和裸土情况下的 NDVI，但是受土壤、植被类型以

及叶绿素含量等因素的影响，确定 $NDVI_{veg}$和 $NDVI_{soil}$有一定的难度和不确定性。通常情况下，研究者采取对时空 NDVI 进行统计分析的方式确定 $NDVI_{veg}$和 $NDVI_{soil}$，比如 Gutman 和 Ignatov（1998）利用时间序列上的 NDVI 值确定纯植被和裸土对应的 NDVI，他们将时间序列上 NDVI 的最大值作为纯植被的 NDVI，最小值作为裸土的 NDVI。针对 $NDVI_{veg}$和 $NDVI_{soil}$获取的不确定性，Song 等（2017）提出利用特征角度信息反演这两个值，他们引入了基于辐射传输的孔隙率模型，利用方向性的植被组分将孔隙率与二分模型相结合，借助特殊观测角度（天顶角为57°）及遥感 LAI 产品对模型进行简化，反演得到 $NDVI_{veg}$和 $NDVI_{soil}$。在此基础上，Mu 等（2018）利用多角度信息抵消 Song 等（2017）提出的 NDVI 系数反演算法对 LAI 产品的依赖，仅用遥感多角度植被指数反演得到 $NDVI_{veg}$和 $NDVI_{soil}$。

像元二分模型形式简单且具有一定的物理意义，因而被广泛用于估算区域乃至全球植被覆盖度。例如，Zeng 等（2000）基于 AVHRR NDVI 数据集和像元二分模型生产了 1992 年和 1993 年的全球植被覆盖度。Broxton 等（2014）利用 MODIS NDVI 数据和像元二分模型估算了 2001 ~ 2012 年年际最大植被覆盖度。DeFries 等（1999）将植被类型拆分为木本植物和草本植物，对三个组分构成的线性混合像元分解模型进行求解得到了全球尺度上的植被覆盖度。但是，面对复杂的地表情况，简单的线性混合像元分解模型的精度不一定最优。

2）利用混合像元分解法估算新墨西哥州（New Mexico）地区植被覆盖度

Xiao 和 Moody（2005）利用混合像元分解方法估算了新墨西哥州地区植被覆盖度，并与基于 NDVI 的回归模型和像元二分模型获取的植被覆盖度进行了比较。

基于 NDVI 的回归模型估算植被覆盖度时，首先利用已知的真实植被覆盖度及对应的 NDVI 数据拟合模型 $f_c=\beta_0+\beta_1\times NDVI+error$，其中，$\beta_0$为截距，$\beta_1$为斜率。研究中所用的真实植被覆盖度数据通过对真彩色高分辨率（分辨率为 0.3m）正射影像信息进行信息提取而得到。计算 NDVI 的数据源为 Landsat ETM+影像，然后随机选取了 60 个点作为训练数据拟合回归模型，最后利用拟合的模型估算 ETM+图像上所有像元的植被覆盖度。

利用像元二分模型估算植被覆盖度时，他们将 NDVI 回归模型进行拟合时的绿色植被和裸土对应的 NDVI 值分别设置为 $NDVI_{veg}$和 $NDVI_{soil}$，利用植被覆盖度公式计算 ETM+图像上所有像元的植被覆盖度。研究探索了利用 3 个端元和 4 个端元混合模型分解（即 SMA3 和 SMA4）获取植被覆盖度的情况。与拟合 NDVI 回归模型时训练数据获取的方式相似，研究中随机选取了 170 个像元用于植被覆盖度估算模型的验证，结果如表 4-4 所示，四种模型的精度总体较为接近。

表 4-4　不同植被覆盖度估算模型的精度比较

参数	SMA3	SMA4	NDVI 回归模型	像元二分模型
R_2	0. 89	0. 85	0. 87	0. 88
RMSE	0. 099	0. 123	0. 105	0. 106

4.3.2.3 基于机器学习的方法

现如今，随着计算机技术以及人工智能理论的发展，植被覆盖度的估算研究中也应用了许多机器学习算法。神经网络算法是植被覆盖度遥感反演最常用的机器学习算法之一。Boyd 等（2002）比较了多元回归、植被指数及神经网络三种算法，发现神经网络算法更适于美国太平洋西北部针叶林覆盖度的估算。van de Voorde 等（2008）比较了多元逐步回归算法、线性混合像元分解和多层感知机神经网络算法估算城市植被覆盖度的精度，结果发现多层感知机神经网络算法估算植被覆盖度精度更高。

除了地表参数反演算法中最常用的神经网络算法，多元自适应回归样条（Multivariate Adaptive Regression Splines，MARS）模型也用于植被覆盖度的估算中（Jia et al.，2019）。

1）MARS 方法

MARS 是由美国的统计学家 Friedman 于 1991 年提出的一种数据分析方法（Friedman，1991）。MARS 模型结合了样条回归、累加回归等多个回归模型的优点，考虑了各变量之间的交互作用，能甄别预测变量与陆表参数之间的非线性映射关系，并对每个变量的函数关系实现显示表达，有很强的自适应性（陈宣全等，2019）。

MARS 算法在进行建模过程中，主要包括如下三个步骤：前向过程、后向剪枝过程以及模型选取。在前向过程中，模型选取训练样本特征对数据分割，并且每个特征节点生成一对分段线性基函数，在遍历所有训练样本后将得到一个过拟合的模型。在后向剪枝过程中逐步删除对模型贡献度较小的基函数。在模型选取过程中，选取最优模型作为 MARS 的回归模型，该步骤可以提高模型的泛化能力。

MARS 模型的构建方式如下：

$$f(x) = a_0 + \sum_{m=1}^{M} a_m B_m(x) \tag{4-15}$$

$$B_m(x) = \prod_{k=1}^{K_m} \{S_{k,m}[x(k,m) - t_{k,m}]\} \tag{4-16}$$

式中，$B_m(x)$ 为基函数模型；a_m 为模型的系数；M 为基函数的个数。MARS 能够将非线性模型区域进行划分，在划分之后的若干个特定区域，每一个特定区域采用线性回归直线用于拟合，区域之间的线性回归线的交点称为结点，K_m 为结点数；$S_{k,m}$ 的值取 1 或-1，表示右侧或左侧的样条函数；$x(k, m)$ 为独立变量的标识；$t_{k,m}$ 为标识结点的位置。

2）基于 MARS 算法估算全球植被覆盖度

Jia 等（2019）利用 MARS 算法生成全球植被覆盖度遥感产品，模型的输入数据包括经过预处理的 AVHRR 红光波段和近红外波段反射率，输出数据为经过校正的 GLASS-MODIS 植被覆盖度。收集 VALERI 站点获取的地面实测植被覆盖度数据，将其聚合后用于验证从 AVHRR 数据获取的植被覆盖度产品。结果表明，GLASS-AVHRR 植被覆盖度与植被覆盖度基准值之间有较好的一致性，GLASS-AVHRR 植被覆盖度精度（R^2 = 0.834，RMSE = 0.145）优于 GEOV1 植被覆盖度（R^2 = 0.799，RMSE = 0.171）（图 4-12）。

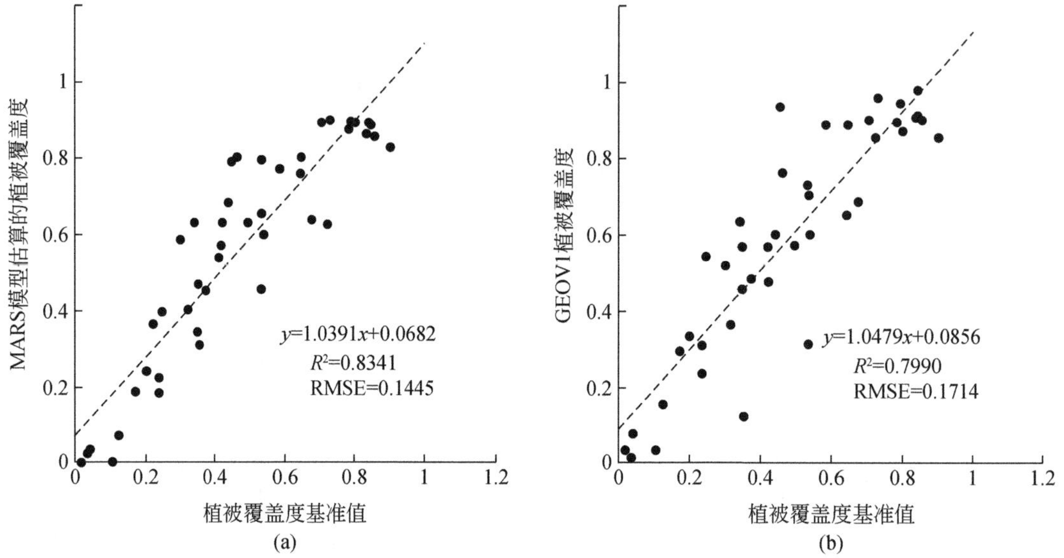

图 4-12　MARS 模型估算的 GLASS-AVHRR 植被覆盖度与验证站点上的植被覆盖度比较（a）以及来自 VGT 数据的 GEOV1 植被覆盖度与验证站点上的植被覆盖度比较（b）

4.4　能量类植被参数

4.4.1　光合有效辐射

光合有效辐射（PAR）定义为能够被绿色植物吸收并用于光合作用的太阳辐射中的部分能量，波长范围在 400 ~ 700nm。PAR 是形成生物量的基本能源，在不受其他环境因子（如温度、水分等）限制的条件下，植被冠层的光合作用一般随着 PAR 的增加而增强，直接影响到植物的生长、发育和作物群体的质量和产量（李亚兵等，2012；任小丽等，2014）；同时，PAR 也是重要的气候资源，它影响着地表与大气环境的物质和能量交换（Li et al.，1997）。

目前 PAR 有两种不同的度量系统：一种是能量学系统，用 PAR 波段范围内的辐照度（W/m^2）来度量，主要应用于辐射、气象与气候方面的研究；另一种是量子学系统，用光量子通量密度［$\mu mol/(m^2 \cdot s)$］来度量，表征单位时间内在单位面积上入射的光量子数，主要应用于农业、生态等研究领域（周晓东等，2002）。两种度量系统之间，存在一个量子转换系数，一般取值为 4.57μmol/J（Dye，2004）。

传统的 PAR 估算方法主要依托于气象台站和通量观测站［如全球通量观测网络（FLUXNET）］所获得的观测数据。周允华等（1996）在充分研究 PAR 与其他气象要素关系的基础上，提出了利用太阳总辐射估算 PAR 的气候学公式；白建辉（2009）、张运林和秦伯强（2002）和张宪洲等（1997）分别建立了华北地区、太湖地区和青藏高原 PAR 估算的经验公式。此外，中国生态系统研究网络（Chinese Ecosystem Research Network, CERN）、中国气象局辐射观测和中国陆地生态系统通量观测研究网络（ChinaFlux）、全球能量平衡数据库、基准地表辐射网、地表辐射能量收支观测网以及 FLUXNET 观测网络等国内外的辐射观测网络为准确获取 PAR 观测提供了途径（谭运会，2020）。Wang 等（2015）根据 2006～2012 年 CERN 站点的 PAR 值，建立不同条件下 PAR 与太阳天顶角和晴空指数的关系，然后根据国家气象中心的 115 个气象站点提供的太阳辐射重建了 1961～2012 年的 PAR 数据集，分析了该时间段内的中国 PAR 的空间分布特征，发现中国西北和青藏高原的数值普遍较高。Tang 等（2013）利用中国气象局网站提供的气象站点的空气温度、空气压力、相对湿度以及日照时数结合 PAR 模型，估算得到 PAR，构建了中国地区 PAR 数据集。

利用站点气象数据建立经验或半经验模型估算 PAR，其物理机理相对缺乏，建立的模型不适合除站点之外的区域，而且有限的站点难以满足空间上 PAR 获取的需求。目前来说，在区域或者全球尺度上对 PAR 进行估算的有效方法是利用卫星遥感数据进行反演。

Frouin 和 Pinker（1995）总结了利用卫星数据反演 PAR 的过程中需要注意的几个关键问题，包括辐射校正、云模型、云检测以及反演结果的验证。为了在保证 PAR 估算精度的同时提升估算速度，很多研究者利用辐射传输模型建立查找表来计算 PAR。刘荣高等（2004）以 MODIS 卫星数据为基础，利用查找表的方式反演了晴空条件下 PAR，与测量数据对比，最大误差小于 10%。Liang 等（2007）利用大气辐射传输模型模拟出不同的大气状况条件下，大气顶辐亮度与 PAR 的关系，然后确定真实地表反射率，结合查找表获得真实 TOA 下的大气状况参数（如气溶胶厚度），从而估算出 PAR。Zheng 等（2007）在 Liang 等（2007）的方法基础上将其应用范围扩大，不仅将该算法运用在 MODIS 数据上，还将其运用在 AVHRR、GOES 等不同遥感数据上，并在 GOES 数据的估算上考虑了地形因子的影响。Zheng 等（2007）的扩展为建立长时间序列 PAR 提供了可能。

除了利用卫星的表观辐射反演 PAR 之外，利用机器学习算法反演 PAR 的方法也随之兴起。支持向量机回归、人工蚁群模型和神经网络模型已经被用于估算世界各地的 PAR，其中神经网络模型是目前应用最为广泛的。López 等（2001）利用气象数据建立了估算 PAR 的前向反馈神经网络模型。Wang 等（2016）对比了多层前向反馈神经网络（MLP）、广义回归神经网络（GRNN）和径向基神经网络（RBFNN）预测 PAR，发现在预测国内多种生态系统的 PAR 时，MLP 和 RBFNN 表现比 GRNN 要好。Ryu 等（2018）利用大气辐射传输模型和神经网络模型，生成了 2000～2016 年数据间隔为 4 天、空间分辨率为 5km 的散射、直射 PAR 和短波辐射的产品，利用 158 个短波辐射站点、77 个 PAR 站点和 22 个散射 PAR 站点进行验证，反演精度 R^2 值分别 0.95、0.94 和 0.84，相对偏差均低于 2.3%。

4.4.2 光合有效辐射吸收比率

光合有效辐射吸收比率（FPAR）是指植被冠层绿色部分吸收的光合有效辐射（PAR）与冠层顶部的总 PAR 的比值。FPAR 是描述植被结构以及大气-陆面生物圈之间能量和水分交换过程的一个关键参数。植被光合作用主要是植被利用太阳光合有效辐射并吸收大气

中 CO_2 进行一系列复杂的生化反应，将无机物转化为有机质，因此，FPAR 是建立碳循环模型、植被生产力模型以及作物估产的重要输入参数（Monteith et al., 1977；Hilker et al., 2008；张健，2014）。由于 FPAR 的重要性，国际社会已经将其纳入到全球陆地观测系统（GTOS）和全球气候观测系统（GCOS）影响全球气候变化的关键参数中。

目前，FPAR 的获取存在两种不同途径：一种是在地面观测中依靠光学测量仪器，比如 SUNSCAN、TRAC 以及 AccuPAR 等冠层分析系统和传感器来准确获得冠层信息，而该方法的局限之处在于只能获得点上的 FPAR；另外一种方法是结合遥感数据建立模型对 FPAR 进行反演。遥感估算 FPAR 的方法与植被 LAI 基本类似，植被 LAI 的反演方法亦可用于 FPAR 的反演。

4.4.2.1 基于植被指数估算 FPAR

目前用于 FPAR 估算的植被指数有很多种，包括 NDVI、RVI、PVI、WDVI、SAVI、TSAVI、DVI、EVI、VARI、WRDVI、OSAVI 等，其中 NDVI 是应用最为广泛的植被指数（Clevers et al., 1994；Myneni and Williams, 1994；Epiphanio and Huete, 1995；Ridao et al., 1998）。

基于植被指数的 FPAR 估算主要有两种途径。一种是实地测量出 FPAR 数据，然后结合遥感数据计算出相应的植被指数，建立 FPAR 与植被指数之间的统计模型。Wiegand 等（1991）分析了玉米的 FPAR 与基于 SPOT 卫星数据的 NDVI、PVI、GVI 和 TSAVI 的统计关系，发现 FPAR 与 NDVI、PVI 有很好的相关性，其相关性均可达到 0.9 以上。陈雪洋等（2010）利用我国自主研发运行的 HJ-1 卫星数据计算了 NDVI、RVI、SAVI 和 EVI 四种植被指数，结合地面同步观测数据，建立了植被指数与实测 FPAR 的回归模型估算山东禹城地区夏玉米 FPAR。他们发现各植被指数与 FPAR 均具有较高的相关性，NDVI 反演夏玉米 FPAR 精度最高，模型平均误差仅为 3.8%。但是，这类经验统计方法一般只对实验区域附近相同类型的植被有效，很难用于大范围的 FPAR 估算（田定方等，2020）。

另一种途径是利用冠层反射模型，在不同条件下考虑冠层发射率的变化，这些变化会给植被指数与 FPAR 之间的关系带来诸多的不确定性因素，有利于 FPAR 与植被指数的不确定性研究，在一定程度上，该方法可认为是半机理方法。Goward 和 Huemmrich（1992）利用 SAIL 模型模拟，分析了草本植被冠层 NDVI 与 FPAR 的关系，发现日均 FPAR 与 NDVI 有很好的线性关系，因此 NDVI 可用于日均 FPAR 的估算。Myneni 和 Williams（1994）利用三维辐射传输模型模拟得到的 FPAR 估算公式为 $FPAR=1.16\times NDVI-0.14$。梁守真等（2018）以针叶林为研究对象，结合大气辐射传输模型 6S，对冠层 FPAR 与植被指数 NDVI、EVI、EVI2、ARVI、SAVI 进行分析，在此基础上研究 FPAR 与植被指数对大气气溶胶的敏感性。研究结果表明，EVI 与冠层 FPAR 的相关性最强，且相关关系对大气气溶胶的敏感性最低。除大气环境外，植被种类、观测角度以及遥感数据质量等多种因素会影响植被指数与 FPAR 的关系。开展植被指数与 FPAR 的不确定性分析是植被指数法估算 FPAR 的重要研究内容之一。

4.4.2.2 基于辐射传输模型估算 FPAR

在植被指数法得到广泛应用的同时，众多学者也从机理出发，利用遥感进行 FPAR 的估算研究。基于辐射传输模型反演 FPAR 的过程包括利用模型进行冠层反射率的正向模拟和构建优化函数进行 FPAR 反演两个过程。其中，模型的正向模拟是利用辐射传输模型在不同情景下进行冠层反射率的模拟，而优化目标函数的构建主要是最大化或最小化目标函数，获取方向性的模拟反射率与测量数据的最佳吻合，通过寻找最优解的方式得到 FPAR 反演值。

MODIS FPAR 产品的主要算法采用的就是基于辐射传输模型的反演。Myneni 等（2002）根据冠层结构将植被覆盖类型分为六类，分别是草地和谷类作物、灌木、阔叶作物、草原、阔叶林、针叶林，最新的 C6 产品进一步将阔叶林/针叶林细分为常绿、落叶阔叶林/针叶林，然后根据各类植被类型的特点选择合适的先验模型参数，正向模拟得到不同组分和环境下模拟冠层反射率并建立起反射率与 FPAR 值的查找表，通过比较模拟反射率和观测反射率寻找最匹配的 FPAR 值得到反演结果。同时，建立 NDVI 与 FPAR 之间的经验模型，将经验模型计算 FPAR 的方法作为备用算法，用于主算法失效时的部分像元 FPAR 计算，对主算法起到补充作用。为促进 MODIS FPAR 产品的改进，许多学者纷纷开展了地面验证研究。Fensholt 等（2004）基于地面实测数据对半干旱地区的 FAPAR 产品开展验证，其验证结果表明地面实测数据与 MODIS FPAR 之间存在较好的相关性，并随着生长季的变化 R^2 在 0.81 ~ 0.98 变动，总体精度 MODIS FPAR 高估 8% ~ 20%。李晓宇等（2015）选取内蒙古呼伦贝尔草甸草原为研究对象，利用地面实测值与 HJ-1 CCD 高分辨率卫星影像建立统计模型，将 HJ FPAR 作为相对真值验证 MODIS FPAR 产品。研究结果表明，不管是在样地尺度还是 1km 空间尺度上，HJ FPAR 与 MODIS FPAR 产品值的变化趋势基本一致，因此 MODIS FPAR 产品能够很好地反映呼伦贝尔草甸草原在整个生长季的长势。但是，MODIS FPAR 存在高估的现象。除 MODIS 数据之外，该算法也用于 MISR、POLDER 等多角度数据的 FPAR 反演（Zhang et al., 2000；Hu et al., 2003），多角度信息可以更好地获取冠层或地表信息，在一定程度降低了冠层反射率以及植被覆盖分类的不确定性导致的 FPAR 估算误差。

4.4.2.3 基于孔隙率模型估算 FPAR

由于植被冠层是一个布满孔隙的透明实体，对光能起到拦截的作用，这些孔隙在冠层不同部位的分布不同且有明显的差异，从而产生了孔隙率的概念。Chen（1996）从 FPAR 的基本公式出发，结合孔隙率原理推导出 FPAR 的反演公式：

$$\mathrm{FPAR}=(1-\rho_1)-(1-\rho_2)\times e^{-G(\theta_s)\beta L_E/\cos(\theta_s)} \tag{4-17}$$

式中，ρ_1 为冠层双向反射率；ρ_2 为背景反射率；L_E 为有效 LAI；θ_s 为太阳天顶角；$G(\theta_s)$ 为太阳天顶角处的消光系数；β 为多次散射因子。从公式中可以看出，FPAR 是关于冠层反射率、土壤反射、冠层孔隙率及 LAI 的函数。算法兼顾了冠层以及土壤背景反射率因素的影响，在一定程度上能够提高 FPAR 的估算精度。该算法的主要困难在于获得高精度的土壤反射率数据，特别是在稀疏植被条件下估算土壤反射率数据尤为困难（田定方等，2020）。在 GLOBCARBON 中，该算法用于 FPAR 产品开发，所需的土壤背景数据使用的是 FAO 提供的土壤反射率（Plummer et al., 2006）。此外，不同环境条件下的消光系数等参数也难以精确测定，影响了算法的推广和应用。

除了上述辐射传输模型与孔隙率法之外，从其他角度出发的机理方法也有所发展。周彬等（2008）利用蒙特卡罗（Monte Carlo）方法准确模拟了光子在植被冠层中的辐射传输过程，对400～700nm光合作用波段范围内的植被叶子吸收光子辐射比例（FPAR）进行模拟分析，揭示了FPAR与太阳天顶角和植被冠层参数之间的关系。

4.4.2.4 遥感FPAR反演的新算法

通过多方法相互结合的方法反演FPAR逐渐成为遥感FPAR反演的新趋势，同时产生了很多新算法。Baret等（2007）先利用PROSAIL模型模拟冠层反射率，然后再利用神经网络算法建立冠层反射率与FPAR关系，并将训练的模型用于FPAR的反演，形成了CYCLOPES全球FPAR产品。该产品与MODIS FPAR产品具有较好的季节一致性，采用地面实测数据进行验证时，CYCLOPES FPAR误差较低，均方根误差为0.1（Weiss et al., 2007）。Baret等（2013）融合MODIS FPAR和CYCLOPES FPAR数据产品为冠层FPAR真值，将FPAR真值和冠层顶反射率数据作为训练样本输入到神经网络模型中，基于SPOT/VEGETATION观测数据生产了GEOV1 FPAR产品。Bacour等（2006）用相似的方式基于MERIS数据进行FPAR的反演。Zhu等（2013）利用神经网络技术，结合AVHRR观测数据及MODIS FPAR产品生产了长时间序列的FPAR3g产品。

4.5 功能类植被参数

4.5.1 植被生产力

生态系统中的能量流动开始于绿色植物的光合作用，生态系统的初级能量也同样来自光合作用积累的能量，该能量积累的过程称为初级生产，也称为第一性生产（刘海新，2019）。第一性生产力包括总初级生产力（GPP）和净初级生产力（NPP）。总初级生产力，又称为总第一性生产力或总生态系统生产力，指绿色植物在单位时间内单位面积上由光合作用产生并固定的有机碳总量，即光合总量。净初级生产力，又称为净第一性生产力，指单位时间内绿色植被在单位面积上通过光合作用同化CO_2的产物扣除自养呼吸消耗后的剩余有机物，是碳循环过程的重要分量（洪长桥等，2017）。GPP与NPP的关系为：从GPP中扣除植物自身呼吸作用所消耗部分（R_a）后的剩余部分即为NPP。数学表达式为：$NPP=GPP-R_a$，NPP用于衡量绿色植被的光合生产能力，是反映植被固碳能力的重要指标，也是碳循环过程的起始环节（夏钰，2017）。在植被总初级生产力中，平均约有一半有机物通过植物的呼吸作用重新释放到大气中，另一部分则构成植被净初级生产力，形成生物量（袁文平，2014）。

陆地生态系统植被生产力（包括GPP和NPP）的地面观测由最初的生物学观测法，逐渐发展到包括植物生理学法、CO_2测定法、叶绿素测定法和放射性标记法等在内的多种手段和方法（李高飞等，2003）。涡度相关通量是近年来比较常用的一种微气象学方法，其直接测量生态系统和大气间气体、能量、动量交换（Massman and Lee, 2002;

Baldocchi，2003）。不同于传统的生理生态学方法，涡度相关技术的特点是能够对生态系统和水汽通量进行直接、精确和连续观测。20 世纪 90 年代中期，国际地圈–生物圈计划提出了建立全球通量观测网络（FLUXNET）计划，为长期监测植被碳通量交换提供了数据支撑。经过 20 多年的发展，目前全球利用涡度相关技术研究生态系统碳循环的站点已超过 500 个，几乎遍及陆地表面所有代表性的生态系统类型，形成了从区域到全球的通量观测网络（袁文平，2014）。

目前大尺度生产力研究唯一可行的方法是利用模型来估算植被生产力，通过模型模拟的方式将一些观测或试验点上得到的生态学假设外推到大区域或全球范围（郑艺，2017）。随着卫星遥感技术的发展，基于实测数据，结合环境因子，构建了植被生产力的遥感估算模型，可用于估算区域乃至全球植被生产力，主要包括经验统计模型、生理生态过程模型、光能利用率模型以及叶绿素荧光估算 GPP 的方法。

4.5.1.1 经验统计模型

统计模型发展时间较早，其可以用于估算和模拟区域植被生产力。统计模型的基本原理是建立起地面观测生产力数据与遥感数据（主要是各种植被指数）之间的统计关系，然后利用该统计关系估算研究区域植被生产力。Wang 等（2008）基于 NDVI 和 NPP 构建了地理加权回归模型估算中国森林 NPP 并分析了 NPP 的时空动态。Prince（1991）将半干旱草地实测生产力与同一时期的多时相 NDVI 之和进行分析，发现他们之间存在线性关系。有研究表明，NPP 与 NDVI 之间的关系可能是非线性关系（Seen et al.，1992）。肖乾广等（1996）利用 NOAA/AVHRR 的年 NDVI 数据估算了中国植被 NPP，其中 $NPP=A\left[-\ln\left(1-B\times NDVI\right)\right]$，式中 A、B 为拟合系数，与植被种类有关。郑元润和周广胜（2000）利用 LAI、NDVI 建立了中国森林植被 NPP 模型：$NPP=-0.6394-67.064\ln\left(1-NDVI\right)$，验证结果表明，模型的预测值和实测值之间的相符程度比较好。基于 NDVI 的 NPP 模型对于我国的森林植被具有良好的适应性，可用于快速检测和预测森林生产力的动态变化。

植被生产力不仅取决于植被自身的发展情况，外部环境因素也会对其产生一定的影响。为此，许多研究选用更为复杂的方法比如神经网络、回归树等结合遥感数据、气候要素和植被生产力观测数据用于训练模型。Zhang L 等（2014）基于遥感数据和通量观测数据，利用回归树模型对北美大平原草地和我国北方温带草原的碳通量及生产力进行了估算。Jung 等（2011）以 FPAR 数据、气象数据和植被类型数据为解释变量，利用树集成方法生成了 1982～2008 年空间分辨率为 0.5°的月尺度 GPP 产品。这种基于机器学习的统计模型结合大量环境参数，通过大量实测数据训练可以实现区域和全球植被生产力的估算，但也存在一定的缺点，即缺乏严密的植被生理生态学机制，且模型精度受训练样本和训练方法的影响较大。

4.5.1.2 光能利用率模型

1）光能利用率模型估算植被生产力的基本原理

光能利用率模型是基于遥感数据估算植被生产力的主要方法。光能利用率模型对光合作用做了理论上的简化和抽象，并做了以下几点假设：在适宜的温度、水分、养分等环境条件下，植物光合作用的强弱取决于叶片吸收太阳有效辐射的量，并且植物以一个固定的比例（即潜在光能利用率）将太阳能转化为化学能；在现实的环境条件下，潜在光能利用率通常受到水分、温度以及其他环境因子的限制（袁文平，2014）。因此，植被生产力可以用下述公式表示：

$$\mathrm{GPP} = \mathrm{FPAR} \times \mathrm{PAR} \times \varepsilon_{\max} \times f \tag{4-18}$$

式中，PAR 为入射的光合有效辐射；FPAR 为植物冠层的光合有效辐射吸收比率，两者乘积为植物冠层吸收的光合有效辐射（Absorbed Photosynthetically Active Radiation，APAR）；$\varepsilon_{\max}$为潜在光能利用率；f 为各种环境胁迫对光能利用率的限制作用，两者乘积表示现实环境条件下的光能利用率。

利用光能利用率模型估算 NPP 时，有两种方式：一种是以 NPP 为直接因变量；另一种是以 GPP 为直接因变量，考虑自养呼吸或碳利用效率，间接估算 NPP（洪长桥等，2017）。20 世纪 90 年代出现了第一个用于估算全球植被净初级生产力的光能利用率模型——CASA 模型（Potter et al.，1993）。CASA 模型的公式为

$$\mathrm{NPP} = \mathrm{FPAR} \times \mathrm{PAR} \times \varepsilon_{\max} \times f(T_1, T_2, W) \tag{4-19}$$

式中，T_1、T_2和 W 为 2 个温度和水分胁迫对光能利用率的限制作用。T_1反映了低温和高温时植物内在的生化作用对光合作用的限制，T_2表示环境温度从最适宜温度向高温和低温变化时植物的光能转化率逐渐变小的趋势。由公式可以看出，NPP 主要由植被吸收的光合有效辐射（APAR）与光能利用率（ε）两个变量确定，APAR 由 PAR 和 FPAR 确定，而 ε 由最大光能利用率（$\varepsilon_{\max}$）和气候因子对植被光能利用率影响的温度和水分胁迫系数共同确定。

Prince 和 Goward（1995）构建了 GLO-PEM 模型，并第一次实现了完全使用遥感数据驱动模型，大大增强了开展全球尺度评估的能力。随后又出现了一系列模型，如 EC-LUE 模型、VPM 模型、VPRM 模型、CFlux 模型等（Xiao et al.，2004；Yuan et al.，2007；Mahadevan et al.，2008）。

2）基于光能利用率模型估算西南地区植被生产力

董丹和倪健（2011）利用光能利用率模型估算西南地区植被生产力。为准确获取最大光能利用率，他们以西南地区各植被的 NPP 实测值来模拟和改进 $\varepsilon_{\max}$，即先计算所有像元的 APAR、温度和水分胁迫系数，然后挑选西南喀斯特地区的 NPP 实测数据，最后模拟得到各种植被类型的最大光能利用率 $\varepsilon_{\max}$

$$\varepsilon_{\max} = \mathrm{NPP}_{\mathrm{obv}} / [\mathrm{APAR} \times f(T_1, T_2, W)] \tag{4-20}$$

式中，NPP 实测值来源于 1989～1993 年的全国森林资源清查的木材蓄积量，提取西南地区的数据，按照蓄积量–生物量的转换函数计算森林生物量和生产力，草地 NPP 的计算依据 1991 年结束的全国草业资源清查所获取的干草产量。

利用改进的 CASA 模型估算西南地区 1999～2003 年植被 NPP，结果如图 4-13 所示。西南地区 NPP 低值区主要分布在四川中西部的山地及其他零星地区，四川盆地和重庆、贵州全省、湖南和湖北的中部地区、云南和广西北部，以及广东东南沿海的生产力属于中等。

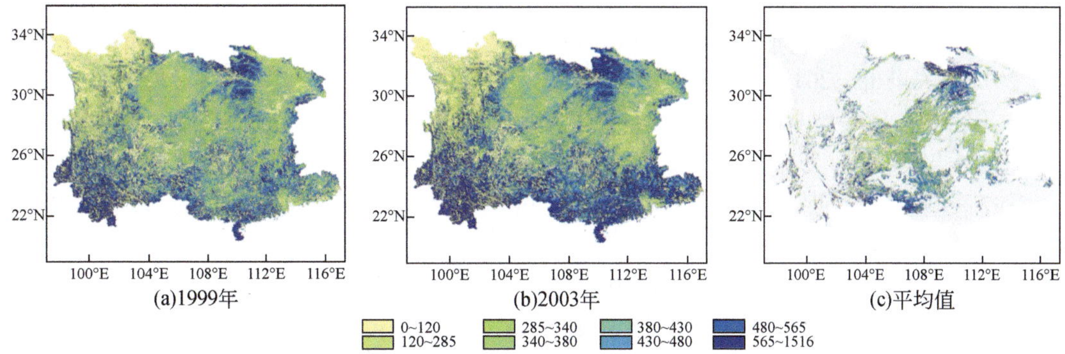

图 4-13　西南地区 1999 年、2003 年以及 1999 ~ 2003 年平均 NPP 的空间分布

4.5.1.3　生理生态过程模型

广泛用于模拟植被生产力的模型还有生理生态过程模型，也称为机理模型。过程模型根据植物生理、生态学原理，模拟植被的生长活动过程（如光合作用、呼吸作用、蒸腾作用、蒸发作用）以及土壤水分散失等过程，建立模型或模拟库，从而实现对陆地植被生产力的估算（郑艺，2017）。主要代表性模型有 BEPS 模型、Biome-BGC 模型、InTEC 模型、LPJ 模型和 TEM 模型等（Liao and Zhuang，2015；Zhou et al.，2015；李明泽等，2015；Ma et al.，2017）。该类模型有一定的生理生态基础，模型相对复杂且包含大量假设，所需参数较多，大区域参数获取相对困难，并且不同区域和不同植被功能类型参数变化较大，这在一定程度上限制了模型的实际应用。

4.5.1.4　叶绿素荧光估算 GPP

日光诱导叶绿素荧光（Solar-induced Chlorophyll Fluorescence，SIF）是自然光照条件下植被叶绿素分子的受激发光现象（刘良云等，2021）。越来越多的研究结果表明，SIF 与 GPP 在全球尺度上存在线性回归关系，这为 GPP 估算提供了一种新的思路（Damm et al.，2015；Xiao et al.，2019）。

叶绿素荧光诱导现象于 1931 年首次被 Kautsky 用肉眼观察并记录，发现叶绿素荧光强度与 CO_2 的固定有关，叶绿素荧光随后成为一种与植被光合作用研究相结合的新技术（王雅楠等，2020）。有研究表明，在植被光合作用过程中，植物光合色素吸收的太阳能主要用于植物自身光合作用，少量会以热耗散和荧光的形式释放出去（Meroni et al.，2009；Porcar-Castell et al.，2014）。这三种能量之间存在一定的平衡，一种能量的变化会导致另外两种能量产生的变化（纪梦豪等，2019）。在自然条件下，荧光都以太阳光作为激发光源，因此也称为太阳诱导叶绿素荧光。荧光作为光合作用的副产品，与基于反射率的植被指数相比，能够提供更加直观的与植被光合作用相关的信息。与应用植被指数或借助较多辅助数据的生态模型相比，应用 SIF 进行遥感估算 GPP 更为精确（王雅楠等，2020）。当前遥感反演 SIF 主要基于夫琅禾费暗线提取原理，获取 SIF 后再借助于 SIF-GPP 模型对 GPP 进行估算（刘良云等，2006）。

随着传感器技术的发展，近十年来已成功获取了多尺度多平台的 SIF 数据集，如 GOSAT SIF 数据集、GOME-2 SIF 数据集以及我国的 TanSat SIF 数据集等（Frankenberg et al.，2011；关琳琳，2017）。美国国家航空航天局发射的 OCO-2 和欧洲航天局计划发射的 FLEX 等空间分辨率更高的卫星，可提供群落和景观尺度的 SIF 信号，将有助于 GPP 的遥感估算，同时也将为全球碳循环模型的改进提供新的研究方向。与传统经验统计、数据驱动、过程模型相比较而言，SIF 在估算植被 GPP 上具有更大的优势（Guanter et al.，2014；Sun et al.，2017）。

1）基于 SIF 估算 GPP 的基本原理

目前，利用 SIF 估算 GPP 主要有两种思路：基于 GPP-SIF 经验模型和基于 SCOPE（Soil-Canopy-Observation of Photosynthesis and the Energy balance）模型。基于 GPP-SIF 经验模型估算植被 GPP 从机理上可解释如下（Guanter et al.，2014）：

$$\mathrm{SIF}(\lambda)=\mathrm{PAR}\times\mathrm{FPAR}\times\mathrm{LUE_F}(\lambda)\times f_{\mathrm{esc}}(\lambda) \tag{4-21}$$

式中，λ 为光谱波长；PAR 为入射的光合有效辐射；FPAR 为植物冠层的光合有效辐射吸收比率；$\mathrm{LUE_F}(\lambda)$ 为冠层吸收的光合有效辐射在波长 λ 处以荧光形式发射的比例（荧光量子产量）；$f_{\mathrm{esc}}(\lambda)$ 为叶绿体发射的荧光可以逃逸出冠层的比例，受到冠层结构、土壤背景、叶片相对于太阳入射角度的方向等的影响。

结合光能利用率模型：

$$\mathrm{GPP}=\mathrm{PAR}\times\mathrm{FPAR}\times\mathrm{LUE_p} \tag{4-22}$$

式中，$\mathrm{LUE_p}$为光合作用的光能利用率。

可得到 GPP 与 SIF 的关系为

$$\mathrm{GPP}=\mathrm{SIF}(\lambda)\times\frac{\mathrm{LUE_p}}{\mathrm{LUE_F}(\lambda)}\times\frac{1}{f_{\mathrm{esc}}(\lambda)} \tag{4-23}$$

因此，经验模型的模拟过程简单直接，但对于冠层结构不同的植被，线性回归模型的斜率存在差异。也有研究表明，利用 GPP-SIF 线性模型估算 GPP 不如双线性模型准确，SIF 估算 GPP 的经验模型仍在不断完善中（Damm et al.，2015；王雅楠等，2020）。

SCOPE 过程模型可以模拟反射光和发射光（热与荧光）辐射传输过程，利用 C3 和 C4 光合作用模型计算植物叶片的光合速率和吸收辐射转化为荧光的比例，并升尺度到冠层，用于冠层 GPP 与 SIF 的定量关系研究（van der Tol et al.，2009；Verrelst et al.，2015）。还有一些研究尝试将 SCOPE 模型耦合到全球动态植被模型中以提高模型反演精度（Lee et al.，2015）。Wagle 等（2016）比较了光能利用率模型 VPM、SCOPE 过程模型和 GPP-SIF 经验模型的估算结果，发现三种模型都能准确地估算农田 GPP，但是 VPM 和 SCOPE 模型需要气象和植被指数等辅助数据。

2）基于 SIF 的全球植被 GPP 估算

Li 和 Xiao（2018）基于通量塔 GPP 数据和 OCO-2 SIF 数据发现不同植被类型对应的 SIF-GPP 线性关系，如图 4-14 所示。

随后，他们利用 SIF 与 GPP 之间的线性关系以及 OCO-2 的全球 SIF 产品（GOSIF），估算了 2000～2020 年的全球 GPP（Li and Xiao，2019）。在全球范围内估算 GPP 时，图 4-16 所示的 8 种 SIF-GPP 关系都表现良好，将八种 SIF-GPP 线性关系分别估算的结果进行平均

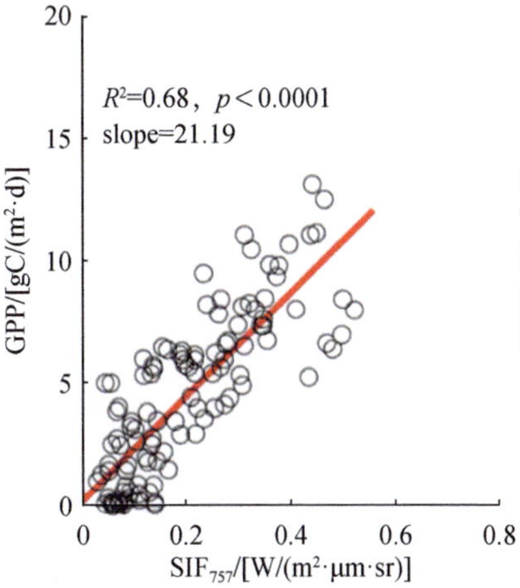

(a)常绿针叶林

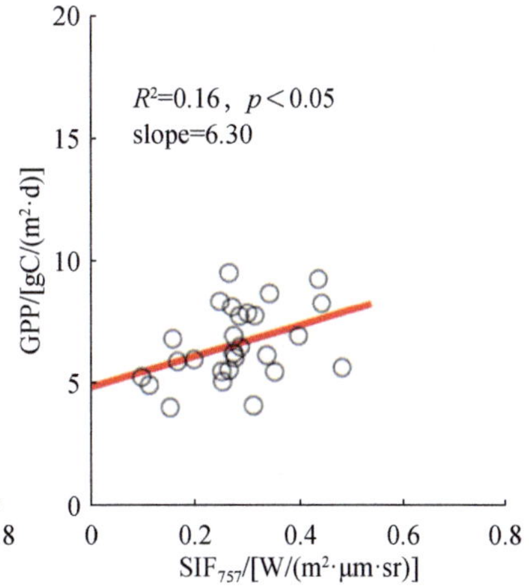

(b)常绿阔叶林

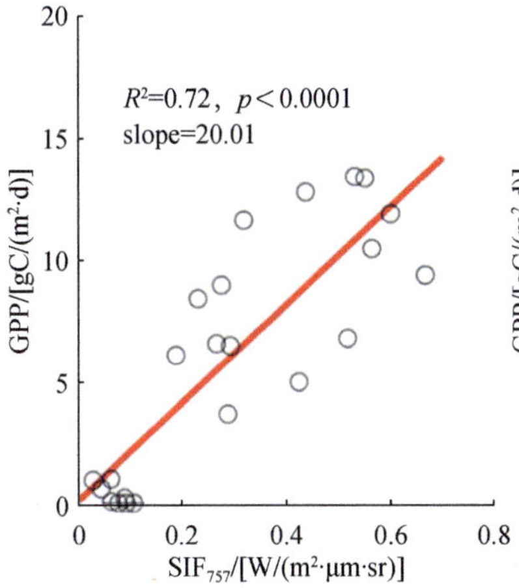

(c)落叶阔叶林

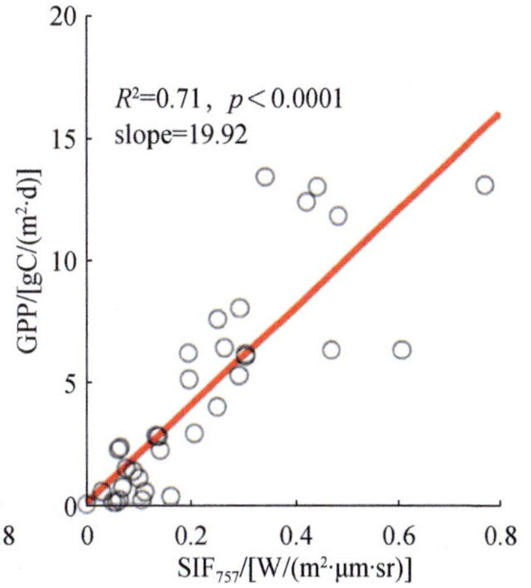

(d)混交林

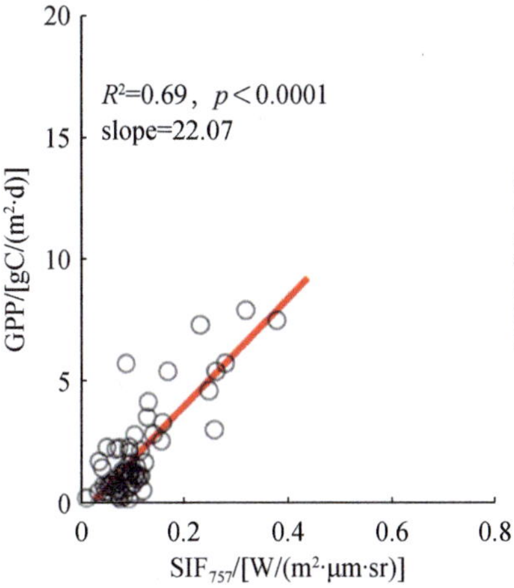

(e)稀疏灌丛

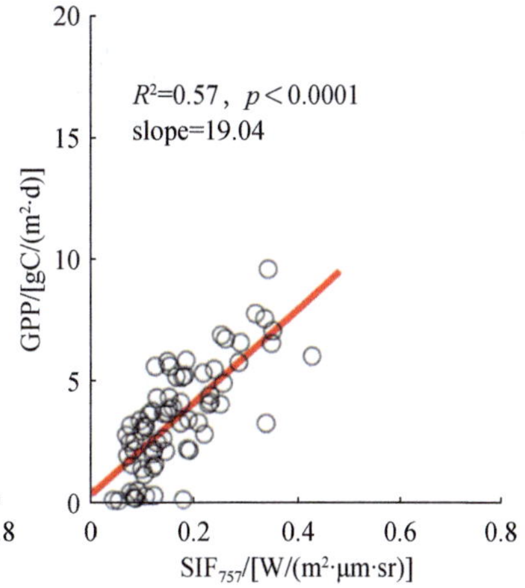

(f)稀树草原

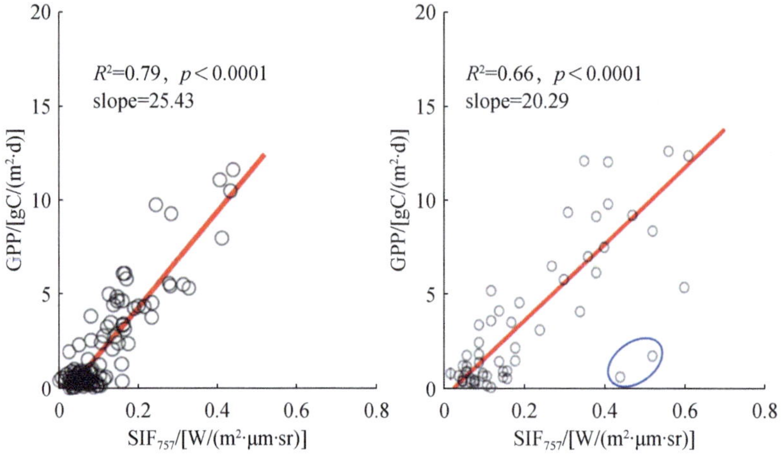

(g)草地 (h)农田

图 4-14　不同植被类型 SIF-GPP 散点图

得到集合 GPP 估算结果。用通量塔站点 GPP 进行验证时，发现集合 GPP 估算结果在 8 天的时间尺度上，R^2 为 0.74，均方根误差为 1.92gC/（m^2·d）；在月时间尺度上，R^2 为 0.75，均方根误差为 1.90gC/（m^2·d）；在年时间尺度上，R^2 为 0.65，均方根误差为 1.21gC/（m^2·d）（图 4-15）。

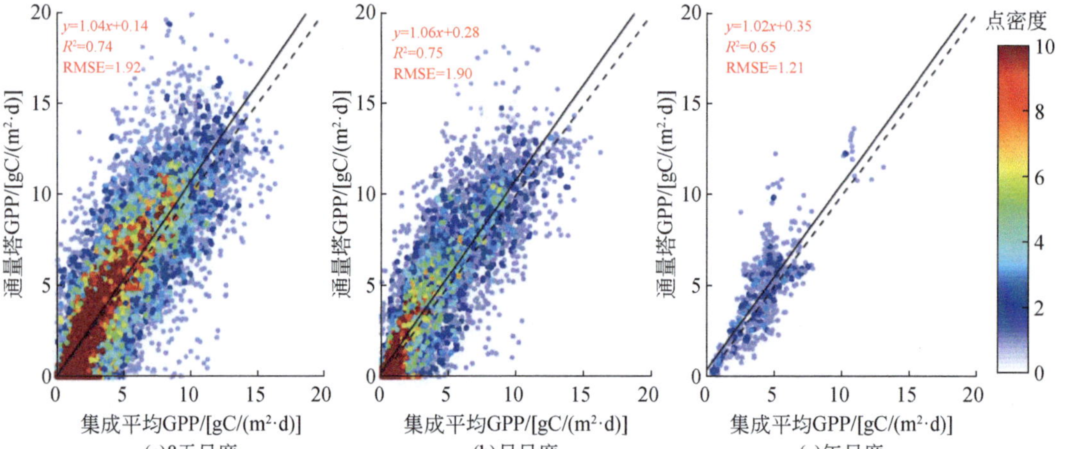

(a)8天尺度 (b)月尺度 (c)年尺度

图 4-15　GOSIF GPP 产品验证结果

在空间分布上，热带地区 GPP 较大，但因 SIF-GPP 线性关系导致的标准偏差也较大（图 4-16）。

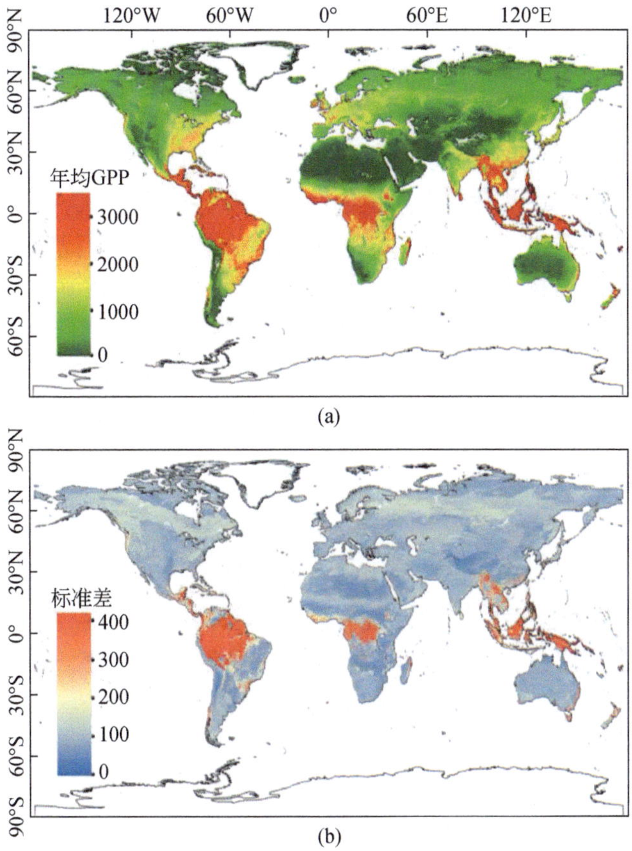

图 4-16　全球尺度上 2001 ~ 2017 年 GOSIF GPP 平均值（a）及标准差（b）

4.5.2　森林生物量

森林约占地球陆地总面积的 1/3，是地球上最大的陆地生态系统。森林在生长过程中通过光合作用从大气中吸收 CO_2，并以生物量的形式固定在植物体和土壤中，是陆地生态系统最大的碳储库。森林生物量是全球气候观测系统认定的基本气候变量之一（Sessa，2009）。

森林生物量是指森林单位面积上累积的全部活有机体的总量，通常以单位面积的干物质重量表示。生物量与生产力是两个不同但又密切相关的概念。森林生产力表示的是一段时间内新生产的有机物质总量，而生物量是累积的生产量减去由于树木的自然凋落以及人为和自然干扰等消耗部分剩余的活有机物的数量，因此某一时刻的生物量也被称为森林现存量（张玉珍和梁顺林，2017）。

森林生物量包括地上生物量（Above-Ground Biomass，AGB）和地下生物量（Below-Ground Biomass，BGB）。森林地上生物量是指土壤以上的所有活物质质量，包括茎、树桩、树枝、树皮、籽实和叶；地下生物量是指活根的全部生物量，直径不足 2mm 的细根与土壤有机质和枯枝落叶不易区分，因而不包括在地下生物量中。与地上生物量相比，地下生物量数据的收集更加困难，同时缺乏合适的模型进行研究。目前森林生物量的研究主要集中在地上部分，地下生物量通常基于地下-地上生物量比计算得到（Saatchi et al., 2011a；Yang et al., 2010）。

森林生物量的估算可以分为传统地面实测法、模型模拟法和基于遥感数据的估算方法。传统地面实测法是估算森林生态系统生物量较为真实可靠的方法，一般用于小范围内森林生物量的估算，如皆伐法、平均木法和异速生长方程法。皆伐法和平均木法都需要伐倒树木，测定其各组分（树干、枝、叶、果和根系等）的干重得到单株树木的生物量。虽然精度相对较高，但耗时耗力，并且对样地破坏性大，所以在森林生物量研究中使用较少。实际应用中，实测生物量一般通过异速生长方程计算得到，通过建立易于测量的形态学变量（树高、胸径等）与生物量之间的关系估测生物量组分计算得到生物量。异速生长方程主要有以下三种形式：

$$\mathrm{AGB}=f(\mathrm{DBH},H,\rho) \tag{4-24}$$

$$\mathrm{AGB}=f(H,\rho) \tag{4-25}$$

$$\mathrm{AGB}=f(\mathrm{DBH},\rho) \tag{4-26}$$

式中，H（Height，单位为 m）、DBH（Diameter at Breast Height，单位 cm）、ρ（g/cm^3）分别为树高、胸径、密度。在地面实测时，胸径容易测量，而树高不易测量。当林分内树的密度大或存在多层树冠时，往往难以确定是否能同时观测到同一棵树的根部和树梢，这也增加了树高测量的不确定性（王勇，2019）。

常用于热带地区实测生物量计算的异速生长方程如表 4-5 所示（Chave et al., 2005）。对于不同森林类型的林分，计算公式有一定的差异。

表 4-5　不同森林类型林分异速生长方程

森林类型	包含树高	不包含树高
干旱森林	$\mathrm{AGB}=0.112\times(\rho D^2H)^{0.916}$	$\mathrm{AGB}=\rho\times\exp[-0.667+1.784\ln D+0.207(\ln D)^2-0.0281(\ln D)^3]$
潮湿森林	$\mathrm{AGB}=0.0509\times\rho D^2H$	$\mathrm{AGB}=\rho\times\exp[-1.499+2.148\ln D+0.207(\ln D)^2-0.0281(\ln D)^3]$
红树林	$\mathrm{AGB}=0.0509\times\rho D^2H$	$\mathrm{AGB}=\rho\times\exp[-1.349+1.980\ln D+0.207(\ln D)^2-0.0281(\ln D)^3]$
湿热森林	$\mathrm{AGB}=0.0776\times(\rho D^2H)^{0.940}$	$\mathrm{AGB}=\rho\times\exp[-1.239+1.980\ln D+0.207(\ln D)^2-0.0281(\ln D)^3]$

实测生物量常被认为是最准确的数据，用于后续校正遥感数据或者验证其他遥感估算的结果。

森林生物量不能从航空或航天平台直接测量得到，基于遥感数据估算生物量主要是利用遥感信息与地面生物量之间的相关关系，通过建立经验模型或物理模型估算区域森林生物量。经验模型法通常是从遥感图像中提取预测变量如光学图像中的反射率、植被指数、雷达的后向散射系数以及激光雷达的波形关键参数等信息，与地面实测生物量建立经验关系。经验模型的范围已经从简单的线性模型扩展到复杂的机器学习模型和深度学习算法。与经验方法不同，物理模型法首先利用辐射传输模型反演与 AGB 相关的森林结构参数，然后基于森林结构参数估算森林生物量。与经验方法相比，物理方法对实测点的依赖较小，但这种方法计算代价较大，而且需要先验知识（Chopping et al.，2008，2011）。在森林生物量较低的地区，物理模型法估算生物量结果与实测值相近，但在生物量值较大的区域其准确性还没有被进一步证实（Zhu and Liu，2015）。为此，利用遥感数据估算生物量仍以经验统计模型为主。

目前一些遥感数据源比如光学、微波、激光雷达数据常用于森林生物量的估算。

4.5.2.1 光学遥感估算森林生物量

在可见光、近红外和短波红外，反射能量与生物量之间没有直接的物理关系。光学遥感估算生物量时，NDVI 是常用的遥感信息。例如，Piao 等（2005）利用 1984 ~ 1988 年、1989 ~ 1993 年和 1994 ~ 1998 年三个时期的森林清查数据和 AVHRR NDVI 估算森林总生物量碳密度（Biomass Carbon Density，BCD），分析了过去二十年中森林碳源碳汇的空间分布及变化。他们基于 1989 ~ 1993 年和 1994 ~ 1998 年两期的森林清查数据以及对应的 NDVI 和各省份经纬度进行回归，模型表达式如下：

$$\mathrm{BCD}=111.521\ln(\mathrm{NDVI})-0.452\mathrm{lat}-20.034\mathrm{lon}+0.08568\mathrm{lon}^2+1278.29$$

$$R^2=0.64, P<0.001 \tag{4-27}$$

式中，lat 为纬度；lon 为经度。

其中，NDVI_{max} 解释了 20% 的生物量变化，而空间位置（经纬度）信息解释了生物量碳密度的 44%。

利用 1984 ~ 1988 年省级森林生物量碳密度数据和同时期 NDVI 值检验回归模型的可靠性，结果如图 4-17 所示。除浙江、宁夏、新疆、西藏四个省（自治区）外，其他省（自治区）的生物量碳密度与基于 NDVI 估算的生物量碳密度相符度较高。

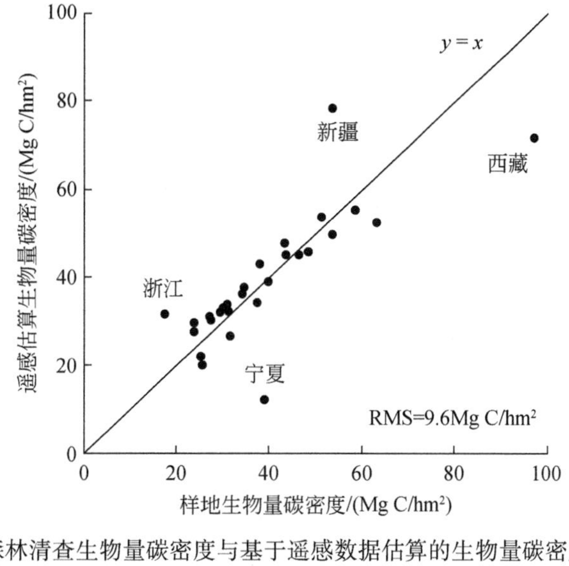

图 4-17 森林清查生物量碳密度与基于遥感数据估算的生物量碳密度对比结果

光学遥感信息获取水平结构参数方面有一定的优势，应用于生物量反演时实际是利用冠层的叶面积和叶生物量信息。当森林的叶面积达到一定的阈值，遥感信号会出现饱和现象。当生物量继续增加时，增加的生物量无法通过光学数据反映出来，不可避免地丢失了由于树木生长继续累积的生物量部分。因此，光学遥感影像主要是应用于生物量值比较低的地区，在生物量高值地区如热带地区，由于信号饱和问题，采用光学数据估算生物量是很大的挑战（Song，2012）。如果加入纹理信息、地形或气象数据或利用时间序列信息，森林生物量估算精度可得到一定的提升（Tsalyuk et al.，2017；Zhang et al.，2019a）。

4.5.2.2 SAR 估算森林生物量

在伴有多云、雨以及雾的热带地区和亚热带地区，可见光以及红外遥感的应用具有很大的局限性。合成孔径雷达（SAR）技术凭借全天时、全天候的成像能力以及对森林垂直结构信息敏感的特点，在森林资源监测中具有独特的优势。利用雷达数据反演森林地上生物量的原理是雷达后向散射系数与雷达相干系数能够与森林生物量之间建立经验关系。然而雷达在反演生物量时也存在一定的局限性，主要表现在雷达的后向散射系数与波段之间的相关性随波长的增加而增加，在生物量增长到一定程度时，后向散射逐渐趋于饱和。Le Toan（1992）等通过研究林分年龄为 8 ~ 46 年的样地生物量与雷达后向散射系数的关系，发现 P 波段雷达后向散射系数最大，而且随着频率的增加（波长的减小）而下降。交叉极化的后向散射对生物量的变化最为敏感。Imhoff（1995）利用 NASA/JPL AIRSAR 对估算热带地区常绿阔叶林和北美、欧洲地区针叶林这两种森林类型的饱和点问题进行了研究，结果发现 C 波段 SAR 估算生物量饱和点约为 20 t/hm^2，L 波段约为 40 t/hm^2，而 P 波段约为 100 t/hm^2（图 4-18）。

饱和点因波长、极化方式、入射角和森林类型的不同而不同。即使对于同一波段不同地区，饱和点也不一致。在同一波段不同极化方式下，饱和点也有所不同。但研究一致认为长波段交叉极化（HV）对森林生物量最为敏感，是估算生物量的较佳选择。

干涉 SAR（InSAR）技术可以获取包含地物信息的干涉相位和相干系数，利用同一目标的不同成像几何条件可以提取相干系数等信息，进而提高生物量的饱和点（刘茜等，2015）。有些学者将 InSAR 成功应用于监测森林动态变化和森林蓄积量、生物量的反演中

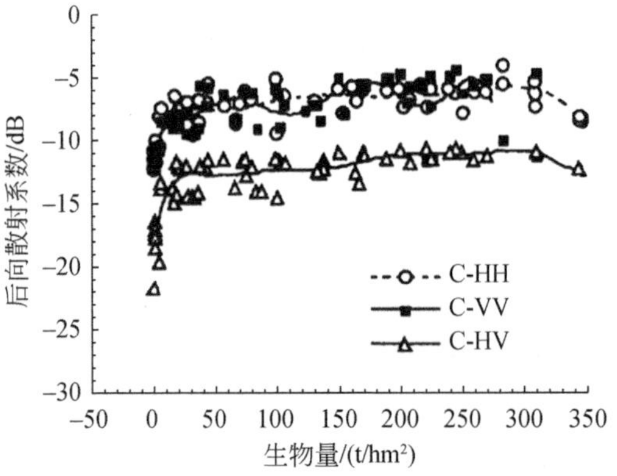

(a)C波段

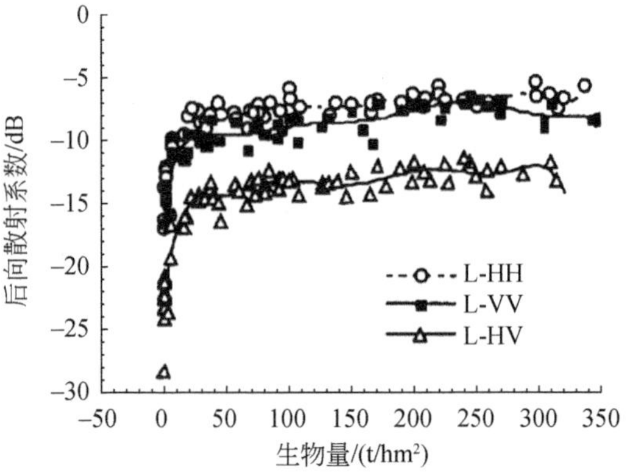

(b)L波段

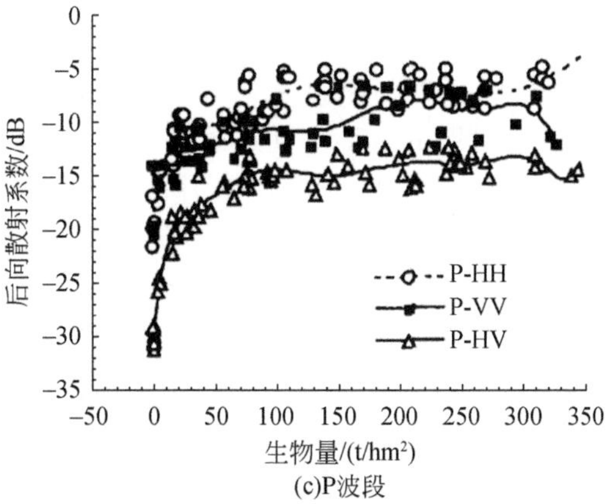

(c)P波段

图 4-18　不同波段 SAR 后向散射系数与森林生物量的关系

(Askne et al., 1997; Castel et al., 2000)。干涉相干系数最初是用来评价干涉相对质量的，但研究发现它还包含着地物信息（施建成等，2012）。

Luckman 等（2000）使用 ERS-1/2 形成的 tandem 数据和相隔 44 天和 132 天的 JERS 干涉数据分析了干涉相干系数与生物量的关系，结果表明干涉信息可以明显增加从雷达图像上获取的热带森林信息。干涉雷达数据提供的另外一个重要信息是干涉相位信息，而基于 SAR 干涉相位信息估算森林生物量通常采用间接估算法，即首先估算出与森林生物量相关的间接参数（通常是森林高度），再通过间接参数获取森林生物量。森林高度可通过两个参数求解：树木冠层顶部高度以及森林下垫面地形高度，两者之差即为森林高度（廖展芒，2019）。Neeff 等（2005）利用机载干涉 SAR 得到 P 波段后向散射系数，根据地表表面模型和森林冠层表明波形的差异得到相干高度。当仅用 P 波段后向散射估算巴西亚马孙地区的森林生物量时，R^2 为 0.34；联合相干高度进行统计建模时，R^2 提升到 0.89。Solberg 等（2010）根据 SRTM X 波段高度信息与生物量建立线性关系，成功反演了挪威南部针叶林的地上生物量，并且在生物量达到 250t/hm^2 时，没有出现明显的饱和趋势。

极化干涉合成孔径雷达（PolInSAR）集极化雷达和干涉雷达测量技术于一体，既具有 InSAR 对植被散射体的空间分布和高度敏感的特性，又具有极化雷达对植被散射体的形状和方向敏感的特性，还具有分解不同散射机制的能力（Sagues et al., 2001；吴一戎等，2007）。森林高度的反演是 PolInSAR 的应用热点之一，将反演得到的树高带入生长方程可以间接得到森林生物量，如 Mette 等（2004）基于 L 波段 PolInSAR 数据，利用随机地体两层相干散射（Random Volume over Ground, RVoG）模型反演得到树高，通过材积方程估算了德国东部云杉生物量。Cloude（2006）提出了极化相干层析方法，进一步拓展了 PolInSAR 提取植被结构参数的理论和方法。极化相干层析技术利用森林垂直结构函数的重建改进了传统的极化相干技术，并能够从物理上描述后向散射随高度变化的特性。Minh 等（2014）利用层析处理技术将热带森林的树高按 5m 间隔分层，得到后向散射强度的垂直分布，然后应用到后向散射系数估算生物量的回归方程中，发现 30m 高冠层处的后向散射系数与 AGB 的相关性最好。

4.5.2.3 激光雷达估算森林生物量

干涉雷达和激光雷达被认为是森林生物量估算中最有潜力的技术（Le Maire et al., 2011）。激光雷达是近年来迅速发展的一种主动式遥感技术，可以准确地获取森林的三维结构信息，与生物量有很高的相关性。与光学遥感和雷达数据相比，激光雷达反演的森林结构参数精度最高（Drake et al., 2002）。激光雷达测高工作频段是可见光和近红外光，通过测量地面采样点激光回波脉冲相对于发射激光主波之间的时间延迟得到传感器到地面采样点之间的距离。

在林业研究中主要应用的有两种激光雷达，一种是记录完整波形数据的大光斑激光雷达，另一种是记录少量回波的小光斑激光雷达。前者主要通过回波波形反演大范围森林的垂直结构及生物量等参数，后者利用高密度的激光云进行单木水平上的树高、胸高断面积、生物量等参数的估测。目前发展的大光斑激光雷达系统主要有美国国家航空航天局的机载 LVIS 和 SLICER 以及星载的 GLAS。其中，星载的 ICESat/GLAS 数据在大区域森林生物量估算中发挥了巨大的作用。很多研究者在使用激光雷达波形数据反演生物量方面做了大量的工作。Lefsky（1999）使用 SLICER 数据对美国马里兰地区落叶阔叶林生物量展开了研究，通过对冠层高度剖面（Canopy Height Profile，CHP）的分析计算了四种树高参数：平均树高、最大树高、中值树高和二次均值树高，然后通过回归分析四种树高参数与地上生物量的关系，研究发现二次均值树高能够解释生物量 80% 的变化情况。随后 Lefsky 等（2002）又选取了俄勒冈地区的北方针叶林、温带针叶林和温带落叶林进行了地上生物量估算研究，发现平均冠层高度的平方值与生物量有较高的相关性。考虑到地形的影响，后续的研究中引入了地形指数信息（Lefsky et al., 2005）。

4.5.2.4 多源遥感数据估算森林生物量

随着遥感技术手段的发展与多样化，利用多源遥感数据对森林生物量进行估算受到越来越多的关注。Popescu 等（2004）融合小光斑 LiDAR 数据和多光谱数据进行样区材积和生物量的估测，提高了估测精度。Hyde（2007）探索了 LiDAR、SAR 和 InSAR 分别估算生物量的精度，并将结果与联合 LiDAR 与 SAR/InSAR 估算的结果进行比较，发现用三种数据单独进行预测时，LiDAR 数据估算结果精度最高，联合估算结果的精度比仅用 LiDAR 数据的估算结果精度略有提高。Boudreau 等（2008）利用机载和星载的激光雷达数据、SRTM 数据、TM 数据和林业调查数据估算了加拿大魁北克地区的森林地上生物量，说明了联合多源数据进行生物量制图的有效性。Anderson 等（2008）将 LVIS 波形数据与高光谱数据（Airborne Visible/Infrared Imaging Spectrometer，AVIRIS）结合进行了区域森林生物量制图研究。Nelson 等（2009）结合 MODIS 和 ICESat/GLAS 数据估算了俄罗斯中西伯利亚地区的森林蓄积量。Baccini 等（2008）基于 MODIS、GLAS 和地面实测数据对非洲热带森林地区进行生物量反演，并生成了首张非洲热带森林生物量图。Saatchi 等（2011b）结合样地调查数据、Lidar 数据、光学和雷达数据，对全球热带国家和地区进行了森林生物量估测，并给出了生物量反演的不确定性分析图。

1）基于多源遥感数据估算森林生物量的基本思路

基于地面实测、激光雷达和光学/SAR 数据估算森林生物量时，一般是先建立地面实测数据和激光雷达数据之间的关系，根据建立的回归模型估算激光雷达采样点的生物量，然后利用光学数据或 SAR 数据，将激光雷达点处的生物量拓展到整个研究区。

区域或全球空间尺度上的森林生物量估算常借助于 GLAS 数据，相对于中低分辨率遥感数据，GLAS 数据估算生物量的精度较高，并且尺度与地面实测数据也更为匹配，所以生物量估算的第一步是通过建立 GLAS 数据与实测数据之间的回归关系，得到 GLAS 采样点的生物量。此外，GLAS 脚印点远大于实测点个数，这一过程增加了采样点的个数，为下一步利用成像遥感数据，将样点生物量拓展到整个区域提供了精度保证。

2）基于多源遥感数据的东北地区森林生物量估算

下面以 Zhang Y Z 等（2014）的研究为例，介绍集成实测生物量和激光雷达与光学遥感数据估算的东北地区森林生物量。研究从 GLA01 和 GLA14 数据中提取了与生物量相关的 GLAS 波形关键参数，包括波形长度、树高、波形能量高度的四分量以及冠层剖面高度平均值、中值和二次均值冠层高度等。GLAS 脚印点森林生物量的估算模型包括多元逐步回归（Stepwise Regression，SR）模型、偏最小二乘回归（Partial Least Squares Regression，PLSR）模型和支持向量回归（Support Vector Regression，SVR）模型。研究中为评价 GLAS 数据在预测生物量中的作用，同时加入了 MODIS 信息（包括 MODIS LAI 和各种植被指数统计信息）作为解释变量与实测点生物量建立回归模型，并与仅用 GLAS 关键参数作为自变量建立的模型进行比较。

研究结果发现，相比于仅用 GLAS 数据，加入 MODIS 信息可以有效增加 SR、PLSR 和 SVR 模型拟合和预测精度。将 GLAS 数据和 MODIS 数据作为解释变量，SR、PLSR 和 SVR 三种生物量回归模型估算 4 结果如图 4-19 所示。

SR 和 PLSR 模型估算生物量时会得到负的生物量估算结果，从这个角度来看，SVR 估算结果更为合理。但是，SR、PLSR 和 SVR 三种模型估算生物量的 RMSE 均较大，这可能是因为实测地面点较少且样点代表性不够好。为减小实测生物量数量有限及样本的代表性等问题对结果评价可能造成的影响，采用 Bootstrap 采样对小样本进行多次等量可重复采样以逼近真实数据空间，将 Bootstrap 样本的均值作为生物量的预测结果，标准差作为生物量预测的不确定性。SR 与 Bootstrap 结合拟合得到的生物量与实测生物量之间的确定系数达

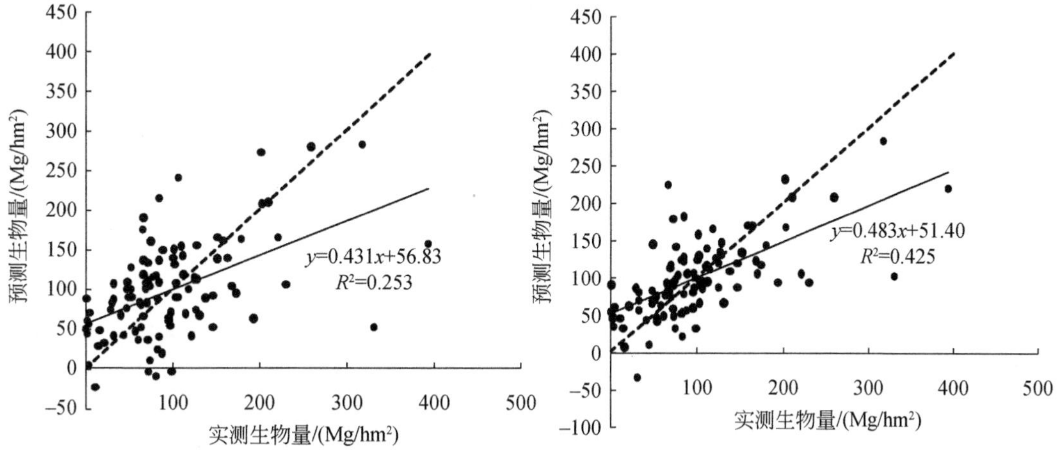

(a)SR模型　　(b)PLSR模型

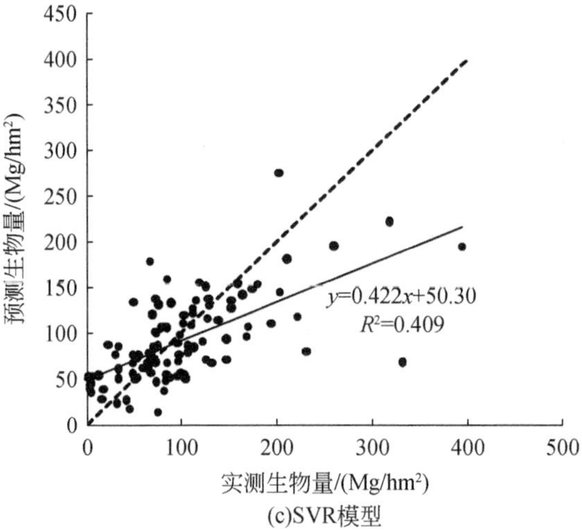

图 4-19 SR、PLSR 和 SVR 模型预测生物量与地面实测生物量比较结果

到 86%，RMSE 降到 26.76Mg/hm^2，不确定性为 63.03Mg/hm^2；SVR 与 Bootstrap 结合拟合得到的生物量与实测生物量之间的确定系数为 82%，RMSE 降到 32.69Mg/hm^2，不确定性为 25.08Mg/hm^2；PLSR 与 Bootstrap 结合后模型拟合精度并没有得到大幅度提升（表 4-6）。

表 4-6 Bootstrap 回归模型实测点生物量估算结果

回归模型	R^2	RMSE/（Mg/hm^2）	不确定性/（Mg/hm^2）
SR	0.86	26.76	63.03
PLSR	0.53	47.44	18.90
SVR	0.82	32.69	25.80

利用 SVR 和 Bootstrap 结合模型从 GLAS 和 MODIS 估算的所有 GLAS 脚印点生物量比其他情况精度均要高，因此采用这种方式得到 GLAS 脚印点生物量估算结果。用时间序列 MODIS 反射率数据训练得到的随机森林模型进行东北区域森林生物量制图，其结果如图 4-20 所示。

东北地区平均森林生物量为 83.50Mg/hm^2，当用林木覆盖 20%、30%、40% 和 50% 为阈值区分森林和非森林像元时，平均森林生物量则依次增加到 88.92Mg/hm^2、93.02Mg/hm^2、97.5 Mg/hm^2 和 102.49Mg/hm^2。如果将林木覆盖超过 30% 定义为森林，并采用 0.5 的森林含碳率转换系数（Fang et al.，2001），则东北地区森林生物量碳储量为 1.55Pg。

4.5.2.5 估算森林生物量常用的机器学习算法

结合光学、雷达和激光雷达多种遥感数据估算生物量常用的算法包括多层感知机、支持向量机、最大熵、随机森林以及梯度提升回归树等算法。多层感知机在植被参数遥感反演中应用十分广泛，在生物量的研究中，Foody 等（2001）利用 MLP 从 Landsat TM 波段反射率估算生物量。

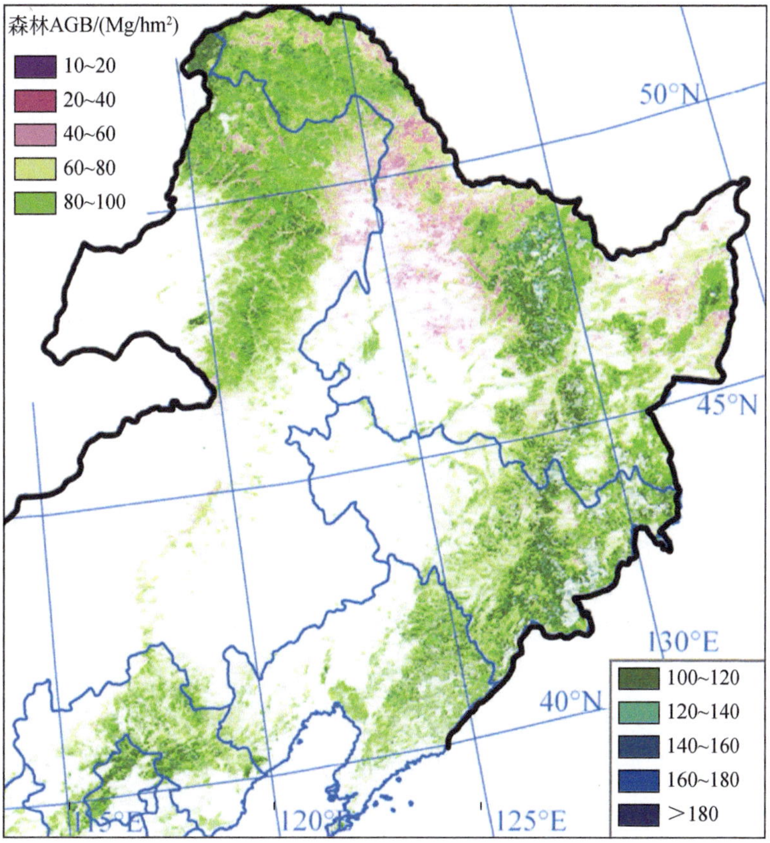

图 4-20　东北地区 2005 年森林生物量分布

随机森林是由 Breiman（2001）提出的一种经典集成算法。随机森林结合多个独立的分类回归树（CART）的结果作为最终预测结果。为了减小不同 CART 之间的相关性，随机森林采用了 Bagging 重采样技术，同时随机选择特征分割树的节点（Breiman，1996），以提升随机森林模型的泛化性能。随机森林在森林生物量估算中表现了较高的预测精度，同时具有较强的鲁棒性，因而广泛用于估算森林生物量中。

极端随机树（Extremely Randomized Trees，ERT）是随机森林算法的进一步改进，它不仅使用随机特征选择的方式分割树节点，而且使用分割 CART 内部节点的最小样本数目（Geurts，2006）。因此，极端随机树可进一步降低 CART 模型之间的相关性，从而提升预测精度。Zhang 等（2020b）评价了随机森林和 ERT 算法在生物量估算上的性能，发现 ERT 算法略优于 RF 算法。

不同于 RF 和 ERT 独立地建立多个基学习器，梯度提升回归树（Gradient Boosting Regression Tree，GBRT）属于 Boosting 集成算法。Boosting 系列集成算法的基本思想是：在初始训练时，每个样本给定相同的权重，随着每一轮训练的结束，错误分类样本的权重将被提高，正确分类样本的权重将被降低，使得下一轮模型学习中更加关注错误分类的样本，逐步提升分类回归树的预测结果，最后将所有 CART 的预测结果进行累加作为最终预测结果。因此，Boosting 集成算法主要通过减小基模型的偏差提升集成模型的泛化性能。

提升回归树算法是提升集成算法中应用较广泛的算法之一，在生物量估算中取得了较好的效果（Pham et al.，2020；Yang et al.，2020；Zhang et al.，2020b）。除了 GBRT 之外，随机梯度提升（Stochastic Gradient Boosting，SGB）算法、改进的梯度提升回归树模型 CatBoost 以及 XGBoost 等集成算法也开始出现在森林生物量和其他地表参数的反演中（Zhang et al.，2020b）。

Zhang 等（2020b）比较了 MARS、SVR、MLP、RF、ERT、GBRT、SGB 和 CatBoost 八种算法在生物量估算中的精度，结果表明：五种集成算法 RF、ERT、GBRT、SGB 和 CatBoost 估算生物量精度较高。与其他集成算法相比，CatBoost 模型在估算森林生物量中略有优势（图 4-21）。

4.5.2.6 集成多种森林生物量数据集提升生物量估算精度的算法

除了直接从遥感数据中估算森林生物量之外，一些研究通过集成多个区域森林生物量估算结果得到精度更高的数据集。Avitabile 等（2016）利用线性加权的方式融合了 Saatchi 和 Baccini 生物量图（Saatchi et al.，2011a；Baccini et al.，2012），生成了非洲地区生物量。

$$f(s) = \sum_{i=1}^{p} w_i(s) \cdot [z_i(s) - v_i(s)] \tag{4-28}$$

式中，$f(s)$ 为融合后的生物量图；$w_i(s)$ 为权重；$z_i(s)$ 为第 i 个输入的生物量值；$v_i(s)$ 为估算的偏差。这一偏差项是每层输入地图和生物量基准差值的平均值。验证结果表明，融合之后的森林生物量与 Saatchi 和 Baccini 生物量值相比，其均方根误差（RMSE）和偏差（Bias）值均变小（图 4-22）。

Zhang 和 Liang（2020）集成多种森林生物量数据集进行全球森林生物量制图的算法如下：

$$Y_i(k) = \frac{1}{N}\sum_{i=1}^{N} [X_i(k) - E_i(k)] \tag{4-29}$$

式中，k 为森林像元；$Y_i(k)$ 为像元 k 对应的森林生物量估测值；X_i 为第 i 个森林生物量源数据；$E_i(k)$ 为第 i 个森林生物量源数据在像元 k 处的估算误差。

研究中使用 10 个森林生物量数据集估算观测误差（生物量源数据减去对应实测生物量）。利用建立的误差估算模型，估算各区域或全球森林生物量源数据的逐像元误差，然后基于公式集成多源区域或全球森林生物量数据集，生成全球森林生物量空间分布图（图 4-23）。与其他研究相比，该研究结果表明集成多种生物量数据集进行制图的精度更接近于生物量基准数据，其精度要高于其他研究估算的全球森林生物量精度。

如上所述，目前已有许多研究尝试采用高级预测模型，借助于实测数据和多源遥感数据估算森林 AGB，取得了不少的成果。但是，我们应该注意到，当前森林 AGB 估算的不确定性仍然很大。Zhang 等（2019b）比较了覆盖欧洲、北美、东南亚、热带非洲和南美洲地区的森林 AGB 空间分布数据集，发现不同森林 AGB 数据集的估算值差异较大，且存在严重的时空不一致性（图 4-24）。为进一步提高森林 AGB 的预测精度，未来的研究应着眼于收集更多的实测生物量数据并对其进行严格质量控制，使用多传感器数据，发展高级统计或机器学习算法，以及量化森林 AGB 估算过程中的各种不确定性等。

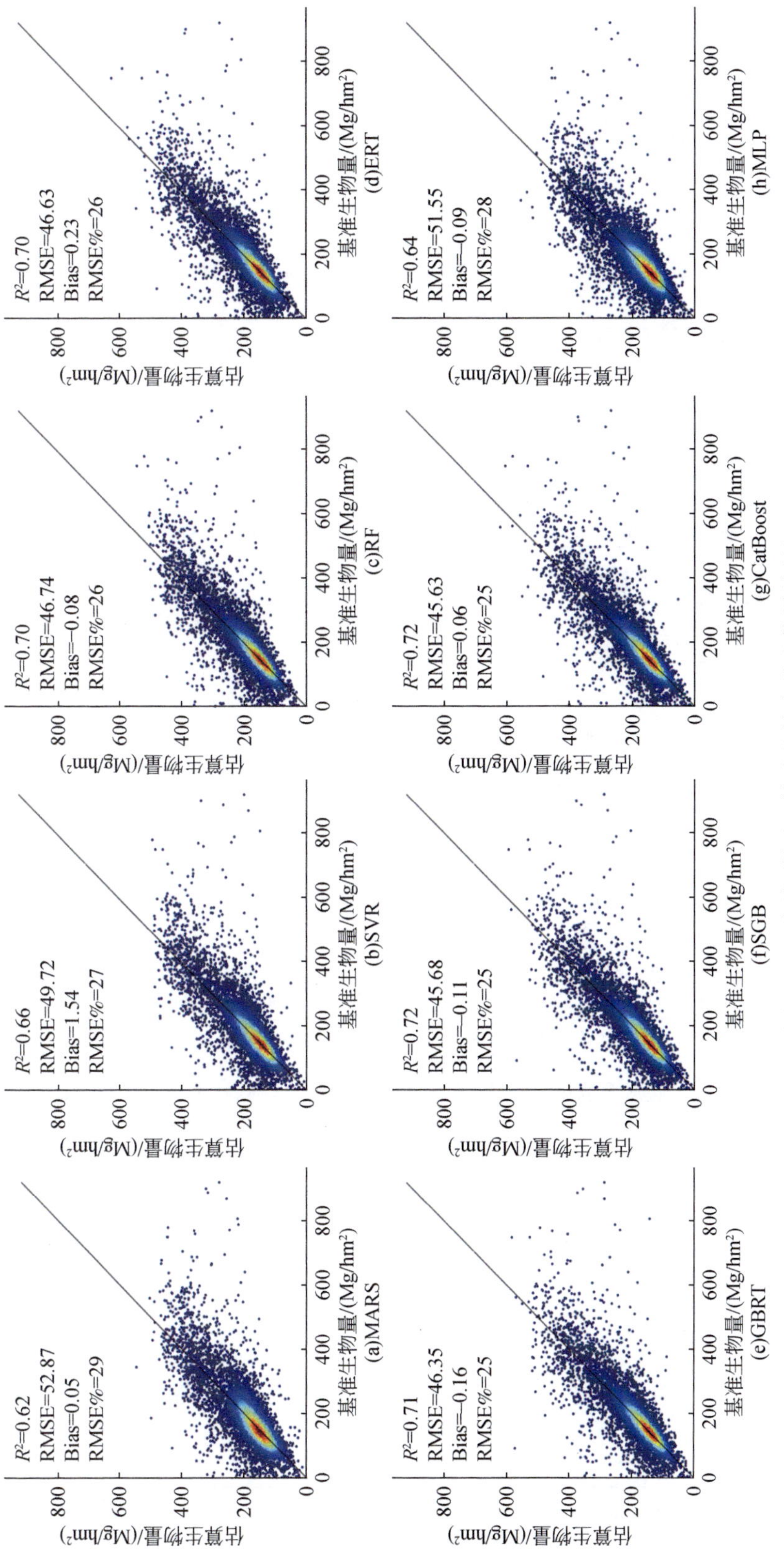

图4-21 不同机器学习算法估算森林生物量的结果

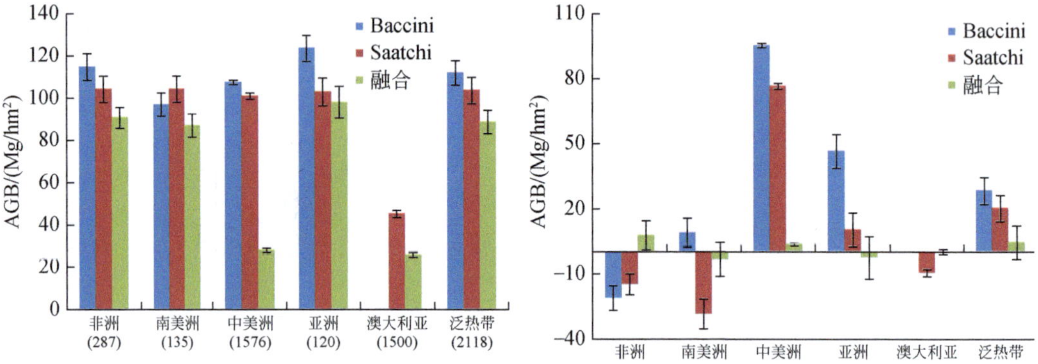

(a)RMSE (b)Bias

图 4-22 数据融合估算的生物量与 Saatchi 和 Baccini 生物量精度比较

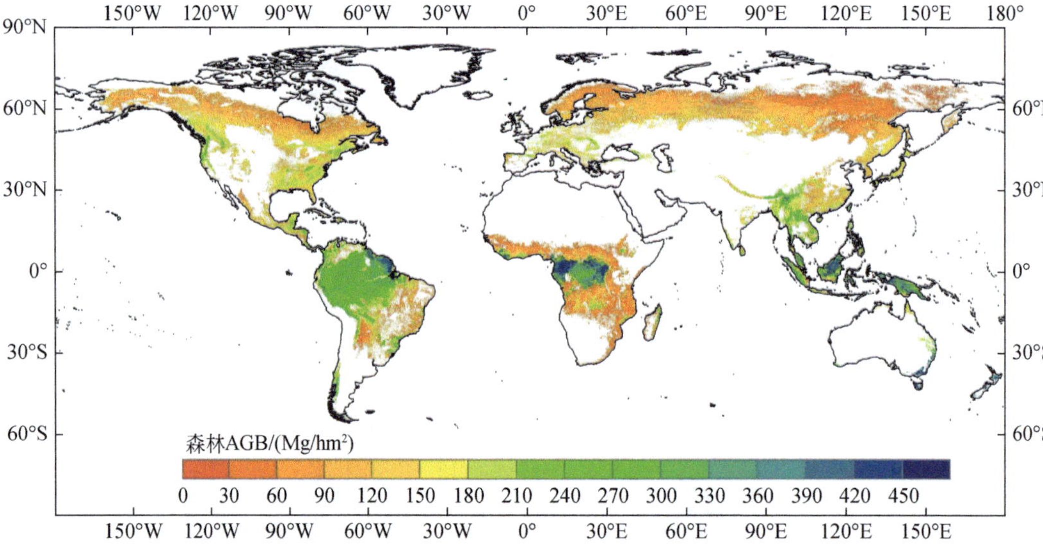

图 4-23 集成多源区域森林生物量数据集生成全球森林生物量空间分布

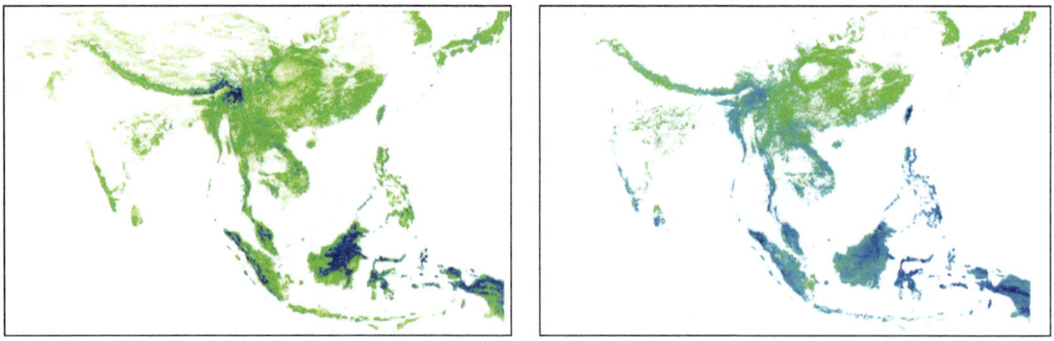

(a)Avitabile等(2016) (b)Hu等(2016)

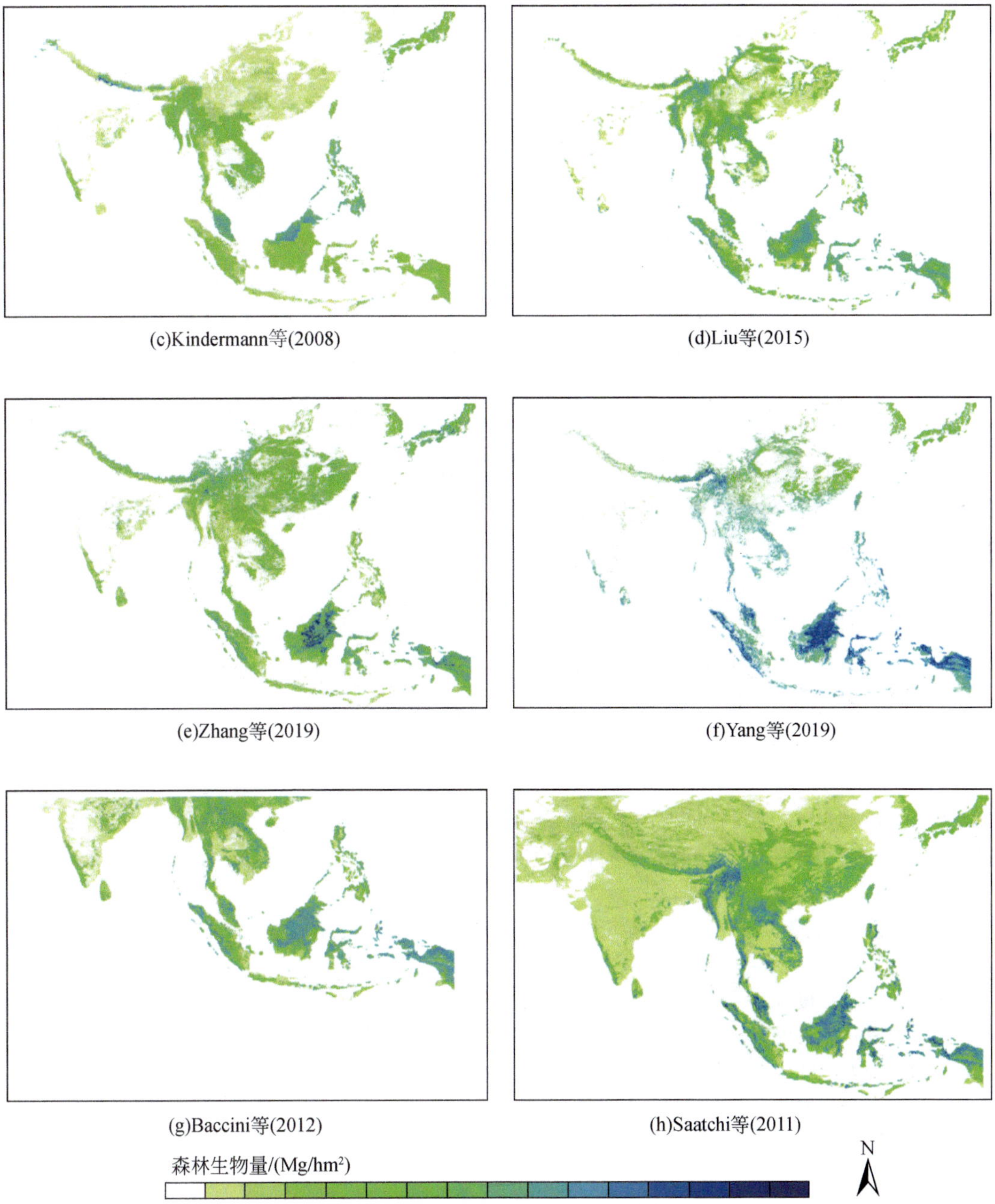

(c)Kindermann等(2008)　(d)Liu等(2015)

(e)Zhang等(2019)　(f)Yang等(2019)

(g)Baccini等(2012)　(h)Saatchi等(2011)

图 4-24　东南亚地区不同森林生物量数据集的空间分布

4.6 小　结

陆表植被参数是表征植被生态系统状态的重要指标，遥感技术为植被参数的反演提供了有效途径。遥感反演植被参数主要利用传统的经验模型、机理模型以及新型的机器学习技术。经验模型简单易行，但应用范围有局限性；机理模型大多从植被辐射传输机理出发，更具普适性。随着新型传感器的投入使用，基于高光谱数据或其他窄波段数据、长波段 SAR 数据等设计的植被指数不断出现，经验方法的研究也随之进入新的阶段。

在众多的机器学习算法中，神经网络算法在各种植被参数的反演中最受关注，目前已广泛用于全球植被参数的遥感数据产品生产。深度学习技术作为神经网络的扩展，在图像识别、视频分析、文本分析和大数据分析等领域发展迅速，现在也逐步用于植被参数的遥感反演。此外，多源遥感数据在遥感反演中广为使用，比如同时利用光学遥感数据、SAR 数据和激光雷达数据估算森林生物量。

随着算法研究的深入，植被 LAI、FVC、FPAR、植被生产力（GPP 和 NPP）等参数的遥感反演取得了长足的进展，并且已经有了相对成熟的遥感产品可供用户下载使用。当前的主要问题是如何满足各种用户及相关模型对于产品精度、分辨率和稳定性等方面的需求，这一系列问题的解决依赖于后续的产品验证和不确定性分析工作。

此外，使用时间序列植被参数遥感反演产品进行生态系统的动态变化监测以及驱动机制分析相关的研究也越来越多，这对遥感产品的时空连续性或者说遥感产品是否可以真实反映地表的真实变化也提出了更高的要求。

参考文献

白建辉 . 2009. 华北地区光合有效辐射的计算方法研究 . 气象与环境学报，25（2）：1-8.

陈宣全，崔宁博，李继平，等 . 2019. 多元自适应回归样条算法模拟川中丘陵区参考作物蒸散量 . 农业工程学报，35：152-160.

陈雪洋，蒙继华，吴炳方，等 . 2010. 基于 HJ-1 CCD 的夏玉米 FPAR 遥感监测模型 . 农业工程学报，26：241-245.

丁艳玲 . 2015. 植被覆盖度遥感估算及其真实性检验研究 . 北京：中国科学院大学博士学位论文 .

董丹，倪健 . 2011. 利用 CASA 模型模拟西南喀斯特植被净第一性生产力 . 生态学报，31：1855-1866.

关琳琳 . 2017. 基于叶绿素荧光的植被总初级生产力估算 . 北京：中国科学院大学博士学位论文 .

郭铌 . 2003. 植被指数及其研究进展 . 干旱气象，21（4）：71-75.

郭仲伟，吴朝阳，汪箫悦 . 2019. 基于卫星遥感数据的森林病虫害监测与评价 . 地理研究，38（4）：831-843.

洪长桥，金晓斌，陈昌春，等 . 2017. 集成遥感数据的陆地净初级生产力估算模型研究综述 . 地理科学进展，36：924-939.

黄春林，李新，卢玲 . 2006. 基于模拟退火算法的植被参数遥感反演 . 遥感技术与应用，21（4）：271-276.

黄健熙，马鸿元，田丽燕，等 . 2015. 基于时间序列 LAI 和 ET 同化的冬小麦遥感估产方法比较 . 农业工程学报，31（4）：197-203.

纪梦豪，唐伯惠，李召良 . 2019. 太阳诱导叶绿素荧光的卫星遥感反演方法研究进展 . 遥感技术与应用，

34：455-466.
贾坤，姚云军，魏香琴，等.2013. 植被覆盖度遥感估算研究进展. 地球科学进展，28（7）：774-782.
李斌，王慧敏，秦明周，等.2017. NDVI、NDMI 与地表温度关系的对比研究. 地理科学进展，36：585-596.
李凤秀，张柏，宋开山，等.2007. 玉米叶面积指数与高光谱植被指数关系研究. 遥感技术与应用，22（5）：586-592.
李高飞，任海，李岩，等.2003. 植被净第一性生产力研究回顾与发展趋势. 生态科学，22（4）：360-365.
李晶，徐涵秋，李霞，等.2015. 水土流失区马尾松林植被提取的土壤调节指数分析. 地球信息科学学报，17（9）：1128-1134.
李明泽，王斌，范文义，等.2015. 东北林区净初级生产力及大兴安岭地区林火干扰影响的模拟研究. 植物生态学报，39（4）：322-332.
李喜佳，肖志强，王锦地，等.2014. 双集合卡尔曼滤波估算时间序列 LAI. 遥感学报，18（1）：27-44.
李小文，王锦地.1995. 植被光学遥感模型与植被结构参数化. 北京：科学出版社.
李晓宇，李飞，包玉海，等.2015. 基于 HJ-1CCD 影像的呼伦贝尔草原区 MODIS/FPAR 产品验证与分析. 遥感技术与应用，30（6）：1129-1137.
李新，马明国，王建，等.2008. 黑河流域遥感—地面观测同步试验：科学目标与试验方案. 地球科学进展，23（9）：897-914.
李亚兵，毛树春，冯璐，等.2012. 基于地统计学的棉花冠层光合有效辐射空间分布特征. 农业工程学报，28（22）：200-206.
李喆，胡蝶，赵登忠，等.2015. 宽波段遥感植被指数研究进展综述. 长江科学院院报，32：125-130.
梁守真，马万栋，王猛，等.2018. 冠层绿色 FPAR 与植被指数关系及其对气溶胶的敏感性分析. 测绘与空间地理信息，41：11-14.
梁顺林，李小文，王锦地.2013. 定量遥感：理念与算法. 北京：科学出版社.
梁顺林，白瑞，陈晓娜，等.2020. 2019 年中国陆表定量遥感发展综述. 遥感学报，24（6）：618-671.
廖展芒.2019. 森林地上生物量极化干涉 SAR 反演方法研究. 成都：电子科技大学博士学位论文.
刘海新.2019. 内蒙古草地生产力时空分析及产草量遥感估算和预测. 青岛：山东科技大学博士学位论文.
刘良云，张永江，王纪华，等.2006. 利用夫琅和费暗线探测自然光条件下的植被光合作用荧光研究. 遥感学报，10（1）：130-137.
刘良云，白雁，孙睿，等.2021. "全球生态系统碳循环关键参数立体观测与反演"项目概述与研究进展. 遥感技术与应用，36（1）：11-24.
刘茜，杨乐，柳钦火，等.2015. 森林地上生物量遥感反演方法综述. 遥感学报，19（1）：62-74.
刘荣高，刘纪远，庄大方.2004. 基于 MODIS 数据估算晴空陆地光合有效辐射. 地理学报，59（1）：64-73.
刘杨，冯海宽，黄珏，等.2021. 基于无人机高光谱特征参数和株高估算马铃薯地上生物量. 光谱学与光谱分析，41：903-911.
刘洋，刘荣高，陈镜明，等.2013. 叶面积指数遥感反演研究进展与展望. 地球信息科学学报，15（5）：734-743.
彭燕，何国金，张兆明，等.2020. 中国区域 Landsat 遥感指数产品. 中国科学数据，5（4）：79-86.
漆建波，谢东辉，许月，等.2019. 三维辐射传输模型 LESS 原理及其应用. 遥感技术与应用，34（5）：914-924.
屈永华，王锦地，刘素红，等.2006. 贝叶斯网络支持的地表参数混合反演模式研究. 遥感学报，10

（1）：6-14.
任小丽，何洪林，张黎，等 . 2014. 1981–2010 年中国散射光合有效辐射的估算及时空特征分析．地理学报，69（3）：323-333.
施建成，杜阳，杜今阳，等 . 2012. 微波遥感地表参数反演进展．中国科学（地球科学），42（6）：814-842.
宋莎 . 2010. 基于多源遥感数据的植被覆盖度研究．雅安：四川农业大学硕士学位论文．
谭运会 . 2020. 基于 Himawari-8 卫星的光合有效辐射遥感反演方法构建．金华：浙江师范大学硕士学位论文．
田定方，范闻捷，任华忠 . 2020. 植被光合有效辐射吸收比率遥感研究进展．遥感学报，24：1307-1324.
王东伟 . 2008. 遥感数据与作物生长模型同化方法及其应用研究．北京：北京师范大学博士学位论文．
王雅楠，韦瑾，汤旭光，等 . 2020. 应用叶绿素荧光估算植被总初级生产力研究进展．遥感技术与应用，35（5）：975-989.
王永前，施建成，刘志红，等 . 2014. 微波植被指数在干旱监测中的应用．遥感学报，18（4）：843-867.
王勇 . 2019. 合成孔径雷达与森林地上生物量反演：好奇和实用的平衡．遥感学报，23（5）：809-812.
吴一戎，洪文，王彦平 . 2007. 极化干涉 SAR 的研究现状与启示．电子与信息学报，29（5）：1258-1262.
夏钰 . 2017. 基于涡度相关通量观测的 MODIS 总初级生产力估算研究．武汉：武汉大学硕士学位论文．
肖乾广，陈维英，盛永伟，等 . 1996. 用 NOAA 气象卫星的 AVHRR 遥感资料估算中国的净第一性生产力．植物学报，（1）：35-39.
杨强，王婷婷，陈昊，等 . 2015. 基于 MODIS EVI 数据的锡林郭勒盟植被覆盖度变化特征．农业工程学报，31：191-198，315.
虞连玉，蔡焕杰，姚付启，等 . 2015. 植被指数反演冬小麦植被覆盖度的适用性研究．农业机械学报，46（1）：231-239.
袁文平，蔡文文，刘丹，等 . 2014. 陆地生态系统植被生产力遥感模型研究进展．地球科学进展，29：541-550.
昝梅，李登秋，居为民，等 . 2013. 新疆喀纳斯国家自然保护区植被叶面积指数观测与遥感估算．生态学报，33：4744-4757.
张健 . 2014. 基于能量平衡原理的 FPAR 遥感反演研究．西安：西安科技大学硕士学位论文．
张仁华，饶农新，廖国男 . 1996. 植被指数的抗大气影响探讨．植物学报，（1）：53-62.
张宪洲，张谊光，周允华 . 1997. 青藏高原 4 月 ~10 月光合有效量子值的气候学计算．地理学报，（4）：75-79.
张玉珍，梁顺林 . 2017. 第 14 章 森林生物量估算与应用分析//梁顺林，张杰，陈利军，等．全球变化遥感产品的生产与应用．北京：科学出版社．
张运林，秦伯强 . 2002. 太湖地区光合有效辐射（PAR）的基本特征及其气候学计算．太阳能学报，23（1）：118-123.
赵英时，等 . 2003. 遥感应用分析原理与方法．北京：科学出版社．
郑艺 . 2017. 基于光能利用率模型的植被总初级生产力估算及其不确定性分析．北京：中国科学院大学硕士学位论文．
郑元润，周广胜 . 2000. 基于 NDVI 的中国天然森林植被净第一性生产力模型．植物生态学报，24（1）：9-12.
周彬，陈良富，舒晓波 . 2008. FPAR 的 Monte Carlo 模拟研究．遥感学报，12（3）：385-391.
周晓东，朱启疆，王锦地，等 . 2002. 夏玉米冠层内 PAR 截获及 FPAR 与 LAI 的关系．自然资源学报，17（1）：110-116.
周允华，项月琴，栾禄凯 . 1996. 光合有效量子通量密度的气候学计算．气象学报，54（4）：447-455.

周志华 . 2016. 机器学习 . 北京：清华大学出版社 .

Anderson J E, Plourde L C, Martin M E, et al. 2008. Integrating waveform lidar with hyperspectral imagery for inventory of a northern temperate forest. Remote Sensing of Environment, 112 (4): 1856-1870.

Askne J I H, Dammert P B G, Ulander L M H, et al. 1997. C-band repeat-pass interferometric SAR observations of the forest. IEEE Transactions on Geoscience and Remote Sensing, 35 (1): 25-35.

Avitabile V, Herold M, Heuvelink G B M, et al. 2016. An integrated pan-tropical biomass map using multiple reference datasets. Global Change Biology, 22 (4): 1406-1420.

Baccini A, Laporte N, Goetz S J, et al. 2008. A first map of tropical Africa's above-ground biomass derived from satellite imagery. Environmental Research Letters, 3 (4): 045011.

Baccini A, Goetz S J, Walker W S, et al. 2012. Estimated carbon dioxide emissions from tropical deforestation improved by carbon-density maps. Nature Climate Change, 2: 182-185.

Bacour C, Baret F, Béal D, et al. 2006. Neural network estimation of LAI, fAPAR, fCover and LAI×Cab, from top of canopy *MERIS* reflectance data: Principles and validation. Remote Sensing of Environment, 105 (4): 313-325.

Baldocchi D D. 2003. Assessing the eddy covariance technique for evaluating carbon dioxide exchange rates of ecosystems: Past, present and future. Global Change Biology, 9 (4): 479-492.

Baret F, Guyot G. 1991. Potentials and limits of vegetation indices for LAI and APAR assessment. Remote Sensing of Environment, 35 (2/3): 161-173.

Baret F, Guyot G, Major D J. 1989. TSAVI: A vegetation index which minimizes soil brightness effects on LAI and APAR estimation. 12th Canadian Symposium on Remote Sensing Geoscience and Remote Sensing Symposium, Vancouver, BC, Canada: IEEE.

Baret F, Jacquemoud S, Guyot G, et al. 1992. Modeled analysis of the biophysical nature of spectral shifts and comparison with information content of broad bands. Remote Sensing of Environment, 41 (2/3): 133-142.

Baret F, Hagolle O, Geiger B, et al. 2007. LAI, fAPAR and fCover CYCLOPES global products derived from VEGETATION Part 1: Principles of the algorithm. Remote Sensing of Environment, 110 (3): 275-286.

Baret F, Weiss M, Lacaze R, et al. 2013. GEOV1: LAI and FAPAR essential climate variables and FCOVER global time series capitalizing over existing products. Part1: Principles of development and production. Remote Sensing of Environment, 137: 299-309.

Boudreau J, Nelson R F, Margolis H A, et al. 2008. Regional aboveground forest biomass using airborne and spaceborne LiDAR in Québec. Remote Sensing of Environment, 112 (10): 3876-3890.

Boyd D S, Foody G M, Ripple W J. 2002. Evaluation of approaches for forest cover estimation in the Pacific Northwest, USA, using remote sensing. Applied Geography, 22 (4): 375-392.

Breiman L. 1996. Bagging predictors. Machine Learning, 24 (2): 123-140.

Breiman L. 2001. Random Forests. Machine Learning, 45: 5-32.

Broxton P D, Zeng X B, Scheftic W, et al. 2014. A MODIS-based global 1-km maximum green vegetation fraction dataset. Journal of Applied Meteorology and Climatology, 53 (8): 1996-2004.

Camacho F, Cernicharo J, Lacaze R, et al. 2013. GEOV1: LAI, FAPAR essential climate variables and FCOVER global time series capitalizing over existing products. Part 2: Validation and intercomparison with reference products. Remote Sensing of Environment, 137: 310-329.

Candiago S, Remondino F, De Giglio M, et al. 2015. Evaluating multispectral images and vegetation indices for precision farming applications from UAV images. Remote Sensing, 7 (4): 4026-4047.

Castel T, Martinez J M, Beaudoin A, et al. 2000. ERS INSAR data for remote sensing hilly forested areas.

Remote Sensing of Environment, 73 (1): 73-86.

Chave J, Andalo C, Brown S, et al. 2005. Tree allometry and improved estimation of carbon stocks and balance in tropical forests. Oecologia, 145 (1): 87-99.

Chen J M. 1996. Canopy architecture and remote sensing of the fraction of photosynthetically active radiation absorbed by boreal conifer forests. IEEE Transactions on Geoscience and Remote Sensing, 34 (6): 1353-1368.

Chen J M, Black T A. 1992. Defining leaf area index for non-flat leaves. Plant, Cell & Environment, 15 (4): 421-429.

Chopping M, Moisen G G, Su L H, et al. 2008. Large area mapping of southwestern forest crown cover, canopy height, and biomass using the NASA Multiangle Imaging Spectro-Radiometer. Remote Sensing of Environment, 112 (5): 2051-2063.

Chopping M, Schaaf C B, Zhao F, et al. 2011. Forest structure and aboveground biomass in the southwestern United States from MODIS and MISR. Remote Sensing of Environment, 115 (11): 2943-2953.

Clevers J G P W, van Leeuwen H J C, Verhoef W. 1994. Estimating the fraction APAR by means of vegetation indices: A sensitivity analysis with a combined prospect-sail model. Remote Sensing Reviews, 9 (3): 203-220.

Cloude S R. 2006. Polarization coherence tomography. Radio Science, 41 (4): RS4017.

Damm A, Guanter L, Paul-Limoges E, et al. 2015. Far-red Sun-induced chlorophyll fluorescence shows ecosystem-specific relationships to gross primary production: An assessment based on observational and modeling approaches. Remote Sensing of Environment, 166: 91-105.

de Jong R, de Bruin S, de Wit A, et al. 2011. Analysis of monotonic greening and browning trends from global NDVI time-series. Remote Sensing of Environment, 115 (2): 692-702.

DeVries B, Verbesselt J, Kooistra L, et al. 2015. Robust monitoring of small-scale forest disturbances in a tropical montane forest using Landsat time series. Remote Sensing of Environment, 161: 107-121.

DeFries R S, Townshend J R G, Hansen M C. 1999. Continuous fields of vegetation characteristics at the global scale at 1-km resolution. Journal of Geophysical Research: Atmospheres, 104 (D14): 16911-16923.

Drake J B, Dubayah R O, Clark D B, et al. 2002. Estimation of tropical forest structural characteristics using large-footprint lidar. Remote Sensing of Environment, 79 (2/3): 305-319.

Duan S B, Li Z L, Wu H, et al. 2014. Inversion of the PROSAIL model to estimate leaf area index of maize, potato, and sunflower fields from unmanned aerial vehicle hyperspectral data. International Journal of Applied Earth Observation and Geoinformation, 26: 12-20.

Dye D G. 2004. Spectral composition and quanta-to-energy ratio of diffuse photosynthetically active radiation under diverse cloud conditions. Journal of Geophysical Research: Atmospheres, 109 (D10): D10203.

Eckert S, Hüsler F, Liniger H, et al. 2015. Trend analysis of MODIS NDVI time series for detecting land degradation and regeneration in Mongolia. Journal of Arid Environments, 113: 16-28.

Epiphanio J N, Huete A R. 1995. Dependence of NDVI and SAVI on Sun/sensor geometry and its effect on fAPAR relationships in Alfalfa. Remote Sensing of Environment, 51 (3): 351-360.

Fang H L, Baret F, Plummer S, et al. 2019. An overview of global leaf area index (LAI): Methods, products, validation, and applications. Reviews of Geophysics, 57 (3): 739-799.

Fang J, Chen A, Peng C, et al. 2001. Changes in forest biomass carbon storage in China between 1949 and 1998. Science, 292 (5525): 2320-2322.

Farine D R, Strandburg-Peshkin A. 2015. Estimating uncertainty and reliability of social network data using

Bayesian inference. Royal Society Open Science, 2 (9): 150367.

Feng Y, Cui N B, Gong D Z, et al. 2017. Evaluation of random forests and generalized regression neural networks for daily reference evapotranspiration modelling. Agricultural Water Management, 193: 163-173.

Fensholt R, Sandholt I, Rasmussen M S. 2004. Evaluation of MODIS LAI, fAPAR and the relation between fAPAR and NDVI in a semi-arid environment using in situ measurements. Remote Sensing of Environment, 91 (3/4): 490-507.

Foody G M, Cutler M E, McMorrow J, et al. 2001. Mapping the biomass of Bornean tropical rain forest from remotely sensed data. Global Ecology and Biogeography, 10 (4): 379-387.

Frankenberg C, Butz A, Toon G C. 2011. Disentangling chlorophyll fluorescence from atmospheric scattering effects in O_2 A-band spectra of reflected Sun-light. Geophysical Research Letters, 38 (3): L03801.

Friedman J H. 1991. Multivariate adaptive regression splines. The Annals of Statistics, 19 (1): 1-67.

Frouin R, Pinker R T. 1995. Estimating Photosynthetically Active Radiation (PAR) at the earth's surface from satellite observations. Remote Sensing of Environment, 51 (1): 98-107.

Gamon J A, Field C B, Goulden M L, et al. 1995. Relationships between NDVI, canopy structure, and photosynthesis in three Californian vegetation types. Ecological Applications, 5 (1): 28-41.

Gao B C. 1996. NDWI—a normalized difference water index for remote sensing of vegetation liquid water from space. Remote Sensing of Environment, 58 (3): 257-266.

García M J L, Caselles V. 1991. Mapping burns and natural reforestation using thematic Mapper data. Geocarto International, 6 (1): 31-37.

Gastellu-Etchegorry J P, Martin E, Gascon F. 2004. DART: A 3D model for simulating satellite images and studying surface radiation budget. International Journal of Remote Sensing, 25 (1): 73-96.

Geurts P, Ernst D, Wehenkel L. 2006. Extremely randomized trees. Machine Learning, 63 (1): 3-42.

Gichenje H, Godinho S. 2018. Establishing a land degradation neutrality national baseline through trend analysis of GIMMS NDVI Time-series. Land Degradation & Development, 29 (9): 2985-2997.

Gitelson A A. 2004. Wide dynamic range vegetation index for remote quantification of biophysical characteristics of vegetation. Journal of Plant Physiology, 161 (2): 165-173.

Gobron N, Pinty B, Verstraete M M. 1997. Theoretical limits to the estimation of the leaf area index on the basis of visible and near-infrared remote sensing data. IEEE Transactions on Geoscience and Remote Sensing, 35 (6): 1438-1445.

Goward S N, Huemmrich K F. 1992. Vegetation canopy PAR absorptance and the normalized difference vegetation index: An assessment using the SAIL model. Remote Sensing of Environment, 39 (2): 119-140.

Guanter L, Zhang Y G, Jung M, et al. 2014. Global and time-resolved monitoring of crop photosynthesis with chlorophyll fluorescence. Proceedings of the National Academy of Sciences of the United States of America, 111 (14): E1327-E1333.

Guerschman J P, Hill M J, Renzullo L J, et al. 2009. Estimating fractional cover of photosynthetic vegetation, non-photosynthetic vegetation and bare soil in the Australian tropical savanna region upscaling the EO-1 Hyperion and MODIS sensors. Remote Sensing of Environment, 113 (5): 928-945.

Gutman G, Ignatov A. 1998. The derivation of the green vegetation fraction from NOAA/AVHRR data for use in numerical weather prediction models. International Journal of Remote Sensing, 19 (8): 1533-1543.

Hardisky M, Klemas V, Smart A. 1983. The influence of soil salinity, growth form, and leaf moisture on the spectral radiance of Spartina Alterniflora canopies. Photogrammetric Engineering and Remote Sensing, 48: 77-84.

Hasegawa K, Matsuyama H, Tsuzuki H, et al. 2010. Improving the estimation of leaf area index by using remotely sensed NDVI with BRDF signatures. Remote Sensing of Environment, 114 (3): 514-519.

Hilker T, Coops N C, Wulder M A, et al. 2008. The use of remote sensing in light use efficiency based models of gross primary production: A review of current status and future requirements. Science of the Total Environment, 404 (2/3): 411-423.

Ho Tong Minh D, Le Toan T, Rocca F, et al. 2014. Relating P- band synthetic aperture radar tomography to tropical forest biomass. IEEE Transactions on Geoscience and Remote Sensing, 52 (2): 967-979.

Hu J N, Tan B, Shabanov N, et al. 2003. Performance of the MISR LAI and FPAR algorithm: A case study in Africa. Remote Sensing of Environment, 88 (3): 324-340.

Huang H G, Qin W H, Liu Q H. 2013. RAPID: A Radiosity Applicable to Porous IndiviDual Objects for directional reflectance over complex vegetated scenes. Remote Sensing of Environment, 132: 221-237.

Hudson Dunn A, de Beurs K M. 2011. Land surface phenology of North American Mountain environments using moderate resolution imaging spectroradiometer data. Remote Sensing of Environment, 115 (5): 1220-1233.

Huete A R. 1988. A soil-adjusted vegetation index (SAVI) . Remote Sensing of Environment, 25 (3): 295-309.

Huete A, Didan K, Miura T, et al. 2002. Overview of the radiometric and biophysical performance of the MODIS vegetation indices. Remote Sensing of Environment, 83 (1/2): 195-213.

Hyde P, Nelson R, Kimes D, et al. 2007. Exploring LiDAR-RaDAR synergy—predicting aboveground biomass in a southwestern ponderosa pine forest using LiDAR, SAR and InSAR. Remote Sensing of Environment, 106 (1): 28-38.

Imhoff M L. 1995. Radar backscatter and biomass saturation: Ramifications for global biomass inventory. IEEE Transactions on Geoscience and Remote Sensing, 33 (2): 511-518.

Jacquemoud S, Verhoef W, Baret F, et al. 2009. PROSPECT+SAIL models: A review of use for vegetation characterization. Remote Sensing of Environment, 113: S56-S66.

Jia K, Yang L Q, Liang S L, et al. 2019. Long- term global land surface satellite (GLASS) fractional vegetation cover product derived from MODIS and AVHRR data. IEEE Journal of Selected Topics in Applied Earth Observations and Remote Sensing, 12 (2): 508-518.

Jordan C F. 1969. Derivation of leaf- area index from quality of light on the forest floor. Ecology, 50 (4): 663-666.

Ju J C, Masek J G. 2016. The vegetation greenness trend in Canada and US Alaska from 1984-2012 Landsat data. Remote Sensing of Environment, 176: 1-16.

Jung M, Reichstein M, Margolis H A, et al. 2011. Global patterns of land- atmosphere fluxes of carbon dioxide, latent heat, and sensible heat derived from eddy covariance, satellite, and meteorological observations. Journal of Geophysical Research: Biogeosciences, 116 (G3): G00J07.

Kaufman Y J, Tanre D. 1992. Atmospherically resistant vegetation index (ARVI) for EOS- MODIS. IEEE Transactions on Geoscience and Remote Sensing, 30 (2): 261-270.

Knyazikhin Y, Glassy J, Privette J, et al. 1999. MODIS Leaf Area Index (LAI) and Fraction of Photosynthetically Active Radiation Absorbed by Vegetation (FPAR) Product (MOD15) Algorithm Theoretical Basis Document. http: //modis. gsfc. nasa. gov/data/atbd/atbd_ mod15. pdf [2023-06-30] .

Kogan F N. 1995. Application of vegetation index and brightness temperature for drought detection. Advances in Space Research, 15 (11): 91-100.

Kross A, McNairn H, Lapen D, et al. 2015. Assessment of Rapid Eye vegetation indices for estimation of leaf area index and biomass in corn and soybean crops. International Journal of Applied Earth Observation and Geoinformation, 34: 235-248.

Kuusk A. 1985. The hot-spot effect of a uniform vegetative cover. Soviet Journal of Remote Sensing, 3: 645-658.

Lanfredi M, Coppola R, Simoniello T, et al. 2015. Early identification of land degradation hotspots in complex bio-geographic regions. Remote Sensing, 7 (6): 8154-8179.

Le Maire G, Marsden C, Nouvellon Y, et al. 2011. MODIS NDVI time-series allow the monitoring of *Eucalyptus* plantation biomass. Remote Sensing of Environment, 115 (10): 2613-2625.

Le Toan T, Beaudoin A, Riom J, et al. 1992. Relating forest biomass to SAR data. IEEE Transactions on Geoscience and Remote Sensing, 30 (2): 403-411.

Lee J E, Berry J A, van der Tol C, et al. 2015. Simulations of chlorophyll fluorescence incorporated into the Community Land Model version 4. Global Change Biology, 21 (9): 3469-3477.

Lefsky M A, Harding D, Cohen W B, et al. 1999. Surface lidar remote sensing of basal area and biomass in deciduous forests of eastern Maryland, USA. Remote Sensing of Environment, 67 (1): 83-98.

Lefsky M A, Cohen W B, Harding D J, et al. 2002. Lidar remote sensing of above-ground biomass in three biomes. Global Ecology and Biogeography, 11 (5): 393-399.

Lefsky M A, Harding D J, Keller M, et al. 2005. Estimates of forest canopy height and aboveground biomass using ICESat. Geophysical Research Letters, 32 (22): L22S02.

Li W M, Luo Y S, Zhu Q, et al. 2008. Applications of AR * -GRNN model for financial time series forecasting. Neural Computing and Applications, 17 (5): 441-448.

Li X, Xiao J F, He B B, et al. 2018. Solar-induced chlorophyll fluorescence is strongly correlated with terrestrial photosynthesis for a wide variety of biomes: First global analysis based on OCO-2 and flux tower observations. Global Change Biology, 24 (9): 3990-4008.

Li X, Xiao J F. 2019. Mapping photosynthesis solely from solar-induced chlorophyll fluorescence: A global, fine-resolution dataset of gross primary production derived from OCO-2. Remote Sensing, 11 (21): 2563.

Li Z Q, Moreau L, Cihlar J. 1997. Estimation of photosynthetically active radiation absorbed at the surface. Journal of Geophysical Research: Atmospheres, 102 (D24): 29717-29727.

Liang S L, Zheng T, Wang D D, et al. 2007. Mapping high-resolution incident photosynthetically active radiation over land from polar-orbiting and geostationary satellite data. Photogrammetric Engineering and Remote Sensing, 73 (10): 1085-1089.

Liao C, Zhuang Q L. 2015. Reduction of global plant production due to droughts from 2001 to 2010: An analysis with a process-based global terrestrial ecosystem model. Earth Interactions, 19 (16): 1-21.

Luckman A, Baker J, Wegmüller U. 2000. Repeat-pass interferometric coherence measurements of disturbed tropical forest from JERS and ERS satellites. Remote Sensing of Environment, 73 (3): 350-360.

López G, Rubio M A, Martínez M, et al. 2001. Estimation of hourly global photosynthetically active radiation using artificial neural network models. Agricultural and Forest Meteorology, 107 (4): 279-291.

Ma R, Zhang L, Tian X J, et al. 2017. Assimilation of remotely-sensed leaf area index into a dynamic vegetation model for gross primary productivity estimation. Remote Sensing, 9 (3): 188.

Mahadevan P, Wofsy S C, Matross D M, et al. 2008. A satellite-based biosphere parameterization for net ecosystem CO_2 exchange: Vegetation Photosynthesis and Respiration Model (VPRM). Global Biogeochemical Cycles, 22 (2): GB2005.

Mahlein A K, Rumpf T, Welke P, et al. 2013. Development of spectral indices for detecting and identifying plant diseases. Remote Sensing of Environment, 128: 21-30.

Massman W J, Lee X. 2002. Eddy covariance flux corrections and uncertainties in long-term studies of carbon and energy exchanges. Agricultural and Forest Meteorology, 113 (1/2/3/4): 121-144.

Meroni M, Colombo R, Panigada C. 2004. Inversion of a radiative transfer model with hyperspectral observations for LAI mapping in poplar plantations. Remote Sensing of Environment, 92 (2): 195-206.

Meroni M, Rossini M, Guanter L, et al. 2009. Remote sensing of solar-induced chlorophyll fluorescence: Review of methods and applications. Remote Sensing of Environment, 113 (10): 2037-2051.

Mette T, Papathanassiou K, Hajnsek I. 2004. Biomass estimation from polarimetric SAR interferometry over heterogeneous forest terrain//IGARSS 2004. 2004 IEEE International Geoscience and Remote Sensing Symposium. Anchorage, AK, USA: IEEE.

Monteith J L, Moss C J, Cooke G W, et al. 1977. Climate and the efficiency of crop production in Britain. Philosophical Transactions of the Royal Society of London. B, Biological Sciences, 281 (980): 277-294.

Mu X H, Huang S, Ren H Z, et al. 2015. Validating GEOV1 fractional vegetation cover derived from coarse-resolution remote sensing images over croplands. IEEE Journal of Selected Topics in Applied Earth Observations and Remote Sensing, 8 (2): 439-446.

Mu X H, Song W J, Gao Z, et al. 2018. Fractional vegetation cover estimation by using multi-angle vegetation index. Remote Sensing of Environment, 216: 44-56.

Murakami T, Ogawa S, Ishitsuka N, et al. 2001. Crop discrimination with multitemporal SPOT/HRV data in the Saga Plains, Japan. International Journal of Remote Sensing, 22 (7): 1335-1348.

Myneni R B, Hoffman S, Knyazikhin Y, et al. 2002. Global products of vegetation leaf area and fraction absorbed PAR from year one of MODIS data. Remote Sensing of Environment, 83 (1/2): 214-231.

Myneni R B, Williams D L. 1994. On the relationship between FAPAR and NDVI. Remote Sensing of Environment, 49 (3): 200-211.

Neeff T, Dutra L V, dos Santos J R, et al. 2005. Tropical forest measurement by interferometric height modeling and P-band radar backscatter. Forest Science, 51 (6): 585-594.

Nelson R, Ranson K J, Sun G, et al. 2009. Estimating Siberian timber volume using MODIS and ICESat/GLAS. Remote Sensing of Environment, 113 (3): 691-701.

Padalia H, Sinha S K, Bhave V, et al. 2020. Estimating canopy LAI and chlorophyll of tropical forest plantation (North India) using Sentinel-2 data. Advances in Space Research, 65 (1): 458-469.

Peng D L, Zhang B, Liu L Y. 2012. Comparing spatiotemporal patterns in Eurasian FPAR derived from two NDVI-based methods. International Journal of Digital Earth, 5 (4): 283-298.

Pham T D, Yokoya N, Xia J S, et al. 2020. Comparison of machine learning methods for estimating mangrove above-ground biomass using multiple source remote sensing data in the red river delta biosphere reserve, Vietnam. Remote Sensing, 12 (8): 1334.

Piao S L, Fang J Y, Zhu B, et al. 2005. Forest biomass carbon stocks in China over the past 2 decades: Estimation based on integrated inventory and satellite data. Journal of Geophysical Research: Biogeosciences, 110 (G1): G01006.

Pinty B, Verstraete M M. 1992. GEMI: A non-linear index to monitor global vegetation from satellites. Vegetatio, 101 (1): 15-20.

Pinty B, Widlowski J L, Taberner M, et al. 2004. Radiation Transfer Model Intercomparison (RAMI) exercise: Results from the second phase. Journal of Geophysical Research: Atmospheres, 109 (D6): D06210.

Plummer S, Arino O, Simon M, et al. 2006. Establishing A earth observation product service for the terrestrial carbon community: The globcarbon initiative. Mitigation and Adaptation Strategies for Global Change, 11 (1): 97-111.

Popescu S C, Wynne R H, Scrivani J A. 2004. Fusion of small-footprint lidar and multispectral data to estimate plot-level volume and biomass in deciduous and pine forests in Virginia, USA. Forest Science, 50 (4): 551-565.

Porcar-Castell A, Tyystjärvi E, Atherton J, et al. 2014. Linking chlorophyll a fluorescence to photosynthesis for remote sensing applications: Mechanisms and challenges. Journal of Experimental Botany, 65 (15): 4065-4095.

Potter C S, Randerson J T, Field C B, et al. 1993. Terrestrial ecosystem production: A process model based on global satellite and surface data. Global Biogeochemical Cycles, 7 (4): 811-841.

Prince S D, Goward S N. 1995. Global primary production: A remote sensing approach. Journal of Biogeography, 22 (4/5): 815-835.

Prince S D. 1991. Satellite remote sensing of primary production: Comparison of results for Sahelian grasslands 1981-1988. International Journal of Remote Sensing, 12 (6): 1301-1311.

Qi J, Chehbouni A, Huete A R, et al. 1994. A modified soil adjusted vegetation index. Remote Sensing of Environment, 48 (2): 119-126.

Qin W H, Gerstl S A W. 2000. 3-D scene modeling of semidesert vegetation cover and its radiation regime. Remote Sensing of Environment, 74 (1): 145-162.

Qu Y H, Wang J D, Wan H W, et al. 2008. A Bayesian network algorithm for retrieving the characterization of land surface vegetation. Remote Sensing of Environment, 112 (3): 613-622.

Qu Y H, Zhang Y Z, Wang J D. 2012. A dynamic Bayesian network data fusion algorithm for estimating leaf area index using time-series data from in situ measurement to remote sensing observations. International Journal of Remote Sensing, 33 (4): 1106-1125.

Rahman H. 2001. Influence of atmospheric correction on the estimation of biophysical parameters of crop canopy using satellite remote sensing. International Journal of Remote Sensing, 22 (7): 1245-1268.

Richardson A, Wiegand C. 1977. Distinguishing Vegetation from Soil Background Information. Photogrammetric Engineering & Remote Sensing, 43 (12): 1541-52.

Ridao E, Conde J R, Mínguez M I. 1998. Estimating fAPAR from nine vegetation indices for irrigated and nonirrigated faba bean and semileafless pea canopies. Remote Sensing of Environment, 66 (1): 87-100.

Rouse J, Haas R, Schell J, et al. 1974. Monitoring Vegetation Systems in the Great Plains with ERTS. Proceedings of Third Earth Resources Technology Satellite-1Symposium. Greenbelt, USA: NASA.

Roy D P, Boschetti L, Trigg S N. 2006. Remote sensing of fire severity: assessing the performance of the normalized burn ratio. IEEE Geoscience and Remote Sensing Letters, 3 (1): 112-116.

Ryu Y, Jiang C Y, Kobayashi H, et al. 2018. MODIS-derived global land products of shortwave radiation and diffuse and total photosynthetically active radiation at 5km resolution from 2000. Remote Sensing of Environment, 204: 812-825.

Saatchi S S, Harris N L, Brown S, et al. 2011. Benchmark map of forest carbon stocks in tropical regions across three continents. Proceedings of the National Academy of Sciences of the United States of America, 108 (24): 9899-9904.

Sagues L, Lopez-Sanchez J M, Fortuny J, et al. 2001. Polarimetric radar interferometry for improved mine detection and surface clutter rejection. IEEE Transactions on Geoscience and Remote Sensing, 39 (6): 1271-1278.

Seen D L, Mougin E, Gastellu-Etchegorry J P. 1992. Is the global vegetation index a good predictor of net primary productivity and actual evapotransportation? IGARSS'92 International Geoscience and Remote Sensing

Symposium. Houston, TX, USA: IEEE.

Sellers P J, Dickinson R E, Randall D A, et al. 1997. Modeling the exchanges of energy, water, and carbon between continents and the atmosphere. Science, 275 (5299): 502-509.

Sessa R. 2009. Assessment of the Status of the Development of the Standards for the Terrestrial Essential Climate Variables: Biomass. GTO System. Rome, Italy. Version, 10: 1-18.

Shi J C, Jackson T, Tao J, et al. 2008. Microwave vegetation indices for short vegetation covers from satellite passive microwave sensor AMSR-E. Remote Sensing of Environment, 112 (12): 4285-4300.

Simon C, Weber P, Evsukoff A. 2008. Bayesian networks inference algorithm to implement Dempster Shafer theory in reliability analysis. Reliability Engineering & System Safety, 93 (7): 950-963.

Solberg S, Astrup R, Gobakken T, et al. 2010. Estimating spruce and pine biomass with interferometric X-band SAR. Remote Sensing of Environment, 114 (10): 2353-2360.

Song C H. 2013. Optical remote sensing of forest leaf area index and biomass. Progress in Physical Geography: Earth and Environment, 37 (1): 98-113.

Song C H, Dannenberg M P, Hwang T. 2013. Optical remote sensing of terrestrial ecosystem primary productivity. Progress in Physical Geography: Earth and Environment, 37 (6): 834-854.

Song W J, Mu X H, Ruan G Y, et al. 2017. Estimating fractional vegetation cover and the vegetation index of bare soil and highly dense vegetation with a physically based method. International Journal of Applied Earth Observation and Geoinformation, 58: 168-176.

Specht D F. 1991. A general regression neural network. IEEE Transactions on Neural Networks, 2 (6): 568-576.

Sun Y, Frankenberg C, Wood J D, et al. 2017. OCO-2 advances photosynthesis observation from space via solar-induced chlorophyll fluorescence. Science, 358 (6360): 5747.

Tang W J, Qin J, Yang K, et al. 2013. Reconstruction of daily photosynthetically active radiation and its trends over China. Journal of Geophysical Research: Atmospheres, 118 (23): 13292-13302.

Tsalyuk M, Kelly M, Getz W M. 2017. Improving the prediction of African savanna vegetation variables using time series of MODIS products. ISPRS Journal of Photogrammetry and Remote Sensing, 131: 77-91.

Ullah S, Si Y L, Schlerf M, et al. 2012. Estimation of grassland biomass and nitrogen using MERIS data. International Journal of Applied Earth Observation and Geoinformation, 19: 196-204.

van de Voorde T, Vlaeminck J, Canters F. 2008. Comparing different approaches for mapping urban vegetation cover from landsat ETM+ data: A case study on Brussels. Sensors, 8 (6): 3880-3902.

van der Tol C, Verhoef W, Timmermans J, et al. 2009. An integrated model of soil-canopy spectral radiances, photosynthesis, fluorescence, temperature and energy balance. Biogeosciences, 6 (12): 3109-3129.

Verhoef W. 1984. Light scattering by leaf layers with application to canopy reflectance modeling: The SAIL model. Remote Sensing of Environment, 16 (2): 125-141.

Verhoef W, Bach H. 2003. Simulation of hyperspectral and directional radiance images using coupled biophysical and atmospheric radiative transfer models. Remote Sensing of Environment, 87 (1): 23-41.

Verrelst J, Rivera J P, van der Tol C, et al. 2015. Global sensitivity analysis of the SCOPE model: What drives simulated canopy-leaving Sun-induced fluorescence? Remote Sensing of Environment, 166: 8-21.

Wagle P, Zhang Y G, Jin C, et al. 2016. Comparison of solar-induced chlorophyll fluorescence, light-use efficiency, and process-based GPP models in maize. Ecological Applications, 26 (4): 1211-1222.

Walker J J, de Beurs K M, Wynne R H. 2014. Dryland vegetation phenology across an elevation gradient in Arizona, USA, investigated with fused MODIS and Landsat data. Remote Sensing of Environment, 144: 85-97.

Wang F M, Huang J F, Tang Y L, et al. 2007. New vegetation index and its application in estimating leaf area index of rice. Rice Science, 14 (3): 195-203.

Wang L C, Gong W, Hu B, et al. 2015. Modeling and analysis of the spatiotemporal variations of photosynthetically active radiation in China during 1961–2012. Renewable and Sustainable Energy Reviews, 49: 1019-1032.

Wang L C, Kisi O, Zounemat-Kermani M, et al. 2016. Modeling and comparison of hourly photosynthetically active radiation in different ecosystems. Renewable and Sustainable Energy Reviews, 56: 436-453.

Wang Q, Zhao P, Ren H, et al. 2008. Spatiotemporal dynamics of forest net primary production in China over the past two decades. Global and Planetary Change, 61 (3/4): 267-274.

Weiss M, Baret F, Garrigues S, et al. 2007. LAI and fAPAR *CYCLOPES* global products derived from VEGETATION. Part 2: validation and comparison with MODIS collection 4 products. Remote Sensing of Environment, 110 (3): 317-331.

White M A, Asner G P, Nemani R R, et al. 2000. Measuring fractional cover and leaf area index in arid ecosystems digital camera, radiation transmittance, and laser altimetry methods. Remote Sensing of Environment, 74 (1): 45-57.

Wiegand C L, Richardson A J, Escobar D E, et al. 1991. Vegetation indices in crop assessments. Remote Sensing of Environment, 35 (2/3): 105-119.

Wittich K P, Hansing O. 1995. Area-averaged vegetative cover fraction estimated from satellite data. International Journal of Biometeorology, 38 (4): 209-215.

Wu D H, Wu H, Zhao X, et al. 2014. Evaluation of spatiotemporal variations of global fractional vegetation cover based on GIMMS NDVI data from 1982 to 2011. Remote Sensing, 6 (5): 4217-4239.

Xiao J F, Moody A. 2005. A comparison of methods for estimating fractional green vegetation cover within a desert-to-upland transition zone in central New Mexico, USA. Remote Sensing of Environment, 98 (2/3): 237-250.

Xiao J F, Li X, He B B, et al. 2019. Solar-induced chlorophyll fluorescence exhibits a universal relationship with gross primary productivity across a wide variety of biomes. Global Change Biology, 25 (4): e4-e6.

Xiao X M, Hollinger D, Aber J, et al. 2004. Satellite-based modeling of gross primary production in an evergreen needleleaf forest. Remote Sensing of Environment, 89 (4): 519-534.

Xiao Z Q, Liang S L, Wang J D, et al. 2014. Use of general regression neural networks for generating the GLASS leaf area index product from time-series MODIS surface reflectance. IEEE Transactions on Geoscience and Remote Sensing, 52 (1): 209-223.

Xue J R, Su B F. 2017. Significant remote sensing vegetation indices: A review of developments and applications. Journal of Sensors, 2017 (1): 1353691.

Yang L, Liang S L, Zhang Y Z. 2020. A new method for generating a global forest aboveground biomass map from multiple high-level satellite products and ancillary information. IEEE Journal of Selected Topics in Applied Earth Observations and Remote Sensing, 13: 2587-2597.

Yang P, Wu W B, Tang H J, et al. 2007. Mapping spatial and temporal variations of leaf area index for winter wheat in north China. Agricultural Sciences in China, 6 (12): 1437-1443.

Yang W, Kobayashi H, Wang C, et al. 2019. A semi-analytical snow-free vegetation index for improving estimation of plant phenology in tundra and grassland ecosystems. Remote Sensing of Environment, 228: 31-44.

Yang Y H, Fang J Y, Ma W H, et al. 2010. Large-scale pattern of biomass partitioning across China's grasslands. Global Ecology and Biogeography, 19 (2): 268-277.

Yuan W P, Liu S G, Zhou G S, et al. 2007. Deriving a light use efficiency model from eddy covariance flux data for predicting daily gross primary production across biomes. Agricultural and Forest Meteorology, 143 (3/4): 189-207.

Zeng X B, Dickinson R E, Walker A, et al. 2000. Derivation and evaluation of global 1-km fractional vegetation cover data for land modeling. Journal of Applied Meteorology, 39 (6): 826-839.

Zhang J L, Lu C, Xu H, et al. 2019a. Estimating aboveground biomass of *Pinus densata*-dominated forests using Landsat time series and permanent sample plot data. Journal of Forestry Research, 30 (5): 1689-1706.

Zhang L, Wylie B, Loveland T, et al. 2007. Evaluation and comparison of gross primary production estimates for the Northern Great Plains grasslands. Remote Sensing of Environment, 106 (2): 173-189.

Zhang L, Guo H D, Jia G S, et al. 2014. Net ecosystem productivity of temperate grasslands in Northern China: An upscaling study. Agricultural and Forest Meteorology, 184: 71-81.

Zhang M W, Zhou Q B, Chen Z X, et al. 2008. Crop discrimination in Northern China with double cropping systems using Fourier analysis of time-series MODIS data. International Journal of Applied Earth Observation and Geoinformation, 10 (4): 476-485.

Zhang N, Zhao Y S. 2009. Estimating leaf area index by inversion of reflectance model for semiarid natural grasslands. Science in China Series D: Earth Sciences, 52 (1): 66-84.

Zhang R, Zhou Y, Luo H X, et al. 2017. Estimation and analysis of spatiotemporal dynamics of the net primary productivity integrating efficiency model with process model in Karst Area. Remote Sensing, 9 (5): 477.

Zhang Y, Tian Y H, Knyazikhin Y, et al. 2000. Prototyping of MISR LAI and FPAR algorithm with POLDER data over Africa. IEEE Transactions on Geoscience and Remote Sensing, 38 (5): 2402-2418.

Zhang Y L, Song C H, Band L E, et al. 2017. Reanalysis of global terrestrial vegetation trends from MODIS products: Browning or greening? Remote Sensing of Environment, 191: 145-155.

Zhang Y Z, Liang S L. 2020. Fusion of multiple gridded biomass datasets for generating a global forest aboveground biomass map. Remote Sensing, 12 (16): 2559.

Zhang Y Z, Qu Y H, Wang J D, et al. 2012. Estimating leaf area index from MODIS and surface meteorological data using a dynamic Bayesian network. Remote Sensing of Environment, 127: 30-43.

Zhang Y Z, Liang S L, Sun G Q. 2014. Forest biomass mapping of northeastern China using GLAS and MODIS data. IEEE Journal of Selected Topics in Applied Earth Observations and Remote Sensing, 7 (1): 140-152.

Zhang Y Z, Liang S L, Yang L. 2019. A review of regional and global gridded forest biomass datasets. Remote Sensing, 11 (23): 2744.

Zhang Y Z, Liang S L, Xiao Z Q. 2020a. Observed vegetation greening and its relationships with cropland changes and climate in China. Land, 9 (8): 274.

Zhang Y Z, Ma J, Liang S L, et al. 2020b. An evaluation of eight machine learning regression algorithms for forest aboveground biomass estimation from multiple satellite data products. Remote Sensing, 12 (24): 4015.

Zheng K, Wei J Z, Pei J Y, et al. 2019. Impacts of climate change and human activities on grassland vegetation variation in the Chinese Loess Plateau. Science of the Total Environment, 660: 236-244.

Zheng T. 2007. Mapping Photosynthetically Active Radiation (PAR) Using Multiple Remote Sensing Data. In, Geography. College Park, Maryland: University of Maryland.

Zhou Q, Robson M. 2001. Automated rangeland vegetation cover and density estimation using ground digital images and a spectral-contextual classifier. International Journal of Remote Sensing, 22 (17): 3457-3470.

Zhou Y L, Xing B L, Ju W M. 2015. Assessing the impact of urban sprawl on net primary productivity of terrestrial ecosystems using a process-based model—a case study in Nanjing, China. IEEE Journal of Selected Topics in Applied Earth Observations and Remote Sensing, 8 (5): 2318-2331.

Zhu X L, Liu D S. 2015. Improving forest aboveground biomass estimation using seasonal Landsat NDVI time-series. ISPRS Journal of Photogrammetry and Remote Sensing, 102: 222-231.

Zhu Z C, Bi J, Pan Y Z, et al. 2013. Global data sets of vegetation leaf area index (LAI) 3g and fraction of photosynthetically active radiation (FPAR) 3g derived from global inventory modeling and mapping studies (GIMMS) normalized difference vegetation index (NDVI3g) for the period 1981 to 2011. Remote Sensing, 5 (2): 927-948.

5 陆表水文参数

陆地水文遥感以陆地水循环中的水文参数为研究对象，以遥感传感器为观测手段，运用水文学和气象学原理，发展关于陆地水文参数定量提取或反演的原理、方法和技术，反映陆地水文参数的空间分布和动态变化过程（刘元波等，2011）。本章围绕地表蒸散发、大气降水、地表水体、陆地水储量和土壤水分五大陆地水文参数，介绍其遥感反演的原理、方法和应用。

5.1 概　　述

地表蒸散发是指地表水分从液态转化为气态，并进入大气的相变过程，是水循环过程中最重要的水分输出机制。地表蒸散发的遥感反演主要包括两种：基于经验统计方法和基于能量平衡方法，其中前者普适性较低，而后者相对复杂。大气降水是指大气中的水汽凝结及降落地表的过程，它包括大气水汽的直接凝结物（如霜、雾等），也包括从大气中降落到地表的水汽凝结物（如雨、雪等），是水循环过程中唯一的水分输入参数。大气降水决定陆地水资源的时空分布，也是引起洪涝和旱灾的直接原因。后续将从遥感降水传感器、遥感降水反演算法和遥感降水产品三方面作简要介绍。地表水体常泛指地球表面水体，包括河流、湖泊、水库、坑塘等，同样是水循环过程的重要组成部分。2017 年，联合国可持续发展目标 6“清洁饮水和卫生设施”明确指出将“水相关生态系统的空间范围”作为评价指标之一。地表水体面积是遥感观测得到的最直观的物理量，也是遥感信息提取重要的应用之一。地表水体遥感面积提取根据遥感数据源的不同又进一步分为光学遥感提取和雷达遥感提取。土壤水表征土壤干湿状况，在时间、空间以及垂向上都表现出强烈的异质性，对于农业生产尤其重要。当前遥感监测土壤水分的方法有光学遥感方法和微波遥感方法。其中，微波遥感方法又分为主动微波遥感方法和被动微波遥感方法。陆地水储量是内陆所有相态水分的总称，包括植被冠层水、地下水、冰雪、地表水和土壤水等，表征区域陆地水资源的丰富程度。2002 年 3 月，由美国国家航空航天局（NASA）和德国宇航中心（Deutsche Forschungsanstalt für Luft und Raumfahrt，DLR）联合研制的地球重力场恢复与气候实验卫星（Gravity Recovery and Climate Experiment，GRACE）发射升空，开启了遥感监测陆地水储量变化的大门。

遥感数据为监测大范围、长时序的陆地水文参数提供了可能，成为陆地水循环研究中不可或缺的手段，极大地加深了人们对陆地水循环过程的认识和理解。

5.2 地表蒸散发和大气降水遥感反演

5.2.1 地表蒸散发反演

地表蒸散发作为连接土壤-植被-大气连续体的重要纽带，是陆地生态系统水循环过程中最重要的水分输出机制，直接关系着陆地水循环和地表热量平衡。随着卫星遥感技术的迅猛发展，基于多种卫星遥感影像来估算地表蒸散发已成为获取区域乃至全球尺度时空连续地表蒸散发参量的重要手段，并根据地表蒸散发的时空分布特征和物理机制提出了多种反演方法。

5.2.1.1 基于经验统计方法的地表蒸散发反演

考虑到卫星遥感影像无法实现地表蒸散发信息的直接观测，而只能提供有限的辅助信息，通过构建地表参数与地表蒸散发之间关系的经验统计法被率先提出（梁顺林等，2013）。经验统计法不需要大量的气象观测数据，仅通过遥感反演的地表温度、地表反照率等参数来间接地实现像元级别的地表蒸散发参数估算。该类方法简单易行，具有可操作性强且精度较高的优势，大多数经验模型也考虑了地表蒸散发的物理过程机理；但是该类模型的区域移植性较差，不能实现方法的普适性应用，因此构建一个适用性强、精度高的经验模型相对困难。

通过分析大气辐射观测项目获取的长时间序列地表蒸散发观测值，Wang 等（2007）发现控制地表蒸散发的主要参量是地表净辐射 R_n、温度 T（地表温度 T_s 或者 T_a）和植被指数 VI，据此提出了一种利用 R_n、T_s（或 T_a）和 VI 来估算日平均地表蒸散发（ET）的简化方法。具体的计算公式如式（5-1）所示：

$$\mathrm{ET}=R_n(a_0+a_1\cdot T+a_2\cdot \mathrm{VI}) \tag{5-1}$$

式中，R_n 为净辐射通量[(W/m^2)/(W/m^2)]；T 为温度（K）；VI 为植被指数；a_0、a_1、a_2 为系数。

该方法成功应用于美国南部大平原的地表蒸散发估算。经过 2002 年 1 月到 2005 年 5 月美国 8 个观测站点的地表蒸散发估算验证，该方法获得了较好的估算结果，其 R^2 可以达到 0.91，RMSE 为 30 W/m^2（图 5-1）。该方法可以用于土壤水分含量和地表覆盖变化较大的地区。

该方法简单地表达了地表蒸散发随地表净辐射和温度的变化关系，但是未考虑土壤水分胁迫对地表蒸散发的影响。

5.2.1.2 基于能量平衡的地表蒸散发反演

1）SEBAL 模型

依赖于地表蒸散发模型的快速发展，基于物质能量平衡的 ET 估算模型被广泛提出和应用。其中，由 Bastiaanssen 等提出的 SEBAL 模型被不断认可和逐渐完善

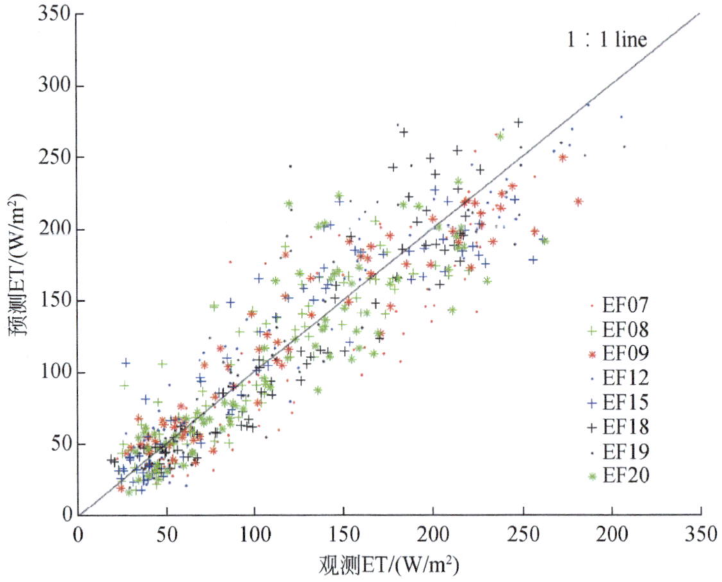

图 5-1　美国 8 个观测站点预测 ET 和观测 ET 散点图（Wang et al., 2007）

（Bastiaanssen et al., 1998a, 1998b, 2005; Bastiaanssen, 2000）其基本实现过程主要由以下三个部分组成：①关键地表参数（地表温度、地表比辐射率、地表反照率等）估算；②地表能量平衡参数（地表净辐射、土壤热通量及显热通量等）估算及潜热通量余项法反演；③基于全天蒸散比不变假设的瞬时尺度 ET 日尺度扩展。具体的 SEBAL 模型计算过程如下。

（1）地表净辐射估算。地表净辐射通量是指地表接收的太阳辐射经过反射、发射之后的能量净收入，地表净辐射通量的计算公式为

$$\begin{aligned} R_n &= R_{s,in} - R_{s,out} + R_{L,in} - R_{L,out} \\ &= (1-\alpha) R_{s,in} + \varepsilon_s \varepsilon_a \sigma T_a^{\ 4} - \varepsilon_s \sigma T_s^4 \end{aligned} \tag{5-2}$$

式中，$R_{s,in}$和 $R_{s,out}$分别为入射的太阳短波辐射和地表反射的短波辐射（W/m^2）；$R_{L,in}$和 $R_{L,out}$分别为入射的大气长波辐射和地表发射的长波辐射（W/m^2）；α 为地表反照率；ε_s为地表比辐射率；ε_a为大气比辐射率；σ 为斯特藩-玻尔兹曼常数［$\sigma=5.67\times10^{-8}$ W/(m^2 · k^4)］；T_a为空气温度（K）；T_s为地表温度（K）。

（2）土壤热通量估算。土壤热通量作为地面热量平衡中的一个重要组成部分，可用来加热和冷却表层土壤的能量。由于区域尺度的土壤热通量难以直接获取，在 SEBAL 模型中，G 可被表示为 R_n的计算公式：

$$G = \frac{T_s - 273.15}{\alpha}(0.0038\alpha + 0.0074\alpha^2)(1-0.98\text{NDVI}^4)R_n \tag{5-3}$$

式中，G 为土壤热通量[(W/m^2)/(W/m^2)]；α 为地表反照率；NDVI 为归一化植被指数。

（3）显热通量和感热通量估算。显热通量是表征地表下垫面与大气之间热交换的湍流

变化，即地-气之间用来加热或冷却地表上方大气的部分能量。根据空气动力学理论和边界层湍流梯度输送理论，两位置之间的物质、能量交换可看作由两处位势差引起的，通过联合空气动力学温度（T_{aero}）与气温（T_a）之差与空气动力学阻抗（r_a）可以得到显热通量的计算公式：

$$H=\rho C_p \frac{(T_{aero}-T_a)}{r_a} \tag{5-4}$$

式中，ρ 为空气密度（kg/m^3）；C_p为空气定压比热［J/(kg·℃)］；r_a为空气动力学阻抗（s/m）；T_{aero}和 T_a分别为空气动力学温度和气温（℃）。

此外，感热通量作为 SEBAL 模型驱动的关键步骤，其计算精度直接影响反演蒸散发的结果。SEBAL 模型中假设研究区域内同时存在干、湿像元，并利用干、湿像元的极端条件将地气温差（$dT=T_{areo}-T_a$）表示为地表温度（T_s）的线性关系：

$$dT=T_{aero}-T_a=a+bT_s \tag{5-5}$$

在干像元中，潜热通量表示为 0，地表可利用能量全部用于显热通量：

$$R_{n,dry}-G_{dry}=H_{dry} \tag{5-6}$$

在湿像元中，水分供应充足，显热通量为 0，地表可利用能量全部用于潜热通量：

$$R_{n,wet}-G_{wet}=LE_{wet} \tag{5-7}$$

在确定了干、湿像元了之后，经验公式中的系数 a、b 可表示为干、湿像元的表达式：

$$a=\frac{r_{a,dry}(R_{n,dry}-G_{dry})}{\rho C_p(T_{s,dry}-T_{s,wet})} \tag{5-8}$$

$$b=-aT_{s,wet} \tag{5-9}$$

（4）潜热通量估算。根据能量平衡公式，潜热通量（LE）可通过余项法得到：

$$LE=R_n-G-H \tag{5-10}$$

式中，R_n 为净辐射通量（W/m^2）；G 为土壤热通量（W/m^2）；H 为显热通量（W/m^2）。

（5）瞬时蒸散发和日均蒸散发估算。由于瞬时蒸散发数值比较小，且在一定程度下缺乏实际意义，一般需将瞬时蒸散发扩展到全天蒸散发。在进行瞬时蒸散发时间尺度扩展时，SEBAL 模型假设全天蒸散比信息不变，即

$$EF_{inst}=EF_{daily}=\frac{LE_{inst}}{R_{n,inst}-G_{inst}} \tag{5-11}$$

$$LE_{daily}=86\,400EF_{inst}(R_{n,daily}-G_{daily}) \tag{5-12}$$

式中，EF_{inst} 和 EF_{daily} 分别为瞬时和日蒸发比；LE_{inst} 和 LE_{daily} 分别为瞬时和日潜热通量（W/m^2），$R_{n,inst}$和 $R_{n,daily}$分别为瞬时和日净辐射通量（W/m^2）；G_{inst}和 G_{daily} 分别为瞬时和日土壤热通量（W/m^2）。

2）基于 SEBAL 模型的鄂尔多斯盆地风沙滩地区蒸散发估算①

通过选取鄂尔多斯盆地风沙滩地区作为研究区（图 5-2），结合 Landsat-8 影像数据与

① 本节主体内容于 2018 年 10 月在 *International Journal of Remote Sensing* 期刊发表，论文题目为 *Estimation of evapotranspiration for the blown-sand region in the Ordos basin based on the SEBAL model*，研究内容得到国家自然科学基金项目“光学-微波遥感协同反演地表土壤水分的理论与方法（41272246）”的支持。

对应的地面气象数据，对 2015～2016 年 6 个不同时期（2015 年 2 月 14 日、2015 年 8 月 25 日、2015 年 10 月 28 日、2016 年 4 月 21 日、2016 年 6 月 24 日、2016 年 12 月 17 日）的日均蒸散发进行遥感估算（图 5-3 和表 5-1）。

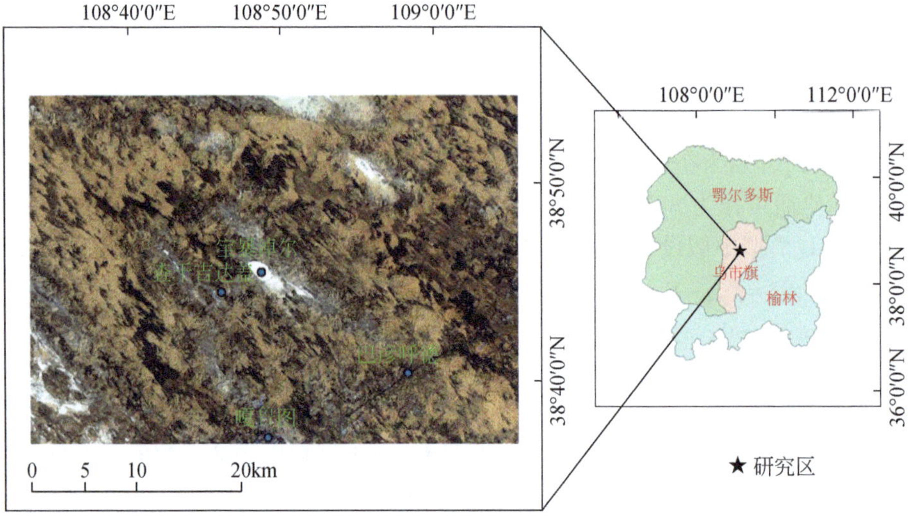

图 5-2 研究区位置示意

反演结果表明，研究区不同区域的蒸散发空间分布差异明显，整体上呈现东高西低的趋势，与研究区的地势相对应。具体而言，研究区西部海拔较高，多沙丘裸地，蒸散发较低，一方面是由于沙丘裸地的植被覆盖度低，土壤表层含水量少；另一方面是由于沙丘隆起，地势较高，地下水对地表蒸散发贡献较小。研究区东部，特别是东南区，蒸散发明显偏高，与东南区密集的居民区分布相对应，其主要原因是居民区农用地较多，且分布有大量绿化防沙的植被。

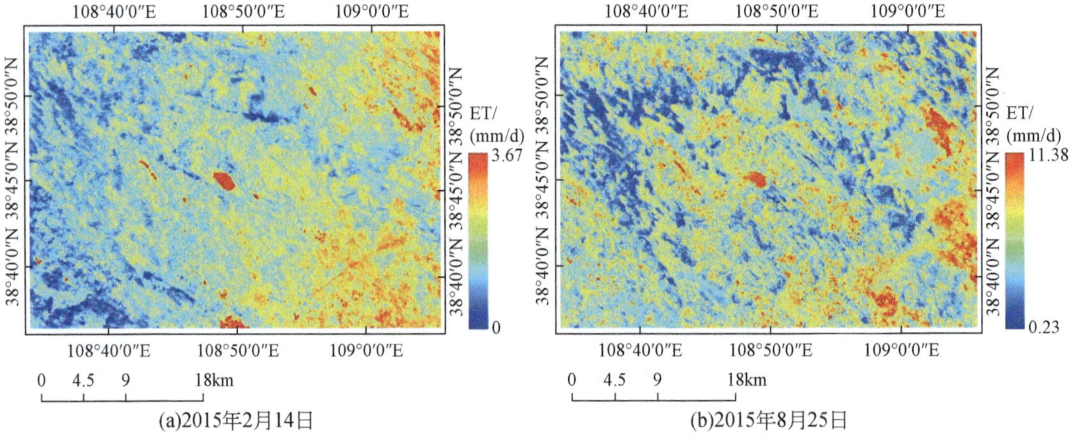

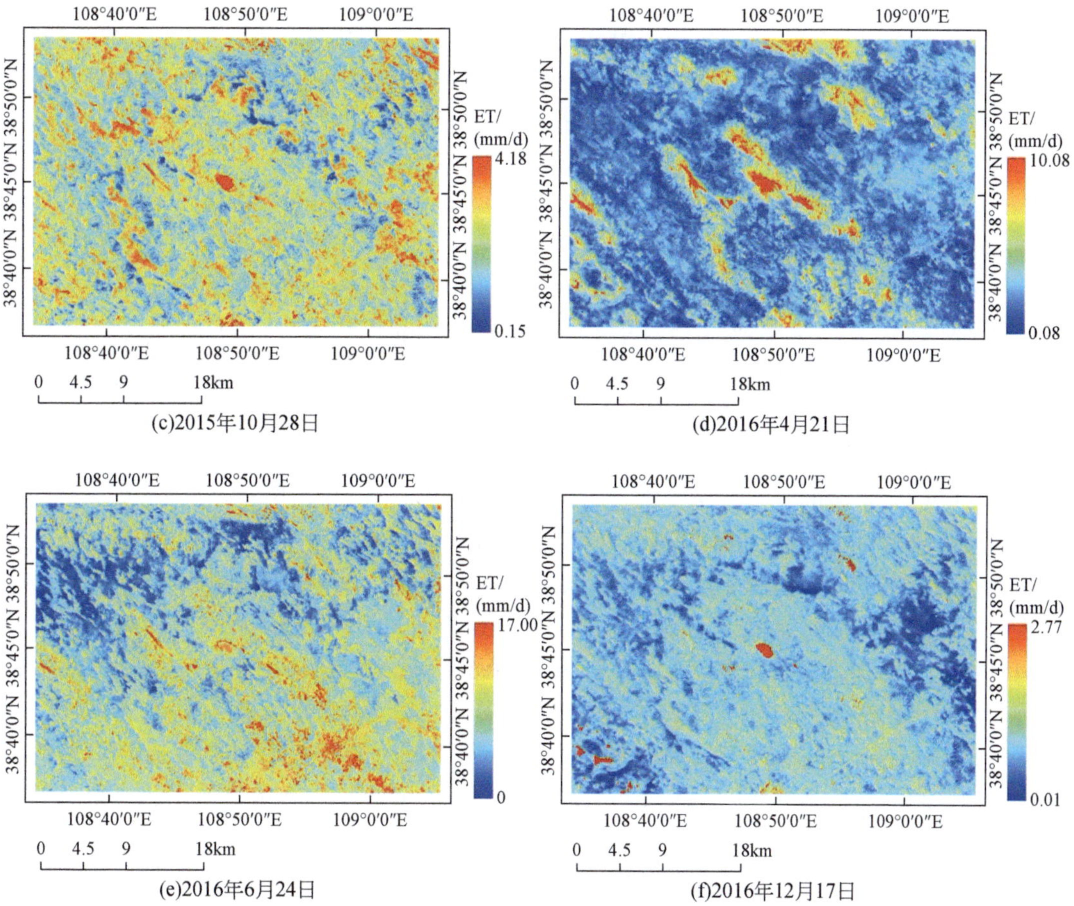

(c)2015年10月28日

(d)2016年4月21日

(e)2016年6月24日

(f)2016年12月17日

图 5-3　2015 ~ 2016 年研究区日均蒸散发空间分布

表 5-1　2015 ~ 2016 年不同时期鄂尔多斯盆地风沙滩地区日均蒸散发统计

（单位：mm/d）

日期	最小值	最大值	平均值	标准差
2015-2-14	0	3.67	0.74	0.41
2015-8-25	0.23	11.38	3.21	1.57
2015-10-28	0.15	4.18	1.65	0.39
2016-4-21	0.08	10.08	2.17	1.23
2016-6-24	0	17.00	4.85	2.00
2016-12-17	0.01	2.77	0.40	0.24

在时间分布上，研究区蒸散发整体表现为夏季最大，秋季和春季次之，冬季最小的特征，研究区内部的水热条件以及植被生长状态的季节性变化显著影响了研究区的日均蒸散

发。12 月至次年 2 月作为研究区全年气温最低的时期，易出现湖面结冰情况，不利于蒸散发的进行；从 2 月开始，研究区地表温度开始快速上升，冬季湖面冰块消融，水热条件大大促进了区域内的植被生长，研究区日均蒸散发表现出明显增加的趋势；6～8 月，研究区进入降水期，该时期植被生长旺盛，植被的快速生长加速了植被的蒸腾作用；10 月之后，研究区温度开始下降，植物不断枯萎，研究区蒸腾作用减弱。

5.2.2 大气降水遥感反演

降水是指从大气中降落至地球表面的所有固态和液态水分（Michaelides S et al., 2009），主要包括降雨和降雪。作为地球水循环的基本组成部分，降水连接着大气过程与地表过程，具有重要的气象学、气候学和水文学意义（刘元波等，2011）。受地理位置、大气环流和天气系统条件等因素综合影响，降水存在时空分布不均匀、不稳定的变化特征，决定陆地水资源的时空分布，也是引起洪涝和旱灾的直接原因。

传统降水测量主要通过雨量计和地基雷达实现区域降水监测。然而由于雨量计和地基雷达的空间分布不均，因此无法获得大尺度区域的、空间均匀的降水监测资料。遥感技术的快速发展，为监测降水提供了新的手段，可实现为大尺度区域提供空间分布更加均匀、时间序列更加完整的降水数据（Sun Q et al., 2018），从而广泛应用于气候变化评估（任正果等，2014；Zhou B et al., 2016）、洪涝干旱灾害监测（Wu X et al., 2018；Tekeli A E et al. , 2016；AghaKouchak A et al., 2015）等诸多领域。下面将简要介绍遥感降水传感器，回顾遥感降水反演算法的主要原理与研究进展，并介绍应用降水反演算法所形成的数据集。

5.2.2.1 遥感降水传感器

世界上第一颗气象卫星为 1960 年 4 月发射的电视和红外辐射观测卫星 1 号（TIROS-1）。自此以后用于观测大气的卫星传感器的数量大大增加，主要可分为三类：可见光/红外传感器、被动微波传感器和主动微波传感器（Michaelides S et al., 2009；Prigent C, 2010）。

可见光/红外传感器主要搭载在地球静止卫星上，其时空分辨率较高。但由于其对降水的反演属于间接估算，精度较低。搭载可见光/红外传感器的著名卫星有 GOES-E/W、Meteo Sat 5/7/8、MTSAT 和 FY-2（王存光和洪阳，2018）。FY-2 是中国的第一代气象卫星，包含从 FY-2A 到 FY-2F 的 6 颗地球同步轨道卫星，它们均搭载红外传感器，可以获得大量降水观测、地表和海表温度等数据。

被动微波传感器搭载在近地轨道卫星上。由于被动微波信号和降水粒子具有较强的相关关系，因此被动微波降水估计的精度较高。美国 NOAA-10～NOAA-12 卫星上的 AMSU 和 DMSPF-13～DMSPF-16 卫星上 SSM/I 是著名的被动微波传感器（王存光和洪阳，2018）。另外，搭载在极轨气象卫星 FY-3C 上的微波湿温探测仪 MWHTS 同样可用于降水反演（李娜等，2019）。

主动微波传感器，即星载雷达，同样可用于降水监测，且精度最高，如 TRMM 卫星上的 Ku 波段降水雷达、CloudSat 卫星上的 W 波段云剖面雷达、GPM 核心观测卫星上的 Ku /

Ka 双频降水雷达。各传感器类型主要优缺点如表 5-2 所示。

表 5-2 不同遥感降水传感器优缺点

仪器类型	卫星	主要优缺点
可见光/红外传感器	GOES- E/W、Meteo Sat 5/7/8、MTSAT、FY-2	时空分辨率较高；属于间接估算
被动微波传感器	NOAA-10 ~ NOAA-12 AMSU、DMSPF-13 ~ DMSPF-16、FY-3	测量范围大，标定较准确，频段选择相当灵活、易于操作，亮温对水凝物敏感
主动微波传感器	TRMM、CloudSat、GPM	标定相当准确，测量反射率；扫描宽度窄，试验性强

资料来源：刘元波等，2011；王存光和洪阳，2018

5.2.2.2 遥感降水反演算法

根据传感器类型的不同，相应的遥感降水反演算法同样分为三种：①基于可见光/红外（VIS/IR）算法；②微波算法；③联合多传感器算法（刘元波等，2011；Kidd C et al., 2012）。

利用可见光和近红外波段的 VIS/IR 算法是最早提出并且也是最为简单的一种方法，该算法的理论依据在于冷/暖云和对流的相关性。对流产生降水，而冷云则意味更多的降水。因此，可利用可见光及红外光波段测得的云顶温度信息，间接估算地表降水。具体而言，即建立云顶红外温度与降水概率和强度之间的关系。一些广泛使用的 VIS/IR 算法包括 Griffith-Woodley 算法（Griffith C G et al., 1978）、地球静止业务环境卫星（GOES）降水指数（GPI）(Arkin P A et al., 1987)、Convective/Stratiform 算法（Adler R F et al., 1988）以及 GOES 多光谱降水算法（Ba M B et al., 2001）等。我国学者利用 GMS 等地球静止卫星资料，直接使用或者改进了 VIS/IR 降水反演算法，预测中国区域降水（李培军等，2004；谷晓平等，2005；徐晶和毕宝贵，2005）。值得一提的是，云顶温度与降水之间的关系是间接的，并非所有云都形成降水。

相比可见光和近红外波段，利用微波波段监测降水更为直接、准确。被动微波辐射计对降水颗粒大小敏感，容易捕捉降水信息。另外，微波不易受天气影响，尤其是云、雨影响，因此可实现全天候工作。微波遥感降水反演算法的核心是微波辐射传输原理和海/陆微波辐射特性（刘元波等，2011）。基于此，Wilheit（1977）等通过建立模拟或观测亮温与降雨率之间的简单回归关系，第一个提出了被动微波降水反演算法。此外，其他的基于概率或物理模型的算法被提出，如 Ferraro 算法（Ferraro R R, 1997）和 GPROF 算法（Kummerow C et al., 2001）。需要注意的是现有的绝大多数被动微波降水反演算法都针对特定的卫星传感器进行了优化，所以一般仅对各自适用的传感器反演结果最佳。

可见光/红外传感器的时间分辨率较高，而微波遥感传感器可捕获更准确的信息，因此，联合多传感器的遥感降水反演算法得到关注（Sorooshian S et al., 2002；Kummerow C et al., 2000；Joyce R J et al., 2004）。例如，CMORPH 算法利用地球静止卫星每半小时一次红外数据，对被动微波数据进行插值，从而得到在时间上和空间上都相对精细的降水强度。

5.2.2.3 遥感降水产品

通过地面监测和遥感卫星数据，一些机构或学者发布大量的全球或区域尺度的遥感相关空间降水产品。表 5-3 列出了目前主要遥感相关的全球降水产品，空间分辨率从 0.04°到 2.5°不等，时间分辨率从逐小时到逐月。下面就部分产品作介绍。

表 5-3 主要的遥感相关的全球降水产品

数据集	空间分辨率	时间分辨率	覆盖范围	时间周期	数据源
GPCP	2.5°	月	全球	1979 年至今	GPI，OPI，SSM/I scattering，SSM/I emission，TOVS
GPCP 1dd	1.0°	日	全球	1996 年至今	SSM/I-TMPI，TOVS
GPCP_PEN_v2.2	2.5°	5 天	全球	1979～2014 年	OPI，SSM/I，GPI，MSU
CMAP	2.5°	月	全球	1979 年至今	GPI，OPI，SSM/I scattering，SSM/I emission，MSU，NCEP-NCAR
CPC-Global	0.5°	日	全球陆地	2006 年至今	GTS，COOP，NMAs
TRMM 3B43	0.25°	月	50°S～50°N	1998 年至今	TMI，TRMM Combined Instrument，SSM/I，SSMIS，AMSR-E，AMSU-B，MHS，GEO IR
TRMM 3B42	0.25°	3 小时、日	50°S～50°N	1998 年至今	TMI，TRMM Combined Instrument，SSM/I，SSMIS，AMSR-E，AMSU-B，MHS，GEO IR
GSMaP	0.1°	1 小时、日	60°S～60°N	2002～2012 年	TMI，AMSR-E，AMSR-E，SSM/I，MTSAT，Meteosat-7/8，GOES 11/12
PERSIANN-CCS	0.04°	0.5/3/6 小时	60°S～60°N	2003 年至今	Meteosat，GOES，GMS，SSM/I，polar/near polar precipitation radar，TMI，AMSR
PERSIANN-CDR	0.25°	3/6 小时、日	60°S～60°N	1983 年至今	GOES 8，GOES 10，GMS-5，Metsat-6/7，TRMM，NOAA 15/16/17，DMSP F13/F14/F15
CMORPH	0.25°/8km	0.5/3 小时、日	60°S～60°N	2002 年至今	TMI，SSM/I，AMSR-E，AMSU-B，Meteosat，GOES，MTSAT
GPM	0.1°	0.5/3 小时、日	60°S～60°N	2015 年至今	GMI，AMSR-2，SSMIS，Madaras，MHS，ATMS
MSWEP	0.1°/0.25°	3 小时、日	全球	1979～2018 年	CPC，GPCC，CMORPH，GSMaP-MVK，TMPA，ERA-Interim，JRA-55

1）TRMM 和 GPM 产品

“热带测雨任务”（TRMM），是由美国国家航空航天局（NASA）和日本宇宙开发事业团（NASDA，日本宇宙航空研究开发机构 JAXA 的前身）合作开展的热带降雨测量计划，目的在于观测和研究热带、亚热带地区的降雨及能量交换过程，于 1997 年 11 月发射。TRMM 卫星搭载了世界上第 1 台星载降雨雷达和微波成像仪，两者结合大大提高了降水监测，其卫星降水产品得到了大量应用（江善虎等，2014；魏志明等，2017；刘少华等，2016）。在 TRMM 卫星成功运行的基础上，NASA 和 JAXA 于 2014 年 2 月发射了最新的全球降水测量计划卫星 GPM。除继承 TRMM 探测大中型降水的能力之外，GPM 还搭载了最新的双频雷达系统并改进了微波辐射计的性能，提高了对弱降水（<0.5mm/h）和固态降水的探测能力（李麒崙等，2018）。

2）GPCP 产品

世界气候研究计划（WCRP）于 1986 年启动了全球降水气候项目（GPCP），其目标在于获取具有一定时间和空间分辨率的全球降水分析产品。GPCP 产品同时综合了地表雨量计的观测结果和卫星遥感的反演结果，且时间序列较长，对研究全球陆地降水的长期变化具有重要意义。

3）MSWEP 产品

MSWEP 产品是 Beck 等（2017）2016 年生成的一套 1979 年以来年全球 0.1°/0.25°空间分辨率、3 小时时间分辨率的格网化降水产品。该产品集成站点数据、卫星观测数据以及模型模拟数据，具有时间尺度长、空间分辨率较高、精度较高等优点（Sun Q et al.，2018）。

针对中国区域降水产品，中国国家气象信息中心基于 2400 多个国家级台站观测日降水量和 CMORPH 卫星反演降水产品，采用概率密度匹配和最优插值相结合的两步数据融合方法，研制了中国区域 1998 年以来的 0.25°分辨率的逐日融合降水产品（CMPADaily），并将其与广泛应用于中国天气气候领域的两种国际降水融合产品 TRMM 3B42 和 GPCP 的数据对比，表明 CMPADaily 能刻画中国区域降水时空变化特征（宇婧婧等，2015）。

5.3 地表水体面积遥感提取

地表水体变化是各种自然因素和人为因素综合作用的结果。地表水体监测可为洪涝监测、旱情监测、水资源调度、水利工程调查等工作提供基础数据。随着遥感技术的发展，其在地表水体信息提取研究中得到越来越多的应用。

基于遥感图像的地表水体面积信息的提取主要有两种方法：一种方法是数理统计与人工判读相结合的人工解译；另一种方法是基于各种算法的信息自动提取。人工解译方法是在人工干预的情况下，对图像中的水体面积信息进行识别。这种方法不仅精度相对较低、效率低、劳动强度大，而且对参与解译分析的专家依赖性很强，可重复性差。尤其对多时相、多传感器、多平台、多谱段汛期遥感数据的复合处理，问题更为突出。水体面积自动提取是在遥感图像自动分类（广义概念应包括阈值分割）的基础上进行的，是计算机图像处理的初期涉及的问题。但作为专题信息提取的一种方法，其则有完全不同的意义，是从应用的角度被赋予新的内容和方法。它改变了在传统的遥感自动分类过程中，主要依赖地物的光谱特性，采用数理统计的方法，基于单个像元进行，如监督分类和非监督分类等方法，这对于较低分辨率遥感图像的分类还是有效的。但是对于高空间分辨率的水体空间信息提取，比如直接从图像上提取水体的空间特征（纹理、形状特征等）就不易保证精度。

研究遥感信息的智能化提取方法，开发针对水体面积信息的自动提取技术，对于提高水体面积信息提取精度和效率具有重要意义。近几年，人工智能技术的发展在一定程度上对水体面积信息的自动提取起到了一定的推动作用。

5.3.1 基于光学遥感的地表水体面积提取①

在光学遥感领域，水体的太阳光电磁波谱段反射能力较弱，表现出反射率随波长增大而减小的趋势。以清澈水体为例，其在蓝绿光波段（450～580nm）的反射率略大于4%，在近红外和短波红外波段（900～2300nm）的反射率接近于0%，水体对这一波段的辐射几乎完全吸收，因此在影像中，水体的色调多偏暗。作为对比，植被在近红外和短波红外波段的反射率在10%左右，这种反射率的差异为区分水体和周边地物提供了理论依据。基于该理论基础，水体面积提取一直是光学遥感的重要应用研究方向之一。

目前，国内外学者已经从不同角度针对基于光学遥感的水体面积提取开展了大量研究。例如，从水体提取时图像基础单元角度，地表水体面积提取方法包括面向像元提取法和面向对象提取法；从水体提取时图像分类角度，地表水体面积提取方法包括阈值分割法和分类器法；从水体提取时要素特征角度，地表水体面积提取方法包括图像色彩空间特征法、光谱特征法、形态特征法（矢量数据辅助）、纹理特征法和综合法；从影像波段信息角度，地表水体面积提取方法包括单波段法和多波段法（指数法、谱间关系法、多波段综合法）。

5.3.1.1 基于 HSV 颜色空间的光学影像地表水体面积提取

在光学遥感影像图像处理过程中，为了量化光谱信息，引入了颜色空间的概念。一般光学遥感影像采用的颜色空间有多种，其中，RGB 颜色空间使用最广泛，即将遥感影像不同波段通道数据，以 RGB 颜色空间中红（Red）、绿（Green）、蓝（Blue）三基色的形式，通过不同程度的叠加产生丰富的颜色，并进行相应的信息处理。但是 RGB 颜色空间应用于水体信息提取尤其是自动提取时，会出现结果的鲁棒性不足等问题。针对这些问题，重新考虑颜色空间的使用，可引入 HSV 颜色空间。HSV 颜色空间是基于色调（Hue）、饱和度（Saturation）和明度值（Value）三个分量将颜色数字化的一种模型，该模型将亮度从色彩中分解出来，能更加直观地表现颜色，可用于图像增强识别。

1）RGB 与 HSV 颜色空间转换

RGB 与 HSV 两个颜色空间的转换可以按照下列公式进行计算：

$$C_{\max}=\max(R,G,B) \tag{5-13}$$

$$C_{\min}=\min(R,G,B) \tag{5-14}$$

$$\Delta=C_{\max}-C_{\min} \tag{5-15}$$

---

① 本节主体内容引用硕士毕业论文，题目为《基于多源遥感数据的京津冀地区地表水体提取方法研究》。

$$H=\begin{cases} 0 & \Delta=0 \\ 60\times\dfrac{G-B}{\Delta} & C_{\max}=R \\ 60\times\left(\dfrac{B-R}{\Delta}+2\right) & C_{\max}=G \\ 60\times\left(\dfrac{R-G}{\Delta}+4\right) & C_{\max}=B \end{cases} \tag{5-16}$$

式中，R、G、B 分别为 RGB 颜色空间下影像红色光波段、绿色光波段、蓝色光波段像素值；H、S、V 分别为影像波段经 HSV 变换得到的色调、饱和度、明度值。

$$S=\begin{cases} 0 & C_{\max}=0 \\ \dfrac{\Delta}{C_{\max}} & C_{\max}\neq 0 \end{cases} \tag{5-17}$$

$$V=C_{\max} \tag{5-18}$$

2）HSV 颜色空间下水体与非水体特征方程建立

首先建立 HSV 颜色空间下水体与非水体的 V-H 二维空间。根据任意选取遥感图像中水体和非水体任意 5000 个样本点，构建了水体和非水体的 V-H 二维空间（图 5-4）。

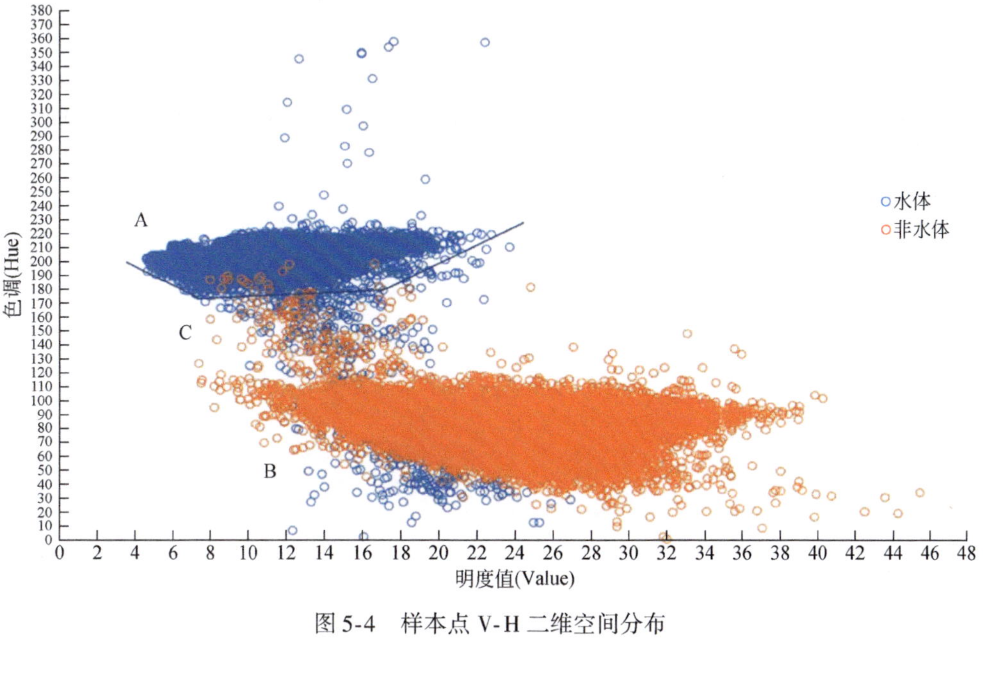

图 5-4　样本点 V-H 二维空间分布

在构建的二维空间中，水体样本点用蓝色标记，非水体样本点用橙色标记。从图 5-4 中可以看出，蓝色点和橙色点有各自的聚集区域，其中蓝色点聚集的区域标记为 A 区，橙色点聚集的区域标记为 B 区，而中间地带则标记为 C 区。可以认为 A 区内的点是确定的水体样本点，则 A 区对应的特征即可认为是水体像元点所具有的特征，B 区可认为是确定的非水体样本区域，则 C 区作为混合区域，属于提取中最难处理的部分。

在 V-H 二维空间分布图中，可以看出水体样本与非水体样本具有较好的分离度。两类要素之间具有三个明显的特征线，可以将水体要素分离出来，实现遥感影像中水体的提取。用直线方程表示 A 区的三条边界线划分区，直线方程即为所求特征方程。本研究中确定的特征方程为

$$H>(a\times V)+b \tag{5-19}$$

$$H>(c\times V)+d \tag{5-20}$$

$$H<(e\times V)+f \tag{5-21}$$

式中，a、b、c、d、e、f 为拟合系数，根据特征方程，对影像中的所用像元进行判别，符合公式的像元点即判定为水体像元。导出提取结果，将水体像元重新赋值为 1，非水体像元重新赋值为 0。

3）京津冀地区地表水体面积提取

京津冀地区属于我国的京畿重地，战略地位突出，京津冀协同发展作为国家发展战略之一，拥有广阔的发展前景。但是这一地区的面积仅占全国的 2.2%，多年平均水资源量不足全国水资源总量的 1%，人均水资源量只有全国均值的 10%，这里已经是中国所有城市群中水资源形势最为严峻的地区。了解京津冀地区地表水体变化动态，对于地区协同水资源管理和规划，具有重要的指导作用。

以整个京津冀地区作为研究区，开展了 2019 年 Sentinel-2 多光谱影像数据的月尺度地表水体监测。以 2019 年 10 月 1 ~ 31 日 Sentinel-2 多光谱影像合成的月尺度数据为例，选用 Sentinel-2 多光谱影像的短波红外波段（B11）、植被红边波段（B8A）和红波段（B4）分别作为 RGB 颜色空间中的 R 值、G 值和 B 值，进行京津冀地区地表水体提取（图 5-5）。

图 5-5　基于 HSV 颜色空间的光学影像水体提取结果

同时，利用 MNDWI 阈值法针对 2019 年 10 月 Sentinel-2 多光谱数据，进行了京津冀地区地表水体提取，以 FROM-GLC10 全球地表覆盖数据为基准，对基于 HSV 颜色空间的光学影像水体提取结果进行精度交叉验证，计算结果如表 5-4 所示。

表 5-4　提取精度计算结果　（单位:%）

方法	总体提取精度（OA）
MNDWI 阈值法	81.78
新方法	90.05

由总体提取精度计算结果可看出，基于 HSV 颜色空间的水体提取方法，与 FROM-GLC10 全球地表覆盖数据一致，在应用于大尺度研究区时，具有较高的精度，总体精度达到 90.05%。

5.3.1.2　基于面向对象水体指数阈值分割的光学影像湖泊面积提取

随着遥感数据空间分辨率的不断提升，影像分割成为高空间分辨率遥感影像解译的必要途径之一。“先分割、再分类”的解译思想将传统的像素级别的解译提升为面向对象的解译方法。在高分辨率遥感影像中，地表水体往往包含了很多纹理冗余信息，需要将影像有效分割后，才能对地表水体与其他地物进行辨别。为了考虑实际应用，地表水体的提取必须要融合形态矢量信息，为此针对大区域湖泊面积提取，提出了基于面向对象水体指数阈值分割模型。

1）基于面向对象水体指数阈值分割模型

模型具体的算法如下。

（1）构建湖泊本底矢量数据：利用已有的湖泊矢量数据，根据湖泊的面积、周长与影像分辨率比，对已有的湖泊矢量数据进行形态膨胀、平滑处理等操作，生成标准的湖泊本底矢量。

（2）光学影像的面向对象分割：结合湖泊本底矢量，设置影像的分割尺度参数，进行影像数据的尺度分割。

（3）面向分割单元（对象）的水体指数计算：对于分割后的影像，基于对象单元计算水体指数 NDWI。

（4）水体指数分割阈值提取：结合湖泊本底数据，对于分割后的影像，基于对象单元的水体指数，进行局域水体与非水体分割阈值自动确定。

（5）湖泊水体自动提取：根据分割阈值，针对分割后的影像提取湖泊水体。

水体指数的分割阈值自动确定为该算法的核心，具体内容如下。

设图像的灰度范围为 $\{0, 1, \cdots, l-1\}$，灰度为 i 的像元数为 n_i，图像的总像元数为 $N = \sum_{i=0}^{l-1} n_i$。灰度为 i 的像元出现的概率为

$$p_i = n_i/N \quad p_i \geqslant 0, \sum_{i=0}^{l-1} p_i = 1 \tag{5-22}$$

选取阈值 t，将其划分为两类 C_0 和 C_1，即 $C_0=\{0,1,\cdots,t\}$，$C_1=\{t+1,t+2,\cdots,l-1\}$。$C_0$ 和 C_1 类的出现概率分别为

$$P_0(t)=\sum_{i=0}^{t}p_i,P_1=\sum_{i=t+1}^{l-1}p_i \tag{5-23}$$

其均值分别为

$$u_0(t)=\sum_{i=0}^{t}ip_i/P_0(t),u_1(t)=\sum_{i=t+1}^{l-1}ip_i/P_1(t) \tag{5-24}$$

图像的总体灰度均值为

$$u=\sum_{i=0}^{l-1}i\,p_i=P_0(t)\,u_0(t)+P_1(t)\,u_1(t) \tag{5-25}$$

两类的类间方差为

$$\sigma^2(t)=P_0(t)[u_0(t)-u]^2+P_1(t)[u_1(t)-u]^2 \tag{5-26}$$

以类间方差作为衡量不同阈值下的类别分离性能的测量准则，极大化的过程就是自动最优阈值的过程。最终，最优阈值为

$$t^*=\mathrm{argmax}_{1<t<l-1}\sigma^2(t) \tag{5-27}$$

在实际应用中，一些学者对 Otsu 方法做了一定的改进。他们认为在保证最大类间方差的同时，也要保证各类内像元具有较好的内聚性，即要综合考虑类间和类内两个因素，以获得更佳的分割效果。因此，两类平均方差的概念被引入到 Otsu 方法中。其中，两类平均方差表示为

$$\begin{aligned}\overline{\sigma_0^2(t)}&=\frac{1}{P_0(t)}\sum_{i=0}^{t}[i-u_0(t)]^2p_i\\ \overline{\sigma_1^2(t)}&=\frac{1}{P_1(t)}\sum_{i=t}^{l-1}[i-u_1(t)]^2p_i\end{aligned} \tag{5-28}$$

此时，阈值求取公式变形为

$$G(t)=\frac{\sigma^2(t)}{\sigma_0^2(t)+\sigma_1^2(t)} \tag{5-29}$$

当 $G(t)$ 取最大值时，所对应的灰度级即为所求的最优阈值 t^*，即

$$t^*=\mathrm{argmax}_{1<t<l-1}G(t) \tag{5-30}$$

2）光学影像湖北省湖泊面积提取

湖北省素有“千湖之省”美誉。据湖北省水利厅公布的数据，从 20 世纪 50 年代初到 80 年代末，全省 100 亩以上湖泊从 1332 个锐减为 843 个，对应水位的水面面积从 8528. 2km² 锐减为 2983. 5km²（孙亚勇，2019）。2012 年，湖北省列入省级湖泊保护名录的湖泊只有 755 个，水面面积为 2706km²，短短几十年，湖泊数量大减，水面面积萎缩了近三分之一。近年，湖北省湖泊数量、面积、容积萎缩势头有所减缓，但总体上仍呈萎缩趋势。开展湖北省湖泊水域的动态变化遥感监测十分迫切。2015 年以来，根据湖北省水利厅要求，利用 5. 5m 空间分辨率的光学遥感影像，开展了湖北省 755 个湖泊的普查工作。其中，基于面向对象水体指数阈值分割的光学影像湖泊面积提取模型，成功应用到 2019 年以来的 755 个湖泊水面积提取中。全省 2020 年度部分湖泊提取结果见图 5-6 和图 5-7，2020 年度湖泊水面统计结果见表 5-5。

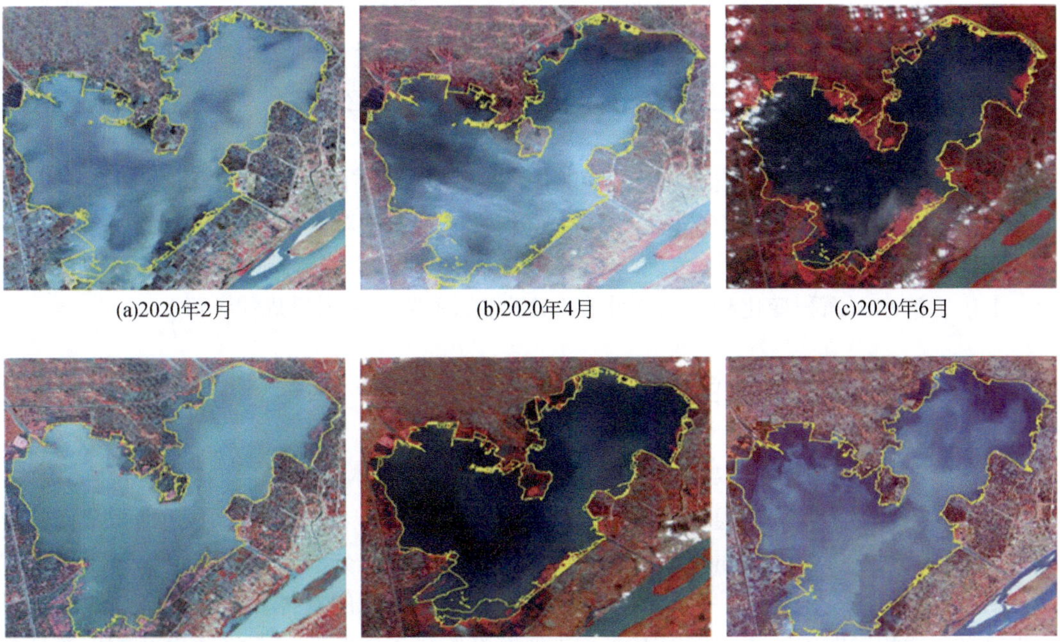

(a)2020年2月　(b)2020年4月　(c)2020年6月

(d)2020年8月　(e)2020年10月　(f)2020年12月

图 5-6　基于高空间分辨率卫星影像洪湖水体面积提取结果

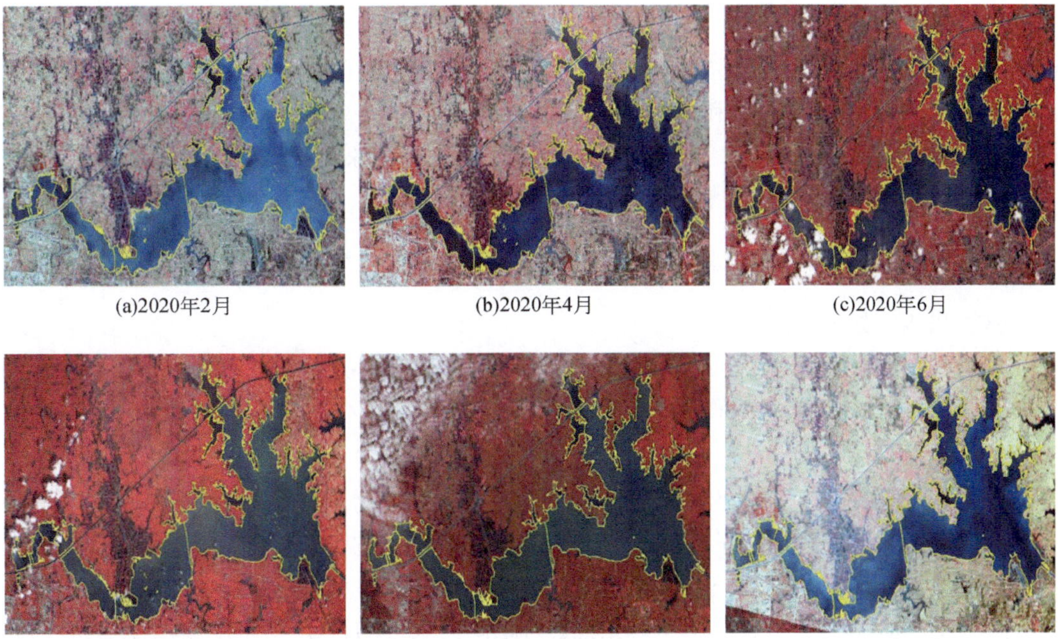

(a)2020年2月　(b)2020年4月　(c)2020年6月

(d)2020年8月　(e)2020年10月　(f)2020年12月

图 5-7　基于高空间分辨率卫星影像长湖水体面积提取结果

表 5-5　2020 年度湖泊普查总水面面积统计　（单位：km²）

月份	1	2	3	4	5	6	7	8	9	10	11	12
面积	2520	2524	2483	2443	2374	2477	2548	2642	2655	2582	2554	2526

由表 5-5 可知，全省湖泊 2020 年水势相对平稳，普查湖泊水面总面积在 1 ~5 月总体逐渐减小，5 月达到最小值，6 月开始逐渐上升，8 ~9 月相对平稳且水面面积处于相对较高水平。由于 2020 年夏汛的存在，7 月湖泊水面面积突然上升，高水面面积持续到 11 月份。上述湖泊水面面积变化趋势与湖北省 2020 年的季节性来水量规律一致。

5.3.2　基于雷达遥感的地表水体面积提取①

雷达影像的水体面积提取，主要是基于微波范围内水体较低的后向散射特性。例如，平静水面在侧视雷达影像上通常表现为黑色，与其他地物有着较为明显的区别。从图像处理的角度看，雷达影像水体面积提取过程，实际上就是图像分割中的“二值化”过程。因此，图像分割中的常用算法——阈值法常常被用在雷达影像的水体面积提取上。当前，雷达遥感水体面积提取中阈值的确定方法，主要有经验法、试验法、双峰法以及数理统计法等。其中，经验法由于受人主观判断影响较大，在实际工作中应用较少。实验法费时、费力、自动化水平低，这在一定程度上也限制了其应用。对于双峰法，由于图像受噪声的影响，灰度直方图峰间谷底常被填充，这增加了谷底监测的难度，易得到虚假的谷底。

SLIC 是由 Achanta 等提出的一种思想简单，实现方便的超像素分割算法，该算法根据颜色和距离特征对图像进行聚类。它首先将图像的颜色空间由 RGB 转为 LAB 颜色空间，将 LAB 颜色空间的三个分量和距离 x、y 组成 5 维特征向量，然后使用 K-Means 按照一定的空间度量对图像进行聚类，生成一个大小较为均匀的超像素，该算法时间复杂度很低，为 $O(N)$（N 为图像的像素个数）。

5.3.2.1　基于 SLIC 的雷达遥感地表水体信息提取模型

其算法步骤如下。

（1）生成初始种子点：假定图像的大小为 $M\times N$，超像素的个数为 K，取第 K 个网格中心点作为第 K 个种子点位置，每个超像素的大小为 $M\times N/K$，邻近的两个种子点的距离为 $S=\sqrt{M\times N/K}$。

（2）调整种子点位置：为了避免将初始种子点定位在物体边缘上，并且减少初始种子点落在噪声上，计算初始种子点 $n\times n$ 邻域（一般 $n=3$）的梯度值，调整初始种子点的位置为其梯度最小值，并为每一个初始种子点赋上不同的标签。

（3）计算距离度量：计算每个像素点g_i与距离其最近的种子点j_k的距离，传统的 SLIC

① 本节主体内容以论文形式于 2020 年 4 月在《人民长江》期刊发表，论文题目为《基于 SLIC 的哨兵 1 号雷达数据水体信息提取》。

的超像素的分割方法是基于彩色图像 RGB 来处理的，虽然理论上可以把 RGB 三个波段都赋值为灰度信息，但由于进行了 RGB 颜色空间转 LAB 颜色空间，显然这样做并不是很适用，所以用灰度信息替代彩色信息的方法。简化后的算式如下所示：

$$d_{\mathrm{gray}}=\sqrt{(g_k-g_i)^2} \tag{5-31}$$

$$d_{\mathrm{s}}=\sqrt{(x_k-x_i)^2+(y_k-y_i)^2} \tag{5-32}$$

$$D=\sqrt{d_{\mathrm{gray}}^2+\left(\frac{m}{S}\right)^2 d_{\mathrm{s}}^2} \tag{5-33}$$

式中，d_{gray}为在灰度颜色空间的欧式距离；d_{s}为在 x，y 空间上的欧式距离；D 为像素点与种子点的总距离，D 越小，说明像素点与该种子点之间越相似；m 为紧凑度因子，用来调整颜色信息和距离信息的相对重要程度，对于 LAB 颜色空间来说，一般 $m=$［1，40］；S 为种子点之间的距离。

（4）局部迭代聚类：为了增加算法的运算效率，SLIC 在对每一个种子点聚类时，将算法的计算范围限制在了 $2S\times2S$ 的邻域范围内。在范围内计算所有种子点的距离，如果该点的距离小于之前计算的距离，则认为该点在这个超像素中，并对该点的标签值和距离值重新赋值。重复迭代步骤（1）～（4），直到误差收敛到某一阈值或者最大的迭代次数，停止计算。实验中发现，在多数情况下，10 次迭代对于绝大多数影像都能取得比较好的分割效果。

（5）连通性增强：通过步骤（1）～（4）后，会出现多连通、超像素尺寸过小、单个超像素被切割成多个不连续超像素等情况。通过增强连通性来解决此问题，主要思路为：新建一张标记表，表内元素均为-1，按照“Z”形走向将面积小于理想超像素一半大小的超像素重新分配给邻近的超像素，同时分配相应的标签，直到所有点遍历完成。

5.3.2.2 区域合并

由于 SLIC 只是把相似的块进行了聚类，并不能直接将图像进行二分化，所以可以先根据一定合并规则逐步将相似度较高的块进行合并，从而减少超像素的个数，最终实现水体信息的提取。常采用的方法可以是层次区域合并（Hierarchical Stepwise Region Merging，HSRM），基于区域邻接图（Region Adjacency Graph，RAG）来进行区域合并，用相似度来判断两个邻近区域是不是应该融合。区域就是初始分割后，属于同一标记的像素集合。K 个区域的 RAG，表示为 $G=(V,E)$，其中顶点集 $V=1,2,\cdots,K$，对应的边集合 $E\subset V\times V$。每个顶点节点代表一个区域，边表示和邻近区域相连，边权重就是两个区域之间的相似度，如图 5-8 所示。

相似度的计算公式如下所示：

$$C_{i,j}=\frac{N_i\times N_j}{N_i+N_j}(\mu_i-\mu_j)^2 \tag{5-34}$$

式中，N_i、N_j分别为第 i、j 相邻区域 S_i和 S_j的像元数；μ_i、μ_j分别为第 i、j 相邻区域 S_i、S_j的像元值的平均值。

计算所有区域之间的相似度，找到 RAG 的边集合中最相似的边（C_{ij}最小），融合最相似边对应的两个区域的顶点，得到 $K-1$ 的 RAG，更新顶点和边集合，直到最小的相似度

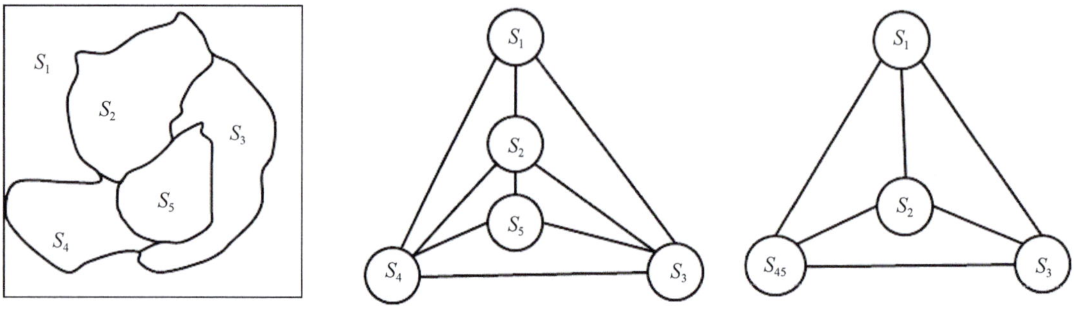

(a)区域邻接关系　(b)初始区域邻接图　(c)合并S_4、S_5后的邻接图

图 5-8　区域邻接图示意

大于一个阈值，停止合并。

5.3.2.3　基于 Sentinel-1A 雷达数据的湖南省湘江地表水体提取

利用 2018 年 7 月 29 日 Sentinel-1A GRDH 的 IW 的影像，对湖南省湘江部分河道和其细小的支流进行水体信息提取，并用同一时间的光学影像 Landsat-8 提取的水体作为真实水体进行精度评估。

1）超像素分割参数分析

在超像素分割算法中，参数的设置对于超像分割的效果有十分重要的作用。其中主要由两个参数决定：超像素个数（K）和紧凑度因子（compactness）。紧凑度因子主要用于调节距离信息和颜色信息的相对重要程度，对于 0 ~ 255 的 RGB 影像来说，一般取值为[1，40]。如图 5-9 所示，固定超像素个数，改变紧凑度因子，当紧凑度取值太小时，超像素分割就会失败；当取值太大时，就会丢掉颜色信息，图像会被分割成均匀的方块。

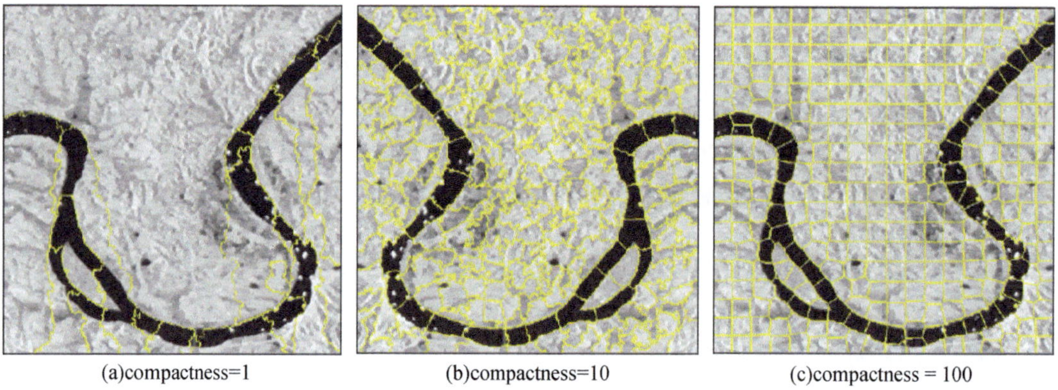

(a)compactness=1　(b)compactness=10　(c)compactness = 100

图 5-9　不同紧凑度因子对应超像素分割的影像

超像素个数对于不同宽幅、不同分辨率的影像，不同的提取目标应有不同的值。根据超像素分割的理论来说，超像素的个数可以根据超像素的边长来决定，所以可以根据最小识别单元的边长来确定超像素的个数。然后在通过分层区域合并过后，进行二值化，得到

最终的水体提取结果。图 5-10 是不同边长 N 对应的水体信息提取结果。

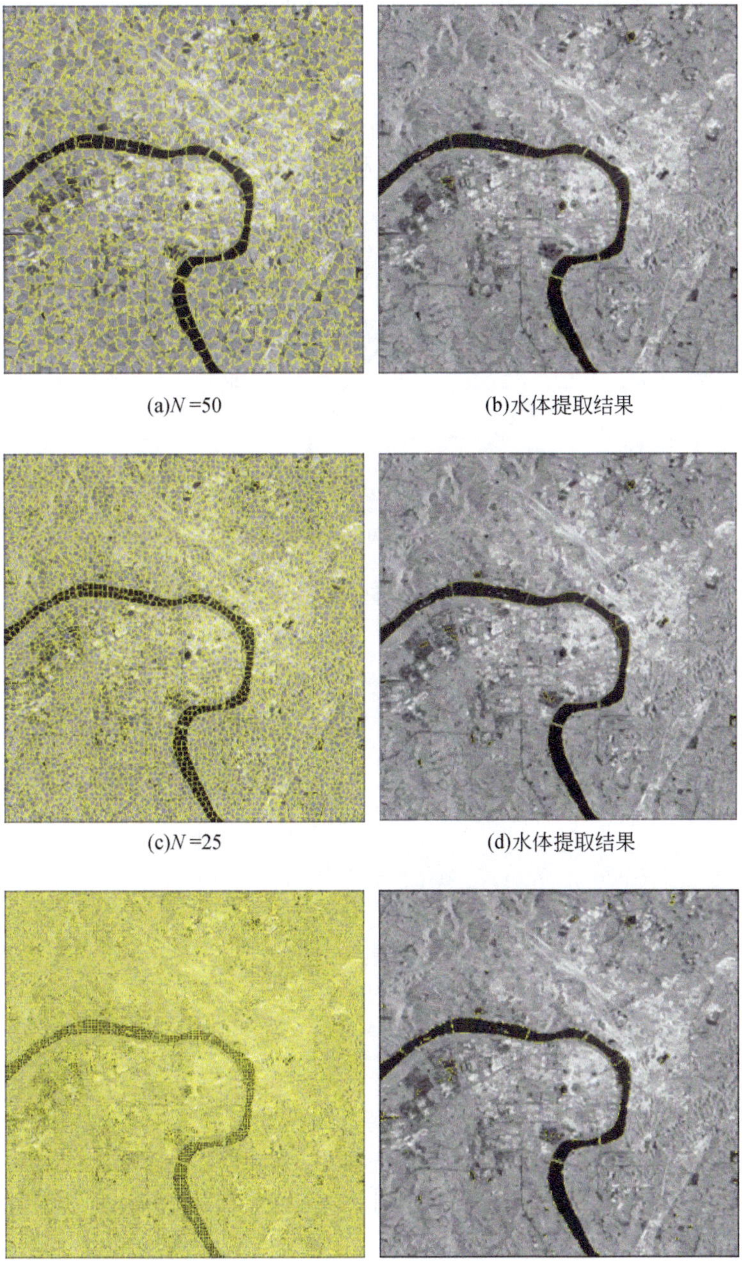

(a)N =50　　(b)水体提取结果

(c)N =25　　(d)水体提取结果

(e)N =10　　(f)水体提取结果

图 5-10　不同超像素数量提取结果

从上述结果可以看出，分割出的水域面积主要取决于目标分割对象的大小，也就是超像素的数量。理论上能提出来的水域是大于超像素大小一半以上的水体，因为小于这个面积的超像素块在增强连通性的时候被合并了，即当边长较大时，可以提出大面积的大水体，当边长较小时，可以提出细小的水体和河流，但会增加分割时间。

综上所述，结合 Sentinel-1A 中的水体显示特征和效率的因素，本方法参数设置为 compactness＝10，超像素的边长 $N=25$。

2）与 Otsu 法对比

为了验证本方法的有效性，将其与当前在 SAR 图像中常用的水体提取算法 Otsu 法的提取效果进行对比分析。实验结果如图 5-11 和图 5-12 所示。

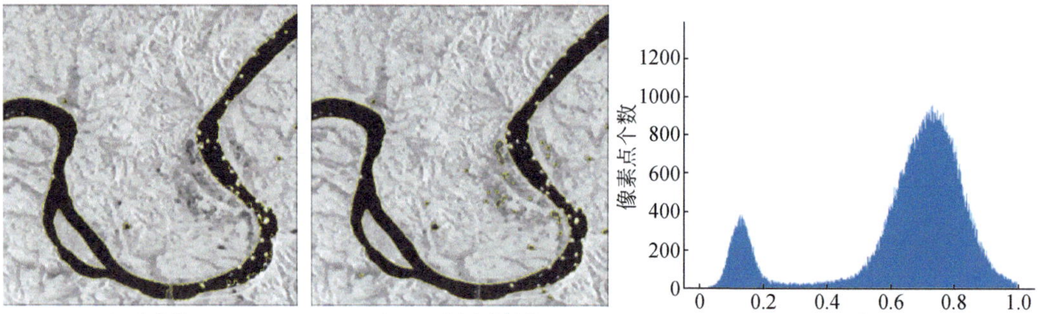

(a)本方法　(b)Otsu自适应阈值　(c)图像直方图

图 5-11　有显著双峰特性的水体提取结果

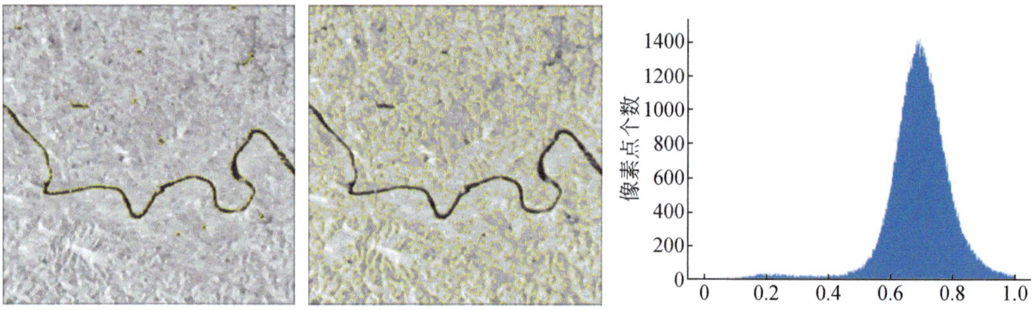

(a)本方法　(b)Otsu自适应阈值　(c)图像直方图

图 5-12　无显著双峰特性的水体提取结果

由实验结果可知，当图像具有明显双峰特性时，两种方法的水体提取效果均不错，但当水体面积占总面积比例较小时，双峰特性不显著，Otsu 法的水体提取效果很差，而本方法仍能提取出大部分水体。综上，本方法在水体提取的稳定性上强于 Otsu 法。

3）精度评估

将本方法和 Otsu 法提取的水体范围和同一时间 Landsat-8 确定的水体范围进行比较，采用查全率和查准率两种指标进行优劣性评价。查全率 R 和查准率 P 如下：

$$R=\frac{\text{提取的真正水体像素数目}}{\text{解译的水体像素数目}} \tag{5-35}$$

$$P=\frac{\text{提取的真正水体像素数目}}{\text{提取的像素数目}} \tag{5-36}$$

如表 5-6 所示，在对于双峰特性明显的图像来说，两种方法都有较高的精度，本方法在查全率和查准率上都高于 Otsu 方法，两种方法的查全率都相对不是很高，原因在于宽河道中的船被识别成了其他地物，导致水体面积相对减少。Otsu 方法的查准率相对较低，说明有较多的误提现象。对于非双峰特性的图像来说，本方法仍然效果很好，但 Otsu 方法却基本不能识别水体，说明本方法有很好的鲁棒性。

表 5-6　不同方法水体提取精度对比　（单位:%）

方法	查全率（R）	查准率（P）
本方法	0.933 35	0.982 296
Otsu 方法	0.927 84	0.956 907

5.4　陆地水储量遥感反演①

陆地水储量是地表水（江河、湖泊等）、土壤水和地下水等的总和，也是水循环的结果（图 5-13）。长时间序列陆地水储量变化时空特征研究对理解和预测气候气象变化、农业生产、防灾减灾等具有重要意义（钟敏等，2009；阎福礼等，2015）。2002 年 3 月由美国国家航空航天局和德国宇航中心共同研发的 GRACE 重力卫星发射升空。GRACE 重力卫星由两个距离约 200km、轨道高度约 500km 的近圆形、近极地轨道卫星组成，通过获取地表重力场变化信息得到陆地水储量变化数据。相关研究表明，地球重力场变化检测的地球物质迁移主要由陆地水储量变化引起，GRACE 卫星通过获取地球重力场变化反演得到陆地水储量变化信息（Tapley et al.，2004；Wahr，2004；杨元德等，2009）。利用 GRACE 数据监测陆地水储量变化具有全球观测分布均匀、观测尺度统一的特点，克服了遥感卫星和地面监测站估算的缺点，可以有效地获取陆地水储量的时空变化特征（许民等，2013）。研究表明当研究区域面积大于 $4.0\times10^5\text{km}^2$ 时，GRACE 所估算的陆地水储量年变化精度可达到 1cm 等效水柱高度（Swenson et al.，2003），而当区域面积小于 $2\times10^5\text{km}^2$ 时，获取的陆地水储量变化信息不可靠，且研究时间尺度较短（Awange et al.，2014）。

本节所用 GRACE 数据是由美国得克萨斯大学的空间研究中心（CSR），美国国家航空航天局的喷气推进实验室（JPL）和德国波茨坦地学研究中心（GFZ）提供的 2003～2015 年月数据产品（Lettenmaier et al.，2006）。该数据产品通过球谐系数法（截断至 60 阶）和高斯滤波（半径为 300km）处理，反演得到全球范围内 $1°\times1°$ 月尺度的陆地水储量变化数据，以等效水柱高度（cm）表示（陈坤等，2018）。受卫星轨道误差和周围信号的影响，GRACE 反演的陆地水储量变化数据具有测量误差和泄露误差。虽然高斯滤波抑制了 GRACE 数据的噪声影响，但也造成信息的丢失（Chen et al.，2007）。因此，需要对 GRACE 反演的陆地水储量数据进行尺度因子的校正，得到较为精确的陆地水储量变化数

① 本节主体内容以论文形式于 2016 年 12 月在《自然资源学报》期刊发表，论文题目为《基于 GRACE 数据的中国水储量变化特征分析》。

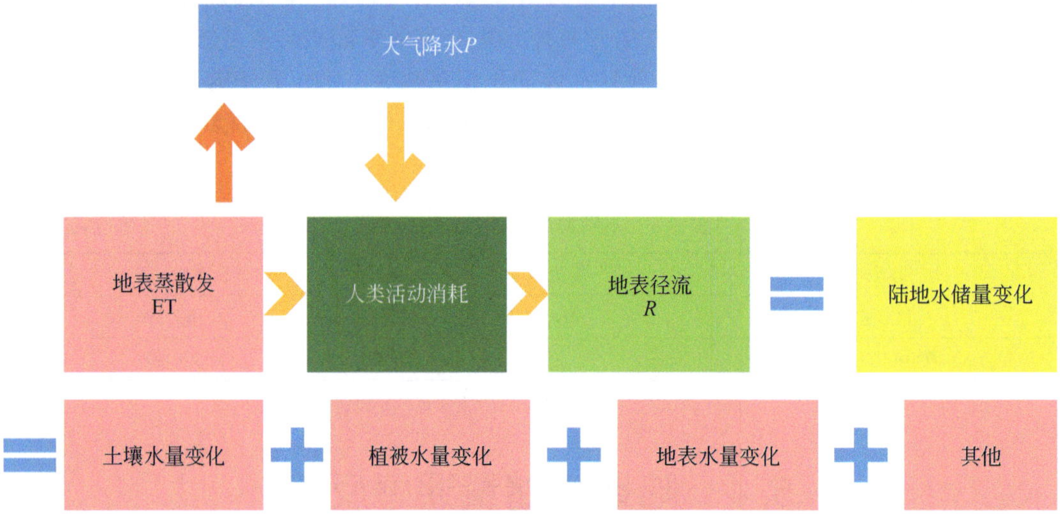

图 5-13　陆地水储量参数示意图

据。由于卫星传感器问题，2003～2015 年共丢失 14 期数据（2003 年 6 月；2011 年 1 月和 6 月；2012 年 5 月和 10 月；2013 年 3 月、8 月和 9 月；2014 年 2 月、7 月和 12 月；2015 年 6 月、10 月和 11 月），为补全缺失月份，对缺失数据进行多项式插值填补。

5.4.1　GRACE 反演陆地水储量变化方法

地球重力场可以采用大地水准面进行描述，大地水准面的球谐系数表示为

$$N(\theta,\varphi,t) = a\sum_{l=0}^{\infty}\sum_{m=0}^{1} P_m(\cos\theta)[C_m(t)\cos(m\varphi) + S_m(t)\sin(m\varphi)] \tag{5-37}$$

式中，l 和 m 分别为重力场的阶数和次数；a 为地球赤道半径；θ 和 φ 分别为纬度和经度；$C_m(t)$、$S_m(t)$ 均为时变重力场系数；$P_m(\cos\theta)$ 为归一化的缔合勒让德函数。

由时变重力场得到水的密度变化表示为

$$\Delta\delta(\theta,\varphi) = \frac{a\rho_{\text{ave}}\pi}{3}\sum_{l=0}^{\infty}\sum_{m=0}^{l}\frac{2l+1}{l+k_l}P_m(\cos\theta)\cdot[\Delta C_m(t)\cos m\varphi + \Delta S_m(t)\sin m\varphi] \tag{5-38}$$

式中，$\Delta\delta(\theta,\varphi)$ 为水密度变化；ρ_{ave} 为地球平均密度；ΔC_m、ΔS_m 均为 GRACE 提供的球谐系数变化量。将水密度变化平均后得到

$$\Delta\delta(\theta,\varphi) = \frac{2a\rho_{\text{ave}}\pi}{3}\sum_{l=0}^{N}\sum_{m=0}^{l}\frac{2l+1}{1+k_l}W_l P_m(\cos\theta)\cdot[\Delta C_m(t)\cos(m\varphi) + \Delta S_m(t)\sin(m\varphi)] \tag{5-39}$$

式中，W_l 为权函数，定义为 $W_0 = \frac{1}{2p}$，$W_l = \frac{1}{2p}\left[\frac{1+e^{-2b}}{1-e^{-2b}} - \frac{1}{b}\right]$，$W_{l+1} = -\frac{2l+1}{b}W_l + W_{l-1}$，$b =$

$\frac{\ln(2)}{1-\cos\frac{r}{a}}$，$r$ 为高斯平均半径。最后根据上式将得到的水密度变化转化为等效水柱高度，表示为

$$H = \frac{2a\rho_{\text{ave}}\pi}{3\rho_{\text{water}}}\sum_{l=0}^{N}\sum_{m=0}^{l}\frac{2l+1}{1+k_l}W_l P_m(\cos\theta)\cdot[\Delta C_m(t)\cos(m\varphi)+\Delta S_m(t)\sin(m\varphi)] \tag{5-40}$$

本节采用的 GRACE 数据球谐系数截断至 60 阶，高斯半径为 300km。由于估算的陆地水储量变化受到测量误差和泄露误差的影响，存在信息缺失问题，本节采用美国国家大气研究中心（National Center for Atmospheric Research，NCAR）的数据陆地水文模型（CLM4）估算的栅格比例系数、观测误差和泄露误差数据对估算的陆地水储量数据进行校正，校正原理如下：

$$\text{TWScorr}_{i,j} = \text{TWSor}_{i,j} \times \text{factor}_{i,j} \tag{5-41}$$

式中，$\text{TWScorr}_{i,j}$ 为校正后的栅格值；$\text{TWSor}_{i,j}$ 为原始栅格值；$\text{factor}_{i,j}$ 为比例系数。

5.4.2 中国粮食主产区水储量变化①

农业活动是影响陆地水储量变化的重要因素。本节利用 GRACE 卫星数据获取了我国三大粮食主产区 2003～2014 年水储量年变化特征，基于 STL 方法（Cleveland et al.，1990；Sun et al.，2018）去除季节信号，减少对长期趋势的影响。2003～2014 年我国粮食主产区水储量变化如图 5-14 所示。2003～2014 年东北平原水储量增加率为 0.16cm/a［图 5-14（a）］，2007～2014 年有两个波谷（2008 年和 2012 年）和两个波峰（2010 年和 2013 年）。2003～2008 年和 2011 年水储量具有减少趋势，同时 2009～2010 年和 2012～2013 年具有增加趋势。2003～2014 年黄淮海平原水储量［图 5-14（b）］呈减少趋势，减少率为 0.85cm/a；长江中下游平原水储量［图 5-14（c）］呈持续增加趋势，增加率为 0.44cm/a。另外，黄淮海平原和长江中下游平原的水储量变化呈持续变化的特征，而东北平原水储量波动性较强。在三大粮食主产区中，黄淮海平原水储量变化趋势最为显著。

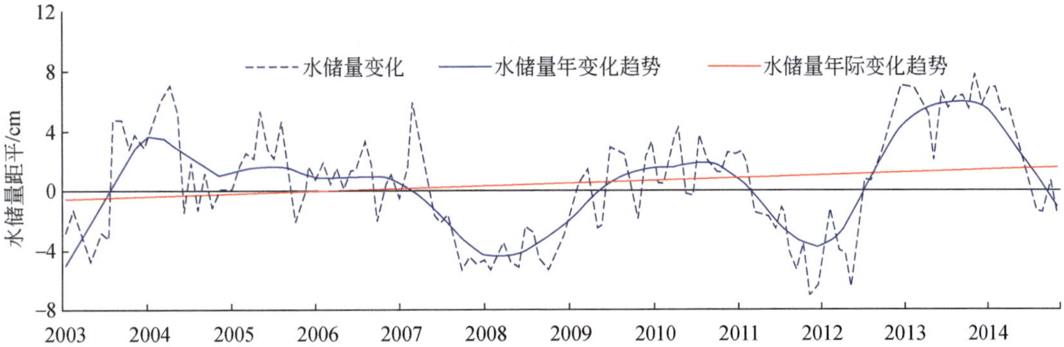

(a)东北平原

① 本节主体内容以论文形式于 2021 年 4 月在 *Water* 期刊发表，论文题目为 *The Different Spatial and Temporal Variability of Terrestrial Water Storage in Major Grain-Producing Regions of China*。

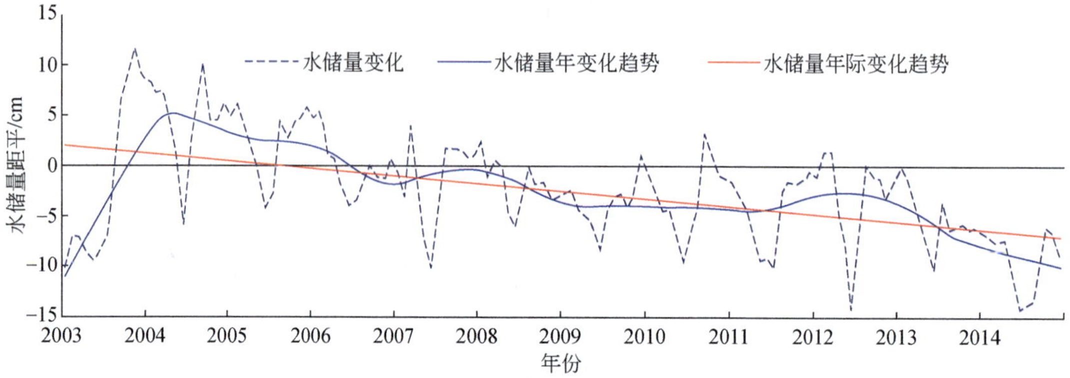

(b)黄淮海平原

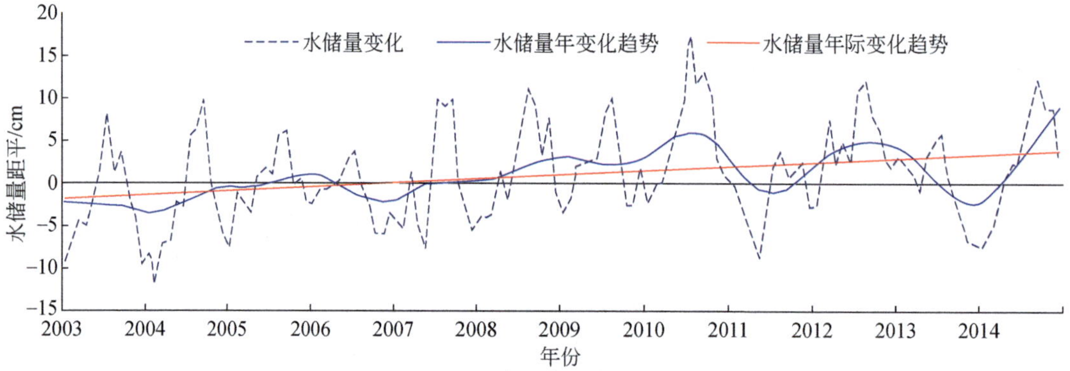

(c)长江中下游平原

图 5-14　2003 ~ 2014 年水储量年变化

蓝色线为基于 STL 方法去除季节影响的变化，红色线为线性趋势

水储量亏损（WSD）（Sun et al., 2018）是干旱的一个重要特征。图 5-15 展示了 2003 ~ 2014 年我国三大粮食主产区水储量亏损量变化。WSD 的变化特征与水储量变化特征一致。在东北平原，2003 ~ 2014 年水储量亏损增加率为 0.16cm/a，2007 ~ 2008 年和 2011 ~ 2012 年水储量亏损较为严重，2012 ~ 2014 年水储量处于盈余状态。黄淮海平原水储量亏损持续

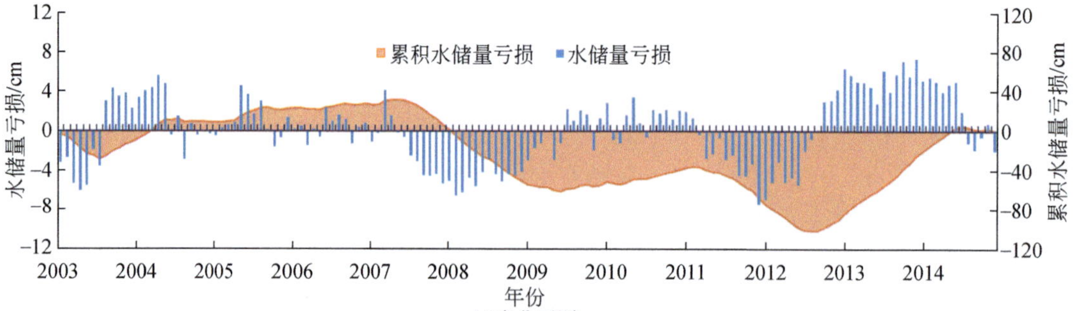

(a)东北平原

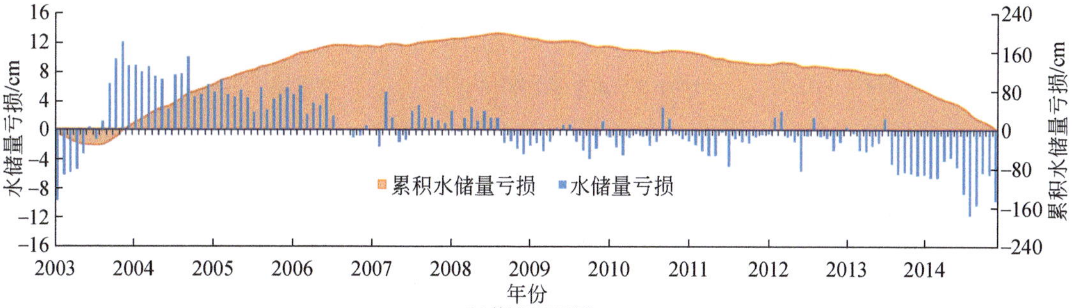

(b)黄淮海平原

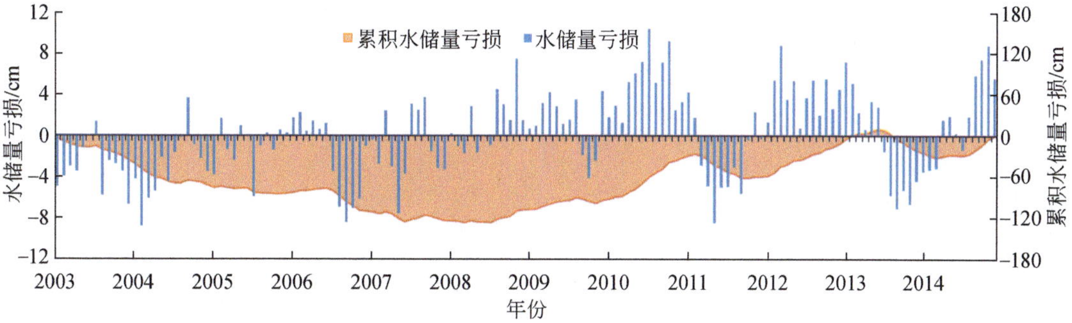

(c)长江中下游平原

图 5-15　2003 ~ 2014 年水储量亏损和累积水储量亏损时间变化

增加，增加率为 0.85cm/a，并在 2008 年中期附近出现了由盈余向亏损变化的转折点。2003 ~ 2014 年长江中下游平原水储量亏损量持续减少，减少率为 0.44cm/a，其中 2004 年 2 月、2006 年 9 月和 2011 年 5 月水储量亏损最为严重，亏损量分别为 8.81cm、8.48cm 和 8.50cm。

累积水储量亏损代表了水储量亏损的连续性，减少趋势表示持续亏损，而增加趋势表示盈余。东北平原 2003 ~ 2007 年、2013 ~ 2014 年表现为增加趋势，2007 ~ 2012 年表现为减少趋势，自 2008 年开始，累积水储量亏损量一直小于 0，表明一直处于亏损状态。黄淮海平原 2004 ~ 2014 年累积水储量亏损量大于 0（即盈余），自 2008 年 8 月开始，累积水储量亏损值呈减少趋势。长江中下游平原累积水储量亏损值始终为负值，2003 年到 2008 年 7 月，累积亏损量呈减少趋势，之后到 2014 年，累积亏损量呈增加趋势。累积亏损量趋势变化的转折点与水储量亏损的变化点相一致。

水储量亏损指数（WSDI）是干旱的一个可靠特征。图 5-16 表示了 2003 ~ 2014 年粮食主产区 WSDI 的变化特征。WSDI 的变化趋势与水储量距平（TWSA）的变化趋势一致，东北平原的 WSDI 轻微增加，增加率为 0.03，2003 ~ 2007 年、2013 ~ 2014 年 WSDI 大于 0，2007 ~ 2009 年、2011 ~ 2012 年 WSDI 小于 0，转折点分别为 2007 年、2012 年和 2014 年。黄淮海平原 WSDI 减少率为 0.17，长江中下游平原 WSDI 增加率为 0.08。长江中下游平原由干到湿和黄淮海平原由湿到干的转折点大约在 2008/2009 年。三大粮食主产区干湿转化的转折点与 WSD 变化的转折点一致。

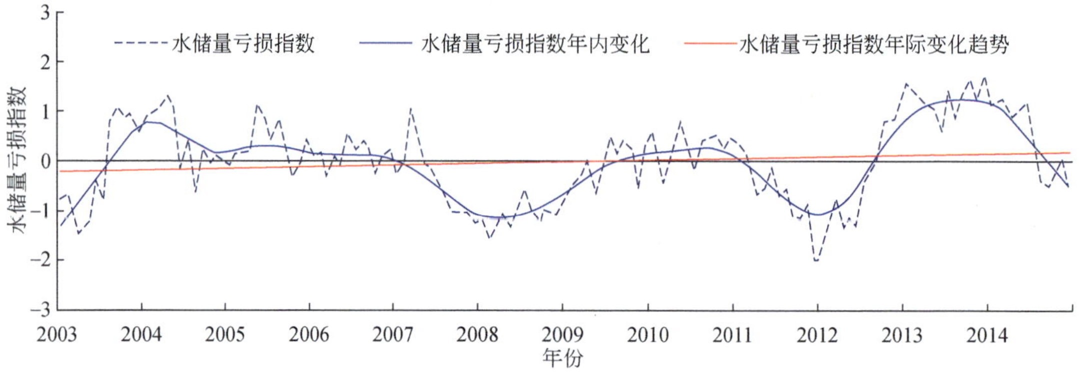

(a)东北平原

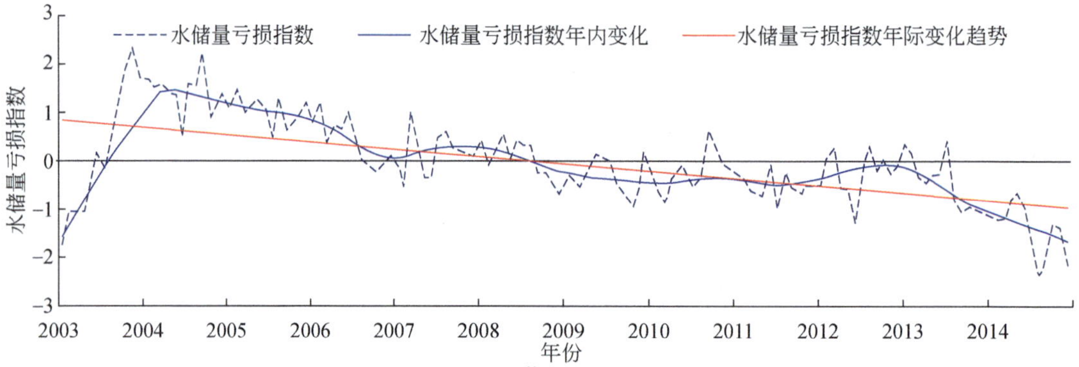

(b)黄淮海平原

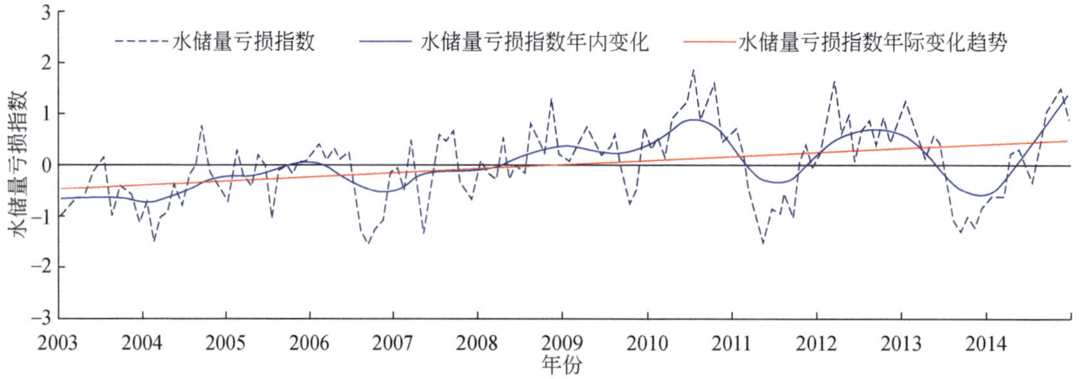

(c)长江中下游平原

图 5-16　2003～2014 年水储量亏损指数（WSDI）变化

蓝色线为基于 STL 方法去除季节影响的变化，红色线为线性趋势

本研究逐网格计算了 2003～2014 年均 WSDI。如图 5-17 所示，WSDI 空间非均一性较为显著。东北平原北部水储量在 2005 年、2007 年、2008 年和 2012 年呈亏损状态，而在

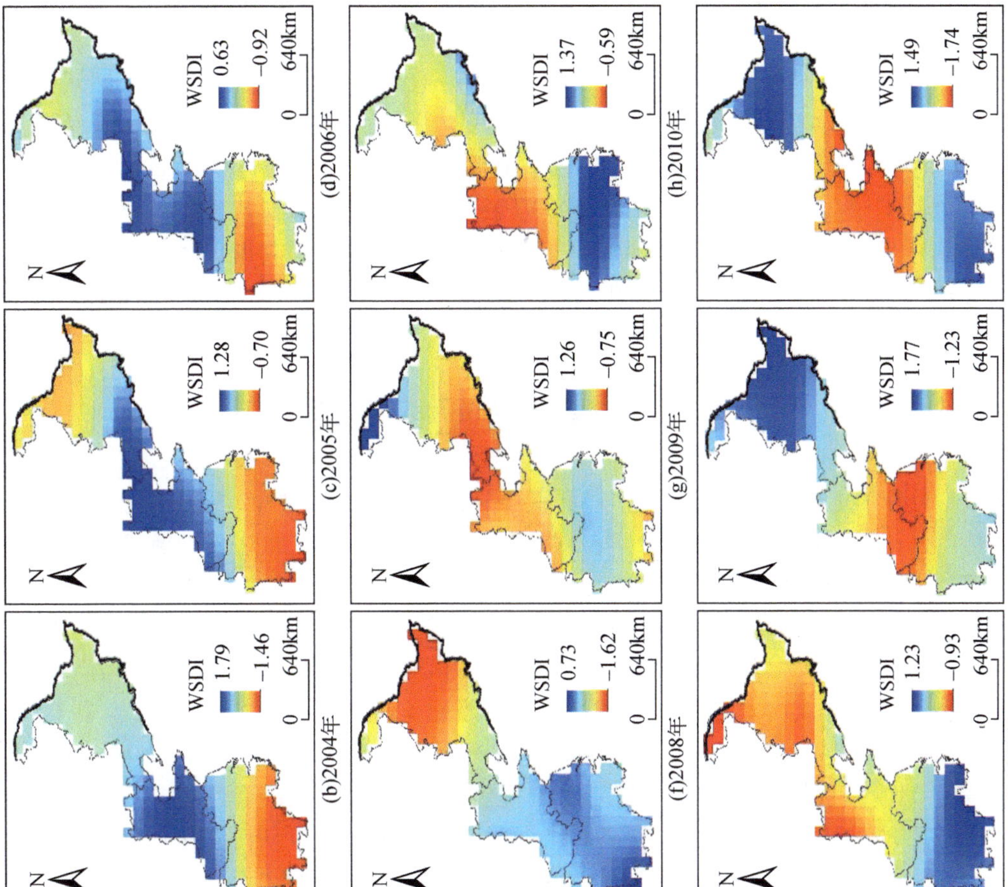

图5-17 2003~2014年我国粮食主产区年均WSDI空间分布

其他年份呈盈余状态。东北平原中部水储量 2007～2012 年均处于亏损状态。在东北平原南部，2009 年后（2013 年除外）水储量呈亏损状态。2012 年整个东北平原水储量呈严重亏损状态。如图 5-16（a）所示，2005 年东北平原 WSDI 大于 0，但东北平原北部 WSDI 小于 0。由此表明，2005 年东北平原北部水储量亏损并不显著。但是 2009～2011 年东北平原水储量呈盈余状态，但东北平原中部水储量却呈严重亏损状态。黄淮海平原 2003～2014 年间 WSDI 的空间分异性不显著（2011～2013 年除外），2009 年开始水储量亏损趋于显著。2003～2007 年长江中下游平原水储量亏损状态持续 5 年，从 2008 年开始 WSDI 增加，干旱减轻。在黄淮海平原和长江中下游平原的交叉地区，水储量亏损变化与长江中下游平原其他地区不同，但与黄淮海平原的水储量亏损变化一致。导致这些空间差异的原因可能有三个：①交叉地区位于黄淮海平原南部的同纬度地区，气候条件相似；②该地区与黄淮海平原南部地区的地理要素相似，如地形、河流等；③可能受到空间自相关的影响。

5.5 土壤水分遥感反演

土壤水分作为地球水量能量循环中最活跃部分，在地球水文过程、物理化学过程中扮演重要角色，一直都是水文学、气象学、生态学、土壤学等研究的重要观测参数。受到气象条件以及复杂下垫面条件的影响，土壤水分通常在时间、空间以及垂向上都表现出强烈的异质性。准确获取区域土壤水分时空分布和变化对于水文过程模拟、农业估产、生态系统平衡、洪旱灾害监测、水资源管理及气候预测等方面具有重要应用价值。目前已经有多种土壤水分获取的方法。传统的站点监测法包括烘干法、张力计法、中子法、频域反射仪（Frequency Domain Reflectometry，FDR）法、时域反射仪（Time Domain Reflectometry，TDR）法等。这些站点监测方法提供了定期土壤水分监测数据，但站点间距大、分布不均，很难满足大范围、高时空分辨率的土壤水分信息精细化观测需求。近几十年快速发展的遥感技术具备速度快、成本低、监测范围广等优点，为大面积监测土壤水分提供了新的方法。与传统站点的土壤水分观测相比，遥感技术具有独特优势，能够将传统站点观测的“点”信息拓展到更加符合客观世界的“面”信息，动态地获取区域土壤水分时空分布信息。按照所用的遥感电磁波波段划分，当前遥感监测土壤水分的方法有光学遥感方法和微波遥感方法。其中，微波遥感方法又分为主动微波遥感方法和被动微波遥感方法。

5.5.1 基于光学遥感的地表土壤水分反演

目前土壤水分反演常用的光学遥感方法主要包括温度-植被指数法、热惯量法和蒸散法等。

1）温度-植被指数法

温度-植被指数法，主要利用地表温度与植被指数的有效融合来反映表层土壤水分信息。该方法主要得到一种表征地表相对干湿状况的指标，而不是定量的土壤水分值。

Lambin 和 Ehrilich（1996）曾从蒸腾、蒸发以及植被覆盖度的角度，对特征空间进行较为明确的阐述和分析。Sandholt 等（2002）简化了 NDVI-T_s 特征空间，提出了温度植被干旱指数（Temperature Vegetation Dryness Index，TVDI）。近几年，很多学者应用该理论模型对地表土壤湿度进行监测并取得较好的效果（Xin et al.，2006；柳钦火等，2007；Patel et al.，2009）。在高植被覆盖情况下，利用冠层温度与植被指数组合等方法反演土壤水分也能取得一些不错的结果，如 Canto-Sepulcre 等（2006）利用航空高光谱数据计算得到冠层温度，通过冠气温差较准确地监测了作物水势。

2）热惯量法

热惯量法，主要是利用土壤的一种热特性的热惯量决定着土壤温度日较差的大小热性，且土壤水分与土壤温度日较差密切相关，来反映地表土壤水分信息。20 世纪 70 年代初，Watson 等（1971）最早提出了从地表温度日较差推算热惯量的简单模式。Idso 等（1976）用地表温度日较差估算了土壤水分。由于热惯量难以求取，Price（1985）在能量平衡方程的基础上，简化了潜热蒸发的表达形式，引入地表综合参量 B 概念，系统地总结了热惯量法及热惯量的遥感成像机理，提出了表观热惯量的概念，为遥感热惯量的发展奠定了良好的基础，此后，越来越多的研究者通过改进的热惯量模型，利用遥感数据获取热惯量，从而反演土壤水分。例如，张仁华（1990）提出了考虑地表显热通量及潜热通量的热惯量模式，该模式利用了地面定标的方法并充分利用了热像图的空间分布信息，因而较大幅度地提高了估算土壤水分的精度。刘振华等（2006）提出的一种新的遥感热惯量模型，只需要知道地表最高温度即可求得土壤热惯量，改进的热惯量模型将地表潜热通量和地表显热通量引入热惯量模型中，提高了对表层土壤水的反演精度。李琴等（2010）基于 MODIS 遥感影像和表观热惯量法，建立了适用于干旱半干旱区 1m 土体的土壤水分反演模型，扩展了热惯量在土壤水分反演中的应用。

3）蒸散法

蒸散法主要从能量平衡原理出发，通过蒸散量的计算得到作物缺水指数，从而对区域土壤水分进行划分。Idso 等（1981）最早根据空气湿度和冠层温度提出了作物水分胁迫指数（Crop Water Stress Index，CWSI）的经验模式，随后，Jackson 等（1981）以冠层能量平衡原理为基础提出 CWSI 的理论模式，CWSI 是现今应用比较广泛的一种作物缺水指标，精度较高。张仁华（1986）根据 CWSI 建立了作物缺水状况的微气象模式，虽然能够获得较高精度，但该指标需要大量的气象数据及地面实测数据。Moran E F 等（1994）和 Pietro 等（2002）从遥感出发，提出了一些植物缺水指数，但对与蒸散密切相关的地表温度的考虑还存在一定的欠缺。宋小宁等（2004，2006）考虑了植被和土壤的组分温度，提出了地表缺水指数 SWDI（Surface Water Deficit Index），并且建立了半干旱地区基于 MODIS 亚像元的区域双层蒸散模型。黄耀欢等（2009）采用日本静止气象卫星 GMS 数据进行遥感反演，提取地表实际蒸散量（E）和潜在蒸散量（E_p），计算了表征地表缺水程度的指标 SWDI，从而对全国的地表缺水状况进行了分区。

5.5.1.1 基于温度-植被指数的土壤水分反演

温度植被干旱指数（TVDI）法的原理是：当研究区域的植被覆盖和土壤湿度变化范

围较大时，NDVI 和地表温度（T_s）的散点图呈现出三角形的分布特征，并且前人利用土壤-植被-大气传输模型（SVAT）对其进行了验证；Moran M S 等（1994）从理论的角度分析，认为 NDVI-T_s 之间呈梯形关系。归一化植被指数 NDVI 与地表温度 T_s 的特征空间如图 5-18 所示。

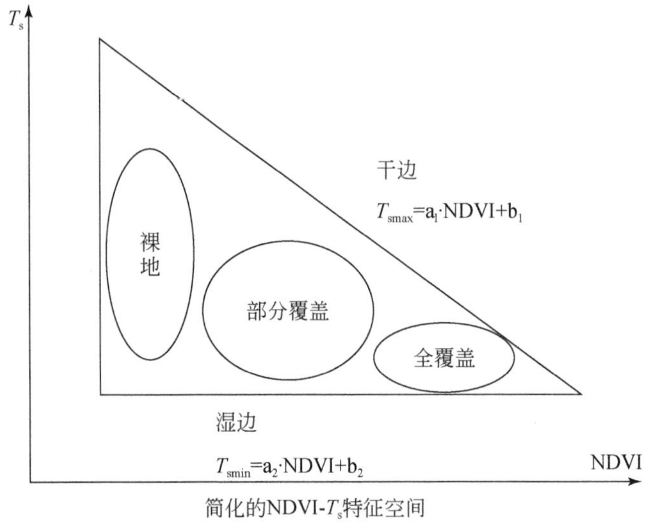

图 5-18　归一化植被指数 NDVI 与地表温度 T_s 的特征空间

基于 NDVI-T_s 特征空间，Sandholt 等（2002）提出了温度植被干旱指数 TVDI：

$$\mathrm{TVDI}=\frac{T_s-T_{smin}}{T_{smax}-T_{smin}} \tag{5-42}$$

式中，T_s 为地表温度（K）；T_{smin}为相同 NDVI 值的最小地表温度（K），对应的是 NDVI-T_s 特征空间的湿边；T_{smax}为相同 NDVI 值的最大地表温度（K），对应的是 NDVI-T_s 特征空间的干边。干湿边表达式为

$$T_{smax}=a_1\cdot \mathrm{NDVI}+b_1 \tag{5-43}$$

$$T_{smin}=a_2\cdot \mathrm{NDVI}+b_2 \tag{5-44}$$

在利用遥感数据获取像元的地表温度和归一化植被指数之后，根据它们的散点图来拟合干边和湿边，进而可以计算像元的 TVDI。

基于该方法，利用 MODIS 光学影像估算 2014 年 4 月 18 日吉林省 TVDI 值（图 5-19），进行区域土壤水分干湿状况的监测。结果显示，吉林省的 TVDI 值西北部高，东南低，与实际的土壤水分干湿情况一致。

5.5.1.2　基于热惯量的土壤水分反演

土壤热惯量反映土壤与周围物质进行能量交换的能力，与土壤水分具有很好的相关性。含水量大的土壤昼夜温差小，说明其阻止热变化的能力越强，即热惯量越大。实际应用中，通过输入地表温度和地表反照率，计算表观热惯量，然后利用表观热惯量代替真实热惯量来定量反演土壤水分，表观热惯量的计算公式为

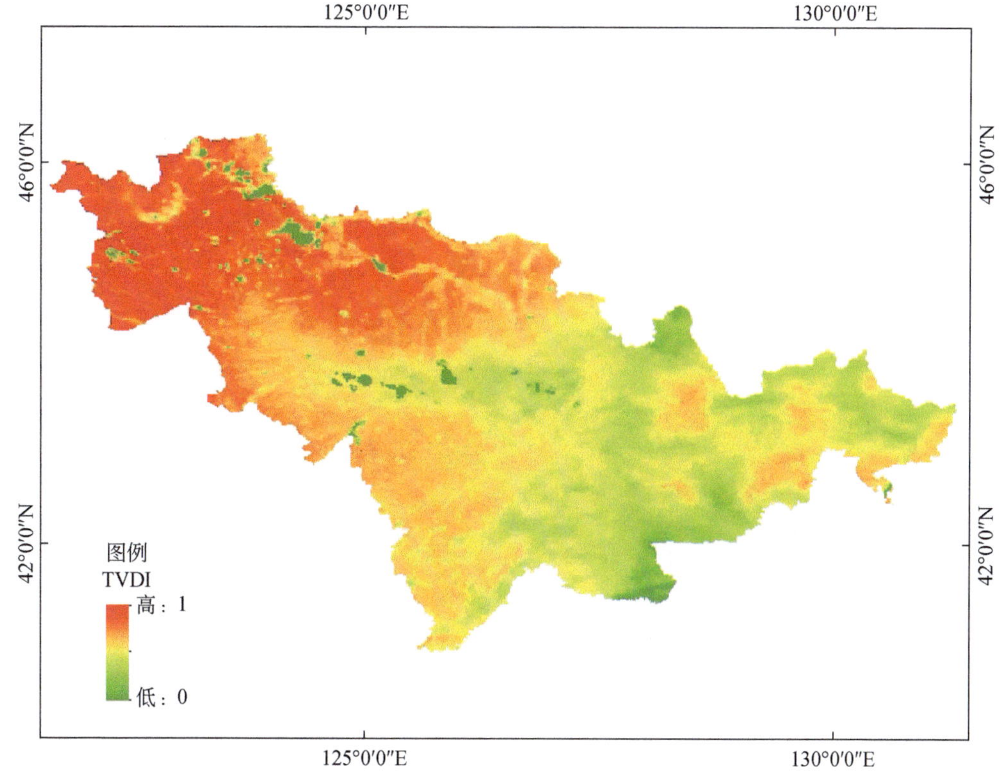

图 5-19　2014 年 4 月 18 日吉林省 MODIS 光学数据的 TVDI 空间分布

$$\mathrm{ATI}=\frac{2Q(1-\alpha)}{\Delta T} \tag{5-45}$$

式中，ATI 为表观热惯量；Q 为太阳总辐射（$\mathrm{W/m^2}$）；α 为地表反照率；ΔT 为昼夜温差（K）。

如果只考虑反射率与昼夜温差，不考虑测量地的纬度、太阳偏角、日照时数以及日地距离，式（5-45）可以进一步简化为

$$\mathrm{ATI}=\frac{1-\alpha}{\Delta T} \tag{5-46}$$

利用遥感数据定量反演地表温度与地表反照率之后，便可以利用式（5-46）来计算表观热惯量，从而利用表观热惯量来表征区域土壤水分。

基于该方法，利用 MODIS 光学影像估算 2016 年 9 月 21 日黑龙江省表观热惯量（图 5-20），进行区域土壤水分干湿状况的监测。结果显示，黑龙江省 ATI 值的空间分布呈现北部零散低值区和中部连片低值区，与实际的土壤水分干湿情况一致。但受云雨影响，MODIS 获取的昼夜温差数据作为 ATI 模型的输入信息，很难满足区域全覆盖，在实际应用中受到一定限制。

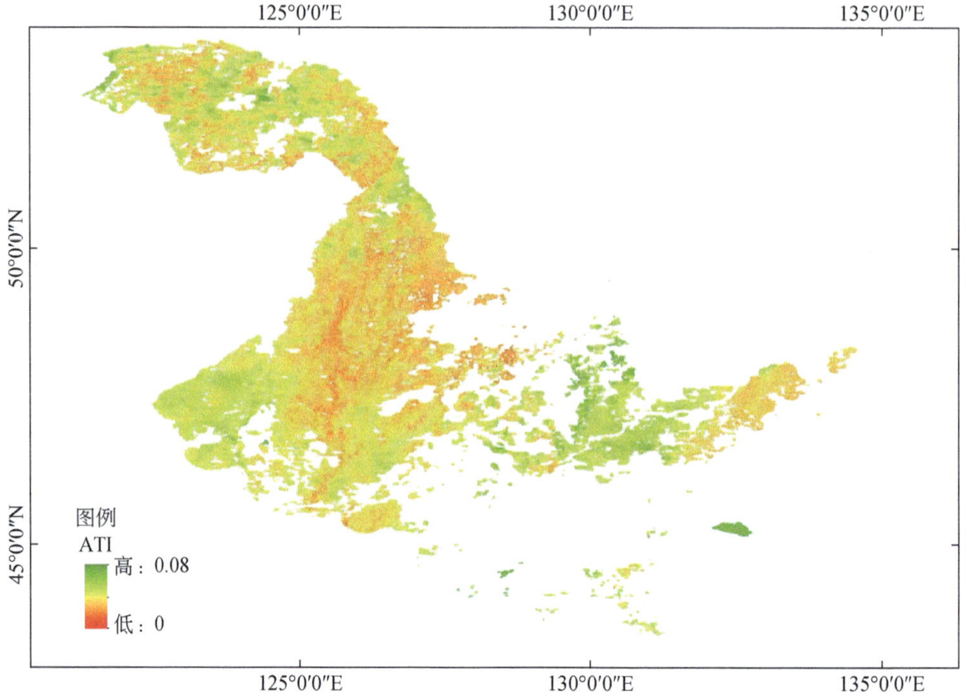

图 5-20　2016 年 9 月 21 日黑龙江省 MODIS 光学数据的 ATI 结果

5.5.1.3　基于地表温度–短波净辐射比值的土壤水分反演

依赖于地表蒸散发模型的快速发展，基于物质能量平衡的 ET 估算模型被广泛提出和应用。在不考虑水平对流的情况下，地表能量平衡可以表示为

$$R_{\mathrm{n}}-H-\mathrm{LE}-G=0 \tag{5-47}$$

式中，R_{n} 为净辐射；H 为显热通量；LE 为潜热通量；G 为土壤热通量。通常，土壤热通量可以表示为

$$G=c_G R_{\mathrm{n}} \tag{5-48}$$

式中，c_G 为一个无量纲的常数，由土壤质地和植被覆盖条件决定。对于土壤来说，显热通量和潜热通量之和可以表示为短波净辐射的线性函数：

$$H+\mathrm{LE}=b_0+c_H R_{\mathrm{n}} \tag{5-49}$$

式中，b_0 和 c_H 为与地表状况以及土壤属性相关的函数。净辐射 R_{n} 可以表示为

$$R_{\mathrm{n}}=S^{\downarrow}-S^{\uparrow}+L^{\downarrow}-L^{\uparrow} \tag{5-50}$$

式中，$S^{\downarrow}$ 为向下的短波辐射；$S^{\uparrow}$ 为地表反射的短波辐射；$L^{\downarrow}$ 为向下的长波辐射；$L^{\uparrow}$ 为地表发射至大气以及反射大气下行的长波辐射的代数和。以土壤表面为参考面，$L^{\uparrow}$ 可以表示为

$$L^{\uparrow}=\varepsilon\sigma T^4+(1-\varepsilon)L^{\downarrow} \tag{5-51}$$

式中，ε 为地表比辐射率；σ 为斯特藩–玻尔兹曼常数；T 为地表温度。考虑到 $(1-\alpha)$ $S^{\downarrow}$

为短波净辐射，这里将其表示为 S_n，并假设地表反照率为 α，那么

$$S_n = S^{\downarrow} - S^{\uparrow} = (1-\alpha) S^{\downarrow} \tag{5-52}$$

根据以上公式可以得到

$$T = \left[\frac{S_n}{\varepsilon\sigma} + \frac{L^{\downarrow}}{\sigma} - \frac{b_0}{\varepsilon\sigma(1-c_H-c_G)}\right]^{\frac{1}{4}} \tag{5-53}$$

将 T 在 $S_n=0$ 处用一级泰勒公式展开，得到

$$T(S_n) \approx T(0) + \frac{\mathrm{d}T(0)}{\mathrm{d}S_n}(S_n - 0) = \left[\frac{L^{\downarrow}}{\sigma} - \frac{b_0}{\varepsilon\sigma(1-c_H-c_G)}\right]^{\frac{1}{4}} + \frac{dT(0)}{dS_n} S_n \tag{5-54}$$

其中，

$$\frac{\mathrm{d}T(0)}{\mathrm{d}S_n} = \frac{1}{4\varepsilon\sigma}\left[\frac{L^{\downarrow}}{\sigma} - \frac{b_0}{\varepsilon\sigma(1-c_H-c_G)}\right]^{-\frac{3}{4}} \tag{5-55}$$

因此，地表温度与地表短波净辐射之间的线性关系可以表示为

$$T(S_n) = KS_n + a \tag{5-56}$$

$$K = \frac{1}{4\varepsilon\sigma}\left[\frac{L^{\downarrow}}{\sigma} - \frac{b_0}{\varepsilon\sigma(1-c_H-c_G)}\right]^{-\frac{3}{4}} \tag{5-57}$$

$$a = T(0) \tag{5-58}$$

由式（5-57）可知，地表温度与地表短波净辐射的线性关系中的斜率 K 包含了与土壤水分密切相关的土壤质地、植被覆盖条件、地表比辐射率等信息，而这些信息与土壤水分密切相关。可以认为 K 是一个综合参数，能够反映不同下垫面条件下的土壤水分状况。

利用 CoLM 模型模拟的不同土壤水分条件和不同植被覆盖条件下的地表温度与地表短波净辐的线性拟合关系如图 5-21 和图 5-22 所示。

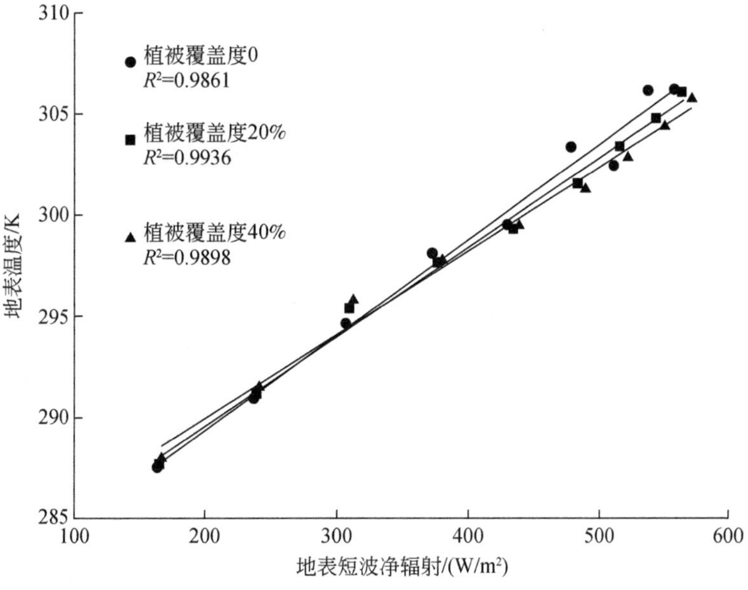

图 5-21　相同初始土壤水分不同植被覆盖条件下的地表温度与地表短波净辐射的线性拟合

由图 5-21 和图 5-22 可知，不同的土壤水分条件下，地表温度与地表短波净辐射之间线性关系的斜率是不同的，由此，可以利用该斜率来反演土壤水分。

考虑到 TVDI 是当前较为成熟的一种土壤水分监测方法，利用北京 2011 年 11 月 9 日的 MODIS 数据，分别得到了区域的 TVDI 和 *K* 值，二者的对比如图 5-23 所示，由图可知，二者存在良好的相关性，由此也说明了利用 *K* 值表征区域土壤水分是可行的。

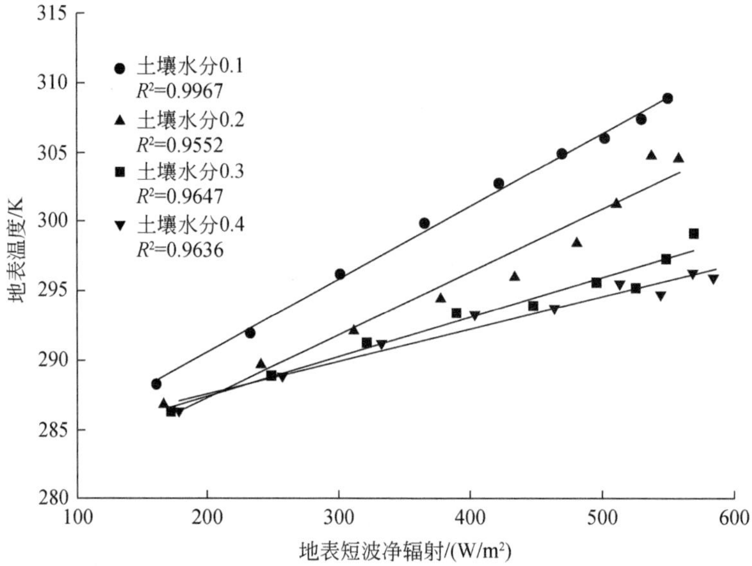

图 5-22　相同植被覆盖不同初始土壤水分条件下的地表温度与地表短波净辐射的线性拟合

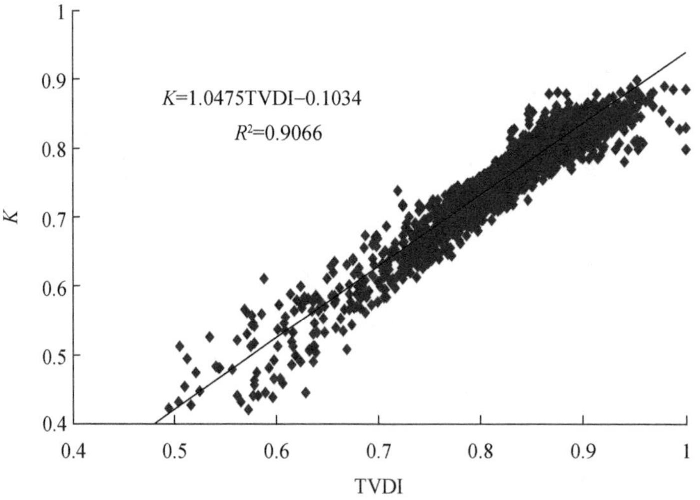

图 5-23　区域 *K* 值与 TVDI

5.5.2 基于雷达遥感的地表土壤水分反演

在微波与地表土壤的相互作用中，土壤的微波散射和辐射强度受土壤的介电常数控制，而土壤介电常数又与土壤水分含量密切相关，并且微波不受光照条件、云雨的限制，能够全天时、全天候工作，且具有一定的穿透能力，这些特征使得微波在土壤水分监测方面具有比光学光谱段更大的优势。微波遥感研究的发展显示了定量估算裸土和植被下土壤水分的潜力。在主动微波领域，主要是利用成像雷达获取地表后向散射系数，通过理论模型反演土壤水分或建立土壤水分与后向散射系数的经验-半经验模型，从而反演土壤水分。主要方法包括经验模型法、半经验模型法、理论模型法、机器学习法等。

1）经验模型

经验模型多是建立研究区的实测后向散射系数与土壤水分的线性或非线性关系，从而实现研究区的土壤水分反演。例如，Dobson 等（1986）建立了后向散射系数与土壤水分的线性模型，并且指出斜率主要受地表粗糙度影响，而截距则受地表纹理结构影响。Quesney 等（2000）、Álvarez- Mozos 等（2006）、Baghdadi 等（2007）、Balenzano 等（2011）进一步研究了植被类型、耕作方式和土壤质地的不同对线性模型的影响。在土壤水分非线性反演模型方面，Baghdadi 等（2006）建立了后向散射系数与土壤水分的指数模型，而 Roo 等（2001）建立了土壤水分反演的多项式模型。经验模型能够很好地描述所在研究区土壤水分与后向散射系数的关系，但需要大量的土壤水分测量数据，且很难将模型直接应用到其他区域，限制了其的使用。另外，由于忽略了粗糙度的影响，精度上有待进一步的提高。

2）理论模型法

理论模型对理解自然地表的后向散射特征及基于微波遥感土壤水分反演至关重要，几十年以来，国内外学者针对地物后向散射特征开发了多种电磁波散射模型，主要分为裸土区后向散射模型和植被区后向散射模型。

裸土区后向散射模型，大部分由 Stratton-Chu 积分方程派生，主要包括基尔霍夫模型（Kirchhoff Model，KM）[几何光学模型（Geometric Optical Model ，GOM）和物理光学模型（Physical Optics Model ，POM）]、小坡度近似模型（Small Slope Approximation Model，SSA Model）、小扰动模型（Small Perturbation Model，SPM）、积分方程模型（Integral Equation Model，IEM）和改进积分方程模型（Advanced Integral Equation Model，AIEM）。当表面粗糙仅存在镜面反射时，基尔霍夫模型驻留相位近似为几何光学模型；当表面中等粗糙时，粗糙面的基尔霍夫模型（标量近似）为物理光学模型；当表面粗糙较小时，小坡度近似模型更适用。Fung 等将多次散射项考虑入基尔霍夫模型近似，开发了积分方程模型及改进积分方程模型。由于可以计算和模拟较宽范围介电常数和粗糙度下的地表后向散射特征，应用 IEM、AIEM 等理论模型进行土壤水分反演，主要包括查找表法、最小化代价函数法等。

植被区后向散射模型主要包括密歇根微波散射模型（Michigan Microwave Canopy Scattering Model，MIMICS）、水云模型（Water Cloud Model，WCM）等。MIMICS 模型把植

被分为植被冠层、树干层和地表层三部分，总的后向散射由五部分组成，通过计算每个散射贡献部分的非相干和，模拟微波总后向散射系数（Ulaby，1990；孙亚勇，2018）。但是MIMICS模型是针对森林等高大植被覆盖地表建立的，应用于矮小植被覆盖地表时，会出现模型过于复杂而难以应用。水云模型将总的后向散射分为植被体散射项和经过植被双层衰减后的土壤直接后向散射项两部分，水云模型相对简单，被广泛应用于低矮植被区土壤水分反演（Ulaby et al.，2016；孙亚勇，2018）。在应用水云模型开展植被区土壤水分反演时，主要是利用光学数据来获取模型所需的植被信息。

3）半经验模型法

半经验模型是以理论模型为基础，利用实验数据回归建立的简化模型。其中较为常用的裸土和稀疏植被区半经验模型包括 Oh 模型、Dubois 模型和 Shi 模型。Oh 等（1992，1994，2002，2004）根据雷达数据、地面观测数据分别建立了同极化比和交叉极化比与粗糙度均方跟高度、波数和介电常数的关系，发展了 Oh 半经验模型。Dubois 等（1995a，1995b）基于同极化的雷达数据、地面观测数据分别建立了 VV 极化、HH 极化后向散射系数与粗糙度均方跟高度、波数和介电常数的关系，发展了 Dubois 半经验模型。相比简单的经验模型法和复杂的理论模型法，Oh 模型和 Dubios 模型具有一定的物理机制，且能够保持一定的反演精度，被广泛应用于土壤水分研究。Shi 模型由 L 波段下模拟数据发展而来，主要应用于 L 波段下的土壤水分反演中。

4）人工神经网络法

由于主动微波后向散射系数与地表参数之间的关系为非线性，多种不同的土壤参数组合（土壤湿度、粗糙度、植被等）可能会具有相同的后向散射系数。人工神经网络作为一种类似非线性智能算法，不需明确知道输入和输出参数之间的映射函数，能够整合多种数据，解决从主动微波后向散射系数数据中获取地表参数遇到的非线性映射问题，尤其适合主动微波后向散射系数的土壤水分反演（Del Frate et al.，2003；Elshorbagy and Parasuraman 2008；Santi et al.，2012；Paloscia et al.，2013）。本质上，人工神经网络可以被理解为一种利用最小方差法解决参数反演的问题（Hornik，1989；Linden and Kinderman，1989）。目前，人工神经网络法在主动微波土壤水分反演已经开展广泛应用，具有适用性好、通用性强特点，无须分析和明确土壤水分和微波信号之间的函数，但是需要构建高质量训练样本集合、选择合理学习模式。

（1）基于经验模型的裸土区土壤水分反演。针对裸土区，构建 C 波段雷达遥感的经验土壤水分反演模型，进而开展雷达遥感的土壤水分反演。

自 20 世纪 60 年代以来，不同学者发展了多种微波散射与辐射模型，Fung 等在 1992 年提出了积分方程模型（IEM），并在此基础上，最新发展了改进积分方程模型（AIEM），能描述从较光滑表面到粗糙表面的散射特征，能计算和模拟包括更宽范围的介电常数、粗糙度和频率等参数的地表辐射信号。AIEM 单次散射的后向散射系数表达式为

$$\sigma_{pq} = \frac{k^2}{2}\exp(-2k^2\cos\theta^2 S^2)\sum_{n=1}^{\infty}\frac{s^{2n}}{n!}|I_{pq}^{n}|^2 \cdot W^{n}(-2k\sin\theta, 0) \tag{5-59}$$

式中，σ_{pq}为后向散射系数；p 和 q 分别为发射和接收的极化方式；$k=2\pi/\lambda$ 为波数；θ 为入射角；S 为均方根高度；W^n 为表面相关函数的 n 阶粗糙度谱；I_{pq}^{n} 为菲涅尔反射系数和粗

糙度谱的函数。

首先利用 AIEM 模型模拟裸露地表 C 波段 SAR 信号的后向散射特征，通过非线性回归的方法建立四种极化下的裸露地表后向散射模型［式（5-54）～式（5-57）］；然后将不同极化组合数据分别输入所建立的后向散射模型，通过模型的联立计算，消除模型中的粗糙度参数，从而拟合得到土壤水分反演模型。

$$\sigma_{VV}(dB)=A_{VV}(\theta)\lg(M_v)+B_{VV}(\theta)\lg(Z_s)+C_{VV}(\theta) \tag{5-60}$$

$$\sigma_{HH}(dB)=A_{HH}(\theta)\lg(M_v)+B_{HH}(\theta)\lg(Z_s)+C_{HH}(\theta) \tag{5-61}$$

$$\sigma_{VH}(dB)=A_{VH}(\theta)\lg(M_v)+B_{VH}(\theta)\lg(Z_s)+C_{VH}(\theta) \tag{5-62}$$

$$\sigma_{HV}(dB)=A_{HV}(\theta)\lg(M_v)+B_{HV}(\theta)\lg(Z_s)+C_{HV}(\theta) \tag{5-63}$$

VV/HH 组合方式：

$$M_v=10^{[A_{VVHH}(\theta)\cdot\sigma_{VV}+B_{VVHH}(\theta)\cdot\sigma_{HH}+C_{VVHH}(\theta)]} \tag{5-64}$$

VV/VH 组合方式：

$$M_v=10^{[A_{VVVH}(\theta)\cdot\sigma_{VV}+B_{VVVH}(\theta)\cdot\sigma_{VH}+C_{VVVH}(\theta)]} \tag{5-65}$$

HH/HV 组合方式：

$$M_v=10^{[A_{HHHV}(\theta)\cdot\sigma_{HH}+B_{HHHV}(\theta)\cdot\sigma_{HV}+C_{HHHV}(\theta)]} \tag{5-66}$$

根据微波数据极化组合的方式，选择［式（5-64）～式(5-66)］中对应的公式，并基于实测数据，便能够反演区域土壤水分，从而得到土壤水分。

该方法成功应用于2002 年美国 Walnut Creek 流域试验研究区土壤水分反演（图 5-24），观测站点的实际验证表明其估算效果较好。

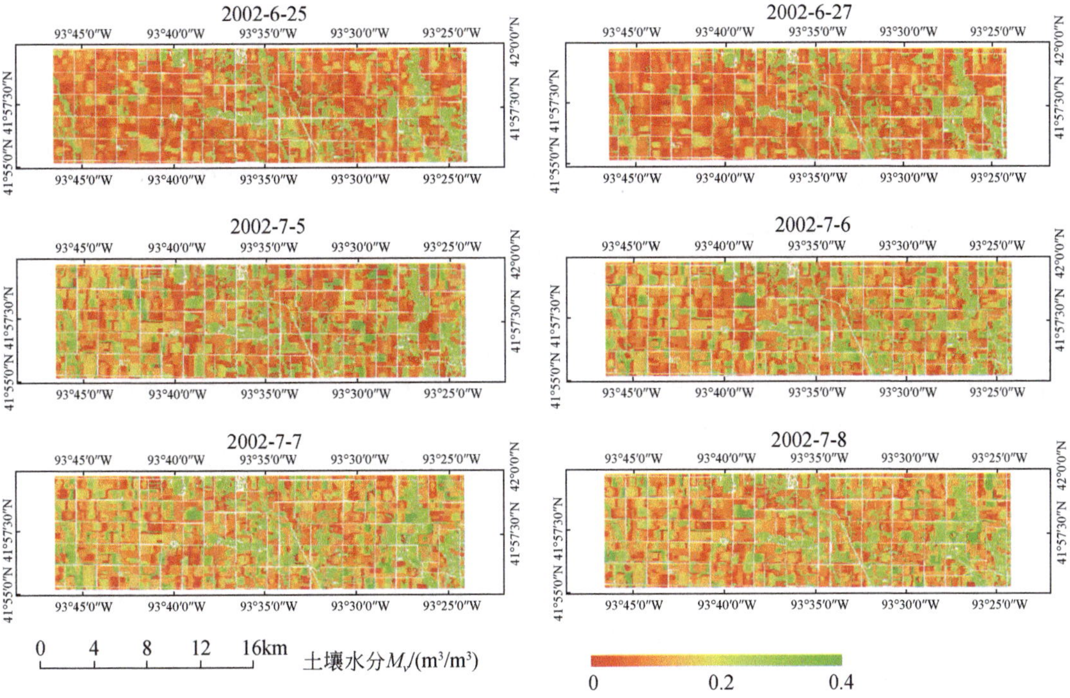

图 5-24　SMEX02 试验区土壤水分反演结果

（2）基于半经验模型的农田区土壤水分反演。针对农田区，构建 C 波段雷达遥感的半经验农田区土壤水分反演模型，进而开展雷达遥感的土壤水分反演。

该模型反演过程主要分为三步：利用水云模型将 HH 和 VV 极化的雷达总后向散射系数转换为土壤贡献部分的雷达后向散射系数，去除植被效应；通过 Dubois 模型将土壤贡献部分的雷达后向系数转成土壤节点常数，去除土壤粗糙度影响；最后将介电常数转化为土壤水分含量

Attema 和 Ulaby 于 1978 年提出的水云模型的表达式为

$$\sigma_{pp}^{t}=\sigma_{pp}^{v}+L_{pp}^{2}\sigma_{pp}^{s} \tag{5-67}$$

式中，σ_{pp}^{t}为总后向散射；σ_{pp}^{v}为冠层直接后向散射；σ_{pp}^{s}为地表直接后向散射；L_{pp}^{2}为冠层双程消光系数。其中

$$\sigma_{pp}^{v}=A\cdot m_{veg}\cdot\cos(\theta)\cdot(1-L_{pp}^{2}) \tag{5-68}$$

$$L_{pp}^{2}=\exp[-2B\cdot m_{veg}\cdot\sec(\theta)] \tag{5-69}$$

式中，A 和 B 分别为依赖于植被类型和频率的参数，一般需要利用 MIMICS 模型结合实测数据进行拟合估算。根据文献资料，针对研究区的小麦作物类型，本次把 A 和 B 分别设置为 0.0018 和 0.138。植被含水量 m_{veg}可通过 VH 极化后向散射系数与植被含水量实测值拟合获得。

Dubois 等（1995a，1995b）利用前人的测量数据，提出了一个 VV 极化和 HH 极化的半经验公式：

$$\sigma_{vv}^{0}=10^{-2.35}\left[\frac{\cos^{3}\theta}{\sin^{3}\theta}\right]\cdot10^{0.046\varepsilon\tan\theta}\cdot(ks\cdot\sin\theta)^{1.1}\cdot\lambda^{0.7} \tag{5-70}$$

$$\sigma_{hh}^{0}=10^{-2.75}\left[\frac{\cos^{1.5}\theta}{\sin^{5}\theta}\right]\cdot10^{0.028\varepsilon\tan\theta}\cdot(ks\cdot\sin\theta)^{1.4}\cdot\lambda^{0.7} \tag{5-71}$$

Dubois 模型的使用条件为$30°\leqslant\theta$、$ks\leqslant2.5$cm、$m_v\leqslant0.35$，在该条件下，Dubois 模型效果较好。Dubois 模型仅需要双极化雷达数据，提高了其应用能力。但是 Dubois 模型在模拟的后向散射系数，存在粗糙地表区的高估和光滑地表的低估现象。另外，在土壤水分较高的地方，Dubois 模型会造成后向散射系数的低估。

最后由土壤介电常数混合模型，将土壤介电常数实部转化为土壤体积含水量，进而实现土壤水分的反演。

将该模型应用于安徽省固县雷达遥感观测试验农田研究区土壤水分空间分布监测，利用 C 波段 Radarsat 2 雷达数据，开展 2015 年 4 月 25 日安徽省固县雷达遥感观测试验农田研究区土壤水分反演应用，研究区土壤水分反演结果见图 5-25。

从雷达遥感反演的土壤水分结果（图 5-25）可以看出，研究区域的土壤体积含水量为 0.10～0.30cm³/cm³，这与站点测量结果非常吻合。然后，将土壤体积含水量雷达遥感反演值与站点测量值进行比较（图 5-26），统计土壤体积含水量雷达遥感反演值与站点测量值之间的相关系数 R 和均方根误差 RMSE，发现 R 和 RMSE 分别为 0.78 和 0.045。结果表明，该模型对于冬小麦地区的土壤水分估算可行。

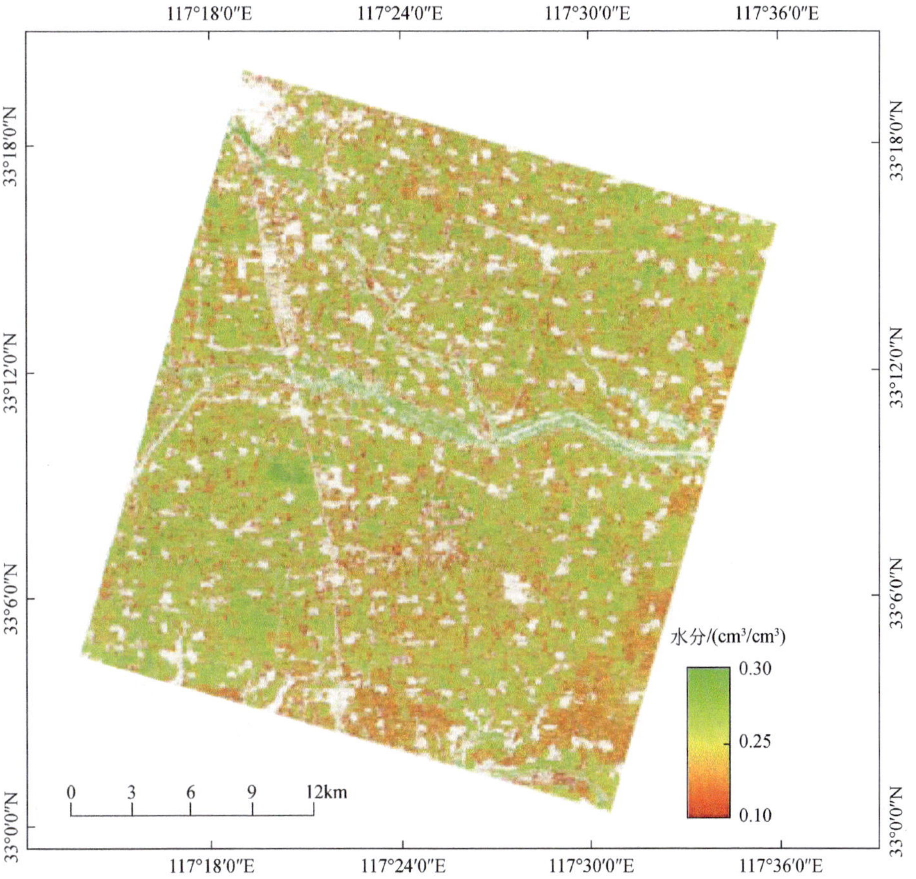

图 5-25　研究区 Radarsat2 雷达土壤水分反演结果

5.5.3　基于被动微波遥感的地表土壤水分反演①

在被动微波遥感领域，微波辐射计获得的地表亮度温度，相对主动微波遥感的后向散射系数，对于植被与土壤粗糙在微波辐射传输环节中贡献部分更易阐释与估算。从 20 世纪 70 年代，国内外学者就已经认识到被动微波遥感在土壤水分监测中的有效性，并开展了大量野外和室内实验研究。根据辐射定律（如基尔霍夫辐射定律），被动微波辐射计对地表土壤所探测的微波辐射能量（亮度温度）与土壤物理温度存在一定比例关系，该比例称为辐射率，主要受土壤水分的影响，随着土壤水分增加而降低。在微波辐射理论中，微波辐射率可以用微波反射率表示。目前大部分针对机载和星载被动微波的土壤水分反演研究方法主要包括：统计法、基于半经验物理模型法和人工神经网络法。

1）统计法

基于统计法开展的土壤水分反演，主要是根据实测的亮度温度或者物理模型模拟的亮

① 本节主体内容引用博士毕业论文，题目为《基于 C 和 L 波段主被动微波遥感的土壤水分协同反演研究》。

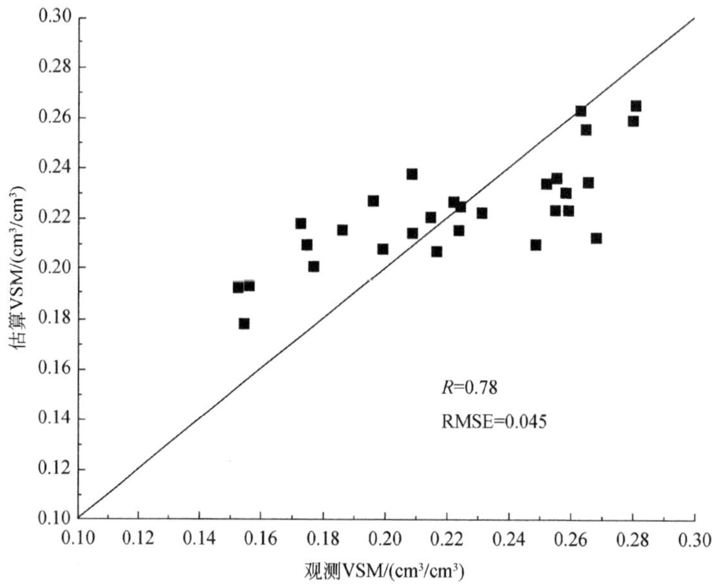

图 5-26　研究区 Radarsat2 雷达土壤水分反演值和站点土壤水分观测值散点图

度温度和土壤水分数据建立简单的线性或非线关系模型。对于植被覆盖区，植被信息是土壤水分被动微波反演中的重要参数，一般引入 NDVI 或者 MPDI 从而构建回归统计模型。Eagleman（1976）针对美国地区 5 个数据集，建立了辐射亮度温度与土壤水分的线性关系模型（R>0.9），并在美国其他地区进行了推广应用。Theis 等（1984）利用光学数据垂直植被指数 PVI 纠正被动微波亮度温度与土壤含水量的线性关系，实现作物区的土壤水分反演。Jackson 等（1999）直接利用辐射亮温与土壤含水量的线性关系，开展了试验区区域土壤水分的反演。Wigneron 等（2004）为了纠正植被影响，基于多角度数据开展了土壤水分反演研究。Saleh 等（2006）分别构建了单极化通道的亮度温度数据、单极化两角度双通道亮度温度数据和角度指数与土壤水分的经验回归模型，以此实现土壤水分反演，并对各种统计模型开展对比研究。统计方法是对一系列观测数据进行统计分析，建立土壤水分与微波观测亮度温度之间的经验关系。其优点在于方法简单易用，实际操作性强，但其缺乏物理基础，具有区域依赖性、普适性低的问题。

2）基于半经验物理模型法

Mo 等（1982）针对植被区辐射传输模型，忽略冠层中多次散射效应，经验简化辐射传输模型，提出仅包含植被光学厚度和单次散射反照率两个影响参量的零阶辐射传输模型，又称为 τ-ω 模型。随着被动微波遥感的深入研究，针对被动微波的土壤水分反演，发展了多种基于 τ-ω 的正向模型法，主要有单参数反演算法、多参数协同反演算法。

目前针对土壤水分单参数反演的算法主要有单通道算法（Single Channel Algorithm，SCA）。Jackson 等（1993）基于零阶辐射传输模型（τ-ω 模型），提出了利用单通道 H 极化亮度温度数据反演土壤水分的算法。将基于 H 极化开发的 SCA 算法推广到单通道 V 极化的土壤水分反演中，称为 SCA-V 算法，原算法简称 SCA-H 算法。针对多参数协同反演算法，ONeill 等（2012）将单通道算法 SCA 在双极化数据上推广，构建了双通道反演算法

(Dual Channel Algorithm，DCA)，根据不同极化的微波辐射对地表参数的响应不同，基于 τ-ω 模型利用 H、V 双极化的亮度温度数据，同时反演土壤含水量和植被冠层含水量两个参数。Njoku 和 Li 等（1999）针对 AMSR-E 基于 τ-ω 模型发展了多参数多通道算法。该算法利用 6 通道数据（6-6 GHz H、6-6 GHz V、10.7 GHz H、10.7 GHz V、18 GHz H、18 GHz V）构建的代价函数，同时迭代计算土壤水分、植被光学厚度和地表有效温度三个主要参量。一般情况下，该算法具有较好的三参数的反演效果，但是当反演信息的敏感性较低时，迭代函数不收敛，反演容易异常。Owe（2008）针对 AMSR-E 提出基于 MPDI 指数同时反演土壤水分和光学厚度的地表参数反演模型（Land Parameter Retrieval Model，LPRM）。模型假设 H、V 极化的光学厚度相等，利用 MPDI 进行光学厚度估算，并且利用 Ka 波段（36 ~ 5GHz）反演地表物理温度。Wigneron 等（2000）针对 L 波段 SMOS 卫星，提出了基于 τ-ω 模型利用多角度、双极化亮度温度数据反演土壤水分和植被光学厚度的多值多通道反演模型，即 L-MEB（L-band Microwave Emission of the Biosphere，L-MEB）。该算法利用代价函数，通过此迭代计算反演土壤水分和植被光学厚度。总的来说，基于半经验物理模型法的单参数反演算法和多参数协同反演已经广泛应用到星载被动微波土壤水分的反演中，但是单参数反演方法需要引入其他手段获取的地表参数作为已知量，而多参数协同反演，需要考虑大气效用问题，同步反演的地表参数的物理意义仍有待深入研究。

3）人工神经网络法

人工神经网络法作为一个非线性问题描述的工具，对于土壤水分反演具有独特优势。随着智能技术的发展，基于人工神经网络的土壤水分反演方法受到学者的广泛关注。Liou 等（2001）开展了基于 AMSR-E 多波段亮度温度数据和 SMOS 的多角度亮度数据的土壤水分反演的神经网络研究。Liu 等（2002）利用人工神经网络，实现了基于 L 和 X 波段的亮度温度的土壤水分和植被含水量的反演。Angiuli 等（2008）尝试基于人工神经网络的 L 波段的被动微波土壤水分反演，探索人工神经网络的优势和反演特点。Rodríguez-Fernández 等（2015）开展了基于人工神经网络的 SMOS 土壤水分反演研究。研究发现，增加 MODIS 和 ASCAT 数据后的反演结果精度提高了 10%。人工神经网络的实现通常借助于正向模型生成大量的地表参数——微波亮度温度数据集，然后利用该网络进行学习训练，在此基础上开展土壤水分以及其他参数的反演，但是反演成功与否在很大程度上受到训练样本及其分布的影响。

5.5.3.1 基于单通道算法 SCA-V 的土壤水分反演

针对单通道 V 极化的辐射亮度温度数据，构建基于单通道算法的土壤水分反演模型，进行被动微波遥感的土壤水分反演。

1）基于单通道算法 SCA-V

针对 V 极化的亮度温度 TB 数据，采用 Jackson（1993）提出的单通道算法 SCA-V 开展被动微波遥感的土壤水分反演。该反演过程主要分为五步：将 V 极化的亮度温度归一化为地表发射率，去除植被效应以获取土壤的表面发射率，纠正土壤表面粗糙度影响以获取土壤的光滑表面发射率，将土壤的光滑平面发射率转化为土壤介电常数，最后将介电常数转化为土壤水分含量。

SCA-V 算法，主要通过 τ-ω 模型描述植被冠层中 V 极化微波辐射传输的规律，该模型表达式为

$$T_{\mathrm{Bv}}=\mathrm{e}_{\mathrm{v}}^{\mathrm{surf}}\cdot\gamma\cdot T_{\mathrm{s}}+(1-\omega)(1-\gamma)(1+(1-e_{\mathrm{v}}^{\mathrm{surf}})\gamma)T_{\mathrm{c}} \tag{5-72}$$

式中，T_{Bv} 为 V 极化的辐射亮度温度（K）；T_{s}、T_{c} 分别为土壤层和植被冠层的物理温度（K）；$e_{\mathrm{v}}^{\mathrm{surf}}$ 为土壤表面发射率；ω 为植被冠层单次反照率，通过野外试验获取；γ 为植被冠层的衰减系数，与植被的含水量有关。

在 SCA-V 算法中，根据植被冠层温度与土壤层有效物理温度相等的假设，即 $T_{\mathrm{s}}=T_{\mathrm{c}}=T_{\mathrm{eff}}$，则对于地表发射率 e_{v}，由 V 极化被动微波辐射亮度温度数据估算 T_{Bv} 的表达式如下：

$$e_{\mathrm{v}}=\frac{T_{\mathrm{Bv}}}{T_{\mathrm{eff}}} \tag{5-73}$$

式中，T_{eff} 为地表土壤有效物理温度（K），可以通过模型模拟或者其他方式获取。

由 τ–ω 模型去除植被影响，将地表发射率转化为土壤表面发射率 $e_{\mathrm{v}}^{\mathrm{surf}}$，其计算公式如下：

$$e_{\mathrm{v}}^{\mathrm{surf}}=\frac{e_{\mathrm{v}}-1+\gamma^2+\omega-\omega\gamma^2}{\gamma^2+\omega-\omega\gamma^2} \tag{5-74}$$

植被衰减系数 γ 的计算表达式如下：

$$\gamma=\exp\left(\frac{-\tau_{\mathrm{Nad}}}{\cos\theta}\right) \tag{5-75}$$

$$\tau_{\mathrm{Nad}}=b\cdot \mathrm{VWC} \tag{5-76}$$

式中，θ 为辐射角；τ_{Nad} 为植被冠层垂直光学厚度；b 为相关系数，通过经验拟合建立的查找表获取；VWC 为植被含水量，可通过 NDVI 计算得到。

根据 Hp 模型去除地表粗糙度效应，将土壤表面发射率 $e_{\mathrm{v}}^{\mathrm{surf}}$ 转化为估算土壤光滑表面的发射率 $e_{\mathrm{v}}^{\mathrm{soil}}$，其表达式如下：

$$e_{\mathrm{v}}^{\mathrm{soil}}=1-(1-e_{\mathrm{v}}^{\mathrm{surf}})\exp(h\cdot\cos^2\theta) \tag{5-77}$$

式中，h 为地表粗糙度因子，受多种因数影响，一般取 $h=-2k\cdot s$；k 为波数；s 为地表均方根高度差。

根据菲涅耳系数方程，建立土壤的光滑表面 V 极化微波发射率 $e_{\mathrm{v}}^{\mathrm{soil}}$ 与土壤介电常数 ε 的关系，以此实现土壤的介电常数的反演，关系表达式如下：

$$e_{\mathrm{v}}^{\mathrm{soil}}=1-\left|\frac{\varepsilon_r\cos\theta-\sqrt{\varepsilon_r-\sin^2\theta}}{\varepsilon_r\cos\theta+\sqrt{\varepsilon_r-\sin^2\theta}}\right|^2 \tag{5-78}$$

式中，ε_r 为土壤介电常数的实部。

最后由土壤介电常数混合模型，将土壤介电常数实部 ε_r 转化为土壤体积含水量 m_v，进而实现土壤水分的反演。目前用于被动微波土壤水分反演的介电常数模型主要包括 Mironov 模型、Dobson 模型、Wang 模型和 Haillikainen 模型四种类型，但四种模型具有不同的局限性，本文中选用了适用性更强的 Mironov 模型。

2）Walnut Creek 流域研究土壤水分反演

针对美国 Walnut Creek 流域试验研究区（图 5-27），结合 PALS 的 L 波段的被动微波辐射亮度温度数据、光学卫星 TM5 反演的植被含水量以及地面观测的土壤温度、粗糙度均方根高度，开展基于 SCA-V 算法的 800m 空间分辨率被动微波土壤水分反演，研究区土壤

含水量反演结果如图 5-28 所示。

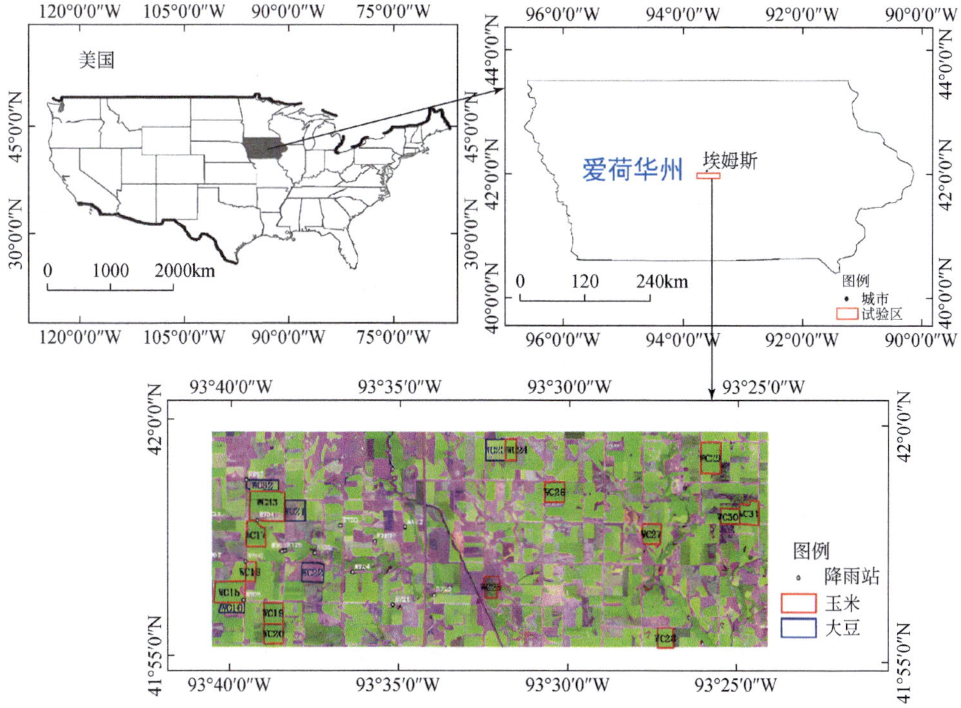

图 5-27　SMEX02 试验区

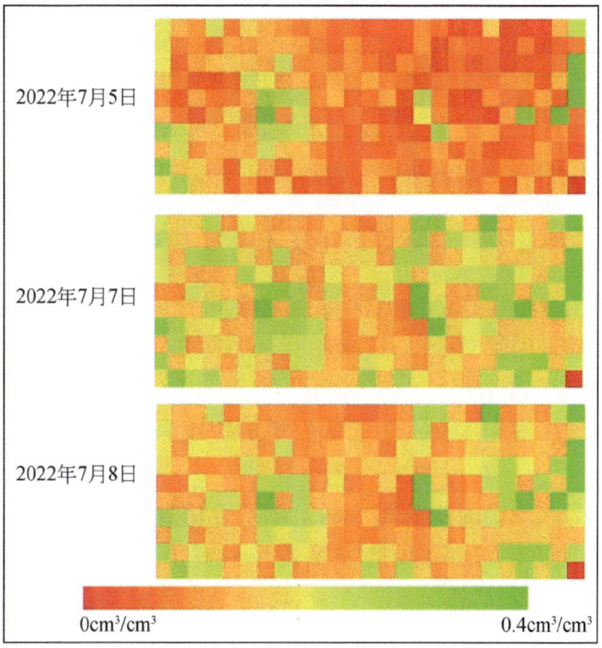

图 5-28　基于 L 波段 V 极化被动微波辐射亮度温度的土壤水分反演结果

图 5-28 中 2002 年 7 月 5 日、7 月 7 日和 7 月 8 日 L 波段被动微波的土壤水分反演结果表明，研究区 2002 年 7 月 5 ~ 7 日土壤含水量具有一个明显的干湿变化过程。具体而言，7 月 5 日土壤含水量相对较低，7 月 7 日土壤含水量明显增高，7 月 7 日和 7 月 8 日土壤含水量相对较高，与地面站点监测信息对比（研究区在 7 月 6 日存在 9mm 的日降雨），发现反演结果与实际情况一致。

通过研究区布设的土壤水分监测站点数据，进一步分析 7 月 5 日、7 月 7 日和 7 月 8 日 3 天的被动微波土壤水分反演精度。精度验证结果显示（图 5-29），被动微波土壤水分反演值与站点实测值的相关系数 R 为 0.85，均方根误差 RMSE 为 0.039cm^3/cm^3，与微波土壤水分反演产品的精度要求基本一致（RMSE ≤ 0.04cm^3/cm^3）。以上分析，证明基于 SCA-V 的被动微波土壤水分反演具有较高的精度，能够真实地反映区域地表土壤水分含量，可以有效应用区域地表土壤水分监测。

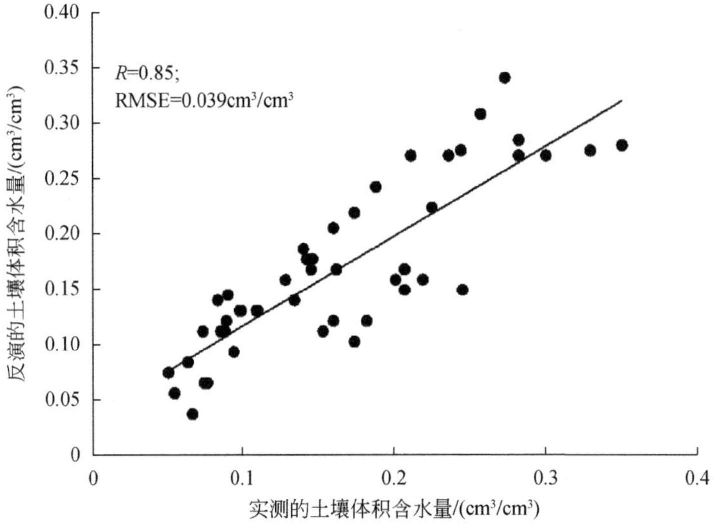

图 5-29　基于 L 波段被动微波辐射亮度温度的土壤水分反演结果与站点实测值的对比

5.5.3.2　基于广义回归神经网络的土壤水分反演①

目前已有的微波土壤湿度产品的共同缺点是空间分辨率（25km 左右）和时间分辨率（2 ~ 3 天或更长）较低。尽管 2015 年以来哨兵一号（Sentinel-1）卫星的 C 波段雷达传感器能够提供 1km 的土壤湿度数据，但其时间分辨率却是 6 ~ 12 天。这些缺陷使得微波土壤湿度产品无法满足区域尺度上水文、生态等领域的应用需求（Cui et al., 2020）（1 ~ 10km 空间分辨率，逐日）。

针对以上问题，为获取高时空分辨率的土壤湿度信息，近年来各种基于多种地表参量和多源遥感观测的土壤湿度产品降尺度方法被相继提出。这些方法主要可分为 4 类：光

① 本节主体内容以论文形式于 2021 年 6 月在《地球信息科学学报》期刊发表，论文题目为《基于广义回归神经网络的京津冀地区土壤湿度遥感逐日估算研究》。

学/热红外与微波遥感数据融合、主被动微波数据融合、数据同化方法和地球物理参数方法（Merlin et al.，2005；Wagner et al.，2012）。这些方法本质上几乎都是通过建立起低分辨率微波土壤湿度数据与高分辨率光学/热红外/合成孔径雷达（SAR）数据之间的关系模型，以实现土壤湿度的时空降尺度。

然而，由于陆地表面系统各要素相互作用过程的复杂机制与非线性性质，微波遥感获取的土壤湿度与光学/热红外等相关地表参量数据之间的物理数学关系非常复杂，不确定性大，通过建立传统的物理模型来表征这两种类型遥感数据之间的复杂物理关系具有较大技术难度，且参数繁多，对数据的要求也更为严格，因此利用相对较为简便的机器学习方式来刻画这种关系是有必要的。其中，神经网络模型因具有较强的非线性问题学习能力和整合多源数据的灵活性，被广泛用于解决土壤湿度反演问题，例如，贾艳昌（2017）等利用广义回归神经网络（GRNN）使用 MODIS 地表温度、反射率等数据进行全球 36km 地表土壤湿度估算；Cui 等（2020）综合 MODIS 地表温度、反照率和植被指数等多源遥感数据通过 GRNN 模型将青藏高原地区 FY-3B 土壤湿度产品的时空分辨率提升至 0.05°及逐日；Said 等（2008）使用雷达数据利用人工神经网络（ANN）模型反演裸土和植被区域的土壤湿度。众多以往研究证明了使用神经网络模型反演土壤水分的可行性与有效性，其中 GRNN 模型解决土壤湿度反演问题的表现尤为突出（Yuan et al.，2020）。

SMAP-Sentinel 主被动微波结合土壤湿度数据集（SPL2SMAP_S，简称 SMAP L2）是一种结合哨兵一号（Sentinel-1A/1B）的合成孔径雷达（SAR）主动微波数据与 SMAP 微波辐射计被动微波数据生产出的土壤湿度产品，该产品对比其他类型微波土壤湿度产品（SMOS，AMSR-E 等）的优势在于它的空间分辨率为 3km，更为精细。已有研究对该土壤湿度产品的精度进行验证，验证结果显示其精度保持在 0.05 ~ 0.06m^3/m^3（Das et al.，2019）。但分析已有公开文献资料，发现科学研究与生产应用直接使用该产品的情况较少，为了更好满足应用需求，一般需要针对 SMAP L2 土壤湿度产品来进行时空降尺度。目前对区域尺度上的高时空分辨率（1km，逐日）的土壤湿度估算研究相对较少，而京津冀地区一直以来是我国的重要农业区，随着全球气候变化加剧，该地区旱情问题一直备受关注，而土壤湿度能较好地表征地表干旱状态（于占江等，2019）。

综合考虑 SMAP L2 微波土壤湿度产品的高精度与 MODIS 光学/热红外遥感的高时空分辨率优势，参考已有研究（Cui et al.，2020；贾艳昌等，2017）对 SMAP L2 产品土壤湿度估算模型的输入因子进行完善，选取 MODIS 地表温度、不同波段反射率、植被指数遥感数据作为估算 SMAP L2 土壤湿度的输入变量，尝试利用广义回归神经网络在产品级别上融合 SMAP L2 土壤湿度与 MODIS 数据的衍生产品，开展京津冀地区的土壤水分空间分布监测，扩展研究区土壤湿度产品的空间覆盖范围，以实现京津冀地区高时空分辨率（逐日、1km）土壤水分的估计，见图 5-30。相比 SMAP L2 产品，生产的京津冀高时空分辨率产品，在空间尺度方面，提升了空间分辨率，尤其拓展了有效覆盖范围，实现日产品的全区域覆盖，这对京津冀地区大面积的土壤墒情、旱情预警、气候预测等应用具有重要的现实意义。

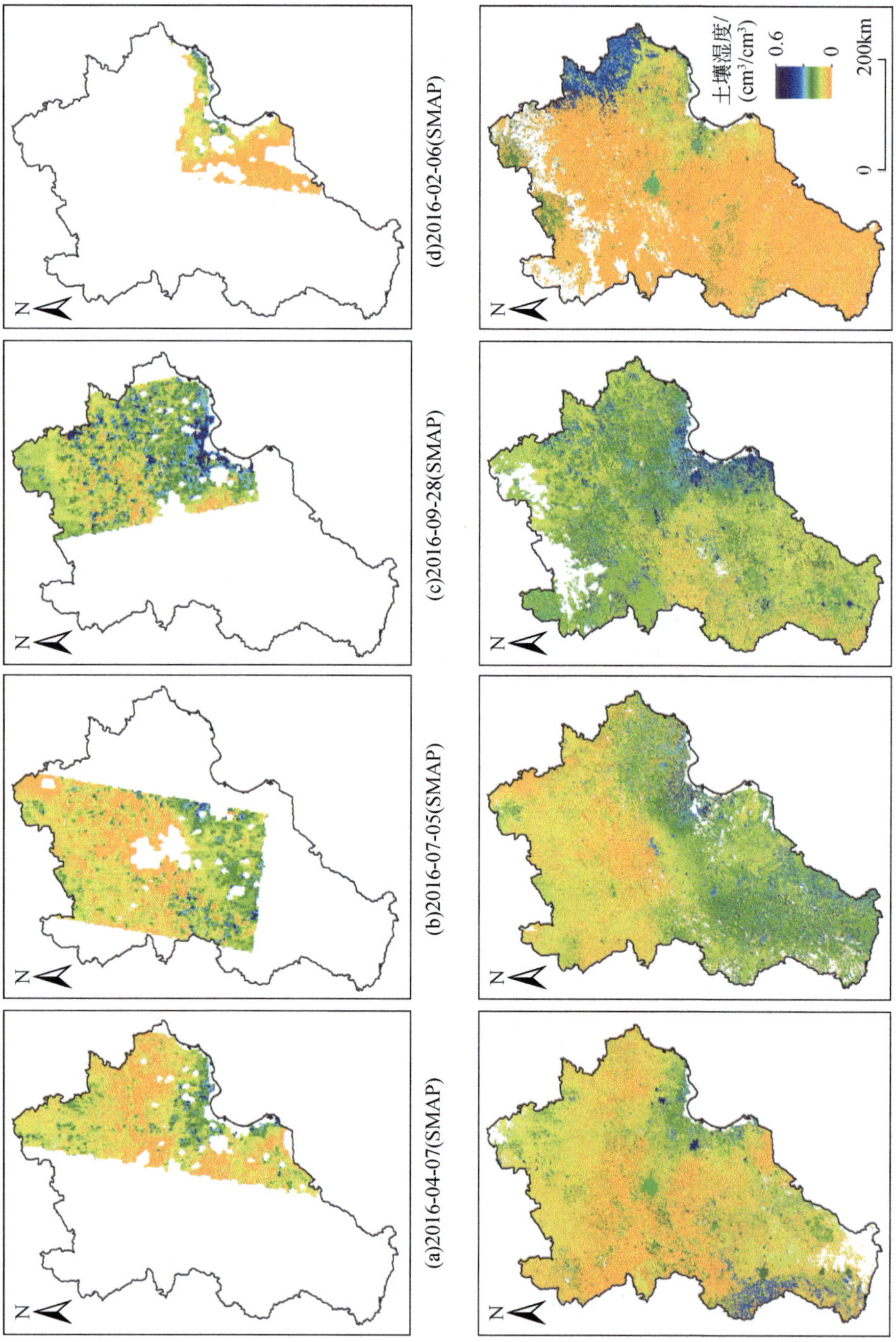

(a)2016-04-07(SMAP) (b)2016-07-05(SMAP) (c)2016-09-28(SMAP) (d)2016-02-06(SMAP)

(e)2016-04-07(GRNN估算) (f)2016-07-05(GRNN估算) (g)2016-09-28(GRNN估算) (h)2016-02-06(GRNN估算)

图5-30 京津冀SMAPL2土壤湿度(a, b, c, d)和GRNN估算土壤湿度(e, f, g, h)在不同时间的分布

5.6 小　　结

陆地水文参数是陆面模式过程中的关键组成要素，本章对地表蒸散发、大气降水、地表水体、陆地水储量、地表土壤水分五大陆地水文参数的遥感信息提取与反演的研究现状进行梳理与介绍，并结合实际案例来呈现陆表水文参数提取的流程。当前，基于遥感的陆表水文参数反演已广泛应用于陆地水循环研究中，然而仍存在一定不足。

（1）遥感反演结果的不确定性。陆地水文参数的遥感反演依赖于物理模型、经验模型或统计模型等多种反演算法。基于地面观测站点数据评估反演结果的精度仍是最主流的方法。然而地面站点往往存在空间分布不均匀，且在地形复杂区域往往无站点观测问题。因此，遥感反演结果的精度仍具有较大的不确定。此外，不同反演算法地导致陆表水文参数反演结果存在差异。未来需要更先进的反演算法或综合多反演结果来提高陆表水文参数遥感反演精度。

（2）多源遥感数据的差异性。区域陆地水文参数的反演往往需要应用不同来源的数据。然而多源遥感数据在时空分辨率、光谱波段等方面存在不一致，其直接应用受限。一方面，如何融合时空分辨率、光谱分辨率不一致的多源遥感数据反演陆地水文参数有待研究；另一方面，多源遥感数据融合结果的可靠性也值得进一步商榷。总之，如何解决多源数据的差异性是一个长期的科学挑战。

参考文献

陈坤，蒋卫国，何福红，等 . 2018. 基于 GRACE 数据的中国水储量变化特征分析 . 自然资源学报，33（2）：275-286.

陈坤 . 2017. 中国水储量时空变化及其对气象水文因素的响应研究 . 烟台：鲁东大学硕士学位论文 .

谷晓平，王长耀，王汶 . 2005. GMS5 红外卫星云图参数化及在降水预测中的应用 . 遥感学报，9（4）：459-467.

黄耀欢，王建华，江东，等 . 2009. 基于蒸散遥感反演的全国地表缺水分区 . 水利学报，40（8）：927-933.

贾艳昌，谢谟文，姜红涛 . 2017. 全球 36km 格网土壤水分逐日估算 . 地球信息科学学报，19（6）：854-860.

江善虎，任立良，雍斌，等 . 2014. TRMM 卫星降水数据在洣水流域径流模拟中的应用 . 水科学进展，25（5）：641-649.

李景刚，黄诗峰，李纪人 . 2010. ENVISAT 卫星先进合成孔径雷达数据水体提取研究：改进的最大类间方差阈值法 . 自然灾害学报，19（3）：139-145.

李娜 . 2019. 基于 FY-3C 卫星微波湿温探测仪（MWHTS）的全球降水反演及台风模拟仿真研究 . 北京：中国科学院大学博士学位论文 .

李培军，郭洪涛，黄建国，等 . 2004. 利用 GMS 卫星资料进行强对流降水估计 . 解放军理工大学学报（自然科学版），5（1）：88-92.

李麒崙，张万昌，易路，等 . 2018. GPM 与 TRMM 降水数据在中国大陆的精度评估与对比 . 水科学进展，29（3）：303-313.

李琴，陈曦，Frank Veroustraete，等 . 2010. 干旱半干旱区土壤含水量反演与验证 . 水科学进展，21（2）：

201-207.
梁顺林，李小文，王锦地，等.2013. 定量遥感：理念与算法. 北京：科学出版社.
刘少华，严登华，王浩，等.2016. 中国大陆流域分区 TRMM 降水质量评价. 水科学进展，(5)：639-651.
刘元波，傅巧妮，宋平，等.2011. 卫星遥感反演降水研究综述. 地球科学进展，26（11）：1162-1172.
刘振华，赵英时.2006. 遥感热惯量反演表层土壤水的方法研究. 中国科学 D 辑，36（6）：552-558.
柳钦火，辛景峰，辛晓洲，等.2007. 基于地表温度和植被指数的农业干旱遥感监测方法. 科技导报，25（6）：12-18.
孟令奎，郭善昕，李爽.2012. 遥感影像水体提取与洪水监测应用综述. 水利信息化，(3)：18-25.
任正果，张明军，王圣杰，等.2014. 1961-2011 年中国南方地区极端降水事件变化. 地理学报，69（5）：640-649.
宋小宁，赵英时.2004. 应用 MODIS 卫星数据提取植被-温度-水分综合指数的研究. 地理与地理信息科学，20（2）：13-17.
宋小宁，赵英时.2006. 改进的区域缺水遥感监测方法. 中国科学（D 辑），36（2）：188-194.
孙亚勇，马建威，黄诗峰.2019. 我国高分辨率卫星在湖泊监测和保护中的应用. 卫星应用，（11）：36-40.
孙亚勇.2018. 基于 C 和 L 波段主被动微波遥感的土壤水分协同反演研究. 北京：中国水利水电科学研究院博士学位论文.
王存光，洪阳.2018. 卫星遥感降水的反演、验证与应用综述. 水利水电技术，49（8）：1-9.
魏志明，岳官印，李家，等.2017. GPM 与 TRMM 降水数据在海河流域的精度对比研究. 水土保持通报，37（2）：171-176.
徐晶，毕宝贵.2005. 卫星估计降水量产品的优化处理及分区检验. 气象，31（2）：27-31.
许民，叶柏生，赵求东.2013. 2002-2010 年长江流域 GRACE 水储量时空变化特征. 地理科学进展，32（1）：68-77.
阎福礼，李书明，王世新，等.2015. 基于 EOF 方法长江流域 2002～2013 年 GRACE 水储量时空变化研究. 长江流域资源与环境，24（Z1）：131-137.
杨元德，鄂栋臣，晁定波，等.2009. GRACE 估算陆地水储量季节和年际变化. 地球物理学报，52（12）：2987-2992.
于占江，杨鹏.2019. 近 50 年京津冀气候变化及其对土壤水分的影响. 贵州农业科学，47（2）：144-149.
宇婧婧，沈艳，潘旸，等.2015. 中国区域逐日融合降水数据集与国际降水产品的对比评估. 气象学报，73（2）：394-410.
张仁华.1986. 以红外辐射信息为基础的估算作物缺水状况的新模式. 中国科学（B 辑：化学 生物学 农学 医学 地学），(7)：776-784.
张仁华.1990. 改进的热惯量模式及遥感土壤水分. 地理研究，(2)：101-112.
钟敏，段建宾，许厚泽，等.2009. 利用卫星重力观测研究近 5 年中国陆地水量中长空间尺度的变化趋势. 科学通报，54（9）：1290-1294.
祝鹏.2020. 基于多源遥感数据的京津冀地区地表水体提取方法研究. 北京：中国水利水电科学研究院硕士学位论文.
Álvarez-Mozos J，Casalí J，González-Audícana M，et al. 2006. Assessment of the operational applicability of RADARSAT-1 data for surface soil moisture estimation. IEEE Transactions on Geoscience and Remote Sensing，44（4）：913-924.

Adler R F, Negri A J. 1988. A satellite infrared technique to estimate tropical convective and stratiform rainfall. Journal of Applied Meteorology, 27 (1): 30-51.

AghaKouchak A, Farahmand A, Melton F S, et al. 2015. Remote sensing of drought: Progress, challenges and opportunities. Reviews of Geophysics, 53 (2): 452-480.

Angiuli E, del Frate F, Monerris A. 2008. Application of neural networks to soil moisture retrievals from L-band radiometric data//IGARSS 2008 - 2008 IEEE International Geoscience and Remote Sensing Symposium. Boston, MA, USA. IEEE, II-61-II-64.

Arkin P A, Meisner B N. 1987. The relationship between large-scale convective rainfall and cold cloud over the western hemisphere during 1982-84. Monthly Weather Review, 115 (1): 51-74.

Attema E P W, Ulaby F T. 1978. Vegetation modeled as a water cloud. Radio Science, 13 (2): 357-364.

Awange J L, Forootan E, Kuhn M, et al. 2014. Water storage changes and climate variability within the Nile Basin between 2002 and 2011. Advances in Water Resources, 73: 1-15.

Ba M B, Gruber A. 2001. GOES multispectral rainfall algorithm (GMSRA). Journal of Applied Meteorology, 40 (8): 1500-1514.

Baghdadi N, Holah N, Zribi M. 2006. Calibration of the Integral Equation Model for SAR data in C-band and HH and VV polarizations. International Journal of Remote Sensing, 27 (4): 805-816.

Baghdadi N, Aubert M, Cerdan O, et al. 2007. Operational mapping of soil moisture using synthetic aperture radar data: application to the touch basin (France). Sensors, 7 (10): 2458-2483.

Balenzano A, Satalino G, Belmonte A, et al. 2011. On the use of multi-temporal series of COSMO-SkyMed data for LANDcover classification and surface parameter retrieval over agricultural sites//2011 IEEE International Geoscience and Remote Sensing Symposium. Vancouver, BC, Canada. IEEE,: 142-145.

Bastiaanssen W G M, Menenti M, Feddes R A, et al. 1998a. A remote sensing surface energy balance algorithm for land (SEBAL). 1. Formulation. Journal of Hydrology, 212: 198-212.

Bastiaanssen W G M, Pelgrum H, Wang J, et al. 1998b. A remote sensing surface energy balance algorithm for land (SEBAL). Journal of Hydrology, 212/213: 213-229.

Bastiaanssen W G M. 2000. SEBAL-based sensible and latent heat fluxes in the irrigated Gediz Basin, Turkey. Journal of Hydrology, 229 (1/2): 87-100.

Bastiaanssen W, Noordman E, Pelgrum H, et al. 2005. SEBAL model with remotely sensed data to improve water-resources management under actual field conditions. Journal of Irrigation and Drainage Engineering-Asce, 131: 85-93.

Beck H E, van Dijk A I J M, Levizzani V, et al. 2017. MSWEP: 3-hourly 0.25° global gridded precipitation (1979-2015) by merging gauge, satellite, and reanalysis data. Hydrology and Earth System Sciences, 21 (1): 589-615.

Chen J L, Wilson C R, Famiglietti J S, et al. 2007. Attenuation effect on seasonal basin-scale water storage changes from GRACE time-variable gravity. Journal of Geodesy, 81 (4): 237-245.

Cleveland R, Cleveland W S, McRae J E, et al. 1990. STL: a seasonal-trend decomposition procedure based on loess (with discussion). Journal of Official Statistics, 6: 3-73.

Cui Y K, Chen X, Xiong W T, et al. 2020. A soil moisture spatial and temporal resolution improving algorithm based on multi-source remote sensing data and GRNN model. Remote Sensing, 12 (3): 455.

Das N N, Entekhabi D, Dunbar R S, et al. 2019. The SMAP and Copernicus Sentinel 1A/B microwave active-passive high resolution surface soil moisture product. Remote Sensing of Environment, 233: 111380.

de Roo R D, Du Y, Ulaby F T, et al. 2001. A semi-empirical backscattering model at L-band and C-band for a soybean canopy with soil moisture inversion. IEEE Transactions on Geoscience and Remote Sensing, 39 (4): 864-872.

Del Frate F, Ferrazzoli P, Schiavon G. 2003. Retrieving soil moisture and agricultural variables by microwave radiometry using neural networks. Remote Sensing of Environment, 84 (2): 174-183.

Dubois P C, van Zyl J, Engman T. 1995. Measuring soil moisture with imaging radars. IEEE Transactions on Geoscience and Remote Sensing, 33 (4): 915-926.

Eagleman J R, Lin W C. 1976. Remote sensing of soil moisture by a 21- cm passive radiometer. Journal of Geophysical Research, 81 (21): 3660-3666.

Elshorbagy A, Parasuraman K. 2008. On the relevance of using artificial neural networks for estimating soil moisture content. Journal of Hydrology, 362 (1/2): 1-18.

Feng F, Chen J Q, Li X L, et al. 2015. Validity of five satellite-based latent heat flux algorithms for semi-arid ecosystems. Remote Sensing, 7 (12): 16733-16755.

Ferraro R R. 1997. Special sensor microwave imager derived global rainfall estimates for climatological applications. Journal of Geophysical Research: Atmospheres, 102 (D14): 16715-16735.

Fung A K. 1994. Microwave Scattering and Emission Models and Their Applications. Boston: Artech House.

Griffith C G, Woodley W L, Grube P G, et al. 1978. Rain estimation from geosynchronous satellite imagery—visible and infrared studies. Monthly Weather Review, 106 (8): 1153-1171.

Hornik K, Stinchcombe M, White H. 1989. Multilayer feedforward networks are universal approximators. Neural Networks, 2 (5): 359-366.

Idso S B, Jackson R D, Reginato R J. 1976. Compensating for environmental variability in the thermal inertia approach to remote sensing of soil moisture. Journal of Applied Meteorology, 15 (8): 811-817.

Idso S B, Reginato R J, Jackson R D, et al. 1981. Measuring yield-reducing plant water potential depressions in wheat by infrared thermometry. Irrigation Science, 2 (4): 205-212.

Jackson R D, Idso S B, Reginato R J, et al. 1981. Canopy temperature as a crop water stress indicator. Water Resources Research, 17 (4): 1133-1138.

Jackson T J, Le Vine D M, Griffis A J, et al. 1993. Soil moisture and rainfall estimation over a semiarid environment with the ESTAR microwave radiometer. IEEE Transactions on Geoscience and Remote Sensing, 31 (4): 836-841.

Jackson T J, Le Vine D M, Hsu A Y, et al. 1999. Soil moisture mapping at regional scales using microwave radiometry: The Southern Great Plains Hydrology Experiment. IEEE Transactions on Geoscience and Remote Sensing, 37 (5): 2136-2151.

Joyce R J, Janowiak J E, Arkin P A, et al. 2004. CMORPH: A method that produces global precipitation estimates from passive microwave and infrared data at high spatial and temporal resolution. Journal of Hydrometeorology, 5 (3): 487-503.

Kidd C, Bauer P, Turk J, et al. 2012. Intercomparison of high- resolution precipitation products over Northwest Europe. Journal of Hydrometeorology, 13 (1): 67-83.

Kummerow C, Simpson J, Thiele O, et al. 2000. The status of the tropical rainfall measuring mission (TRMM) after two years in orbit. Journal of Applied Meteorology, 39 (12): 1965-1982.

Kummerow C, Hong Y, Olson W S, et al. 2001. The evolution of the Goddard profiling algorithm (GPROF) for rainfall estimation from passive microwave sensors. Journal of Applied Meteorology, 40 (11): 1801-1820.

Lambin E F, Ehrlich D. 1996. The surface temperature- vegetation index space for land cover and land- cover change analysis. International Journal of Remote Sensing, 17 (3): 463-487.

Lettenmaier D P, Famiglietti J S. 2006. Hydrology: Water from on high. Nature, 444 (7119): 562-563.

Linden, Kindermann. 1989. Inversion of multilayer nets. International 1989 Joint Conference on Neural Networks. Washington, DC, USA. IEEE,: 425-430.

Liou Y A, Liu S F, Wang W J. 2001. Retrieving soil moisture from simulated brightness temperatures by a neural network. IEEE Transactions on Geoscience and Remote Sensing, 39 (8): 1662-1672.

Liu M, Tang R L, Li Z L, et al. 2019. Integration of two semi-physical models of terrestrial evapotranspiration using the China Meteorological Forcing Dataset. International Journal of Remote Sensing, 40 (5/6): 1966-1980.

Merlin O, Chehbouni A G, Kerr Y H, et al. 2005. A combined modeling and multispectral/multiresolution remote sensing approach for disaggregation of surface soil moisture: Application to SMOS configuration. IEEE Transactions on Geoscience and Remote Sensing, 43 (9): 2036-2050.

Michaelides S, Levizzani V, Anagnostou E, et al. 2009. Precipitation: Measurement, remote sensing, climatology and modeling. Atmospheric Research, 94 (4): 512-533.

Mo T, Choudhury B J, Schmugge T J, et al. 1982. A model for microwave emission from vegetation-covered fields. Journal of Geophysical Research: Oceans, 87 (C13): 11229-11237.

Moran E F, Brondizio E, Mausel P, et al. 1994. Integrating Amazonian vegetation, land-use, and satellite data. BioScience, 44 (5): 329-338.

Moran M S, Clarke T R, Inoue Y, et al. 1994. Estimating crop water deficit using the relation between surface-air temperature and spectral vegetation index. Remote Sensing of Environment, 49 (3): 246-263.

Njoku E G, Li L. 1999. Retrieval of land surface parameters using passive microwave measurements at 6-18 GHz. IEEE Transactions on Geoscience and Remote Sensing, 37 (1): 79-93.

Oh Y. 2004. Quantitative retrieval of soil moisture content and surface roughness from multipolarized radar observations of bare soil surfaces. IEEE Transactions on Geoscience and Remote Sensing, 42 (3): 596-601.

Oh Y, Sarabandi K, Ulaby F T. 1992. An empirical model and an inversion technique for radar scattering from bare soil surfaces. IEEE Transactions on Geoscience and Remote Sensing, 30 (2): 370-381.

Oh Y, Sarabandi K, Ulaby F T. 1994. An inversion algorithm for retrieving soil moisture and surface roughness from polarimetric radar observation. Proceedings of IGARSS'94-1994 IEEE International Geoscience and Remote Sensing Symposium. Pasadena, CA, USA: IEEE.

Oh Y, Sarabandi K, Ulaby F T. 2002. Semi-empirical model of the ensemble-averaged differential Mueller matrix for microwave backscattering from bare soil surfaces. IEEE Transactions on Geoscience and Remote Sensing, 40 (6): 1348-1355.

Owe M, de Jeu R, Holmes T. 2008. Multisensor historical climatology of satellite-derived global land surface moisture. Journal of Geophysical Research: Earth Surface, 113 (F1): F01002.

Paloscia S, Pettinato S, Santi E, et al. 2013. Soil moisture mapping using Sentinel-1 images: Algorithm and preliminary validation. Remote Sensing of Environment, 134: 234-248.

Patel N R, Anapashsha R, Kumar S, et al. 2009. Assessing potential of MODIS derived temperature/vegetation condition index (TVDI) to infer soil moisture status. International Journal of Remote Sensing, 30 (1): 23-39.

Price J C. 1985. On the analysis of thermal infrared imagery: The limited utility of apparent thermal inertia. Remote Sensing of Environment, 18 (1): 59-73.

Prigent C. 2010. Precipitation retrieval from space: An overview. Comptes Rendus Geoscience, 342 (4-5): 380-389.

Quesney A, Le Hégarat-Mascle S, Taconet O, et al. 2000. Estimation of watershed soil moisture index from ERS/

SAR data. Remote Sensing of Environment, 72 (3): 290-303.

Rodríguez-Fernández N J, Aires F, Richaume P, et al. 2015. Soil moisture retrieval using neural networks: Application to SMOS. IEEE Transactions on Geoscience and Remote Sensing, 53 (11): 5991-6007.

Said S, Kothyari U C, Arora M K. 2008. ANN-based soil moisture retrieval over bare and vegetated areas using ERS-2 SAR data. Journal of Hydrologic Engineering, 13 (6): 461-475.

Sandholt I, Rasmussen K, Andersen J. 2002. A simple interpretation of the surface temperature/vegetation index space for assessment of surface moisture status. Remote Sensing of Environment, 79 (2/3): 213-224.

Santi E, Pettinato S, Paloscia S, et al. 2012. An algorithm for generating soil moisture and snow depth maps from microwave spaceborne radiometers: HydroAlgo. Hydrology and Earth System Sciences, 16 (10): 3659-3676.

Sepulcre-Cantó G, Zarco-Tejada P J, Jiménez-Muñoz J C, et al. 2006. Detection of water stress in an olive orchard with thermal remote sensing imagery. Agricultural and Forest Meteorology, 136 (1/2): 31-44.

Sorooshian S, Gao X, Hsu K, et al. 2002. Diurnal variability of tropical rainfall retrieved from combined GOES and TRMM satellite information. Journal of Climate, 15 (9): 983-1001.

Sun Q H, Miao C Y, Duan Q Y, et al. 2018. A review of global precipitation data sets: Data sources, estimation, and intercomparisons. Reviews of Geophysics, 56 (1): 79-107.

Sun Z L, Zhu X F, Pan Y Z, et al. 2018. Drought evaluation using the GRACE terrestrial water storage deficit over the Yangtze River Basin, China. Science of the Total Environment, 634: 727-738.

Swenson S, Wahr J, Milly P C D. 2003. Estimated accuracies of regional water storage variations inferred from the Gravity Recovery and Climate Experiment (GRACE). Water Resources Research, 39 (8): 375-384.

Tapley B D, Bettadpur S, Ries J C, et al. 2004. GRACE measurements of mass variability in the Earth system. Science, 305 (5683): 503-505.

Tekeli A E, Fouli H. 2016. Evaluation of TRMM satellite-based precipitation indexes for flood forecasting over Riyadh City, Saudi Arabia. Journal of Hydrology, 541: 471-479.

Theis S W, Blanchard B J, Newton R W. 1984. Utilization of vegetation indices to improve microwave soil moisture estimates over agricultural lands. IEEE Transactions on Geoscience and Remote Sensing, GE-22 (6): 490-496.

Ulaby F T, Sarabandi K, McDonald K, et al. 1990. Michigan microwave canopy scattering model. International Journal of Remote Sensing, 11 (7): 1223-1253.

Wagner W, Dorigo W, de Jeu R, et al. 2012. Fusion of active and passive microwave observations to create an essential climate variable data record on soil moisture. ISPRS Annals of the Photogrammetry, Remote Sensing and Spatial Information Sciences, I-7: 315-321.

Wahr J, Swenson S, Zlotnicki V, et al. 2004. Time-variable gravity from GRACE: First results. Geophysical Research Letters, 31 (11): L11501.

Wang K, Liang S. 2008. An improved method for estimating global evapotranspiration based on satellite determination of surface net radiation, vegetation index, temperature, and soil moisture. Journal of Hydrometeorology, 9 (4): 712-727.

Wang K, Dickinson R E, Wild M, et al. 2010. Evidence for decadal variation in global terrestrial evapotranspiration between 1982 and 2002: 1. Model development. Journal of Geophysical Research: Atmospheres (1984-2012), 115 (D20), D20112.

Wang K C, Wang P C, Li Z Q, et al. 2007. A simple method to estimate actual evapotranspiration from a combination of net radiation, vegetation index, and temperature. Journal of Geophysical Research: Atmospheres, 112 (D15): e2006jd008351.

Watson K. 1973. Periodic heating of a layer over a semi- infinite solid. Journal of Geophysical Research, 78: 5904-5910.

Wigneron J P, Waldteufel P, Chanzy A, et al. 2000. Two- dimensional microwave interferometer retrieval capabilities over land surfaces (SMOS mission) . Remote Sensing of Environment, 73 (3): 270-282.

Wigneron J P, Calvet J C, de Rosnay P, et al. 2004. Soil moisture retrievals from biangular L- band passive microwave observations. IEEE Geoscience and Remote Sensing Letters, 1 (4): 277-281.

Wilheit T T, Chang A T C, Rao M S V, et al. 1977. A satellite technique for quantitatively mapping rainfall rates over the oceans. Journal of Applied Meteorology, 16 (5): 551-560.

Wu X S, Guo S L, Yin J B, et al. 2018. On the event- based extreme precipitation across China: Time distribution patterns, trends, and return levels. Journal of Hydrology, 562: 305-317.

Xin J F, Tian G L, Liu Q H, et al. 2006. Combining vegetation index and remotely sensed temperature for estimation of soil moisture in China. International Journal of Remote Sensing, 27 (10): 2071-2075.

Yao Y J, Liang S L, Li X L, et al. 2014. Bayesian multimodel estimation of global terrestrial latent heat flux from eddy covariance, meteorological, and satellite observations. Journal of Geophysical Research: Atmospheres, 119 (8): 4521-4545.

Yuan Q Q, Xu H Z, Li T W, et al. 2020. Estimating surface soil moisture from satellite observations using a generalized regression neural network trained on sparse ground-based measurements in the continental U. S. Journal of Hydrology, 580: 124351.

Zhou B T, Xu Y, Wu J, et al. 2016. Changes in temperature and precipitation extreme indices over China: analysis of a high-resolution grid dataset. International Journal of Climatology, 36 (3): 1051-1066.

6 陆表能量参数

所有生态系统都会受到物理环境的影响并与其发生相互作用。生态系统在很大程度上受到与地表辐射过程、能量平衡过程有关的地表、大气之间能量交换的影响，反过来，能量交换与平衡过程也被生态系统系列复杂的因素控制着（赵英时，2013）。从能量平衡角度来看，生态系统与环境的交互作用包括 3 个方面：①生态系统利用的能量来源于环境，这构成了能量平衡的一个部分；②生态系统受到与能量平衡过程直接或间接相关的环境状况的影响；③生态系统组成与功能影响着能量平衡各个分量。准确描述地表能量收支的空间结构及时间变化特征，对于深入理解生态系统的时空分布特征与变化规律具有重要意义。

6.1 概　　述

根据能量守恒与转换定律，为了使能量保持平衡，地表接收到的能量以不同方式转换为其他运动形式，能量交换过程可用地表能量平衡方程来表示：

$$R_n = H + \mathrm{LE} + G \tag{6-1}$$

式中，R_n 为地表净辐射通量；H 为下垫面到大气的显热通量（也称感热通量），即下垫面与大气间湍流形式的热交换；LE 为从下垫面到大气的潜热通量，即下垫面与大气间水汽的热交换；G 为土壤热通量，即下垫面土壤中的热交换量；上述所有的通量单位为 W/m^2。

根据式（6-1），地表能量交换通过净辐射通量 R_n、显热通量 H、潜热通量 LE、土壤热通量 G 来定量表达，这些通量项又受不同地表参数的影响和控制，反映了入射太阳能、地表吸收能、地表反射与发射回大气的能量之间的关系。对于城市生态系统而言，公式中应该包括人为热排放通量的影响。图 6-1 显示了地表能量平衡过程中各分量的基本特征。

地表能量交换信息的获取和模型分析是全球变化、生态系统研究等领域中最为重要的问题之一，近年来许多学者开展了大量有关地表-大气相互作用的观测、模拟研究，并取得了许多重要进展。其中，许多地表能量交换与平衡过程的研究采用了卫星遥感手段来快速、及时、动态地获取关键地表参数。

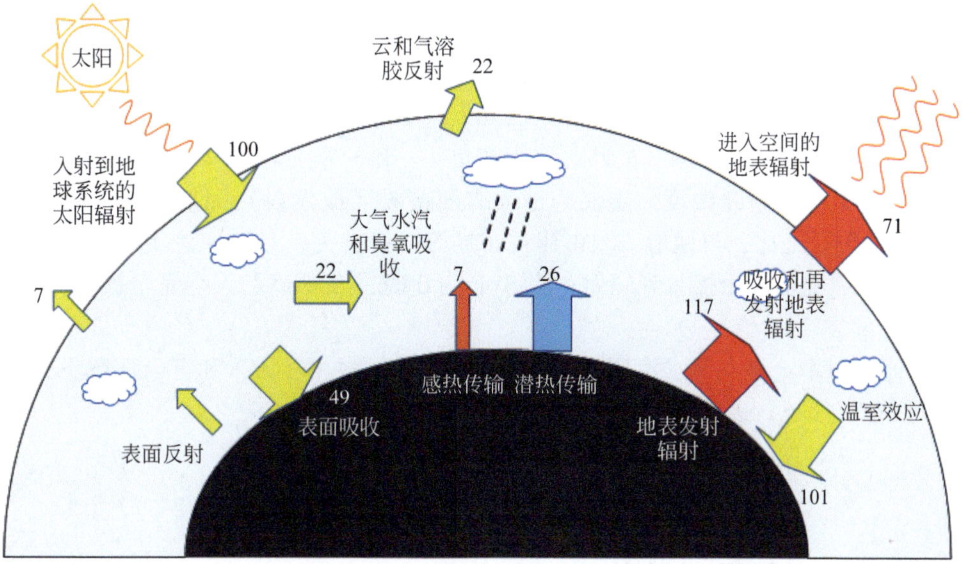

图 6-1 地球系统能量平衡的各通量项及其与平均入射太阳辐射（340W/m²）之比（%）（Stephens et al.，2012）

6.2 陆表水热通量遥感估算

6.2.1 地表净辐射通量遥感估算

地表净辐射通量即地表辐射能量收支的差额，是指地表净得的短波辐射与长波辐射之和，是地表能量、动量、水分输送与交换过程中的主要能源。一般来说，净辐射通量在夜间为负值，日出后从负值转为正值，正午出现最大值，午后又逐渐减小，日落后由正值转为负值。

根据地表辐射平衡方程，地表净辐射通量可利用式（6-2）来表达：

$$R_n = R_{s,in} - R_{s,out} + R_{L,in} - R_{L,out} = (1-\alpha) R_{s,in} + \varepsilon_s \varepsilon_a \sigma T_a^4 - \varepsilon_s \sigma T_s^4 \quad (6\text{-}2)$$

式中，$R_{s,in}-R_{s,out}$为地表的短波辐射平衡，即地表对太阳短波辐射的净收入；$R_{L,in}-R_{L,out}$为地表的长波辐射平衡，又称地面有效辐射；R_n为地表净辐射；$R_{s,in}$为入射到达地表的太阳短波辐射；$R_{s,out}$为地表反射的太阳短波辐射；$R_{L,in}$为入射的大气长波辐射；$R_{L,out}$为地表发射的长波辐射；ε_a为大气比发射率；ε_s为地表比辐射率；T_a为空气温度（K）；T_s为地表温度（K）；α 为地表反照率；σ 为斯特藩-玻尔兹曼常数［5.67×10^{-8}W/($m^2 \cdot K^4$)］。

$R_{s,in}$又称为太阳总辐射，是纬度、时间、地形以及云的函数，是被动遥感的主要能量来源，其中纬度和时间体现在太阳高度角、方位角和日角的变化；地形体现在地形起伏变化对入射太阳辐射的影响。$R_{s,in}$由太阳直射辐射I_b和大气散射辐射I_d两部分组成，可以利用辐射表进行观测，在理论上可以通过如下公式进行计算：

$$I_b = E\tau_b \tag{6-3}$$

$$I_d = \left[\frac{E\tau_d}{2\sin h}\right]\text{SVF} \tag{6-4}$$

式中，E 为大气上界太阳辐射；h 为太阳高度角；τ_b和τ_d分别为大气直射透过率和大气散射透过率；SVF 为天空开阔度，定义为地表表面接收（或发射）辐射量与整个半球发射（或接收）辐射量之比，与地形、城市建筑布局等因素有关。当 SVF 为 1 时，表示该点未被障碍物遮挡，能够完全接收到辐射；当 SVF 为 0 时，表示该点天空完全被障碍物遮挡，辐射为 0W/m^2。

大气比辐射率ε_a是空气水汽压e_a、空气温度T_a的函数，在无云和有云情况下分别利用式（6-5）、式（6-6）进行计算（赵英时，2013）：

$$\varepsilon_a = 1.24(e_a/T_a)^{1/7} \tag{6-5}$$

$$\varepsilon_a(c) = (1-0.84c)\varepsilon_a + 0.84c \tag{6-6}$$

6.2.2 显热通量遥感估算

显热通量表征下垫面与大气之间湍流形式的热交换，也被称为感热通量，可用一维通量梯度公式来表达：

$$H = (\rho \cdot C_p \cdot dT)/\gamma_{ah} \tag{6-7}$$

式中，ρ 为空气密度（kg/m^3）；C_p为空气定压比热［1004J/（kg/K）］；γ_{ah}为空气动力学阻抗（s/m），与近地表湍流状况有关，表征下垫面-参考高度之间大气对显热传输的阻力；dT 为气温观测高度气温与地-气水热交汇处的空气温度差异，由于地-气水热交汇处的空气温度难以测量，一般采用遥感反演的地表温度代替，即 $dT=T_s-T_a$。

在式（6-7）中，空气动力学阻抗 γ_{ah}与地表特性、气象条件等因素有关，可通过湍流模式进行计算。在中性条件下，γ_{ah}可利用式（6-8）进行计算：

$$r_{ah} = \{\ln[(z-d)/z_0]\}^2/(k^2u) \tag{6-8}$$

式中，z 为地表以上 2m 左右的参考高度；d 为零平面位移高度（m），即近地面平均风速为零的高度；k 为 Karman 常数，取值为 0.35～0.43；u 为 z 高度处的风速（m/s），$u(z)=(u^*/k)\ln[(z-d)/z_0]$，其中 u^* 为摩擦风速；z_0 为表面粗糙度（m），决定着地表湍流交换强度与地表类型、几何形状、几何大小等因素有关。

在不稳定条件下，Hatfield 等（1983）提出了空气动力学阻抗的稳定度订正方法：

$$\gamma'_{ah} = \gamma_{ah}[1-n(z-d)g(T_s-T_a)/(T_0u^2)] \tag{6-9}$$

式中，n 为常数，可取值为 5；g 为重力加速度，取值为 9.8m/s^2；$T_0=(T_s+T_a)/2$。

6.2.3 潜热通量遥感估算

潜热通量指地表与大气之间以水分形式进行的热交换，即地表吸收辐射能与蒸发耗热的热交换，包括地面蒸发或植被蒸腾、蒸发的能量，又称蒸散。潜热交换是地-气能量转换的重要组成部分，是地表水分循环的重要过程之一，也与 CO_2的吸收与释放以及气候变化密切相关。

目前已有多种模型与方法计算潜热通量，如空气动力学阻抗法、Penman-Monteith 法、Priestley-Taylor 法、Shuttleworth-Wallace 法等（赵英时，2013）。近年来，学者们主要基于地表热量平衡和水分平衡，采用遥感数据与地面观测数据相结合的方法提取土壤-植被-大气界面的能量信息，进而估算地表潜热通量，主要方法包括余项法和定量遥感蒸散模型两大类。余项法根据地表能量平衡方程，利用遥感数据、地面观测数据估算净辐射通量、土壤热通量、显热通量后，计算潜热通量。定量遥感蒸散模型考虑地表植被和土壤的分布状况，根据是否分开建立植被和土壤的能量平衡模型，又可分为单层模型和双层模型，其中单层模型机理简单，在下垫面地表类型均一、性质类似的区域应用较多；而在植被部分覆盖区域，双层模型综合考虑植被、裸土与大气之间水热交换过程的差异，可获得更为准确的计算结果。

1）单层模型

（1）彭曼蒸散方程。彭曼蒸散方程不区分土壤与植被，把植被覆盖的地表作为一个整体，假定能量交换界面为一片大叶，潜热交换发生在叶面上，则潜热通量可表达为

$$\mathrm{LE}=\rho C_{\mathrm{p}}(e_{\mathrm{s}}^{*}-e_{\mathrm{a}})/[\gamma(\gamma_{\mathrm{ah}}+\gamma_{\mathrm{c}})] \tag{6-10}$$

式中，e_s^* 为地表温度 T_s 时的下垫面饱和水汽压（hPa）；e_a为与空气温度 T_a同高度处的空气水汽压（hPa）；γ_{ah}为空气动力学阻抗（s/m）；γ_c为下垫面表面阻抗（s/m），是大气、植被、土壤因子的函数，可通过叶面积指数 LAI 或植被覆盖度 f 有关的模型进行计算。

假设地面处于饱和状态，引入饱和水汽压对空气温度变化的斜率 Δ

$$\Delta=(e_{\mathrm{s}}^{*}-e_{\mathrm{a}})/(T_{\mathrm{s}}-T_{\mathrm{a}}) \tag{6-11}$$

假设地表温度与空气温度接近的情况下，根据地表能量平衡方程，可由式（6-10）推导出 Penman-Monteith 实际蒸散方程：

$$\mathrm{LE}=[\Delta(R_{\mathrm{n}}-G)+\rho C_{\mathrm{p}}(e_{\mathrm{a}}^{*}-e_{\mathrm{a}})/\gamma_{\mathrm{ah}}]/[\Delta+\gamma(1+\gamma_{\mathrm{c}}/\gamma_{\mathrm{ah}})] \tag{6-12}$$

在潜在蒸散情况下（水分充足），表面阻抗 γ_c近似为零，则潜在蒸散 $\mathrm{LE_p}$为

$$\mathrm{LE_p}=[\Delta(R_{\mathrm{n}}-G)+\rho C_{\mathrm{p}}(e_{\mathrm{a}}^{*}-e_{\mathrm{a}})/\gamma_{\mathrm{ah}}]/(\Delta+\gamma) \tag{6-13}$$

实际蒸散与潜在蒸散之比（相对蒸散比），即式（6-12）除以式（6-13）可得

$$\mathrm{LE}/\mathrm{LE_p}=(\Delta+\gamma)/[\Delta+\gamma(1+\gamma_{\mathrm{c}}/\gamma_{\mathrm{ah}})] \tag{6-14}$$

（2）地表能量平衡指数（Surface Energy Balance Index，SEBI）模型。给定一组边界层特征参数（位温、风速、湿度等），假设“干”限处地表蒸散（潜热通量）为零，显热通量为地表可利用能量，“湿”限处地表温度最低，被认为是潜在蒸散点，SEBI 模型基于作物水分胁迫指数使用 Penman-Monteith 公式假定内在阻抗为零，计算地表能量平衡指数（SEBI）

$$\mathrm{SEBI}=(H-H_{\mathrm{wet}})/(H_{\mathrm{dry}}-H_{\mathrm{wet}}) \tag{6-15}$$

式中，H 为每个地表位置的显热通量；H_{dry}、H_{wet}分别对应于极干、极湿显热通量。

潜热通量 LE 可由潜在蒸散 $\mathrm{LE_p}$和地表能量平衡指数 SEBI 进行计算：

$$\mathrm{LE}=(1-\mathrm{SEBI})\mathrm{LE_p} \tag{6-16}$$

（3）地表能量平衡系统（Surface Energy Balance System，SEBS）模型。Su 等（2003）提出了地表能量平衡系统（SEBS）模型，SEBS 模型以 BAS 理论计算摩擦速度、Monin-Obukhov 长度，确定感热通量；采用蒸发比不变法估算实际蒸散。SEBS 模型假设“干”限处潜热通量为零，显热通量最大；“湿”限处显热通量最小：

$$H_{dry}=R_n-G \tag{6-17}$$

$$H_{wet}=\left[(R_n-G)-\frac{\rho C_p}{\gamma_{ah}}\frac{\mathrm{VPD}}{\gamma}\right]\Big/\left(1+\frac{\Delta}{\gamma}\right) \tag{6-18}$$

$$\mathrm{EF}_r=1-(H-H_{wet})/(H_{dry}-H_{wet}) \tag{6-19}$$

$$\mathrm{EF}=\mathrm{EF}_r\mathrm{LE}_{wet}/(R_n-G) \tag{6-20}$$

（4）S-SEBI（Simplified Surface Energy Balance Index）模型。为了解决地面气象数据获取困难的问题，Roerink 等（2000）提出了 S-SEBI 模型，该模型可利用遥感图像反演的地表温度计算蒸发比 EF 来表达蒸散量。S-SEBI 模型使用时，需要在遥感图像中找到极干像元温度 T_H 和极湿像元温度 T_{LE}，应用范围受到一定限制。

$$\mathrm{EF}=(T_H-T_{LE})/(T_H+T_{LE}) \tag{6-21}$$

（5）SEBAL（Surface Energy Balance Algorithm for Land）模型。根据能量平衡原理，Bastiaanssen 等（1998）提出了 SEBAL 模型来估算区域蒸散发，该模型具有对站点观测气象数据要求低的优点。SEBAL 模型针对遥感估算显热通量存在着不准确的问题，假设地表温度（T_s）与地温-气温之差（dT）之间存在着一定的线性关系，即

$$\mathrm{d}T=aT_s+b \tag{6-22}$$

同时，SEBAL 模型假设在研究区域中存在着干、湿像元，其中干像元的潜热通量为零，湿像元的显热通量为零。在干像元上，地气温差可以通过求解整体空气动力学传输方程得到：

$$\mathrm{d}T_{dry}=H_{dry}\gamma_{ah}/(\rho C_p)=(R_{n,dry}-G_{dry})\gamma_{ah}/(\rho C_p) \tag{6-23}$$

在湿像元上，潜热通量等于净辐射通量与土壤热通量之差，因此地气温差 $\mathrm{d}T_{wet}$ 为零。在此基础上，可得出式（6-22）中的系数 a 和 b：

$$\begin{cases} a=\dfrac{\gamma_{ah}}{\rho C_p}\dfrac{R_{n,dry}-G_{dry}}{T_{s,dry}-T_{s,wet}} \\ b=-\dfrac{\gamma_{ah}}{\rho C_p}\dfrac{(R_{n,dry}-G_{dry})T_{s,wet}}{T_{s,dry}-T_{s,wet}} \end{cases} \tag{6-24}$$

最后，在考虑大气稳定度的情况下，显热通量 H 可以通过迭代求解整体空气动力学传输方程得到，通过余项法最终求得潜热通量 LE。

2）双层模型

根据 Beer 定律，双层模型一般将各通量分解为植被冠层表面通量和土壤表面通量之和，即 $R_n=R_{ns}+R_{nv}$，$\mathrm{LE}=\mathrm{LE}_s+\mathrm{LE}_v$，$H=H_s+H_v$，并分别定义一个能量平衡方程，分别解出植被冠层、土壤表面的最优解。

土壤和植被能量平衡组分可以通过下列方程计算得到：

$$\begin{cases} R_{ns}=H_s+LE_s+G \\ R_{nv}=H_v+LE_v \end{cases} \tag{6-25}$$

$$H_s=\rho C_p \frac{T_{ss}-T_a}{\gamma_s} \tag{6-26}$$

$$H_v=\rho C_p \frac{T_{sv}-T_a}{\gamma_v} \tag{6-27}$$

式中，T_{ss}、T_{sv}分别为土壤、植被冠层温度；γ_s、γ_v 分别为土壤阻抗、植被冠层的整体边界层阻抗。

可利用冠层孔隙率计算到达下层土壤的净辐射通量 R_{ns}与植被冠层净辐射通量 R_{nv}，其中 $b(\theta)$ 为太阳辐射 θ 方向的冠层孔隙率，与叶倾角分布函数、叶面积指数等参数有关。

$$R_{ns}=b(\theta)R_n \tag{6-28}$$

$$R_{nv}=[1-b(\theta)]R_n \tag{6-29}$$

植被冠层潜热通量可利用 Priestley-Taylor 公式进行计算（李爱农等，2016）：

$$LE_v=af_g\frac{\Delta}{\Delta+\gamma}R_{nv} \tag{6-30}$$

式中，a 为处于潜在蒸腾植被条件下的 Priestley-Taylor 系数；f_g 为绿色 LAI 所占比例。

土壤潜热通量 LE_s 则通过土壤能量平衡余项法计算得到，其中土壤热通量 G 可以利用土壤净辐射 R_{ns}乘以与土壤类型、湿度、时间有关的比例系数得到。

6.2.4 土壤热通量遥感估算

土壤热通量（G）是指发生在土壤内部的热量交换，等于地面以下单位面积、单位厚度、单位时间内的热焓量的变化值。土壤热通量与热量流动方向的土壤梯度、土壤热容量、热扩散率成正比。土壤热通量不仅影响生态系统的物质、能量和动量交换过程，还通过影响地-气之间的热量与能量交换影响气候变化。白天，地表净辐射通量为正值，地表热量部分通过潜热通量与显热通量进行交换，剩余热量则进入土壤，影响土壤热通量；夜间，由于没有短波太阳辐射，地表净辐射通量为负值，地表热量由潜热、显热和土壤热通量来补偿。土壤热通量与植被参数（如叶面积指数、植被覆盖度、植被高度等）、土壤参数等有关，可利用遥感方法估算。张仁华（1991）根据多年实验观测得出，土壤热通量与净辐射通量之间有一定的相关性，对于裸露土壤，土壤热通量可达净辐射通量的 20%~50%；有作物覆盖情况下，土壤热通量为净辐射通量的 5%~20%。

Camuffo 和 Bernardi（1982）提出了一个目标滞后模型（OHM）来计算土壤热通量，该模型的建立基于地表储存的能量仅仅来自太阳和大气辐射：

$$G=a_1R_n+a_2\frac{\partial R_n}{\partial t}+a_3 \tag{6-31}$$

式中，G 为地表储热通量；t 为时间；参数 a_1 表示土壤热通量对净辐射的依赖程度；a_2 表示土壤热通量与净辐射是否完全一致；参数 a_3 表示当净辐射变成负值时土壤热通量的大小。对于不同的地表类型，参数 a_1、a_2、a_3 都应取其适当的系数值。

6.3 陆表关键能量参数遥感估算

6.3.1 地表温度遥感反演

地表温度是地-气相互作用相关的诸多物理、生物过程中的重要参量，是影响长波辐射过程和热量交换的关键因素，对地表能量分配起着决定性作用。全球气候观测系统（GCOS）与欧洲航天局（ESA）的气候变化倡议项目将地表温度列为地球气候系统的基本气候变量之一（Bayat et al.，2021）；国际地圈-生物圈计划（International Geosphere-Biosphere Program，IGBP）也将地表温度视为高优先级地表参数。在地表蒸散发估算、土壤水分遥感、城市气候等诸多研究与应用领域中，地表温度都发挥着重要作用，并得到了越来越多的关注。

有关地表温度的定义，不同学者给出了不同的定义，如热力学温度、辐射温度、亮度温度、地表温度等（李爱农等，2016）。采用遥感方法，能够定量获取地表温度的时空分布特征，主要方法包括热红外遥感方法和被动微波遥感方法，其中热红外遥感反演地表温度精度相对更高，更能够详细地反映地表温度的空间分布，最早可追溯到 20 世纪 70 年代。从遥感观测角度出发，热红外遥感获得的是地表非同温混合像元的等效温度，在考虑地表比辐射率的影响与大气效应的基础上，利用传感器观测的亮度温度计算得到。热红外波段上观测的地表温度为地表表面综合温度（表皮温度，Skin Temperature）。在遥感像元尺度上，像元内部地物的空间异质性导致非同温混合像元与不可避免的组分温度问题，这使得地表温度遥感反演面临着许多难点。为了简化，当前研究一般采用遥感反演的像元温度作为平均温度。

6.3.1.1 地表温度热红外遥感反演

由于热红外遥感传感器的空间分辨率通常为几十米至几千米，图像像元往往由空间异质性特点明显的多种类型组成，因此热红外遥感获取的地表温度为像元内部各种地物温度的综合。地表温度遥感反演的基本原理为地-气-传感器之间热红外波段辐射传输过程。

假设地表为朗伯体，忽略太阳在热红外波段辐射的能量，热红外遥感传感器接收到的能量主要包括 3 个部分：经大气衰减后被传感器接收的地表自身热辐射、地表反射的大气下行辐射再穿过大气被传感器接收的辐射和大气上行辐射，即

$$L_{\text{sensor},i}=[\varepsilon_i B_i(T_s)+(1-\varepsilon_i)L_{\text{atm},i}^{\downarrow}]\tau_i+L_{\text{atm},i}^{\uparrow} \tag{6-32}$$

式中，$L_{\text{sensor},i}$为传感器接收的第 i 个波段的热红外辐亮度［W/(m^2 · sr · um)］；ε_i 为第 i 波段的地表比辐射率；$B_i(T_s)$ 为温度 T_s 的黑体在第 i 个波段上的辐射亮度，可利用普朗克定律计算［W/(m^2 · sr · um)］；T_s 为地表真实温度（K）；$L_{\text{atm},i}^{\downarrow}$和 $L_{\text{atm},i}^{\uparrow}$分别表示大气下行辐射和大气上行辐射［W/(m^2 · sr · um)］；τ_i 为第 i 波段从地面到传感器的大气透过率。

利用热红外波段反演地表温度的主要方法包括单波段方法、分裂窗算法、多通道地表

温度与比辐射率分离方法、多时相算法等。

1）单波段方法

单波段方法包括辐射传输方程方法（Sobrino et al.，2004）和单通道统计方法。在辐射传输方程方法中，输入与遥感成像同步时刻的大气廓线数据，利用 Modtran 等辐射传输模型计算热红外波段的大气透过率、大气上行辐射与大气下行辐射，在已知地表比辐射率的条件下，将热红外波段辐射亮度数据带入辐射传输方程进行反向计算，得到地表温度。辐射传输方程直接求解方法需要高质量的辐射传输程序以及大气廓线参数，而且需要已知通道比辐射率，因此该方法的应用受到限制。

由于遥感成像同步时刻的大气廓线数据通常难以获得，在辐射传输方程方法的基础上，过去 10 年内已经提出了多种单通道统计算法来反演地表温度。利用卫星遥感数据在比辐射率已知的条件下反演地表温度。Qin 等（2001）提出了一种基于 Landsat-5 TM 数据的单窗地表温度反演算法（简称单窗算法），该算法利用了大气透过率和水汽含量的关系，以及平均大气温度和近地表气温之间的经验线性关系，只需要输入大气水汽含量、近地表气温和地表比辐射率数据。

$$T_s=\frac{1}{C}\{a(1-C-D)+[b(1-C-D)+C+D]T_{sen}-DT_a\} \tag{6-33}$$

式中，T_{sen}为热红外通道亮度温度；C、D 为单窗算法系数，分别利用式（6-34）和式（6-35）计算：

$$C=\varepsilon\tau \tag{6-34}$$

$$D=(1-\tau)[1+(1-\varepsilon)\tau] \tag{6-35}$$

式中，a 和 b 随传感器发生变化，是普朗克方程相关的系数；T_a 为大气平均作用温度（K）；ε 为热红外通道比辐射率。

Qin 等（2001）利用模拟数据进行验证，结果表明，当输入参数没有误差时，单窗算法的地表温度反演精度可以达到 0.4K，地表温度反演精度较高；Wang 等（2015）提出的针对 Landsat-8 TIRS 第 10 波段的改进的单窗算法反演地表温度的偏差和 RMSE 分别为 -0.05K 和 0.84K，具有较高的反演精度。

Jiménez-Muñoz 和 Sobrino（2003）针对 Landsat-5 TM 数据提出了一种反演地表温度的普适性单通道算法。该算法假设地表比辐射率已知，根据辐射传输方程，对普朗克函数进行一阶泰勒级数展开，只需要通过大气水汽含量数据，即可实现地表温度的反演。Jiménez-Muñoz 等（2008）对普适性单通道算法进行了改进，发展了一种通用型单通道算法，需要的输入数据很少，可应用于使用相同方程和系数的不同热红外传感器。

Jiménez-Muñoz 等（2014）提出了针对 Landsat-8 TIRS 数据的单通道算法。普适性单通道算法表示为

$$T_s=\gamma[(\psi_1 L_{sen}+\psi_2)/\varepsilon+\psi_3]+\delta \tag{6-36}$$

$$\gamma=T_{sen}^2/(b_\gamma L_{sen}) \tag{6-37}$$

$$\delta=T_{sen}-T_{sen}^2/b_\gamma \tag{6-38}$$

式中，b_γ 为与等效波长相关的量；γ，φ_1，φ_2，φ_3，δ 均为系数。对于 Landsat-4 TM、Landsat-5 TM、Landsat-7 ETM+的第 6 波段，b_γ 分别为 1290K、1256K、1277K；对于

Landsat-8 TIRS 第 10 波段，$b_\gamma=1324$K。ψ_1、ψ_2 和 ψ_3 与大气水汽含量 w 有关。

2）分裂算方法

分裂窗算法最早用于海表温度估算，该方法主要利用热红外大气窗口（10.5 ~ 12.5μm）内两个波段不同的大气吸收特性，通过这两个波段亮温的组合形式来消除大气的影响。分裂窗算法利用了三个基本假设：海水近似为黑体，比辐射率为 1；大气窗口的水汽吸收很弱，可认为是常数；大气温度与海面温度相差不大，普朗克公式可在中心波长处利用一阶线性展开公式来近似。Price（1984）首先将 AVHRR 的海面温度反演的分裂窗算法用于陆地表面，该算法表达为

$$T_s=[T_4+3.33(T_4-T_5)](3.5+\varepsilon_4)/4.5+0.75T_5(\varepsilon_4-\varepsilon_5) \tag{6-39}$$

式中，T_4、T_5 分别为 AVHRR 第 4、5 波段的亮度温度；ε_4、ε_5 分别为 AVHRR 第 4、5 波段的比辐射率。

自此之后，学者们围绕分裂窗算法开展了大量研究工作，发展了不同形式的分裂窗算法，典型的分裂窗算法将地表温度表达为两个热红外通道亮度温度的线性组合：

$$T_s=a_0+a_1T_i+a_2(T_i-T_j) \tag{6-40}$$

式中，T_i、T_j 分别为两个热红外分裂窗通道 i、j 的亮度温度；a_k（$k=0$，1，2）主要与两个通道的光谱响应函数、地表比辐射率、大气水汽含量以及观测天顶角有关，由于不同分裂窗模型考虑的影响因素不同，可以对模拟数据进行回归或者通过卫星数据和实测地表温度数据之间的经验关系来确定。

在进行辐射传输方程线性化处理时，以及分裂窗模型推导过程中的各种假设，最终会导致线性分裂窗算法反演的地表温度在湿热的大气条件下误差较大（李召良等，2016）。为了提高反演精度，许多研究进一步发展了用于地表温度反演的非线性分裂窗算法［如式（6-41）所示］（Atitar and Antonio，2009）、线性与非线性组合分裂窗算法（Sun and Pinker，2003）。

$$T_s=c_0+c_1T_i+c_2(T_i-T_j)+c_3(T_i-T_j)^2 \tag{6-41}$$

式中，系数 $c_k(k=0,1,2,3)$ 与两个通道 i、j 的光谱响应函数、地表比辐射率、大气水汽含量以及观测天顶角有关，可利用不同大气状况、不同地表参数组合下的模拟数据进行拟合回归得到。

3）多通道温度与比辐射率分离方法

Gillespie 等（1998）提出了一种温度、比辐射率分离（Temperature and Emssivity Separation，TES）模型，该模型首先计算多通道相对比辐射率，进而根据其与比辐射率之间的经验关系来计算地物的绝对比辐射率，从而利用辐射传输方程得到地表温度。TES 模型重点考虑的是如何准确计算比辐射率，主要缺陷是需要高精度的大气校正和使用经验关系模型。TES 模型由 3 个成熟的模块组成：比辐射率归一化（NEM）模块、光谱比值（SR）模块、最大最小表观比辐射率差值法（MMD）模块。

（1）比辐射率归一化（NEM）模块。假定多通道的每个通道的比辐射率初值 $\varepsilon_{\mathrm{NEM}i}$ 均为 0.98，代入热红外辐射传输方程可得到不同通道的 NEM 温度 $T_{\mathrm{NEM}i}$：

$$B_i(T_{\mathrm{NEM}i})=\frac{L_i^{\mathrm{surf}}-(1-\varepsilon_{\mathrm{NEM}i})L_i^{\downarrow}}{\varepsilon_{\mathrm{NEM}i}} \tag{6-42}$$

式中，B_i（ ）为 Planck 函数；T_{NEMi}为第 i 通道计算出的地表温度；L_i^{surf}为第 i 通道的地表辐射亮度，根据热红外通道辐射传输方程，可利用传感器第 i 通道的辐射亮度、大气透过率、大气上行辐射亮度进行计算；$L_i^{\downarrow}$ 为第 i 通道的大气下行辐射亮度。

选择多个波段 NEM 温度 T_{NEMi}中的最大值 T_{max}（$T_{max}=\max T_{NEMi}$），得到初步的 NEM 比辐射率 ε_{NEMi}：

$$\varepsilon_{NEMi}=\frac{L_i^{surf}-L_i^{\downarrow}}{B_i(T_{max})-L_i^{\downarrow}} \tag{6-43}$$

将（6-43）得到的 NEM 比辐射率 ε_{NEMi}作为输入代入式（6-42）重新计算 NEM 温度 T_{NEMi}，选取最大值 T_{max}代入式（6-43），重复该过程迭代消除大气下行辐射到指定阈值，初步获取地表比辐射率 ε_{NEMi}。

（2）光谱比值（SR）模块。利用 NEM 比辐射率 ε_{NEMi}及其均值 $\bar{\varepsilon}$，在保留 NEM 比辐射率的波谱形状的同时，计算得到对温度变化不敏感的相对比辐射率 β_i：

$$\beta_i=\frac{\varepsilon_{NEMi}}{\bar{\varepsilon}} \tag{6-44}$$

（3）最大最小表观比辐射率差值（MMD）模块。利用相对比辐射率 β_i 最大值与最小值的差值（MMD）与最小波段比辐射率 ε_{min}经验关系得到最小波段比辐射率 ε_{min}，最终求解各波段比辐射率 ε_i：

$$\varepsilon_{min}=0.9951-0.7264\times \mathrm{MMD}^{0.7873} \tag{6-45}$$

$$\varepsilon_i=\varepsilon_{min}\frac{\beta_i}{\min(\beta_i)} \tag{6-46}$$

式中，MMD 与比辐射率最小值 ε_{min}的经验关系由 ASTER 光谱响应函数和岩石、土壤、植被、雪、水体等典型地物比辐射率光谱拟合得到。

4）多角度方法

从不同的卫星观测角度观测地表同一目标时，大气对不同电磁波传输路径的影响不同，这是利用多角度方法构建模型反演地表温度的基础。由于大气吸收体的相对光学物理特性在不同观测角度下保持不变，大气透过率仅随角度的变化而变化，可以通过特定通道在不同角度观测下所获得亮度温度的线性组合来消除大气的影响。例如，Sobrino 等（1996）提出了一种改进型的双角度算法：

$$T_s=T_n+p_1(T_n-T_f)+p_2+p_3(1-\varepsilon_n)+p_4(\varepsilon_n-\varepsilon_f) \tag{6-47}$$

式中，ε_n 和 ε_f 分别为垂直观测（卫星天顶角为 0°）和倾斜向前观测的比辐射率；T_n 和 T_f 分别为垂直观测和倾斜向前观测的亮度温度；$p_1\sim p_4$ 为模型系数。

多角度算法能够获得比分裂窗算法更好的结果，但是应用于卫星遥感数据时存在如下问题（李召良等，2016）：①比辐射率、地表温度的角度相关性未知，需要不同斜程路径下的多角度测量有明显差异；②不同观测角度对同一目标地物观测时会覆盖不同区域，导致观测的像元大小不同，即使观测到相同的像元大小，由于地物的三维结构，在不同观测角度下观测到的地物仍可能明显不同；③不同观测角度像元的配准误差会导致地表温度反演结果的较大误差。

5）多时相算法

假定地表比辐射率不随时间发生明显变化，多时相算法利用不同时间的热红外传感器观测数据来反演地表温度和比辐射率，其中典型的代表性算法为日夜双时相多通道物理反演法（Wan and Li，1997；李召良等，2016）。该方法假定一天中的地表比辐射率不会发生太大的改变，利用白天和晚上的中红外及热红外数据来同时反演地表温度和比辐射率，已作为 MODIS 日夜算法用于 MODIS 地表温度产品的生成。

6.3.1.2　地表温度降尺度

1）地表温度降尺度方法研究进展

地表温度可以通过热红外或微波遥感传感器进行监测，然而微波传感器获得的地表温度空间分辨率通常较低，热红外波段反演的地表温度往往在时间和空间分辨率上相互矛盾，空间分辨率高的传感器时间分辨率一般较低，而且数据有效性与成像时刻的天气状况密切相关。例如，静止气象卫星可提供时间分辨率高达分钟级的观测数据，但是其空间分辨率通常为 2 ~ 5km；MODIS 传感器可提供逐日的地表温度产品，空间分辨率为 1000m，然而其中等空间分辨率不足以准确表达地形复杂、下垫面土地覆盖异质性较高区域的地表温度；Landsat-8 TIRS 传感器可提供空间分辨率为 100m 的地表温度数据，但重访周期长达 16 天，同时受云、气溶胶等天气状况的影响，实际可用数据的时间分辨率更低。因此，对低空间分辨率遥感地表温度数据进行空间降尺度研究，以获得较高时空分辨率的地表温度数据，对于城市热环境、城市气象灾害、城市气候等研究具有重要的理论和应用价值。在地表温度降尺度精度评价方面，可采用地面实测地表温度、较高空间分辨率的其他传感器反演地表温度（如将极轨气象卫星地表温度降尺度结果利用 MODIS 地表温度进行验证，将 MODIS 地表温度降尺度结果利用 Landsat 地表温度、ASTER 地表温度进行验证），将地表温度升尺度后再进行降尺度并利用原始分辨率地表温度数据进行验证。

地表温度降尺度方法可以分为基于图像融合和基于尺度因子两大类。基于图像融合的方法包括协同克里金插值算法（Pardo-Igúzquiza et al.，2006）、贝叶斯算法（Fasbender et al.，2008）等。基于尺度因子的降尺度方法可分为三类：统计回归方法、基于调制分配的方法以及基于光谱混合的模型方法。统计回归方法假定地表温度-影响因子之间的关系模型不随尺度发生变化，将低分辨率尺度下建立的地表温度与回归因子的关系模型直接应用到高分辨率尺度上。基于调制分配的方法依据可见光波段影像和相关高分辨率参数，将低分辨率地表温度按一定比例分配至各子像元，该方法相对简单，但在地表温度降尺度方面应用相对较少。基于光谱混合的模型方法建立高、低空间分辨率地表温度之间的关系，进而通过回归求解高分辨率地表温度。

统计回归方法是近年来地表温度降尺度使用最多的方法。早期研究中，统计回归方法主要利用植被指数与地表温度之间的负相关关系。Kustas 等（2003）提出了 DisTrad 算法，建立了低分辨率地表温度与归一化植被指数 NDVI 之间的关系，通过输入高空间分辨率的 NDVI，计算得到高空间分辨率地表温度；Agam 等（2007）将 DisTrad 算法进行了改进，利用植被覆盖度替换 NDVI，提出了 TsHARP 算法。在此基础上，更多植被指数与非植被因子被加入降尺度模型中，王祎婷等（2014）利用 NDVI 和归一化建筑指数 NDBI 构造趋势面，实现了地表温度分辨率由960m向120m的降尺度。由于地表温度与回归因子之间并不能通过简单的线性统计关系来准确表达（Bindhu et al.，2013），地理加权回归模型（Pereira et al.，2018）、回归克里金模型（Mukherjee et al.，2015）、机器学习算法（Hutengs and Vohland，2016）等多元非线性统计模型不断发展并应用于地表温度降尺度研究。机器学习方法可处理复杂非线性的统计回归问题，在遥感降尺度研究中得到较好应用。Yang等（2010）综合NDVI、LAI、土壤含水量、可见光和近红外波段反射率，采用人工神经网络和遗传算法对ASTER地表温度进行降尺度。在诸多机器学习算法中，随机森林（RF）算法具有运算速度快、样本容量大、抗干扰能力强、精度高等优势，更适用于地表温度降尺度研究（Yang et al.，2017）。Hutengs和Vohland（2016）率先利用RF算法构建MODIS LST产品与MOD09GA多波段反射率的关系，将1km空间分辨率地表温度产品降尺度至250m分辨率；华俊玮等（2018）利用RF算法，将NDVI、NDBI等多种遥感指数作为回归因子，将MODIS地表温度产品由1000m降尺度到100m，并与Landsat-8 TIRS反演地表温度进行对比；Li等（2019）评估了随机森林、神经网络和支持向量机三种机器学习方法在山区和城市地区MODIS地表温度降尺度效果，研究显示随机森林方法比其他两者更稳定、精度更高，城区精度低于山区，建议城市降尺度需考虑更多建筑形态因子。

2）地表温度降尺度研究实例①

（1）数据与方法。以2005年8月15日成像的上海地区ETM+图像和模拟的480m地表温度数据为基础，构建表征地表特征的系列遥感指数，包括归一化植被指数（NDVI）、归一化建筑指数（NDBI）、改进的归一化水体指数（MNDWI）、反照率，利用线性光谱解混和最小噪声分离法（MNF）提取每个像元内部的植被、低反照率地表、高反照率地表的比例，在此基础上提出了一种基于分区域的多元逐步回归分析方法用于地表温度降尺度，分析其尺度依赖性，并将其与文献中常见的方法进行了对比。

研究技术路线如图6-2所示。

比较了4种不同方法的降尺度结果。

方法一：重采样方法。

该方法采用三次卷积插值方法直接利用原始低空间分辨率（480m）的地表温度图像插值获得60m空间分辨率的地表温度图像。

方法二：LST-PCA回归分析方法。

该方法假定地表温度-主成分之间的回归关系随着尺度变化较小。在480m尺度下建立地表温度图像与可见光、近红外波段主成分分析结果之间的回归关系［式（6-48）］，将60m尺度下的主成分分析结果代入，获得降尺度地表温度结果。

$$\mathrm{LST}=a_0+a_1\cdot \mathrm{PC}_1+a_2\cdot \mathrm{PC}_2+\cdots+a_n\cdot \mathrm{PC}_n+\varepsilon \tag{6-48}$$

方法三：TsHARP/DisTrad方法。

该方法假定不同尺度下LST-NDVI之间关系不变，而且存在着线性关系，将较低空间

① Zhu S Y，Guan H D，Millington A C，et al. 2013. Disaggregation of land surface temperature over a heterogenous urban and surrounding suburb area：A case study in Shanghai，China. International Journal of Remote Sensing，34（5）：1707-1723.

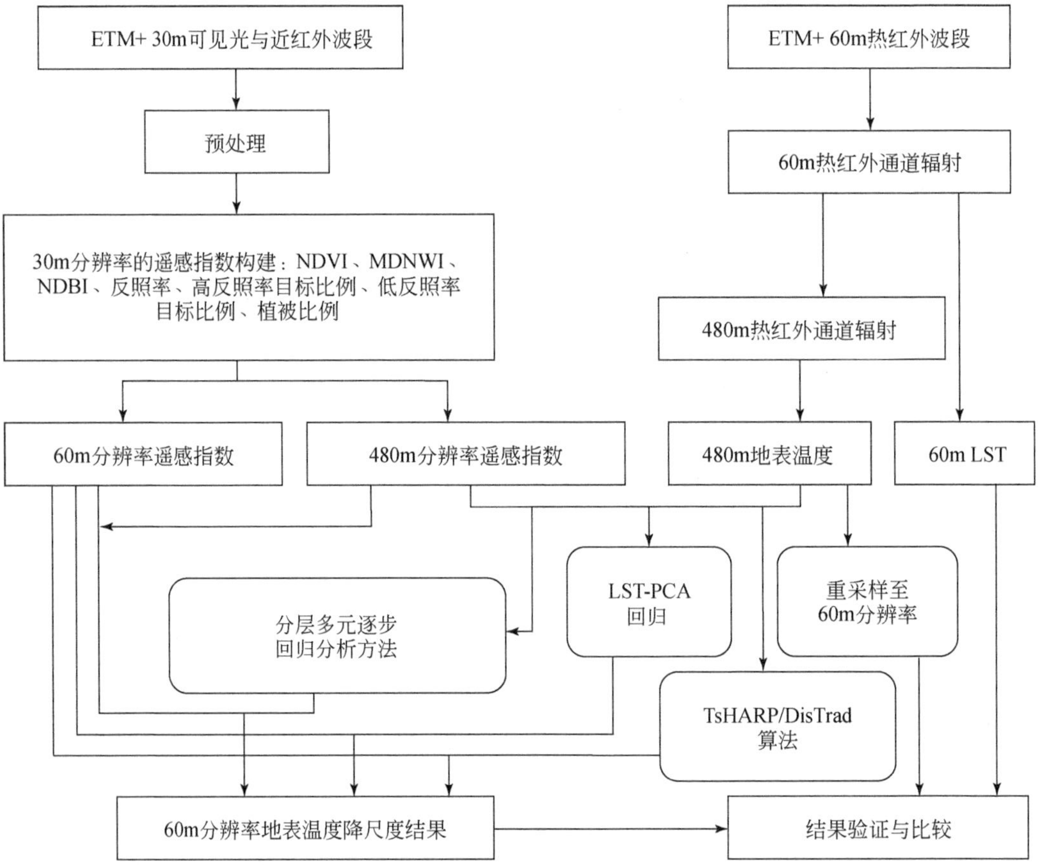

图 6-2　地表温度降尺度技术路线

分辨率的线性回归关系［式（6-49）］用于获取较高空间分辨率的地表温度。

$$LST=f(NDVI)+\varepsilon \tag{6-49}$$

方法四：分层多元逐步回归分析方法。

针对不同的下垫面类型，分别采用逐步回归分析方法，确定对地表温度影响显著的因子，建立地表温度与相关遥感指数之间的多元线性回归关系［式（6-50）］，并假定这种回归关系不随尺度发生变化。

$$LST_c=f(RSI_{1_c},RSI_{2_c},\cdots,RSI_{k_c})+\varepsilon \tag{6-50}$$

式中，LST_c为低分辨率地表温度；RSI_{k_c}为低分辨率图像中第 k 个独立变量（如 NDVI）；ε 为余项。

考虑到式（6-50）随尺度可能会发生变化，本研究通过考虑低、高空间分辨率图像之间的关系，发展了一个简单模型，其主要作用是使低、高空间分辨率中的遥感指数具有相同的值域与方差分布，进而建立式（6-52）用于地表温度降尺度。

$$RSI_{k'_{f,i}}=(RSI_{k_{f,i}}-RSI_{k_{c,i}})\cdot\sigma_{k,c}/\sigma_{k,f}+RSI_{k_{c,i}} \tag{6-51}$$

$$LST_f=f(RSI_{1'_f},RSI_{2'_f},\cdots,RSI_{k'_f})+\varepsilon \tag{6-52}$$

式中，$RSI_{k'_{f,i}}$为对像元 i 第 k 个遥感指数 $RSI_{k_{f,i}}$进行修正的结果；$RSI_{k_{c,i}}$为对应于高分辨率像元 i 位置的第 k 个遥感指数；$\sigma_{k,c}$和 $\sigma_{k,f}$分别为低和高空间分辨率第 k 个遥感指数的方差。

（2）结果与分析。利用 MNF 变换后，得到的第 1、2 波段之间的散点图［图 6-3（a）］，在此基础上提取高反照率、低反照率和植被三种端元的纯净像元光谱［图 6-3（b）］，将其带入线性光谱解混模型中，得到三种端元的丰度分布图（图 6-4）。

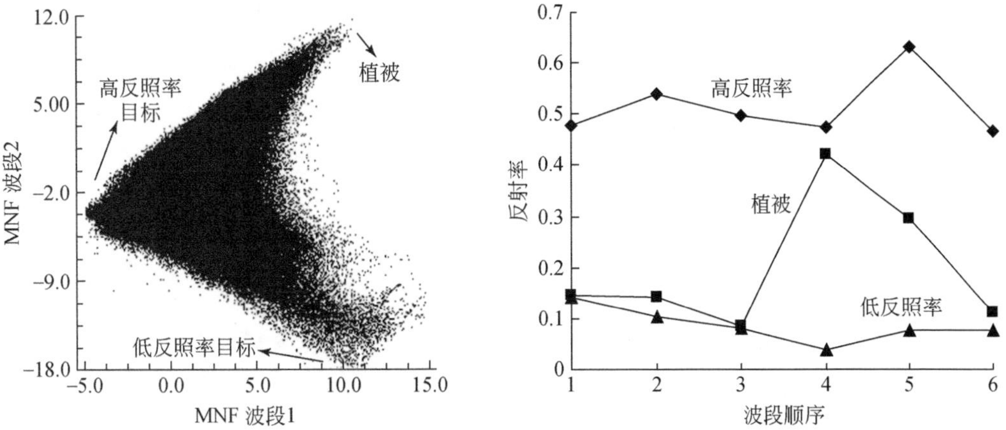

(a)MNF变换后第1、2波段散点图　　(b)三种端元的反射率光谱曲线

图 6-3　端元光谱提取

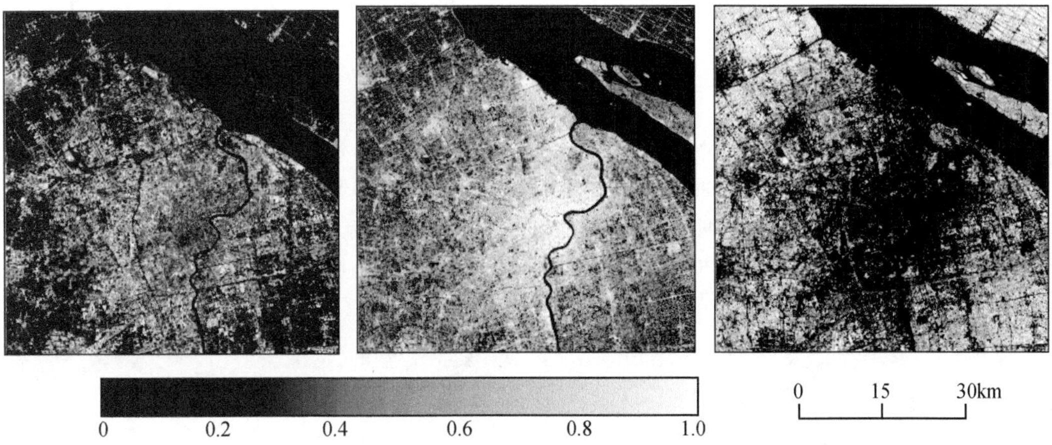

(a)高反照率地物丰度　　(b)低反照率地物丰度　　(c)植被丰度

图 6-4　三种地物丰度空间分布

图 6-5 比较了研究提出的方法与常用的三种方法的对比结果。图 6-6 给出了与真实地表温度相比较，四种降尺度后地表温度的空间分布。

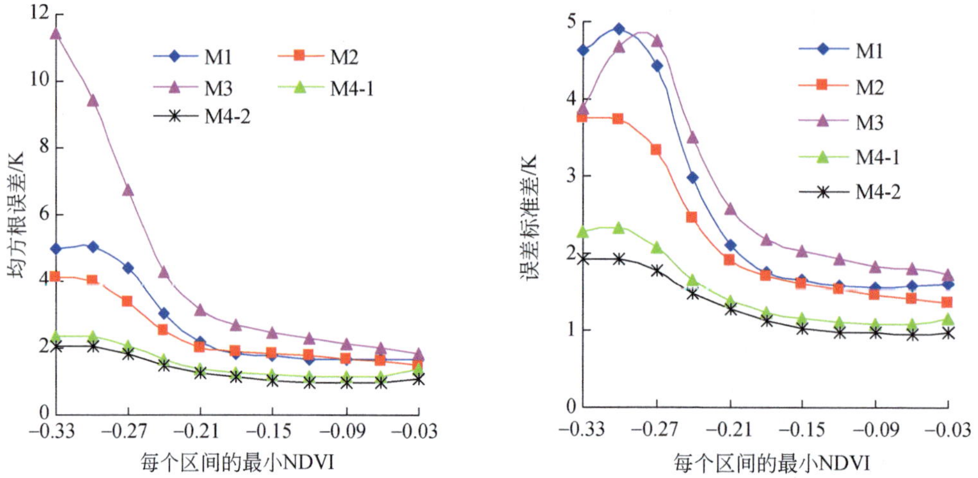

(a)低植被覆盖区域

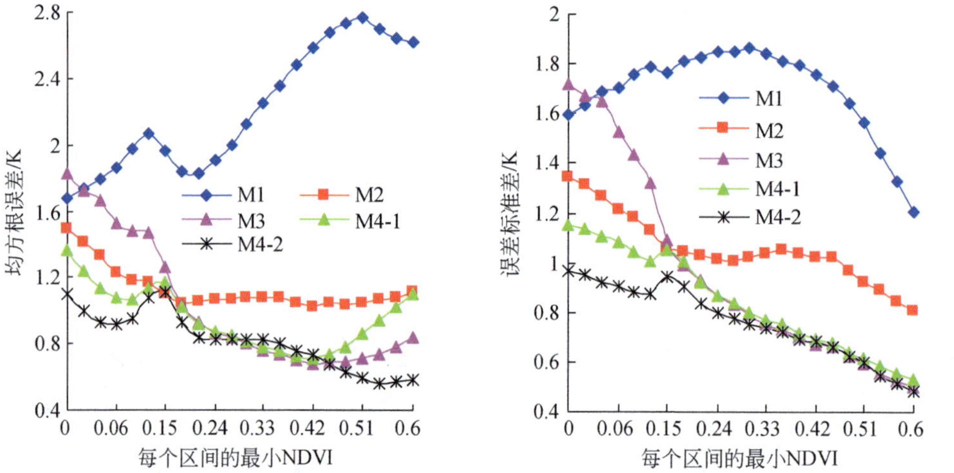

(b)混合区域(植被、低反照率区域、高反照率区域)

图 6-5　不同降尺度方法用于两个不同区域的均方根误差与误差标准差随归一化植被指数的变化

M1：简单的重采样；M2：LST-PCA 回归分析；M3：TsHARP 方法；M4-1：分层多元逐步回归分析方法；M4-2：修正的多元逐步回归分析方法

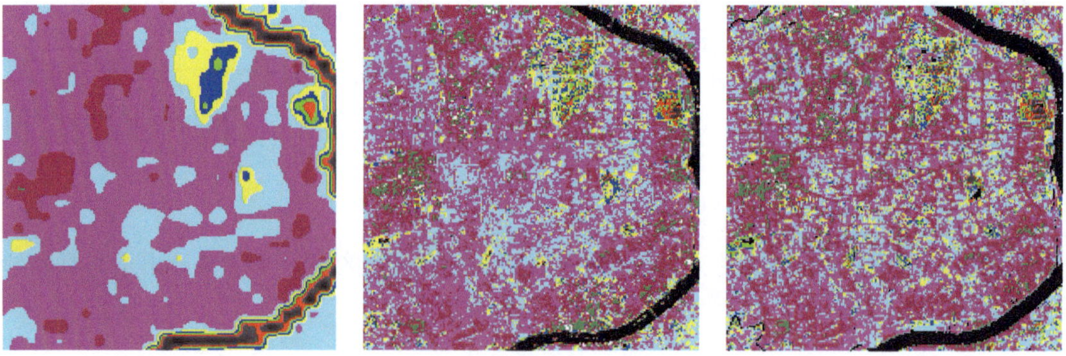

(a)空间重采样　　(b)LST-PCA回归降尺度　　(c)TsHARP降尺度

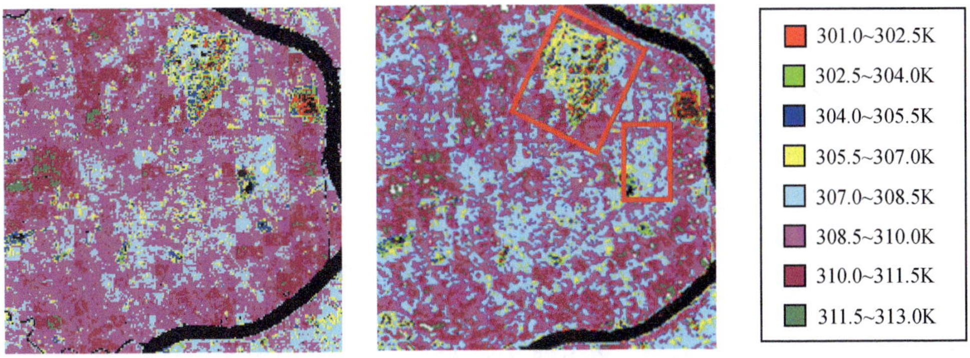

(d)ASSMRA降尺度　　(e)真实地表温度

图 6-6　不同地表温度降尺度结果与真实地表温度之间的对比

根据图 6-5（a），TsHARP 方法的均方根误差（RMSE）和误差标准差（SDE）最高，重采样方法、LST-PCA 回归分析方法、分层多元逐步回归分析方法的精度依次逐渐提高。根据图 6-6（b），在下垫面混合程度较高的区域，重采样方法的误差最大，而 TsHARP 模型对植被覆盖的敏感程度较高，其误差随 NDVI 增大而变小，修正的多元逐步回归分析方法精度最高。

图 6-6 表明分层多元逐步回归分析方法获取的地表温度分布与真实结果之间更为吻合，如图 6-6（e）中矩形框内的地表温度分布。在四种降尺度方法中，分层多元逐步回归分析方法精度最高，而且对于 NDVI 的变化最不敏感。

6.3.2　近地表气温遥感估算

气温是描述陆地环境条件的重要参数，也是气象观测资料中最基本的观测项目之一（齐述华等，2005）。由于近地表面气温（一般指百叶箱高度附近的大气温度）控制着大部分陆地表面过程（如光合作用、呼吸作用及陆地表面蒸散过程等），因此气温是各种植物生理、水文、气象、环境等模式或模型中的一个非常重要的近地表气象参数输入因子（祝善友和张桂欣，2011）。由此可见，准确地获取气温高分辨率的时空分布对于更好地理解陆地表面过程和研究全球变化等都显得非常重要（Cresswell et al.，1999；齐述华等，2005；Mao et al.，2008）。

目前近地表气温资料基本由气象观测站收集，得到的是单个监测站点附近 1.5～2m 高度的大气温度，由于观测点位密度不可能太高，且在广大人烟稀少地区布置的气象观测站更是非常稀疏甚至根本没有气象观测，因此监测范围受到限制。在晴空大气状况下，利用热红外传感器，可以获得地表温度分布及其动态变化信息。从区域能量平衡观点来看，近地表气温和遥感获取的陆表温度之间必然存在着能量方面的联系；而且从遥感成像过程来看，遥感图像信息包含地表信息，同时受到成像时刻大气状况的影响，因此寻找陆表温度和气温之间的关系，并在此基础上反演晴空下的气温时空分布也是可能的（祝善友和张桂欣，2011）。

$$T_a = T_s - \left[\frac{\gamma_{ah}\gamma(1-\zeta)R_n}{(\Delta+\gamma)\rho C_p} - \frac{e_0(T_a)-e_a}{\Delta+\gamma} \right] \tag{6-53}$$

式中，γ_{ah}为空气动力学阻抗，随地表风速、粗糙度、空气密度梯度的变化而变化；ζ 与地表植被覆盖程度和叶面积指数有关，在净辐射通量 R_n 基础上乘以 ζ 可计算得出土壤热通量；Δ 为饱和水汽压对温度的斜率，计算公式为 $\Delta=[e_0(T_s)-e_0(T_a)]/(T_s-T_a)$；$e_0(T_s)$ 为温度 T_s 时的下垫面饱和水汽压；γ 为干湿球常数；e_a 为参考高度处（2m）空气水汽压；ρ 为空气密度；C_p 为空气定压比热。

根据式（6-53），近地表气温 T_a与地表温度 T_s 之间具有物理意义明确的相关关系，但影响这种关系的因素比较多，包括地理位置、入射太阳辐射、地表反照率、土壤湿度、下垫面类型、地形因子、成像时刻气象条件（如风速）等，其中大多数参数可在合理假设、经验统计的基础上，结合定量遥感反演、GIS 空间分析、辐射传输模拟计算等方法予以确定。由此可见，从物理机制上分析，利用遥感技术进行近地表气温反演是可行的（祝善友和张桂欣，2011）。

6.3.2.1　近地表气温遥感估算主要方法

直接应用物理模型式（6-53）反演近地表气温的难度较大，利用遥感技术可得出其中的部分参数因子，但有些参数如空气动力学阻抗则难以准确确定。考虑到气温的时空分布特征和应用模型对气温数据的需求，并结合国内外相关研究来看，气温遥感反演模型中采用千米级空间分辨率光学遥感图像的研究居多，有关的主要研究方法可归纳为统计方法、地表温度-植被指数（TVX）方法、机器学习方法、地表能量平衡方法 4 类（祝善友和张桂欣，2011）。

1）统计方法

统计方法的特点是建立单个时相热红外传感器的通道亮温或反演地表温度、各种影响气温时空分布的因子与近地表气温之间的线性或非线性相关关系，包括单因子统计、多因子统计等方法。单因子统计模型中建立气温-地表温度关系的研究相对较多，而多因子统计模型在考虑地表温度的基础上，采用的多因子通常包括地理位置、地形、下垫面类型、地表遥感指数、湿度、时间等。

Shigeto 等（2000）在单因子回归分析的基础上，对气温与地表温度、归一化植被指数 NDVI 之间的关系进行二元回归，将模型误差由单一因子模型的 1.4℃、1.42℃、1.85℃和 1.55℃降低到了 0.47℃、1.05℃、0.86℃和 0.91℃；Florio 等（2004）利用 AVHRR 分裂窗图像和气象站点气温数据，建立了气温与地表温度、经纬度、高程之间的多元回归方程，平均误差为 1.4℃；Zhao 等（2005）建立了月均气温与高度、经纬度和地形因子之间的多元线性回归模型，并将其与 3 种地统计插值方法进行比较，结果表明回归模型具有更高的精度。

统计方法的优点是模型简单、易建，但建立的相关模型依赖于建模所用数据的获取时间与地点，甚至同一区域建立的白天和夜间气温反演模型也会有较大不同，将模型应用于其他时刻、区域进行气温反演，误差有时可高达数十摄氏度。

2）地表温度-植被指数方法

利用地表温度-植被指数（TVX）方法进行气温估算的理论基础是基于遥感图像构建

的植被指数与地表温度之间高度线性相关以及千米级空间尺度上遥感反演的浓密植被温度与气温近似相等（田苗等，2010）。TVX 方法用于估算气温需要两个限制性条件：晴空条件下具有较为稳定的大气条件；地表土壤水分在一定区域内均一。TVX 模型由于其物理原理明确，模型简单，不需要辅助数据的特点，被广泛用于近地表气温估算研究中。例如，Misslin 等（2018）利用 TVX 模型估算了城市植被气温，均方根误差范围为 3.3 ~6.2℃。

TVX 方法估算近地表气温一般通过建立像元阵列的 NDVI 与 LST 之间的回归关系，然后外推求得理论植被全覆盖状况下的 LST，最后求得各个像元的近地表气温。关系式如下：

$$\mathrm{LST}=a_i+b_i\mathrm{NDVI} \tag{6-54}$$

$$T_{\mathrm{a}}=a_i+b_i\mathrm{NDVI}_{饱和值} \tag{6-55}$$

式中，LST 为地表温度；NDVI 为归一化植被指数；a_i和 b_i分别为每个移动窗口内 LST 和 NDVI 线性回归系数的截距和斜率；T_{a}为近地表气温；$\mathrm{NDVI}_{饱和值}$为理论植被全覆盖植被指数。

TVX 方法的不足之处在于该方法不适于植被覆盖度较低或非植被覆盖区域的气温反演，不同植被覆盖类型的植被指数饱和值的确定、邻域窗口尺寸大小的确定都是影响反演精度的关键问题，不同学者采用了不同的取值。而且当图像中有云存在、多种植被覆盖类型形成混合像元（Prihodko and Goward，1997），以及邻域窗口内 NDVI 的变化范围（Stisen et al.，2007）等因素都会影响 TVX 方法的精度。

3）机器学习方法

许多学者以多因子参数作为输入，采用机器学习方法进行气温的遥感估算研究，其中人工神经网络方法、随机森林模型方法是采用较多的机器学习方法。

Jang 等（2004）采用神经网络方法输入 AVHRR 图像的 5 个波段、表面高度、太阳天顶角、儒略日来估算气温，误差在 2.0℃之内；Mao 等（2008）针对 ASTER 数据，利用辐射传输软件 Modtran 模拟网络训练与精度检验数据，采用动态学习人工神经网络方法反演近地表气温，平均误差和标准方差分别为 2.0℃和 2.3℃。

神经网络方法的优点是易于使用，可以方便处理一些不好明确建模的问题，能够表达地表温度与气温之间的非线性关系，但是网络的训练与调节依赖于大量的已知输入数据，而且神经网络属于黑箱系统，无法明确地用数学模型表达训练出的网络模型。

4）地表能量平衡方法

此类方法基于地表能量平衡原理进行近地表气温的遥感估算研究，相对于统计方法，此类研究较少。Pape 和 Löffler（2004）利用地表能量平衡（SEB）模型，在多个地面环境参数实地测量的基础上，结合遥感数据反演逐小时的气温分布，其中 SEB 模型能够揭示超过 80% 的变化规律；Sun 等（2005）基于热力学理论，使用作物水分胁迫指数和空气动力学阻抗两个参数，建立了地表温度与气温之间的关系模型，并采用 MODIS 数据在中国北方平原区进行了精度验证，结果表明超过 80% 的数据误差在 3.0℃以内；Zhu 等（2017）提出了一种基于地表能量平衡算法的晴空气温反演方法，通过对极端像元（水面像元和干燥裸土像元）的迭代计算，建立地表温度和气温的线性关系，利用 MODIS 数据反演得到的结果均方根误差为 1.7℃，利用 Landsat-8 数据反演得到的结果均方根误差为 2.6℃。

地表能量平衡方法用于气温反演的优点在于该方法的物理意义明显，模型具有较好的移植性与普适性，但是难以实时用于气温反演，最主要的原因是模型中需要输入许多参数，而且部分参数如动力学阻抗、表面粗糙度、风速等，无法直接通过遥感手段来获取。

近地表气温的遥感反演，是对常规站点测量的有效补充，涉及学科的交叉与融合。如何采用遥感数据并结合少量气象站点的气温实测数据，实现较高时间、空间分辨率的近地表气温估算与反演，在理论方法与业务实践上都具有重要的研究意义。近地表气温遥感反演的相关研究取得了较大进展，但距离实用还有一定的距离，需要解决其中的一些关键技术，未来发展的方向中应加强和关注以下四个方面的研究。

（1）开展遥感观测与地面测试同步试验。在同步观测试验中，应根据遥感观测的时空分辨率，选取不同的下垫面类型，开展气温、地表温度以及影响地表温度-气温关系因子的观测试验，获取气温遥感反演建模与精度验证的数据，缩小气象站点与遥感观测的点、面数据之间的尺度差异。

（2）改善现有的或发展新的反演方法。在统计模型中，要全面分析影响地表温度-气温关系模型的时空因子，对其进行敏感性试验，选取影响程度大的因子，建立稳定性强的反演模型；在物理模型中，根据地-气相互作用与辐射、能量平衡原理，考虑如何解算遥感手段无法准确获取的参数与变量，提高模型的实用性；在此基础上，对物理模型进行合理的假设与近似，结合统计与经验模型，考虑建立稳定性、可移植性、实用性强的半分析模型。发展新的反演算法，如利用湍流的相关理论与模式、发展辐射传输理论模型、结合陆面模式（如 CoLM 等）或区域气候模式（如 RegCM3 等）等数据与模型同化方法。

（3）提高瞬时气温遥感反演的时间分辨率。以满足实际应用需求为目标，结合高空间分辨率、高时间分辨率遥感数据的优势互补作用，通过高时间分辨率如小时级的卫星数据与产品，进行降尺度转换，生成气温遥感反演模型中所需的参数，如地表温度等，进而反演得到高时间分辨率的气温分布。

（4）非晴空状况下近地表气温的时空分布反演。目前相关研究大都利用晴空大气状况下的热红外遥感图像进行的，但实际应用中很多时候都不满足这种条件。针对非晴空大气状况，应加强对微波波段上地-气相互作用过程的研究，发展利用微波波段遥感图像数据，尤其是利用被动微波辐射计数据反演近地表气温时空分布的方法。

6.3.2.2 近地表气温遥感估算实例

1）长三角地区近地表气温多元回归分析方法反演①

（1）数据与方法。选择 2005 年全年的长江三角洲地区 MODIS 地表温度产品 MYD11_L2、表面反射率产品 MYD09_GA、地表反照率产品 MCD43_B3、气溶胶产品 MOD04_L2、云掩膜产品 MYD35_L2、土地利用分类图、DEM 数据、气象站点实测气温数据作为输入数据，针对林地、耕地、城镇、水体四种下垫面类型，分别建立如式（6-56）所示的四种模型，并对比选择适用于每种类型的反演模型，进而分析尺度变化对最优模型精度的影响。

---

① Xu Y M, Qin Z H, Shen Y. 2012. Study on the estimation of near-surface air temperature from MODIS data by statistical methods. International Journal of Remote Sensing, 33: 7629-7643.

$$T_a = aT_s + b \tag{6-56a}$$

$$T_a = aT_s + b\cos\theta + c \tag{6-56b}$$

$$T_a = aT_s + b\text{NDVI} + c\cos\theta + d \tag{6-56c}$$

$$T_a = T_s + a\cos\theta(1-\text{NDVI}) + b(1-\alpha_s)W_s + cH + d\varphi + e \tag{6-56d}$$

式中，T_a 为近地表气温（℃）；T_s 为地表温度（℃）；θ 为太阳天顶角（弧度）；α_s 为地表反照率；W_s 为下行太阳辐射通量（MJ/m^2），由 DEM、纬度、观测天顶角和气溶胶光学厚度计算得出；H 为海拔高度（m）；φ 为太阳方位角（弧度）；a、b、c、d、e 为回归系数。

（2）结果分析。

A. 不同反演模型的精度对比分析。

3814 个无云样本被随机分为两部分，其中的 70%（$n=2670$）用于模型系数计算，其他 30%（$n=1144$）被用于模型精度评价。所有模型在 99% 的置信水平下显著，模型结果如式（6-57）所示：

$$T_a = \begin{cases} 0.8909T_s - 2.7943 & \text{城市} \\ 1.1442T_s - 2.9128 & \text{水体} \\ 0.9805T_s - 1.8579 & \text{林地} \\ 0.9706T_s - 3.4106 & \text{耕地} \end{cases} \tag{6-57a}$$

$$T_a = \begin{cases} 0.9420T_s - 4.3527\cos\theta - 0.6816 & \text{城市} \\ 0.9737T_s + 12.0188\cos\theta - 8.6140 & \text{水体} \\ 0.9492T_s + 2.4715\cos\theta - 3.0202 & \text{林地} \\ 1.0208T_s - 4.2212\cos\theta - 1.3038 & \text{耕地} \end{cases} \tag{6-57b}$$

$$T_a = \begin{cases} 0.9204T_s + 5.5296\text{NDVI} - 4.8290\cos\theta - 1.4790 & \text{城市} \\ 0.9863T_s - 0.8859\text{NDVI} + 11.7715\cos\theta - 8.5227 & \text{水体} \\ 0.9111T_s + 6.0072\text{NDVI} + 2.80153\cos\theta - 5.0301 & \text{林地} \\ 0.9731T_s + 7.5878\text{NDVI} - 5.0638\cos\theta - 2.7233 & \text{耕地} \end{cases} \tag{6-57c}$$

$$T_a = \begin{cases} T_s - 8.0531\cos\theta(1-\text{NDVI}) + 0.0021(1-\alpha_s)W_s + 0.0057H - 2.6154\varphi + 0.1758 & \text{城市} \\ T_s + 2.3523\cos\theta(1-\text{NDVI}) + 0.3572(1-\alpha_s)W_s + 0.0195H - 2.0998\varphi - 6.8754 & \text{水体} \\ T_s - 4.2015\cos\theta(1-\text{NDVI}) + 0.03475(1-\alpha_s)W_s + 0.0239H - 0.0604\varphi - 3.4253 & \text{林地} \\ T_s - 10.3437\cos\theta(1-\text{NDVI}) + 0.0499(1-\alpha_s)W_s + 0.0369H - 1.5058\varphi + 0.2675 & \text{耕地} \end{cases} \tag{6-57d}$$

四种模型反演的气温与实测气温之间的关系如图 6-7 所示。根据图 6-7，模型 d 的精度最高，平均绝对误差 MAE 为 2.1983℃，反演气温与实测气温之间的广义相关性 R^2 为 0.9045。模型的不同精度表明，在模型中考虑 NDVI、太阳天顶角，以及其他独立变量将提高模型的精度。

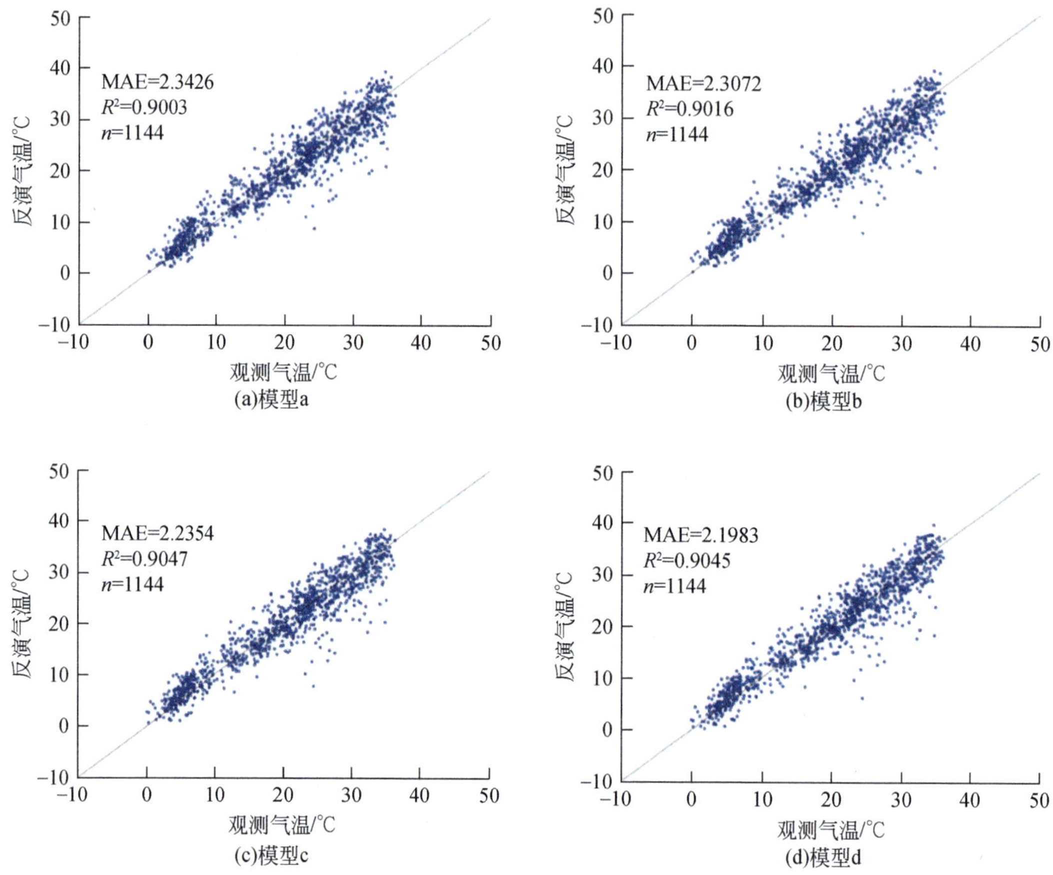

图 6-7　四种不同模型反演气温精度分析

a、b、c、d 图分别对应于式（6-57a ~ d）

分析气温与地表温度之间的关系，并结合图 6-7 可以发现，经验模型的反演结果受气温-地表温度之间关系影响较大。根据式［6-57（a ~ d)］，针对不同下垫面类型，不同反演模型的结果精度不同，对于城市而言，模型 c 精度最高，模型 b 用于水体时精度较高，而模型 d 对于植被覆盖可获得最高精度。将最适用于这四种下垫面类型的模型用于气温反演，反演平均绝对误差为 2.2℃（图 6-8）。

B. 经验模型的空间尺度分析。

进一步分析观测气温与观测站点周边不同尺度平均参数之间的关系，用于评估空间尺度对气温反演精度的影响。计算出 1km×1km、3km×3km、5km×5km、7km×7km、9km×9km、11km×11km 和 13km×13km 窗口内的地表温度、NDVI、下行辐射、纬度、太阳天顶角与方位角的平均值，每个窗口内的土地利用类型根据窗口内占最大比例的类型确定，使用最优气温反演模型反演气温，进而分析窗口大小变化对气温反演精度的影响（图 6-9）。

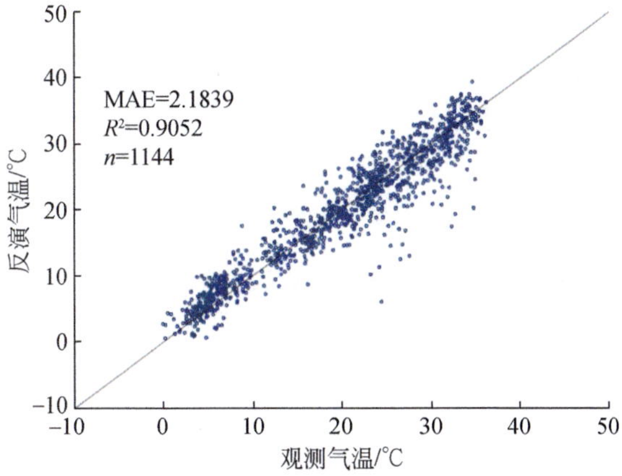

图 6-8 最优模型反演气温与观测气温比较

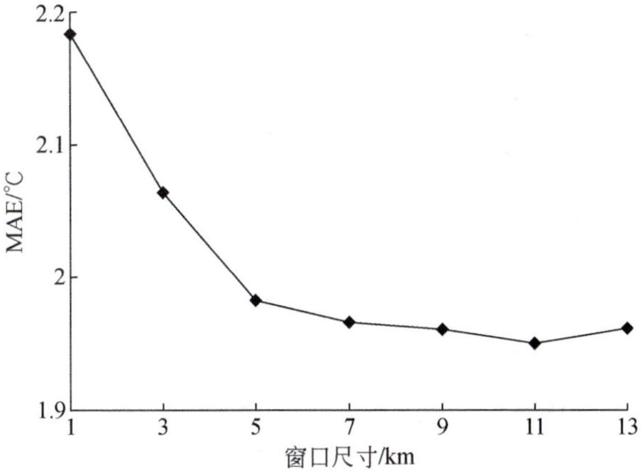

图 6-9 尺度变化对最优模型精度的影响

根据图 6-9，气温不仅受单个站点的参数影响，与周围区域的特性也有一定关系。5km×5km 窗口大小最适于估算近地表气温，其估算精度略低于较大窗口，计算量小，对应的 MAE 为 1.98℃，R^2 为 0.9215。

2）温度-植被指数方法估算近地表气温

系统分析了温度-植被指数方法在气温遥感反演中的适用性与误差原因，并对其参数率定、适用性、误差分析等方面进行了深入分析，分别选择长江三角洲地区、江苏省作为研究区开展了相关工作。

（1）数据与方法。选择数字高程模型（DEM）数据、2010 年 5 月 1 日 10 点 30 分的气象站点数据以及同一时刻的 MOD11_A1 地表温度产品数据和 MOD09_GA 地表反射率产品数据，采用 TVX 方法反演近地表气温，参考以往研究将 $NDVI_{饱和值}$取为 0.86，重点分析了不同窗口大小对 TVX 方法精度的影响。

（2）误差分析。

a. 窗口大小对 TVX 方法精度的影响。利用五种窗口的 TVX 方法，分别计算得出气温空间分布结果，通过 21 个站点的实测气温检验不同窗口大小的反演精度，结果见表 6-1。从表 6-1 中可以看出，气温反演误差具有随窗口尺寸先增大后降低再升高的规律，其中 13×13 窗口的 TVX 方法误差最小，MAE 和 RMSE 分别为 2.35℃和 3.20℃。由此可以看出，在植被饱和度确定的情况下，不同的窗口大小会影响 TVX 方法的气温反演精度。

表 6-1　五种窗口的精度对比　　（单位：℃）

空间窗口尺寸（像元数量）	平均绝对误差（MAE）	均方根误差（RMSE）
7×7	2.47	3.23
9×9	2.50	3.44
11×11	2.62	3.71
13×13	2.35	3.20
15×15	2.42	3.58

b. 植被覆盖程度对 TVX 方法精度的影响。由于 TVX 反演精度在一定程度上受到植被覆盖程度的影响，针对江苏研究区，分别将五种窗口的气温反演绝对误差与各个空间窗口内有效像元（非云、水体像元）NDVI 均值联系起来，计算以各站点为中心的邻域窗口内 NDVI 均值，并划分为 10 个值域区间，统计各个值域区间的气温反演绝对误差，分析误差随 NDVI 均值的变化曲线。结果表明，气温反演误差在总体上呈现出随 NDVI 均值升高而逐渐下降然后又有所回升的趋势，在 NDVI 均值为 0.55～0.6 时达到最低。

3）基于地表能量平衡理论的近地表气温估算实例①

（1）原理与方法。根据显热通量计算公式，借鉴 SEBAL 模型方法，假定气温与地表温度之间的温度差异 $\mathrm{d}T$（$\mathrm{d}T=T_s-T_a$）与地表温度 T_s 之间存在着线性关系

$$\mathrm{d}T=b+aT_s \tag{6-58}$$

式中，b、a 为相关系数，随像元发生变化，通过选择“冷”像元和“热参考”像元进行确定。

SEBAL 模型方法要求冷热像元的显热通量能够估算，同时需要“热参考”像元位置的气象观测数据。“冷”像元可选择在水体区域，假定 $H_{cold}=0$，根据显热通量计算公式［式（6-7）］，$\mathrm{d}T_{cold}=0$。对于“热参考”像元，选择干燥、植被覆盖非常低的地表，可假定潜热通量 LE 为零，通过计算 R_n 与 G，H_{hot}、$\mathrm{d}T_{hot}$ 可分别顺序由地表能量平衡公式［式（6-1）］、显热通量［式（6-7）］计算得出。根据式（6-58），初步的相关系数 a、b 可回归得到。对于每个像素，输入地表温度 T_s，温度差异 $\mathrm{d}T$ 和近地表气温 T_a 进而可

① Zhu S Y, Zhou C X, Zhang G X, et al. 2017. Preliminary verification of instantaneous air temperature estimation for clear sky conditions based on SEBAL. Meteorology and Atmospheric Physics, 129: 71-81.

被估算。

在中性大气条件下，可根据式（6-7），对每个像素，分别计算空气动力学阻抗 γ_{ah} 和显热通量 H。由于大气稳定状态对动力学阻抗 γ_{ah} 具有较大影响，研究中采用迭代方法计算显热通量 H，直到动力学阻抗 γ_{ah} 计算结果稳定后，终止迭代。在迭代过程中，Monin-Obukhov 长度 L 被用于定义大气稳定度。通过迭代过程逐步计算以下参数：校正后的摩擦风速 u_*、空气动力学阻抗 γ_{ah}、“热参考”像元位置的温度差异 dT、相关系数 b 与 a、校正后的近地表气温 T_a。当迭代计算过程结束后，采用式（6-59）和式（6-60）分别计算得到参考位置的近地表气温、每个像素的气温：

$$T_a^{est} = T_s - (a + b \cdot T_s) + e_{a,ref} \tag{6-59}$$

$$e_{a,ref} = T_{a,ref}^{mea} - T_{a,ref}^{est} \tag{6-60}$$

式中，$e_{a,ref}$ 为参考像元位置的实测气温 $T_{a,ref}^{mea}$ 与估算气温 $T_{a,ref}^{est}$ 之间的差异。

详细的气温迭代估算过程如图 6-10 所示。

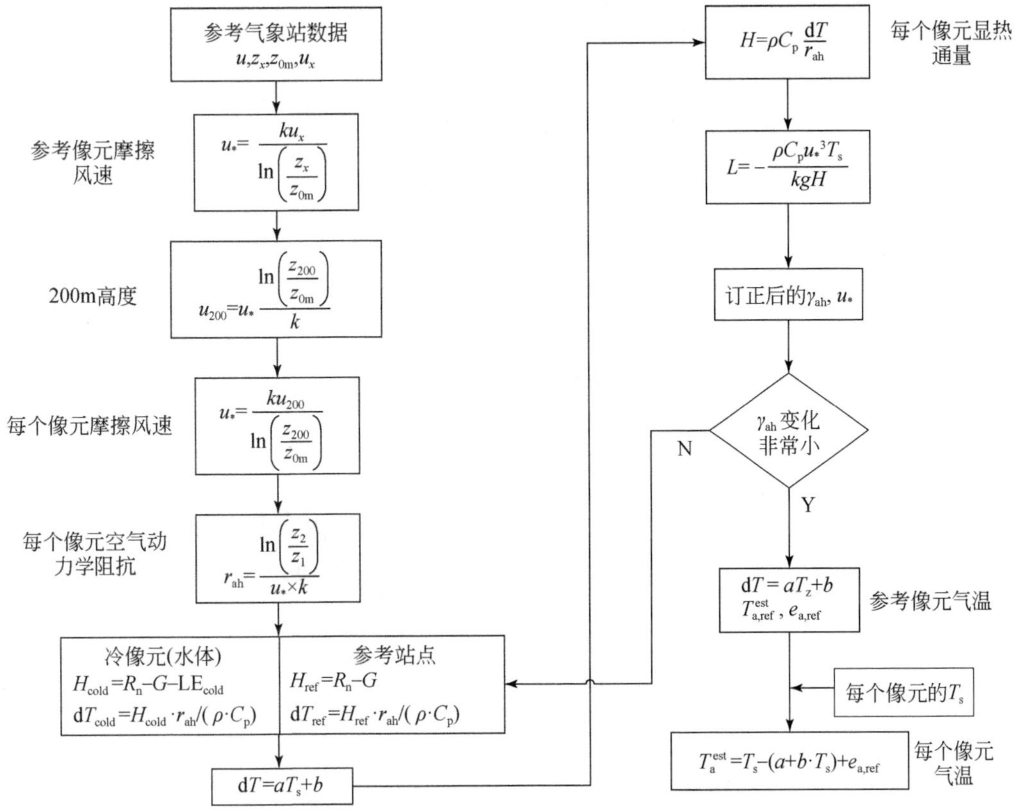

图 6-10　近地表气温 T_a 迭代计算流程

（2）实例与分析。

a. 基于 MODIS 数据的江苏近地表气温反演研究。根据气象站观测数据与遥感图像目视分析，选择成像时刻为晴空、成像日期之前的 3 天没有降水的 9 天数据，用于反演近地表气温，并分析讨论气温反演精度。采用的主要数据包括 71 个国家自动气象站点数据、ASTER GDEM 数据、地表反射率数据 MOD09_GA、地表温度数据 MOD11_A1、16 天合成的植被指数数据 MOD13_A2、16 天合成的反照率数据 MCD43_B3 和年合成的土地覆盖数据 MCD12_Q2。

在对气象站点观测数据进行质量控制后，采用插值方法获取与 MODIS 成像同步时刻的气象观测值。通过分析地表温度随时间的变化规律，选择南京站作为“热参考”像元，南京站的观测数据作为模型输入数据，其他站点的气温观测数据用于检验气温模拟估算精度。

对 MODIS 数据产品进行预处理，包括重投影、镶嵌、重样至 1km 空间分辨率，进而利用江苏省行政区划矢量图进行裁剪。由于反照率产品 MCD43_B3 中存在着大量像元数据缺失现象，需要对其进行重建处理。首先，将 MOD09_GA 产品中 1 ~ 7 波段的地表反射率读取转换为宽波段反射率。然后，提取相同像元位置的有效反照率与反射率，建立由宽波段反射率向反照率转换的线性关系，实现每个像元反照率的重建。最后，根据气象站点坐标，提取相应位置的太阳天顶角、地表温度、地表比辐射率、NDVI、反照率、土地覆盖类型，代入模型估算每个站点位置的近地表气温。

根据产品中的质量标记，只选择能够真正反映地表状况的高质量数据用于精度验证与评价。采用 MODIS 数据与产品作为输入，估算近地表气温过程中，对于无效的地表温度、反照率数据，该位置的气温将无法估算。气象站点观测气温与遥感模拟估算气温之间的散点图如图 6-11 所示，每个成像时刻，二者之间在 0.01 置信水平上都呈显著线性相关，二者之间的决定系数 R^2 为 0.9679。图 6-12 给出了不同时刻、不同站点的气温估算误差。根据图 6-12，45.09% 的站点误差在 1.0℃ 以内，31.86% 的站点误差为 1.0 ~ 2.0℃，16.83% 的站点误差为 2.0 ~ 3.0℃，只有 6.22% 的站点误差超过了 3.0℃，这表明基于地表能量平衡理论的气温反演方法在江苏区域具有较高的精度。

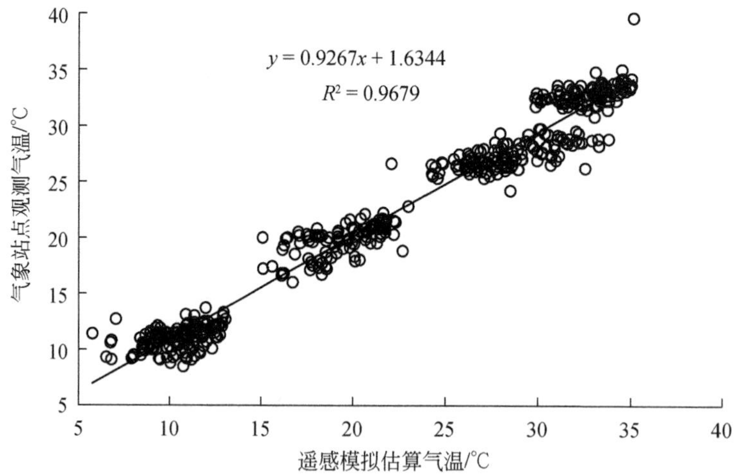

图 6-11　气象站点观测气温与遥感模拟估算气温散点图

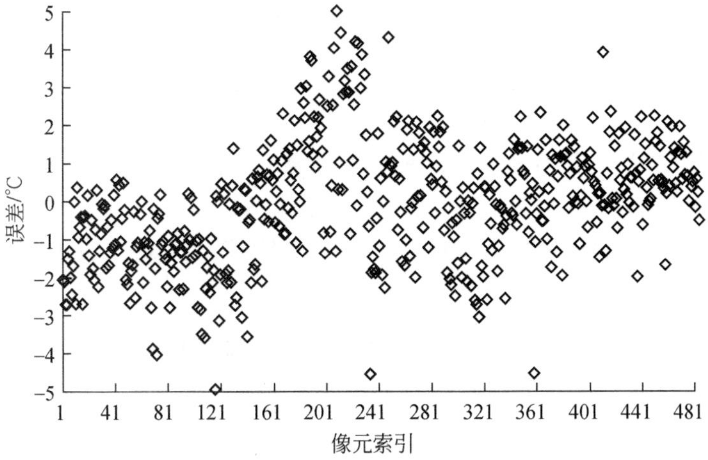

图 6-12　每个站点气温估算误差

表 6-2 给出了每个成像时刻的气温反演平均绝对误差 MAE 和均方根误差 RMSE。根据表 6-2，5 月 25 日的气温反演误差相对较大，平均绝对误差和均方根误差分别达到了 2.0℃和 2.5℃，而其他时刻的误差都小于 2.0℃，所有时刻的 MAE 为 1.3℃，RMSE 为 1.7℃。

表 6-2　不同时刻的近地表气温估算误差统计　　（单位：℃）

日期	平均绝对误差（MAE）	均方根误差（RMSE）
2 月 20 日	1.2	1.4
3 月 11 日	1.4	1.8
4 月 5 日	1.4	1.7
5 月 25 日	2.0	2.5
6 月 6 日	1.3	1.6
8 月 20 日	1.2	1.5
9 月 21 日	1.0	1.2
11 月 11 日	0.8	1.1
12 月 8 日	1.0	1.4
所有日期	1.3	1.7

研究提出的气温反演方法中，许多假设和近似可能会影响气温反演精度。反演时刻要求晴空无云，薄云也会引起显热通量计算的较大误差。构建 dT 与 T_s 之间关系时，由于缺少裸土区域的气象数据观测，主观选择了南京站作为“热参考”像元，而实际上，该站点位置的潜热通量并不为零。同时，将每个像素位置的相对湿度赋予参考站点相对湿度，会带来大气发射率的估算误差。空气动力学阻抗与大气稳定状况、表面粗糙程度有关，难以实地测量与遥感估算。上述这些参数的敏感性将在福建东北部的实验区中，利用 Landsat

系列数据作为输入，进行进一步讨论与分析。

b. 基于 Landsat-8 数据的福建部分区域近地表气温估算研究。类似于基于 MODIS 图像与产品的气温反演方法与流程，采用的数据包括研究区 63 个气象站点数据、2014 年 4 个时相的 Landsat-8 多光谱图像以及热红外传感器图像，提取归一化植被指数、反照率、地表温度、土地利用与覆盖类型等参数，其中地表温度反演方法采用的是 Jiménez-Muñoz 等（2014）提出的单通道算法，进而实现近地表气温遥感估算。

以气象站点实测气温作为标准，使用 Landsat 图像数据反演气温的平均绝对误差、均方根误差，结果见表 6-3。

表 6-3　不同时刻的近地表气温估算误差统计

日期	平均绝对误差（MAE）/℃	均方根误差（RMSE）/℃	检验样本数/个
4 月 17 日	2.4	3.1	49
7 月 22 日	3.0	3.6	37
10 月 10 日	1.9	2.5	47
12 月 13 日	1.2	1.4	67

相对于基于 MODIS 图像产品的气温反演结果，利用 Landsat-8 图像数据得到的精度略低。除了上文所述的参数率定及其敏感性分析之外，有三个主要原因。

第一，用于验证 MODIS 图像反演结果的站点为国家气象站，站点的布设、数据的质量控制更为可靠，而用于 Landsat 反演结果验证的站点大多数来自区域自动站，其中许多自动站布设在城区，布设地点与环境相对不规范，部分站点甚至布设在楼顶上（图 6-13），这给气温验证带来了较大误差。

(a)　　(b)

图 6-13　部分气象站点布设位置

第二，地形对反演结果精度的影响。用于建模与验证的江苏省站点地形起伏较小，海拔高度为 3.4 ~ 42.8m，而浙江省部分区域的站点海拔高度差异较大，最低 3m，最高 1653m，平均海拔高度 195.6m。

第三，根据近地表气温统计分析结果，不同的空间尺度将产生不同的气温模拟与估算结果（图 6-9）。根据图 6-9，气温不仅受单个站点的参数影响，而是与周围区域的特性也有一定关系，5km×5km 窗口大小（相当于 5km 的空间尺度）最适于估算近地表气温，其估算精度略低于较大窗口，而且计算量小。Landsat 反演气温的空间分辨率为 30m，与 MODIS 产品 1km 尺度上的反演精度存在差异，这也说明近地表气温反演应选择合适空间尺度，而不一定要追求高空间分辨率。

（3）能量平衡模型估算近地表气温的敏感性分析。根据地表能量平衡理论，气温估算过程中，求解方程 $dT=b+aT_s$ 是研究的关键，计算过程中的许多假设与近似可能会对气温估算精度产生影响。在上述两个估算实例中，由于缺少裸土区域的气象观测数据，通过分析不同站点的地表温度变化规律，研究中选择南京、福州站点作为热像元，而实际上这些站点位置的潜热通量并不等于零。方法中输入的遥感参数，尤其是冷、热像元的地表温度对公式中的系数 a、b 会有显著影响，进而气温反演结果依赖于每个像元的地表温度反演精度。

基于此分析，以福建东北部部分区域为例，研究中开展了敏感性因子对地表能量平衡模型的影响分析，影响因子的取值及其变化如表 6-4 所示。

表 6-4　敏感性分析的因子及其赋值

影响因子	热像元的显热通量（H）	冷热像元地表温度（T_s）	每个像元地表温度（T_s）	多因子
相对于原始输入的变化（Δ_i）	0.01H，0.02H，0.03H，0.04H，0.05H	T_s-3.0，T_s-2.0，T_s-1.0，T_s+1.0，T_s+2.0，T_s+3.0	T_s-3.0，T_s-2.0，T_s-1.0，T_s+1.0，T_s+2.0，T_s+3.0	上述因子的可能组合

与原始输入因子估算的气温结果相比较，当改变表 6-4 中的因子取值后，气温估算差异 ΔT_a 利用式（6-61）计算：

$$\Delta T_a = \left| T_a^{est} - f(\Delta_i, \cdots\cdots) \right| \tag{6-61}$$

式中，$f(\Delta_i, \cdots\cdots)$ 为改变一个或多个影响因子后，地表能量平衡方法估算的气温结果。分析 ΔT_a 的计算结果可以发现，气温估算差异随着热像元潜热通量的增加而增大，但最大偏差不超过 0.1℃。热像元地表温度变化±3.0℃时，气温估算结果偏离 2.5～3.0℃，且偏离程度与热像元地表温度的变化成正比；相比较而言，冷像元地表温度的变化引起的估算误差在 0.5℃以内，这说明冷像元表面温度对气温反演精度的影响小于热像元。改变每个像元的地表温度，会产生较大的温度估算差异 ΔT_a，许多像素的最大偏差超过 2.0℃。所有组合因子改变后产生的平均气温估算偏离结果也进一步表明，地表温度是影响气温估算精度的最重要因素。

此外，将不同像素位置的相对湿度近似取值为参考站点的相对湿度，可导致大气发射率的估算误差。空气动力学阻抗 r_{ah} 难以通过遥感数据或实地测量准确确定，该参数依赖于大气稳定度以及地表粗糙度。研究中也分析了这两个因素对估算误差的影响，结果表明，由于估算过程中的迭代计算，这些参数的影响相对较小，引起的气温估算误差不超过 0.1℃。

6.3.3　地表反照率遥感估算

地表反照率指地表对入射太阳辐射的反射通量与入射太阳辐射通量的比值（Dickinson，

1995)，而地表对某波段在一定方向上反射的太阳辐射通量与入射太阳辐射通量之比，称为地表反射率，反照率是对所有观测方向上反射率的积分（冯淼和冯海霞，2012）。地表反照率反映了地球表层对太阳短波辐射的反射能力，影响着地球表层与大气之间辐射能量的分配过程，是地表辐射与能量平衡方程中的重要参数。

地表反照率在很大程度上决定了太阳辐射能量在地-气系统中的分配，影响大气环流和生物物理过程，对区域以至全球气候有着重要影响（Hu and Boos，2017），因而是不同时空尺度的气候模式（Haywood et al.，2016；Li et al.，2016；Levine and Boos，2017）、数值天气预报模式（Vahmani and Ban-Weiss，2016）以及陆面过程模式（谢志鹏等，2017）中重要的地表参数。此外，地表反照率还可以用于监测沙漠面积变化（Liu et al.，2013）、植被动态（Wang et al.，2017），研究干旱对气候的影响（Evans et al.，2017）、火灾对生态系统的影响（Lyons et al.，2008），反演大气气溶胶状况及区域能见度变化（包云轩等，2018），以及城市化影响（储鹏等，2016）等。图6-14展示了地表反照率与气候系统参量的关系。

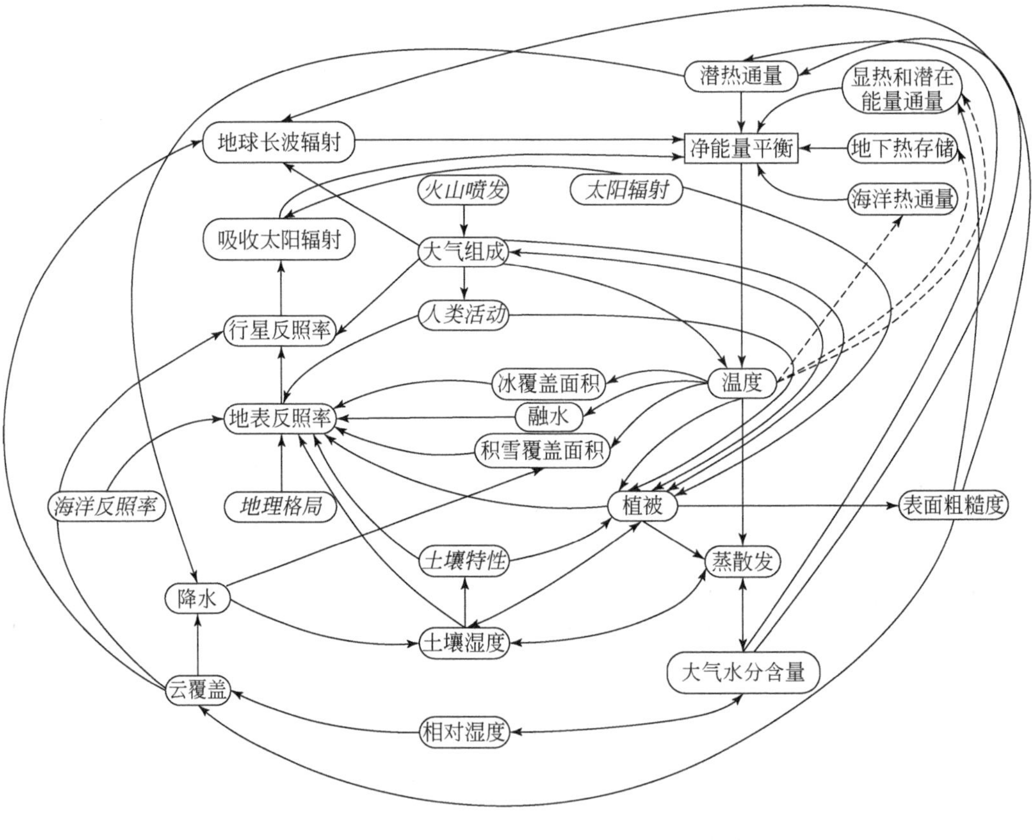

图6-14　地表反照率与气候系统参量关系图（李喜佳，2019）

地表反照率是一个随着时间、地点不断发生变化的地表参数。一般情况下，白天的地表反照率随时间分布大致呈“U”形，相对地方正午时刻呈现不对称的特点，且上午反照率值大于下午。积雪、裸土、植被、岩石、人工目标等不同下垫面类型的地表反照率存在明显差异。

6.3.3.1 地表反照率实验观测

人们对地表反照率的了解最初是通过观测得到的，通常使用反照率表或四分量表进行观测。在地面以上某个高度，用一个朝上的短波辐射表测量太阳下行直接辐射和大气对太阳光的半球散射，用另一个朝下的短波辐射表测量地面向上的半球反射辐射，后者与前者通量之比即为测量地点的地表反照率（王介民和高峰，2004）。

目前，国内外许多地点都安装了地表反照率测量设备，提供长期的地表反照率观测数据，主要站点观测网络包括 FLUXNET、SURFRAD（Surface Radiation Budget Network）、BSRN（Baseline Surface Radiation Network）、ARM（Atmospheric Radiation Measurement）、GC-NET 和 PROMICE（Programme for Monitoring of the Greenland Ice Sheet）等（梁顺林，2013）。

6.3.3.2 地表反照率遥感反演

1）地表反照率估算原理

地表反照率的常规观测是地基单点观测，代表的空间范围一般较小，给出的是在“点”尺度上的地表反照率时空变化度量，如果需要评估全球尺度的地表反照率时空变化，这是远远不够的。自 20 世纪 80 年代初进入卫星观测时代，多光谱和多角度的卫星对地观测技术极大地丰富和扩展了地表反照率观测和监测手段，使得对全球地表反照率时空变化进行准确分析和评估成为可能，进而推动了地表反照率的遥感估算方法及其应用的快速发展。

星载或机载传感器只能观测某一个或某几个固定方向上的反射率，而反照率是反射率对所有观测方向的积分。当卫星观测天顶角比较大的时候，地-气之间的入射光、反射光的“方向性特征”这一问题就变得非常突出。自然条件下，地表对太阳辐射的反射是各向异性的，通常用双向性反射分布函数（BRDF）来描述，BRDF 定义为某一出射方向的辐射亮度与某一入射方向照射在该面元上的辐射照度之比（Nicodemus et al.，1977）。对于一个地面微元，如果（θ_i，h_i）方向的入射光为 $L_i(\theta_i, h_i)$，则在（θ_v，h_v）方向的卫星辐射仪观测到的辐射值为（不计大气影响）：

$$L_v(\theta_v, h_v) = \int_0^{2\pi}\int^{\frac{\pi}{2}}{}_0 L_i(\theta_i, h_i)\,\mathrm{BRDF}(\theta_v, h_v; \theta_i, h_i)\cos\theta_i\sin\theta_i\,\mathrm{d}\theta_i\,\mathrm{d}h_i \tag{6-62}$$

对于该地面元，总入射辐射 E_i 和总反射辐射 E_r 可分别表示为

$$E_\mathrm{i} = \int_0^{2\pi}\int_0^{\frac{\pi}{2}} L_i(\theta_i, h_i)\cos\theta_i\sin\theta_i\,\mathrm{d}\theta_i\,\mathrm{d}h_i \tag{6-63}$$

$$E_\mathrm{r} = \int_0^{2\pi}\int_0^{\frac{\pi}{2}} L_v(\theta_v, h_v)\cos\theta_v\sin\theta_v\,\mathrm{d}\theta_v\,\mathrm{d}h_v \tag{6-64}$$

则地表反照率表示为

$$\alpha = \frac{E_\mathrm{r}}{E_\mathrm{i}} \tag{6-65}$$

由于大多数地表存在显著的反射各向异性，因此地表反照率不仅与地物本征反射特性有关，还与太阳天顶角和气溶胶光学厚度等因素有关。为了将地物本征反射特性和入射几何/大气状态因素分离，Lewis 和 Barnsley（1994）将反照率分解为白空反照率和黑空反照率线性混合的形式：

$$\alpha \cong \varpi\alpha_{\mathrm{ws}} + (1-\varpi)\alpha_{\mathrm{bs}} \tag{6-66}$$

式中，α_{ws}为白空反照率（White-Sky Albedo，WSA）；α_{bs}为黑空反照率（Black-Sky Albedo，BSA）；ϖ为大气散射光比例，其值随着太阳天顶角、气溶胶光学厚度和气溶胶类型等因素而变化。

白空反照率定义为完全散射光入射情况下的地物反照率，仅与地物反射特性有关，不随入射/观测角度发生变化，也被称为双半球反射率。而黑空反照率定义为直射光入射情况下的地物反照率，随着太阳光线入射角度发生变化，而与观测角度无关，也被称为方向-半球反射率。白空和黑空反照率可以被表达为对双向反射分布函数（BRDF）在入射/出射半球积分的形式（Strahler et al.，1999）：

$$\alpha_{\mathrm{bs}}(\theta_{\mathrm{s}}) = \frac{1}{2}\int_0^{2\pi}\int_0^{\frac{\pi}{2}} \zeta(\theta_{\mathrm{s}},\theta_{\mathrm{v}},\varphi)\,\mathrm{d}\theta_{\mathrm{v}}\mathrm{d}\varphi \tag{6-67}$$

$$\alpha_{\mathrm{ws}} = \frac{1}{4\pi}\int_0^{2\pi}\int_0^{\frac{\pi}{2}}\int_0^{2\pi}\int_0^{\frac{\pi}{2}} \zeta(\theta_{\mathrm{s}},\theta_{\mathrm{v}},\varphi)\,\mathrm{d}\theta_{\mathrm{v}}\mathrm{d}\varphi\mathrm{d}\theta_{\mathrm{s}}\mathrm{d}\varphi \tag{6-68}$$

式中，$\zeta(\theta_{\mathrm{s}},\theta_{\mathrm{v}},\varphi)$ 为地物目标的 BRDF；θ_{s}、θ_{v} 和 φ 分别为太阳天顶角、观测天顶角和相对方位角。BRDF 是地物反射各向异性的描述函数，定义为入射辐射通量密度（辐照度）微增量与其引起的出射辐照度微增量的比值。

2）地表反照率遥感估算方法

现有的地表反照率遥感估算方法主要包括三类（李喜佳，2019）：窄波段向宽波段反照率转换算法、基于多时相遥感观测数据的 BRDF 建模方法、基于单时相遥感观测数据的直接反演算法。

（1）窄波段向宽波段反照率转换算法。忽略地表的反射各向异性，基于传感器的波段响应函数和各波段在短波下行辐射中所占的权重来计算宽波段反照率。假设下垫面为朗伯体，各波段的反射率为ρ_i，相应能量为E_i，当总入射能为E时，反照率α为

$$\alpha = \frac{E_1}{E}\rho_1 + \frac{E_2}{E}\rho_2 + \cdots + \frac{E_i}{E}\rho_i \tag{6-69}$$

该方法由 Brest 最早提出（Brest et al.，1987），后来不同的研究者给出了基于不同传感器 AVHRR（Russell et al.，1997）、Landsat TM（Duguay and Ledrew，1992）和 Meteosat（Valiente et al.，1995）的转换方法。梁顺林等（2013）对该方法做了较全面的总结，并给出了 MODIS、AVHRR、ETM+、ASTER、POLDER 和 MISR 等常见卫星传感器的转换系数。该方法是估算地表宽波段反照率的基础，被广泛应用于朗伯假设下单角度观测平台传感器数据反照率的估算研究。例如，Liang（2000）建立了由 Landsat-TM 窄波段反射率估算宽波段地表反照率的通用公式，该公式适应于不同的大气和地面条件：

$$\alpha = 0.356\rho_{\mathrm{TM1}} + 0.130\rho_{\mathrm{TM3}} + 0.373\rho_{\mathrm{TM4}} + 0.085\rho_{\mathrm{TM5}} + 0.072\rho_{\mathrm{TM7}} - 0.0018 \tag{6-70}$$

式中，$\rho_{\mathrm{TM}i}$为第 i 波段的光谱反射率。

这种方法对于仅能从天顶观测的传感器来说简单易用，可以用线性函数直接估算宽波段反照率。但是，当陆地和海洋表面不能被看成朗伯体的时候，这种方法会带来不可忽略的估算误差，尤其是当太阳和观测天顶角较大时，地表反射的各向异性不能忽略。为解决这一问题，可使用双向反射模型来反演地表反照率。

（2）基于多时相遥感观测数据的 BRDF 建模方法。假定地表 BRDF 特性在一个较短的时间窗口（如 16 天）内保持不变，基于时间窗口内多角度、多时相的极轨卫星观测数据拟合地表 BRDF，通过积分计算得到地表反照率。MODIS 地表反射率采用了半经验的核驱动线性 BRDF 模式，计算步骤为：对卫星观测到的大气上界向上辐射进行大气订正，计算地表半球-方向反射比因子；根据不同观测角度的观测结果，利用双向反射模型，拟合模型的参数后对其进行积分，得到窄波段地表黑空反照率和白空反照率；根据太阳辐射光谱和传感器各波段的响应函数，将窄波段反照率转换为宽波段地表黑空反照率和白空反照率。

BRDF 建模方法的物理意义明确，但需要大量的连续时间序列的遥感观测数据，且获得的地表反照率产品时间分辨率相对较低。当地表反照率快速变化时，如森林火灾、降雪和融雪过程等，采用该种方法估算的地表反照率精度相对较低（Qu et al., 2015）。

（3）基于单时相遥感观测数据的直接反演算法。通过构建地表 BRDF 数据集和模拟大气辐射传输等方法，建立单时相遥感观测信号与地表反照率之间的回归关系来估算地表宽波段反照率。该种方法利用某个瞬时的遥感观测数据直接估算地表反照率，可以得到高时间分辨率的地表反照率产品，但是该种方法易受到云覆盖等数据噪声的影响（Liu et al., 2013），估算得到的地表反照率估算结果稳定性相对较低，需要做进一步的滤波处理。

卫星遥感器不能直接观测地表反照率，而是来自一定方向地球系统（包括地面和大气）的辐射，因此遥感反演地表反照率受以下几个因素的限制（肖登攀等，2011）：①大气对遥感数据的影响；②常用的遥感器只能获取有限波段的反射率值，不能连续覆盖整个可见光和近红外波段；③大多辐射仪只能观测偏离天顶的某一个或几个固定方向上的反射率，而反照率是反射率对所有观测方向的积分。

上述三类算法各具优缺点，新开发的算法在未来应克服上述问题或是融合各算法的结果，以获得具有更高时空分辨率的最优结果。

6.3.3.3 地表反照率遥感估算产品

自 20 世纪 80 年代以来，特别是从 21 世纪初开始，在世界各国和组织对地观测计划的支持下，有越来越多的传感器和观测平台可供选择，使得采用多种平台和传感器联合反演地表反照率成为可能。有越来越多的基于卫星观测数据反演的地表宽波段反照率产品生产和发布（Qu et al., 2015）。目前主要的卫星地表宽波段反照率遥感产品及其简要介绍见表 6-5，在不同的地表反照率产品中，空间分辨率从 250m 到 20km 不等，时间分辨率从每天到每月不等，时间跨度短则 5 年，长则 30 多年。

表 6-5　现有常用卫星地表宽波段反照率遥感产品

名称	时间分辨率	空间分辨率	时间覆盖	空间覆盖	参考文献
MODIS	8 天	500m/1km/0. 05°	2000 年至今	全球陆表	Schaaf 等（2002）
GLASS	8 天	1km/0. 05°	1982～2015 年	全球海陆	Liu 等（2013）
CLARA	5 天/30 天	0. 25°	1982～2015 年	全球海陆	Riihelä 等（2013）
MISR	1 天/30 天	1. 1km/0. 05°	2000 年至今	全球陆表	Martonchik 等（2002）
MERIS	30 天	0. 25°	2002～2006 年	全球陆表	Muller（2012）
Globalbedo	16 天	1km/0. 05°/0. 5°	1998～2011 年	全球陆表	Muller（2012）
POLDER	10 天	18°	2003/2005～2010 年	全球陆表	Bréon 等（2002）

He 等（2014）比较了 1981～2010 年几种地表反照率产品，发现大多数产品在夏季具有较好的一致性，而在冬季差异则相对较大，年平均误差为 0. 02～0. 03。全球的 GLASS、MODIS、MERIS 和 Globalbedo 背景场具有高度的一致性，CLARA 产品在所有季节都存在高估现象，Globalbedo 产品在北半球冬季存在高估现象。这些基于卫星遥感观测的反照率数据集的一致性与纬度高度相关。其中，在夏季，不同产品的一致性较好；而在冬季，差异则相对较大，尤其是在中高纬度地区（He et al., 2014）。

6. 4　小　　结

地-气能量交换是地-气相互作用的核心问题之一，对局地微气候、大气环流与全球气候变化都具有重要影响。自 20 世纪 80 年代以来，国内外开展了系列大型陆面过程野外科学试验，为研究地-气能量交换提供了重要观测依据，并发展了一系列基于地表能量平衡方程的地表水热通量估算模型，在陆表关键能量参数遥感反演与估算方面也取得了显著进展。未来需要进一步考虑如下问题并深入开展相关研究工作。

（1）地表能量平衡的闭合问题。地表能量平衡是大气以及陆面模式的基本假设，但在许多地面通量观测站上都没有得到验证。实验观测数据已经表明，地表有效能量与湍流通量之间存在着一定差异，即地表能量平衡不闭合现象，这将对基于地表能量守恒原理的模型产生影响，并将通过多个模型之间的耦合与相互作用进一步影响陆表过程、气候变化、地球系统等相关研究结果的精度。许多学者在观测误差、湍流通量订正、源区分析等方面作了大量的研究和努力，这对于提高表面能量闭合率起到了一定的效果。然而，能量不闭合的真正原因到底是什么，尚需要进一步开展研究，如在降低仪器观测误差的基础上，开展复杂非均匀下垫面的观测实验与数据分析，深入分析大气运动状态对近地表能量闭合的影响作用。

（2）水热通量估算模型的进一步发展。水热通量估算模型从早期的统计模型发展到物理模型，再到多尺度的集成模型，并与最新的观测技术相结合，已取得了重要进展。目前发展的各通量模型在应用于不同时间与区域时的结果存在着明显差异，且部分模型存在着扩展应用困难的问题，比如依赖于大量的气象、陆表等观测数据，与遥感数据质量和分辨率有关，部分模型为经验关系模型且存在着一定的尺度效应等，这需要进一步发展高分辨率陆表能量水热交换过程的机理与尺度转换研究，并采用多种技术手段进行多尺度网络观测，并将数据和模型进行深度融合。

（3）陆表关键能量参数的全天时、全天候遥感反演方法。目前开展的地表温度、近地表气温、反照率等关键陆表能量参数遥感反演的前提是利用晴空环境下获得的遥感数据，但由于遥感成像的时间非连续性和云的影响，许多时刻无法获取遥感反演结果，这就需要进一步发展主被动遥感技术相结合、物理模型与统计模型相结合、观测与模式相结合的全天时、全天候的陆表关键参数遥感反演与估算方法。

（4）水热通量与能量参数的验证问题。通常采用站点观测数据在小范围、短时间尺度上对水热通量与能量参数的估算结果进行验证，但这种验证方法存在着如下问题：第一，站点观测数据的来源问题，现有验证站点布设的目的不同，数据质量可能参差不齐，有时候缺乏统一的质量控制体系；第二，站点在空间上的分布是否能够包含典型的地表覆盖类型，这将对算法或产品在区域、全球不同尺度上的实际精度验证造成制约；第三，验证站点的代表性问题，由于许多过程与结果参数来自遥感数据的反演与估算，非均质地表的空间异质性问题使得不同验证站点能够代表的空间尺度不同，这就需要解决地面测量数据到像元尺度转换过程的误差问题。在后续研究中，需要构建区域密集、标准统一的地表验证观测网络以及数据共享机制，在复杂下垫面区域增设观测站点，针对不同的水热通量与能量参数建立统一的测量规范与真实性检验标准。

参考文献

包云轩，邵艺，李迅 . 2018. 基于 MODIS 的北京地区一次霾过程的能见度反演 . 大气科学学报，5：710-719.

储鹏，江志红，李庆祥，等 . 2016. 城市分类对中国城市化影响评估的不确定性分析 . 大气科学学报，39（5）：661-671.

冯淼，冯海霞 . 2012. 北京地区地表反照率 TM 数据反演与分析 . 测绘科学，37（5）：164-166.

华俊玮，祝善友，张桂欣 . 2018. 基于随机森林算法的地表温度降尺度研究 . 国土资源遥感，30（1）：78-86.

李爱农，等 . 2016. 山地遥感 . 北京：科学出版社 .

李喜佳 . 2019. 基于遥感观测的全球地表反照率时空变化研究 . 长春：东北师范大学博士学位论文 .

李召良，段四波，唐伯惠，等 . 2016. 热红外地表温度遥感反演方法研究进展 . 遥感学报，20（5）：899-920.

梁顺林，李小文，王锦地，等 . 2013. 定量遥感：理念与算法 . 北京：科学出版社 .

齐述华，王军邦，张庆员，等 . 2005. 利用 MODIS 遥感影像获取近地层气温的方法研究 . 遥感学报，9（5）：570-575.

田苗，王鹏新，孙威 . 2010. 基于地表温度与植被指数特征空间反演地表参数的研究进展 . 地球科学进展，25（7）：698-705.

王介民，高峰 . 2004. 关于地表反照率遥感反演的几个问题 . 遥感技术与应用，19（5）：295-300.

王祎婷，谢东辉，李亚惠 . 2014. 光谱指数趋势面的城市地表温度降尺度转换 . 遥感学报，18（6）：1169-1181.

肖登攀，陶福禄，Moiwo Juana P. 2011. 全球变化下地表反照率研究进展 . 地球科学进展，26（11）：1217-1224.

谢志鹏，胡泽勇，刘火霖，等．2017. 陆面模式 CLM4.5 对青藏高原高寒草甸地表能量交换模拟性能的评估．高原气象，36：1-12.

张仁华．1991. 土壤含水量的热惯量模型及其应用．科学通报，36（12）：924-927.

赵英时，等．2013. 遥感应用分析原理与方法．北京：科学出版社．

祝善友，张桂欣．2011. 近地表气温遥感反演研究进展．地球科学进展，26（7）：724-730.

Agam N, Kustas W P, Anderson M C, et al. 2007. A vegetation index based technique for spatial sharpening of thermal imagery. Remote Sensing of Environment, 107（4）: 545-558.

Atitar M, Sobrino J A. 2009. A split-window algorithm for estimating LST from meteosat 9 data: Test and comparison with in situ data and MODIS LSTs. IEEE Geoscience and Remote Sensing Letters, 6（1）: 122-126.

Bastiaanssen W G M, Menenti M, Feddes R A, et al. 1998. A remote sensing surface energy balance algorithm for land（SEBAL）. 1. Formulation. Journal of Hydrology, 212: 198-212.

Bayat B, Camacho F, Nickeson J, et al. 2021. Toward operational validation systems for global satellite-based terrestrial essential climate variables. International Journal of Applied Earth Observation and Geoinformation, 95: 102240.

Bindhu V M, Narasimhan B, Sudheer K P. 2013. Development and verification of a non-linear disaggregation method（NL-DisTrad）to downscale MODIS land surface temperature to the spatial scale of Landsat thermal data to estimate evapotranspiration. Remote Sensing of Environment, 135: 118-129.

Bréon F M, Maignan F, Leroy M, et al. 2002. Analysis of hot spot directional signatures measured from space. Journal of Geophysical Research: Atmospheres, 107（D16）: e2001jd001094.

Brest C L, Goward S N. 1987. Deriving surface albedo measurements from narrow band satellite data. International Journal of Remote Sensing, 8（3）: 351-367.

Camuffo D, Bernardi A. 1982. An observational study of heat fluxes and their relationships with net radiation. Boundary-Layer Meteorology, 23（3）: 359-368.

Cresswell M P, Morse A P, Thomson M C, et al. 1999. Estimating surface air temperatures, from Meteosat land surface temperatures, using an empirical solar zenith angle model. International Journal of Remote Sensing, 20（6）: 1125-1132.

Dickinson R E. 1995. Land processes in climate models. Remote Sensing of Environment, 51（1）: 27-38.

Duguay C R, Ledrew E F. 1992. Estimating surface reflectance and albedo from Landsat-5 Thematic Mapper over rugged terrain. Photogrammetric Engineering and Remote Sensing, 58（5）: 551-558.

Evans J P, Meng X H, McCabe M F. 2017. Land surface albedo and vegetation feedbacks enhanced the millennium drought in south-east Australia. Hydrology and Earth System Sciences, 21（1）: 409-422.

Fasbender D, Tuia D, Bogaert P, et al. 2008. Support-based implementation of Bayesian data fusion for spatial enhancement: Applications to ASTER thermal images. IEEE Geoscience and Remote Sensing Letters, 5（4）: 598-602.

Florio E N, Lele S R, Chi Chang Y, et al. 2004. Integrating AVHRR satellite data and NOAA ground observations to predict surface air temperature: A statistical approach. International Journal of Remote Sensing, 25（15）: 2979-2994.

Gillespie A, Rokugawa S, Matsunaga T, et al. 1998. A temperature and emissivity separation algorithm for Advanced Spaceborne Thermal Emission and Reflection Radiometer（ASTER）images. IEEE Transactions on Geoscience and Remote Sensing, 36（4）: 1113-1126.

Hatfield J L, Perrier A, Jackson R D. 1983. Estimation of evapotranspiration at one time-of-day using remotely sensed surface temperatures. Agricultural Water Management, 7 (1-3): 341-350.

Haywood J M, Jones A, Dunstone N, et al. 2016. The impact of equilibrating hemispheric albedos on tropical performance in the HadGEM2-ES coupled climate model. Geophysical Research Letters, 43 (1): 395-403.

He T, Liang S L, Song D X. 2014. Analysis of global land surface albedo climatology and spatial-temporal variation during 1981 – 2010 from multiple satellite products. Journal of Geophysical Research: Atmospheres, 119 (10): 281-298.

Hu S N, Boos W R. 2017. Competing effects of surface albedo and orographic elevated heating on regional climate. Geophysical Research Letters, 44 (13): 6966-6973.

Hutengs C, Vohland M. 2016. Downscaling land surface temperatures at regional scales with random forest regression. Remote Sensing of Environment, 178: 127-141.

Jang J D, Viau A A, Anctil F. 2004. Neural network estimation of air temperatures from AVHRR data. International Journal of Remote Sensing, 25 (21): 4541-4554.

Jiménez-Muñoz J C, Sobrino J A. 2003. A generalized single-channel method for retrieving land surface temperature from remote sensing data. Journal of Geophysical Research: Atmospheres, 108 (D22): 4688.

Jiménez-Muñoz J C, Cristóbal J, Sobrino J A, et al. 2009. Revision of the single-channel algorithm for land surface temperature retrieval from landsat thermal-infrared data. IEEE Transactions on Geoscience and Remote Sensing, 47 (1): 339-349.

Jiménez-Muñoz J C, Sobrino J A, Skoković D, et al. 2014. Land surface temperature retrieval methods from landsat-8 thermal infrared sensor data. IEEE Geoscience and Remote Sensing Letters, 11 (10): 1840-1843.

Kawashima S, Ishida T, Minomura M, et al. 2000. Relations between surface temperature and air temperature on a local scale during winter nights. Journal of Applied Meteorology, 39 (9): 1570-1579.

Kustas W P, Norman J M, Anderson M C, et al. 2003. Estimating subpixel surface temperatures and energy fluxes from the vegetation index-radiometric temperature relationship. Remote Sensing of Environment, 85 (4): 429-440.

Levine X J, Boos W R. 2017. Land surface albedo bias in climate models and its association with tropical rainfall. Geophysical Research Letters, 44 (12): 6363-6372.

Lewis P, Barnsley M J. 1994. Influence of the sky radiance distribution on various formulations of the earth surface albedo. 6th International Symposium on Physical Measurements and Signatures in Remote Sensing, ISPRS.

Li W, Ni L, Li Z L, et al. 2019. Evaluation of machine learning algorithms in spatial downscaling of MODIS land surface temperature. IEEE Journal of Selected Topics in Applied Earth Observations and Remote Sensing, 12 (7): 2299-2307.

Li Y, Wang T, Zeng Z Z, et al. 2016. Evaluating biases in simulated land surface albedo from CMIP5 global climate models. Journal of Geophysical Research: Atmospheres, 121 (11): 6178-6190.

Liang S L. 2001. Narrowband to broadband conversions of land surface albedo I Algorithms. Remote Sensing of Environment, 76 (2): 213-238.

Liu Q, Wang L Z, Qu Y, et al. 2013. Preliminary evaluation of the long-term GLASS albedo product. International Journal of Digital Earth, 6 (supl): 69-95.

Lyons E A, Jin Y F, Randerson J T. 2008. Changes in surface albedo after fire in boreal forest ecosystems of interior Alaska assessed using MODIS satellite observations. Journal of Geophysical Research: Biogeosciences, 113 (G2): G02012.

Mao K B, Tang H J, Wang X F, et al. 2008. Near-surface air temperature estimation from ASTER data based on neural network algorithm. International Journal of Remote Sensing, 29 (20): 6021-6028.

Martonchik J V, Pinty B, Verstraete M M. 2002. Note on "An improved model of surface BRDF-atmospheric coupled radiation". IEEE Transactions on Geoscience and Remote Sensing, 40 (7): 1637-1639.

Misslin R, Vaguet Y, Vaguet A, et al. 2018. Estimating air temperature using MODIS surface temperature images for assessing *Aedes aegypti* thermal niche in Bangkok, Thailand. Environmental Monitoring and Assessment, 190 (9): 537.

Mukherjee S, Joshi P K, Garg R D. 2015. Regression-Kriging technique to downscale satellite-derived land surface temperature in heterogeneous agricultural landscape. IEEE Journal of Selected Topics in Applied Earth Observations and Remote Sensing, 8 (3): 1245-1250.

Muller J P, López G, Watson G, et al. 2012. The ESA GlobAlbedo Project for mapping the Earth's land surface albedo for 15 years from European sensors. Geophysical Research Abstracts, 13: 10969.

Nicodemus F E, Richmond J C, Hsia J J, et al. 1977. Geometrical considerations and nomenclature for reflectance. NBS monograph, 160: 4.

Pape R, Löffler J. 2004. Modelling spatio-temporal near-surface temperature variation in high mountain landscapes. Ecological Modelling, 178 (3/4): 483-501.

Pardo-Igúzquiza E, Chica-Olmo M, Atkinson P M. 2006. Downscaling cokriging for image sharpening. Remote Sensing of Environment, 102 (1/2): 86-98.

Pereira O J R, Melfi A J, Montes C R, et al. 2018. Downscaling of ASTER thermal images based on geographically weighted regression Kriging. Remote Sensing, 10 (4): 633.

Prihodko L, Goward S N. 1997. Estimation of air temperature from remotely sensed surface observations. Remote Sensing of Environment, 60 (3): 335-346.

Qin Z, Karnieli A, Berliner P. 2001. A mono-window algorithm for retrieving land surface temperature from Landsat TM data and its application to the Israel-Egypt border region. International Journal of Remote Sensing, 22 (18): 3719-3746.

Qu Y, Liu Q, Liang S L, et al. 2014. Direct-estimation algorithm for mapping daily land-surface broadband albedo from MODIS data. IEEE Transactions on Geoscience and Remote Sensing, 52 (2): 907-919.

Qu Y, Liang S L, Liu Q, et al. 2015. Mapping surface broadband albedo from satellite observations: A review of literatures on algorithms and products. Remote Sensing, 7 (1): 990-1020.

Riihelä A, Manninen T, Laine V, et al. 2013. CLARA-SAL: A global 28yr time series of Earth's black-sky surface albedo. Atmospheric Chemistry and Physics, 13 (7): 3743-3762.

Roerink G J, Su Z, Menenti M. 2000. S-SEBI: A simple remote sensing algorithm to estimate the surface energy balance. Physics and Chemistry of the Earth, Part B: Hydrology, Oceans and Atmosphere, 25 (2): 147-157.

Russell M J, Nunez M, Chladil M A, et al. 1997. Conversion of nadir, narrowband reflectance in red and near-infrared channels to hemispherical surface albedo. Remote Sensing of Environment, 61 (1): 16-23.

Schaaf C B, Gao F, Strahler A H, et al. 2002. First operational BRDF, albedo nadir reflectance products from MODIS. Remote Sensing of Environment, 83 (1/2): 135-148.

Sobrino J A, Li Z L, Stoll M P, et al. 1996. Multi-channel and multi-angle algorithms for estimating sea and land surface temperature with ATSR data. International Journal of Remote Sensing, 17 (11): 2089-2114.

Sobrino J A, Jiménez-Muñoz J C, Paolini L. 2004. Land surface temperature retrieval from LANDSAT TM 5. Remote Sensing of Environment, 90 (4): 434-440.

Stephens G L, Li J, Wild M, et al. 2012. An update on Earth's energy balance in light of the latest global observations. Nature Geoscience, 5: 691-696.

Stisen S, Sandholt I, Nørgaard A, et al. 2007. Estimation of diurnal air temperature using MSG SEVIRI data in West Africa. Remote Sensing of Environment, 110 (2): 262-274.

Strahler A H, Muller J P, Lucht W, et al. 1999. MODIS BRDF/albedo product: Algorithm theoretical basis document version 5.0. MODIS documentation, 23: 42-47.

Su Z, Li X, Zhou Y, et al. 2004. Estimating areal evaporation from remote sensing//IGARSS 2003. 2003 IEEE International Geoscience and Remote Sensing Symposium. Proceedings. Toulouse, France: IEEE.

Sun D L, Pinker R T. 2003. Estimation of land surface temperature from a Geostationary Operational Environmental Satellite (GOES-8). Journal of Geophysical Research: Atmospheres, 108 (D11): e2002jd002422.

Sun Y J, Wang J F, Zhang R H, et al. 2005. Air temperature retrieval from remote sensing data based on thermodynamics. Theoretical and Applied Climatology, 80 (1): 37-48.

Vahmani P, Ban-Weiss G A. 2016. Impact of remotely sensed albedo and vegetation fraction on simulation of urban climate in WRF-urban canopy model: A case study of the urban heat island in Los Angeles. Journal of Geophysical Research: Atmospheres, 121 (4): 1511-1531.

Valiente J A, Nunez M, Lopez-Baeza E, et al. 1995. Narrow-band to broad-band conversion for Meteosat-visiible channel and broad-band albedo using both AVHRR-1 and-2 channels. International Journal of Remote Sensing, 16 (6): 1147-1166.

Wan Z M, Li Z L. 1997. A physics-based algorithm for retrieving land-surface emissivity and temperature from EOS/MODIS data. IEEE Transactions on Geoscience and Remote Sensing, 35 (4): 980-996.

Wang F, Qin Z H, Song C Y, et al. 2015. An improved mono-window algorithm for land surface temperature retrieval from landsat 8 thermal infrared sensor data. Remote Sensing, 7 (4): 4268-4289.

Wang Z S, Schaaf C B, Sun Q S, et al. 2017. Monitoring land surface albedo and vegetation dynamics using high spatial and temporal resolution synthetic time series from Landsat and the MODIS BRDF/NBAR/albedo product. International Journal of Applied Earth Observation and Geoinformation, 59: 104-117.

Yang G J, Pu R L, Huang W J, et al. 2010. A novel method to estimate subpixel temperature by fusing solar-reflective and thermal-infrared remote-sensing data with an artificial neural network. IEEE Transactions on Geoscience and Remote Sensing, 48 (4): 2170-2178.

Yang Y B, Cao C, Pan X, et al. 2017. Downscaling land surface temperature in an arid area by using multiple remote sensing indices with random forest regression. Remote Sensing, 9 (8): 789.

Zhao C Y, Nan Z R, Cheng G D. 2005. Methods for modelling of temporal and spatial distribution of air temperature at landscape scale in the southern Qilian Mountains, China. Ecological Modelling, 189 (1/2): 209-220.

Zhu S Y, Zhou C X, Zhang G X, et al. 2017. Preliminary verification of instantaneous air temperature estimation for clear sky conditions based on SEBAL. Meteorology and Atmospheric Physics, 129 (1): 71-81.

7 生态遥感的真实性检验

遥感作为一种宏观观测手段，其数据产品可为地表相关研究提供强有力的支撑，而真实性检验就是遥感定量产品的试金石。只有对各种遥感产品的准确度和稳定性给出定量评估，才能使相关行业放心使用遥感数据产品，亦能促进遥感产品定量化水平的提高，使遥感产品真正成为应对全球变化等严峻挑战的可靠信息源。本章主要介绍了生态遥感数据产品的真实性检验技术方法、可用于真实性检验的基础设施，以叶面积指数和陆表温度参数为例开展了生态遥感真实性检验的实证分析。

7.1 概　　述

地球观测技术改变了全球环境变化监测和地球系统科学研究的面貌，越来越多的遥感产品，如地表反照率、地面覆盖类型、植被指数、叶面积指数、土壤水分含量、地表温度等，为资源、环境、生态、农业等领域监测评估、管理决策、预测预警提供了重要信息。但是，遥感数据获取时受到大气辐射传输特性、传感器运行环境和工作状态、观测目标空间和时间尺度异质性等多因素影响，从遥感数据中定量得到的遥感数据产品也受到模型适用性等不确定性因素的影响，从而降低了定量遥感产品精度（Wu et al.，2019）。为了解决这一问题，生态遥感的真实性检验成了关键点。

真实性检验是指将遥感反演产品与能够视作地表相对真值的参考数据（如地面实测数据、机载数据、高分辨率遥感数据等）进行对比分析，评价遥感反演产品的不确定性（Justice et al.，2000），是定量遥感科学发展的一个关键环节。真实性检验科学内涵包括：确定相对真值、进行尺度转换和确定可操作方法，核心问题是如何获取像元尺度的真值，主要方法是将地面的点测量数据拓展到面，基于地面和航空的观测手段来验证航天遥感数据产品（张仁华等，2010）。

遥感产品真实性检验在遥感技术发展初期即受到关注和重视，美国、英国、法国、加拿大和澳大利亚等国家在这方面积累了几十年的经验，在每颗遥感卫星发射升空前后都花费了大量的时间和经费进行传感器定标，开展算法研究以及遥感产品的真实性检验，以保证数据产品的质量（晋锐等，2017）。例如，国际地球观测卫星委员会（Committee on Earth Observation Satellites，CEOS）在1984年成立了定标和真实性检验工作组（Working Group on Calibration and Validation，WGCV），开始在全球范围开展相关工作和研究（Justice et al.，2000）。EOS卫星的MODIS载荷在1999年在轨运行后，美国国家航空航天局（NASA）即成立了MODIS陆地产品（MODLAND）真实性检验小组，对MODIS各种全球陆地数据产品进行系统的真实性检验（Morisette et al.，2002）。CEOS定标与真实性检验工作组于2000年专门成立了陆地产品真实性检验（Land Product Validation，LPV）工作小组，促进陆地遥感产品真实性检验相关数据和信息的共享和交换（Morisette et al., 2006）。2005 年，LPV 工作小组提出了 BELMANIP（Benchmark Land Multisite Analysis and Intercomparison of Products）计划（Baret et al., 2006），在利用地面测量开展直接真实性检验外，还探索多传感器数据产品间的交叉检验。欧洲航天局（ESA）于 2000 年启动了欧洲陆地遥感仪器验证（Validation of Land European Remote Sensing Instruments，VALERI）计划，对 MODIS、VEGETATION、MERIS、POLDER、AVHRR 等传感器生产的陆地遥感数据产品，包括反照率、植被覆盖度、叶面积指数、FAPAR 等进行真实性检验（Baret et al., 2005）。

虽然遥感产品验证已经开展了大量的研究工作，但是遥感产品验证中的不确定性研究还没有系统开展。由于缺乏有效的、时空连续的升尺度模型，真实性检验结果自身尚存在较大的不确定性，这种不确定性的大小取决于验证过程中参考值与真值的逼近程度。不确定性的存在降低了真实性检验结果的准确性和可信度，也是目前真实性检验面临的重要挑战之一。特别是验证过程中引入的不确定性的量化及误差传递对最终验证结果影响的研究非常有限。

7.2 真实性检验的方法

尽管定量遥感产品的真实性验证方法不尽相同，但是主体思路是相似的，即通过尺度转换，将小尺度数据聚合成与待检验产品尺度相当的大尺度数据，从而进行数据对比（Susaki et al., 2007；张仁华等，2010）。

由于待检验产品与地表观测之间的差异，真实性检验不同于简单的比较，真实性检验涉及像元尺度真值的概念。像元尺度真值是地表参数在像元尺度上的真实内涵和面貌，它是客观存在的，不依赖于待检验产品的数据、算法。地面实测数据是真实性检验中像元尺度真值的主要来源，但是受限于测量手段和测量方法，绝对真值是获取不到的，只能是最佳的逼近值。也就是说，我们能做的就是获取尽可能准确的接近绝对真值的相对真值。地面实测数据覆盖的范围通常远小于待检验产品像元所覆盖的范围，同时地表的空间异质性是客观存在的，因此通过地面直接测得的值并不能认为是像元尺度相对真值。也就是说，仅仅有地面观测数据是远远不够的。对于遥感产品的真实性检验来说，相对真值是指像元尺度上目标变量的平均值。遥感产品的真实性检验是经过一系列严格的确定性较强的过程得到地面上卫星像元尺度相对真值后采用一定的评价方法对遥感数据产品的精度进行评价。如何基于地面实测数据获得卫星像元尺度地面相对真值是真实性检验工作的基础。因此，真实性检验最关键的问题就是获取与待检验产品尺度相当的相对真值。

国际上，遥感产品真实性检验中地面观测样点布设、像元尺度真值的估计技术、尺度转换技术、配准误差、测量误差等因素对真实性检验结果不确定性的影响方面都有相关研究。Tian 等（2002）研究了 MODIS LAI 产品真实性检验中的地面观测采样策略及不确定性评价方法。从单点观测到像元尺度的信息转换方面，MODIS 陆地产品真实性检验工作组（LPV）提出了通过高分辨率遥感数据作为过渡尺度，首先在地表参数单点观测与高分辨率遥感数据之间建立转换关系，得到高分辨率遥感像元尺度上的地表参数分布，再通过线性聚合方法得到待验证遥感产品像元尺度的参考值。VALERI 计划则通过对像元内多个单点观测的空间插值得到像元尺度的参考值（晋锐等，2017）。在不确定性研究方面，Tan 等（2006）分析了几何配准误差对 MODIS 遥感产品不确定性的影响。Huang 等（2006）以 LAI 为例，评价了地面观测误差对参考数据估计精度的影响。

CEOS 陆地产品真实性检验工作小组将定量遥感产品真实性检验分为四个阶段（表 7-1），从第一到第四阶段，真实性检验的工作内容和范围是逐渐增加的。在真实性检验初期，侧重的是地面观测与产品之间的一致性对比，分析他们之间的一致性和差异。发展到真实性检验中后期，需更注重真实性检验结果以及产品本身的不确定性。全面、客观地评价产品自身精度、特点的前提条件，是获得不确定性尽可能小的像元尺度相对真值。

表 7-1　真实性检验的四个阶段

阶段	内容
1	基于有限的地面数据或其他合适的参考数据在特定区域、特定时间段内与待检验产品进行比较
2	基于更广泛分布的地面数据或其他合适的参考数据在长时间尺度上与待检验产品进行比较； • 在全球范围内代表性的位置和时间段评估多种相似产品间的时空一致性
3	通过与地面数据或其他合适的参考数据进行对比，定量确定产品的不确定性； • 在能够代表全球范围的地表分布的多个地方和时间段以严格的统计方法确定产品的不确定性； • 在能够代表全球范围的地表分布的多个地方和时间段验证多种遥感产品的时空一致性
4	第三阶段的验证结果随着产品的升级和时间序列的延长进行系统实时化更新

7.2.1　验证数据的地面观测

地面测量数据是真实性检验的基础，但考虑到地面-卫星观测之间的尺度差异和地表广泛分布的空间异质性，遥感产品的真实性检验并不是地面观测数据和卫星产品之间的简单对比。需要发展最优化的地面观测方法和尺度转换方法得到像元尺度参考值后，对遥感产品进行评价（Wu et al.，2019a）。目前，根据数据来源可以将真实性检验方法分为三种：基于地面单个站点的验证（Román et al.，2009）、基于地面多点的验证（Wu et al.，2016；2017）、基于高分辨率遥感观测的多尺度验证（Wu et al.，2018）。像元尺度相对真值的获取与地表的空间异质性是密切相关的，主要是地表空间异质性引起的相对真值尺度效应影响。对于均质地表，即使地面测量仪器所覆盖的空间范围比较小，地面观测值仍被认为有足够的空间代表性，可以作为地面像元尺度相对真值。但是，对于异质地表，地表观测值的空间代表性有限，需要经过尺度上推得到地面像元尺度相对真值。

对于均质的地表，像元尺度内地表变量分布均一，这种情况下无论地面采样点的位置和空间覆盖范围如何，地面观测均可以直接代表像元尺度真值。但是这仅限于理想情况下，因为自然界中高度均一的地表是不存在的。因此，基于这种假设的真实性检验结果通常存在一定程度的误差。一些学者对地面站点进行空间代表性评价（Román et al.，2009），从而把空间代表性高的站点观测值直接作为像元尺度真值。但空间代表性评价通常是基于个别时相数据进行的，而地面站点的空间代表性是随地表的季节变化而不断变化的。另外，目前的空间代表性评价还停留在定性描述阶段，因此基于这种方式的真实性检验结果存在很大的不确定性。更重要的是，这种方式避开了异质性站点，没有在根本上解决尺度问题，这就造成了异质性地表产品的精度仍然未知（吴小丹，2018）。Wu 等（2019b）基于地面单点分析了基于地面单点的验证中不确定性的主要来源，并在此基础上提出了基于地面单点的尺度转换模型（Wu et al.，2019c）。该升尺度模型为充分利用分布于全球的稀疏观测网进行验证提供了一种有效的尝试，提高点观测数据在真实性检验中的利用率。但模型的有效性还未经过广泛的验证。

对于异质性的地表，地表空间变异大，地面观测值仅仅能代表仪器所覆盖的空间范围内的参数。这种情况下真实性检验最大的难点，在于如何获取像元尺度上的地表参数“面”状分布信息。通过增加采样点的数目可以在一定程度上减少空间异质性对地表参数观测造成的影响，但在有限的观测成本下，这种方式的可操作性比较低。虽然近年来也发展了很多最优化采样方法（Wu et al.，2016），但是缺少有效的、能够兼顾地面采样点空间代表性和时间代表性的升尺度模型。因此，像元尺度真值的获取仍然十分困难。高分辨率辅助数据由于可以提供地表参数在粗分辨率像元内的空间分布信息，可作为地面-像元之间的尺度转换桥梁（Liang et al.，2002），但辅助数据的引入在减小尺度效应的同时也带来了数据本身的误差、几何匹配误差等，使真实性检验结果不确定性增大。Peng 等（2015）针对多尺度验证中的不确定性提出了不确定性最小原则，但这种方法理论上避开了空间异质性大的地表（吴小丹，2018）。

真实性检验所使用的地面数据，可根据待验证像元内采样点的密度概括为两类：①空间覆盖范围广但千米尺度像元内只包含一个站点的稀疏观测网（Jackson et al.，2010），这类数据主要包括 CERN、FLUXNET、SURFRAD、BSRN 等。这类数据的优点是其覆盖的空间范围广、时间范围长、包含的地表类型多，因此基于这种观测网得到的真实性检验结果能够比较全面地代表一种大尺度产品的精度。但是由于千米尺度像元内只包含一个站点，因此只有空间代表性高的一小部分站点可用于真实性检验工作。而相当大一部分站点由于其有限的空间代表性，尚未被有效利用。②空间覆盖范围小但千米尺度像元内包含多个地面实测点的稠密观测网，这类观测数据主要是指近几年兴起的无线传感器网络（WSN）观测数据，如 HiWATER 试验中黑河中游核心试验区的 WSN 和中国科学院怀来遥感综合试验站的 WSN。在千米尺度像元内通过布设多个采样点进行观测，捕捉样区异质性，有助于研究真实性检验中的尺度问题。但是这类观测数据覆盖的空间范围、地表类型通常很有限，因此基于这类数据得到的真实性检验结果仅能代表研究区内特定地表类型下、特定时间段内产品的精度。此外，为了解决某些特定的问题，还可以在特定时期内通过人工采集的方式获取多点采样数据，这种方式获取的地面数据时间周期通常比较短，不能充分评价产品对地表参数季节性和周期性变化的捕捉能力。为了全面评价产品捕捉地表参数随时间变化的能力，即使是对稠密观测网来说，也至少要覆盖一个完整的时间周期（即地表的变化周期）（吴小丹，2018）。

7.2.2 验证的尺度转换方法

由于地面观测数据所覆盖的范围通常小于待检验产品像元大小，因此真实性检验中涉及的尺度转换通常指的是自下而上的升尺度过程，即通过一定的手段将地面观测升尺度至待检验产品像元尺度。由于地面实测的数据不足以提供像元尺度目标变量的空间分布特征，因此无论哪种升尺度方法，都需要借助以影像形式存在的辅助信息。而真实性检验中不同的升尺度方法主要体现在高分辨率辅助信息是否直接参与了像元尺度相对真值的计算。因此可根据高分辨率数据是否直接参与相对真值的计算而将升尺度方法分为两种，一种是基于地面观测直接升尺度，另外一种是基于高分辨率遥感数据进行尺度转换。

7.2.2.1 基于地面观测直接升尺度

根据地面数据在待检验像元内的布设情况，可以分为基于单个地面观测站点直接升尺度和基于多个地面观测站点直接升尺度。

1）基于单个地面观测站点直接升尺度

基于单个地面观测站点直接升尺度是在站点空间代表性评价的基础上进行的。地面观测点的空间代表性多采用地统计学的理论和方法（如变异函数）进行分析（Román et al.，2009；Cescatti et al.，2012；Wang，2014）。当地面观测的足迹大于或者等于像元尺度内利用高分辨率数据计算的地表参数半方差模型的变程值（最小变异单元）时，地面观测被认为具有空间代表性（Wu et al.，2016；Román et al.，2009），可直接视作像元尺度上的相对真值。如果地面观测到的足迹大小接近于待验证像元的空间分辨率，可将地面观测值直接作为像元尺度相对真值。

由于这种方式不涉及升尺度转换，严格意义上并不是升尺度过程。此外，地面观测值对像元尺度相对真值的代表性没有定量化，所以验证结果很大程度上受主观因素的影响。例如，用于评价空间代表性的半方差模型的基台值小到什么程度可以认为地表是均质的？又大到什么程度可认为是异质的？又如，地面观测的足迹与半方差模型的变程值接近到什么程度，才可认为地面站点对待检验像元具有空间代表性？由于缺乏定量的评价标准，基于空间代表性评价的验证结果的可信度受到质疑。

目前已有的空间代表性评价都是基于个别时相的高分辨率影像完成的，而基于代表性评价的检验工作则是在长时间序列上进行的。除了个别如沙漠和戈壁等相对稳定的地表，大部分植被覆盖地表都表现出随季节的周期性变化。而地表覆盖的改变也会造成站点空间代表性的改变。因此，地面站点能否在长时间序列上保持空间代表性，以及空间代表性随时间的改变会给真实性检验结果带来多大的误差，目前都是亟须解决的问题。更重要的是，在全球的观测网或者气象网观测数据中，仅有一小部分站点的空间代表性比较好，可用于遥感产品的真实性检验。而相当大一部分站点由于其有限的空间代表性，尚未被有效利用。如何发展针对空间代表性差的站点的升尺度方法，使其为真实性检验提供可靠的参考值，是真实性检验工作的关键（吴小丹，2018）。

2）基于多个地面观测站点直接升尺度

为了捕捉粗分辨率像元内地表反照率等地表参量的异质性，通常需要布设多个测量点（Susaki et al.，2007；李新等，2008；Wu et al.，2016）。基于多个地面观测站点直接升尺度通常涉及对每一个采样点分配不同的权重，以此作为每一个采样点对像元尺度反照率的贡献（升尺度系数）。权重系数的计算方法有以下几种。

（1）对于荒漠、农田等存在一定空间异质性但空间结构相对规则的地表类型，通常可将植被覆盖度作为尺度上推的权重系数。例如，可将每种地表类型在待验证像元内所占的面积比例作为该类型地面实测值的升尺度系数（Hufkens et al.，2008）：

$$w_i = \frac{P_i}{P} \tag{7-1}$$

式中，w_i 为第 i 个采样点的升尺度系数；P_i 为第 i 个采样点所在地类在整个像元 P 内所占的面积比例。

（2）对于森林这种空间异质性强并且不存在明显空间结构特征的地表，可引入地统计方法，将小尺度的"点"观测优化插值到与遥感像元空间尺度接近或者相等的格网化数据中（Goovaerts，1997）。

$$w = C^{-1}D \tag{7-2}$$

式中，C 为由 N 个地面采样点数据构成的 $N\times N$ 的协方差矩阵；D 为预测点和地面采样点的协相关系数构成的 $N\times 1$ 向量。这种方法的有效性会随着异质性程度的增加而降低，因为克里金插值的二阶平稳假设在异质性地表条件下很难满足。而且，地面测量点通常是很有限的，因此精确地估计参数 C 和 D 是很困难的。一种可行的办法是先从高分辨率产品计算地表参数的空间自相关关系并假设这种关系对地面数据也是适用的（Zhang et al.，2017）。

（3）基于先验知识（野外实验数据或者高分辨影像数据）的统计回归（Wu et al.，2015，2016）。在地面观测值与像元尺度均值之间建立线性回归关系，通过最小二乘法得到优化的权重系数。这里的地面观测值可以是地面实测值，也可以用与地面观测值对应的高分辨率像元反照率代替；相应地，像元尺度均值可以通过地面实测数据得到，也可以用高分辨率数据聚合得到。为了消除不同数据源带来的误差和不确定性，计算权重系数的数据通常要求使用同一数据源。

$$A_{\text{pixel}} = \sum_{i=1}^{N} w_i \alpha_i \tag{7-3}$$

$$w = (\alpha^{\mathrm{T}}\alpha)^{-1}\alpha^{\mathrm{T}}A_{\text{pixel}} \tag{7-4}$$

式中，A_{pixel} 为像元尺度地表参量的均值；α_i 为地面采样点对应的小尺度地表参量值；α 为 α_i 的矩阵。

基于多点采样得到的像元尺度参考值的精度，取决于升尺度方法的选择和地面采样点对像元尺度的空间代表性。地面点的空间代表性体现在不同的采样方法上。常见的采样方法及优缺点在相关文章中已有介绍（吴小丹等，2014）。此外，对于地面多点测量，除了要保证采样点对空间的代表性，还要保证其时间上的代表性。

7.2.2.2 基于高分辨率遥感数据进行尺度转换

无论是单点观测还是多点观测，地面观测始终是小尺度的"点"数据，在异质性比较强时，基于地面观测仍难获得像元尺度相对真值，尤其是在采样点数目不够充分的情况下。高分辨率遥感数据可以提供空间连续的反照率分布信息，因此可以很好地捕捉空间异质性，缓解真实性检验中尺度问题对检验结果的影响（图 7-1）。

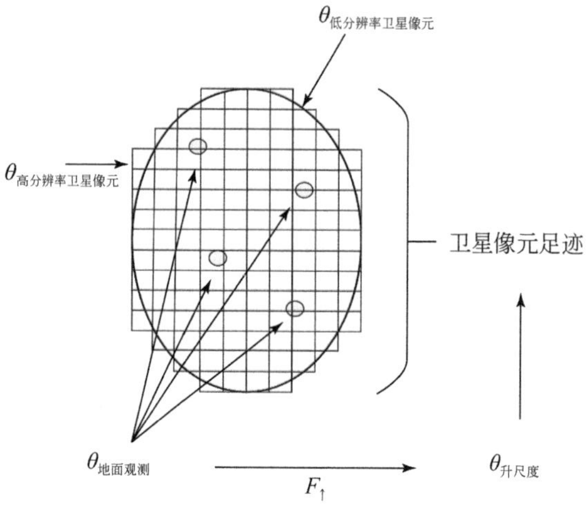

图 7-1 利用高分辨率数据作为地面-待验证像元之间的尺度转换桥梁示意图

1）传统的多尺度验证

传统的多尺度验证是引入高分辨率数据作为地面-待验证像元之间的尺度转换桥梁（Huang et al.，2006；Peng et al.，2015）。地面观测数据通过与对应的高分辨率遥感像元建立回归关系完成高分辨率产品的标定，进而由待验证产品的空间响应函数聚合得到像元尺度相对真值。

$$\theta_{i,\mathrm{Ground}}=a\theta_{i,\mathrm{RS}}+b \tag{7-5}$$

$$M=a\theta_{\mathrm{RS}}+b \tag{7-6}$$

$$\theta_{\mathrm{Upscaling}}=F_{\uparrow}(\theta_{i,\mathrm{Ground}})=f_{\mathrm{PSF}}\cdot M \tag{7-7}$$

式中，$\theta_{i,\mathrm{Ground}}$为第 i 个采样点的地面观测值；$\theta_{i,\mathrm{RS}}$为与地面实测数据对应的高分辨率数据；a 和 b 为待反演的标定系数，可以利用最小二乘求出；θ_{RS}为高分辨率像元；M 为标定后的高分辨率像元；$\theta_{\mathrm{Upscaling}}$为像元尺度相对真值；$F_{\uparrow}$ 为升尺度函数；f_{PSF}为卫星产品的点扩散函数。

上述过程由于对高分辨率产品进行了标定，在一定程度上可以弥补高分辨率产品存在的误差。但在异质性地表，理想的标定关系是不可能得到的。这是因为标定往往是基于有限几个地面点观测和与之对应的个别高分辨率影像像元建立的统计关系得到的［式（7-5）］，不一定适合其他地类。把标定关系应用到整幅影像上时［式（7-6）］，会带来较大的误差。因此聚合后的高分辨率产品值并不能完全准确地代表像元尺度参考值。

2）基于趋势面的升尺度思路

在异质性地表，虽然高分辨率辅助数据（无论标定与否）始终存在误差，不能准确代表目标变量的绝对值，但它至少可以比较准确地反映目标在空间的分布特征和分布趋势。因此借助高分辨率数据建立趋势面成为升尺度方法的一种尝试。近年来，基于趋势面的思路逐渐用于异质性地表的真实性检验（Crow et al.，2012；Ge et al.，2015；Kang et al.，2015；Wu et al.，2017a）。

趋势面最早是地统计学中回归克里金方法中的一个概念，用来表示目标变量在空间上的分布趋势、特征。回归克里金是一种综合了回归模型和残差插值的混合建模方法，充分考虑了目标变量的空间异质性。回归模型用来建立趋势面，以表示更大尺度上的空间变异。通过将趋势从观测中去除，可以得到更随机分布、更满足克里金插值条件（正态、二阶平稳）的残差项。通过引入辅助信息来构建目标变量的趋势面，从而有效捕捉目标变量的异质性分布特征为升尺度过程提供了一种有效尝试。Kang 等（2015）引入了多种遥感辅助信息（ASTER 和 MODIS 的 TVDV 以及 PLMR 的亮温数据），并利用其与目标变量的回归关系建立了土壤水分的趋势面，完成了无线传感器网络获取的小尺度的地面土壤水分观测数据的尺度上推。Ge 等（2015）将以遥感影像形式存在的植被覆盖度（FVC）、归一化植被指数（NDVI）和地表温度（LST）作为辅助信息，建立了感热通量的趋势面，完成了由 EC 观测尺度的感热通量到中低分辨率遥感产品像元尺度的尺度上推过程。Hu 等（2007）将 FVC、NDVI 和风速（WS）作为辅助变量对潜热通量进行了去趋势处理，并同时考虑了异质性和自相关性，完成由 EC 观测尺度到 LAS 观测尺度的转换。Wang 等（2015）也将多种遥感产品作为辅助信息建立了土壤水分的趋势面，完成了单点观测的土壤水分的尺度上推。同时，在建立趋势面的过程中，Wang 等（2014）和 Kang 等（2015）考虑了样本的测量误差，构建了不等精度观测下基于趋势面的尺度上推模型，进一步提高了估计的准确性。上述这些研究都证明了趋势面的建立在尺度上推中发挥着巨大作用。

趋势面的建立也是借助地面与高分辨率数据之间的统计回归关系建立的［式（7-5）、式（7-6）］。趋势面并不注重绝对值的大小，而在于准确代表地表参数的空间分布趋势。地面观测的参数和趋势面之间的差值可以通过地统计方法进一步处理。

$$e_i=\theta_{i,\mathrm{Ground}}-M_i \tag{7-8}$$

$$e=\sum_{i=1}^{N}\lambda_i\cdot e_i \tag{7-9}$$

$$\theta_{\mathrm{Upscaling}}=F_{\uparrow}(\theta_{\mathrm{Ground}})=f_{\mathrm{PSF}}(s)\cdot(M+e) \tag{7-10}$$

式中，e_i 为第 i 个采样点对应的残差；λ 为地统计工具计算出的插值系数；e 为任意预测点插值得到的残差值。与传统的多尺度验证相比，基于趋势面的思路可以弥补多尺度检验中标定模型存在误差的不足（Wu et al.，2018）。

对比传统的多尺度方法和地统计学中的回归克里金方法，不难发现，传统多尺度方法中的标定过程就类似于趋势面建立的过程，都是基于地面观测的目标变量与高分辨率辅助影像之间的回归模型完成的。那么残差项就可以等价于由于标定系数不完美产生的地面观测与标定后的高分辨率像元值之间的误差项。

为了与式（7-9）保持一致，当把 M（s）视为趋势面时，残差项可以表示为

$$e(s_i)=F(s_i)-M(s_i) \tag{7-11}$$

式中，$M(s_i)$ 为站点 s_i 处的趋势面的值；$F(s_i)$ 为目标变量的地面观测值；$e(s_i)$ 为地面站点 s_i 处的目标变量与趋势面之间的残差项，服从均值为 0 的正态分布。残差在满足二阶平稳假设的条件下，其自相关特性可以由协方差或者半方差函数计算得到：

$$\lambda_0=C^{-1}\cdot c_0;\quad C(|h|=0)=C_0+C_1 \tag{7-12}$$

式中，C 为从 n 个站点的残差中估算的 $n\times n$ 的协方差矩阵；c_0 为待估点 s_0 与已知站点之间的协方差矩阵；λ_0 为即将反演的克里金系数。

$$C=\begin{bmatrix} C(s_1-s_1) & C(s_1-s_2) & \cdots & C(s_1-s_n) \\ C(s_2-s_1) & C(s_2-s_2) & \cdots & C(s_2-s_n) \\ \vdots & \vdots & \ddots & \vdots \\ C(s_n-s_1) & C(s_n-s_2) & \cdots & C(s_n-s_n) \end{bmatrix} \tag{7-13}$$

$$c_0=[C(s_0-s_1),\quad C(s_0-s_2),\quad \cdots,\quad C(s_0-s_n)]^{\mathrm{T}} \tag{7-14}$$

克里金方差估计为

$$\begin{aligned}\sigma^2 &=(C_0+C_1)-c_0^{\mathrm{T}}\cdot\boldsymbol{\lambda}_0 \\ &=C_0+C_1-\sum_{i=1}^{n}\lambda_i(s_0)\cdot C(s_0,s_i)+\varphi\end{aligned} \tag{7-15}$$

式中，φ 为拉格朗日乘子。根据无偏条件有 $\sum_{i=1}^{n}\lambda_i=1$，在此条件下求得方差最小时的权重系数 λ。

这样就可以得到待估点 s_0 处的残差：

$$e(s_0)=\boldsymbol{\lambda}_0^{\mathrm{T}}\cdot e \tag{7-16}$$

式中，$e(s_0)$ 为待估计点处的残差；e 为地面站点的残差构成的向量。

由于任意一点的趋势面的值已知，并且任意一点的残差值也已经求得，所以任意处的目标变量可表示为

$$Z(s)=M(s)+e(s) \tag{7-17}$$

式中，$Z(s)$ 为任意位置处的目标变量值。需要注意的是，在建立趋势面的过程中，高分辨率辅助数据的分辨率需要与地面观测数据的空间覆盖范围保持一致。因此残差的插值结果与趋势面的空间分辨率也是一致的。这种情况下的像元尺度真值可以表示为

$$A'=f_{\mathrm{PSF}}(s)*[M(s)+e(s)] \tag{7-18}$$

式中，A'为基于趋势面建立得到的像元尺度相对真值。与式（7-7）对比可以看出多了残差项的处理。

然而，上述趋势面的建立严重受限于辅助影像的质量，以及获取辅助影像的时间间隔。虽然地面提供的观测值可以是连续的、长时间序列的，但辅助影像的获取却受到天气条件的影响以及高分辨率卫星自身的重访周期的限制。这也就阻碍了该方法在连续、长时间序列检验中的应用。正如前面所述，为了评价产品是否能够准确反映目标变量的时空分布值，检验工作不仅需要考虑空间上的完整性，更需要考虑时间上的完整性。如果地面升尺度结果和待检验产品时间尺度上不匹配，则无法充分评价待检验产品能否精确反映地表参数的时间变化特征，因此会降低检验的精度（Camacho et al., 2013）。因此目前已有的基于趋势面建立的方法还不能满足一个全面的检验工作的需求。

从科学发展的角度来看，目前还没有一个普适性的尺度转换方法。王祎婷等（2014）进行了尺度转换普适性方法的探讨，并提出基于构造先验知识趋势面的尺度转换方法。该方法借助了遥感反演中先验知识和地理学中趋势面的思想，先基于一系列辅助要素构建静态趋势面，然后充分利用与之密切相关的时变记录对静态趋势面进行时变调整，并将其作为尺度转换中重要的先验知识。通过利用已知地学环境要素的先验知识构造趋势面，才有可能知道观测点、像元值在空间上的代表性，才有可能完成多尺度间自洽的尺度转换。只

有发展从传统站点观测到多尺度遥感像元间自洽的尺度转换方法，才有望解决遥感产品真实性检验中尺度效应的影响问题（王祎婷等，2014）。但目前该方法框架还只是一个概念模型。

7.2.3 真实性检验结果的表达

真实性检验结果通常是以定量的统计指标来反映产品的精度的。准确性（Accuracy）是遥感产品与地面像元尺度“真值”之间的平均偏差，精确性（Precision）是他们之间偏差的标准差，而不确定性（Uncertainty）则是指基于趋势面的不同尺度转换方法之间偏差的均方根误差（Huang et al.，2006）。

这三个指标都是用来表示卫星产品与真值之间的接近程度的，三个指标值越小，则产品的质量越高。此外，相关系数（R）也是衡量产品质量的一个很重要的指标，用来展示卫星产品与真值之间的一致性，该值越高，则产品的质量越高。一般情况下，为了全面评价遥感产品的质量，需要把这几种指标结合起来综合评价。

7.3 生态遥感地面验证基础设施

国际上针对地面观测样点布设、观测代表性、像元尺度真值的观测和估计、尺度转换，以及真实性检验不确定性的影响等方面都开展了广泛而深入的探讨，发展建立了“自下而上”（Bottom-Up）的真实性检验的框架方案（晋锐等，2017）。框架方案基本构成：根据不同的地表类型或生物群落的全球分布，在全球设置一定数量的真实性检验样地，每个样地内有若干基本采样单元（Elementary Sampling Unit，ESU），每个 ESU 内进行一定数量的单点测量。真实性检验的主要过程：首先在每个 ESU 内利用地面仪器进行一定数量待检验参数的单点测量，然后通过一定的转换方法将单点测量值转换到 ESU 尺度上，再进一步结合高分辨率遥感影像建立基本采样单元与样地之间的尺度转换关系，进而得到样地水平上的地表参数值，最后通过全球不同地表类型多个样地的地面观测结果与陆地遥感数据产品进行比较和相关性分析，评价全球遥感数据产品的精度（晋锐等，2017）。

7.3.1 国际真实性检验的基础设施

由于卫星产品通常是全球覆盖的，并且产品的反演算法可能随地表类型、气候带、地形等因素发生变化，因此真实性检验工作需要真实性检验样地尽可能地涵盖不同的地表类型、气候类型、纬度带、地形条件等可能影响到卫星产品精度的因素，从而全面、系统地评价遥感产品的精度。这些遍布全球的真实性检验样地，就形成了真实性检验的地面观测网络。由于卫星数据产品的迅速发展和应用深入，近年来，真实性检验的地面观测网络地面基础设施的建设发展非常快速。

美国国家航空航天局为验证 MODIS 的相应产品并改进生产算法，最早发起在全球建设遥感真实性核心站的工作。1999 年启动建设的大足迹研究计划（BigFoot）最有代表性，对站点周围 5km×5km 范围的土地覆盖、叶面积指数、光合有效辐射吸收比率和净初级生产力进行地面观测，为 MODIS 科学产品提供了验证场地。1999 年，BigFoot 只建立了 4 个研究点，即北方常绿针叶林生态系统（NOBS）、温带针阔混交林生态系统（HARV）、农田生态系统（AGRO）、高原草原（KONZ），目前已经扩大到了 9 个。

VALERI 的观测网络是在法国国家太空研究中心和法国国家农业研究院（National Institute for Agricultural Research，INRA）的支持下于 2000 年开始建设的（Frederic et al., 2000，2013）。VALERI 的目标是提供从地面测量估计的生物物理变量（LAI、fAPAR、fCover）的高空间分辨率地图，以验证从卫星观测得到的产品，重点支持真实性检验发展方法论，如地面观测的尺度上推生成高分辨率的生物物理参数图。VALERI 要求每个站站点覆盖 3km×3km 区域，能够开展中等尺度全球遥感产品的验证。VALERI 站点分布在世界各地，早期包含站点 31 个，后期发展到全球 100 个站点，其中包含 VALERI 自建站点 27 个，加拿大遥感中心（CCRS）站点 27 个，BigFooT 站点 9 个，以及其他一些来源的站点 37 个。

全球范围内建立的通量观测网（FLUXNET）（Dennis et al., 2008）、全球气溶胶自动观测网（Aerosol Robotic NETwork，AERONET）（Holben et al., 1998）、国际土壤水分网络（International Soil Moisture Network，ISMN）（Dorigo et al., 2011）等研究计划、观测网络和综合试验在遥感产品的算法预研、改进和定型，以及遥感产品质量评价和不确定性分析方面均发挥了重要的、基础性的数据支撑作用（晋锐等，2017）。FLUXNET 用于发展和验证卫星遥感反演的净初级生产力和蒸散发，世界各地已建成 650 座观测塔，能够在局部到区域和全球尺度上探测生态系统代谢的突发尺度特性，并量化碳、水和能量通量的时空异质性。AERONET 主要关注气溶胶光学深度（AOD）、气溶胶粒子谱分布和降雨，利用遍布于美洲、非洲、亚洲和大洋洲的 400 多个站点对不同卫星的气溶胶产品进行了验证。ISMN 是全球最大的地面土壤水分共享数据库，由维也纳科技大学教授沃特·多里戈（Wouter Dorigo）和沃尔夫冈·瓦格纳（Wolfgang Wagner）牵头，致力于为数值天气预报、洪水预测、农业干旱监测和水资源管理等领域的研究提供重要的基础土壤数据。目前，全球已有超过 50 个地面土壤水分观测网络、200 余个站点的数据加入到 ISMN。

LPV 工作小组推动建立了 BELMANIP 站点网络，吸纳了 CEOS 和 VALERI 网络的站点，并且选取了部分 FLUXNET 和 AERONET 的站点，并补充了 GLC2000 土地覆盖数据的其他站网，目标是建立一个大约 400 个站点的网络。当前 BELMANIP-2. 1 数据集已经包含 445 个站点。地表类型大致由代表纬度特征的主要地表成分来表征，旨在获得地表类型和观测条件的较好的代表性。

目前，在各类观测站点中，比较引人瞩目的是一类称为“超级站”（Super-Site）的站点，超级站包括大气超级站、生态超级站和遥感超级站等。超级站的主要特色是观测的信息量超级庞大，覆盖研究对象的方方面面。生态超级站中比较著名的有澳大利亚陆地生态系统研究网络（TERN）的超级站网（https://supersites. tern. org. au/supersites），该网络在澳大利亚每个重要的典型生物样带上都布设了超级站，每个超级站都开展统一的植被、动物和生物物理参数观测量。国际地球观测卫星委员会（CEOS）定标和真实性检验工作组（WGCV）陆地产品真实性检验工作组（LPV）于 2018 年左右启动关于遥感验证超级站的遴选和建设。遥感超级站的建设借鉴了美国 EOS 计划的地表验证核心站点（Core Site），并新增了过去 20 年欧洲和其他地区的已有观测站点，同时剔除了部分退役站点。2019 年 5 月，CEOS 划定了全球首批（V1.0）55 个超级站（https://lpvs.gsfc.nasa.gov/LPV_Supersites/LPVsites.html）。

Bayat 等（2021）对全球范围内可提供验证的最完整数据集进行了梳理（Bayat et al.，2021），如表 7-2 所示。

表 7-2　可用的全球参考数据集及其数据获取网址（访问时间：2020 年 3 月 1 日）

观测参量	数据集名称	站点/台站数	观测年限	参考文献	网络链接
植被叶面积指数（LAI）、光和有效辐射吸收比率（fAPAR）	BELMANIP（DIRECT 2.0）	140	2000～2017 年	Camacho 等，2013；Weiss 等，2014	http://calvalportal.ceos.org/web/olive/site-description
温度（LST）、蒸散发（ET）	FLUXNET	459	1999 年至今	Running 等，1999	https://fluxnet.fluxdata.org
土壤湿度（SM）	ISMN	2068	1952 年至今	Dorigo 等，2011	https://ismn.geo.tuwien.ac.at/en
反照率（Albedo）	BSRN	76	1992 年至今	Driemel 等，2018	https://bsrn.awi.de
	FLUXNET	459	1999 年至今	Baldocchi 等，2001；Running 等，1999	https://fluxnet.fluxdata.org
陆表覆盖（LC）	FROM-GLC	38，664	2009～2011 年	Zhao 等，2014	http://data.ess.tsinghua.edu.cn
	GRUMP	3532	2000～2008 年	Miyazaki 等，2011	http://www.gofcgold.wur.nl/sites/gofcgold_refdataportal-urban.php

注：BSRN 为地面基准辐射网络（the Baseline Surface Radiation Network）；FROM-GLC 为全球土地覆盖的高分辨率观测和监测（the Finer Resolution Observation and Monitoring of Global Land Cove）；GRUMP 为全球城乡制图计划（the Global Rural-Urban Mapping Project）

7.3.2 我国真实性检验的基础设施

近年来，我国地基观测网建设开展迅速。中华人民共和国成立以来，根据学科发展、国民经济建设的需求和社会发展的需要，中国科学院、农业部（现农业农村部）、国家林业局（现国家林业和草原局）、中国气象局和教育部等部门乃至地方政府各自都根据实际工作需要建立了一批野外观测和试验研究站（孙鸿烈，2006），也根据共同的科研目标，建成了一些专业性的野外综合观测网络，包括中国科学院的中国生态系统研究网络（CERN）、林业部门的中国森林生态系统定位研究网络（CFERN）以及农业部门的农业生态系统观测和研究网络。涉及的研究领域和学科涵盖了地球科学、生物学的各个方面，包括农业、林业、牧业、渔业等行业，以及农田、森林、草地、沼泽湿地、湖泊、海洋、沙漠等多种生态系统类型，具有明显的多学科特色。

1）国家野外科学观测研究站

2019 年 6 月发布的《国家野外科学观测研究站建设发展方案（2019—2025）》，对国家野外站的内涵进行了诠释。国家野外科学观测研究站（简称“国家野外站”）是重要的国家科技创新基地之一，是国家创新体系的重要组成部分。国家野外站面向社会经济和科技战略，依据我国自然条件的地理分布规律布局，通过长期野外定位观测获取科学数据，开展野外科学试验研究，加强科技资源共享，为科技创新提供基础支撑和条件保障。

科技部 1999～2001 年共分 3 批从有关部门遴选了 35 个野外站进行试点工作，获得了很好的经验。为全面总结野外站试点期间各方面的工作，规范国家野外站的管理，科技部于 2006 年组织专家对生态、特殊环境和大气本底领域的 29 个试点站进行了评估，现正式纳入国家野外科学观测研究站序列进行管理的有 27 个试点站。2018 年，科技部印发《国家野外科学观测研究站管理办法》，明确要求了各野外站建设要求、遴选办法、建设周期、考核评估等，目前还尚未形成数据汇聚、共享的管理办法。

2）中国生态系统研究网络

中国生态系统研究网络（CERN）的建立是为了监测中国生态环境变化，综合研究中国资源和生态环境方面的重大问题。CERN 于 1988 年开始组建成立，是中国科学院知识创新工程的重要组成部分，是我国生态系统监测和生态环境研究基地，也是全球生态环境变化监测网络的重要组成部分，旨在监测中国生态环境变化，综合研究中国资源和生态环境方面的重大问题，发展资源科学、环境科学和生态学（http://www.cern.ac.cn/1wljs）。该研究网络目前由分布在中国不同生态区域的 40 个生态系统定位研究站（其中 16 个农田站、11 个森林站、3 个草地站、3 个沙漠站、1 个沼泽站、2 个湖泊站、3 个海洋站、1 个城市生态站），以及水分、土壤、大气、生物、水域生态系统 5 个学科分中心和 1 个综合研究中心组成。站点基本覆盖了中国区域的主要植被类型，也有较长时间序列的重复观测。

3）遥感试验与地面观测网络

国家高技术研究发展计划“星机地综合定量遥感系统与应用示范（一期）”重大项目中专门设置了“遥感产品真实性检验关键技术及其试验验证”，综合考虑地域特色、下垫面代表性、已有基础条件和观测设施，初期选择了 4 个遥感站作为试点纳入遥感产品全国真实性检验网，联网协同开展星机地同步观测试验和遥感产品真实性检验工作，包括中国科学院怀来遥感综合试验站、长春净月潭遥感实验站、黑河遥感试验研究站以及中国农业科学院呼伦贝尔草甸草原国家野外生态试验站。这 4 个遥感站分别代表了我国西北地区绿洲农田和高寒草原、华北地区农田、东北地区农田、草原与森林等主要地表类型，初步形成了多站多场地协同联网观测、数据共享的总体网络布局（Ma et al.，2015；晋锐等，2017）。

随着“十二五”空间基础设施陆续发射多种卫星载荷，初步建成由 48 个站点组成的光学卫星真实性检验站网。在相关台站野外工作和空间基础设施工作基础上，需要针对共性产品真实性检验需求，部署和统筹协调各站的观测能力，形成一个网络和在全国尺度上的协调机制，指导站点进行遥感产品真实性检验。

2015 年，高分专项进行统筹规划，根据地域分布、交通条件、设施基础、运行保障等各站基础条件和急需先行等遴选原则，确定了具有遥感产品检验能力、分布相对合理的首批 24 个真实性检验场站。较好地解决了陆表观测的站点布局，但也存在东部站点多，西部站点少，遥感观测基础好的站点少，以及大气、几何和水体检验的站点考虑不足等情况。同时，充分考虑中国地理、气候、生态等区划特征，在站点稀疏和缺少的三江平原、黄土高原、云贵高原、青藏高原、四川盆地、塔里木盆地、新疆吐鲁番增加一些站点，使分布更为合理。2018 年，经过补充和完善，在原有站点基础上，形成由 42 个站点构成的高分共性产品真实性检验场站网，涵盖我国主要的地理生态功能分区。

国内现有遥感网络在满足当前遥感验证产品的同时，还存在一定局限性。大部分观测网站的设计初衷并非针对遥感产品的真实性检验，存在覆盖范围有限和空间代表性不足的问题（晋锐等，2017）。例如，中国生态系统研究网络（CERN）的基本目标是为了对我国生态系统和环境状况进行长期、全面监测和研究，并不是为遥感真实性检验而设立的（黄铁青和牛栋，2005）。另外，现有站点分属于不同的单位主管，各站点都有各自的观测重点，各站点之间测量仪器和观测规范往往并不一致，缺乏行业公认的标准规范，更缺乏对观测仪器的专业维护和对观测误差的量化。这些客观条件的不足，不仅影响了观测数据质量，也对数据的开放、共享和使用造成一定困难（杨萍，2021）。我国目前还缺乏稳定运行的遥感真实性检验站网体系，很多站点的观测不具有长期连续性，不同团队在同一站点的观测也存在不同。由于缺乏长期稳定观测和不确定性度量，地面数据难以捕捉长时间尺度的演变，无法有效地用于时序产品验证，难以准确度量遥感产品的长时期稳定性。

需要加强国内观测网络等基础设施的建设并提升运行管理能力。根据我国生态地理区划分布特征和高分遥感产品的特点，依托相关行业、科研机构现有的站点资源，对现有站点的观测能力进行调研，选择符合自然条件和空间分布需求的站点。通过建立合理的场站网站点遴选原则，遴选具有良好观测基础设施和研究基础的野外站点，特别是具有良好遥感地基观测系统和遥感产品应用能力的野外站点，优化和提升各站的综合观测能力，布设多品类、高精度、自动化的观测设备，开展相关生态环境变量的地面观测，构建准业务化运行的高分共性产品真实性检验场站网技术体系和技术团队。

7.4 遥感产品验证的实例分析

7.4.1 叶面积指数的真实性检验实例

叶面积指数（LAI）是指单位地面面积内叶片面积总和的一半（Chen and Black，1992）。LAI 是表征植被冠层结构和功能的关键参数，与植被的光合作用、蒸散以及能量平衡等过程密切相关（Sellers et al.，1997），对研究地气系统的物质、能量和动量交换具有重要意义（Quan et al.，2017）。由于 LAI 的地面测量通常只能获取到小范围的数据（曾也鲁等，2012），因此遥感技术成为大尺度 LAI 产品生产的有效途径（Myneni et al.，2002）。目前，国内外基于单一遥感卫星传感器观测数据生产了多套全球尺度 LAI 产品，主要包括 MODIS/LAI（Yang et al.，2006）、CYCLOPES/LAI（Baret et al.，2007）、AVHRR/LAI（Claverie et al.，2016）、GEOV1/LAI（Camacho et al.，2013）、POLDER/LAI（Jain et al.，2002）、MISR/LAI（Hu et al.，2007）、GLOBCARBON/LAI（Deng et al.，

2006）、CCRS/LAI（Fernandes et al.，2003）、ECOCLIMAP/LAI（Masson et al.，2003）、GLASS/LAI（Xiao et al.，2013）、MERIS/LAI（Tum et al.，2016）和 LAI3g（Zhu et al.，2013）等。但受天气或传感器等因素限制，单一传感器在产品周期内无法提供足够的有效观测，导致现有的 LAI 产品精度还不能满足全球气候观测系统（GCOS）提出的最低精度要求，即误差不超过 max（0.5，20%）（GCOS，2011）。现有的 LAI 产品虽然在小区域上能够满足该要求，但在全球尺度上，其误差普遍高于 1（Pisek and Chen，2007；Garrigues et al.，2008；Fang et al.，2012）。此外，合成周期内有限的有效观测使 LAI 产品在时间和空间上都不连续，严重限制了 LAI 产品在动态模型（如作物生长模型、地表过程模型等）中的应用（马培培等，2019）。

目前，全球 LAI 产品生产方式逐渐由基于单一传感器向多传感器协同使用的方向发展，并已生产了基于多传感器观测的 LAI 产品，这些产品通过周期内多源传感器的互补观测提高了时间分辨率，如 MOD15A3 的时间分辨率提高到 4 天；通过不同传感器的观测历史年限互补提高了时间跨度，如 GLASS/LAI 产品的时间跨度提高到 1982～2020 年。李静等（2017a）利用 Terra/MODIS、Aqua/MODIS、FY3A/MERSI 和 FY3B/MERSI 等多源传感器的地表反射率数据生产了 2010～2015 年 1km 分辨率的全球 MuSyQ LAI 产品，将 LAI 产品的时间分辨率提高到 5 天。

本案例对中国区域 2010～2015 年 MuSyQ LAI 产品进行质量评价与精度检验。通过 MuSyQ 与 MODIS 和 GLASS LAI 产品的相互比较和分析，评价 MuSyQ LAI 产品的时空连续性和时空一致性。通过 MuSyQ LAI 产品与地面测量数据的直接比较，评价 MuSyQ LAI 产品的精度（马培培等，2019）。

7.4.1.1 数据

1）卫星数据产品

MuSyQ LAI 产品是基于多源数据集生产的 1km 分辨率 5 天周期的全球叶面积指数产品，采用正弦（SIN）投影方式。本案例分析使用的是 MuSyQ LAI V2 版本。MuSyQ LAI（V2）的反演算法包含一个主算法和一个备用算法。主算法利用三维辐射传输模型构建的查找表（LUT）进行 LAI 反演。当主算法失败时，使用备用算法。备用算法利用特定地类的 LAI 和 NDVI 之间的经验关系反演 LAI。在主算法中，针对水体混合像元，利用 GlobeLand30 地表分类数据（陈军等，2017）提取 1km 像元中的水体混合像元及水体面积比例（于文涛等，2016），并得到混合像元中水体反射率，然后通过对水体混合像元进行线性分解，计算得到混合像元中植被端元反射率，反演得到植被端元 LAI，再根据植被面积比例计算得到去除水体反射率影响的混合像元 LAI（徐保东，2018）。MuSyQ LAI（V2）产品与 MODIS LAI 产品反演算法使用模型相同，查找表建立方法相同，两者差异主要有两点：一是 MuSyQ LAI 对水体混合像元设计了去除水体影响的反演算法；二是 MuSyQ LAI 输入反射率是经过预处理后的多传感器观测的地表反射率数据集。为控制输入多源数据集的数据质量，算法使用基于后验方差估计的变权重迭代 BRDF/NDVI 反演算法（CWI）（Zeng et al.，2016），根据多源多角度 BRDF 观测的一致性，去除误差较大的观测。MuSyQ LAI 使用的地表分类图是经过重分类的 MCD12Q1 数据，产品除提供每个像元的 LAI 值，还提供了质量控制（QC）信息，用以说明 LAI 的反演质量，包括使用的算法类型以及是否存在云等信息。

本案例使用的为 MODIS 第 5 版本的 LAI 产品（MCD15A2）。该产品空间分辨率为 1km，8 天合成，时间跨度为 2002 年至今，采用正弦（SIN）投影方式。本案例使用 2010 ~ 2015 年的 MODIS LAI 产品。MODIS LAI 的反演算法包含一个主算法和一个备用算法（Knyazikhin 等，1998；Myneni 等，2002）。MODIS LAI 产品还附带输出质量控制信息，用以说明 LAI 反演质量，包括处理状态、输入信息的质量以及是否存在雪、云和阴影等。

GLASS（Global Land Surface Satellite）叶面积指数（LAI）产品（http://www.bnu-datacenter.com）（Liang et al.，2013）每 8 天合成，时间范围是 1981 ~ 2016 年。1981 ~ 1999 年的 GLASS LAI 产品由 AVHRR 地表反射率数据反演得到，采用等角度投影方式，空间分辨率为 0.05°；2000 ~ 2016 年的 GLASS LAI 产品由 MODIS 地表反射率数据（MOD09A1）反演得到，采用正弦（SIN）投影方式，空间分辨率为 1km（向阳等，2014）。本案例使用 2010 ~ 2015 年的 LAI 产品。

GLASS LAI 反演算法（Xiao et al.，2013）采用多输入多输出的广义回归神经网络（GRNN），从遥感观测的时间序列中生产全球长时间序列的 LAI 产品。GLASS LAI 产品附带输出质量控制信息，用以说明 LAI 反演质量，包括处理状态、输入信息的质量以及是否存在雪、云和阴影等。

2）地面数据

本案例使用的地表分类图是经过重分类的 MODIS MCD12Q1。本案例将地表覆盖类型分为草地/粮食作物、灌丛、阔叶作物、稀树草原、常绿阔叶林、落叶阔叶林、常绿针叶林、落叶针叶林和非植被区 9 类，具体分类描述见表 7-3。

表 7-3　本案例采用的地表覆盖类型分类方案　（单位：%）

类别	覆盖类型	简称	所占比例
1	草地/粮食作物	GCC	9.6
2	灌丛	Shrub	0.33
3	阔叶作物	BLC	1.33
4	稀树草原	Sava	1.20
5	常绿阔叶林	EBF	1.70
6	落叶阔叶林	DBF	1.86
7	常绿针叶林	ENF	0.73
8	落叶针叶林	DNF	0.13
0、9、10、254、255	非植被区	非植被区	83.12

基于已有研究提出的对站点观测进行空间代表性评价及升尺度的方法（Grading and Upscaling Ground Measurements，GUGM）（Xu et al.，2016，2018），共得到 11 个 CERN 站点（3 个农田站和 8 个森林站）在 2010 ~ 2011 年共 65 个产品像元尺度内的 LAI 参考值。站点信息如表 7-4 所示。

表 7-4　验证站点信息及其对应地表类型

站点	代码	纬度/°N	经度/°E	地表类型
辽宁沈阳站	SYA	41.51819	123.368	草地和粮食作物
四川盐亭站	YGA	31.27153	105.4565	草地和粮食作物
陕西长武站	CWA	35.24014	107.6833	草地和粮食作物
新疆阿克苏站	AKA	40.61811	80.82975	阔叶作物
河北栾城站	LCA	37.88893	114.693	阔叶作物
山东禹城站	YCA	36.82861	116.57	阔叶作物
河南封丘站	FQA	35.01875	114.5483	阔叶作物
湖南桃源站	TYA	28.93019	111.441	稀树草原
吉林长白山站	CBF	42.40306	128.0956	落叶阔叶林
北京森林站	BJF	39.95803	115.4251	常绿针叶林
湖南会同站	HTF	26.851	109.605	常绿阔叶林

7.4.1.2　验证方法

1）交叉验证方法

MuSyQ、MODIS、GLASS LAI 产品的投影方式均为 SIN 投影，空间分辨率相同（1km），时间分辨率不同。为了降低随机误差的影响，交叉验证时在时间尺度上将 MuSyQ、MODIS 和 GLASS LAI 产品聚合到 1 个月，即对一个月窗口内的有效像元值进行平均，如果一个月中无有效像元值，则将该像元赋值为 NoData。本案例分别选择 2013 年 1 月和 7 月 LAI 作为中国区域 LAI 低值和高值代表来对 LAI 产品进行交叉验证研究。

使用表 7-5 中列出的标准对每个产品进行质量控制。与其他研究一致（Weiss et al., 2007；Garrigues et al., 2008；Camacho et al., 2013；Fang et al., 2012, 2014），将质量控制文件被标记为无云、无雪、无卷云等，使用主算法反演，且 MODIS 地表覆盖分类产品地表覆盖类型显示为植被的像元被视为有效像元。由于各个 LAI 产品的质量控制层不同，所以对产品的质量控制也不尽相同。MODIS 产品对裸地像元等非植被区没有进行反演，只是提供了一个默认值，所以本案例中不考虑地表覆盖类型为非植被（裸地、水体、城镇和未分类）的像元。MODIS 的备用算法反演的 LAI 质量较差，因此 MODIS 和 MuSyQ 选择由主算法反演的 LAI，GLASS 选择时间序列上反射率数据完整、用 GRNN 网络反演的 LAI。

表 7-5　本案例中 3 种 LAI 产品的质量控制信息

产品名称	质量控制层	云	雪	阴影	卷云	整体	算法
MuSyQ	DataSet_LAIqc	无	—	—	—	—	LUT
MODIS	FparLaiQC	无	—	—	—	好	LUT
	FparExtraQC	无	无	无	无	—	—
GLASS	QC	无	无	无	—	好	GRNN

（1）时空连续性。LAI 产品的时空连续性主要指的是 LAI 数据在空间和时间上的覆盖情况。由于 LAI 产品反演过程中受到云、冰雪或者较差大气条件等因素的影响，通常产品在时间和空间上有一定程度的缺失。无论对于全球气候变化研究还是作为生态模型输入参数，产品时空连续性都是评价产品可用性的一个重要指标（Camacho et al.，2013）。本案例计算 2013 年 7 月中国区域三种 LAI 产品的缺失值空间分布图用来对比分析 MuSyQ LAI 产品的空间连续性。产品的质量控制见表 7-5。根据质量控制文件标记为云、雪，且未使用主算法反演等的植被像元定义为缺失值。这里使用的每种产品的原始空间分辨率为 1km，时间窗口为 1 个月。

（2）空间一致性。空间一致性衡量不同产品在不同空间区域上的产品值是否相同。该检验能够对差异较大的区域进行分析，从而对产生这种现象的原因溯源。利用 2013 年 1 月和 7 月中国 MuSyQ、MODIS 和 GLASS LAI 产品的频率分布及 MuSyQ 与 MODIS 以及 MuSyQ 与 GLASS 之间的差值空间分布和频率分布，分析每一种产品的有效 LAI 变化范围和取值分布，评价产品之间的一致性，并分析产品之间的空间差异。每种 LAI 产品只对有效像元进行统计。

这里定义了三个不确定性等级（最佳值、目标值和阈值）作为定量指标，用于定量化产品间的差异，如表 7-6 所示。这里最佳不确定度水平与 LAI 的 GCOS［max（0.5，20%）］精度要求一致，每种 LAI 产品都只针对有效像元进行统计。

表 7-6　用于 LAI 产品的不确定性等级

不确定性等级	最佳一致性（GCOS）	目标一致性	阈值一致性
LAI	max（0.5，20%）	max（0.75，25%）	max（1，30%）

（3）时间一致性。时间一致性检验是从时间维度上对不同产品进行交叉检验，包括季节性变化和平滑度两个指标（Camacho et al.，2013）。季节性变化用来评价不同产品在时间序列上的主要差异及是否在特定时相上存在异常值，进而分析 LAI 产品在时间序列上是否稳定，是 LAI 产品交叉检验中最普遍的分析方式。平滑度指标主要用来定量评价产品在时间序列上是否稳定及是否存在异常值。时间平滑度（Weiss et al.，2007）为在时间序列中，对于三个连续的产品日期，中心日期与其两个相邻日期的产品的平均值之差的绝对值：

$$\delta \mathrm{LAI}(t)=\{0.5\times[\mathrm{LAI}(t+\Delta t)+\mathrm{LAI}(t-\Delta t)]\}-\mathrm{LAI}(t) \tag{7-19}$$

式中，$\mathrm{LAI}(t)$ 为某一时相 t 的产品值；$\mathrm{LAI}(t+\Delta t)$ 和 $\mathrm{LAI}(t-\Delta t)$ 分别为在时相 t 前后相邻时相的产品值。注意，只有当连续的三个日期都有有效数据时，才进行平滑度计算。

由于植被生长的非线性特征，在植被快速生长或落叶期，植被时间序列并非不变，而是在一个小范围内变化。但目前产品的估算偏差大于此范围。因此，$\delta \mathrm{LAI}(t)$ 越小，说明产品平滑度越高。一般而言，除了一些火灾、洪水等自然灾害的影响外，LAI 的变化随着时间是连续的。因此，平滑度越高，代表产品在时间尺度上质量越好，更能够反映实际 LAI 的时间变化趋势。平滑度计算是在中国 BELMANIP-2.1 和 CERN 所有农田和森林站点（48 个）上进行的。三种 LAI 产品的时间序列提取和时间平滑度计算都是针对有效像元进行的。

2）直接验证

本案例通过对 MuSyQ、MODIS 和 GLASS LAI 产品与部分 CERN 站点（11 个）基于 GUGM 算法获得的 LAI 高分参考图进行比较，定量地评价 MuSyQ LAI 产品的精度。LAI 高分参考图和 LAI 产品的空间分辨率以及投影方式不同，对 LAI 高分参考图进行投影转换并升尺度到 1km 分辨率。由于 LAI 产品的儒略日期与地面测量的时间可能存在差异，本案例选择包含地面测量时间的 LAI 产品与地面测量数据进行比较。该部分分别提取 MuSyQ 和 MODIS 产品主算法，以及 GLASS 产品 GRNN 网络反演算法的 LAI 数据与地面实测 LAI 数据进行比较。对于草地和农田，由于其聚集指数较大，所以未区分有效 LAI 和真实 LAI，统一认为是真实 LAI，而对于森林，此处指的是真实 LAI。

通过表 7-7 的几个度量标准来衡量 MuSyQ LAI 产品与相应地面测量结果的一致性。整体测量不确定性（即均方根误差，RMSE）包括系统测量误差（即偏差）和随机测量误差（即偏差的标准差）。RMSE 即精度，为评价产品整体精度的指标。线性模型拟合用于量化实测值与产品的拟合程度。最后，对 GCOS 要求内的像元数量进行量化。

表 7-7　产品直接验证的衡量指标

统计指标	说明
地面实测值与 LAI 产品之间的散点图	定性评价产品与地面实测值之间的一致性
N：实测 LAI 数量	说明验证力度
RMSE：均方根误差	表示产品的精度（整体误差）
B：平均偏差	LAI 产品与地面实测值之间差值的平均值
S：标准差	LAI 产品与地面实测值之间差值的标准差
R^2：决定系数	表明 LAI 产品与地面实测值之间的相关性
拟合方程（斜率 Slope，偏移量 Offset）	表明一些可能的偏差
% GCOS 精度要求	与 GCOS LAI 精度要求匹配的像元百分比

7.4.1.3　验证结果

1）交叉验证结果

图 7-2 显示了在 2013 年 1 月和 7 月两个特定月份，中国的 MuSyQ、MODIS 和 GLASS LAI 产品同时有效的 LAI 值频率分布。1 月份三种 LAI 产品在中国的分布持续平稳。7 月份的频率统计显示三种产品的有效 LAI 值频率分布差异较大。1 月份的 MuSyQ 有效 LAI 均值为 0.76，低于 MODIS（LAI=0.84）和 GLASS（LAI=0.83）的有效 LAI 均值；7 月份的 MuSyQ 有效 LAI 均值（LAI=2.39）介于 MODIS（LAI=2.28）和 GLASS（LAI=2.47）的有效 LAI 均值之间。由 7 月份三种产品的 LAI 值频率分布图可观察到，当 LAI 值介于 1.0～2.0时，MODIS LAI 有两个波峰，稍高于 MuSyQ LAI，而 GLASS 处于这个范围内的频

率明显偏低；当 LAI 值介于 2.0～5.0 时，MODIS 略低于 MuSyQ 的频率，而 GLASS 明显高于 MuSyQ 产品；GLASS LAI 在 LAI=2.6 处存在一个极大值，这可能是 GLASS 对低值植被高估造成的（Xiao et al.，2016，2017）。对于所有的 LAI 产品，低值的频率在 1 月高、7 月低，高值的频率相反，与中国（北半球）的生长季节特征一致。GLASS LAI 的最高值达到了 6，MuSyQ 和 MODIS LAI 的最高值达到了 7，这说明 MuSyQ 和 MODIS LAI 相比 GLASS LAI 有更大的动态范围来描述中国 LAI 的变化。

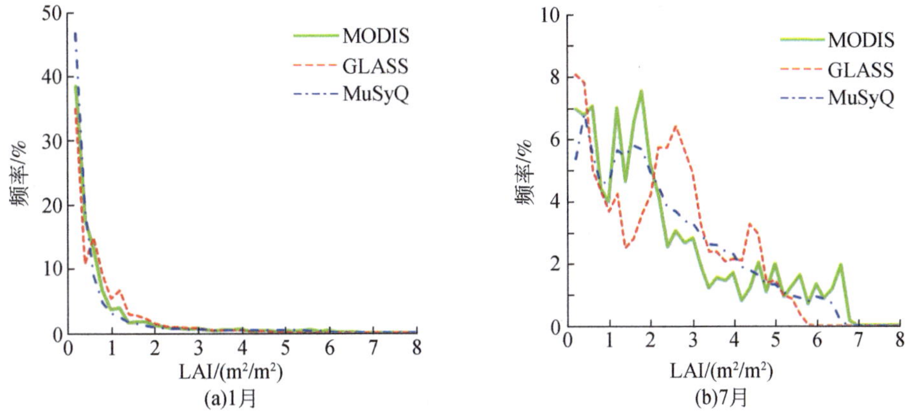

图 7-2　2013 年 1 月（a）和 7 月（b）中国 MuSyQ、MODIS 和 GLASS LAI 产品的有效 LAI 值的频率直方图

在 LAI/FPAR 产品的时间序列中，云或雪污染、恶劣的大气条件或技术问题等导致部分像元数据缺失，这将限制 LAI 产品在地表模型中的使用（Garrigues et al.，2008；Camacho et al.，2013）。这里引入“年数据缺失率”的概念用于分析三种 LAI 产品的时间连续性。年数据缺失率定义为一年（12 个月）中无效月份所占比例，它代表了缺失数据的时间长度。无效月份指的是月合成值为无效值的月份。该部分统计了 2010～2015 年中国 BELMANIP（23 个）和 CERN（25 个）共 48 个站点 6 种植被类型的年数据缺失率情况。数据缺失率为每种植被类型所有站点每年总的缺失月份与该种植被类型所有站点每年总的月份个数之比。此外三种产品的质量控制不同可能是影响年数据缺失率的重要因素。

图 7-3 为 6 年（2010～2015 年）的 MuSyQ、MODIS、GLASS LAI 产品在中国 48 个站点 6 种植被类型的数据缺失的变化。MuSyQ 在草地/粮食作物类型的站点缺失较多，数据缺失率为 5%（大约半个月无数据）。缺失数据主要是在冬季，这与云和大气条件差有关。MODIS 在常绿阔叶林和针叶林的缺失率相对较低，在其他植被类型站点的缺失率均较高，最高达 16.7%（2012 年每个站点平均约 2 个月无数据）。GLASS 在针叶林的数据缺失率最高达 30%（2012 年每个站点平均约 3.5 个月无数据），其他站点的缺失数据较 MODIS 少，这可能是因为 GLASS 产品进行了缺失值填充。

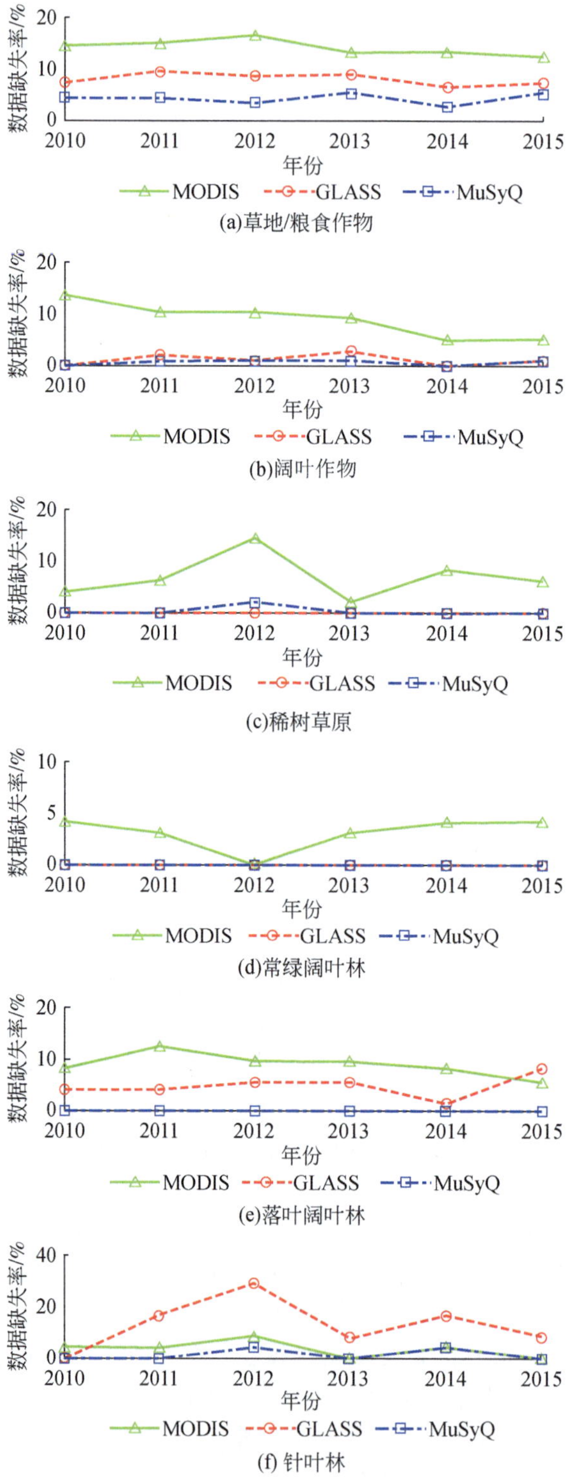

图 7-3　中国区域 BELMANIP 和 CERN 所有站点六种植被类型 2010～2015 年的数据缺失率

图 7-4 为 MuSyQ、MODIS 和 GLASS LAI 产品之间的散点图。利用中国区域的 BELMANIP-2.1 站点（23 个）和 CERN 所有农田和森林站点（25 个）作为植被代表性样点，提取三种 LAI 产品 2010～2015 年 72 个月的数据（MuSyQ 和 MODIS 产品有效像元且反演算法为主算法的 LAI，GLASS 产品有效像元且由 GRNN 网络反演的 LAI）进行一致性分析，采用表 7-7 列出的指标作为衡量标准。该部分将站点植被类型分为三大类：非森林站点（草地/粮食作物、灌丛、阔叶作物和稀树草原）、阔叶林站点（常绿阔叶林和落叶阔叶林）和针叶林站点（常绿针叶林和落叶针叶林）。

在非森林站点［图 7-4（a）］，MuSyQ 与 GLASS 的相关性和一致性（$R^2=0.73$，RMSE=0.55）比 MuSyQ 与 MODIS LAI 的相关性和一致性（$R^2=0.65$，RMSE=0.71）好；MuSyQ 和 MODIS 的离散程度（$S=0.69$）相对较大，而 MuSyQ 和 MODIS 之间的平均差异

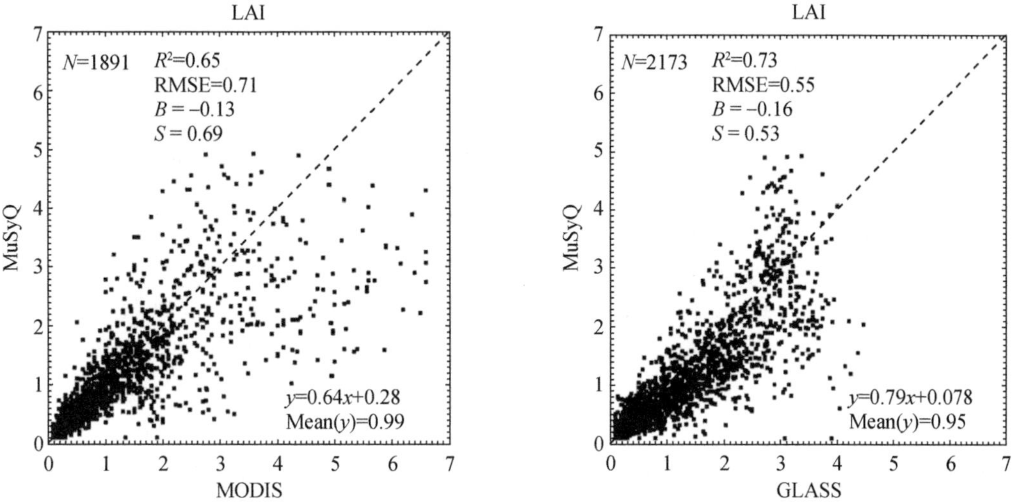

(a)非森林站点

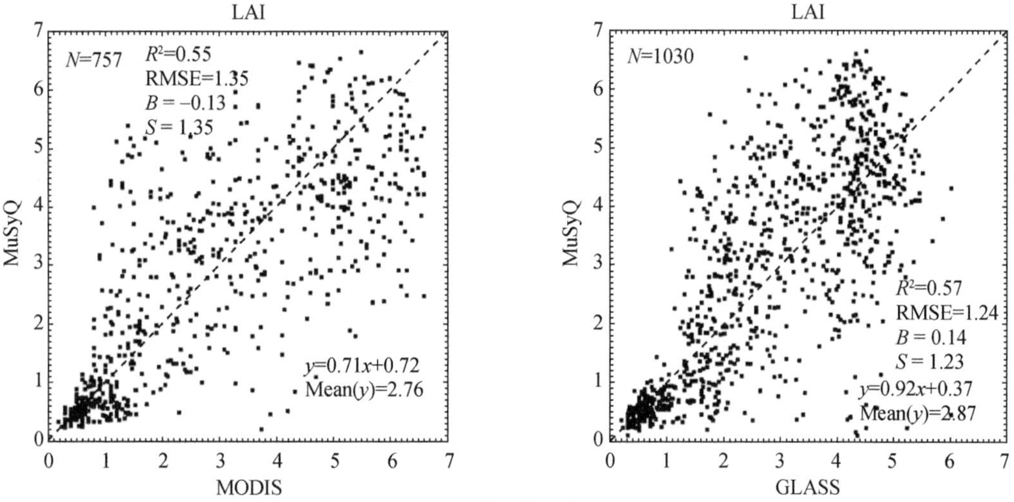

(b)阔叶林站点

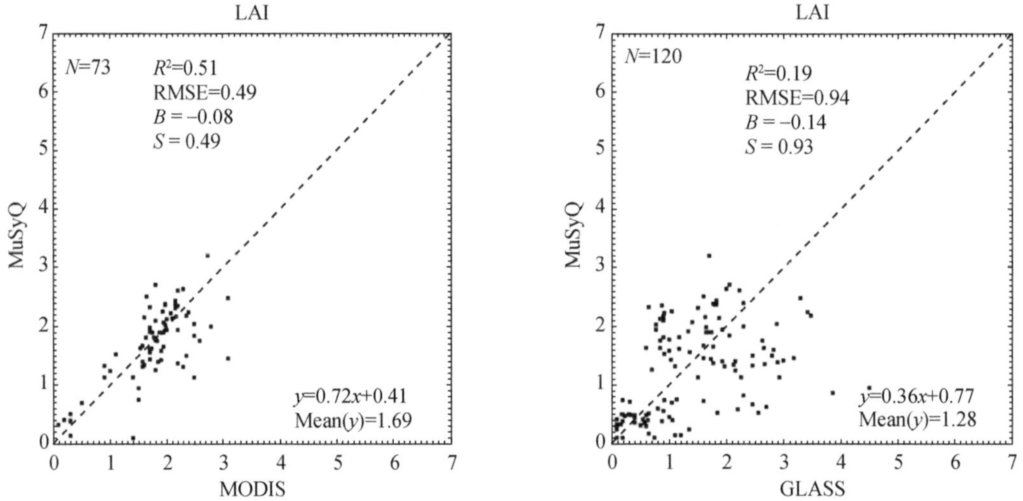

(c)针叶林站点

图 7-4　基于 2010 ~ 2015 年中国区域 BELMANIP-2. 1 和 CERN 站点产品之间的散点图

（B = −0. 13）却不明显（只在极低 LAI 值处 MODIS 才显示出较高值），这是由短时间内的尺度不稳定造成的（Camacho et al.，2013）。在阔叶林站点［图 7-4（b）］，MuSyQ 与 MODIS 和 GLASS 的一致性（RMSE = 1. 35；RMSE = 1. 24）都较低，且离散程度也较大（S = 1. 35；S = 1. 23），但 MuSyQ 与二者的平均偏差（B = −0. 13；B = 0. 14）却不明显，这主要是由较高的 LAI 值造成的。在针叶林站点［图 7-4（c）］，MuSyQ 和 MODIS 有较好的相关性和一致性（R^2 = 0. 51，RMSE = 0. 49）且没有明显的偏差（B = −0. 08）；而 MuSyQ 和 GLASS 的相关性和一致性都较差（R^2 = 0. 19，RMSE = 0. 94），离散程度（S = 0. 93）也较高。将所有站点数据一起统计分析，结果见表 7-8。整体上，MuSyQ 与两种 LAI 产品的一致性较好，与 GLASS 的一致性和相关性略高于 MODIS。

表 7-8　2010 ~ 2015 年三种 LAI 产品在中国区域 BELMANIP-2. 1 和 CERN 站点的交叉验证统计结果

指标	MuSyQ-MODIS	MuSyQ-GLASS
N	2249	3366
R^2	0. 86	0. 86
RMSE	1. 0	0. 81
B	−0. 32	−0. 10
S	0. 95	0. 81
Slope	0. 78	0. 98
Offset	0. 32	−0. 054
% optimal（GCOS）	61. 36	58. 02

注：N 为实测值个数；R^2 为相关系数；RMSE 为均方根误差；B 为偏差；S 为差异标准差；Slope 为斜率；Offset 为偏移量

2）直接验证结果

利用 CERN 站点的 LAI 地面测量数据对 MuSyQ、MODIS 和 GLASS LAI 产品进行直接验证。LAI 产品时间窗口内的 LAI 值与单一日期地面测量值之间的时间不匹配不影响常绿林地的验证结果，因为常绿林地的 LAI 值短时间（至少一个月）内相当稳定。然而，这种时间误匹配可能给农田、草地和落叶林等高度动态植被的验证带来不确定。图 7-5 显示了不同 LAI 产品和 LAI 地面测量值的散点图。图 7-5（a）、(b）和（c）中分别有 59、61 和 65 个 LAI 实测数据及对应的 MuSyQ、MODIS 和 GLASS LAI 产品数据。使用回归方程、均方根误差和相关系数来衡量不同 LAI 产品的质量。

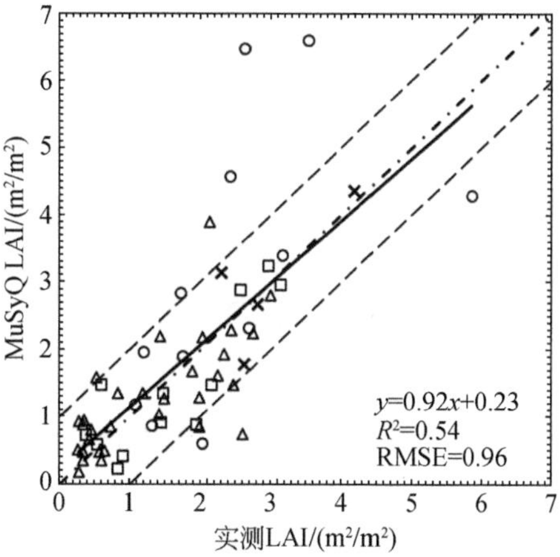

□ 草地和粮食作物 △ 阔叶作物 × 稀树草原 ○ 森林

(a)MuSyQ

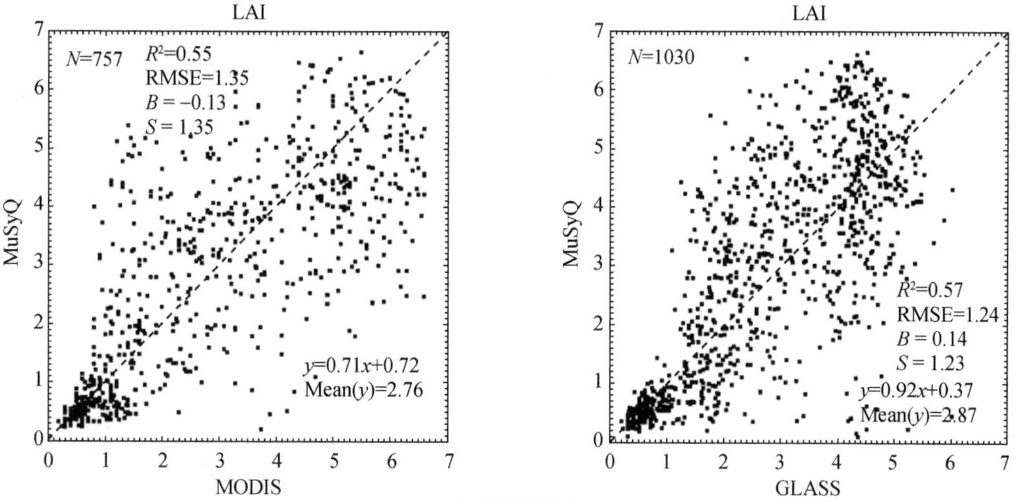

(b)阔叶林站点

图 7-5　MuSyQ、MODIS 和 GLASS LAI 与地面实测 LAI 的散点图

MuSyQ LAI 与地面测量数据的相关性（$R^2=0.54$）低于 MODIS（$R^2=0.46$）和 GLASS

(R^2=0.49)，MuSyQ LAI 的精度（RMSE=0.96）比 MODIS LAI（RMSE=1.09）高，但与 GLASS LAI（RMSE=0.84）精度相比偏低，这是因为 5 天分辨率的 MuSyQ LAI 产品短时间内 LAI 值不稳定性，导致精度略有下降；表 7-9 的直接验证结果表明 MuSyQ LAI 产品的准确度（S=0.96）比 MODIS 产品（S=1.09）略低且与 LAI 地面测量数据的拟合程度（Slope=0.92）最好。MuSyQ 产品与实测值差异在±0.5 之间的频率超过 55%，高于其他两种产品（47.54%、53.85%）。三种产品均显示正向平均偏差（0.091、0.003 和 0.03）。

表 7-9　三种 LAI 产品与 LAI 实测点比较统计

指标	MuSyQ	MODIS	GLASS
N	59	61	65
R^2	0.54	0.46	0.49
RMSE	0.96	1.09	0.84
B	0.091	0.003	0.03
S	0.96	1.09	0.83
Slope	0.92	0.88	0.65
Offset	0.23	0.20	0.64
% optimal（GCOS）	55.93	47.54	53.85

注：N 为实测值个数；R^2 为拟合系数；RMSE 为均方根误差；B 为偏差；S 为标准差；Slope 为斜率；Offset 为偏移量

MuSyQ LAI 产品在整个取值变化的范围内都表现了非常好的一致性。总体而言，大部分数据分布在±1 LAI 偏差范围内，表明该验证结果的总不确定度小于 1 个 LAI 单位。这种不确定性来自 MuSyQ 产品本身以及其他来源，包括参考地图的不确定性以及空间和时间尺度的误匹配。MuSyQ 的回归直线方程与 1∶1 线最接近，大部分样点都分布在 1∶1 线两边，只是在个别森林（主要是阔叶林）站点偏离较远，出现了高估。MODIS 对不同的植被类型具有良好的精度，但对稀树草原有明显的高估，可能是因为混合像元造成的地表误分类。

7.4.1.4　结论

MuSyQ LAI 产品是多源遥感数据协同生产的，空间分辨率为 1km，5 天合成。通过 MuSyQ LAI 与 MCD15A2 和 GLASS LAI 之间的交叉验证以及与 CERN 农田和森林站点的直接验证，结果显示 MuSyQ LAI 产品不仅合成周期缩减为 5 天，还同时提高了 LAI 产品的时空连续性。MuSyQ LAI 产品在空间分布上呈现出可靠和一致的空间分布动态变化特征。通过与其他产品进行一致性比较，结果显示 MuSyQ 产品与 LAI 实测数据的对比结果较好（最高相关性，较低系统误差和总体误差），只是在阔叶作物生长季高值处有些许低估且在某些阔叶林站点有些高估。

7.4.2　温度产品真实性检验实例

由于温度的瞬变性，地表温度产品的真实性检验一般需要长时间序列的验证，如

Palade 和 Serrano（2014）对 MODIS LST 产品在山区进行了长时间序列的验证；Yu 等（2014）利用长波辐射数据长时间序列数据在中国干旱地区对 MODIS LST 产品的精度进行验证；Li 等（2014a）在中国西北地区验证了 MODIS 和 VIIRS LST 的产品精度；Guillevic 等（2014）对 VIIRS LST 产品的精度在不同地表类型下利用实测数据开展了验证。本案例以黑河流域为研究区，进行了长时间序列地表温度数据的反演［基于物理单通道（Physical Single Channel，PSC）算法］和验证（孟翔晨等，2018）。

7.4.2.1 实验区和数据介绍

本案例以黑河流域为研究区。黑河流域位于 97.1°E ~ 102.0°E，37.7°N ~ 42.7°N，是我国第二大的内陆河，总流域面积为 14.3 万 km^2。该地区为典型的中温带干旱地区/亚寒带亚干旱地区，气候干燥、降水稀少，平均年降水量不足 500mm，研究区主要地表类型为绿洲农田、戈壁、沙漠、荒漠、湿地和高寒草地。采用黑河流域生态-水文过程综合遥感观测联合试验（Li et al.，2013；Xu et al.，2013）中 18 个自动气象站的观测数据作为地表温度验证数据，包括黑河上游 7 个站、中游 6 个站及下游 5 个站，其中 13 个植被站，5 个裸露地表站（Meng et al.，2016）。

本案例使用的数据包括遥感数据、辅助数据和地面实测数据。遥感数据包括：①2013 ~ 2015 年的 93 景 Landsat-8 L1B 数据及对应的地表反射率产品；②研究区 100m 的 ASTER GED 产品；③MODIS 水汽产品。辅助数据包括：①MERRA 再分析数据；②TIGR 大气廓线库。Landsat-8 数据来自美国地质调查局（USGS），日期为 2013 年 7 月 5 日 ~ 2015 年 10 月 15 日共 93 景数据。TIRS 热红外传感器两个热红外通道（TIRS10 和 TIRS11）的原始空间分辨率为 100m，在 Land sat-8 L1B 产品中，采用三次卷积插值算法重采样到 30m 分辨率。地表反射率产品包括经过大气校正的可见光近红外和短波红外波段的地表反射率数据（Vermote et al.，2016）和云掩膜数据（Zhu et al.，2015），其中云掩膜数据包括晴空、水体、云阴影、雪、云和填充值六类数据。

本案例使用的是 MODIS 近红外大气总水汽量产品（Gao and Kaufman，2015）。该数据是 MODIS 标准景 2 级大气产品，简称 MOD05_L2，空间分辨率为 1km，整景时间间隔为 5 分钟，本案例选择与 Landsat-8 过境时间较近的 MODIS 过境时间为北京时间 11：20 左右的水汽产品。

大气廓线库 TIGR（Thermodynamic Initial Guess Retrieval）包含全球 2311 条不同地区不同季节的廓线，其中 1 ~ 872 为热带大气廓线；873 ~ 1260 为中纬度夏季大气廓线；1261 ~ 1614 为中纬度冬季大气廓线；1615 ~ 1718 为极地夏季大气廓线；1719 ~ 2311 为极地冬季大气廓线。TIGR 大气廓线库共 43 层气压层，从 1013hPa 到 0.026hPa，数据包含每层的压强、温度廓线、湿度廓线和臭氧廓线（Aires et al.，2010）。根据 Tang 等（2008）的研究，选取 946 条晴空大气廓线用于后续模拟分析。

地面实测地表温度由架设在自动气象站的 SI-111 红外辐射计（8 ~ 14μm）和 CNR1 四分量辐射仪观测得到，各个验证站点的具体信息如表 7-10 所示。自动气象站的观测频率为 30s 一次，输出为 10 分钟的平均数据，根据卫星过境时间对 10 分钟内的数据进行线性插值得到卫星过境时刻的实测值。分别采用以下方法对两种设备的观测数据进行处理，以得到地面实测温度。对于 SI-111 观测，利用物理单通道地表温度反演算法 PSC（Physical Single Channel Algorithm）计算地表温度：

$$B(T_s)=[B(T_r)-(1-\varepsilon)L_{sky}]/\varepsilon \tag{7-20}$$

式中，B 为普朗克公式；T_s 为地表温度；T_r 为 SI-111 观测的温度；L_{sky} 为大气下行辐射，利用对天 55°观测的 SI-111 计算得到；ε 为 SI-111 通道发射率，利用实测发射率或者 ASTER GED 计算得到。

表 7-10 HiWATER 验证站点信息

序号	站名	经纬度	海拔/m	地表类型	观测仪器	测量高度/m	观测时间（年/月/日）
1	阿柔超级站（Arou CJZ）	100.4643°E，38.0473°N	3033	高寒草地	CNR1 四分量辐射仪	5	2012/10/14 ~ 2015/12/31
2	阿柔阳坡站（ArouYangpo）	100.5204°E，38.0898°N	3529	高寒草地	CNR1 四分量辐射仪	6	2013/08/08 ~ 2015/09/09
3	阿柔阴坡站（ArouYinpo）	100.4108°E，37.9841°N	3536	高寒草地	CNR1 四分量辐射仪	6	2013/08/08 ~ 2015/09/12
4	峨堡站（EB）	100.9151°E，37.9492°N	3294	高寒草地	CNR1 四分量辐射仪	6	2013/06/11 ~ 2015/12/31
5	黄藏寺站（HZS）	100.1918°E，38.2254°N	3529	小麦	CNR1 四分量辐射仪	6	2013/06/10 ~ 2015/04/16
6	黄草沟站（HCG）	100.7312°E，38.0033°N	3137	高寒草地	CNR1 四分量辐射仪	6	2013/06/07 ~ 2015/04/17
7	景阳岭站（JYL）	101.1160°E，37.8384°N	3750	高寒草地	CNR1 四分量辐射仪	6	2013/08/15 ~ 2015/12/31
8	戈壁站（GB）	100.3042°E，38.9150°N	1567	戈壁	CNR1 四分量辐射仪	6	2012/08/14 ~ 2015/04/13
9	神沙窝站（SSW）	100.4933°E，38.7892°N	1555	沙漠	CNR1 四分量辐射仪	6	2012/09/01 ~ 2015/04/12
10	花寨子站（HZZ）	100.3186°E，38.7652°N	1735	荒漠	SI-111 红外辐射计	2.65	2012/06/02 ~ 2015/12/31
11	机场荒漠站（JCHM）	100.6967°E，38.7781°N	1625	荒漠	SI-111 红外辐射计	4	2012/06/29 ~ 2015/12/31
12	湿地站（SD）	100.4464°E，38.9751°N	1460	芦苇湿地	SI-111 红外辐射计	6	2012/06/25 ~ 2016/02/27
13	大满超级站（CJZ）	100.3722°E，38.8555°N	1556	玉米	CNR1 四分量辐射仪	12	2012/05/12 ~ 2015/12/31
14	胡杨林站（HYL）	101.1239°E，41.9932°N	876	胡杨林	CNR1 四分量辐射仪	6，24	2013/07/10 ~ 2015/12/31

续表

序号	站名	经纬度	海拔/m	地表类型	观测仪器	测量高度/m	观测时间（年/月/日）
15	混合林站（HHL）	101.1335°E 41.9903°N	874	柽柳与胡杨	CNR1 四分量辐射仪	24	2013/07/12 ~ 2015/12/31
16	裸地站（LD）	101.1326°E, 41.9993°N	878	裸地	CNR1 四分量辐射仪	6	2013/07/09 ~ 2015/12/31
17	农田站（NT）	101.1338°E, 42.0048°N	875	甜瓜农田	CNR1 四分量辐射仪	6	2013/07/09 ~ 2015/10/29
18	四道桥超级站（SDQ）	101.1374°E, 42.0012°N	873	柽柳	CNR1 四分量辐射仪	10	2013/07/11 ~ 2015/12/31

对于 CNR1/CNR4 观测的地表长波辐射数据，使用下面的公式计算地表温度：

$$T_s = \left[\frac{F^{\uparrow} - (1-\varepsilon_b)F^{\downarrow}}{\varepsilon_b \sigma}\right]^{1/4} \tag{7-21}$$

式中，T_s 为地表温度；$F^{\uparrow}$ 为上行长波辐射；$F^{\downarrow}$ 为下行长波辐射；ε_b 为宽波段发射率，利用 ASTER GED 窄波段发射率或者波谱库数据计算得到（Cheng et al., 2014）；σ 为斯特藩-玻尔兹曼常数 [5.67×10^{-8}W/（$m^2 \cdot K^4$）]。

7.4.2.2 研究结果与分析

为了评估地表温度反演方法的精度，需要对其进行精度评价。地表温度反演方法精度评价主要分为三个部分：①大气校正结果分析；②地表发射率反演结果分析；③站点异质性分析及利用实测数据对地表温度进行验证。

1）大气校正结果分析

利用大气辐射传输模型 MODTRAN 5.2 对 RTTOV 11.3 计算的三个大气参数进行精度评价。首先，将 946 条 TIGR 大气廓线数据分别输入到 MODTRAN 和 RTTOV 这两种大气辐射传输模型，各自得到大气上、下行辐射和大气透过率；然后将两者结果进行对比，以验证 RTTOV 计算的大气参数的准确性。图 7-6 为观测角度为 0°时的模拟结果，RTTOV 计算的大气上行辐射和透过率与 MODTRAN 的结果比较接近，决定系数都在 0.99 以上。其中，大气透过率的 RMSE 为 0.010，Bias 为 0.007，说明 RTTOV 计算的大气透过率要稍高于 MODTRAN 的结果；大气上行辐射的 RMSE 为 0.063W/($m^2 \cdot sr \cdot \mu m$)，Bias 为-0.043W/($m^2 \cdot sr \cdot \mu m$)，说明 RTTOV 计算的大气上行辐射要稍低于 MODTRAN 的结果，这和大气透过率偏高相符合。上述结果表明，RTTOV 计算的大气参数与 MODTRAN 的结果比较接近，具有较高的精度，可以利用 RTTOV 计算的大气参数进行地表温度反演。由于大气下行辐射是通过半球积分计算得到，为了减少 RTTOV 的运行次数，利用 TIGR 大气廓线数据建立星下点大气上行辐射和大气下行辐射的转换公式，只需运行一次 RTTOV 就可得到三个大气参数，转换方程如式（7-22）所示。转换方程的决定系数 R^2 为 0.999，RMSE 为 0.035W/($m^2 \cdot sr \cdot \mu m$)，这说明转换公式的精度较高，可以利用大气上行辐射来计算大气下行辐射。

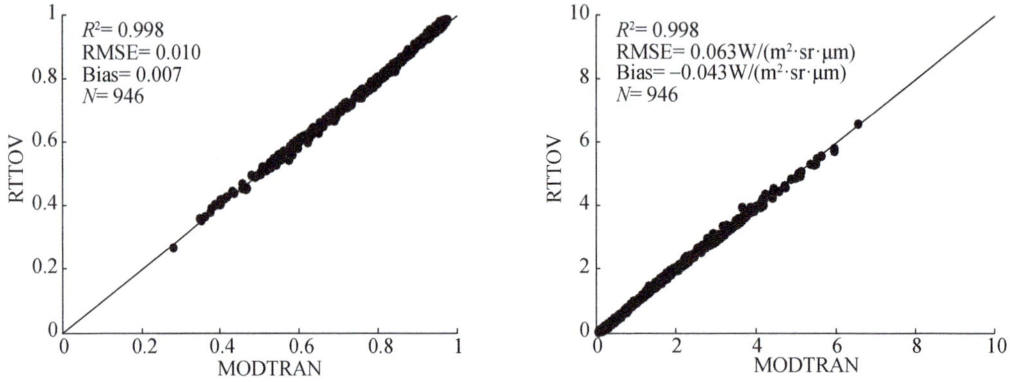

(a)RTTOV与MODTRAN计算的大气透过率的散点图　(b)RTTOV与MODTRAN计算的大气上行辐射的散点图

图 7-6　RTTOV 与 MODTRAN 计算的大气参数的散点图

$$L_i^{\downarrow} = -0.0498 L_i^{\uparrow 2} + 1.6592 L_i^{\uparrow} + 0.0034 \tag{7-22}$$

2）地表发射率反演结果分析

为了分析地表发射率反演产品的精度，选取 Sobrino 和 Raissouni（2000）以及 Sobrino 等（2008）提出的 NDVI 阈值法进行对比分析，其中裸露地表发射率利用红光波段反射率 ρ_{red} 计算得到，拟合公式利用 ASTER 波谱库（Baldridge et al.，2009）中的 17 条土壤发射率（Tang et al.，2015）拟合得到，相关系数为 0.74，公式如下：

$$\varepsilon = 0.9821 - 0.061\rho_{red} \tag{7-23}$$

以中游六个验证站点为例分析两种算法的差异，图 7-7 给出了 2014 年 6 月 6 日利用本案例方法与 NDVI 阈值法计算的地表发射率图以及两者的差值图，从左到右依次为本案例方法计算的发射率、NDVI 阈值法计算的发射率以及两种算法计算的发射率差值。图中的白色部分为云，当云掩膜数据中的识别标识为云时，发射率赋为空值。从图 7-7 中可以看出本案例方法和 NDVI 阈值法计算的发射率能够很好地反映地表发射率的空间动态变化，NDVI 阈值法计算的发射率在裸露地表要稍高于本案例方法的结果，在沙漠地区存在明显高估。

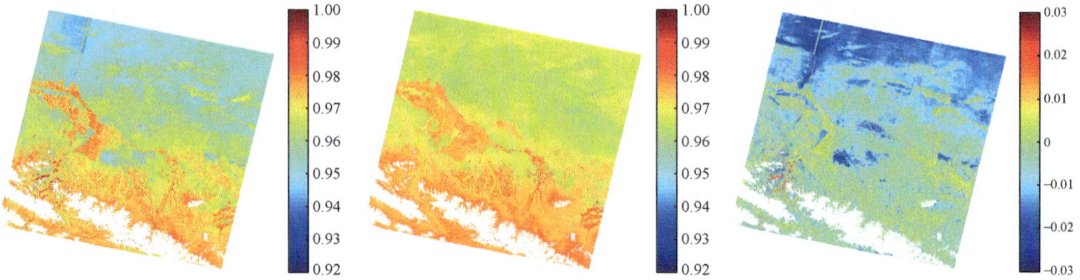

(a)本案例方法计算的2014/06/06发射率　(b)NDVI阈值法计算的2014/06/06发射率　(c)本案例方法与NDVI阈值法计算的2014/06/06地表发射率差值

图 7-7　待检验产品与 NDVI 阈值法得到的 2014/06/06 地表发射率和差值

图 7-8 为待检验产品与 NDVI 阈值法计算的地表发射率在 2013～2015 年的时间序列变化曲线，图 7-8（a）为本案例方法计算的发射率时间序列变化趋势，图 7-8（b）为 NDVI 阈值法计算的发射率时间序列变化趋势。趋势图中突然升高的值为冰、雪的发射率，该值是根据 ASTER 波谱库中冰和积雪的发射率波谱计算得到的，当云掩膜数据中的识别标识为雪时赋值为 0.99。根据 ASTER 波谱库的计算结果，不同土壤类型的地表发射率有一定差异（孟翔晨等，2016）。从图 7-8 可以看出待检验产品不仅能够很好地反映地表发射率随时间的动态变化趋势，同时在一定程度上能够体现土壤类别之间的发射率差异，而 NDVI 阈值法计算得到的结果虽然也能体现发射率的时间变化，但是土壤类别之间的差异很难体现出来。四个裸露地表站点的变化范围为 0.95～0.97，其中 SSW 站点明显区别于其他三个荒漠站点，NDVI 阈值法在所有的荒漠站点的变化范围基本为 0.965～0.975。根据 2012 年 SSW 站点的实测数据可知，Landsat-8 第 10 通道的实测发射率为 0.957，减产的产品更接近实测发射率，而 NDVI 阈值法则高估 0.02 左右。两种地表发射率算法均能反映植被生长的动态变化，在非植被生长时间段，两种算法的差异较为明显。

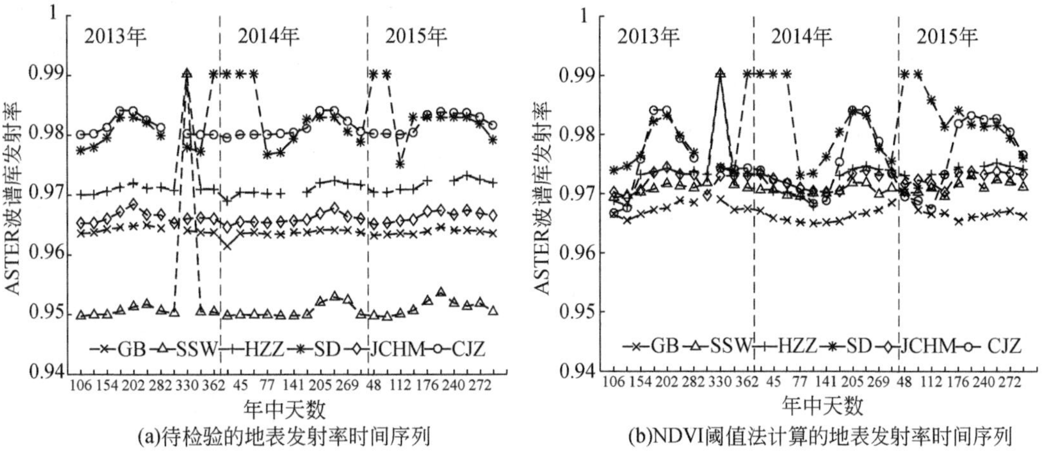

图 7-8　待检验的地表发射率时间序列与 NDVI 阈值法计算的地表发射率时间序列

3）地表温度验证

验证站点的空间异质性对精度有较大的影响，因此理想的地表温度验证站点应该从点尺度到千米尺度都是空间异质性较小的均一地表（Coll et al.，2012）。由于缺乏空间分辨率更高的地表温度数据，无法用来评估 Landsat TIRS 30m 像元尺度上的空间异质性，参考其他学者的研究（Coll et al.，2010；Li et al.，2011；Sobrino et al.，2015），本案例以站点为中心，统计验证站点周围 3×3 像元（90m×90m）和 9×9 像元（270m×270m）范围内的 Landsat-8 TIRS10 的亮度温度，计算所有 93 景 Landsat-8 TIRS10 亮度温度的平均标准差作为异质性分析的依据，得到的统计结果如表 7-11 所示。

表 7-11　各站点地表温度平均标准差　（单位：K）

站点	Arou CJZ	Arou Yangpo	Arou Yinpo	EB	HZS	HCG	JYL	JCHM	CJZ
3×3 像元	0.20	1.00	0.86	0.22	0.17	0.22	0.66	0.07	0.14

续表

站点	Arou CJZ	Arou Yangpo	Arou Yinpo	EB	HZS	HCG	JYL	JCHM	CJZ
9×9 像元	0.52	2.51	1.99	0.54	0.48	0.63	2.02	0.22	0.39
站点	GB	SSW	HZZ	SD	HYL	HHL	LD	NT	SDQ
3×3 像元	0.17	0.15	0.18	0.23	0.14	0.35	0.34	0.13	0.24
9×9 像元	0.38	0.38	0.41	0.64	0.54	0.83	0.97	0.63	0.60

从各站点3×3 像元的统计结果来看，上游7 个验证站点中 Arou Yangpo、Arou Yinpo 和 JYL 三个站点的平均标准差在0.6K 以上，剩余站点平均标准差均在0.3K 以下；中游6 个验证站点中，除了 SD 站点的平均标准差为 0.23K，其余站点平均标准差均在 0.2K 之内；下游五个验证站点中，HHL、LD 和 SDQ 的平均标准差较大，其中 SDQ 站点平均标准差为 0.24K，HHL 和 LD 站点的标准差在0.35K 左右，剩余两个站点的平均标准差在 0.15K 之内。由于 Landsat-8 热红外影像的原始分辨率为 100m，30m 数据为采用三次卷积插值算法重采样后的结果，很难说明站点的标准差过大是站点异质性导致的还是插值方法导致的，需要进一步的研究与探索。从各站点 9×9 像元的统计结果来看，上游 7 个验证站点整体平均标准差较大，ArouYangpo、JYL 的平均标准差达到了 2.0K 以上；中游验证站点除了 SD 站点的平均标准差为 0.64K，剩余站点的平均标准差均在 0.41K 及以下；和中游站点相比，下游验证站点的整体表现也较差，平均标准差在 0.54K 及以上，LD 站点最大，为 0.97K。NT 和 HYL 站点在 9×9 像元范围内标准差较大，在 3×3 像元范围内标准差较小。总体来说，JCHM、CJZ、GB、SSW、HZZ、HZS、HYL 和 NT 这 8 个站点的异质性较小，其次是 Arou CJZ、EB、HCG、SD、SDQ、HHL 和 LD 这 7 个站点，Arou Yangpo、Arou Yinpo 和 JYL 这三个站点异质性较大。中游验证站点的异质性较小，下游验证站点次之，上游验证站点的异质性最大，说明中游和下游验证站点的下垫面地表比较均一，上游验证站点的下垫面更为复杂，中游站点更适合不同尺度的地表温度的验证。Wan（2008）指出理想的地表温度验证站点的不确定性应该在 1K 以内，因此，本案例选取 JCHM、CJZ、GB、SSW、HZZ、HZS、HYL、NT、Arou CJZ、EB、HCG、SD、SDQ、HHL 和 LD 这15 个空间异质性相对较小的站点作为待检验精度评价的验证数据。

分别统计待检验产品在 15 个验证站点 1×1 像元、3×3 像元、9×9 像元的地表温度，使用平均偏差（Bias）、标准差（STD）和均方根误差（RMSE）来评价地表温度的反演精度，其中 Bias 为算法反演结果减去地面实测结果。图 7-9 为从左到右依次为本案例算法反演的 1×1 像元、3×3 像元、9×9 像元的地表温度与实测数据的散点图。站点验证结果表明，待检验产品的地表温度比实测温度偏高 0.1K 左右，STD 和 RMSE 均在 2K 以上。从图 7-9 可以看出，不同像元验证结果之间的精度差异较小，Bias 在 0.07K ~ 0.13K 之间变化，STD 和 RMSE 均在 2.2K 左右，1×1 像元和 3×3 像元的统计结果稍高于 9×9 像元的统计结果，这与这 15 个站点空间异质性较小的结论一致。

为了待检验产品的精度，本案例选取 Jiménez-Muñoz 和 Sobrino 在 2003 年提出的普适性单通道算法（简称 JMS 算法）进行对比分析，回归系数采用 Jiménez-Muñoz 等（2014）文中的系数，算法输入的水汽含量从 MODIS 水汽产品 MOD05 提取，发射率采用待检验产

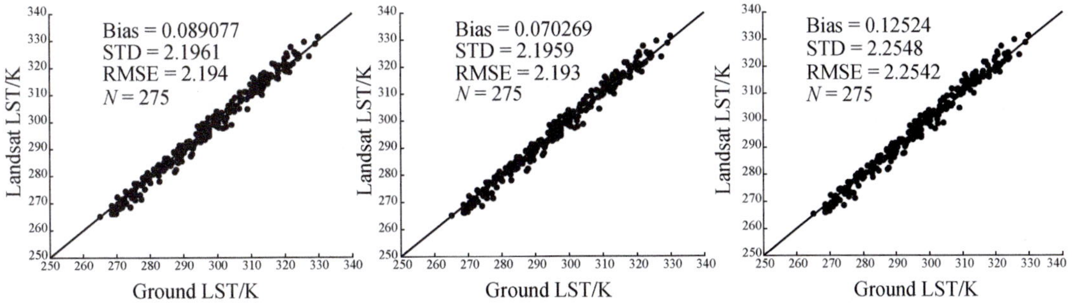

(a)待检验产品的1×1像元的地表温度与实测数据的散点图　(b)待检验产品的3×3像元的地表温度与实测数据的散点图　(c)待检验产品的9×9像元的地表温度与实测数据的散点图

图 7-9　检验产品的地表温度与实测数据的散点图

品的结果。图 7-10 给出了 2014 年 6 月 6 日的黑河中游的地表温度反演结果，从左到右依次为本案例算法的地表温度（待检验产品）、JMS 算法反演的地表温度以及待检验产品与 JMS 算法的地表温度差值，白色部分为云覆盖区域。从图 7-10 中可以看出，两种算法在空间分布上较为一致，均能反映地表温度的空间变化；植被区的地表温度较低，绿洲周围的戈壁和沙漠地表温度较高，这和植被区的地表发射率较高、沙漠区地表发射率较低相对应。两种算法在植被区差异较小，在裸露地表差异较大，局部地区可达到 1K。

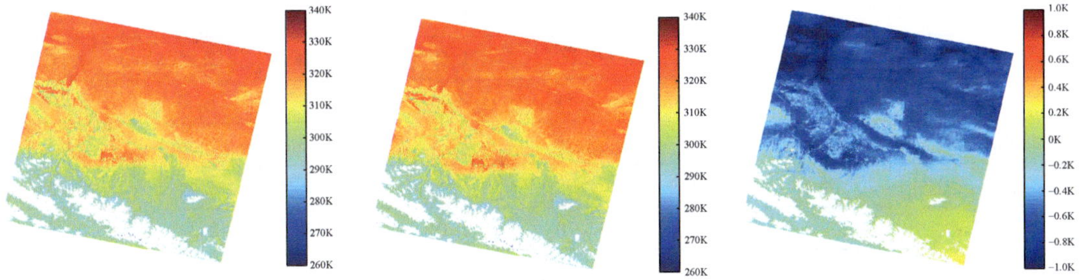

(a)待检验产品的2014/06/06地表温度　(b)JMS算法反演的2014/06/06地表温度　(c)待检验产品与JMS算法反演的2014/06/06地表温度差值

图 7-10　待检验产品与 JMS 算法反演的 2014 年 6 月 6 日地表温度和差值

为了进一步对比 PSC 算法和 JMS 算法的区别，本案例同时给出了 PSC 算法和 JMS 算法在各站点的验证结果，Bias、STD 和 RMSE 的统计结果如表 7-12 所示。表 7-12 中数据从上到下依次为各个站点的数据、上游站点数据、中游站点数据、下游站点数据和所有站点数据的统计结果。上游四个验证站点中，Arou CJZ、HZS 和 HCG 这三个站点 Bias 较小，PSC 算法的绝对偏差在 0.2K 及以下，JMS 算法的绝对偏差也在 0.7K 以内。EB 站点在两种算法中的偏差均较大，虽然站点异质性较大会对结果有所影响，但 EB 站点的有效数据较少，有限的数据可能会给统计结果带来偏差。与中游验证站点实测温度相比，两种算法在 CJZ 站点精度最高，绝对偏差均在 0.5K 以内且 STD 和 RMSE 也小于 1.3K；GB 和 SD 站点的精度均较差，Bias、STD 和 RMSE 均在 1.5K 以上。下游五个站点中，两种算法在 HHL 站点均高估 1.9K 以上，STD 和 RMSE 也在 2K 以上；剩余站点的偏差较接近，PSC

算法的 STD 和 RMSE 均小于 JMS 算法。

表 7-12　各站点统计结果

站点名称	PSC 算法				JMS 算法		
	N/次	Bias/K	STD/K	RMSE/K	Bias/K	STD/K	RMSE/K
Arou CJZ	16	0.20	2.03	1.97	-0.17	1.62	1.58
EB	6	0.93	2.73	2.66	0.95	1.06	1.36
HZS	11	-0.09	2.34	2.23	-0.55	1.78	1.79
HCG	13	-0.09	3.23	3.10	0.66	1.73	1.79
GB	22	1.90	1.58	2.45	1.99	1.91	2.73
SSW	21	1.06	2.79	2.92	1.12	2.96	3.10
HZZ	16	1.24	1.98	2.29	1.11	2.15	2.36
SD	26	-1.98	1.62	2.54	-2.25	1.81	2.86
JCHM	26	-0.85	1.46	1.67	-0.99	2.23	2.40
CJZ	20	0.19	1.24	1.23	-0.23	1.29	1.28
HYL	22	-1.14	1.71	2.02	-0.77	2.02	2.12
HHL	10	1.96	2.13	2.81	2.38	2.87	3.61
LD	24	0.03	1.70	1.67	0.54	2.25	2.26
NT	21	1.04	1.69	1.96	1.40	2.37	2.71
SDQ	21	-0.64	1.60	1.69	-0.24	2.04	2.00
上游站点	46	0.15	2.51	2.49	0.12	1.68	1.67
中游站点	131	0.11	2.26	2.25	-0.03	2.56	2.55
下游站点	98	0.04	1.97	1.96	0.45	2.42	2.45
所有站点	275	0.09	2.20	2.19	0.17	2.39	2.39

站点数据的统计结果表明：PSC 算法在上游站点高估 0.15K，中游站点高估 0.11K，下游站点高估 0.04K；JMS 算法在上游站点高估 0.12K，中游站点低估 0.03K，下游站点高估 0.45K。整体结果显示：PSC 算法整体高估 0.09K，STD 和 RMSE 在 2.2K 左右；JMS 算法整体高估 0.17K，STD 和 RMSE 在 2.4K 左右。总体来说，PSC 算法的精度稍高于 JMS 算法的精度。JMS 算法在高海拔地区（低水汽含量）精度较高，STD 和 RMSE 均在 2K 之内，JMS 算法在低海拔地区的 STD 和 RMSE 要高于 PSC 算法 0.3K 左右。由于研究区的整体水汽含量较小，文中 46 天数据的站点水汽含量平均值为 0.6g/cm^2，其中有 5 天的水汽含量大于 2g/cm^2，2 天的水汽含量大于 3.0g/cm^2，故 PSC 算法和 JMS 算法均获得了较高的精度，Zhou 等（2012）也获得了两种算法精度相当的结果，同时这和 Jiménez-Muñoz 等（2009）的研究结果即 JMS 算法在低水汽含量具有较高的精度相一致。虽然中游站点的异质性较小，但站点平均偏差要高于其他站点，这也许跟实测数据偏低有关，CNR1 测量的长波辐射低估 8W/m^2，这会给地表温度带来 1.2K 的误差（Li et al., 2014b）。虽然本案例算法和 JMS 算法的精度较为一致，但 Landsat-8 卫星过境时间的水汽产品难以获得，且

JMS 算法在水汽含量较高的地区精度较差，而再分析数据其时间分辨率高、空间连续性好，利用 PSC 算法更有利于获取全球长时间序列的地表温度。

7.5 小　　结

目前，从遥感应用范围和体量来讲，我国已经成为遥感应用大国，但是从技术成熟度、精度和定量化水平等层面来讲，与国外还有差距。从应用层面来讲，各行业部门已经形成了共性产品生产的算法和真实性检验方法，但是规范化和标准化程度不够、队伍分散、重复投入、重复研究、研究起点低，不但造成了巨大的人力、物力和资金的浪费，而且造成了不同部门所用相同共性产品的质量参差不齐，未形成产品体系，极大地限制了遥感应用的技术水平和效率的提高，以及遥感应用领域的扩展。从遥感验证来看，缺乏共性遥感产品生成模型优化的长效机制，共性定量遥感产品生成与服务能力不足；缺乏跨站网、跨行业的数据汇聚、融合和管理，缺乏标准的真实检验数据；缺乏面向业务化产品的真实性检验系统。

对于遥感验证的方法，真实性检验中高分辨率数据的引入虽然在一定程度上解决了尺度不匹配的问题，但同时也带来了一系列的不确定性。一方面，高分辨率数据作为独立的数据引入进来，其自身是存在一定的误差的。另一方面，地面与高分辨率数据、高分辨率数据与待检验产品像元之间的几何匹配误差，以及高分辨率数据的尺度转换误差，都可能导致真实性检验结果的不确定性。Peng 等（2015）分析了多尺度检验方法中的不确定性来源，并提出不确定性最小原则，该方法的最大优势在于保证得到的像元尺度参考值不确定性最小，使真实性检验结果可靠。但基于不确定性最小原则的检验方法，更多的是选择地面尽可能均质的区域，降低几何配准和尺度带来的影响，因此也就避开了不确定性大的地方，即异质性程度大的地方。无论是传统的多尺度验证还是基于趋势面的升尺度思路，升尺度过程严重依赖于高分辨率影像的质量和重访周期。受云等天气的影响以及高分辨率卫星自身重访周期的限制，上述升尺度方法无法连续地在长时间序列上应用。一个完整的验证工作不仅要考虑不同地表类型的空间上的完整性，还要求能覆盖典型地表变化周期的时间上的完整性，因此上述方法都不能满足一个全面的验证工作的需求。虽然目前已提出构造先验知识趋势面的普适性的尺度转换方法（王祎婷等，2014），但该方法目前还只是一个概念模型。Wu 等（2017b）将该方法向前推进，提出了能融合地面数据提供的时间信息和高分辨率数据提供的空间信息的时空趋势面模型构建方法。该模型可以在一定程度上克服高分辨率影像在时间上不连续的问题，支持长时间序列、连续的升尺度，解决了异质性地表地面观测信息量不足的问题。但是由于模型是基于相邻地面观测在时间上的相关性，因此该模型目前只能捕捉到地表参数的渐变过程，当地面参数发生突变时，模型的有效性将降低。

综上所述，我国在共性产品与真实性检验方法方面虽取得一定成就，但面临的问题和挑战仍然很多。因此，对共性产品进行真实性检验，打造标准化、业务化的共性产品的生产系统，建立全国卫星遥感共性产品生成平台和行业部门共性产品分布式生产能力，建立可运行化的面向遥感数据产品真实性检验的野外观测网络和软件平台，对国家对地观测总体计划的实施乃至我国遥感应用发展至关重要。

参考文献

陈军，廖安平，陈晋，等. 2017. 全球 30 m 地表覆盖遥感数据产品-GlobeLand 30. 地理信息世界，24 (1)：1-8.
黄铁青，牛栋. 2005. 中国生态系统研究网络（CERN）：概况、成就和展望. 地球科学进展，20 (8)：895-902.
晋锐，李新，马明国，等. 2017. 陆地定量遥感产品的真实性检验关键技术与试验验证. 地球科学进展，32 (6)：630-642.
李新，马明国，王建，等. 2008. 黑河流域遥感—地面观测同步试验：科学目标与试验方案. 地球科学进展，23 (9)：897-914.
李召良，段四波，唐伯惠，等. 2016. 热红外地表温度遥感反演方法研究进展. 遥感学报，20 (5)：899-920.
历华，杜永明，柳钦火，等. 2014. 天宫一号数据地表温度反演及其在城市热岛效应中的应用. 遥感学报，18 (z1)：133-143.
刘超，历华，杜永明，等. 2017. 针对 Himawari 8 AHI 地表温度反演的实用劈窗算法. 遥感学报，21 (5)：702-714.
马培培，李静，柳钦火，等. 2019. 中国区域 MuSyQ 叶面积指数产品验证与分析. 遥感学报，23 (6)：1232-1252.
孟翔晨，历华，杜永明，等. 2016. 基于 ASTER GED 产品的地表发射率估算. 遥感学报，20 (3)：382-396.
孟翔晨，历华，杜永明，等. 2018. Landsat8 地表温度反演及验证——以黑河流域为例. 遥感学报，22 (5)：857-871.
孙鸿烈. 2006. 中国生态系统研究网络为生态系统评估提供科技支撑. 资源科学，28 (4)：2-3.
王江浩. 2014. 基于时空地统计学的监测网布局优化与时空插值研究. 北京：中国科学院大学博士学位论文.
王祎婷，谢东辉，李小文. 2014. 构造地理要素趋势面的尺度转换普适性方法探讨. 遥感学报，18 (6)：1139-1146.
吴小丹. 2017. 异质性地表定量遥感产品真实性检验方法研究. 北京：中国科学院大学博士学位论文.
吴小丹，肖青，闻建光，等. 2014. 遥感数据产品真实性检验不确定性分析研究进展. 遥感学报，18 (5)：1011-1023.
向阳，肖志强，梁顺林，等. 2014. GLASS 叶面积指数产品验证. 遥感学报，18 (3)：573-596.
徐保东. 2018. 复杂地表叶面积指数反演及产品真实性检验. 北京：中国科学院大学博士学位论文.
徐涵秋. 2016. Landsat 8 热红外数据定标参数的变化及其对地表温度反演的影响. 遥感学报，20 (2)：229-235.
杨萍. 2021. 中国科学院野外科学观测研究网络未来发展的思考. 中国科学院院刊，36 (1)：104-112.
于文涛，李静，柳钦火，等. 2016. 中国地表覆盖异质性参数提取与分析. 地球科学进展，31 (10)：1067-1077.
曾也鲁，李静，柳钦火. 2012. 全球 LAI 地面验证方法及验证数据综述. 地球科学进展，27 (2)：165-174.
张仁华，田静，李召良，等. 2010. 定量遥感产品真实性检验的基础与方法. 中国科学：地球科学，40 (2)：211-222.

Aires F, Chédin A, Scott N A, et al. 2010. A regularized neural net approach for retrieval of atmospheric and surface temperatures with the IASI instrument. Journal of Applied Meteorology, 41 (2): 144-159.

Baldocchi D. 2008. 'Breathing' of the terrestrial biosphere: Lessons learned from a global network of carbon dioxide flux measurement systems. Australian Journal of Botany, 56 (1): 1-26.

Baldridge A M, Hook S J, Grove C I, et al. 2009. The ASTER spectral library version 2. 0. Remote Sensing of Environment, 113 (4): 711-715.

Baret F, Hagolle O, Geiger B, et al. 2007. LAI, fAPAR and fCover CYCLOPES global products derived from VEGETATION Part 1: Principles of the algorithm. Remote Sensing of Environment, 110 (3): 275-286.

Baret F, Morissette J T, Fernandes R A, et al. 2006. Evaluation of the representativeness of networks of sites for the global validation and intercomparison of land biophysical products: Proposition of the CEOS-BELMANIP. IEEE Transactions on Geoscience and Remote Sensing, 44 (7): 1794-1803.

Baret F, Weiss M , Allard D , et al. 2000. VALERI: A network of sites and a methodology for the validation of medium spatial resolution land satellite products. Remote Sensing of Environment, 1-16.

Baret F, Weiss M , Allard D , et al. 2003. VALERI : A network of sites and a methodology for the validation of medium spatial resolution land satellite products. Remote Sensing of Environment, 1-20.

Baret F, Weiss M, Allard D, et al. 2005. VALERI: A network of sites and a methodology for the validation of medium spatial resolution land satellite products. Remote Sensing of Environment,

Baret F, Weiss M, Lacaze R, et al. 2013. GEOV1: LAI and FAPAR essential climate variables and FCOVER global time series capitalizing over existing products. Part1: Principles of development and production. Remote Sensing of Environment, 137: 299-309.

Bayat B, Camacho F, Nickeson J, et al. 2021. Toward operational validation systems for global satellite-based terrestrial essential climate variables. International Journal of Applied Earth Observation and Geoinformation, 95: 102240.

Camacho F, Cernicharo J, Lacaze R, et al. 2013. GEOV1: LAI, FAPAR essential climate variables and FCOVER global time series capitalizing over existing products. Part 2: Validation and intercomparison with reference products. Remote Sensing of Environment, 137: 310-329.

Cescatti A, Marcolla B, Vannan S K S, et al. 2012. Intercomparison of MODIS albedo retrievals and in situ measurements across the global FLUXNET network. Remote Sensing of Environment, 121: 323-334.

Chen J M, Black T A. 1992. Defining leaf area index for non-flat leaves. Plant, Cell & Environment, 15 (4): 421-429.

Cheng J, Liang S L, Yao Y J, et al. 2014. A comparative study of three land surface broadband emissivity datasets from satellite data. Remote Sensing, 6 (1): 111-134.

Claverie M, Matthews J, Vermote E, et al. 2016. A 30+ year AVHRR LAI and FAPAR climate data record: Algorithm description and validation. Remote Sensing, 8 (3): 263.

Coll C, Galve J M, Sanchez J M, et al. 2010. Validation of landsat-7/ETM thermal-band calibration and atmospheric correction with ground-based measurements. IEEE Transactions on Geoscience and Remote Sensing, 48 (1): 547-555.

Coll C, Valor E, Galve J M, et al. 2012. Long-term accuracy assessment of land surface temperatures derived from the Advanced Along-Track Scanning Radiometer. Remote Sensing of Environment, 116: 211-225.

Crow W T, Berg A A, Cosh M H, et al. 2012. Upscaling sparse ground-based soil moisture observations for the validation of coarse-resolution satellite soil moisture products. Reviews of Geophysics, 50 (2): RG2002.

Deng F, Chen J M, Plummer S, et al. 2006. Algorithm for global leaf area index retrieval using satellite imagery.

IEEE Transactions on Geoscience and Remote Sensing, 44 (8): 2219-2229.

Dennis B. 2008. Turner Review No. 15. 'Breathing' of the terrestrial biosphere: Lessons learned from a global network of carbon dioxide flux measurement systems. Australian Journal of Botany, 56 (1): 1-26.

Dorigo W A, Wagner W, Hohensinn R, et al. 2011. The International Soil Moisture Network: A data hosting facility for global in situ soil moisture measurements. Hydrology and Earth System Sciences, 15 (5): 1675-1698.

Fang H L, Wei S S, Jiang C Y, et al. 2012. Theoretical uncertainty analysis of global MODIS, CYCLOPES, and GLOBCARBON LAI products using a triple collocation method. Remote Sensing of Environment, 124: 610-621.

Fang H L, Jiang C Y, Li W J, et al. 2014. Characterization and intercomparison of global moderate resolution leaf area index (LAI) products: Analysis of climatologies and theoretical uncertainties. Journal of Geophysical Research: Biogeosciences, 118 (2): 529-548.

Fernandes R, Butson C, Leblanc S, et al. 2003. Landsat-5 TM and Landsat-7 ETM+ based accuracy assessment of leaf area index products for Canada derived from SPOT-4 VEGETATION data. Canadian Journal of Remote Sensing, 29 (2): 241-258.

Gao B C, Kaufman Y J. 2015. MODIS Atmosphere L2 Water Vapor Product. NASA MODIS Adaptive Processing System, Goddard Space Flight Center, USA, doi: 10.5067/MODIS/MOD05_ L2.006 (Terra).

Garrigues S, Shabanov N V, Swanson K, et al. 2008. Intercomparison and sensitivity analysis of Leaf Area Index retrievals from LAI-2000, AccuPAR, and digital hemispherical photography over croplands. Agricultural and Forest Meteorology, 148 (8/9): 1193-1209.

Ge Y, Liang Y Z, Wang J H, et al. 2015. Upscaling sensible heat fluxes with area-to-area regression Kriging. IEEE Geoscience and Remote Sensing Letters, 12 (3): 656-660.

Goovaerts P. 1997. Geostatistics for Natural Resources Evaluation. New York: Oxford University Press.

Guillevic P C, Biard J C, Hulley G C, et al. 2014. Validation of Land Surface Temperature products derived from the Visible Infrared Imaging Radiometer Suite (VIIRS) using ground-based and heritage satellite measurements. Remote Sensing of Environment, 154: 19-37.

Holben B N, Eck T F, Slutsker I, et al. 1998. AERONET—a federated instrument network and data archive for aerosol characterization. Remote Sensing of Environment, 66 (1): 1-16.

Hu J N, Su Y, Tan B, et al. 2007. Analysis of the MISR LAI/FPAR product for spatial and temporal coverage, accuracy and consistency. Remote Sensing of Environment, 107 (1/2): 334-347.

Huang D, Yang W Z, Tan B, et al. 2006. The importance of measurement errors for deriving accurate reference leaf area index maps for validation of moderate-resolution satellite LAI products. IEEE Transactions on Geoscience and Remote Sensing, 44 (7): 1866-1871.

Hufkens K, Bogaert J, Dong Q H, et al. 2008. Impacts and uncertainties of upscaling of remote-sensing data validation for a semi-arid woodland. Journal of Arid Environments, 72 (8): 1490-1505.

Jackson T J, Cosh M H, Bindlish R, et al. 2010. Validation of advanced microwave scanning radiometer soil moisture products. IEEE Transactions on Geoscience and Remote Sensing, 48 (12): 4256-4272.

Jain R, Shetty A, Oak S, et al. 2002. Global mapping of vegetation parameters from POLDER multiangular measurements for studies of surface-atmosphere interactions: A pragmatic method and its validation. Journal of Geophysical Research Atmospheres, 107 (D12): ACL-1-ACL 6-14.

Jiménez-Muñoz J C, Sobrino J A. 2003. A generalized single-channel method for retrieving land surface temperature from remote sensing data. Journal of Geophysical Research: Atmospheres, 108 (D22): e2003jd003480.

Jimenez-Munoz J C, Cristobal J, Sobrino J A, et al. 2009. Revision of the single-channel algorithm for land surface temperature retrieval from landsat thermal-infrared data. IEEE Transactions on Geoscience and Remote Sensing, 47 (1): 339-349.

Jiménez-Muñoz J C, Sobrino J A, Skoković D, et al. 2014. Land surface temperature retrieval methods from landsat-8 thermal infrared sensor data. IEEE Geoscience and Remote Sensing Letters, 11 (10): 1840-1843.

Justice C, Belward A, Morisette J, et al. 2000. Developments in the 'validation' of satellite sensor products for the study of the land surface. International Journal of Remote Sensing, 21 (17): 3383-3390.

Kang J, Jin R, Li X. 2015. Regression Kriging-based upscaling of soil moisture measurements from a wireless sensor network and multiresource remote sensing information over heterogeneous cropland. IEEE Geoscience and Remote Sensing Letters, 12 (1): 92-96.

Knyazikhin Y, Martonchik J V, Diner D J, et al. 1998. Estimation of vegetation canopy leaf area index and fraction of absorbed photosynthetically active radiation from atmosphere-corrected MISR data. Journal of Geophysical Research: Atmospheres, 103 (D24): 32239-32256.

Li H, Liu Q H, Zhong B, et al. 2010. A single-channel algorithm for land surface temperature retrieval from HJ-1B/IRS data based on a parametric model. 2010 IEEE International Geoscience and Remote Sensing Symposium. Honolulu, HI, USA: IEEE.

Li H, Liu Q H, Jiang J X, et al. 2011. Validation of the land surface temperature derived from HJ-1B/IRS data with ground measurements. 2011 IEEE International Geoscience and Remote Sensing Symposium. Vancouver, BC, Canada: IEEE.

Li H, Sun D L, Yu Y Y, et al. 2014a. Evaluation of the VIIRS and MODIS LST products in an arid area of Northwest China. Remote Sensing of Environment, 142: 111-121.

Li H, Du Y M, Liu Q H, et al. 2014b. Land surface temperature retrieval from Tiangong-1 data and its applications in urban heat island effect. Journal of Remote Sensing, 18 (z1): 133-143.

Li X, Cheng G D, Liu S M, et al. 2013. Heihe watershed allied telemetry experimental research (HiWATER): scientific objectives and experimental design. Bulletin of the American Meteorological Society, 94 (8): 1145-1160.

Li Z L, Duan S B, Tang B H, et al. 2016. Review of methods for land surface temperature derived from thermal infrared remotely sensed data. Journal of Remote Sensing, 20 (5): 899-920.

Liang S L, Fang H L, Chen M Z, et al. 2002. Validating MODIS land surface reflectance and albedo products: methods and preliminary results. Remote Sensing of Environment, 83 (1/2): 149-162.

Liang S L, Zhao X, Liu S H, et al. 2013. A long-term Global LAnd Surface Satellite (GLASS) data-set for environmental studies. International Journal of Digital Earth, 6 (supl): 5-33.

Liu C, Li H, Du Y M, et al. 2017. Practical split-window algorithm for retrieving land surface temperature from Himawari 8 AHI data. Journal of Remote Sensing, 21 (5): 702-714.

Ma M G, Che T, Li X, et al. 2015. A prototype network for remote sensing validation in China. Remote Sensing, 7 (5): 5187-5202.

Masson V, Champeaux J L, Chauvin F, et al. 2003. A global database of land surface parameters at 1-km resolution in meteorological and climate models. Journal of Climate, 16 (9): 1261-1282.

Meng X C, Li H, Du Y M, et al. 2016. Estimating land surface emissivity from ASTER GED products. Journal of Remote Sensing, 20 (3): 382-396.

Morisette J T, Baret F, Privette J L, et al. 2006. Validation of global moderate-resolution LAI products: A framework proposed within the CEOS land product validation subgroup. IEEE Transactions on Geoscience and

Remote Sensing, 44 (7): 1804-1817.

Morisette J T, Privette J L, Justice C O. 2002. A framework for the validation of MODIS Land products. Remote Sensing of Environment, 83 (1/2): 77-96.

Myneni R B, Hoffman S, Knyazikhin Y, et al. 2002. Global products of vegetation leaf area and fraction absorbed PAR from year one of MODIS data. Remote Sensing of Environment, 83 (1/2): 214-231.

Palade B, Serrano M. 2014. Long-term high-frequency validation of MODIS LST products in a Mediterranean mountain environment. International Journal of Remote Sensing, 35 (3): 818-829.

Peng J J, Liu Q, Wen J G, et al. 2015. Multi-scale validation strategy for satellite albedo products and its uncertainty analysis. Science China Earth Sciences, 58 (4): 573-588.

Pisek J, Chen J M. 2007. Comparison and validation of MODIS and VEGETATION global LAI products over four BigFoot sites in North America. Remote Sensing of Environment, 109 (1): 81-94.

Quan X W, He B B, Yebra M, et al. 2017. Retrieval of forest fuel moisture content using a coupled radiative transfer model. Environmental Modelling & Software, 95: 290-302.

Román M O, Schaaf C B, Woodcock C E, et al. 2009. The MODIS (Collection V005) BRDF/albedo product: Assessment of spatial representativeness over forested landscapes. Remote Sensing of Environment, 113 (11): 2476-2498.

Roujean J L, Lacaze R. 2002. Global mapping of vegetation parameters from POLDER multiangular measurements for studies of surface-atmosphere interactions: a pragmatic method and its validation. Journal of Geophysical Research: Atmospheres, 107 (D12): e2001jd000751.

Sellers P J, Dickinson R E, Randall D A, et al. 1997. Modeling the exchanges of energy, water, and carbon between continents and the atmosphere. Science, 275 (5299): 502-509.

Sobrino J A, Raissouni N. 2000. Toward remote sensing methods for land cover dynamic monitoring: Application to Morocco. International Journal of Remote Sensing, 21 (2): 353-366.

Sobrino J A, Jimenez-Munoz J C, Soria G, et al. 2008. Land surface emissivity retrieval from different VNIR and TIR sensors. IEEE Transactions on Geoscience and Remote Sensing, 46 (2): 316-327.

Sobrino J A, Skoković D, Jiménez-Muñoz J C. 2015. Spatial analysis of the homogeneity of the land surface temperature in three Spanish test sites. International Journal of Remote Sensing, 36 (19/20): 4793-4807.

Susaki J, Yasuoka Y, Kajiwara K, et al. 2007. Validation of MODIS albedo products of paddy fields in Japan. IEEE Transactions on Geoscience and Remote Sensing, 45 (1): 206-217.

Tan B, Woodcock C E, Hu J, et al. 2006. The impact of gridding artifacts on the local spatial properties of MODIS data: Implications for validation, compositing, and band-to-band registration across resolutions. Remote Sensing of Environment, 105 (2): 98-114.

Tang B H, Bi Y Y, Li Z L, et al. 2008. Generalized split-window algorithm for estimate of land surface temperature from Chinese geostationary FengYun meteorological satellite (FY-2C) data. Sensors, 8 (2): 933-951.

Tang B H, Shao K, Li Z L, et al. 2015. An improved NDVI-based threshold method for estimating land surface emissivity using MODIS satellite data. International Journal of Remote Sensing, 36 (19/20): 4864-4878.

Tian Y H, Woodcock C E, Wang Y J, et al. 2002. Multiscale analysis and validation of the MODIS LAI product I. Uncertainty assessment. Remote Sensing of Environment, 83 (3): 414-430.

Tum M, Günther K, Böttcher M, et al. 2016. Global gap-free MERIS LAI time series (2002-2012). Remote Sensing, 8 (1): 69.

Vermote E, Justice C, Claverie M, et al. 2016. Preliminary analysis of the performance of the Landsat 8/OLI land surface reflectance product. Remote Sensing of Environment, 185: 46-56.

Wan Z M. 2008. New refinements and validation of the MODIS land-surface temperature/emissivity products. Remote Sensing of Environment, 112: 59-74.

Wang J H. 2014. Space-Time Geostatistical Model-based Monitoring Network Optimization and Space-Time Interpolation. Beijing: University of Chinese Academy of Sciences.

Weiss M, Baret F, Garrigues S, et al. 2007. LAI and fAPAR CYCLOPES global products derived from VEGETATION. Part 2: Validation and comparison with MODIS collection 4 products. Remote Sensing of Environment, 110 (3): 317-331.

Wu X D, Xiao Q, Wen J G, et al. 2014. Advances in uncertainty analysis for the validation of remote sensing products: take leaf area index for example. Journal of Remote Sensing, 18 (5): 1011-1023.

Wu X D, Xiao Q, Wen J G, et al. 2015. Optimal nodes selectiveness from WSN to fit field scale albedo observation and validation in long time series in the foci experiment areas, Heihe. Remote Sensing, 7 (11): 14757-14780.

Wu X D, Wen J G, Xiao Q, et al. 2016. Coarse scale in situ albedo observations over heterogeneous snow-free land surfaces and validation strategy: A case of MODIS albedo products preliminary validation over Northern China. Remote Sensing of Environment, 184: 25-39.

Wu X D, Xiao Q, Wen J G, et al. 2017a. Upscaling in situ albedo for validation of coarse scale albedo product over heterogeneous surfaces. International Journal of Digital Earth, 10 (6): 604-622.

Wu X D, Wen J G, Xiao Q, et al. 2017b. Assessment of NPP VIIRS albedo over heterogeneous crop land in Northern China. Journal of Geophysical Research: Atmospheres, 122 (24): 13138-13154.

Wu X D, Wen J G, Xiao Q, et al. 2018. Forward a spatio-temporal trend surface for long-term ground-measured albedo upscaling over heterogeneous land surface. International Journal of Digital Earth, 11 (5): 470-484.

Wu X D, Xiao Q, Wen J G, et al. 2019a. Advances in quantitative remote sensing product validation: Overview and current status. Earth-Science Reviews, 196: 102875.

Wu X, Wen J, Xiao Q, et al. 2019b. Impacts and contributors of representativeness errors of. IEEE Transactions on Geoscience and Remote Sensing, 57 (12): 9740-9755.

Wu X D, Wen J G, Xiao Q, et al. 2020. Upscaling of single-site-based measurements for validation of long-term coarse-pixel albedo products. IEEE Transactions on Geoscience and Remote Sensing, 58 (5): 3411-3425.

Xiao Z Q, Liang S L, Wang J D, et al. 2014. Use of general regression neural networks for generating the GLASS leaf area index product from time-series MODIS surface reflectance. IEEE Transactions on Geoscience and Remote Sensing, 52 (1): 209-223.

Xiao Z Q, Liang S L, Wang J D, et al. 2016. Long-time-series global land surface satellite leaf area index product derived from MODIS and AVHRR surface reflectance. IEEE Transactions on Geoscience and Remote Sensing, 54 (9): 5301-5318.

Xiao Z Q, Liang S L, Jiang B. 2017. Evaluation of four long time-series global leaf area index products. Agricultural and Forest Meteorology, 246: 218-230.

Xu B. 2018. Leaf Area Index Retrieval and Product Validation over Complex Land Surfaces. Beijing: University of Chinese Academy of Sciences.

Xu B D, Li J, Liu Q H, et al. 2016. Evaluating spatial representativeness of station observations for remotely sensed leaf area index products. IEEE Journal of Selected Topics in Applied Earth Observations and Remote Sensing, 9 (7): 3267-3282.

Xu B D, Li J, Park T, et al. 2018. An integrated method for validating long-term leaf area index products using global networks of site-based measurements. Remote Sensing of Environment，209：134-151.

Xu H Q. 2016. Change of Landsat 8 TIRS calibration parameters and its effect on land surface temperature retrieval. Journal of Remote Sensing，20（2）：229-235.

Xu Z W，Liu S M，Li X，et al. 2013. Intercomparison of surface energy flux measurement systems used during the HiWATER-MUSOEXE. Journal of Geophysical Research Atmospheres，118（13）：140-157.

Yu W，Li J，Liu Q，et al. 2016. Extraction and Analysis of Land Cover Heterogeneity over China. Advances in Earth Science，31（10）：1067-1077.

Yang W Z，Huang D，Tan B，et al. 2006. Analysis of leaf area index and fraction of PAR absorbed by vegetation products from the terra MODIS sensor：2000-2005. IEEE Transactions on Geoscience and Remote Sensing，44（7）：1829-1842.

Yu W P，Ma M G，Wang X F，et al. 2014. Evaluation of MODIS LST products using longwave radiation ground measurements in the northern arid region of China. Remote Sensing，6（11）：11494-11517.

Zeng Y，Li J，Liu Q，et al. 2016. An Iterative BRDF/NDVI Inversion Algorithm Based on A Posteriori Variance Estimation of Observation Errors. . IEEE Transactions on Geoscience & Remote Sensing，54（11）：6481-6496.

Zhang J L，Li X H，Yang R J，et al. 2017. An extended Kriging method to interpolate near-surface soil moisture data measured by wireless sensor networks. Sensors，17（6）：1390.

Zhou J，Li J，Zhang L X，et al. 2012. Intercomparison of methods for estimating land surface temperature from a landsat-5 tm image in an arid region with low water vapour in the atmosphere. International Journal of Remote Sensing，33（8）：2582-2602.

Zhu Z，Wang S X，Woodcock C E. 2015. Improvement and expansion of the Fmask algorithm：cloud，cloud shadow，and snow detection for Landsats 4-7，8，and Sentinel 2 images. Remote Sensing of Environment，159：269-277.

Zhu Z C，Bi J，Pan Y Z，et al. 2013. Global data sets of vegetation leaf area index（LAI）3g and fraction of photosynthetically active radiation（FPAR）3g derived from global inventory modeling and mapping studies（GIMMS）normalized difference vegetation index（NDVI3g）for the period 1981 to 2011. Remote Sensing，5（2）：927-948.

三、应 用 篇

8 森林生态遥感

森林是陆地生态系统的重要组成，具有吸收二氧化碳、释放氧气等重要生态功能，被誉为“地球之肺”。森林生态系统拥有巨大的生态、经济、社会和健康效益，为人类提供了多种多样的生态系统服务。本章主要介绍了森林生态系统的主要特征，以及利用卫星遥感针对森林扰动、树高和生物量分别开展监测的应用案例，最后以巴西亚马孙森林区域为例，系统介绍了利用多源卫星遥感资料，开展气候变化和人类活动共同干扰下的森林生态系统综合评估的技术方法。

8.1 概　述

8.1.1 森林生态系统定义

联合国粮食及农业组织报告显示（FAO，2020），森林覆盖了全球陆地面积的31%，是地球生物圈的重要组成部分，同时也是全球最大的碳汇，对减缓气候暖化和实现碳中和具有重要作用。森林生态系统描述了植物、动物、微生物和所有其他生物与其环境的化学和物理特征相互作用的群落，即森林是一个由生长在封闭林冠中的由树木主导的陆地环境。森林生态系统为动植物提供了栖息地，是地球生物量最丰富和生物繁衍最活跃的地区；同时森林生态系统在净化空气、气候调节、涵养水源、保持水土、防治风沙等方面都扮演着极为重要的角色。

8.1.2 森林生态系统典型特征

森林生态系统垂直向上延伸到保护森林地面的树木冠层，向下延伸到受植被根部和生物过程影响的土壤层。林冠、地表覆盖、地质、土壤、地理位置、生态系统的生长阶段、大气、阳光、降雨、温度、人类干扰的程度等生物和非生物因素共同组成了森林生态系统的典型生态特征。其中，林冠、森林地表覆盖和森林土壤是森林生态系统最典型的三种特征。

林冠是森林生态系统的重要特征。林冠层定义为树木或植物群落的顶部，介于大气和土地之间，也是森林生态系统中其他生物有机体的上层栖息地。不同类型的森林生态系统，林冠层结构也不尽相同，取决于该生态系统养分的可利用性、树木的排列方式和生物物种的差异。森林冠层包括水平结构和垂直结构两类，水平结构由树木树冠的接近程度形成；垂直结构由乔木、灌木高度差异形成，最顶层由高大树木组成，靠近地面的林冠可能是灌木或草本。林冠在调节区域和全球气候方面起着重要的作用，为热、水汽和大气气体的交换提供了场地，除了吸收太阳能和调节气候外，林冠也保护林下覆被免受强光、大风及大雨的影响，使得其下森林环境保持稳定（Lowman and Rinker，2004）。

森林地表覆盖是森林生态系统最显著的特征。森林地表覆盖由土壤表面的落叶、茎、枝和树皮组成，还包括有机和无机物质，如真菌、细菌和其他微生物。森林地表具有丰富的营养和矿物质，在森林生态系统生命周期的养分转移过程中作用巨大，主要原因在于随着时间的推移，生态系统中的大部分碳与能量都会在森林地表汇聚，随后发生有机物质分解，增加森林地表可供给的养分。

土壤是森林生态系统的另一个重要特征。受生态系统气候、地质、降水量和植被变化的影响，森林土壤分布存在区域差异。温带地区由于秋天落叶，土壤更加肥沃。这是因为森林落叶成为细菌和真菌的食物来源，有助于形成土壤中的有机物质层；同时这些微生物促进了老叶和其他有机物质的分解，为森林生态系统中的活树和其他植被提供了更多营养。而热带地区由于经常发生暴雨，持续的雨水侵蚀溶解了土壤养分，使其森林土壤质量变差。

8.1.3 森林生态系统类型

根据所属地区纬度和气候条件差异，森林生态系统可以分为三个大类，热带森林生态系统、温带森林生态系统和寒带森林生态系统。

热带森林生态系统也称为热带雨林，由高大的常绿乔木组成，通常位于23.5°N和23.5°S之间靠近赤道的地区，包括东南亚、夏威夷、非洲扎伊尔盆地、马达加斯加、南美洲亚马孙河流域等地。热带森林生态系统的特点是年降水量大、平均气温高、土壤养分贫乏、生物多样性丰富，其中年平均降水量在2000mm以上，年平均气温在25℃以上。热带雨林植被主要为高大的阔叶树，包括木棉树、棕榈树、无花果树、香蕉树等。雨林最上层林冠茂密，覆盖了大部分森林，巨大的树木在林冠层形成了一个伞形树冠，阻挡了下层植物的大部分阳光，太阳光照很难到达森林地面；林下层主要由较小的树木以及蕨类植物和藤蔓组成；森林地表覆盖着腐烂的树叶和其他森林碎屑，在炎热、温暖的条件下分解得非常快，并将急需的养分送回森林土壤中。但当地的强降雨导致土壤质量差，全年的高降水量导致土壤养分流失。热带森林生态系统又分为不同的类型，包括常绿林、季节性森林、干旱森林、山地森林、亚热带森林、热带和亚热带针叶林等。热带森林生态系统是数百万动物的家园，包括种类繁多的鸟类、哺乳动物、两栖动物、爬行动物等。

温带森林生态系统生长在温带地区，通常位于南北半球约25°~50°，包括北美、西欧、中欧和亚洲北部等地。与热带森林区域季节不同，温带森林需要经历春夏秋冬四个季节的气候变化，但总体气候温和，生长季每年持续140~200天。温带森林冬季经常出现低于冰点的温度，而夏季，温度非常高且湿度很高。温带森林生态系统的土壤富含有机质，这使得森林中可以生长种类繁多的植被。温带森林生态系统进一步分为温带落叶林和温带针叶林两部分。温带落叶林分布在北美东部、中欧和亚洲部分地区，土壤非常肥沃，植被种类繁多，包括蕨类植物、野花、苔藓、橡树、桦树、枫树等；温带针叶林通常位于沿海地区，地表覆被多为常绿高大的针叶树，常见的植被种类包括雪松、花旗松、云杉、枫树、柏树、松树、红木、蕨类植物、苔藓等。温带森林同样为许多动物提供了自然栖息地，如松鼠、鹿、黑熊、浣熊、土狼和各种鸟类（如莺、猫头鹰、啄木鸟、鹰等）。

寒带森林生态系统也被称为北方森林，通常分布在西伯利亚、北亚和加拿大等极北地区。寒带森林的主要特征是气候极其寒冷，夏季短、冬季长，平均气温低于冰点温度，年降水量小且主要以降雪形式。森林林冠茂密，几乎不允许阳光照射到森林的土壤表面，导致其地面植被非常少。由于寒冷的温度和缓慢的有机分解，寒带森林的土壤薄且酸性极强，地表覆被常见常绿树种，如松树、冷杉、云杉等。寒带森林生态系统中的动物通常拥有厚厚的毛皮，以保护它们免受长期寒冷的冬天的伤害，如麋鹿、驯鹿、猞猁、狼獾、雪兔、驼鹿、狼等。

8.1.4 森林生态遥感研究进展

森林生态系统占地面积大，地表覆盖物种多样，地形地貌复杂，简单的实地考察技术已无法满足人类对其空间分布、时空变化、内部结构和生物活动等科学知识的探索。遥感技术具有受地面状况限制小、探测范围广、可提供信息量大、操作简单等优势，成为森林生态研究的一个主要手段。遥感技术在森林生态系统中的主要应用包括森林动态变化监测、森林扰动检测、森林植被生态参数反演、森林蓄积量与生物量估算和森林生态环境评价等。

森林生态系统处于不断的变化之中，遥感技术是监测森林变化的常用手段。通过一定的数学运算分析不同时相的遥感影像，可以检测森林生态系统是否发生变化，以及变化的时间与幅度等。常见的森林遥感监测方法包括分类后比较法、像元差值计算法和森林信息主成分分析法。其中，分类后比较法是森林动态变化遥感监测的最常用方法，此方法通过采集大量训练样本对影像分类并比较前后变化，能够提供变化的具体类别、面积、范围等信息，但对历史数据的分类精度较低；像元差值计算法根据森林增加或减少会引起像元灰度值变化的原理，通过阈值选择确定森林变化区域与变化方向，虽然实行相对简单，但无法提供变化的具体类别信息；森林信息主成分分析法通过复杂的矩阵运算和阈值分析提取与森林内部植被增减、森林死亡率分析、落叶变化监测等变化应用相关的波谱或指数信息，减少了数据间的冗余信息，增强了变化信号，但同样无法确认变化类别（何兴元等，2018）。当前基于遥感技术，中国和全球已有多种森林变化数据集，如中国科学院生产的中国土地利用现状遥感监测数据集、美国马里兰大学生产的全球森林变化（Global Forest Change，GFC）数据集等，可用于研究森林生态系统的动态变化。

森林扰动是森林生态系统发生动态变化的主要原因，自然扰动如森林火灾、虫灾、天气灾害等，人为扰动如砍伐、毁林活动，会造成森林资源的减少，破坏森林地表覆被的生长状态、物种组成及结构；而人工植树造林、封山育林等行为则会增加地表森林覆盖。森林扰动是森林覆盖长期趋势下的突变活动，其发生会引起遥感影像光谱波段或植被指数，如归一化植被指数（NDVI）、归一化燃烧指数（NBR）等生态参数的变化，因此，基于遥感影像光谱反射与辐射特征可以监测森林扰动。常见的光学遥感森林扰动检测方法主要分为两类，图像间变化检测和基于时间序列的变化检测。图像间变化检测利用不同日期拍摄的两幅图像之间地表光谱特征的变化来评估期间发生的变化，使用归一化植被指数或归一化燃烧指数等指标来对检测到的变化进行分类，可以用于计算不同时期之间的森林覆盖、道路和火灾发生区域等特征的变化，从而检测森林扰动和森林退化。基于时间序列的变化检测则是通过一段时间内连续拍摄的一系列图像中原始像元值、反射值或其他地理、地形、纹理和专题变量等分析期间发生的变化，长期和实时监测植被以及探测火灾等森林扰动。在实际研究中，时间序列突变检测算法常用于检测森林扰动，如分离趋势和季节项的突变点方法（Breaks for Additive Season and Trend，BFAST）将遥感时间序列数据分解为趋势分量、季节分量和剩余分量，其中趋势分量与森林火灾、虫害等扰动发生相关，季节分量与森林植被物候变化相关，通过检测分量中的突变确定扰动发生（Verbesselt et al.，2010；Verbesselt et al.，2012）；基于时间分割和序列变化的检测算法（Landsat- based detection of Trends in Disturbance and Recovery，LandTrendr）通过对时间序列进行分段，分析不同分段的变化趋势，以确定森林扰动是否存在变化，以及变化幅度和从变化中恢复的时间长度（Kennedy et al.，2010）。

森林植被的生态参数是森林生态调查的重要内容，包括树高、叶面积指数和郁闭度等。树高反映了森林质量，也是获取森林生物量、净初级生产力和生物多样性的主要参考。由于光学遥感信号穿透性非常弱，无法获取林冠层以下的地表覆被信息，所以森林树高的遥感估算更多使用激光雷达和极化干涉合成孔径雷达获取森林垂直结构信息，比如美国马里兰大学的全球生态系统动态调查（Global Ecosystem Dynamics Investigation，GEDI）产品（Qi and Dubayah，2016）、美国国家航空航天局的星载大光斑激光雷达 ICESat/GLAS 等。叶面积指数的定义为单位土地面积上植被叶片总面积占土地面积的比例，与植被密度、结构和树木的生物学特性相关，影响了森林生态系统的光合、呼吸、蒸腾、碳循环等多种生物化学过程（Chen and Black，1992）。遥感反演叶面积指数常使用模型方法，包括统计模型法和物理模型法。统计模型法通过建立特征与叶面积指数的统计关系估算，输入参数少、计算效率高，多用于小型研究区叶面积指数反演；物理模型法物理基础严密，具有牢固的理论基础，但实际使用中输入参数多，一些数据获取困难。郁闭度的定义为林冠层的垂直投影面积与森林总面积的比值，反映了森林树木的分布密度，是评价森林生态系统生产力、估算森林生物量和碳储量的重要指标。森林郁闭度的遥感估算与叶面积指数类似，常使用统计模型法和物理模型法，以多光谱数据和高光谱数据作为输入进行模拟，同时，激光雷达数据由于具有较好的角分辨能力、距离分辨能力和抗干扰能力，也逐渐成为国内外研究森林生态参数遥感估算的主要数据（Hopkinson et al.，2004；Lefsky et al.，2005；Lu et al.，2016）。

由于森林生态系统对全球生物地球化学循环，吸收和固定大气中的二氧化碳，以及维持大气平衡等作用巨大，其蓄积量、生物量和碳储量也成为当前讨论的热点，相关研究主要通过光学遥感、微波遥感和激光雷达等传感器实现长时间、大尺度的实时连续观测。森林蓄积量是指森林生态系统活立木的材积总量，其遥感测算主要通过实地调查信息结合多源遥感数据，构建与光谱信息、纹理信息和环境地形等要素相关的数学统计或机器学习模型。森林生物量是森林生态系统长期生产与代谢过程积累的结果，是森林生态系统运转的能量基础和物质来源。森林生物量包括林木的生物量（根、茎、叶、花果、种子和凋落物等的总重量）和林下植被层的生物量，通常以单位面积或单位时间积累的干物质量或能量来表示。其大小受光合作用、呼吸作用、死亡和人类活动等因素的影响，是森林演替、人类活动、自然扰动、气候变化和大气污染等因素的综合结果，也是评价森林生态系统结构和功能的重要指标。森林生物量的光学遥感估算常通过建立光学植被指数与生物量的统计关系实现，基于合成孔径雷达的森林生物量估算常通过模拟经验模型或遥感机理模型实现。生物量是森林生态系统碳循环和碳储量的重要指示因子，森林生物量可以间接估算森林碳储量，因此加强生物量遥感反演有助于推进对森林碳储量的了解。同时，森林生态系统碳通量研究也可以使用专用大气二氧化碳卫星数据以更好地监测森林地表二氧化碳通量变化，通过数据的对比、同化分析与验证，得到地表碳源、汇时空分布。

遥感技术在森林生态系统中的应用多样，国内外研究涉及森林动态变化特点、植被特征、生态蓄积量等多方面，接下来就森林生态遥感的典型应用进行详细介绍。

8.2 森林生态系统监测评估

8.2.1 森林扰动监测

8.2.1.1 参量定义

森林扰动主要指病虫害、火灾、风暴、冰冻、干旱等自然灾害以及砍伐等人类活动造成的森林急剧变化。森林扰动会影响森林生态系统的组成、结构和功能过程，对生态系统造成一定破坏。就时间影响而言，森林扰动通常是具有短期影响的单一事件，甚至可能被视为森林生态系统动态的一部分。扰动造成森林树木死亡和数量减少，不仅是森林动态发生的关键驱动因素，且同时能够促进森林生态系统的物种多样性和适应能力。对森林扰动的监测有助于了解森林的持续动态变化及分析森林扰动机制，以制定相应森林资源管理措施应对气候变化。

8.2.1.2 常用数据源与监测方法

传统的森林扰动检测通常使用“图像到图像”的变化分析方法，即使用两期或多期时间跨度较大的影像来进行对比分析，通过差分法、变化向量分析法等检测两个日期之间发生的森林变化。近几十年来，随着监测森林扰动的关键遥感数据集——陆地卫星数据的公开，基于陆地卫星数据时间序列分析发展了不同的森林扰动监测制图算法（Cohen et al., 2017），如 Kennedy 等（2010）提出的基于 Landsat 的干扰和恢复趋势检测算法（Landsat-based detection of Trends in Disturbance and Recovery，LandTrend）、Hughes 等（2014）提出的基于时间的植被再生与扰动估算算法（Vegetation Regeneration and Disturbance Estimates Through Time，VeRDET）、Huang 等（2010）提出的植被变化跟踪器方法（Vegetation Change Tracker，VCT）、Vogelmann 等（2012）提出的基于回归分析的图像趋势检测算法

（Image Trends from Regression Analysis，ITRA）、Jin 等（2013）提出的多指标综合变化分析算法（Multi-index Integrated Change Analysis，MIICA）、Zhu 等提出的连续变化检测和分类算法（Continuous Change Detection and Classification，CCDC）（Zhu and Woodcock，2014；Zhu et al.，2015）以及 Cohen 等（2017）提出的指数加权移动平均检测算法（Exponentially Weighted Moving Average Change Detection，EWMACD）。

森林扰动监测极大依赖于回顾性分析，这些分析有助于建立人类活动与自然扰动驱动因素、扰动模式和扰动后恢复或恢复动态之间的历史关系（Kennedy et al.，2012）。光学遥感数据时间序列长、覆盖范围大，是目前多数森林扰动监测算法使用的主要数据。另外，根据不同土地覆盖对象的后向散射特征不同的特点，也可以利用合成孔径雷达数据进行火烧迹地识别和森林扰动检测。

1）光学遥感数据

中分辨率成像光谱仪（MODIS）在森林监测中发挥了重要作用（Mildrexler et al.，2016），但其空间分辨率相对较低，无法检测到微小的森林扰动现象（Sulla-Menashe et al.，2014）。美国国家航空航天局（NASA）的陆地卫星（Landsat）提供了超过 40 年的 30m 空间分辨率的全球数据，具有高时空分辨率的优势以及免费获取的特点，目前已成为长时间序列动态监测的主要遥感数据源之一，可在长时间周期内提供时空分辨率更高的森林扰动信息（Kennedy et al.，2014）。

森林扰动遥感检测算法大多利用高分辨率时空数据挖掘 Landsat 时间序列中的细微信号，不同算法之间的区别在于如何利用光谱、空间和时间域。大多数算法利用一个或多个光谱波段信息，以像素为分析单位，构建光谱年度时间序列，也有一些算法使用多年观测结果来推导物候模型。扰动检测通常需要选择一个能够表征森林生长状态的指标，由于森林生长状态变化的光谱响应较为复杂，因此指标往往表现为不同光谱波段信息的简单或复杂组合，如线性组合产生的植被指数（归一化植被指数、增强型植被指数、归一化燃烧指数等）、缨帽变换（KT）产生的湿度指数（TCW）以及几种指标组合产生的扰动指数（DI）等。遥感时间序列能够反映不同扰动下的森林动态变化，如砍伐、火灾带来的突变和病虫害导致的渐变，根据研究重点的不同，发展出了不同的时间序列变化分析方法，大致分为阈值法、曲线拟合法、时间序列分割法、时间序列拟合法和综合方法几类，如植被变化追踪（VCT）模型方法通过高置信森林像元计算综合森林得分并设定阈值来检测森林扰动（Huang et al.，2010）；Kennedy 等（2010）使用理想化轨迹拟合的方法，在美国俄勒冈州西部针叶林中检测了扰动，他们提出的 LandTrend 算法采用任意时间分割方法分割时间序列，并用直线拟合子序列，轨迹分割的过程中对光谱轨迹进行了简化。2017 年，Cohen 等对几种常用森林扰动检测算法进行对比分析，研究后发现，不同的算法检测的森林扰动结果之间存在较大的差异，而差异可能来源于算法中依赖经验设置的准则或阈值带来的误差，此后，集成多种算法优势的综合方法开始被用来研究森林扰动监测。当前，基于 Landsat 卫星数据已生产了一些常用的森林扰动产品（表 8-1）。

哨兵 2 号（Sentinel-2）影像相较于 Landsat 影像增加了三个独特的红边波段，且具有高空间分辨率（20m）和高时间分辨率（5 天），也已应用于检测森林扰动。例如，Wegmueller 和 Townsend（2021）基于 Sentinel-2 数据开发了 Astrape（ah-STRAH-pee）系统，用于识别火灾、飓风等严重的非生物森林扰动事件；Brovkina 等（2020）也利用 Sentinel-2 卫星数据，结合了火灾后研究场地内土地覆盖类型的光谱和纹理特征提出了有效的长期监测森林火灾影响的方法。

表 8-1　几种基于 Landsat 卫星数据的森林扰动相关产品

产品名称	时间跨度	时间分辨率	空间分辨率/m	覆盖范围	参考文献
MCD64A1v006 火烧迹地	2000～2020 年	每月	500	全球	Giglio 等，2018
FireCCI51 火烧迹地	2001～2019 年	每年	250	全球	Chuvieco 等，2018
森林扰动	1985～2015 年	每年	30	加拿大	Hermosilla 等，2019
CanLaD 森林扰动	1984～2015 年	每年	30	加拿大	Guindon 等，2018
NACP 森林扰动	1986～2010 年	每年	30	美国	Zhao 等，2018
BAECV 火烧迹地	1984～2015 年	每年	30	美国	Vanderhoof 等，2017
Landsat BA 火烧迹地	1984～2020 年	每年	30	美国	Hawbaker 等，2020
GABAM 火烧迹地	2015 年	一年	30	全球	Long 等，2019
Global Forest Loss	2000～2018 年	每年	30	全球	Hansen 等，2013

2）合成孔径雷达数据

合成孔径雷达（SAR）对目标的粗糙度、结构、组分和介电特性敏感，不同类型的土地覆盖通常拥有不同的后向散射特征，因此 SAR 数据能够用于区分土地覆盖，从而达到检测森林扰动的目的。其中，相控阵式 L 波段合成孔径雷达（Phase Array type L-band Synthetic Aperture Radar，PALSAR）数据能够进一步深入森林结构，与树干、树枝甚至是地面相互作用，相比于其他 SAR 数据，在识别森林扰动和检测火灾后森林恢复动态变化中具有更大的优势。例如，Chen 等（2018）对四幅时间序列 SAR 图像进行预处理，得到后向散射系数，然后对 HH（水平发射水平接收）和 HV（水平发射垂直接收）极化系数进行检测，推导出两种雷达植被指数，并在此基础上对不同恢复处理下的森林火后动态进行检测和比较。研究结果表明，通过 HH 和 HV 偏振的后向散射强度和植被指数能够区分不同恢复处理方式下火灾后森林恢复的轨迹。

8.2.1.3　区域概况

本案例选用了森林砍伐和火灾两个案例，分别基于 Sentinel-2 数据提取森林扰动分布，研究区域位于亚马孙热带雨林地区和美国俄克拉何马州西北部。

1）砍伐研究区

森林砍伐研究区位于亚马孙热带雨林（59°31′W，9°54′N）。亚马孙地区分布有全球面积最大、物种多样性最高的热带雨林，地处热带雨林气候区，雨量充沛，年平均气温 27～29℃。19 世纪以来，人们对雨林区森林资源的需求不断提高，亚马孙森林遭到了持续的砍伐，面积逐年减少。雨林的退化不仅导致生物多样性减少，对区域甚至全球的气候稳定也会产生严重影响。案例研究区砍伐活动痕迹明显且持续发生，为亚马孙热带雨林区的一个典型砍伐区。

2）火灾研究区

森林火灾案例研究区位于美国中南部俄克拉何马州西北部（99°5′W，35°55′N）。研究区地处温带大陆性气候区，年平均气温 15.5℃，降水量约 400mm。持续干旱导致火灾时有发生，重大火灾趋势监测项目记录显示，2018 年 4 月 12 日研究区发生了一场大火灾，火灾面积高达 1125km^2，是一个典型的火灾事件。

8.2.1.4　技术路线与方法

1）主要数据源

本案例采用的数据为 Sentinel-2 地表反射率数据。Sentinel-2 包括 2A 和 2B 两颗卫星，每颗卫星的重访周期为 10 天，每 5 天可完成一次对赤道地区的完整成像，在高纬度地区，完成这一周期只需要 3 天。Sentinel-2 卫星搭载的多光谱成像仪（MSI）提供 2015 年 6 月以来全球 20m 空间分辨率影像，时间分辨率为 3 ~ 5 天。欧洲航天局（ESA）提供了 Level-1C 和 Level-2A 两种产品（https://earthexplorer.usgs.gov/），Level-1C 产品是经正射校正和亚像元级几何精校正后的大气表观反射率产品，包含 13 个光谱波段信息，空间分辨率为 10 ~ 60m。针对砍伐案例选取了 2 景高质量 Sentinel-2 Level-1C 影像，覆盖亚马孙雨林区典型砍伐区域，成像时间分别为 2020 年 10 月 4 日和 2021 年 8 月 10 日。针对火灾案例选取了 8 景高质量 Sentinel-2 Level-1C 影像，覆盖美国俄克拉何马州一例典型火灾发生区域，火灾发生前后影像成像时间分别为 2018 年 2 月 17 日和 2018 年 4 月 28 日。

2）扰动检测方法

本研究对 Sentinel-2 数据可见光、近红外、短波红外等波段地表反射率数据进行敏感性分析，得到森林扰动检测的特征波段，然后基于特征波段的局部对比，采用自适应阈值选取的图像分割方法提取森林扰动。

（1）特征波段敏感性分析。健康植被在近红外波段具有高反射率，在短波红外波段反射率较低，扰动将影响植被健康状况，进而改变植被反射率特征。现有研究表明，近红外波段和短波红外波段对扰动敏感，常用于扰动提取。火灾使得近红外波段反射率显著下降，短波红外波段反射率升高；砍伐使得近红外波段反射率下降，短波红外波段反射率显著升高；水体、云阴影在各波段反射率都很低，而云和裸地通常在各波段反射率都较高。敏感性分析基于 Sentinel-2 可见光、近红外、短波红外等波段，进行波段组合，采用 Jeffries-Matusita（JM）距离评估特征可分性，通过不同波段组合在扰动和非扰动样本上的 JM 距离来确定不同扰动类型的特征波段。通过敏感波段分析，分别针对砍伐和火灾扰动建立能够区分扰动和背景的特征波段组合。

（2）阈值分割。得到特征波段后，定义扰动检测窗口，对特征波段反射率进行排序得到反射率序列曲线，曲线拐点作为基础阈值进行图像分割，拐点由最大曲率检测自动获取，滑动窗口以遍历整景影像得到最终扰动检测结果。

8.2.1.5　案例结果分析

1）亚马孙热带雨林砍伐检测结果

图 8-1 为亚马孙热带雨林砍伐检测结果。2020 年 10 月 4 日和 2021 年 8 月 10 日的遥感

影像显示，研究区存在明显的砍伐痕迹［图 8-1（a）(b)］，真彩色影像中砍伐区域表现出与森林覆盖完全不同的色彩和纹理特征，除了边界较为规整的大面积砍伐区域外，也存在分布较为零散、边缘不规整的小斑块。根据砍伐的光谱响应特征，通过阈值分割法提取出了研究区两期观测中的砍伐信息［图 8-1（c）］。研究区 2021 年较上一年度砍伐面积有所增加，新增砍伐通常在原砍伐区域的边缘向外延伸，同时也检测到了新的砍伐点。这说明研究区内森林砍伐活动持续发生，新增的砍伐活动倾向于扩大原有的砍伐区，并将原有的非连续砍伐区域连接在一起，这种大面积连续的砍伐活动可能会对研究区的森林资源带来破坏性影响。

(a) (b) (c)

图 8-1　亚马孙热带雨林典型砍伐扰动检测

2020 年 10 月 4 日（a）和 2021 年 8 月 10 日（b）研究区真彩色影像；（c）两个时期森林砍伐检测结果

（黄色为砍伐区域；红色为 2021 年新增砍伐区域）

2）美国俄克拉何马州森林火灾检测

图 8-2 为美国俄克拉何马州森林火灾检测结果。2018 年 2 月 17 日 Sentinel-2 影像［图 8-2（a）（c）］显示研究区无火灾痕迹，2018 年 4 月 28 日的影像［图 8-2（b）(d)］中部有大片连续的火灾发生痕迹。通过敏感波段阈值分割方法，算法有效地提取出了该森林火灾事件的范围［图 8-2（e）］。研究区内发生的此起火灾事件是较为严重的大火，蔓延面积达到 1125km^2。由于易燃植被覆盖分布不是完全连续的，山沟和道路在火灾后不会

(a) (b) (c)

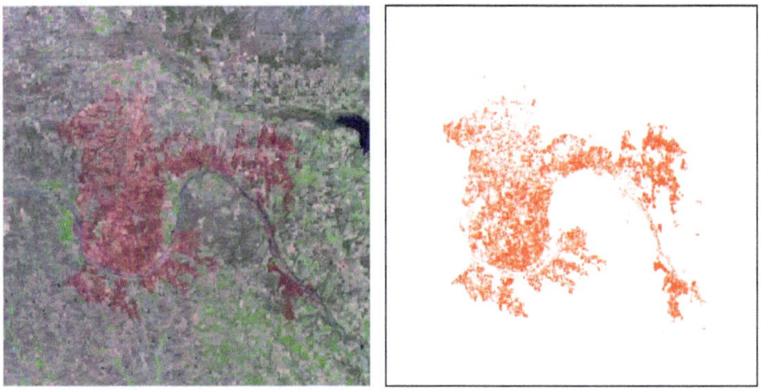

(d) (e)

图8-2 美国俄克拉何马州典型火灾事件检测
2018年2月17日（火灾前）(a) 和2018年4月28日（火灾后）(b) 研究区真彩色影像（4、3、2波段组合）；2018年2月17日（火灾前）(c) 和2018年4月28日（火灾后）(d) 研究区假彩色影像（12、8、4波段组合）；(e) 火灾扰动提取结果（红色区域为火灾发生区域）

留下火灾扰动痕迹，因此检测出的火灾扰动区域也并非完整的大斑块，而是众多独立斑块集中分布。相对于火灾北部边缘区域，东部、中部和南部重灾区火灾扰动斑块面积较大，且斑块连接度和分布集中程度也更高。

8.2.2 森林树高监测

8.2.2.1 参量定义

树高是森林植被垂直结构的基础参数之一，包括单木树高（即树高指从地面到树干冠层或顶端的垂直距离）和冠层平均高度，树高及树高变化参数是估算森林蓄积量、材积量、生物量、森林生长、碳汇能力和全球碳循环等研究的基础（Moles et al.，2009；Goetz and Dubayah，2011），也是生态系统模型及陆面和气候模式的重要输入参数之一（Le et al.，2011）。获取高精度、大范围、空间连续的树高信息对森林生态系统保护管理，以及森林资源监测和全球碳循环等科学研究等具有重要意义（Blaschke，2010；Pettorelli et al.，2016）。目前，森林树高遥感监测主要有光学遥感、雷达遥感以及多源遥感数据融合等方法。

8.2.2.2 常用数据源与监测方法

光学遥感影像作为起步较早、技术成熟、数据源丰富的监测手段，在森林垂直结构信息监测评估方面具有一定的优势，相对于其他手段，光学遥感可获得森林的连续分布信息（黄克标等，2013；Hansen et al.，2016），以便对区域森林参数进行时空格局和变化趋势分析，是最早应用于树高监测的遥感技术方法。随着合成孔径雷达成像系统与数据获取方式的多样化发展，除了全天候、全天时等传统合成孔径雷达数据特点外，遥感应用的高效性、大面积获取以及进一步反演垂直结构等优势使得合成孔径雷达遥感技术成为森林高度估测的研究热点。激光雷达（LiDAR）具有极强的角分辨能力、测距能力和抗干扰能力，这使其在获取森林垂直结构信息时具备优势，在林下地形、冠层高度、森林生物量等参数估测方面得到广泛应用（田静，2017），以激光雷达和极化干涉雷达为代表的新技术逐渐成为国内外森林调查中树高估测的重要手段（周志强等，2012）。

虽然激光雷达数据能够准确获取森林垂直结构信息，但由于点状分布的数据获取方式，其在水平方向上的分布范围有限（董立新等，2011），实际应用中多采用与其他遥感技术相结合的方式（Los et al.，2012；Pourshamsi et al.，2021）。许多研究使用光学图像，如使用 MODIS 的光谱数据和地形数据（Wang et al.，2016）；Lefsky（2010）利用地球科学激光测高系统（GLAS）和 MODIS 数据制作了第一张空间分辨率为 500 m 的全球森林高度图；Simard（2011）利用 GLAS 数据和从光学影像中提取的 7 个辅助变量，生成了空间分辨率为 1km 的全球森林高度图；Yang 等（2015）将 GLAS 与 MODIS 数据相结合，生成了空间分辨率为 500m 的中国森林高度图。

目前，机载激光雷达在树高、森林生物量等领域的应用也面临挑战。例如，机载激光雷达严重依赖财政支持，且不覆盖全球表面等；小光斑激光雷达同样存在获取成本高、数据量大、覆盖范围限制等问题（张扬建等，2017），难以应用于大面积连续覆盖数据的森林结构信息提取（Castro et al.，2003；汤旭光等，2012；廖凯涛等，2018），而极化干涉合成孔径雷达技术可实现基于物理机理的大面积森林高度测量（Wang et al.，2018）。

1）光学遥感数据

常用的遥感数据包括机载传感器以及星载多光谱和高光谱影像，如 MODIS、Landsat TM/ETM+、SPOT、Quick Bird（快鸟）、IKONOS 等（刘茜等，2015），其中，中高分辨率光学遥感数据能够提供更加清晰的森林冠层结构信息，常结合简单线性回归、多元逐步回归、神经网络模型和数字高程模型等多种反演模型以获得森林冠顶高度（孙华等，2014；高凯旋等，2020）。例如，通过 IKONOS 影像获得与冠顶高密切相关的纹理信息，通过纹理信息获得树高也是普遍使用的树高监测评估方法，经验证绝对系数 R^2 在 0.76 以上（Kayitakire et al.，2006；Gebreslasie et al.，2011）；Landsat TM/ETM+数据及其衍生数据结合多元线性回归模型通过空间扩展反演区域森林冠顶高也是广泛应用的光学遥感方法（董立新等，2011）；还有学者利用 TM 影像数据源结合监测区域地面样点调查数据等辅助地形信息，提取影响树高估测的遥感因子和地理信息因子，从而建立树高估测方程（张巍巍等，2013）；基于多角度遥感数据综合几何光学模型，构建冠层高度与双向性反射分布函数（BRDF）的回归关系反演森林高度的研究方法也得到了广泛应用与验证（Chopping et al.，2009）。

目前，光学遥感手段估测树高同样存在局限，受到森林阴影、太阳高度角、方位角以及坡度坡向等不确定性因子的影响，单木树高的测量容易产生人为测量误差，在大尺度森林树高测量中存在一定应用限制（周志强等，2012）。普通的光学传感器多用于提供森林水平结构参数的详细信息而对垂直结构信息不够敏感，其被动遥感的方式也易受到天气影响，大气中云层遮挡和辐射均会影响回波信号质量，在树高等参数信息获取上具有较大限制（王宗梅等，2018；陈园园等，2021）。同时，现有关于光学遥感监测树高的研究多集中于单一林型，有关中高分辨率遥感影像与森林冠顶高的反演参数和模型研究仍有待进一步优化（高凯旋等，2020）。

2）合成孔径雷达数据

合成孔径雷达（SAR）主要基于后向散射对森林斑块内部不同散射体的检索以获取森林结构和生物物理特征（Ningthoujam et al.，2016；Laurin et al.，2018），同时干涉测量技术在反演森林高度等方面的应用研究具有极大的潜力（Askne et al.，1997；Balzter et al.，2007）。多极化、多波段和多基线等不同观测方式及其组合在森林参数反演应用中也取得了一定进展，其中，极化合成孔径雷达（PolSAR）可以反映对象的物理特性；干涉合成孔径雷达（InSAR）能够反映地物高程信息；极化干涉合成孔径雷达（PolInSAR）则具备两者优势（李兰等，2016），成为森林结构参数反演的重要手段。

1994 年，由美国、意大利和德国共同研制的 SIR-C/X-SAR 是最早的星载极化干涉系统，之后国际星载 InSAR 研究经历了蓬勃发展。德国发射的 TerraSAR-X 系统提供全极化数据、重轨干涉数据、重轨极化干涉数据的同时，还可以采集顺轨干涉数据（李延伟，2010）。加拿大发射了具有多种成像模式的多极化合成孔径雷达卫星 Radarsat-1&2 系统，欧洲航天局的 Sentinel-1A&B（C 波段）(Torres et al.，2012）和日本的 ALOS-PALSAR2（L 波段）（Shimada et al.，2014）也得到了广泛应用。Kugler 等（2014）探讨了 TanDEM-X 的 PolInSAR 数据对北方、温带和热带三种不同森林类型森林高度估算的适用性，结果显示北方（$R^2=0.86$）和温带地区（$R^2=0.77$）具有显著准确性，但在热带森林地区（$R^2=0.50$）准确性较低。基于 PolInSAR 不同频率数据建立模型测绘树高的方法近年来也被逐渐使用，并以不同林分与地形条件为特征在温带、北方和热带地区均进行了验证研究（Askne et al.，1997；Lavalle and Khun，2014）。还有研究讨论了采集几何形状和地形坡度对 PolInSAR 数据反演森林高度模型中垂直波数及其对树高估测精度的影响（Kugler et al.，2015）。

同时，合并多源遥感数据也成为目前森林冠层高度估计的常用手段，如 PolSAR 和 LiDAR 数据，PolSAR 数据提供有关物理散射机制的重要信息，但无法直接探测垂直散射剖面（Lee and Pottier，2017）。因此，与提供森林冠层内垂直散射剖面的其他数据源（如 LiDAR）相结合获得森林冠层高度的方法具有极大研究前景。Stojanova 等（2010）利用集成方法和单目标与多目标回归树，结合 LiDAR 和 Landsat 数据研究了森林冠层高度制图；Li 等（2020）提出利用深度学习和随机森林算法将 ICESat-2 卫星 LiDAR 数据与 Sentinel-1（SAR-C 波段）、Sentinel-2（光学波段）和 Landsat-8 数据合并对森林冠层高度进行反演。不同机器学习算法检验 PolSAR 和 LiDAR 数据集成估测森林冠层高度的准确性与有效性研究也逐渐成为研究热点（Brigot et al.，2019；Xie et al.，2019；Pourshamsi et al.，2021）。

3）激光雷达遥感数据

目前应用较为广泛的激光雷达系统主要有 NASA/LVIS 系统、ICESat/GLAS 系统、机载 SLICER 系统等（卢昊等，2015）。近年来，在林分高度的估测研究中，以无人机高分影像或经过影像后处理得到的点云数据为数据源，利用最大类间方差法、多尺度分割方法等形态学方法，分割高分辨率影像，构建冠层高度模型（CHM），以及利用点云数据直接在三维空间进行单木识别，进而获得树高的方法被越来越多地应用（Zarco-Tejada et al.，

2014；刘晓农等，2017；王彬等，2018；白明雄等，2021）。

星载激光测高仪系统通过接收和处理激光发射脉冲经大气传输在目标表面反射后的回波波形数据，实现测距和目标表面特征的反演（马跃等，2013），弥补了光学遥感影像精度的不足（Kurtz et al.，2008；张颖等，2020）。根据回波信号的形式，LiDAR 分为小光斑点云 LiDAR 和大光斑波形 LiDAR。美国国家航空航天局于 2003 年发射了星载激光测高卫星 ICESat，其上搭载了第一个实现全球连续观测的星载激光雷达测距系统 GLAS，其激光光束在地表形成直径约 65m 的近圆形激光足印（Wang et al.，2011）。GLAS 系统提供了 15 种标准数据产品，广泛用于全球和区域尺度的研究，其中 GLA01 数据产品可用于植被冠层高度的估测，有研究表明 GLAS 在平坦地区对树高的估测精度约为 10cm（Pourshamsi et al.，2021）。由于其森林高度影像的分辨率较低（通常为 500m 或 1km），后续卫星 ICESat-2 搭载了更为先进地形激光高度计系统（ATLAS）。与 GLAS 数据不同，ATLAS 采用了微脉冲光子计数激光高度计系统，由于足迹直径较小（约为 17m，相邻足迹间隔为 0.7m），因此可以产生密集的重叠足迹，使大范围内高空间分辨率绘制森林高度影像成为可能（Magruder and Brunt，2018）。

大光斑激光雷达系统对树高的测估一般采用直接估算法，估测激光高度计系统采集回波信号计算冠层顶部与地面返回位置的高程差以获取植被冠层高度（Lee et al.，2011；胡凯龙等，2017；卢学辉等，2017）。但由于大光斑的特性，回波信号通常为多模式复杂曲线，在地形环境复杂的条件下，GLAS 回波的单个高斯回波波峰无法准确代表地面，可能引起植被冠层高度估测的误差。针对这种情况，学界针对基于波形高斯分解法来提高复杂波形下地面返回位置的准确度展开了一定研究（Chen，2010；Sun et al.，2008）。同时，也有学者基于 SLICER 数据提出森林冠层高度廓线模拟方法，重建林分冠层垂直结构，进一步提取树高等森林结构参数（Harding，2000）。

较为常用的小光斑激光雷达系统主要有 TopSys、TopoScan、TopEye、Riegle 和 PALS 等系统（张周威等，2009），小光斑激光雷达具有的高密度点云数据可为单木树冠检测研究提供单个树冠垂直结构信息。基于 LiDAR 点云数据反演单木信息的方法主要分为两类，第一类是生成冠层高度模型（CHM），然后基于局部最大值滤波、区域增长法、基于标记的分水岭算法、多尺度模板匹配算法以及小波算法等常用形态学方法分割（Andersen et al.，2006；刘鲁霞和庞勇，2014；刘清旺，2009）；第二类则是通过分析点云数据中点的空间位置分布识别林分并计算树高等参数。当前研究主要集中于影响反演精度的因子的分析、反演模型构建和模型应用等方面。影响反演精度的因子包括平台高度、观测角度和森林的垂直结构等因素。Goodwin 等（2006）研究认为平台高度越大，森林冠层高度低谷越多；Yang（2011）的研究表明反演误差随观测角度增大而增加；庞勇等（2011）也获得了相似证明，除此之外还得出足印越大，反演精度越低的结论。MISR 数据提供丰富的地表反射各向异性的信息，数据集覆盖全球，联合 MISR 和 ICESat GLAS 数据反演大尺度的树高和地上生物量具有很大的发展空间。

8.2.2.3 区域概况

本案例选用了三个区域的 GEDI 激光雷达数据产品对森林树高进行展示，分别为黑龙江大兴安岭、陕甘界山子午岭和贵州东部。

研究区 1 位于黑龙江大兴安岭（110.0°E～140.3°E，48.9°N～51.6°N）。大兴安岭位于内蒙古自治区东北部、黑龙江省西北部，是中国保存较完好、面积最大的原始森林，是内蒙古高原与松辽平原的分水岭，全长 1400 多千米，均宽约 200km，海拔 1100～1400m，是由中低山组成的山脉。大兴安岭原始森林茂密，是中国重要的林业基地之一，主要树木有兴安落叶松、樟子松、红皮云杉、白桦、蒙古栎、山杨等。

研究区 2 位于中国西北部子午岭区域（100.0°E～104.8°E，30.0°N～34.1°N）。子午岭是中国西北最大的天然次生林，北至定边县马鞍山，南到淳化县嵯峨山。山地落叶阔叶林发育良好，构成陕北黄土高原上的几个森林岛，森林覆盖率近 50%（包括灌木林）。现今除河川、残塬及一些缓坡为农地外，大都分布着天然次生林和灌木林。

研究区 3 位于贵州东部（108.7°E～116.7°E，34.5°N～40.0°N）。该区域地处云贵高原东端，气候为亚热带湿润季风气候，植被类型复杂多样，其地带性植被是常绿阔叶林，但目前森林植被破坏后发育形成的灌丛分布最为广泛。

8.2.2.4 技术路线与方法

GEDI 是一种全波形的激光雷达仪器，可以对地球表面的 3D 结构进行精确观测，其激光雷达波形可以穿透密集的树冠并提供全面的采样。本案例主要可以从 GEDI 波形中提取 4 种类型的参数信息，分别为地表形貌、冠层高度、冠层覆盖度和垂直结构度量。其 L2_B 数据产品有 96 个科学数据集，包括足迹点精确的经纬度、海拔、冠层高度、垂直剖面指标等森林结构参数。各个足迹点上的参数分别存储于每条激光束的子层下，分为森林的生物物理指标信息、地理定位信息、地表覆盖信息以及过程参数信息 4 类，是基于 L1_B 波形得出的定向间隙概率分布运用特定算法得出的。冠层高度通过计算冠顶回波和地面回波之间的距离得到，即在波形足迹内的冠层在地面上的最大高度。

8.2.2.5 案例结果分析

分别选用 2019 年 9 月 24 日的 GEDI L2_B 数据绘制黑龙江大兴安岭、子午岭和贵州东部三个研究区单条激光束上的森林冠层高度变化的横断面，结果分别如图 8-3～图 8-5 所示。

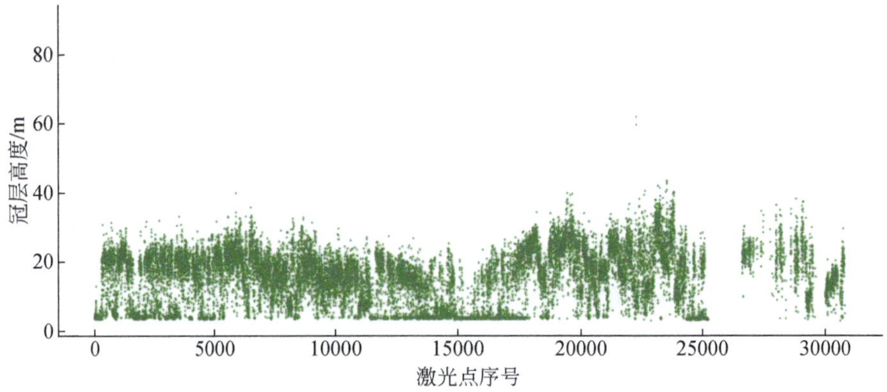

图 8-3 黑龙江大兴安岭区域

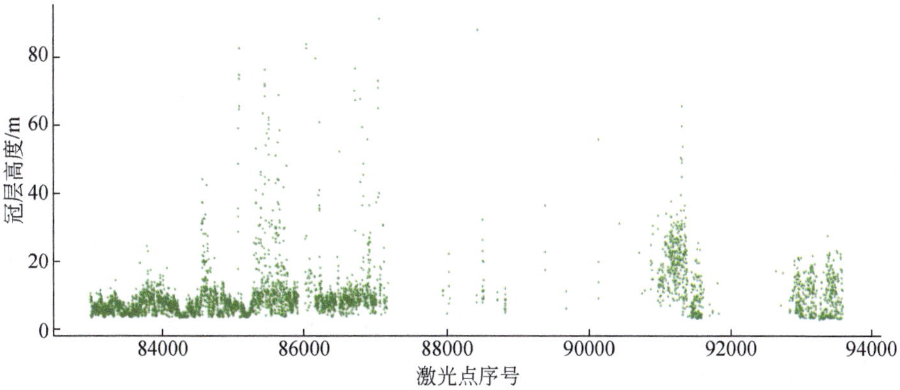

图 8-4　子午岭区域

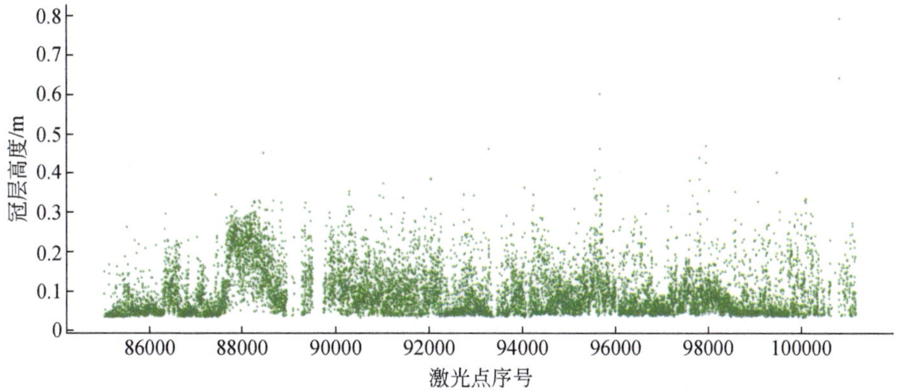

图 8-5　贵州东部区域

结果显示，黑龙江大兴安岭的植被大部分位于 20 ~ 30m，且数值分布较为均匀、连续，反映了该区域的茂密森林分布。而子午岭的植被高度多在 10 ~ 15m，分布相比大兴安岭森林较为稀疏。贵州东部的植被高度大部分小于 0. 3m，部分达到 0. 6m，可能为高度较低的灌丛。虽然已经过质量控制，但树高数据仍然存在一定的异常值。

8. 2. 3　森林生物量监测

8. 2. 3. 1　参量定义

森林生物量是森林植物群落在其生命过程中所产生干物质的累积量，是以单位面积或单位时间积累的干物质量来表示的，通常包括干、枝、叶、根的总重量。森林生物量是估算森林碳储量的基础，被国际林业研究组织联盟列为监测森林碳汇能力和评估碳收支的必要参数，对估算全球碳储量具有重要意义（穆喜云，2015；吴楠等，2017；陈琳，2020）。

森林生物量包括地上和地下生物量两部分，地下生物量通常根据地上生物量使用根冠比确定。地上森林生物量的估算方法主要包括地面测量、基于遥感的方法和生态模型模拟。地面测量可以通过使用异速生长方程提供最准确的生物量估算，但空间覆盖范围有限，且更新较慢。生态过程模型需要大量的输入参数和校准数据，很难获得合适的值。因此，遥感数据是估算地上生物量的主要数据源。借助遥感技术可以很容易地实现森林数据的大面积获取和快速处理，数据获取成本相对低廉，数据更新频率较快，可以对条件恶劣、不适宜人工采集的林区进行数据采集。

8.2.3.2 常用数据源与监测方法

一般情况下，遥感手段无法直接测量生物量（Herold et al., 2019；Zhang et al., 2019；Abbas et al., 2020），而是使用与森林生物量有关的参数，如森林类型、树木高度、叶面积指数、净初级生产力、植被覆盖度、林龄等来计算生物量。主要有光学遥感影像数据、合成孔径雷达（SAR）数据和激光雷达（LiDAR）数据。

光学遥感和 SAR 数据可以提供大面积的网格估计，但光学遥感和 SAR 受到云和饱和问题的影响，会极大地影响估计生物量的准确性。LiDAR 虽被认为是估算森林生物量最准确和最有希望的方法，但仍存在很多问题（Zolkos et al., 2013）。无论是光学遥感、SAR 还是 LiDAR，都没有一个传感器能够提供始终如一的绝对可靠的生物量估计值。因此，许多学者利用先进的方法，综合实地测量、LiDAR、光学遥感和 SAR 数据，克服单个数据局限性，生成区域尺度上森林地上生物量的空间分布图。部分可用的全球或区域森林生物量产品见表 8-2（Zhang et al., 2019）。

表 8-2　全球或区域森林生物量产品

全球或区域	空间分辨率	年份	数据	参考文献
热带	1km	2000	GLAS、MODIS、SRTM、QSCAT 和地面数据	Saatchi 等，2011
全球	1km	2004	GLAS、MODIS、气候数据、地形数据和地面数据	Hu 等，2016
全球	1km	2005	GLAS、MODIS、SRTM、气候数据、地面数据和 MODIS 土地覆盖产品	Yang 等，2020
热带	500m	2010	GLAS、MODIS 和地面数据	Baccini 等，2012
非洲	1km	2003	GLAS、MODIS 和地面数据	Baccini 等，2008
欧洲	500m	2000	NFI 实测数据、MODIS、气候数据、GLC2000 和 MODIS 土地覆盖产品	Gallaun 等，2010

对于同一区域，不同的森林地上生物量数据在数量和空间分布上存在差异，由于缺乏实地测量的生物量数据，大多数生物量分布数据未经验证，所以目前很多森林生物量数据准确性有待评估。全球地球观测站（https://forestgeo.si.edu/）和森林观测系统（https://forest-observation-system.net/）收集了大量永久性样地长期森林生物量监测数据，但数据并未统一。随着国际观测网络的发展，地面监测数据将采用标准化程序进行处理，得到统一格式，将会有足够的用于精度验证的实测数据，将大规模改进基于遥感数据的森林生物量估算的准确性（Marvin et al., 2014；Chave et al., 2019）。未来的森林生物量研究也可以使用激光雷达作为采样技术，以补充野外采样。当前从遥感数据得到森林生物量，主要

是基于 GIS 的建模方法，这些方法多基于假设或经验算法。随着机器学习，特别是深度学习的发展，在大规模森林生物量估算中可以考虑将物理过程模型、机器学习相结合的混合建模方法（Reichstein et al.，2019）。

1）光学遥感数据

利用光学遥感数据估算生物量通常是基于生物量–植被指数（如归一化植被指数、叶面积指数）关系的建模，通过揭示生物量与多光谱图像的光谱响应和植被指数之间的相关性来实现的。根据卫星数据的空间分辨率，用于地上森林生物量估计的光学传感器数据分类为精细、中等和粗糙空间分辨率。由于易于获取，利用光学遥感手段开展森林地上生物量估算应用较为广泛（Kajisa et al.，2009；Lu et al.，2012；Basuki et al.，2013）。光学遥感数据的优势之一是，它可以在从局部到全球的范围内使用传感器，如 Landsat TM/ETM+、NOAA/AVHRR、MODIS、SPOT、Quick Bird、World View、ALOS/PRISM、Sentinel-1（哨兵 1 号）等提供全球一致的空间数据。但是混合像素的存在以及隔间大小和像素之间的不匹配等问题，使用粗空间分辨率传感器进行森林生物量估算时往往会导致预测精度较差。

最近相关研究集中在使用高光谱数据进行森林地上生物量估计。例如，Goodenough 等（2008）发现机载高光谱影像 AISA Eagle 用于估算森林地上生物量时，与激光雷达数据存在良好的相关性。Treuhaft 等（2003）的研究表明高光谱数据从森林结构剖面估计出的森林地上生物量更准确。尽管也有研究表明高光谱传感器的估计值较低、在茂密的森林冠层中容易饱和，但多数研究一致认为高光谱传感器和激光雷达可以在未来生物量估计中发挥重要作用（Clark et al.，2011；Anderson et al.，2008）。

2）合成孔径雷达数据

相较于光学传感器，合成孔径雷达（SAR）监测具有明显优势，主要包括：全天候观测能力（穿透云层的能力），昼夜能力（不依赖太阳光照），在一定程度上穿透植被、土壤和雪，对表面粗糙度、介电特性和水分敏感，对波极化和频率敏感，体积分析等。由于这些独特特性，SAR 可提供更好的生物量估计，同时减少评估中的不确定性（Sinha et al.，2015）。SAR 数据主要有 K 波段、X 波段、C 波段、L 波段和 P 波段，各波段在与林分参数相关方面有其自身的特点。X 波段与树叶和树冠覆盖表面相互作用，因此适合于树冠表层信息；C 波段穿过树叶，被小树枝和下面的特征所分散；L 波段具有较高的穿透能力，可以穿透表层；P 波段具有最大的穿透能力，可穿透整个冠层。大多数生物量估算研究中经常使用 C 波段、L 波段和 P 波段，其中 L 波段和 P 波段对森林地上生物量的变化最敏感（Luckman et al.，1997；Kurvonen et al.，1999）。

20 世纪 70 年代初，人们开始利用机载单波段的真实孔径雷达进行森林资源调查。发展至今，合成孔径雷达传感器逐渐由单极化、单波段、单基线发展至多极化、多波段、多基线等不同观测模式及其组合，由此诞生了多维度的极化合成孔径雷达、干涉合成孔径雷达、极化干涉合成孔径雷达。多维度 SAR 通过综合利用多个观测数据，可以更为精细地描述森林的垂直结构信息，从而确保反演模型的稳健性，使生物量估测精度进一步提高（吴一戎等，2013；Sinha et al.，2015）。欧洲航天局的生物量计划于 2022 年发射一颗 P 波段的 SAR 卫星，用于获取 200m 空间分辨率的森林生物量（Quegan et al.，2019）。德国航空航天中心将于 2022 年发射两颗 L 波段卫星 Tadem-L，来提取全球森林的年度和季节三维结构以及生物量，将在全球范围内提供50m空间分辨率的森林生物量数据，从而开启森林覆盖动态监测的新时代（Moreira et al.，2015）。美国国家航空航天局（NASA）和印度空间研究组织（ISRO）计划合作发射搭载S波段和L波段的NISAR（NASA-ISRO Synthetic Aperture Radar），空间分辨率为7m，重访周期为12天，预计得到年度全球生物量产品（Patterson et al.，2019）。阿根廷的SAOCOM（Satélite Argentino de Observación COn Microondas）系列是一项搭载L波段的SAR卫星，可获得时间序列一致的全球森林生物量观测数据（Yu et al.，2016）。

3）激光雷达数据

激光雷达技术是现阶段对地观测的前沿技术之一，精度最高，因为从森林冠层生成的点云或波形数据能够精确地描述冠层的物理特性，十分适合估计森林生物量。针对生物量观测来看，大光斑激光雷达的光斑直径较大，通常在5m以上，主要通过回波波形反演大范围森林的垂直结构与生物量；小光斑激光雷达的光斑直径通常小于1m，可利用高密度的激光点云进行单木水平上的精确高度估测，适于估计小区域森林生物量，其中数据获取成本是限制小光斑激光雷达广泛应用的主要原因，且在大区域应用的成本较高。

大光斑激光雷达数据主要指星载激光雷达系统。2018年美国国家航空航天局在国际空间站上部署的GEDI是第一个高分辨率星载激光雷达任务，用于观测南北纬51°之间的森林垂直结构，可以获得1km空间分辨率草地森林生物量数据（Qi et al.，2019）。2019年美国国家航空航天局发射的ICESat-2生成的100m植被产品ATL08和ATL18可以用于冠层高度和生物量估算（Neuenschwander et al.，2019）。日本宇宙航空研究开发机构曾计划2022年发射的多足迹观测激光雷达和成像仪（MOLI），将通过修正地形坡度误差来获得更准确的森林生物量数据（Murooka et al.，2019）。

8.2.3.3 区域概况

与树高一致，本案例的研究区选择也为黑龙江大兴安岭、陕甘界山子午岭和贵州东部区域，详见8.2.2.3节。黑龙江大兴安岭是我国典型的明亮针叶林分布区，该区植被和土壤中储存的碳量在区域碳循环与碳平衡中发挥重要作用（胡海清等，2015）。主要树种成熟林的生物碳储量分别为：兴安落叶松109.33t/hm^2、白桦64.35t/hm^2、樟子松117.08t/hm^2、蒙古栎59.49t/hm^{2}和山杨64.39t/hm^2。

子午岭油松林、辽东栎林和刺槐人工林3林分总生物量分别为：86.247t/hm^2、129.005t/hm^{2}和144.795t/hm^2，乔木层生物量分别为：85.223t/hm^2、126.989t/hm^{2}和142.488t/hm^2，随群落针阔树种转化替代，群落总生物量呈现明显的增加趋势（张希彪等，2005）。

前人研究显示，贵州森林的生物量偏低，与高原和山区的地形有关，也与喀斯特地区的石漠化现象以及与喀斯特森林土层浅薄、缺水干旱等特点相关。此外，该区域人类活动的干扰也十分剧烈。相关研究表明，2001～2005年，贵州林地总生物量达3.43×10^8t，其中，林分的蓄积量和生物量远超过其他地类；黔东南苗族侗族自治州的生物量最高，六盘水地区最低；非喀斯特地区的生物量均高于喀斯特地区。而高生物量（>400t/hm^2）和中高生物量密度（100～400t/hm^2）主要分布在黔东南、黔东和黔西北地区的竹林和林分

(田秀玲，2011)。

8.2.3.4 技术路线与方法

足迹尺度的地上生物量密度（Above-Ground Biomass Density，AGBD，单位为 Mg/hm^2，即 t/hm^2）源自线性参数模型，该模型将 GEDI L2_A 数据的波形相对高度度量与来自共同定位的田间地块的地上生物量估计值相关联。

候选模型按植物功能类型（Plant Functional Type，PFT）和大陆地区分层，对响应变量和预测变量进行自然对数或平方根变换，有落叶阔叶树、常绿阔叶树、常绿针叶林和落叶针叶树，以及林地、草地和灌木的组合，并使用 AGBD 的现场估计与源自离散返回机载激光雷达的模拟 GEDI 波形共同开发。

模拟 GEDI 波形被处理为与 GEDI L2_A 等效的相对高度（RH）度量，其定义为小于给定高度的接收激光波形强度的比例，其中高度是相对于波形中最低模式的高度计算的。RH 度量计算为相对于地面高程的高度，在该高度下已返回一定比例的波形能量。

GEDI L4_A 算法为每个有效的 GEDI L2_A 波形生成以 Mg/hm^2 为单位的 AGBD 预测值，其数据产品包含其对 AGBD 的预测以及每个采样点的预测标准误差的估计。

在数据读取时，首先选择对应的激光波束，随后根据经纬度进行数据筛选，并去除生物量值为-9999，或高于 1000 的异常值足迹点，最后以足迹点序号为横坐标，生物量值为纵坐标绘制散点图。

8.2.3.5 案例结果分析

分别选用 2019 年 9 月 24 日的 GEDI L2_B 数据绘制黑龙江大兴安岭、子午岭和贵州东部区域单条激光束上的森林生物量变化的横断面，结果如下（图 8-6 ~ 图 8-8）。

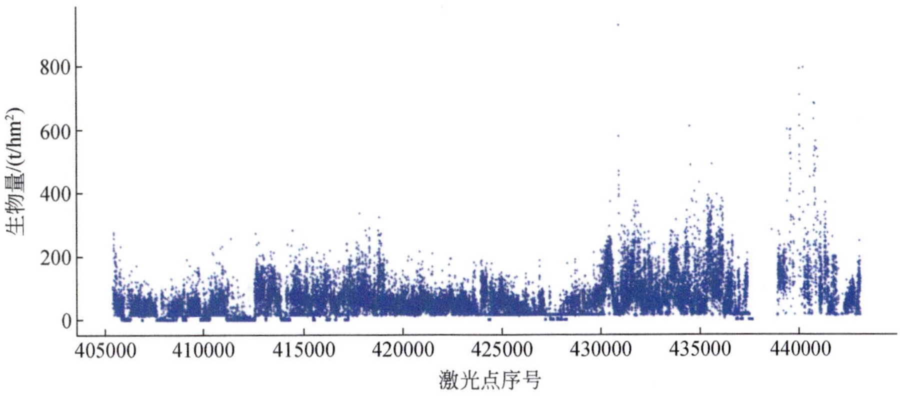

图 8-6　黑龙江大兴安岭区域

结果显示，三个地区以黑龙江大兴安岭区域平均森林生物量最高，均值约为 58.41t/hm^2，且较多区域达到了 100t/hm^2。子午岭的森林生物量略低于大兴安岭，均值约为 55.28t/hm^2。贵州东部的森林生物量值最低，为 36.87t/hm^2 左右，但也存在一定的区域森林生物量值高于 200t/hm^2。

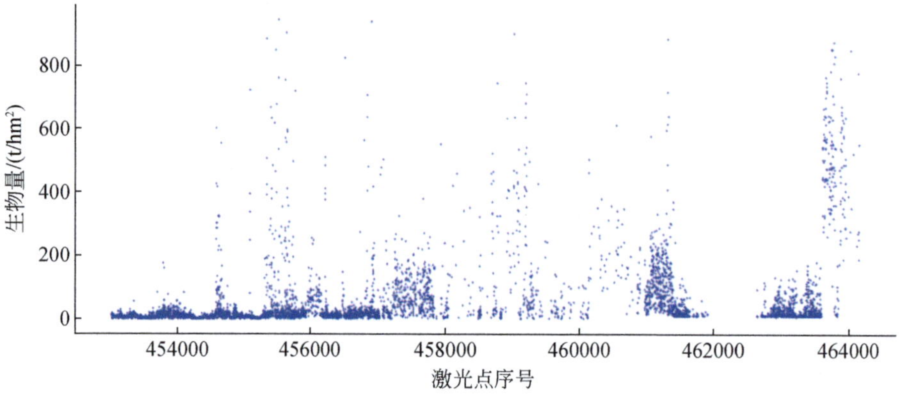

图 8-7　子午岭区域

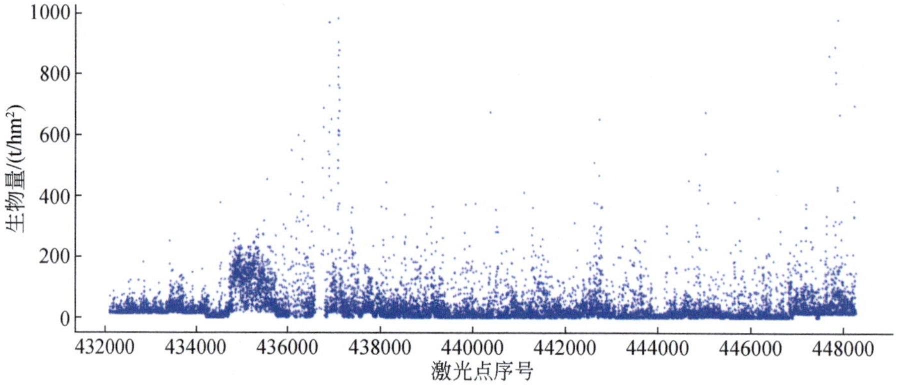

图 8-8　贵州东部区域

总体上，基于 GEDI 数据得到的地面森林生物量的预测值在大尺度和小尺度上都存在较明显的空间分异，并与当地的植被类型、茂密程度密切相关，基本符合现实情况与前人研究结果。同时，其也存在较多难以解释的异常数据，需要通过进一步完善算法，从而得到更加精确的测量值。

8.3　森林生态系统综合评估案例

8.3.1　区域概况

本案例在前期工作基础上，以巴西亚马孙地区为例，针对区域森林生态系统开展综合评估分析（Qin et al.，2019，2021）。巴西亚马孙地处南美洲，主要位于 6°N～18°S，41°W～74°W，面积约 500 万 km^2，包括阿克里州（Acre）、亚马孙州（Amazonas）、罗赖马州（Roraima）、帕拉州（Pará）、阿马帕州（Amapá）、朗多尼亚州（Rondônia）、马托格罗索州（Mato Grosso）、托坎廷斯州（Tocantins）和马拉尼昂州（Maranhão）九个州（图 8-9）。巴西亚马孙常年多雨，年降水量从东南地区向西北地区递增，南部地区干湿季节明显，干季主要包括每年的 6 ~ 9 月，湿季主要包括每年的 10 月到次年的 5 月。巴西亚马孙主要的土地利用覆被类型包括森林、农田、牧草地和水体等。巴西亚马孙拥有世界上面积最大的热带雨林、最丰富的生物多样性和最大的森林碳储量。然而，在过去的几十年里，由于人类活动和气候变化的综合影响，巴西亚马孙发生了大面积的森林砍伐，森林面积不断减少，对区域和全球范围内的生物多样性、陆地碳水循环和气候等产生重大影响，受到世界的广泛关注。但是森林面积和森林碳储量的年际变化仍未可知或者具有较大的不确定性，需要进一步的研究与分析。

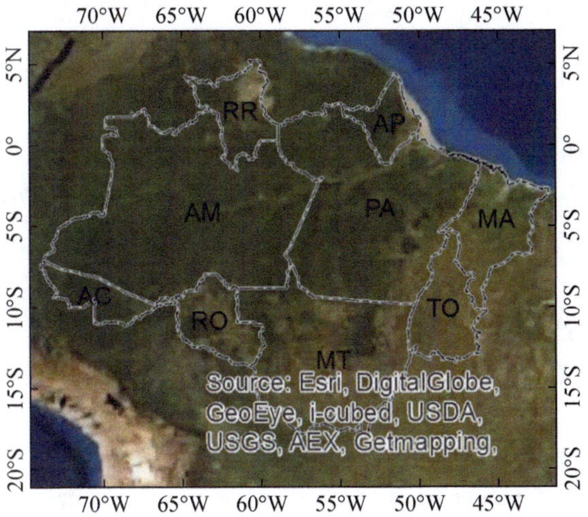

图 8-9　巴西亚马孙研究区示意

AC，阿里克州；AM，亚马孙州；RO，朗多尼亚；PA，帕拉州；MA，马拉尼昂州；RR，罗赖马州；AP，阿马帕州；MT，马托格罗索州；TO，托坎廷斯州。后同

8.3.2　评估内容与指标

该案例围绕 2000 ~ 2019 年巴西亚马孙森林面积和森林地上生物量的年际变化开展评估（图 8-10），主要包括如下内容：①2000 ~ 2017 年巴西亚马孙森林面积的时空变化及其驱动因素分析；②2000 ~ 2017 年巴西亚马孙自然保护区森林保护成效分析；③ 2010 ~ 2019 年人类活动和气候变化对巴西亚马孙森林地上碳储量的影响评估。

8.3.3　数据资料与技术路线

研究采用了多源遥感数据，主要包括地表发射率、植被光学厚度、火烧、降水量、地表水储量、辐射、大气 CO_2浓度和保护区边界等数据集。

（1）地表反射率：地表反射率数据来源于 MODIS 产品中的 MOD09A1 数据产品

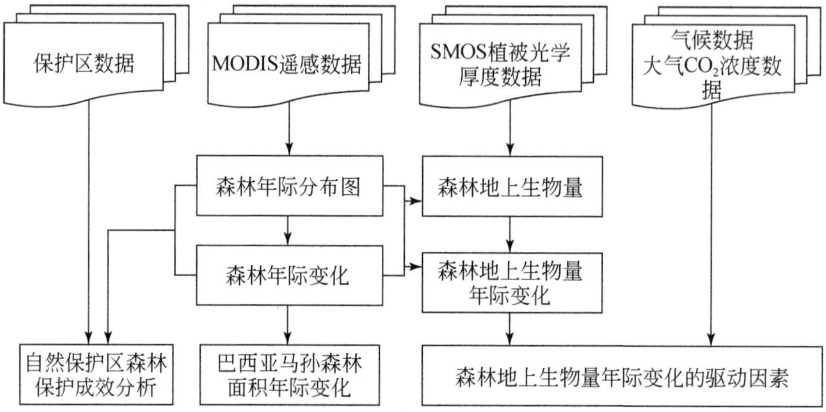

图 8-10　巴西亚马孙森林面积和森林地上生物量的年际变化分析路线

（MODIS/Terra Surface Reflectance 8-Day L3 Global 500 m SIN Grid）。该产品拥有 7 个波段的地表反射率数据，包括波段 1（620 ~ 670nm）、波段 2（841 ~ 876nm）、波段 3（459 ~ 479nm）、波段 4（545 ~ 565nm）、波段 5（1230 ~ 1250nm）、波段 6（1628 ~ 1652nm）和波段 7（2105 ~ 2155nm）。该数据产品时间分辨率为 8 天，空间分辨率为 500m，时间跨度为 2000 年至今。每个像元的值取自每个 8 天观测周期内质量最好的观测。此外，该产品还提供了两个质量图层数据，用于剔除云、云影等的干扰。本研究采用无云的观测进行数据分析。

（2）植被光学厚度数据：植被光学厚度数据来源于法国国家农业研究院。该数据是基于 SMOS 卫星遥感数据 L 波段的观测研发的。该数据时间分辨率为 1 天，空间分辨率为 25km，时间跨度为 2010 年至今。

（3）火烧数据集：MODIS 数据产品中包括 MOD14A2 active fire（MODIS/Terra Thermal Anomalies/Fire 8-Day L3 Global 1 km SIN Grid）和 MCD64A1 火烧迹地（MODIS/Terra+Aqua Burned Area Monthly L3 Global 500 m SIN Grid）两个产品。MOD14A2 产品提供 active fire 数据产品，时间分辨率为 8 天，空间分辨率为 1km。MCD64A1 产品提供火烧迹地数据产品，时间分辨率为每月，空间分辨率为 500m。两个数据产品的时间跨度为 2000 年至今。

（4）降水数据：TRMM 产品提供了时间分辨率为 3 小时、空间分辨率为 25km 的降水数据集。时间跨度为 2001 ~ 2019 年。

（5）地表水储量数据：GRACE 数据产品提供了地表水储量的变化信息。时间分辨率为每月，空间分辨率为 1°。时间跨度为 2002 ~ 2016 年。

（6）辐射数据：NCEP-DOE（National Centers for Environmental Prediction-Department of Energy）Reanalysis-2 提供了光合辐射数据集。时间分辨率为每月，空间分辨率为 1.875°× 1.905°（经度×纬度）。

（7）大气 CO_2 碳柱数据：OCO-2 数据产品提供了 2015 ~ 2018 年大气 CO_2 碳柱数据。该数据产品时间分辨率为每月，空间分辨率为 1°。

（8）保护区数据：世界自然保护地数据库（World Database on Protected Areas，WDPA）提供了矢量数据格式的保护区数据。

8.3.4 参数信息提取与评估分析方法

（1）森林覆盖遥感监测：森林覆盖数据是利用每年的时间序列的 MOD09A1 数据产品（空间分辨率为 5m，时间分辨率为 8 天），基于森林物候特征的遥感监测方法生产的。首先，利用 MOD09A1 的质量图层去除被云、云影等覆盖的像元，只保留质量好的像元数据。其次，基于时间序列的增强植被指数（EVI）和地表水指数（Land Surface Water Index，LSWI），构建了基于森林物候信息的森林覆盖遥感监测方法。最后，生成了 2000～2019 年巴西亚马孙逐年的森林覆盖数据集。

（2）森林地上生物量：利用 SMOS 数据为输入数据，以已有的中高分辨率的森林地上生物量数据为参考，拟合得到植被光学厚度数据与森林地上生物量的关系。然后，利用得到的拟合关系公式，计算 2010～2019 年逐年的森林地上生物量数据。

（3）时空变化分析：在 GIS 系统软件里，采用空间叠加分析森林覆盖面积的年际变化，以及森林覆盖面积变化和气候变化对森林地上生物量的影响。

8.3.5 森林面积的时空变化及其驱动因素分析

8.3.5.1 2000～2017 年巴西亚马孙森林面积变化

当前，巴西亚马孙森林面积及其时空动态变化仍存在很大的不确定性。因此，为了更好地了解巴西亚马孙地区森林覆盖面积的年际动态变化，我们利用研发的 Forest-MODIS 森林覆盖遥感监测算法，基于时间序列的 MOD09A1 数据产品，生成了空间分辨率为 500m 的 2000～2017 年巴西亚马孙逐年的森林覆盖图。研究发现，巴西亚马孙森林面积从 2000 年的 $3.93\times10^6km^2$ 下降到 2017 年的 $3.59\times10^6km^2$（图 8-11），净损失为 $3.4\times10^5km^2$，大约占 2000 年森林总面积的 8.7%。基于三个独立的地面参考数据验证发现，我们生成的森林覆盖数据的总体精度达到 97% 以上，而且与微波遥感数据生成的森林面积高度一致（偏差 1%）。

然后，我们分析了巴西亚马孙森林面积的年际损失。研究发现，2001～2016 年巴西亚马孙累积损失的森林面积为 $4.1\times10^5km^2$，平均每年损失为 $2.7\times10^4km^2$。巴西亚马孙森林覆盖面积损失呈现明显的三个不同的阶段：森林覆盖面积高速损失阶段（2001～2004 年）、森林覆盖面积损失速率下降阶段（2005～2013 年）和森林覆盖面积损失速率大幅增加阶段（2013～2016 年）。由于诸多森林保护政策的实施，第二个阶段森林覆盖面积损失速率显著降低。第三个阶段，森林覆盖面积损失速率大幅增加，损失面积高达每年 $4.8\times10^3km^2$。空间上，森林覆盖减少的区域主要分布在巴西亚马孙南部的帕拉州（$1.1\times10^5km^2$）、马托格罗索州（$1.1\times10^5km^2$）、马拉尼昂州（MA，$8.7\times10^4km^2$）和朗多尼亚州（RO，$5.2\times10^4km^2$），这四个州的森林覆盖总损失约占巴西亚马孙地区常绿林总面积损失的 87%（图 8-12）。

接着分析了巴西亚马孙地区造林面积的年际变化。研究发现，2001～2013 年，新增造

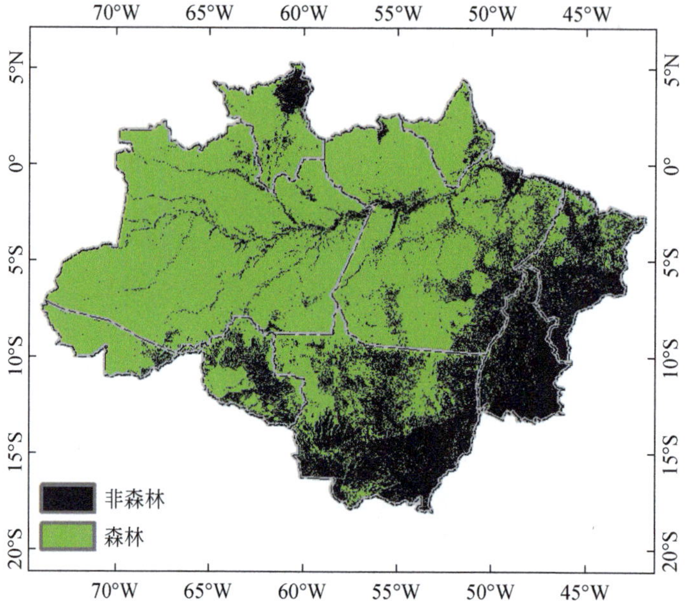

图 8-11　2017 年巴西亚马孙森林空间分布

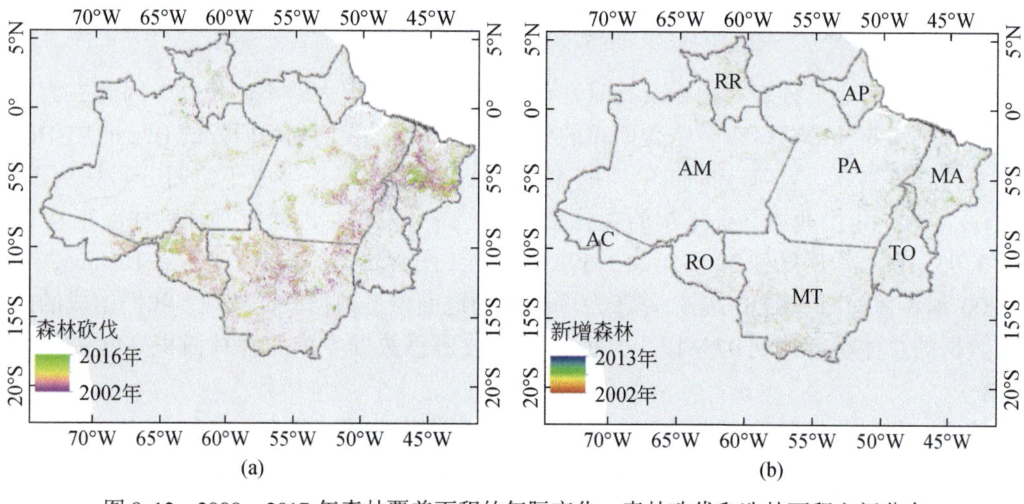

图 8-12　2000～2017 年森林覆盖面积的年际变化、森林砍伐和造林面积空间分布

林面积虽然相对较小，但抵消了巴西亚马孙地区 21% 的森林砍伐面积，这表明造林在减少森林净损失和碳排放方面发挥了重要作用。巴西亚马孙地区开展了各种森林恢复项目，其中大部分主要集中在商业种植园，如桉树、松树和橡胶种植园。

8.3.5.2　2000～2017 年巴西亚马孙森林面积变化的驱动因素

巴西亚马孙森林覆盖面积的变化是受人类活动和自然条件等多种因素的共同影响。分析发现，超过 90% 的森林砍伐发生在 2002 年之前被砍伐的地区附近，这表明人类活动推动了森林砍伐扩张的空间动态。根据已有研究，亚马孙森林砍伐的60% ~80% 与森林向牧场的转变有关。牛的数量从2000 年的 4.8×10^7 头大幅增加到2016 年的 8.6×10^7 头。农田的扩张也是森林覆盖面积减少的一个驱动因素，尤其是在2006 年之前，将森林转化为农田导致了巴西亚马孙地区的森林砍伐。之后，农田大多建在先前清理过的土地上。综上所述，牧场和农田面积的快速增加是森林面积减少的主要驱动因素。

另外，我们发现年度森林损失面积与气候参数具有很好的相关关系。年森林砍伐率与年降水量、最小陆地蓄水量和火灾面积之间的标准相关系数分别为-0.89、0.92 和0.96，表明干旱年份的森林年损失较高，尤其是在厄尔尼诺事件发生年份（2010 年和2015/2016 年）。2010 年和2015/2016 年的森林砍伐面积分别比2009 年和2013 年的森林砍伐面积高出约2.3 倍和3.7 倍。

8.3.6 自然保护区森林保护成效分析

为保护巴西亚马孙地区的森林和丰富的生物多样性，保护区面积从2000 年的 $1.09\times10^6\text{km}^2$ 增加到2013 年的 $2.32\times10^6\text{km}^2$，至此，森林保护区面积占巴西亚马孙土地总面积的43%（图8-13）。我们分析了2000 ~2017 年巴西亚马孙自然保护区和非保护区的森林面积的年际动态变化。研究结果显示，2013 年保护区保有了巴西亚马孙地区约50% 的森林面积。保护区森林总面积从2000 年的 $1.98\times10^6\text{km}^2$ 减少到2017 年的 $1.96\times10^6\text{km}^2$，降低幅度为1%（图8-14、图8-15）。保护区内的累计森林砍伐面积为 $4.4\times10^4\text{km}^2$，占森林损失总面积的11%。相比之下，非保护区森林总面积从2000 年的 $1.95\times10^6\text{km}^2$ 大幅减少到2017 年的 $1.64\times10^6\text{km}^2$。保护区森林覆盖的这种微小变化清楚地表明了保护区在保护森林和防止森林砍伐方面的关键作用。

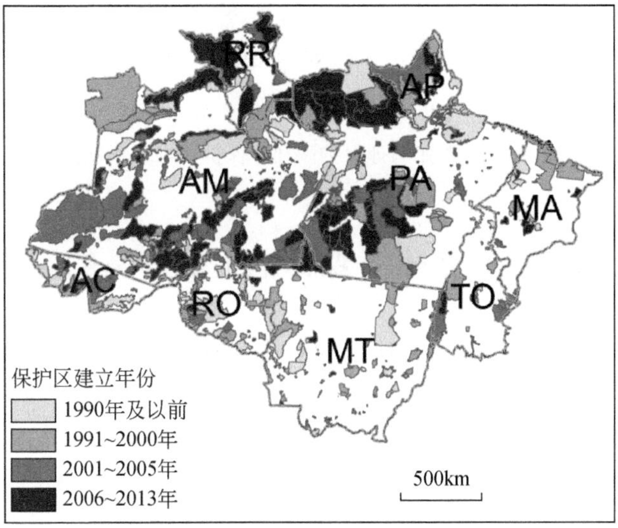

图8-13 保护区和非保护区空间分布

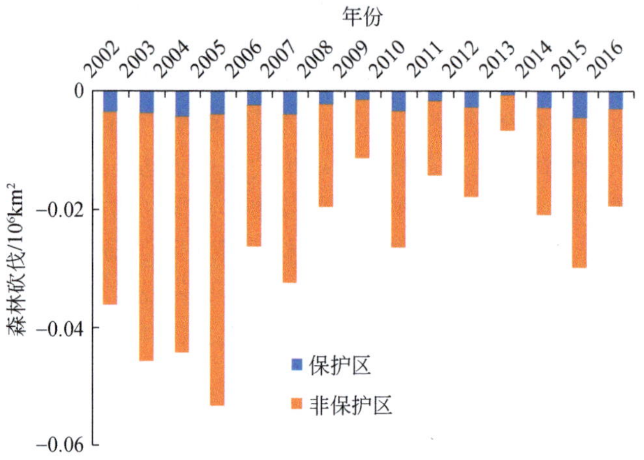

图 8-14　巴西亚马孙保护区和非保护区森林砍伐面积

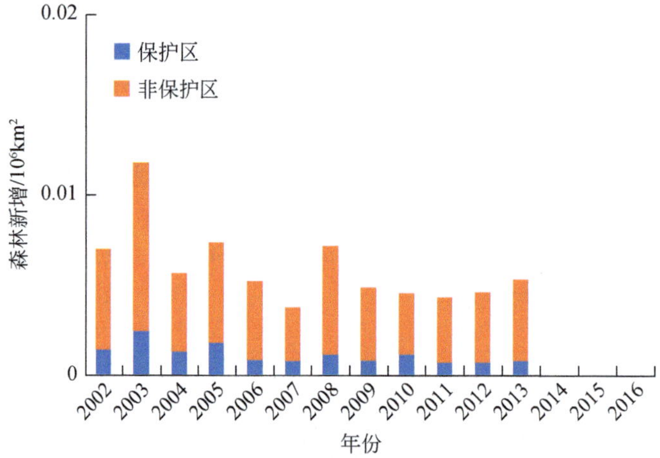

图 8-15　巴西亚马孙保护区和非保护区森林增加面积

8.3.7　人类活动和气候变化对森林地上碳储量的影响

2010～2019 年，巴西亚马孙森林地上碳储量与森林面积存在显著的线性相关（R^2 = 0.78）。森林地上碳储量从 2010 年的 44.86Pg C 下降到 2019 年的 44.19Pg C，净减少 0.67Pg C。森林面积从 2010 年的 3.7021 亿 hm^2 下降到 2019 年的 3.6169 亿 hm^2，净减少 8.52×10^6hm^2（图 8-16）。此外，我们计算了单个网格单元连续两年间森林地上碳储量的年际变化，2010～2019 年巴西亚马孙地区森林地上碳储量累计减少 4.45Pg C，累计增加 3.78Pg C。

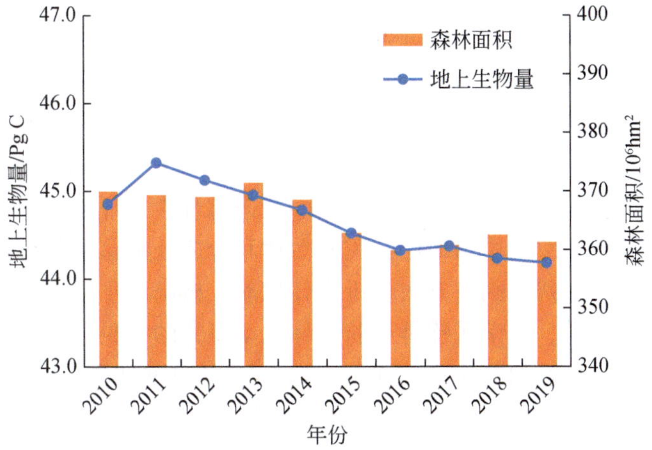

图 8-16　2010～2019 年森林地上碳储量

2019 年巴西新一届政府大幅削弱了森林保护政策力度，加之干旱的影响，因此 2019 年巴西亚马孙森林减少 $3.9\times10^6hm^2$，高于 2015 年极端厄尔尼诺干旱年份森林减少的面积（$3.0\times10^6hm^2$）。这表明巴西政府的政策变化和干旱的综合影响导致了 2019 年更大面积的森林损失。相比之下，2019 年的森林地上碳储量净减少 0.05Pg C，仅为 2015 年碳储量减少量的（0.25Pg C）的五分之一。

在过去的几十年里，厄尔尼诺气候事件对亚马孙植被的影响一直存在争论。我们分析了 2010～2019 年森林地上碳储量和森林面积的变化，发现 2015 年极端厄尔尼诺年份森林地上碳储量净减少最大（0.25Pg C），森林面积减少量也很大，高达 $5.79\times10^6hm^2$。为了确定 2015 年森林地上碳储量和森林面积变化的热点区域，我们计算了 2010～2013 年和 2015～2018 年平均森林地上碳储量和森林面积的变化。森林砍伐对森林地上碳储量损失的贡献适中，表明气候引起的树木死亡和退化导致了森林地上碳储量的损失。空间上，森林地上碳储量和森林面积的变化的空间分布非常吻合，主要集中在巴西亚马孙的南部和东南部地区。我们分析了拉尼娜年对森林地上碳储量的影响。研究发现，2011 年强拉尼娜现象期间森林地上碳储量比 2010 年干旱年份高 0.47Pg C。同样，2017 年拉尼娜现象期间的森林地上碳储量也略高于前一年（0.05Pg C）。

基于简单线性归因，2010～2019 年巴西亚马孙累计减少的森林地上碳储量中，森林砍伐贡献了 27%（1.18Pg C），森林退化贡献了 73%（3.27Pg C）。根据我们的估计，森林退化造成的森林地上碳储量的减少是巨大的，需要明确纳入全球碳预算评估。减少森林退化必须成为巴西亚马孙地区的政策重点，以达到“减少森林砍伐和森林退化造成的排放”（REDD+）的要求。

8.4 小　　结

森林生态环境构成复杂，既包括森林生态系统中的生物覆盖、植被种类等自然组分，也包括生态系统的碳循环、氮循环、水循环等生物化学过程。其中，森林生态系统物种多样性丰富、林分结构复杂，具有面积广阔、动态变化性强等特点，因此维持森林生态平衡，培育、保护和利用森林资源，充分发挥森林的多种效益对全球生态平衡和经济平稳发展至关重要。实际应用中，森林实地调查仅能实现小范围内森林资源勘测，工作量大、周期长、效率低，无法全面研究森林生态系统。遥感技术提供了研究森林生态系统的平台与方法，能够实现大尺度、跨尺度的森林研究，有助于充分了解森林生态系统多样性、资源蕴藏量以及生态系统结构与功能，实现实时准确把握森林生态环境状况。

借助光学遥感影像、微波遥感影像、激光雷达和合成孔径雷达等遥感数据，基于波谱分析、物理模型、时间序列分割等方法分析森林扰动、树高和生物量等特征是现阶段森林生态遥感研究的主要内容。光学遥感是当前森林扰动研究的常见数据，已有许多方法应用于数据的长序列时间变化检测与序列分析，同时也可以通过结合多种生态因子以及地形、土壤、林分和林木受灾程度等信息，利用数学统计方法，模拟森林生态系统灾后恢复情况。但现有方法应用的数据空间分辨率低，未来研究发展的重点是如何将这些方法转移至高分辨率数据（如哨兵 2 号），以提高森林扰动分类精度，便于区分火灾、虫害、砍伐等不同扰动；此外，森林扰动需要发展系统化平台，以实现扰动的实时监测，增强对森林生态系统的保护。微波遥感在森林垂直结构参数估算如树高方面具有很大的发展潜力，估算方法包括相位差分法、基于物理模型的反演法、基于异速生长方程的方法等，但上述方法均存在模型在应用区域上的适应性与信号饱和问题。因此在实际应用中，针对不同的森林生态系统与研究区，如何选择树高估测方法，对相关模型机理在森林树高估算中的价值挖掘仍然是研究需要解决的关键问题。森林生物量与植被碳循环密切相关，光学遥感和雷达数据是森林生物量估算的重要数据源。例如，以遥感影像为数据源获取森林生态参量，如叶面积指数、净初级生产力等的时空分布与时间动态，借助生态系统模型模拟、分析与显示，可以较好地监测区域植被生产力状况。当前生物量估算研究面临的挑战是如何优化算法中使用的相应参数，如何自动优化非参数算法的参数，如何根据研究区的范围和复杂性选择合适的遥感数据和估算算法；此外，为提高估算精度，融合 Quick Bird 和激光雷达等高空间分辨率数据集，Landsat、MODIS 和雷达等中空间分辨率数据集，以及 AVHRR 等低空间分辨率数据集，应用机器学习算法将是全球生物量估算的新方向。

参考文献

白明雄，张超，陈棋，等. 2021. 基于无人机可见光遥感的单木树高提取方法研究. 林业资源管理，164（1）：164-172.

陈琳. 2020. 基于光学和干涉雷达的森林地上生物量遥感估算模型研究. 北京：中国科学院大学博士学位论文.

陈园园，张晓丽，高显连，等. 2021. 基于 Sentinel-1 和 Sentinel-2A 的西小山林场平均树高估测. 应用生态学报，32（8）：2839-2846.

董立新，吴炳方，唐世浩. 2011. 激光雷达 GLAS 与 ETM 联合反演森林地上生物量研究. 北京大学学报（自然科学版），47（4）：703-710.

高凯旋，焦海明，王新闯. 2020. 融合影像纹理、光谱与地形特征的森林冠顶高反演模型. 国土资源遥感，32（3）：63-70.

何兴元，任春颖，陈琳，等. 2018. 森林生态系统遥感监测技术研究进展. 地理科学，38（7）：997-1011.

胡海清，罗碧珍，魏书精，等．2015. 大兴安岭 5 种典型林型森林生物碳储量．生态学报，35（17）：5745-5760.
胡凯龙，刘清旺，庞勇，等．2017. 基于机载激光雷达校正的 ICESat GLAS 数据森林冠层高度估测．农业工程学报，33（16）：88-95.
黄克标，庞勇，舒清态，等．2013. 基于 ICESat GLAS 的云南省森林地上生物量反演．遥感学报，17：165-179.
李兰，陈尔学，李增元，等．2016. 合成孔径雷达森林树高和地上生物量估测研究进展．遥感技术与应用，31：625-633.
李延伟．2010. 单/双基地极化干涉 SAR 信号建模、检测及参数反演方法研究．哈尔滨：国防科学技术大学博士学位论文．
廖凯涛，齐述华，王成，等．2018. 结合 GLAS 和 TM 卫星数据的江西省森林高度和生物量制图．遥感技术与应用，33：713-720.
刘鲁霞，庞勇．2014. 机载激光雷达和地基激光雷达林业应用现状．世界林业研究，27（1）：49-56.
刘茜，杨乐，柳钦火，等．2015. 森林地上生物量遥感反演方法综述．遥感学报，19（1）：62-74.
刘清旺．2009. 机载激光雷达森林参数估测方法研究．北京：中国林业科学研究院博士学位论文．
刘晓农，旦增，邢元军．2017. 基于无人机高分影像的冠幅提取与树高反演．中南林业调查规划，36：39-43.
卢昊，庞勇，徐光彩，等．2015. 机载激光雷达全波形数据与系统点云差异的定量分析．武汉大学学报（信息科学版），40（5）：588-593.
卢学辉，李爱农，雷光斌，等．2017. 基于粒子群–最小二乘法的 GLAS 波形分解及树高反演方法．地理与地理信息科学，33：22-29.
马跃，李松，翁寅侃，等．2013. 星载激光测高仪大气干项延迟校正．红外与激光工程，42（4）：909-914.
穆喜云．2015. 森林地上生物量遥感估测方法研究．呼和浩特：内蒙古农业大学博士学位论文．
孙华，鞠洪波，张怀清，等．2014. 基于 Worldview-2 影像的林木冠幅提取与树高反演．中南林业科技大学学报，34：45-50.
汤旭光．2013. 基于激光雷达与多光谱遥感数据的森林地上生物量反演研究．北京：中国科学院大学博士学位论文．
汤旭光，刘殿伟，王宗明，等．2012. 森林地上生物量遥感估算研究进展．生态学杂志，31：1311-1318.
田静．2017. 森林生物量遥感估测及人为干扰对森林碳储量影响研究．哈尔滨：东北林业大学博士学位论文．
田秀玲．2011. 贵州喀斯特山地森林变化与植被恢复和石漠化治理的相关研究．上海：华东师范大学硕士学位论文．
王彬，孙虎，徐倩，等．2018. 基于无人 3D 摄影技术的雪松（*Cedrus deodara*）群落高度测定．生态学报，38（10）：3524-3533.
王宗梅，岳彩荣，刘琦，等．2018. 基于光学和微波遥感数据的森林蓄积量估测模型研究．西南农业学报，31（8）：1722-1726.
吴迪，范文义．2014. 激光雷达协同多角度光学遥感数据反演树高．北京林业大学学报，36（4）：8-15.
吴楠，李增元，廖声熙，等．2017. 国内外林业遥感应用研究概况与展望．世界林业研究，30（6）：34-40.
吴一戎．2013. 多维度合成孔径雷达成像概念．雷达学报，2（2）：135-142.
邢艳秋，尤号田，霍达，等．2014. 小光斑激光雷达数据估测森林树高研究进展．世界林业研究，27（2）：29-34.

曾小强 . 2018. 基于神经网络模型的森林生物量估算方法研究 . 北京：华北电力大学（北京）硕士学位论文 .

张巍巍，冯仲科，汪笑安，等 . 2013. 基于 TM 影像的林木参数提取和树高估测 . 中南林业科技大学学报，33（9）：27-31.

张希彪，上官周平 . 2005. 黄土丘陵区主要林分生物量及营养元素生物循环特征 . 生态学报，25（3）：527-537.

张扬建，范春捆，黄珂，等 . 2017. 遥感在生态系统生态学上应用的机遇与挑战 . 生态学杂志，36：809-823.

张颖，李松，张文豪，等 . 2020. 基于星载激光测高数据的植被冠层高度反演 . 应用光学，41（4）：697-703.

张志，田昕，陈尔学，等 . 2011. 森林地上生物量估测方法研究综述 . 北京林业大学学报，33（5）：144-150.

张周威，汪承义，陈静波，等 . 2009. 基于 LiDAR 数据的平均树高反演关键技术研究 . 中国体视学与图像分析，14（2）：209-215.

周志强，岳彩荣，徐天蜀，等 . 2012. 森林高度遥感估测研究综述 . 现代农业科技，（2）：198-199，203.

Abbas S，Wong M S，Wu J，et al. 2020. Approaches of satellite remote sensing for the assessment of above-ground biomass across tropical forests：Pan-tropical to national scales. Remote Sensing，12（20）：3351.

Andersen H E，Reutebuch S E，McGaughey R J. 2006. A rigorous assessment of tree height measurements obtained using airborne lidarand conventional field methods. Canadian Journal of Remote Sensing，32（5）：355-366.

Anderson J E，Plourde L C，Martin M E，et al. 2008. Integrating waveform lidar with hyperspectral imagery for inventory of a northern temperate forest. Remote Sensing of Environment，112（4）：1856-1870.

Askne J I H，Dammert P B G，Ulander L M H，et al. 1997. C-band repeat-pass interferometric SAR observations of the forest. IEEE Transactions on Geoscience and Remote Sensing，35（1）：25-35.

Baccini A，Laporte N，Goetz S J，et al. 2008. A first map of tropical Africa's above-ground biomass derived from satellite imagery. Environmental Research Letters，3（4）：045011.

Baccini A，Goetz S J，Walker W S，et al. 2012. Estimated carbon dioxide emissions from tropical deforestation improved by carbon-density maps. Nature Climate Change，2：182-185.

Balzter H，Rowland C S，Saich P. 2007. Forest canopy height and carbon estimation at Monks Wood National Nature Reserve，UK，using dual-wavelength SAR interferometry. Remote Sensing of Environment，108（3）：224-239.

Basuki M T，Skidmore A K，Hussin Y A，et al. 2013. Estimating tropical forest biomass more accurately by integrating ALOS PALSAR and Landsat-7 ETM+ data. International Journal of Remote Sensing，34（13）：4871-4888.

Blair J B，Hofton M A. 1999. Modeling laser altimeter return waveforms over complex vegetation using high-resolution elevation data. Geophysical research letters，26（16）：2509-2512.

Blaschke T. 2010. Object based image analysis for remote sensing. ISPRS Journal of Photogrammetry and Remote Sensing，65（1）：2-16.

Brigot G，Simard M，Colin-Koeniguer E，et al. 2019. Retrieval of forest vertical structure from PolInSAR data by machine learning using LIDAR-derived features. Remote Sensing，11（4）：381.

Brovkina O，Stojanović M，Milanović S，et al. 2020. Monitoring of post-fire forest scars in Serbia based on satellite Sentinel-2 data. Geomatics，Natural Hazards and Risk，11（1）：2315-2339.

Castro K L, Sanchez-Azofeifa G A, Rivard B. 2003. Monitoring secondary tropical forests using space-borne data: Implications for Central America. International Journal of Remote Sensing, 24 (9): 1853-1894.

Chave J, Davies S J, Phillips O L, et al. 2019. Ground data are essential for biomass remote sensing missions. Surveys in Geophysics, 40 (4): 863-880.

Chen J M, Black T A. 1992. Defining leaf area index for non-flat leaves. Plant, Cell & Environment, 15 (4): 421-429.

Chen Q. 2010. Assessment of terrain elevation derived from satellite laser altimetry over mountainous forest areas using airborne lidar data. ISPRS Journal of Photogrammetry and Remote Sensing, 65 (1): 111-122.

Chen W, Jiang H Z, Moriya K, et al. 2018. Monitoring of post-fire forest regeneration under different restoration treatments based on ALOS/PALSAR data. New Forests, 49 (1): 105-121.

Chopping M, Nolin A, Moisen G G, et al. 2009. Forest canopy height from the Multiangle Imaging SpectroRadiometer (MISR) assessed with high resolution discrete return lidar. Remote Sensing of Environment, 113 (10): 2172-2185.

Chuvieco E, Lizundia-Loiola J, Pettinari M L, et al. 2018. Generation and analysis of a new global burned area product based on MODIS 250m reflectance bands and thermal anomalies. Earth System Science Data, 10 (4): 2015-2031.

Clark M L, Roberts D A, Ewel J J, et al. 2011. Estimation of tropical rain forest aboveground biomass with small-footprint lidar and hyperspectral sensors. Remote Sensing of Environment, 115 (11): 2931-2942.

Cohen W, Healey S, Yang Z Q, et al. 2017. How similar are forest disturbance maps derived from different landsat time series algorithms? Forests, 8 (4): 98.

FAO. 2020. Global Forest Resources Assessment 2020-Key Findings. Rome.

Gallaun H, Zanchi G, Nabuurs G J, et al. 2010. EU-wide maps of growing stock and above-ground biomass in forests based on remote sensing and field measurements. Forest Ecology and Management, 260 (3): 252-261.

Gebreslasie M T, Ahmed F B, van Aardt J A N, 2011. Extracting structural attributes from IKONOS imagery for *Eucalyptus* plantation forests in KwaZulu-Natal, South Africa, using image texture analysis and artificial neural networks. International Journal of Remote Sensing, 32 (22): 7677-7701.

Giglio L, Boschetti L, Roy D P, et al. 2018. The Collection 6 MODIS burned area mapping algorithm and product. Remote Sensing of Environment, 217: 72-85.

Goetz S, Dubayah R. 2011. Advances in remote sensing technology and implications for measuring and monitoring forest carbon stocksand change. Carbon Management, 2 (3): 231-244.

Goodenough D G, Niemann K O, Dyk A, et al. 2008. Comparison of aviris and AISA airborne hyperspectral sensing for above-ground forest carbon mapping. IGARSS 2008-2008 IEEE International Geoscience and Remote Sensing Symposium. Boston, MA, USA. IEEE, II-129-II-132.

Goodwin N R, Coops N C, Culvenor D S. 2006. Assessment of forest structure with airborne LiDAR and the effects of platform altitude. Remote Sensing of Environment, 103 (2): 140-152.

Grogan K, Pflugmacher D, Hostert P, et al. 2015. Cross-border forest disturbance and the role of natural rubber in mainland Southeast Asia using annual Landsat time series. Remote Sensing of Environment, 169: 438-453.

Guindon L, Bernier P, Gauthier S, et al. 2018. Missing forest cover gains in boreal forests explained. Ecosphere, 9 (1): e02094.

Hancock S, Armston J, Hofton M, et al. 2019. The GEDI simulator: A large-footprint waveform lidar simulator for calibration and validation of spaceborne missions. Earth and Space Science, 6 (2): 294-310.

Hansen M C, Potapov P V, Moore R, et al. 2013. High-resolution global maps of 21st-century forest cover change. Science, 342 (6160): 850-853.

Hansen M C, Potapov P V, Goetz S J, et al. 2016. Mapping tree height distributions in Sub-Saharan Africa using Landsat 7 and 8 data. Remote Sensing of Environment, 185: 221-232.

Hawbaker T J, Vanderhoof M K, Schmidt G L, et al. 2020. The Landsat Burned Area algorithm and products for the conterminous United States. Remote Sensing of Environment, 244: 111801.

Hermosilla T, Wulder M A, White J C, et al. 2019. Prevalence of multiple forest disturbances and impact on vegetation regrowth from interannual Landsat time series (1985-2015). Remote Sensing of Environment, 233: 111403.

Herold M, Carter S, Avitabile V, et al. 2019. The role and need for space-based forest biomass-related measurements in environmental management and policy. Surveys in Geophysics, 40 (4): 757-778.

Hopkinson C, Chasmer L, Young-Pow C, et al. 2004. Assessing forest metrics with a ground-based scanning lidar. Canadian Journal of Forest Research, 34 (3): 573-583.

Hu T Y, Su Y J, Xue B L, et al. 2016. Mapping global forest aboveground biomass with spaceborne LiDAR, optical imagery, and forest inventory data. Remote Sensing, 8 (7): 565.

Huang C Q, Goward S N, Masek J G, et al. 2010. An automated approach for reconstructing recent forest disturbance history using dense Landsat time series stacks. Remote Sensing of Environment, 114 (1): 183-198.

Hughes M J. 2014. New Remote Sensing Methods for Detecting and Quantifying Forest Disturbance and Regeneration in the Eastern United States. Knoxville: University of Tennessee.

Jin S M, Yang L M, Danielson P, et al. 2013. A comprehensive change detection method for updating the National Land Cover Database to circa 2011. Remote Sensing of Environment, 132: 159-175.

Kajisa T, Murakami T, Mizoue N, et al. 2009. Object-based forest biomass estimation using Landsat ETM+ in Kampong Thom Province, Cambodia. Journal of Forest Research, 14 (4): 203-211.

Kayitakire F, Hamel C, Defourny P. 2006. Retrieving forest structure variables based on image texture analysis and IKONOS-2 imagery. Remote Sensing of Environment, 102 (3/4): 390-401.

Kennedy R E, Yang Z Q, Cohen W B. 2010. Detecting trends in forest disturbance and recovery using yearly Landsat time series: 1. LandTrendr—Temporal segmentation algorithms. Remote Sensing of Environment, 114 (12): 2897-2910.

Kennedy R E, Yang Z Q, Cohen W B, et al. 2012. Spatial and temporal patterns of forest disturbance and regrowth within the area of the Northwest Forest Plan. Remote Sensing of Environment, 122: 117-133.

Kennedy R E, Andréfouët S, Cohen W B, et al. 2014. Bringing an ecological view of change to Landsat-based remote sensing. Frontiers in Ecology and the Environment, 12 (6): 339-346.

Kugler F, Schulze D, Hajnsek I, et al. 2014. TanDEM-X pol-InSAR performance for forest height estimation. IEEE Transactions on Geoscience and Remote Sensing, 52 (10): 6404-6422.

Kugler F, Lee S K, Hajnsek I, et al. 2015. Forest height estimation by means of pol-InSAR data inversion: The role of the vertical wavenumber. IEEE Transactions on Geoscience and Remote Sensing, 53 (10): 5294-5311.

Kurtz N T, Markus T, Cavalieri D J, et al. 2008. Comparison of ICESat data with airborne laser altimeter measurements over Arctic Sea ice. IEEE Transactions on Geoscience and Remote Sensing, 46 (7): 1913-1924.

Kurvonen L, Pulliainen J, Hallikainen M. 1999. Retrieval of biomass in boreal forests from multitemporal ERS-1 and JERS-1 SAR images. IEEE Transactions on Geoscience and Remote Sensing, 37 (1): 198-205.

Laurin G V, Balling J, Corona P, et al. 2018. Above-ground biomass prediction by Sentinel-1 multitemporal data in central Italy with integration of ALOS2 and Sentinel-2 data. Journal of Applied Remote Sensing, 12 (1): 1.

Lavalle M, Khun K. 2014. Three-baseline InSAR estimation of forest height. IEEE Geoscience and Remote Sensing Letters, 11 (10): 1737-1741.

Le Toan T, Quegan S, Davidson M W J, et al. 2011. The BIOMASS mission: Mapping global forest biomass to better understand the terrestrial carbon cycle. Remote Sensing of Environment, 115 (11): 2850-2860.

Lee J S, Pottier E. 2017. Polarimetric Radar Imaging: From Basics to Applications. New York: CRC Press.

Lee S, Ni-Meister W, Yang W Z, et al. 2011. Physically based vertical vegetation structure retrieval from ICESat data: Validation using LVIS in White Mountain National Forest, New Hampshire, USA. Remote Sensing of Environment, 115 (11): 2776-2785.

Lefsky M A. 2010. A global forest canopy height map from the Moderate Resolution Imaging Spectroradiometer and the Geoscience Laser Altimeter System. Geophysical Research Letters, 37 (15): L15401.

Lefsky M A, Harding D J, Keller M, et al. 2005. Estimates of forest canopy height and aboveground biomass using ICESat. Geophysical Research Letters, 32 (22): L22S02.

Li W, Niu Z, Shang R, et al. 2020. High-resolution mapping of forest canopy height using machine learning by coupling ICESat-2 LiDAR with Sentinel-1, Sentinel-2 and Landsat-8 data. International Journal of Applied Earth Observation and Geoinformation, 92: 102163.

Long T F, Zhang Z M, He G J, et al. 2019. 30m resolution global annual burned area mapping based on landsat images and google earth engine. Remote Sensing, 11 (5): 489.

Los S O, Rosette J A B, Kljun N, et al. 2012. Vegetation height and cover fraction between 60° S and 60° N from ICESat GLAS data. Geoscientific Model Development, 5 (2): 413-432.

Lowman M D, Rinker H B. 2004. Forest Canopies. Burlington: Elsevier.

Lu D S, Chen Q, Wang G X, et al. 2012. Aboveground forest biomass estimation with landsat and LiDAR data and uncertainty analysis of the estimates. International Journal of Forestry Research, 2012 (1): 436537.

Lu D S, Chen Q, Wang G X, et al. 2016. A survey of remote sensing-based aboveground biomass estimation methods in forest ecosystems. International Journal of Digital Earth, 9 (1): 63-105.

Luckman A, Baker J, Kuplich T M, et al. 1997. A study of the relationship between radar backscatter and regenerating tropical forest biomass for spaceborne SAR instruments. Remote Sensing of Environment, 60 (1): 1-13.

Magruder L A, Brunt K M. 2018. Performance analysis of airborne photon-counting lidar data in preparation for the ICESat-2 mission. IEEE Transactions on Geoscience and Remote Sensing, 56 (5): 2911-2918.

Marvin D C, Asner G P, Knapp D E, et al. 2014. Amazonian landscapes and the bias in field studies of forest structure and biomass. Proceedings of the National Academy of Sciences of the United States of America, 111 (48): E5224-E5232.

Mildrexler D, Yang Z Q, Cohen W B, et al. 2016. A forest vulnerability index based on drought and high temperatures. Remote Sensing of Environment, 173: 314-325.

Moles A T, Warton D I, Warman L, et al. 2009. Global patterns in plant height. Journal of Ecology, 97 (5): 923-932.

Moreira A, Krieger G, Hajnsek I, et al. 2015. Tandem-L: A highly innovative bistatic SAR mission for global observation of dynamic processes on the earth's surface. IEEE Geoscience and Remote Sensing Magazine, 3 (2): 8-23.

Murooka J, Mitsuhashi R, Sakaizawa D, et al. 2019. Development status of MOLI (Multi-footprint Observation lidar and Imager). Sensors, Systems, and Next-Generation Satellites XXIII. Strasbourg, France: SPIE.

Navarro G, Caballero I, Silva G, et al. 2017. Evaluation of forest fire on Madeira Island using Sentinel-2A MSI imagery. InternationalJournal of Applied Earth Observation and Geoinformation, 58: 97-106.

Neuenschwander A, Pitts K. 2019. The ATL08 land and vegetation product for the ICESat-2 Mission. Remote Sensing of Environment, 221: 247-259.

Ningthoujam R, Tansey K, Balzter H, et al. 2016. Mapping forest cover and forest cover change with airborne S-band radar. Remote Sensing, 8 (7): 577.

Pang Y, Lefsky M, Sun G Q, et al. 2011. Impact of footprint diameter and off-nadir pointing on the precision of canopy height estimates from spaceborne lidar. Remote Sensing of Environment, 115 (11): 2798-2809.

Patterson P L, Healey S P, Ståhl G, et al. 2019. Statistical properties of hybrid estimators proposed for GEDI—NASA's global ecosystem dynamics investigation. Environmental Research Letters, 14 (6): 065007.

Pettorelli N, Wegmann M, Skidmore A, et al. 2016. Framing the concept of satellite remote sensing essential biodiversity variables: Challenges and future directions. Remote Sensing in Ecology and Conservation, 2 (3): 122-131.

Pourshamsi M, Xia J S, Yokoya N, et al. 2021. Tropical forest canopy height estimation from combined polarimetric SAR and LiDAR using machine-learning. ISPRS Journal of Photogrammetry and Remote Sensing, 172: 79-94.

Qi W L, Dubayah R O. 2016. Combining Tandem-X InSAR and simulated GEDI lidar observations for forest structure mapping. Remote Sensing of Environment, 187: 253-266.

Qi W L, Saarela S, Armston J, et al. 2019. Forest biomass estimation over three distinct forest types using TanDEM-X InSAR data and simulated GEDI lidar data. Remote Sensing of Environment, 232: 111283.

Qin Y W, Xiao X M, Dong J W, et al. 2019. Improved estimates of forest cover and loss in the Brazilian Amazon in 2000-2017. Nature Sustainability, 2: 764-772.

Qin Y W, Xiao X M, Wigneron J P, et al. 2021. Carbon loss from forest degradation exceeds that from deforestation in the Brazilian Amazon. Nature Climate Change, 11: 442-448.

Quegan S, Le Toan T, Chave J, et al. 2019. The European Space Agency BIOMASS mission: Measuring forest above-ground biomass from space. Remote Sensing of Environment, 227: 44-60.

Reichstein M, Camps-Valls G, Stevens B, et al. 2019. Deep learning and process understanding for data-driven Earth system science. Nature, 566 (7743): 195-204.

Saatchi S S, Harris N L, Brown S, et al. 2011. Benchmark map of forest carbon stocks in tropical regions across three continents. Proceedings of the National Academy of Sciences of the United States of America, 108 (24): 9899-9904.

Simard M, Pinto N, Fisher J B, et al. 2011. Mapping forest canopy height globally with spaceborne lidar. Journal of Geophysical Research: Biogeosciences, 116 (G4): G04021.

Shimada M, Itoh T, Motooka T, et al. 2014. New global forest/non-forest maps from ALOS PALSAR data (2007-2010). Remote Sensing of Environment, 155: 13-31.

Sinha S, Jeganathan C, Sharma L K, et al. 2015. A review of radar remote sensing for biomass estimation. International Journal of Environmental Science and Technology, 12 (5): 1779-1792.

Stojanova D, Panov P, Gjorgjioski V, et al. 2010. Estimating vegetation height and canopy cover from remotely sensed data with machine learning. Ecological Informatics, 5 (4): 256-266.

Sulla-Menashe D, Kennedy R E, Yang Z Q, et al. 2014. Detecting forest disturbance in the Pacific Northwest from MODIS time series using temporal segmentation. Remote Sensing of Environment, 151: 114-123.

Sun G, Ranson K J, Kimes D S, et al. 2008. Forest vertical structure from GLAS: An evaluation using LVIS and

SRTM data. Remote Sensing of Environment, 112 (1): 107-117.

Tang D M, Fan H, Yang K, et al. 2019. Mapping forest disturbance across the China-Laos border using annual Landsat time series. International Journal of Remote Sensing, 40 (8): 2895-2915.

Timothy D, Onisimo M, Cletah S, et al. 2016. Remote sensing of aboveground forest biomass: A review. Tropical Ecology, 57 (2): 125-132.

Torres R, Snoeij P, Geudtner D, et al. 2012. GMES Sentinel-1 mission. Remote Sensing of Environment, 120: 9-24.

Treuhaft R N, Asner G P, Law B E. 2003. Structure-based forest biomass from fusion of radar and hyperspectral observations. Geophysical Research Letters, 30 (9): 1472.

Vanderhoof M K, Fairaux N, Beal Y J G, et al. 2017. Validation of the USGS landsat burned area essential climate variable (BAECV) across the conterminous United States. Remote Sensing of Environment, 198: 393-406.

Verbesselt J, Hyndman R, Newnham G, et al. 2010. Detecting trend and seasonal changes in satellite image time series. Remote Sensing of Environment, 114 (1): 106-115.

Verbesselt J, Zeileis A, Herold M. 2012. Near real-time disturbance detection using satellite image time series. Remote Sensing of Environment, 123: 98-108.

Vogelmann J E, Xian G, Homer C, et al. 2012. Monitoring gradual ecosystem change using Landsat time series analyses: Case studies in selected forest and rangeland ecosystems. Remote Sensing of Environment, 122: 92-105.

Wang M J, Sun R, Xiao Z Q. 2018. Estimation of forest canopy height and aboveground biomass from spaceborne LiDAR and landsat imageries in Maryland. Remote Sensing, 10 (2): 344.

Wang X W, Cheng X, Gong P, et al. 2011. Earth science applications of ICESat/GLAS: A review. International Journal of Remote Sensing, 32 (23): 8837-8864.

Wang Y Y, Li G C, Ding J H, et al. 2016. A combined GLAS and MODIS estimation of the global distribution of mean forest canopy height. Remote Sensing of Environment, 174: 24-43.

Wegmueller S A, Townsend P A. 2021. Astrape: A system for mapping severe abiotic forest disturbances using high spatial resolution satellite imagery and unsupervised classification. Remote Sensing, 13 (9): 1634.

Xie Y Z, Fu H Q, Zhu J J, et al. 2020. A LiDAR-aided multibaseline PolInSAR method for forest height estimation: with emphasis on dual-baseline selection. IEEE Geoscience and Remote Sensing Letters, 17 (10): 1807-1811.

Yang L, Liang S L, Zhang Y Z. 2020. A new method for generating a global forest aboveground biomass map from multiple high-level satellite products and ancillary information. IEEE Journal of Selected Topics in Applied Earth Observations and Remote Sensing, 13: 2587-2597.

Yang T, Wang C, Li G C, et al. 2015. Forest canopy height mapping over China using GLAS and MODIS data. Science China Earth Sciences, 58 (1): 96-105.

Yang W Z, Ni-Meister W, Lee S. 2011. Assessment of the impacts of surface topography, off-nadir pointing and vegetation structure on vegetation lidar waveforms using an extended geometric optical and radiative transfer model. Remote Sensing of Environment, 115 (11): 2810-2822.

Yu Y F, Saatchi S. 2016. Sensitivity of L-band SAR backscatter to aboveground biomass of global forests. Remote Sensing, 8 (6): 522.

Zarco-Tejada P J, Diaz-Varela R, Angileri V, et al. 2014. Tree height quantification using very high resolution imagery acquired from an unmanned aerial vehicle (UAV) and automatic 3D photo-reconstruction methods.

European Journal of Agronomy, 55: 89-99.

Zhang Y Z, Liang S L, Yang L. 2019. A review of regional and global gridded forest biomass datasets. Remote Sensing, 11 (23): 2744.

Zhao F, Huang C Q, Goward S N, et al. 2018. Development of Landsat-based annual US forest disturbance history maps (1986-2010) in support of the North American Carbon Program (NACP) . Remote Sensing of Environment, 209: 312-326.

Zhu Z, Woodcock C E. 2014. Continuous change detection and classification of land cover using all available Landsat data. Remote Sensing of Environment, 144: 152-171.

Zhu Z, Woodcock C E, Holden C, et al. 2015. Generating synthetic Landsat images based on all available Landsat data: Predicting Landsat surface reflectance at any given time. Remote Sensing of Environment, 162: 67-83.

Zolkos S G, Goetz S J, Dubayah R. 2013. A meta-analysis of terrestrial aboveground biomass estimation using lidar remote sensing. Remote Sensing of Environment, 128: 289-298.

9 草地生态遥感

9.1 概　　述

草地生态系统（Grassland Ecosystem）是在中纬度地带大陆性半湿润和半干旱气候条件下形成的以一年或多年生的草本植被为主的植物群落。我国草地生态系统是在新近纪以来的季风气候条件下演化形成的，是长期适应地质历史变迁的产物，对大陆性半干旱气候具有高度的适应性，并具有稳定的结构与功能特征。草地生态系统的植被作为第一性生产者，既是草食动物的生物能源，又是一种良好的土地覆被；同时草原土壤发育完整，构成了地球生物化学物质的动态储备库。草地生态系统在物质和能量循环中发挥着重要作用。

我国拥有各类天然草原近 4 亿 hm^2，约占世界草原面积的 13%，约占我国陆地面积的 41%，在我国农田、森林和草原等绿色植被生态系统中占到 63%，是我国陆地生态系统的主体类型。尤其是位于我国西北部干旱半干旱地区的草原生态系统，其上的生物群落在长期选择过程中形成了适应干旱半干旱气候环境的自组织功能，成为任何其他生态系统都不可替代的主体生态系统类型。从草地生态系统的特点来看，其具有多功能性、可更新性，同时也具有脆弱性。

草地生态系统具有多功能性。草地生态系统不仅具有重要的物质生产功能，与森林、农田共同构成地球上三个重要的绿色物质来源；而且在气候调节、水土保持、水源涵养、防风固沙和生物多样性保护等方面的生态功能更为重要。近些年来，草地生态系统碳循环的作用备受关注，草地、森林与海洋并称为地球的三大碳库。我国天然草原多分布在边疆与少数民族聚居的地区，长期以来，各少数民族在辽阔的草原居住、生存和繁衍，创造了特殊的少数民族文化，对我国民族稳定、繁荣与发展起到重要的作用。因此，草地生态系统还具有社会性和文化功能。此外，草原丰富而独特的景观，还是游憩休闲的重要场所。

草地生态系统具有可更新性。由于草类具有强大的再生能力，因此，草地成为一种重要的可利用的自然资源，草地由绿色植物与其他生物多样性成分以及复杂的非生物环境因素构成，经过长期的历史演化过程，成为相对稳定的自然演替顶极，系统具有自我更新与自我调控机制，生态系统中的绿色植物和其他生物占据着各自的生态位而保持着和谐的群落自组织生态过程。绿色草原为人类提供基本的物质保障，如牛羊肉乳、毛绒皮革、交通工具、生产生活用品等，草地生态系统成为草原文化发源和社会经济发展的重要源头。

草地生态系统具有脆弱性。受资源禀赋、生态地理区位和气候变化多种因素影响，草地资源承载力和生态承载力具有一定的阈值，在不合理利用或过度利用的背景下，极易出现草地退化、沙化和盐渍化，致使草地整体生态状况恶化，生产潜力下降或丧失，维持草地多功能性的能力削弱，最终影响到区域社会经济的可持续发展。

综上所述，草地生态系统作为主体生态系统类型之一，在为人类提供大量草畜产品、多种生物资源的同时，还对维持我国自然生态系统格局、功能和过程具有重要意义，尤其是在干旱、高寒和恶劣生境地区起到关键性作用。从较大尺度上监测和掌握草地生态系统的资源状况、生态状况及动态变化，对草地生态系统的保护修复、草地生态系统健康评价、生态文明建设及社会和谐发展具有重要而积极的作用。

9.2 草地植被生长状况遥感监测

9.2.1 草地植被长势指数

9.2.1.1 参量定义

草地植被长势是草地植被的总体生长状况与趋势，是了解草地植被状况和草畜平衡管理的重要内容，是从宏观上把握草地植被生长状况的重要指标之一。

草地植被长势的监测手段有两种，分别为地面监测和遥感监测。其中，地面监测是通过样方测定植被的高度、盖度和产量等长势指标，从草群高度、生物量和土壤含水量等方面综合判断草地植被的生长情况，也可以通过监测牧草发育时期来评价牧草长势情况。草地植被长势遥感监测通常采用当前期遥感影像与以往同期的遥感影像进行对比，来说明当下草地植被生长状况，根据实际需要，时间段可以是旬、月等（杨邦杰和裴志远，1999；Xu et al.，2013；Yang et al.，2015）。草地植被长势遥感监测的基本原理是建立在植被光谱特征基础之上的，利用遥感信息与地面植被状况密切相关的特点，即植被在可见光部分（被叶绿素吸收）有较强的吸收峰，在近红外波段（受叶片内部构造影响）有强烈的反射率，形成突峰，这些敏感波段及其组合（通常称为植被指数）可以反映植被生长的空间特征信息。地面监测草地植被长势只能得到若干样地上的信息，而遥感监测可以获得区域上的总体结果。草地植被长势遥感监测由于具有监测面积大、实时性高和监测成本低等优点，目前已成为草地植被长势监测的主要方法。

目前草地长势监测的方法主要包括植被生长过程监测法、直接监测法和同期对比法等（蒙继华，2006）。直接监测法是采用遥感手段，将获得的植被绿度值与草地植被长势进行相关性分析，直接进行长势监测，并确定长势等级。植被生长过程监测是将获得的遥感数据各时段的植被指数值绘制成生长过程曲线，根据曲线的形态特征分析植被长势（蒙继华，2006）。植被生长过程监测法的原理是不同生长状况下的植被指数值不同，一般情况下草群高度越大、群落面积比例越大、生长状况越好的植被，其植被指数值也越高。长势与植被指数值呈正相关，随时相变化而变化，植被指数值在不同时期内的变化反映了植被长势动态，且从长势曲线的形态特征能够看出植被当前生长状况和植被生长趋势（吴炳方等，2004）。同期对比法可对草地植被长势的时、空分布情况进行评价，采用当前期的植被指数与往年同期植被指数进行比较，得出该时期的草地植被生长状况，主要方法有逐年植被指数差值法、比值法和归一化植被指数差值法。其中，归一化植被指数差值法在区域尺度和大尺度的长势监测中应用最为广泛（Yang，et al.，2015）。

目前长势监测中的差值法和比值法，由于计算简便，在实际研究中的应用较为广泛，但这两种计算方法都没有消除植被指数本身的缺陷，如 NDVI 在高生物量区容易饱和，在覆盖度很低的荒漠草原中不能完全去除土壤背景的干扰，这些会影响到长势监测的结果。就差值法而言，对于同一像元不同年份相同时间段的植被指数等进行差值运算，并根据差值的大小判断植被的生长情况或长势情况。由于差值大小是绝对值，在不同草原类型中，绝对值在反映草原状况时不够稳定，同样的绝对值大小，对不同植被类型的影响效果是不一样的。长势指数法是对植被指数作了归一化处理，能反映不同植被覆盖度条件下植被指数的相对差异，长势指数法近年来在内蒙古锡林郭勒盟、京津风沙源区和全国草原都进行了应用（于海达等，2012；Xu et al.，2013；Yang et al.，2015），并取得了较好的监测效果。因此，长势指数法相对差值法和比值法是一种更加稳定的长势监测方法。

长势指数法的表达式为

$$\mathrm{GGI}=\frac{\mathrm{VI}_m-\mathrm{VI}_n}{\mathrm{VI}_m+\mathrm{VI}_n} \tag{9-1}$$

式中，GGI 为草原长势指数（Grassland Growth Index）；VI_m 和 VI_n 分别为监测年份植被指数值和基准年份植被指数值。

9.2.1.2 区域概况

锡林郭勒盟位于我国内蒙古中部，是距京津唐地区最近的草原牧区。地处 115°13′E ~ 117°06′E，43°02′N ~ 44°52′N。锡林郭勒盟土地面积为 25.7 万 km^2，拥有常住人口 100 万，有 12 个行政旗县，分别为阿巴嘎旗、镶黄旗、苏尼特右旗、苏尼特左旗、正镶白旗、正蓝旗、太仆寺旗、多伦县、二连浩特市、锡林浩特市、西乌珠穆沁旗和东乌珠穆沁旗（图 9-1）。锡林郭勒盟地理位置特殊，是东北、华北、西北交汇地带，东接赤峰市、通辽市和兴安盟，西连乌兰察布市，北边紧挨蒙古国，南邻河北省张家口市、承德市，对外是贯通欧亚的桥梁、对内是连接东西、北开南联的枢纽。

就草地生态系统而言，锡林郭勒盟拥有温性草地草原、温性草原和温性荒漠草原等多种类型。温性草原面积最大，主要分布于阿巴嘎旗、锡林浩特市、正蓝旗、正镶白旗、东乌珠穆沁旗、西乌珠穆沁旗的西南部，以及苏尼特左旗、苏尼特右旗的东部地区，面积达到 11.8 万 km^2，占锡林郭勒盟总面积的 45.9%；温性草甸草原主要分布于东乌珠穆沁旗、西乌珠穆沁旗的东北部，面积为 4.0 万 km^2，占锡林郭勒盟面积的 15.56%；温性荒漠草原分布在苏尼特左旗、苏尼特右旗的西部地区，其面积为 6.8 万 km^2，占锡林郭勒盟土地面积的 26.46%。

9.2.1.3 数据资料与技术路线

1）技术路线

为了定量评价草地植被的长势状况，首先，选用 MODIS 遥感数据，在预处理的基础上，计算植被指数，并进行监测时段的植被指数最大值合成，建立多年旬度 NDVI 数据库；其次，根据长势指数定义，进行当年与上年或多年平均值的比较，并利用地面样地植

图 9-1　锡林郭勒盟行政区划

被的长势情况，对长势结果进行精度评价；最后，对长势结果进行汇总分析和空间制图（图 9-2）。

2）数据统计与分析

由于锡林郭勒盟草原牧草一般 4 月底至 5 月开始返青，5 ~ 9 月为青草期，10 月初开始枯黄，因此本研究所选时间为 5 ~ 9 月。

实际中根据 GGI 值大小，将有效监测区的遥感图像像元分为 6 种类型，草原长势分为 5 个等级，依次为好、较好、持平、较差和差。

将遥感数据存在质量问题、有云干扰和非草地部分统称为非监测区，然后按 1 ~ 6 分别赋予不同的颜色，制作专题图，同时进行分级统计。根据实际需要，统计可以按照行政单元进行。对全国的草地植被长势遥感监测，可以省（自治区、直辖市）为单元进行统计，如果是某省（自治区）进行草地植被长势遥感监测，可以以县为行政单元进行统计，对统计的结果进行时空变化的分析，掌握时空变化的特征，为草原资源管理服务。统计也可以按照自然单元进行统计，如按照草原类型进行统计，这样可以揭示各种草地类型的长势情况，按照自然单元指导草地资源的管理，有时更加符合实际情况。

9.2.1.4　案例结果分析

根据草原植被长势监测方法，2020 ~ 2021 年锡林郭勒盟草原长势情况如图 9-3 和图 9-4 所示。

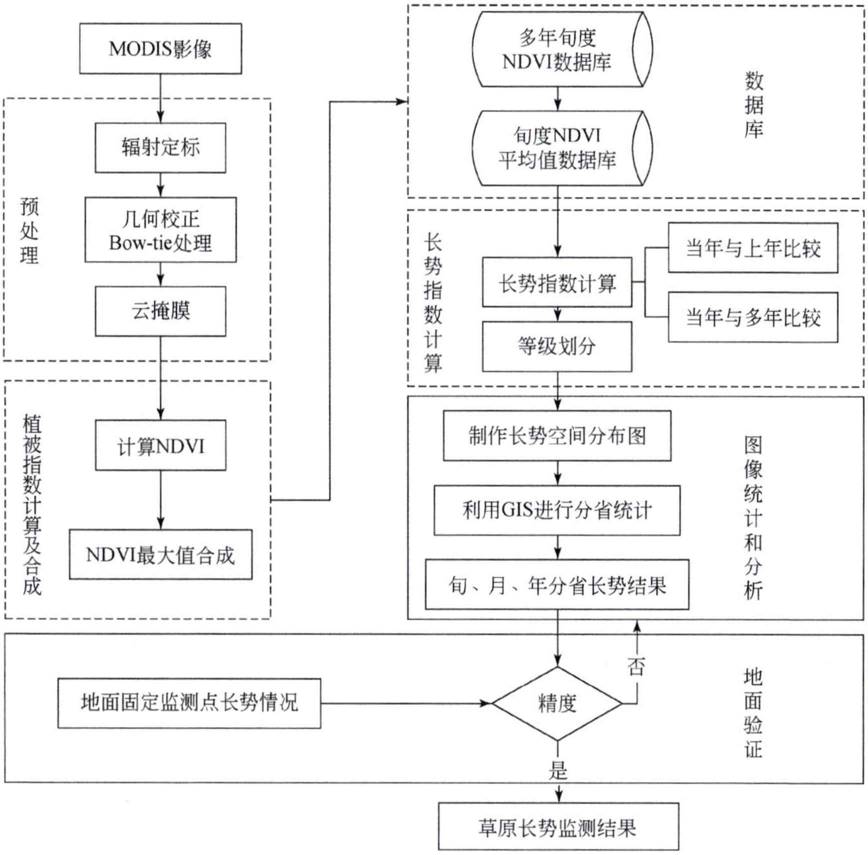

图 9-2　草地植被长势技术路线

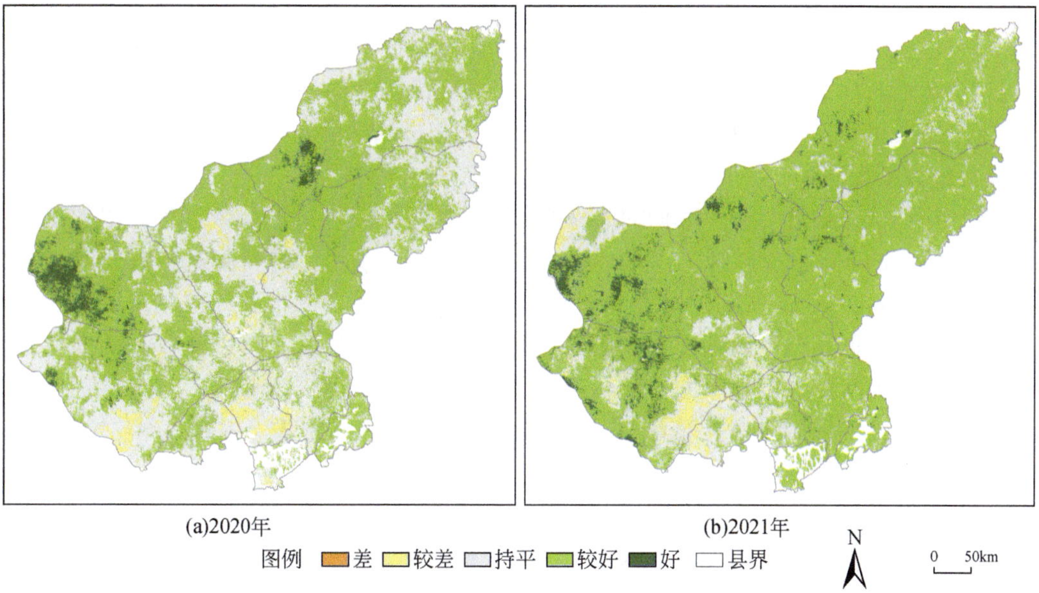

图 9-3　锡林郭勒盟 2020～2021 年草原长势

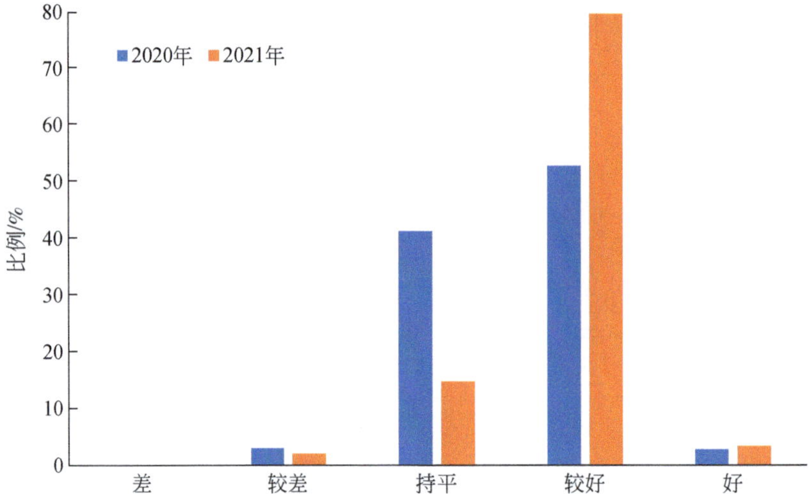

图 9-4　锡林郭勒盟全区各长势等级所占比例

9.2.2　草地植被覆盖度

9.2.2.1　参量定义

植被覆盖度（FVC）定义为植被的地上部分在地面的垂直投影面积占统计区域总面积的比例，是反映地表植被覆盖状况的主要因子和衡量生态环境质量的重要指标（贾坤等，2013）。FVC 的测量方法主要是地面实地调查，采用目估法、点阵法和数码照相法等对样方区（1m、10m 等）进行植被覆盖的测算。随着遥感技术的快速发展，采用遥感方法大面积、快速地获取 FVC 成为研究热点。目前，植被覆盖度的遥感测量方法快速发展，常用的方法主要可分为统计模型法、混合像元分解法和机器学习法等。

1）统计模型法

统计模型法是通过对遥感数据的某一波段、波段组合或利用遥感数据计算出的植被指数与实际测定的 FVC 进行回归分析，从而建立经验估算模型，再利用遥感数据测算植被的覆盖度（Voorde et al.，2008）。根据建立的回归模型的类型可将统计模型法分为线性回归模型和非线性回归模型两种（王莉雯等，2008）。统计模型法之所以有较高的估算精度主要依赖于地面实测数据足够的数量和精确度，对地面调查的要求较高，且具有一定的区域性，不同地区的回归关系会随着不同土壤背景或类型而有所差异。

2）混合像元分解法

混合像元分解法的原理是通过假设像元的每个组分对传感器所观测到的信息都有贡献，从而建立混合像元分解模型估算 FVC。混合像元分解模型按照分解方法的不同主要分为模糊分析模型、线性光谱混合模型、几何光学模型、概率模型和随机几何模型 5 种。线性光谱混合模型是最常用的混合像元分解模型，其假定混合像元总的光谱表现是由像元内各组分光谱以线性方式组合而成的，即假设各组分光谱相互独立，到达传感器的光子只受各组分比例的影响（马超飞等，2001），如 Xiao 等（2005）以 ETM+的中分辨率多光谱影像为数据源，通过选取端元数量和种类的试验，选择绿色植被、非光合植被、深色土壤及浅色土壤 4 个端元的线性光谱混合模型对研究区 FVC 进行估算，估算精度 R^2 达到 0.88。

像元二分模型是线性光谱混合模型中最简单的一种模型，模型假设影像像元的光谱信息是由绿色植被和裸土（无植被覆盖）两个组分的光谱信息按照线性方式组合而成，通常使用植被指数来代表组分的光谱信息，其中以 NDVI 最为普遍。FVC 的估算公式中 $NDVI_{soil}$ 是纯裸土覆盖像元（即 FVC 为 0）的像元 NDVI 值，$NDVI_{veg}$ 为纯植被覆盖像元的像元 NDVI 值。像元二分模型的关键即是 $NDVI_{veg}$ 和 $NDVI_{soil}$ 两个参数值的确定。大多数研究通常将研究区看作同一性质的整体，并且认为区域内同时具有完全植被覆盖和完全裸土覆盖的像元，$NDVI_{veg}$ 和 $NDVI_{soil}$ 即是区域内影像 NDVI 的最大值和最小值，通常是采用 5% 和 95% 概率分布值。而实际上，在较大的空间尺度，研究区内各区域有一定的异质性，将研究区看作一个整体而采用同一模型进行 FVC 估算，很难获取较高的精度。另外，FVC 为 100% 的完全植被覆盖区 NDVI 的临界点并不一定是影像 NDVI 的最大值，即当 FVC 饱和时，NDVI 可能会随着植被冠层厚度的增加而继续变大。尽管诸多研究根据研究区实际对此问题进行了相应探讨（牛宝茹等，2005；孙久虎等，2006），但两参数的确定仍然是像元二分模型的技术难点。

Gutma 等（1998）基于像元二分模型，并根据植被覆盖像元的亚像元结构差异从而建立了像元分解密度模型，细化了植被覆盖像元的亚像元结构，将像元划分为等密度、非密度和混合密度 3 种类型，并基于每种类型的形态构成推导了对应的 FVC 计算公式，并基于 NOAA/AVHRR 多光谱影像对全球陆地范围的植被覆盖度进行了反演。在此基础上，国内诸多学者结合研究区实际，对等密度类型和非等密度类型的 FVC 估算模型进行了研究和尝试。陈晋等（2001）基于像元分解密度模型，利用土地覆盖类型对亚像元结构进行判断，并采用 3 种亚像元类型模型对城市区的 FVC 进行了估算，将等密度模型估算精度提高了 5.8%；陈云浩等（2001）在上述研究的基础上建立了一系列 FVC 估算的亚像元模型，并基于 TM/MSS 数据对北京 FVC 进行遥感反演，取得了理想的估算精度。

3）机器学习法

机器学习法主要包括随机森林法、支持向量机和神经网络法等方法。机器学习法通过软件算法模拟人类学习的过程，通过对训练区的选取和训练建立基于模型算法的判别机制，进而使用判别机制对影像其他区域进行分类和计算。

神经网络法和支持向量机都是基于统计学习理论的新型机器学习算法，在解决样本数量小、非线性及高维模式识别中表现出许多特有的优势。Jia 等（2016）利用国产 GF-1 WFV 的 16m 多光谱数据，采用基于 PROSPECT+SAIL 模型的反向神经网络法对围场满族蒙古族自治县的 FVC 进行了估算，与实测值的 R^2 达到 0.79，RMSE 为 7.3%。随机森林/决策树算法则是利用分层的逻辑判定规则，通过由不同参数构建的判别子模型分层构建类似于树型的分类系统。随机森林与决策数算法的优势在于不需要对判别区域进行假设，单纯地依靠参数的判别规则进行模型构建，计算效率较高，且对于不同分辨率的数据有很好的兼容性。

综上所述，虽然 FVC 算法丰富而多样，但针对草原地区的研究较少，也缺乏考虑研究区下垫面的异质性，因此模型的精度相对较低，特别是模型对高覆盖和低覆盖的敏感性可能存在差异。因此，对草地植被覆盖度的遥感估算方法研究来说，分草地类型和区域来进行很有必要，这也是建立高精度植被覆盖度遥感估算模型的关键。草地植被覆盖度与遥感信息之间的关系复杂程度较高，探明不同草地植被条件下的植被覆盖度与遥感信息的关系特点，构建草地植被覆盖度遥感监测模型，是用遥感技术监测草地植被覆盖度的关键。

9.2.2.2 区域概况

伊犁哈萨克自治州（简称伊犁州）位于新疆维吾尔自治区的西北部，地处天山西段偏北部的伊犁河谷内（图 9-5），地理坐标为 80°09′42″E ~ 91°01′45″E，42°13′48″N ~ 49°10′45″N（含塔城地区、阿勒泰地区）。伊犁州于 1954 年 11 月成立，首府位于伊宁市，辖塔城和阿勒泰 2 个地级行政区、11 个县级行政区（3 个县级市、7 个县、1 个自治县），分别为伊宁市、奎屯市、霍尔果斯市、伊宁县、霍城县、巩留县、新源县、昭苏县、特克斯县、尼勒克县、察布查尔锡伯自治县。在本研究中，为保证研究对象空间上的连续性和完整性，研究区所提及的“伊犁”不包括东北部的奎屯市。

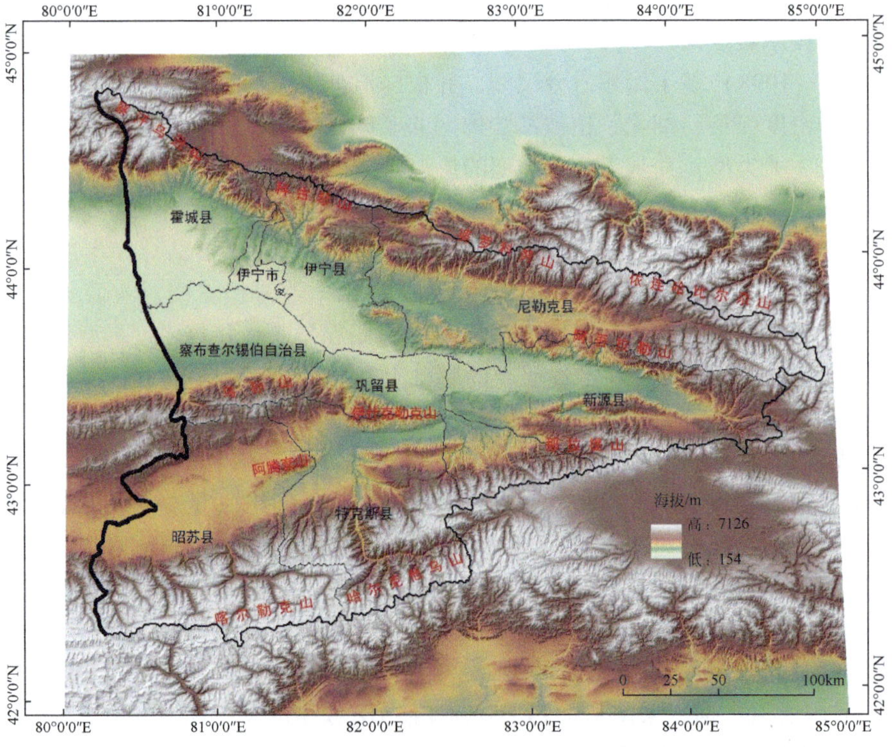

图 9-5 研究区高程

伊犁地区位于中国天山纬向构造带的西段，以东西向的挤压构造线为基本特征，由多个构造单元组成，整体地貌以山地、河谷盆地及山间丘陵为主，地形较为复杂。整个区域地形上东、北、南三面环山，地势上东高西低，东窄西宽，整体呈现向西开口的“喇叭口形态”。由于伊犁独特的向西开口的“喇叭口形态”能更好地接收西来较湿气流，水汽遇到河谷内山地的阻挡、提升、冷凝，形成地形雨，从而为伊犁河谷带来了较周边地区更为丰富的降水。气候类型主要属中温带大陆性气候，而境内高海拔地区也同时呈现出高山气候特征。研究区气候南部较湿凉，西、北部较干热，呈现出山地湿润寒冷，平原（谷盆）干燥温热的空间差异特征。研究区热量资源较丰富，年平均气温 3.3 ~ 9.6℃，极端最高气温 42.8℃，极端最低气温-51℃，无霜期 98 ~ 179 天，年日照时数 2659 ~ 2947 小时，年蒸发量 1242 ~ 1933mm。浅山地区冬季有明显逆温层，气候垂直变化明显。

9.2.2.3 数据资料与技术路线

1）技术路线

为了定量评价草地植被覆盖度，首先，选用 MODIS 遥感数据，在预处理的基础上，使用像元二分法、混合像元分解法和三波段最大梯度差法对研究区草地范围的植被覆盖度进行估算，并选择与地面验证点获取时间相同的估算结果进行精度验证，对比评价三种方法的估算精度。

具体技术路线图如图 9-6 所示。

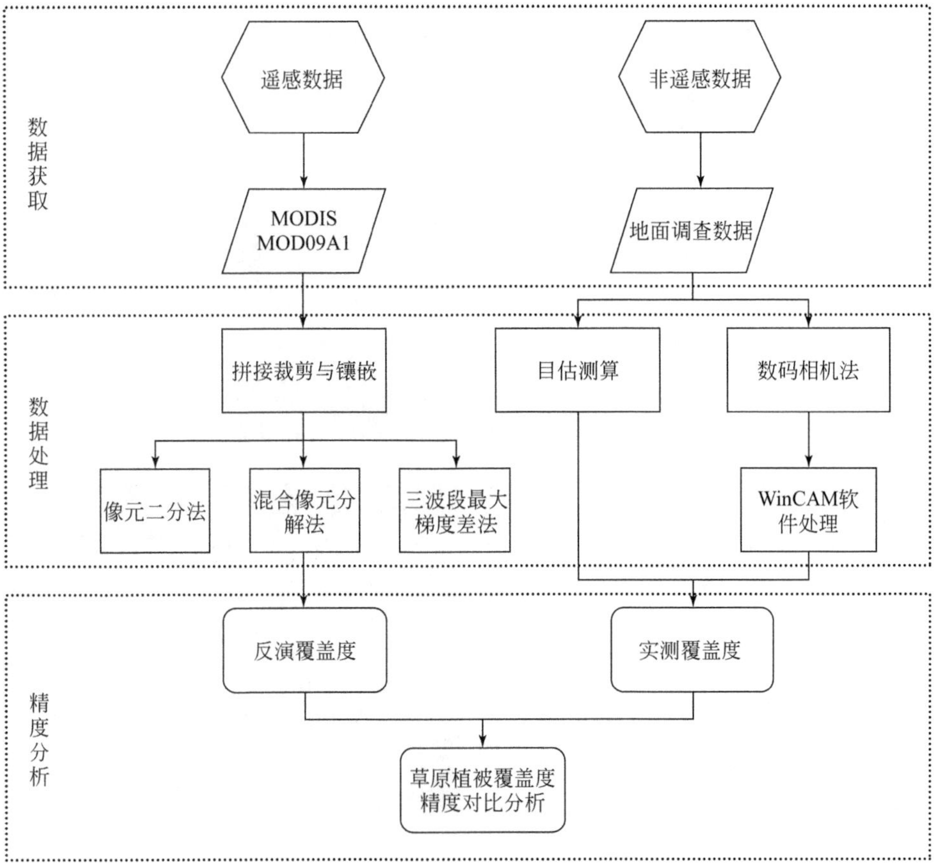

图 9-6　技术路线

2）遥感数据获取

本研究中采用的 MODIS 数据产品有 MOD09A1 和 MOD17A3H 两种类型，其中 MOD09A1 是分辨率为 500m 的 8 天合成地表反射率数据，属于陆地 3 级标准数据产品；MOD173AH 是分辨率为 500m 的年度净初级生产力（NPP）产品，属陆地 4 级标准数据产品。研究区伊犁地区包括 2 景影像，影像行列号分别为 h23v04、h24v04，下载时间范围为 2000～2017 年。

3）野外考察及验证数据

本研究于 2014 年 7～8 月，在伊犁地区进行了野外考察和遥感结果验证等工作。考察范围主要为伊犁地区天然草地，途经新源县、巩留县、特克斯县、昭苏县、伊宁和霍城县等，对温性草原、山地草甸、高寒草甸、温性草甸草原和温性荒漠草原进行样方采集。考察内容主要包括土地类型和自然概况、草地退化状况和草地退化原因等的调查。实地进行了样地和样方的测定、野外遥感解译标志的建立和入户调查等工作。

样方数据中包含的指标主要有：样方编号、采样地点、经度、纬度、海拔、样方面积、地形地貌、坡向、坡位、土壤质地、枯落物情况、覆沙情况、地表侵蚀、侵蚀原因、是否被采挖、盐碱斑、裸地面积比、地表季节性、土壤水分状况、利用方式、利用状况、草地类型、群落类型、沙化情况、退化程度、俯视照、景观照、植被覆盖度、草群平均高、植物种数、优势种、退化指示植物、裸沙面积比、总产草量鲜重和总产草量风干重。样方示例如图 9-7 所示。本次野外调研过程中，样方数据的植被覆盖度获取方法为数码照

(a)

(b) (c)

图 9-7 高寒草甸样方景观照和数码相片植被覆盖度提取方法示意

相法。采用 WinCAM 软件对现场垂直于地面拍摄的数码相片进行处理并提取覆盖度信息，从而为遥感反演植被覆盖度提供准确的模型构建依据和验证精度。

通过对野外考察数据的整理和汇总，得到 107 个地面验证点数据，地面验证点数据是与遥感数据同一时段的实测数据，主要由本课题组野外调查测定，部分由农业部（现农业农村部）草原监理中心提供，由其下属地方草原主管部门测定，主要包括草地植被覆盖度、生物量等信息。综合两种野外考察数据来源，共获取 124 个伊犁地区草地植被状况的地面实测样点数据（图 9-8）。

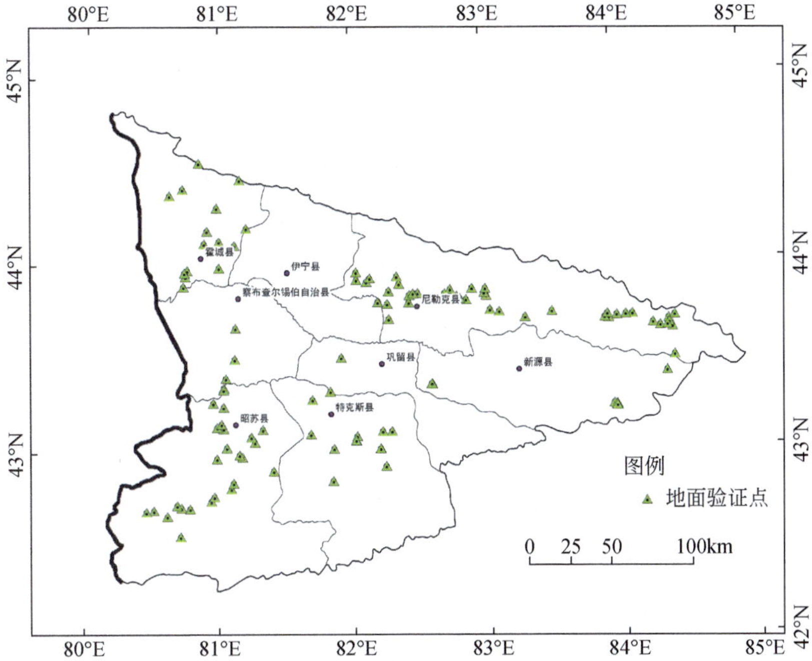

图 9-8　地面验证点分布

9.2.2.4　定量反演方法

1）像元二分法

像元二分模型的原理是假设一个像元的地表由植被覆盖与无植被覆盖组成，而传感器所获得到的光谱信息也由这两个组分因子线性加权合成。它们各自的面积在像元中所占的比例即为各因子的权重，其中植被的权重就是植被覆盖度，即该像元的 FVC。像元二分模型的表达式为

$$FVC=\frac{NDVI_i-NDVI_{soil}}{NDVI_{veg}-NDVI_{soil}} \tag{9-2}$$

式中，$NDVI_i$ 为在 i 这个时间像元的 NDVI 值；$NDVI_{veg}$ 为全部植被覆盖的像元 NDVI 值；$NDVI_{soil}$ 为裸土像元的 NDVI 值。

在具体使用中，像元二分模型的 $NDVI_{soil}$ 和 $NDVI_{veg}$ 的确定通常是采用研究区影像所有

像元 NDVI 的最小值和最大值，即最大值所在像元被认为是完全植被覆盖，而最小值所在像元则被认为是裸土覆盖。因此，像元二分模型使用的默认条件为研究区内同时存在植被完全覆盖和裸土完全覆盖的情况。为排除噪声干扰和个别异常像元值的影响，确保 $NDVI_{soil}$ 和 $NDVI_{veg}$ 取值的合理性，在计算中通常采用 NDVI 值域分布概率的5%和95%作为实际值。上述模型设定只适用于理想状态下，但在实际研究中通常要面对诸多不同土地利用类型、气候条件和植被类型等研究对象，如热带雨林区植被通常较茂盛，完全裸土覆盖的区域极少；而对于干旱荒漠区，又难以找到完全植被覆盖的区域。因此，模型还存在非理想状况下的解决方法。

在本研究中，如果将整个研究区草原看作一个整体，则能符合模型使用的理想条件，但对于多种地形和草地类型采用统一公式进行 FVC 估算，模型的合理性和准确性不能保证。特别是对于温性草原、温性荒漠草原和温性荒漠类，理论上来说是不存在完全植被覆盖的均一像元的，其 $NDVI_{veg}$ 不能用影像最大 NDVI 值代替，需要由区域内的 2 个以上地面验证点组成方程来求解 $NDVI_{veg}$ 和 $NDVI_{soil}$。对于区域内的两个像元 a1 和 a2，它们的植被覆盖度已知为 fvc_1 和 fvc_2，对这两个像元应用公式可得

$$\begin{cases} fvc_1 = \dfrac{NDVI_{a1} - NDVI_{soil}}{NDVI_{veg} - NDVI_{soil}} \\ fvc_2 = \dfrac{NDVI_{a2} - NDVI_{soil}}{NDVI_{veg} - NDVI_{soil}} \end{cases} \tag{9-3}$$

对此方程组中的 $NDVI_{veg}$ 和 $NDVI_{soil}$ 求解得

$$\begin{cases} NDVI_{soil} = \dfrac{(1-fvc_2)\times NDVI_{a2} - (1-fvc_1)\times NDVI_{a1}}{fvc_2 - fvc_1} \\ NDVI_{veg} = \dfrac{fvc_2\times NDVI_{a1} - fvc_1\times NDVI_{a2}}{fvc_2 - fvc_1} \end{cases} \tag{9-4}$$

因此，为提高像元二分法估算 FVC 的精度，本研究使用上述章节提取的草地类型作为研究区 FVC 估算的分区，在每个分区单独求取 $NDVI_{veg}$ 和 $NDVI_{soil}$，从而形成每个分区不同的计算公式。经过分析和求解计算得到各草地类型分区像元二分法的 $NDVI_{soil}$ 和 $NDVI_{veg}$，见表 9-1。

表 9-1　不同草地类型模型参数

草地类型	$NDVI_{soil}$	$NDVI_{veg}$	草地类型	$NDVI_{soil}$	$NDVI_{veg}$
高寒草甸	0.11	0.823	山地草甸	0.3	0.843
改良草地	0.166	0.86	温性草甸草原	0.19	0.813
低地草甸	0.173	0.85	温性荒漠	0.14	0.79
沼泽类	0.17	0.852	温性草原	0.174	0.747
温性荒漠草原	0.167	0.71			

2）混合像元分解法

所谓混合像元，是指不同光谱表现的物质同时出现在同一遥感影像像元内，此像元即

为混合像元，混合像元在地物划分上不属于任何一种单一地物种类。随着遥感技术向定量化发展，为了使遥感分类更加准确，需要将混合像元中不同地物的占比分离出来，分解出像元中各种类别地物所占整个像元面积的比例（丰度），即混合像元分解，也叫亚像元分解。植被覆盖度的估算实质上也是一种混合像元分解类型，即分解出像元中植被所占面积比。因此，通过混合像元分解技术获取的像元植被组分的丰度就是像元的植被覆盖度。

光谱混合分析（Spectral Mixture Analysis，SMA）是目前针对混合像元问题所广泛采用的方法。对于混合像元分解法来说，可使用光谱混合分析从 MODIS 影像亚像元中获取所需的植被覆盖度指标。目前，根据像元反射率与端元丰度的数学关系，可将光谱混合模型分为线性光谱混合模型（LSMM）和非线性光谱混合模型（NLSMM）。其中，线性光谱混合模型因其构建原理简单易懂、物理含义清晰明确、分解精度较高，且理论上具有较高的科学性，而在各领域广泛应用。因此，本研究选择线性光谱混合模型作为像元植被覆盖度面积提取方法之一。

建立线性光谱混合模型的基本前提：混合像元总的光谱表现是由像元内各组分光谱以线性方式组合而成，即假设各组分光谱相互独立，到达传感器的光子只受各组分比例的影响。因此，线性光谱混合模型的定义为：像元在某一光谱波段的反射率（亮度值）是由构成像元的基本组分的反射率（光谱亮度值）以其所占像元面积比例为权重的线性组合。模型表达公式如下：

$$\rho(\lambda_i)=\sum_{j=1}^{n} R_j\rho_j(\lambda_i)+\varepsilon(\lambda_i) \tag{9-5}$$

式中，$j=1, 2, \cdots, n$ 为像元组分数量；$i=1, 2, \cdots, m$ 为光谱波段通道；$n\leqslant m+1$；$\rho(\lambda_i)$ 为像元在 i 波段反射率 DN 值；$\rho_j(\lambda_i)$ 为 j 组分在 i 波段的反射率；$\varepsilon(\lambda_i)$ 为 i 波段通道的误差值，主要是非端元地物的误差影响；R_j 为各组分在像元中所占比例，即端元面积丰度。事实上，各端元丰度由线性方程进行回归求解，因此，未知端元的数量应小于可以建立的方程数，而方程数是受影像波段数限制的，即所选取的端元数量不能大于波段数，即：$(2\leqslant n\leqslant m)$。另外，根据 R_j 代表各组分在像元中的面积比，理论上应满足 $0\leqslant R_j\leqslant 1$。而实际计算过程中，根据对结果 R_j 的约束程度不同，可将分解方法分为：无约束型、部分约束型和全约束型。无约束型即对结果无约束条件，在保证分类精度 RMSE 最小的基础上进行纯粹的最小二乘法分解；部分约束型则往往是对各端元丰度总和作限制，即总和应为 1；而完全约束型不仅限制总和为 1，且各组分 R_j 也严格遵守公式的条件。

3）三波段最大梯度差法

在植被遥感监测的发展中，为减弱土壤背景、大气等因素对植被光谱信息的影响，出现了多种形式的植被指数，如归一化植被指数（NDVI）、增强型植被指数（EVI）、比值植被指数（RVI）、土壤调节植被指数（SAVI）和垂直植被指数（PVI）等。这些植被指数根据各自的构成方式和不同的应用需要，在使用时各有优缺点。例如，虽然许多相关研究表明 NDVI 在植被茂盛区具有易饱和的特点，而在植被稀疏区易受土壤背景的影响，但其因简单易用以及在相关研究中较好的精度表现而在植被遥感中被广泛应用。基于此范例，唐世浩等（2003）利用植被和土壤反射曲线差异提出一种针对植被覆盖度估算的三波段最大梯度差法，后经诸多研究证明其估算精度和实际应用都能满足相应需要（古丽等，

2009）。因此，将此方法作为研究区草地植被覆盖度估算的方法之一。

三波段最大梯度差法的计算原理：通常情况下，绿色植被反射光谱在可见光绿光波段存在一个较低的反射波峰，在近红外波段存在一个较高的反射波峰，而在可见光红光波段存在一个反射波谷；而土壤光谱则在可见光到近红外波段呈近似直线的分布。对于反射率影像来说，植被全覆盖的像元绿光、红光波段反射率的斜率和红光、近红外波段反射率的斜率均达到最大值，而土壤像元各波段反射率斜率是相同的。为了突出像元内植被对土壤反射率曲线的改变幅度，引入梯度差概念 d：

$$d=\frac{R_{\mathrm{ir}}-R_{\mathrm{r}}}{\lambda_{\mathrm{ir}}-\lambda_{\mathrm{r}}}-\frac{R_{\mathrm{r}}-R_{\mathrm{g}}}{\lambda_{\mathrm{r}}-\lambda_{\mathrm{g}}} \tag{9-6}$$

式中，R_{ir}、R_{r} 和 R_{g} 分别为近红外、红光、绿光波段的地表反射率；λ_{ir}、λ_{r} 和 λ_{g} 分别为近红外、红光、绿光波段的波长值。

对影像任一像元，其植被覆盖度计算公式为

$$\mathrm{FVC}=\frac{d}{d_{\max}} \tag{9-7}$$

$$d_{\max}=\max(d) \tag{9-8}$$

式中，$d_{\max}$ 为植被全覆盖像元的梯度差；$\max(d)$ 则为一定区域内梯度差 d 的最大值。对于本研究所使用的 MODIS 数据来说，FVC 的计算公式为

$$\begin{cases}\mathrm{FVC}=0 & \mathrm{FVC}<0\\ \mathrm{FVC}=1 & \mathrm{FVC}>1\\ d=\left(\dfrac{R_{\mathrm{ir}}-R_{\mathrm{r}}}{859-645}\right)-\left(\dfrac{R_{\mathrm{r}}-R_{\mathrm{g}}}{645-550}\right)\end{cases} \tag{9-9}$$

式中，R_{ir}、R_{r} 和 R_{g} 分别为 MODIS 数据的近红外、红光和绿光波段反射率的值。

9.2.2.5 案例结果分析

基于 MODIS 数据，采用像元二分法、混合像元分解法和三波段最大梯度差法分别对研究区草地范围的植被覆盖度进行估算，为对比评价三种方法的估算精度，选择与地面验证点获取时间相同的 2014 年的估算结果进行精度验证（图 9-9）。

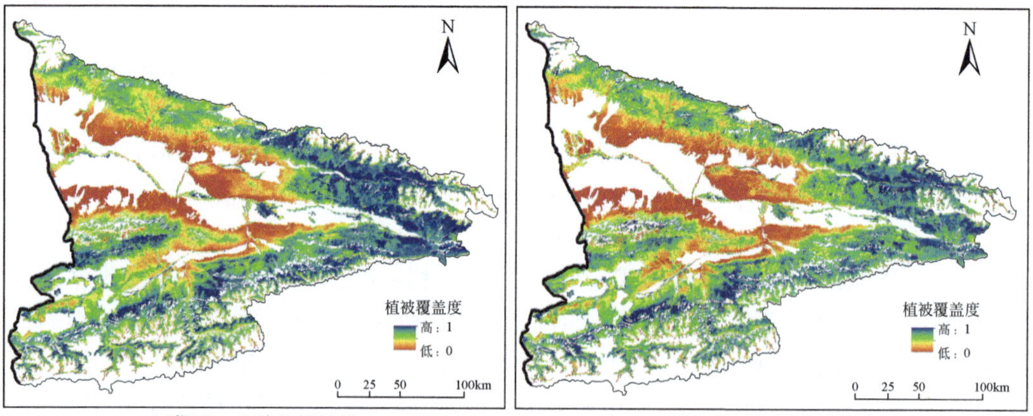

(a)像元二分法估算结果　　(b)混合像元分解法估算结果

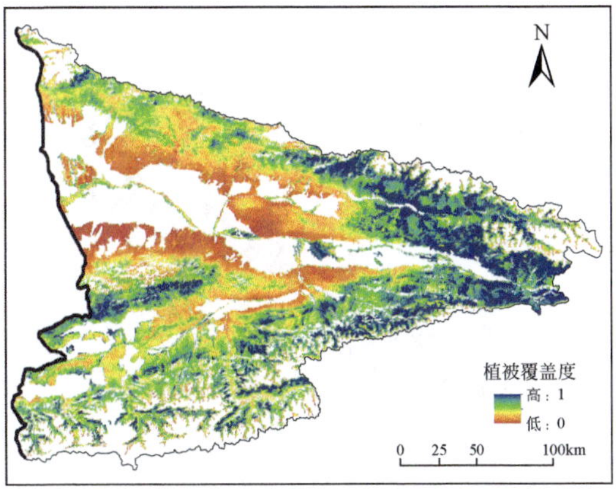

(c)三波段最大梯度差法估算结果

图 9-9 植被覆盖度估算结果（2014 年）

将地面验证点对应的三种方法估算的植被覆盖度和实测值进行回归分析和均方根误差（RMSE）检验。均方根误差对一组数据测量中的特大或微小误差非常敏感，所以均方根误差能够很好地对测量的精密度作出响应。三种方法获取的植被覆盖度和实测值都具有较好的线性关系，其中相关性最高的为像元二分法，R^2 为 0.8766；三波段最大梯度差法次之，R^2 为 0.8360；混合像元分解法最低，R^2 为 0.8191（图 9-10 ~ 图 9-12）。三种方法的 RMSE 分别为 14.34%、15.55% 和 18.19%，其中像元二分法 RMSE 误差较小。

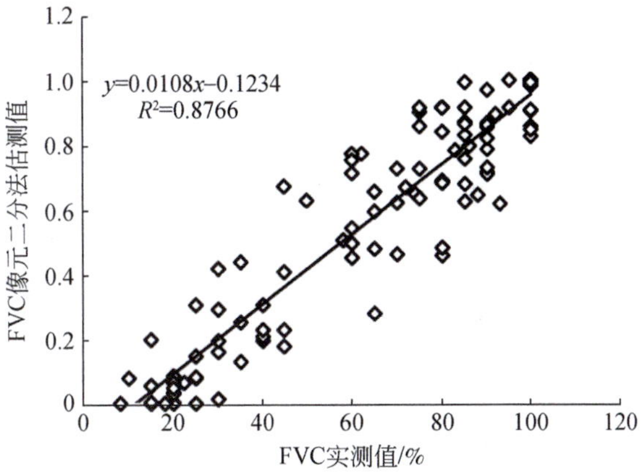

图 9-10 像元二分模型估算结果统计分析

结合三种方法的估算结果分布图和回归分析图可以看出，像元二分法在高覆盖度区的精度较高，而三波段最大梯度差法在低覆盖度区的精度较高。总体上，基于草地类型分区的像元二分法的估算精度是三种方法里最高的。

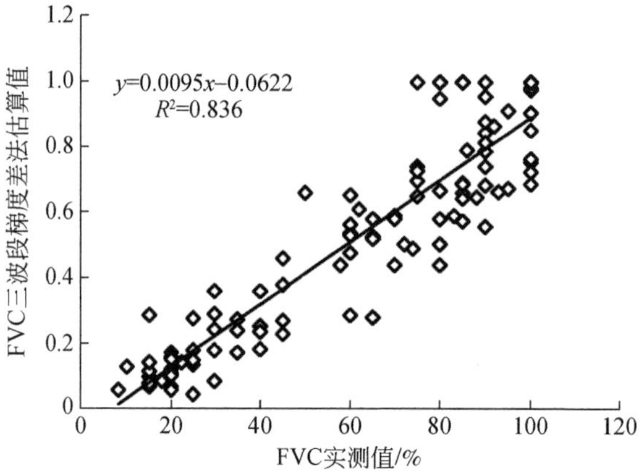

图 9-11　三波段最大梯度差模型估算结果统计分析

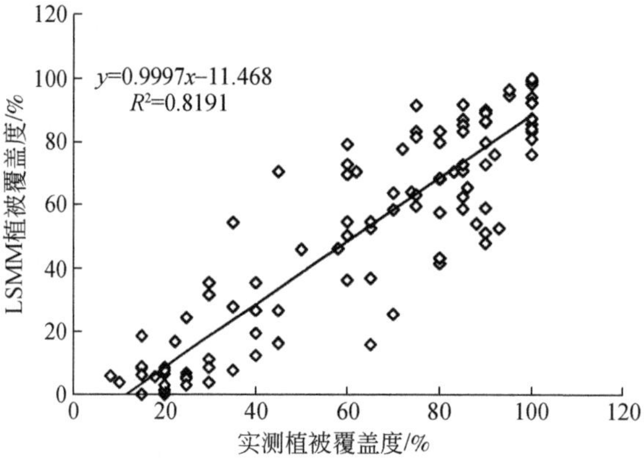

图 9-12　混合像元分解法模型估算结果统计分析

9.2.3　草地生物量监测评估

9.2.3.1　草地生物量国内外研究进展

草地生物量的监测是衡量草地资源空间动态研究的重要指标，也是草地资源合理利用和载畜平衡监测的重要依据。生物量的测定方法主要有直接收获法、模型模拟法和遥感模型法等方法。其中，生物量遥感模型法是随着现代遥感技术的发展，以及遥感数据时空间分辨率的逐渐增加而发展起来的。目前已经有很多草地地上生物量的估算模型得到广泛发展，包括从野外实地测量到模型研究，研究区域的尺度也越来越大，从田间水平到区域水平，甚至到国家尺度和全球尺度。随着遥感技术的发展，遥感方法在宏观大尺度的估产中发挥着越来越重要的作用，在实际应用中也显示出了独有的优越性。利用遥感手段监测草地生物量虽然存在多种不确定性因素，由此导致测产精度受到一定限制，但是利用遥感手段监测的最大优点是能够宏观、快速、省力、省时监测草地生物量的变化，能够为草原的管理与决策提供快速、及时的草地信息。同时，在进行草地生物量监测过程中，如能将遥感数据与大量草地地面调查数据相结合，则可以大大提高遥感监测的精度，对于及时准确地掌握草地生物量的时空分布以及草原资源可持续利用和管理具有重要意义。

目前，采用遥感技术开展草原地上生物量估算研究已较为充分和深入，诸多学者基于遥感植被指数与同期的地面调查资料构建草原地上生物量估算模型，从不同草地类型或年际变化角度展开分析是应用较为广泛的一种方法，多数地面实测生物量数据为植被生长盛期的最大生物量，是植被光合作用最大时期，植物叶片的反射光谱具有显著的代表性，遥感植被指数与生物量间相关性最高，这在一定程度上解决了从采样点到区域面的尺度转换问题，进而提高了估算精度。例如，国外学者利用 TM 和 AVHRR 不同空间分辨率数据的 NDVI 分别估算了北美大草地生物量，结果表明基于 TM 数据估算的生物量精度明显高于 AVHRR（Wylie et al., 2002）。还有学者采用多元线性回归、人工神经网络、自适应神经模糊推理系统等模型方法，结合 MODIS 遥感数据和地面调查数据，估算了爱尔兰多年草地生物量（Ali et al., 2016）。为了弥补 NDVI 在高植被密度区过饱和和在低植被密度区受土壤背景影响的缺陷，国内外众多学者提取不同植被指数开展了大量的生物量估算研究，其中归一化植被指数（NDVI）能比较准确地反映地表植被覆盖情况，是使用频率最高的植被指数。此外，比值植被指数（RVI）、差值植被指数（EVI）、土壤调节植被指数（SAVI）等也常用于草地生物量传统的回归模型构建中，通过对比分析不同的植被指数的建模效果，确定估算精度最高的模型进行实际应用。

除地面观测生物量与遥感模型的方法以外，机理模型也经常用来进行生物量的研究。机理模型通过模拟植物的生物生理过程，分析模拟对象的影响因子来获取植物生长的关键参数。但由于机理模型参数复杂，大尺度模拟的相关参数较难获取，在生物量遥感估算研究中应用相对较少。国外有学者通过对比 DayCent 模型与 DNDC 模型，改进光合利用率模型以及基于气候预测数据的时间尺度生态模型进行草地生物量和碳储量的估测（Seaquist et al., 2003; Williams et al., 2010; Shiyomi et al., 2011）。国内许多学者利用不同机理模型针对我国草地植被生产力也开展了大量研究，但估算差异很大。一是机理模型自身的估算精度与适用性问题；二是机理模型较少考虑中国草地利用的特点；三是大尺度模型估算所需要数据存在很大的不确定性。

机器学习算法的发展为生物量的估算提供了更多的可能性，作为其类别之一的监督学习便是通过给定的训练数据训练出算法，用预留的测试数据验证算法的准确性，并结合以往经验和历史数据做出有效的决策，一般分为分类和回归，生物量的估算用到的则是回归算法。国内已有学者使用 BP 神经网络、支持向量机、随机森林等机器学习方法对草地生物量进行估产，并与传统回归模型进行精度对比，一致得出机器学习回归精度要优于传统回归的结论（尚珂，2015；曾纳等，2016；Wang et al., 2016；杨淑霞等，2018）。所以，用随机森林回归算法来进行草地生物量的估算仍有较大的研究空间，探索和建立基于随机森林回归算法的高精度草地生物量估算模型，对于改进现有的基于遥感数据的草地生物量监测方法具有重要的现实意义。

随着遥感数据源的丰富、信息技术的发展和交叉学科的引入，未来草原资源生物量监测调查研究将向定量化和智能化方向加快发展，具有重要的发展前景。

9.2.3.2　区域概况

研究区选定锡林郭勒盟，全盟草原面积约为22.6万km^2，占总面积的88.01%；天然草原类型多样，包括温性荒漠草原、温性草甸草原、温性草原和低地草甸等多个类别（图9-13）。锡林郭勒盟属于中温带干旱半干旱大陆性季风气候，寒冷、风沙大，全年盛行偏西风，年降水量自东向西逐渐递减，大部分地区年降水量在200～350mm，集中于6～8月。

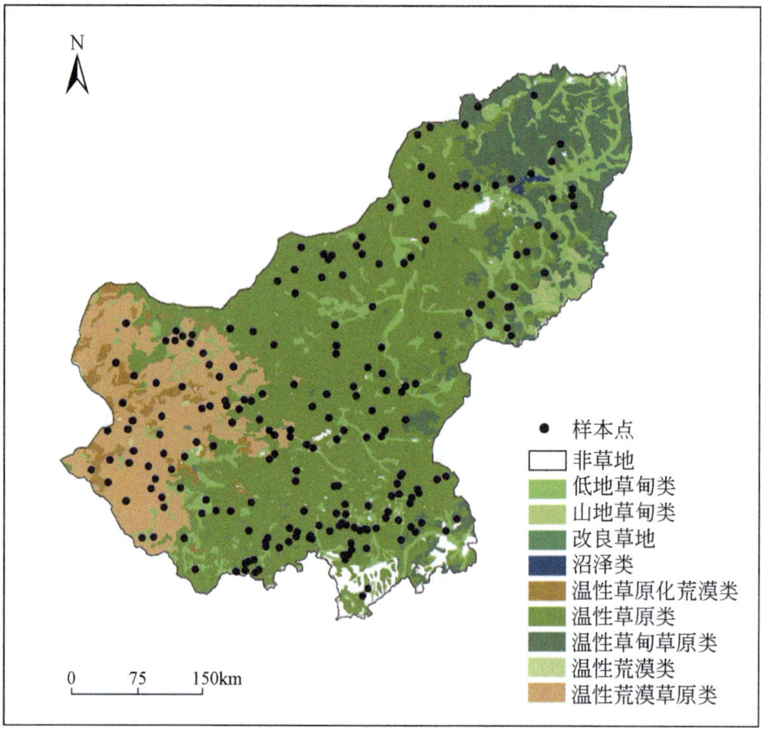

图9-13　锡林郭勒盟位置、草地类型及样本点分布

9.2.3.3　研究方法

1）数据来源及处理

研究中使用的草原样方数据来源于原农业部草原监理中心，采样时间为2017年7～8月且天气晴朗，样方采集严格按照《草原资源和生态监测技术规程》（NY/T 1233—2006）执行。2017年，锡林郭勒盟的地面样方共960个，根据规程要求，一个样地通常采集3个样方，因此本研究使用3个样方的平均值作为一个样本点。为了更好地消除人为因素对地面样方采集过程中造成的影响，对地面样方数据进行了严格质量检验和标准化处理，将坐标记录有问题导致样本点超出研究区范围、样本点生物量数据与实际严重不符等表现异常的数据进行剔除（杨秀春等，2007）。最终获得样本点共216个，随机选择其中75%用于

建模训练，25%用于验证。

高分一号（GF-1）卫星于2013年成功发射，它是我国高分辨率对地观测系统的首发星，可通过中国资源卫星中心（http://218.247.138.119:7777/DSSPlatform/index.html）获取影像，可以满足高分辨率、宽范围的空间观测需求。选用GF-1 WFV的16m分辨率影像，时间为2017年的7～8月，云量10%中国高分辨率对地观测系统的首发星以下，共13景影像（表9-2），并对影像进行辐射定标、大气校正、正射校正、图像镶嵌等预处理。

表9-2 GF-1影像数据信息

采集时间（年-月-日）	云量覆盖/%	传感器标识	景序列号	采集时间（年-月-日）	云量覆盖/%	传感器标识	景序列号
2017-07-17	0	WFV1	3893398	2017-07-17	0	WFV3	3892267
2017-07-17	0	WFV1	3893464	2017-07-17	0	WFV4	3892289
2017-07-17	0	WFV2	3893487	2017-08-05	0	WFV1	3961704
2017-07-17	0	WFV2	3893486	2017-08-30	0	WFV2	4048027
2017-07-17	0	WFV2	3893485	2017-08-31	0	WFV3	4053670
2017-07-17	0	WFV3	3892265	2017-08-31	0	WFV4	4053690
2017-07-17	0	WFV3	3892266				

GF-1影像包含红、绿、蓝和近红外共4个波段，结合遥感影像的波段特点，计算得到5种植被指数（表9-3），包括可以反映地表植被状况以及植被空间分布密度但易饱和的NDVI、能够减少残留气溶胶污染且不易饱和的EVI、在植被密集的区域对绿色植物反映更敏感的RVI、修正了NDVI对土壤背景敏感性的SAVI以及修正了NDVI对土壤背景敏感性，并把参数值进行了固定的OSAVI（Optimized Soil Adjusted Vegetation Index）。

根据地面样本点的采集时间和地理坐标信息，以样方点为中心建立16m的缓冲区，提取每个样方点周围2～3个像元各植被指数的平均值，并构建植被指数与样本点AGB时空匹配的数据库。

表9-3 植被指数计算方法

植被指数	计算方法	优缺点
NDVI	$\mathrm{NDVI}=\dfrac{\rho_{\mathrm{nir}}-\rho_{\mathrm{r}}}{\rho_{\mathrm{nir}}+\rho_{\mathrm{r}}}$	反映地表植被状况以及植被空间分布密度，但易饱和
RVI	$\mathrm{RVI}=\dfrac{\rho_{\mathrm{nir}}}{\rho_{\mathrm{r}}}$	在植被密集的区域，比NDVI的灵敏度更高
EVI	$\mathrm{EVI}=\dfrac{2.5(\rho_{\mathrm{nir}}-\rho_{\mathrm{r}})}{1+\rho_{\mathrm{nir}}+6\rho_{\mathrm{r}}-7.5\rho_{\mathrm{b}}}$	能够减少残留气溶胶污染、不易饱和
SAVI	$\mathrm{SAVI}=\dfrac{(\rho_{\mathrm{nir}}-\rho_{\mathrm{r}})(1+L)}{\rho_{\mathrm{nir}}+\rho_{\mathrm{r}}+L}$	修正了NDVI对土壤背景敏感性
OSAVI	$\mathrm{OSAVI}=\dfrac{\rho_{\mathrm{nir}}-\rho_{\mathrm{r}}}{\rho_{\mathrm{nir}}+\rho_{\mathrm{r}}+0.16}$	修正了NDVI对土壤背景敏感性，把参数值进行了固定

注：ρ_{nir}为近红外波段反射率；ρ_{r}为红光波段反射率；ρ_{b}为蓝光波段反射率；L为土壤调节系数

2）草地生物量测算模型构建

利用草原资源地面样地样方调查数据、国产高分卫星遥感数据，采用统计建模、随机森林等方法，在各个均质区构建全国草原资源生物量遥感测算模型，通过真实性检验和精度综合评价，获取各均质区最优生物量遥感监测模型，反演生物量。主要技术方法如下。

回归模型的构建是在时空匹配数据集构建的基础上，在各均质区内构建遥感观测（植被指数）和地面观测（样地生物量）之间的多种相关模型，包括指数模型、函数模型、线性模型与 Logistic 模型等常用模型；然后，通过解释方差百分比（% Var explained）判断回归的拟合度，值越高，拟合效果越好；并基于模型误差最小化原则进行分区生物量估算模型的比选；最后，根据预留样地信息进行模型准确性评价，筛选出每个分区最优的估产模型，构建全国草地生物量遥感监测模型库。建模和验证样地数量的选取，采取的方法为随机抽取 2/3 用于回归建模，剩余 1/3 用于评价模型的准确性。另外，在建模过程中还需要结合历史样地信息作为参考，模型选择需要多重比较、综合判断，这样才能得到反映实际情况的最优模型。

3）草地生物量精度验证

基于植被指数建立的生物量模型是一种回归模型，是对一定面积草原区域在一定时期内生物量现存量的估算，其模型是否可用于该区域内草地生物量的总体估算，需要通过精度验证来加以判断，以确保估算的准确性。此外，模型的反演结果还要通过空间上的适用性进一步量化判断。

为了评价所建立模型的精度，选用了预留数据集对拟合模型进行验证，通过计算出的模拟生物量和实际生物量的比较来评估精度，选取均方根误差（RMSE）、平均相对误差（REE）来进行评估。在模型精度满足项目需求的条件下，开展全国草原资源生物量监测；否则对各分区模型进行类型或参数的调整。循环该过程，直至草地生物量监测模型的精度满足项目需求。

$$\mathrm{RMSE} = \sqrt{\frac{\sum (Y_i - Y'_i)^2}{N}} \tag{9-10}$$

$$\mathrm{REE} = \sqrt{\frac{\sum \left(\frac{Y_i - Y'_i}{Y_i}\right)^2}{N}} \tag{9-11}$$

$$p = (1 - \mathrm{REE}) \times 100\% \tag{9-12}$$

式中，RMSE 为均方根误差；REE 为平均相对误差；Y_i 为样地实际生物量鲜重，Y'_i为模型估算值；N 为样点数；p 为模型精度。通过精度评价的模型为各分区最优模型，据此模型进行草地生物量遥感反演。

4）草地生物量结果测算

基于 ArcGIS 空间分析功能，利用全国行政边界图、草地类型图裁剪获取的全国草地生物量鲜重数据，得到不同省区、不同草地类型的生物量鲜重的数量和空间分布。由于分区模型是建立在生物量鲜重的基础上的，所以需要对遥感估算得到的生物量鲜重数据进行折算以得到风干重，折算系数主要利用外业调查采集的不同草地类型的生物量鲜重和干重的比例，即干鲜比，折算出相应风干重和空间分布情况。

5）草原资源生物量遥感模型构建与验证

基于遥感植被指数和外业调查生物量时空属性关联数据集，采用回归分析、机器学习等方法，对每个分区分别构建数学模型；然后，利用各分区的数学模型分别估算生物量，并根据预留的25%地面样方数据进行真实性检验，评价各个分区的反演精度以及总体精度；对各分区生物量模型进行优化和调整，形成满足项目精度需求的全国草原资源生物量模型库。

从现有研究来看，大尺度生物量反演精度一般在75%左右，而小区域由于下垫面状况相对均匀、植被类型相对简单，有些研究的精度可以达到80%以上。根据预留25%地面样地数据，计算得出全国草地生物量模型总体精度在80%。从监测总体精度结果来看，符合项目精度评价需求。

9.2.3.4 案例结果分析

1）模型构建及优选

本研究分别使用一元曲线回归（UCR）、多元线性回归（MLR）、支持向量机（SVM）、随机森林（RF）进行建模，通过对比分析4类模型构建的结果，最终选取4种类型的最优模型，模型精度见表9-4，其中，随机森林最优模型的RMSE为202.13kg/hm^2，REE为15%，模型精度为85%，高于传统回归模型和支持向量机模型。为了进一步评价模型，对预留的54个样本数据进行验证，通过验证结果可以看出，随机森林最优模型具有最高的预测精度70%和最低的平均相对误差346.73kg/hm^2，说明随机森林最优模型在草原AGB估算中有较高的适用性。因此，本研究选用随机森林模型对2017年锡林郭勒盟草原AGB进行估算。

表9-4 训练集及验证集模型精度评价

模型	模型或输入变量	训练集			验证集		
		RMSE /(kg/hm^2)	REE/%	精度/%	RMSE /(kg/hm^2)	REE/%	精度/%
RF	NDVI、RVI、SAVI	202.13	15	85	346.73	30	70
SVM	NDVI、RVI、SAVI	360.38	27	73	413.88	36	64
UCR	y=8578.34NDVI−682.73	434.46	33	67	401.94	35	65
MLR	y=7353.25NDVI+230.05RVI−796.72	259.63	20	80	417.99	36	64

2）草地生物量的空间分布

锡林郭勒盟草原AGB分布具有明显的空间差异（图9-14），东南部和东北部分布有温性草甸草原的地区AGB较高，鲜重普遍大于2500kg/hm^2；位于浑善达克沙地腹地的西部地区，草原AGB处于较低水平，鲜重小于500kg/hm^2。总体上，锡林郭勒盟草原AGB呈现自东向西逐步递减的趋势，以及东高西低的空间分布格局。

2017年锡林郭勒盟草原AGB不同草原类型之间存在较大的差异（表9-5），山地草甸类和温性草甸草原类的AGB鲜重单产达到了2500kg/hm^{2}以上；鲜重单产介于1000～

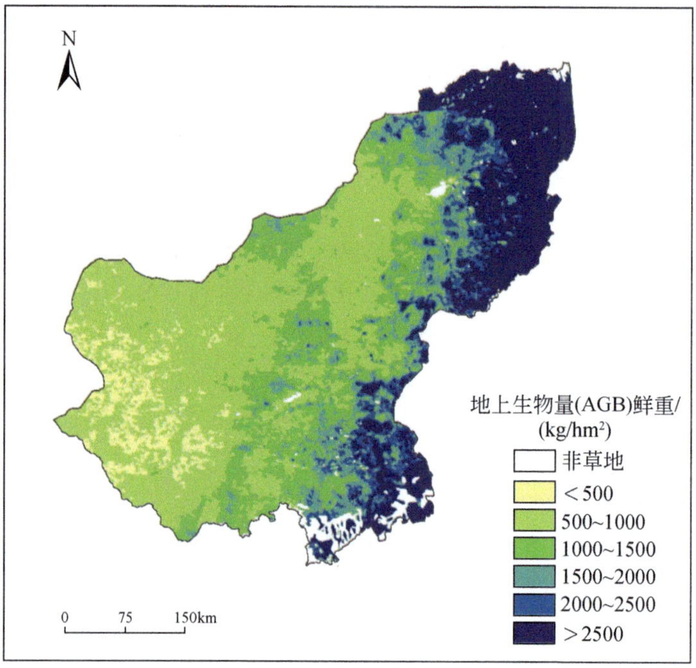

图 9-14 2017 年锡林郭勒盟草原 AGB 鲜重分布

2500kg/hm^2 的类型有改良草地、低地草甸类、温性草原类以及沼泽类；鲜重单产低于 1000kg/hm^2 的类型有温性荒漠类、温性草原化荒漠类、温性荒漠草原类。从总产量上来看，锡林郭勒盟的温性草原类所占面积最大，其 AGB 鲜重总量最高，温性草甸草原类和低地草甸类分别位列第二和第三，这三类的总量之和占锡林郭勒盟 2017 年草原 AGB 鲜重总量的 90% 以上。

表 9-5 2017 年锡林郭勒盟不同草原类型 AGB 鲜重单产、总量

草原类型	面积/km^2	AGB 鲜重	
		单产/(kg/hm^2)	总产量/t
低地草甸类	26 014	1 756.45	4 569 384
山地草甸类	1 577	3 029.59	477 963
改良草地	473	1 092.77	51 777
沼泽类	334	2 165.15	72 456
温性草原化荒漠类	5 122	552.77	283 132
温性草原类	108 445	1 249.61	13 551 464
温性草甸草原类	24 883	2 616.22	6 510 032
温性荒漠类	142	576.49	8 191
温性荒漠草原类	29 659	596.31	1 768 611

9.2.4 草地植被物候

9.2.4.1 参量定义

物候学是研究自然界以年为周期重复出现的各种生物现象的发生时间及其与环境条件（气候、水文和土壤）周期性变化相互关系的科学（竺可桢，1999）。物候是指自然界中的生物受气候和其他环境因素的影响而出现的现象，如植物的萌芽、发叶、开花、结实、叶黄和叶落等（竺可桢，1999）。Myneni 等（1997）通过研究发现，随着全球气候逐渐变暖，植物物候现象也产生一定的变化，并且这种变化已经成为反映全球变化准确而敏感的综合指示器。在全球气候变化的事实下，植被已经发生了变化，包括产量（Nemani et al., 2003；Wang et al., 2017）、物候期（Lesica et al., 2010；Shen et al., 2014）、光合作用（Wan et al., 2009）等方面。草本植物的物候期主要指的是返青期和枯黄期。草本植物的返青期是指每年春季，在温度和水分条件适宜的情况下，牧草的地面芽、地下芽开始萌发再生的时期，这个时期表明牧草开始返青。草原枯黄期是指每年秋季至来年春季返青之前，牧草停止生长或死亡，外貌呈现出枯黄状的这段时期。我们可以称之为广义的枯黄期。遥感物候期能够反映区域尺度上地表植被生长状况，它是通过计算，得到卫星遥感植被指数的时间序列数据，再基于一定的提取算法，最后得到的区域植被物候，是根据植被指数的变化曲线计算而得。

传统的物候学监测方法具有客观和准确的特点，世界上欧洲部分国家和地区，如德国，有比较完整的物候观测数据，其他很多国家和地区缺少长时间、监测面积较广的物候记录，所以想进行大范围的植物物候研究是比较困难的（White et al., 2005）。近几十年以来，随着科技的不断进步，遥感的发展越来越快，NOAA/AVHRR、SPOT VGT、MODIS 等高时间分辨率卫星的不断产生，提供了大量的数据，为物候监测创造了新的手段。遥感已经在植物物候的研究中得到了更多的实际应用，为植物物候的研究增添了新的方法，增加了新的研究领域，加深对全球变化的研究。草原生态系统相对简单的结构使得利用遥感来研究植被物候成为理想的对象。目前遥感技术已经在草地生态系统大尺度植被状况研究中广泛应用。遥感技术用于观测物候，具有探测面积大、空间上不间断、多时相等优势，研究物候在时间上和空间上的变化相对传统的物候研究方法是容易的（Moulin et al., 1997；Schwartz, 1998）。高时间分辨率遥感数据（如 NOAA/AVHRR、MODIS、SPOT VGT）最大化合成的时间序列数据可以用于植被物候研究（Piao et al., 2006）。

9.2.4.2 区域概况

呼伦贝尔市坐落于内蒙古自治区东北部，位于 115°31′E ~ 126°04′E，47°05′N ~ 53°20′N（图 9-15）。东部与黑龙江隔江相望，西和西南部靠近蒙古国，南部与兴安盟相连，北和西北部与俄罗斯接壤，总面积 25.2777 万 km^2。

呼伦贝尔草原地处中温带大陆性季风气候区，该地区冬春干旱多风，且严寒而漫长，夏秋湿润但时间较短。呼伦贝尔草原年平均气温在 −8.6 ~ 4.4℃（图 9-16）；全年 ≥10℃

图 9-15　呼伦贝尔行政区划和草地类型

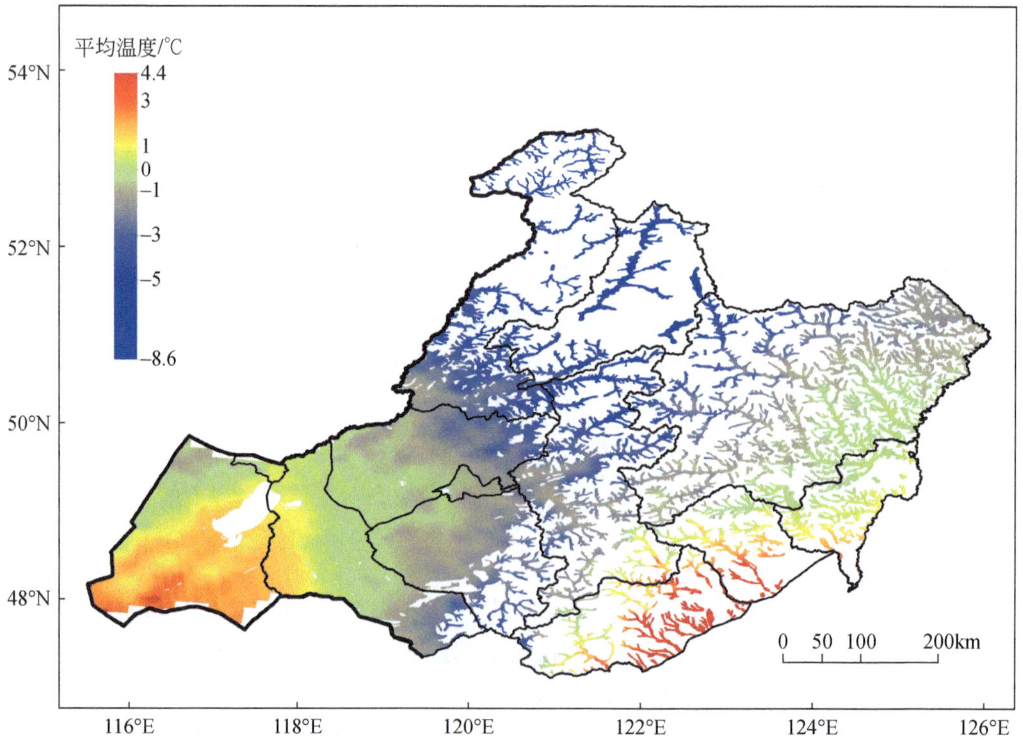

图 9-16　1979 ~ 2015 年年平均温度时空分布

的积温为1800～2200℃，无霜期90～110天，全年日照时数为2500～3000小时。年降水量255～588mm（图9-17），自西向东逐渐增加；与内蒙古其他草原区一致，降水量在年内分布不均，夏季降水较多，且年际变化较大。

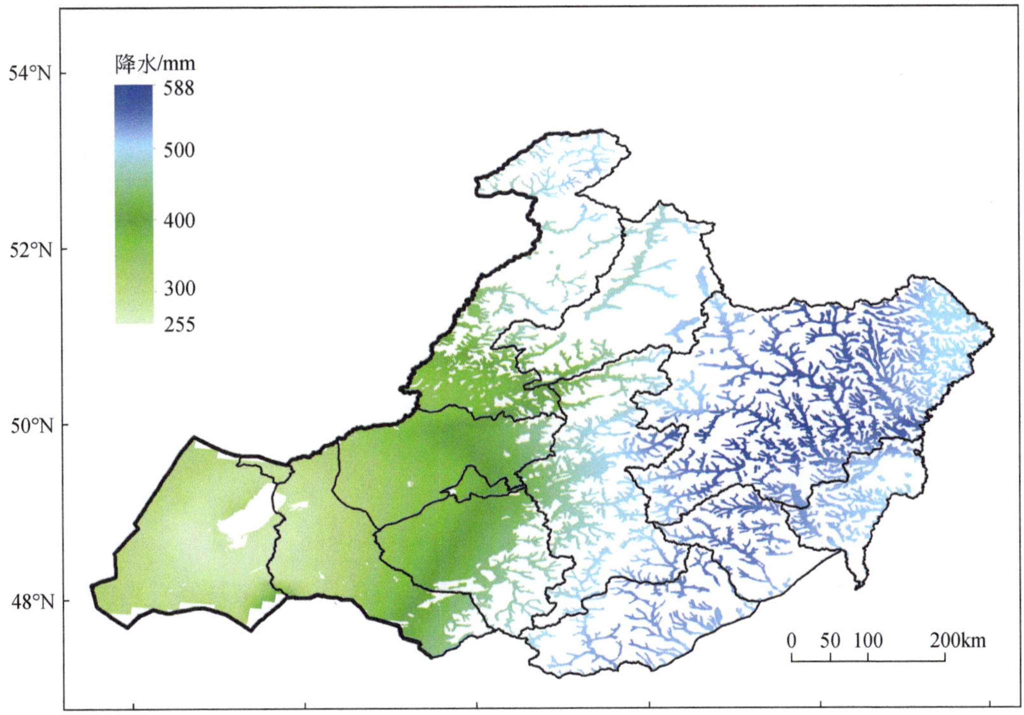

图9-17　1979～2015年年降水时空分布

呼伦贝尔分布着我国最集中、最典型的温性草甸草原，发育了多种草甸草原生态系统，见表9-6。从东到西经由草甸草原逐渐进入半干旱气候的典型草原地带，随气候干燥度形成了自东向西递变的生态地理梯度（图9-15）。地带性植被从东向西明显地分为温性草甸草原类和温性草原类；隐域性植被为低地草甸类、山地草甸类和沼泽类。近些年来，由于气候等自然条件变化、不合理放牧、生物灾害等影响，呼伦贝尔草原发生了不同程度的退化，草地质量变差，生物多样性降低，面临着一系列的生态环境问题。

表9-6　主要草地类型概况

草地类型	草地面积/万 hm^2	面积比例/%	草群草层高度/cm	盖度/%	优势植物
温性草甸草原类	141.90	18.07	20～60	50～80	日荫菅（*Carex pediformis*）、线叶菊（*Filifolium sibiricum*）、贝加尔针茅（*Stipa baicalensis*）、羊草（*Leymus chinensis*）等

续表

草地类型	草地面积/万 hm^2	面积比例/%	草群草层高度/cm	盖度/%	优势植物
温性草原类	431.41	54.93	15～45	40～65	羊草、大针茅（*Stipa grandis*）、克氏针茅（*Stipa krylovii*）、糙隐子草（*Cleistogenes squarrosa*）、冷蒿（*Artemisia frigida*）等
低地草甸类	126.47	16.11	30～100	80～95	红顶草（*Agrostis gigantea*）、碱蓬（*Suaeda glauca*）、碱茅（*Puccinellia distans*）等
山地草甸类	38.94	5.15	40～60	85～100	日荫菅、山野豌豆（*Vicia amoena*）、地榆（*Sanguisorba officinalis*）、拂子茅（*Calamagrostis epigejos*）、无芒雀麦（*Bromus inermis*）等
沼泽类	17.38	2.30	50～150	95～100	塔头薹草（*Carex heter olepis*）、大叶章（*Deyeuxia langsdorffii*）、芦苇（*Phragmites australis*）、扁秆蕉草（*Scirpus planiculmis*）等

资料来源：张玉静，2018

9.2.4.3 数据资料与技术路线

遥感物候期能够反映区域尺度上地表植被生长状况，它是通过计算得到卫星遥感植被指数的时间序列数据，再基于一定的提取算法，最后得到的区域植被物候，是根据植被指数的变化曲线计算而得，具体技术路线见图 9-18。

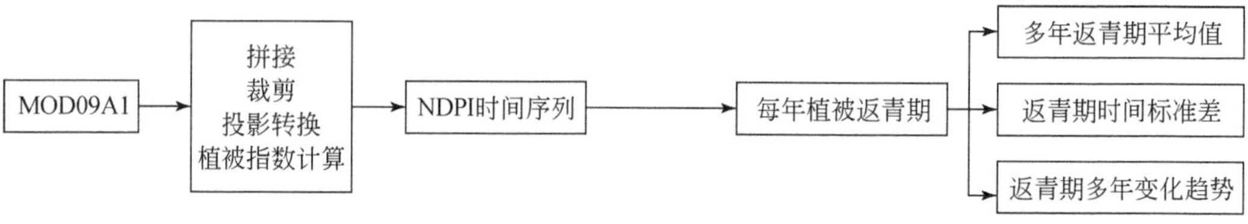

图 9-18 技术路线图

在中国草原区，植被返青期一般发生在 4～5 月，气温较低，经常会有融雪，NDVI 和 EVI 易受融雪的影响，从而进一步影响返青期的监测。为了最大限度地减少监测春季物候的融雪效应，应用新开发的一种物候指数（Wang et al.，2006）——归一化差异物候指数（Normalized Difference Phenology Index，NDPI），该指数是由近红外波段、红波段和短波红外波段计算得来，旨在利用卫星技术改善春季物候监测。它可以最小化不同背景成分（如雪和土壤）之间的差异，得到最佳的植被信号。

$$\mathrm{NDPI}=\frac{\rho_{\mathrm{NIR}}-0.74\times\rho_{\mathrm{red}}+0.26\times\rho_{\mathrm{SWIR}}}{\rho_{\mathrm{NIR}}+0.74\times\rho_{\mathrm{red}}+0.26\times\rho_{\mathrm{SWIR}}} \tag{9-13}$$

式中，ρ_{NIR}、ρ_{red}、ρ_{SWIR}分别为近红外、红光和短波红外的地表反射率。

下载的呼伦贝尔地区 2001～2015 年 MODIS MOD09A1 数据产品是空间分辨率为 500m 的 8 天最大化合成的地表反射率数据，使用 Python 批量计算 NDPI，得到 2001～2015 年 NDPI 时间序列，在 ERDAS 软件中将 TIF 格式数据转换为 GRASS 格式，以便于在

TIMESAT 软件中进行物候期的提取。

返青期遥感监测方法应用最多的三种是：动态阈值法、最大斜率法和中值法。基于 GIMMS NDVI 和 MODIS NDVI 数据对北半球植被的一项研究使用地面站点观测返青期数据提取出的返青期对动态阈值法（0.2）、最大斜率法和中值法提取出的遥感返青期进行验证，结果显示中值法提取出的遥感返青期是最可靠的（Chang et al., 2016）。

中值法的计算方法为

$$NDPI_{mid}=(NDPI_{max}+NDPI_{min})\times 50\% \tag{9-14}$$

式中，$NDPI_{max}$ 为整个生长季中 NDPI 最大值；$NDPI_{min}$ 为 NDPI 上升或者下降阶段的最小值。

TIMESAT 软件是一个软件包，它主要用于分析遥感时间序列数据，先用它对 NDVI 时间序列进行滤波重建，再提取相应植被的物候信息（Jonsson et al., 2004）。使用 TIMESAT 软件进行返青期提取，使用 Double-Logistic 滤波对时间序列进行重建。

9.2.4.4 案例结果分析

1）植被返青期多年平均值

从遥感返青期多年平均值（图 9-19）的空间格局来看，返青期整体是由西南部和东部向中部地区推迟，并且大部分地区的遥感返青期主要发生在 4 月中旬至 5 月下旬，整个区域的返青期多年平均值为第 120 天。新巴尔虎左旗整体多年返青期平均值在 4 月中下旬，新巴尔虎右旗南部返青期多年平均值在 4 月下旬，北部稍晚于南部，主要在 5 月上

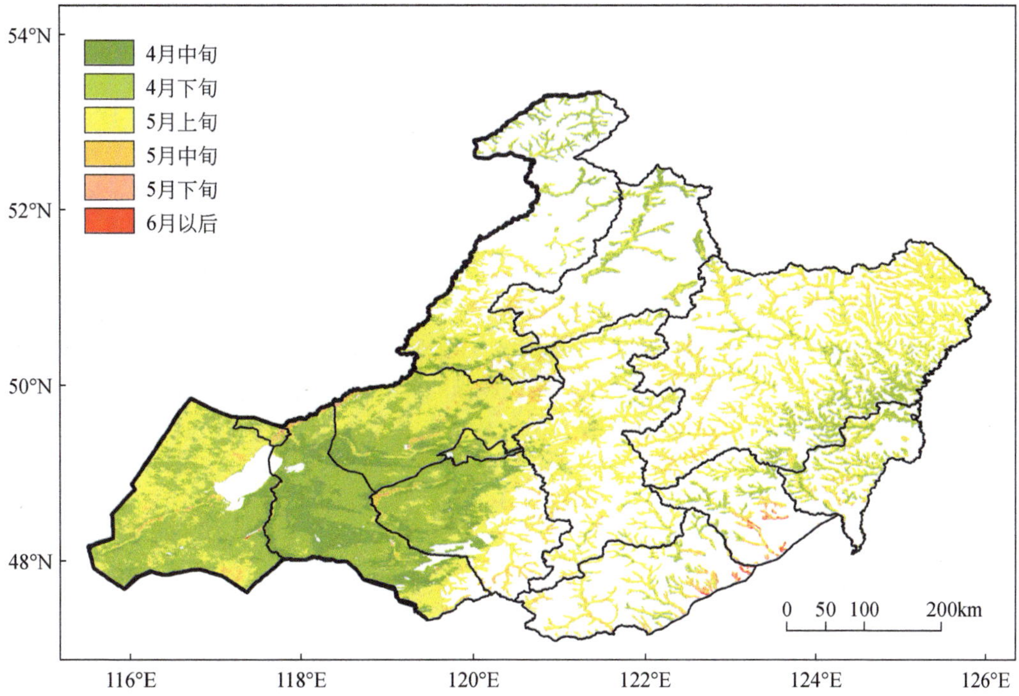

图 9-19 植被返青期多年平均值空间分布

旬，陈巴尔虎旗和鄂温克族自治旗的西部返青期多年平均值在 4 月下旬，东部在 5 月上旬，除了西部的 4 个牧业旗，剩余的旗县返青期多年平均值大部分在 5 月上旬，在呼伦贝尔的北部和东南部，返青期多年平均值在 4 月中下旬的居多。形成这样的空间格局分布，主要是因为植被年内生长情况与其受到气象因子影响的复杂程度密切相关，在呼伦贝尔草原区，植被在生长期间对水热条件很敏感，因此在生长期间水热条件好的区域或者年份，植被可以较早返青。

对返青期多年平均值所占面积比例进行统计，返青期多年平均值在 4 月下旬和 5 月上旬的区域面积较大，分别占到整个呼伦贝尔草原的 34. 6% 和 48. 8% ，4 月下旬的区域主要集中在西南部，4 月上旬的区域主要分布于中部和东部区域；有 10. 5% 的区域返青期多年平均值发生在 4 月中旬，主要分布于新巴尔虎左旗；剩余 6. 1% 的区域返青期多年平均值在 5 月中旬以后，主要分布于东南部地区。

根据不同草地类型统计返青期多年平均值（表 9-7），返青期按照温性草原–温性草甸草原–低地草甸–山地草甸的顺序逐渐推迟。温性草原中有 98. 8% 的面积返青期多年平均值主要集中在 4 月中旬至 5 月上旬，4 月下旬返青的面积最大，占到温性草原的 55. 3% ，4 月中旬返青的面积占温性草原的 18% ，该部分地区返青期较早。温性草原返青期的总体平均值为第 116 天。

表 9-7　返青期占各草地类型百分比统计结果　（单位：%）

草地类型	4 月中旬	4 月下旬	5 月上旬	5 月中旬	5 月下旬	6 月
温性草原	18. 0	55. 3	25. 4	1. 2	0. 1	0
温性草甸草原	9. 2	27. 0	60. 6	3. 1	0. 1	0
低地草甸	7. 2	24. 6	58. 6	8. 3	1. 0	0. 3
山地草甸	1. 2	11. 2	82. 5	5. 1	0	0

温性草甸草原中有 96. 8% 的面积返青期多年平均值集中在 4 月中旬至 5 月上旬，5 月上旬返青的面积最大，占到温性草原的 60. 6% ，4 月下旬返青的面积占温性草甸草原面积的 27% ，有 9. 2% 的面积返青期在 4 月中旬，4 月中旬和 4 月下旬返青的面积主要分布在鄂温克族自治旗和新巴尔虎左旗。温性草甸草原返青期的总体平均值为第 121 天。

低地草甸中有 98. 7% 的面积返青期多年平均值分布在 4 月中旬至 5 月中旬，分布特点与温性草甸草原相似，5 月上旬返青的面积最多，占到低地草甸的 58. 6% ，主要分布在中部和中东部，4 月下旬返青的面积占低地草甸的 24. 6% ，主要分布在新巴尔虎右旗、大兴安岭北部和呼伦贝尔东南部，有 7. 2% 的面积在 4 月中旬返青期，主要分布在新巴尔虎左旗。低地草甸返青期的总体平均值为第 123 天。

山地草甸中 98. 8% 的面积返青期多年平均值分布在 4 月下旬至 5 月中旬，5 月上旬返青的面积最多，达到 82. 5% ，4 月下旬和 5 月中旬返青的面积占比分别为 11. 2% 和 5. 1% 。山地草甸返青期较晚，总体平均值为第 125 天。

2）植被返青期时间标准差

对呼伦贝尔草地植被返青期进行时间标准差计算，分析其空间格局（图 9-20），返青期时间标准差在大部分区域在 5～25 天波动，整个区域的返青期时间标准差平均值为 11.6 天。返青期时间标准差在西南部地区偏大，中部区域偏小，由东北方向向西南方向递增，时间标准差增加表明返青期的年际波动增加，在西南部地区（新巴尔虎右旗）可达 15 天以上，该地区返青时间相对较早，属于半干旱地区，年降水在整个区域最少，年均温在大兴安岭以西地区是最高的，近些年春季干旱的频率增加，导致该地区的植被返青期波动偏大。总的来说，植被返青期的开始是适应气象因素的结果，在呼伦贝尔草原地区，植被对春季的水热条件比较敏感，气象因子如何影响返青期的开始需要进一步研究。对面积进行统计，有 59.2% 的面积的返青期时间标准差在 5～10 天，19.6% 的面积标准差在 10～15 天，8% 的面积标准差在 15～20 天，变化在 20 天以上的占 9.5%，变化小于 5 天的占 3.7%。

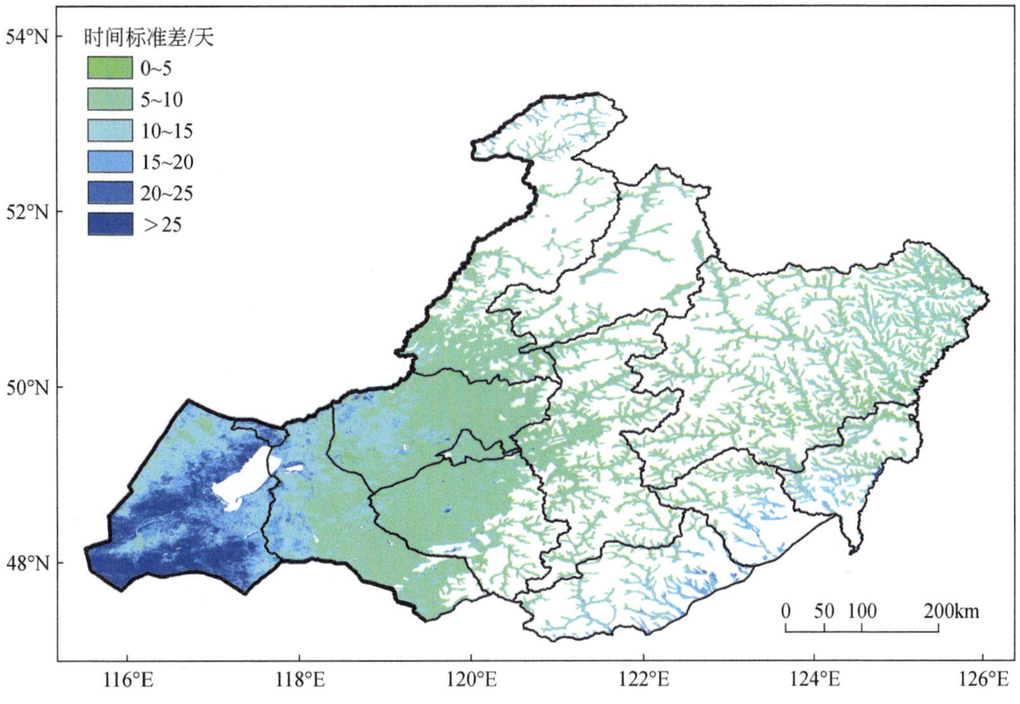

图 9-20　呼伦贝尔植被返青期时间标准差空间分布

分草地类型对返青期的时间标准差进行统计，温性草原区有 89.5% 的面积返青期时间标准差集中在 5～25 天，大于 15 天的面积占到 37.3%，主要集中在新巴尔虎右旗，35.5% 的面积返青期时间标准差小于 10 天，主要集中在 118°E～120°E 的地区。温性草原返青期时间标准差的平均值为 14.3 天。温性草甸草原返青期时间标准差主要集中在 5～15 天，83.8% 的面积时间标准差在 5～10 天，波动较小，这可能和温性草甸草原的植被多样性有一定的关系，这类草地类型的植物种类丰富，分布的位置降水较丰富，返青期受气候波动的影响较小。温性草甸草原返青期时间标准差的平均值为 7.9 天。低地草甸和山地草甸返青期时间标准差的平均值分别为 9.2 天和 6.7 天。

3）植被返青期多年变化趋势

基于 2001 ~2015 年呼伦贝尔草原的遥感监测结果，使用 TS-MK 趋势分析方法，逐像元计算返青期的多年变化趋势（图 9-21）。结果显示，2001 ~2015 年，呼伦贝尔草原返青期变化趋势 90% 的地区在-20 ~20d/10a，以提前趋势为主（57.1%），空间上主要分布于温性草原以外的区域，整个区域有 9.3% 的面积具有显著（$p<0.05$）提前趋势，主要分布于中部温性草甸草原区和东北部的低地草甸区；推迟趋势的面积占整个区域的 39.9%，空间上主要分布在温性草原区，仅有 4.4% 的面积通过显著性检验（$p<0.05$），空间上主要集中在新巴尔虎右旗北部。整个呼伦贝尔草原返青期呈现提前趋势，变化速率为-2d/10a。

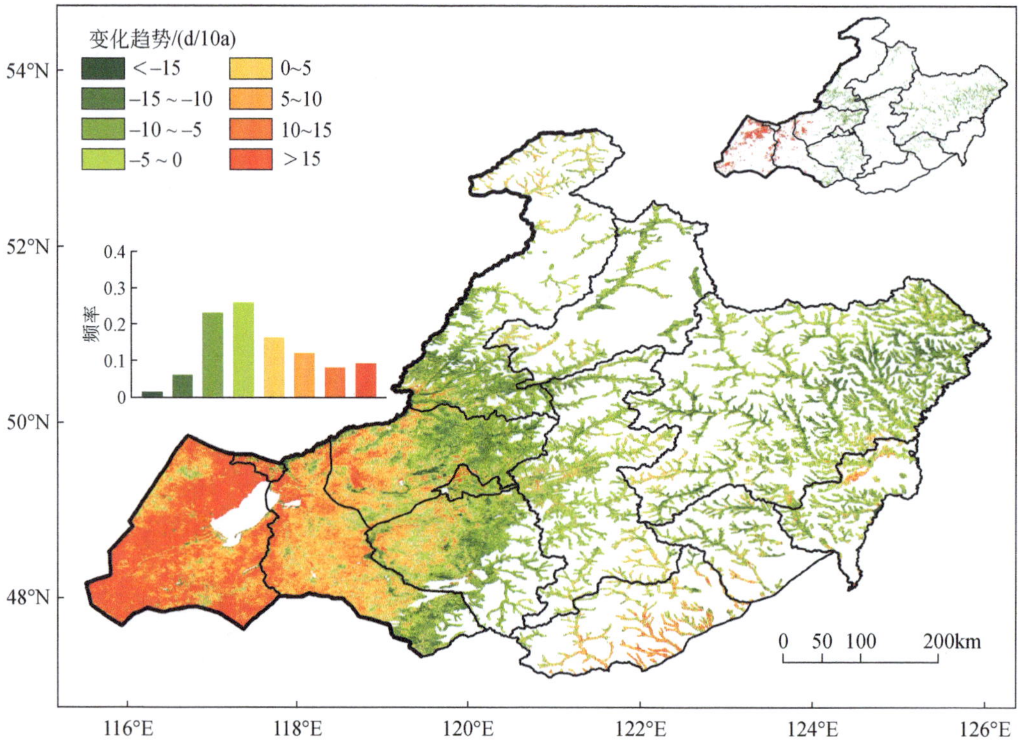

图 9-21　2001 ~2015 年呼伦贝尔植被返青期变化趋势的空间分布

右上角插图中红色表示显著（$p<0.05$）推迟，绿色表示显著（$p<0.05$）提前，左侧插图表示图例所示值对应的频率分布

从各草地类型来看，温性草原返青期大多数面积表现为推迟趋势，返青期推迟的面积占 82.7%，其中呈显著推迟趋势（$p<0.05$）的面积占 10.1%，呈显著推迟的面积主要集中在新巴尔虎右旗北部和西南部、陈巴尔虎旗西北部；返青期表现为提前趋势的面积仅占 12.7%，空间上主要分布于与温性草甸草原接壤的区域，其中呈显著提前趋势（$p<0.05$）的面积占比不到 1%。温性草甸草原返青期大多数面积表现为提前趋势，返青期提前的面积占 74.7%，其中呈显著提前趋势（$p<0.05$）的面积占 10.9%；返青期表现为推迟趋势的面积占 20.3%，空间上主要分布于与温性草原接壤的区域，其中呈显著推迟趋势（$p<$

0.05）的面积占 1.8%。低地草甸返青期大多数面积表现为提前趋势，返青期提前的面积占 69.5%，其中呈显著提前趋势（$p<0.05$）的面积占 12.8%，空间上主要分布在鄂伦春自治旗、陈巴尔虎旗和额尔古纳市；返青期表现为推迟趋势的面积占 24.0%，空间上主要分布于扎兰屯市、新巴尔虎右旗和新巴尔虎左旗，其中呈显著推迟趋势（$p<0.05$）的面积占比不到 1%。山地草甸返青期大多数面积表现为提前趋势，返青期提前的面积占 84.3%，其中呈显著提前趋势（$p<0.05$）的面积占 13.2%，空间上主要分布在陈巴尔虎旗和阿荣旗；返青期表现为推迟趋势的面积占 9.6%，空间上主要分布于海拉尔区、陈巴尔虎旗东南部和牙克石市，其中呈显著推迟趋势（$p<0.05$）的面积占比不到 1%。

呼伦贝尔草地植被返青期主要呈提前趋势，呈显著提前趋势的面积明显多于呈显著推迟的面积。很多基于遥感数据的分析表明，内蒙古北部草地植被返青期主要呈提前趋势，而在偏干旱的温性草原和温性荒漠草原主要为推迟趋势。

9.3 草地生态系统退化评估

9.3.1 草地沙化监测评估

9.3.1.1 评估内容定义及主要方面

沙化是草地退化的主要形式之一，也是草地退化的极端表现形式，其危害程度、发生面积已远超出其他类型的土地退化方式。世界范围内大约有 45.6 万 km^2 的土地发生不同程度的沙化，沙化引起退化的土地占陆地生态系统的 35%，其发生在超过 100 个国家中，并且影响了 8.5 亿人口。作为一个拥有超过 14 亿人口、耕地资源有限的国家，如何利用好占国土面积约 41% 的草地资源，成为中国国家发展的重要问题。我国北方沙化草地面积达 4389.93 万 hm^2，占可利用草地总面积 41.15%。我国沙化地区主要分布在传统草原牧区，畜牧业是农牧民的主要收入来源，优质的天然草原是这一收入来源的重要保障，同时对于地区的社会进步、经济发展、生态稳定等各方面具有重要作用。

遥感技术因其大范围数据获取与连续观测的能力，以及空间连续、周期短、受地面条件限制少、信息量大、资源消耗少等优势，已成为草原沙化监测的主要手段，主要方法包括目视解译法、监督分类法、基于单一指标以及多指标拟合的方法。目视解译法是较为传统且当前仍然广泛使用的沙化监测方法（Zhang et al., 2018），它是通过建立解译标志，综合运用影像中光谱、纹理、形状等特征进行人机交互的目视判别。但目视解译法依赖于解译人员对研究区沙化的认识水平，主观性较大，且费时费力，难以满足遥感技术定量化的发展需求。监督分类法是利用已知分类区作为图像分类的判别依据，并依据一定的准则对图像进行分类处理，如支持向量机、随机森林、人工神经网络等分类器都被使用过，但监督分类中对训练样本的数量与质量都有较高的要求，容易出现样本代表性差、主观性大，以及定量化评价能力不足等问题。大部分研究者选取具有代表性的一个指标进行沙化土地分类，应用最广泛的是植被覆盖度、归一化差值植被指数、修正型土壤调节植被指数等（李宝林等，2001；Hellden et al.，2008；Wu et al.，2019），然而沙化是一种复杂、动态的过程，单一指标只能体现沙化过程中的某一方面的变化，难以取得更高的精度。部分研究者综合运用多指标进行沙化监测，包括使用决策树、特征空间、主成分分析、层次分析法等方法（Wei et al.，2018；Duan et al.，2019；Zhang et al.，2019；Jiang et al.，2019），但目前尚未形成较为统一的综合指标体系及监测方法。

沙化成因长期以来都是研究的重点，对于驱动力的探究有利于调整和制定防沙治沙策略。气候变化与人类活动已是公认的两大沙化驱动力，然而如何快速准确地进行评价，怎样定量地分析沙化过程中人类活动与气候变化的相对作用仍是目前的难点。常用的方法包括定性-半定量的评价方法、基于回归模型的评价方法、基于主成分分析的评价方法、基于残差的评价方法。定性-半定量的评价方法是在沙化变化趋势的基础上，对气象因子与社会因子进行分析，进而利用专家经验来判断两者的相对作用，这种方法主观性过强，可能会造成结果的差异较大。基于回归模型的评价方法即建立回归统计模型，分析沙化与气候、社会因子的相关关系，然而沙化发展过程是复杂的、非线性的，简单的回归模型难以进行模拟。基于主成分分析的评价方法虽然有坚实的数学基础，但它只对驱动力各因子进行分析，没有考虑沙化的发展情况。此外，基于主成分分析的评价方法将研究区作为整体来研究，未考虑内部连续空间上的差异。近年来，多种手段被用来在空间上定量评价相关驱动因子，残差分析是经常使用的方法之一（田海静等，2019），它利用气象因子模拟潜在的沙化程度（通常使用 NDVI 或 NPP 代表），并计算沙化预测值与观测值的差（即残差），用来表示人类活动的影响强度。地理探测器（Han et al.，2021）也被用于沙化研究中，它可以判断各种地理现象复杂因子的相互作用，并且有较为坚实的数学基础。

9.3.1.2 区域概况

正蓝旗位于内蒙古自治区中部，锡林郭勒盟草原东南边缘，处于京津风沙源治理工程范围内，南北长约 138.7km，东西宽约 122km，总面积为 10 182km^2，地理范围为 41°46′N ~ 43°7′N，114°55′E ~ 116°38′E，距离北京市直线距离仅 180km。正蓝旗年平均降水量约为 365mm，降水季节分布不均衡，集中在 6 ~ 8 月，春秋季节风力强劲，属于京津地区沙尘暴策源地之一。地势西南高、东北低，平均海拔约为 1300m，南部多为低山丘陵地貌，是大兴安岭南缘与燕山北缘低山丘陵的交汇地区，属于农牧交错带；北部属于浑善达克沙地中东段，以固定、半固定沙丘为主，少量新月形流动沙丘，植被覆盖度较低（图 9-22）。

与西部干旱区相比，各类植被对浑善达克沙地的气候变化具有较高敏感性，同时易受人为影响和操控，表现出明显的生态脆弱性。正蓝旗较为干旱的气候与长期的不合理放牧曾经使该地沙化状况日益严重。对正蓝旗沙化发展状况以及驱动力的研究成果可以帮助我们更深刻地理解沙化的变化规律及其原因，为整个浑善达克沙地与京津风沙源治理工程区的防沙治沙工程提供一定的参考，对其他半干旱区的沙地治理也具有重要意义。

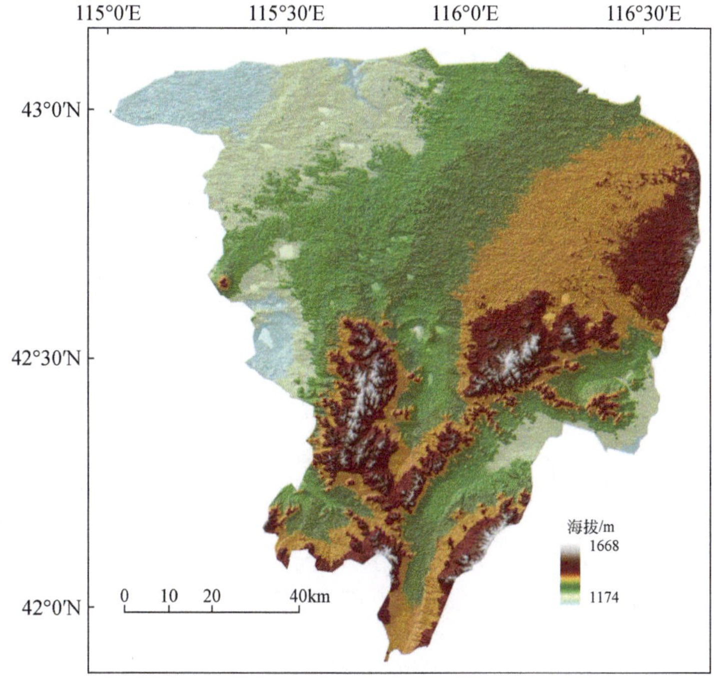

图 9-22 正蓝旗地势

9.3.1.3 数据资料与技术路线

本研究的技术路线如图 9-23 所示。

1）遥感数据获取与预处理

研究区内蒙古正蓝旗属于县级研究尺度，宜使用中等空间分辨率遥感数据。Landsat 系列卫星运行时间长，影像覆盖全面，质量较高，波段信息丰富，且应用广泛，数据研究深入，在 GEE 中可以快速调取处理。GEE 中提供了 Landsat-5 与 Landsat-8 的地表反射率产品，该产品已经过辐射定标与大气校正等预处理，各个波段的像元值是校正后的地表反射率数据，可以直接使用。本研究调用 Landsat-5 SR Tier1 与 Landsat-8 SR Tier1 产品进行“最绿”合成。首先，根据研究区位置进行影像的筛选，筛选出一年中植被生长较为旺盛的 6～9 月的所有影像；其次，对所有影像中的云以及阴影进行掩膜；最后，计算所有影像的 NDVI 并作为新波段添加到影像中，利用 qualityMosaic 函数将全部影像根据 NDVI 最大值进行合成，利用正蓝旗边界裁剪得到每年的遥感影像。由于本书的主要研究对象为沙化土地，为了避免其他地物的干扰，在预处理中对水体、盐渍化土地、居民建筑用地进行提取与掩膜。

降水与气温是沙化发展过程中起重要作用的气象因子，为进行残差分析，通过 ANUSPLIN 数据插值获取了 2000～2017 年植被生长季（5～9 月）总降水量与平均气温数据，空间分辨率 250m。此外，在 GEE 中调用了 MOD13Q1 NDVI 数据，同样用于残差分析。

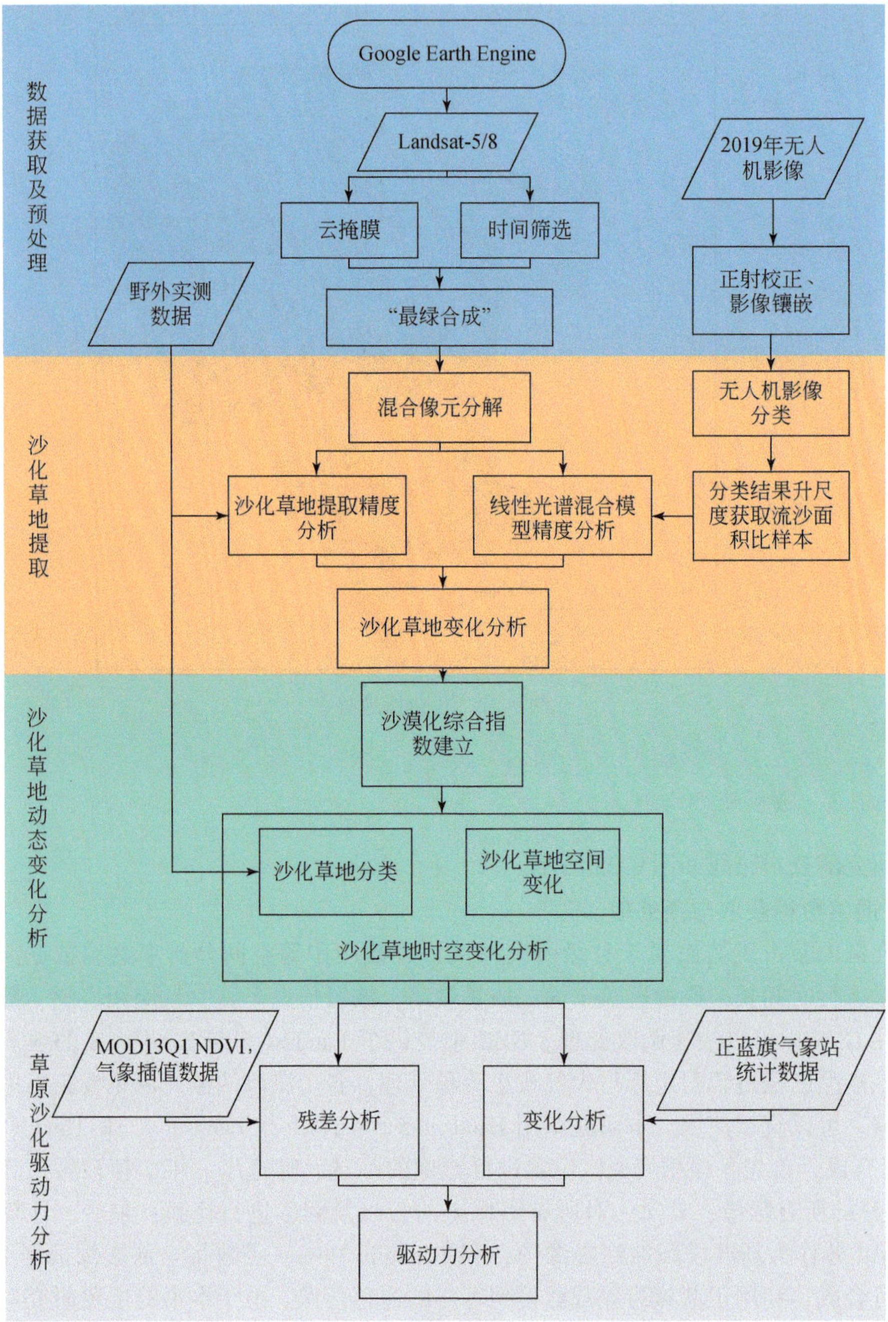

图 9-23　技术流程

2）正蓝旗草原沙化监测分级体系

参考我国国家标准《天然草地退化、沙化、盐渍化的分级指标》（GB 19377—2003）以及相关土地沙化分级指标研究，在收集和分析前人工作成果的基础上结合正蓝旗实际情况，进一步确定了正蓝旗草原沙化程度分级体系。指标体系中，植被及流沙面积比例阈值的确定主要是根据野外考察中各程度沙地、沙丘的流动或固定状况，并将其分为轻度、中度、重度沙化草地：固定沙丘或平缓固定沙地（结皮明显，无明沙）为轻度沙化；半固定沙丘和平缓沙地要视结皮情况而定，若结皮较为明显且颜色较暗，有一定的土块或是土壤颗粒则可判为轻度沙化，若结皮很少且很薄，有一定量的明沙，性状更接近于半流动沙丘，则可判为中度沙化；半流动沙丘和平缓沙地（结皮数量少、有明沙，地表风沙活动较为强烈、无暗色土壤颗粒或暗色土壤颗粒较少，只有浅色不成型的土壤结皮）为中度沙化；流动沙丘则为重度沙化。

3）地面数据、无人机数据的获取及预处理

2019 年 8 月上旬（全年植被生长最旺盛期）开展了正蓝旗的实地考察，以及野外无人机航拍工作。利用 GPS 设备对表 9-8 中各类型沙化土地进行多点定位，共采集样点 130 个，用于后续研究中的精度验证。此外，课题组曾于 2010 年 9 月上旬前往正蓝旗进行沙化野外考察，共收集各类型沙化样点 12 个，在后文中将其一并用于精度验证。样地的选择应满足以下几点：①能够反映正蓝旗草原沙化的地带性特点，沙化类型及沙化程度判断需准确；②各种沙化类型、沙化程度均应设置一定数量的样地，并且注意各样地所处位置的不同，如坡度、坡向、坡位等；③不同利用强度的草原以及生态保护区内均应设置一定数量的样地；④样地不能设置于沙化类型、沙化程度、利用强度等的过渡区域；⑤样地应尽可能均匀分布于研究区，在不同典型区应均有样地分布。

表 9-8　正蓝旗草原沙化分类体系

沙化分级	地形特征	植被特征	土壤特征
未沙化	地形一般较为平坦，开阔的草场或丘间低地	沙生植被为伴生种或偶见种，植被覆盖度一般大于 80%	未出现明显风沙活动，土壤含水量较高，生物结皮覆盖度高，粉砂及黏粒含量高，流沙面积一般小于 15%
轻度沙化	地形起伏不明显，一般为较平坦丘间地或固定沙丘	沙生植物成为主要伴生种，植被覆盖度降低，一般为 50%～80%	出现少量风沙活动，大部分被生物结皮或土壤层覆盖，流沙面积一般在 15%～40%
中度沙化	一般为半固定沙丘，出现小型风蚀坑	沙生植物成为优势种，植被覆盖度下降，一般为 30%～50%	风沙活动明显，生物结皮和物理结皮面积大幅度减小，流沙面积迅速增加，一般在 40%～60%
重度沙化	地形起伏明显，一般为半流动、流动沙丘，出现大中型风蚀坑	仅存在沙生植物，植被稀疏，覆盖度一般小于 30%	风沙活动强烈，粉砂及黏粒含量极低，流沙面积一般超过了 60%，结皮面积极少

本研究选用选取了 10 个分布较为均匀、具有代表性且沙化程度不同的航拍样地（图 9-24），共进行了 20 架次的航拍，无人机飞行高度 80m，航向重叠度 75%，旁向重叠度 65%，获取相片 4382 张。无人机影像预处理在 Pix4Dmapper 中基于 SfM（Structure from Motion）方法完成。最后生成数字正射影像（Digital Orthophoto Map，DOM）和数字地表模型（Digital Surface Model，DSM），像元大小在 4cm 以内。最终共得到了 13 幅高质量的无人机正射影像，总覆盖面积达到 1.85km^2。

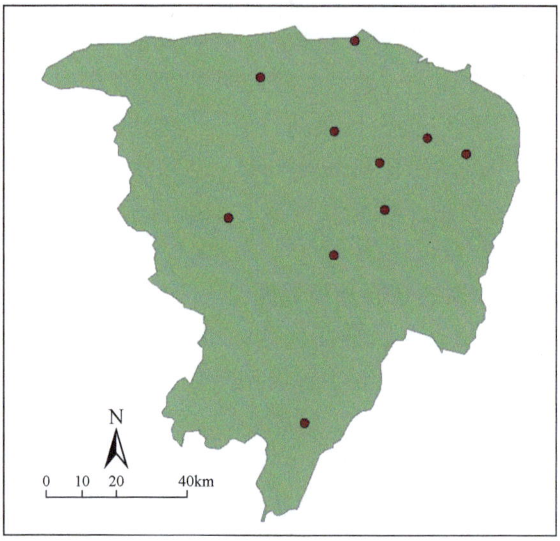

图 9-24 无人机航拍样地分布

4）监测时段选择

本研究选择了 2000 年、2004 年、2010 年、2015 年、2019 年五个时间段对正蓝旗 2000～2019 年的沙化发展状况进行分析。监测时段选择主要基于以下两个原因：①降水是影响植被状况最主要的因素之一，对沙化的发展具有重要作用，分析沙化的变化需在相同的降水条件下比较才有意义，否则难以判断一定时间段内研究区土地退化的真实情况。通过收集正蓝旗气象站的月降水数据，计算了 2000～2019 年的标准降雨指数（SPI），如图 9-25所示，可以发现 2000 年、2004 年、2010 年、2015 年、2019 年植被生长季的平均 SPI 都属于轻微湿润，说明这 5 个年份在植被生长的关键的月份的降水量属于同一水平，

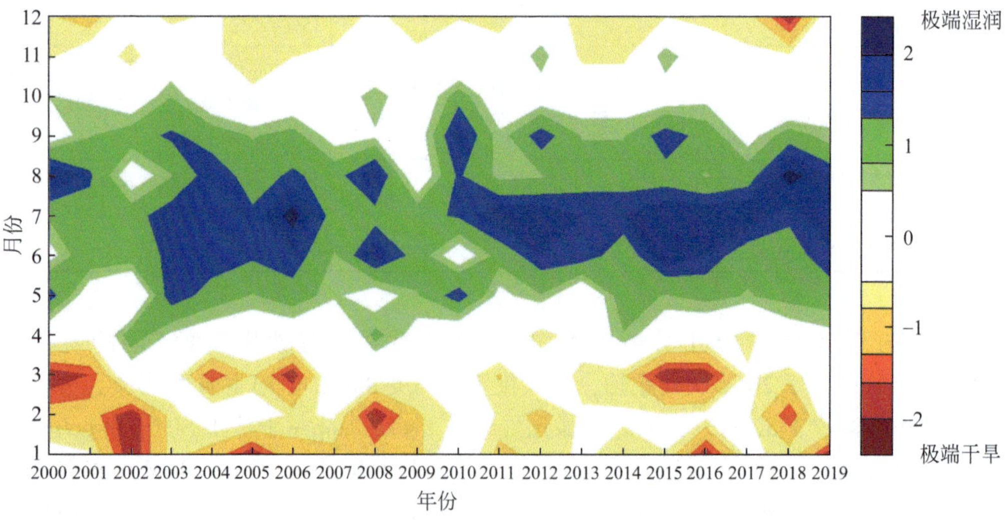

图 9-25 SPI 计算结果

具有可比性。②这五个时间段相隔较为均匀，两两相差 5 年左右，具有一定的规律性，能够代表近 20 年间草原沙化发展的整体情况。

9.3.1.4 参数信息提取与评估分析方法

1）无人机影像处理

本研究分类的目的是将无人机影像分为流动沙地与非流动沙地两部分，并将分类结果升尺度，得到 Landsat 对应像元的流沙面积比例，用于后文的线性光谱混合模型精度验证。

为提高分类精度，分类之前需要对数据进行处理，获取参与分类的特征。对 13 幅无人机影像分别进行特征提取，最终确定 11 个参与分类的特征，包括影像原始 RGB 波段、数字地表模型、通过灰度共生矩阵得到的纹理均值 GLCM_mean，以及 6 个常见的可见光植被指数：可见光波段差异植被指数 VDVI、归一化绿红差异指数 NGRDI、归一化绿蓝差异指数 NGBDI、红绿比值指数 RGRI、过绿指数 EXG、植被颜色指数 CIVE，各植被指数的计算公式如下：

$$\mathrm{VDVI}=\frac{2G-R-B}{2G+R+B} \tag{9-15}$$

$$\mathrm{NGRDI}=\frac{G-R}{G+R} \tag{9-16}$$

$$\mathrm{NGBDI}=\frac{G-B}{G+B} \tag{9-17}$$

$$\mathrm{RGRI}=\frac{R}{G} \tag{9-18}$$

$$\mathrm{EXG}=2G-R-B \tag{9-19}$$

$$\mathrm{CIVE}=0.441R-0.881G+0.385B+18.787 \tag{9-20}$$

式中，G 为绿波段反射率；R 为红波段反射率；B 为蓝波段反射率。各特征在 R 语言中计算得到。

在分类前，基于无人机影像利用目视解译选取样本，每幅影像选取样本 15 ~ 25 个，共得到了 255 个样本，包括 131 个流动沙地样本，124 个非流动沙地样本，将样本随机分为两个子集，最终得到了 75 个验证样本与 180 个训练样本。利用 RF 模型，对 13 幅无人机影像进行分类。为将分类结果进行升尺度与 Landsat 影像匹配，本研究借鉴了 Kattenborn 等（2019）的方法，首先，在分类结果中将流动沙地像元赋值为 1，非流动沙地像元赋值为 0；其次，进行重采样，将无人机影像输入 GEE 中，利用 reduceResolution 命令计算 Landsat 对应像元内无人机影像分类结果的均值，从而得到对应 Landsat 像元的流动沙地面积比例，在后续研究中用于模型精度验证。

2）基于流沙面积比例的草原沙化信息提取

目前，草原沙化遥感监测研究大都是以植被指数为主，通过各种植被指数提取沙化信息，特别是 NDVI 以及由 NDVI 衍生出的植被覆盖度应用最为广泛。在充分收集和深入学习前人研究成果的基础上，选择表征沙化最直接的流沙面积比例来提取沙化草地范围。

为了获取流沙面积比例这一指标，选择像元分解模型（光谱混合模型）进行。在进行端元分解之前，需要选取（或指定）一些端元来对影像进行分解。合适、准确的端元选取对线性光谱混合模型（LSMM）至关重要，选取哪些地物作为终端端元、端元的数量及其特征光谱的确定影响着像元分解的精度，同时也是决定线性光谱混合模型像元分解成败的关键。将预处理后的 2019 年 Landsat-8 影像与 2010 年 Landsat-5 影像从 GEE 输出，在 ENVI 中综合使用最小噪声分离（MNF）与像元纯净指数（PPI）进行端元的选取及端元光谱的确定。在通过两种方法选择终端端元的过程中，可以发现植被、流沙和土壤三种地类是影像像元中普遍存在的有效组分，这也符合对研究区的野外考察结果，所以选取植被、流沙和土壤三种地类作为线性光谱混合模型像元分解的终端端元。

3）沙化草地时空动态分析

沙化土地的遥感监测长期以来都是研究重点与热点，多指标的耦合分析是近年来发展的趋势，为提高监测精度，研究者往往利用多种相关的指数进行综合评价。本研究选择 Albedo、TGSI、wetness 以及 NDVI 四个指数，利用层次分析法，从地表辐射特征、植被特征、土壤机械组成特征、湿度特征四个角度构建沙化指数（DI），并进行沙化土地的动态变化评价。

Albedo 是沙化遥感监测中使用最多的指标之一，它代表了地表反射的太阳辐射通量与入射的太阳辐射通量之比，是反映陆地下垫面辐射特性的重要参数。TGSI 可以反映表层土壤的机械组成，与细沙的含量呈正相关，所以常被用来研究沙化的状况（Xiao et al., 2006）。地表湿度同样与沙化程度有较强的相关性，缨帽变换的湿度分量 wetness 可以反映土壤和植被的湿度状况，常被应用于生态环境的监测中。NDVI 是最常被使用的植被指数，它对植被变化较为敏感，可以反映沙化土地上植被的生长状况。

层次分析法（AHP）有严格的数学依据且原理简单，为环境评价和综合各种指标的影响提供了一种系统的方法。AHP 被较广泛地应用于沙化的相关研究中，相比于其他多指标拟合的方法，AHP 有其独特的优势，它灵活易计算，而且可以针对研究区的特点揭示不同沙化指标的相对重要性，得到的权重与区域特定的环境特征一致。AHP 每个变量的权重由成对比较的矩阵确定，在矩阵中如果一个指标比另一个指标更加重要，则矩阵中根据重要性程度填写 1 ~9，反之则填写 1/9 ~ 1/2（表 9-9），根据多位沙化遥感专家的知识经验，结合前人研究成果，最终得到的比较矩阵如表 9-10 所示。

表 9-9　两指标相对重要性

1/9	1/8	1/7	1/6	1/5	1/4	1/3	1/2	1	2	3	4	5	6	7	8	9
极端不重要		强烈不重要		明显不重要		稍微不重要		相同	稍微重要		明显重要		强烈重要		极端重要	

表 9-10　指数比较矩阵

指数	Albedo	NDVI	TGSI	wetness	权重
Albedo	1	2	3	5	0. 482
NDVI	1/2	1	2	3	0. 273
TGSI	1/3	1/2	1	2	0. 157
wetness	1/5	1/3	1/2	1	0. 088

由于各指标量纲不统一，在建立沙化综合指数前，先对各指标进行 Min-Max 标准化，NDVI 与 wetness、TGSI 与 Albedo 的标准化方法以及沙化综合指数如下式所示。

$$P_i = \frac{\max X_i - X_i}{\max X_i - \min X_i} \tag{9-21}$$

$$P_i = \frac{X_i - \min X_i}{\max X_i - \min X_i} \tag{9-22}$$

$$\mathrm{DI} = \sum_{i=1}^{n} W_i \times P_i \tag{9-23}$$

式中，X_i 为第 i 个指标；P_i 为 X_i 标准化后的值；W_i 为 X_i 的权重；DI 为沙化综合指数。其中，DI 为无量纲值，其值越大，沙化程度越高，生态状况越差；反之则沙化程度越低，生态状况越好。

基于表 9-8 将正蓝旗的沙化土地分为轻度沙化、中度沙化、重度沙化，将居民建筑用地、水体、盐渍化土地也统一归为未沙化土地类型（表 9-11）。使用沙化综合指数（DI）对沙化土地进行分类，借助野外考察得到的 142 个验证样点对分类结果进行精度验证，对沙化各类型土地的面积进行统计，根据表 9-12 对沙化发展状况进行分类，包括明显逆转、逆转、稳定、发展、严重发展五类，从而得到了正蓝旗沙化空间动态变化特征。

表 9-11　沙化类型赋值

沙化类型	未沙化、水体、盐渍化土地、居民建筑用地	轻度沙化	中度沙化	重度沙化
赋值	1	2	3	4

表 9-12　沙化发展状况分级

明显逆转（-2）	逆转（-1）	稳定（0）	发展（1）	严重发展（≥2）
4—2	4—3	1—1	3—4	2—4
4—1	3—2	2—2	2—3	1—4
3—1	2—1	3—3	1—2	1—3
		4—4		

4）残差分析

基于残差趋势分析的方法即通过实际情况下沙化状况与无人干扰下沙化状况的差值变化来判断人类活动与气候变化对沙化的影响。降水与气温是对沙化发展起重要作用的气象因子，本研究通过正蓝旗周边气象站点的数据插值，获取了 2000～2017 年植被生长季（5～9 月）总降水量与平均气温数据，分辨率 250m。人类活动对沙化的影响主要体现在对植被的作用，本研究选择了 NDVI 来表征人类活动对沙化的作用。在 GEE 中调用了 MOD13Q1 NDVI 数据，分辨率为 250m，计算了 2000～2017 年历年生长季 NDVI 的平均值。气象因子与 NDVI 的回归模型在 GEE 中使用随机森林算法建立，进而得到历年生长季

NDVI 的预测值（$NDVI_p$），$NDVI_p$代表了仅受气候影响的沙化状况。NDVI 残差（Re_{VI}）的计算方法如以下公式所示，Re_{VI}代表了人类活动对沙化状况的影响程度。

$$Re_{VI} = NDVI - NDVI_p \tag{9-24}$$

随后计算得到了 2000 ~ 2017 年Re_{VI}的 Sen 趋势度（Sen slope），通过对 Sen slope 变化趋势的分析可以判断人类活动对沙化的正负影响。此外，对Re_{VI}的变化进行了 Mann-kendall 显著性检验，判断 2000 ~ 2017 年的Re_{VI}变化情况是否显著。根据对生态环境的影响状况，本研究将人类活动分为了显著正作用、不显著作用、显著负作用。当 Sen 趋势度大于 0，且显著性检验中 $p<0.05$ 时为显著正作用，这说明人类活动在该时间段内对研究区生态状况产生了正向作用，各项生态工程影响大，对沙化逆转起积极作用；当 $p>0.05$ 时为不显著作用，说明沙化主要受气候变化控制，人类活动影响较小；当 Sen 趋势度小于 0，且 $p<0.05$ 时为显著负作用，说明人类活动对生态状况产生了明显的负作用，不合理的土地利用方式加剧沙化发展。

9.3.1.5 案例结果分析

1）基于无人机影像的流沙面积比例获取

基于输入的相关分类特征以及调参后的随机森林模型，13 幅无人机影像的总体分类精度达到了 97.6%，Kappa 系数达到了 0.95（表 9-13），高精度的分类结果有助于进一步获取准确的流动沙地面积比样本。最终经过人工筛选，删除异常值、无人机边缘覆盖不完整的像元后，共得到了 2428 个像元的流动沙地面积比例，将这些样本用于下一步中 LSMM 的精度验证。相较于以往沙化研究中利用人工野外选取样方，目视测定流动沙地面积比的方法，无人机提供了数量更多、更客观准确的样本，且获取速度更快，有效弥补了人工样方和遥感影像像元的尺度差距。

表 9-13　RF 分类结果精度验证

RF	流动沙地	非流动沙地
流动沙地样本数/个	46	1
非流动沙地样本数/个	1	37
总体精度/%	97.6	
Kappa	0.95	

2）研究区沙化草地提取

在传统的沙化野外调查中，流动沙地面积比例难以获取，且地面样方数据与 Landsat 影像像元之间存在尺度差异，本研究利用高精度的无人机分类结果重采样，得到了对应 Landsat 像元的流动沙地面积比例（UAV based mobile sand ratio，UAV-MSR）（图 9-26），并以此为依据对线性光谱混合模型得到的流动沙地端元丰度（LSMM based mobile sand ratio，LSMM-MSR）进行精度评价（图 9-27）。

利用上文得到的 2428 个像元点，在 GEE 中使用 reduceRegion 命令得到了对应样点的 LSMM-MSR，并对 UAV-MSR 与 LSMM-MSR 进行回归分析，以检验线性光谱混合模型的精

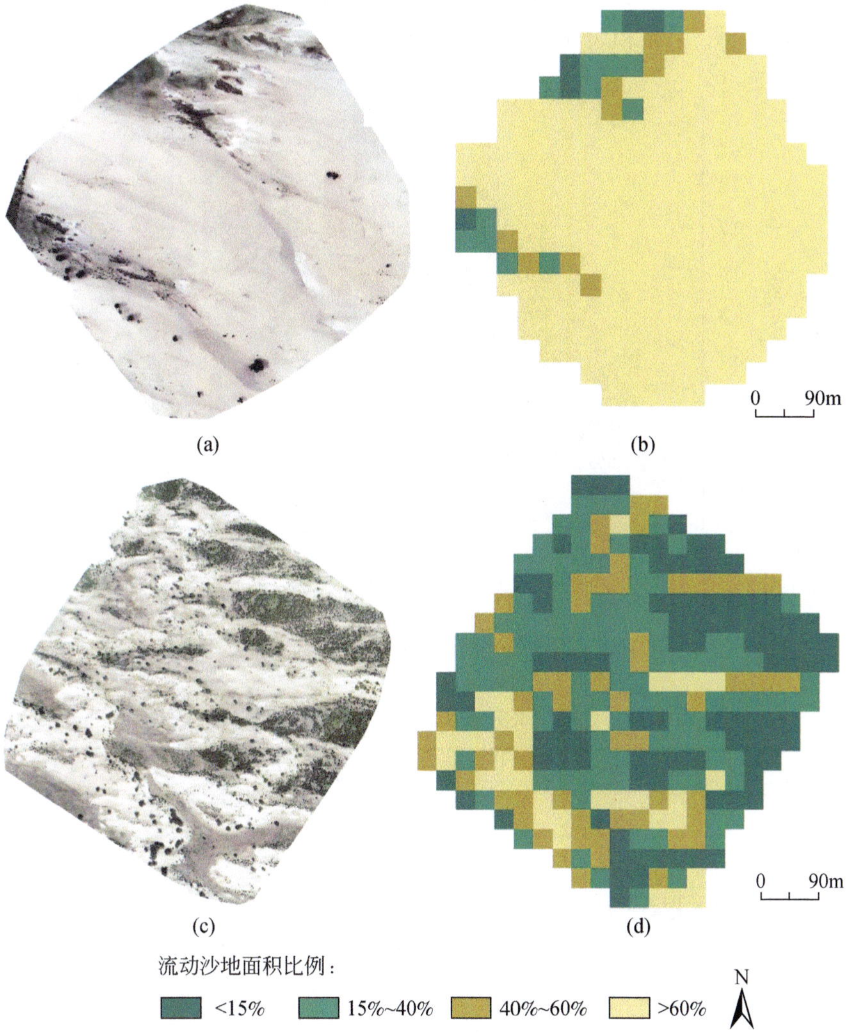

图 9-26　流动沙地面积比例

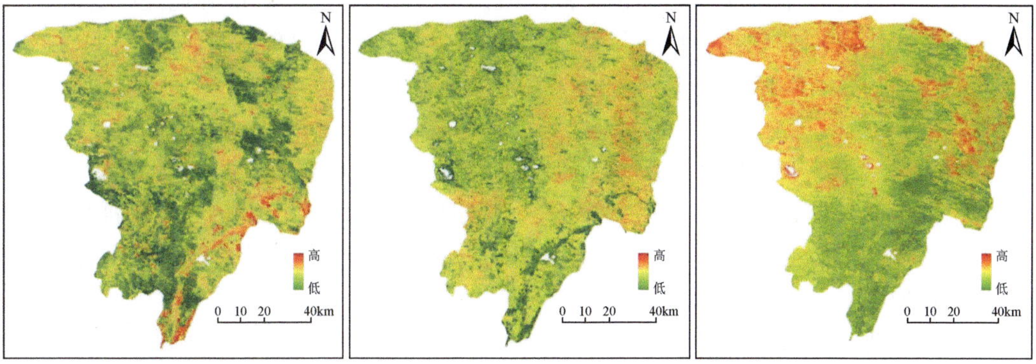

(a)植被丰度　(b)土壤丰度　(c)流沙丰度

图 9-27　2019 年端元丰度

度。由回归分析结果可以发现，两组数据具有良好的线性关系，线性相关性为0.8745，拟合优度为0.7648（图9-28和表9-14）。

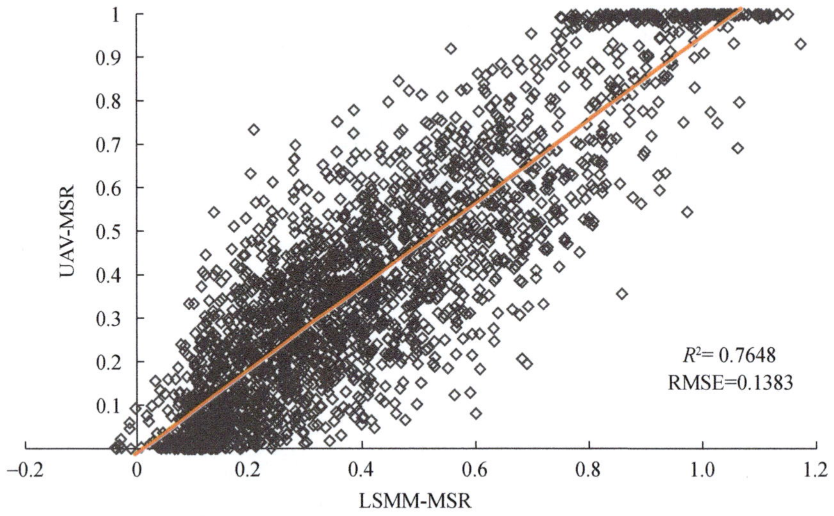

图9-28 UAV-MSR与LSMM-MSR线性回归分析

表9-14 UAV-MSR与LSMM-MSR回归分析统计表

相关系数（R）	拟合优度（R^2）	调整后拟合优度（R^2）	标准误差	观测值
0.8745	0.7648	0.7647	0.1352	2428

此外，分别对均方根误差（RMSE）和平均绝对误差（MAE）进行了计算，结果显示RMSE为0.1383，MAE为0.1099。由以上检验方法可知，研究中得到的像元分解模型可以准确有效地提取流动沙地的面积比例，模型精度较高。由于某些像元中缺少端元，或端元波谱的特征不够明显，流动沙地丰度图像中出现了一些负值和大于1的值，但是这种情况并不影响本研究的主要目的，即沙化草地的提取，LSMM-MSR与UAV-MSR显示了很强的相关性，通过选择合适的LSMM-MSR的阈值仍然可以将沙化土地准确地提取出来。

流沙面积比例的增大往往代表了风沙活动的增强和沙化的出现，本研究利用线性光谱混合模型得到的流动沙地端元丰度提取沙化土地。通过实验发现，流动沙地端元丰度在10%~20%时，可以将正蓝旗沙化土地较为准确地提取出来，为了进一步确定最佳阈值，使用2019年与2010年野外考察中得到的142个样点进行沙化土地与未沙化土地的分类精度验证，结果如表9-15所示。当流动沙地端元丰度等于18%时可以得到最为准确的提取精度，基于此阈值，在GEE中利用Landsat-5与Landsat-8预处理后的影像进行了正蓝旗沙化土地的提取。

根据已构建的LSMM模型与最佳流动沙地端元丰度阈值，对正蓝旗2000年、2004年、2010年、2015年、2019年的预处理影像进行沙化土地提取，结果如图9-29所示，图中右侧为沙化土地分布图，左侧为同期预处理后的遥感影像。

表 9-15　沙化土地提取精度

流动沙地端元丰度/%	10	12	14	16	18	20
正确分类个数/个	108	115	120	127	129	121
精度/%	76.1	81.0	84.5	89.4	90.8	85.2

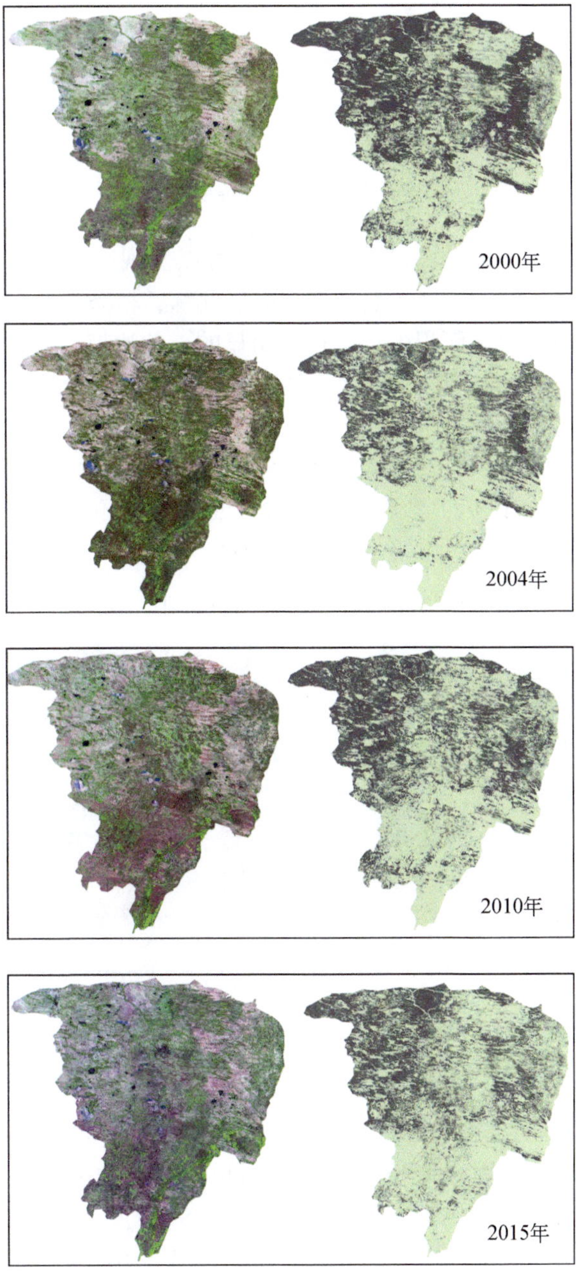

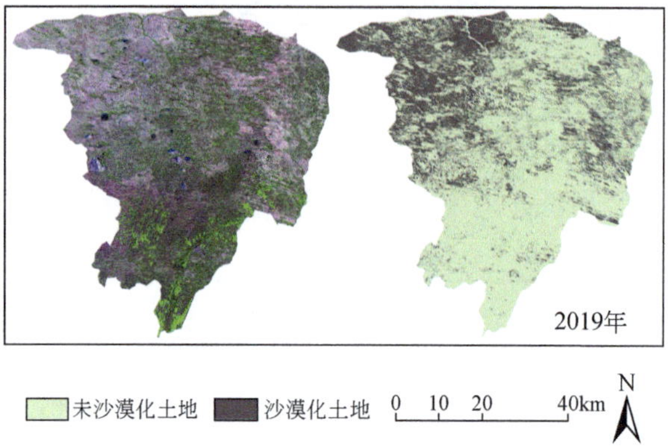

图 9-29　沙化土地提取结果

通过五个时期的沙化土地分布图（图 9-29）可以发现，提取结果与原始遥感影像的地物分布信息基本一致，沙化土地主要位于研究区北部，呈条带状分布于中部，呈片状集中分布于东西两侧。南部沙化面积少，有较为明显的一条沙带。沙化土地面积变化情况如图 9-30 所示，可以发现 20 年来该研究区内沙化土地整体呈减少趋势。2000 年沙化土地达到了 5161km^2，占研究区面积的 50.5%；2000～2004 年沙化土地迅速减少至 3097.5km^2，所占比例缩小到 30.3%；2004～2010 年沙化呈反弹态势，沙化土地回升至 4462.9km^2，所占比例为 43.7%；2010 年以后，沙化持续减少，2015 年沙化土地减少至 3736.6km^2，占比 36.6%，2019 年减少至 3179.7km^2，占比 31.1%。

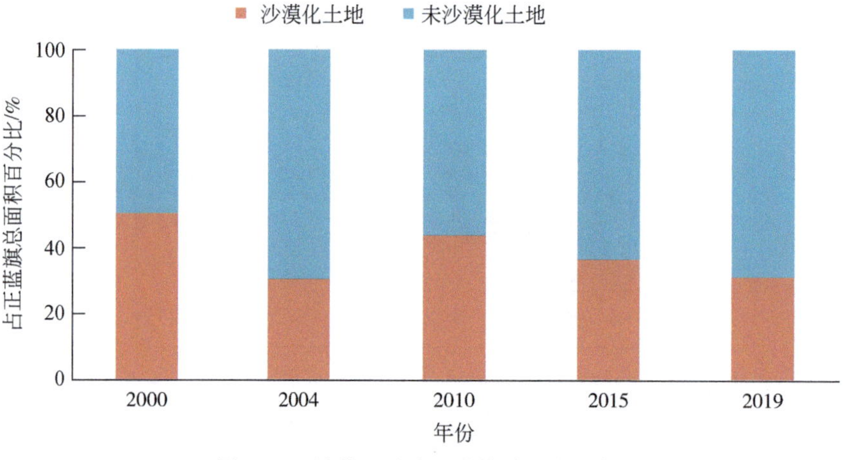

图 9-30　沙化土地占正蓝旗总面积比例

3）正蓝旗沙化草地时空变化

通过多次实验发现，利用表 9-16 中的阈值可以得到最为准确的分类结果，最终得到了包括未沙化土地在内的四种土地类型混淆矩阵（表 9-17），总体精度达到了 78.9%，基本满足了分类所需的精度需求。历年分类结果如图 9-31 所示。

表 9-16　沙化土地分类阈值

阈值	DI≤0.35	0.35<DI≤0.41	0.41<DI
沙化类型	轻度沙化	中度沙化	重度沙化

表 9-17　沙化土地分类精度

沙化类型	未沙化	轻度沙化	中度沙化	重度沙化
未沙化	39	9	0	0
轻度沙化	4	27	3	2
中度沙化	0	4	21	4
重度沙化	0	1	3	23
总体精度	78.9%			

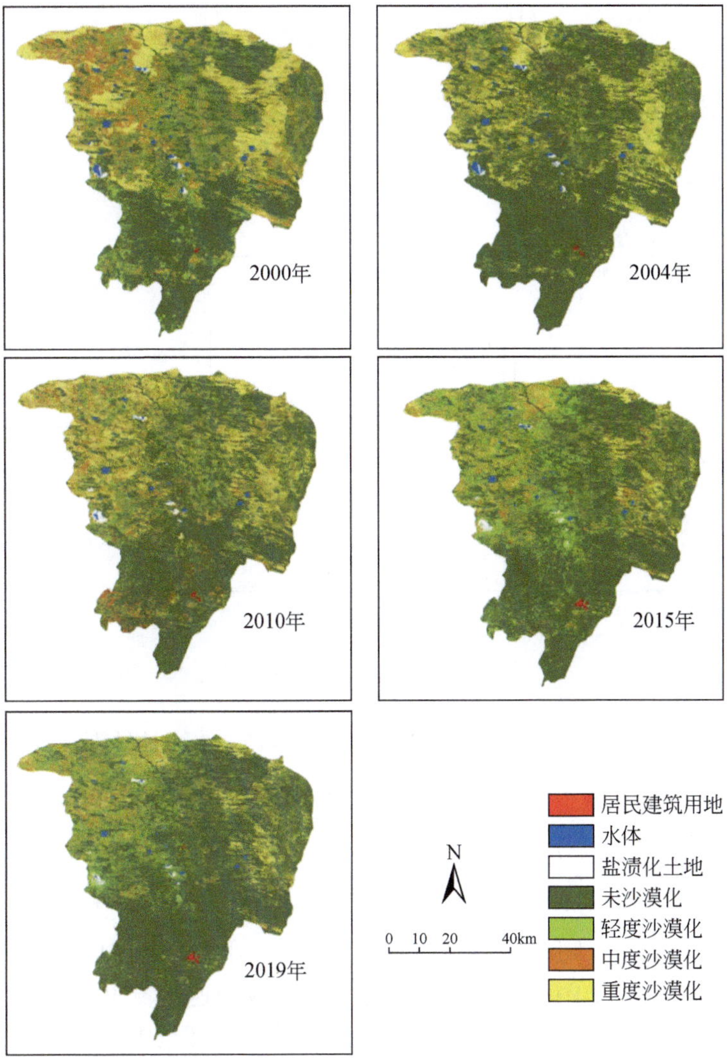

图 9-31　正蓝旗沙化分类

正蓝旗五个时间段各沙化土地类型的面积统计情况如图 9-32 所示。2000 年是沙化最严重的年份，也是沙化土地总面积大于未沙化土地面积的唯一一年，该年重度沙化土地面积大于其他年份，达到了 1410. 2km²，占研究区土地面积的 13. 8%；中度沙化土地面积同样是最大的一年，达到了 1773. 8km²，占比 17. 4%；轻度沙化土地面积 1977km²，占比 19. 4%。2004 年，沙化土地共减少了 2000 多平方千米，主要是轻度沙化与中度沙化土地面积在快速缩小，分别减少了 875km² 与 877. 1km²。2010 年沙化呈发展态势，轻度沙化的面积增加了约 600km²，中度沙化面积增加了约 700km²，重度沙化面积仅增加了 13km²。2015 年，中、重度沙化土地面积都显著减少，轻度沙化土地面积增加了约 600km²。2019 年，中、重度沙化土地面积都降至最低，沙化状况持续逆转。整体来看，2000 ~ 2019 年沙化逆转趋势明显，未沙化土地在增加，年变化率为 2. 2%，轻度沙化年变化率为-0. 4%，中度沙化年变化率为-2. 7%，重度沙化年变化率为-3. 4%。

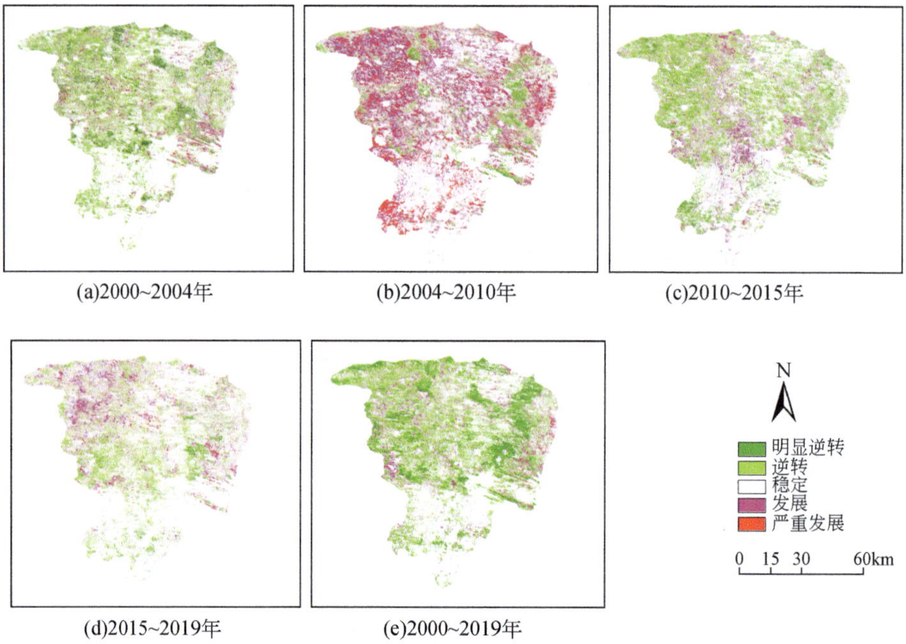

图 9-32　蓝旗沙化土地动态变化

正蓝旗沙化土地动态变化如图 9-32 所示，由图 9-33 的统计情况可知，两时间段内保持稳定的土地面积明显最大，这说明正蓝旗沙化的发展状况较为平缓，并未出现特别剧烈的变化。2000 ~ 2004 年，沙化逆转趋势强烈，逆转与明显逆转两类土地面积都大于其他年份，发展与严重发展两类土地面积都小于其他年份，主要分布在东部地区。2004 ~ 2010 年，沙化发展趋势强烈，发展与严重发展两类土地面积都显著大于其他年份，在动态图中可以明显地发现，发展与严重发展两类占据主要部分。小部分逆转区域主要分布在西北部与东部的重度沙化地区。2010 ~ 2015 年，沙化再次出现快速逆转的趋势，逆转的面积占比达到了 20. 9%，明显逆转面积占比为 6. 5%，少部分逆转区域主要分布在正蓝旗的中部。2015 ~ 2019 年，稳定的面积大于其他年份，沙化仍然呈逆转态势，且西北部出现了较多的逆转区域。2000～2019 年，逆转与明显逆转总占比达到了 37% 左右，东部与西北部的原重度沙化区域逆转最为明显。发展与严重发展总占比仅为 5.4% 左右，零散地分布在东西部边缘。这表明 20 年来正蓝旗沙化程度在减轻，生态状况有明显提高。

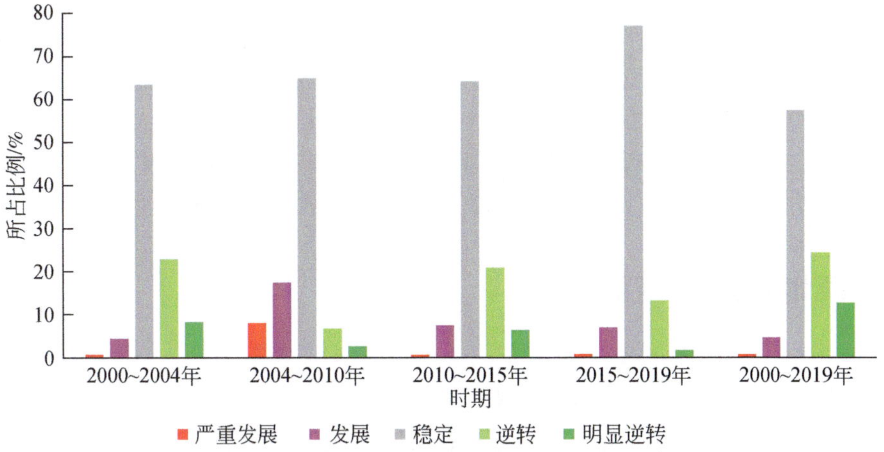

图 9-33　正蓝旗沙化土地动态变化统计

4）气候变化与人类活动对草原沙化的驱动力分析

通过观察图 9-34 的结果可以明显发现，人类活动呈显著正作用的区域，多分布在正蓝旗东部以及西部的部分地区，这些地区是传统的沙化最为严重的区域，也是图 9-32 结果中的明显逆转区域，说明各项治沙工程对这些地方起到了生态恢复的作用。此外，南部有部分区域也呈显著正作用，通过目视解译发现这些地区是 20 年来新增加的耕地，作物

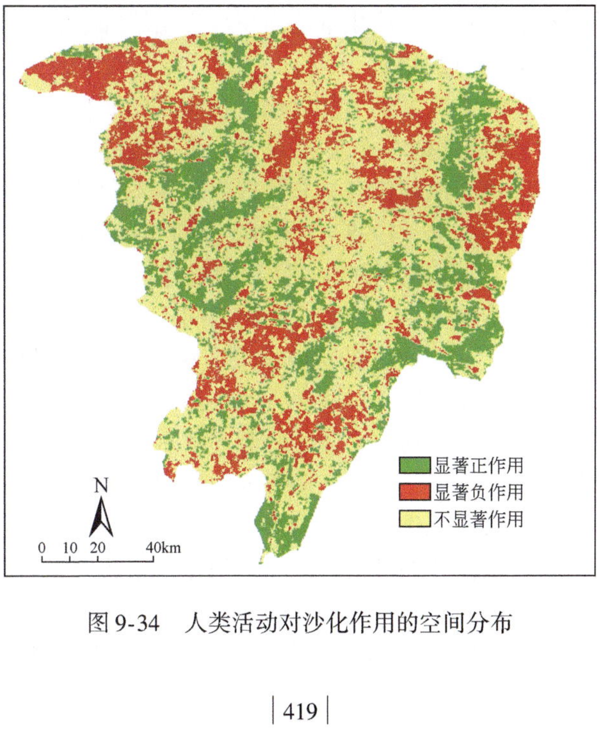

图 9-34　人类活动对沙化作用的空间分布

的种植使植被状况显著改善，这也从侧面说明了残差趋势法的合理性。而人类活动起负作用的地区分布也呈现出一定的规律性，如正蓝旗最东部与西北部的人类活动呈显著负作用，这可能与区域内的过度放牧有关，人类活动的增加在这些地区起到了促进沙化的作用。南部显著负作用区域大多与耕地面积的减少相关。

统计结果显示，不显著作用区域占比59.1%，说明有一半以上面积的土地沙化是由气象因子在主导，人类活动并没有明显影响。显著正作用的区域总面积比例为20.0%，显著负作用的区域总面积比例为21.0%，这表明了近20年来正蓝旗境内人类活动正负作用的面积几乎相同。一方面，随着各项生态工程的开展，原有的重度沙化区域得到了明显改善，但是另一方面，仍存在着较大面积的区域在遭受着人类不合理活动的显著负面影响。

9.3.2 草地盐渍化监测评估

9.3.2.1 评估内容定义或主要方面

土壤盐渍化指的是在特定的气候、地质以及土壤质地和人为用水灌溉不当等各种因素的综合作用下，所引起的土地质量退化过程，一般在干旱、半干旱地区出现（魏云杰等，2005）。我国北方某些地区，由于特殊的地质构造，在干旱和半干旱的气候条件下已造成草群退化。盐渍化按其成因可以分为盐渍化和次生盐渍化两种类型。草地盐渍化表现较严重且范围广的类型为次生盐渍化。草地次生盐渍化虽然受地区气候干旱、地下水位较高等潜在盐渍化因素的影响，但过度放牧、割草、挖药等人为干扰引起的草地植被严重退化是导致土壤次生盐渍化发生的主要原因。草地次生盐渍土广泛分布在干旱半干旱地区的草地土壤中。我国盐渍化草地面积930万 hm^2，导致草地生产力低下，是我国的生态脆弱区。由于自然因素和人类活动的影响，盐渍化草地面积呈现出增加趋势，严重制约了草地生态系统的可持续发展（郭成源等，2013）。

近年来，通过利用遥感的方式对土壤盐渍化进行监测的研究越来越多，随着科技的不断进步，可使用的卫星数据越来越多，数据质量及分辨率也随之提高，但从同一尺度分辨率的遥感影像经过处理提取出的地理信息是非常有限的，不同性质的类别信息有着不同适宜的分辨率或观察尺度（Wu et al.，1995）。因此，为了避免将得到的尺度信息错误地理解和应用（徐芝英等，2012），如何正确地选择和解读遥感数据，如何将单一尺度下得到的信息进行特定处理获得多维度信息，这就需要将空间尺度进行合理的拓展和转换，来满足各领域（生态、气候、水文和农业）的研究需求。在土壤盐渍化研究初期，通常采用人工野外定位观测的方法来进行监测研究，这种方法存在一定的缺点，工作量大、观测范围小，且费时费力效率低，无法达到精准农业的监测要求。遥感信息技术具有无损害和高时效等优点，利用遥感技术监测土壤盐分是一种重要的动态分析手段，可以更加快速方便地进行评价。近些年来，我国科研工作者采用多种遥感影像数据源，根据不同区域盐渍化地特殊的光谱特征，通过遥感图像处理进行解译，运用光谱指数法及特征空间法等多种信息提取方法监测其动态变化，取得了大量的研究成果（陈红艳等，2015；张添佑等，2017；黄权中等，2018；Wei et al.，2020）。特征空间法适用于时间序列的遥感影像中，陈实等

(2015) 利用 MODIS 数据通过特征空间法进行土壤盐渍化程度分类，并对土壤盐分动态变化进行监测，取得良好的效果。

9.3.2.2 区域概况

选择松嫩平原作为监测评估示例。松嫩平原是东北平原的最大组成部分，位于大小兴安岭与长白山脉及松辽分水岭之间的松辽盆地的中部区域，主要由松花江和嫩江冲积而成。松嫩平原是我国著名的天然草场，同时也是东北部和西部重要的绿色生态保护屏障，对经济发展和生态建设具有重要意义。随着各种自然因素和人为因素对生态环境的破坏，草地盐渍化日趋严重。松嫩平原盐渍化草地包括吉林省西部、黑龙江省西部以及内蒙古自治区东部，约占松嫩平原草地面积 2/3 以上，占全区土地总面积 15.24%。从研究区的选择具有典型性、代表性、齐全性的原则出发，将研究区具体选定为吉林省白城市的通榆县和黑龙江省大庆市肇源县及大同区。地处半干旱半湿润的交错地带，属于典型的温带大陆性气候。区内土壤类型复杂，主要有黑钙土、淡黑钙土、栗钙土、草甸土、盐土、碱土、风沙土、沼泽土等。加之地势低洼，排水不畅，给土壤盐分的积累又提供了较好的形成条件。区内草原盐渍化类型多样，且是典型的碱性盐渍土代表区。具体研究区位见图 9-35。

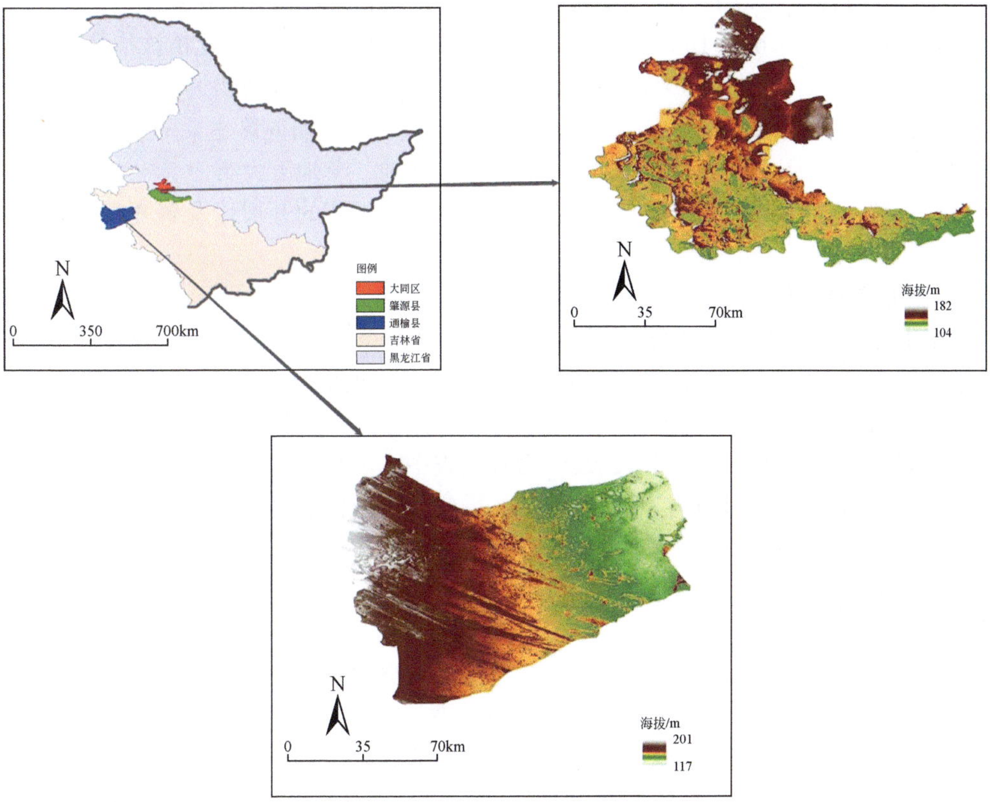

图 9-35 研究区区位

9.3.2.3 数据资料与技术路线

1）数据准备及预处理

结合野外数据采集时间，选择覆盖通榆县的 Landsat-5 TM 1985 年 8 月 30 日和 Landsat-8 OLI 2017 年 7 月 21 日遥感影像，以及覆盖肇源县及大同区的 Landsat-5 TM 1984 年 9 月 5 日和 Landsat-8 OLI 2017 年 7 月 14 日遥感影像，以上遥感数据都确保在草原生长季时间范围内，且影像数据无云质量高，空间分辨率均为 30m。利用遥感技术首先对 4 景 Landsat 系列影像进行辐射定标、大气校正、图像增强、镶嵌、裁剪、色彩拉伸等预处理。

2）研究区土地利用类型室内解译

为了让野外考察工作内容更具有针对性和准确性，在外出野外实地调查前，课题组对两个典型区域的土地类型图进行了初步的室内解译，为课题组各小组在进行实地定样取样时提供一定的参考依据。室内土地类型遥感解译的方法主要采用各类植被指数和决策树等方法，主要解译思路如下。

首先，对预处理以后的 Landsat 系列遥感影像作穗帽变换（Tasseled Cap）得出亮度指数（Brightness Index，BI）、绿度指数（Greenness Index，GI）、土壤湿度指数（Wetness Index，WI），波段运算得出归一化指数（Normalized Difference Water Index，NDWI）、归一化建筑物指数（Normalized Difference Build-up Index，NDBI）和归一化植被指数（NDVI）。

其次，结合各个土地类型之间的指数差异，确定识别出各个地物类型的阈值。

最后，利用 ENVI5.1 软件中决策树工具依次区分出两个研究区主要的土地类型，解译后的地物类型主要为居民工矿用地、林地、水域、耕地、草地五大类。

对初步解译好的结果按出图要求打印塑封，为野外工作的开展以及解译精度检验提供便利。

3）野外考察工作

为了更好地获取研究区地面典型样点土壤浸提液电导率等实测数据，以及对室内解译的土地利用类型图进行野外校验，需对研究区进行充分的野外考察和样品采集。考察前，首先参考室内解译好的土地类型图，初步掌握研究区草原的空间分布特点，选定考察典型样区，并制定野外考察方案及考察路线。野外调查中，填写各种光谱信息采集卡片及样方信息采集表。当天获取的数据信息及时整理，采集的土壤样品妥善保存。

在充分考虑不同草原盐渍化程度等级样点的代表性和典型性的前提下，课题组于 2017 年 7 月 18 ~ 23 日，开展野外土壤样品采集、地物光谱测量和土地利用类型遥感解译结果校验。

首先选取覆盖类型丰富，包括典型的草原盐渍地类型和植被类型的样地，且样区的跨度从植被完全覆盖到裸地（草地、草地交错带、草地外围），土壤水分含量从田间持水到土壤表层干涸。根据确定好的典型区，为了保证数据具有代表性和误差最小化，每个采样点挖取 3 ~ 6 个样坑，并进行土壤分层取样（0 ~ 10cm，10 ~ 30cm 和 30 ~ 50cm），每个土样取土重量为 250g。采集好的混合土样放入自封袋中，贴上标签，密封保存，同时详细记录样点的实际环境状况。并利用土壤水分仪测量土壤温度、土壤湿度、土壤电导率等指标，每一层次重复三次测定。回到实验室，测定土壤样品的 pH、电导率、有机质、全量

N、全量 P、全量 K 以及八大离子（CO_3^{2-}、HCO_3^-、Cl^-、SO_4^{2-}、Ca^{2+}、Mg^{2+}、Na^+、K^+），将各个样点八大离子总和作为该样点的土壤含盐量。

土壤光谱测定采用 Field Spec Pro FR 光谱仪（波长范围为 350～2500nm），野外光谱采集选择在光照充足的晴朗天气下进行，测量样点大小为 $1m^2$，通过多次测量平均获得样点光谱信息。观测目标的选择：对每个目标区有代表性样地进行定点，选择具有群体性的植株作为观测目标，诸如不同程度等级盐渍土、农田作物、草地植被、绿洲外围的盐生植被。

4）草原盐渍化程度分级

本次监测参考了相关盐渍化土地分级体系，依据新疆维吾尔自治区水利厅制定的《新疆县级盐碱地改良利用规划工作大纲》以及国家标准《天然草地退化、沙化、盐渍化的分级指标》（GB 19377—2003），结合研究区土地覆盖的实际状况，建立了研究区草地盐渍化程度分级的指标（表 9-18）。

表 9-18　研究区草原盐渍化程度等级划分指标

草原盐渍化程度等级	地表植物效应	土壤浸提液（5：1）电导率/(ms/cm)	饱和浸出液电导率 EC_{25}/(ds/m)	盐分/(g/kg)
非盐渍化草地	以畜牧为主的草地以及芦苇地等	<0.34	0～2	<1.0
轻度盐渍化草地	在非盐渍地间分布，植被覆盖度在 15%～30%	0.34～0.98	2～4	1.0～3.0
中度盐渍化草地	片状分布，植被覆盖度较小，为 10%～15%	0.98～1.87	4～8	3.0～5.0
重度盐渍化草地	有明显盐结皮，仅生长耐盐草地植物，植被覆盖度极小，在 5%～10%	1.87～2.96	8～16	5.0～10.0
极度盐渍化草地	基本为裸地盐土	>2.96	>16	>10

5）构建草原盐渍化遥感监测模型

土壤盐分很少聚集在土壤表层，大多积聚在植物的根部或者根下部位，因此植物生长状况对盐渍化程度有着间接的指示作用。植物在受到盐分影响的抑制生长阶段，光合作用的活性会降低，导致可见光反射率增加，近红外反射率降低，植被的可见光波段和近红外波段的光谱特征能够反映盐渍化的信息。例如，通过计算遥感图像红色波段和蓝色波段的盐分指数（Salinity Index，SI），能更明显地表现土壤盐渍化程；归一化植被指数（NDVI）则显示随着土壤含盐量的增加而减小；绿色大气阻抗植被指数（Green Atmospherically Resistant Vegetation Index，GARVI）增强了绿色植被信息；作物冠层响应盐分指数（Canopy Response Salinity Index，GRSI）可定量反演地表土壤含盐量。

充分探究遥感影像中土壤盐渍化与光谱特征、地表特征参量之间的定量关系，通过各类遥感指数来构建区域特征空间模型，从而进行盐渍化信息的提取和监测，该方法具有准确、简易等特点。综合分析归一化植被指数与盐分指数提出 NDVI-SI 特征空间概念，并结合土壤盐渍化过程中的二维空间信息，建立区域盐分特征指数模型，使土壤盐渍化综合信息的提取更加直观化。

9.3.2.4 参数信息提取与评估分析方法

1）土壤盐渍化信息的提取和计算

在盐渍化土壤环境中，植被类型、生长状况在很大程度上受到盐分的影响和控制，尽管植被覆盖会改变土壤的光谱响应，但它是一个很好的盐渍化程度间接指标。充分探究遥感影像中土壤盐渍化与光谱特征、地表特征参量之间的定量关系，通过各类遥感指数来构建区域特征空间模型，从而进行盐渍化信息的提取和监测，该方法具有准确、简易等特点。

对松嫩平原进行土壤盐渍化遥感监测时，遥感数据源主要为 Landsat OLI 数据（下载于 https://earthexplorer.usgs.gov 网站），挑选影像时，应选择植被状况较好的夏秋时节，且距离野外考察采样时期较短的影像。

归一化植被指数 NDVI 和盐分指数 SI 的计算公式见表 9-19。

表 9-19 研究区草地盐渍化指标反演计算

指数	计算公式
SI	$\mathrm{SI}=\sqrt{B\times R}$
NDVI	$\mathrm{NDVI}=\dfrac{\mathrm{NIR}-R}{\mathrm{NIR}+R}$

注：式中 B 为蓝波段；R 为红波段；NIR 为近红外波段

在利用遥感特征指数构建盐渍化反演模型时，需要对不同数据量纲的指数进行标准化（归一化）处理，需统计研究区归一化差值植被指数（NDVI）和盐分指数（SI）的最大值和最小值，使用统计值方法对数据进行标准化处理：

$$N=\frac{\mathrm{NDVI}-\mathrm{NDVI}_{\min}}{\mathrm{NDVI}_{\max}-\mathrm{NDVI}_{\min}} \tag{9-25}$$

$$S=\frac{\mathrm{SI}-\mathrm{SI}_{\min}}{\mathrm{SI}_{\max}-\mathrm{SI}_{\min}} \tag{9-26}$$

式中，$\mathrm{NDVI}_{\min}$为研究区中 NDVI 最小值；$\mathrm{NDVI}_{\max}$为研究区中 NDVI 最大值；N 为 NDVI 标准化值；$\mathrm{SI}_{\min}$为研究区中 SI 最小值；$\mathrm{SI}_{\max}$为研究区中 SI 最大值；S 为 SI 标准化值。

2）草原盐渍化遥感监测模型的建立

本研究选取归一化植被指数 NDVI 和盐分指数 SI 进行特征空间模型构建。经过分析 NDVI-SI 特征空间发现（图 9-36），不同的盐渍化地表在 NDVI-SI 特征空间的分布上表现出明显的空间分异规律，随着 NDVI 的下降 SI 逐渐上升，NDVI 与 SI 之间存在明显的非线性变化关系，离横坐标 NDVI(1,0) 点越远土壤含盐量就越多，离 SI(0,1) 点越远植被生长越好。因此，不同盐渍化地表在 NDVI-SI 特征空间的分布具有显著的分异规律，表现为植被覆盖度不断下降时，盐分不断上升。

根据归一化植被指数（NDVI）和盐分指数（SI）之间的空间关系，构建以下二维特征空间草原土壤盐渍化遥感监测模型。

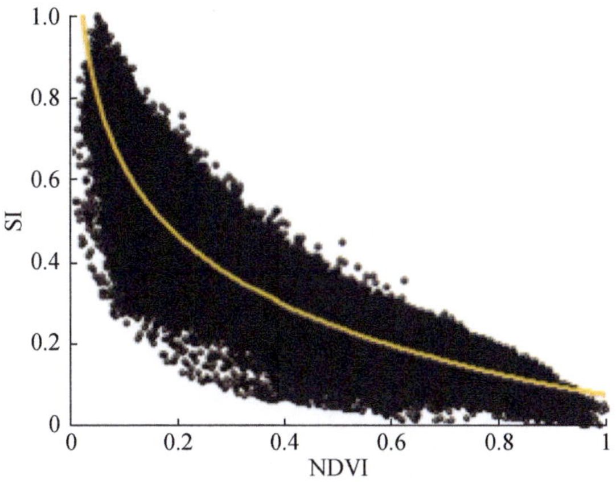

图 9-36　草原土壤盐渍化遥感监测模型构想示意

$$SDI=\sqrt{(NDVI-1)^2+SI^2}$$

式中，SDI 为土壤盐渍化遥感监测指数（Salinization Detection Index）；NDVI 为归一化植被指数；SI 为盐分指数。

3）模型精度验证及分析

利用 GPS 技术，结合研究区 GF-1 高空间分辨率遥感影像、草地类型图以及土壤图等辅助信息进行土壤采样点的选择，所选样点基本覆盖研究区的主要草地类型并符合随机分布规律，便于统计分析。在草地、草地盐碱地交错带、不同盐碱地类型内均有样方分布。考虑到后期研究所需验证，研究区采样点均选择了地面范围大、地物类型单一、地形平坦的地区进行采样。下面是对各研究区构建的草原土壤盐渍化遥感监测模型与地面定点土样实验室测试后的电导率 EC 进行精度验证的结果。

野外实测的数据来源于 2017 年 7 月 18 ~23 日在各研究区采样所得的 60 个土壤盐分样品，通过筛选剔除异常值后，采用 47 个地面点的土壤浸提液电导率与相对应在遥感数据 30m×30m 像元的 SDI 值之间进行相关性分析，进一步验证草原土壤盐渍化遥感监测指数 SDI 的可靠性，在吉林省白城市通榆县草原地区通过 19 个地面点数据，经过精度验证得到野外实测土壤浸提液电导率与土壤盐渍化遥感监测指数之间的拟合优度 R^2（0.839），黑龙江省大庆市肇源县及大同区 28 个地面实测土壤浸提液电导率与土壤盐渍化遥感监测指数之间的拟合优度 R^2 达到了 0.887。通过两个典型区草原盐渍化遥感监测模型可适用性验证，认为利用遥感反演模型可全面监测松嫩平原草原盐渍化，有利于准确掌握草原盐渍化程度分布，分析草原盐渍化空间演变格局，在合理利用和管理草地资源上提供可持续发展战略依据。因此在松嫩平原上两个典型区中建立区域尺度的草原土壤盐渍化遥感监测模型，利用地面 47 个地面实测土壤浸提液电导率与 NDVI-SI 二维空间指数建立模型，图 9-37 为利用二维特征空间理论构建的草原土壤盐渍化遥感监测模型反演的草原土壤电导率具有较高的精度。

利用草原盐渍化遥感监测指数值与野外实测土壤浸提液电导率之间数学关系构建模型，推算出草地接近真实的土壤浸提液电导率，最后根据规定的分级标准依次分为非盐渍

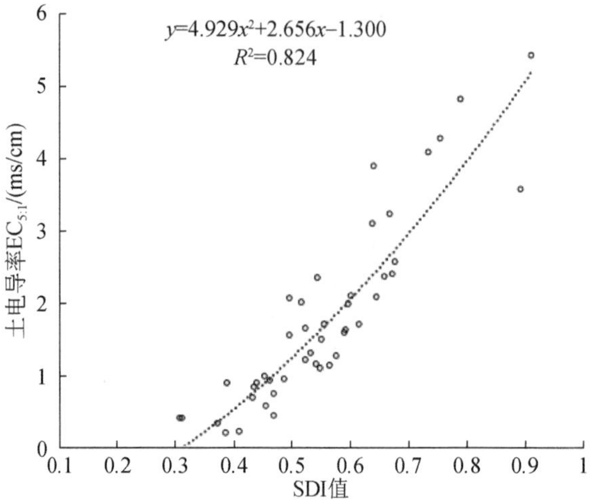

图 9-37　地面实测土壤浸提液电导率与 SDI 关系

化、轻度盐渍化、中度盐渍化、重度盐渍化和极度盐渍化 5 个等级，划分级别阈值见表 9-20。

表 9-20　研究区草地盐渍化程度分级指标

类型	土壤盐渍化遥感监测指数（SDI）
未盐渍化	<0. 322
轻度盐渍化	0. 322 ~ 0. 456
中度盐渍化	0. 456 ~ 0. 582
重度盐渍化	0. 582 ~ 0. 705
极度盐渍化	>0. 705

9. 3. 2. 5　案例结果分析

1）不同时期草原盐渍化状况

通榆县 20 世纪 80 年代和 2017 年遥感数据解译后的土地利用类型空间分布见图 9-38，各类型统计结果见表 9-21，1985 年通榆县各类草地总面积为 56. 37 万 hm^2，其中未盐渍化草地 34. 74 万 hm^2，占通榆县土地总面积的 41. 68%；轻度盐渍化草地面积为 14. 17 万 hm^2，占通榆县土地总面积的 17%；中度盐渍化草地面积为 5. 04 万 hm^2，占通榆县土地总面积的 6. 05%；重度盐渍化草地面积为 1. 70 万 hm^2，占通榆县土地总面积的 2. 04%；极度盐渍化草地面积为 0. 72 万 hm^2，占通榆县土地总面积的 0. 86%；其他土地覆盖类型总计 26. 98 万 hm^2，占通榆县土地总面积的 32. 37%。

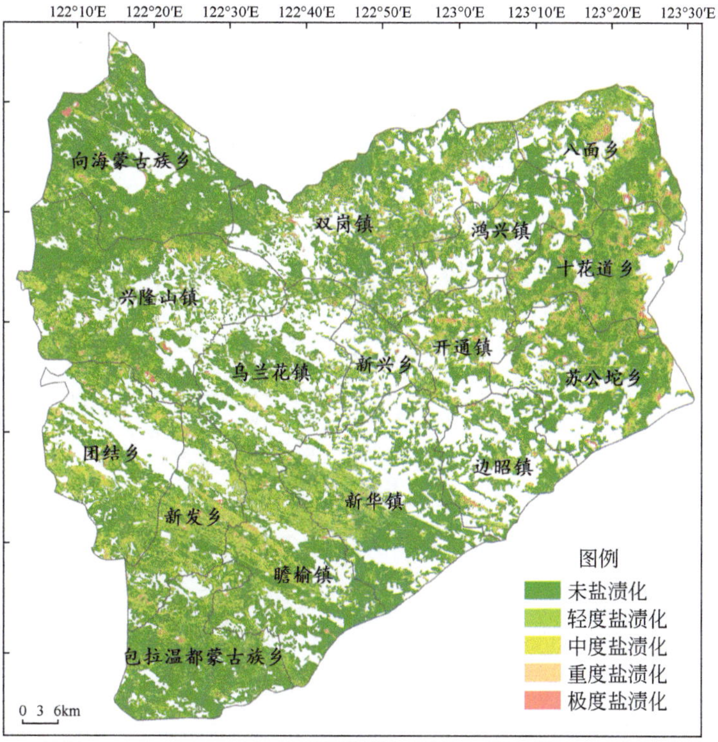

(a)1985年

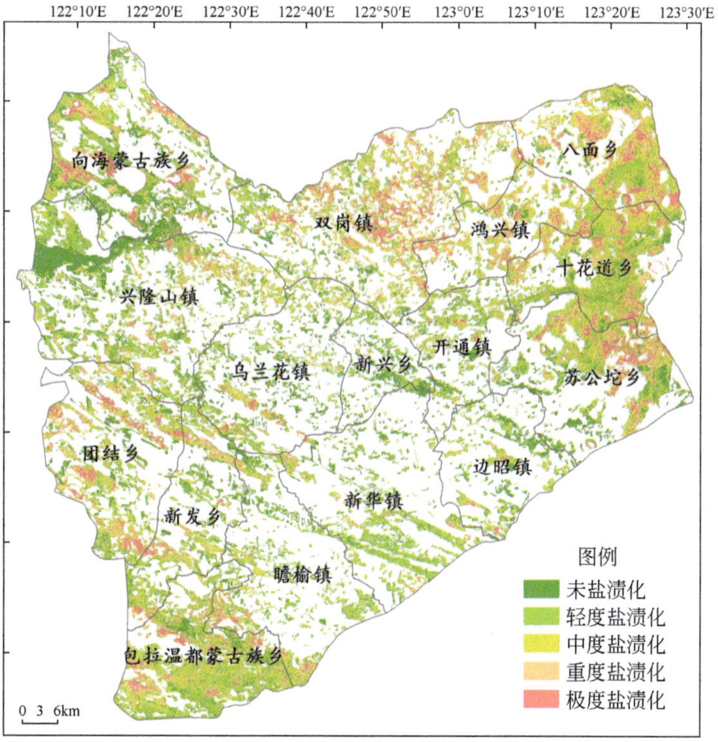

(b)2017年

图 9-38　通榆县草原盐渍化分类空间分布

表 9-21　通榆县不同时期土地类型利用现状统计结果对比

土地类型			1985 年		2017 年	
			面积/万 hm^2	比例/%	面积/万 hm^2	比例/%
草地	盐渍化草地	轻度盐渍化	14.17	17.00	11.01	13.22
		中度盐渍化	5.04	6.05	9.93	11.92
		重度盐渍化	1.70	2.04	4.97	5.96
		极度盐渍化	0.72	0.86	3.21	3.85
		盐渍化合计	21.63	25.95	29.12	34.95
	未盐渍化草地	未盐渍化草地	34.74	41.68	5.82	6.99
		草地合计	56.37	67.63	34.94	41.94
非草地		耕地	23.27	27.92	45.69	54.85
		林地	0.44	0.53	0.03	0.04
		水域	1.70	2.04	0.83	1.00
		居民工矿用地	1.57	1.88	1.81	2.17
		非草地合计	26.98	32.37	48.36	58.06

2017 年，通榆县草地总面积比 1985 年减少了 21.43 万 hm^2，其中未盐渍化草地面积减少了 28.92 万 hm^2，轻度盐渍化草地面积减少了 3.16 万 hm^2，中度盐渍化草地面积增加了 4.89 万 hm^2，重度盐渍化草地面积增加了 3.27 万 hm^2，极度盐渍化草地面积增加了 2.49 万 hm^2；其他土地覆盖类型共增加了 21.38 万 hm^2，主要表现为耕地（22.42 万 hm^2）和居民工矿用地（0.24 万 hm^2）。

1985 年通榆县各类草地总面积为 56.36 万 hm^2，其中盐渍化草地面积为 21.63 万 hm^2，2017 年通榆县草地总面积相比 1985 年减少了 21.43 万 hm^2，而草地盐渍化面积相比 1985 年增加了 7.49 万 hm^2。由于当地农民盲目开垦耕地，草地大面积减少；受盲目开垦、过度放牧、不合理灌溉等人类活动的影响，草地盐碱化面积扩大。

肇源县大同区 20 世纪 80 年代和 2017 年遥感数据解译后的土地利用类型空间分布见图 9-39，各类型统计结果见表 9-22。1984 年各类草地总面积为 19.17 万 hm^2，其中未盐渍化草地 12.78 万 hm^2，占肇源县大同区土地总面积的 31.07%；轻度盐渍化草地面积为 3.23 万 hm^2，占肇源县大同区土地总面积的 5.24%；中度盐渍化草地面积为 1.78 万 hm^2，占肇源县大同区土地总面积的 2.88%；重度盐渍化草地面积为 0.84 万 hm^2，占肇源县大同区土地总面积的 1.36%；极度盐渍化草地面积为 0.54 万 hm^2，占肇源县大同区土地总面积的 0.88%；其他土地覆盖类型总计 42.53 万 hm^2，占肇源县大同区土地总面积的 68.93%。

2017 年，肇源县大同区草地总面积比 1985 年增加了 3.11 万 hm^2，其中未盐渍化草地面积减少了 5.84 万 hm^2，轻度盐渍化草地面积增加了 2.38 万 hm^2，中度盐渍化草地面积增加了 2.80 万 hm^2，重度盐渍化草地面积增加了 1.96 万 hm^2，极度盐渍化草地面积增加了 1.81 万 hm^2；其他土地覆盖类型共减少了 3.23 万 hm^2，主要表现为耕地增加了 5.32 万 hm^2，水域减少了 6.57 万 hm^2。

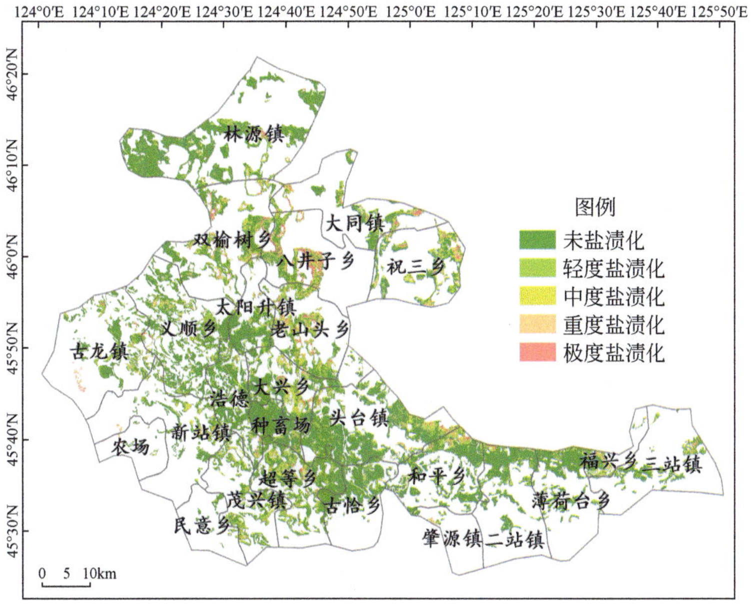

(a)1984年

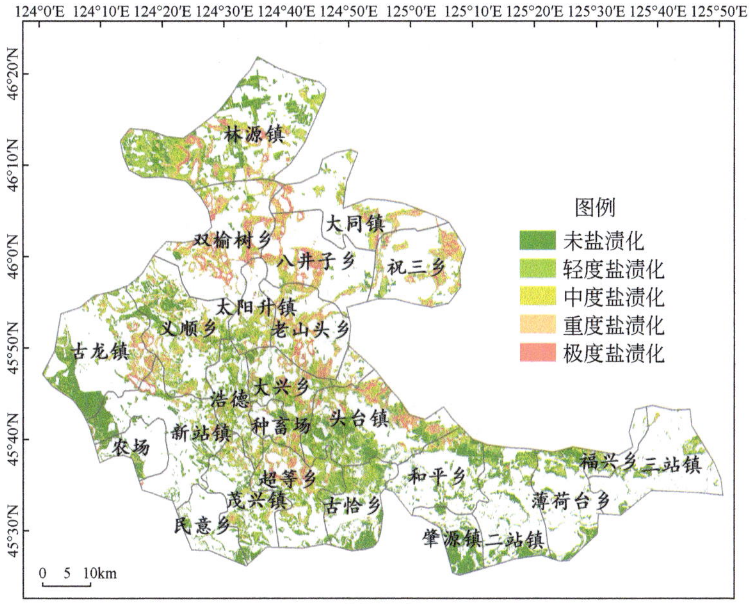

(b)2017年

图 9-39 肇源县大同区草原盐渍化分类空间分布

表 9-22　肇源县大同区不同时期土地类型利用现状统计结果对比

土地类型			1984 年		2017 年	
			面积/万 hm^2	比例/%	面积/万 hm^2	比例/%
草地	盐渍化草地	轻度盐渍化	3.23	5.24	5.61	9.11
		中度盐渍化	1.78	2.88	4.58	7.44
		重度盐渍化	0.84	1.36	2.80	4.55
		极度盐渍化	0.54	0.88	2.35	3.82
		盐渍化合计	6.39	10.36	15.34	24.92
	未盐渍化草地	未盐渍化草地	12.78	20.71	6.94	11.27
		草地合计	19.17	31.07	22.28	36.19
非草地		耕地	26.33	42.68	31.65	51.39
		林地	1.77	2.87	0.08	0.13
		水域	12.36	20.03	5.79	9.40
		居民工矿用地	2.07	3.35	1.78	2.89
		非草地合计	42.53	68.93	39.30	63.81

2）草原盐渍化变化分析

为了更加深入地把握各个时期间草地的变化状况，对研究区四个时期的分类结果进行变化探测分析（面积比例转移矩阵中，比例值为转移面积与该类别初期面积总量的比值）。

通榆县和肇源县大同区 1984 ~ 2017 年比例转移矩阵统计结果见表 9-23 和表 9-24。从面积统计数据看，通榆县和肇源县大同区 1985（1984）~ 2017 年整体上草原盐渍化程度时空上呈发展态势。

表 9-23　通榆县 1985 ~ 2017 年比例转移矩阵　（单位：%）

土地类型	其他地类	未盐渍化	轻度盐渍化	中度盐渍化	重度盐渍化	极度盐渍化
其他地类	93.43	52.24	43.23	34.13	22.80	18.85
未盐渍化	1.81	9.04	6.56	5.19	3.61	2.02
轻度盐渍化	2.54	16.93	15.70	13.67	11.31	8.35
中度盐渍化	1.43	14.11	17.88	18.76	19.22	16.15
重度盐渍化	0.45	5.46	10.40	15.20	20.06	19.67
极度盐渍化	0.34	2.22	6.23	13.05	23.00	34.96

表 9-24　肇源县大同区 1984 ~ 2017 年比例转移矩阵　（单位：%）

土地类型	其他地类	未盐渍化	轻度盐渍化	中度盐渍化	重度盐渍化	极度盐渍化
其他地类	92.94	33.90	16.15	18.20	18.16	18.63
未盐渍化	3.18	18.58	9.46	6.92	6.14	1.93

续表

土地类型	其他地类	未盐渍化	轻度盐渍化	中度盐渍化	重度盐渍化	极度盐渍化
轻度盐渍化	1.62	22.09	18.31	11.24	7.91	4.86
中度盐渍化	1.12	15.07	24.37	20.45	16.73	13.59
重度盐渍化	0.62	6.77	18.13	21.11	21.94	21.37
极度盐渍化	0.52	3.59	13.58	22.08	29.12	39.62

3）草原盐渍化空间变化格局

为进一步研究两典型区域草原盐渍化不同程度等级的空间变化情况，分别对极度盐渍化、重度盐渍化、中度盐渍化、轻度盐渍化和未盐渍化5个等级进行赋值（表9-25），将研究区草原盐渍化状况分为五类。

表9-25　草原盐渍化类型及赋值

非盐渍化	轻度盐渍化	中度盐渍化	重度盐渍化	极度盐渍化
1	2	3	4	5

根据1984年（1985年）和2017年草原盐渍化逆转和发展研究时间段，按照表9-26对各区域草原盐渍化发展逆转状况进行分级，并计算得到研究区草原盐渍化发展趋势，然后对草原盐渍化分类图进行统计，得两个典型区两个时段的草原盐渍化演变数据，对1984年（1985年）和2017年草原盐渍化逆转和发展状况进行空间格局分析。

表9-26　典型区草原盐渍化发展逆转分级

明显逆转≤-2	逆转-1	稳定0	发展1	严重发展≥2
3—1	2—1	1—1	1—2	1—3
4—1	3—2	2—2	2—3	1—4
4—2	4—3	3—3	3—4	2—4
5—1	5—4	4—4	4—5	1—5
5—2		5—5		2—5
5—3				3—5

1985～2017年，通榆县草原盐渍化程度以发展为主（表9-27），其中草原盐渍化“严重发展”面积为10.71万hm^2，草原盐渍化“发展”面积为9.42万hm^2，草原盐渍化“发展”和“严重发展”面积占整个通榆县草原面积的24.13%；草原盐渍化“逆转”和“明显逆转”的总面积为2.68万hm^2，占整个通榆县草原面积的3.22%。草原盐渍化程度“严重发展”和“发展”的草原主要分布在八面乡、沈花道乡、苏公坨乡和包拉温度蒙古族乡；草原盐渍化程度“严重逆转”和“逆转”的草原主要分布新华镇、新发乡、瞻榆镇和向海蒙古族乡（图9-40）。

表 9-27　通榆县 1985～2017 年草原盐渍化发展趋势统计

数据指标	1985～2017 年	
	面积/万 hm^2	比例/%
严重发展	10.71	12.84
发展	9.42	11.29
稳定	6.92	8.29
逆转	2.10	2.52
明显逆转	0.58	0.70
发展小计	20.13	24.13
逆转小计	2.68	3.22
非草地	21.92	26.28
草地转非草地	26.63	31.93
非草地转草地	5.14	6.16

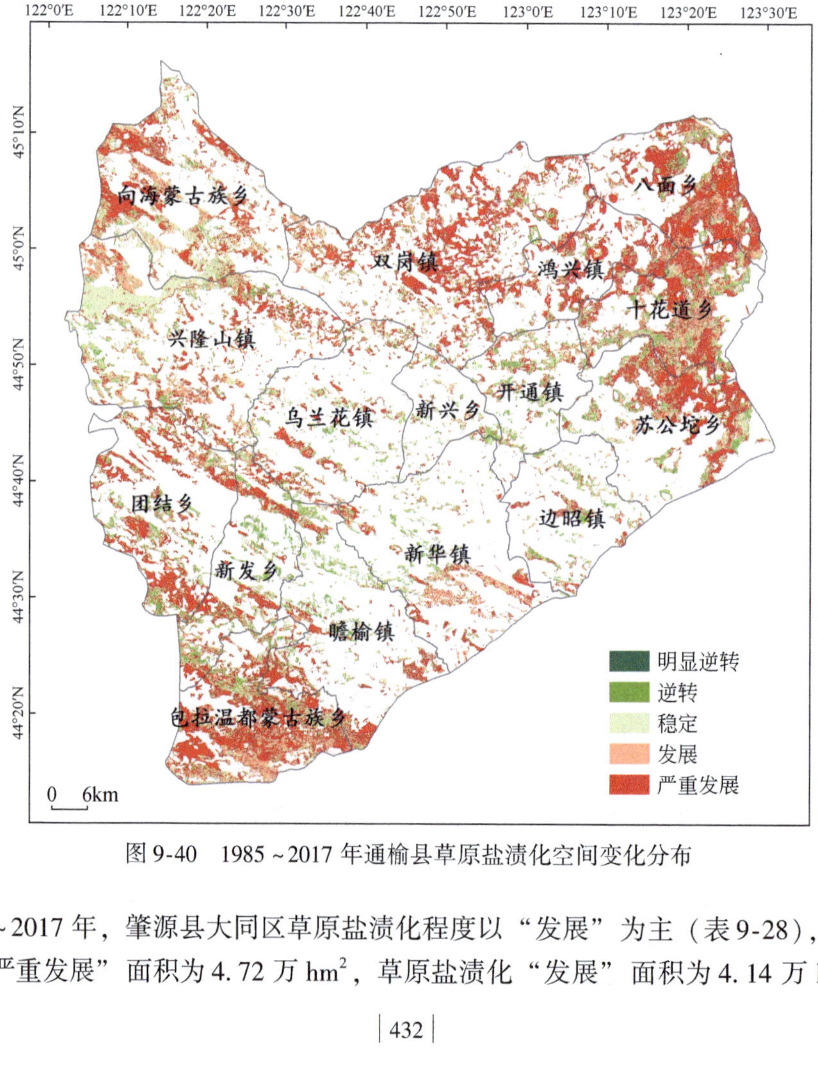

图 9-40　1985～2017 年通榆县草原盐渍化空间变化分布

1984～2017 年，肇源县大同区草原盐渍化程度以“发展”为主（表 9-28），其中草原盐渍化“严重发展”面积为 4.72 万 hm^2，草原盐渍化“发展”面积为 4.14 万 hm^2，草原盐渍化“发展”和“严重发展”面积占整个肇源县大同区草原面积的14.38%；草原盐渍化“逆转”和“明显逆转”的总面积为1.07万hm^2，占整个肇源县大同区草原面积的1.74%。草原盐渍化程度“严重发展”和“发展”的草原分布在肇源县大同区中部和北部大部分地区，主要集中在林源镇、双榆树乡、大同镇、祝三乡和老山头乡等乡镇；草原盐渍化程度“严重逆转”和“逆转”的草原分布在肇源县大同区东部大部地区，主要集中在三站镇、福兴乡、薄荷台乡及和平乡等乡镇（图9-41）。

表9-28　肇源县大同区1984～2017年草原盐渍化发展趋势统计

数据指标	1984～2017年	
	面积/万hm^2	比例/%
严重发展	4.72	7.67
发展	4.14	6.71
稳定	3.75	6.08
逆转	0.80	1.30
明显逆转	0.27	0.44
发展小计	8.86	14.38
逆转小计	1.07	1.74
非草地	33.89	54.97
草地转非草地	5.48	8.89
非草地转草地	8.61	13.96

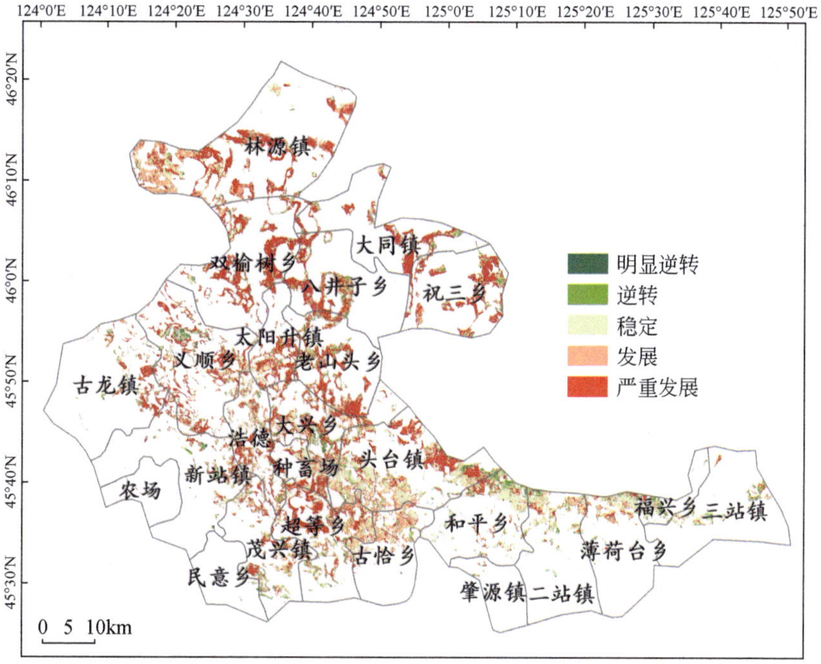

图9-41　1984～2017年肇源县大同区草原盐渍化空间变化

9.4 小　结

草地生态系统具有多功能性、可更新性和不可替代性等特征，传统思维定式形成的草地放牧是简单地把草地视为天然牧场，缺乏对草地生态系统整体功能的理解，特别是草地的生态功能往往被忽略。对草地生态系统脆弱性、生态承载力阈值限定性等草地固有特征缺乏充分认识的背景下，过度利用不仅会使草地丧失生态功能，而且经济功能也会逐渐枯竭。近十多年来，国家对草原生态保护与建设非常重视，出台了一系列有利于保护草原生态环境的政策和措施，如京津风沙源治理工程、退耕还林还草工程以及已垦草原治理工程等项目，这些工程的启动，极大地促进了草原植被的恢复和重建，一定程度上遏制了草地生态系统的进一步退化。因此，从草地生态系统退化的经验教训来看，结合国家对草地保护管理需求分析，草地生态系统结构的稳定、功能的提升和质量的提高，对草原管理部门、草企业和牧民等群体提出了更高的要求，草地生态保护和建设需要融入山水林田湖草沙的系统治理之中，切实加强绿色草原的生态文明建设，这也是实现草地生态系统健康发展、人与自然和谐共处，最终达到人类社会可持续发展的必由之路。

在过去的50年中，空间信息技术，特别是卫星遥感技术，在草地生态系统调查监测方面提供了先进的监测技术和方法手段，包括区域尺度的资源变化监测和生态变化监测，甚至全球变化的研究，其具有全面、快速、动态、准确的优势。进入21世纪以来，地面实测高光谱设备、无人机搭载多光谱或高光谱或雷达数据、机器学习算法、人工智能、大数据等技术逐渐应用于草地生态遥感领域中，推进了草地生物量、植被覆盖度、草地植被生长过程、草地退化、草地灾害等的遥感监测与评价。

此外，草原智能装备的研发和应用有助于服务智慧草原建设。无人机、手持北斗快速定位仪、地物光谱仪、叶绿素测定仪、LAI测定仪、土壤多参数测量仪、便携摄像拍照一体机、植被覆盖度仪等设备，形成较为全面的天空地一体化多源数据采集智能平台，将为草原大数据的挖掘提供丰富的数据支撑。已有研发基础的无人机监测、无人机喷药、地基智能传感器、自动灌溉、智能播种等智能产品，有助于提升智能感知系统的水平，促进草产业转型升级，提升草牧业高质量发展的能力和水平。

参考文献

陈红艳，赵庚星，陈敬春，等．2015．基于改进植被指数的黄河口区盐渍土盐分遥感反演．农业工程学报，31（5）：107-114.

陈晋，陈云浩，何春阳，等．2001．基于土地覆盖分类的植被覆盖率估算亚像元模型与应用．遥感学报，5（6）：416-422.

陈实，徐斌，金云翔，等．2015．北疆农区土壤盐渍化遥感监测及其时空特征分析．地理科学，35（12）：1607-1615.

陈云浩，李晓兵，史培军，等．2001．北京海淀区植被覆盖的遥感动态研究．植物生态学报，25（5）：588-593.

程红芳，章文波，陈锋．2008．植被覆盖度遥感估算方法研究进展．国土资源遥感，20（1）：13-18.

古丽·加帕尔，陈曦，包安明．2009．干旱区荒漠稀疏植被覆盖度提取及尺度扩展效应．应用生态学报，

20 (12): 2925-2934.
郭成源，康俊水，王海生 . 2013. 滨海盐碱地适生植物 . 北京：中国建筑工业出版社 .
黄权中，徐旭，吕玲娇，等 . 2018. 基于遥感反演河套灌区土壤盐分分布及对作物生长的影响 . 农业工程学报, 34 (1): 102-109.
贾坤，姚云军，魏香琴，等 . 2013. 植被覆盖度遥感估算研究进展 . 地球科学进展, 28 (7): 774-782.
李宝林，周成虎 . 2001. 东北平原西部沙地近 10 年的沙质荒漠化 . 地理学报, 56 (3): 307-315.
李晓松，李增元，高志海，等 . 2011. 基于 NDVI 与偏最小二乘回归的荒漠化地区植被覆盖度高光谱遥感估测 . 中国沙漠, 31 (1): 162-167.
刘月，赵文武，贾立志 . 2019. 土壤保持服务：概念、评估与展望 . 生态学报, 39 (2): 432-440.
马超飞，马建文，布和敖斯尔 . 2001. USLE 模型中植被覆盖因子的遥感数据定量估算 . 水土保持通报, 21 (4): 6-9.
蒙继华 . 2006. 农作物长势遥感监测指标研究 . 北京：中国科学院遥感应用研究所博士学位论文 .
牛宝茹，刘俊荣，王政伟 . 2005. 干旱区植被覆盖度提取模型的建立 . 地球信息科学, 7 (1): 84-86, 97-98.
裴志远，杨邦杰 . 2000. 多时相归一化植被指数 NDVI 的时空特征提取与作物长势模型设计 . 农业工程学报, 16 (5): 20-22.
尚珂 . 2015. 基于支持向量机回归的草地地上生物量遥感估测研究 . 昆明：西南林业大学硕士学位论文 .
孙久虎，刘晓萌，李佑钢，等 . 2006. 北运河地区植被覆盖的遥感估算及变化分析 . 水土保持研究, 13 (6): 97-99.
唐世浩，朱启疆，王锦地，等 . 2003. 三波段梯度差植被指数的理论基础及其应用 . 中国科学 (D 辑), 33 (11): 1094-1102.
田海静，孙涛，刘旭升，等 . 2019. 基于时间序列遥感数据的嵯岗国家沙化土地封禁保护成效评估 . 中国沙漠, 39 (3): 155-162.
王洋洋，肖玉，谢高地，等 . 2019. 基于 RWEQ 的宁夏草地防风固沙服务评估 . 资源科学, 41 (5): 980-991.
魏云杰，许模 . 2005. 新疆土壤盐渍化成因及其防治对策研究 . 地球与环境, 33 (S1): 593-597.
吴炳方，张峰，刘成林，等 . 2004. 农作物长势综合遥感监测方法 . 遥感学报, 8 (6): 498-514.
徐芝英，胡云锋，刘越，等 . 2012. 空间尺度上推方法的精度评价——以内蒙古锡林郭勒盟土地利用数据为例 . 地理研究, 31 (11): 1961-1972.
杨邦杰，裴志远 . 1999. 农作物长势的定义与遥感监测 . 农业工程学报, (3): 214-218.
杨淑霞，冯琦胜，孟宝平，等 . 2018. 三江源地区高寒草地地上生物量时空动态变化 . 草业科学, 35 (5): 956-968.
杨秀春，徐斌，朱晓华，等 . 2007. 北方农牧交错带草原产草量遥感监测模型 . 地理研究, 26 (2): 213-221.
于海达，杨秀春，徐斌，等 . 2012. 草原植被长势遥感监测研究进展 . 地理科学进展, 31 (7): 885-894.
曾纳，任小丽，何洪林，等 . 2017. 基于神经网络的三江源区草地地上生物量估算 . 环境科学研究, 30 (1): 59-66.
张雷，王琳琳，张旭东，等 . 2014. 随机森林算法基本思想及其在生态学中的应用——以云南松分布模拟为例 . 生态学报, 34 (3): 650-659.
张添佑，王玲，王辉，等 . 2017. 玛纳斯河流域盐渍化灌区生态环境遥感监测研究 . 生态学报, 37 (9): 3009-3018.
张玉静 . 2018. 呼伦贝尔草原物候遥感监测及其与气候因子的关系 . 北京：中国农业科学院硕士学位论文 .

中国科学院中国植被图编辑委员会．2001．1∶1 000 000 中国植被图集．北京：科学出版社．

竺可桢，宛敏渭．1999．物候学．长沙：湖南教育出版社．

Abdalla M, Jones M, Yeluripati J, et al. 2010. Testing Day Cent and DNDC model simulations of N_2O fluxes and assessing the impacts of climate change on the gas flux and biomass production from a humid pasture. Atmospheric Environment, 44 (25): 2961-2970.

Ali I, Cawkwell F, Dwyer E, et al. 2017. Modeling managed grassland biomass estimation by using multitemporal remote sensing data—a machine learning approach. IEEE Journal of Selected Topics in Applied Earth Observations and Remote Sensing, 10 (7): 3254-3264.

Breiman L. 2001. Random forests. Machine Learning, 45: 5-32.

Chang Q, Zhang J H, Jiao W Z, et al. 2018. A comparative analysis of the NDVIg and $NDVI_3g$ in monitoring vegetation phenology changes in the Northern Hemisphere. Geocarto International, 33 (1): 1-20.

Duan H C, Wang T, Xue X, et al. 2019. Dynamic monitoring of aeolian desertification based on multiple indicators in Horqin Sandy Land, China. Science of the Total Environment, 650: 2374-2388.

Eastwood J A, Yates M G, Thomson A G, et al. 1997. The reliability of vegetation indices for monitoring saltmarsh vegetation cover. International Journal of Remote Sensing, 18 (18): 3901-3907.

Fassnacht F E, Poblete-Olivares J, Rivero L, et al. 2021. Using Sentinel-2 and canopy height models to derive a landscape- level biomass map covering multiple vegetation types. International Journal of Applied Earth Observation and Geoinformation, 94: 102236.

Ghassemi F, Jakeman A J, Nix H A. 1995. Salinisation of land and water resources: Human causes, extent, management, and case studies. Sydney: NSW University Press.

Gitelson A A, Kaufman Y J, Stark R, et al. 2002. Novel algorithms for remote estimation of vegetation fraction. Remote Sensing of Environment, 80 (1): 76-87.

Gutman G, Ignatov A. 1998. The derivation of the green vegetation fraction from NOAA/AVHRR data for use in numerical weather prediction models. International Journal of Remote Sensing, 19 (8): 1533-1543.

Han J J, Wang J P, Chen L, et al. 2021. Driving factors of desertification in Qaidam Basin, China: An 18-year analysis using the geographic detector model. Ecological Indicators, 124: 107404.

Hellden U, Tottrup C. 2008. Regional desertification: A global synthesis. Global Planet Change, 64 (3-4): 169-176.

Jia K, Liang S L, Gu X F, et al. 2016. Fractional vegetation cover estimation algorithm for Chinese GF-1 wide field view data. Remote Sensing of Environment, 177: 184-191.

Jiang L, Jiapaer G, Bao A. et al. 2019. Monitoring the long-term desertification process and assessing the relative roles of its drivers in Central Asia. Ecological Indicators, 104: 195-208.

Jonsson P, Eklundh L. 2004. TIMESAT - a program for analyzing time- series of satellite sensor data. Comput Geosci-Uk, 30: 833-845.

Kattenborn T, Lopatin J, Foerster M, et al. 2019. UAV data as alternative to field sampling to map woody invasive species based on combined Sentinel- 1 and Sentinel- 2 data. Remote Sensing of Environment, 227: 61-73.

Lesica P, Kittelson P M. 2010. Precipitation and temperature are associated with advanced flowering phenology in a semi-arid grassland. Journal of Arid Environments, 74 (9): 1013-1017.

MEA. 2005. Millenium Ecosystem Assessment: Ecosystems and Human Well- Being- Synthesis. Washington, D. C. : Island Press.

Moulin S, Kergoat L, Viovy N, et al. 1997. Global-scale assessment of vegetation phenology using NOAA/

AVHRR satellite measurements. Journal of Climate, 10 (6): 1154-1170.
Myneni R B, Keeling C D, Tucker C J, et al. 1997. Increased plant growth in the northern high latitudes from 1981 to 1991. Nature, 386 (6626): 698-702.
North P R. 2002. Estimation of fAPAR, LAI, and vegetation fractional cover from ATSR-2 imagery. Remote Sensing of Environment, 80 (1): 114-121.
Nemani R R, Keeling C D, Hashimoto H, et al. 2003. Climate-driven increases in global terrestrial net primary production from 1982 to 1999. Science, 300 (5625): 1560-1563.
Piao S L, Fang J Y, Zhou L M, et al. 2006. Variations in satellite-derived phenology in China's temperate vegetation. Global Change Biology, 12 (4): 672-685.
Schwartz M D. 1998. Green-wave phenology. Nature, 394 (6696): 839-840.
Seaquist J W, Olsson L, Ardö J. 2003. A remote sensing-based primary production model for grassland biomes. Ecological Modelling, 169 (1): 131-155.
Shen M G, Zhang G X, Cong N, et al. 2014. Increasing altitudinal gradient of spring vegetation phenology during the last decade on the Qinghai-Tibetan Plateau. Agricultural and Forest Meteorology, 189: 71-80.
Shiyomi M, Akiyama T, Wang S P, et al. 2011. A grassland ecosystem model of the Xilingol steppe, Inner Mongolia, China. Ecological Modelling, 222 (13): 2073-2083.
Sparks T H, Menzel A. 2002. Observed changes in seasons: An overview. International Journal of Climatology, 22 (14): 1715-1725.
UNEP. 1994. Development of guidelines for assessment and mapping of desertification and degradation in Asia/Pacific. Proceedings of Draft Report of the Expert Panel Meeting. United Nations Environment Programme.
van de Voorde T, Vlaeminck J, Canters F. 2008. Comparing different approaches for mapping urban vegetation cover from landsat ETM+data: A case study on Brussels. Sensors, 8 (6): 3880-3902.
Wan S Q, Xia J Y, Liu W X, et al. 2009. Photosynthetic overcompensation under nocturnal warming enhances grassland carbon sequestration. Ecology, 90 (10): 2700-2710.
Wang C, Chen J, Wu J, et al. 2017. A snow-free vegetation index for improved monitoring of vegetation spring green-up date in deciduous ecosystems. Remote Sensing of Environment, 196: 1-12.
Wang S Y, Zhang B, Yang Q C, et al. 2017. Responses of net primary productivity to phenological dynamics in the Tibetan Plateau, China. Agricultural and Forest Meteorology, 232: 235-246.
Wang Y Y, Wu G L, Deng L, et al. 2017. Prediction of aboveground grassland biomass on the Loess Plateau, China, using a random forest algorithm. Scientific Reports, 7 (1): 6940.
Wei G F, Li Y, Zhang Z T, et al. 2020. Estimation of soil salt content by combining UAV-borne multispectral sensor and machine learning algorithms. PeerJ, 8: e9087.
Wei H, Wang J, Cheng K, et al. 2018. Desertification information extraction based on feature space combinations on the Mongolian Plateau. Remote Sensing, 10 (10): 1614.
White M A, Hoffman F, Hargrove W W, et al. 2005. A global framework for monitoring phenological responses to climate change. Geophysical Research Letters, 32 (4): L04705.
Wu J, Shi C M, Ding G D, et al. 2019. On the spatio-temporal pattern of desertification in Zhenglan banner, Hunshandake sandy land. Science of Soil and Water Conservation, 17: 110-119.
Wu J, Loucks O L. 1995. From balance of nature to hierarchical patch dynamics: A paradigm shift in ecology. Quarterly Review of Biology, 70: 439-466.
Wylie B K, Meyer D J, Tieszen L L, et al. 2002. Satellite mapping of surface biophysical parameters at the biome scale over the North American grasslands A case study. Remote Sensing of Environment, 79 (2/3): 266-278.

Xiao J F, Moody A. 2005. A comparison of methods for estimating fractional green vegetation cover within a desert-to-upland transition zone in central New Mexico, USA. Remote Sensing of Environment, 98 (2/3): 237-250.

Xiao J, Shen Y, Tateishi R, et al. 2006. Development of topsoil grain size index for monitoring desertification in arid land using remote sensing. International Journal of Remote Sensing, 27 (12): 2411-2422.

Xu B, Yang X C, Tao W G, et al. 2013. MODIS-based remote-sensing monitoring of the spatiotemporal patterns of China's grassland vegetation growth. International Journal of Remote Sensing, 34 (11): 3867-3878.

Yan Y C, Liu X P, Wen Y Y, et al. 2019. Quantitative analysis of the contributions of climatic and human factors to grassland productivity in Northern China. Ecological Indicators, 103: 542-553.

Yang X C, Xu B, Jin Y X, et al. 2015. Remote sensing monitoring of grassland vegetation growth in the Beijing-Tianjin sandstorm source project area from 2000 to 2010. Ecological Indicators, 51: 244-251.

Zhang C L, Li Q, Shen Y P, et al. 2018. Monitoring of aeolian desertification on the Qinghai-Tibet Plateau from the 1970s to 2015 using Landsat images. Science of the Total Environment, 619: 1648-1659.

Zhang C X, Wang X M, Li J C, et al. 2020. Identifying the effect of climate change on desertification in Northern China via trend analysis of potential evapotranspiration and precipitation. Ecological Indicators, 112: 106141.

Zhang Y, Zhang C B, Wang Z Q, et al. 2019. Comprehensive research on remote sensing monitoring of grassland degradation: A case study in the three-river source region, China. Sustainability, 11 (7): 1845.

10 湿地生态遥感

湿地是具有独特功能的生态系统，是重要的生存环境和自然界最富生物多样性的生态景观之一，作为“山水林田湖草”生命共同体的重要组成部分，是实现可持续发展进程中关系国家和区域生态安全的战略资源（RCW，2018），可持续的湿地管理与保护是我国生态文明建设的重要内容。本章重点介绍了湿地景观格局动态、湿地生态系统主要参数（地上生物量、沼泽湿地土壤有机碳）反演，并进行吉林西部水禽栖息地适宜性评价和武汉城市圈湿地受损程度识别及驱动因素分析，为湿地空间管理和决策提供支持。

10.1 概　　述

湿地具有丰富的生物多样性，并提供多样化和宝贵的生态系统服务，如淡水供给、食物供给、气候调节、水文调节、自然灾害风险减缓、水质净化和废弃物处理等（Schuyt，2005；Mitsch et al.，2015；宋长春等，2018），与人类的福祉密切相关。然而，湿地是世界上最脆弱、最受威胁的生态系统类型，也是面积下降最快的生态系统之一。1970～2015年，全世界约35%的自然湿地已经消失（RCW，2018；Davidson et al.，2018；Darrah et al.，2019）。由于全球对土地、水和能源的需求增加，未来几十年湿地面临的压力可能会加剧。农业开发、基础设施建设、引水工程和水污染的加剧是湿地损失和退化的主要因素（Schuyt，2005）。湿地的损失与退化已带来一系列的生态环境问题，如日趋加剧的洪/旱灾害频发、生物多样性损失、碳排放增加等（Wang et al.，2012；Xu et al.，2019）。

遥感作为重要的科学领域和监测技术手段，以湿地为视角的遥感研究不断增加，已成为湿地科学研究和遥感应用研究的重要内容和重点方向之一（张柏，1996；Ozesmi and Bauer，2002）。湿地生态遥感的研究范畴涉及多个领域，从湿地遥感分类到湿地水文、湿地碳氮循环、湿地对气候变化的响应与反馈、湿地保护管理空间决策支持等（Finlayson and Van，1995；Klemas，2011；Guo et al.，2017）。随着多源遥感数据的不断丰富和积累，湿地遥感研究的不断扩展和深入，多源遥感技术已在湿地研究中得到广泛应用（Henderson and Lewis，2008；Adam et al.，2010；Klemas，2015）。

对不同阶段湿地遥感的研究主题进行总结（图10-1）：在潜力探索期（1974～1992年），湿地遥感研究主题有限，以湿地分布信息提取为主，湿地制图方法以目视判读为主；在湿地分布制图的基础上逐步出现了甲烷排放估算（Bartlett et al.，1989）、生境评估（Matthews，1991）等研究主题。这期间遥感数据源基本为航空相片和多光谱影像，如1972年美国发射的陆地资源卫星（Landsat）。

在框架形成期（1992～2010年），湿地遥感研究的框架基本成型，研究主题多样化，基本涵盖了湿地水、土、气、植被、生态系统和景观各方面内容（Rundquist et al.，

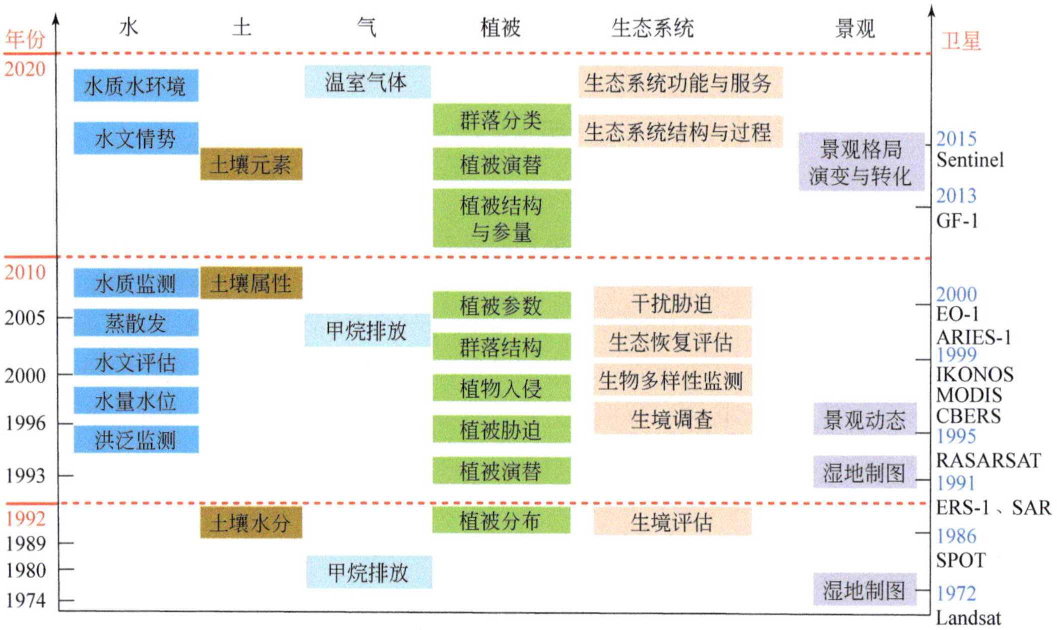

图 10-1　不同阶段湿地遥感研究主题及数据源

2001）。但湿地分布信息精准提取方法、湿地景观动态的相关探讨仍是湿地遥感研究的核心主题（Hirano et al.，2003；Niu et al.，2009）。湿地制图方法由简单的目视判读向机器学习算法过渡，如最大似然法分类、决策树分类、支持向量机分类等。随着多源、多平台、多类型的遥感数据源不断丰富，遥感技术在湿地中的应用逐步深入，研究主题在水环境参量（如溶解有机质含量 DOC）、植被参量（如生物量）、生境评估与生物多样性监测（如物种入侵）等方面发文量逐步增加（童庆禧等，1997；Hirtle and Rencz，2003；Maheu-Giroux and de Blois，2005），进一步拓展了湿地遥感研究的框架结构。其间，合成孔径雷达（SAR）数据在湿地制图中的应用逐步拓展。

在快速增长期（2010～2020 年），在湿地遥感研究主题框架形成的基础上，各研究主题的论文数量快速增加，且研究主题的视角也不断拓展，尤其是在生态系统研究方面，遥感技术支撑区域乃至更大尺度上的生态系统结构与过程、功能与服务研究的能力凸显。其中，中国学者利用国产卫星开展相关研究的数量逐步增加，如 Niu 等（2012）利用中巴资源卫星（CBERS）开展了国家尺度的湿地制图和变化分析。在长时间序列区域及大尺度研究中，Landsat 免费提供了 1972 年至今覆盖全球的中空间分辨率（80/30m）遥感影像，被广泛应用于湿地遥感研究。随着 Sentinel 数据的发布，其覆盖全球的、较高的时间（5/10天）和空间分辨率（10/20m）为湿地遥感研究提供了较好的数据源，其应用范围和频次快速增加（Wang et al.，2019）。此外，随着生态系统研究的精细化，无人机平台因其机动灵活性，搭载的不同传感器能够有针对性地开展目标观测，其应用研究不断扩展（Klemas，2015）。

10.2 湿地分类与景观格局动态

由于湿地和水域、陆地之间没有明显边界，加上不同学科对湿地的研究侧重点不同，湿地的定义一直存在分歧。总体上，国际上的湿地定义可以概括为广义和狭义两类。广义的湿地定义是《湿地公约》的湿地定义，即湿地是指天然或人工的、永久或暂时的沼泽地、泥炭地或水域地带，具有静止或流动的淡水、半咸水或咸水体，包括低潮时水深不超过6m的海域（Finlayson and Moser，1991）（图10-2）。狭义的湿地是指分布于陆地系统和水体系统之间、由陆地系统和水体系统相互作用形成的自然综合体，是常年或生长季内具备浅层积水或水分饱和、发育水成土壤、具有适应其环境的生物种群的土地（National

图10-2　典型湿地类型照片

Research Council, 1995；Keddy, 2010；刘兴土等，2012；陈宜瑜和吕宪国，2013)。广义的湿地定义适于湿地管理与经营者需要，狭义的湿地定义适于科学研究需求（刘兴土等，2012)。原国家林业局组织了两次全国湿地资源调查，将中国的湿地分为了5类，包括近海与海岸湿地、河流湿地、湖泊湿地、沼泽湿地、人工湿地。

随着湿地遥感技术在湿地监测中应用的不断深入，一系列学者提出了不同的湿地遥感分类系统。Mao等（2020）面向湿地生态系统的精细管理，考虑中空间分辨率卫星遥感影像的分类潜力和生态研究需求，以国际《湿地公约》中湿地定义为基础，提出了新的分类系统，将中国的湿地分为3个一级类和14个二级类，分类系统见表10-1。

表10-1　面向中空间分辨率遥感影像（30m）的中国湿地遥感分类系统

一级类	二级类	类型说明
内陆湿地	木本沼泽	在内陆地区，以木本植物为主的天然湿地，包括森林湿地和灌木湿地
	草本沼泽	在内陆地区，以草本植物为主的天然湿地
	湖泊	在内陆地区，具有多边形轮廓的永久性天然水体
	河流	在内陆地区，具有线性轮廓的有流水的天然水体
滨海湿地	滨海木本沼泽	在沿海地区，以滨海森林和滨海灌木为主的天然湿地
	滨海草本沼泽	在沿海地区，以草本植物为优势植被的天然湿地
	潟湖	由障壁岛、暗礁与海洋分割，且至少拥有一条狭窄通道与海相连接的多边形自然水体
	河口水域	由内陆地区边界到海岸线的线性自然水体
	滩涂	无植被覆盖或植被覆盖率低的潮间带平原，包括沙滩、泥滩和珊瑚礁
	浅海水域	海岸线与6m深等高线之间的海洋水体
人工湿地	水库/坑塘	具有明显堤坝，且存在积水的人工多边形水体
	运河/水渠	具有明显堤坝或直线边界，有流水的人工线性水体
	盐田	靠近海洋，覆盖着盐和其他矿物的人造平坦洼地
	养殖池	形状规则、靠近河流或大海的水产养殖用多边形水体

湿地作为陆地上最为复杂的生态系统类型，其遥感分类制图一直是研究领域的热点和难点。20世纪70年代，用于湿地制图的数据源多是早期航空相片或光谱波段较少、空间分辨率相对低的Landsat MSS影像，如Anderson和Wobber（1973）于1973年基于红外航空影像完成了美国新泽西州的湿地制图；Jensen等（1986）基于Landsat MSS多光谱数据完成了美国佐治亚州萨凡纳河泛滥平原的湿地分布制图；Roshier和Rumbachs（2004）用AVHRR数据开展了澳大利亚旱区季节性湿地的分布提取。随着卫星遥感数据源的不断丰富，有限光谱数量和低空间分辨率的遥感影像逐步过渡到当前高空间、高时间、高光谱分辨率的遥感影像，以及不同类型数据源间的融合应用。湿地遥感制图方法也由目视判读、传统的监督非监督分类发展到了当前应用广泛的决策树和以随机森林为代表的机器学习半自动和自动分类，如Tana等（2013）基于时间序列MODIS数据和决策树分类方法，开展了北美湿地制图。20世纪后期，Landsat数据源因拥有相对较高的时空分辨率且全球范围内免费共享而得到广泛的应用（Guo et al., 2017；Mahdavi et al., 2017)。2015年Sentinel

卫星发射，为全球不同尺度上的湿地制图提供了更优（10m 空间分辨率和 10 天回访周期）的数据源。

气候变化叠加人类活动干扰背景下，中国的可持续生态系统管理对于国家尺度湿地空间分布信息的需求不断提高，基于遥感数据的湿地制图不断受到重视。尽管国家尺度上土地利用和土地覆盖数据集包含了湿地类型，但由于湿地定义和分类系统的不同，两种数据均明显低估了湿地的分布面积（Mao et al.，2020）。Niu 等（2009）和 Gong 等（2010）利用 Landsat 影像和目视解译方法，较早完成了中国国家尺度湿地分布图，并分析了 1990～2000 年的湿地变化特征；Niu 等（2012）完成了 1978～2008 年的多期湿地遥感制图；Xing 和 Niu（2019）利用时间序列 MODIS 数据开展了中国湿地制图和变化分析；Mao 等（2020）构建了面向中等空间分辨率（30m）遥感数据的中国湿地分类系统，并研发了集成面向对象方法和多层次决策树的分类技术（HOHC），实现了 2015 年中国国家尺度湿地遥感制图（图 10-3）。近年来，随着云平台技术的不断发展，许多学者利用遥感大数据和机器学习算法，实现了滨海典型类型的空间制图，如基于 Landsat 系列数据的中国滨海红树林（Jia et al.，2018）、滩涂（Wang et al.，2020）；基于 Sentinel 影像数据的滨海盐沼（Hu et al.，2021）的分类制图等。正如前文分析，受气候变化和人类活动的双重胁迫，我国的湿地面积仍在持续损失，不同湿地类型的保护与管理仍有待加强。

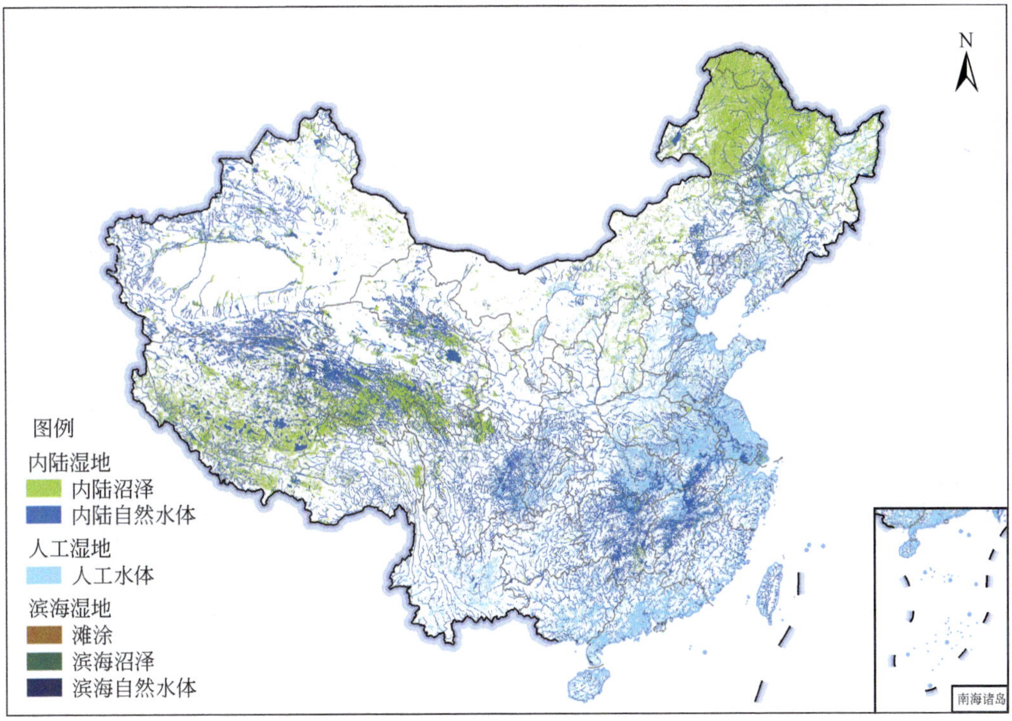

图 10-3　中国湿地分布格局

基于 ChinaCover 土地覆被数据集（Mao et al.，2018a，2018b）中 1990 年、2000 年和 2010 年湿地数据集，进行统计分析，结果发现：1990～2010 年，中国湿地（含水体）面积损失严重，净损失面积达 4563.4km²，其中沼泽净损失面积为 17 589.3km²，20 年间相对净损失 10.7%。从图 10-4 可以看出，东北地区是我国湿地的典型分布区，但同时也是我国沼泽湿地损失最严重的地区，三江平原和松嫩平原是 1990～2010 年湿地损失的热点地区。人类活动是中国自然湿地损失的主要驱动因素。据统计结果，1990～2010 年国家尺度上农业开垦直接占用了 15 765km² 的沼泽湿地，其中 74.7% 发生在 1990～2000 年；1990～2010 年中国的城镇用地扩张直接占用了 2883km² 的湿地，约占我国湿地损失总面积的 6%；城镇化占用湿地主要发生在我国东部地区，尤其是滨海地区。随着全国城镇化水平的不断提升，城镇用地扩张占用湿地的趋势明显增强。沼泽湿地是湿地损失最主要的类型之一，1990～2010 年，农业开垦对沼泽湿地损失的贡献率为 60%，1990～2000 年和 2000～2010 年两个十年间农业耕垦湿地的速率有所下降。东北三省农业开垦直接占用沼泽湿地的面积为 13 467km²，约占全国农业开垦直接占用沼泽湿地总面积的 85.4%；其中沼泽湿地直接开垦为旱地的面积为 9886km²，耕垦为水田的面积为 3580km²。

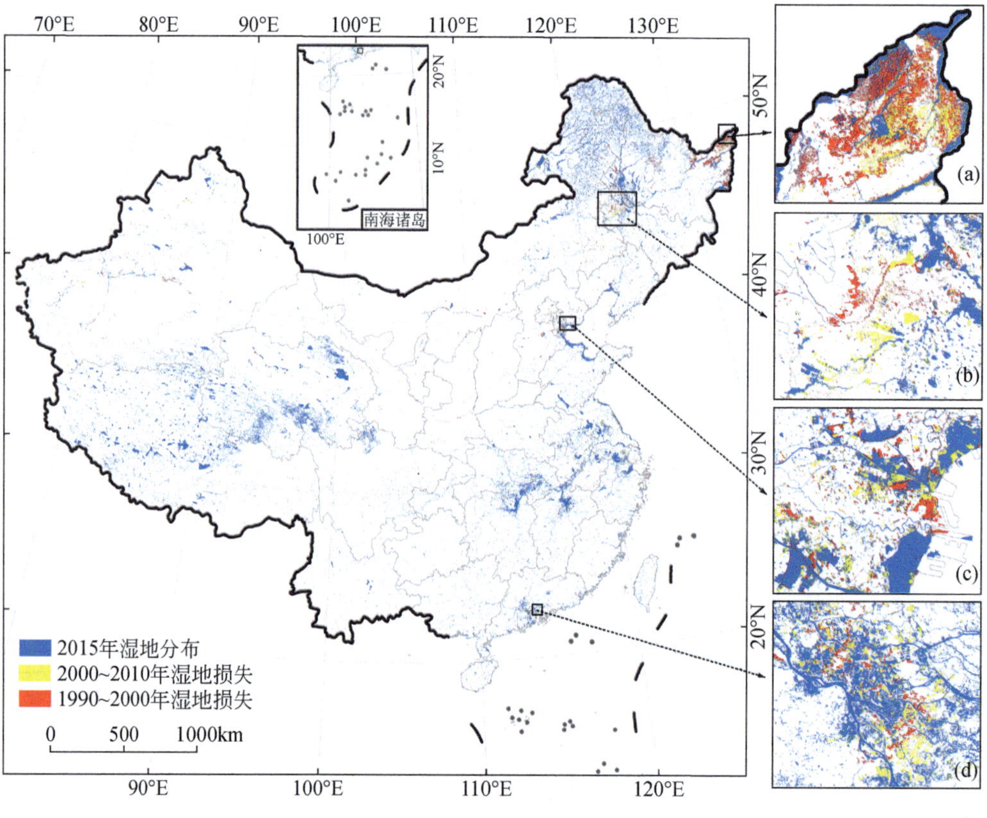

图 10-4　基于 ChinaCover 数据源的中国湿地损失空间格局

10.3　湿地生态系统主要参数反演

湿地生态系统参数遥感反演是湿地遥感研究的重要内容。开展对生态系统参数的时空特征分析，有助于理解湿地生态系统的结构、功能与服务的变化和评估生态系统健康质量，进而支撑湿地生态系统的保护与管理。本节以松嫩平原西部芦苇湿地地上生物量（AGB）和沼泽湿地土壤有机碳含量反演为案例，介绍相关内容①。

10.3.1 植被地上生物量反演

10.3.1.1 研究区概况

松嫩平原西部（44°00′N～48°35′N，121°36′E～126°36′E）位于中国东北地区中部的半干旱半湿润的农牧过渡带，行政区划上包括黑、吉两省西部共计 22 个市县，总面积 10.1 万 km^2，属中温带季风气候（图 10-5）。温度在空间上呈现自北向南的递增趋势，年均温度 4～6℃，无霜期 136～163 天；年降水量 350～650mm，降水集中在 6～8 月，且自

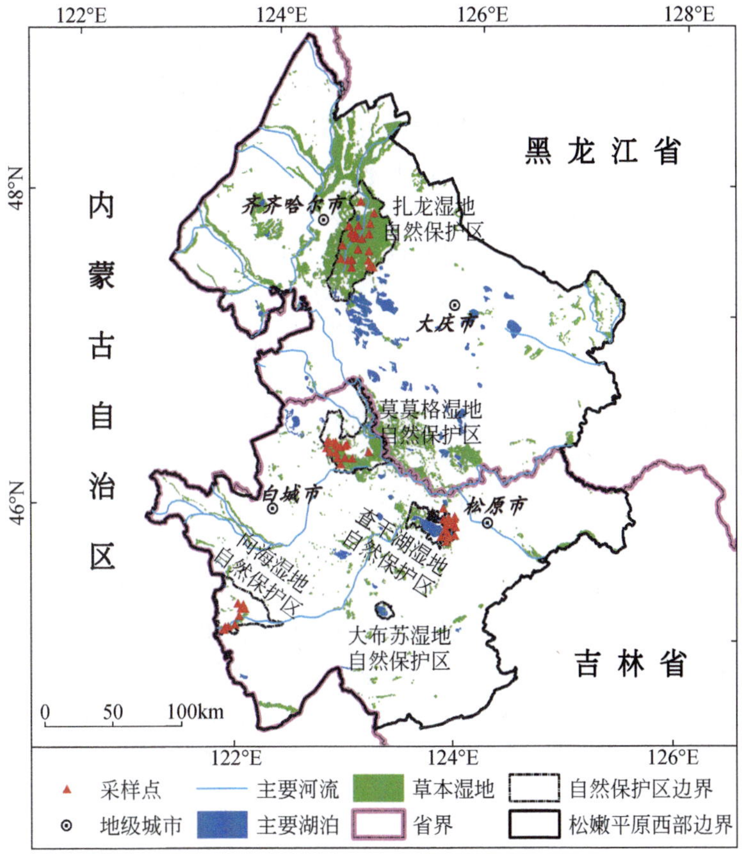

图 10-5 松嫩平原西部在东北地区的位置及采样点分布

① 相关成果已发表于《生态学报》（田艳林等，2016）和吉林大学硕士研究生论文（任永星，2020）。

东向西递减，年均蒸发量（1923mm）远大于降水量。该区地貌类型以山前倾斜平原、低平原以及部分河谷平原为主，自然植被类型主要有草原、草甸、疏林草原和沼泽湿地。研究区内有扎龙、莫莫格、查干湖、向海和大布苏5个国家级湿地自然保护区，其中扎龙湿地和向海湿地在1992年分别被列为国际重要湿地（NO. 549和NO. 548），莫莫格湿地在2013年被列为国际重要湿地（NO. 2188）。上述保护区为典型的盐碱化沼泽湿地，湿地内部的河流沿岸、水库及湖泊周围芦苇广布（田艳林等，2016）。

10.3.1.2 技术路线

1）遥感数据获取与处理

在对研究区不同季相遥感影像特征进行比较分析的基础上，确定各地物类型存在显著季相差异的多季相影像组合。通常3~4幅影像（多分布在5~10月）即可区分大部分地物类型。选取3期美国地质调查局（USGS）发布的空间分辨率为30m的Landsat-8 OLI影像（时间分别是2014年6月4日、2014年8月7日和2014年9月24日），采用遥感图像处理软件ENVI5.1，对影像进行辐射定标、大气校正（FLAASH模块）处理，并以研究区1∶10万地形图为底图，进行几何精校正（校正误差控制在0.5个像元内）之后，利用8月生物量旺季的影像区分湿地植被与其他地物类型，同时根据6月初和9月末芦苇与其他湿地植被的明显差异区分出芦苇信息，在eCognition 8.6软件的支持下，对影像进行多尺度分割，经反复尝试确定最佳分割尺度，然后通过野外获取的验证点所对应的地物斑块，提取不同地物类型的各种分类参数（各种指数、波段反射率等）信息。以此为依据，确定区分湿地植被与其他地物类型的分类参数组合（NDVI、NDWI和纹理特征等）及其阈值，基于此建立规则集，结合目视判读法，提取景观类型信息，并根据研究需要对提取的地物类型进行归并，得到芦苇空间分布信息。最后，利用2013~2014年5~9月在松嫩平原西部野外采集获得的427个土地覆盖野外调查验证点（其中湿地芦苇验证点224个），通过混淆矩阵法对松嫩平原西部提取的地物类型信息进行精度验证。

2）芦苇地上生物量野外观测与处理

本研究中，芦苇地上生物量取样于2014年7~8月，在芦苇生长的最大生物量季节进行。先根据研究区芦苇分布特征及生长密度分割结果，选取91个代表一个MODIS像元大小范围的典型样地进行采样，每个样地即为一个样点（图10-6）。具体方法：每个样点利用取样框随机取得3个1m×1m的样方，齐地割下样方内所有芦苇植株的地上部分，并用手持GPS接收仪测定每个样点的经纬度，记录采样点的环境背景情况（如有无明显人为干扰等），然后将样品带回实验室自然风干1天后，放置于65℃温度下烘干至恒重，并以精度为0.02g的电子秤称重，将3个小样方的干生物量取平均值，计算芦苇单位面积的干物质量，作为该样点的芦苇地上生物量。

3）遥感植被指数的选取及处理

本研究选取归一化植被指数（NDVI）、比值植被指数（RVI）、修改型土壤调整植被指数（MSAVI）、增强型植被指数（EVI）和加权差分植被指数（WDVI）来参与反演研究区内芦苇的地上生物量。为使所用的植被指数与采样时间同步，这里采用2014年7月28日~8月13日NASA/EOSLPDAAC数据分发中心开发的MOD13Q1数据集（空间分辨率为

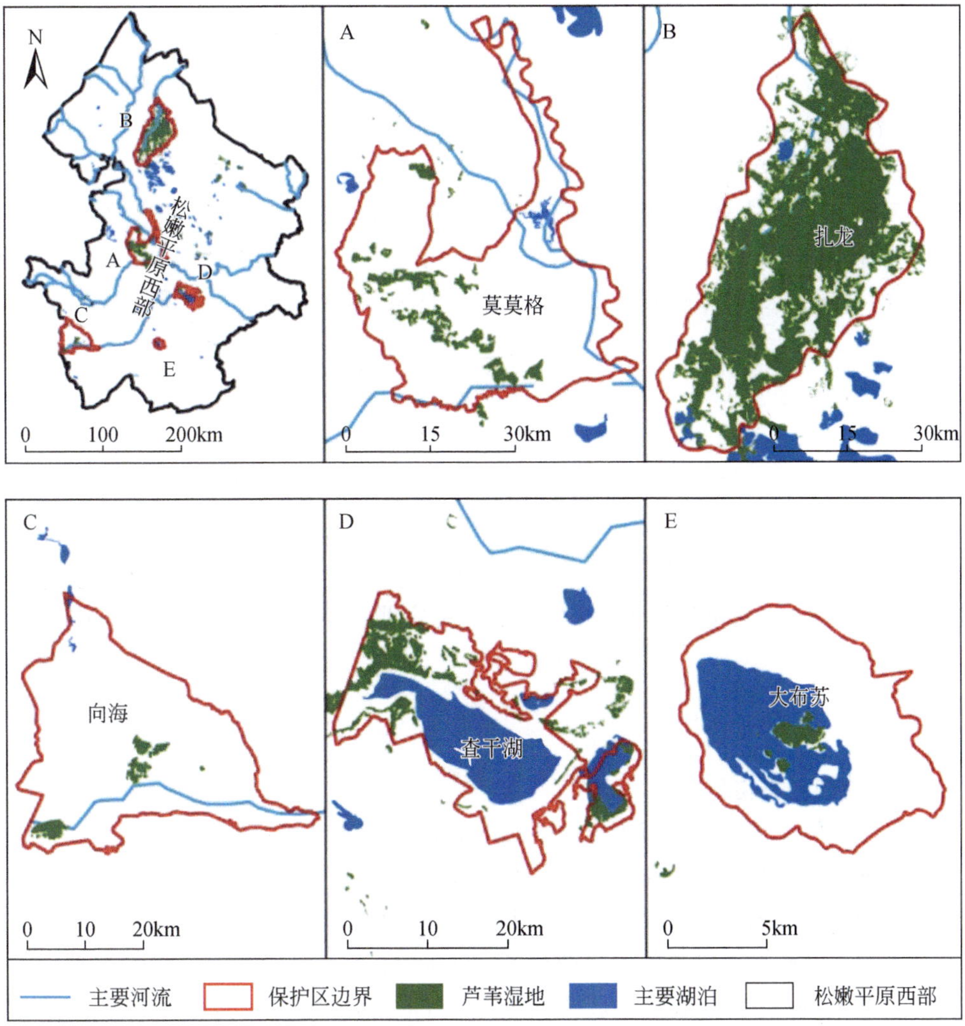

图 10-6 松嫩平原西部芦苇湿地分布格局

250m，时间分辨率为 16 天）。利用 MODIS 处理软件 MODIS Reprojection Tools（MRT）对原始数据集进行投影变换、格式转换和拼接处理后，根据式（10-1）~式(10-5)，分别计算 NDVI、EVI、RVI、MSAVI 和 WDVI：

$$\mathrm{NDVI}=\frac{\rho_{\mathrm{NIR}}-\rho_{\mathrm{R}}}{\rho_{\mathrm{NIR}}+\rho_{\mathrm{R}}} \tag{10-1}$$

$$\mathrm{EVI}=\frac{2.5(\rho_{\mathrm{NIR}}-\rho_{\mathrm{R}})}{\rho_{\mathrm{NIR}}+6.0\rho_{\mathrm{R}}-7.5\rho_{\mathrm{B}}+1} \tag{10-2}$$

$$\mathrm{RVI}=\frac{\rho_{\mathrm{NIR}}}{\rho_{\mathrm{R}}} \tag{10-3}$$

$$\mathrm{MSAVI}=0.5\times\left[2\rho_{\mathrm{NIR}}+1-\sqrt{(2\rho_{\mathrm{NIR}}+1)^{2}-8(\rho_{\mathrm{NIR}}-\rho_{\mathrm{R}})}\right] \tag{10-4}$$

$$\mathrm{WDVI}=\rho_{\mathrm{NIR}}-1.06\rho_{\mathrm{R}} \tag{10-5}$$

式中，ρ_{NIR}、ρ_R 和 ρ_B 分别为近红外波段、红光波段和蓝光波段的反射率。

4）反演模型构建与精度验证

从植被指数数据和样点实测地上生物量（AGB）数据所组成的样本序列中，随机选取 71 个样点数据（总样点 91 个）利用统计软件 SPSS 19.0 进行相关分析和一元曲线回归分析，得到以各植被指数为自变量的芦苇 AGB 遥感估算一元曲线回归模型（SCRM），通过比较决定系数 R^2，筛选出最优模型进行芦苇 AGB 遥感估算。然后，利用预留的 20 个实测样点 AGB 数据与建立的遥感估算模型计算的 AGB 进行比较，通过均方根误差（RMSE）和估算精度（Accuracy）对模型进行精度分析。RMSE 和 Accuracy 的计算公式如下：

$$\text{RMSE}=\sqrt{\frac{\sum_{i=1}^{n}(Y_i-Y_i')^2}{N}} \tag{10-6}$$

$$\text{Accuracy}=\left(1-\frac{\text{RMSE}}{\bar{Y}}\right)\times 100\% \tag{10-7}$$

式中，RMSE 为均方根误差；Accuracy 为估算精度；Y_i 为 i 样点实测芦苇地上生物量（g/m^2）；Y_i'为 i 样点芦苇地上生物量估算值（g/m^2）；$\bar{Y}$ 为实测芦苇 AGB 平均值（g/m^2）；N 为样点数（个）。

10.3.1.3　结果与分析

1）芦苇空间分布格局

松嫩平原西部芦苇主要分布于研究区北部的扎龙湿地自然保护区（图 10-6）。在研究区南部，芦苇分布相对稀少，在沿河流及湖泊等水量充足的区域，芦苇分布较为集中；在距离河、湖偏远的地区，芦苇分布相对较少。

结果表明，松嫩平原西部芦苇总面积为 1653km²，5 个典型湿地自然保护区内的芦苇分布面积达 1313km²，约占松嫩平原西部芦苇总面积的 79.5%，其中分布在研究区中北部的扎龙湿地自然保护区，现有芦苇面积占比 71.3%（表 10-2）。

表 10-2　松嫩平原西部芦苇分布面积分区统计

区域	面积/km²	比例/%
扎龙湿地自然保护区	1178	71.3
莫莫格湿地自然保护区	59	3.6
查干湖湿地自然保护区	51	3.1
向海湿地自然保护区	22	1.3
大布苏湿地自然保护区	3	0.2
其他区域	340	20.5
松嫩平原西部	1653	100

2）芦苇 AGB 反演模型构建与评价

通过对不同光谱植被指数与芦苇 AGB 进行相关分析（71 个样本），结果发现：芦苇 AGB 与其同期的 5 种植被指数均显著相关（表 10-3），但不同的植被指数与 AGB 之间的相关程度不同，即不同的植被指数对 AGB 变化表现出不同的敏感性。其中，芦苇 AGB 与 RVI、EVI 间的相关系数均达到 0.68 以上，表明 RVI、EVI 对芦苇 AGB 的敏感性较强，能很好地反映芦苇 AGB 的变化情况。5 种植被指数敏感性由大到小依次为：RVI>EVI>WDVI>NDVI>MSAVI，这意味着选择合适的植被指数可用于芦苇 AGB 遥感反演模型的构建。

表 10-3　不同植被指数与芦苇地上生物量的相关系数

植被指数	EVI	MSAVI	NDVI	WDVI	RVI
相关系数	0.683**	0.538**	0.605**	0.670**	0.689**

** 表示在 0.01 水平上显著相关

表 10-4 列出基于 5 种植被指数与芦苇 AGB 拟合的一元回归模型，包括线性模型、指数模型、二次项模型和幂指数模型。结果表明，利用 EVI、WDVI、RVI、NDWI、MSAVI 指数拟合的模型均能达到合理的拟合效果，其中 EVI 指数模型的拟合效果最好，其决定系数 R^2 达 0.55；WDVI 指数模型次之，R^2 为 0.52；拟合效果最差的是 MSAVI，R^2 系数仅为 0.43。

表 10-4　基于植被指数的芦苇 AGB 估算模型

方程类型	植被指数	回归模型	决定系数（R^2）	样本数/个
线性模型	EVI	$y=1457.4x+8.5$	0.47	71
	WDVI	$y=2491.4x+47.755$	0.45	71
	RVI	$y=94.265x+89.43$	0.48	71
	NDVI	$y=1070.9x-168.36$	0.37	71
	MSAVI	$y=966.2x-231.38$	0.29	71
指数模型	EVI	$y=166.4e^{2.99x}$	0.55	71
	WDVI	$y=181.72e^{5.0616x}$	0.52	71
	RVI	$y=204.13e^{0.1843x}$	0.51	71
	NDVI	$y=105.61e^{2.3413x}$	0.49	71
	MSAVI	$y=84.002e^{2.2324x}$	0.43	71
二次项模型	EVI	$y=3288.4x^2-568.53x+280.31$	0.51	71
	WDVI	$y=8119.3x^2-265.95x+250.35$	0.48	71
	RVI	$y=2.162x^2+73.642x+132.34$	0.48	71
	NDVI	$y=2513.4x^2-1518.4x+426.44$	0.46	71
	MSAVI	$y=2175.8x^2-1499.6x+351.96$	0.40	71

续表

方程类型	植被指数	回归模型	决定系数（R^2）	样本数/个
幂指数模型	EVI	$y=1026.1x^{0.6998}$	0.49	71
	WDVI	$y=1507.8x^{0.6703}$	0.47	71
	RVI	$y=175.03x^{0.69}$	0.51	71
	NDVI	$y=721.41x^{0.9073}$	0.41	71
	MSAVI	$y=561.31x^{0.6642}$	0.27	71

针对拟合效果最好的 EVI 指数模型，利用预留的验证点，通过预测误差（均方根误差）和预测精度（估算精度）进行精度评价。实测值与估算值对比结果见图 10-7，EVI 指数模型达到较高的估算精度，实测值与估算值的 R^2 达 0.85（$p<0.01$），其预测误差为 60.9g/m²，预测精度达到 86.7%。综合考虑 5 种植被指数对生物量的敏感程度，可以认为利用 EVI 植被指数构建的遥感估算指数模型 $y=166.4e^{2.99\times EVI}$ 具有较好、较稳定的估算能力，可应用于松嫩平原西部芦苇 AGB 的遥感定量估算。

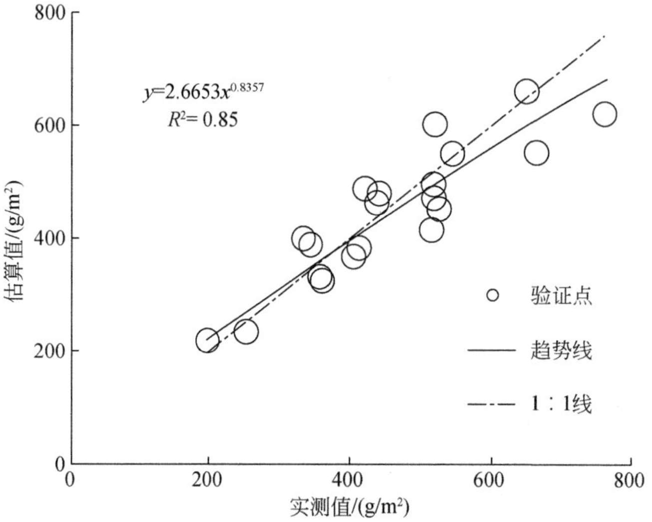

图 10-7　松嫩平原西部芦苇 AGB 拟合精度验证

3）芦苇 AGB 遥感估算及空间格局

利用构建的 EVI 最优遥感反演模型，对松嫩平原西部芦苇 AGB 进行估算，得到芦苇 AGB 统计结果如表 10-5 所示。从整个研究区来看，2014 年 8 月该区芦苇总产量为 6.14×10^5t，芦苇平均 AGB 为 372.1g/m²，区域内最大值与最小值变幅达 831.2g/m²。对于各湿地自然保护区而言，芦苇 AGB 最大值和最小值均出现在大布苏湿地自然保护区，变幅最小的为向海湿地自然保护区。各湿地自然保护区芦苇平均 AGB 差异较小，除查干湖平均 AGB 略低于整个区域的平均水平外，其他几个保护区的平均 AGB 均在整个区域的平均值之上。扎龙湿地自然保护区芦苇总产量最大，为 43.8 万 t，占整个松嫩平原西部地区芦苇总产量的71.3%；而大布苏湿地自然保护区总产量最小，仅为1000t（表10-5）。

表10-5 不同区域芦苇AGB估算结果

区域	最小值/(g/m^2)	最大值/(g/m^2)	变幅/(g/m^2)	平均值/(g/m^2)	总量/万t
扎龙	155.5	736.4	581.9	372.4	43.8
莫莫格	184.1	679.0	494.9	373.0	2.1
查干湖	147.9	706.7	558.8	369.8	1.9
向海	205.9	695.2	489.3	469.7	1.0
大布苏	147.6	866.8	719.2	454.1	0.1
松嫩	135.1	966.3	831.2	372.1	61.4

注：松嫩平原芦苇总量为5个自然保护区芦苇总量与其他区域芦苇总量之和

基于EVI所构建的最优地上生物量遥感估算模型反演得到松嫩平原西部芦苇AGB，空间分布见图10-8。结合松嫩平原西部芦苇分布面积，可以发现：研究区北部的芦苇AGB总量大于南部。在5个自然保护区中，扎龙湿地自然保护区内的芦苇AGB总量最高，且平均AGB呈现出从西北向东南递减的趋势，即在西北部单位面积内的芦苇长势较好；查干湖湿地自然保护区内芦苇平均AGB整体偏低，其中AGB较高的地区多分布在查干湖湿地自然保护区南部；莫莫格湿地自然保护区的北部和西部芦苇AGB较高，表明芦苇长势较好，而莫莫格湿地自然保护区中部和南部芦苇AGB相对偏低；向海湿地自然保护区和大布苏湿地自然保护区内芦苇AGB普遍较高，表明这些地区的芦苇生长旺盛，但在向海湿地自然保护区的中部和大布苏湿地自然保护区的边缘，芦苇AGB较低，这可能与边缘地区受到的人为活动干扰较强有关。

10.3.2 沼泽湿地土壤有机碳反演

10.3.2.1 数据获取与处理

1）沼泽湿地土壤有机碳计算

将野外用环刀采集的土壤样品带回实验室，在自然条件下经过通风风干后，在105℃的条件下烘干至恒重，测量土壤净重并计算土壤容重。土壤容重的计算方法为土壤烘干净重（g）与环刀体积（$100cm^3$）的比值。用于测定有机碳密度的土样，经过自然风干后挑去残留的植物根系以及粒径大于2mm的砾石，利用FW-100粉碎机将采样土壤粉碎，过100目筛。在本研究中，土壤有机碳含量的测定方法采用重铬酸钾外加热氧化法（Walkley-Black法）。

土壤有机碳密度SOCD（kg/m^2）和土壤有机碳储量SODS（kg）的计算公式分别如下：

$$\mathrm{SOCD}=\mathrm{SOC}\cdot \mathrm{BD}\cdot H\cdot 0.01 \tag{10-8}$$

$$\mathrm{SODS}=A\cdot \mathrm{SOCD} \tag{10-9}$$

式中，SOC为土壤有机碳浓度（g/kg）；BD为土壤容重（g/cm^3）；H为土壤层厚度

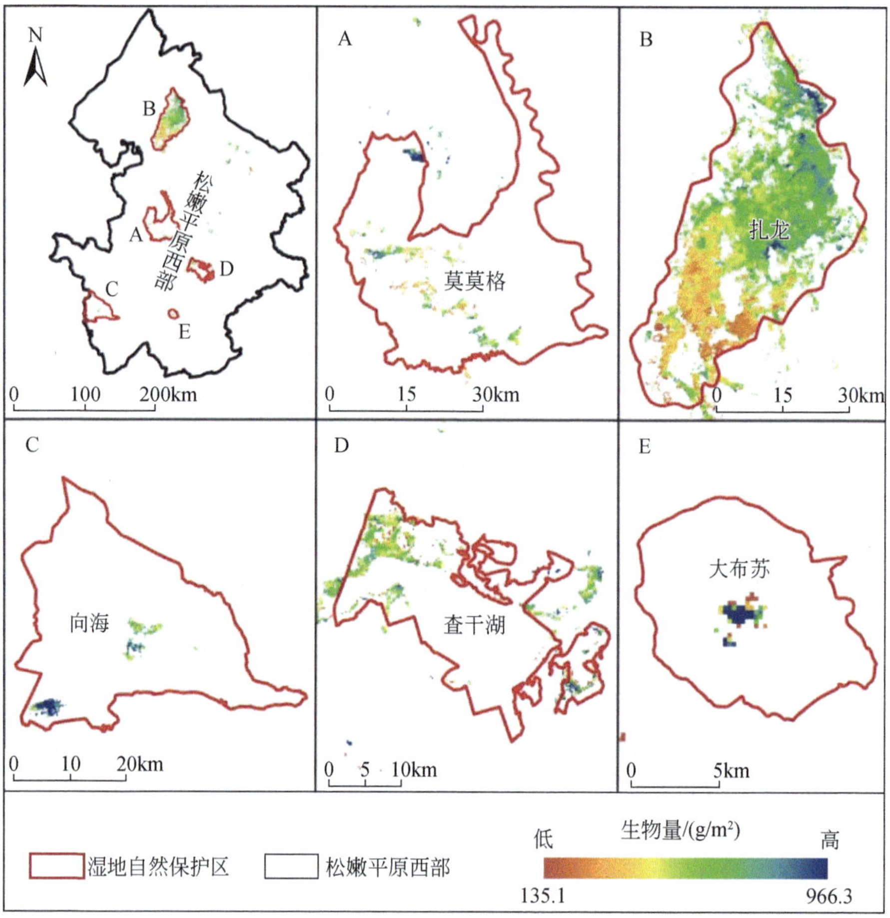

图 10-8 松嫩平原西部芦苇 AGB 空间分布

(cm)；A 为沼泽湿地的面积（m^2）。

2）遥感数据获取与处理

本研究遥感影像获取自美国地质调查局（USGS）的地球资源观测与科学中心，共获取了 2017 年 7～9 月研究区域 30m 空间分辨率的 Landsat-8 OLI 影像 11 幅。所有影像质量较好，平均云量小于 5%（表 10-6）。在 ENVI 软件中，对 Landsat-8 OLI 影像进行大气校正、正射纠正和几何精纠正等预处理。如表 10-7 所示，为了更好地实现沼泽湿地信息提取和沼泽湿地土壤有机碳空间模拟，除了各波段信息外，同时计算了增强植被指数（EVI）和归一化植被指数（NDVI）。此外，还获取了相关的 MODIS 遥感数据产品，其中植被叶面积指数（LAI）采用的遥感数据源为 MOD15 A2，下载于美国国家航空航天局网站（http://reverb.echo.nasa.gov/），时间跨度为 2008～2017 年。净初级生产力（NPP）、地表水指数（LSWI）和地表温度（LST）数据下载于 NASA/EOS LPDAAC 数据分发中心的 MODIS 产品（https://lpdaac.usgs.gov/）。利用 MODIS 网站提供的专业处理软件和 ArcGIS 软件进行标准化处理。

表 10-6　松嫩平原西部 Landsat OLI 影像

行列号	日期（年-月-日）	传感器	云覆盖量/%
11828	2017-09-09	OLI	0.47
11829	2017-09-25	OLI	0.01
11927	2017-08-31	OLI	0.70
11928	2017-08-31	OLI	1.43
11929	2017-08-31	OLI	0.18
12026	2017-08-22	OLI	0.08
12027	2017-07-21	OLI	2.65
12028	2017-07-21	OLI	1.14
12029	2017-07-21	OLI	0.37
12127	2017-07-28	OLI	0.47
12128	2017-07-28	OLI	0.98

表 10-7　松嫩平原西部遥感因子

因子	描述
Band 2	蓝波段（Blue），450～515nm
Band 3	绿波段（Green），525～600nm
Band 4	红波段（Red），630～680nm
Band 5	近红外波段（NIR），845～885nm
Band 6	短波红外 1（SWIR1），1560～1660nm
Band 7	短波红外 2（SWIR2），2100～2300nm
EVI	增强植被指数
NDVI	归一化植被指数
NPP	净初级生产力
LAI	叶面积指数
LSWI	地表水指数
LST	地表温度

3）气象数据获取与处理

根据 2008～2017 年气象站点记录的气象数据，计算年平均气温、年平均降水量、年平均湿度和年平均蒸散发（表 10-8）。气象站点信息和相关数据主要来自国家气象信息中心（http://data.cma.cn/）。基于气象站点数据，采用普通克里金插值方法，生成面状栅格数据，统一坐标，获得松嫩平原西部年平均气温、年平均降水量、年平均湿度和年平均蒸散发的空间分布。

表 10-8 松嫩平原西部气候因子

气候因子	描述
MAT	年平均气温
MAP	年平均降水量
AE	年平均蒸散发
MAH	年平均湿度

4）地形数据获取与地形因子的提取

本研究的 DEM（ASTER Global DEM）数据下载于美国地质调查局（https://earthexplorer.usgs.gov/），数据的空间分辨率为 30m。对下载后的 DEM 数据预处理后生成松嫩平原西部数字模型的空间分布图。基于松嫩平原西部的 DEM 数据，利用 ArcGIS 10.2 工具箱中空间分析工具，提取松嫩平原西部的坡度（β）、坡向（α）、地形起伏度（RLD）、表面粗糙度（M）和地形湿度指数（TWI）等数据（表 10-9），为本研究的环境因素对松嫩平原西部沼泽湿地的影响分析提供数据支持。然后，基于所有采样点提取所有栅格的属性值，并将其用作空间算法的输入。

表 10-9 松嫩平原西部地形因子

地形因子	描述
A	高程
β	坡度
α	坡向
$\sin\alpha$	坡向的正弦
$\cos\alpha$	坡向的余弦
C	曲率
C_v	垂直曲率
C_h	水平曲率
SOS	坡度的坡度
SOA	坡向的坡度
RLD	地形起伏度
M	表面粗糙度
TWI	地形湿度指数
SPI	水文动力指数

10.3.2.2 结果与分析

1）模型评价

在 160 个采样点中，采样点被随机分为训练集和验证集。其中，训练点占 70%，验证点占 30%，即训练点共计 112 个，验证点共计 48 个。除了随机森林（RF）模型，还采用了普通克里金插值（OK）模型、反距离插值（IDW）模型和支持向量机（SVM）模型进行精度比较。

表 10-10 给出了预测随机森林模型与其他三种插值模型的精度评价。在表层（0 ~ 30cm），支持向量机模型产生的平均误差为-0.49kg/m²，并且误差最高。反距离插值模型的平均误差最低，为-0.03kg/m²，但是 RMSE 最大，为 6.64kg/m²；而随机森林模型具有最低的 RMSE 和最大的 R，分别为 5.26kg/m² 和 0.82，说明随机森林模型在表层（0 ~ 30cm）土壤的有机碳密度预测方面表现最佳。在中层（30 ~ 60cm），随机森林模型具有最低的 RMSE 和 ME，以及最大的 R，ME、RMSE 和 R 分别为-0.32kg/m²、3.97kg/m² 和 0.59，这三个指标均优于其他三种模型。在底层（60 ~ 100cm），普通克里金插值模型的 ME 最小，与其他三种算法相比，随机森林模型有更小的 RMSE 和最大的相关系数 R，说明随机森林模型在预测土壤有机碳密度方面表现最佳。根据不同算法预测不同深度的土壤有机碳密度的精度差异，随机森林模型是预测沼泽湿地土壤有机碳密度的最佳模型。

表 10-10　随机森林与其他插值模型的精度评价

土壤深度	因子	随机森林	反距离插值	普通克里金插值	支持向量机
0 ~ 30cm	ME/(kg/m²)	0.05	-0.03	0.11	-0.49
	RMSE/(kg/m²)	5.26	6.64	5.9	6.42
	R	0.82	0.72	0.77	0.72
30 ~ 60cm	ME/(kg/m²)	-0.32	-0.55	-0.5	-0.89
	RMSE/(kg/m²)	3.97	4.51	4.34	4.06
	R	0.59	0.48	0.47	0.58
60 ~ 100cm	ME/(kg/m²)	0.24	-0.18	0.04	-0.22
	RMSE/(kg/m²)	3.01	3.62	3.48	3.13
	R	0.51	0.25	0.31	0.44

2）沼泽湿地有机碳密度空间预测

利用随机森林模型对不同深度的松嫩平原沼泽湿地土壤有机碳密度进行空间预测，得到不同深度的土壤有机碳密度空间分布。将不同深度的土壤有机碳密度分级统计面积大小及其所占沼泽湿地面积比例，探究松嫩平原西部沼泽湿地土壤有机碳密度在空间和数量上的分布规律。

在表层（0 ~ 30cm）土壤中，根据有机碳密度数值的分布，将土壤有机碳密度分为 5 级，分别为小于 4kg/m²、4 ~ 7kg/m²、7 ~ 10kg/m²、10 ~ 13kg/m² 和大于 13kg/m²，统计各个密度区间的面积并计算不同区间占沼泽湿地总面积的比例（表 10-11）。由表可知，在表层（0 ~ 30cm），沼泽湿地土壤有机碳密度在 4 ~ 7kg/m² 区间分布最多，面积达到 3937.43km²，占沼泽湿地总面积的 40.77%；小于 4kg/m² 的土壤有机碳密度的面积为 1692.30km²，占总面积的 17.53%；土壤有机碳密度在 7 ~ 10kg/m² 的面积为 2573.89km²，占总面积的 26.66%；土壤有机碳密度小于 10kg/m² 的占到沼泽湿地面积的 84.96%，占到沼泽湿地面积的绝大多部分。土壤有机碳密度在 10 ~ 13kg/m² 和大于 13kg/m² 的面积分别为 1064.15km² 和 388.13km²，占沼泽湿地面积的比例分别为 11.02% 和 4.02%，分布面积较小。土壤有机碳密度的空间分布如图 10-9 所示，土壤有机碳密度最小为 1.81kg/m²，最大为 16.16kg/m²，在空间上，土壤有机碳密度呈现北多南少的趋势，研究区南部沼泽湿地分布较为稀疏，且土壤有机碳密度较小；研究区北部沼泽湿地分布较为集中，且土壤有机碳密度较大。

表 10-11　表层 0～30cm 深土壤不同有机碳密度面积及其占比

密度	<4kg/m²	4～7kg/m²	7～10kg/m²	10～13kg/m²	>13kg/m²
面积/km²	1692.30	3937.43	2573.89	1064.15	388.13
比例/%	17.53	40.77	26.66	11.02	4.02

在中层（30～60cm）土壤中，根据有机碳密度数值的分布，将土壤有机碳密度分为 5 级，分别为小于 2kg/m²、2～3kg/m²、3～4kg/m²、4～5kg/m² 和大于 5kg/m²，统计各个密度区间的面积并计算不同区间沼泽湿地总面积的比例（表 10-12）。由表易知，在中层 30～60cm，土壤有机碳密度集中分布在 2～3kg/m²，面积达到 3591.44km²，占到沼泽湿地总面积的 37.19%，其次为分布在 3～4kg/m²，面积为 2722.62km²，占比达到 28.20%；土壤有机碳密度小于 2kg/m² 面积排第三，分布面积为 1843.60km²，面积占比达到 19.09%；有机碳密度在 4～5kg/m² 和大于 5kg/m² 的分布面积占沼泽湿地总面积的比例较小，面积分别为 1313.75km² 和 184.49km²，占比分别达到 13.61% 和 1.91%。土壤有机碳密度在空间分布如图 10-9 所示，土壤有机碳密度分布在 0.97～6.31kg/m²，在空间分布上，研究区南部土壤有机碳密度数值较小；研究区北部土壤有机碳密度数值较大，北部的土壤有机碳密度明显高于南部的土壤有机碳密度。

表 10-12　中层 30～60cm 深土壤不同有机碳密度面积占比

密度	<2kg/m²	2～3kg/m²	3～4kg/m²	4～5kg/m²	>5kg/m²
面积/km²	1843.60	3591.44	2722.62	1313.75	184.49
比例	19.09	37.19	28.20	13.61	1.91

在底层（60～100cm）土壤中，根据有机碳密度数值的分布，将土壤有机碳密度分为 5 级，分别为小于 2kg/m²、2～3.5kg/m²、3.5～5kg/m²、5～6.5kg/m² 和大于 6.5kg/m²，统计各个密度区间的面积并计算不同区间沼泽湿地总面积的比例（表 10-13）。由表易知，在底层（60～100cm），土壤有机碳密度集中分布在 2～3.5kg/m² 区间，面积达到 5160.54km²，占到沼泽湿地总面积的 53.44%，超过沼泽湿地面积的一半；按照面积排在第二的是区间 3.5～5kg/m²，面积达到 2180.01km²，占沼泽湿地面积的 22.58%；土壤有机碳密度小于 2kg/m²，5.0～6.5kg/m² 和大于 6.5kg/m² 的面积较小，面积分别为 1528.88km²、631.98km² 和 154.48km²，占沼泽湿地面积的比例分别达到 15.83%、6.55% 和 1.60%。土壤有机碳密度在空间分布如图 10-9 所示，土壤有机碳密度最小为 0.91kg/m²，最大为 8.31kg/m²，在空间上，研究区南部土壤有机碳密度明显低于研究区北部，在整个

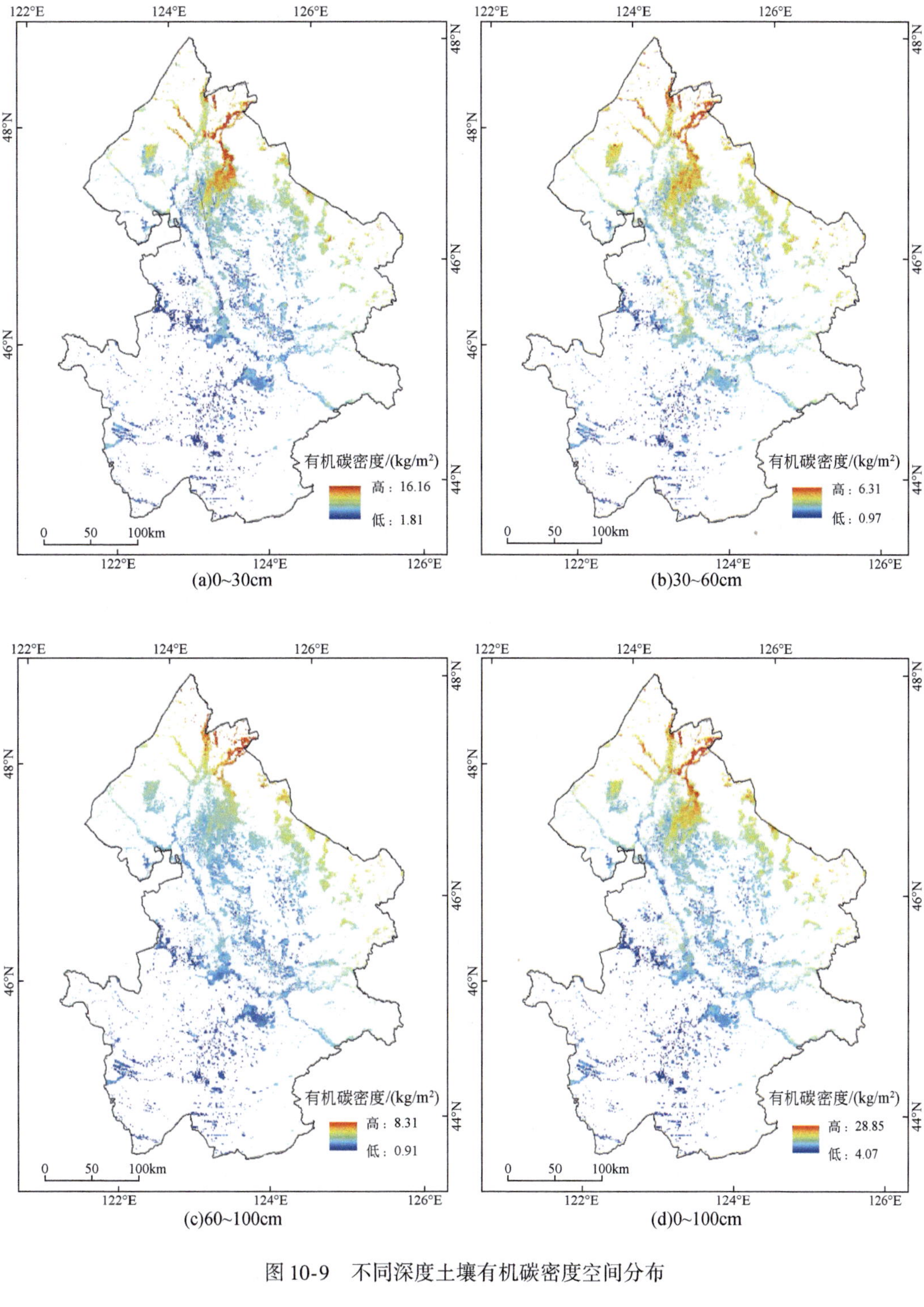

(a)0~30cm (b)30~60cm
(c)60~100cm (d)0~100cm

图 10-9 不同深度土壤有机碳密度空间分布

表 10-13　底层 60～100cm 深土壤不同有机碳密度面积占比

密度	<2kg/m²	2～3.5kg/m²	3.5～5kg/m²	5～6.5kg/m²	>6.5kg/m²
面积/km²	1528.88	5160.54	2180.01	631.98	154.48
比例/%	15.83	53.44	22.58	6.55	1.60

研究区呈现北多南少的趋势，随着纬度的增加，沼泽湿地土壤有机碳密度有增加的趋势。

将表层（0～30cm）、中层（30～60cm）和底层（60～100cm）土壤有机碳密度相加，得到沼泽湿地土壤在 0～100cm 深的有机碳密度，根据 0～100cm 深的土壤有机碳密度的分布，将有机碳密度数值分为 5 级，分别为小于 8kg/m^2、8～13kg/m^2、13～18kg/m^2、18～23kg/m^2 和大于 23kg/m^2，统计各个密度区间的面积并计算不同区间沼泽湿地总面积的比例（表 10-14）。由表易知，在 0～100cm 深度中，土壤有机碳密度集中分布在 8～13kg/m^2 区间，面积达到 3909.98km^2，占到沼泽湿地总面积的 40.48%；面积排在第二的土壤有机碳密度区间是 13～18kg/m^2，面积达到 2524.73km^2，占沼泽湿地面积的 26.15%；有机碳密度小于 8kg/m^2 和 18～23kg/m^2 的面积分别为 1618.89km^2 和 1262.68km^2，面积占比分别达到 16.77% 和 13.08%；有机碳密度大于 23kg/m^2 的面积最小，仅为 339.61km^2，占沼泽湿地总面积的 3.52%。土壤有机碳密度在空间分布如图 10-9 所示。土壤有机碳密度最小为 4.07kg/m^2，最大为 28.85kg/m^2，在空间上，研究区土壤有机碳密度分布与表层（0～30cm）土壤、中层（30～60cm）土壤和底层（60～100cm）土壤的有机碳密度的空间分布保持一致，均表现为南少北多的趋势。

表 10-14　0～100cm 深土壤不同有机碳密度面积占比

密度	<8kg/m²	8～13kg/m²	13～18kg/m²	18～23kg/m²	>23kg/m²
面积/km²	1618.89	3909.98	2524.73	1262.68	339.61
比例/%	16.77	40.48	26.15	13.08	3.52

在不同深度中，土壤有机碳密度大小不同，表层（0～30cm）土壤的有机碳密度明显大于中层（30～60cm）土壤和底层（60～100cm）土壤的有机碳密度，沼泽湿地土壤有机碳密度在垂直方向表现出较大的差异性，但是在空间上具有一致性，均呈现北多南少的趋势，随着纬度的增加，有机碳密度也逐渐增多。

3）沼泽湿地土壤有机碳储量估算

用不同深度的松嫩平原有机碳密度计算得到不同深度土壤有机碳储量，结果如表 10-15所示，松嫩平原西部沼泽湿地在表层（0～30cm）土壤的有机碳储量约为 6.59×10^{7}t，约占 0～100cm 深土壤的有机碳总储量的 53.11%；中层（30～60cm）土壤的有机碳储量约为 2.82×10^{7}t，约占 0～100cm 深土壤的有机碳总储量的 22.72%，底层（30～60cm）土壤的有机碳储量约为 3.00×10^{7}t，约占 0～100cm 深土壤的有机碳总储量的 24.17%。将表层（0～30cm）土壤、中层（30～60cm）土壤和底层（30～60cm）土壤的有机碳储量相加，得到 0～100cm 深的土壤有机碳储量，经计算，0～100cm 深的土壤有机碳储量约为 1.24×10^{8}t，松嫩平原西部沼泽湿地储藏着大量的有机碳。

表 10-15 不同深度土壤有机碳储量

深度	有机碳储量/10^{7}t	占比/%
0～30cm	6.59	53.11
30～60cm	2.82	22.72
60～100cm	3.00	24.17

10.4 面向可持续管理的湿地遥感空间决策支持

面向湿地生态系统的可持续管理，遥感技术被广泛应用于湿地遥感监测与评估工作，支撑湿地保护与管理空间决策的制定和优化，本节分别以吉林西部水禽栖息地适宜性评价和武汉城市圈湿地受损程度识别及驱动因素分析为案例，介绍湿地遥感空间决策支持①。

10.4.1 吉林西部水禽栖息地适宜性遥感评价

吉林西部地区地处我国半干旱地带，属大陆性半干旱气候；同时，吉林西部也是我国重要的粮食生产基地，人口密度相对较大，生态脆弱性较强。作为东北亚地区重要的水禽栖息地，区域生态系统受到剧烈影响，湿地等资源损失和退化显著，水禽种群和数量明显下降。如何对吉林西部地区水禽进行有效的保护？首先需要构建良好的栖息地场所，通过探讨水禽栖息地适宜性空间格局，对水禽栖息地实施有针对性的管理和保护。因此，评估当前水禽栖息地适宜性程度迫在眉睫。针对吉林西部地区，传统的调查方法仅能在点或线的尺度来评估水禽栖息地的质量差异，不能全面地了解水禽栖息地的适宜性程度。随着遥感技术的不断发展，遥感影像能够开展大尺度、多时相的栖息地调查，更有效便捷等优点明显，因而被广泛应用于栖息地调查和适宜性评估。

10.4.1.1 区域概况

吉林省中西部（43°16′N～46°18′N，121°38′E～127°45′E）位于松嫩平原的西南端，北靠黑龙江省，西邻内蒙古自治区，行政区划上包括 20 个县市，总土地面积为 8.19 万 km^2。该区气候属于温带大陆性季风气候，冬季寒冷，夏季炎热多雨，春秋两季多风少雨；年平均气温 4～6℃，年日照 2 915 小时；年降水量在 200～600mm，主要集中于 6～9 月。海拔较低，以平原为主，分为中部台地平原区和西部草甸、湖泊、湿地、沙地区。吉林省中西部河流众多，主要包括松花江水系、辽河水系、嫩江水系等。

① 相关成果已发表于湖南师范大学硕士研究生论文（田艳林，2016）和《自然资源学报》（彭凯锋等，2019）。

10.4.1.2 技术路线

1）总体流程

基于土地覆盖产品，分别提取湖泊、水库、河流、灌渠等水体覆盖类型，计算区域河网密度，结合降水数据进行吉林西部水禽栖息地水源补给能力分析；提取吉林西部交通用地、工业用地、居住地和采矿用地等类型，分析区域人口居住密度和道路密度，综合分析人类活动对栖息地景观格局的影响。通过计算 NDVI，分析吉林西部植被覆盖格局特征，高 NDVI 被认为栖息地水禽食物充足，低 NDVI 被认为水禽食物获取受限，通过分析 NDVI 空间差异，探讨栖息地食物支撑能力。结合 DEM、植被类型及植被叶面积指数探讨水禽栖息及躲避风险的适宜性。利用 GIS 技术进行空间分析，采用层次分析法获取各指标体系的权重，划分栖息地适宜性等级，综合讨论吉林西部水禽栖息地适宜性。技术路线如图 10-10所示。

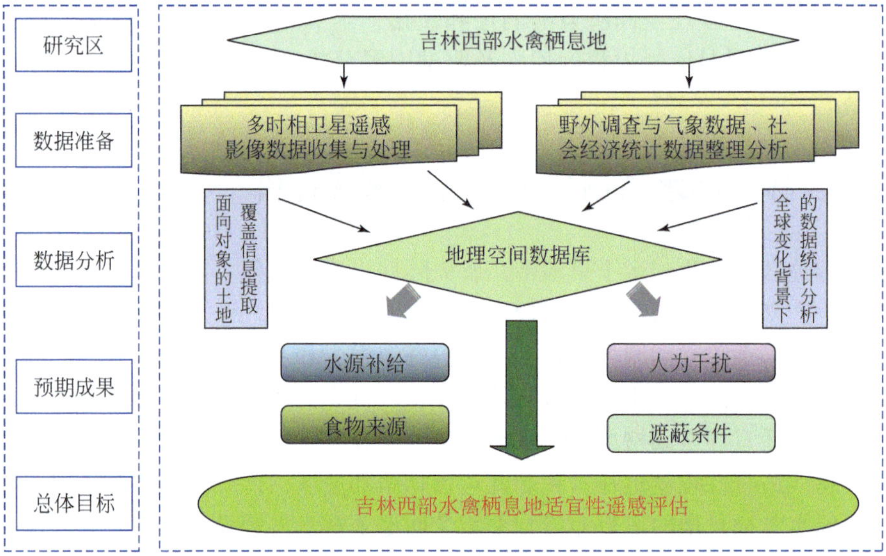

图 10-10 技术路线框架

2）水禽栖息地适宜性评价准则

目前结合湿地水禽栖息地对环境的需求，国内外学者根据湿地的特征，选取影响水禽栖息活动的多种因素，建立适宜性评价准则，对水禽栖息地的适宜性展开研究。本研究综合考虑以往的研究成果，并结合吉林西部地区实际的自然环境和湿地水禽栖息地的特征，建立各因子的适宜性评价准则，按各个因子为水禽栖息提供条件的适宜度大小，划分为适宜性最好、适宜性良好、适宜性一般、适宜性差和不适宜 5 个等级（表 10-16）。为了方便对定性数据和定量数据进行标准化，并进行统一计算，适宜性指数按照百分制的形式（0～100）被量化分级，即适宜性最好（80～100）、适宜性良好（60～80）、适宜性一般（40～60）、适宜性差（20～40）、不适宜（0～20）。研究区内林地、湿地、耕地、草地、水体、裸地及人工表面 7 种生态系统类型的适宜性评价准则如表 10-16 所示。

表 10-16 不同生态系统类型适宜性评价准则

生态系统类型	林地	湿地	草地	耕地	水体	裸地	人工表面
评价指标	适宜性最好		适宜性良好		适宜性一般	适宜性差	不适宜

林地为水禽栖息提供丰富的食物来源以及很好的遮蔽条件，湿地是水禽栖息和繁殖的重要生态系统类型，所以两者是水禽栖息适宜性最好的生态系统类型；耕地和草地在一定程度上会受到人为干扰，但也能为水禽栖息提供较好的生态环境，所以耕地和草地被评为水禽栖息适宜性良好的生态系统类型；水体为水禽提供充足的水源，但在食物来源和遮蔽条件等方面较为欠缺，作为水禽的栖息地，适宜性一般；裸地不仅无法为水禽提供食物来源和水源，而且遮蔽条件最差，总体考虑，其作为水禽栖息地的适宜性差；人工表面作为人类活动和干扰最强的地区，水禽无法在这些区域栖息繁殖，因此人工表面是不适宜水禽栖息的。

影响水禽栖息地适宜性的其他因子：NDVI、NDMI、居民地密度、交通用地密度、工矿用地密度、水系密度和植被覆盖度的等级划分准则见表 10-17。

表 10-17 吉林西部水禽栖息地适宜性评价因子准则

评价指标	适宜性最好	适宜性良好	适宜性一般	适宜性差	不适宜
NDVI	>0.7	0.5 ~ 0.7	0.3 ~ 0.5	0 ~ 0.3	<0
NDMI	>0.3	0.15 ~ 0.3	0.05 ~ 0.15	0 ~ 0.05	<0
植被覆盖度	>80	70 ~ 80	50 ~ 70	25 ~ 50	<25
水系密度	>3.5	2.0 ~ 3.5	1.0 ~ 2.0	0.45 ~ 1.0	0 ~ 0.45
居民点密度	0 ~ 0.5	0.5 ~ 1.0	1.0 ~ 2.5	2.5 ~ 4.5	>4.5
交通用地密度	0 ~ 0.02	0.02 ~ 0.05	0.05 ~ 0.1	0.1 ~ 0.15	>0.15
工矿用地密度	0 ~ 0.05	0.05 ~ 0.1	0.1 ~ 0.2	0.2 ~ 0.3	0.3 ~ 0.45

在以上这些评价因子中，NDVI 表征了研究区内水禽的食物来源。NDVI 与水禽栖息地的适宜性呈现正相关，NDVI 值越大，表示植被越丰富，水禽栖息所需的食物来源越充足，水禽栖息的适宜性越好；NDMI 与土壤或植被的水汽含量高度相关，能充分反映水禽栖息的生态环境的湿度，NDMI 越大，说明水禽栖息的生态环境中的水汽越充足，水禽栖息的适宜性越好；水禽栖息需要一定的隐蔽条件，植被覆盖度能反映其隐蔽条件的好坏，植被覆盖度越高，表明能为水禽提供的遮蔽条件越好，水禽栖息的适宜性越好，躲避天敌的条件越好；水系密度表示研究区内水禽栖息地的水源状况，密度越大，水源越充足，能为水禽栖息提供的水分条件越好，越适宜水禽栖息；居民地密度、交通用地密度以及工矿用地密度表示人为对水禽栖息地的干扰情况，其密度值与栖息地的适宜性呈负相关关系，密度值越大的地区，表明受人为干扰程度越大，栖息地适宜性越差。

10.4.1.3 结果分析

本研究结合水禽对栖息地环境的需求状况，获取吉林西部水禽栖息地适宜性评价因子，主要包括栖息地遮蔽物因子（生态系统类型、植被覆盖度）、水文条件因子（水系密度、NDMI）、人工干扰因子（居民地密度、交通用地密度、工矿用地密度）以及食物条件因子（NDVI），采用 GIS 空间分析技术，生成各评价因子密度图。

1）水禽栖息地适宜性指标单因子分析

（1）栖息地遮蔽条件。选择生态系统类型和植被覆盖度作为水禽躲避其他物种侵害时的遮蔽物因子来考虑水禽栖息地的适宜性。吉林西部影响水禽栖息的有关遮蔽物因子空间分布如图 10-11 所示。

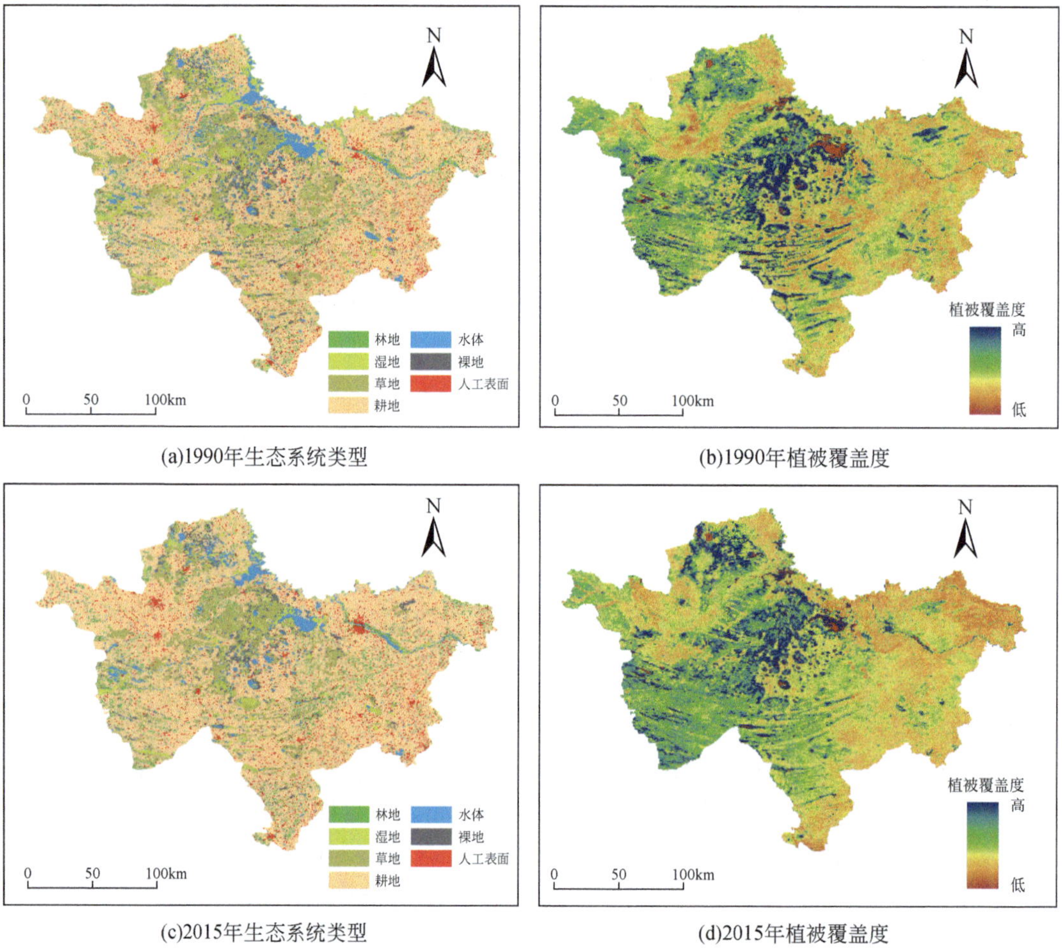

(a)1990年生态系统类型　(b)1990年植被覆盖度

(c)2015年生态系统类型　(d)2015年植被覆盖度

图 10-11　吉林西部 1990 年和 2015 年遮蔽物因子

结合研究区 1990 年和 2015 年的土地覆盖数据，利用层次分析法得到两种遮蔽物因子的权重系数，完成加权叠加分析后，利用 ArcGIS 的空间分析功能，进行吉林西部水禽栖息地遮蔽物适宜性的分级，其空间格局见图 10-12。

从生态系统格局及植被覆盖条件来看，北部林区的水禽栖息地遮蔽条件高于农田区，其适宜性等级较高，而水域以及城乡发展集中、人类活动相对明显的区域遮蔽条件较弱，其适宜性等级较低，且受人类活动的影响，这些区域的斑块都比较破碎。对几个典型自然

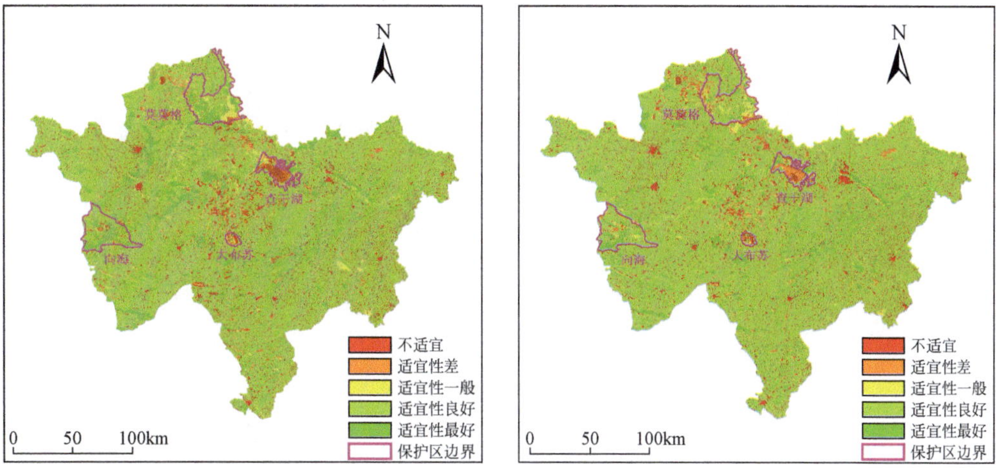

(a)1990年　　(b)2015年

图 10-12　吉林西部水禽栖息地遮蔽条件适宜性等级分布

保护区进行分析发现，向海湿地自然保护区和莫莫格湿地自然保护区适宜性等级相对遮蔽条件较高的地区有所降低，但大部分区域还是表现出良好的状态；由于查干湖湿地自然保护区内水域面积较大，植被相对较少，所以很难为水禽栖息提供遮蔽条件，其适宜性较差；而大布苏湿地自然保护区内的大部分区域无法为水禽栖息提供遮蔽条件，其适宜性差甚至不适宜水禽的栖息，这可能与当地频繁的人类活动有关。对比 1990 年和 2015 年吉林西部水禽栖息地遮蔽物条件空间分布，可以发现，研究区内为水禽栖息提供的遮蔽条件整体变化不大，但个别区域变化较为明显，比如在人类活动较强的地区，因城市扩张、道路扩建等因素的影响，其遮蔽条件变弱，适宜性差的区域面积有所增加；相反，在查干湖保护区内西北部的部分区域，水禽栖息地的遮蔽条件明显提高，适宜性在 1990 年是差等水平的地区目前的适宜性等级较高，这可能与区域内近年来的生态系统类型改善以及植被长势有关。

（2）水文条件。为了能真实评价研究区内水禽栖息地的水分状况，以研究区内的河流、湖泊、水库/坑塘以及运河/水渠为基础水系数据，并利用 ArcGIS 10.0 的 Line Density 空间分析功能计算吉林西部 1990 年和 2015 年两期的水系密度数据图。同时分别选取 1990 年和 2015 年植被生长旺季的影像，计算代表土壤和植被湿度状况的 NDMI 数据。最终得到反映研究区水分状况的水系密度和 NDMI 分布，结果如图 10-13 所示。

水分条件的影响因子主要是水系密度和 NDMI，结合土地覆盖数据，通过 GIS 软件，完成加权叠加得到水分条件的适宜性等级分布（图 10-14）。由图可知，研究区内 2015 年水禽栖息的水分条件整体上不如 1990 年，水分较充足的地区集中在河流、湖泊地区，且大多集中在保护区内，水分越充足，表现出的水禽栖息地适宜性越好。4 个典型湿地自然保护区内的水分状况差异明显，其中莫莫格和查干湖湿地自然保护区内水分充足，呈现出明显的供水条件优越性，而向海和大布苏保护区内水源较少，供水条件相对不好。对比 1990 年和 2015 年吉林西部水禽栖息地水分条件空间格局分布图（图 10-14），不难发现：

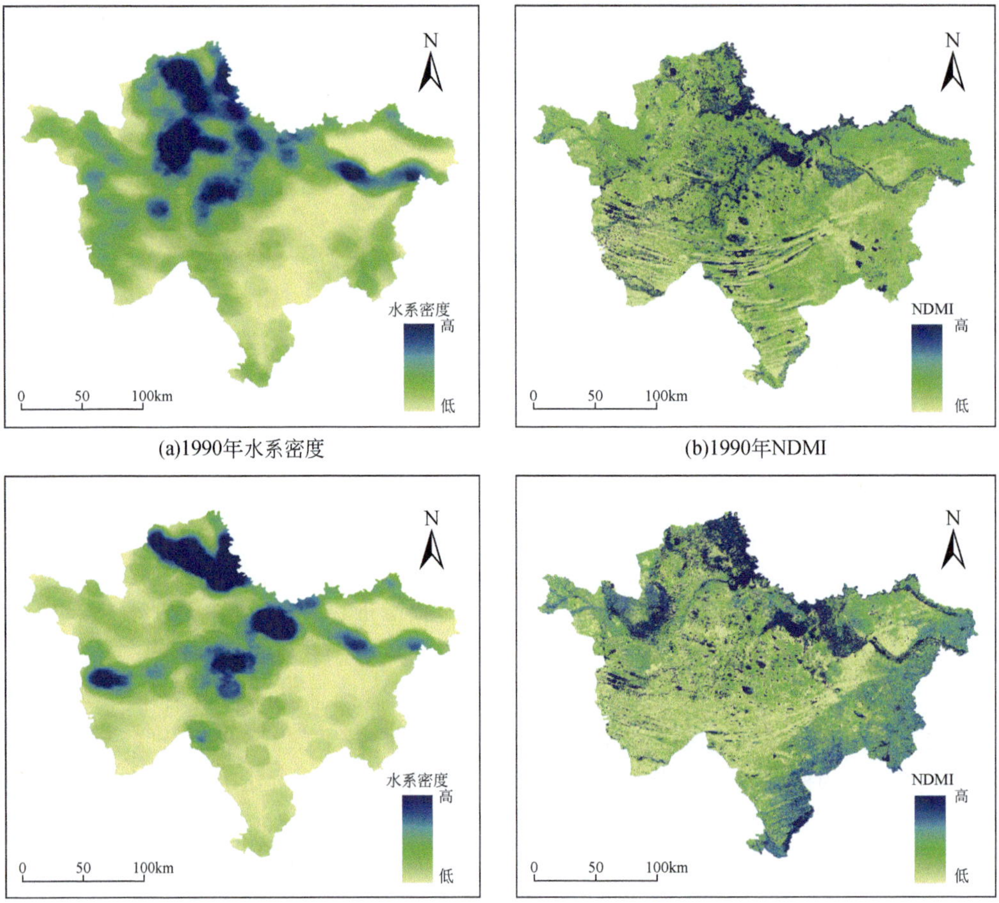

(a)1990年水系密度　(b)1990年NDMI

(c)2015年水系密度　(d)2015年NDMI

图 10-13　吉林西部 1990 年和 2015 年水分因子

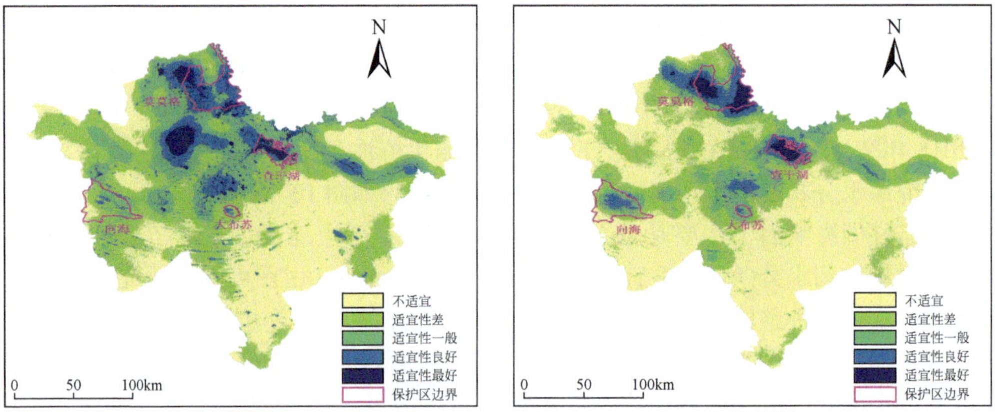

(a)1990年　(b)2015年

图 10-14　吉林西部水禽栖息地水分条件适宜性等级分布

4 个典型保护区内的水分条件都有明显的改善，1990 年水分条件一般的区域大多提升为供水条件较好的等级，尤其是莫莫格和向海湿地自然保护区内，供水条件由 1990 年的差转变为 2015 年的一般甚至良好。这充分表明了 1990 ~ 2015 年保护区内生态环境的改善，使得保护区内水分供给能力逐渐增强，但是单从水分条件适宜性分析，研究区内的水禽栖息地适宜性整体呈现减弱的趋势。

（3）人工干扰因子。本研究结合吉林西部的生态系统特征，选择居民点、交通用地以及工矿用地作为人工干扰的基础数据，在 ArcGIS 10.0 中的 Line Density 空间分析功能下，计算居民地密度、交通用地密度以及工矿用地密度作为人类活动对水禽栖息地影响的评价因子，最终得到研究区 1990 年和 2015 年两期的居民点、交通用地以及工矿用地的密度数据（图 10-15）。

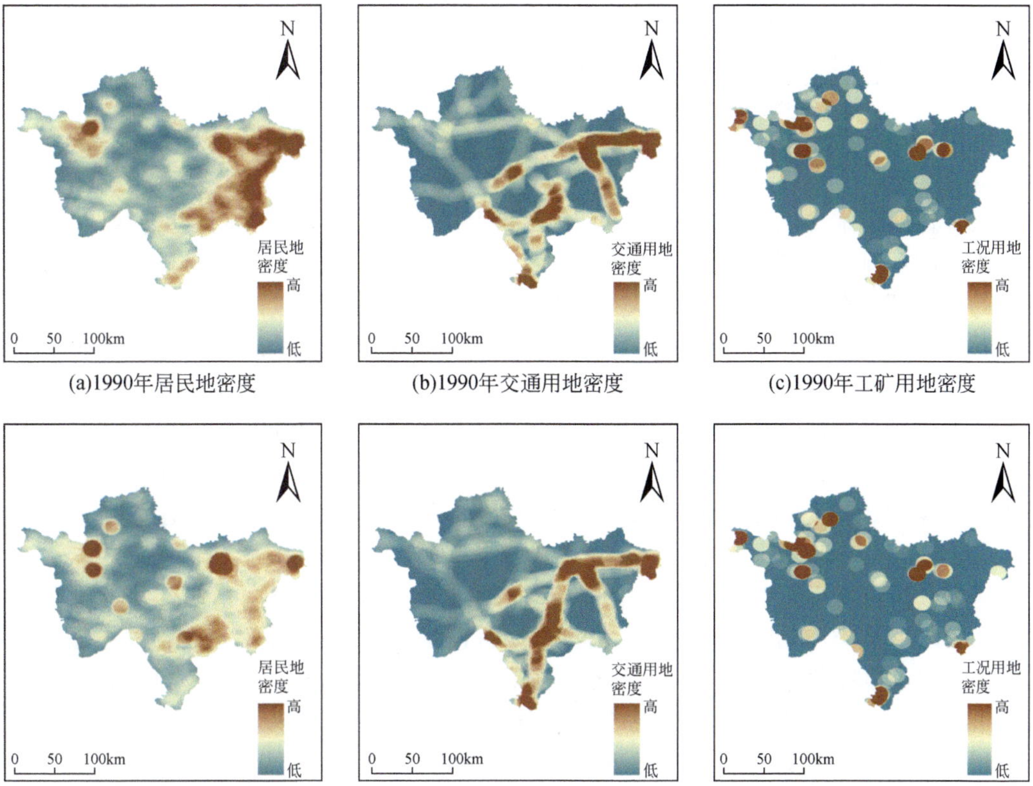

(a)1990年居民地密度　(b)1990年交通用地密度　(c)1990年工矿用地密度

(d)2015年居民地密度　(e)2015年交通用地密度　(f)2015年工矿用地密度

图 10-15　吉林西部 1990 年和 2015 年人工干扰因子

人工干扰是水禽栖息地受外界影响的主要因素，频繁的人类活动对栖息地产生较大的影响，其中居民地、交通用地以及工矿用地是人类活动表现最为明显的生态系统类型。居民地密度、交通用地密度以及工矿用地密度的综合分析能有效评价人类干扰对水禽栖息地适宜性的影响等级，居民地密度、交通用地密度以及工矿用地密度越大，表明受人为干扰的强度越大，其水禽栖息地适宜性就越差。本研究在 ArcGIS 10.0 数据处理平台下，参照各因子权重系数，进行加权叠加，完成人类活动干扰条件的分级分类，得到人类活动干扰等级的空间分布图，如图 10-16 所示。

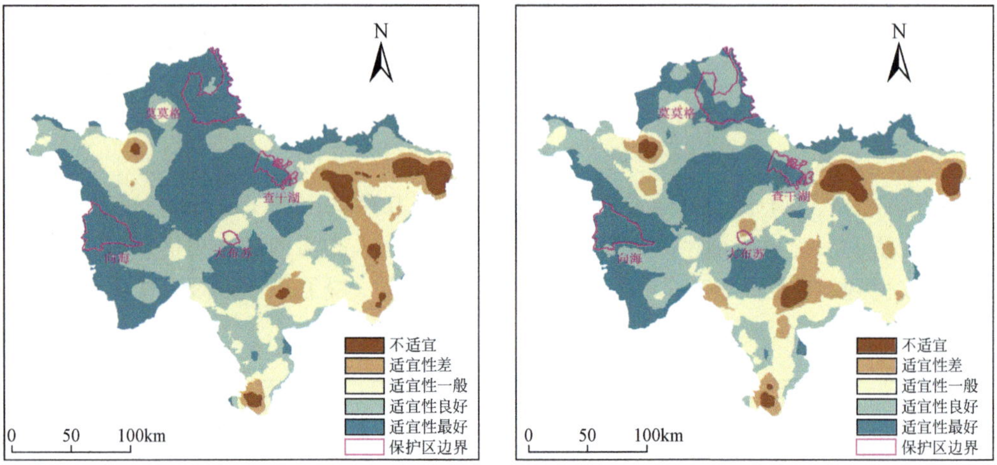

(a)1990年　　(b)2015年

图 10-16　吉林西部水禽栖息地干扰条件适宜性等级分布

从吉林西部水禽栖息地 1990 年和 2015 年干扰条件空间分布可以看出：研究区内受人为干扰的区域比较集中，多位于居住地、交通用地以及工矿用地较为集中的区域；研究区的西北部、东部地区以及南部边缘地带人类活动较为频繁，对栖息地的影响呈现出强于其他地区的趋势。居住地、交通用地和工矿用地相对较少的地区，受人类活动干扰相对较弱，这些地区呈现出较高的适宜性等级。特别是在典型自然保护区内部，整体受人类活动的干扰较弱，尤其是莫莫格湿地自然保护区和向海湿地自然保护区内，几乎很少受到人为干扰；但查干湖湿地自然保护区在一定程度上受到了人类活动的干扰，特别是大布苏保护区受人为干扰相对较大，因此大布苏湿地自然保护区的适宜性等级相对较低。

通过分析吉林西部水禽栖息地 1990 年和 2015 年干扰条件空间格局，发现研究区内 1990～2015 年人类活动明显增加，水禽栖息地适宜性受人为干扰的程度也随之增强，尤其是在交通和城镇较发达的地区，人类活动的影响更大。对比分析 4 个典型自然保护区内的人为干扰等级，莫莫格湿地自然保护区、查干湖湿地自然保护区以及大布苏湿地自然保护区受到人为干扰的程度均有所加强，特别是莫莫格湿地自然保护区，由于近年来道路的扩建，保护区北部地区受人为活动的影响较为明显；大布苏湿地自然保护区 1990 年受人为干扰已经十分明显，到 2015 年保护区的人类活动更为显著，其人为干扰更强，水禽栖息地的适宜性等级明显下降；向海湿地自然保护区整体受人类活动的干扰较弱，除了西南少数地区受到交通用地的影响外，其他地方几乎没有人类活动的痕迹，说明该保护区比较适合水禽的栖息和繁殖，水禽栖息地适宜性等级较高。

（4）食物条件因子。借鉴前人研究经验，分别选取 1990 年和 2015 年植被生长旺季的影像计算吉林西部 1990 年和 2015 年的 NDVI，并将其作为评价水禽栖息地适宜性的食物条件因子，Landsat 遥感影像近红外和红外波段组合计算得到两期 NDVI 数据，见图 10-17。

本研究通过 GIS 软件，以 Landsat 遥感影像为数据源，计算获取 NDVI 数据值，将其作

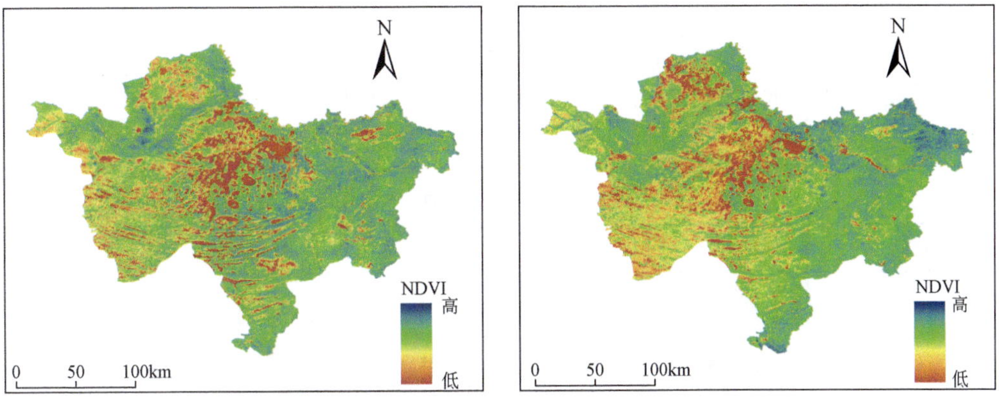

(a)1990年　　(b)2015年

图 10-17　吉林西部 1990 年和 2015 年食物因子

为水禽栖息地食物供给等级的评价因子，NDVI 越大，表示作物生长越好，水禽栖息地所提供的食物能量越充足。通过对 NDVI 数据进行等级划分，得到吉林西部水禽栖息地食物条件等级的空间分布，见图 10-18。

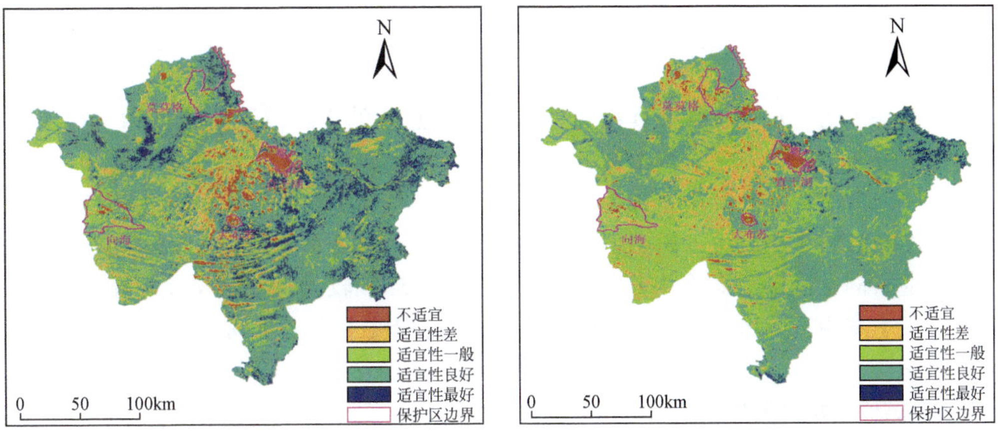

(a)1990年　　(b)2015年

图 10-18　吉林西部水禽栖息地食物条件适宜性等级分布

根据研究区 1990 年和 2015 年的 NDVI 数据，进行水禽栖息地食物条件等级的分析，其中，NDVI 最高的是林区，主要集中在研究区的北部和东南部地区，食物供给能力呈现较高的等级，说明水禽栖息地的适宜性较好。其次为耕地和草地以及湿地，多分布于中部以及西南区域；水域、裸地以及人工表面的 NDVI 最低，尤其是查干湖湿地自然保护区内的水域以及大布苏湿地自然保护区内人类活动较为频繁的地区最为显著，其食物供给能力相对较弱，适宜性等级较低。对比研究区 1990 年和 2015 年的水禽栖息地食物条件空间分布数据，可以发现，就食物供给来看，吉林西部水禽栖息地适宜性最好区域向适宜性良好和适宜性一般转化，这表明，目前研究区内水禽栖息地的食物供给能力相对于 1990 年有所降低。其中，几个保护区内的食物供给能力都有所下降，这表明水禽栖息地的适宜性等级呈现下降的趋势。

2）基于层次分析法的评价指标权重的确定

在对各适宜性评价指标进行等级划分的基础上，采用层次分析法对各指标赋权重，进而完成对研究区水禽栖息地适宜性的定量评价，各评价指标的权重系数如表 10-18 所示。

表 10-18　吉林西部水禽栖息地各评价指标权重

目标层	准则层		决策层	
	指标	权重	指标	权重
吉林西部水禽栖息地适宜性评价指标	水分条件	0. 3	水系密度	0. 65
			NDMI	0. 35
	干扰条件	0. 2	交通用地密度	0. 35
			居民地密度	0. 50
			工矿用地密度	0. 15
	食物条件	0. 3	NDVI	1. 00
	遮蔽条件	0. 2	生态系统类型	0. 75
			植被覆盖度	0. 25

分析结果表明，水分条件和食物条件对水禽栖息地的贡献较遮蔽条件和干扰条件大。其中，在水分条件的指标中，水系密度较 NDMI 对水禽栖息地的水分状况影响更大；食物条件的指标以 NDVI 为主；在干扰条件中，居民地的密集程度是干扰水禽栖息最大的因素，交通用地的干扰次之，工矿用地对水禽栖息地的干扰相对于居民地和交通用地来说较小。在为水禽栖息提供遮蔽条件时，生态系统类型的影响较大，植被覆盖度相比于生态系统类型，对水禽栖息的适宜性贡献较小，但在一定程度上也对水禽栖息的遮蔽条件有所贡献。

3）水禽栖息地适宜性总体格局

通过建立的栖息地适宜性指数（HIS）模型，根据不同评价指标的权重系数进行加权叠加，将适宜性分为 5 个等级，并以野外收集莫莫格湿地自然保护区内的 16 个水禽巢址分布点为验证点对评价结果进行验证，经过分析发现，80% 以上的水禽巢址分布在适宜性最好和适宜性良好的区域，其中适宜性最好的栖息地分布水禽巢址 9 个，栖息地适宜性良好的区域分布水禽巢址 4 个，适宜性一般的区域分布水禽巢址 3 个。这充分表明本研究对水禽栖息地适宜性的评价结果基本符合实际情况（图 10-19）。

吉林西部水禽栖息地适宜性整体呈现南低北高的分布格局，且湿地分布广的区域适宜性相对较好。除大布苏湿地自然保护区有大片适宜性差和不适宜的栖息地分布外，其他 3 个自然保护区内整体呈现适宜性较好的现状。为了进一步分析研究区水禽栖息地适宜性现状，本研究还分别对各适宜性等级单元进行计算，得到不同适宜性等级的分布面积以及水禽栖息地适宜性等级情况（表 10-19）。

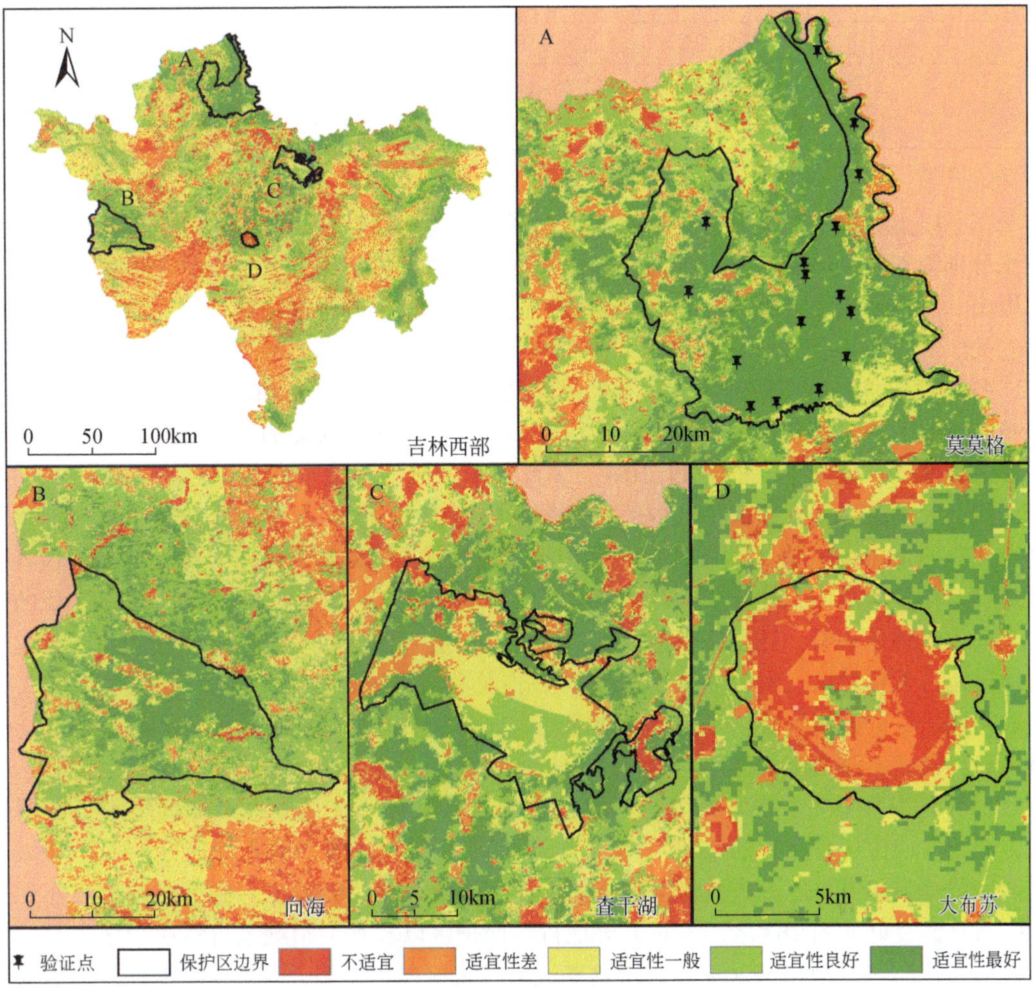

图 10-19 吉林西部 2015 年水禽栖息地适宜性空间格局

表 10-19 吉林西部水禽栖息地适宜性等级面积及比例统计

区域		适宜性最好	适宜性良好	适宜性一般	适宜性差	不适宜
莫莫格保护区	面积/km^2	0.86×10^3	0.30×10^3	0.17×10^3	0.15×10^3	0.11×10^2
	比例/%	58.06	20.49	11.22	10.17	0.07
向海保护区	面积/km^2	0.33×10^3	0.40×10^3	0.27×10^3	0.74×10^2	9.64
	比例/%	30.45	36.92	24.69	7.05	0.89
大布苏保护区	面积/km^2	1.54	0.24×10^2	0.17×10^2	0.37×10^2	0.32×10^2
	比例/%	1.38	21.72	14.96	33.11	28.82
查干湖保护区	面积/km^2	0.13×10^3	0.13×10^3	0.16×10^3	0.77×10^2	0.18×10^2
	比例/%	24.91	26.08	30.42	14.99	3.60

续表

区域		适宜性最好	适宜性良好	适宜性一般	适宜性差	不适宜
吉林西部	面积/km^2	6.16×10^3	1.55×10^4	1.83×10^4	1.18×10^4	3.68×10^3
	比例/%	11.10	27.95	33.05	21.26	6.64

注：因四舍五入，数据加和不都等于100%

基于以上数据分析结果，吉林西部水禽栖息地适宜性最好的区域、适宜性良好的区域面积分别为 $6.16\times10^3km^2$、$1.55\times10^4km^2$，占总面积的 39.05%，且集中分布在河流、湖泊等周围。总体来看，吉林西部水禽栖息地的适宜性区域相对不多，这可能与人类活动的增加有关。

（1）适宜性最好。研究区内适宜性最好的区域主要沿河流、湖泊等周围分布，少部分分布于耕地区域，这些地区水源与食物相对充足，比较适合水禽的栖息和生存。适宜性最好的区域面积占区域总面积的 11.10%。其中，4 个典型湿地自然保护区是水禽栖息的主要场所，大布苏湿地自然保护区内适宜性最好的面积 $1.54km^2$，仅占大布苏湿地自然保护区总面积的 1.38%；查干湖湿地自然保护区和向海保护区内适宜性等级最好的面积占各自湿地自然保护区总面积的比例分别是 24.91% 和 30.45%，均低于各自保护区总面积的三分之一，但整体来看，还是比较适合水禽栖息的；适宜性最好的面积所占比例最高的是莫莫格湿地自然保护区，面积达 $8.6\times10^2km^2$，占莫莫格湿地自然保护区面积的 58.06%。这些适宜性最好的区域多是沼泽湿地及河滩地大面积分布的水源充足、地势平坦的区域，区域内人口稀疏，很少有人类活动的干扰，是水禽隐蔽、觅食和繁殖的最好场所。

（2）适宜性良好。研究区内适宜性良好的地区多分布在适宜性最好区域附近的缓冲区，面积占研究区总面积的 27.95%。4 个典型自然保护区内，适宜性良好的面积最大的是向海湿地自然保护区，占向海湿地自然保护区总面积的 36.92%，莫莫格湿地自然保护区内适宜性良好的面积次之。大布苏湿地自然保护区以及查干湖湿地自然保护区内适宜性良好的面积所占比例均在 20% 以上。这些适宜性良好的区域多分布在耕地低产地区以及一些农田护林带附近和湖泊周围，有一些居民地，但居民地分布不集中，相对比较分散，整体分布格局与适宜性最好的区域相似。

（3）适宜性一般。研究区内水禽栖息地适宜性等级一般的地区多分布在农田大量分布的中产田区，面积为 $1.83\times10^4km^2$，面积所占的比例最高。4 个典型湿地自然保护区内水禽栖息地适宜性等级一般的面积整体所占比例不高，除向海湿地自然保护区和查干湖湿地自然保护区内适宜性一般的面积比例高于 20% 之外，其他两个湿地自然保护区内适宜性一般的面积比例都分布在 10%～15%。该等级所在的区域主要是和城镇居民密集区有一定距离的零散的村庄附近，该区域内水禽整体对外来干扰的抵抗能力较弱，适宜性等级一般。

（4）适宜性差。研究区内水禽栖息地适宜性等级差的区域主要位于交通比较发达的居民地密集区以及道路和居民地集中分布的缓冲地带，面积为 $1.18\times10^4km^2$，占研究区总面积的 21.26%。4 个典型自然保护区中，大布苏湿地自然保护区内适宜性等级差的面积所占比例较高，占大布苏保护区总面积的 33.11%，其他几个自然保护区内水禽栖息地适宜性差的区域所占对应保护区总面积的比例均低于研究区整体适宜性差的面积的比例。适宜性差的区域多是受人为干扰程度较大的高产农田区，生态系统稳定性差，很难为水禽提供舒适的栖息条件。

(5) 不适宜。研究区内不适宜水禽栖息的区域主要是城镇居民点，面积为 $3.68\times10^{3}km^{2}$，分布整体较少，占研究区总面积的6.64%。4个典型自然保护区中，大布苏湿地自然保护区内不适宜水禽栖息的区域分布较广，分布面积达到大布苏保护区总面积的28.82%，这可能与该区域强烈的人类活动有关；其他几个保护区内完全不适宜水禽栖息的区域所占的比例较小，这些保护区受人类活动的干扰相对较弱，其中莫莫格湿地自然保护区内不适宜水禽栖息的区域面积是 $11km^2$，仅占莫莫格保护区总面积的0.07%。这些地区往往是受人类活动干扰比较强的区域，几乎完全不适宜水禽栖息。

4）水禽栖息地适宜性动态

从时间序列上分析研究区1990～2015年水禽栖息地适宜性等级的动态变化，可以看出吉林西部水禽栖息地适宜性不同等级的面积分布都有所变化。其中吉林西部1990～2015年水禽栖息地适宜性最好和适宜性一般这两个等级的面积降低，适宜性良好、适宜性差以及不适宜等级的面积增加。对典型湿地自然保护区进行分析可知：莫莫格湿地自然保护区1990～2015年水禽栖息地适宜性最好的区域面积增加，而适宜性良好、适宜性一般的面积有所降低，此外，适宜性差的面积增加较多，不适宜水禽栖息的面积变化不大；向海湿地自然保护区内1990～2015年水禽栖息地适宜性最好和适宜性良好的面积均增加，且适宜性最好的面积增加显著，适宜性一般、适宜性差和不适宜的面积减少，其中适宜性差的面积减少最多；大布苏湿地自然保护区1990～2015年水禽栖息地适宜性最好的面积略微减少，不适宜水禽栖息的面积也有所降低，其他等级的面积均有所增加；查干湖湿地自然保护区1990～2015年水禽栖息地适宜性最好和适宜性良好的面积均大幅增加，不适宜水禽栖息的面积虽有所增加，但适宜性一般和适宜性差的面积减幅很大。对吉林西部水禽栖息地适宜性等级变化的面积进行分区统计得表10-20。

表10-20　1990～2015年吉林西部水禽栖息地适宜性等级变化面积分区统计

（单位：km^2）

地区	适宜性最好	适宜性良好	适宜性一般	适宜性差	不适宜
莫莫格保护区	100	-70	-129	98	1
向海保护区	66	5	-16	-38	-17
大布苏保护区	-1	9	6	18	-13
查干湖保护区	44	52	-48	-60	12
吉林西部	-539	1328	-1400	652	150

结合表10-20可以看出，吉林西部水禽栖息地适宜性最好的面积由1990年的 $6700km^2$ 减少到了 $6160km^2$，减少了 $540km^2$，适宜性良好的面积由1990年的 $1420km^2$ 增加到了 $1550km^2$，增加了 $133km^2$，但整体上吉林西部水禽栖息地的适宜性变差了。分析几个典型湿地自然保护区适宜性等级的变化可知：莫莫格湿地自然保护区水禽栖息地适宜性最好的面积增加了 $100km^2$，但适宜性良好的面积减少了 $70.76km^2$，适宜性一般的面积也有所减少，而适宜性差和不适宜的面积分别增加了 $98km^2$ 和 $1km^2$；向海湿地自然保护区水禽栖

息地适宜性好的面积整体增加了 71km^2，而适宜性一般、适宜性差和不适宜的面积均减少，整体来看向海湿地自然保护区水禽栖息地的适宜性变好了；大布苏湿地自然保护区内水禽栖息地适宜性最好的面积减少了 1km^2，与水禽栖息地适宜性良好等级增加的面积综合之后，大布苏湿地自然保护区适宜水禽栖息的面积增加了 8km^2，但是适宜性差的面积增加了 18km^2，水禽栖息地的适宜性等级整体上向良好和一般集中；查干湖湿地自然保护区内较好的适宜水禽栖息的面积增加了 96km^2，适宜性一般和适宜性差的面积分别减少了 48km^2 和 60km^2，虽然不适宜水禽栖息的面积增加了 12km^2，但整体水禽栖息地的适宜性等级有所提高。

10.4.2 武汉城市圈湿地受损程度识别及驱动因素分析

10.4.2.1 区域概况

武汉城市圈位于湖北省的东部，三面环山，西部和中部区域为辽阔的江汉平原。研究区以武汉为中心，包含周边的黄石、黄冈、咸宁、鄂州、孝感、潜江、仙桃、天门 8 个城市，即武汉“1+8”城市圈（图 10-20）。作为“两型社会”综合改革配套示范区，武汉城市圈在我国经济发展中有着十分重要的作用，不仅是带动湖北经济发展的重要引擎，也是中部经济振兴的战略支点。地貌类型以平原为主，其次为丘陵、山地，区域内湿地资源丰富，不仅有长江和汉江穿过境内，同时也分布着众多湖泊、水库坑塘、沼泽地等。全区

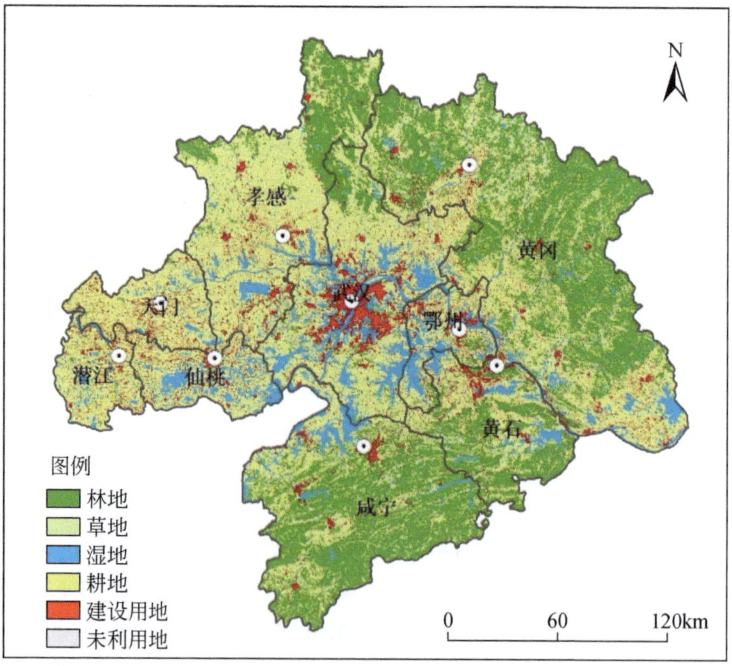

图 10-20 武汉城市圈地理位置及行政区划

属于亚热带季风性湿润气候，全年四季分明，光照充足，年平均温度为16～18℃，夏季闷热、冬季湿冷，年平均降水量为1130～1600mm。近年来，随着“中部崛起”战略的逐步实施，围湖造田、环境污染、资源浪费等问题对武汉城市圈湿地构成了严重威胁，开展湿地景观格局演变研究，对于城市湿地生态安全有着重要意义（彭凯锋等，2019）。

10.4.2.2 技术流程

1）数据来源及处理

收集了1995年、2000年、2005年、2010年、2015年的土地利用数据，数据来源于中国科学院资源环境科学数据平台（http://www.resdc.cn）。该数据是基于Landsat影像进行目视解译生产的，空间分辨率为30m，数据的分类精度达91.2%。参照《全国湿地资源调查技术规程（试行）》，将武汉城市圈的湿地归为河流、湖泊、沼泽地、滩地、水库坑塘和水田6种类型，其中河流、湖泊、沼泽地、滩地属于自然湿地，水田和水库坑塘属于人工湿地。基于土地利用数据，绘制5个时相的湿地空间分布图，用于分析1995～2015年的湿地时空格局变化。

水体是湿地生态系统的基本要素之一，本研究使用连续时间序列的水体数据集分析湿地退化与恢复所对应的水体年际变化。收集的土地利用数据是每5年一期，因此采用Deng等（2017）生产的水体数据。该数据是使用随机森林方法对1987～2015年武汉城市圈所有的Landsat影像进行分类生成的，空间分辨率为30m，水体提取精度在90%以上。本研究基于积水频率，将每年的水体数据进行合成，生产年最大水体淹没图。为了与湿地景观格局分析在时间上保持一致，本研究选择1995～2015年的年最大水体淹没图分析水体的时空变化特征。

此外，为了进一步揭示湿地退化的原因，研究分别选择了气象因子、地理环境因子、社会经济因子作为驱动因子，使用回归拟合的方法，分析影响湿地退化的驱动力。驱动因子的说明及数据来源如表10-21所示。

表10-21 湿地受损驱动因子及数据来源

类别	名称	单位	数据来源
气象因子	年平均降水量	mm	中国科学院资源环境科学数据中心（http://www.resdc.cn）
	年平均温度	℃	
地理环境因子	DEM	m	地理空间数据云（http://www.gscloud.cn/）
	坡度	（°）	
	距主要公路的距离	km	2015年全国矢量边界数据
	距主要铁路的距离	km	
	距主要河流的距离	km	
社会经济因子	建设用地	—	土地利用数据
	GDP	万元/km²	中国科学院资源环境科学数据中心（http://www.resdc.cn）
	人口	人/km²	

2）研究方法

本研究从三个层次开展武汉城市圈湿地资源变化的研究，首先，利用 1995 ~ 2015 年 5 期土地利用数据，对武汉城市圈的六种湿地类型进行多时相空间制图，并根据湿地类型内部以及湿地与非湿地之间的时空演变，识别湿地受损程度的五种类型。然后，使用连续时间序列的水体数据集，分析不同受损类型区域的水体年际变化，揭示湿地生态系统内部水体的时间变化特征。最后，基于气象、地理环境、社会经济三大驱动因子，使用 Logistic 回归模型，探究武汉城市圈湿地受损的驱动机制。

3）湿地受损程度识别

六种湿地类型在生态系统功能方面各有不同。河流、湖泊、沼泽地、滩地属于自然湿地，能够为多种动植物提供栖息地，具有较高的生态系统服务价值；水库坑塘属于人工湿地，具有水源涵养、防旱蓄洪的生态功能；水田是农业用地的重要组成部分，虽然属于人工湿地，但已经丧失了大部分生态系统功能。因此，在湿地生态功能上，自然湿地和水库坑塘的功能价值高于水田，而水田的功能价值高于非湿地。本研究将河流、湖泊、沼泽地、滩地、水库坑塘归为功能湿地，并对功能湿地、水田、非湿地之间的相互转化重新归类，从而识别湿地受损程度的 5 种类型，如表 10-22 所示。

表 10-22　湿地受损程度类型及其定义

湿地受损类型	定义
保持不变	功能湿地→功能湿地
	水田→水田
轻微受损	功能湿地→水田
	水田→非湿地
严重受损	功能湿地→非湿地
轻微恢复	非湿地→水田
	水田→功能湿地
明显恢复	非湿地→功能湿地

4）湿地受损区的水体年际变化分析

水体是湿地赖以生存的关键元素之一，探究湿地退化或恢复所对应的水体变化特征，能够更加深层次地认知湿地景观格局演变规律。本研究利用 1995 ~ 2015 年的武汉城市圈水体数据集，分别探究保持不变、轻微受损、严重受损、轻微恢复、明显恢复五种不同受损程度的湿地区域的水体年际变化特征。

为了探究湿地受损区域的水体年际变化，本研究基于年内多时相水体提取结果，通过计算积水频率生成每年的最大水体淹没范围。然后使用已生成的湿地受损空间分布图，分别生成 5 幅对应的湿地受损类型掩膜图像，掩膜图像的 0 值为背景值，1 值为相应的湿地受损类型。最后，将 5 种掩膜图像分别与连续时间序列的水体数据集进行掩膜运算，得到不同湿地受损区域内的水体淹没范围，统计分析不同湿地受损区内水体面积的变化趋势，从而揭示湿地受损与恢复所对应的水体演变规律。

5）湿地受损驱动因素分析方法

Logistic 回归是一种广义的线性回归模型，常常用于二分类变量的回归模拟。模型不直接计算因变量与自变量的线性关系，而是计算因变量发生概率的函数变换值与自变量之间的线性关系，进而构建回归模型，其计算公式如下：

$$\ln\left(\frac{p}{1-p}\right)=\alpha+\beta_1x_1+\beta_2x_2+\cdots+\beta_nx_n \tag{10-10}$$

式中，p 为 y 取值为 1 时发生概率，这里对应的是湿地受损发生的概率；x_1，x_2，…，x_n 为自变量，这里对应10个驱动因子；α 为回归方程的截距；β_1，β_2，…，β_n 为回归方程的斜率。

为了量化武汉城市圈的湿地受损情况，研究将 1995～2015 年湿地不变的像元值定义为0，将湿地轻微受损和严重受损的像元定义为1，进而得到研究区的湿地受损图层，并将此图层定义为 y，将10个驱动因子定义为 x，构建 Logistic 回归模型，分析各个因子对湿地退化的影响。此外，为了评估回归模型的拟合精度，研究选择 Homsmer-Lemeshow（简称 HL）指标评估模型性能。一般情况下，如果 HL 不存在明显的显著性，即 $p>0.05$，则模型的拟合精度较好，反之，模型的拟合精度较差。

由于距离较近的样本点之间存在空间自相关，拟合的模型存在不稳定性，为此，采取随机采样方法生成样本点数据集。由于湿地类型不变的面积远远大于湿地受损类型的面积，本研究按照2∶1 的比例分别采集湿地不变（$y=0$）和湿地受损（$y=1$）的样本点，即使用随机采样的方法生成5000个湿地不变类型的样本点和2500个湿地受损类型的样本点。对于 Logistic 回归模型，类别样本数量的不均等只会影响模型的常数项，不影响模型拟合精度和回归系数，因此选择的样本点能够满足模型训练与拟合的要求。

10.4.2.3 结果与分析

1）武汉城市圈湿地的时空变化特征

通过 GIS 湿地制图与时空分析发现，武汉城市圈的湿地类型在地理分布上呈明显的差异性（图 10-21）。水田是武汉城市圈面积最大的湿地类型，占 2015 年湿地总面积的 72.57%，主要分布在地势平坦的平原地区，包括武汉北部、孝感、黄冈南部等；其次是水库坑塘、湖泊，大多分布在武汉、仙桃、鄂州；再次是河流，主要是指长江及其支流区域；滩地和沼泽地的面积较小，呈零星分布，主要分布在河流、湖泊和湿地周边。总体上，武汉城市圈湿地面积较大，截至2015年，湿地占武汉城市圈行政区域的41.02%，其中人工湿地为19 723.94km^2，占湿地总面积的83.13%；自然湿地为4001.36km^2，占湿地总面积的16.87%。

1995～2015 年，武汉城市圈湿地类型面积统计如图 10-22 所示。近 20 年来，武汉城市圈湿地面积呈先增加后减少的趋势，1995～2005 年，湿地面积呈增加趋势，至 2005 年的湿地面积最大，较 1995 年，湿地面积增加了 236.47km^2；2005～2015 年，湿地面积呈退化趋势，至 2015 年湿地面积最小，较 1995 年，湿地面积减少了 655.15km^2。人工湿地中，水田面积在减少，面积减少量为 1487.63km^2；水库坑塘面积在增加，面积增加量为 818.19km^2。自然湿地中，河流、滩地面积在增加，面积增加量分别为 79.87km^2、

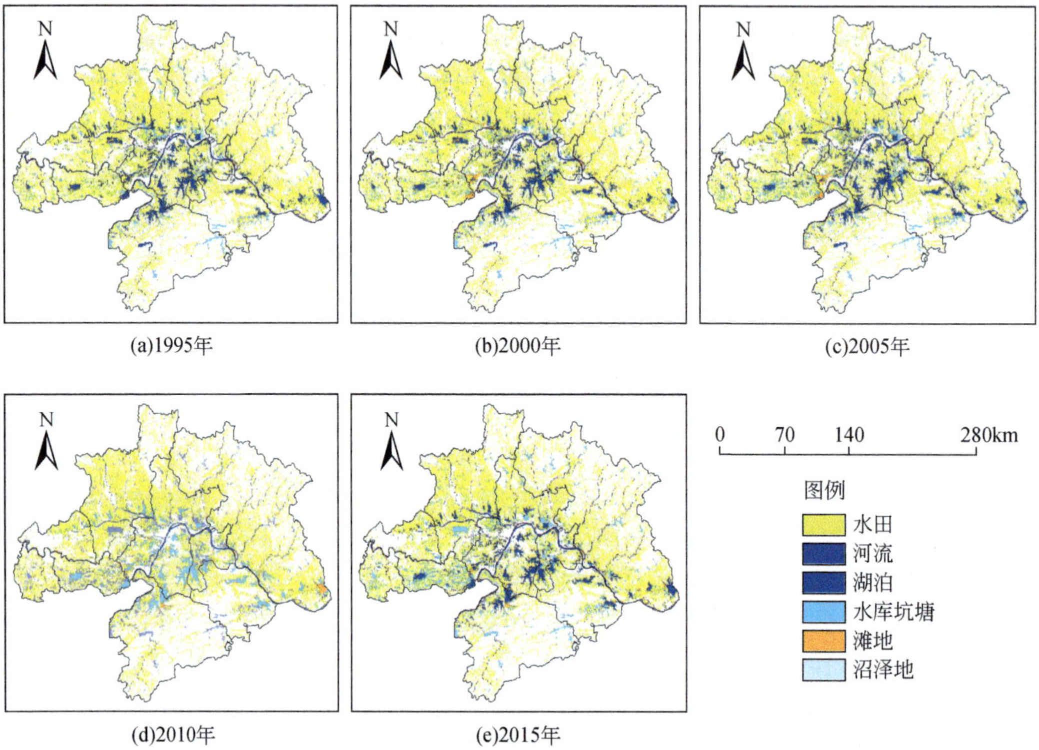

图 10-21　武汉城市圈湿地空间分布图（1995～2015 年）

369.29km²；湖泊、沼泽地面积在减少，面积减少量分别为 422.88km²、11.99km²。统计结果发现，武汉城市圈湿地面积总体呈退化趋势，湿地退化主要是水田和湖泊面积减少导致的。

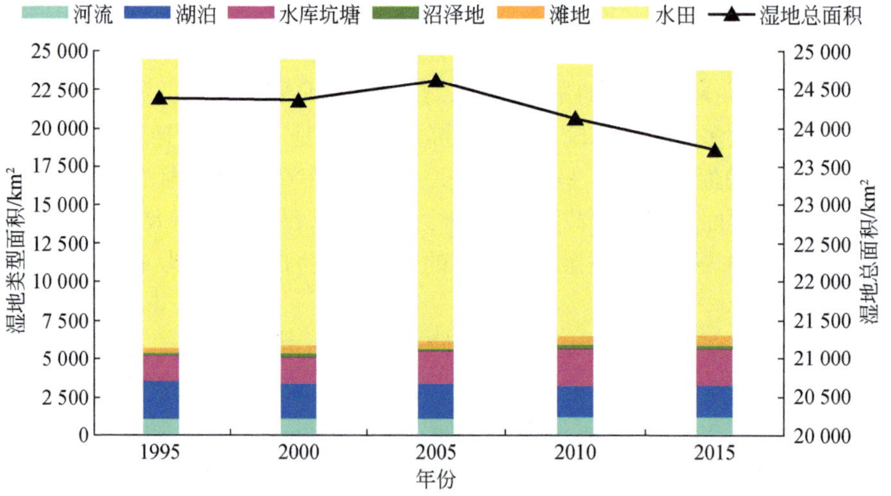

图 10-22　1995～2015 年武汉城市圈湿地面积变化

2）武汉城市圈湿地受损类型识别

图10-23为1995～2015年湿地受损类型的空间分布图。结果表明，武汉城市圈的湿地状况在空间上发生了较大的变化，湿地变化类型主要是轻微受损类型和轻微恢复类型，严重受损类型和明显恢复类型的面积较小。轻微受损区域主要分布在武汉中部、邻近武汉的孝感和鄂州的中心地区，湿地轻微受损主要是非湿地侵占水田引起的，其中建设用地侵占水田面积最大（值为1122.58km²）。严重受损区域的面积较小，主要分布在武汉汉口区、武昌区以及黄州区中心等地区，邻近长江沿岸，湿地严重受损主要表现为建设用地侵占功能湿地（值为171.7km²）和旱地侵占功能湿地（值为119.21km²）。轻微恢复区域主要分布在仙桃，湿地轻微恢复主要是由水田转为水库坑塘（值为730.53km²）和非湿地转为水田（值为1732.37km²）引起的。明显恢复区域的面积较小，主要分布在河流、湖泊附近，主要是旱地转为功能湿地（值为294.75km²）引起的。

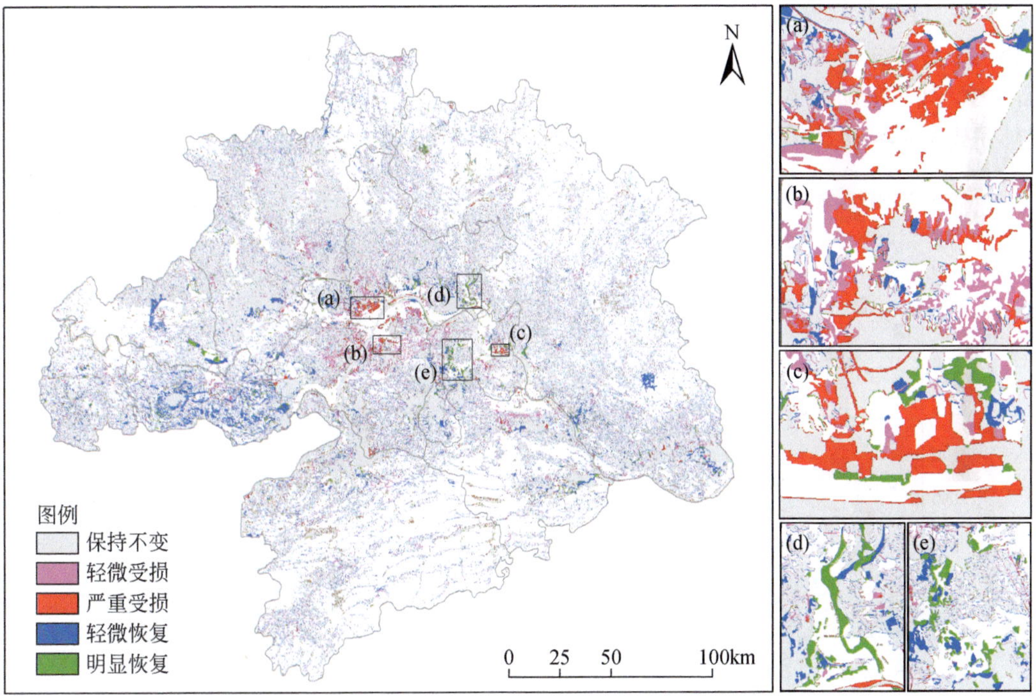

图10-23　1995～2015年武汉城市圈湿地受损类型空间分布

表10-23统计了1995～2015年武汉城市圈5种湿地受损类型的面积。结果表明，1995～2015年，保持不变的湿地类型面积最大，占1995年湿地总面积的82.39%，之后依次为轻微受损、轻微恢复、明显恢复、明显受损。整体上，受损总面积小于恢复总面积。1995～2015年，湿地状况呈改善趋势，其中2000～2005年湿地恢复状况明显，湿地面积收支增加了479.83km²。2005～2015年，湿地状况呈恢复趋势，其中2005～2010年湿地类型在空间上变化剧烈，湿地受损与恢复类型面积明显大于其他时间段，湿地面积收支减少了175.73km²。总体看来，1995～2015年，湿地状况呈恢复趋势，湿地面积总收支增加了66.69km²。

表 10-23 武汉城市圈湿地受损类型面积统计

时间	轻微受损	严重受损	轻微恢复	明显恢复	保持不变
1995～2000 年	103.61	25.55	193.77	41.20	24 069.59
2000～2005 年	264.167	158.19	661.84	240.20	23 538.37
2005～2010 年	2819.97	465.13	2609.01	500.36	20 530.37
2010～2015 年	431.13	69.02	100.85	45.80	23 550.72
1995～2015 年	2813.38	384.49	2781.84	482.72	20 130.07

3）武汉城市圈湿地受损区的水体年际变化特征

图 10-24 统计了 1995～2015 年不同湿地受损类型的水体面积变化，结果表明，湿地类型保持不变的水体面积最大，至 2015 年，其为水体面积为 2998.59km²，占水体的 86.29%，之后依次是轻微恢复、轻微受损、明显恢复、明显受损区域内水体。1995～2015 年，5 种受损类型区域内的水体总体均呈先增加后减少的趋势，2003 年，各受损类型范围内，其对应的水体面积最大，其中 1995～2005 年，水体呈增加趋势；2005～2010 年，水体呈退化趋势；2010～2015 年，水体基本保持不变。

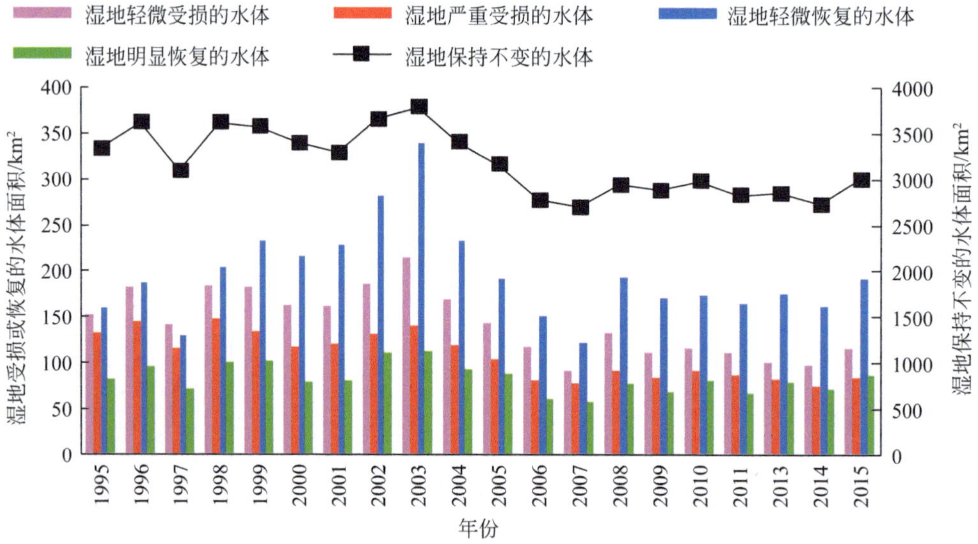

图 10-24 1995～2015 年湿地受损类型的水体面积变化

1995～2015 年，保持不变、轻微受损、严重受损的区域内水体均有所退化，其中保持不变湿地类型的水体面积减少量为 336.77km²，占 1995 年该区域水体的 10.1%，其水体退化的主要原因是湿地生态系统退化，使得稳定的湿地区域面积减少；轻微受损湿地区域的水体面积减少量为 36.62km²，占 1995 年该区域水体的 24.06%，这主要是建设用地、旱地侵占水田导致的；严重受损湿地区域的水体退化最为严重，水体面积减少量为 49.38km²，占 1995 年该区域湿地水体的 37.1%，主要原因是建设用地、旱地侵占功能湿地。轻微恢复、明显恢复区域内水体有所增长，其中轻微恢复区域的水体面积增加了

30.91km^2，占该区域水体的 19.28%，水体增长的主要原因是水田转为水库坑塘以及旱地转为水田；明显恢复的区域内水体面积增加了 3.27km^2，占 1995 年该区域水体的 3.95%，该类型水体增长主要是非湿地转为水库坑塘引起的。对比分析武汉城市圈湿地变化特征，发现水体的退化与增长特征与湿地退化与恢复的变化特征相似。

本研究选择了 4 个典型区域，使用 1995 年、2000 年、2005 年、2015 年的年最大水体淹没范围，分析水体的时空变化模式，如图 10-25 所示。沙湖和南湖位于武汉，属于城中湖，20 年来，水体的变化以退化为主，其中 2005～2015 年，水体面积退化最为严重，水体退化的主要原因是建设用地侵占湖泊。梁子湖地跨鄂州和武汉江夏区，水体的变化类型包括了退化水体和增长水体；1995～2010 年，水体的变化以增长为主，其原因是降雨的增加引发了洪水，使得湖水面积增加；2010～2015 年，水体的变化以退化为主，其原因是附近人类活动增加，农田侵占了湖泊湿地。木兰湖位于黄冈的山区地带，属于自然湖泊，水体的变化以增长为主，其中 1995～2000 年，水体以退化为主；2000～2005 年，水体以增长为主；2005～2015 年，水体基本保持不变，木兰湖的水体变化主要是降水量、温度等自然因素导致的。

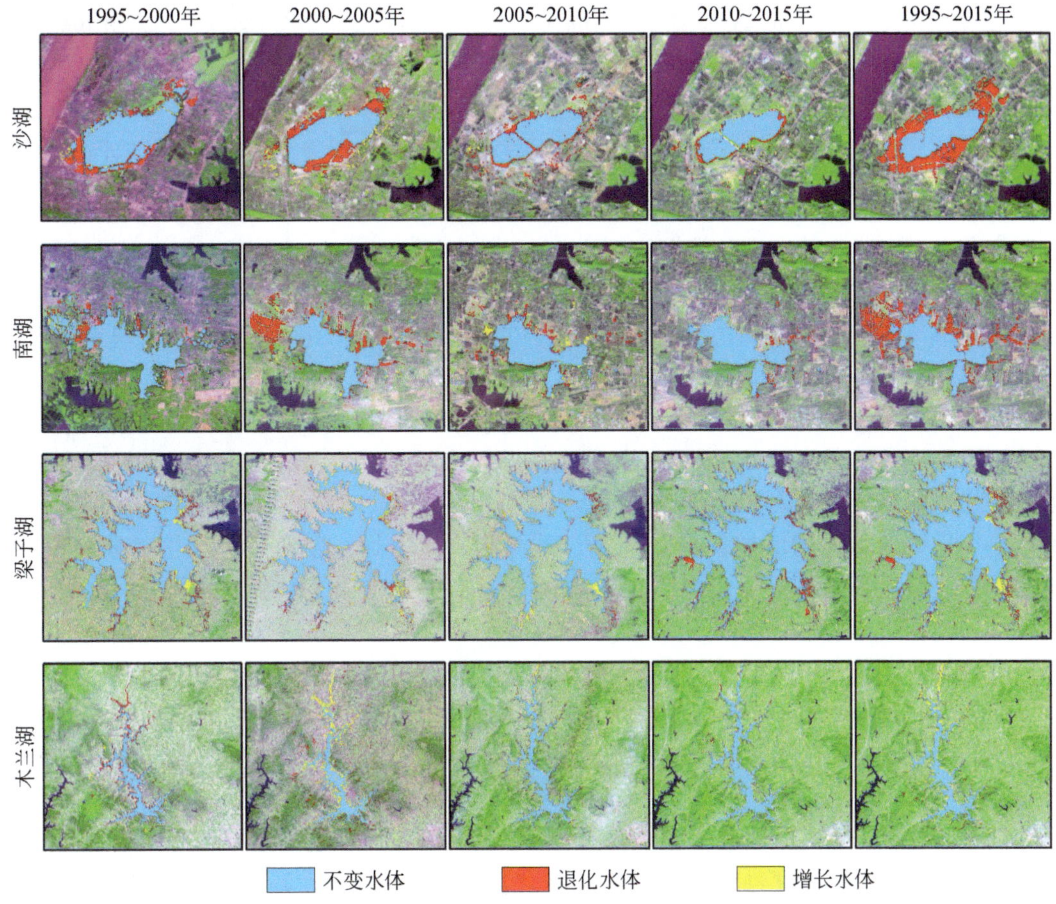

图 10-25　1995～2015 年典型区域的湿地水体变化空间分布

4）武汉城市圈湿地受损驱动因素分析

统计结果发现：10 个驱动因素中，GDP（VIF=7.34）和人口（VIF=7.47）的方差膨胀因子大于3，而其他驱动因子的 VIF 都小于3，表明 GDP 与人口之间存在多重共线性。为此，选择了 GDP 与其他 8 个因子再次进行共线性诊断，发现 9 个自变量都满足Tolerance>0.1 且 VIF<3 的条件，即 9 个变量之间不存在显著的多重共线性。HL 模型检验结果表明，其 P 值不小于检验水平，即 P=0.083>0.05，说明模型的拟合精度较好。此外，模型的分类精度达到了 87.3%，表明构建的回归模型能够可靠地模拟湿地退化风险。在 Logistic 回归模型中，显著性水平（P 值）常用于分析每个驱动因子是否具有统计意义，即 P<0.05 的自变量具有统计意义，反之则不具有统计意义。使用 P 值筛选具有统计意义的驱动因子，结果如表 10-24 所示。

表 10-24 1995 ~ 2015 年间湿地受损的 Logistic 回归模型拟合结果

变量	估计量（β）	标准误	Wald χ^2	P 值	Exp(β)
年平均降水量	-0.004	0.000	75.668	0.000	0.996
年平均温度	0.798	0.289	7.607	0.006	2.221
坡度	0.045	0.016	7.705	0.006	1.046
距主要公路的距离	-0.011	0.004	9.209	0.002	0.989
建设用地	6.125	0.241	645.063	0.000	457.029
GDP	0.028	0.004	43.971	0.000	1.028

注：HL=13.941，P=0.083

Logistic 模型中，Wald χ^2 常常用于评估每个自变量（x）对于因变量的（y）的影响程度，即 Wald χ^2 值越大，对应的自变量对因变量的影响程度越大。根据 Wald χ^2 值，建设用地、年平均降水量、GDP 是影响湿地受损风险的主要因子，其中建设用地对湿地受损风险影响最大。对于建设用地因子，建设用地区域的湿地受损风险是非建设用地区域的 6.125 倍，其原因是随着都市圈的经济与工业发展，人们对于建设用地的需求量增加，武汉城市圈出现了围湖造田、水田湿地被侵占的现象，湿地面积大量减少。年平均降水量与湿地受损风险呈负相关关系，即年平均降水量每增加 1mm，湿地受损风险降低 0.4%，其原因是年平均降水量的增加使得湿地生态系统的水量增加，湿地生态环境的质量改善。GDP 与湿地受损风险呈正相关关系，即 GDP 每增加一个单位（1000 元/km^2），湿地受损风险增加 2.8%，其原因是某一区域的 GDP 越大，人类活动对该区域湿地生态系统的干扰强度也就越大。

距主要公路的距离、坡度、年平均温度的 Wald χ^2 值较小，对湿地受损风险的影响相对较小。距主要公路的距离与湿地受损风险呈负相关的关系，即距离每增加 1km，湿地受损风险减少 1.1%，也就是说距离主要公路越远，湿地受损风险越低，其原因是距离主要公路越远的区域，人类活动就越少，湿地生态系统的稳定性就越高。坡度与湿地退化风险呈正相关的关系，即坡度每增加 1°，湿地退化风险增加 4.5%，其主要原因是坡度越大，水土保持能力和植被生长状况越差。年平均温度与湿地受损风险呈正相关的关系，即年平均温度每增加 1℃，湿地受损风险增加 79.8%，其原因是温度的增加使得湿地区域的蒸腾作用加剧，一定程度上扰动了湿地生态系统的稳定性。

10.5 小　结

自20世纪70年代末以来，湿地遥感研究的框架基本形成。然而相对于其他生态系统类型而言，由于湿地其本身的特性，湿地遥感研究仍存在许多难题和科学问题亟待解决（Gallant，2015）。例如，湿地遥感研究仍受遥感数据源和信息处理能力的限制，湿地的精细分类、群落/功能群识别、全球尺度的湿地制图、湿地生态系统功能与服务定量评估等方面均需进一步深化研究（图10-26）。随着遥感数据源的不断扩展和丰富，以及大数据处理能力的不断提升，湿地遥感向多源化、快速化、精细化方向快速发展，湿地遥感研究作为重要的交叉学科方向也将趋于成熟。

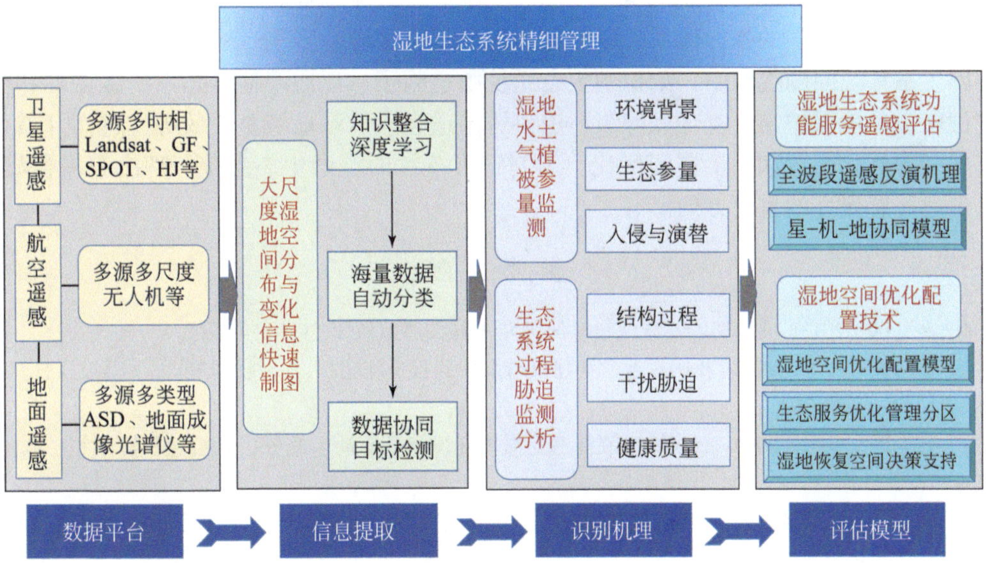

图10-26　面向湿地生态系统精细管理的湿地遥感研究框架

1）大数据时代背景下的湿地遥感分类及景观动态

湿地遥感分类及景观动态分析一直是湿地遥感研究的基础。1974～2020年，全球引用数TOP 500论文和最新发表的500篇论文中，湿地分类与制图均是核心内容。面向全球和区域可持续发展与生态系统可持续管理，对于湿地地理空间信息数据的需求仍在加大（Mao et al.，2020）。大数据时代背景下，依托云平台（如GEE）开展大尺度、长时间序列的湿地制图和景观动态分析，仍是湿地遥感研究重要的发展趋势之一（Amani et al.，2019）。在这个研究过程中，需要充分挖掘海量遥感影像中的数据信息，探索有效的识别技术，如充分挖掘Sentinel数据高时间和空间分辨率的特征信息，融合应用多光谱、雷达、高光谱数据，以及采用面向对象的分类方法加强纹理和几何信息的应用等（Dronova，2015；Mahdavi et al.，2017）。此外，相较于传统的目视判读和人机交互分类，更复杂的机器学习算法，如深度学习等，将得到更多的探索和应用。

2）精细化的湿地生态参量遥感观测

当前湿地遥感研究的内容涉及水、土、气、植被、生态系统、景观各个方面，其中湿地生态参量遥感监测机理和技术作为重要的内容在未来将得到更多的探讨，以支撑不同尺度不同类型湿地生态系统管理、全球变化研究和生态系统建模等。例如，反映水质的不同水环境参量反演算法、湿地土壤有机质或不同元素含量的光谱响应特征与反演技术、湿地通量观测与建模方法、功能群或群落尺度上的植被结构调查、冠层叶片元素含量估算原理等，受研究尺度和对象的不同，相关参量的观测机理及不同的遥感数据源和算法的应用潜力也需要进一步探索。

3）湿地可持续管理空间决策支持

近年来，随着湿地损失与退化带来的生态环境问题日益显现，联合国可持续发展目标（SDGs）近200个指标中与湿地相关的有70多个，对湿地保护与可持续管理空间决策支持的需求不断提升（Mahdianpari et al.，2020）。与基础的湿地景观动态、湿地生态参量观测研究相比，构建科学的指标体系，以问题为导向，将多源、多平台遥感观测充分应用到解决实际生态环境问题过程中，如识别生态系统胁迫因子、评估湿地生态系统脆弱性和生态系统健康、湿地保护与恢复优先等级、退耕还湿适宜性、湿地恢复成效等，进而开展科学的自然资源优化配置和国土空间优化，为制定可持续的湿地生态系统管理决策提供支持，仍是湿地遥感研究的重要方向。

参考文献

陈宜瑜，吕宪国．2013．湿地功能与湿地科学的研究方向．湿地科学，1（1）：7-11.

刘兴土，姜明，文波龙．2012．我国湿地学科建设与发展的若干问题探讨．杭州师范大学学报（自然科学版），11（4）：289-294.

彭凯锋，蒋卫国，邓越．2019．武汉城市圈湿地受损程度识别及驱动因素分析．自然资源学报，34（8）：1694-1707.

宋长春，宋艳宇，王宪伟，等．2018．气候变化下湿地生态系统碳、氮循环研究进展．湿地科学，16（3）：424-431.

田艳林，刘贤赵，毛德华，等．2016．基于MODIS数据的松嫩平原西部芦苇湿地地上生物量遥感估算．生态学报，36（24）：8071-8080.

童庆禧，郑兰芬，王晋年，等．1997．湿地植被成像光谱遥感研究．遥感学报，1（1）：50-57.

张柏．1996．遥感技术在中国湿地研究中的应用．遥感技术与应用，11（1）：67-71.

Adam E，Mutanga O，Rugege D. 2010. Multispectral and hyperspectral remote sensing for identification and mapping of wetland vegetation：A review. Wetlands Ecology and Management，18（3）：281-296.

Amani M，Mahdavi S，Afshar M，et al. 2019. Canadian wetland inventory using google earth engine：The first map and preliminary results. Remote Sensing，11（7）：842.

Andersn R R，Wobber F J. 1973. Wetlands mapping in New-Jersey. Photogrammetric Engineering and Remote Sensing，39（4）：353-358.

Bartlett D S，Bartlett K B，Hartman J M，et al. 1989. Methane emissions from the Florida Everglades：Patterns of variability in a regional wetland ecosystem. Global Biogeochemical Cycles，3（4）：363-374.

Darrah S E，Shennan-Farpón Y，Loh J，et al. 2019. Improvements to the Wetland Extent Trends（WET）index as a tool for monitoring natural and human-made wetlands. Ecological Indicators，99：294-298.

Davidson N C, Fluet-Chouinard E, Finlayson C M. 2018. Global extent and distribution of wetlands: Trends and issues. Marine and Freshwater Research, 69 (4): 620.

Deng Y, Jiang W G, Tang Z H, et al. 2017. Spatio-temporal change of lake water extent in Wuhan urban agglomeration based on landsat images from 1987 to 2015. Remote Sensing, 9 (3): 270-288.

Dronova I. 2015. Object-based image analysis in wetland research: A review. Remote Sensing, 7 (5): 6380-6413.

Finlayson C M, van der Valk A G. 1995. Wetland classification and inventory: A summary. Vegetatio, 118 (1): 185-192.

Finlayson M, Moser M. 1991. Wetlands. New York: International Waterflow and Wetland Research Bureau (IWRB).

Gallant A. 2015. The challenges of remote monitoring of wetlands. Remote Sensing, 7 (8): 10938-10950.

Gong P, Niu Z G, Cheng X, et al. 2010. China's wetland change (1990–2000) determined by remote sensing. Science China Earth Sciences, 53 (7): 1036-1042.

Guo M, Li J, Sheng C L, et al. 2017. A review of wetland remote sensing. Sensors, 17 (4): 777.

Henderson F M, Lewis A J. 2008. Radar detection of wetland ecosystems: A review. International Journal of Remote Sensing, 29 (20): 5809-5835.

Hirano A, Madden M, Welch R. 2003. Hyperspectral image data for mapping wetland vegetation. Wetlands, 23 (2): 436-448.

Hirtle H, Rencz A. 2003. The relation between spectral reflectance and dissolved organic carbon in lake water: Kejimkujik National Park, Nova Scotia, Canada. International Journal of Remote Sensing, 24 (5): 953-967.

Hu Y K, Tian B, Yuan L, et al. 2021. Mapping coastal salt marshes in China using time series of Sentinel-1 SAR. ISPRS Journal of Photogrammetry and Remote Sensing, 173: 122-134.

Jensen J R, Hodgson M E, Christensen E, et al. 1986. Remote sensing inland wetlands: A multispectral approach. Photogrammetric Engineering and Remote Sensing, 52 (1): 87-100.

Jia M M, Wang Z M, Zhang Y Z, et al. 2018. Monitoring loss and recovery of mangrove forests during 42 years: The achievements of mangrove conservation in China. International Journal of Applied Earth Observation and Geoinformation, 73: 535-545.

Keddy P A. 2010. Wetland ecology: Principles and conservation. Cambridge: Cambridge University Press.

Klemas V. 2011. Remote sensing of wetlands: Case studies comparing practical techniques. Journal of Coastal Research, 27 (3): 418-427.

Klemas V. 2015. Coastal and environmental remote sensing from unmanned aerial vehicles: An overview. Journal of Coastal Research, 315: 1260-1267.

Mahdavi S, Salehi B, Granger J, et al. 2018. Remote sensing for wetland classification: A comprehensive review. GIScience & Remote Sensing, 55 (5): 623-658.

Mahdianpari M, Granger J E, Mohammadimanesh F, et al. 2020. Meta-analysis of wetland classification using remote sensing: A systematic review of a 40-year trend in North America. Remote Sensing, 12 (11): 1882.

Maheu-Giroux M, de Blois S. 2005. Mapping the invasive species *Phragmites australis* in linear wetland corridors. Aquatic Botany, 83 (4): 310-320.

Mao D H, Wang Z M, Wu J G, et al. 2018a. China's wetlands loss to urban expansion. Land Degradation & Development, 29 (8): 2644-2657.

Mao D H, Luo L, Wang Z M, et al. 2018b. Conversions between natural wetlands and farmland in China: A multiscale geospatial analysis. Science of the Total Environment, 634: 550-560.

Mao D H, Wang Z M, Du B J, et al. 2020. National wetland mapping in China: A new product resulting from object-based and hierarchical classification of Landsat 8 OLI images. ISPRS Journal of Photogrammetry and Remote Sensing, 164: 11-25.

Matthews S B. 1991. An assessment of Bison habitat in the Mills/mink Lakes area, northwest territories, using landsat thematic mapper data. ARCTIC, 44 (5): 75-80.

Mitsch W J, Gosselink J G. 2015. Wetlands, Fifth edition. Hoboken: John Wiley and Sons.

National Research Council (NRC). 1995. Wetlands: Characteristics and Boundaries. Washington, D. C.: National Academy Press.

Niu Z G, Gong P, Cheng X, et al. 2009. Geographical characteristics of China's wetlands derived from remotely sensed data. Science in China Series D: Earth Sciences, 52 (6): 723-738.

Niu Z G, Zhang H Y, Wang X W, et al. 2012. Mapping wetland changes in China between 1978 and 2008. Chinese Science Bulletin, 57 (22): 2813-2823.

Ozesmi S L, Bauer M E. 2002. Satellite remote sensing of wetlands. Wetlands Ecology and Management, 10 (5): 381-402.

Ramsar Convention on Wetlands (RCW). 2018. Global Wetland Outlook: State of the World's Wetlands and their Services to People. Gland, Switzerland: Ramsar Convention Secretariat.

Roshier D A, Rumbachs R M. 2004. Broad-scale mapping of temporary wetlands in arid Australia. Journal of Arid Environments, 56 (2): 249-263.

Rundquist D C, Narumalani S, Narayanan R M. 2001. A review of wetlands remote sensing and defining new considerations. Remote Sensing Reviews, 20 (3): 207-226.

Schuyt K D. 2005. Economic consequences of wetland degradation for local populations in Africa. Ecological Economics, 53 (2): 177-190.

Tana G G, Letu H S, Cheng Z K, et al. 2013. Wetlands mapping in North America by decision rule classification using MODIS and ancillary data. IEEE Journal of Selected Topics in Applied Earth Observations and Remote Sensing, 6 (6): 2391-2401.

Wang L, Jia M M, Yin D M, et al. 2019. A review of remote sensing for mangrove forests: 1956–2018. Remote Sensing of Environment, 231: 111223.

Wang X X, Xiao X M, Zou Z H, et al. 2020. Tracking annual changes of coastal tidal flats in China during 1986–2016 through analyses of Landsat images with Google Earth Engine. Remote Sensing of Environment, 238: 110987.

Wang Z M, Wu J G, Madden M, et al. 2012. China's Wetlands: Conservation plans and policy impacts. Ambio, 41 (7): 782-786.

Xing L W, Niu Z G. 2019. Mapping and analyzing China's wetlands using MODIS time series data. Wetlands Ecology and Management, 27 (5): 693-710.

Xu W H, Fan X Y, Ma J G, et al. 2019. Hidden loss of wetlands in China. Current Biology, 29 (18): 3065-3071.

11 城市生态遥感

城市是以人造地表、人工环境为主导的地球表层空间。快速城市化进程使得人口、资源进一步向城市集聚，进而改变了自然下垫面原有的性质和形态，打破了生态系统内部长期存在的自然平衡，引发了一系列城市生态环境问题（如大气污染、热岛效应），影响了人居环境甚至给居民带来健康方面的风险（Sun et al., 2016；Cao et al., 2016）。城市化对生态环境系统的影响过程可以通过多源、多尺度、主动和被动遥感图像进行客观记录（杜培军等，2018）。目前遥感和地理时空大数据技术的快速发展正为城市生态研究提供越来越多的数据源和分析处理方法，利用遥感方法实现对城市生态关键要素与过程的监测模拟、机理分析、优化调控，可为改善城市人居环境、维护城市生态安全、保障城市可持续发展提供支持。本章主要介绍了城市生态系统遥感监测方法，以及其在城市生态系统综合评估中的应用。

11.1 概　　述

城市生态系统是自然、经济、社会所组成的区域复合生态系统。围绕城市空间和生态状况的变化情况，利用多源卫星遥感数据监测评估城市化进程中的主要生态参量及生态状况的时空变化特征，可以更好地为城市可持续发展和生态保护决策提供科学支撑。国内外利用遥感技术开展城市生态应用的主要方向如下。

1）城市生态系统关键要素的信息提取和空间格局监测

城市生态系统关键要素的空间格局监测侧重于对城市某个或某些关键要素的时空分布特征进行研究，已有大量研究案例应用遥感技术对城市不透水地表、热环境、大气环境质量等要素进行动态监测（Meng et al., 2018；匡文慧，2018；于琛等，2019；向嘉敏等，2019；Zheng et al., 2020），或通过建立遥感数据与社会经济子系统相关要素之间的关系，实现精细格网尺度上的动态监测（Lu et al., 2008；Huang et al., 2008；Letu et al., 2015），并分析城市生态系统要素的时空分布规律。

2）城市生态环境过程影响因素与作用机理分析

城市生态环境过程影响因素与作用机理分析是在关键要素的时空格局监测基础上，分析多重要素间的相互影响，阐述城市生态环境过程的作用机理。例如，分析城市生态环境指标（如热环境、大气环境）的影响因素（Guo et al., 2020；Lai et al., 2021；Wang et al., 2021），在影响因素分析的基础上，建立城市生态环境要素量化模型（Chen and Hong, 2018；Liu et al., 2020），研究城市生态系统要素变化的作用机理（彭保发等，2013；曹畅等，2017；Li et al., 2020；Liu et al., 2020；Yang et al., 2020）。除了考虑自然子系统相关因素以外，还可以耦合社会经济子系统相关因子，评估社会经济子系统同城市生态过程间的作用机理（卢慧婷等，2020；崔昊天等，2020）。

3）城市生态系统的综合状况评估

城市生态系统的综合状况评估是在生态系统关键要素的时空特征分析基础上，结合多源数据，采用承载力、生态环境质量、耦合协调度、生态足迹、生态红线等指标对城市生态系统综合状况进行评价（郭秀锐等，2003；赵正等，2019；修春亮等，2019）。从评价对象的角度，其研究对象可以是城市生态系统中的某一要素，如针对城市内水体、森林、绿地等的生态承载力评价（毛齐正等，2012；岳启蒙等，2021）；可以是城市中具有典型特征的区域，如针对城市边缘区的生态承载力评价（杨俊等，2018；裴鹰等，2019）；也可将城市复合生态系统作为整体进行评估（石忆邵等，2013；马慧强等，2021）。

本章主要介绍城市扩张遥感监测评估和城市生态遥感监测评估的理论和方法。

11.2 城市扩张遥感监测评估

11.2.1 城市不透水面监测

城市透水面是指具有透水性的植被和土壤。相对地，具有不透水性质的地球表面（如屋顶、沥青或水泥道路，以及停车场等）称为不透水面（Toby and Carlson，1998；Arnold and Gibbons，1996；徐涵秋，2008；徐涵秋和王美雅，2016）。城市不透水面是城市化过程中具有代表性特征的地表产物，其面积、覆盖率和空间格局的变化影响着区域生态环境变化，在一定程度上主导着城市景观格局演变过程，不透水面的面积、覆盖率和空间格局可作为城市生态环境监测的关键指标之一（肖荣波等，2007；Li et al.，2011）。因此，开展城市不透水面遥感研究具有重要意义。

城市不透水面作为城市空间变化的关键参数，是城市生态遥感研究的热点。利用遥感图像提取的城市不透水层常用方法可以概括为三大类。①基于影像分类的方法。根据地表不透水面与其他地物之间存在的光谱、空间和结构形态的差异，运用分类技术来获得地表不透水面的空间分布信息。例如，王俊松等（2008）以高分辨率 Quick Bird 遥感影像为数据源，结合比值植被指数（RVI）和主成分分析，利用传统的监督分类得到高精度的透水面信息，进而得到城市不透水面的信息。李彩丽等（2009）针对高分辨率遥感影像中的阴影问题，采用面向对象分类的方法提高了地表不透水面的提取精度。②基于光谱指数的方法。借鉴现有的光谱指数，利用遥感影像不同波段构建地表不透水面光谱指数，以此来获取地表不透水面的空间分布信息，常见的指数包括 ISA、NDISI、MNDISI、NDII、*P* 等（徐涵秋和王美雅，2016）。不透水面往往具有高热辐射能力，几乎不覆盖植被，而热红外波段可以表征地物热辐射能力，近红外波段可以表征地表植被生物量，二者的比值可以很好地突出不透水面信息。③基于亚像元的统计模型和机器学习方法。混合像元是遥感影像像元的常态，计算出每个像元内地表不透水面的比例，则可以实现亚像元级别的地表不透水面提取（Weng，2012）。Yang 等（2014）基于 30m 分辨率数据，使用回归树模型绘制亚像素不透水表面。肖荣波等（2007）和王静等（2014）分别用分类回归树（CART）模型和 VIS 模型提取得到了北京市城区不透水面信息。Hu 等（2017）提出了一种适用于季节分明的典型温带半干旱地区的稳定、多时相的亚像元地表不透水盖度估算方法。崔耀平（2015）和 Hao 等（2015）基于 Landsat 系列数据和多期土地利用变化数据集，提取得到长时间序列的北京市不透水地表空间数据和地表温度数据。

本节以北京市为例，介绍采用分类回归树（CART）算法提取城市不透水地表的方法和技术流程，并阐述该区域不透水地表的时空变化特征的遥感监测。

11.2.1.1 研究区概况与数据资料

以北京市辖区为研究区（图 11-1），它位于华北平原北部边缘，属半湿润温带大陆性季风气候，年均气温 12.3℃。自 20 世纪 90 年代至今，该区域经历了快速城市化。

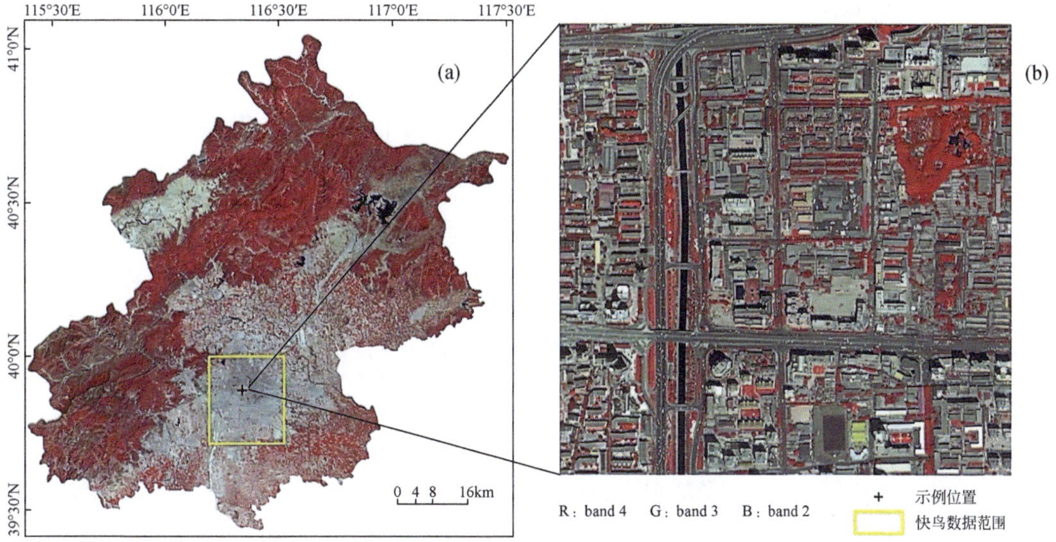

图 11-1 研究区和典型案例区示意

研究中使用的遥感数据及其特性如表 11-1 所示。

表 11-1 遥感数据及其特性

数据名称	空间分辨率	时间	主要处理过程和数据用途
Landsat-5 TM	多光谱 30m	2005 年 5 月 6 日（Leaf-on） 2005 年 11 月 1 日（Leaf-off） 2011 年 6 月 8 日 2011 年 1 月 31 日	精确几何配准，重新投影；缨帽变换，提取亮度、绿度和湿度值输入 CART 模型；提取的归一化植被指数（NDVI）和归一化水体指数（NDWI），用于优化模型的输出结果
Quick Bird	2.4m	2005 年 7 月 5 日	精确几何配准；建立 ISP 预测和精度验证数据集
DMSP/OLS	30 arc-s （约 1000m）	2005 年 2011 年	CART 辅助数据
ASTER-GDEM V2	30m	—	CART 辅助数据

11.2.1.2　基于 CART 算法的城市不透水面遥感提取

1）区域多时序不透水面的遥感提取技术路线

亚像元级区域多时序地表不透水面盖度（Impervious Surface Percent，ISP）遥感提取方法主要包括以下几步。①训练数据和验证数据生成：包括 ISP 样本和 CART 模型输入的自变量等；②变量组合方案比选：设定不同的变量组合方案，对比不同变量组合方案的 ISP 估算精度，选择最优的变量组合方案；③开展亚像元级 ISP 估算和制图：包括输出结果的分析和精度验证；④ISP 制图方案拓展：在 ISP 估算基础上，实现对基准提取年度的前期、后期的 CART 建模和亚像元级 ISP 制图。具体技术路线如图 11-2 所示。

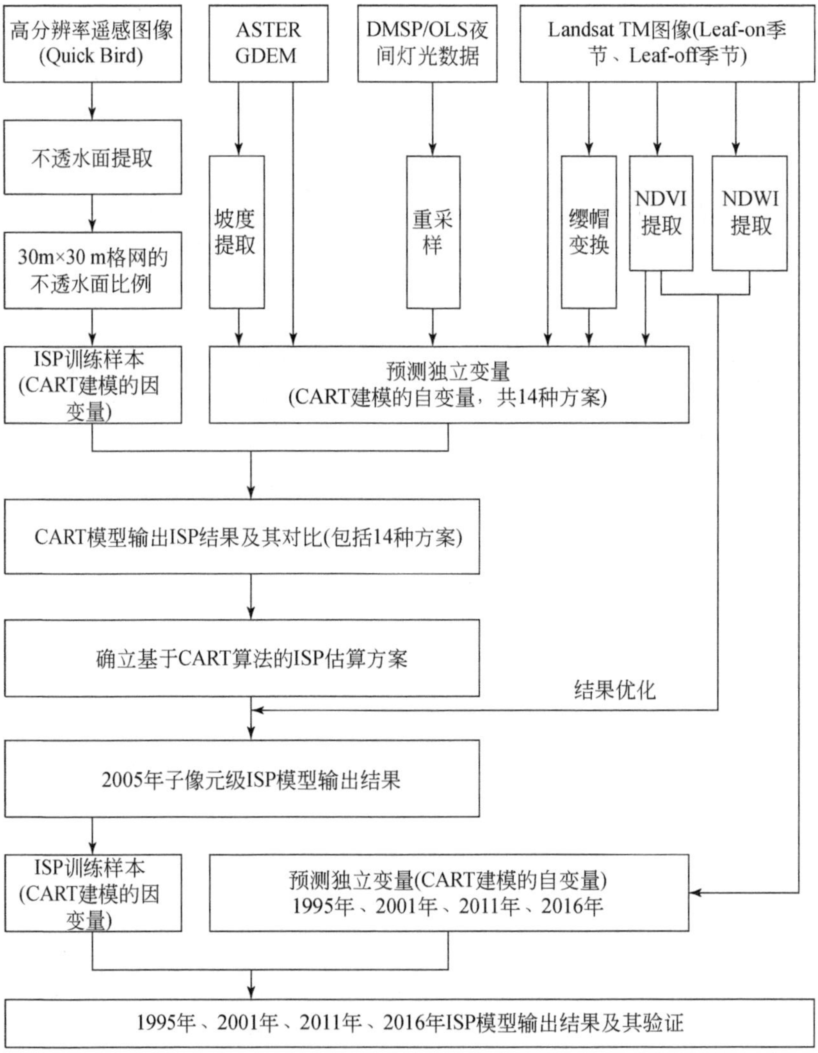

图 11-2　亚像元级区域多时序地表不透水面遥感提取技术流程

决策树方法是通过一系列树形结构的决策规则来建立预测模型，该方法在连续变量回归问题中具有非线性学习能力、运算效率高等特点。分类与回归树分析是其中的一类决策树方法，它可以实例化为多种不同的决策树，当因变量或者目标变量为离散的分类类别值时称为分类树，为连续值时称为回归树（Hu et al.，2017）。CART 模型是一种二分递归的决策树结构模型，其本质是对特征空间进行二元划分。由于 CART 模型可高效处理高维、非线性数据，对输入数据没有统计分布规律要求，且允许连续变量或者离散变量的输入，因此适合大范围不透水地表信息的提取。

CART 模型由相关输入变量及目标变量建立，用于提取 ISP，之前保留的测试样本检验可以用于精度验证。采用平均误差（Average Error，AE）、相对误差（Relative Error，RE）和 Pearson 相关系数（r），评估 ISP 预测回归树模型的性能。回归树可通过树 T 的平均误差（AE）来进行验证，表达式如下：

$$\mathrm{AE}(T)=\frac{1}{N}\sum_{i=1}^{n}\left|y_i-g(\vec{x_i})\right| \tag{11-1}$$

式中，函数 $g(\vec{x_i})$ 为例子设定的回归平面；N 为建立回归树所需的样本数；y_i 为输入变量的实际值。

相对误差（RE）通常用来比较多个回归树的质量，相对误差的定义如下：

$$\mathrm{RE}(T)=\frac{\mathrm{AE}(T)}{\mathrm{AE}(u)} \tag{11-2}$$

式中，AE(u) 为来自平时预测均值所产生的平均误差，用来标准化平均误差 AE(T)。

除了平均误差和相对误差外，还有实际值和预测值之间的 Pearson 相关系数 r，定义为

$$r=\frac{N\sum XY-\sum X\sum Y}{\sqrt{N\sum X^2-\left(\sum X\right)^2}\sqrt{N\sum Y^2-\left(\sum Y\right)^2}} \tag{11-3}$$

式中，X 为实际值；Y 为预测值。

CART 算法的实现采用 Rulequest 公司的数据挖掘工具软件 Cubist，采用 n 倍交叉验证来估算预测精度（Michie et al.，1994）。

2）模型确定与参数优化

（1）CART 建模准备。用于建模的训练数据由输入变量和目标变量组成。这里的输入变量为不透水面的光谱特征，目标变量则是对应像素点的 ISP 值。只有收集的训练样本足够多，不同预测单元的不透水表面特征和相关像元 ISP 值的关系才能被比较全面地体现出来。

先将 Quick Bird 遥感图像划分为不同的地表类型（如不透水面、水体、植被和裸地），高层建筑产生的阴影需要人机交互进行勾画。最终的地表类型归类为两类：不透水表面（主要由人工建筑、道路、水泥地面等组成）和透水表面（水、植被、裸地等）。计算得到 30m 分辨率波段信息及对应的不透水表面覆盖的像素比例，并将该计算结果作为 CART 算法的训练数据和预测模型的验证数据。

在理想条件下，训练样本和测试样本应该从不同的数据源获得并且空间上独立，但本研究从高分辨率数据中提取的 30m×30m 分辨率 ISP 训练数据，既用于训练，又用于验证。

在训练过程中，该 ISP 数据被分成多组，通过组与组之间的交叉验证，尽可能减少测试与训练样本间的空间自相关性。

（2）最优模型选取。尽管所有波段数据都可以作为 CART 模型输入变量，但全部放入容易产生数据冗余。为减少数据量和简化计算，提高 CART 模型 ISP 预测效率，应在满足预测精度的前提下，找出影响预测结果的关键变量，以此作为 CART 的输入变量。为了找出最优的模型参数输入组合，设计了不同的输入变量组合方案。最终参与回归树模型建立的输入变量组合方案共 14 种，如表 11-2 所示。

表 11-2　模型及其输入变量

模型序号	on b1-7	off b1-7	on b145	off b145	on b1456	off b1456	on NDVI	off NDVI	onTC	offTC	DEM	light	slope
1	√	√											
2	√	√							√	√	√	√	√
3	√	√							√	√		√	
4	√	√										√	
5	√											√	
6		√										√	
7			√	√								√	
8			√									√	
9					√	√							
10					√								
11					√	√	√	√				√	
12					√		√					√	
13					√	√						√	
14					√							√	

注：onb1-7，生长季七个 TM 波段（可见光、近红外、中红外和热红外波段）；offb1-7，落叶季七个 TM 波段（可见光、近红外、中红外和热红外波段）；onb145，生长季三个 TM 波段（蓝、近红外和中红外波段）；offb145，落叶季三个 TM 波段（蓝、近红外和中红外波段）；onb1456，生长季四个 TM 波段（蓝、近红外、中红外和热红外波段）；offb1456，落叶季四个 TM 波段（蓝、近红外、中红外和热红外波段）；onNDVI，生长季归一化植被指数；offNDVI，落叶季归一化植被指数；onTC，生长季缨帽变换提取出的亮度、绿度和湿度；offTC，落叶季缨帽变换提取出的亮度、绿度和湿度；DEM，高程；light，夜间灯光数据；slope，坡度

将各模型中的输入变量作为独立变量，将基于 Quick Bird 影像分类得到的 ISP 数据作为目标变量。从上述独立变量和目标变量中随机抽取若干样本作为训练数据，运用 CART 算法对这些训练样本进行学习，从而建立估算 ISP 信息的初始 CART 预测模型。

表 11-3 中列出了不同变量组合方案的预测精度验证结果。

表 11-3　各组合方案的模型精度验证

模型序号	1	2	3	4	5	6	7	8	9	10	11	12	13	14
AE/%	13.5	13.6	12.7	12.8	13.6	15.2	13.4	14.2	13.4	14.6	12.9	13.7	13.2	14
RE	0.41	0.42	0.39	0.39	0.41	0.46	0.41	0.43	0.41	0.45	0.4	0.42	0.4	0.43
r	0.84	0.84	0.86	0.86	0.84	0.81	0.85	0.83	0.85	0.81	0.86	0.84	0.85	0.83

对各模型输出的 ISP 结果进行对比分析，主要从两方面对估计结果进行评估，一方面是 ISP 范围的准确性，即根据 TM 影像与 ISP 估算结果的对应分析来判断其范围的准确性；另一方面则是 ISP 值的准确性。根据上述两个原则，对 14 种模型输出的 ISP 估计结果进行对比分析，选择最优输入变量组合方案。

图 11-3 展示了部分模型（2、3、4、6、11）的 ISP 预测输出结果图像，除模型 4 之外，其他模型均在山区出现大面积错估，将植被覆盖的山区估测为 ISP 低值区，预测输出的结果显然不符合研究区实际情况。

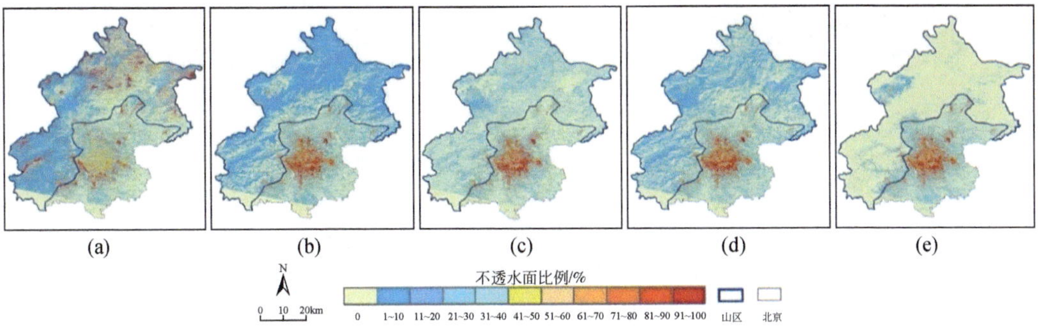

图 11-3　北京市山区部分模型 ISP 预测法等对比

(a) 模型 2；(b) 模型 3；(c) 模型 6；(d) 模型 11；(e) 模型 4

综合对比各模型输出的 ISP 结果图像和各组合方案的模型精度验证结果，模型 4 的 ISP 估算结果表现较好。

3）ISP 遥感监测结果

通过对上述各模型输出结果的分析，模型 4 的 ISP 估计结果误差最低且相关系数最高，最符合实际地表情况。因此，最后采用的输入变量为 Landsat TM 图像的 Leaf-on、Leaf-off 数据和 DMSP/OLS 夜间灯光数据的组合。

夜间灯光数据在城区的饱和特性会影响城市边缘区的植被覆盖地表以及城区细小河流区域 ISP 的预测，并可能将该区域预测为低值 ISP，为了解决该问题，在结果优化过程中，利用从 TM 数据提取的 NDVI 和 NDWI 图像，通过设置合适图像阈值，实现对 ISP 输出结果的优化。最后，由最优输入变量模型估计的 2005 年北京市 ISP 分布如图 11-4 所示。

11.2.1.3　北京市城市不透水面时空变化特征分析

1）多时相城市不透水面遥感监测

（1）多时相 ISP 估算模型的构建。“模型确定与参数优化”一节已就单时相 ISP 估算

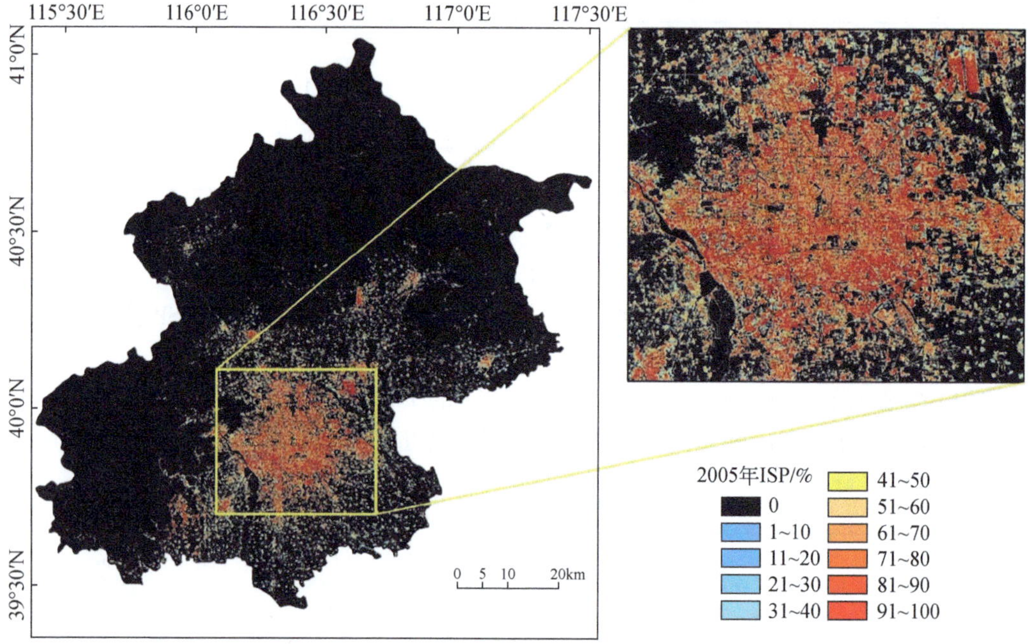

图 11-4　2005 年北京市 ISP 空间分布

的 CART 模型的搭建进行了详细阐述。然而实际应用中，很多情况需要开展大区域、长时间跨度的 ISP 提取。这里介绍在基期数据的基础上，通过构建多时相 ISP 估算模型，推算不同时间节点（前期或后期）的 ISP 变化情况。

向前推算：以基于 2005 年数据，向前估算 2001 年 ISP 为例。利用夜间灯光数据设定合理阈值，过滤夜间灯光指数较高的区域，保留中低值区的 ISP 作为 CART 算法的因变量，训练得到前期的 ISP 结果。

向后推算：以基于 2005 年数据，向后估算 2011 年 ISP 为例。利用夜间灯光数据设定合理阈值，过滤夜间灯光指数较低的区域，保留高值区的 ISP 作为 CART 算法的因变量，训练得到后期的 ISP 结果。

经分析和测试，利用优化后的 2005 年 ISP 数据估计 1991 年、2001 年、2011 年、2015 年的 ISP，取得 AE 在 14.50% 以内、RE 在 0.44 以内、r 均大于 0.73 的结果。

（2）多时相 ISP 结果。将优化后的 2005 年 ISP 结果作为模型因变量，1991 年、2001 年、2011 年和 2015 年的 Landsat-5 TM、Landsat-8 OLI 数据和夜间灯光数据作为自变量，估算 ISP。

1991 年、2001 年、2011 年和 2015 年 ISP 估算结果如图 11-5 所示。基于 CART 和系列变化检测模型估算的不透水地表覆盖度采用十折交叉验证的方式进行精度评价，将样本数据按照 9∶1 的比例分别作为训练和测试数据，依次循环 10 次（Yang et al., 2014）。由于 2005 年有覆盖研究区核心区的 Quick Bird 高分辨率遥感影像，因此采用 Quick Bird 影像提取得到的不透水地表覆盖度数据作为测试数据进行评估，其余年份则利用 2005 年不透水地表覆盖度数据和夜间灯光数据的组合，通过收集高城市化区域的不透水地表覆盖度作为测试数据（此处假定高城市化区域的不透水地表覆盖度在 1991 ~2015 年无变化或变化很小），并结合 Google Earth 高分辨率影像进行评价。

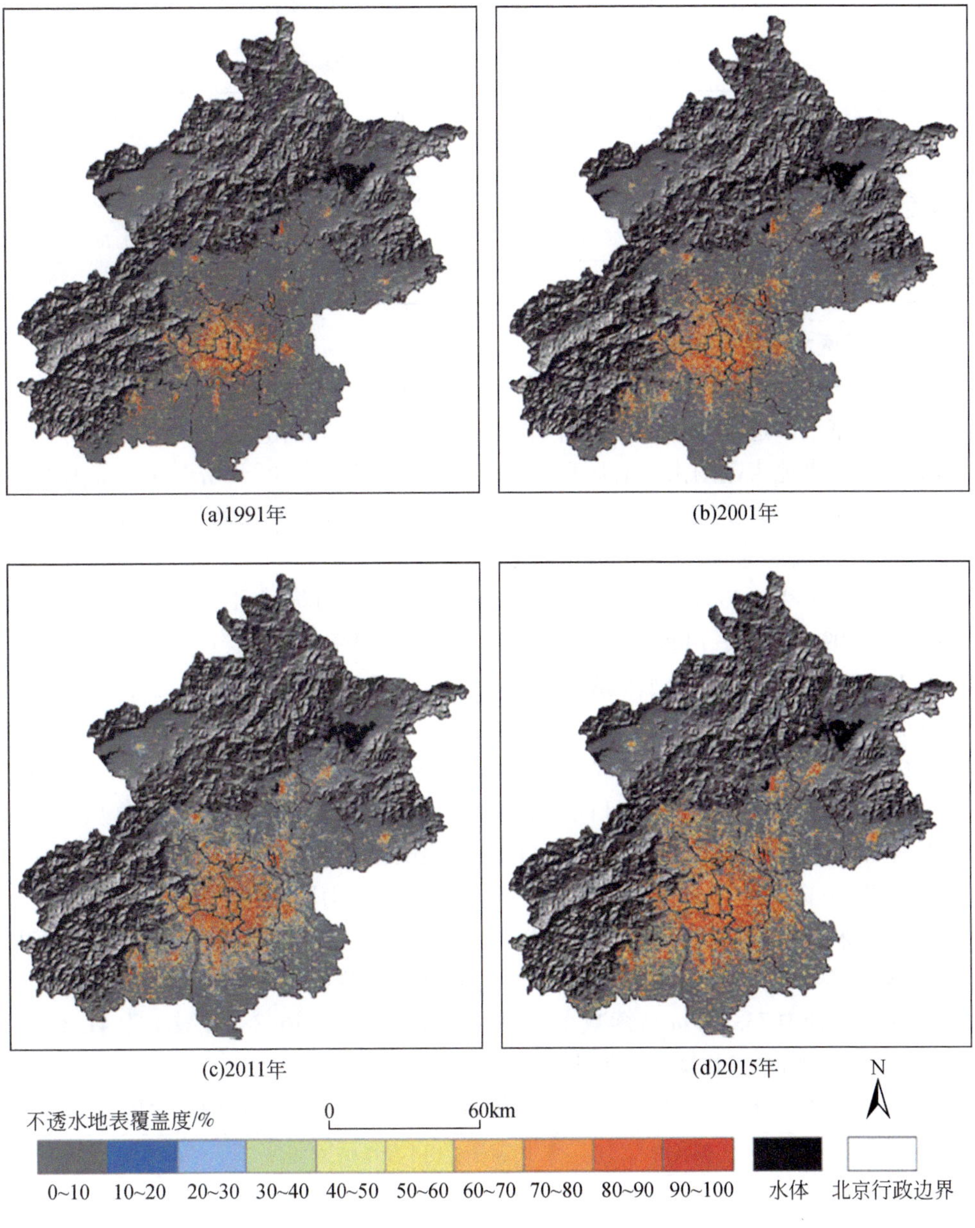

图 11-5 1991 ~2015 年北京市 ISP 空间分布

将 2005 年模型估算的不透水地表覆盖度与同年 Quick Bird 高分辨率遥感影像提取得到的结果进行对比，其平均误差（AE）为 12.8%、相对误差（RE）为 0.39、相关系数（r）为 0.86。其他年份精度评估结果如表 11-4 所示，预测结果的 AE 在 14.50% 以内，RE 在 0.44 以内，r 均大于 0.73。

建模过程中，样本数据的制备主要考虑到城市化进程大多是不断提高的，相应像元的ISP值大多会随着城市化进程的推进而增加。因而利用2005年夜间灯光数据和ISP估计结果的组合，收集了城市化程度比较高的区域样本数据。精度评价结果如表11-4所示。

表11-4 不透水地表盖度结果精度验证

年份	AE/%	RE	R
1991	10.40	0.43	0.73
2001	8.90	0.36	0.80
2011	8.60	0.44	0.76
2015	14.50	0.41	0.78

2）城市不透水面变化特征

1991年以来北京市不透水地表扩张明显（图11-5），呈单一核心的“摊大饼”式发展。1991年北京市不透水地表明显集中于功能核心区和功能拓展区，零星分布于发展新区。2001年不透水地表范围由中心区逐渐向四周辐散，发展新区开始出现小范围连续不透水地表。2011年，发展新区已成为不透水地表新的聚集区，不透水地表成片分布。2015年不透水地表范围继续扩大，占比明显升高。

经统计，1991年、2001年、2011年和2015年北京市完全不透水地表面积分别为714.69km^2、1109.65km^2、1429.77km^2和1745.13km^2，1991～2015年完全不透水地表面积增加了约144.18%，同时不透水地表覆盖度均值也增长明显，北京市不透水地表呈现快速递增的发展趋势。

采用标准差椭圆方法和面积加权质心方法进一步分析不透水面时空变化格局。1991～2015年标准差椭圆范围逐渐缩小且向北移动（图11-6），主轴方向偏转角从1991年的47.15°逐渐减小到2015年的38.82°（表11-5），表明研究区不透水地表的空间总体分布以“东北—西南”方向为主导，但这种格局正向“正北—正南”方向转变。从主辅轴长度变化（表11-5）来看，1991～2001年主轴由72.37km增长为73.34km，辅轴由49.42km减小为46.88km，表明不透水地表在主轴方向上呈现弱离散化，在辅轴方向上出现聚集化；2001～2015年主轴由73.34km持续减小为60.13km，辅轴由46.88km减小为41.41km，说明不透水地表在主轴方向和辅轴方向上同时呈现聚集化发展。

表11-5 1991～2015年北京市不透水地表空间分布标准差椭圆参数变化

年份	偏转角/（°）	主轴半径/km	辅轴半径/km
1991	47.15	72.37	49.42
2001	43.79	73.34	46.88
2011	40.05	66.37	44.69
2015	38.82	60.13	41.41

1991～2015年，高覆盖度和中覆盖度不透水地表前期在东北方向增长较快，其质心先趋向于东北方向，继而在北部增长较快，质心趋向于北方；中高覆盖度不透水地表质心的变化趋势为持续向东北方向偏移；中低覆盖度不透水地表质心1991～2001年向西南方向

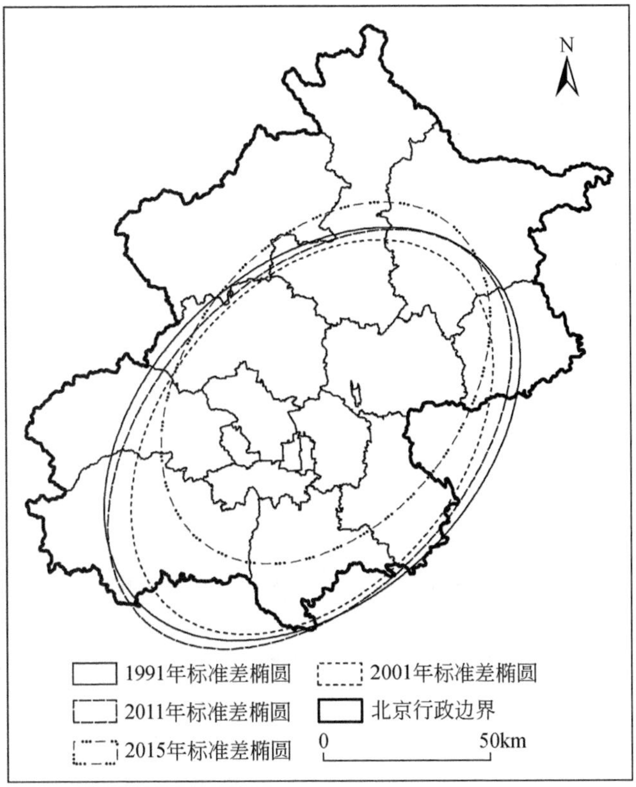

图 11-6　1991 ~ 2015 年北京市 ISP 空间分布

偏移，2001 ~ 2011 年向东北方向偏移，2011 ~ 2015 年向西北方向偏移；低覆盖度不透水地表质心的变化为先向南方偏移，再向西方偏移，继而向北，呈“U”形（图 11-7）。北京市 ISP 质心变化过程中，2011 ~ 2015 年质心偏移量明显大于其他年份，不透水地表的变化有明显的方向性，整体向北偏移。

11.2.2　城市不透水面与地表温度的空间关联

由人工建筑物、道路等所构成的不透水面是城市土地覆盖最重要的组成部分。城市在发展的过程中，大量耕地、林地、草地等自然植被类型转换为不透水面，会显著增加显热通量起到升温作用，进一步加剧城市热岛效应（Voogt and Oke，2003；Mohajerani et al.，2017；Huang et al.，2019；Buo et al.，2021）。地表的不透水特征反映了城市发展与扩张，地表温度则表征着城市热环境格局，两者均为城市环境特征与居住适宜性的重要指示器（李德仁等，2016）。城市扩张导致的不透水面空间增长同城市地表温度在空间上的扩展存在较高的空间一致性（Qiao et al.，2014；崔耀平等，2015）。研究表明，ISP 高的地表覆被区域拥有更高的地表温度，城市扩张引发的 ISP 高覆盖区域聚集、扩张，则进一步加剧热岛效应（Li et al.，2009，2011b；匡文慧等，2017）。本小节重点分析时间序列下不透水地表覆盖度–地表温度（ISP-LST）在二维平面的变化，研究 ISP-LST 定量关系及其相互耦

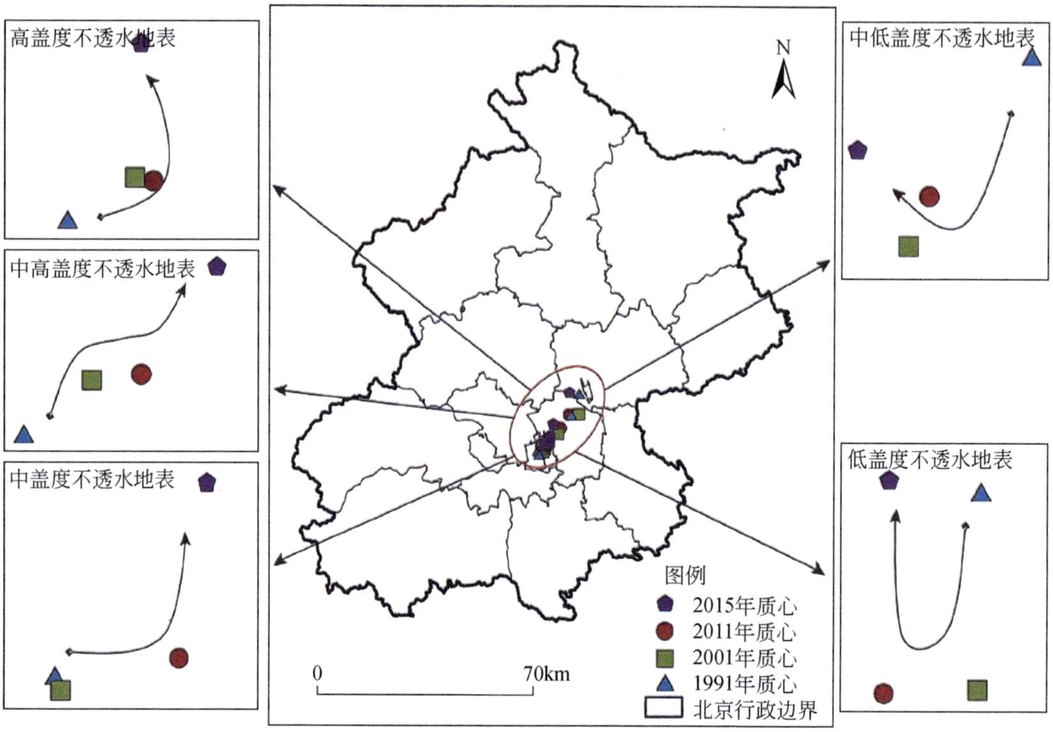

图 11-7　1991 ~ 2015 年北京市 ISP 空间质心演变

合特征，以便为城市规划和人居环境改善提供切实可行的调控建议。

11.2.2.1　数据资料

本案例中使用的数据如表 11-6 所示。

表 11-6　案例数据清单

数据名称	空间分辨率/m	时间（年–月–日）	备注
Landsat-5 TM	多光谱：30 热红外：120	1991-09-21； 1995-09-16； 2005-09-27；2011-07-26	热红外波段重采样至 30m
Landsat-7 ETM+	多光谱：30 热红外：60	2001-09-24	热红外波段重采样至 30m
Landsat-8 OLI TIRS	多光谱：30 热红外：100	2015-08-22	热红外波段重采样至 30m
Quick Bird	2.4	2005-06	不透水面提取的参考与验证数据
气象站点记录数据	—	影像成像对应时间	用于地表温度反演结果的验证

11.2.2.2　城市扩张与地表温度空间关联分析方法

本案例中采用 CART 模型提取不透水面盖度，采用辐射传输方程法反演地表温度，采用密度分布指标与标准差椭圆法分析城市扩张与地表温度（ISP-LST）的分布特征与演变过程。

根据散点单元邻域要素的信息来计算单位面积的密度分布。在密度分布属性基础上，利用标准差椭圆法识别出空间聚集的散点区间，并划分出 ISP-LST 的聚集区与非聚集区，分析不同时期下 ISP-LST 的空间变化特征。

标准差椭圆的偏转角代表了空间数据所主导的方向，主、辅轴分别代表空间数据分布的主次方向与聚集离散程度，可反映出空间数据方向性和离散性的特征（赵璐和赵作权，2014；金淑婷等，2015）。各参数计算方法由下式给出：

$$P = \left(\sum_{i=1}^{n} w_i x_i \Big/ \sum_{i=1}^{n} w_i ,\ \sum_{i=1}^{n} w_i y_i \Big/ \sum_{i=1}^{n} w_i \right) \tag{11-4}$$

$$R = \arctan\left(\sum_{i=1}^{n} x_i'^2 - \sum_{i=1}^{n} y_i'^2 + \sqrt{\left(\sum_{i=1}^{n} x_i'^2 - \sum_{i=1}^{n} y_i'^2 \right)^2 + 4\left(\sum_{i=1}^{n} x'_i y'_i \right)} \Big/ 2\sum_{i=1}^{n} x'_i y'_i \right) \tag{11-5}$$

$$D = \sqrt{\sum_{i=1}^{n} \left(w_i x'_i \cos R - w_i y'_i \sin R \right)^2 \Big/ \sum_{i=1}^{n} \left(w_i x'_i \sin R - w_i y'_i \cos R \right)^2} \tag{11-6}$$

$$S = \sqrt{\sum_{i=1}^{n} \left(w_i x'_i \cos R - w_i y'_i \cos R \right)^2 \Big/ \sum_{i=1}^{n} {w_i}^2} \tag{11-7}$$

式中，P 为标准差椭圆的重心坐标；R 为偏转角；D 为方向性；S 为离散性；w_i 为权重；x_i、y_i 为空间数据的点位坐标；x'_i、y'_i 为空间数据距离重心的相对坐标。

11.2.2.3 城市扩张与地表温度空间关联特征

1）ISP-LST 空间定量描述

ISP-LST 归一化二维空间的密度分布呈现核心聚集（图 11-8），即空间的内部密度最大，向外逐渐降低。各时期的密度核心均处在 ISP 增大方向的右侧，说明研究区不透水地表区域以中高盖度区间分布为主，且聚集较好；地表温度在 LST 增大方向的上侧聚集性显著。随时间推移，核心密度的范围扩大明显，从初期的间断分布到后期在空间上连为整体，且有向横轴（ISP）延长拉伸的趋势。

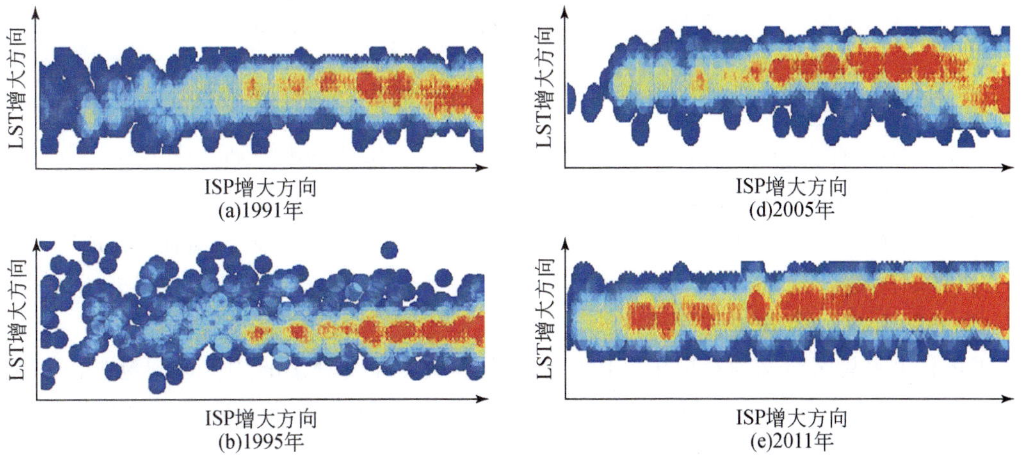

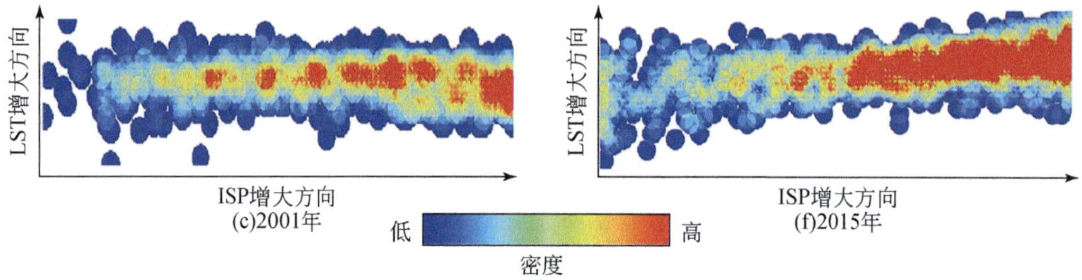

图 11-8　1991 ~ 2015 年北京市 ISP-LST 空间密度分布

ISP-LST 标准差椭圆的空间形态表现特征如图 11-9 所示。其中，横轴（ISP）的长度代表了离散聚集程度，纵轴（LST）的高低代表了不透水地表覆盖度对地表温度响应的灵敏程度，左右截距幅度的大小表示 ISP-LST 聚集区地表温度变化的强弱。结果表明，在研究时间序列初始时期，建筑、道路等不透水地表的形成对区域的高温现象影响单一且显著；随着时间推移，研究区结构与发展愈见复杂，相对于初始时期，地表温度增温的影响因素更为复杂。

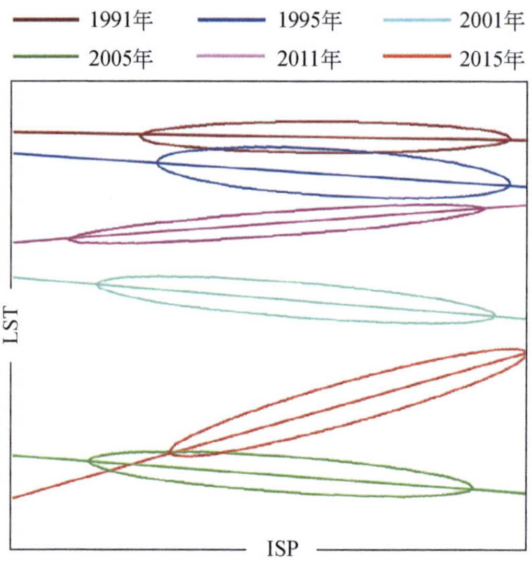

图 11-9　1991 ~ 2015 年北京市 ISP-LST 标准差椭圆空间特征

1991 ~ 2015 年北京市 ISP-LST 标准差椭圆质心在一定范围内波动变化（表 11-7），随年份增长沿横轴（ISP）向高值迁移，沿纵轴（LST）向低值迁移。ISP-LST 标准差椭圆的空间分布大致水平，偏转角呈现出先增后减的变化趋势，椭圆逐渐由横轴（ISP）向纵轴（LST）方向倾斜。

2）ISP-LST 特征与变化

ISP-LST 聚集区定义为对应于 ISP-LST 二维空间上高度聚集的阈值区间范围，一般表现较高值的不透水盖度与温度属性。根据标准差椭圆与二维散点提取 ISP-LST 聚集区

(图 11-10)。自 1991 年以来 ISP-LST 聚集区随着城市的扩张，面积逐渐增大，且扩张方式呈现单核心式发展，即在城市扩张的背景下，ISP-LST 聚集区进一步扩展，其对城市整体热环境的影响逐步加深。

表 11-7　ISP-LST 标准差椭圆参数信息（1991 ~ 2015 年）

年份	质心（ISP，LST）	偏转角/(°)	方向性	离散度
1991	(74.65，87.09)	90.21	12.37	2.43
1995	(75.92，86.01)	90.89	7.74	3.71
2001	(71.12，82.32)	91.14	11.72	2.78
2005	(69.92，77.22)	91.03	11.01	2.85
2011	(69.11，84.54)	88.94	15.58	2.18
2015	(78.12，79.26)	85.97	9.15	3.28

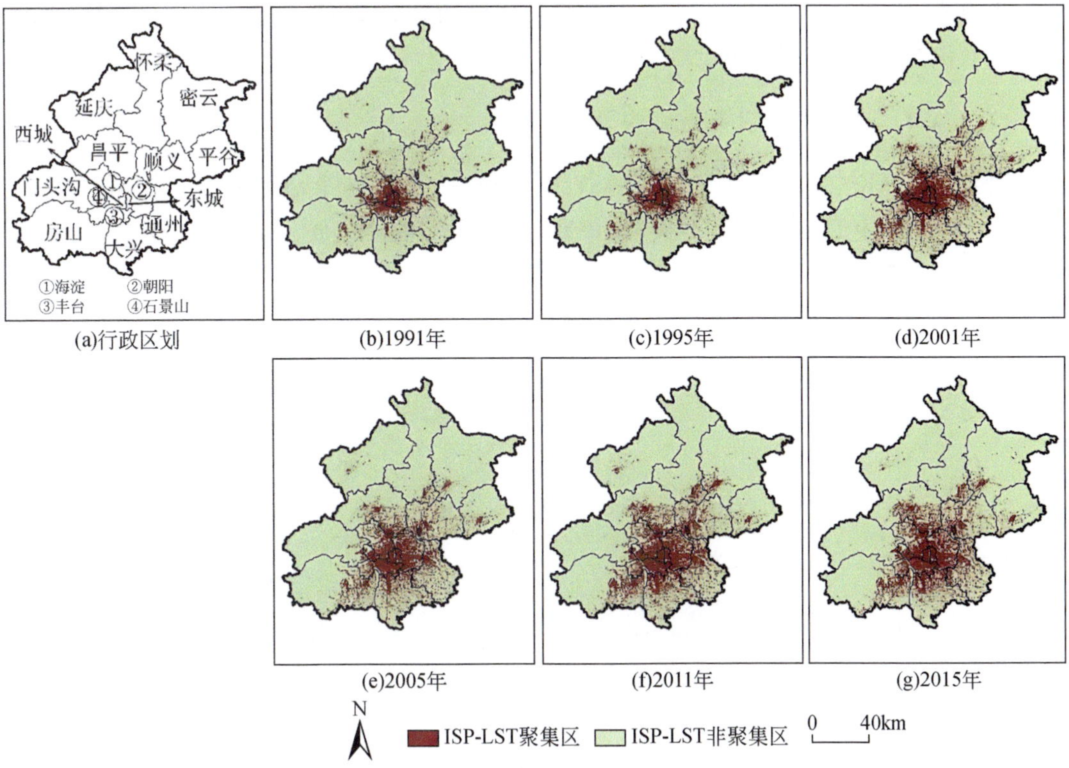

图 11-10　1991 ~ 2015 年北京市 ISP-LST 聚集区变化

ISP-LST 聚集区的密度核心处在中高不透水地表覆盖度和高地表温度的区域，ISP-LST 标准差椭圆的偏转角、方向性和离散性均值为 89.70°、11.26°和 2.87°，空间聚集的方向性良好。ISP-LST 聚集区呈现单核心式的发展，且在建成区东南方向扩张明显，研究时段下累计增长 14.77%。

11.2.3 城市建筑与人为热排放的空间关联

人为热排放是城市化的产物之一，是指人类活动产生并释放到大气中的热量，其主要来源于各类能源消耗和人类新陈代谢（Sailor et al.，2015）。城市化促使人口与资源向城市地区集聚，城市地区的能源需求与消费需求大幅增加，从而导致大量人为热释放到大气中，对城市环境和气候产生影响（Xie et al.，2016）。人为热排放量与城市扩张有明显的关联，城市规模越大，往往人为热排放越多，对城市和局地气候、空气污染扩散条件的影响也会越强烈（Zhou et al.，2012；Chen et al.，2016；Cao et al.，2019）；人为热排放聚集，也进一步加剧城市变暖（Wong et al.，2015；Ziaul et al.，2018）。随着城市的扩张，城市密集度升高，人为热排放在空间上形成连片和绵延的特征，对局地气候的影响则进一步加深（Flanner，2009；He et al.，2020）。分析人为热排放的时空分布规律及其与城市扩张之间的关联，对于了解城市化对热环境与城市生态的影响具有重要意义。

本小节以长江三角洲地区（简称长三角地区）的典型城市为例，分析城市建筑与人为热通量的相关性及其变化趋势。

11.2.3.1 研究区概况与数据资料

研究区选择长三角地区中的江苏、浙江、安徽三省的27个地级市和1个直辖市（上海市），面积22.5万km^2（图11-11）。该地区属亚热带季风气候，年平均气温16℃，地形

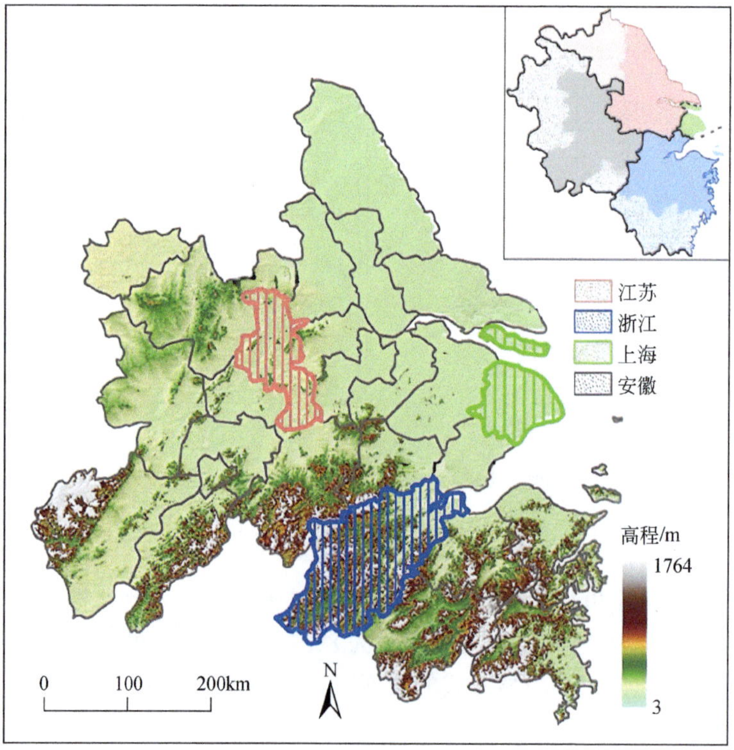

图11-11 案例研究区示意

以平原为主，但东南部丘陵山地较多。随着长三角区域经济快速发展，自然地表转化为人工地表状况较多，人为热排放量显著增加。上海、南京和杭州为长三角地区的重要城市，经济总量大，且经历了快速城市化进程。选择这些城市研究城市建筑与人为热通量之间的关系具有代表性。

本案例中主要使用的数据处理方法如表 11-8 所示。

表 11-8　案例数据清单

数据名称	空间分辨率	时间	备注
Suomi-NPP/VIIRS	15 arc-s	2016 年	投影转换并重采样
DMSP/OLS	30 arc-s	2000 年、2008 年	投影转换并重采样
MODIS MOD13A1	500m	2000 年、2008 年、2016 年 4 ~ 10 月	基于 Quality Control 子集对其进行质量控制，剔除云影响和质量不可靠的数据
统计年鉴数据	—	2000 年、2008 年、2016 年	能源消费和社会经济数据。能源消费数据从工业、交通、建筑三个方面收集，主要包括煤、油、气、电、热等常规能源的消费。社会经济数据来源于总人口、第二、三产业比例等指标。对这些统计数据进行整理，个别缺失的数据按同类型指标比例进行分配，或者采用线性回归方法进行估算
城市内土地分类数据	30m	2000 年	获取自 Gong Peng 团队（Gong et al.，2019）
城市建筑矢量数据	—	2008 年、2016 年	获取自城市数据团 包含建筑轮廓矢量与层数

11.2.3.2　城市建筑与人为热排放的空间关联分析方法

1）人为热通量估算方法

人为热通量（AHF）是单位时间单位面积人为热排放总量。随着人们对人为热排放的日益关注，对人为热通量的估算进行了一系列的研究。例如，通过测量感热、潜热、蓄热等热通量，使用能量平衡残差法估算 AHF（Grimmond，1992；Wong et al.，2015）；通过建模方法（如建筑能耗建模、地理信息建模）收集研究区域的详细能耗数据以估算 AHF（Allen et al.，2011；Zhang et al.，2020）。然而这些方法受到数据可获取性与完整性的限制，同样不适合用于大范围的 AHF 估计。

本案例以能源清单法结合遥感数据进行 AHF 估算。经典的自上而下的源清单法主要基于城市统计数据，适用于大尺度区域的 AHF 估算，在多城市分析中具有明显优势（Chen et al.，2019）。按热源不同，AHF 可分为工业、建筑、交通、人体新陈代谢共计四个部分。工业热排放通过能源消耗和第二产业比例进行量化，建筑热排放基于第三产业和人口比例分配获取，交通热排放通过民用汽车拥有量计算，人体新陈代谢热排放则采用人口数量和人体代谢强度转换获取。其计算方法如下（Chen et al.，2019；Wang et al.，2019）：

$$Q_S = Q_I + Q_B + Q_V + Q_M \tag{11-8}$$

式中，Q_S总体的 AHF（W/m）；Q_I为工业热排放通量（W/m²）；Q_B为建筑热排放通量（W/m²）；Q_V为交通热排放通量（W/m²）；Q_M为人体新陈代谢热排放通量（W/m²）。

利用城市夜间灯光指数（Vegetation Adjusted NTL Urban Index，VANUI）表征区域的人类活动强度（Zhang et al.，2013），建立起遥感数据和精细尺度 AHF 之间的联系：

$$VANUI=(1-NDVI_{max})\times NTL_{nor} \tag{11-9}$$

式中，$NDVI_{max}$为多时相归一化植被指数的最大值；NTL_{nor}为标准化的夜间灯光数据。拟合各城市 AHF 和 VANUI 均值之间的线性关系，作为栅格单元的 AHF 估算模型。在初步估算后，通过建立相邻时相的拟合修正模型，进一步优化结果（Wang et al.，2020）。

2）建筑形态特征计算方法

城市建筑随城市扩张而增多，分析建筑形态参数的时空变化可以很好地反映城市扩张的时空特征。本案例采用构建“渔网”格网的方法，获取单元的建筑密度和高度。依照栅格单元 AHF 结果设置“渔网”格网的尺寸，即 500m×500m。依据城市分类数据确定 2000 年、2008 年和 2016 年人工地表的范围，融合建筑物矢量数据得到各研究时期的建筑信息。对于城市范围的所有 AHF 格网，称之为全域 AHF（Whole Zone AHF，WA）；对于利用空间分析筛选出来的建筑 AHF 格网，称之为建筑区 AHF（Building Zone AHF，BA）。对于每个 BA，统计建筑总面积可估算建筑密度，楼层的平均值则作为该格网的建筑高度。为比较不同建筑物特征的差异，依据建筑属性进行分类。综合考虑设置建筑密度和高度的分类界限为 30% 和 6 层。建筑物特征划分为 4 类：High Density-High Height（H-H），High Density-Low Height（H-L），Low Density-High Height（L-H）and Low Density-Low Height（L-L）。

3）AHF 与建筑形态关联分析

采用年增长率（Annual Growth Rate）计算城市 AHF 和建筑物特征 BM 的增长速率。该参数可以消除城市的规模效应，适用于同一时期不同城市的增长比较。其计算公式如下：

$$AHF_g=[(AHF_{end}/AHF_{start})^{1/d}-1]\times 100\% \tag{11-10}$$

$$BM_g=[(BM_{end}/BM_{start})^{1/d}-1]\times 100\% \tag{11-11}$$

式中，AHF_{start}和AHF_{end}分别为初始和结束时期的城市 AHF 结果；BM_{start}和BM_{end}分别为初始和结束时期的建筑物特征；d 为时间跨度。

不同的建筑物特征会直接影响，甚至导致城市 AHF 梯度差异的出现，自然和人为因素的间接影响也会促进或加剧城市发展过程中 AHF 变化状况（Zhong et al.，2019）。

$$AHF_c=(1-BM_i)\cdot AHF_0+BM_i\cdot AHF_B \tag{11-12}$$

式中，BM_i为格网的建筑物特征结果；AHF_0为无建筑影响区域的 AHF 结果；AHF_B为建筑完全影响的 AHF 结果。

11.2.3.3 城市扩张与人为热通量空间关联

1）AHF 与建筑形态空间分布

研究区人为热通量的估算结果如图 11-12 所示。2000～2016 年，AHF 呈现显著增加的趋势，上海市和南京市几乎全市范围均有 AHF 的分布，杭州市的 AHF 则集中在北部区域。上述三座典型城市中 AHF 均呈现单核心扩张的特征，且 AHF 高值聚集在城市的中心建筑分布最为密集的区域。统计 2000～2016 年全市区域和建筑区域的 AHF 结果，发现随时间变化，WA 和 BA 持续增长，差值也在不断扩大。典型城市 AHF 范围虽有些差异，但 BA 是处在相同量级的水平。建筑区域的 AHF 表现为杭州>上海>南京。

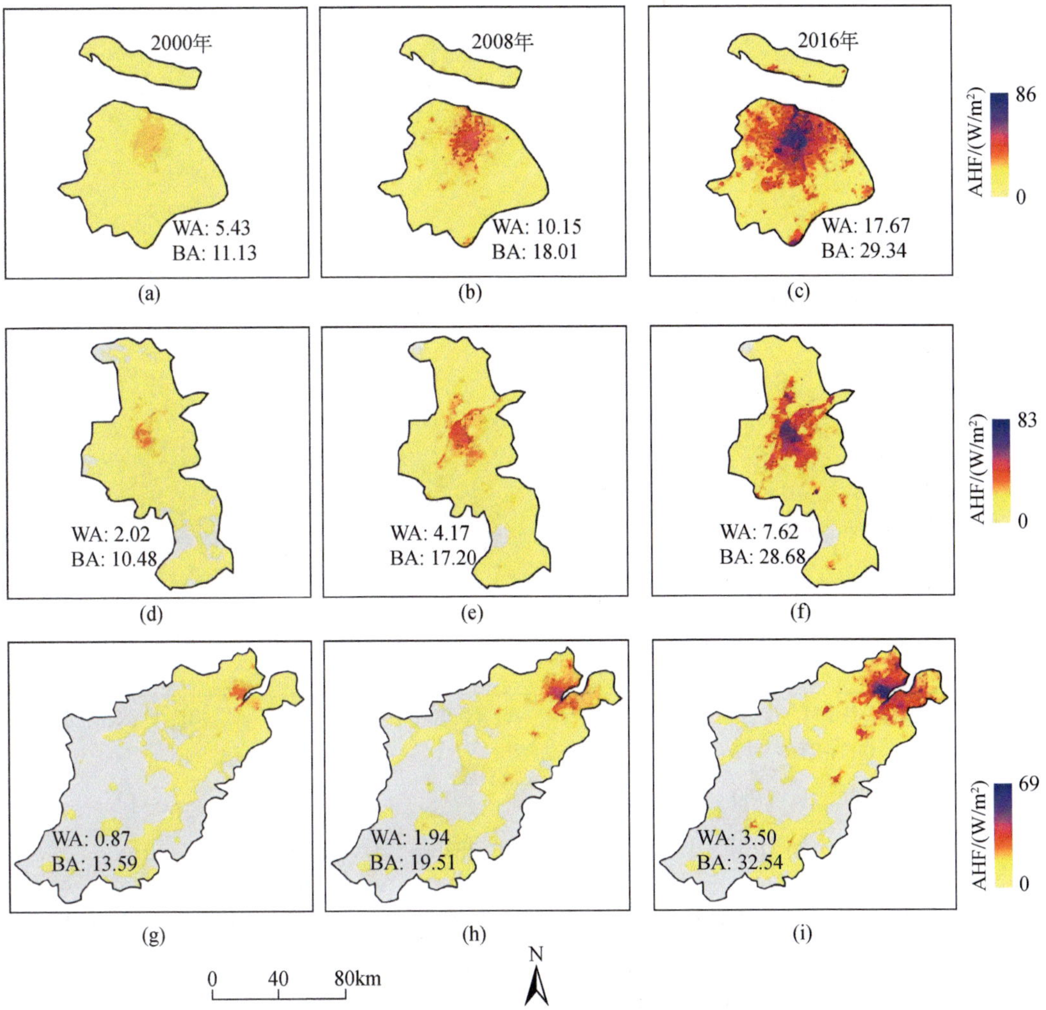

图 11-12　长三角典型城市 2000 ~ 2016 年 AHF 空间分布

2016 年长三角典型城市的建筑物特征空间分布如图 11-13 所示。高密度建筑位于城区附近，人工地表的范围大；低密度建筑位于研究区的边缘，城市化水平较低。建筑高度的分布相对零散，高层建筑在上海城区中心聚集，在南京和杭州则分散在城市周围。沿典型城市的发展方向绘制剖线，展示 2000 ~ 2016 年建筑物特征的变化过程。上述城市的特征相似，城市中心的发展十分平缓，而在四周变化显著。建筑密度在城市各方向有不同程度的增长，建筑高度总体趋势是增加，但波动也更加明显。

2）AHF 与建筑形态关联分析

整体上 AHF 与建筑密度、建筑高度均呈现正相关关系。随城市化规模扩大，不同建筑高度间的热排放差异开始显现。以上海为例（表 11-9），在 2000 年、2008 年和 2016

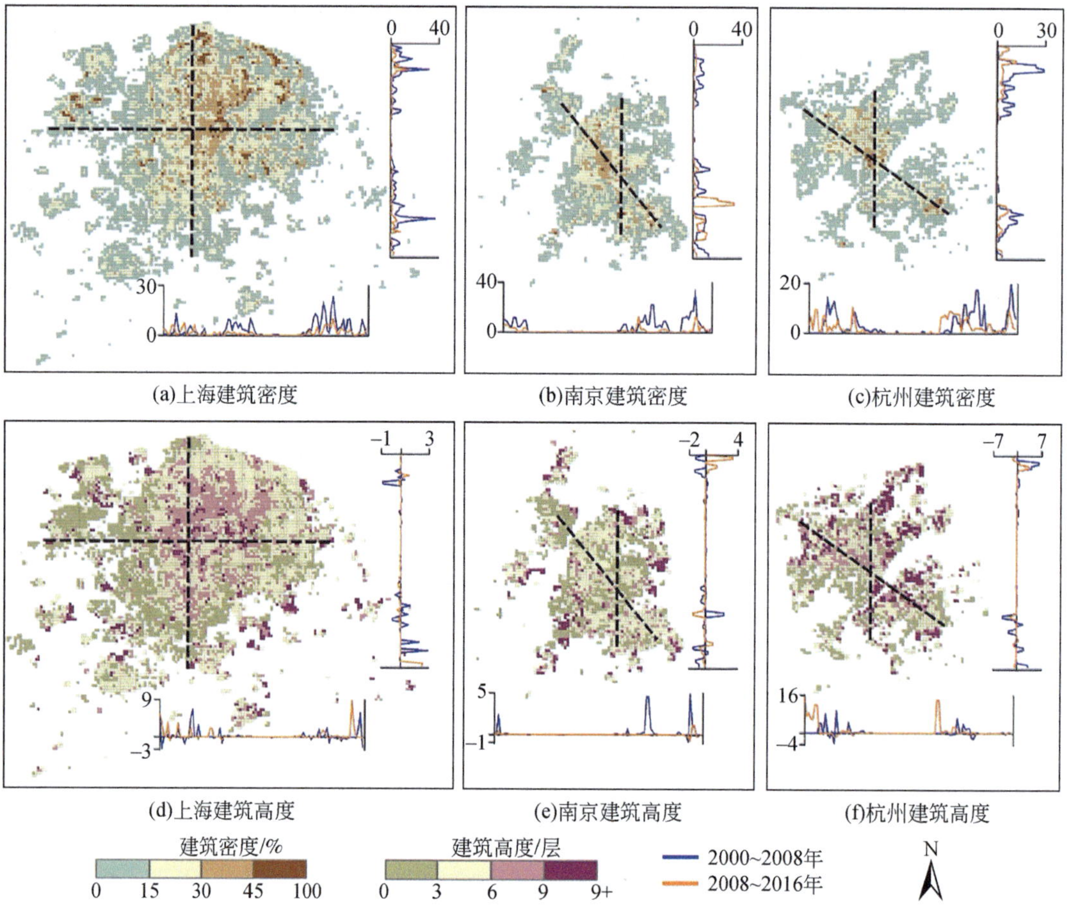

图 11-13　长三角典型城市 2016 年建筑物特征空间分布

年，H-H 和 H-L 的 AHF 差值从 0.60W/m^2 显著增长至 4.24W/m^2，再增长到 7.49W/m^2；L-H 和 L-L 的 AHF 差值则维持在 3.03～3.99W/m^2。

对比上海市、南京市和杭州市的年增长率，包括 AHF 和建筑物特征，如表 11-9 所示。AHF 的平均年增长率接近 6%，且在两个增长阶段相对均衡。2000～2008 年建筑物特征的增长率明显高于 2008～2016 年，且建筑密度的增速始终高于建筑高度。杭州的累积建筑密度和高度的变化最为显著；上海次之，但其初始的建筑范围更大，所以在建筑总量统计上远超其他两座城市；南京建筑物特征的增长则相对较缓。

表 11-9　长三角典型城市 AHF 与建筑特征年增长率　（单位：%）

城市	AHF（W/m^2）		建筑密度		建筑高度	
	2000～2008 年	2008～2016 年	2000～2008 年	2008～2016 年	2000～2008 年	2008～2016 年
上海	5.12	6.16	5.18	2.23	2.00	1.03
南京	6.39	6.60	4.35	2.09	1.08	0.84
杭州	6.21	6.29	5.02	3.49	2.13	1.86

城市热排放来源日趋多样化，建筑形态对人为热排放的影响趋于均势。图 11-14 展示了典型城市的各类建筑物特征在 2000 年、2008 年和 2016 年的 AHF 影响作用占比。在 2000 年，影响作用占比侧重于 H-H 和 H-L（上海市 57.92%、南京市 56.69%、杭州市 60.98%），即高密度的建筑物特征与 AHF 关联更强。在 2008 年和 2016 年，H-H 和 H-L 的占比在降低，而 L-H 和 L-L 在增长。典型城市同时期表现结果相似，反映了长三角地区的建筑物特征和 AHF 之间的关联影响。H-H 和 H-L 在降低，L-H 和 L-L 在增长。随时间变化，4 类建筑物特征的影响作用占比有均衡化的趋势。

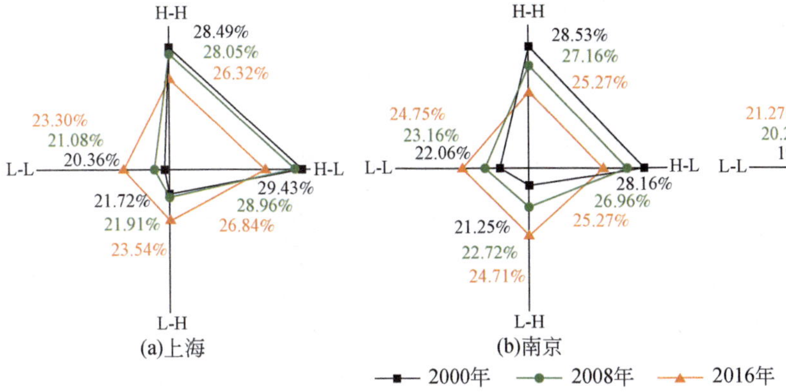

图 11-14　不同建筑特征对 AHF 影响因素

2000 ~ 2016 年，研究区 AHF 增长显著，增长特征均表现为单核心扩张，核心区 AHF 高值聚集。城市建筑区域和全范围区域的 AHF 差值也在不断扩大。建筑物密度相对建筑物高度对 AHF 的影响作用更为显著，是 AHF 关联性分析较为适宜的指标。随建筑物密度和高度的增长，AHF 比例也随之增加。随着时间推移，城市内部特征形态趋于破碎化，城市扩张对于地表温度与 AHF 的影响机制愈发复杂。

11.3　城市生态遥感监测评估

11.3.1　城市热环境监测评估

11.3.1.1　研究区概况与数据资料

1）研究区概况

京津冀地区是我国的三大城市群之一，也是首都经济圈。它位于华北平原北部（36.07°N ~ 42.65°N，113.46°E ~ 119.79°E），东临渤海湾，北依燕山和太行山脉。其行政范围包括河北省保定、廊坊、唐山、石家庄、邯郸、秦皇岛、张家口、承德、沧州、邢台、衡水 11 个地级市和北京、天津两个直辖市，总面积约 21.6 万 km^2（图 11-15）。京津冀地区地处中纬度欧亚大陆东岸，春季干旱多大风，夏季高温多降雨，冬季寒冷干燥少降水。

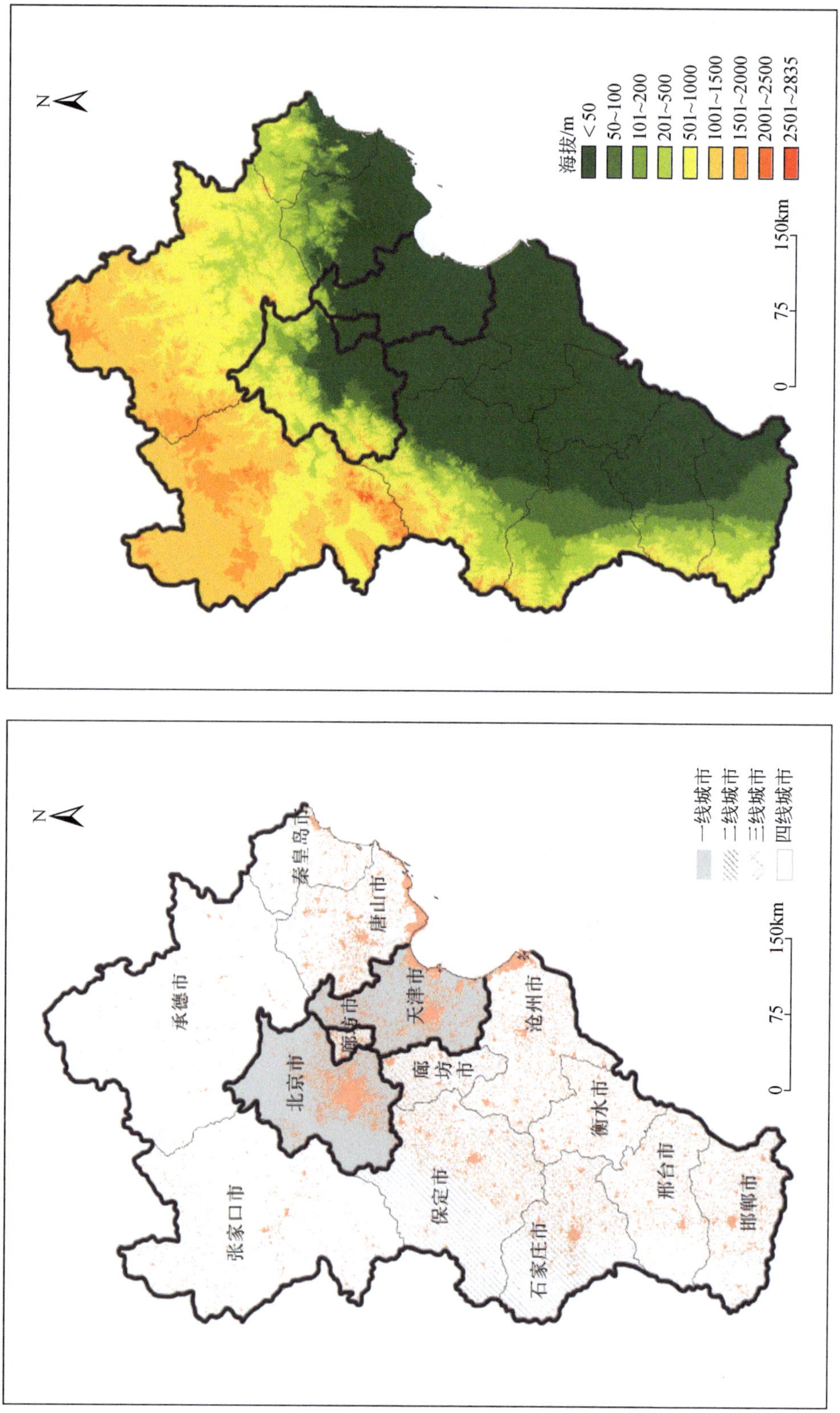

(a)研究区城市分级

(b)研究区高程

图11-15 研究范围

根据中国城市规模划分标准，将这 13 个地级市划分为四个等级。其中，北京、天津为一线城市，石家庄、廊坊、保定为二线城市，唐山、邯郸、邢台、秦皇岛、沧州为三线城市，衡水、张家口、承德为四线城市（图 11-15）。由于承德遥感影像像元数量少于研究所需像元数量，因此本研究选取除承德以外的 12 个地级市作为研究对象。

2）数据资料

Landsat 热红外数据。选取 Landsat 系列卫星热红外波段数据作为地表温度反演的基础数据（表 11-10）。自 2003 年 6 月起，Landsat-7 扫描线校正器发生故障，导致其传感器收集到的数据出现条带状缺失，故本研究不使用 2003 年以后的 Landsat-7 产品。京津冀地区保持晴朗无云天气的时间较为充裕，为保持影像质量，以云覆盖量不超过 20% 作为标准对影像进行筛选。将国家基础地理信息中心全球地表覆盖数据产品服务网站所提供的 2000 年及 EULUC-China 提供的 2018 年的地物分类影像数据（30m 空间分辨率）作为对城市不透水面信息提取的基础数据。

表 11-10　Landsat 卫星基本信息

传感器	影像可正常使用时间	空间分辨率/m		时间分辨率/天
		热红外（10.4～12.5μm）	可见光（0.4～0.9μm）	
Landsat-5-TM	1984 年 3 月 1 日～2011 年 11 月	120	30	16
Landsat-7-ETM+	1999 年 4 月 15 日～2003 年 5 月 31 日	60	30	16
Landsat-8-OLI/TIRS	2013 年 2 月 11 日～至今	100	30	16

夜间灯光数据。夜间灯光信息提供了观测人类活动的独特视角。DMSP 是美国国防部的极轨卫星计划，其中气象卫星线性扫描业务系统（DMSP-OLS），主要用于在夜间收集气候和光照信息。作为夜间灯光遥感的后续计划，美国于 2012 年推出了“国家极轴运行环境卫星系统先期计划”，其中包括采集 NPP-VIIRS Day-Night Band（VIIRS DNB）夜间灯光数据（表 11-11）。

表 11-11　夜间灯光数据基本信息

卫星-传感器	影像可正常使用时间	空间分辨率/m	重访周期/天
DMSP-OLS	1992 年 12 月 21 日～2013 年	1000	1
VIIRS-NPP	2011 年至今	500	16

MODIS 地表覆盖数据。TERRA/AQUA-MODIS 数据，具有高时间分辨率特点，1～2 天便可实现对地球重复观测。美国国家航空航天局对 MODIS 数据进行了相应处理，生产可以直接供用户使用的数据集。本研究选择 MCD12Q1 数据集的 IGBP 全球植被分类方法作为城区提取的标准。

其他数据。用于影像裁剪的京津冀矢量边界数据；地表温度数据（中国气象数据网提供），选择北京市日平均气温为验证数据，对温度反演进行精确度检验；以及大型建筑群地理位置信息，以便分析京津冀地表热岛效应时空变化驱动力。

11.3.1.2 城市地表温度遥感反演

辐射传输方程是一种具有较高精度的温度反演算法。它将卫星传感器接收到的总辐射分为三个部分：经大气衰减后到达传感器的地表热辐射、大气上行辐射和经地表反射后经过大气层到达传感器的大气下行辐射：

$$B(T_s)=[L_\lambda-L_\uparrow-\tau\times(1-\varepsilon)\times L_\downarrow]/(\tau\times\varepsilon) \tag{11-13}$$

$$T_s=K_2/\ln[K_1/B(\mathrm{LST})+1] \tag{11-14}$$

式中，$B(T_s)$ 为温度T_s下的黑体辐射；L_λ为热红外辐射；$L_\uparrow$、$L_\downarrow$和 τ 分别为大气上行辐射亮度、大气下行辐射亮度和大气热红外波段透射率；K_1、K_2为卫星传感器参数；ε 为地表比辐射率，可根据地物类型（如水体、城镇用地和自然表面）进行估算。根据以往学者的研究，可以将水体比辐射率设为 0.995，自然表面和城镇用地的比辐射率估算公式为（王倩倩等，2012）

$$\varepsilon_w=0.995 \tag{11-15}$$

$$\varepsilon_b=0.9589+0.086\mathrm{FV}-0.067\,\mathrm{FV}^2 \tag{11-16}$$

$$\varepsilon_s=0.9625+0.0614\mathrm{FV}-0.0461\,\mathrm{FV}^2 \tag{11-17}$$

$$\mathrm{FV}=(\mathrm{NDVI}-\mathrm{NDVI}_{min})/(\mathrm{NDVI}_{max}-\mathrm{NDVI}_{min}) \tag{11-18}$$

$$\mathrm{NDVI}=(\mathrm{NIR}-R)/(\mathrm{NIR}+R) \tag{11-19}$$

式中，ε_w、ε_b、ε_s分别为水体、城镇用地和自然表面的比辐射率；FV 为植被覆盖度；NDVI 为归一化植被指数；NIR 和 R 分别为近红外波段和红外波段。

图 11-16 为部分地表温度反演结果，京津冀地区属于温带季风气候，年平均温度在10℃左右，夏季平均气温约为 40℃。

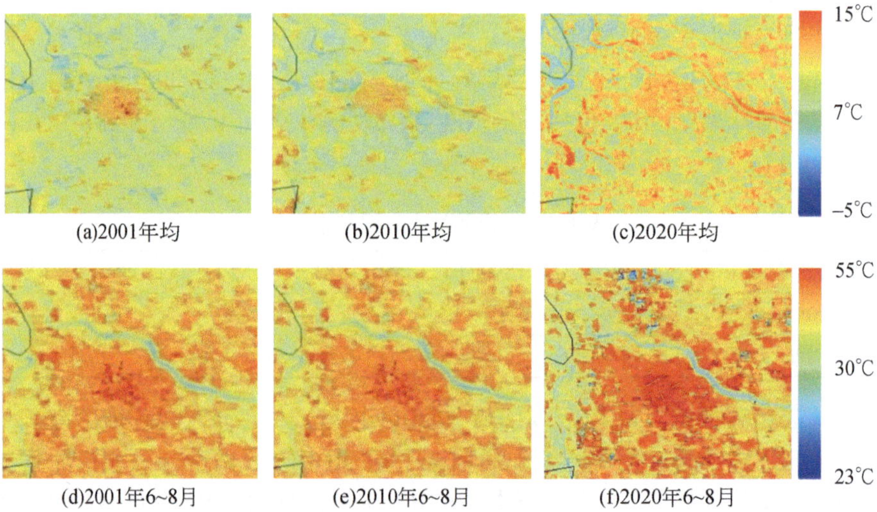

图 11-16 部分地表温度反演结果

选取由中国气象数据网所提供的北京气象站点（39.99°N，116.30°E）日平均气温作为基础数据，对实验结果进行检验。选取北京市 2001 ~ 2020 年共 46 期 Landsat-5、

Landsat-7、Landsat-8 影像作为验证。图 11-17 显示，反演结果与实测温度具有较高相关性。

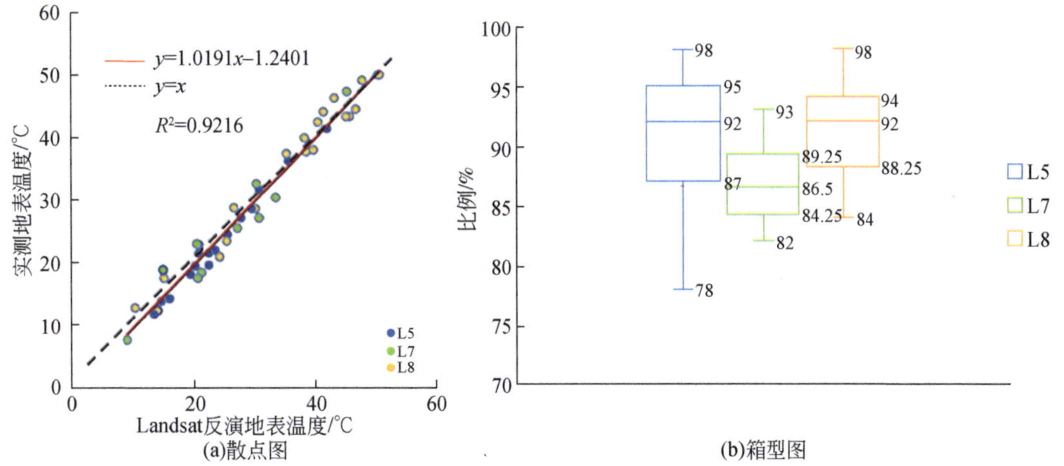

图 11-17　实测地表温度与反演结果检验

11.3.1.3　城市热岛强度及其空间分布

将建成区地表平均温度与郊区地表平均温度之差作为表征热岛效应强度的指标（Peng et al.，2012）：

$$\text{SUHI} = \text{LST}_u - \text{LST}_s \tag{11-20}$$

式中，SUHI 为城市地表热岛强度；LST_u 为建成区地表平均温度；LST_s 为郊区地表平均温度。

关于城市和郊区边界确定是热岛强度识别的前提。以 MODIS 地物分类结果为基础提取建成区的边界范围，然后依据该边界范围，通过设立缓冲区从而生成郊区范围。研究表明，缓冲区的范围可大致设在 10km 左右。为保证与建成区与郊区相匹配，亦可将与建成区面积相当的缓冲区设定为郊区的范围。各城区面积相差较大，城市发展情况差异较大，因此综合城市发展进程、面积、规模多个因素，将城市缓冲区划分范围分为 4 个等级，北京、天津建立 7km 缓冲区作为郊区范围，石家庄、廊坊、保定建立 6km 缓冲区作为郊区范围，沧州、邢台、邯郸、唐山、秦皇岛建立 5km 缓冲区作为郊区范围，衡水、张家口建立 3km 缓冲区作为郊区范围。

图 11-18 是 2001 ~ 2020 年热岛效应的平均值，表 11-12 是一线城市和二线城市的平均值像元统计结果。可以发现，SUHI 高值部分位于城区、商业集中区域，这部分区域通常人流量较大，大多为大型商场、写字楼等人群聚集建筑；SUHI 较高值分布在高值周围；SUHI 低值部分位于城市周边地区，多为郊区部分，这些区域人流量较少，大型建筑少于建成区，人群流动性也较低；SUHI 极低值部分则分布较为零散，普遍来说是山区、河流这些区域。

从单个城市分析，二三线城市热岛效应相对更为明显，张家口与其地理位置有较大关系，张家口地处内蒙古高原东南部，因此郊区气温相对于建成区温度更低；保定、廊坊、唐山这三个城市由于建成区面积小，周边发展不充分，建成区中心呈现热岛效应显著的特点。一线城市的热岛效应并不显著，北京建成区发展相对稳定，周边郊区发展也较为成熟，除去人流量较大的商圈热岛效应明显外，整体热岛效应呈现较为均匀的零散化分布；天津由于滨海新区的建成，核心区域经济和人口不断向外转移，因此建成区中心热岛效应微小。

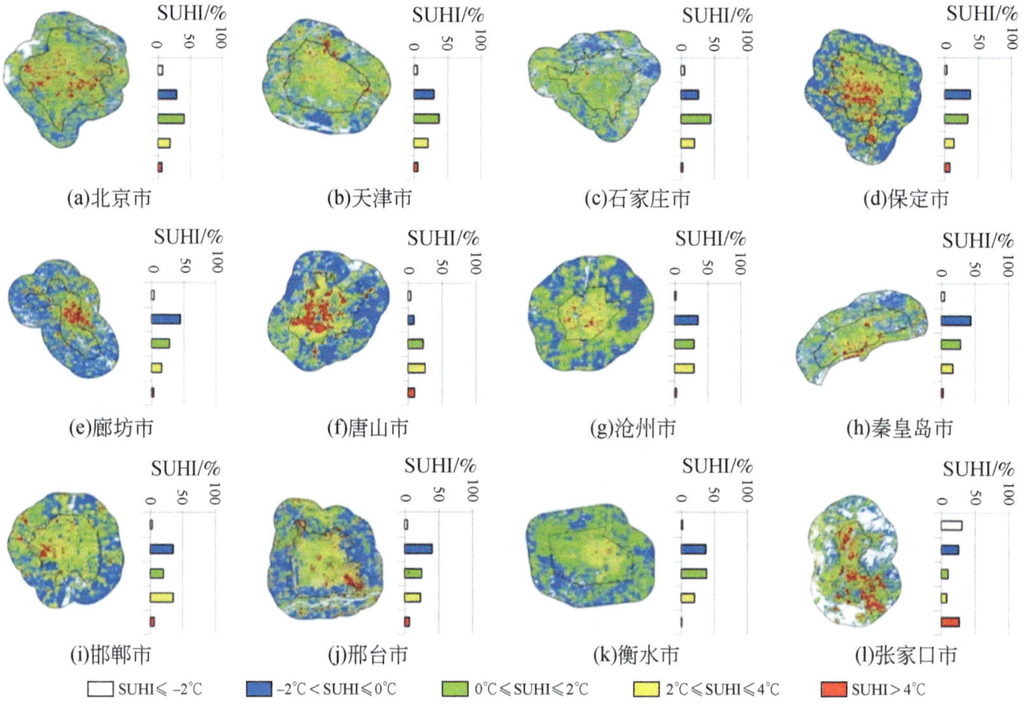

图 11-18　2001～2020 年京津冀城市地表热岛强度平均值分布

表 11-12　2001～2020 年一线、二线城市地表热岛效应平均值统计　（单位：%）

地区	SUHI≤-2℃	-2℃<SUHI≤0℃	0℃<SUHI≤2℃	2℃<SUHI≤4℃	SUHI>4℃
北京	7.32	28.42	40.31	17.85	6.10
天津	5.26	30.24	37.48	21.11	5.91
石家庄	5.11	26.63	44.89	20.16	3.21
廊坊	4.38	44.81	27.25	15.39	8.17
保定	2.67	38.87	34.53	14.29	9.64

11.3.2　城市生态质量监测评估

11.3.2.1　研究区概况与数据资料

宁夏沿黄城市带是我国中西部发展的重要区域，被认为是宁夏经济和社会发展的基石，它面积仅占宁夏全区的50%左右，却创造了宁夏全区90%左右的GDP。作为经济发展的重要区域类型，生态质量状况成为其可持续发展中必须考虑的问题（赵则安，2020）。本研究以宁夏沿黄城市带为例，以遥感数据为支撑，开展城市生态质量监测评估实践。

1）研究区概况

宁夏沿黄城市地处宁夏回族自治区的北部，介于36°60′N～39°40′N，104°16′E～107°68′E，北与内蒙古相连，东接陕西，位于内蒙古和长城沿线地区以及西北干旱区的交界处。以银川都市圈为主干，沿黄河沿线分布，是内蒙古高原的一部分，也是西北干旱半干旱区与东部季风区的过渡带区域（图11-19）。

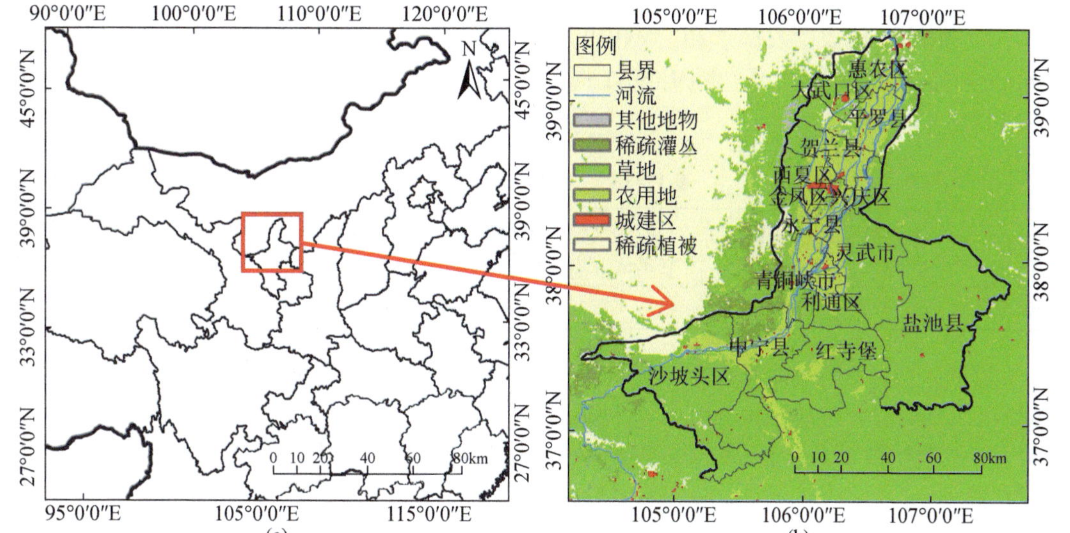

(a) (b)

图11-19 研究区地理位置

宁夏沿黄城市带属于温带大陆性气候，全年平均气温为11℃左右，年较差和日较差较大，年内最低与最高温差为60℃左右，降水量由北向南减少，年均降水量为200～400mm。宁夏日照资源丰富，沿黄城市带整体高于宁夏南部地区，年日照时长2600～3000小时，丰富的日照资源导致地表蒸发量增加，造成降水量远小于蒸发量的现象。此外，该地区地表覆盖度较低，升温快、降温迅速，成为沙化研究的重点区域。宁夏沿黄城市带年均风速为1.4～7.0m/s，最大风速13m/s左右，贺兰山地区为风速最大的区域之一，风速具有季节性，春季最大，秋季最小，夏季和冬季适中。

2）数据资料

基于本次研究区域面积大、时间序列长的特点，选择中分辨率遥感影像数据产品——MODIS数据产品作为研究数据。MODIS数据产品按使用类型可以分为校正数据产品、陆地数据产品、海洋数据产品和大气数据产品；按处理级别划分为L0、L1、L2、L3、L4、L5及以上。本研究一共使用了5种MODIS数据产品，分别如下。

（1）MODIS地表温度产品。MODIS地表温度产品有MOD11A2和MYD11A2两种，MOD11A2、MYD11A2分别为Terra卫星和Aqua卫星搭载的MODIS产品，等级均为L3，空间分辨率为 1km，时间分辨率为 8 天，即为 8 天地表温度的平均值。考虑到研究区域气候干旱，植被覆盖率较低，而地表温度与生态环境质量为负相关关系，选择 MOD11A2 为本研究数据，可以较为准确反映不同地表覆盖类型与生态环境质量的关系。

（2）MODIS 气溶胶产品。MODIS 气溶胶产品为 MOD04_3K 和 MYD04_3K 产品，等级均为 L2，主要通过暗像元法计算得到气溶胶光学厚度（AOD），时间分辨率为每日，空间分辨率为 3km，适用于城市区域的空气质量监测。最新版本是 2017 年发布的 C6.1 版本的气溶胶产品，相比于 C5 版本的产品提高了空间分辨率且改进了算法，提供结合暗像元算法和深蓝算法两种算法的产品，本研究选择“Optical_Depth_Land_And_Ocean”波段，数据可信度 QAC=3，代表数据质量最佳。

（3）MODIS 地表反射率产品。MODIS 地表反射率产品选择 MOD09A1，即 8 天合成的 500m 分辨率 L2 级数据产品。MOD09A1 提供了 Band 1 ~ Band 7 的反射率，具体波长范围见表 11-13。

表 11-13　MOD09A1 波段范围　　（单位：nm）

波段	Band1 (Red)	Band2 (Nir)	Band3 (Blue)	Band4 (Green)	Band5 (Tir)	Band6 (Swirl)	Band7 (Swir2)
波长范围	620 ~ 670	841 ~ 876	459 ~ 479	545 ~ 565	1230 ~ 1250	1628 ~ 1652	2105 ~ 2155

（4）MODIS 植被覆盖度产品。MODIS 植被覆盖度产品选择 MOD13A3，即时间分辨率为每月、空间分辨率为 1km 的 L3 级产品。MOD13A3 包括 NDVI（归一化植被指数）和 EVI（增强型植被指数）产品，两产品都可以反映地表植被覆盖度情况，本研究选择 EVI 数据产品。

（5）MODIS 地表覆盖类型产品。MODIS 地表覆盖类型产品选择 MCD12Q1 产品，该产品利用两个卫星的观测数据，采用决策树分类的方法得到地表覆盖类型，是 L3 级产品，时间分辨率为一年，空间分辨率为 1km，该数据包含了五种不同分类方案的数据集，本研究选择 IGBP 全球地表覆盖类型分类产品，其地表覆盖类型分为自然植被类型、土地开发类型和非草木土地类型，共 3 个大类 17 个小类。

表 11-14 列出了上述产品的具体信息和时间范围。

表 11-14　MODIS 产品信息及时间范围

产品	分辨率		时间段
	时间	空间	
MOD11A2	8 天	1km	2001 ~ 2018 年
MOD04_3K	1 天	3km	2001 ~ 2018 年
MYD04_3K			
MOD13A3	1 日	1km	2001 ~ 2018 年
MOD09A1	8 天	500 m	2001 ~ 2018 年
MCD12Q1	1 年	1km	2001 ~ 2017 年

11.3.2.2 评价指标与模型方法

1）评价指标体系选取原则

为了动态地监测城市生态质量，应同时考虑评估区域的特征和评价指标的可获取性（Guo et al.，2017，Hu and Xu，2019）。在评价指标的选取上，从水文环境、土壤环境、空气环境和植被环境四个方面进行选取，具体选取原则主要考虑以下方面。

（1）符合研究区特征：指标需要对整个研究区适用，通常应涵盖“水-土-气-生”四个生态质量方面。

（2）易于获取：指标的选取要顾及获取的难易程度，推荐使用易获取的遥感数据；数据的时间、空间分辨率不宜差别过大，便于统一。

（3）指标不宜过多：指标过多会造成信息见余，因此指标选取不宜过多，且指标所代表的生态环境意义应尽可能不同。

2）指标选取及计算

从水文环境（水）、空气环境（气）、植被环境（生）和土壤或建筑环境（土）四个方面，共选取八个遥感指标作为生态环境评价的参数，具体如下。

（1）水文环境。水文环境是指地表水的性质，除地表的河流、湖泊水体分布等，还包括地表的含水量，也就是土壤湿度。土壤湿度可以影响地表蒸散、碳循环和水的运输，是衡量土壤干旱程度的重要指标，地表含水量可以影响地表的植物生长和温度，对地表生态环境影响极为重要。地表水含量指数（SWCI）直接反映植被中的水分（Hong et al.，2018），适用于大范围浅层土壤水分的监测，在植物生长中期具有较好的监测效果。

$$\mathrm{SWCI}=\frac{\rho_{\mathrm{swir1}}-\rho_{\mathrm{swir2}}}{\rho_{\mathrm{swir1}}+\rho_{\mathrm{swir2}}} \tag{11-21}$$

式中，ρ_{swir1}、ρ_{swir2}均为短波红外波段的反射率。

湿度指数（WET）是缨帽变换中的第三个指标分量，与植物生长过程和土壤有关，可以反映含水量信息，被广泛应用于生态环境质量的评价。本章使用改进的 MODIS 缨帽变换对 WET 进行反演。

$$\begin{aligned}\mathrm{WET}=&0.1147\times\rho_{\mathrm{red}}+0.2489\times\rho_{\mathrm{nir}}+0.2408\times\rho_{\mathrm{blue}}+0.3132\times\rho_{\mathrm{green}}\\&-0.3122\times\rho_{\mathrm{tir}}-0.6416\times\rho_{\mathrm{swir1}}-0.5087\times\rho_{\mathrm{swir2}}\end{aligned} \tag{11-22}$$

式中，ρ_{red}、ρ_{nir}、ρ_{blue}、ρ_{green}、ρ_{tir}、ρ_{swir1}、ρ_{swir2}分别是 MODIS 传感器的 1～7 波段的反射率。

（2）土壤或建筑环境。归一化建筑和裸土指数（NDBSI）是裸土指数和建筑指数合成的综合指数，建筑指数在区分建筑物和植被方面具有很高的精度，另外研究区域有大量的裸地和稀疏植被，裸土指数可以很好地识别这些区域（Hu and Xu，2019），NDBSI 是反映地表裸露程度的重要指数。

$$\mathrm{NDBSI}=(\mathrm{IBI}+\mathrm{SI})/2 \tag{11-23}$$

$$\mathrm{SI}=\frac{(\rho_{\mathrm{swir1}}+\rho_{\mathrm{red}})-(\rho_{\mathrm{nir}}+\rho_{\mathrm{blue}})}{(\rho_{\mathrm{swir1}}+\rho_{\mathrm{red}})+(\rho_{\mathrm{nir}}+\rho_{\mathrm{blue}})} \tag{11-24}$$

$$\mathrm{IBI}=\frac{2v_{\mathrm{swir1}}-v_{\mathrm{nir}}+v_{\mathrm{green}}}{2v_{\mathrm{swir1}}+v_{\mathrm{nir}}+v_{\mathrm{green}}} \tag{11-25}$$

$$v_{swir1}=\rho_{swir1}/(\rho_{swir1}+\rho_{nir}) \tag{11-26}$$

$$v_{nir}=\rho_{nir}/(\rho_{nir}+\rho_{red}) \tag{11-27}$$

$$v_{green}=\rho_{green}/(\rho_{green}+\rho_{swir1}) \tag{11-28}$$

式中，SI 指裸土指数；IBI 是建筑指数；v_{swir}、v_{nir}、v_{green}为中间变量。

地表反照率（Albedo）是指太阳辐射量反射与入射之比，与下垫面的类型息息相关，因土地植被覆盖度、含水量和含盐量的不同，反照率也具有显著差别（除多等，2015）。地表反照率指数可以监测地面的裸露状态，该指数可以对沙化进行定量监测，研究区的大部分裸土都有潜在的荒漠化趋势，因此反照率指数被选择用以反映研究区荒漠化情况。

$$\begin{aligned}\text{Albedo}=&0.160\times\rho_{red}+0.1291\times\rho_{nir}+0.243\times\rho_{blue}+0.116\times\rho_{green}\\&+0.112\times\rho_{tir}+0.081\times\rho_{swir2}-0.0015\end{aligned} \tag{11-29}$$

在干旱地区，落后的水资源利用和管理造成的土地盐渍化将对灌溉农业产生巨大影响，是干旱和半干旱地区环境破坏的重要因素，作为沙化的一部分，盐渍化已成为危害该研究区环境的重要因素。干旱区盐渍化的遥感监测主要基于盐渍化指数（SI），SI 可以很好地监测植被或非植被区边缘的盐渍化程度（El Harti et al.，2016），所以选择 SI 来反映研究区土壤盐渍化问题。

$$\text{SI}=\sqrt{\rho_{blue}\times\rho_{red}} \tag{11-30}$$

地表温度（LST）作为地气能力交换的体现（孙灏等，2020），是研究城市热岛效应的重要指标，热岛效应也是对生态环境质量造成影响的因素之一，热岛现象对生态环境的影响已经被很多学者证明（Rasul et al.，2015，2016）。过多温室气体的排放是造成热岛效应的原因之一，温室气体也会对生态环境造成一定的破坏，LST 作为衡量热岛效应的参数，是生态环境质量评估不可缺少的指标之一。

（3）空气环境。大气气溶胶积聚多种化学物质，是环境和人为导致的全球气候变化的主要因素，表层气溶胶颗粒是大气中的空气污染物，对人类呼吸健康具有重要影响（孙灏等，2020）。另外，它与短波和长波辐射传输的影响也有关，因此，影响了潜在的地表辐射平衡。用气溶胶光学厚度衡量气溶胶含量，可以有效判断区域空气浑浊程度（Xin et al.，2007）。因此，引入了气溶胶光学厚度（AOD）来评估空气质量。

（4）植被环境。植被是陆地表层最重要的生态系统，强烈影响了全球气候及生态环境。植被覆盖被广泛应用于环境问题的研究中，用来表征生态环境的稳定性和健康持续发展。增强型植被指数（EVI）在计算过程中融入了“抗大气植被指数”和“土壤调节植被指数”（Huete et al.，2002），提高了对植被的敏感性，增强了监测植被的能力。

在上述指标中，WET、SWCI 和 EVI 是积极指标，即高指标值表征生态环境状况好；其他指标是消极指标，即低指标值表征生态环境状况好。使用下式对积极指标进行标准化：

$$Z=\frac{x-\mu}{\sigma} \tag{11-31}$$

式中，Z 为标准化结果；x 为指标原始值；μ 和 σ 分别为在整个研究区域和研究时段，指标的平均值和方差。其余五个为负向指标，使用下式对消极指标进行标准化：

$$Z=-\frac{x-\mu}{\sigma} \tag{11-32}$$

3）生态质量综合指标计算

本次选取 WET、SWCI、SI、NDBSI、Albedo、LST、EVI 和 AOD 八个指标对生态质量进行评估，最终利用下式计算得到研究区生态质量综合评价指标 RSUAE：

$$\mathrm{RSUAE} = \sum_{i=1}^{n} w_i \times Z_i \tag{11-33}$$

式中，Z_i 为第 i 个指标标准化结果；w_i 为第 i 个指标的权重；n 为指标总数。RSUAE 越大表示生态质量越好，反之越差。本研究通过主成分分析法确定 w_i，公式为

$$\begin{cases} w_i = H_i / \sum_{i=1}^{8} H_i \\ H_i = \sum_{j=1}^{m} \lambda_{i,j}^2 \end{cases} \tag{11-34}$$

式中，$\lambda_{i,j}$为第 i 个指标在第 j 个主成分中的因子载荷，通过对样本矩阵进行中心化处理并计算其协方差矩阵，并依据协方差矩阵的特征值大小进行排序获得主成分顺序，将第 j 个主成分所对应特征向量的第 i 个元素与对应特征值的开方进行乘积，即可获得$\lambda_{i,j}$；m 为累计贡献度大于95%的主成分个数；H_i为第 i 个指标的公因子方差。

11.3.2.3 生态质量时空变化特征

1）生态质量评价结果

（1）生态质量指标分级。为了便于分析不同区间 RSUAE 值的特征，更方便地比较不同年份的 RSUAE 值，根据数据分布的特征，将 RSUAE 分为7 个级别（表11-15），等级越大表示生态质量越好。

表 11-15 RSUAE 分级标准

等级	1	2	3	4	5	6	7
RSUAE	(−∞，−1]	(−1，−0.5]	(−0.5，0]	(0，0.5]	(0.5，1]	(1，1.5]	(1.5，+∞]
状态	极差	差	一般	中等	良好	理想	极好

（2）生态质量分级结果。图 11-20 显示了 RSUAE 不同等级的空间分布，整个区域生态质量主要处于2～6 等级，其中第2、3 等级大多位于南部，第4 等级主要位于西南以及东北部，第5、6 等级则沿黄河沿岸分布，第1、7 等级所占面积最小且极为集中，考虑为分布较少且集中地物类型，说明分级结果可以较好地区分不同地表覆盖类型。

对 2001～2018 年 RSUAE 分级结果进行统计，统计结果如图 11-21 所示，可以看出2001～2018 年，一般等级占比最大，极差和极好等级占比最小，且比例变化不大；差等级占比在 2001～2003 年下降，2003～2005 年上升，随后保持下降趋势，到 2013 年开始上升持续到 2015 年，但是变化幅度不大，随后一直保持下降趋势到 2018 年，比例从 2001 年的 48% 降到 2018 年 5%，说明生态质量改善明显。一般等级占比在 2001～2010 年表现出与差等级相反的变化趋势，说明这一时间段，生态环境质量在差与一般之间转换明显，而在 2011～2018 年，一般等级占比变化趋势与差等级变化趋势基本相同，且变化幅度较小。

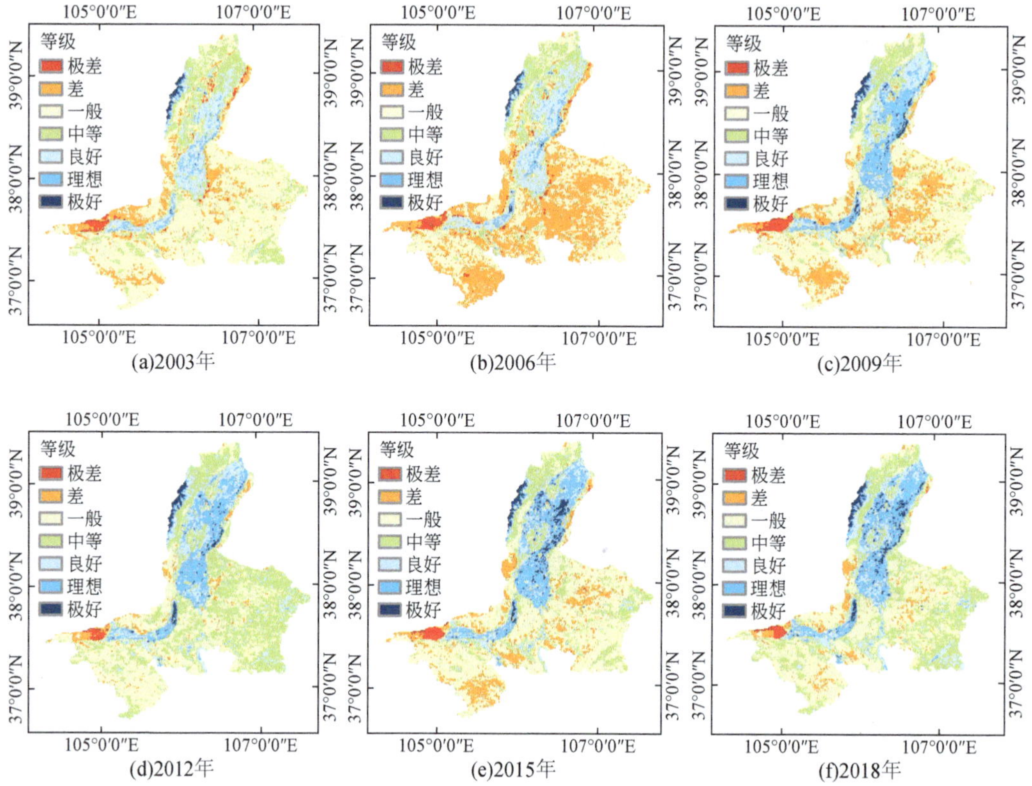

图 11-20　研究区 2001 ~ 2018 年 RSUAE 等级分布

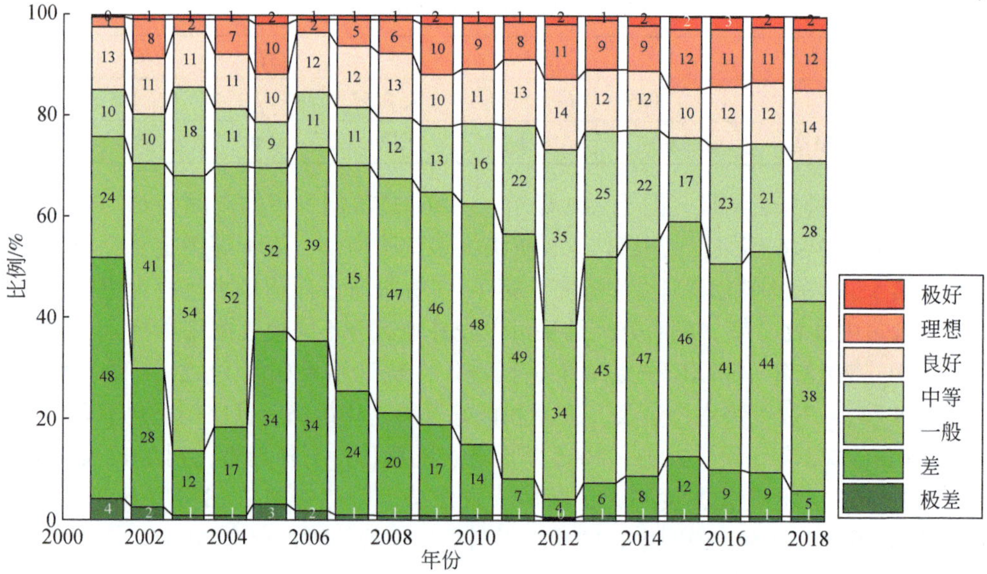

图 11-21　研究区 2001 ~ 2018 年 RSUAE 不同等级占比

中等等级比例在 2001 ~ 2010 年，虽然呈波动变化但是总体呈现缓慢增大趋势，2010 年之后呈现先增大后减小再增大的趋势，且变化幅度较大，其中 2012 年左右变化最大，说明在这一段时间处于一般等级的区域开始大范围向中等等级转化，最终从 2001 年占比 10% 增至 2018 年的 28%；良好等级占比整体波动不大；理想等级比例呈现先增大再减小，再增大再减小，最后再增大然后趋于稳定的趋势。总体来看，差、一般和中等等级波动较大，反映出这三个等级地物生态质量稳定性较差，比较容易改善，但是也比较容易恶化。2001 ~ 2018 年，生态质量也逐渐从低等级之间的转换向高等级之间的转换过渡，说明生态环境质量呈现出变好的趋势。

2）生态质量时空变化分析

统计综合评价指标的时间变化，结果如图 11-22 所示。箱式统计图中央矩形框占 RSUAE 值百分位数的 10% ~ 90%，矩形框中的线段代表中位数，而矩形中的正方形符号代表平均值，图形上方和下方的短线表示最大值和最小值。可以看出，2001 ~ 2018 年，RSUAE 的中位数和平均值均由负变为正。2001 年的平均值最小，而 2012 年的平均值最大。2001 ~ 2018 年，最大值和最小值都表现为增大的趋势，说明研究区整体生态质量得到了改善。研究同时发现，在 2005 年和 2006 年，平均 RSUAE 值较低。这与当地水利部门发布情况一致，据报道 2004 年 9 月到 2006 年底，宁夏经历了非常严重的干旱。与正常年份相比，2005 年的降水量减少了 31% 左右。因此，长时期的干旱导致了研究区 RSUAE 的降低。

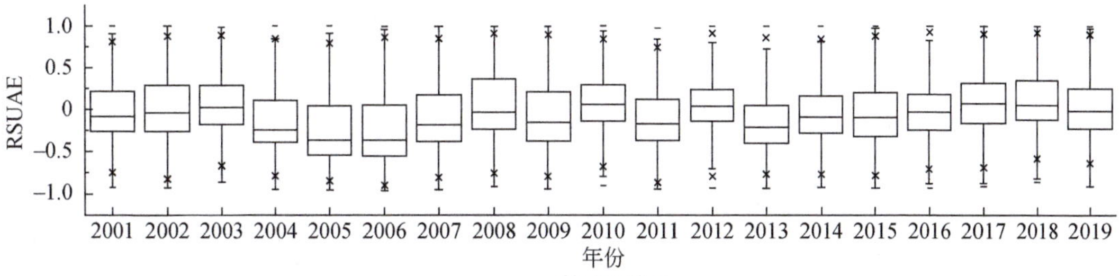

(a)箱式图统计

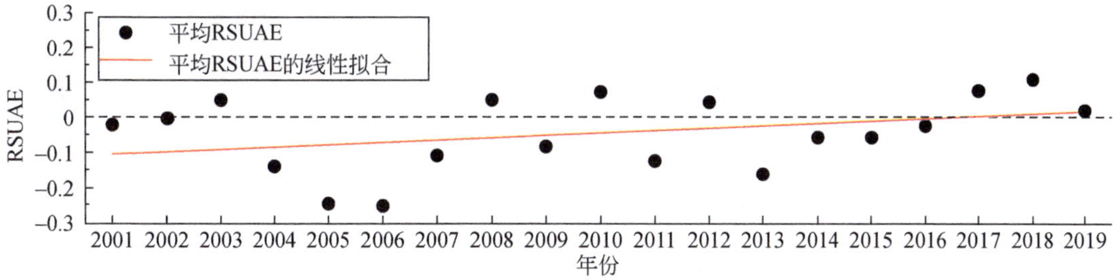

(b)平均值统计

图 11-22　研究区 2001 ~ 2018 年综合指标统计结果

图 11-23 展示了综合评价指标 RSUAE 的 MK 分析结果，其中图 11-23（b）是显著性分级结果，VSD 代表非常显著的减少、SD 代表显著减少、NST 代表没有显著变化趋势、SI 代表显著增加、VSI 代表非常显著的增加。结果表明，在研究时段内，大多数区域没有

显著变化趋势，这个面积占总研究区面积的 78.69%。其次，整个研究区有 18.73% 的区域具有显著增加趋势，代表生态质量呈明显改善趋势。剩下 2.58% 的区域，具有显著或非常显著的减少趋势，代表生态质量变差。图 11-22（c）和图 11-22（d）以区县为统计单位，统计了每个区县的 MK 分析 Z 值，其中 Z 值越大表明生态质量改善越明显，否则生态质量具有变差趋势。研究发现，盐池 Z 平均值最高，同时 Z 标准差较低，说明盐池县的生态质量改善最明显。相比之下，兴庆区和大武口区具有较低的 Z 平均值以及相对高的 Z 标准差，说明这两个区县的生态质量变化非常不均匀，并且整体没有显著改善。

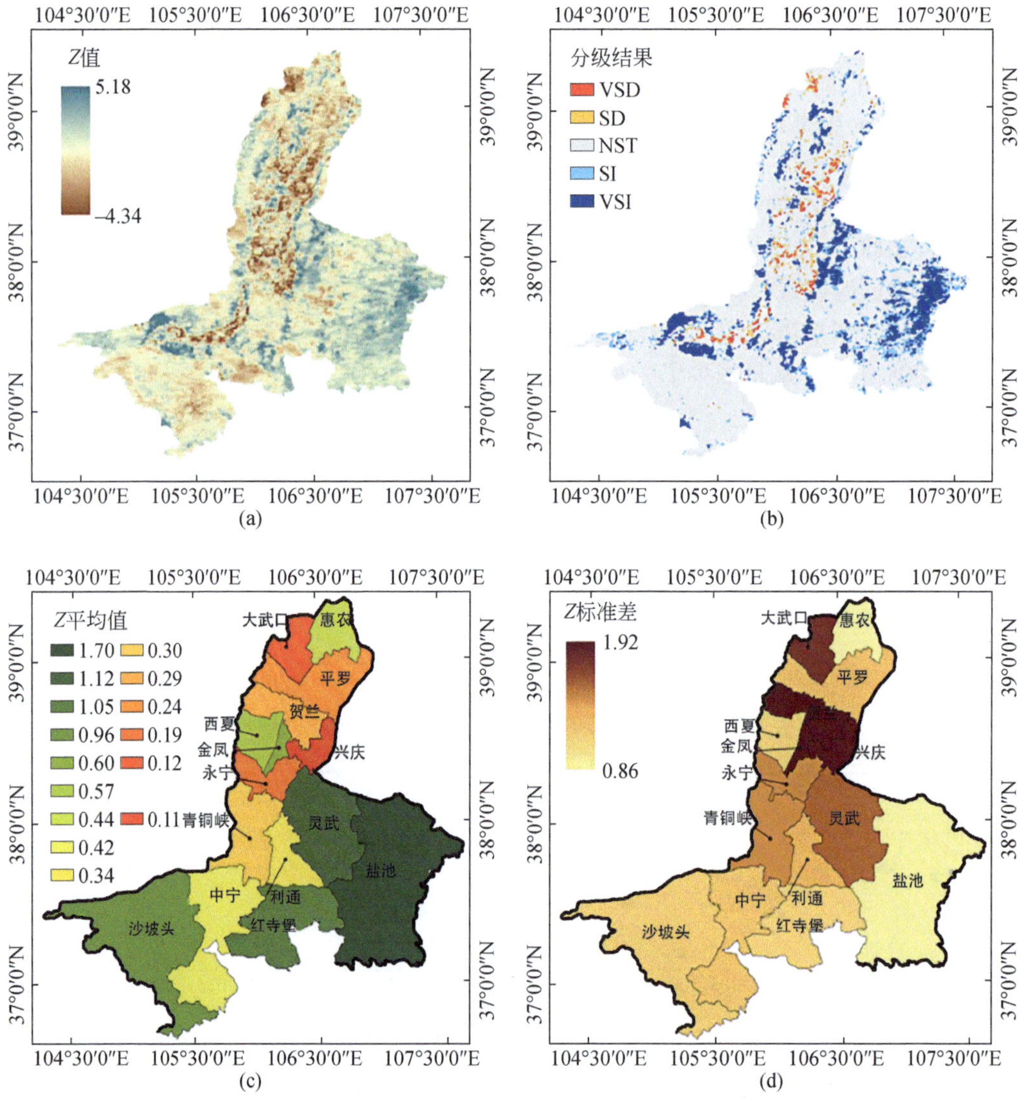

图 11-23　研究区 2001 ~ 2018 年生态质量综合指标的 MK 分析结果

（a）是 MK 计算的 Z 值；（b）为 Z 值分级结果；（c）是每个区县的 Z 平均值；（d）是每个区县的 Z 标准差

11.4 小　　结

基于遥感方法快速高效地监测城市生态系统中各关键要素的空间格局，监测城市生态系统中关键要素的动态演变，评估城市生态系统质量，可以更好地为城市可持续发展提供决策支撑。人工智能和大数据背景下的信息处理理论和方法的突破，以及遥感数据获取技术的发展对于城市生态遥感来说，是机遇也是挑战。尤其是面向绿色城市、健康城市、智慧城市、宜居城市、未来城市建设的重大需求，都需要城市生态遥感在研究对象、研究方法、数据获取、处理分析等方面有新的突破。

（1）从研究对象来看：城市地表温度（LST）的研究以热岛效应研究为主，但也有学者开展了城市冷岛效应的研究。此外，LST 的反演方法也逐渐得到了改进和提升；虽然城市不透水面的提取精度逐步提高，但是城乡交接区域不透水面信息提取的精度研究依然是今后的难点。城市景观格局研究方法较为成熟，但是针对不同类型、不同规模城市的景观格局指数选择依据还依然存在一定的不足，因此，景观指数的最优化选择同样是今后的难点。城市生态安全研究中采用的方法以模型、算法为主，如何借助遥感技术构建适合不同类型城市的生态安全指数将是今后研究重点。

城市生态遥感的研究目标将不断扩展、深化和聚焦。除了本研究探讨的主题以外，还有很多领域有待探讨，如城市水环境、城市微气候、城市绿地生态系统、城市固体废弃物、城市噪声污染、城市人居环境等，对城市生态遥感领域之间以及与城市地理、人文地理的交叉研究将是今后科学研究的前沿。

（2）从数据源来看：数据源从单个遥感数据走向多源遥感数据融合发展的方向，多源遥感数据，尤其是结合高分辨率数据正被应用到城市研究的方方面面。随着遥感数据获取技术的发展，综合采用星空地多平台、可见-红外多观测谱段、高分辨率的主被动遥感数据已渐为常态。社会感知数据、抽样统计数据、地面监测数据、物联网数据与遥感数据的结合也为城市生态遥感开拓了研究和应用的新领域与新思路。如何整合和充分利用好多源数据，提高数据综合处理分析能力，将是今后城市遥感的重要发展方向。

（3）从研究内容来看：城市生态遥感研究已开始了从二维向三维空间的拓展。随着几何遥感技术的快速发展，基于 LiDAR 和多角度遥感、倾斜摄影等可以实现城市三维建模，进一步将三维空间中的几何、物理和社会经济信息整合，实现城市三维景观分析；研究三维城市空间中各种自然过程和人为活动的演变趋势及其响应，实现三维城市表面温度的重建、三维城市能量通量估算、绿度空间三维分布与模拟等；建立三维空间的表达和分析范式，据此实现对城市生态结构、格局过程和功能的精准刻画。

城市生态遥感涉及多要素、多介质、多形态对象之间相互作用、相互影响。今后应按照城市形态与构成、城市关键要素、生态环境响应、生态环境评价以及城市扩展与环境模拟的体系结构进行系统分析。

（4）从研究方法来看：随着图像信息处理技术的迅速发展，城市生态遥感的影像处理应该采取更先进的策略，为遥感分析提供坚实的基础。比如采用人工智能、机器学习、深度学习的理论方法，克服训练样本不足、数据质量较差的影响，提高数据处理的智能化程度。集成、耦合和优化多源数据融合模型、多源信息综合分析模型，以更好地应对城市对象物理环境的特殊性，以及多源数据处理的复杂性。

（5）从服务对象来看：研究的空间范围应该从典型城市扩大到都市圈、城市群、城镇，甚至是广大村镇地区；时间尺度上也要重视城市化过程与资源环境响应过程的同步研究。在应用目标上，应更注重提供可应用、可解释、可支持决策的产品，满足城市不同部门和行业的需求（杜培军等，2018；张飞等，2021）。

参考文献

曹畅，李旭辉，张弥，等. 2017. 中国城市热岛时空特征及其影响因子的分析. 环境科学，38（10）：3987-3997.

除多，马伟强，扎西顿珠. 2015. 藏北那曲地区地面与MODIS反演的地表反照率对比分析. 遥感技术与应用，30（5）：908-916.

崔昊天，贺桂珍，吕永龙，等. 2020. 海岸带城市生态承载力综合评价：以连云港市为例. 生态学报，40（8）：2567-2576.

崔耀平，刘纪远，秦耀辰，等. 2015. 北京城市扩展对热岛效应的影响. 生态学杂志，34（12）：3485-3493.

杜培军. 2018. 城市遥感的研究动态与发展趋势："城市遥感"专栏导读. 地理与地理信息科学，34（3）：1-4.

杜培军，白旭宇，罗洁琼，等. 2018. 城市遥感研究进展. 南京信息工程大学学报，10（1）：16-29.

冯新灵，罗隆诚，冯自立. 2009. 中国近50年降水变化趋势及突变的Hurst指数试验. 干旱区地理，32（6）：859-866.

宫一路，李雪铭. 2021. 城市中心区绿地系统生态承载力空间格局研究. 生态经济，37（3）：223-229.

郭秀锐，杨居荣，毛显强. 2003. 城市生态足迹计算与分析：以广州为例. 地理研究，22（5）：654-662.

胡其玉，陈松林. 2019. 厦漳泉地区生态系统服务价值时空分布格局演变. 水土保持研究，26（5）：334-339，345.

江樟焰，陈云浩，李京. 2006. 基于Landsat TM数据的北京城市热岛研究. 武汉大学学报（信息科学版），31（2）：120-123.

金淑婷，李博，杨永春，等. 2015. 中国城市分布特征及其影响因素. 地理研究，34（7）：1352-1366.

孔凡靖，陈玉成，陈庆华，等. 2019. 重庆市农田生态服务价值时空变化特征及其驱动因素分析. 中国生态农业学报（中英文），27（11）：1637-1648.

匡文慧. 2018. 城市土地利用/覆盖变化与热环境生态调控研究进展与展望. 地理科学，38（10）：1643-1652.

匡文慧，杨天荣，刘爱琳，等. 2017. 城市地表覆盖结构组分与热环境调控模型（EcoCity）研究：以北京城市为例. 中国科学（地球科学），47（7）：847-859.

李彩丽，都金康，左天惠. 2009. 基于高分辨率遥感影像的不透水面信息提取方法研究. 遥感信息，24（5）：36-40.

李德仁，罗晖，邵振峰. 2016. 遥感技术在不透水层提取中的应用与展望. 武汉大学学报（信息科学版），41（5）：569-577，703.

李晋昌，王文丽，胡光印，等. 2011. 若尔盖高原土地利用变化对生态系统服务价值的影响. 生态学报，31（12）：3451-3459.

卢慧婷，严岩，赵春黎，等. 2020. 雄安新区多尺度生态安全格局构建框架. 生态学报，40（20）：

7105-7112.
马慧强，杨俊，李哲．2021. 太原市城市复合生态系统调节服务时空格局演化及驱动机制研究．地理科学，3：463-472.
毛齐正，罗上华，马克明，等．2012. 城市绿地生态评价研究进展．生态学报，32（17）：5589-5600.
欧阳志云，郑华．2009. 生态系统服务的生态学机制研究进展．生态学报，29（11）：6183-6189.
裴鹰，杨俊，李冰心，等．2019. 城市边缘区生态承载力时空分异研究：以甘井子区为例．生态学报，39（5）：1715-1724.
彭保发，石忆邵，王贺封，等．2013. 城市热岛效应的影响机理及其作用规律：以上海市为例．地理学报，68（11）：1461-1471.
石忆邵，尹昌应，王贺封，等．2013. 城市综合承载力的研究进展及展望．地理研究，32（1）：133-145.
孙灏，刘伟汉，王艳梅，等．2020. 京津冀冬季气溶胶光学厚度遥感反演．遥感信息，35（1）：38-44.
王金凤，刘方，白晓永，等．2019. 西南地区生态系统服务价值时空演变及模拟预测．生态学报，39（19）：7057-7066.
王静，苏根成，匡文慧，等．2014. 特大城市不透水地表时空格局分析：以北京市为例．测绘通报，（4）：90-94.
王俊松，杨逢乐，贺彬，等．2008. 利用 QuickBird 影像提取城市不透水率的研究．遥感信息，23（3）：69-73.
吴加敏，蔡创创，孙灏，等．2020. 宁夏沿黄城市带植被覆盖时空演变及其驱动力分析．干旱区研究：1-15.
向嘉敏，祝善友，张桂欣，等．2019. 灰霾遥感监测研究进展．遥感技术与应用，34（1）：12-20.
肖强，肖洋，欧阳志云，等．2014. 重庆市森林生态系统服务功能价值评估．生态学报，34（1）：216-223.
肖荣波，欧阳志云，蔡云楠，等．2007. 基于亚像元估测的城市硬化地表景观格局分析．生态学报，27（8）：3189-3197.
修春亮，魏冶，王绮．2018. 基于“规模—密度—形态”的大连市城市韧性评估．地理学报，73（12）：2315-2328.
徐涵秋．2008. 一种快速提取不透水面的新型遥感指数．武汉大学学报（信息科学版），11：1150-1153.
徐涵秋，王美雅．2016. 地表不透水面信息遥感的主要方法分析．遥感学报，20（5）：1270-1289.
杨家芳，兰良鸿，周文龙．2015. 花溪区土地利用/覆被变化对生态系统服务价值的影响分析．绿色科技，（10）：8-12.
杨俊，关莹莹，李雪铭，等．2018. 城市边缘区生态脆弱性时空演变：以大连市甘井子区为例．生态学报，38（3）：778-787.
于琛，胡德勇，张旸，等．2019. 近 20 年京津唐主体城区地表热场空间特征变化分析．地理科学，39（6）：1016-1024.
岳启蒙，文倩，贺奕，等．2021. 水生态文明城市建设对城市水生态承载力的影响：以武汉市为例．生态学报，41（14）：5586-5597.
岳书平，张树文，闫业超．2007. 东北样带土地利用变化对生态服务价值的影响．地理学报，62（8）：879-886.
张飞，邵媛，黄晖，等．2021. 近 20 年城市遥感研究现状及其发展趋势．生态学报，41（8）：3255-3276.
张艳军，官冬杰，翟俊，等．2017. 重庆市生态系统服务功能价值时空变化研究．环境科学学报，37（3）：1169-1177.

赵璐，赵作权. 2014. 基于特征椭圆的中国经济空间分异研究. 地理科学，8：979-986.
赵则安. 2020. 中国城市群发展特质与路线研究. 合作经济与科技，(1)：18-19.
赵正，宁静，周非飞，等. 2019. 基于生态足迹模型的资源型城市生态承载力评价：以黑龙江省大庆市为例. 水土保持通报，39（2）：281-287.
Allen L, Lindberg F, Grimmond C S B. 2011. Global to city scale urban anthropogenic heat flux: Model and variability. International Journal of Climatology, 31 (13): 1990-2005.
Arnold C L Jr, Gibbons C J. 1996. Impervious surface coverage: The emergence of a key environmental indicator. Journal of the American Planning Association, 62 (2): 243-258.
Boyd J, Banzhaf S. 2007. What are ecosystem services? The need for standardized environmental accounting units. Ecological Economics, 63 (2/3): 616-626.
Buo I, Sagris V, Burdun I, et al. 2021. Estimating the expansion of urban areas and urban heat islands (UHI) in Ghana: A case study. Natural Hazards, 105 (2): 1299-1321.
Cao C, Lee X H, Liu S D, et al. 2016. Urban heat islands in China enhanced by haze pollution. Nature Communications, 7: 12509.
Cao Z, Wu Z F, Liu L, et al. 2019. Assessing the relationship between anthropogenic heat release warming and building characteristics in Guangzhou: A sustainable development perspective. Science of the Total Environment, 695: 133759.
Carlson T N, Traci Arthur S. 2000. The impact of land use—land cover changes due to urbanization on surface microclimate and hydrology: A satellite perspective. Global and Planetary Change, 25 (1/2): 49-65.
Chen B, Dong L, Liu X, et al. 2016. Exploring the possible effect of anthropogenic heat release due to global energy consumption upon global climate: A climate model study. International Journal of Climatology, 36 (15): 4790-4796.
Chen S S, Hu D Y, Wong M S, et al. 2019. Characterizing spatiotemporal dynamics of anthropogenic heat fluxes: A 20-year case study in Beijing-Tianjin-Hebei Region in China. Environmental Pollution, 249: 923-931.
Chen Y X, Hong T Z. 2018. Impacts of building geometry modeling methods on the simulation results of urban building energy models. Applied Energy, 215: 717-735.
Daily G C. 1997. Nature's Services. Washington, D. C.: Island Press.
El Harti A, Lhissou R, Chokmani K, et al. 2016. Spatiotemporal monitoring of soil salinization in irrigated Tadla Plain (Morocco) using satellite spectral indices. International Journal of Applied Earth Observation and Geoinformation, 50: 64-73.
Fan H L, Sailor D J. 2005. Modeling the impacts of anthropogenic heating on the urban climate of Philadelphia: A comparison of implementations in two PBL schemes. Atmospheric Environment, 39 (1): 73-84.
Flanner M G. 2009. Integrating anthropogenic heat flux with global climate models. Geophysical Research Letters, 36 (2): L02801.
Gong P, Li X C, Zhang W. 2019. 40-Year (1978–2017) human settlement changes in China reflected by impervious surfaces from satellite remote sensing. Science Bulletin, 64 (11): 756-763.
Grimmond C S B. 1992. The suburban energy balance: Methodological considerations and results for a mid-latitude west coast city under winter and spring conditions. International Journal of Climatology, 12 (5): 481-497.
Guo A D, Yang J, Sun W, et al. 2020. Impact of urban morphology and landscape characteristics on spatiotemporal heterogeneity of land surface temperature. Sustainable Cities and Society, 63: 102443.
Guo H L, Zhang B W, Bai Y F, et al. 2017. Ecological environment assessment based on Remote Sensing in

Zhengzhou. IOP Conference Series: Earth and Environmental Science, 94: 012190.

Hao P, Niu Z, Zhan Y, et al. 2015. Spatiotemporal changes of urban impervious surface area and land surface temperature in Beijing from 1990 to 2014. GIScience & Remote Sensing, 53 (1): 63-84.

He C, Zhou L G, Yao Y R, et al. 2020. Estimating spatial effects of anthropogenic heat emissions upon the urban thermal environment in an urban agglomeration area in East China. Sustainable Cities and Society, 57: 102046.

Hong Z M, Zhang W, Yu C H, et al. 2018. SWCTI: Surface water content temperature index for assessment of surface soil moisture status. Sensors, 18 (9): 2875.

Hu D Y, Chen S S, Qiao K, et al. 2017. Integrating CART algorithm and multi-source remote sensing data to estimate sub-pixel impervious surface coverage: A case study from Beijing Municipality, China. Chinese Geographical Science, 27 (4): 614-625.

Hu X S, Xu H Q. 2019. A new remote sensing index based on the pressure-state-response framework to assess regional ecological change. Environmental Science and Pollution Research, 26 (6): 5381-5393.

Huang J, Zhu X, Mao F, et al. 2008. Yangzhou City land use dynamic monitoring using multi-temporal remote sensing techniques. Proceedings of SPIE-The International Society for Optical Engineering, 7144: 1-10.

Huang K N, Li X, Liu X P, et al. 2019. Projecting global urban land expansion and heat island intensification through 2050. Environmental Research Letters, 14 (11): 114037.

Huete A, Didan K, Miura T, et al. 2002. Overview of the radiometric and biophysical performance of the MODIS vegetation indices. Remote Sensing of Environment, 83 (1/2): 195-213.

Lai J M, Zhan W F, Voogt J, et al. 2021. Meteorological controls on daily variations of nighttime surface urban heat islands. Remote Sensing of Environment, 253: 112198.

Letu H S, Hara M, Tana G G, et al. 2015. Generating the nighttime light of the human settlements by identifying periodic components from DMSP/OLS satellite imagery. Environmental Science & Technology, 49 (17): 10503-10509.

Li B Y, Wang W. 2018. Trade-offs and synergies in ecosystem services for the Yinchuan Basin in China. Ecological Indicators, 84: 837-846.

Li J J, Wang X R, Wang X J, et al. 2009. Remote sensing evaluation of urban heat island and its spatial pattern of the Shanghai metropolitan area, China. Ecological Complexity, 6 (4): 413-420.

Li J X, Song C H, Cao L, et al. 2011. Impacts of landscape structure on surface urban heat islands: A case study of Shanghai, China. Remote Sensing of Environment, 115 (12): 3249-3263.

Li Y F, Schubert S, Kropp J P, et al. 2020. On the influence of density and morphology on the Urban Heat Island intensity. Nature Communications, 11: 2647.

Liu F, Zhang X M, Murayama Y, et al. 2020. Impacts of land cover/use on the urban thermal environment: A comparative study of 10 megacities in China. Remote Sensing, 12 (2): 307.

Locher-Krause K E, Lautenbach S, Volk M. 2017. Spatio-temporal change of ecosystem services as a key to understand natural resource utilization in Southern Chile. Regional Environmental Change, 17 (8): 2477-2493.

Lu D S, Tian H Q, Zhou G M, et al. 2008. Regional mapping of human settlements in southeastern China with multisensor remotely sensed data. Remote Sensing of Environment, 112 (9): 3668-3679.

Meng Q Y, Zhang L L, Sun Z H, et al. 2018. Characterizing spatial and temporal trends of surface urban heat island effect in an urban main built-up area: A 12-year case study in Beijing, China. Remote Sensing of Environment, 204: 826-837.

Michie D, Spiegelhalter D J, Taylor C C. 1994. Machine learning, neural and statistical classification. Englewood

Cliffs, NJ: Prentice Hall.

Mohajerani A, Bakaric J, Jeffrey-Bailey T. 2017. The urban heat island effect, its causes, and mitigation, with reference to the thermal properties of asphalt concrete. Journal of Environmental Management, 197: 522-538.

Peng W F, Zhou J M, Fan S Y, et al. 2016. Effects of the land use change on ecosystem service value in Chengdu, Western China from 1978 to 2010. Journal of the Indian Society of Remote Sensing, 44 (2): 197-206.

Qiao Z, Tian G J, Zhang L X, et al. 2014. Influences of urban expansion on urban heat island in Beijing during 1989–2010. Advances in Meteorology, 2014 (1): 187169.

Rasul A, Balzter H, Smith C. 2015. Spatial variation of the daytime Surface Urban Cool Island during the dry season in Erbil, Iraqi Kurdistan, from Landsat 8. Urban Climate, 14: 176-186.

Rasul A, Balzter H, Smith C. 2016. Diurnal and seasonal variation of surface urban cool and heat islands in the semi-arid city of erbil, Iraq. Climate, 4 (3): 42.

Sailor D J, Georgescu M, Milne J M, et al. 2015. Development of a national anthropogenic heating database with an extrapolation for international cities. Atmospheric Environment, 118: 7-18.

Sun Y, Zhang X B, Ren G Y, et al. 2016. Contribution of urbanization to warming in China. Nature Climate Change, 6: 706-709.

Tolessa T, Senbeta F, Kidane M. 2017. The impact of land use/land cover change on ecosystem services in the central Highlands of Ethiopia. Ecosystem Services, 23: 47-54.

Tong S Q, Zhang J Q, Bao Y H, et al. 2018. Analyzing vegetation dynamic trend on the Mongolian Plateau based on the Hurst exponent and influencing factors from 1982–2013. Journal of Geographical Sciences, 28 (5): 595-610.

Turner R K, Paavola J, Cooper P, et al. 2003. Valuing nature: Lessons learned and future research directions. Ecological Economics, 46 (3): 493-510.

Voogt J A, Oke T R. 2003. Thermal remote sensing of urban climates. Remote Sensing of Environment, 86 (3): 370-384.

Wang S S, Hu D Y, Chen S S, et al. 2019. A partition modeling for anthropogenic heat flux mapping in China. Remote Sensing, 11 (9): 1132.

Wang S S, Hu D Y, Yu C, et al. 2020. Mapping China's time-series anthropogenic heat flux with inventory method and multi-source remotely sensed data. Science of the Total Environment, 734: 139457.

Wang Z A, Meng Q Y, Allam M, et al. 2021. Environmental and anthropogenic drivers of surface urban heat island intensity: A case-study in the Yangtze River Delta, China. Ecological Indicators, 128: 107845.

Weng Q H. 2012. Remote sensing of impervious surfaces in the urban areas: Requirements, methods, and trends. Remote Sensing of Environment, 117: 34-49.

Wong M S, Yang J X, Nichol J, et al. 2015. Modeling of anthropogenic heat flux using HJ-1B Chinese small satellite image: A study of heterogeneous urbanized areas in Hong Kong . IEEE Geoscience and Remote Sensing Letters, 12 (7): 1466-1470.

Xie M, Liao J B, Wang T J, et al. 2016. Modeling of the anthropogenic heat flux and its effect on regional meteorology and air quality over the Yangtze River Delta Region, China. Atmospheric Chemistry and Physics, 16 (10): 6071-6089.

Xin J Y, Wang Y S, Li Z Q, et al. 2007. Aerosol optical depth (AOD) and Angstrom exponent of aerosols observed by the Chinese Sun Hazemeter Network from August 2004 to September 2005. Journal of Geophysical Research: Atmospheres, 112 (D5): D05203.

Xu H Q. 2010. Analysis of impervious surface and its impact on urban heat environment using the normalized difference impervious surface index (NDISI). Photogrammetric Engineering & Remote Sensing, 76 (5): 557-565.

Xu W H, Xiao Y, Zhang J J, et al. 2017. Strengthening protected areas for biodiversity and ecosystem services in China. Proceedings of the National Academy of Sciences of the United States of America, 114 (7): 1601-1606.

Yang L M, Huang C Q, Homer C G, et al. 2003. An approach for mapping large-area impervious surfaces: Synergistic use of Landsat-7 ETM+ and high spatial resolution imagery. Canadian Journal of Remote Sensing, 29 (2): 230-240.

Yang X S, Peng L L H, Jiang Z D, et al. 2020. Impact of urban heat island on energy demand in buildings: Local climate zones in Nanjing. Applied Energy, 260: 114279.

Yushanjiang A, Zhang F, Kung H T, et al. 2018. Spatial-temporal variation of ecosystem service values in Ebinur Lake Wetland National Natural Reserve from 1972 to 2016, Xinjiang, arid region of China. Environmental Earth Sciences, 77 (16): 586.

Zhang B, Li W H, Xie G D. 2010. Ecosystem services research in China: Progress and perspective. Ecological Economics, 69 (7): 1389-1395.

Zhang G X, Luo Y H, Zhu S Y. 2020. Estimation of the spatio-temporal characteristics of anthropogenic heat emission in the Qinhuai district of Nanjing using the inventory survey method. Asia-Pacific Journal of Atmospheric Sciences, 56 (3): 367-380.

Zhang Q L, Schaaf C, Seto K C. 2013. The Vegetation Adjusted NTL Urban Index: A new approach to reduce saturation and increase variation in nighttime luminosity. Remote Sensing of Environment, 129: 32-41.

Zheng T S, Bergin M H, Hu S J, et al. 2020. Estimating ground-level $PM_{2.5}$ using micro-satellite images by a convolutional neural network and random forest approach. Atmospheric Environment, 230: 117451.

Zhong Q, Ma J, Zhao B, et al. 2019. Assessing spatial-temporal dynamics of urban expansion, vegetation greenness and photosynthesis in megacity Shanghai, China during 2000–2016. Remote Sensing of Environment, 233: 111374.

Zhou Y Y, Weng Q H, Gurney K R, et al. 2012. Estimation of the relationship between remotely sensed anthropogenic heat discharge and building energy use. ISPRS Journal of Photogrammetry and Remote Sensing, 67: 65-72.

Ziaul S, Pal S. 2018. Anthropogenic heat flux in English Bazar town and its surroundings in West Bengal, India. Remote Sensing Applications: Society and Environment, 11: 151-160.

12 海岸带生态遥感

海岸带是陆地向海洋延伸的陆海交替的空间单元，是海洋、陆地相互作用最强烈的地带，是地球表层自然系统的重要组成，具有系统复杂性、生态脆弱性和环境敏感性的特点。海岸带区域拥有丰富的自然资源，使得区域内人口密集，人类活动和建设活跃，反过来又给海岸带的资源环境造成压力，使海岸带成为三大生态环境脆弱带之一，直接威胁到海岸带区域可持续发展。当前，高频度、高空间分辨率、多谱段、全覆盖的遥感技术为海岸带资源环境监测提供了便捷高效的探测手段，为快速掌握海岸带区域资源环境现状和历史变化规律奠定基础。本章立足海岸带和海岛，选取岸线、红树林、滩涂、河口岸带等生态要素，建立海岸带资源环境遥感技术体系，利用遥感技术、地理空间信息技术，进行海岸带和海岛的监测、分析和评价，为海岸带和海岛整治修复、保护规划和生态旅游规划以及旅游资源开发的潜力评估提供长期、实时、有效的科学依据。

12.1 概　　述

海岸带地区受海洋与陆地交互作用，提供生境、防灾减灾、景观文化等多重生态、经济和社会功能（于小芹和余静，2020）。一般认为海岸带生态系统由四个典型生态（子）系统组成，包括海岸生态系统和近海海洋生态系统，以及部分陆地生态系统（如森林、草原等）和部分湿地生态系统（如滩涂、沼泽等）。在我国，海岸带生态系统一般可分为河口岸、基岩岸、沙砾质岸、淤泥质岸、珊瑚礁岸和红树岸六种基本类型（侯西勇等，2016）。遥感的高“时-空-谱”分辨率优势为获取海岸带资源环境状况提供了有效的信息源，使我们能对海岸带生态系统进行“点-线-面”的全方位监测与评估。

海岸线动态变化研究是海岸带环境监测、资源开发与管理等研究的基础。同时，海岸线类型、长度作为海岸带基础数据，对于海岸带生态评估具有重要支撑作用，可进一步提供岸线利用率、海岸线变化、海域面积以及人均岸线长度等关键评估指标。海岸线边界的提取方法大致可以分为四类：目视解译法、阈值分割法、图像分类法和边缘检测法。基于多阈值的形态学提取海岸线的方法，能有效提高对图像中物体阴影、散射特性很弱的植被、很暗的人工设施、受噪声影响的海湾水域等区域的辨识能力（毕京鹏等，2019）。基于样本自动选择与 SVM 结合的方法，能有效区分受区域环境影响较大的近岸水体，增强对近岸水体的识别能力。隋燕等（2018）利用归一化水体指数 MNDWI 预处理后得到的海陆二值图像，后经灰度填充小噪声点后通过 Canny 边缘算子提取得到了海南岛多期海岸线数据集。马字伟等（2020）利用地统计学的方法系统性分析了湄公河三角洲地区近 30 年的海陆变迁格局；Tran 等（2014）采用端点速率和线性回归率两种指标分析了 1953 ~ 2011 年越南南端梅卡茂地区的红树林岸线情况；Bagheri 等（2019）利用布容规则（Bruun

Rule）对马来西亚丁加奴地区的岸线侵蚀情况进行预测分析；Husnayaen 等（2018）利用从多源卫星影像提取的地面沉降、岸线变化等物理变量构建的海岸脆弱性指数对印度尼西亚三宝垄地区海岸线进行了岸线脆弱性评估。在海岸线变迁机制的研究方面，大多数学者选择局部海岸线变化较大的地区进行典型分析，而针对全域的大范围的海岸线变迁研究较少。随着海岸带环境的开发与利用强度的增加以及用于海岸线监测的遥感卫星数据源的日渐丰富，开展大范围海岸线提取算法及监测研究的意义将会越来越重大。

红树林是重要的湿地生态系统之一，遥感技术应用于红树林监测，在时间、空间、特征三种维度上都具有明显优势。协同利用光学和雷达遥感数据可以提高红树林提取的精度，如 Pham 和 Yoshino（2017）利用 ALOS PALSAR 遥感数据，基于规则优化决策树完成了越南海防市的红树林树种分布图；Zhang 等（2015）利用 Worldview-3 光学遥感数据和 Radarsat-2 雷达遥感数据，采用随机森林完成了米埔沼泽自然保护区红树林湿地的种间分类；Abdel-Hamid 等（2017）利用 ALOS PALSAR 数据和 RapidEye 高分辨率光学数据，对埃及红海海岸的红树林进行了信息提取；Zhen 等（2018）、Liao 等（2019）利用 Radarsat-2和 Landsat 数据，对海南红树林进行了分类及信息提取。生物量是红树林生态系统固碳能力的重要指标，目前主要采用回归分析法、人工神经网络法以及遥感数据与样地调查等方法。例如，Simard 等（2006）利用激光雷达数据估算了美国大沼泽地国家公园红树林的树高，借助样地调查数据树高与生物量的关系，推算了区域红树林生物量；Hirata 等（2014）利用 Quick Bird 高分辨率遥感影像提取的红树林树冠面积和树干直径的关系计算红树林生物量。随着多源遥感的发展，遥感数据在红树林研究方面逐渐向高光谱数据应用、高分辨率与 LiDAR 数据结合、多光谱数据与 SAR 数据融合等方向发展，同时建立红树林生物量估算模型有利于提高红树林的生物量的遥感估算精度，这也是红树林遥感监测技术发展的必然趋势。

海岸带滩涂包括潮间带泥滩、岩石和沙子，是海洋和陆地环境之间的无植被过渡地带（Murray et al.，2012；Wang et al.，2020a），能够提供特殊的生态功能，如抵御风暴、维护海岸线、净化水质和促进碳封存（Barbier et al.，2008；Deegan et al.，2012），它们也是候鸟、鱼类和其他海洋生物的栖息地和繁殖地（Dhanjal-Adams et al.，2016；Ghosh et al.，2016）。遥感一直被用来开展潮间带监测，如基于地形水深激光雷达和潮汐站的实地测量（Campbell et al.，2018），对澳大利亚沿海地区（Dhanjal-Adams et al.，2016；Sagar et al.，2017）以及全球范围内（Murray et al.，2014；Murray et al.，2019）的滩涂监测等。一般来说，利用光学图像进行滩涂监测的方法包括潮汐模型或地形法（Murray et al.，2012；Han et al.，2019）、基于训练样本的机器学习（Zhang et al.，2013；Zhang et al.，2019）和基于知识的决策树（Wang et al.，2020a；Wang et al.，2020b）。目前大尺度滩涂监测要么依赖辅助数据，如潮位、DEM 和训练样本，要么依赖人工干预阈值，基于时间序列遥感图像快速、鲁棒、全自动的潮汐线监测方法尚在研究中。

12.2 海岸线变迁监测评估

海岸线作为海岸带的重要组成部分，与海岸保护及利用、海域使用等活动密切相关。

海岸线生态要素是海岸带区域自然环境相互作用的前沿，记录了沿海滩涂以及湿地生态系统的衰退与否，同时其变迁过程反映了区域生态系统与人类活动的相互作用，是研究海岸带动态变化最重要的标准要素之一，因此被国际地理数据委员会（IGDC）定为最重要的27种地表特征之一。准确获取海岸线信息数据，综合掌握海岸线的位置类型分布，一方面，对基础地理信息的快速更新、海岸带资源的有效配置和合理使用、发展规划及航海安全具有重要意义；另一方面，研究海岸线的变迁规律和开发利用状况，可反映潮间带滩涂资源量、湿地生态资源管理等海岸带环境的变化情况，对海岸带生物的生存环境状态和生态过程的改变，乃至全球变化具有重要意义。

海南岛位于中国最南端，隔琼州海峡与大陆相望，四面环海，拥有丰富的海岸线资源。根据2016年海南省（海南本岛）海岸线修测成果，海南岛自然岸线占海南本岛岸线总长的65.45%，远超全国自然岸线保有率35%的平均水平。海南岛海岸线绵延曲折，岸线资源种类丰富，有利于海水养殖业、旅游业的发展，具备形成优良港湾的天然优势。沿海岸线分布的红树林、养殖塘和港口等作为海岸带系统特色要素，是海南海岸带主要的经济发展依托和自然生态景观，具有重要的经济价值和生态服务功能。近年来，由于人工岸线的不断增加，海南岛海岸线呈现增长趋势（隋燕等，2018）。养殖鱼塘增加、工业用地开发利用、城镇与港口建设等海岸带的开发利用导致了海岸线的变化。海南作为生态环境大省，自2010年1月国务院发布《国务院关于推进海南国际旅游岛建设发展的若干意见》重大战略部署以来，海南国际旅游岛建设和经济发展进一步加快，但也导致了一系列生态环境问题。海岸带资源丧失和生态环境功能退化的现象日趋严重，由于部分区域资源开发强度过高，海岸带生态环境遭到破坏，局部海岸带生态环境功能明显退化。

本节以海南岛岸线变迁为例，以8期30 m分辨率的多光谱影像Landsat TM/OLI为数据源，通过建立不同类型的海岸线特征解译标志和位置界定标准并结合野外实地调查资料，获取海南岛的海岸线位置和类型信息；通过计算海岸线长度变化、陆地面积变化和海岸线变化强度等，分析近30年来海南岛海岸线时空变化特征，并选取典型岸段进行重点分析；利用灰色关联思想建立海岸线变迁驱动因素分析模型，量化海岸线变迁的原因和驱动机制。

12.2.1 海岸线遥感提取

12.2.1.1 岸线类型分类体系

对于海岸线的分类，全球范围并没有公认的、较为权威的统一分类体系。本研究根据海南岛海岸线自然状态是否改变，将海岸线分为自然岸线和人工岸线。自然岸线是指保持自然海岸属性特征，没有受到人类活动影响改变形态与属性的海岸线，一般指在海陆长期相互作用下，形成的海、陆空间自然分界，在空间形态上具有形态曲折、走向自然、位置相对固定、生态系统结构完整、功能稳定等特点，具有相对较强的自我调节能力。根据海岸线所在潮间带的底质特征与海岸线空间形态，可将自然岸线继续划分为基岩岸线、砂质岸线、淤泥质岸线、生物岸线和河口岸线（索安宁等，2015）。其中，砂质岸线是最常见的自然岸线之一，广泛分布于海南岛岸线中，受人类活动影响极大。淤泥质岸线往往与生物岸线密不可分，彼此间相互作用。生物岸线以红树林为主，常见于河口岸线与淤泥质岸线附近，其稳定性较高，但同样受人类活动影响较大。

人工岸线是指因生产和生活的需要在海陆交界处修筑的人造海岸线，多由水泥、石块、砂土、混凝土等建筑材料构筑，包括养殖围堤、盐田围堤、码头（港口、渔港）、突堤（防潮堤、防坡堤、护岸障碍物等）、交通围堤、能源开采、娱乐设施、人工岛建筑等类型。人工海岸线多位于潮间带，甚至潮下带，人工岸线的修筑导致海岸自然潮滩空间被大幅压缩，甚至完全缺失，生态系统结构受损，潮滩湿地功能衰减。

不同类型的海岸线形成机理不同，因此在遥感影像上所表现的纹理特征也不同。基于海岸线在 Landsat 卫星影像上的解译标志，结合野外实地踏勘资料，将海南岛海岸线分为自然岸线（砂质岸线、基岩岸线、河口岸线、生物岸线、淤泥质岸线）和人工岸线（表 12-1）。

表 12-1　海南岛海岸线类型解译标志

一级类	二级类	空间分布与解译标志
自然岸线	河口岸线	河口岸线一般位于河流入海口处，是划分河流和海洋的分界线。分布于宽度大于 100m 的入海河流的河口处
	基岩岸线	基岩海岸因地质构造活动及波浪作用而形成，由裸露、坚硬的岩石组成，地势陡峭。常有突出的海岬，在海岬之间形成深入陆地的海湾，岬湾之间的海岸线绵延曲折，侵蚀和堆积交错，一般侵蚀发生在岬角处，堆积发生在海湾内
	砂质岸线	砂质岸线分布于基岩岬角之前开阔的海湾内，砂质海岸主要由细砂、粉砂和淤泥组成，海滩较宽，海岸线平直且长，沙坝、离岸坝等堆积地貌发育众多，海岸普遍处于侵蚀后退状态，如海南岛的三亚湾、亚龙湾等
	生物岸线	生物海岸是由于造礁珊瑚和红树林等作用而在海岸带发育而成的一种特殊海岸，生物岸线周围长有茂盛的红树林群落，形成天然的红树林景观地貌，能够减弱水体流速，达到护岸的作用。海南岛生物岸线多以红树林岸线为主，红树林生长在潮间带上部
	淤泥质岸线	淤泥质海岸生长于隐蔽的海湾内，海岸形态多为平缓的淤泥质海滩，由粉砂、黏土和植物腐殖质等堆积而成，多呈青灰色或青黑色，水动力条件较弱，一般有潮沟
人工岸线		人工岸线是指改变原有的自然状态，完全由人工作用而成的海岸，分布于有港口、码头、鱼塘、盐田、防潮堤、防波堤、防潮闸等建筑物的地区

不同类型的海岸线具有不同的解译和判读方式，建立海岸线的界定和判读方法是研究海岸线的重点内容，需要根据海岸线所处的地理环境、海岸物质组成和海岸开发情况来确定海岸线的位置和类型，并且需要在遥感影像上依据海岸线区域的颜色、色调、大小、形

状、阴影、纹理结构、位置、斑块形状等构建不同解译判读标志。

12.2.1.2 岸线提取及精度验证

研究区涉及的影像成像时间跨度较长、分布范围较广，同时鉴于对海岸线位置精度的控制要求，不宜采用自动化提取方法，因此本节在进行基本图像处理后，通过构建海岸线分类和界定标准，利用目视解译方法首先获取1990年海岸线矢量，在此基础上分别叠加另外三个时相的遥感影像，对海岸线发生变化的部分（包括位置变换、类型变化等）进行修改或重新勾绘，在更新完成海岸线的属性信息后得到八期海岸线数据集，最后结合潮汐数据完成重点区域的海岸线位置的精确验证和修正。

海岸线数据的精度检查包括位置精度检查、类型精度检查和拓扑关系检查三部分。海岸线的位置精度检查和类型精度检查分别是对海岸线的空间位置分布和类型属性赋予的准确性的检查；海岸线的拓扑关系检查是对海岸线线段之间空间形态特征的检查。为了保证提取的海岸水边线更接近真正意义上的“海岸线”，一方面，研究中选择的海岸带影像更偏向于高潮时或者中高潮时成像，以避免潮汐水位变化对海岸线位置的影响；另一方面，在提取多时相海岸线时，位置界定在更接近于平均大潮高潮线处，最后给出了潮汐校正海岸线的方法。

12.2.1.3 岸线变化特征分析方法

从岸线长度、岸线结构、岸线多样性和利用强度、陆海格局四个方面对岸线变化特征进行分析。其中，岸线变化速率、岸线多样性和岸线利用强度计算方法如下：

1）岸线变化速率

变化速率可以直观地显示出岸线长度的变化趋势及快慢程度，一定时段内岸线长度的变化速率可用岸线年均变化速率表示，公式如下：

$$\mathrm{LCI}_{ij}=\frac{L_j-L_i}{L_i(j-i)}\times 100\% \tag{12-1}$$

式中，LCI_{ij}为第 i 年到第 j 年海岸线的变化强度；L_i 为第 i 年某一类型海岸线的长度；L_j 为第 j 年某一类型海岸线的长度。

2）岸线多样性

岸线开发方式的多样性可以通过岸线类型多样性指数（ICTD）来体现，公式如下：

$$\mathrm{ICTD}=1-\frac{\sum_{I}^{n}L_i^2}{(\sum_{i}^{n}L_i)^2} \tag{12-2}$$

式中，ICTD 为岸线类型多样性指数；L_i为第 i 种类型海岸线的长度；n 为海岸线类型的个数。ICTD 高，表示岸线类型复杂，多样性高；ICTD 低，表示岸线类型单一，多样性低。另外，当岸线对某一类型的倾向性较明显时，岸线多样性程度也低。

3）岸线利用强度

岸线利用程度综合指数（ICUD）表示海岸线受人为作用影响的程度。参照土地利用程度综合指数计算方法，根据人类活动对海岸线的影响程度，对不同类型的海岸线赋予不同的人力作用强度指数（基岩岸线=河口岸线=1；砂质岸线=2；生物岸线=淤泥质岸线=3；人工岸线=4）（庄大方和刘纪远，1997），然后利用下式进行计算：

$$\mathrm{ICUD} = \sum_{i=1}^{n} (A_i \times C_i) \times 100 \tag{12-3}$$

式中，ICUD 为岸线利用程度综合指数；n 为岸线类型个数；A_i 为第 i 种类型海岸线对应的人力作用强度指数；C_i 为第 i 种类型岸线的长度比例。ICUD 越大，表示海岸线受人为作用的影响越大。

12.2.2 岸线变迁监测评估

12.2.2.1 岸线长度变化

本研究分别获取海南岛 1987 年、1990 年、1995 年、2000 年、2005 年、2010 年、2015 年和 2017 年海岸线位置及类型信息。30 年来，海南岛海岸线长度总体呈稳定增长趋势，由 1987 年的 1655km 增至 2017 年的 1890km［图 12-1（b）］，共增加 235km，表现为自然岸线长度的减少与人工岸线长度的大幅增长。

1987 ~ 1995 年，随着海南省经济的发展，对海岸带地区资源利用的增加，海岸线长度有所增长；1995 ~ 2000 年，围塘养殖、围海造地等活动使得红树林湿地遭到破坏，海岸线被裁弯取直，岸线长度略有减少；2000 ~ 2017 年是海岸线增长的集中时期，岸线长度共增长 139km，主要是大量海岸工程的建设导致人工岸线的长度持续增加，尤其是 2010 ~ 2015 年，增加的人工岸线长度达 154km，其中，岸线增长最明显的区域集中在儋州市［图 12-1（a），位置 1］、海口市［图 12-1（a），位置 2］、文昌市［图 12-1（a），位置 3］、三亚市［图 12-1（a），位置 4］和昌江黎族自治县［图 12-1（a），位置 5］。

基于海岸线长度的年均变化速率［图 12-1（c）］，发现 1987 ~ 2010 年海岸线长度变化速率总体逐渐变缓。2010 年以后，岸线进入快速增长期。2010 ~ 2015 年，变化速率达到 14.2km/a，主要是人工岛和港口扩张等人工工程建设强度的不断加大造成的，如儋州市海花岛、洋浦港区域扩建等。2015 ~ 2017 年人工岸线持续快速增长，变化速率达到最高（34.0km/a），海南岛多处人工岛进入快速建设阶段，两年间人工岛岸线的增加长度占人工岸线增加总长度的一半以上。

12.2.2.2 岸线结构变化

岸线结构指某一区域不同类型岸线的长度比例，能够反映多种作用影响下不同类型岸线的状态。依据 8 个时期的岸线类型分类结果（图 12-2），对各类岸线长度比例和年变化速率进行统计（表 12-2）。

结果表明，海南岛海岸线以砂质岸线为主，其次为人工岸线，砂质海岸多为沙堤、沙滩，在海南岛西部和南部的发育面积大，西北部多为海滩，而南部乐东黎族自治县、三亚市、陵水黎族自治县的海岸大多以海湾地貌形式展布。海南岛东部农业基础好，旅游资源

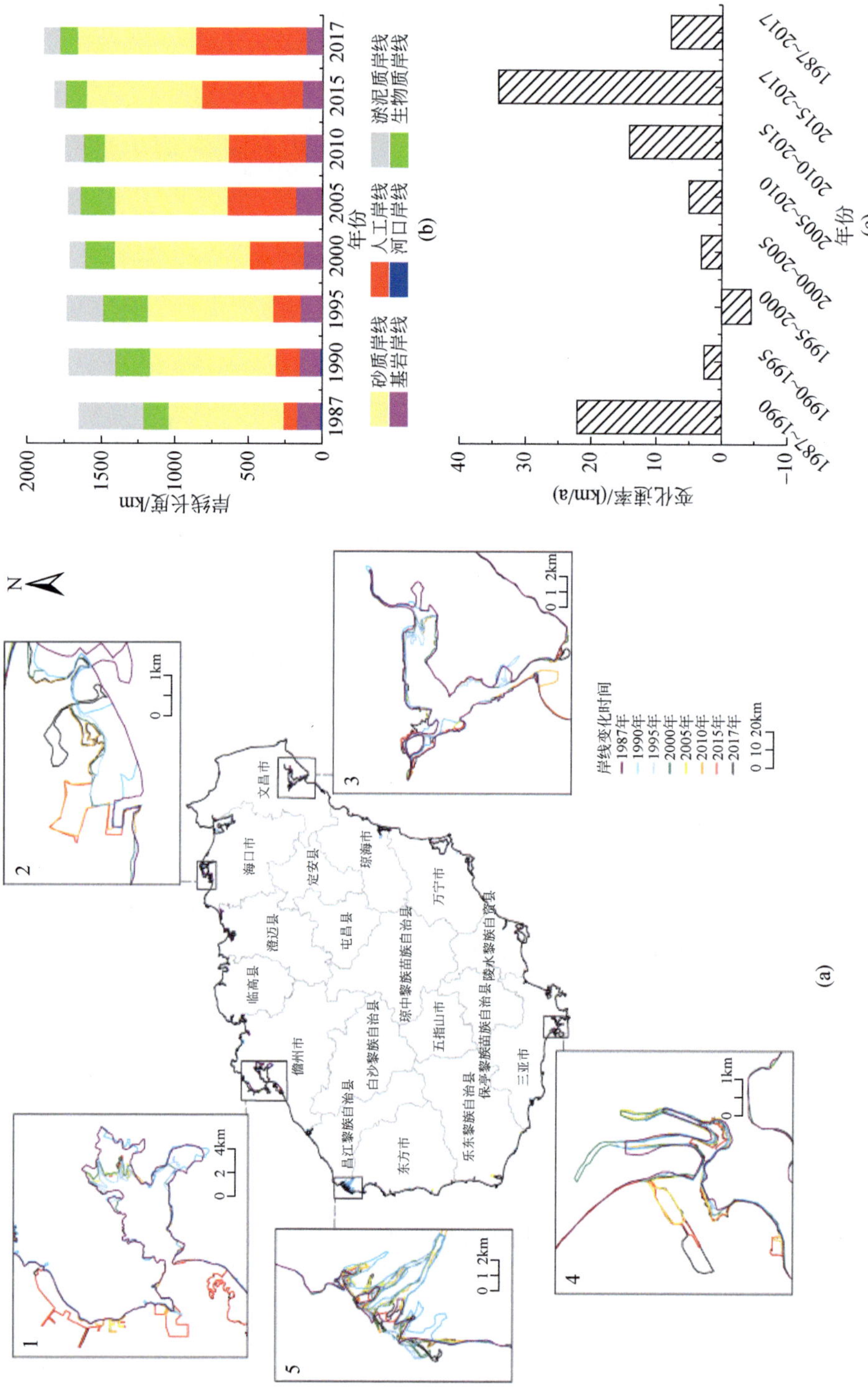

图12-1 1987~2017年海南岛 (a)岸线空间变化图，(b)岸线长度变化，(c)岸线变化速率

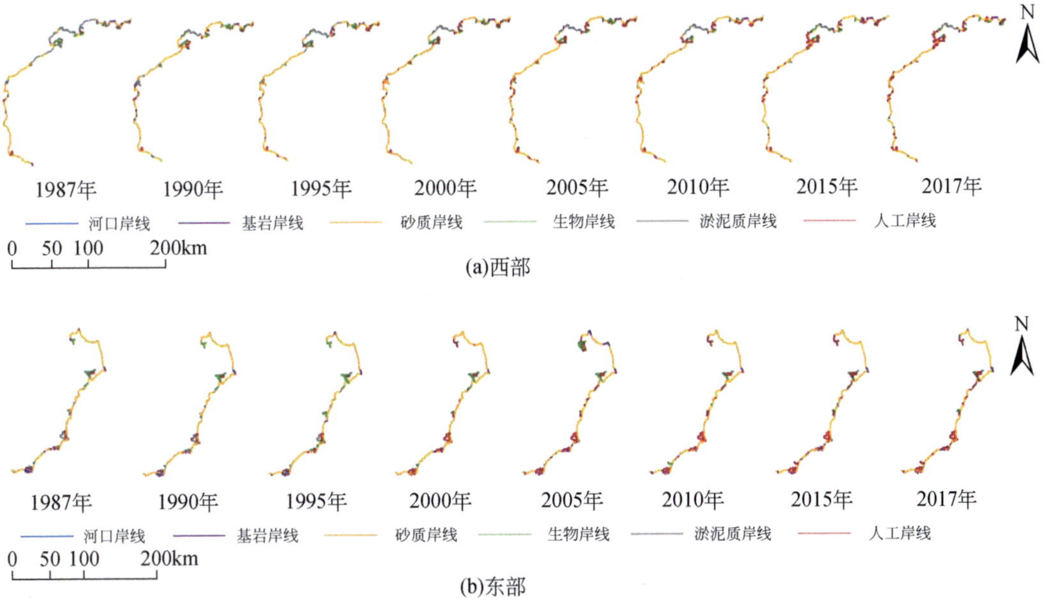

图 12-2 1987 ~ 2017 年海南岛西部（a）东部（b）岸段岸线类型变化

表 12-2 1987 ~ 2017 年海南岛各类型岸线长度比例和变化速率

岸线类型			1987 年	1990 年	1995 年	2000 年	2005 年	2010 年	2015 年	2017 年
自然岸线	河口岸线	岸线长度比例/%	1.0	0.9	0.4	0.4	0.5	0.2	0.4	0.4
		变化速率/(km/a)	—	-0.3	-1.8	-0.2	0.4	-0.8	0.8	0.0
	基岩岸线	岸线长度比例/%	9.4	8.1	8.2	7.1	10.0	6.5	7.3	5.7
		变化速率/(km/a)	—	-5.0	0.6	-4.2	10.2	-11.8	3.8	-13.0
	砂质岸线	岸线长度比例/%	47.4	49.3	49.0	53.4	44.1	48.2	43.2	42.5
		变化速率/(km/a)	—	21.3	0.4	13.0	-30.8	16.6	-11.4	8.5
	生物岸线	岸线长度比例/%	10.2	13.8	17.4	11.6	13.4	7.8	7.7	6.3
		变化速率/(km/a)	—	23.0	12.8	-20.8	6.8	-19.0	0.8	-10.5
	淤泥质岸线	岸线长度比例/%	26.6	18.3	14.1	5.9	4.5	7.4	4.2	5.4
		变化速率/(km/a)	—	-42.0	-14.2	-28.6	-4.6	10.2	-10.6	13.0
	小计	岸线长度比例/%	94.6	90.4	89.1	78.4	72.5	70.1	62.8	60.3
		变化速率/(km/a)	—	-3.0	-2.2	-40.8	-18.0	-4.8	-16.6	-2.0
人工岸线		岸线长度比例/%	5.4	9.6	10.9	21.6	27.5	29.9	37.2	39.7
		变化速率/(km/a)	—	25.0	4.8	36.2	21.0	9.8	30.8	36.0

丰富，经济较西部更为发达，岸线类型也更加多样化且开发利用程度较高；西部山脉集中，人口较少，自然岸线分布广，岸线开发利用程度较低［图 12-2（a）］。海南岛人工岸线广泛分布于海口市、三亚市、文昌市、儋州市、万宁市等；海口市和三亚市地处岛陆交

通来往之“咽喉”要地，在经济发展进程中港口不断扩建完善；文昌市的八门湾、儋州市的儋州湾和万宁市的小海湾有丰富的滩涂，利于养殖，沿海围塘养殖遍布整个海湾。随着岸线总长度的递增，各种类型的岸线长度变化有显著差异，其中人工岸线和生物岸线、淤泥质岸线的变化呈现相反趋势。1987～2000 年，人工岸线大幅度增长，淤泥质岸线大量减少；2000～2017 年，淤泥质岸线减少幅度变缓，生物岸线出现大幅减少，人工岸线持续快速增长。

从各类岸线长度占总岸线长度的比例上看，海南岛人工岸线的长度比例由 1987 年的 5.4% 升至 2017 年的 39.7%，增加了 34.3%，平均增长速率为 22km/a。自然岸线的长度比例由 94.6% 下降为 60.3%，下降速度为 14.2km/a。自然岸线中，河口岸线、基岩岸线、砂质岸线、生物岸线、淤泥质岸线分别从 1987 年的 1.0%、9.4%、47.4%、10.2%、26.6% 减少至 2017 年的 0.4%、5.7%、42.5%、6.3%、5.4%；河口岸线、基岩岸线、生物岸线、淤泥质岸线的减速分别为 0.3km/a、1.6km/a、1.6km/a 和 11.3km/a；砂质岸线长度增长了 20km，但由于总岸线长度的不断增长，砂质岸线长度比例有所降低；生物岸线以红树林岸线为主，共减少了 49km，比例下降了 3.9%。

不同类型岸线长度比例的变化体现了围填海的阶段性特征。2000 年前，海南以自然岸线为主，人工岸线占比小，且多为养殖围堤和港口，体现了人类活动对海岸带的影响尚处于较为简单的资源获取阶段；2000 年后，人工岸线的长度和比例急剧攀升，而且其类型结构开始趋于多样化，养殖围堤、港口码头岸线、海岸工程围堤等人类活动是人工岸线长度及比例显著提升的主要原因。

12.2.2.3 岸线多样性和利用强度

通过分析岸线类型多样性指数（ICTD）和岸线利用程度综合指数（ICUD）可看出，1987～2017 年 ICTD 平均在 0.6 以上，且海南岛岸线类型多样性呈先增加后减少的趋势；ICUD 则不断增加，由 1987 年的 237.34 增加到 2017 年的 285.03，说明人类活动对海岸线变迁的干扰作用越来越大。1987～1995 年，ICTD 和 ICUD 持续增加，说明岸线类型复杂化，而且人类干扰作用加大，这主要是由于人工岸线（港口建设与围垦养殖）和生物岸线长度的增长。1995 年以后，岸线类型多样性指数持续下降，而岸线利用程度综合指数大幅升高，这主要是由于人工岸线占比持续增长，其他类型岸线长度减少，岸线类型倾向性明显，因此多样性降低（图 12-3）。

12.2.3 岸线变化驱动因素分析

结合海南岛海岸线类型的空间变化和陆海格局变化特征，以变化特征明显的岸线类型进行分析，进一步揭示海南岛海岸线变化的驱动因素。图 12-4 展示了 2017 年海岸线类型分布和主要海岸带特征要素在海南岛的分布位置。

海南岛人工岸线主要涉及养殖围堤、盐田围堤、码头（港口、渔港）、人工岛建筑等类型，由图 12-4 可知，人工岸线广泛分布于海口市、三亚市、文昌市、儋州市、万宁市等城市。海南省 1991 年率先在全国实施海域有偿使用制度。1991～2007 年，海南省各级

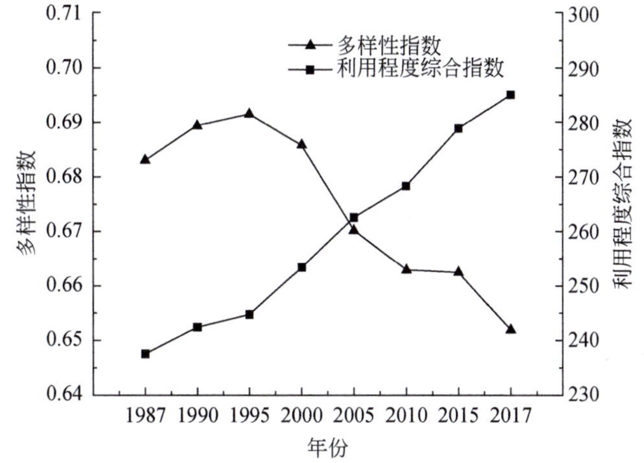

图 12-3 1987 ~ 2017 年海南岛岸线类型多样性指数（ICTD）和岸线利用程度综合指数（ICUD）变化

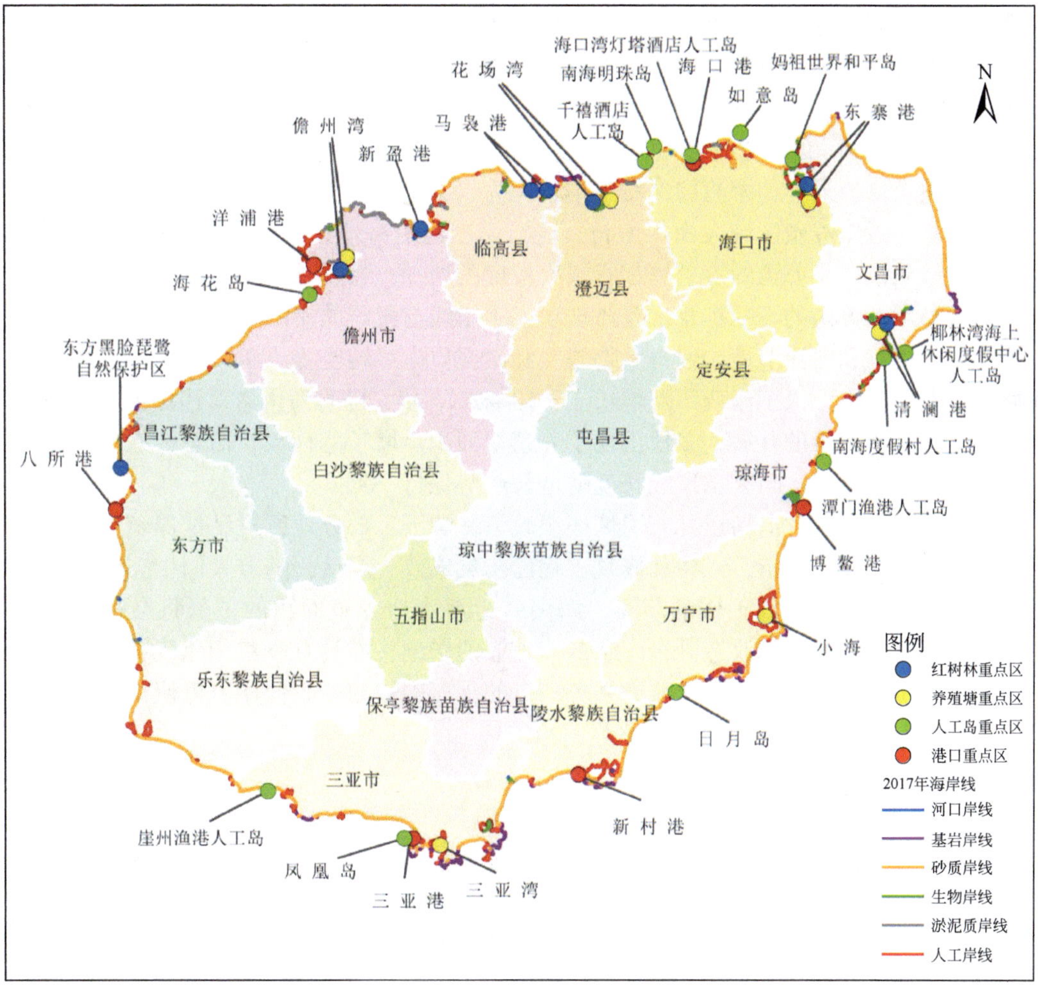

图 12-4 海南岛主要红树林、围塘养殖、人工岛、港口分布区

政府共批准围填海项目 180 项 188 宗，使用海域面积 20.32km^2，这项措施在加速经济发展的同时很大程度上增加了人工岸线的长度。1987～2000 年海南岛人工岸线大幅度增长，淤泥质岸线减少，围塘养殖的增长占用了大量的滩涂和红树林等沿海湿地，使得生物岸线和淤泥质岸线转变为人工岸线。2000～2017 年，淤泥质岸线长度趋于稳定，生物岸线出现大幅减少，人工岸线持续快速增长，人工岛建设等围填海活动和港口的扩张改变了沿岸土地类型，砂质海岸、基岩海岸、淤泥和生物岸线均出现向人工岸线的转移的趋势。

12.2.3.1 近岸围塘养殖

近年来，随着我国水产养殖产业的发展，我国沿海地区养殖区的范围不断扩大，并产生了巨大的经济效益。但同时，养殖塘的快速发展导致了生态环境恶化，水域生物多样性减少，以及近海生态系统结构变化等负面影响（罗琳等，2002）。海南岛是中国重要的水产品生产地，拥有丰富的海水资源，海水养殖业发达（吴岩峻等，2006）。近海鱼塘一般是在红树林湿地土地类型的基础上发展成型的，成因源于湿地的环境与土壤条件比较适合鱼类的养殖，清澜港与东寨港等地都是红树林改造为养殖塘的典例（杨忠兰，2004）。

基于近海围塘养殖数据生成海南岛近岸水体养殖面积变化及空间分布，并统计其空间面积变化（图 12-5）。1990～2015 年海南岛海水养殖面积呈明显增长趋势，面积增加 190.57km^2，增长幅度为 434.9%。图 12-5 中的小海湾地区养殖塘持续扩张，到 2010 年已基本遍布整个海湾沿岸，海湾内岸线基本转变为人工岸线。1990～2010 年，水产养殖呈快速发展趋势，近岸养殖区域大面积增长，遍布海南岛沿海地区，各沿海市县均有所分布，东寨港、清澜港、小海湾的养殖塘都有很大程度的增加，特别是清澜港增长最多。

海南岛围塘养殖的不断扩张主要体现了人工岸线与淤泥质岸线的博弈，开挖养殖塘占用了大量红树林和滩涂湿地，使得生物岸线和淤泥质岸线转变为人工岸线，生物岸线和淤泥质岸线有所减少，人工岸线不断增长。2010～2015 年，随着海南省对违法挖塘养殖的限制和退塘还林等政策的开展，多地出现了养殖塘面积负增长的现象，而总体来看，海南岛养殖塘仍呈增长状态，与人工岸线长度的增长趋势保持一致。

近年来，在海南省退塘还林、退塘还湿政策影响下，部分地区对私挖养殖塘进行了填土并人工栽种红树林幼苗，红树林修复工程已初见成效。今后，随着人们生态保护意识的增强以及退塘还林还湿等工作的落实，海南省近海水产养殖面积的扩张将会得到严格控制，养殖塘将得到科学的改造升级。水产养殖业的转型，如具有高集约化程度、高单位水产质量、经济效益显著、抗风浪能力强等特点的深海网箱的投入使用，也使得部分养殖池被废弃，养殖池面积不断减少（操戈等，2017）。

12.2.3.2 近海人工岛建设

随着人工岛建设过程中由陆地一侧向海洋堆填活动的进行，周围海域的水文因此发生变化（徐谅慧等，2014），进而导致海水富营养化，赤潮、海藻暴发，影响海洋生态环境平衡。人工岛建设使得海岸带形状结构发生改变，促使了海岸带侵蚀现象的加重，海水的侵蚀导致沿海基岩出露，沿海地区地表下陷（刘锡清，2005），这些现象都给海岸带周边的生态环境带来了负面影响。

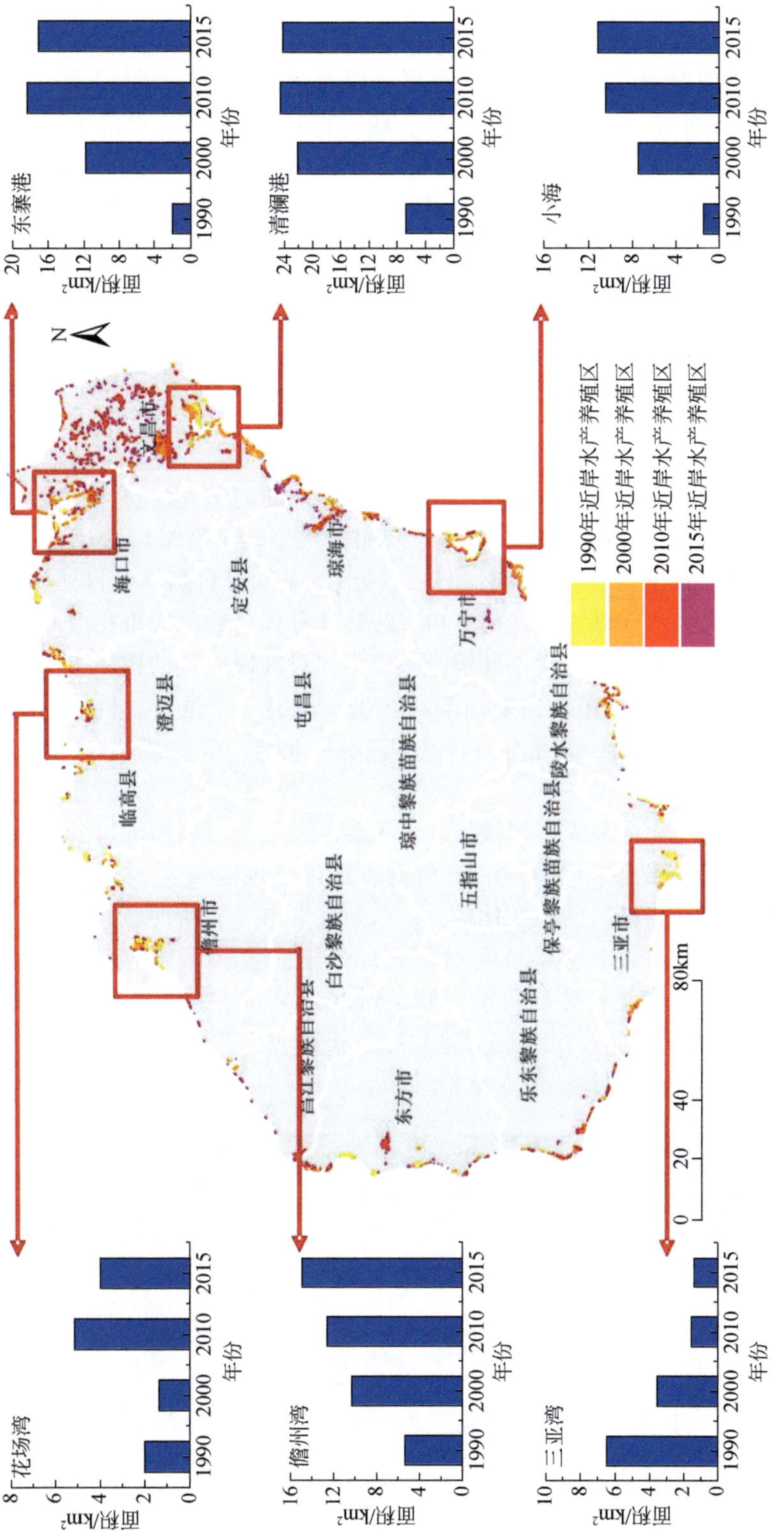

图12-5　1990~2015年海南岛养殖塘重点监测区面积变化

早在20世纪八九十年代初期，海南省便已开始对其近岸海域进行填海规划。截至2019年，环海南岛共有已建或在建人工岛12座，分布在海口市（中弘如意岛、葫芦岛、千禧酒店人工岛、南海明珠人工岛）、三亚市（凤凰崖州中心渔港人工岛）、文昌市（椰林湾海上休闲度假中心、南海度假村人工岛、妈祖世界和平岛）、琼海市（潭门渔港填海造地）、万宁市（融创日月岛）、儋州市（恒大海花岛）。通过对近海人工岛进行遥感监测，得到海南省人工岛围填海工程监测结果。总体而言，海南省人工岛填海总面积呈逐年递增的趋势，使得海岸线长度及人工岸线长度增加成为影响海岸线变迁的主要驱动力之一，尤其是2010年以后海南兴建了大量人工岛工程，到2017年海南人工岛总岸线长度达62.9km，占人工岸线的8.4%。为了城市建设和旅游业的发展，人工岛多选址在岸线较为平缓的城市沙滩，导致部分砂质岸线向人工岸线转移，自然岸线进一步减少。

12.2.3.3 港口建设和港口城市发展

港口一般位于地形平坦，有河流深入内陆的港湾内或河流入海口，多砂质、淤泥质海滩，属生态环境脆弱的海岸带区域。港口开发和扩张带动了区域港口用地、城镇居住用地、交通用地等的大量增加，同时导致耕地、林地、滩涂等自然、半自然用地大量减少，砂质岸线、淤泥质岸线以及基岩岸线向港口岸线转移导致自然岸线也相应减少，陆海格局发生变化，给海岸带和近海区域生态环境带来压力，对区域用地结构产生深刻影响。海南全岛四周密布着大小港口20多个，平均不到100km就有一个港口。目前，海南省已经初步建成“四方五港”的格局，即北有海口港、南有三亚港、东有清澜港、西有洋浦港和八所港。

港口的快速扩张是海南岛人工岸线增长的重要原因之一。利用港口变化数据集，生成海南省典型港口范围变化图（图12-6）。海南省港口呈现区域发展不均衡的态势：海口港、洋浦港发展速度快，港口面积变化较大；东西部港口（八所港、博鳌港）发展速度则相对较慢。1990~2015年海口港港口面积增加3.65倍，港口岸线长度增加了1.07倍。其中，1990~2010年是海口港扩张的关键时期，到2015年时，港口轮廓基本成型。洋浦港1990~2015年港区面积增加了7.59倍，港口岸线长度增长3.53倍。其他港口面积与岸线长度在1990~2015年均有增长，但变化相对较小。

(a)海口港　　(b)洋浦港　　(c)八所港

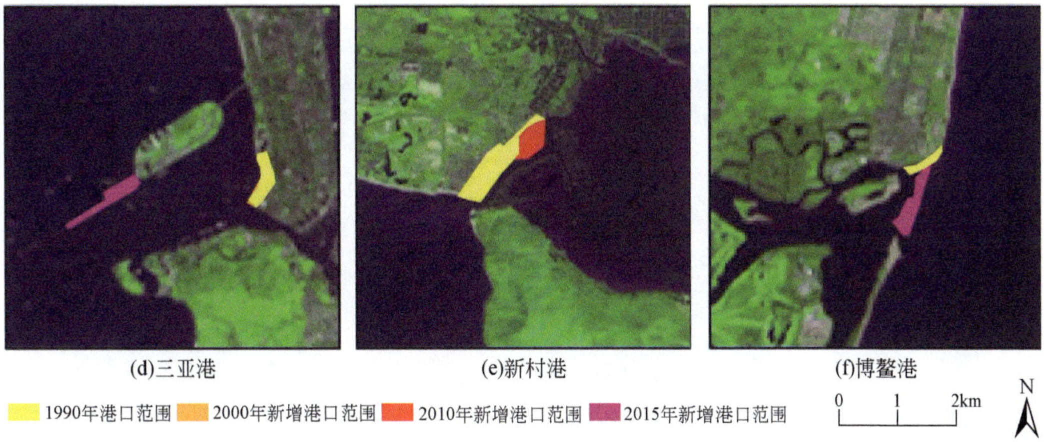

图 12-6　海南岛典型港口范围变化

12.3　滨海红树林监测评估

红树林是生长在热带、亚热带低能海岸潮间带的湿地木本植物群落，具有独特的海陆过渡特性，有“天然海岸卫士”之称，是海岸带具有重要生态、经济、景观价值的湿地生态系统、海岸重要生态关键区。红树林对全球环境及气候变化具有重要的指示作用，在维持海岸生物多样性、保护海岸带生态平衡环境、净化海岸水环境等方面发挥着不可替代的作用，具有极大的社会、经济和生态价值。红树林生态系统具有“特殊的地位”，在全球的 16 种生态系统中其价值位居第四，其中单位面积价值名列前茅。

海南省是我国红树林湿地资源最丰富、分布最广泛的地区之一。红树林湿地也是海南省重要的海岸带生态系统，具有重要的生态、经济和社会价值。海南岛红树林湿地主要分布在沿海一带受掩护的河口港湾滩涂上，曾在北部的海口、澄迈、临高、儋州，南部的三亚、琼海、万宁、陵水、崖州、乐东，西部的东方、昌江 12 个县（市）均有分布，其中有 3 片面积达万亩以上。1950 ~ 2000 年的 50 年间，海南岛红树林遭到了前所未有的破坏，如三亚、万宁、陵水等市县天然分布的红树林已经绝迹，目前海南岛共有 10 个保护红树林及其生境的自然保护区，主要分布在海口、文昌、澄迈、儋州、东方、三亚等市县。

本节结合海南岛红树林分布区域和遥感影像识别，将海南岛红树林分成 7 个区域进行研究（图 12-7）。其中，东寨港研究区包括海南东寨港国家级自然保护区，清澜港包括海南清澜红树林省级自然保护区的会文、冠南沿海、罗豆三个片区，新英湾包括靠近洋浦半岛一侧和盐丁岸段，新盈港包括临高彩桥红树林县级自然保护区、顿积港以及黄龙港，花场湾包括澄迈花场湾沿岸红树林县级自然保护区、美浪港的花场村一带；马袅港包括马袅港和红牌港，东方包括海南东方黑脸琵鹭省级自然保护区，三亚包括三亚河红树林市级自然保护区、三亚亚龙湾青梅港红树林自然保护区和三亚铁炉港红树林自然保护区。

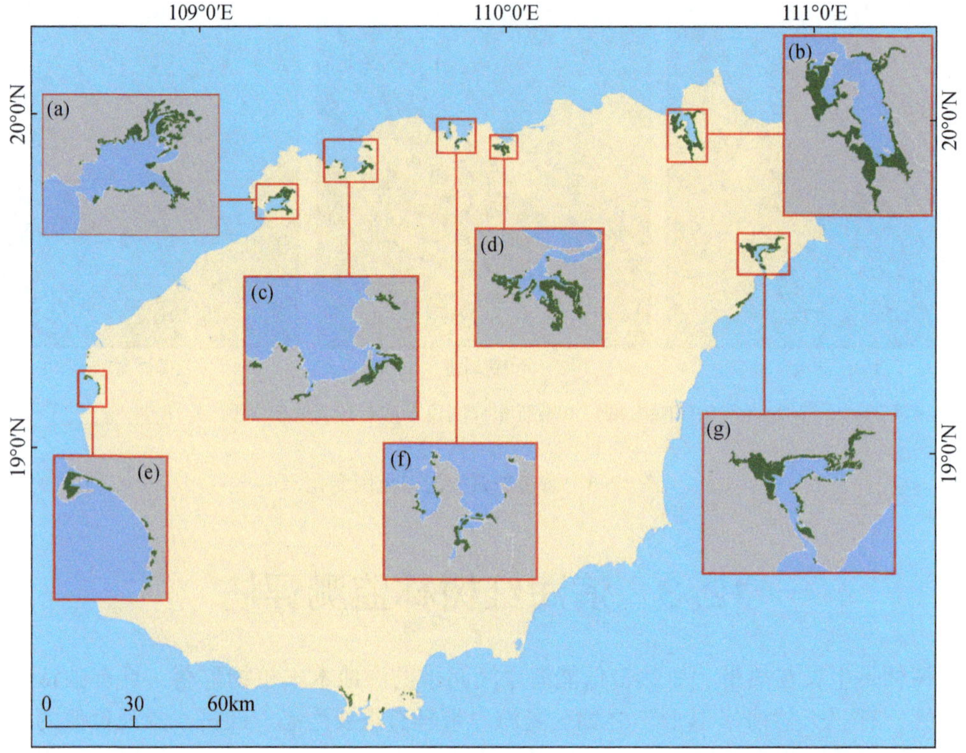

(a)新英湾 (b)东寨港 (c)新盈港 (d)花场湾 (e)东方市 (f)马袅港 (g)清澜港

图 12-7 海南岛红树林湿地研究区域分布

12.3.1 数据资料

Landsat 数据。共收集 Landsat 影像 31 景。潮高基准面（在平均海面下）：东方为 1.45m；马村港为 1.74m；洋浦港为 1.95m；清澜港为 0.95m；新盈港为 2.05m；铺前港为 1.30m；海口为 1.50m；三亚为 0.90m。

GF-2 数据。GF-2 数据由中国高分辨对地观测系统海南数据与应用中心下载，共收集 GF-2 影像 15 景。GF-2 搭载有两台高分辨率 1m 全色、4m 多光谱相机，多光谱波长范围为 0.45 ~ 0.89μm，全色波段波长范围为 0.45 ~ 0.90μm，重访周期为 5 天。

Radarsat-2 数据。使用的 Radarsat-2 数据拍摄于 2017 年 5 月 18 日，为 Level 1 级精细全极化（HH、HV、VH 和 VV）产品，入射角为 27.06°；空间分辨率为 8m；其距离向和方位向分辨率分别为 4.73m 和 4.78m。

野外验证点数据。分别于 2016 年 12 月、2017 年 3 月、2018 年 1 月和 2018 年 12 月前往海南岛对红树林湿地种类、物种分布、生长状况和环境要素进行野外调查。利用 Google Earth 和 GF-2 高分辨影像作为工作手图，指导地面调查的进行。利用 GPS 手持机对样点进行定位，精确记录样点的经纬度坐标、植被类型以及土地利用状况等。共获得 GPS 采样点 460 个，其中红树林湿地样点 224 个，其他土地利用覆盖样点 236 个。结合野外调查、相关资料的收集以及前人的研究，我们将研究区域共分为九个类别，分别是：红树林湿地、城镇居民建设用地、耕地、养殖水域、水体、裸地、砂石海滩、红树林宜林地和其他林地。

光谱测量数据。在 2016 年 12 月、2017 年 3 月两次野外调查过程中，利用 ASD (Analytical Spectral Devices) 光谱仪实地测量获得东寨港和清澜港红树林光谱特征。在野外实验中，共采集了海桑、榄李、木榄、海漆、角果木、桐花树、灌木、竹子、椰子树、泥滩等 13 种地物的 97 个样本数据，这 13 种地物的冠层平均反射率曲线见图 12-8。

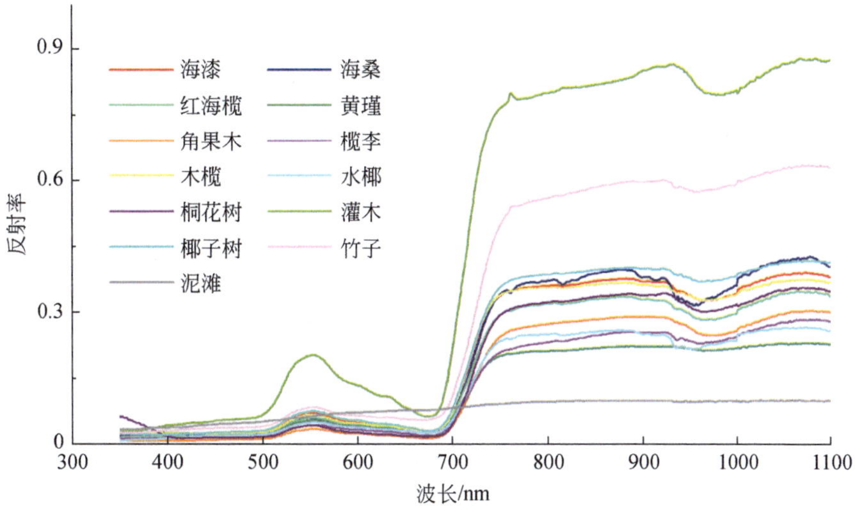

图 12-8　ASD 光谱仪测得各地物的光谱曲线

12.3.2　红树林要素提取

12.3.2.1　红树林光谱和散射特征分析

1）红树林光谱特征分析

红树林有着一般绿色植物的光谱响应特性，分别在以 450nm 为中心的蓝波段和以 670nm 为中心的红波段有两个吸收区，而对绿光（540nm 附近）具有较高的反射率，在 675 ~ 750nm 波段反射率急剧增加，存在一个从红光到近红外光区过渡波段的反射率递增的“红边”特征。在近红外（740 ~ 1100nm）谱段内，红树林的光谱反射特征取决于叶片的内部结构和冠层结构，反射率达 20% ~ 35%。在冠层尺度上，植被的光谱响应和特征会受到下垫面背景信息的影响，红树林因其特殊的生长环境（周期性浸没在海水里）而具有与陆地植被不同的光谱特征。

泥滩与红树林的光谱特征差别较大，具有较强的可区分性。虽然灌木、竹子、椰子树这些植被与红树林的光谱特征曲线有着比较相似的走向，但其受背景信息的影响，光谱特征又表现出一定的差异性。

对 9 种分类目标分别选择 10 个典型样点进行 Landsat-8 影像光谱特征分析（图 12-9）

可知，红树林与其他植被（其他林地和耕地）在可见光和近红外波段波谱曲线很相似，而在短波红外波段比其他植被明显低一些。这是由于红树林生长环境周期性浸水，遥感图像中红树林区域在短波红外波段的特征光谱与植被-水体混合像元类似，因此其反射率与其他陆地植被相差较大。

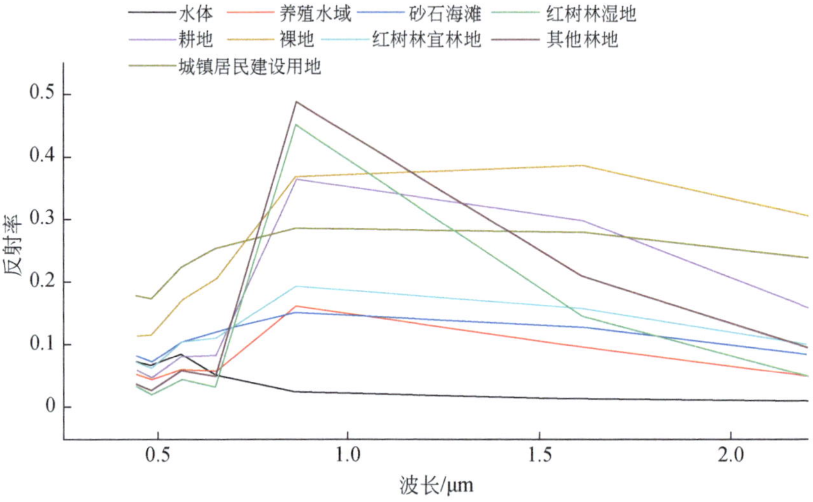

图 12-9　各分类目标在 Landsat-8 影像各多光谱波段上相应的像元均值

2）红树林散射特征分析

对红树林湿地、城镇居民建设用地、耕地、养殖水域、水体、裸地、砂石海滩、红树林宜林地和其他林地 9 种地类的训练样本在 Radarsat-2 影像的 HH 极化、HV 极化、VV 极化的后向散射系数进行统计（图 12-10），发现水体在 HH 极化、HV 极化、VV 极化的值分别为-25. 56 ~ -10. 33dB、-36. 97 ~ -15. 57dB、-28. 62 ~ -11. 99dB，其散射强度最低，这是因为当水体呈镜面反射时，雷达天线接收不到回波。砂石海滩的后向散射系数也很低，这是由于其表面覆盖有水，发生了镜面反射。红树林在 HH 极化、HV 极化、VV 极化的后向散射系数平均值分别为-12. 41dB、-18. 18dB、-12. 96dB。由于红树林的去极化效应，其在 HV 极化的后向散射系数要小于在 HH、VV 极化的后向散射系数。红树林生长在陆地与海洋交界的滩涂浅滩，其下垫面不同于其他林地，在 HH、HV、VV 极化的后向散射系数值均小于其他林地，这增加了红树林与其他林地的可区分性。耕地和裸地表面常常是粗糙表面，对入射电磁波的散射作用强，在 HH、HV、VV 极化的后向散射系数值均较高。由于建筑物特殊的几何形态及建筑材料的介电常数一般比较大，因此在 HH、HV、VV 极化的后向散射回波最强。红树林宜林地土壤水分含量高，介电常数大，在 HH、HV、VV 极化的后向散射系数也较强，尤其在 HH 极化。

极化 SAR 得到的是目标散射矩阵，通常反映的是散射目标集合的平均散射特性，而极化 SAR 目标分解是将地物回波的复杂散射过程分解为几种单一的散射矩阵，有利于分析目标的散射特性，有助于解译地物的散射机理。图 12-11 为全极化 Radarsat-2 数据中九种地物的训练样本的 Freeman 分解的三种散射功率平均值和 Yamaguchi 分解的四种散射功

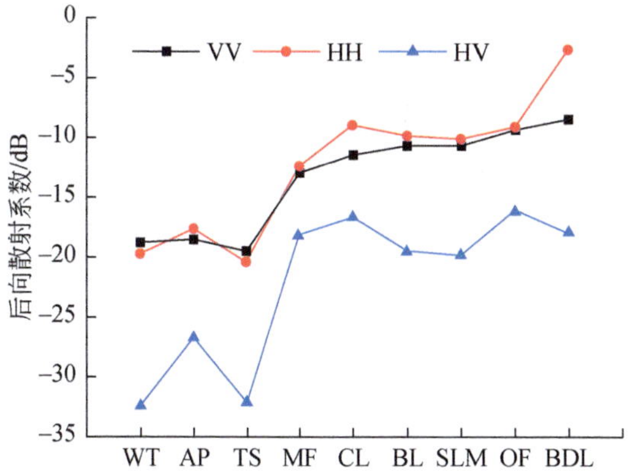

(a)各地类在HH、HV、VV极化的后向散射系数值

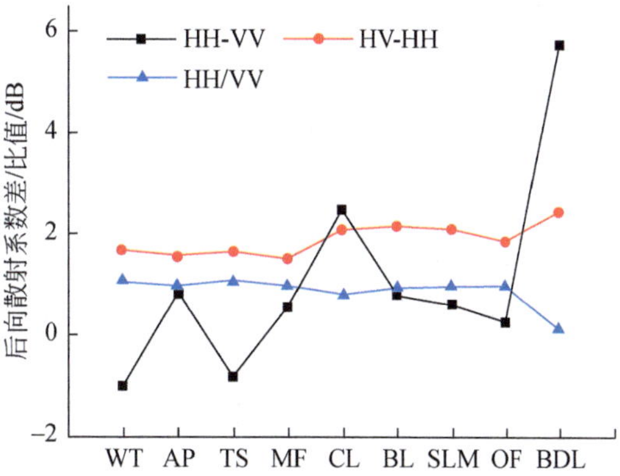

(b)各地类在HH-VV、HV-HH、HH/VV极化的值

图 12-10 各地类不同极化的值

WT：水体；AP：养殖水域；TS：砂石海滩；MF：红树林湿地；CL：耕地；BL：裸地；SLM：红树林宜林地；OF：其他林地；BDL：城镇居民建设用地

率平均值的统计情况。红树林湿地、耕地和其他林地均属于植被，体散射占优，其他林地的体散射值最大，红树林的表面散射和二面角散射最低，这使得红树林湿地与耕地和其他林地的可区分性增强。建设用地的二面角散射最高，远大于其他地类，其次是砂石海滩，水体表面散射占优，其体散射和二面角散射均较小，而养殖水域表面散射和体散射共同影响较大，二面角散射很小；裸地和红树林宜林地均是裸露地表，体散射和表面散射占优，二面角散射较小。

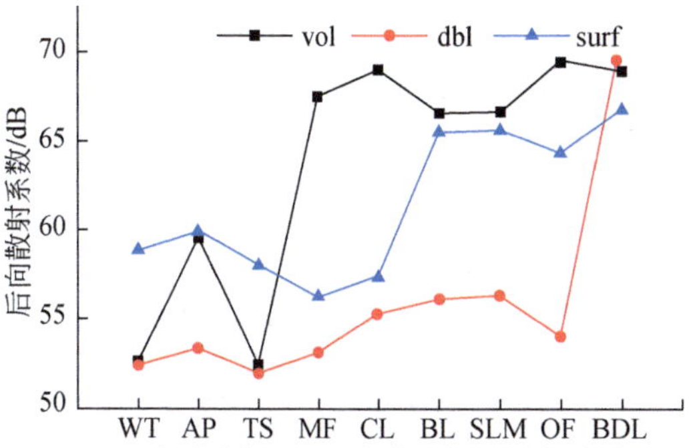

(a)各地类在Freeman极化分解三分量上的值

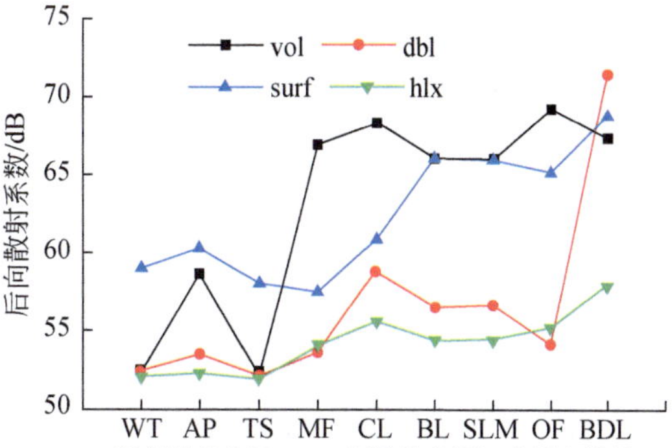

(b)各地类在Yamaguchi极化分解四分量上的值

图 12-11 各地类在不同极化分解分量上的值

WT：水体，AP：养殖水域；TS：砂石海滩；MF：红树林湿地；CL：耕地；BL：裸地；SLM：红树林宜林地；OF：其他林地；BDL：城镇居民建设用地；vol：体散射，dbl：二面角散射，surf：表面散射，hlx：螺旋散射

12.3.2.2 基于光学和 SAR 协同的红树林湿地分类

1）分类实验

本节以东寨港国家级自然保护区红树林湿地为研究区，利用获取时间分别为 2017 年 5 月 18 日和 2017 年 4 月 21 日的 2 景 Radarsat-2 雷达遥感影像和与其范围对应的 Landsat-8

光学遥感影像进行光学和 SAR 协同的红树林湿地分类，其技术路线见图 12-12。首先，将预处理后的 2017 年 4 月 21 日 Landsat-8 光学遥感数据的多光谱波段与全色波段融合至 15m 分辨率，并进行归一化植被指数（NDVI）的计算和研究区域的裁剪，将融合后的多光谱波段和 NDVI 进行图层叠加，形成光学数据集；再将预处理后的雷达数据（Radarsat-2）图层与叠加的光学数据（Landsat-8）图层进行几何精校正，误差小于 0.5 个像元，并将 Radarsat-2 数据重采样到 15m；最后将 Langsat-8 数据图层与 Radarsat-2 数据图层叠加到一个图层上，利用不同的特征向量进行红树林监测。

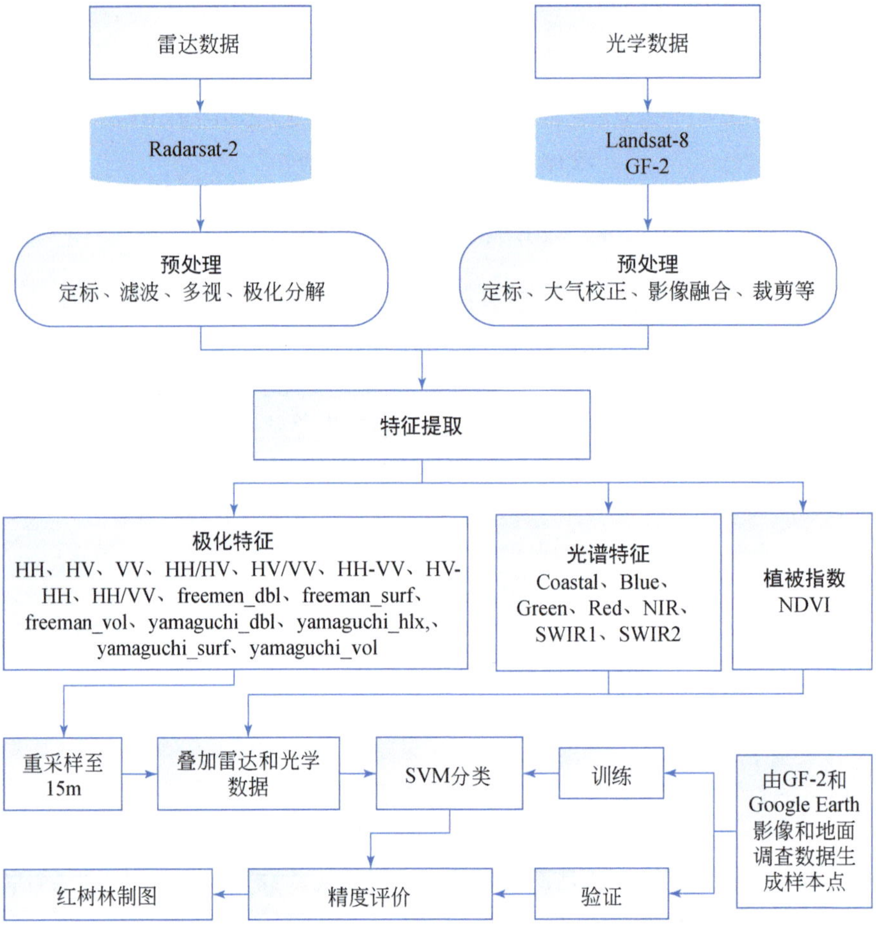

图 12-12　光学与 SAR 协同的红树林湿地分类技术路线

在执行 SVM 分类时，特征选择共分成三组进行实验。第一组选择光学影像光谱信息为特征向量，包括 Landsat-8 的多光谱波段（Coastal、Blue、Green、Red、NIR、SWIR1、SWIR2）及植被指数（归一化植被指数）；第二组选择雷达遥感影像雷达散射信息为特征向量，包括 Radarsat-2 的三个极化通道（HH、HV（HV≈VH）、VV）、极化通道计算得到参数（HV/VV、HV/HH、VV/HH、HH-VV、HV-HH、HH/HV）和极化分解参数（Freeman 分解、Yamaguchi 分解）；第三组选择光学影像光谱信息和雷达遥感影像雷达散射信息的组合为特征向量。表 12-3 为每组的具体实施方案。

表 12-3 用于分类的特征选择方案

分组		所选的特征组合
OD	OD1	Coastal、Blue、Green、Red、NIR、SWIR1、SWIR2
	OD2	Coastal、Blue、Green、Red、NIR、SWIR1、SWIR2、NDVI
SD	SD1	HH、HV、VV
	SD2	HH、HV、VV、HH-VV、HV-HH、HH/HV
	SD3	HH、HV、VV、HV/HH、VV/HH、Freeman_dbl、Freeman_vol、Freeman_surf
	SD4	HH、HV、VV、HV/HH、VV/HH、RPC1、RPC2、RPC3、Freeman_dbl、Freeman_vol、Freeman_surf
IOSD	IOSD1	Coastal、Blue、Green、Red、NIR、SWIR1、SWIR2、HH、HV、VV
	IOSD2	Coastal、Blue、Green、Red、NIR、SWIR1、SWIR2、HH-VV、HV-HH、HH/HV
	IOSD3	Coastal、Blue、Green、Red、NIR、SWIR1、SWIR2、Freeman_dbl、Freeman_vol、Freeman_surf
	IOSD4	Coastal、Blue、Green、Red、NIR、SWIR1、SWIR2、Yamaguchi_dbl、Yamaguchi_vol、Yamaguchi_surf、Yamaguchi_hlx
	IOSD5	Coastal、Blue、Green、Red、NIR、SWIR1、SWIR2、NDVI、HH、HV、VV，HH-VV、HV-HH、HH/HV Freeman_dbl、Freeman_vol、Freeman_surf

注：OD 为光学数据集；SD 为雷达数据集；IOSD 为光学和遥感数据整合集；NIR 为近红外；NDVI 为归一化植被指数

2）精度验证及分类结果分析

参考野外验证点，尽可能在融合后的 GF-2 遥感影像上均匀选择评估样点 912 个，构建每种特征选择分类的误差混淆矩阵，得到分类结果的定量评价指标。根据分类的误差混淆矩阵，分别得到每个特征组合分类结果的定量评价指标（表 12-4）：利用光谱信息进行分类的最高分类总精度为 84.1%，利用雷达散射信息进行分类的最高分类总精度为 63.9%，而协同光谱信息和雷达散射信息进行分类时的最高分类精度为 95.0%，对应的 Kappa 系数为 0.94，其中红树林的用户精度为 96.7%，相比前两者，有了较大的提高。分类精度最高的是第五个特征组合 IOSD5，该特征组合由光学遥感信息（波段信息、植被指数信息）和雷达遥感信息（极化通道信息、Freeman 极化分解信息、四个极化通道的前三个主成分分量信息）组成，该特征组合方法结合了光谱信息和雷达散射信息的优势，增强了各地类之间的可区分性，使分类精度有了较大的提高。由此表明，协同光学遥感信息和雷达遥感信息能够增强地物之间的可分离性，从而提高分类精度。

表 12-4 三种方案的不同特征组合情况下的分类结果统计表

Group	OD		SD				IOSD				
	OD1	OD2	SD1	SD2	SD3	SD4	IOSD1	IOSD2	IOSD3	IOSD4	IOSD5
OA/%	83.5	84.1	53.4	53.5	59.6	63.9	88.9	91.7	93.1	92.7	95.0
Kappa	0.8	0.81	0.46	0.46	0.53	0.58	0.87	0.9	0.92	0.92	0.94

12.3.2.3 1987～2017 年海南岛红树林重点区域信息提取结果

采用支持向量机分类器对图像质量最好的 2017 年 OLI 影像进行分类，并且根据高分影像对分类后结果进行人工修正，得到分类精度较高的分类结果。然后从这期分类结果开始，逐期向前提取其他时相的红树林湿地和其他土地利用覆盖信息，最后得到 1987 年、

1993 年、1998 年、2003 年、2007 年、2013 年和 2017 年的七期分类结果（图 12-13）。

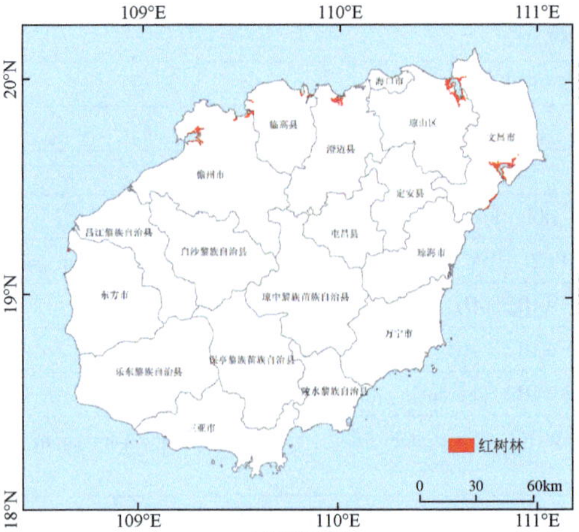

(a)1987年

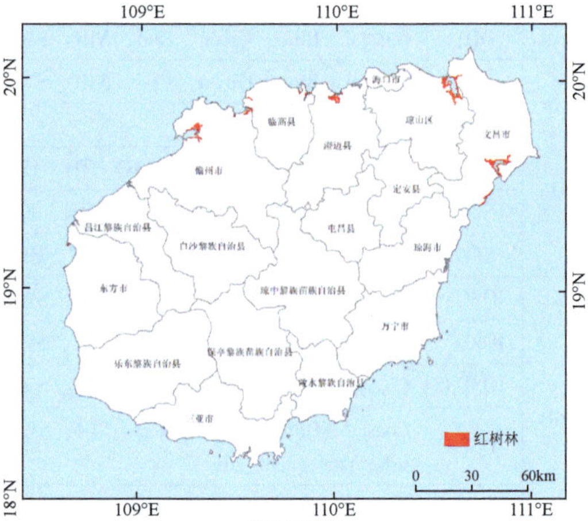

(b)1993年

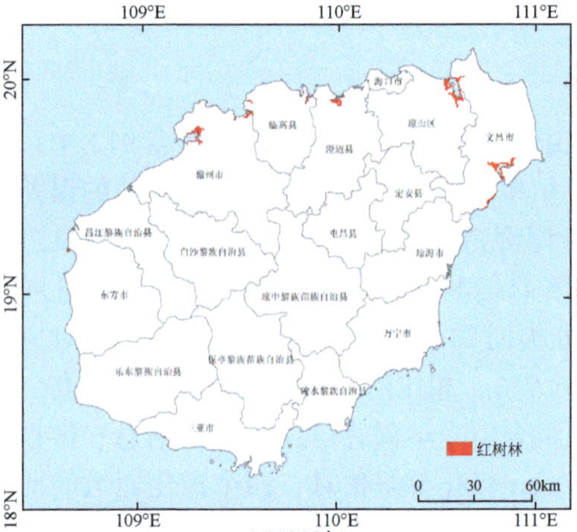

(c)1998年

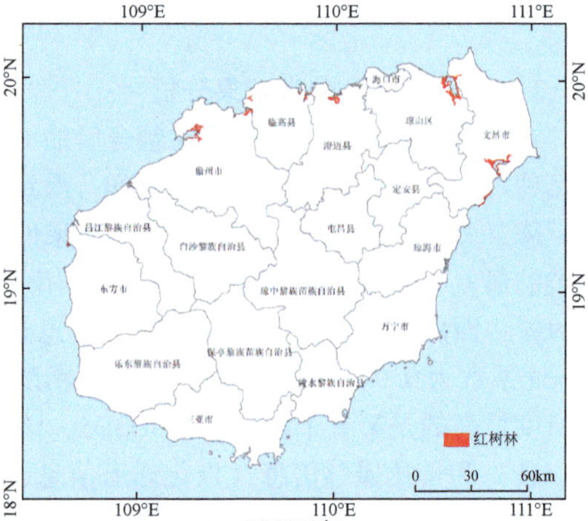

(d)2003年

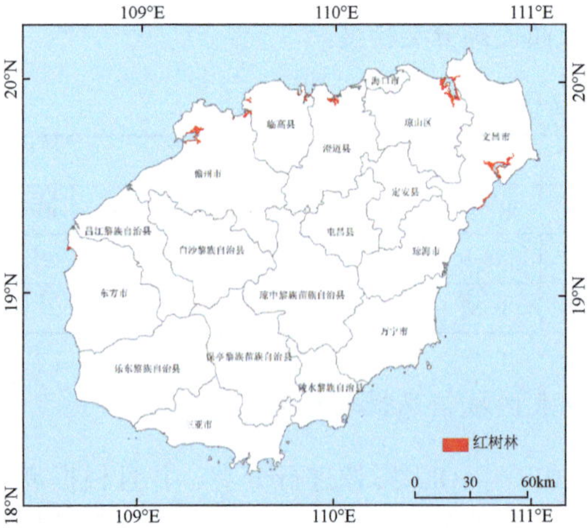

(e)2007年

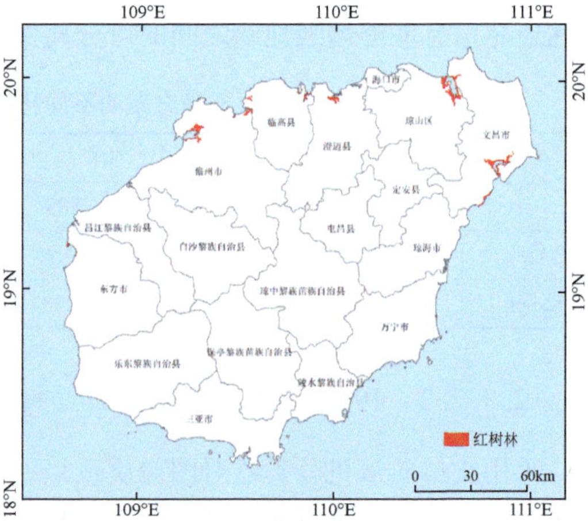

(f)2013年

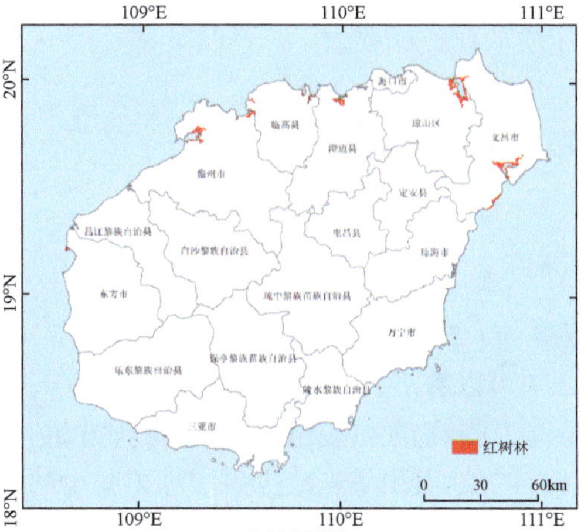

(g)2017年

图 12-13　1987 年、1993 年、1998 年、2003 年、2007 年、2013 年和 2017 年海南岛红树林分布

12.3.2.4　精度评价

在遥感图像分类精度评价体系中，通常用 Kappa 系数和混淆矩阵总体精度来评价图像整体分类质量。本节首先根据八个重点红树林分布区域的保护区界线随机生成 500 个采样点，然后以这些采样点为中心，建立半径为 9m 的圆形缓冲区，以圆形缓冲区为基础建立圆形多边形的外接方形多边形，再参照野外验证点修改这些多边形属性，分为红树林湿地和非红树林湿地，通过比较稀疏的区域增加适量多边形，最终用于评价 GF-2 分类结果的验证点数量为 607 个，其中红树林湿地 354 个，非红树林湿地 253 个。GF-2 分类总精度为 99.0%，Kappa 系数为 0.98（表 12-5）。

表 12-5　GF-2 和 Landsat 分类结果精度评价　（单位:%）

GF-2（2015 年）						Landsat（2017 年）					
OA	Kappa 系数	红树林		非红树林		OA	Kappa 系数	红树林		非红树林	
		PA	UA	PA	UA			PA	UA	PA	UA
99.0	0.98	98.9	99.4	99.2	98.4	98.8	0.98	98.3	99.0	99.1	98.6

注：OA 为总分类精度；PA 为生产者精度；UA 为用户精度

2017 年 Landsat 分类结果的评价：我们认为 GF-2 的分类结果对于 Landsat 来说为地面真实数据，以 GF-2 分类结果为基础，采用上述方法随机生成 300 个红树林湿地验证多边形，然后再以保护区除去红树林湿地的范围为基础随机生成 350 个非红树林湿地验证多边形，对 2017 年 Landsat 分类结果进行评价。2017 年 Landsat 分类总精度为 98.8%，Kappa 系数为 0.98（表 12-5）。

红树林湿地信息提取结果精度验证结果表明，利用 2015 年 GF-2 和 2017 年 Landsat 遥感影像的红树林信息提取精度均达到了 90% 以上，Kappa 系数达到 0.8 以上，说明取得了相当高的分类精度。因 2013 年、2007 年、2003 年、1998 年、1993 年和 1987 年的红树林提取方法和原则与2017年一致，并且以2017年的红树林信息提取结果作为参考基准，因此认为其提取精度也达到了实验研究的要求。

12.3.3 红树林湿地动态变化监测

12.3.3.1 海南岛红树林面积和分布变化

1987年、1993年、1998年、2003年、2007年、2013年和2017年海南岛红树林的分布如图12-7所示。由图12-7可以看出，海南岛红树林主要分布于海口市的东寨港、文昌市的清澜港、澄迈的花场湾、临高的马袅港、儋州的新盈港湾以及东方市的四必湾。1987～2017年，海南岛红树林湿地面积呈先减少后增加再减少的趋势，具体如图12-14所示。由表12-6、表12-7和图12-14分析可知：1987～2003年，海南岛有775.8hm^{2}的红树林湿地在这16年间消失，其中1987～1993年、1993～1998年、1998～2003年这三个时间区间内，红树林湿地面积分别减少了168.58hm^2、166.05hm^2、441.17hm^2，且在此期间，红树林湿地面积减少速率逐渐加快，年均变化量分别为－28.1hm^2/a、－33.2hm^2/a、－88.2hm^2/a，年变化率为－0.6%、－0.7%、－2.1%。2003～2013年，海南岛红树林湿地面积由3939.99hm^{2}增加到4339.58hm^2，10年间增加了399.59hm^2，年均增长率为1.0%。而2017年红树林湿地总面积有所减少，较2013年共减少了61.29hm^2。

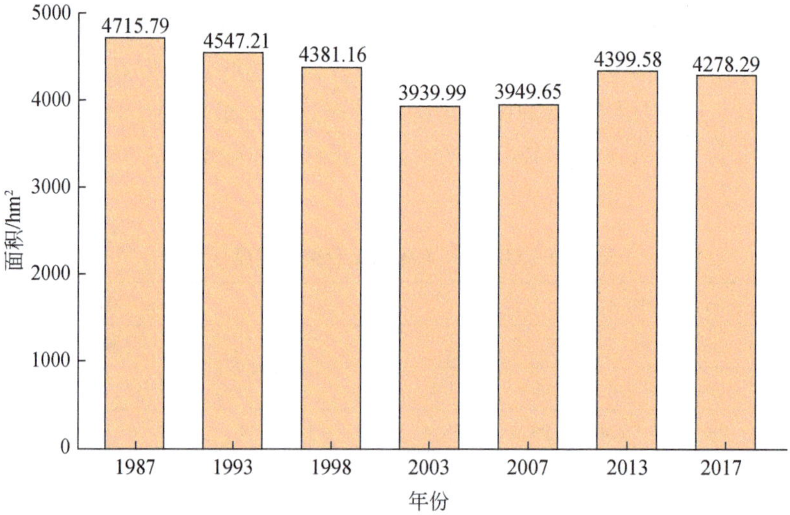

图12-14　1987～2017年海南红树林面积变化

表12-6　1987～2017年海南岛红树林湿地重点分布区域面积统计　（单位：hm^2）

地区	1987年	1993年	1998年	2003年	2007年	2013年	2017年	2015年（GF-2）
东寨港	1465.55	1531.59	1612.01	1665.65	1729.38	1787.59	1732.97	1664.96
清澜港	1655.61	1446.84	1327.97	1165.43	1149.85	1214.48	1174.07	1023.17
新盈港	414.78	330.25	305.35	293.82	263.29	276.2	291.19	313.98

续表

地区	1987 年	1993 年	1998 年	2003 年	2007 年	2013 年	2017 年	2015 年（GF-2）
马袅港	66.04	56.31	33.94	45.73	50.76	95.67	96.48	92.34
花场湾	454.12	397.08	341	256.83	218.52	321.6	299.94	222.34
新英湾	623.44	760.04	722.5	482.83	477.54	576.7	606.76	442.78
东方市	36.25	25.1	38.39	29.7	60.31	67.34	76.88	75.01
三亚	—	—	—	—	—	—	—	99.17
总计	4715.79	4547.21	4381.16	3939.99	3949.65	4339.58	4278.29	3933.75

表 12-7　1987～2017 年海南岛红树林湿地变化量及变化速率

地区	1987～1993 年		1993～1998 年		1998～2003 年		2003～2007 年		2007～2013 年		2013～2017 年	
	变化量/(hm^2/a)	变化速率/%	变化量/(hm^2/a)	变化速率/%	变化量/(hm^2/a)	变化速率/%	变化量/(hm^2/a)	变化速率/%	变化量/(hm^2/a)	变化速率/%	变化量/(hm^2/a)	变化速率/%
东寨港	11	0.7	16.1	1.0	10.7	0.7	15.9	0.9	9.7	0.6	-13.7	-0.8
清澜港	-34.8	-2.2	-23.8	-1.7	-32.5	-2.6	-3.9	-0.3	10.8	0.9	-10.1	-0.8
新盈港	-14.1	-3.8	-5	-1.6	-2.3	-0.8	-7.6	-2.7	2.2	0.8	3.7	1.3
马袅港	-1.6	-2.7	-4.5	-10.1	2.4	6.0	1.3	2.6	7.5	10.6	0.2	0.2
花场湾	-9.5	-2.2	-11.2	-3.0	-16.8	-5.7	-9.6	-4.0	17.2	6.4	-5.4	-1.7
新英湾	22.8	3.3	-7.5	-1.0	-47.9	-8.1	-1.3	-0.3	16.5	3.1	7.5	1.3
东方	-1.9	-6.1	2.7	8.5	-1.7	-5.1	7.7	17.7	1.2	1.8	2.4	3.3
总计	-28.1	-0.6	-33.2	-0.7	-88.2	-2.1	2.4	0.1	65	1.6	-15.3	-0.4

图 12-15 为 1987 年海南岛红树林湿地重点分布区域面积占比情况。整个研究时间段内，红树林湿地减少面积最大的是海南清澜省级自然保护区，减少面积 481.54hm^2（表 12-6），红树林湿地损失率最大的是花场湾，损失率为 34%。红树林湿地面积增加最大的是海南东寨港国家级自然保护区，增加面积 267.42hm^2，增加幅度最大的是东方黑脸琵鹭自然保护区，增加 41%。

12.3.3.2　海南岛红树林景观格局变化

红树林生态系统具有复杂性、开放性、脆弱性、景观独特性等特征。本研究基于 1987～2017 年海南岛各区域红树林湿地及周边地区土地利用类型图，根据研究区实际情况，选取斑块数（NP）、斑块类型面积（CA）、平均斑块面积（MPS）、斑块密度（PD）、最大斑块指数（LPI）、斑块形状指数（LSI）和聚集度指数（AI）7 个景观指数，分析研究区景观空间格局特征。

通过计算 1987～2017 年各个时期的海南岛红树林湿地的景观指数来分析海南岛 30 年来红树林湿地破碎化的过程（表 12-8、图 12-16 和图 12-17）。分析可知，1987～2017 年，海南岛的平均斑块面积总体呈缩减的趋势，其缩减幅度达 43.13%，且在 1987～1993 年缩减的幅度最为明显。红树林湿地的斑块数量、斑块密度和斑块形状指数总体呈增加的趋势，其中斑块数量增长幅度达 58.95%，斑块密度和斑块形状指数由 1987 年的 0.47 个/

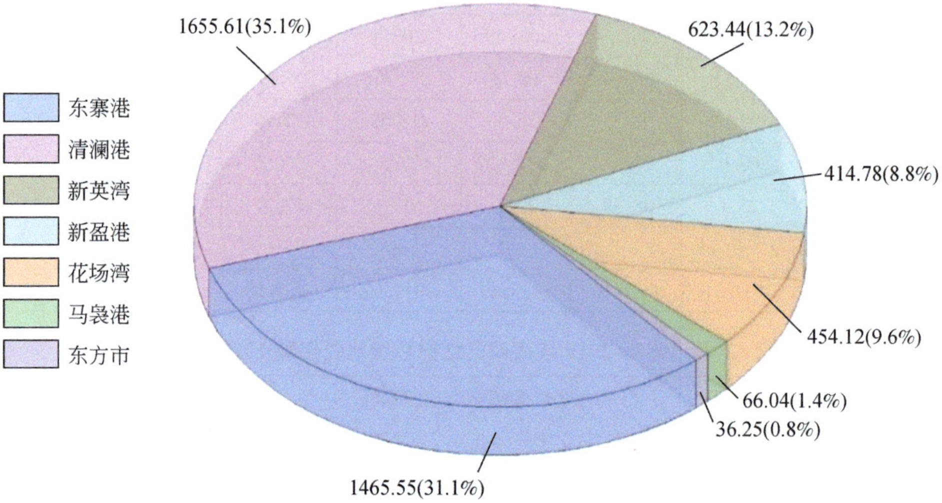

图 12-15　1987 年海南岛红树林湿地重点分布区域面积占比

hm^2、24.86 增长到 2017 年的 0.74 个/hm^2 和 28.40。而红树林湿地聚集度指数呈现减少的趋势，由 1987 年的 89.53% 减少到 2017 年的 87.34%。

表 12-8　1987～2017 年海南岛红树林景观指数分析

年份	CA/hm^2	NP/个	MPS/hm^2	PD/(个/hm^2)	LPI	LSI	AI/%
1987	4716.9	285	16.6	0.47	0.76	24.86	89.53
1993	4547.34	339	13.4	0.56	0.67	26.66	88.52
1998	4381.65	360	12.2	0.59	1.09	26.51	88.37
2003	3940.2	373	10.6	0.61	1.12	25.89	88.03
2007	3951.45	417	9.48	0.68	1.13	25.47	88.24
2013	4339.35	446	9.73	0.73	0.85	28.14	87.56
2017	4278.15	453	9.44	0.74	0.82	28.4	87.34

通过分析红树林湿地斑块空间水平可知，30 年来，海南岛红树林湿地斑块密度由 1987 年 0.47 个/hm^{2}增长到 2017 年的 0.74 个/hm^2。与此同时，海南岛红树林湿地平均斑块面积由 1987 年的 16.6hm^{2}缩减到 2017 年的 9.44hm^2，说明研究区域斑块破碎化程度逐渐加深。从斑块聚集度上分析可知，研究区内聚集度从 1987 年的 89.53% 下降至 2017 年的 87.34%，说明研究区域内斑块的联系整体趋向于分散化。

12.3.4　红树林湿地系统健康评价

红树林湿地系统不断受到人类活动和自然因素的干扰和压力，研究红树林湿地系统健康状态、识别其潜在压力源，对于深入了解红树林湿地系统状态、退化原因，以及维持红树林湿地系统可持续发展至关重要。本节从人类与自然的关系角度入手，充分考虑在自然

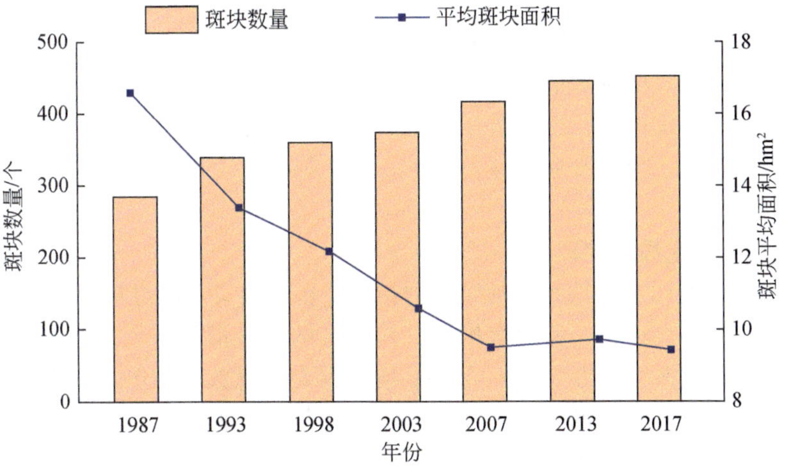

图 12-16　海南岛红树林湿地景观指数变化

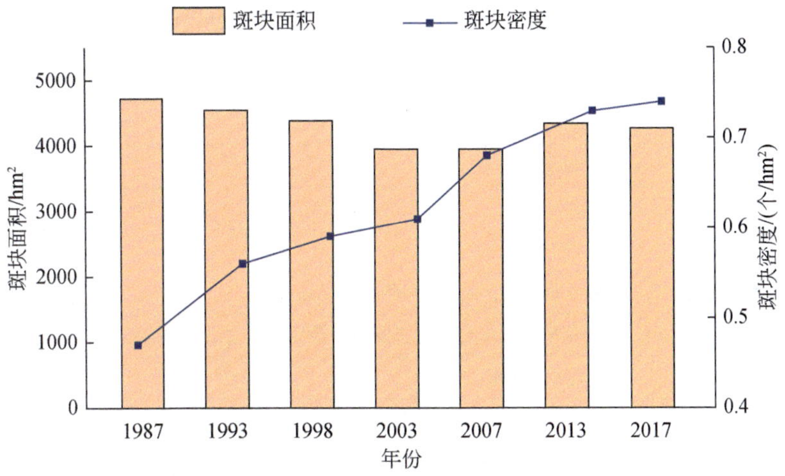

图 12-17　海南岛红树林湿地景观指数变化

因素及人类活动影响下红树林湿地系统健康压力因素，以海南清澜省级自然保护区会文片区红树林湿地为例，开展红树林湿地系统的健康状况评价。

12.3.4.1　指标体系建立

1）PSR 概念模型

PSR 概念模型即压力（Pressure）-状态（State）-响应（Response）模型，最初由 Tony Friend 和 David Rapport 提出，起初用来分析环境压力、现状与响应之间的关系（Rapport and Singh，2006）。压力（Pressure）指人类活动、社会经济因素以及自然环境变化等因素对红树林湿地系统产生的压力；状态（State）指红树林湿地系统在压力和响应共同作用下所表现出来的各种功能、性质、数量等状态，也就是红树林湿地系统的健康情况；响应

（Respond）是指在压力或是现有状态的刺激下红树林湿地系统发生一定程度的改变或人类在环境、经济、政策等方面做出的一系列反应，它不仅包括红树林湿地系统本身在不同状态下的自然响应，还包括对多个压力和状态产生的人为响应。该模型基于因果关系，为生态系统健康指标的构建提供了逻辑基础，能够全面清晰地反映影响生态系统健康的自然、经济、社会等各因素之间的关系，有利于为红树林湿地系统保护、管理提供决策依据，因此被广泛应用。

2）评价指标的定量化提取

（1）会文片区红树林湿地系统健康压力指标。影响会文片区红树林湿地系统健康的压力指标包括自然因素指标和人为因素指标，其中自然因素指标有台风等引起的自然灾害、外来物种入侵、病虫害和冻害等；人为因素指标有人口总数、GDP 增长率、第一产业值、第二产业值、第三产业值、海水环境污染情况和养殖水域面积近五年变化率等。考虑到自然因素指标和海水环境污染情况指标的可获取性、准确性影响，将自然因素指标以综合指数形式表示（王树功等，2010），如表 12-9 所示。

表 12-9　1987～2017 年会文片区红树林湿地自然因素和海水环境质量指标

年份	评价指标	指标值	来源
1987	自然因素	无影响较大台风	
	海水环境	未找到资料	
1993	自然因素	无影响较大台风	
	海水环境	未找到资料	
1998	自然因素	台风最少的一年	《1998 年中国环境状况公报》
	海水环境	南海水质较好，局部污染严重，总体上较之前未见好转	
2003	自然因素	2000 年以来最强台风“科罗旺”台风登陆文昌市翁田镇	2*
	海水环境	近岸海域水质状况良好	
2007	自然因素	2005 年台风“达维”登陆海南，文昌市损失惨重	《2007 年海南省海洋环境公报》
	海水环境	轻度污染海域面积占监测总面积的 5.6%；清澜湾无机氮平均含量比 2006 年有所上升	
2013	自然因素	继 1994 年之后热带气旋最多的一年，“飞燕”登陆文昌市龙楼镇，“海燕”超强台风分别引发文昌市最大增水 62cm，最高潮位 224cm，接近警戒潮位	《2013 年海南省海洋环境公报》
	海水环境	海水水质一类面积 98.8%，二类面积 1.2%，文昌市排污口排污超标共 6 次	
2017	自然因素	一次明显风暴潮，清澜港验潮站最大增水为 57cm，最高潮位 211cm，未超出警戒潮位	《2017 年海南省海洋环境公报》
	海水环境	海水水质一类面积 98.8%，二类面积 1.2%，未出现富营养化，未发现海洋倾倒活动；文昌市排污口排污超标 0 次；文昌市冯家湾养殖用海区综合环境质量等级为优	

（2）会文片区红树林湿地系统健康状态指标。状态指标包括红树林湿地面积、红树林覆盖度、红树林叶绿素浓度、红树林湿地斑块密度和红树林湿地斑块聚集度。其中，红树林覆盖度通过归一化植被指数（NDVI）计算，具体如下：

记录累计概率为5%和95%的 NDVI 值分别作为 $NDVI_{min}$ 和 $NDVI_{max}$；然后根据式（12-4）、式（12-5）和式（12-6），估算 $NDVI_{soil}$ 和 $NDVI_{veg}$，并反演植被覆盖度。

$$NDVI_{soil}=\frac{VFC_{max}\times NDVI_{min}-VFC_{min}\times NDVI_{max}}{VFC_{max}-VFC_{min}} \tag{12-4}$$

$$NDVI_{veg}=\frac{(1-VFC_{min})\times NDVI_{max}-(1-VFC_{max})\times NDVI_{min}}{VFC_{max}-VFC_{min}} \tag{12-5}$$

$$VFC=\frac{NDVI-NDVI_{min}}{NDVI_{max}-NDVI_{min}} \tag{12-6}$$

式中，$NDVI_{soil}$ 和 $NDVI_{veg}$ 分别为土壤与植被覆盖的纯像元所得的遥感信息。假设区域内可以近似取 $VFC_{max}=100\%$、$VFC_{min}=0\%$，整个影像中 $NDVI_{soil}$ $NDVI_{soil}$ 和 $NDVI_{veg}$ $NDVI_{veg}$ 取固定值，则有公式：

$$VFC=\frac{NDVI-NDVI_{min}}{NDVI_{max}-NDVI_{min}} \tag{12-7}$$

通过以上方法得到1987年、1993年、1998年、2003年、2007年、2013年和2017年会文片区红树林湿地植被覆盖空间分布图和统计数据（表12-10）。

表12-10　1987～2017年会文片区红树林湿地植被覆盖度（VFC）数据统计

年份	1987	1993	1998	2003	2007	2013	2017
VFC 平均值	0.609	0.592	0.64	0.615	0.67	0.729	0.705

综合考虑季节和遥感影像获取能力因素的影响，取2018年4月28日（与实验时间均处在少雨季）获取的 Landsat-8 遥感影像来建立野外实验获得的相对叶绿素浓度（SPAD）与影像植被指数间的关系。利用式（12-8）来构建遥感影像 SPAD 分布图，并且得到各期红树林湿地 SPAD 数据（表12-11）。

$$y=101.92x-24.82 \tag{12-8}$$

表12-11　1987～2017年会文片区红树林湿地相对叶绿素浓度（SPAD）数据统计

年份	1987	1993	1998	2003	2007	2013	2017
SPAD 平均值	36.49	31.86	45.02	46.34	50.75	58.05	54.75

（3）会文片区红树林湿地系统健康状态响应指标。用于会文片区红树林湿地系统健康评价的响应指标包括保护区级别与建立时间、法律法规与政策、大众意识与参与度以及管理和财政投入情况等，该指标也采用综合指标的形式，如表12-12所示。

表 12-12　1987～2017 年会文片区保护区管理水平指标详情

年份	指标	来源
1987	1981 年建立省级自然保护区管理站，没有明确保护法规，兴起养殖热潮，人们几乎没有保护红树林意识	朱耀军等（2013）；李超（2010）；韩新和曾传智（2009）；徐晓然等（2018）；海南省林业科学研究院和海南清澜红树林省级自然保护区管理站（2016）
1993	没有明确保护法规，养殖热潮继续，并且破坏红树林行为时有发生，人们几乎没有保护红树林意识	
1998	制定《海南省红树林保护规定》，政府开始关注红树林保护，但群众意识依然薄弱，对红树林破坏行为依然存在，并且养殖面积依然扩大	
2003	《海南省红树林保护规定》实施一段时间，但执法力度不大，群众意识依然薄弱，对红树林破坏行为依然存在，并且养殖面积依然扩大	
2007	2005 年海南省发布《海南省人民政府关于加快发展海洋经济的决定》，清澜港湾周边旅游开发激增，旅游服务在红树林周边迅速扩张，影响红树林湿地生境和自然更新扩张	
2013	2009 年，对保护区范围重新核定，并更名为海南清澜红树林省级自然保护区，但与此同时，国务院发布《国务院关于推进海南国际旅游岛建设发展的若干意见》，导致清澜港湾周边旅游开发继续增加。从 2011 年开始，保护区积极配合海南省森林公安局加强执法力度，有效解决一些破坏红树林行为；2012 年完成海南清澜港湿地保护建设项目	
2017	近年来，保护区对红树林保护力度明显加强，民众意识渐渐增加，政府对保护区资金投入较多，开展退塘还林、退塘还湿工程，加大科研投入，并且做出 2020 年前的保护规划；但依然存在问题：资金不足、技术水平落后、污染加剧、与周边村民生产生活矛盾突出等问题	

综合以上分析，建立会文片区红树林湿地系统健康评价体系（表 12-13），并由海南省统计年鉴和遥感解译结果得到各时期红树林湿地健康评价指标值。鉴于会文片区红树林湿地系统健康评价体系中各项指标间类型、单位及其趋向的差异，需要对各项指标进行归一化处理（表 12-14），计算方法如下：

$$N_i = \frac{X_i}{X_{\max}} \tag{12-9}$$

或

$$N_i = 1 - \frac{X_i}{X_{\max}} \tag{12-10}$$

式中，N_i为指标 i 的归一化值；X_i 为评价指标 i 的实测值；$X_{\max}$ 为该类指标中的极大值。其中，当指标数值越大生态系统健康水平越高时用式（12-9），反之则用式（12-10）。

表 12-13 会文片区红树林湿地系统健康评价体系

目标层Ⅰ	准则层Ⅱ	指标层Ⅲ
会文片区红树林湿地系统健康评价体系	压力（P）	人口总数（P1）
		人口密度（P2）
		人均 GDP（P3）
		第一产业产值（P4）
		第三产业比例（P5）
		施用化肥实物量（P6）
		水产品海水养殖面积（P7）
		海水捕捞水产品产量（P8）
		海水养殖水产品产量（P9）
		海水水产品总产量（P10）
		养殖水域面积（P11）
		渔业产值（P12）
		农药使用量（P13）
		自然灾害因素（P14）
		海水环境质量（P15）
		第一产业比例（P16）
	状态（S）	红树林湿地面积（S1）
		红树林相对叶绿素浓度均值（S2）
		红树林覆盖度均值（S3）
		红树林湿地斑块密度指数（S4）
		红树林湿地聚集度指数（S5）
	响应（R）	保护区管理综合水平（R1）
		财政科研投入（R2）
		大众意识（R3）

表 12-14 1987 ~ 2017 年会文片区红树林湿地系统健康评价指标归一化值

评价指标	1989 年	1993 年	1998 年	2003 年	2007 年	2013 年	2017 年
P1	0. 909	0. 887	0. 866	0. 845	0. 816	0. 835	0. 811
P2	0. 909	0. 887	0. 866	0. 845	0. 816	0. 835	0. 811
P3	0. 909	0. 481	0. 160	0. 118	0. 072	0. 028	0. 024
P4	0. 909	0. 514	0. 187	0. 128	0. 079	0. 039	0. 034
P5	0. 896	0. 819	0. 909	0. 758	0. 746	0. 642	0. 601
P6	0. 909	0. 737	0. 508	0. 290	0. 267	0. 190	0. 175
P7	0. 909	0. 732	0. 541	0. 272	0. 500	0. 186	0. 134
P8	0. 909	0. 548	0. 373	0. 179	0. 206	0. 209	0. 174

续表

评价指标	1989 年	1993 年	1998 年	2003 年	2007 年	2013 年	2017 年
P9	0.909	0.236	0.089	0.011	0.010	0.006	0.003
P10	0.909	0.522	0.333	0.112	0.117	0.091	0.542
P11	0.909	0.745	0.442	0.327	0.310	0.326	0.333
P12	0.909	0.400	0.115	0.042	0.017	0.009	0.007
P13	0.909	0.824	0.584	0.115	0.076	0.091	0.158
P14	0.909	0.909	0.909	0.791	0.727	0.606	0.455
P15	0.909	0.899	0.879	0.859	0.859	0.808	0.828
P16	0.909	0.827	0.740	0.780	0.751	0.595	0.578
S1	0.909	0.773	0.725	0.599	0.605	0.638	0.646
S2	0.571	0.499	0.705	0.726	0.795	0.909	0.857
S3	0.759	0.738	0.798	0.767	0.836	0.909	0.879
S4	0.909	0.719	0.602	0.660	0.524	0.487	0.379
S5	0.909	0.903	0.898	0.893	0.893	0.891	0.887
R1	0.620	0.671	0.775	0.806	0.826	0.878	0.909
R2	0.364	0.364	0.424	0.424	0.545	0.727	0.909
R3	0.568	0.739	0.739	0.682	0.795	0.852	0.909

12.3.4.2 评价指标权重系数的确定

利用层次分析法（AHP）构造各层次判断矩阵，最终计算指标层权重向量。具体步骤如下。

1）建立层次模型

首先建立以会文片区红树林湿地系统健康评价体系为目标的层次结构图，明确层与层之间的从属关系（图 12-18）。

2）构造判断矩阵

判断矩阵表示某个层次上各指标之间相对重要性的判断矩阵，是层次分析法的关键一步。AHP 采用 1 ~9 标度方法对各指标进行权重赋值（表 12-15）。

表 12-15 判断矩阵的标度及含义

标度	含义
1	i 因素比 j 因素同等重要
3	i 因素比 j 因素稍微重要
5	i 因素比 j 因素明显重要
7	i 因素比 j 因素强烈重要
9	i 因素比 j 因素绝对重要
2、4、6、8	以上判断值 1 ~3、3 ~5、5 ~7、7 ~9 之间的中间状态对应的标度值

资料来源：田蓉，2015

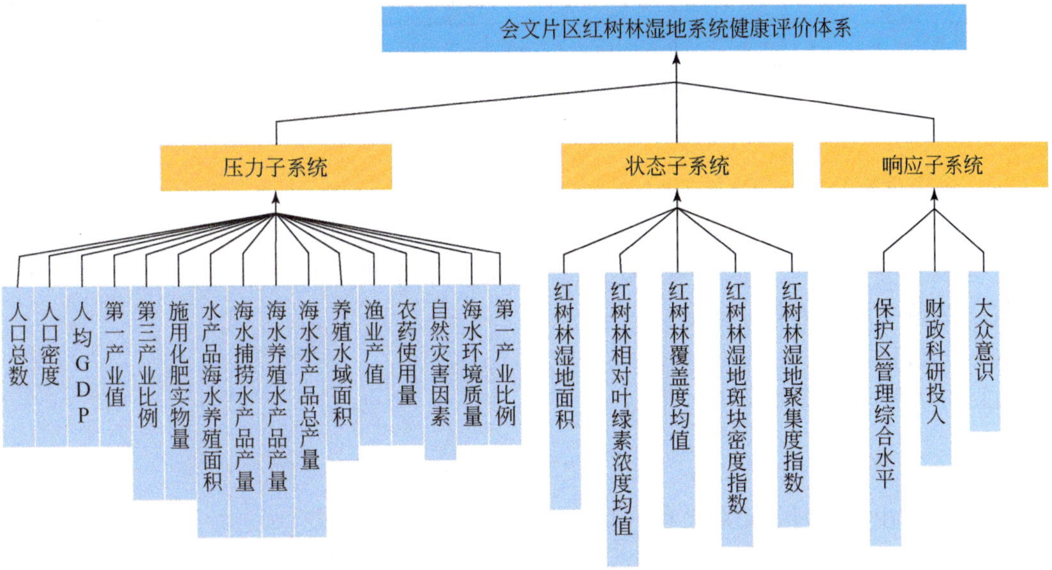

图 12-18　会文片区红树林湿地系统健康评价层次结构模型

假设判断矩阵 P 为

$$P=\begin{bmatrix} p_{11} & p_{12} & \cdots & p_{1n} \\ p_{21} & p_{22} & \cdots & p_{2n} \\ \cdots & \cdots & \cdots & \cdots \\ p_{n1} & p_{n2} & \cdots & p_{nn} \end{bmatrix} \tag{12-11}$$

式中，$p_{ii}>0$；$p_{ii}=1$（$i=1, 2, \cdots, n$）；$p_{ij}=1/p_{ji}$（$i, j=1, 2, \cdots, n$）。矩阵 P 为正互反矩阵，共有 $n(n-1)/2n(n-1)/2$ 个判断值。

3）判断矩阵一致性检验

在构造判断矩阵时，容易出现次序不一致和基本不一致的问题，为了保障层次分析法分析结构的合理性，需要对判断矩阵进行一致性检验（王玉图等，2010）。如果判断矩阵 P 满足条件

$$p_{ij}=p_{ik}/p_{jk}(i,j,k=1,2,\cdots,n) \tag{12-12}$$

则称 P 为一致性矩阵，因此理论上判断矩阵 P 具有唯一非零最大特征根 $\lambda_{\max}$，并且 $\lambda_{\max}=n$。而实际上 P 一般不具备一致性，因此要对 P 的偏差程度进行一致性检验，一致性指标如下：

$$\mathrm{CI}=\frac{\lambda_{\max}-n}{n-1} \tag{12-13}$$

一般情况下，当 CI<0.1 时，判断矩阵的一致性是可以接受的，否则要重新构建判断矩阵。目前通常使用随机一致性比值 CR 来进行高维度数据判断矩阵的一致性检验：

$$\mathrm{CR}=\frac{\mathrm{CI}}{\mathrm{RI}} \tag{12-14}$$

式中，RI 为平均一致性指标，其值见表 12-16。

表 12-16 平均一致性指标 RI 值

阶数	1	2	3	4	5	6	7	8	9	10	11	12	13	14	15
RI	0	0	0.58	0.9	1.12	1.24	1.32	1.41	1.45	1.49	1.52	1.54	1.56	1.58	1.59

资料来源：许树柏，1988

4）层次单排序

$$P_W = \lambda_{\max} W \tag{12-15}$$

式中，特征向量 $W=(w_1, w_2, \cdots, w_n)^T$，为该层次 n 个指标的优先权重向量，经常用于以下良种补贴方法计算特征向量。

（1）求和法。

首先，归一化判断矩阵 P，即

$$\overline{p_{ij}} = p_{ij} / \sum_{i=1}^{n} p_{ij}(i,j = 1,2,\cdots,n) \tag{12-16}$$

然后，求出每一列各元素之和，即

$$\overline{w_i} = \sum_{j=1}^{n} \overline{p_{ij}}(i,j = 1,2,\cdots,n) \tag{12-17}$$

最后，对$\overline{w_i}\overline{w_i}$进行归一化处理，即

$$w_i = \overline{w_i} / \sum_{j=1}^{n} \overline{w_j}(i,j = 1,2,\cdots,n) \tag{12-18}$$

（2）方根法。

首先，计算判断矩阵 P 每行各元素之积，即

$$A_j = \prod_{j=1}^{n} p_{ij}(j = 1,2,\cdots,n) \tag{12-19}$$

然后，计算A_i的 n 次方根，即

$$\overline{w_i} = \sqrt[n]{A_i}\,(i=1,2,\cdots,n) \tag{12-20}$$

最后，对$\overline{w_i}$进行归一化处理，即

$$w_i = \overline{w_i} / \sum_{j=1}^{n} \overline{w_j}(i,j = 1,2,\cdots,n) \tag{12-21}$$

式中，w_i 为所求特征向量。

5）层次总排序

层次总排序是针对目标层而言的，即目标层各指标的总排序。层次总排序是在各层单排序的基础上，从上到下逐层进行。假定层次结构共目标层（G）、准则层（R）、指标层（T）三层，且目标层的单层排序为 1，准则层对目标层的排序结果为r_1，r_2，r_3，指标层的单层排序结果为t_1，t_2，…，t_n，则指标层对目标层的总排序结果如表 12-17 所示。

12.3.4.3 红树林湿地系统健康评价

采用综合健康指数（Comprehensive Health Index，CHI）评价 1987 ~ 2017 年会文片区红树林湿地系统健康状态。CHI 通过评价指标的归一化权重和归一化值反映生态系统健康状况（胡涛，2016），其计算公式如下：

$$CHI = \sum_{i=1}^{n} W_i \times N_i \tag{12-22}$$

式中，CHI 为综合健康指数；n 为评价指标的个数；N_i 为第 i 个评价指标的归一值；W_i 为指标 i 的归一化权重。

表 12-17　层次分析法层次总排序

目标层权重	准则层对目标层总排序	指标层单排序	指标层对目标层总排序
1	r_1	t_1	$w_1 = r_1 \times t_1$
		t_2	$w_2 = r_2 \times t_2$
		…	…
		t_m	$w_m = r_m \times t_m$
	r_2	t_1	$w_1 = r_1 \times t_1$
		t_2	$w_2 = r_2 \times t_2$
		…	…
		t_q	$w_q = r_q \times t_q$
	r_3	t_1	$w_1 = r_1 \times t_1$
		t_2	$w_2 = r_2 \times t_2$
		…	…
		t_n	$w_n = r_n \times t_n$

红树林湿地系统压力、状态、响应的健康指数则用以下公式计算：

$$PHI = \left(\sum_{i=1}^{n} W_i \times N_i\right)/W_p \tag{12-23}$$

$$SHI = \left(\sum_{i=1}^{n} W_i \times N_i\right)/W_s \tag{12-24}$$

$$RHI = \left(\sum_{i=1}^{n} W_i \times N_i\right)/W_r \tag{12-25}$$

式中，PHI、SHI、RHI 分别为压力、状态、响应的健康指数；n 为评价指标的个数；N_i为第 i 个评价指标的归一化值；W_p、W_s、W_r 分别为压力、状态、响应指标的权重。

通过以上公式计算分别得到 1987～2017 年会文片区红树林湿地系统的综合健康指数（图 12-19）和压力、状态、响应的健康指数（图 12-20）。

由图 12-19 分析可知，CHI 值总体上呈先减小后趋于稳定的趋势，1987 年会文片区红树林湿地综合健康指数为 0.83，属于健康状态；1993 年和 1998 年综合健康指数分别为 0.72 和 0.64，为较健康状态；而 2003～2017 年，该地综合健康指数均在 0.4～0.6，处于亚健康状态。这说明，30 年来会文片区红树林湿地系统对外界干扰因素越来越敏感，生态系统已经开始退化。

图 12-20 显示了 1987～2017 年会文片区红树林湿地系统压力、状态、响应的健康指数变化情况。通过分析图 12-20 可知，1987～2017 年，压力健康指数（PHI）整体上呈减少

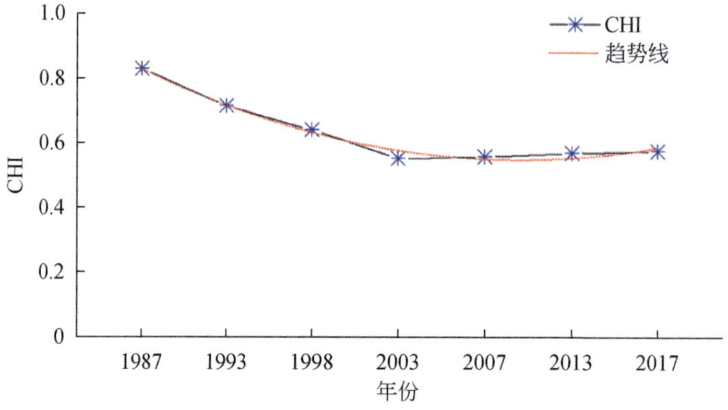

图 12-19　1987 ~ 2017 年会文片区红树林湿地系统综合健康指数

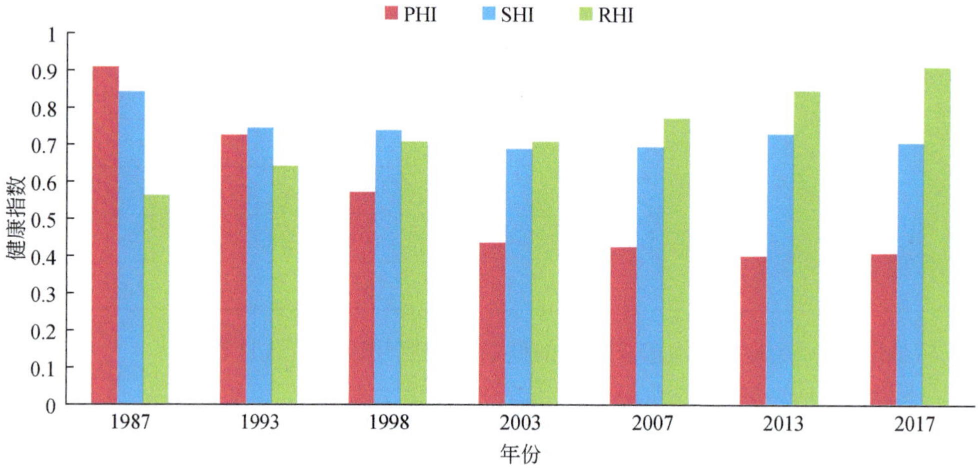

图 12-20　1987 ~ 2017 年会文片区红树林湿地系统压力、状态、响应的健康指数

的趋势；状态健康指数整体上呈先减少后缓慢增长的趋势；响应健康指数整体上呈增加的趋势。这说明，30 年来，会文片区红树林湿地系统的抗压能力在减弱，自身恢复能力稍有退化，目前处于亚健康状态。

12.4　滨海滩涂湿地监测

滩涂，是海洋和陆地环境之间的无植被过渡地带，包括潮间带泥滩、岩石和沙滩。它们提供独特的生态系统服务，如抵御风暴潮、维护海岸线、净化水质和促进碳封存；此外，还是候鸟、鱼类和其他海洋生物的重要栖息和繁殖场所。然而，作为最重要的生态和经济生态系统之一，滩涂受到围垦和自然扰动的双重威胁（Murray et al., 2015），滩涂是非常脆弱的生态系统。沿海滩涂的可持续管理已被列入联合国《2030 年可持续发展议程》的可持续发展目标。滩涂在沿海地区具有独特而重要的生态系统功能，因此有必要对这种特殊的生态系统进行高精度制图，以便为海岸管理提供必要的信息，促进落实可持续发展目标。

随着沿海地区经济的加速发展，中国的滩涂正在迅速变化，面临着挑战。近 40 年来，中国沿海滩涂受到工业化、城市化和水产养殖扩张的威胁。目前，中国 70% 以上的大中型城市位于沿海地区，沿海地区生产了超过 60% 的国内生产总值，贡献了世界水产养殖产量的 61.5%。超过三分之二的中国海岸线被改造成人工海堤，对滩涂造成了一系列破坏。中国政府在恢复和管理退化的沿海生态系统方面付出了巨大努力，以实现与沿海资源可持续管理相关的可持续发展目标。然而，滩涂围垦为巨大经济效益的关键来源。因此，迫切需要可持续发展的战略来平衡海岸保护和利用。现有的中国滩涂湿地图是基于 30m 分辨率的陆地卫星影像和辅助数据绘制的，不足以支持实际的管理工作。本节利用时间序列影像，构建了具有更高空间分辨率的中国滨海滩涂专题图。

12.4.1 数据资料与技术路线

12.4.1.1 数据资料

Sentinel-2 卫星数据。本节使用的 Sentinel-2 数据均为 2A 级产品，即在地表反射率中提供逐像素辐射量，并将所有参数转换为辐射度。

地面验证样本。本节利用 2018 ~ 2019 年无人机地面调查数据。无人机飞行在当地最低潮汐条件下进行，以检测远离海岸线的潮滩。Google Earth 的高空间分辨率影像也加入地面测量参考之内。

本节使用分层随机抽样方法选择验证样本。首先，将中国海岸带划分为滩涂和非滩涂两类。非滩涂区域包括植被、建筑用地和永久水域。其次，利用 ArcGIS 在各层随机选取地面调查样本。最后，选取 5479 个、2617 个、3828 个和 3353 个样本分别作为滩涂、植被、建筑用地和水体类别的地面验证样本。采集的地面验证样本沿中国沿海均匀分布。

最低潮时期的亚米级分辨率影像。为了进一步验证结果，收集 4 幅亚米级分辨率的卫星影像，其中包括两幅高分二号影像和两幅 Google Earth 影像。

12.4.1.2 技术路线

在本研究中，沿海滩涂定义为沿海岸线最大和最小潮汐淹没（即最高和最低潮汐水线）之间的非植被区域（Wang et al., 2020a）。因此，滩涂监测的关键是获得最高和最低潮汐之间的空间分布。首先，基于 Sentinel-2 时间序列影像合成最高潮和最低潮影像。其次，根据最高和最低潮影像自动创建二元分类结果，即水域和非水域，分别得出最大和最小水域范围。再次，将最大和最小水域范围相交以获得潮间带。最后，我们清除了潮间带植被和永久海水，仅保留滩涂区域。滩涂监测工作流程如图 12-21 所示。

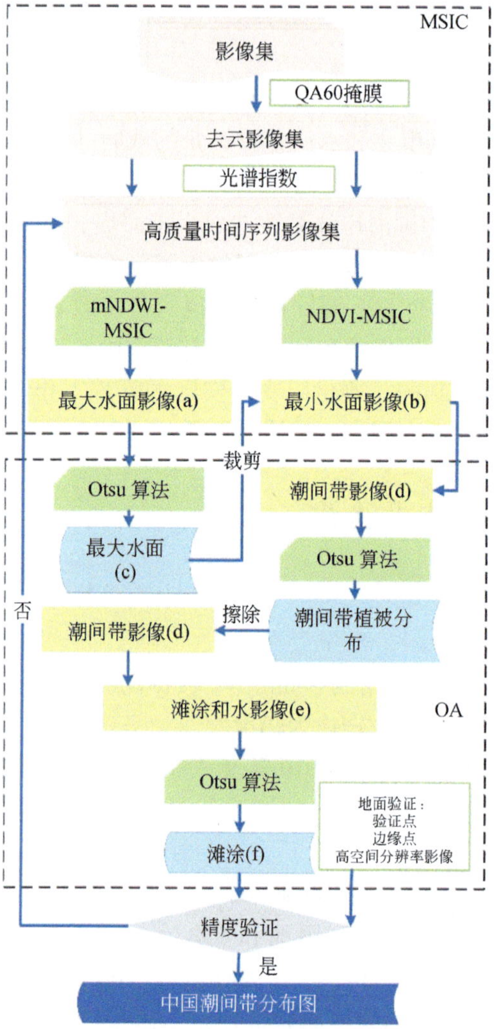

(a)

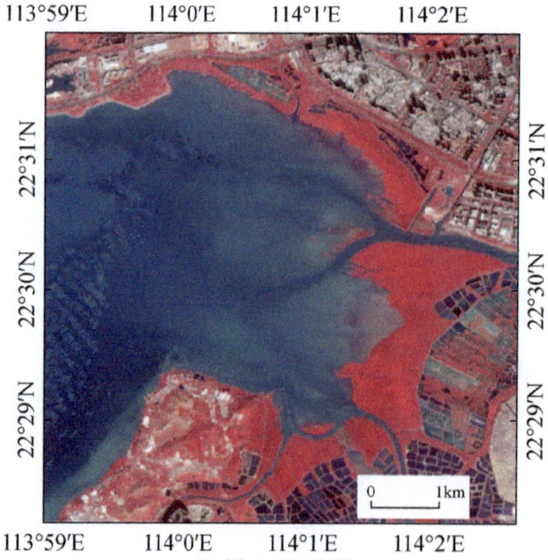

(b)最大水面影像

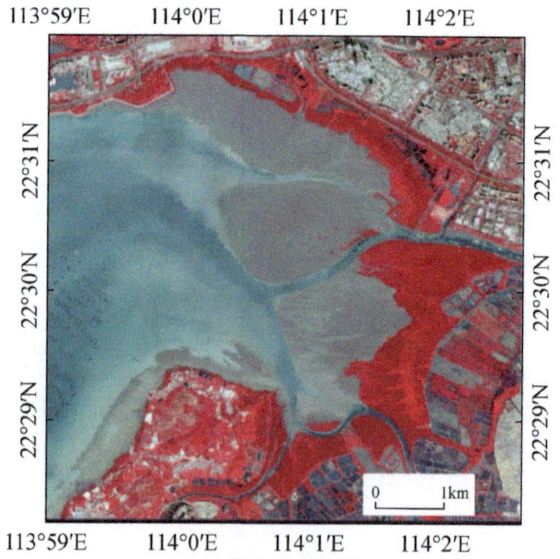

(c)最小水面影像

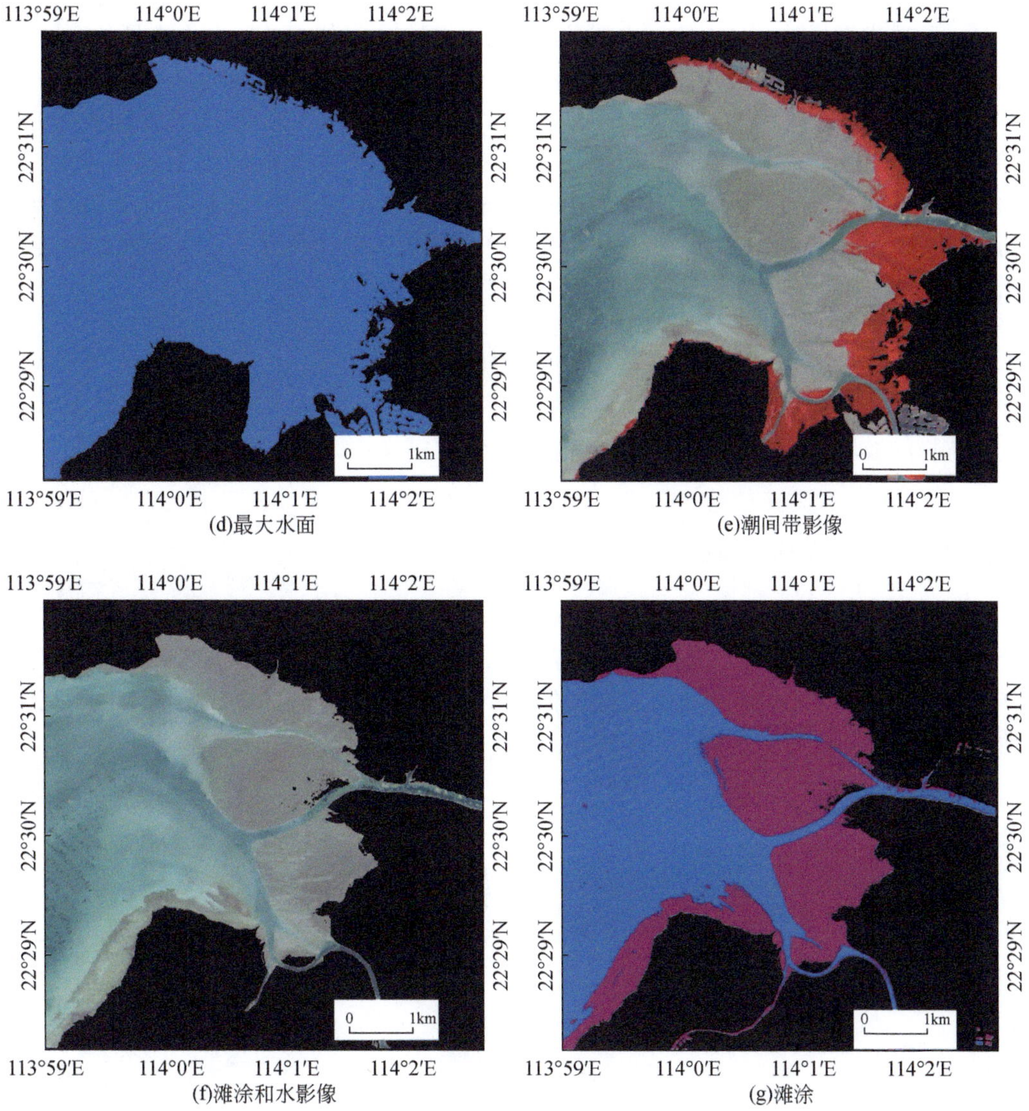

图 12-21 MSIC-OA（Maximum Spectral Index Composite-Otsu Algorithm）在深圳湾内湾时间序列 Sentinel-2 影像上的滩涂监测工作流程及各步骤结果

（a）为 MSIC-OA 方法的工作流程；（b）~（g）为基于 MSIC-OA 方法和时间序列 Sentinel-2 影像的深圳湾内湾滩涂圈定步骤结果

12.4.2 基于分割滩涂算法的滩涂湿地要素提取

12.4.2.1 最大光谱指数合成（MSIC）和 Otsu 算法（OA）

为了捕获完全裸露的滩涂，提出了一种新的结合最大光谱指数（MSIC）和 Otsu 算法

（OA）的方法，即 MSIC-OA 方法。MSIC 将时间序列 Sentinel-2 图像集合中的每个像素设置为某一所选光谱指数的最大值。也就是说，在一幅合成图像中，每个像素是从不同时间序列 Sentinel-2 图像数据集中选取的，每个像素代表极端潮汐条件时的信息。

OA 可以根据影像的直方图自动找到一个最佳阈值，将影像分割成两类（Otsu，1975）。该技术最近被用于构建基于 GEE 的工具，以评估全球尺度上地表水的变化（Donchyts et al.，2016），在其他研究中也取得了令人满意的结果（Gong et al.，2020；Zhao et al.，2020b）。在 OA 中，最优阈值是基于类间方差最大化（等价于类内方差之和最小），如式（12-26）所示：

$$BSS = \sum_{k=1}^{p} (\overline{V_k} - \overline{V})^2 \tag{12-26}$$

式中，BSS 为平方和，描述数据集的方差结构；p 为类数，在本节中 $p=2$；V 为分割不同类别而选择的波段值；类 k 由小于某阈值的各个 V 定义；因此，BSS 最大的阈值为最佳阈值。

12.4.2.2　合成最大和最小水域影像

邻近滩涂的土地覆盖主要有三种类型，即水域、植被和建筑用地（如大坝、港口和池塘外缘等）。为了分析不同土地覆被的光谱特征，对每种土地覆被随机选取 200 个地面调查样本，将这些样本叠加到局部最低潮影像上。完全裸露的滩涂、植被、水体和建筑用地的地表反射率和光谱指数如图 12-22 所示。

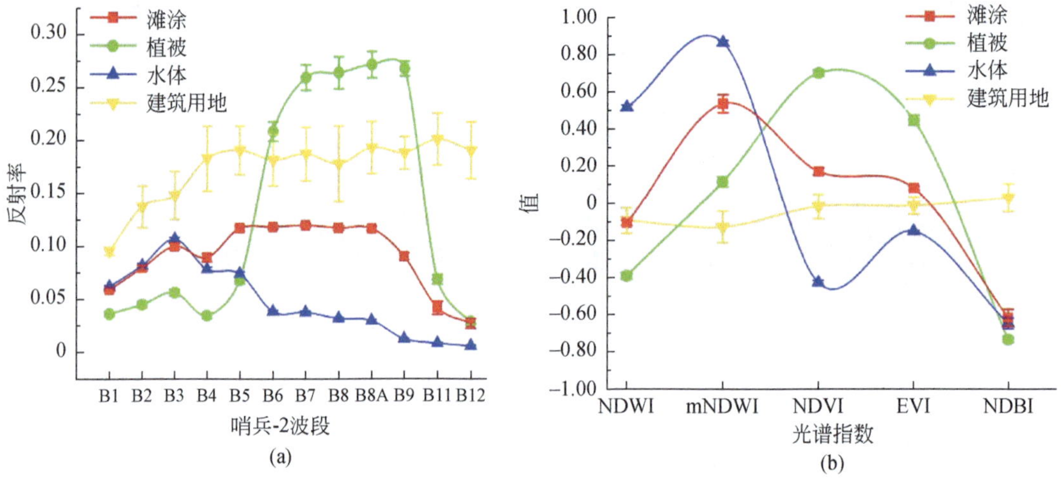

图 12-22　不同土地覆盖类型的地表反射率和光谱指数值（基于地面调查样本统计）

（a）各土地覆盖类型的地表反射率分布与标准差；（b）各土地覆盖类型光谱指数的标准差。每一种地表覆盖类型随机选取 200 个地面调查样本，将样本与局部低潮影像叠加。滩涂是指完全裸露滩涂像元，水是指海水和内陆水，植被是指潮间带植被和内陆植被

为了合成最大水域影像，需要生成一幅含有对水敏感的光谱指数的 MSIC 影像。从图 12-22（b）可以看出，NDWI 和 mNDWI 都能满足这一要求。然而，以往的研究表明，NDWI 对含有植被或被建设用地包围的水不太敏感。相比之下，Singh 等（2015）和

Wicaksono 等（2019）的结论是，mNDWI 在提取植被覆盖水方面优于 NDWI。而其他研究认为如湿润土壤等非水域，可以包含在 mNDWI 的水提取结果中（Yang et al.，2015）。

在本节中，分别基于 NDWI 和 mNDWI 制作了两幅 MSIC 影像，即 NDWI-MSIC 和 mNDWI-MSIC。NDWI-MSIC 和 mNDWI-MSIC 影像中的 NDWI 和 mNDWI 分布如图 12-23 所示。根据实地调查和参考文献，最大水域范围应包括永久水域和滩涂（Zhang et al.，2019）。然而，图 12-23（a）所示，NDWI-MSIC 只突出显示了永久水域。相比之下，mNDWI-MSIC 突出显示了永久水域和滩涂［图 12-23（b）］。因此，mNDWI-MSIC 是捕获最高水位线和描绘最大水域范围的最佳方法。如图 12-23（b）所示，mNDWI-MSIC 有效地抑制了建筑用地，有效地区分了大坝、道路、池塘外缘等人工岸线。这一特征尤其适用于潮间带和内陆地区（Xu and Gong et al.，2018）。因此，本节采用 mNDWI-MSIC 来反映最大水域范围。

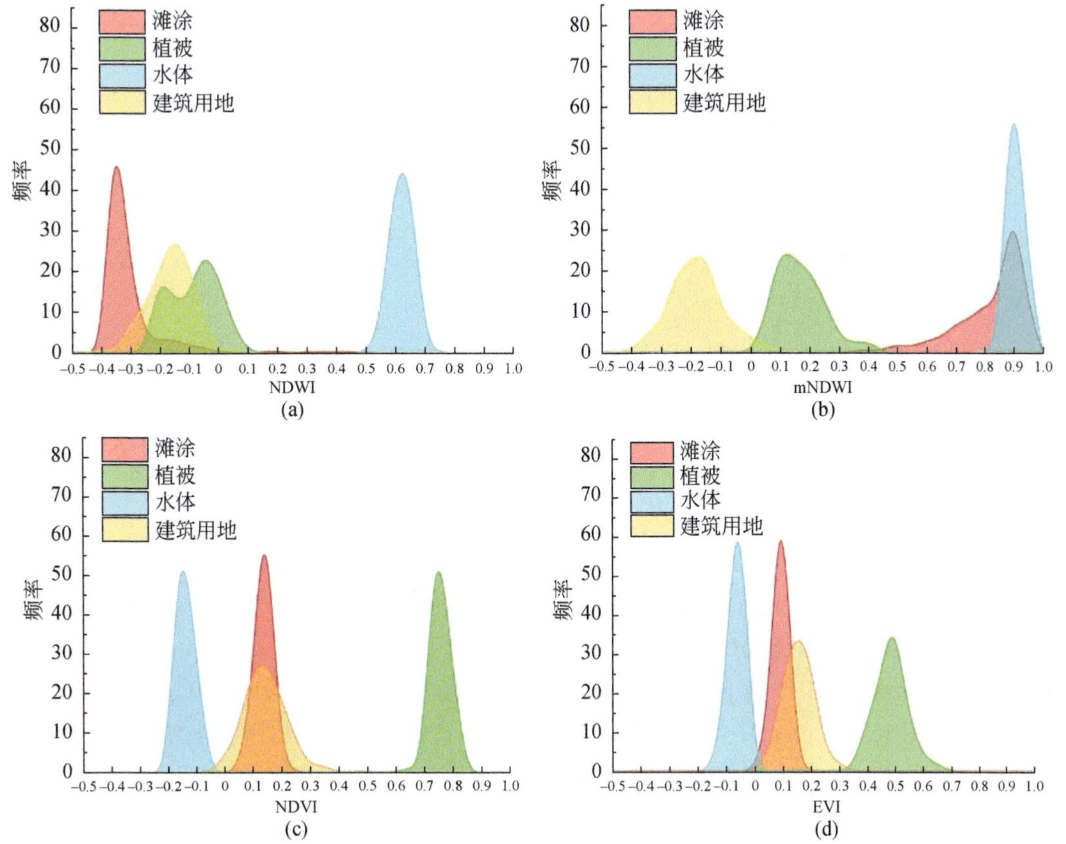

图 12-23　不同土地覆盖类型在不同 MSIC 影像中的直方图

（a）NDWI-MSIC 影像中不同土地覆被类型的直方图；（b）mNDWI-MSIC 影像中不同土地覆被类型的直方图；（c）NDVI-MSIC 影像中不同土地覆被类型的直方图；（d）EVI-MSIC 影像中不同土地覆被类型的直方图。滩涂是指完全裸露的滩涂，水是指永久水域

为了获得最小的水域范围，即最低的潮汐条件，必须找到一个非水（植被和滩涂）值高于水像元值的指标。如图 12-22（b）所示，NDVI 和 EVI 均能满足这一要求。NDSI

(Normalized Difference Soil Index) 的设计目的是识别沿海沼泽的土壤 (Rogers and Kearney et al., 2004)，但它不能区分滩涂和水域。在 NDSI 影像中，水和滩涂也有类似的 NDSI 值 [图 12-22 (b)]，因为滩涂和水体在短波红外和近红外波段反射率变化趋势相似 (NDSI 是基于这两个波段构建的，表 12-18)。因此，基于 NDVI 和 EVI 分别生成两幅 MSIC 图像，分别为 NDVI-MSIC [图 12-23 (c)] 和 EVI-MSIC [图 12-23 (d)]。其中，发现了一些混合了滩涂和建筑用地的水像素。这是因为 EVI 是利用对沿海浑浊水敏感的蓝色波段推导出来的 (Hu et al., 2000)。NDWI-MSIC 能够有效地将滩涂与海水分离。因此，选择 NDWI-MSIC 来反映最小水域范围。

表 12-18　NDSI 相关公式

光谱指数	公式
NDVI (归一化植被指数)	$(\rho_{nir}-\rho_{red})/(\rho_{nir}+\rho_{red})$
EVI (增强型植被指数)	$2.5\times\frac{\rho_{nir}-\rho_{red}}{\rho_{nir}+6\rho_{red}-7.5\rho_{blue}+1}$
NDWI (归一化水体指数)	$(\rho_{green}-\rho_{nir})/(\rho_{green}+\rho_{nir})$
mNDWI (改进的归一化差异水体指数)	$(\rho_{green}-\rho_{swir})/(\rho_{green}+\rho_{swir})$
NDSI (归一化土壤指数)	$(\rho_{swir}-\rho_{nir})/(\rho_{swir}+\rho_{nir})$

12.4.2.3　从 MSIC 影像中自动分割滩涂

本节将 OA 应用于 mNDWI-MSIC 影像，得到反映最大水面范围的二值分类结果。值得注意的是，直接从 OA 获得的原始最大水面范围包含了养殖池塘、湖泊、水库等内陆水面。由于 mNDWI 有效地抑制了这些水面周围的建成区，内陆水面与海水之间没有直接相连。因此，可以自动保留最大的一片水域作为最大水面。

12.4.2.4　提取流程

为了进一步解释 MSIC-OA 方法的工作原理，选择了深圳湾内湾 [图 12-21 (b)] 作为案例研究区域。工作流程如下所示。

(1) 选择 mNDWI 作为光谱指数，合成最大水面影像 (mNDWI-MSIC)，如图 12-21 (a) 所示。图 12-21 (a) 中的每个像素在其自身位置的时间序列像素中 mNDWI 值最大。

(2) 选取 NDVI 作为光谱指数，合成最小水面影像，如图 12-21 (b) 所示。图 12-21 (b) 中每个像素在其所在位置的时间序列像素中 NDVI 值最大。

(3) 将 Otsu 算法应用于 mNDWI-MSIC 得到最大水面范围 [图 12-21 (c)]，用最大水面裁剪最小水面影像 [图 12-21 (b)]。因此，创建了一幅包含海水、滩涂和潮间带植被的潮间带影像 [图 12-21 (d)]。

(4) 在图 12-21 (d) 中应用 Otsu 算法得到图 12-21 (d) 中最大潮间带植被分布范围，并将图 12-21 (d) 中最大潮间带植被分布范围去除。因此，建立了一个只包含海水和滩涂的影像 [图 12-21 (e)]。

(5) 最后，将 Otsu 算法应用到图 12-21 (e) 中，获得滩涂范围 [图 12-21 (f)]。

12.4.3 滩涂监测结果的精度评价

滩涂遥感监测结果的精度验证包括三个方面：一是利用地面调查样本的混淆矩阵进行点对点验证；二是由滩涂边缘点推导混淆矩阵；三是基于亚米级分辨率影像的多边形与影像比较。点对点验证和混淆矩阵验证方法计算了滩涂类别的总体精度和 F1 得分，F1 得分是生产者精度和用户精度的加权平均值，表明了单一类别的识别能力，总体精度由监测结果与地面调查样本比较的正确率表示。此外，通过将监测结果与亚米级高分辨率影像的叠加进行监测结果准确度的分析（图 12-21），通过叠加比较可以确认监测目标边缘和形状的准确性。

基于地面验证样本的国家和省级点对点验证如表 12-19 所示，本节滨海滩涂监测的总体精度为 0.95，滩涂类别 F1 得分为 0.93。在省级层面上，河北和广西的总体精度最高，为 0.97；上海的总体精度最低，为 0.89。河北、广西 F1 得分最高，为 0.95，上海 F1 得分最低，为 0.85。另外，混淆矩阵表明滩涂监测结果与地面验证样本高度一致。

表 12-19 基于地面验证样本的国家和省级点对点验证

地区	类型	TF	Non-TF	Use. acc.	F1 score	Ove. acc.
中国	TF	5006	473	0.91	0.93	0.95
	Non-TF	316	9482	0.97	0.96	
	Pro. acc.	0.93	0.95			
辽宁	TF	357	30	0.92	0.93	0.95
	Non-TF	20	643	0.97	0.96	
	Pro. acc.	0.95	0.96			
河北	TF	257	15	0.94	0.95	0.97
	Non-TF	13	621	0.98	0.98	
	Pro. acc.	0.95	0.98			
天津	TF	298	22	0.93	0.94	0.96
	Non-TF	14	594	0.98	0.97	
	Pro. acc.	0.96	0.96			
山东	TF	498	52	0.91	0.92	0.94
	Non-TF	35	879	0.96	0.95	
	Pro. acc.	0.93	0.94			
江苏	TF	685	86	0.89	0.91	0.95
	Non-TF	42	1567	0.97	0.96	
	Pro. acc.	0.94	0.95			
上海	TF	244	48	0.84	0.85	0.89
	Non-TF	36	463	0.93	0.92	
	Pro. acc.	0.87	0.91			

续表

地区	类型	TF	Non-TF	Use. acc.	F1 score	Ove. acc.
浙江	TF	396	60	0.87	0.89	0.92
	Non-TF	36	734	0.95	0.94	
	Pro. acc.	0.92	0.92			
福建	TF	311	32	0.91	0.93	0.96
	Non-TF	13	657	0.98	0.97	
	Pro. acc.	0.96	0.95			
台湾	TF	289	16	0.95	0.94	0.96
	Non-TF	21	597	0.97	0.97	
	Pro. acc.	0.93	0.97			
广东	TF	671	39	0.95	0.94	0.96
	Non-TF	42	1345	0.97	0.97	
	Pro. acc.	0.94	0.97			
广西	TF	567	32	0.95	0.95	0.97
	Non-TF	24	1047	0.98	0.97	
	Pro. acc.	0.96	0.97			
海南	TF	433	41	0.91	0.93	0.96
	Non-TF	20	956	0.98	0.97	
	Pro. acc.	0.96	0.96			

注：广东省地面调查样本包括香港和澳门。TF，滩涂；Non-TF，非滩涂；Use. acc.，用户精度；Pro. acc.，生产者精度；Ove. acc.，总体精度；下同

基于边缘点的滩涂监测结果点对点验证如表 12-20 所示。F1 得分和总体精度分别为 0.94 和 0.94。滩涂类别的生产者精度为 0.90，用户精度为 0.98。基于边缘点的验证证实了监测结果中滩涂斑块的边缘与地面测量高度一致。

表 12-20　基于边缘点的滩涂监测结果点对点验证

Class	TF	Non-TF	Total	Use. acc.	F1 score	Ove. acc.
TF	542	10	552	0.98	0.94	0.94
Non-TF	58	590	648	0.91	0.95	
Total	600	600	1200			
Pro. acc.	0.90	0.98				

为了进一步评估监测结果准确度，将监测得到的滩涂斑块叠加在 4 张亚米级分辨率最低潮汐影像上。如图 12-24 所示，所得滩涂斑块的形状和边缘与亚米级分辨率的最低潮图

像高度一致。值得注意的是，利用本方法得到的漳江口滩涂监测结果精确提取并分离了小块的落叶盐沼（互花米草，一种外来入侵物种）[图 12-24（d）]。

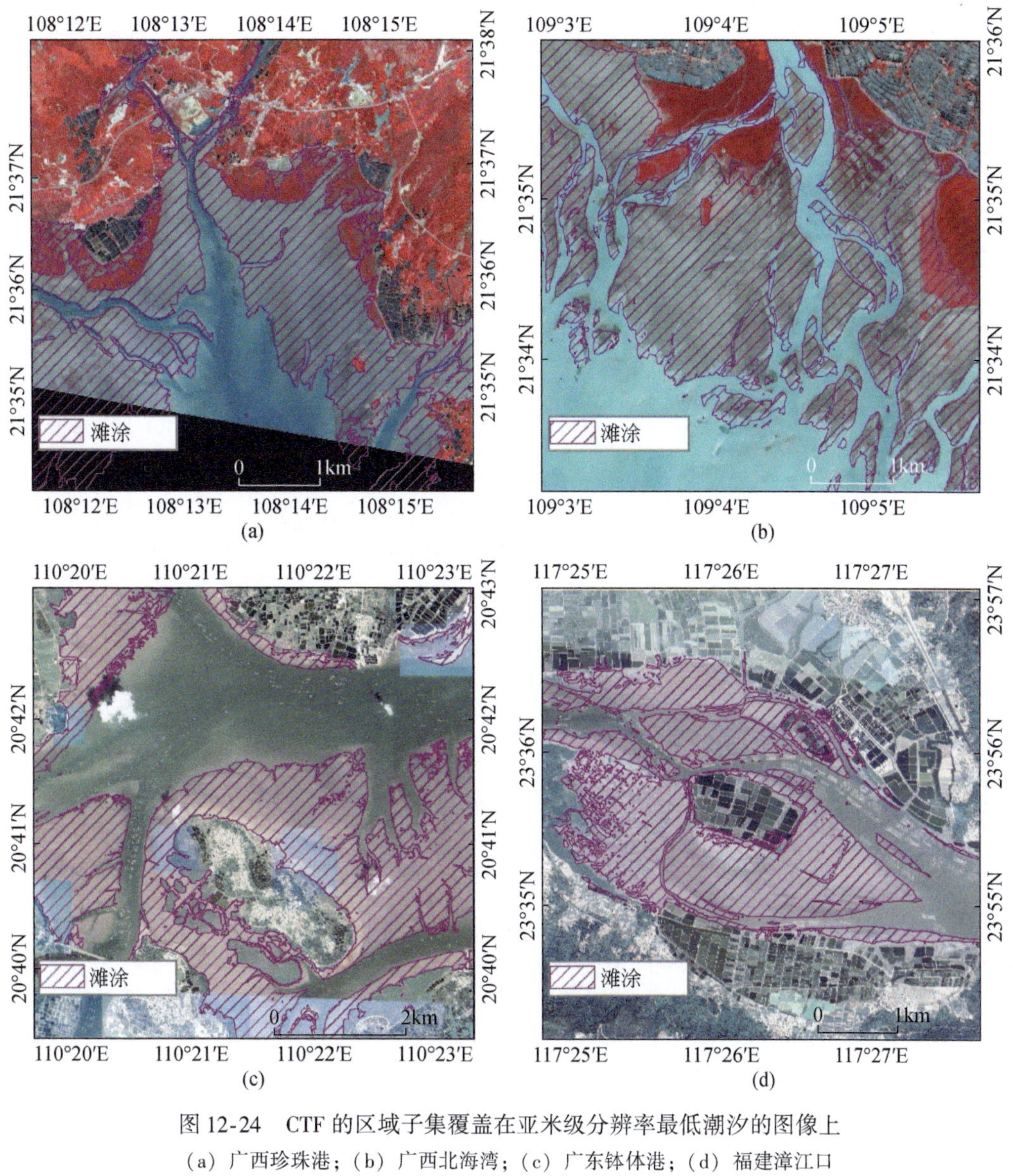

图 12-24　CTF 的区域子集覆盖在亚米级分辨率最低潮汐的图像上

（a）广西珍珠港；（b）广西北海湾；（c）广东钚体港；（d）福建漳江口

12.4.4　全国滩涂分布特征

全国滩涂总面积为 858 779hm²，其中江苏省占比最大（23.77%），其次是浙江、福建、山东和辽宁，这五个省份拥有中国约 73% 的滩涂。全国省级滩涂面积和平均滩涂宽度（即滩涂面积除以海岸线长度）见表 12-21。

表 12-21 省级滩涂面积和平均滩涂宽度

地区	滩涂面积/hm^2	比例/%	海岸线长度/km	平均滩涂宽度/m
辽宁	101 114	11.77	2 803	361
河北	35 021	4.08	391	896
天津	10 474	1.22	798	131
山东	104 612	12.18	3 479	301
江苏	204 135	23.77	1 302	1 568
上海	35 590	4.14	302	1 178
浙江	113 192	13.18	2 173	521
福建	106 670	12.42	2 976	358
台湾	22 577	2.63	4 056	56
广东	62 078	7.23	1 173	529
广西	46 935	5.47	1 912	245
海南	16 381	1.91	1 589	103
全部	858 779	100.00	22 954	374

注：广东省的滩涂包括香港、澳门的滩涂；海岸线长度由 Hou 等（2016）获得

中国沿海有 10 处面积超过 1 万 hm^2的滩涂。最大的 4 个斑块均位于江苏南部海岸，面积分别为 50 111hm^2、35 020hm^2、33 628hm^2和 26 563hm^2。此外，聚焦了中国 6 个最大河口的滩涂，从北到南依次为辽河口、海河口、黄河口、长江口、闽江河口和珠江河口，滩涂面积分别为 38 168hm^2、12 643hm^2、38 782hm^2、53 501hm^2、5525hm^2和 7729hm^2，占总量的 18%。

滨海滩涂湿地的监测结果可用于支撑海岸带管理和政策制定（Bell et al., 2016），有助于管理相关沿海生态系统，如红树林造林（Jia et al., 2018）和控制互花米草入侵（Mao et al., 2019），同时可作为科学研究的基准数据，如生物多样性保护和候鸟保护、碳储量估算、海平面上升影响和海岸侵蚀等（Brockmann and Stelzer, 2008；Jorgenson and Brown, 2005；Sagar et al., 2017）。

12.5 小　　结

海岸带资源与环境问题主要包括环境、生态、资源、灾害、城市、农业等方面，如何合理有效地开发、利用海岸带资源，同时又将其对生态环境的损害降低到最小，实现社会、经济、生态环境的协调和可持续发展已经成为海岸带科学研究的热点问题。海岸带资源与环境主要影响因素源于海岸带的气候特殊性、海陆的相互作用过程的复杂性、人类活动对自然变化状态的强迫性，遥感技术可为海岸带资源与环境问题提供空间探测手段与科学数据支撑。

本章介绍了利用遥感技术和地理空间信息技术对海岸带的岸线、红树林、滩涂、海

草、岛礁等要素的监测理论与技术方法。

海岸带持续的海陆相互作用和人文社会–生态系统的不断变化使对海岸带区域科学规律的探索成为一个永恒的话题，海岸带资源与环境的科学研究是一个宏大的研究体系，远不仅限于本章涉及的主题。其他海岸带生态环境方面的工作还可包括如：①重大工程对海陆环境的影响。海岸带自然资源十分丰富，开发利用往往是以重大工程的方式开展。重大工程具有高密度、高强度的特点，对当地的资源与环境产生直接影响，并伴随着废物排放、污染物扩散等问题。②渔业富营养化对环境的影响。渔业养殖是海岸带区域的重要产业，但养殖塘所含有的残余饲料和粪便的高浓度养殖废水在分解后直接进入大海和当地生态系统，使近海区域富营养化，引发低氧区扩大、有害藻华、水母大量繁殖及绿潮等严重生态灾害。这不仅降低了海岸带地区的休闲和美学价值，而且对渔业资源和近海生态安全健康产生负面影响。③土壤次生盐渍化及湿地退化。海水入侵、咸水入侵、咸潮入侵等海陆过程会导致海岸带土壤的盐渍化，对海岸带区域的湿地环境、农业生产、经济建设等产生影响。④外来动植物对海陆生态影响。海岸带区域是人口和货物流动频繁的区域，有意的人为引种和无意的船舶运输都会引起外来物种入侵，海岸带生态环境脆弱，一旦外来物种没有天敌，则会直接到达海岸带区域食物链的顶端。互花米草是典型的海岸带入侵生物，适宜的环境和较强的繁殖能力使互花米草成为一些海岸带区域的主要生物，占用了原有生物的生长空间，造成生物多样性下降、生态系统功能降低等后果。

经济发展与生态保护是海岸带区域发展的永恒主题，如何实现这两者的平衡关系也是人类一直探索的科学问题。以港口建设、城镇扩张、工程开发、游乐设施建设等为代表的海岸带发展计划的实施往往伴随着红树林退化、自然岸线减少、水体富营养化、土壤退化等生态破坏问题，在这两个矛盾之间探寻平衡关系有许多科学问题需要研究。例如，建立经济社会建设对生态影响的评估指标体系，将经济发展与生态保护之间具有鲁棒性的平衡区间量化，从而挖掘海岸带生态环境自我修复潜力，为政府相关决策提供支撑服务以及探寻海岸带生态环境恢复能力等。遥感大数据拥有多源、多尺度、长时间序列的遥感观测数据，可为以上科学问题的研究提供精确而可靠的数据支撑，并且大数据技术也可为探寻经济发展与生态保护的潜在关系提供科学方法。

参考文献

艾金泉 . 2018. 基于时间序列多源遥感数据的长江河口湿地生态系统长期演变过程与机制研究 . 上海：华东师范大学博士学位论文 .

毕京鹏，张丽，王萍，等 . 2019. 海岸水边线图像分割提取算法的数学形态学改进及其区域适应性分析 . 地理与地理信息科学，35（1）：20-29.

操戈，邓卫哲，徐承旭 . 2017. 海南大力发展深海网箱养殖 . 水产科技情报，44（2）：109.

曹雯婷 . 2020. 海岛城市化及其生态效应的长时间序列监测研究 . 杭州：浙江大学博士学位论文 .

曹兆伟，林宁，徐文斌，等 . 2016. 基于 BP 神经网络的东屿岛遥感影像分类 . 海洋通报，5：587-593.

陈新平，左平 . 2020. 长江河口生态系统保护的思考与对策建议 . 环境保护，48（11）：58-63.

陈勇 . 2012. 海岸带滩涂资源遥感应用研究进展 . 遥感技术与应用，27（2）：296-304.

杜跃飞，陈博伟，刘新杰，等 . 2022. 热带植被 Web 光谱数据库及其应用 . 北京测绘，36（2）：132-137.

付甜梦，张丽，陈博伟，等．2021. 基于GEE平台的海岛地表覆盖提取及变化监测：以苏拉威西岛为例．遥感技术与应用，36（1）：55-64.
高抒．2019. 河口海岸状态生变，重绘蓝图势在必行．世界科学，（1）：29-31.
顾靖华，葛振鹏，王杰．2020. 河口海岸环境监测技术研究进展．华东师范大学学报（自然科学版），（1）：159-170.
国家海洋局．2011. 中国海洋发展报告．北京：海洋出版社．
国家海洋局．2015. 2014年中国海洋环境状况公报．http://www.soa.gov.cn/zwgk/hygb/zghyhjzlgb/201503/t20150311_36286.html[2015-03-12].
国家科学技术委员会．1990. 中国科学技术蓝皮书，第5号，气候．北京：科学技术文献出版社．
侯西勇，毋亭，侯婉，等．2016. 20世纪40年代初以来中国大陆海岸线变化特征．中国科学：地球科学，46（8）：1065-1075.
胡涛．2016. 深圳湾红树林健康评价与结构调控后自然恢复状况的研究．深圳：深圳大学硕士学位论文．
李晓敏，张杰，孟俊敏，等．2018. 高分辨率SAR影像在海岛监视监测中的应用．海洋开发与管理，35（2）：39-43.
李亚萍．2015. 高分辨率遥感影像海岛礁地表覆盖变化检测与分析．兰州：兰州交通大学硕士学位论文．
李亚萍，燕琴，刘正军，等．2016. 基于高分辨率遥感影像的西沙赵述岛地表覆盖提取与演变分析．热带海洋学报，35（2）：93-101.
李一琼，白俊武，张丽，等．2020. 海草光学遥感监测研究综述．热带海洋学报，40（6）：1-13.
刘锡清．2005. 我国海岸带主要灾害地质因素及其影响．海洋地质动态，（5）：23-42，3.
罗昆，丁波，龙根元．2018. 基于多源遥感影像的宁远河口海岸线变迁分析．国土资源遥感，30（4）：187-192.
罗琳，舒廷飞，温琰茂．2002. 水产养殖对近海生态环境的影响．水产科学，21（3）：28-30.
骆永明．2016. 中国海岸带可持续发展中的生态环境问题与海岸科学发展．中国科学院院刊，31（10）：1133-1142.
马宇伟，陈博伟，张丽，等．2020. 湄公河三角洲地区海岸线遥感时空变化分析．桂林理工大学学报，40（4）：778-787.
彭建，王仰麟．2000. 我国沿海滩涂景观生态初步研究．地理研究，19（3）：249-256.
隋燕，张丽，穆晓东，等．2018. 海南岛海岸线变迁遥感监测与分析．海洋学研究，36（2）：36-43.
孙晓明，徐建国，杨齐青，等．2006. 环渤海地区海（咸）水入侵特征与防治对策．地质调查与研究，29（3）：203-211.
索安宁，曹可，马红伟，等．2015. 海岸线分类体系探讨．地理科学，35（7）：933-937.
王树功，郑耀辉，彭逸生，等．2010. 珠江口淇澳岛红树林湿地生态系统健康评价．应用生态学报，21（2）：391-398.
王玉图，王友绍，李楠，等．2010. 基于PSR模型的红树林生态系统健康评价体系：以广东省为例．生态科学，29（3）：234-241.
吴岩峻，张京红，田光辉，等．2006. 利用遥感技术进行海南省水产养殖调查．热带作物学报，27（2）：108-111.
徐谅慧，李加林，李伟芳，等．2014. 人类活动对海岸带资源环境的影响研究综述．南京师大学报（自然科学版），37（3）：124-131.
许树柏．1988. 层次分析法原理．天津：天津大学出版社．
杨忠兰．2004. 福建九龙江河口湿地现状评价及保护对策．中南林业调查规划，23（3）：40-43.
游惠明，韩建亮，潘德灼，等．2019. 泉州湾河口湿地生态系统服务价值的动态评价及驱动力分析．应用生态学报, 30 (12): 4286-4292.
于小芹, 余静. 2020. 我国海岸带生态修复的政策发展、现状问题及建议措施. 中国渔业经济, 38 (5): 8-16.
袁鑫, 张丽, 宋茜茜, 等. 2020. 海南岛海水池塘养殖遥感监测与时空变化分析. 海洋学研究, (1): 59-67.
张立芳. 2015. 海岛地表要素变化及其驱动力分析: 以浙江洞头岛为例. 泰安: 山东农业大学硕士学位论文.
张丽, 廖静娟, 袁鑫, 等. 2020. 1987—2017 年海南岛海岸线变化特征遥感分析. 热带地理, 40 (4): 659-674.
张琳琳. 2018. 基于面向对象的海岛地表覆盖变化分析——以铜盘岛为例. 杭州: 杭州师范大学硕士学位论文.
张晓龙, 李培英, 李萍, 等. 2005. 中国滨海湿地研究现状与展望. 海洋科学进展, (1): 87-95.
张云飞, 杨昊翔, 张丽, 等. 2020. 基于 DSAS 和 Gabor 滤波增强的海南人工岛建设对砂质岸线变化的影响分析. 江西理工大学学报, 41 (1): 28-35.
郑宗生, 周云轩, 刘志国, 等. 2008. 基于水动力模型及遥感水边线方法的潮滩高程反演. 长江流域资源与环境, 17 (5): 756-760.
周云轩, 田波, 黄颖, 等. 2016. 我国海岸带湿地生态系统退化成因及其对策. 中国科学院院刊, 31 (10): 1157-1166.
庄大方, 刘纪远. 1997. 中国土地利用程度的区域分异模型研究. 自然资源学报 (2): 105-111.
庄振业, 刘冬雁, 杨鸣, 等. 1999. 莱州湾沿岸平原海水入侵灾害的发展进程. 中国海洋大学学报, 29 (1): 141-147.
Abdel-Hamid A, Dubovyk O, El-Magd I A, et al. 2017. Integration of SAR and Optical Remote Sensing Data for Mapping of Mangroves Extents//Otjacques B, Hitzelberger P, Naumann S, et al. Science to Society: The bridge provided by environmental informatics. Shaker Verlag Gmbh.
Baban S M J, Wan Yusof K. 2001. Mapping land use/cover distribution on a mountainous tropical island using remote sensing and GIS. International Journal of Remote Sensing, 22 (10): 1909-1918.
Bagheri M, Zaiton Ibrahim Z, Bin Mansor S, et al. 2019. Shoreline change analysis and erosion prediction using historical data of Kuala Terengganu, Malaysia. Environmental Earth Sciences, 78 (15): 477.
Barbier E B, Koch E W, Silliman B R, et al. 2008. Coastal ecosystem-based management with nonlinear ecological functions and values. Science, 319 (5861): 321-323.
Bell P S, Bird C O, Plater A J. 2016. A temporal waterline approach to mapping intertidal areas using X-band marine radar. Coastal Engineering, 107: 84-101.
Brockmann C, Stelzer K. 2008. Optical Remote Sensing of intertidal Flats//Barale V, Gade M. Remote Sensing of the European Seas. Dordrecht: Springer.
Campbell M J, Dennison P E, Hudak A T, et al. 2018. Quantifying understory vegetation density using small-footprint airborne lidar. Remote Sensing of Environment, 215: 330-342.
Cao W Z, Wong M H. 2007. Current status of coastal zone issues and management in China: A review. Environment International, 33 (7): 985-992.
Chen J Y, Pan D L, Mao Z H, et al. 2014. Land-cover reconstruction and change analysis using multisource remotely sensed imageries in Zhoushan Islands since 1970. Journal of Coastal Research, 294: 272-282.
Deegan L A, Hughes J E, Rountree R A. 2000. Salt marsh ecosystem support of marine transient species. Concepts and Controversies in Tidal Marsh Ecology, 2000: 333-365.

Deegan L A, Johnson D S, Warren R S, et al. 2012. Coastal eutrophication as a driver of salt marsh loss. Nature, 490: 388-392.

Dhanjal-Adams K L, Hanson J O, Murray N J, et al. 2016. The distribution and protection of intertidal habitats in Australia. Emu-Austral Ornithology, 116 (2): 208-214.

Donchyts G, Baart F, Winsemius H, et al. 2016. Earth's surface water change over the past 30 years. Nature Climate Change, 6: 810-813.

Fuyi T, Chun B B, Jafri M Z M, et al. 2012. Land cover/use mapping using multi-band imageries captured by Cropcam Unmanned Aerial Vehicle Autopilot (UAV) over Penang Island, Malaysia//Unmanned/Unattended Sensors and Sensor Networks IX. International Society for Optics and Photonics, 8540: 85400S.

Ghosh S, Ruggunan S. 2016. A career capital approach in the training and development of merchant marine seafarers: The case of South Africa. Proceedings of IAMU AGA 17, Vietnam: Vietnam Maritime University.

Gong Z N, Wang Q W, Guan H L, et al. 2020. Extracting tidal creek features in a heterogeneous background using Sentinel-2 imagery: A case study in the Yellow River Delta, China. International Journal of Remote Sensing, 41 (10): 3653-3676.

Gowthaman R, Dwarakish G S, Sanilkumar V. 2014. Land use/Land cover changes around Rameshwaram Island, east coast of India. Indian Journal of Geo-Marine Sciences, 43 (7): 1183-1186.

Han Q, Niu Z, Wu M, et al. 2019. Remote-sensing monitoring and analysis of China intertidal zone changes based on tidal correction. Chinese Science Bulletin, 64: 456-473.

Hirata Y, Tabuchi R, Patanaponpaiboon P, et al. 2014. Estimation of aboveground biomass in mangrove forests using high-resolution satellite data. Journal of Forest Research, 19 (1): 34-41.

Hou X Y, Wu T, Hou W, et al. 2016. Characteristics of coastline changes in mainland China since the early 1940s. Science China Earth Sciences, 59 (9): 1791-1802.

Hu C M, Carder K L, Muller-Karger F E. 2000. Atmospheric correction of Sea WiFS imagery over turbid coastal waters A practical method. Remote Sensing of Environment, 74 (2): 195-206.

Husnayaen, Rimba A B, Osawa T, et al. 2018. Physical assessment of coastal vulnerability under enhanced land subsidence in Semarang, Indonesia, using multi-sensor satellite data. Advances in Space Research, 61 (8): 2159-2179.

Jia M M, Wang Z M, Zhang Y Z, et al. 2018. Monitoring loss and recovery of mangrove forests during 42 years: The achievements of mangrove conservation in China. International Journal of Applied Earth Observation and Geoinformation, 73: 535-545.

Jia M M, Wang Z M, Mao D H, et al. 2021. Rapid, robust, and automated mapping of tidal flats in China using time series Sentinel-2 images and Google Earth Engine. Remote Sensing of Environment, 255: 112285.

Jorgenson M T, Brown J. 2005. Classification of the Alaskan Beaufort Sea Coast and estimation of carbon and sediment inputs from coastal erosion. Geo-Marine Letters, 25 (2): 69-80.

Joseph K A, Balchand A N. 2000. The application of coastal regulation zones in coastal management—appraisal of Indian experience. Ocean & Coastal Management, 43 (6): 515-526.

Liao J J, Zhen J N, Zhang L, et al. 2019. Understanding dynamics of mangrove forest on protected areas of Hainan Island, China: 30 years of evidence from remote sensing. Sustainability, 11 (19): 5356.

Mao D H, Liu M Y, Wang Z M, et al. 2019. Rapid invasion of Spartina alterniflora in the coastal zone of mainland China: Spatiotemporal patterns and human prevention. Sensors, 19 (10): 2308.

Mei A, Manzo C, Fontinovo G, et al. 2016. Assessment of land cover changes in Lampedusa Island (Italy) using Landsat TM and OLI data. Journal of African Earth Sciences, 122: 15-24.

Modara M, Ait Belaid M, Al-Jenaid S. 2013. Mapping and assessing land use/land cover change in Muharraq island based on GIS and remote sensing integration. The International Archives of the Photogrammetry, Remote Sensing and Spatial Information Sciences, XL-4/W1: 57-63.

Murray A B, Coco G, Goldstein E B. 2014. Cause and effect in geomorphic systems: Complex systems perspectives. Geomorphology, 214: 1-9.

Murray N, Phinn S, Clemens R, et al. 2012. Continental scale mapping of tidal flats across East Asia using the landsat archive. Remote Sensing, 4 (11): 3417-3426.

Murray N J, Ma Z J, Fuller R A. 2015. Tidal flats of the Yellow Sea: A review of ecosystem status and anthropogenic threats. Austral Ecology, 40 (4): 472-481.

Niu Z G, Wang J W, Wu M Q, et al. 2019. Remote-sensing monitoring and analysis of China intertidal zone changes based on tidal correction. Chinese Science Bulletin, 64 (4): 456-473.

Otsu N. 1975. A threshold selection method from gray-level histograms. IEEE Transactions on Systems, Man, and Cybernetics, 9 (1): 62-66.

Pham T D, Yoshino K. 2017. Aboveground biomass estimation of mangrove species using ALOS-2 PALSAR imagery in Hai Phong City, Vietnam. Journal of Applied Remote Sensing, 11 (2): 026010.

Rogers A S, Kearney M S. 2004. Reducing signature variability in unmixing coastal marsh Thematic Mapper scenes using spectral indices. International Journal of Remote Sensing, 25 (12): 2317-2335.

Sagar S, Roberts D, Bala B, et al. 2017. Extracting the intertidal extent and topography of the Australian coastline from a 28year time series of Landsat observations. Remote Sensing of Environment, 195: 153-169.

Simard M, Zhang K Q, Rivera-Monroy V H, et al. 2006. Mapping height and biomass of mangrove forests in Everglades National Park with SRTM elevation data. Photogrammetric Engineering & Remote Sensing, 72 (3): 299-311.

Singh K V, Setia R, Sahoo S, et al. 2015. Evaluation of NDWI and MNDWI for assessment of waterlogging by integrating digital elevation model and groundwater level. Geocarto International, 30 (6): 650-661.

Tran T V, Tien T X A, Phan N H, et al. 2014. Application of remote sensing and GIS for detection of long-term mangrove shoreline changes in Mui Ca Mau, Vietnam. Biogeosciences, 11 (14): 3781-3795.

Wang X X, Xiao X M, Zou Z H, et al. 2020a. Mapping coastal wetlands of China using time series Landsat images in 2018 and Google Earth Engine. ISPRS Journal of Photogrammetry and Remote Sensing, 163: 312-326.

Wang X X, Xiao X M, Zou Z H, et al. 2020b. Tracking annual changes of coastal tidal flats in China during 1986-2016 through analyses of Landsat images with Google Earth Engine. Remote Sensing of Environment, 238: 110987.

Wicaksono A, Wicaksono P. 2019. Geometric accuracy assessment for shoreline derived from NDWI, MNDWI, and AWEI transformation on various coastal physical typology in Jepara regency using landsat 8 OLI imagery in 2018. Geoplanning Journal of Geomatics and Planning, 6 (1): 55-72.

Xu N, Gong P. 2018. Significant coastline changes in China during 1991-2015 tracked by Landsat data. Science Bulletin, 63 (14): 883-886.

Yang Y H, Liu Y X, Zhou M X, et al. 2015. Landsat 8 OLI image based terrestrial water extraction from heterogeneous backgrounds using a reflectance homogenization approach. Remote Sensing of Environment, 171: 14-32.

Zhang H N, Jiang Q G, Xu J. 2013. Coastline extraction using support vector machine from remote sensing image. Journal of Multimedia, 8 (2): 175-182.

Zhang H S, Wang T, Liu M F, et al. 2018. Potential of combining optical and dual polarimetric SAR data for improving mangrove species discrimination using rotation forest. Remote Sensing, 10 (3): 467.

Zhang K Y, Dong X Y, Liu Z G, et al. 2019. Mapping tidal flats with landsat 8 images and google earth engine: A case study of the China's eastern coastal zone *circa* 2015. Remote Sensing, 11 (8): 924.

Zhao C P, Qin C Z, Teng J K. 2020. Mapping large-area tidal flats without the dependence on tidal elevations: A case study of Southern China. ISPRS Journal of Photogrammetry and Remote Sensing, 159: 256-270.

Zhen J N, Liao J J, Shen G Z. 2018. Mapping mangrove forests of Dongzhaigang nature reserve in China using Landsat 8 and Radarsat-2 polarimetric SAR data. Sensors, 18 (11): 4012.

13 矿山生态遥感

遥感技术已成为矿山生态系统变化、修复、治理、监测和分析的主要技术手段。本章介绍了国内外矿山生态遥感监测评估的主要研究进展和典型应用，从矿区生态动态监测、生态空间监测、地表沉降监测、固体废弃物识别等方面，结合地面实际案例阐述了遥感技术在矿产资源开发生态影响监测分析中的流程与方法。基于卫星多光谱和地面高光谱数据，介绍了矿山生态恢复治理遥感综合监测的技术方法。针对绿度、湿度、干度、温度等生态环境典型特征要素，介绍了矿区生态状况综合评估技术方法和典型应用示范。

13.1 概　　述

13.1.1 矿山生态遥感

矿产资源是人类社会发展的基本物质和能源保障，支撑着世界经济社会的繁荣发展。中国是一个矿业大国，92%的一次能源、80%以上的工业原料、30%的工农业用水和城镇居民用水来自矿产资源（杨金中，2011）。作为宝贵的财富，矿产资源对于人们的生活、生产产生了非常大的影响，对国家社会经济的发展做出了巨大奉献，是重要的物质基础。

矿山生态系统指已经开采、正在开采或准备开采的矿床及其邻近地区矿业活动与大气、水、生物圈之间相互作用所组成的复杂系统。矿山生态系统具有整体性、复杂性、开放性、动态性、层次性和针对性的特点。矿山的开发活动不可避免地会带来一系列生态问题，如地表景观破坏、地表沉降、森林和草地面积被挤占等。

中国于1986年出台《中华人民共和国矿产资源法》用来规范矿产资源的开发利用，从根本上结束了中华人民共和国成立以来矿业开采无法可依的历史，从而实现了矿产资源的国家所有权。在此之后，由于中国社会经济持续稳定的增长，大量矿产资源被消耗，矿产资源开发引起了复杂多样的生态环境问题。党的十八大以来，生态文明建设被提高到前所未有的战略层次，与经济建设、政治建设、文化建设、社会建设形成了“五位一体”的战略布局。与此同时，各级政府以及社会人士都开始重视矿山生态环境问题，为恢复矿山灾害区的生态环境投入了大量的人力、物力、财力，并逐渐开始解决老旧矿区以及废弃矿区的生态问题，制定了相关的法律法规，逐渐开始矿山地区的生态恢复（王梅芳等，2017；高云峰等，2019）。

近年来，国家逐步加强了对矿山生态环境的保护，提出了一系列的规范和方法。矿山生态保护正逐渐成为矿山开发的重要组成部分。由于中国矿山多、分布面积大、地貌类型复杂，若想实现高效、快捷且准确的矿山生态环境现状及动态变化调查，传统的实地调查方式难以满足需求。为了尽早发现矿山生态环境问题，中国地质调查局结合遥感调查与监测方法，开展了矿山生态保护相关项目。通过不同分辨率、不同光谱、不同成像方式、不同时相等遥感观测数据，提取矿山开采过程的地表特征信息变化，对矿山资源开发活动进行全面了解，实现对矿山生态环境动态监测的目的（李成尊等，2005）。随着中国卫星遥感技术的不断发展与成熟，越来越多的高质量卫星遥感数据可以为矿山生态监测提供支撑，例如中巴资源卫星、资源系列卫星、高分系列卫星等广泛应用于矿山生态状况及其变化监测。目前，以遥感技术为主要手段的矿山生态研究工作已经在全国许多矿山开展，包括矿区植被覆盖度遥感监测、矿区地表温度遥感监测、矿区粉尘污染遥感监测、矿区大气环境监测等，取得了较好的应用效果。

13.1.2 国外矿山生态遥感研究进展

早在20世纪70年代，国外就对矿山生态环境保护和治理非常重视，大多数西方国家都实行严格的矿山生态环境保护和评估制度（Rigina，2002）。作为获取地表环境信息的强有力手段，遥感技术应用的必要性和迫切性越来越被全球各国所接受，它突破了传统矿山环境调查与监测的局限性（施益强等，2002）。多年来，全球已经初步建立起了高、中、低轨道卫星相结合，大、中、小、微型卫星协同，粗、中、细、精分辨率卫星互补的全天候、多层次的全球对地观测体系。

20世纪60年代，美国相关部门首次利用遥感技术对煤矸石堆进行了动态监测，对防止其爆炸取得了一定效果，并对煤矿区土地复垦效果进行动态监测（Bell and Hinojosa，1977）。到20世纪80年代，随着可持续发展理念的深入，矿山生态环境越来越受到各国政府的重视，矿山生态环境保护相关的研究不断深入。1990年，Legg利用遥感技术对地表采矿引起的环境问题和矿区土地复垦作了定性评估（Legg，1990）。1999年，Ferrier利用成像光谱技术对西班牙的最大铜矿区Rodaquilar进行长期了监测，对该矿区地面沉降以及其对周围资源、设施的影响进行了分析（Ferrier，1999）。2002年，针对宾夕法尼亚州的重大煤矿事故，美国政府开发了遥感地球物理探测技术对旧矿山和废弃矿山进行监测（Gochioco et al.，2008）。2005年，Colesanti等（2005）利用法国Lorraine铁矿盆地的合成孔径雷达数据，对该矿区基础设施变形问题进行了研究，发现该地区塌陷的预先标志在永久散射体变形时序图中可以清楚地检测到。Riaza和Müller（2010）对土耳其Goynuk露天矿区地表开采活动导致的景观格局空间变化进行了研究。

随着国外越来越多的先进卫星传感器投入使用，用高光谱遥感影像取代多光谱影像逐渐成为主流，美国地质调查局基于机载AVIRIS高光谱影像，首先通过提取各种铁矿的光谱特征，然后用算法得到其空间分布，最终得到酸性废弃物评价图（Clark et al.，2003）。欧盟实施的MINEO项目是应用遥感、地理信息系统等技术监测和评价采矿生态环境影响的重要研究之一，通过选择不同类型、不同生态环境下的矿山，利用高光谱遥感技术取得了一系列具有重要科学意义和社会经济价值的成果。

13.1.3 中国矿山生态遥感研究进展

中国利用遥感技术对矿山生态环境进行研究虽然起步较晚，但是发展迅速。最早是中国国土资源航空物探遥感中心将 GIS 与遥感技术相结合，对矿产资源在试点矿区进行勘查开发。从 20 世纪 80 年代开始，随着遥感技术、地理信息系统等的快速发展，其在矿产资源以及生态环境监测等领域发挥着越来越不可替代的支撑作用，得到了更加深入的应用。

金学林等（1997）阐述了以 3S 技术为主体的地理信息科学技术在矿山环境监测中的可行性及优势，并通过遥感调查分析方法，在多个矿区对矿山的塌陷、大气等状况进行了研究。牛宝茹和孙顺新（1999）用 SPOT、TM 等卫星影像对三个矿区进行了分析、处理和解译，通过野外验证确定了遥感技术对小矿区的监测是可行的。2002 年，中国国土资源航空物探遥感中心应用高光谱遥感在江西德兴铜矿展开了矿区环境污染遥感调查和识别研究，利用 ASTER 和 Hyperion 遥感数据提取矿山环境污染信息，基于野外实测地物的光谱曲线特征分析结果，对矿山的污染类型及其分布进行了有效识别和监测（甘甫平等，2004）。

2003 年，国土资源部通过遥感调查方法开展了全国重点矿区监测工作的试点研究，从 2006 年起，在试点监测研究基础上，中国地质调查局发起了“矿产资源开发多目标遥感调查与监测”项目，将全国 163 个重点矿区纳入监测范围，将各个省份地勘单位联合起来，对全国所有矿区进行遥感监测，做到“一年一图，以图管矿”，获得了中国各矿区的地质灾害分布情况、矿山环境状况、矿产资源规划执行情况等各项数据，推动了中国矿山开发活动的规范化，监管的法律化进程。高培（2009）利用遥感技术对葫芦岛的矿山地质环境进行了综合评价，针对地面塌陷、固体废弃物堆积、粉尘污染等问题提出了建议。

中国地质调查局组织中国国土资源航空物探遥感中心、中国地质大学（北京）、中国地质大学、有色金属矿产地质调查中心等单位，开展了全国重点成矿带与矿集区的矿产资源开发多目标遥感调查与监测工作，对目标矿山开采目标的合法性、矿山生态环境现状调查与动态监测获取实时科学遥感数据，形成综合评估报告，为矿产资源的可持续开发与利用，以及维护矿业秩序、整治矿区生态环境提供支持（丁丽，2010）。

13.2 矿山生态动态监测

13.2.1 矿区地表植被监测

矿产资源开发，特别是煤炭资源开采，不可避免会导致矿区地表挖损和塌陷、土壤遭到破坏、荒漠化程度加重、植被覆盖面积减少及水体污染等生态环境问题，对区域自然生态造成一定的影响。近年来，不同学者从全国（刘继来等，2017）、省域（王千等，2011）、市域（邱硕等，2018）、县域（李益敏等，2018）甚至社区（Joerin et al.，2001）等不同尺度，开展了有关生态空间的学术探讨。对于矿产资源开发的生态空间变化监测，植被参量的时空变化是最重要的。作为表征地表植被特征变化的重要参量，植被覆盖度是指植被（枝、茎、叶）在地表统计面积内垂直投影的比例，是评估和表征地表植被覆盖状况的重要定量指标，也是评价土地退化和荒漠化的敏感指标（穆少杰等，2012）。植被覆盖度反映了植物光合作用面积的大小以及生长的茂盛程度，在一定程度上能表征区域植被的生长态势（甘春英等，2011）。本研究以植被覆盖度作为关键指标，监测分析了陕西省榆林市神木县（现神木市）① 大柳塔矿区土地复垦后的植被生态变化情况。

13.2.1.1　区域概况

大柳塔镇位于陕西省榆林市神木县北部，地理位置为110°05′00″E ~ 110°20′00″E，39°15′00″N ~ 39°30′00″N，位于毛乌素沙地东南边缘与陕北黄土高原过渡地带，是晋陕蒙交界地带的中心（图13-1）。地貌总体上西高东低，北高南低。研究区为典型温带半干旱气候，年平均气温7.3℃，年平均降水量340 ~ 470 mm，降水集中在7、8月且变化较大，蒸发与降水比为4∶1，该地土壤类型主要为风沙土，土壤水分和养分含量均较低。

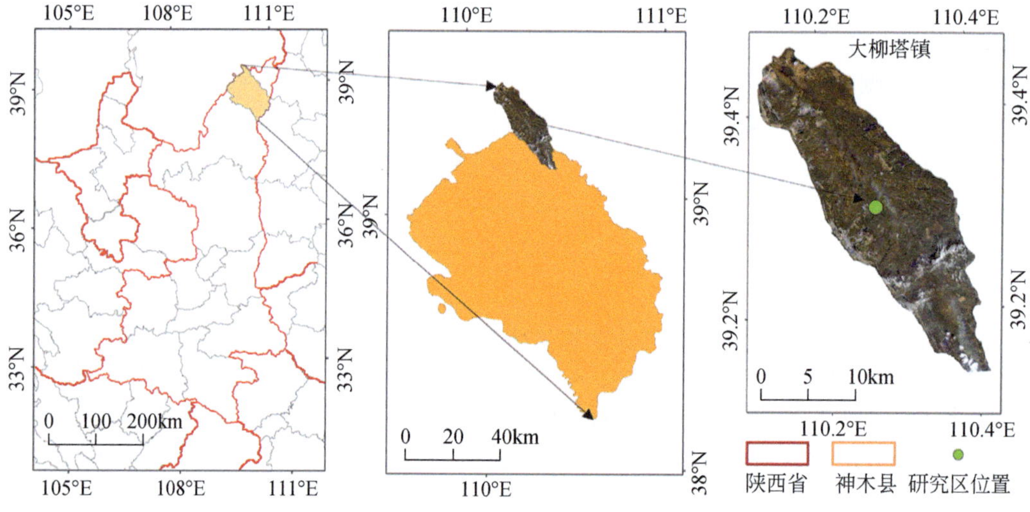

图13-1　大柳塔矿区地理位置及基本概况

大柳塔矿区属于神东矿区，主要包括大柳塔煤矿、哈拉沟煤矿、石圪台煤矿等。该区生态脆弱，对环境变化较敏感，生态环境恢复难度大。20世纪80年代大柳塔煤矿为露天开采，地表遭受严重扰动，原生植被均遭到破坏，风蚀区面积达70%以上。复垦前仅有小叶杨、柠条、沙柳及少数沙生草本植物零星分布，矿区植被覆盖度仅为0.3左右，植被种类少、生物多样性低、大部分地表都是裸露的黄沙，是我国水土流失重点监督区与治理

① 2017年，经国务院批准，撤销神木县，设立神木市。本研究时间跨度为2016 ~ 2019年，统一称为神木县。

区，生态环境十分脆弱。经多年的复垦修复，大柳塔煤矿已建为全国首个以采煤沉陷区为基础的水土保持科技示范园，复垦植被有野樱桃、欧李等。

13.2.1.2 数据资料与技术路线

1）数据资料

主要采用了 Sentinel-2 号卫星遥感数据和 Landsat-8 TIRS 热红外卫星遥感数据。其中，Sentinel-2 数据从欧洲航天局官网（https://scihub. copernicus. eu/dhus/#/home）免费下载。Landsat-8 TIRS 热红外影像数据进行地表温度反演，该数据的获取从美国地质调查局官网免费下载（https：//earthexplorer. usgs. gov/）。Sentinel-2 号是新一代高分辨率多光谱成像卫星，可用于全球高分辨率和高重访周期的地面观测，植被、水域环境监测以及风险和灾害测绘，在气候变化、土地监测、农业生产、应急管理和安全等领域得到较好应用。

2）植被覆盖度反演

植被覆盖度通过像元二分模型进行反演，遥感传感器观测获得的像元信息分为两部分：植被信息和非植被覆盖（裸土）信息（贾坤等，2013）。卫星遥感影像的光谱信息是由植被光谱信息和非植被光谱信息（一般为裸地信息）线性加权合成：

$$R=R_{veg}\times F_c+R_{soil}\times(1-F_c) \tag{13-1}$$

式中，R_{veg}为纯植被覆盖的反射率；R_{soil}为无植被覆盖、纯裸土的反射率；F_c 为植被覆盖面积占像元的比例，即为植被覆盖度；裸土覆盖面积的占比为 $1-F_c$。

植被覆盖度计算公式可表达为

$$F_c=(R-R_{soil})/(R_{veg}-R_{soil}) \tag{13-2}$$

归一化植被指数 NDVI 可以定量反映地表植被生长状况。根据像元二分模型理论，一个像元的 NDVI 值可表达为由两部分因子组成，即植被覆盖部分所贡献的信息 NDVI_{soil}和无植被覆盖（裸土）部分所贡献的信息 NDVI_{soil}。因此，植被覆盖度计算公式为

$$F_c=(\mathrm{NDVI}-\mathrm{NDVI}_{soil})/(\mathrm{NDVI}_{veg}-\mathrm{NDVI}_{soil}) \tag{13-3}$$

式中，NDVI 为影像中像元的 NDVI 值；NDVI_{veg}为纯植被覆盖像元的 NDVI 值；NDVI_{soil}为无植被覆盖区或裸土的 NDVI 值。

本研究参考研究区实地调查情况，将 NDVI 值的置信区间设置为 5% ~95%，取区间的最小值和最大值作为 NDVI_{soil}和 NDVI_{veg}参数值。根据频率统计结果，取累积频率 5% 的 NDVI 值作为 NDVI_{soil}值，累积频率为 95% 的 NDVI 值作为 NDVI_{veg}值。

13.2.1.3 矿区植被覆盖度变化特征

利用 Sentinel-2 高空间分辨率遥感影像，采用像元二分模型估算大柳塔矿区的植被覆盖度，监测分析 2016 ~2019 年大柳塔矿区的植被覆盖度动态变化，如表 13-1 所示。选择置信度 5% 的 NDVI 值作为裸土部分贡献的信息，置信度为 95% 的 NDVI 值作为植被部分所贡献的信息，利用像元二分模型法得到矿区植被覆盖度，空间分布如图 13-2 所示。

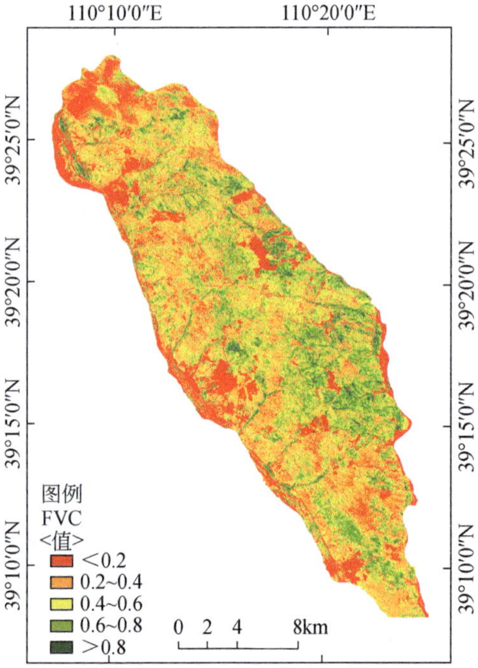

(a)2016年植被覆盖度

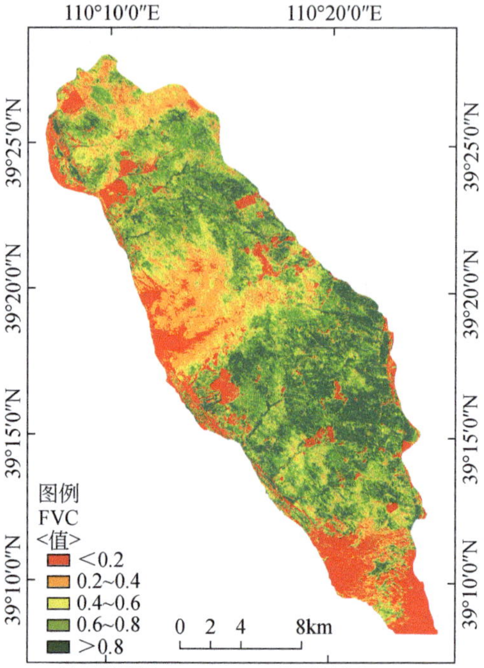

(b)2017年植被覆盖度

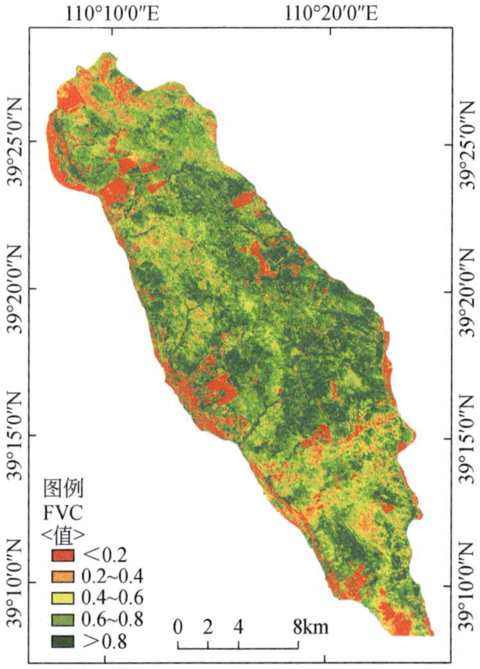

(c)2018年植被覆盖度

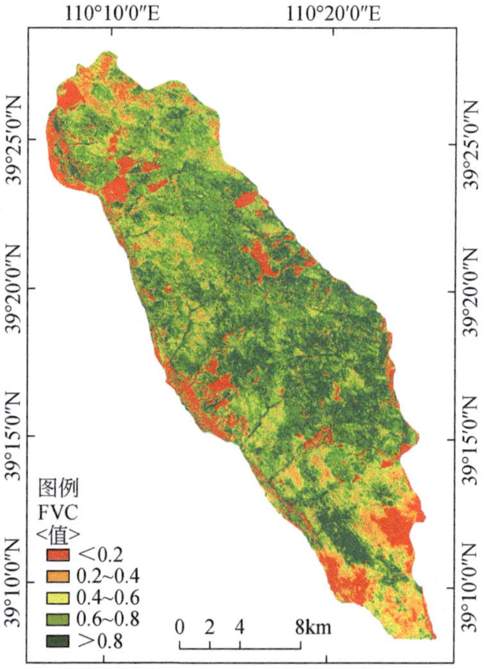

(d)2019年植被覆盖度

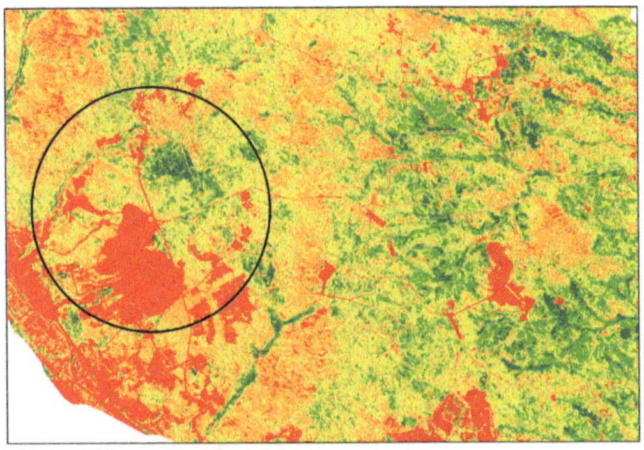

(e)2016年局部放大图

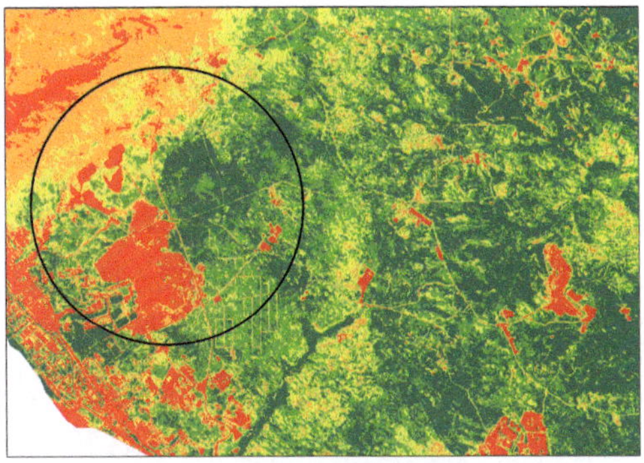

(f)2017年局部放大图

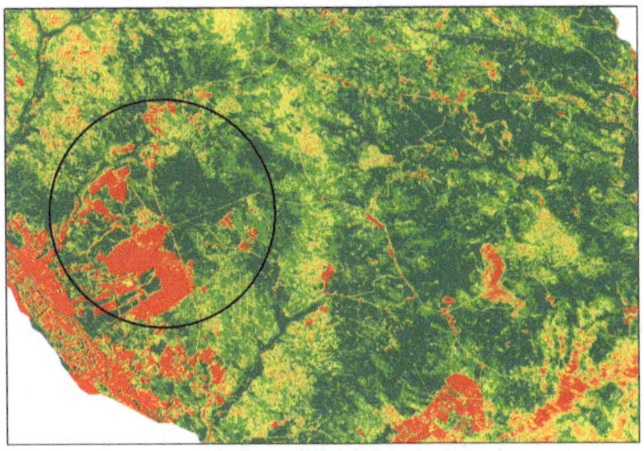

(g)2018年局部放大图

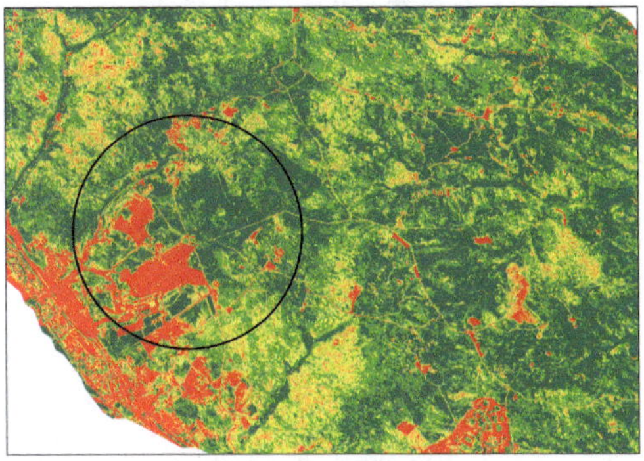

(h)2019年局部放大图

图 13-2 基于像元二分模型的年际植被覆盖度动态变化反演结果

大柳塔矿区的年际植被覆盖度总体呈增长趋势，2018～2019 年植被覆盖度在空间分布上变化较小，从局部放大图也可以看出，圈起来的位置红色范围逐渐变小，即植被覆盖度在上升。整个区域内，中部偏东南植被覆盖度最高，北部植被覆盖度最低，南部植被覆盖度较低且差异很大，其中西南部分区域的植被覆盖度较高。

大柳塔矿区的植被覆盖度总体上从 2016 年到 2019 年是呈上升趋势的，但 2019 年植被覆盖度较 2018 年略有下降。在干旱区，降水等气候因素对植被覆盖度变化有着很大的影响，2018～2019 年的植被覆盖度下降可能是降水量减少导致的，但总体上大柳塔矿区植被覆盖度的变化表明了土地复垦对矿区生态环境改善起着积极作用。

表 13-1 大柳塔矿区 NDVI 值频率统计结果

时间	最小值	最大值	均值	累积频率 5%	累积频率百分比
2016. 8	-0. 417	0. 864	0. 330	0. 068	0. 555
2017. 8	-0. 374	0. 894	0. 367	0. 100	0. 583
2018. 8	-0. 588	0. 918	0. 439	0. 109	0. 664
2019. 8	-0. 534	0. 890	0. 438	0. 120	0. 666

13.2.2 矿区地表沉降监测

地面沉降广义上是指自然或人为因素作用下形成的地面标高降低。自然因素引起的地面沉降是地质历史时期常见的现象，是不可避免的。人为因素引起的地面沉降指开采地下资源过程中破坏了掩体内原有的应力平衡状态，使采空区周围的岩层乃至地表产生移动和变形，进而导致地面建筑物的变形和损坏，一定程度上影响了工业、农业生产建设和人们的生存环境。矿山开采引起的地面塌陷问题由来已久，属于人为的地质灾害之一，长期困扰和阻碍着矿区的经济发展及环境保护（段丽丽和朱明，2007）。

目前煤矿开采沉降形式主要有三种：第一种是形成沉降盆地，当煤矿开采区域的地表标高下降时，会在采空区正上方形成一个沉降区域，该区域面积通常大于采空区面积，若地面为建筑群体，将危害地基安全，严重时会导致房屋塌陷，造成人员伤亡；第二种是形成沉降坑，一般来说，沉降坑面积要远小于沉降盆地，形成原因是煤层厚度不一，开采过程控制力度交叉，导致部分地面陷落出现沉降坑；第三种是形成裂缝合台阶，这种沉降形式大多与沉降盆地同时存在，裂缝深浅不一，若不及时治理可能逐渐形成联通裂缝合采空区，危险系数较高（王海峰，2020）。

煤矿开采沉降不仅危害井下作业人员的健康安全，对地上的生态环境与建筑安全也有不良影响。首先，影响土地使用，沉降问题会对煤矿周边土地产生消极影响，沉降盆地和沉降坑中易积水，破坏地面植被生长环境，使庄稼无法正常生长，造成土地资源浪费，裂缝合台阶处的土地无法正常使用。其次，危害地上建筑安全，煤矿开采沉降会破坏建筑地基的稳定性与牢固性，需要企业采取科学合理的防控措施降低沉降危害，否则将危及建筑安全，造成非必要的经济损失与人员伤亡。最后，影响水环境，煤矿开采作业对水环境影响较大，存在地下水位下降与水资源污染等风险，导致水环境失衡，进而影响其他生态系统（王海峰，2020）。

矿区地表沉降会对矿区及矿区周边的环境造成巨大的影响与破坏。山西作为能源大省，采煤沉陷区危害严重。随着经济社会的发展，煤炭开采量不断增加，沉陷区给环境、土地、水资源、建筑物等造成的灾害会越来越大。为此，针对矿山开采造成的地表沉降问题，对山西省典型矿区的地表沉降进行监测。

13.2.2.1 区域概况

太原盆地位于山西断陷盆地的中部，是山西陆台上新生代断陷带中的大型断陷盆地之一。西接吕梁山，东依太行山，四周多为丘陵和山区。太原盆地长 150km 左右，分布在 111°35′E～112°59′E，36°50′N～38°15′N，整体呈北东方向展布，在晋祠以北转为北北东方向。其地形总趋势自北向南逐渐降低，四周较高，中间较低，由四周山区到中间盆地呈现阶梯状下降（许振鹏等，2021）。太原盆地日益严重的地面沉降引起地质灾害频发、水资源枯竭、土地资源破坏等一系列生态环境问题，治理任务极为艰巨。

13.2.2.2 数据资料与技术路线

1）数据资料

收集山西省太原盆地内的三组 SAR 影像数据：①39 景 Envisat ASAR 降轨数据（Track 75，Frame 1），时间跨度为 2003 年 8 月 17 日至 2010 年 9 月 19 日；②36 景 Envisat ASAR 降轨数据（Track 75，Frame 2），时间跨度为 2004 年 1 月 4 日至 2010 年 9 月 19 日；③33 景 TerraSAR-X 数据，时间跨度为 2009 年 3 月 21 日至 2010 年 3 月 23 日。这三组 SAR 数据在山西省太原盆地的覆盖范围见图 13-3，Envisat ASAR 和 TerraSAR-X 影像的范围如图中黑色方框所示，基本参数见表 13-2。

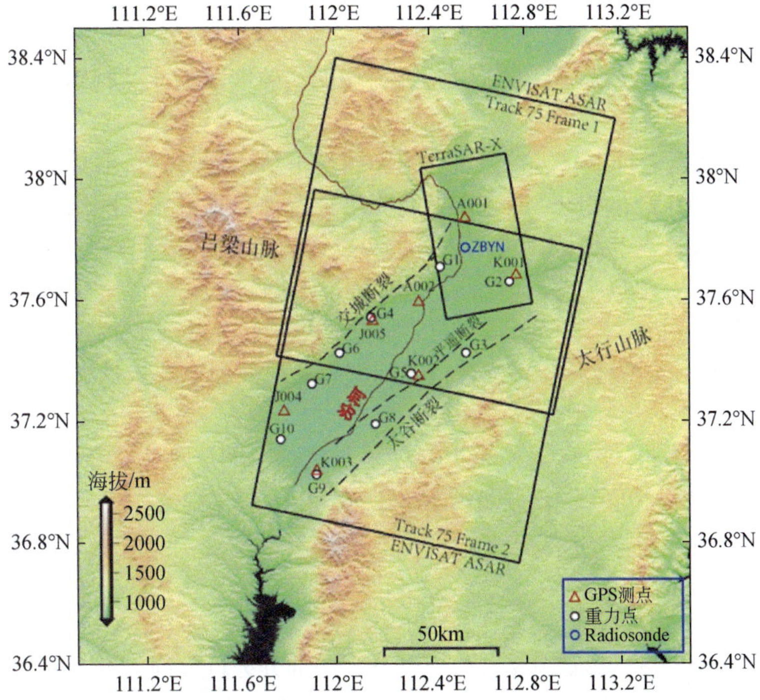

图 13-3　山西省太原盆地地形（SRTM 30m 分辨率）

表 13-2　山西省太原盆地 SAR 数据的基本参数

SAR 传感器	时间跨度	波长/cm	雷达视角/（°）	影像数量/景	干涉图数量/景
Envisat ASAR（Track 75，Frame 1）	2003 年 8 月 17 日 ~ 2010 年 9 月 19 日	5.62	22.6	39	181
Envisat ASAR（Track 75，Frame 2）	2004 年 1 月 4 日 ~ 2010 年 9 月 19 日	5.62	22.6	36	186
TerraSAR-X	2009 年 3 月 21 日 ~ 2010 年 3 月 23 日	3.1	30	33	32

TerraSAR-X 高分辨（3 m）的数据更有助于对盆地内的人工基础设施（体育馆、火车站、桥梁等）的结构健康进行监测和风险评估。由于盆地内覆盖有大范围的农业用地（盆地中部地区），中等分辨率 ASAR 数据时间跨度较长（8 年），存在较严重的时间失相干现象，采用单一主影像的永久散射体合成孔径雷达干涉测量（PS-InSAR）算法提取的 PS 点目标较稀疏，因而我们采用 StaMPS 软件中的 SBAS 方法对 ASAR 数据进行处理，更利于在长时间序列的数据中提取相干点目标（SDFP）。对于 TerraSAR-X 数据，每隔一个卫星重返周期（11 天）就获得一景 SAR 影像，时间分布均匀，总的时间跨度只有一年，时间失相干影响小，采用单一主影像的方法也可以提取到相当数量的点目标。

2）技术路线

采用中等分辨率（30m）的 Envisat ASAR 数据及高分辨率的 TerraSAR-X 数据进行实验，流程如图 13-4 所示，具体实验步骤如下。

（1）选择实验区。按照项目要求，选择适当的实验区范围，并收集符合要求的影像数据集。

（2）对干涉数据进行组合。按照影像自由组合形成干涉对，选取最优的干涉影像集。

（3）生成序列差分干涉图。对选取的各个干涉影像对进行影像配准，生成干涉图和相干图，利用外部 DEM 与生成的干涉图进行差分处理，得到差分干涉图。

（4）PS 点选取。根据幅度离散指数 D_A 提取 PS 候选点，再结合相干图对 PS 候选点的相位进行稳定性分析，对 PS 点目标进行筛选，并进行 DEM 误差校正，使其满足解缠条件。进行三维解缠，对解缠后的相位进行时间域高通滤波和空间域低通滤波，去除大气延迟、轨道误差的影响，恢复地表形变相位。

（5）提取实验结果。提取相关的实验结果，包括时间序列上的 PS 点目标提取结果、点目标的沉降速率场、DEM 误差分布图等。

13.2.2.3 地表沉降监测时空特征

1）差分干涉处理

对于 39 景 ASAR 雷达影像（表 13-2），分为两部分进行处理：第一部分为时间跨度从 2003 年 8 月到 2008 年 12 月的 22 景影像，其中以 2007 年 5 月 13 日为主影像；第二部分为时间跨度从 2009 年 2 月到 2010 年 9 月的 17 景影像，以 2010 年 1 月 17 日为主影像。对这两组数据裁切覆盖太原市的部分（112.543°E，37.800°N，11 000×1500 像素，面积约为 1320km^2）进行实验，分别进行配准、干涉、差分等步骤获得差分干涉图，如图 13-5 和图 13-6所示。对于间隔仅 1 年的 33 景 TerraSAR-X 影像，以 2009 年 9 月 15 日为主影像，裁切与 ASAR 数据相重叠的覆盖范围（112.543°E，37.800°N，22 000×13 000 像素，面积约为 874km^2），同样进行差分干涉处理，结果如图 13-7 所示。从三组干涉图可以看出，影像时间间隔越长其时间失相干越严重，干涉效果越差。传统的 DInSAR 方法不能够探测到可靠的形变信号，使得干涉失败。对于重访周期较短（11 天）、分辨率较高（3m）的 TerraSAR-X 影像，相干性保持得较好。

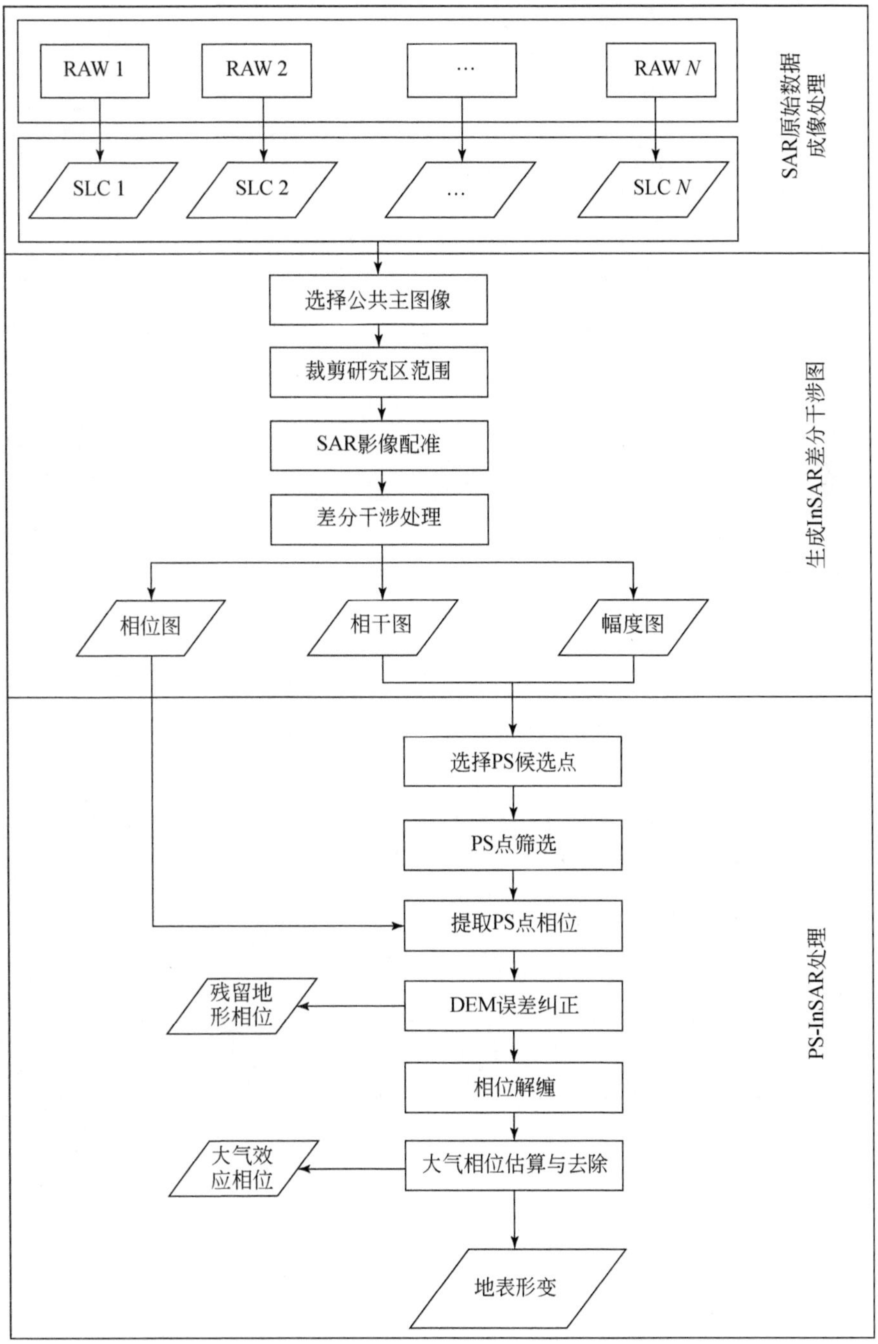

图 13-4　矿区地表沉降监测实验数据处理流程

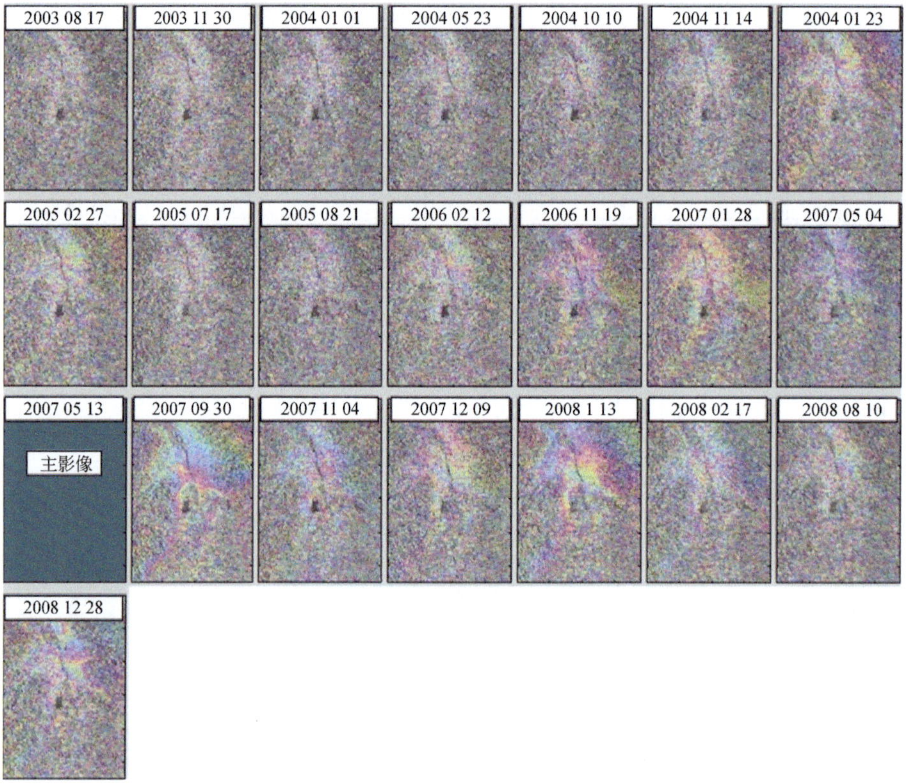

图 13-5　2003 年 8 月 ~2008 年 12 月的 22 景影像数据的差分干涉图

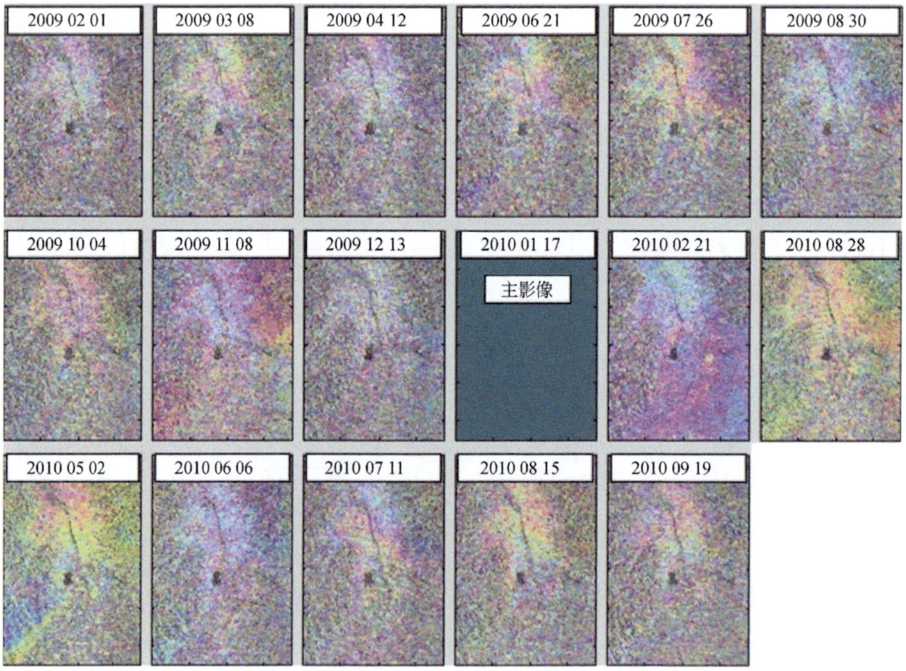

图 13-6　2009 年 2 月 ~2010 年 9 月的 17 景影像数据的差分干涉图

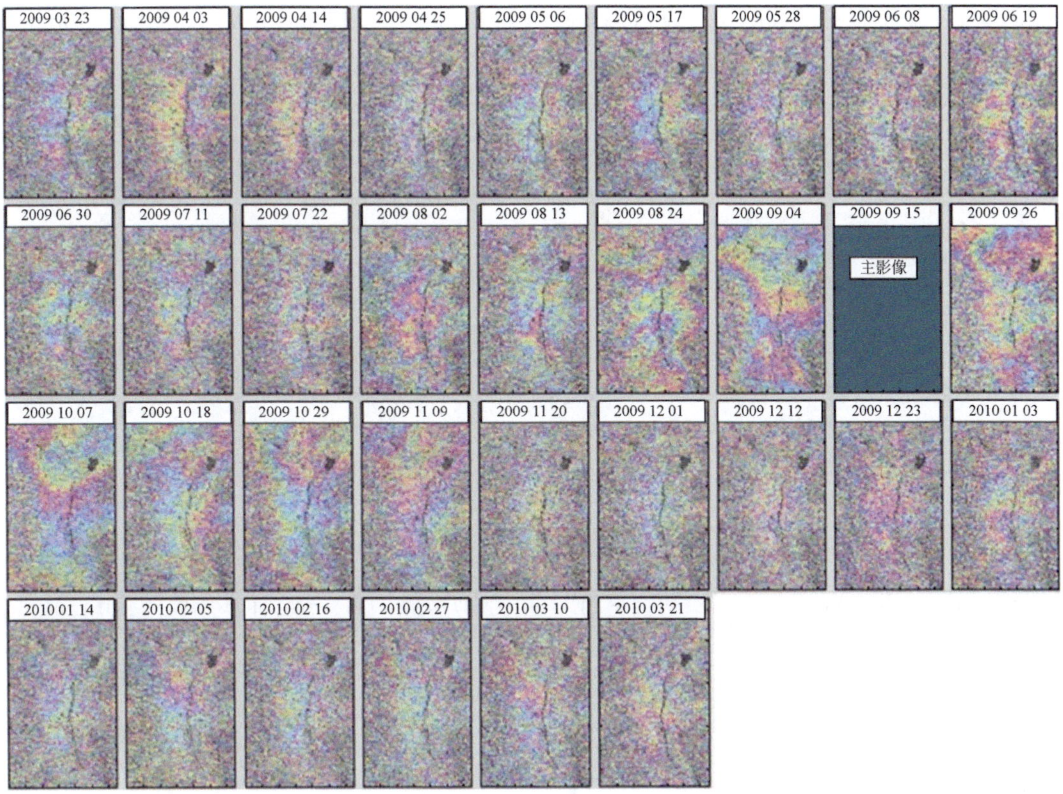

图 13-7　2009 年 3 月 ~2010 年 3 月的 33 景 TerraSAR-X 影像数据的差分干涉图

2）时间序列 PS-InSAR 干涉处理

差分干涉处理完成之后，利用 PS-InSAR 方法对以上三组数据进行了 PS 候选点初步选取，估计 PS 候选点相位噪声，根据相位噪声特性选取 PS 点，筛选出最终 PS 点，并对其缠绕相位进行 DEM 误差校正、三维相位解缠、估计空间相关相位误差以及估计其他空间相关误差项等处理。

选取 PS 候选点时，设置 D_A 阈值为 0.42，取较大的值可以选出更多的 PS 候选点，但会存在较多的伪 PS 点，通过后续的步骤不断进行筛选，将伪 PS 点去除。技术路线步骤 2 中，γ_x是通过估计空间相关相位项和空间不相关地形误差来定义的：

$$\gamma_x = \frac{1}{N}\left|\sum_{i=1}^{N}\exp\{\sqrt{-1}(\psi_{x,i} - \widetilde{\psi}_{x,i} - \Delta\hat{\phi}^{u}_{\theta,x,i})\}\right| \tag{13-4}$$

像素采样到 50m 格网空间，通过迭代方法估计空间相关相位项；通过概率统计的方法设定选取 PS 点的 γ_x 阈值，在处理中设置可接受的伪 PS 点密度为 18 个/km^2。剔除那些由于地理编码误差导致的伪 PS 点及受邻近 PS 点的影响而被认为是 PS 点的伪 PS 点，估计各 PS 点相位噪声，删除噪声比较低的点，最后剩余的点作为最终的 PS 点。经过这一步筛选之后，第一组数据提取出 113 858 个 PS 点，点密度 10 个/km^2，第二组探测到的 PS 点数目为 309 855，密度达到 234 个/km^2，第三组数据提取出 2 208 529 个 PS 点目标，点密度达到 2450 个/km^2。对上述的 PS 点的缠绕相位进行空间非相关地形误差校正，利用校正后的相位进行三维解缠，解缠的参考以地理坐标（112.5302°E，37.9595°N）为中心，200m 范围内的 PS 点为基准，最后的结果如图 13-8、图 13-9、图 13-10 所示。

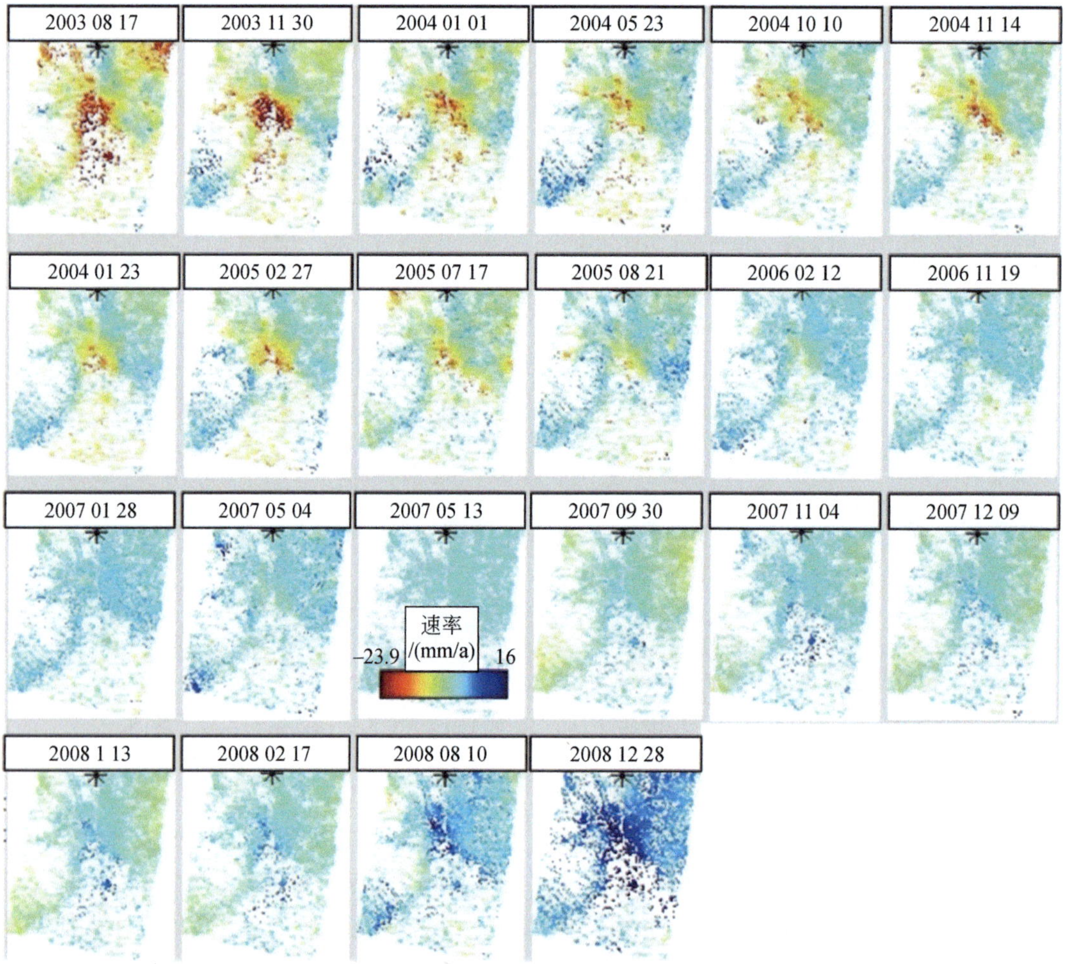

图 13-8　2003 年 8 月 ~2008 年 12 月的 22 景影像数据的解缠相位图

对解缠后的相位观测值进行空间域的低通滤波和时间域的高通滤波，去除大气延迟、DEM 误差及轨道误差的影响，最终恢复地表形变速率，同时还得到形变速率的标准差，以衡量结果的可靠程度。三组数据解算出的太原市地表沉降速率及标准差如图 13-11、图 13-12、图 13-13 所示。

3）太原地面沉降时空分布特征

图 13-14 为三个 SAR 数据集获得的太原盆地地面沉降速率，从图中可以发现“山区上升，盆地下降”的总体趋势，这与前人对山西省垂直形变场的研究结论相一致。盆地内绝大多数区域发生地面沉降，无论是从沉降范围还是沉降速率上看，太原市以南的沉降更为严重。从三种 SAR 数据集来看，其在重叠区域获得的形变结果基本一致。图中虚线框标出了盆地内几个主要的沉降区域：下元（14mm/a）、吴家堡（25mm/a）、小店（43mm/a）、

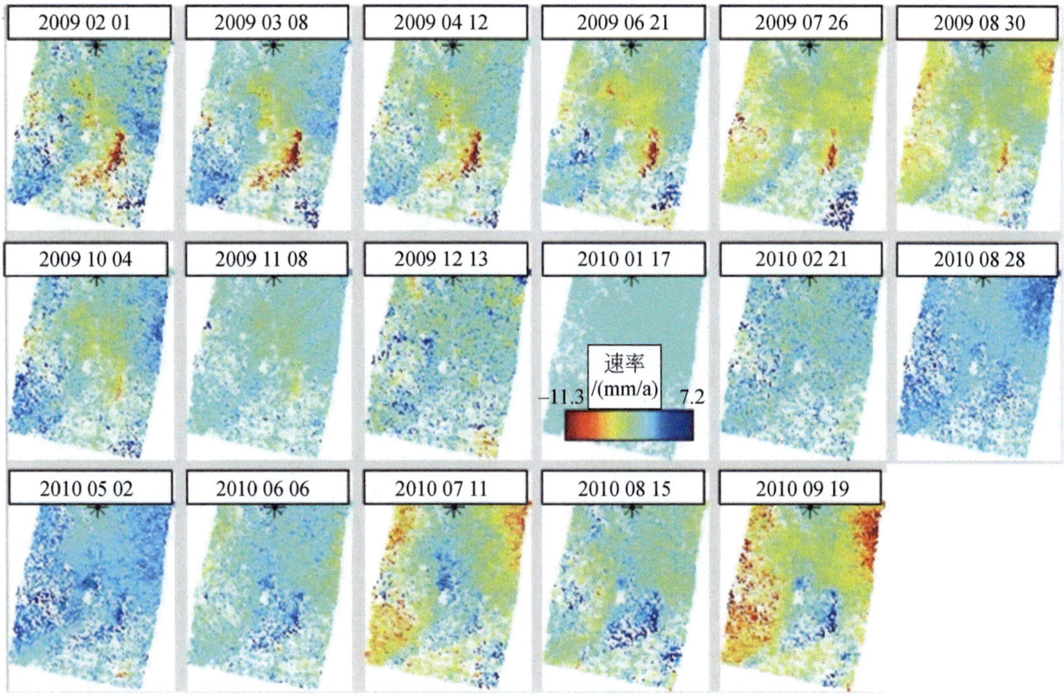

图 13-9　2009 年 2 月 ~2010 年 9 月的 17 景影像数据的解缠相位图

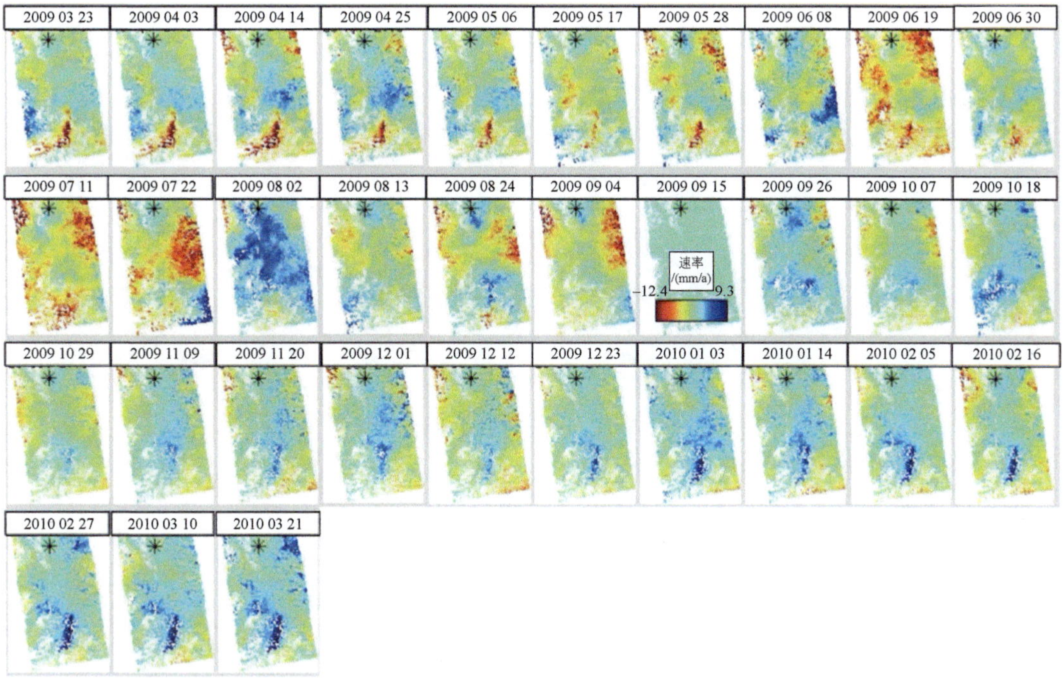

图 13-10　2009 年 3 月 ~2010 年 3 月的 33 景 TerraSAR-X 影像数据的解缠相位图

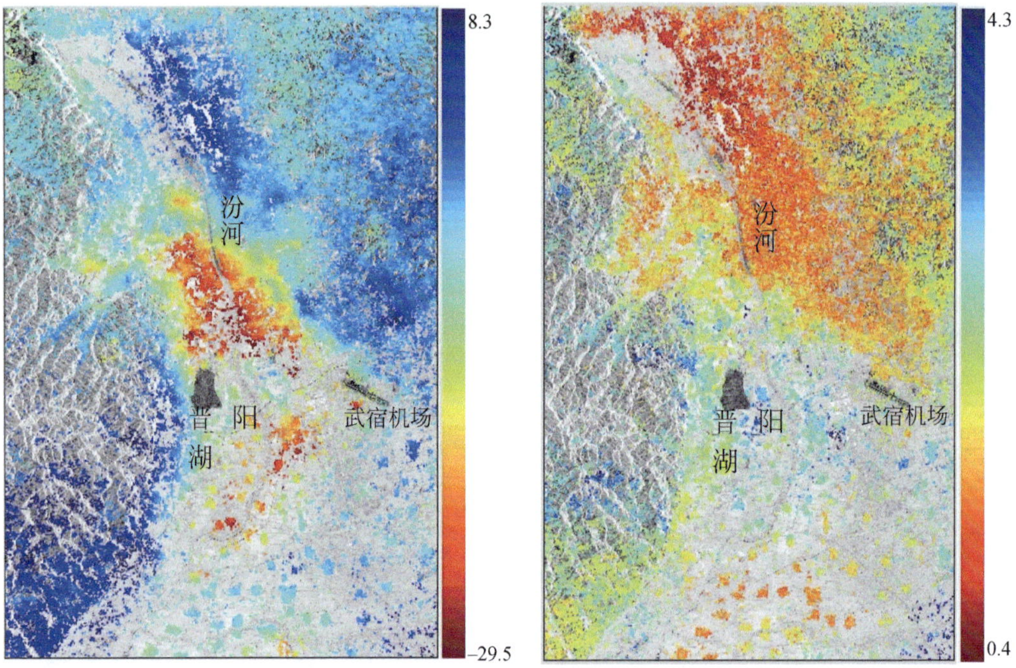

图 13-11　2003 年 8 月 ~ 2008 年 12 月的 22 景影像数据的地表沉降速率图（a）及标准差（b）

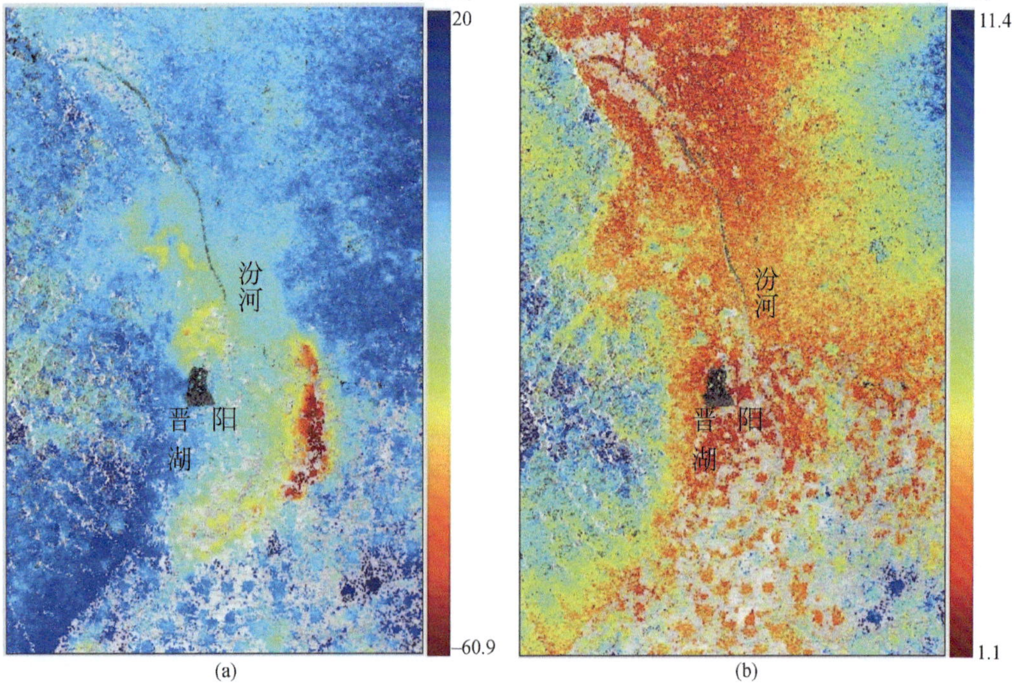

图 13-12　2009 年 2 月 ~ 2010 年 9 月的 17 景影像数据的地表沉降速率图（a）及标准差（b）

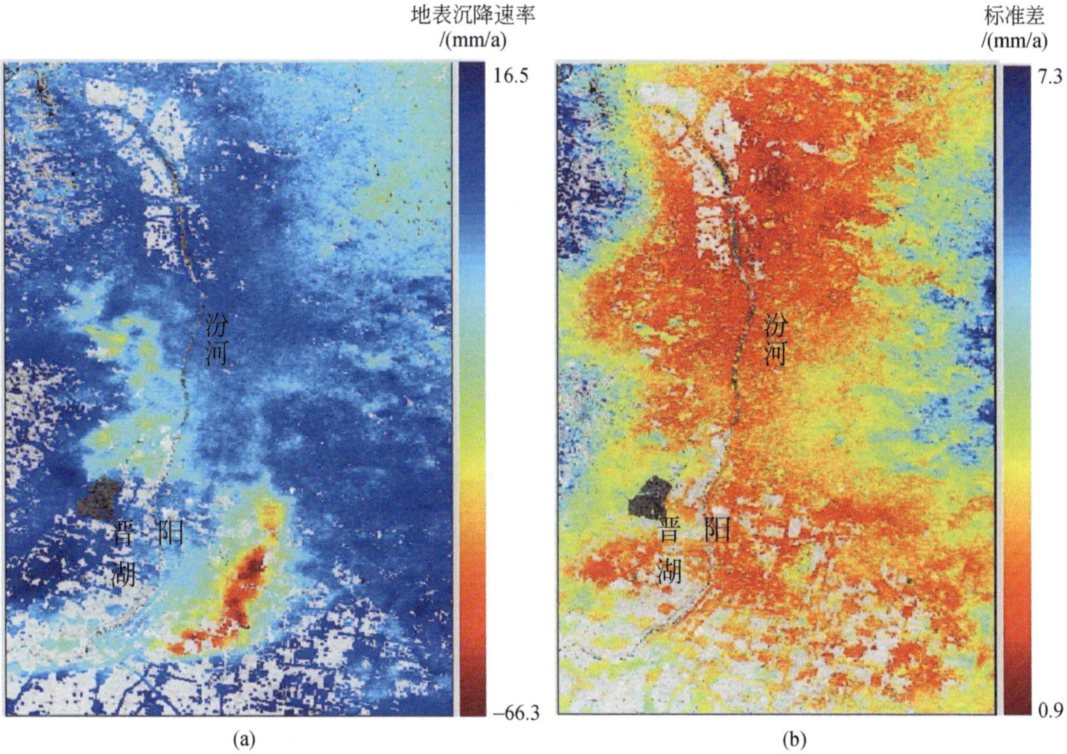

图 13-13　2009 年 3 月 ~2010 年 3 月的 33 景 TerraSAR-X 影像数据的地表沉降速率（a）及标准差（b）

清徐（36mm/a）、交城（30mm/a）、太谷–祁县一带（35mm/a）、孝义（21mm/a）、介休（29mm/a）。2000 年之前西张属于沉降中心之一，沉降速率达到 25mm/a，但从 ASAR 和 TerraSAR-X 的数据集中都可以看到西张地区（红色虚线框）出现了地面抬升的现象，抬升速率为 15mm/a。自 2003 年以来，太原市为控制地面沉降，采取了一系列措施，包括关井压采、引黄入晋等工程，地下水位呈现回升趋势，大部分沉降中心（万柏林、下元、吴家堡）的沉降速率相比以前得到了下降。从整个盆地来看，沉降区域有往南移动的趋势，尤其是随着在小店经济技术开发区的发展，工业、人口的增加使得该区域大量开采地下水，导致在小店区政府及孙家寨附近形成了新的沉降中心，最大沉降速率超过 60mm/a。盆地中部的清徐和交城受交城–古交活动断裂带控制，断裂带南侧岩溶地下水丰富。近年来，该地区地下水水位大幅度下降，含水层差异压密变形，导致了地面沉降，同时还诱发了地裂缝的产生并沿断裂走向分布。从太谷到祁县形成了一个范围较大的地表沉降带，这个区域内主要是农业用地，水资源短缺及干旱气候，使得农业灌溉过度依赖于地下水的开采，造成大面积地表沉降的发生。位于盆地南端的介休也是遭受地面沉降较为严重的地区，该区域人口密集、工农业发达，人均水资源匮乏，地下水的开发利用量占全市水资源取用量的 90% 以上。同时，介休是山西主要煤田分布区之一，地下煤矿资源的超量开采，也会引起地面下沉。与介休邻近的孝义同样属于山西核心产煤区，在全市不到 1000km^2 的土地上，分布着180多家煤矿，这些煤矿的过度开采已导致了该地区地面塌陷、滑坡、地裂缝等地质灾害频发。

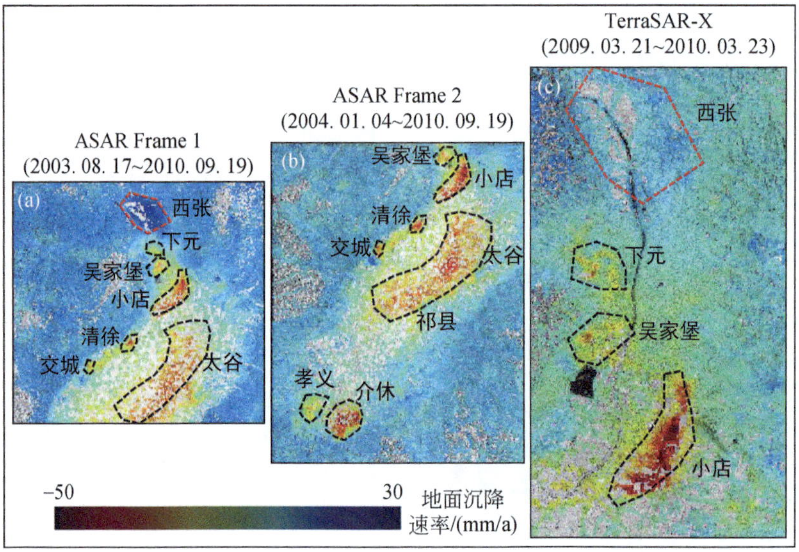

图 13-14　山西省太原盆地地面沉降速率

（a）为 Envisat ASAR Frame 1 数据集获得；（b）为 Envisat ASAR Frame 2 数据集获得；（c）为 TerraSAR-X 数据集获得

13.2.3　矿山固体废弃物识别

矿山固体废弃物（洪长兴等，2020）主要包括采矿过程中产生的废石和经选矿冶炼后产生的尾矿或废渣。废渣会污染周边环境，诱发地质灾害，造成溃坝和泥石流，同时有害成分和残留化学物质还会渗入周围环境，导致植被覆盖不良，最终形成沙尘暴（张焜等，2012）等灾害，是矿区生态环境治理和地质灾害防治的重点。1998 年，西班牙阿斯纳科利亚尔的尾矿库发生溃坝事故，造成严重的环境污染。1999 年，中国酒泉钢铁（集团）公司黑沟铁矿排土场发生严重的泥石流灾害，直接对周边工厂造成了严重的破坏。

目前，对尾矿及固体废弃物的监测方法主要是地面调查与勘测（王创业等，2017），属于点式监测，无法反映大面积尾矿及固体废弃物的实际情况，因此无法全面评估其对周围环境的影响。利用遥感技术对尾矿及固体废弃物进行动态监测，将克服地面调查过程中各种自然条件的限制，获得更为完善的信息，从而提高尾矿和固体废弃物的监测效率。本溪市城区矿产资源开发历史悠久、开发程度高，高强度、大规模的矿产资源开发利用使得本溪市城区矿山环境存在较多问题。选取本溪市城区为研究区，对矿山固体废弃物进行识别，从而实现尾矿及固体废弃物的监测。

13.2.3.1　区域概况

本溪市位于辽宁省东南部（123°34′E ~ 125°46′E，40°49′N ~ 41°35′N），总面积8411.3km²，境内多山，自然地貌为“八山一水半分田，半分道路和庄园”。本溪市大地构造处于中朝准地台胶辽台隆上，地质构造作用形成的断层崖、断裂谷、桌状山和单面山等地貌表现明显，向斜、背斜、穹隆、凹陷和断裂等地质构造遍布全区；区内岩石节理发育，风化堆积的乱石堆、砂石黏土堆积物分布广泛；地壳差异运动明显，地质环境复杂。城区已发现铁、铜、锌、石膏和大理石等八大类45种矿产，其中铁矿石已探明储量27亿t以上，石灰石矿（水泥）储量2.1亿t，溶剂石灰（冶金）储量1.3亿t。本溪市有本钢南芬露天铁矿、本钢歪头山铁矿、本钢石灰石矿、本溪矿务局煤矿和田师府煤矿等几大矿区，还有一些中小型煤矿、铁矿、石灰石矿和金矿。其中，南芬露天铁矿具有低磷、低硫、低杂质等特点，用此铁矿炼出的铁被誉为“人参铁”。

目前本溪市城区矿山环境问题较多，主要表现在以下几个方面：一是矿产资源开采大规模破坏植被，占用土地资源；二是人为改变地形地貌等自然景观，破坏旅游资源；三是矿产资源开发过程中产生的废气、废渣和废水未得到有效处理，造成严重污染问题；四是引起多种灾害和大规模次生地质灾害，造成大量人员伤亡和财产损失；五是破坏地下水环境，区域地下水深度下降和排泄强烈，导致地水位下降，形成降落漏斗。

13.2.3.2 数据资料与技术路线

在矿山地质环境调查过程中，使用遥感解译手段进行目标地物识别的基本流程如图13-15所示。对本研究来说，需要获取矿区边界范围，由于现有的矿区信息数据均为Excel格式的表格数据，因此需要对这些数据进行数字化操作，转变为矢量数据，并与遥感数据进行叠加。考虑到本研究的需求与技术特点，选择相对简单的目视解译可获取满足项目需求的解译目标；本研究主要解译的地物要素包括排土场、矸石山和尾矿库等，将各要素进行遥感解译与识别，并建立带属性字段的矢量（.shp）文件。最后，根据各要素的解译结果，制作相应的遥感解译专题图，直观描述各类要素的分布情况。

1）基于知识发现和面向对象分类的矿山各要素遥感解译

本研究中，遥感解译的内容主要是矿区范围内的各类地质环境问题，包括矿区的排土场、矸石山的堆积区范围、尾矿库范围等。针对各类解译目标，依据其不同的特征，建立相关解译标志体系。本研究拟采用基于知识发现和面向对象影像分类的技术来实现对矿山各要素的遥感解译与信息提取，从而为进一步的地面调查分析提供可靠的参考，具体的技术流程如图13-16所示。

2）矿山各要素解译标志的建立

由于各矿区要素分布不尽相同，在进行矿区地质环境调查之前，需要对矿产种类、开采方式、开采时间等属性进行初步了解和调查。在此先验知识的基础上，与遥感多时相影像进行比较（可以使用Google Earth的历史影像数据），使用遥感解译的方式对排土场、矸石山、尾矿库这些要素进行识别。由于不同的要素自身的特征存在较大的差异，因此对遥感解译的需求也不相同。矿山各类要素的解译需求与特征描述见表13-3。

3）矿山各要素的特征知识发现

对于不同矿种的矿山，各类要素的特征知识存在一定的共性和差异性，这类特征主要包括光谱特征和纹理特征，如表13-4所示。表13-4统计的是矸石山和尾矿库重点关注的特征属性。

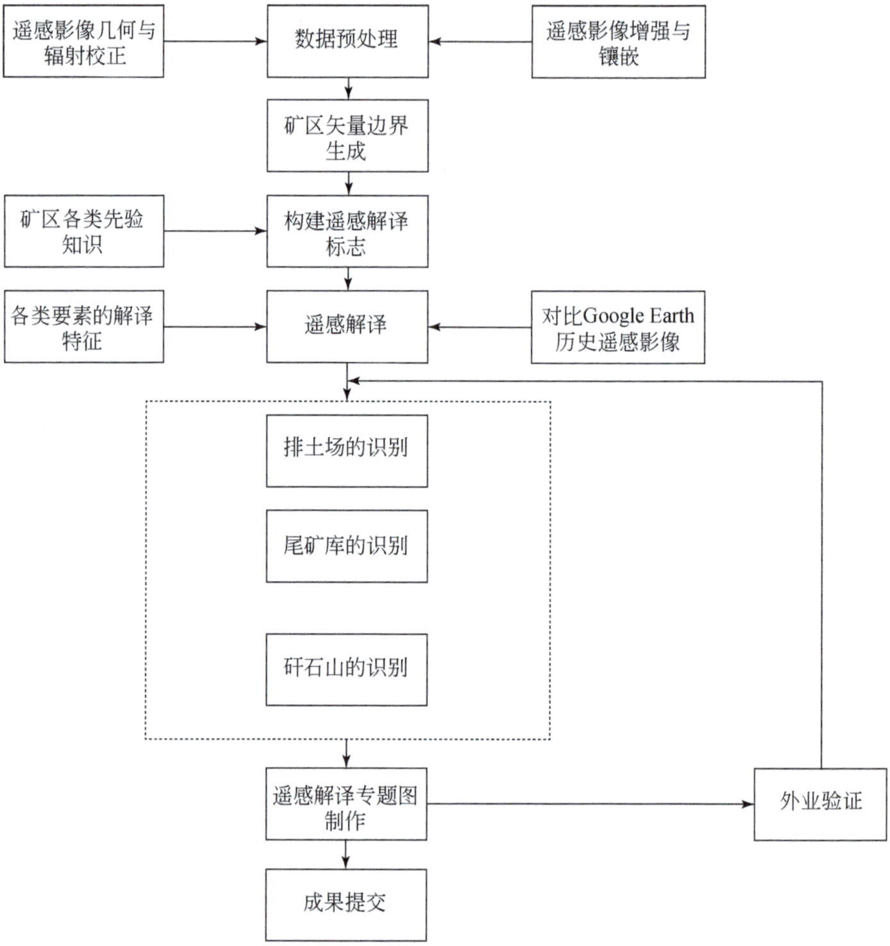

图 13-15　矿山地质环境调查遥感解译流程

表 13-3　矿山各要素解译标志表

解译类型	地形特征	遥感影像特征	遥感影像
矸石山	平原地区呈圆锥状堆积。形成期有明显的运输轨道，山区多堆于沟谷中	平原地区呈圆锥形地物。形成期有明显的运输轨道	

续表

解译类型	地形特征	遥感影像特征	遥感影像
尾矿库	一般包括尾矿沉积滩和尾矿水。傍山型、山谷型一般依山修建，平原地区多围坝修建	附近一般有选矿厂，丘陵地带一般有尾矿坝。有明显沉积滩和尾矿水	
排土场	矿山中呈台阶状堆积的剥离物	阶梯形堆积地物，有明显的运输道路	

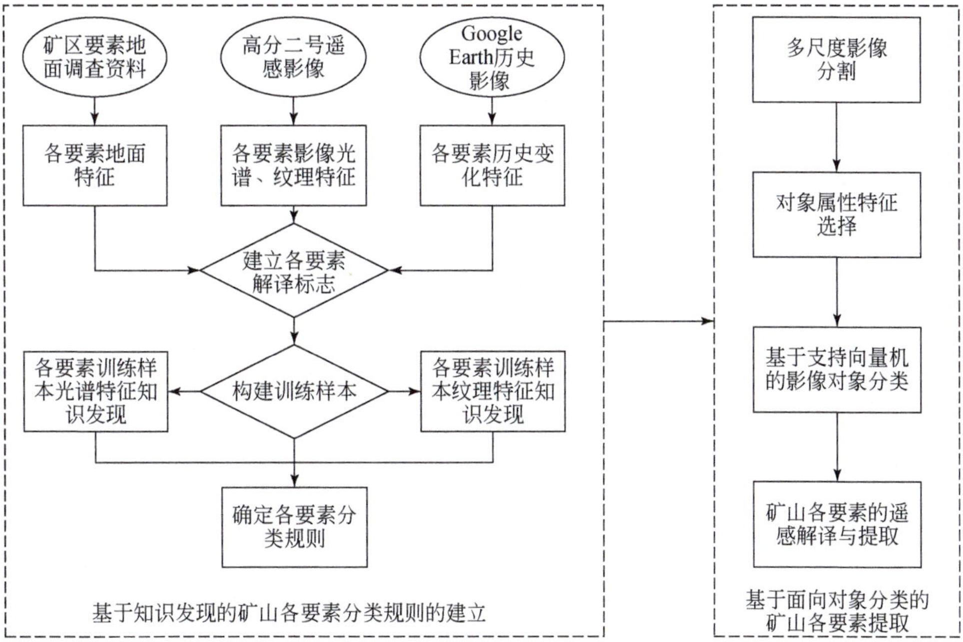

图 13-16　基于知识发现与面向对象分类的矿山各要素遥感解译流程

表 13-4 矸石山和尾矿库重点关注的特征属性

矿区要素	矸石山	尾矿库
光谱特征	光谱均值	光谱均值
	标准差	标准差
	NDVI	—
纹理特征	均值	均值
	标准差	标准差
	角二阶矩	相关性
	对比度	信息熵

根据建立的矿山各要素解译标志，选择具有典型代表性的各要素样本作训练样本数据，统计训练样本的光谱均值、标准差和 NDVI 等光谱特征，分析各要素在这些特征上的差异，从而获取相应的光谱特征知识。通过主成分变换和灰度共生矩阵得到训练样本的各纹理特征，首先是利用主成分变换提取第一主分量，然后再利用灰度共生矩阵生成第一主分量的 8 项纹理特征，统计各训练样本的纹理特征，发现各要素的问题特征差异。此方法可以相对减少计算量，保留最有用的特征信息，提高工作效率。通过以上知识发现的方法，可以统计各要素的特征差异性，从而辅助构建各类要素的分类规则。

13.2.3.3 案例结果分析

表 13-5 为本溪市城区矿山地质环境问题解译结果数量统计，每一个矿区的解译结果存储在一个面矢量文件（.shp）中，矢量文件中每一个多边形代表一个矿山地质环境要素。矢量文件投影方式为 CGCS2000，命名格式为“JY”+“矿区编码”。矢量文件包含的属性字段有：矿区编码、图斑编号、开采方式、矿种、解译对象、对象编码、X 坐标（m）、Y 坐标（m）、解译标志、备注、矿区所在县和面积（m^2）。

表 13-5 本溪市城区矿山地质环境问题解译结果数量统计 （单位：个）

市	县	在采		闭坑		废弃	
		总计	解译	总计	解译	总计	解译
本溪市	本溪市城区	135	119	117	81	110	110

由本溪市城区矿山地质环境问题解译结果数量统计可知，针对本溪市城区的在采、闭坑、废弃矿山，此次解译得到的在采矿山占总计的 88%，闭坑矿山的解译达 69%，废弃矿山全部得到解译。

每个矿区的遥感解译成果以一幅专题图呈现，本次项目设计的图要求如下：题目（本溪市 XX 矿区遥感解译专题图）、图例、底图（遥感影像图）、解译结果（1 个矢量文件）、比例尺（图 13-17）。

由本溪市溪湖区遥感解译专题图可知，此次解译可以直观看出溪湖区梨树沟铁矿各要素的分布情况以及各要素的面积属性。

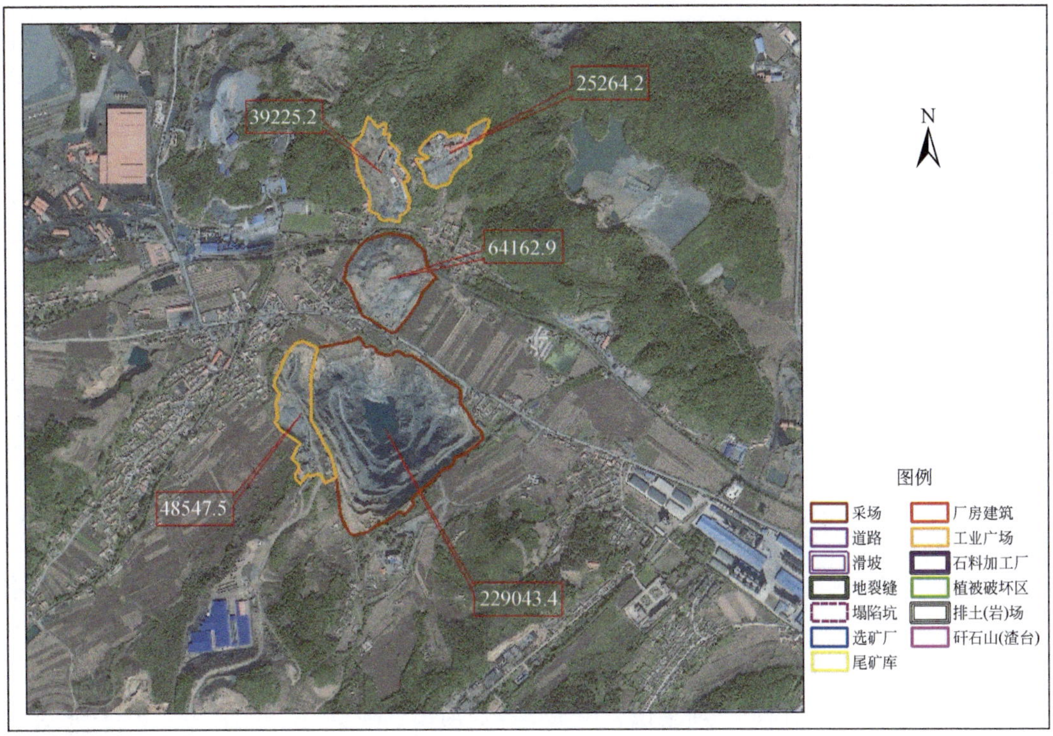

图 13-17　本溪市溪湖区遥感解译专题图

13.3　矿区生态系统状况监测评估

13.3.1　矿山开采生态影响监测评估

矿产资源是支撑中国经济社会快速发展的重要基础产业，也是促进人类社会进步、保障人们生产生活和社会可持续发展的物质基础。但从目前的采矿实践来看，采矿对生态环境的影响主要体现在三个方面。一是占用和破坏土地。采矿的每个环节都会发生破坏和占用土地的情况（钱怡伶，2018），如建设采矿场会占用大量的土地，而废渣的堆积也会占用和破坏土地，想要有效地运输矿产资源，就必须建设运输通道，这也会导致大量土地被占用。二是造成严重的水污染。为了保证矿山开采的有效性，需要使用大量的水资源，水资源利用后会含有多种污染成分，其直接排放会造成区域水污染，使区域水资源难以利用（石玉青，2018）。三是严重影响生物的多样性。动植物的生长繁殖需要稳定的生态环境，而采矿会对区域环境造成破坏，如森林资源破坏、区域温度和湿度环境的变化等，这些因素的变化将导致生物赖以生存的环境消失，不利于保护动植物的多样性（刘军等，2019）。

根据生态环境质量评价的研究现状，一些发达国家已从最初的以调查、分类和制图为主，发展到了环境模拟、监测、评价和管理阶段（朱贞榕，2017）。2006 年，环境保护部发布了《生态环境状况评价技术规范》，提出了生态环境指数（Ecological Index，EI）及各指标体系，用于综合评价中国区域生态环境现状及变化趋势。遥感技术能够实时、便捷地提取生态环境信息，在资源调查、环境监测与评价中发挥着不可替代的作用。2013 年，徐涵秋提出了遥感生态指数（Remote Sensing Ecological Index，RSEI），该指数耦合了绿度、湿度、干度和热度指标，可以快速监测与评价区域生态质量，弥补了 EI 指数在加权集成、建模、预测以及可视化和时空分析方面的不足，随后 RSEI 指数得到了广泛的应用。

为了对矿山开采造成的生态环境影响进行监测和评估，本研究以“珠海一号”卫星影像和 Landsat-8 卫星影像为数据源，提取相关生态因子，应用较成熟的遥感生态指数（RSEI）对淮南矿区的生态质量进行综合评价，为监督土地复垦工作和评价矿区生态质量提供一种借鉴模式。

13.3.1.1 区域概况

淮南矿区位于安徽省北部淮河中游，淮河两岸，东邻滁州市，西接阜阳市，西南临接六安市，北接亳州市、蚌埠市。淮南矿区包括淮南市大通区的上窑镇、洛河镇，田家庵区的安成镇、舜耕镇，谢家集区的望峰岗镇、李郢孜镇、唐山镇，八公山区的山王镇和八公山镇以及潘集区的田集街道、潘集镇、芦集镇、泥河镇、高皇镇、平圩镇等 20 多个城镇。矿区最北端为贺疃镇，最南端为唐山镇，最东端为上窑镇，最西端为芦集镇，总面积达 1025.76km^2。城镇分布如图 13-18 所示。

13.3.1.2 技术路线

本研究以“珠海一号”和 Landsat-8 卫星影像为研究数据，通过辐射定标、大气校正、正射校正、镶嵌和裁剪等预处理，提取出相关生态因子，并应用较成熟的遥感生态指数（RSEI）对矿区生态质量进行评价与监测。

RSEI 是一种新型遥感生态指数，可综合反映区域生态环境状况。该指数耦合了绿度、湿度、干度和热度四个直观评价区域生态环境优劣的指标，其通过计算植被指数（NDVI）、湿度分量（WET）、土壤指数（NDSI）和地表温度（LST）作为绿度、湿度、干度和热度指标。该方法基于遥感技术实现，具有易于获得相关指标、无须人工设置权重、结果能被可视化等显著优势。在遥感中，RSEI 可表示为 4 个指标的函数，表达式如式（13-5）所示：

$$\mathrm{RSEI}=f(\mathrm{NDVI},\mathrm{WET},\mathrm{NDSI},\mathrm{LST}) \tag{13-5}$$

13.3.1.3 数据介绍

“珠海一号”高光谱卫星是珠海欧比特宇航科技股份有限公司发射的“珠海一号”卫星星座的第二组卫星，于 2018 年 4 月 26 日在酒泉卫星发射中心发射成功。“珠海一号”高光谱卫星采用推扫式成像方式，单次的成像范围为 150km×3200km，空间分辨率 10m，

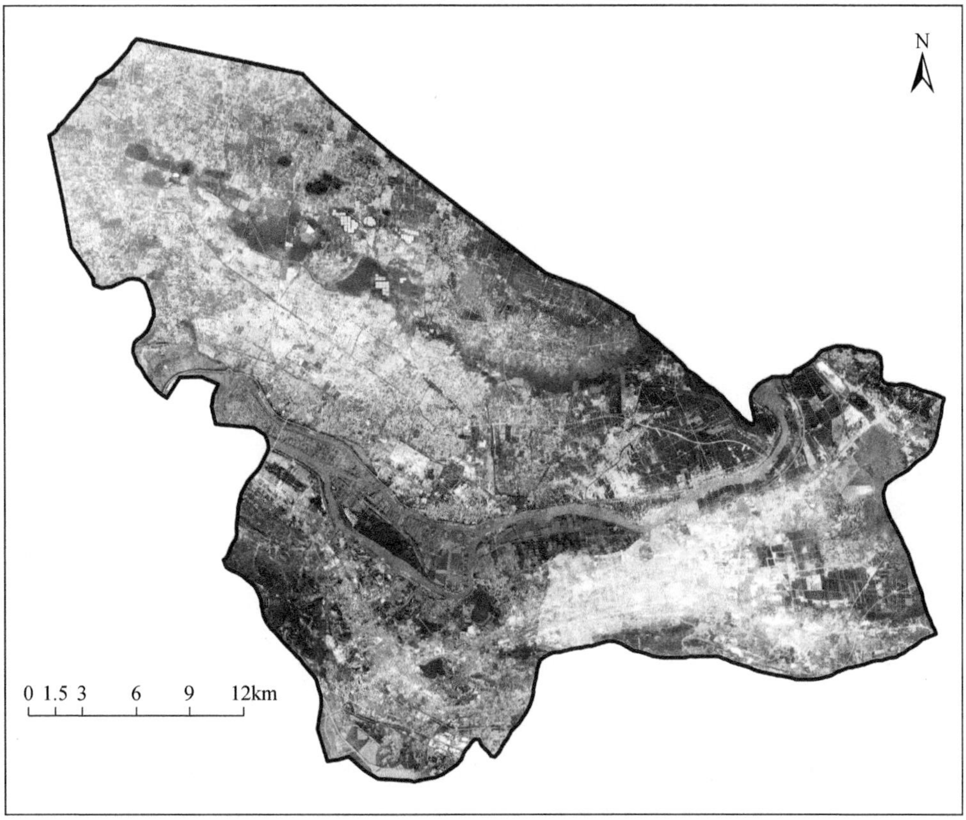

图 13-18 研究区真彩色遥感图像

光谱分辨率 3 ~ 8nm，共有 32 个波段，波段范围为 400 ~ 1000nm。卫星运行轨道为太阳同步轨道，轨道倾角为 97.4°，轨道高度为 510km，其波段信息如表 13-6 所示。

表 13-6 “珠海一号”卫星影像波段信息

通道数	中心波长 nm	通道数	中心波长 nm	通道数	中心波长 nm
1	466	12	640	23	806
2	480	13	656	24	820
3	500	14	670	25	836
4	520	15	686	26	850
5	536	16	700	27	866
6	550	17	716	28	880
7	566	18	730	29	896
8	580	19	746	30	910
9	596	20	760	31	926
10	610	21	776	32	940
11	626	22	790		

13.3.1.4 遥感生态指数的计算

1）绿度指标

归一化植被指数（NDVI）是一种被广泛应用的植被指数，其与植被覆盖度、叶面积指数和植被生物量密切相关，是评估和监测植被生长状况以及土壤水分胁迫等植被生化物理性质的重要指示指标。因此，选用 NDVI 代表绿度指标，其表达式为

$$\mathrm{NDVI}=\frac{\rho_{\mathrm{NIR}}-\rho_{\mathrm{R}}}{\rho_{\mathrm{NIR}}+\rho_{\mathrm{R}}} \tag{13-6}$$

式中，ρ_{NIR}为近红外波段的反射率；ρ_{R} 为红波段反射率。

2）湿度指标

湿度指标与生态环境质量密切相关，低湿度表明土地退化严重，植被覆盖低，生态环境差；高湿度表明土壤水分充足，植被覆盖丰富，生态环境好。遥感缨帽变换所得的亮度、绿度、湿度分量已被广泛地应用于生态环境监测中，其中湿度分量较好地反映了水体、土壤和植被的湿度状况，其与土壤退化等生态环境密切相关。因此，湿度指标以湿度分量代表。本研究采用 Tasselled Cap- Wetness（WET）指数，计算公式中如式（13-7）所示：

$$\begin{aligned}\mathrm{WET}=&0.1509\times[450:520]+0.1973\times[520:600]+0.3279\times[630:690]\\&+0.3406\times[760:900]-0.7112\times[1550:1750]-0.4572\times[2080:2350]\end{aligned} \tag{13-7}$$

式中，[:] 表示对应波长范围内影像波段的反射率。

3）干度指标

干度指标是对土壤干化的量化，土壤的过度干化会对生态环境造成严重的影响，导致土地沙化和风化，致使植被覆盖度降低。通常选用裸土指数（SI）作为干度指标，但在区域环境中，还有相当一部分的建筑用地，同样造成地表的“干化”，因此，将裸土指数（SI）和建筑用地指数（IBI）二者结合起来，合成干度指数 NDSI。

4）地表温度

地表温度（LST）是参与地表物理过程的一个关键因子，也是研究地表和大气之间物质能量交换的重要参数。由于 LST 与植被生长状况、作物产量、地表水循环、城市化等自然、人文现象及过程密切相关，因此，可以作为反映地表生态环境状况的热度指标。遥感反演地表温度的方法主要包括：单通道算法、分裂窗（双通道）算法、大气校正法等。

13.3.1.5 结果分析

得到淮南矿区遥感生态指数（RSEI）填图结果。根据 RSEI 的结果进行密度分割，将其分成 5 个评价级别。基于 RSEI 指数法的生态环境评价图如图 13-19 所示。

由图 13-19 可知，研究区的生态环境状况级别分为五级，由高到低依次为：生态优、生态良、生态一般、生态较差和生态差五个级别。其中，级别为生态优的区域面积占整个研究区的比例最大，即研究区域中大部分地区的生态环境状况级别都比较好。生态环境优的区域主要分布在西南林地覆盖面积较多的区域，西北植被覆盖度高的区域以及中部地

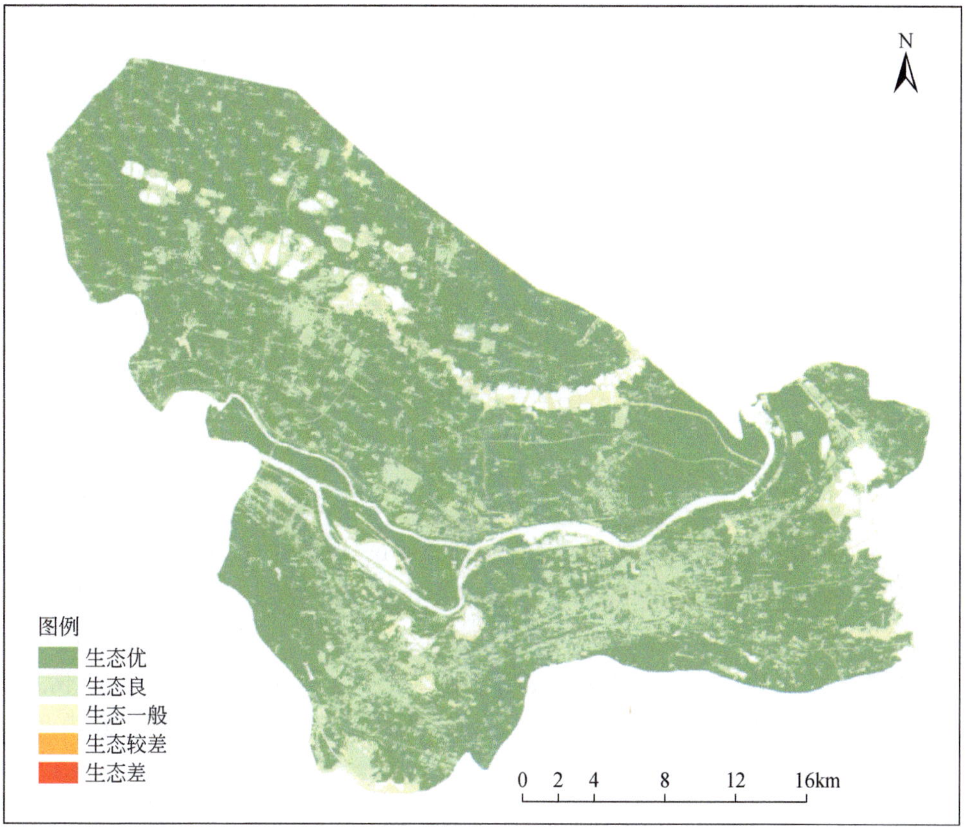

图 13-19 基于 RSEI 指数法的生态环境评估

区；东南部以及西南部城镇建筑及裸地分布较为密集的地区生态环境一般；生态环境状况级别为较差以及差的区域面积较少，分布离散度高。西北部地区的潘集矿区位于潘集镇，该地区煤矿开采导致该矿区周边地表下沉，使得水域面积扩大，位于沉陷区边缘的是生态环境一般的区域；西南部的谢家集矿区以及研究区西南边缘矿区周边的地表沉陷导致水域面积不断扩大，沉陷区边缘生态环境评价也为一般。研究区南部田家庵区、大通区以及西南部的八公山区和谢家集区的生态状况评价为良，这两部分地区均是城市集中区，建筑占地面积和裸地面积大，植被覆盖度低，地区绿化较差，且水资源相对较少，所以生态环境评价等级为良。研究区南部大通区边缘有小山脉、小湖泊等，且植被覆盖度较高，所以该地区生态环境状况为优。

13.3.2 矿区生态修复治理监测评估[①]

在矿产资源勘查开发过程中，过度或无保护的开采已经对矿山生态环境造成不可挽回

① 本节主体内容已于 2019 年 6 月在《光谱学与光谱分析》期刊发表，论文题目为《煤炭矿区植被冠层光谱土地复垦敏感性分析》。

的损害，不仅严重威胁矿区生态系统和居民的健康，也不利于可持续发展。因此，人类在获取矿产资源的同时，对矿山生态环境进行修复治理迫在眉睫。矿山生态修复是指因地制宜地将采矿破坏的生态环境恢复到理想状态的行动和过程（周连碧，2010）。预期状态包括将受损生态系统恢复到被干扰之前的生态结构，人为地创造或促进生态系统发展到符合人类某种有益用途的状态（朱琳，2011），以及恢复到与其周围环境相协调的其他状态，以生态环境修复为核心，研究如何因地制宜、因矿施治，开展矿山生态环境修复工作，达到最佳的生态、经济、社会条件（郐红娟等，2014），借助生态系统的自我调节、恢复、进化功能，辅助以人工良性干预措施，促进生态系统的有序良性循环。

煤炭矿区土地复垦及复垦监测工作对中国土地利用和生态环境管理具有重要意义（Chen et al.，2013），是恢复和综合整治因采矿破坏的土地，恢复其国民经济价值，使其达到可利用状态，改善周边环境的综合工程（Xiao et al.，2014）。矿区土地复垦可分为工程复垦和生物复垦两个阶段，其中生物复垦是指通过生物措施恢复土壤肥力与生物生产能力的活动，是实现废弃土地农业复垦的关键环节。微生物复垦技术可以促进植物吸收利用矿质养分和水分，提高作物抗逆性和抗病性，改良土壤结构，增强土壤肥力，促进植被恢复，对矿区生态恢复具有显著作用（杜善周等，2008；陈书琳等，2015）。但是，传统的监测和评价土地复垦对植物生长影响的方法不仅会破坏植物根系原状土壤，造成植株损伤，而且耗费人力、物力，时效性差。高光谱遥感技术以其数据获取速度快、信息量大、精度高、无须离体破坏植株等优点，逐渐成为目前评价微生物复垦效应的研究热点（孔维平等，2014；陈书琳等，2015）。

为了监测和评价土地复垦对植物生长的影响，在陕北神东矿区土地复垦实验基地开展一系列野外冠层光谱观测实验，以当地典型植被野樱桃为研究对象，分析植被冠层光谱对土地复垦在波形和光谱特征参量方面的敏感性（赵恒谦等，2019）。

13.3.2.1 区域概况

神东矿区位于晋陕蒙交界地区，地处黄土高原丘陵区和毛乌素沙地的过渡地带，是黄河中上游风蚀、沙化、水土流失最为严重的地区之一，生态环境十分脆弱。神东矿区塌陷地微生物复垦关键技术开发与示范试验基地建于大柳塔东山塌陷区沙地沟壑区三道梁上，属典型的干旱半干旱大陆性季风气候。试验区土壤最大饱和持水量16.7%，pH 8.60，土壤肥力较低，保水性较差。试验野樱桃于2012年栽植，种植间距为1m×2m，设接种（M）与对照（CK）两种不同处理：接菌组菌剂随植苗一起接入，每株20g；浇水达土壤最大饱和持水量，以后每周浇水1次，1个月后免水分自然管理，并在接菌组和对照组各随机选择10株进行标记，用于本次实验观测。

13.3.2.2 数据资料与技术路线

1）数据获取

2016年10月，选择晴好无风的午间时分（10：30~13：30）使用SVC地面光谱仪在神东矿区复垦试验基地进行冠层光谱观测。实验人员用光纤进行垂直观测，对每株样本的不同位置测得了5条光谱，并对其进行平均，得到每株样本的冠层光谱。由于研究所使用的植被光谱特征集中在可见近红外波段，因此仅使用 0.35 ~ 1μm 波段范围内的光谱数据。

2）冠层光谱波形变化分析

以标准差作为评价指标，分析接菌组和对照组各自内部样本之间的光谱波形变化，整体分析微生物复垦对冠层光谱波形的影响。计算两组样本的平均光谱，以光谱敏感度作为接菌组和对照组光谱波形差异的指标，分析微生物复垦对不同波段光谱的影响。最后计算并绘制相应波长范围内的光谱敏感度曲线，光谱敏感度取值越高，说明在该波段处接菌组和对照组的波形差异越大，即在该波段处微生物复垦的影响越大。

3）冠层光谱特征参量变化分析

植被冠层反射率的主要光谱特征包括红边、黄边、蓝边、绿峰、红谷等。基于这些光谱特征，提取特征参数的位置、斜率、面积等参量进行统计分析，采用表格对两组冠层光谱特征参量进行描述性统计展示，其中包含均值、标准差等统计量，可用于对特征参量的变化趋势进行对比分析。

4）冠层光谱特征参量变化敏感性分析

在以上实验基础上，选取对土地复垦影响最为敏感的冠层光谱特征参量作为将来大面积高光谱土地复垦监测的有效指标。通过 SPSS 20.0 统计分析软件，采用单因素方差分析方法，对植被冠层光谱特征参量进行敏感性分析，从而选取矿区土地复垦监测的有效参量。

5）参数信息提取与评估分析方法

（1）冠层光谱波形变化分析。光谱敏感度取值越高，则在该波段处接菌组和对照组的波形差异越大，即在该波段处微生物复垦的影响越大。

（2）冠层光谱特征参量变化分析。为更直观地表现接菌组和对照组差异，采用表格对两组冠层光谱特征参量进行描述性统计，包含均值、标准差等统计量，对特征参量的变化趋势进行对比。

（3）冠层光谱特征参量变化敏感性分析。以冠层光谱特征参量作为观测变量，分析土地复垦这一控制变量是否对其有显著影响，选取矿区土地复垦监测的有效参量。

13.3.2.3 案例结果分析

1）冠层光谱波形变化分析

煤炭矿区野樱桃接菌组和对照组冠层光谱的主要波形变化趋势一致，从可见光到近红外都有明显的绿峰、红谷、红边、近红外高反射平台等特征（图 13-20）。但是，两组在一些特征的细节上又有所不同。例如，对照组的绿峰中心波长并不一致，而接菌组绿峰中心波长基本一致，且反射率值也很接近；对照组各个样本之间近红外高反射平台的反射率值差异更大，而接菌组在该波段的反射率值分布更均匀，且波形更相近。

从冠层光谱标准差曲线来看，两组植被的曲线变化与植被的整体波形变化一致，即标准差和反射率值有很强的相关性（图 13-21）。值得注意的是，接菌组冠层光谱标准差曲线整体都低于对照组曲线。这说明接菌组植株的生长状况更稳定，不同植株之间差异不大，这与从图 13-20 分析得到的结论相一致。

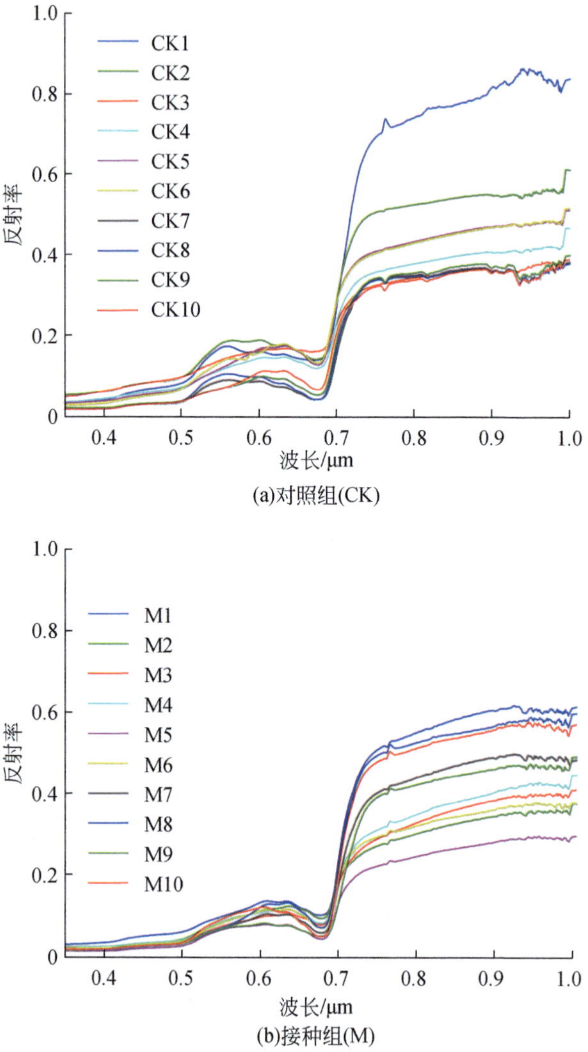

图 13-20　矿区野樱桃冠层光谱

从接菌组和对照组的平均观测光谱来看，接菌组反射率在 350～700nm 波段要低于对照组，在 700～1000nm 波段要高于对照组；就具体特征来看，接菌组绿峰中心波长向长波方向移动，红谷反射率更低，近红外高反射平台更高（图 13-22）。这说明接菌组平均光谱在高反射率和低反射率波段区间的差别更大，植被典型光谱特征更突出，与植被叶绿素含量直接相关，是植被健康程度的体现。在光谱敏感度曲线上，绿峰和红谷波段有两个高峰，在这两个波段范围内接菌组和对照组的组间差异最大，这与之前对叶片光谱敏感度曲线的分析结果相一致。

2）冠层光谱特征参量变化分析

对冠层光谱特征参量进行描述性统计分析，结果见表 13-7 所示。与对照组（CK）相比，接种组（M）的绿峰和红谷中心波长向长波方向移动，与上一小节的结果相一致；黄

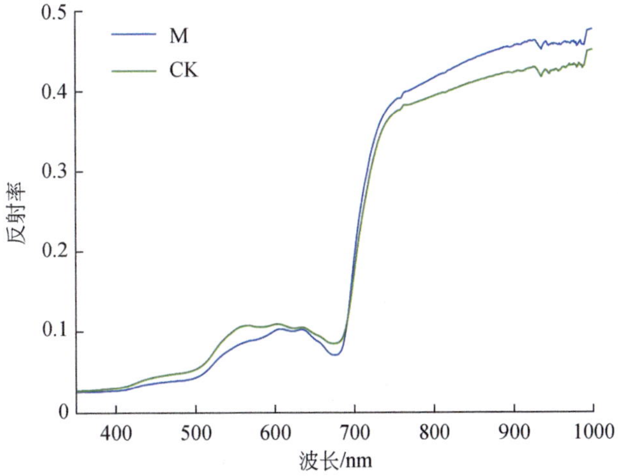

图 13-21　矿区植被冠层光谱标准曲线

边和红边的中心波长也向长波方向移动，而蓝边中心波长则向短波方向移动。从光谱特征的面积和斜率来看，三边（红边、黄边、蓝边）的面积和斜率变化规律保持一致，其中红边和黄边都有所增加，而蓝边变化趋势相反。总体来看，冠层光谱特征参量变化趋势与之前叶片光谱的结果相一致。在此之前叶片光谱研究中，红边、红谷、绿峰中心波长在接菌组和对照组无明显差别，而本研究中发现这些特征参量都有较明显红移现象。此外，三边面积和斜率变化趋势完全一致，说明两者有极强的相关性，不需要同时使用。考虑到斜率计算更简便且容易推广到多光谱数据使用，认为其是更理想的光谱特征参量。

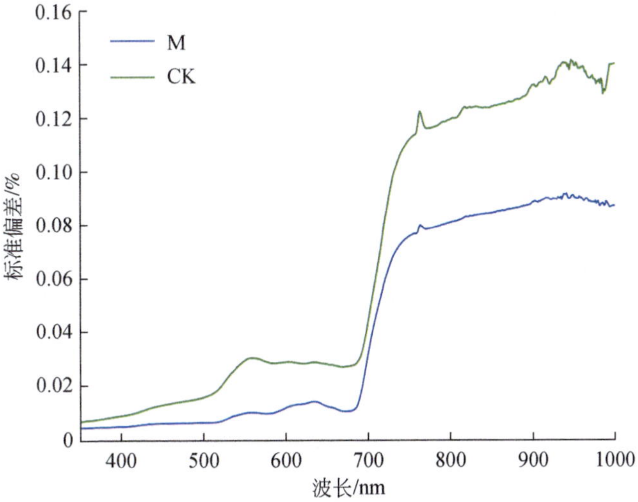

(a)平均光谱

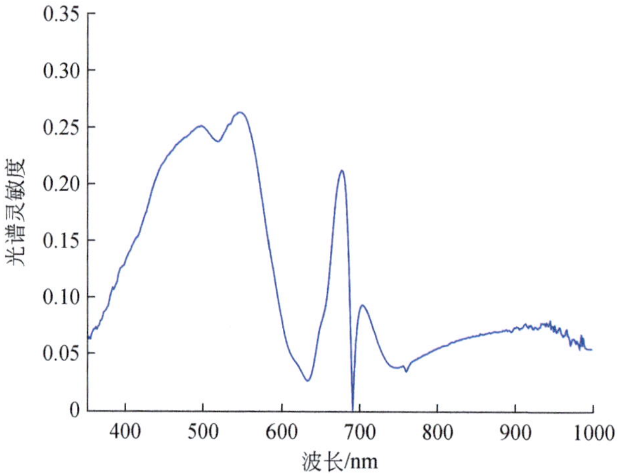

(b)光谱敏感度曲线

图 13-22 矿区植被接菌组和对照组观测平均光谱和两组间光谱敏感度曲线

表 13-7 矿区植被冠层光谱特征参量描述性统计分析结果

特征参量		均值	标准差	特征参量		均值	标准差
GP_W	CK	603.860 0	2.6234 8	BE_W	CK	523.480 0	2.623 31
	M	607.430 0	3.190 98		M	522.500 0	5.762 91
	总体	305.645 0	3.381 91		总体	522.990 0	4.386 81
RV_W	CK	673.160 0	1.334 33	BE_S	CK	0.001 95	9.000 656 7
	M	675.590 0	0.992 70		M	0.001 492	0.000 389 1
	总体	674.375 0	1.692 36		总体	0.001 726	0.000 577 4
RE_W	CK	699.440 0	2.455 92	RE_A	CK	0.385 055	0.128 043 8
	M	697.160 0	1.666 13		M	0.422 892	0.094 400 9
	总体	698.300 0	2.353 72		总体	0.403 973	0.111 194 2
RE_SC	K	0.010 074	0.002 781 3	YE_AC	K	0.019 416	0.008 255 1
	M	0.012 143	0.002 607 6		M	0.029 922	0.007 794 8
	总体	0.011 108	0.002 830 5		总体	0.024 669	0.009 492 6
YE_W	CK	644.280 0	3.190 19	BE_A	CK	0.045 462	0.013 007 4
	M	643.850 0	0.953 65		M	0.039 043	0.006 626 8
	总体	644.065 0	2.302 24		总体	0.042 253	0.010 572 9
YE_S	CK	0.000 925	0.000 365 3				
	M	0.001 363	0.000 316 1				
	总体	0.001 144	0.000 401 3				

3）冠层光谱特征参量变化敏感性分析

野樱桃冠层光谱特征单因素方差分析结果如表 13-8 所示，以显著性（p）取值小于 0.05 为标准，绿峰、红谷、红边的中心波长均显著向长波方向移动，而蓝边、黄边的中心波长移动方向并不显著。从斜率和面积参数来看，只有黄边的斜率和面积呈显著增加趋势，而红边、蓝边的参量变化规律不明显。此前的研究中，三边的斜率变化是土地复垦光谱响应的重要指标，而本研究中仅黄边斜率变化显著。与此同时，绿峰、红谷、红边中心波长在之前的研究中并没有明显变化，而在本研究中有了显著的红移现象。这说明野外植被冠层光谱分析结果与实验室植被叶片光谱分析的结果并不完全一致，可能和植被类型、生长周期、土壤背景光谱干扰等因素相关。在采用卫星或航拍遥感数据进行矿区植被环境监测时，所获取的都是植被冠层光谱，因此本研究所得到的结论具有更强的参考意义和实际应用价值。

表 13-8　矿区植被冠层光谱参量单因素方差分析结果

特征参量		平方和	F	p	特征参量		平方和	F	p
GP_W	因子	63.725	7.468	0.014	BE_W	因子	4.802	0.240	0.630
	偏差	153.585				偏差	360.836		
	总体	217.310				总体	365.638		
RV_W	因子	29.524	21.35	0	BE_S	因子	0.000	3.743	0.069
	偏差	24.893				偏差	0		
	总体	54.417				总体	0		
RE_W	因子	25.992	5.902	0.026	BE_A	因子	0.007	0.566	0.462
	偏差	79.268				偏差	0.228		
	总体	105.260				总体	0.235		
RE_SC	因子	0	2.945	0.103	YE_AC	因子	0.001	8.563	0.009
	偏差	0				偏差	0.001		
	总体	0				总体	0.002		
YE_W	因子	0.924	0.167	0.688	BE_A	因子	0	1.933	0.181
	偏差	99.781				偏差	0.002		
	总体	100.706				总体	0.002		
YE_S	因子	0	8.221	0.010					
	偏差	0							
	总体	0							

矿区野外植被冠层光谱对土地复垦的敏感度分析，是植被理化参量定量反演的基础，也是进行大面积菌根效应高光谱监测的重要前提。对煤炭矿区野外植被冠层光谱进行观测，分析接菌组和对照组在波形和光谱特征参量变化上的差异，对矿山生态修复有着很强

的参考意义与实际应用价值。

13.4 小　结

矿业活动的特点决定了它不可避免地会对生态环境造成影响。因此，通过遥感手段对矿山生态环境进行监测、评估和保护是此后矿山发展的必不可少的组成部分。本章对矿山生态遥感中的植被动态监测、生态空间监测、地表沉降监测，以及废弃物识别进行了介绍，对矿山生态系统的主要参数、生态影响，以及生态修复治理方法进行了评估。通过具体的案例对不同研究区的各种数据资料进行处理、分析，系统地开展了研究，可为相关研究提供借鉴。

矿区生态环境研究是一个复杂科学问题，需要综合运用多个学科的理论和技术，发挥各学科优势有助于透过纷杂的现象看到本质，发现规律和机理。定量遥感能长时间、高频次、大面积、同步监测矿区生态要素的状态变化，计算其所形成的生态系统功能的演变，为矿业、生态环境等领域人员提供科学、有效的大数据支撑。目前“遥感+深度学习”方法能够实现矿区典型地物要素和用地类型的自动识别，具有速度快、精度高、应用前景广阔等优势。此外，矿区生态遥感未来将面向全空间、全要素、全过程，通过遥感与地面测量采样等相融合，形成对矿区“地下-地表-大气”的全空间信息采集与建模，通过定量遥感，从宏观和局部区域两个尺度对矿区及周边环境的生态全要素进行定量化反演，服务于矿区环境监测与精准诊断、生态连片修复。

由于地理环境复杂、矿产资源多样化、不同圈层间相互作用、矿山目标分散等原因，利用卫星遥感影像信息进行矿山遥感调查和监测在实际应用中还存在着深层次的理论问题和一些关键技术需要进行更深入的探讨和研究。比如需要进一步开发研究矿山目标的图像标记划分、空间定位和语义化格式化；要加强图像特征和信息转换的定量算法和图像信息重构的算法研究；需要进一步利用空间信息科学开展生态损失价值的量化评估研究等。随着国家建设美丽中国和美丽家园工作的开展，需要紧跟改革步伐，充分发挥遥感技术的优势，落实“边开发、边修复”的生态保护理念，推进排土场、矸石山和尾矿库等固体废弃物的监管和治理，积极防范地表塌陷、滑坡、泥石流等地质灾害，及时评估矿区活动对生态保护区的影响程度，使可持续发展理念真正落到实处。

参考文献

陈书琳，毕银丽，齐礼帅，等．2015. 接种菌根大豆叶绿素含量差异的光谱特征分析．中国矿业大学学报，44（1）：170-175.

丁丽．2010. 陇南金矿区矿山环境遥感监测与 GIS 评价研究．长沙：中南大学硕士学位论文．

杜善周，毕银丽，吴王燕，等．2008. 丛枝菌根对矿区环境修复的生态效应．农业工程学报，24（4）：113-116.

段丽丽，朱明．2007. 矿区地面沉降的危害及其防治．河北理工学院学报，29（1）：122-124.

甘春英，王兮之，李保生，等．2011. 连江流域近 18 年来植被覆盖度变化分析．地理科学，31（8）：1019-1024.

甘甫平，刘圣伟，周强．2004. 德兴铜矿矿山污染高光谱遥感直接识别研究．地球科学，29（1）：

119-126.
高培. 2009. 基于 GIS 和 RS 的葫芦岛矿山地质环境综合评价研究. 北京：中国地质大学（北京）硕士学位论文.
高云峰，徐友宁，陈华清. 2019. 露天矿硬岩边坡复绿技术现状及存在问题. 中国矿业，28（2）：60-65.
洪长兴，施磊，林皎皎. 2020. 矿山固体废弃物与资源再利用：以福建罗源县西兰乡花岗岩矿区废弃地为例. 四川建筑，40（2）：330-331，333.
贾坤，姚云军，魏香琴，等. 2013. 植被覆盖度遥感估算研究进展. 地球科学进展，28（7）：774-782.
金学林，郭达志，盛业华. 1997. 地球信息科学技术与矿区环境监测和治理. 煤炭学报，（4）：36-40.
孔维平，毕银丽，李少朋，等. 2014. 利用高光谱估测干旱胁迫下接菌根菌大豆叶绿素含量. 农业工程学报，30（12）：123-131.
李成尊，聂洪峰，汪劲，等. 2005. 矿山地质灾害特征遥感研究. 国土资源遥感，17（1）：45-48.
李益敏，管成文，郭丽琴，等. 2018. 基于生态敏感性分析的江川区土地利用空间格局优化配置. 农业工程学报，34（20）：267-276.
刘继来，刘彦随，李裕瑞. 2017. 中国“三生空间”分类评价与时空格局分析. 地理学报，72（7）：1290-1304.
刘军，王寿成，杨自安，等. 2019. 河北张家口矿山地质环境问题及生态修复治理对策. 矿产勘查，10（2）：370-377.
穆少杰，李建龙，陈奕兆，等. 2012. 2001-2010 年内蒙古植被覆盖度时空变化特征. 地理学报，67（9）：1255-1268.
牛宝茹，孙顺新. 1999. SPOT 卫星图像在煤田地质调查中的应用. 中国煤田地质，（2）：19-22.
钱怡伶. 2018. 湖南山地风电场开发对区域环境的影响及 生态恢复措施研究. 中国资源综合利用，36（4）：117-119.
邱硕，王宇欣，王平智，等. 2018. 基于 MCR 模型的城镇生态安全格局构建和建设用地开发模式. 农业工程学报，34（17）：257-265，302.
施益强，陈崇成，陈玲. 2002. 遥感技术在环境资源中的应用进展与展望. 国土资源遥感，14（4）：7-13.
石玉青. 2018. 金属非金属矿山（含尾矿库）生态环境 修复技术实践与应用. 中国资源综合利用，36（4）：141-143.
王创业，杜晓娅，蔡宗磊. 2017. 尾矿及固体废弃物遥感信息提取与解译. 煤炭技术，36（7）：17-19.
王海峰. 2020. 煤矿开采沉陷控制技术. 矿业装备，（6）：40-41.
王梅芳，胡明扬，周德全. 2017. 基于地质地貌特征的贵州矿山地质灾害防治管理研究. 中国矿业，26（7）：91-95.
王千，金晓斌，周寅康. 2011. 河北省耕地生态安全及空间聚集格局. 农业工程学报，27（8）：338-344.
邬红娟，李俊辉. 2014. 湖泊生态学概论. 武汉：华中科技大学出版社.
许振鹏，韩晓飞. 2021. 基于形变测量对太原盆地趋势变化研究. 轻工科技，37（5）：100-101，128.
徐涵秋. 2013. 区域生态环境变化的遥感评价指数. 中国环境科学，33（5）：889-897.
杨金中. 2011. 矿山遥感监测理论方法与实践. 北京：测绘出版社.
张焜，马世斌，刘丽萍. 2012. 青海省北部重点成矿带与矿集区矿山地质环境遥感监测研究. 西北地质，45（1）：283-292.
赵超英，张勤，张静. 2011. 山西清徐地裂缝形变的 InSAR 监测分析. 工程地质学报，19（1）：70-75.
赵恒谦，张文博，朱孝鑫，等. 2019. 煤炭矿区植被冠层光谱土地复垦敏感性分析. 光谱学与光谱分析，39（6）：1858-1863.
周连碧，王琼，代宏文，等. 2010. 矿山废弃地生态修复研究与实践. 北京：中国环境科学出版社.

朱琳. 2011. 矿山生态修复技术方法研究. 广州化工, 39 (15): 31-33.
朱贞榕. 2017. 基于遥感生态指数（RSEI）的南昌市生态环境质量评价. 抚州: 东华理工大学硕士学位论文.
Bell E J, Hinojosa R C. 1977. Markov analysis of land use change: Continuous time and stationary processes. Socio-Economic Planning Sciences, 11 (1): 13-17.
Chen L M, Tian Y Q, Stehouwer R, et al. 2013. Surface coal mine land reclamation using a dry flue gas desulfurization product: Long-term biological response. Fuel, 105: 258-265.
Clark R N, Swayze G A, Livo K E, et al. 2003. Imaging spectroscopy: Earth and planetary remote sensing with the USGS Tetracorder and expert systems. Journal of Geophysical Research: Planets, 108 (E12): 5131.
Colesanti C, Le Mouelic S, Bennani M, et al. 2005. Detection of mining related ground instabilities using the Permanent Scatterers technique—a case study in the east of France. International Journal of Remote Sensing, 26 (1): 201-207.
Ferrier G. 1999. Application of imaging spectrometer data in identifying environmental pollution caused by mining at rodaquilar, Spain. Remote Sensing of Environment, 68 (2): 125-137.
Gochioco L M, Miller T, Ruev F Jr. 2008. High-resolution 2D surface seismic reflection survey to detect abandoned old coal mine works to improve mine safety. The Leading Edge, 27 (1): 80-86.
Joerin F, Thériault M, Musy A. 2001. Using GIS and outranking multicriteria analysis for land-use suitability assessment. International Journal of Geographical Information Science, 15 (2): 153-174.
Legg C A. 1990. Applications of Remote Sensing to Environmental Aspects of Surface Mining Operations in the United Kingdom//Institution of Mining & Metallurgy. Remote Sensing: An Operational Technology for the Mining and Petroleum Industries. Dordrecht: Springer.
Riaza A, Müller A. 2010. Hyperspectral remote sensing monitoring of pyrite mine wastes: A record of climate variability (Pyrite Belt, Spain). Environmental Earth Sciences, 61 (3): 575-594.
Rigina O. 2002. Environmental impact assessment of the mining and concentration activities in the kola peninsula, Russia by Multidate Remote Sensing. Environmental Monitoring and Assessment, 75 (1): 13-33.
Xiao W, Hu Z Q, Fu Y H. 2014. Zoning of land reclamation in coal mining area and new progresses for the past 10years. International Journal of Coal Science & Technology, 1 (2): 177-183.

14 生物多样性保护遥感

生物多样性保护事关人类社会生存与发展的基础，一直是世界自然科学领域研究的热点话题。本章在简要介绍国内外生物多样性保护遥感研究的基础上，以区域尺度生物多样性监测评估和重要物种栖息地监测评估为例，阐述了生物多样性保护遥感监测与评估的技术路线及分析方法，尝试分析了当前研究中存在的主要问题和未来的研究趋势。

14.1 概　　述

作为人类生存与发展的物质基础，生物多样性为人类与自然的和谐可持续发展提供了最根本的保障，不仅维护了自然界的生态平衡，还在减缓气候变化、保护和涵养水源、维护生态功能和保障生态安全等方面具有重要作用，是衡量一个国家可持续发展能力的重要指标，因此受到国际社会的广泛关注。

生物多样性是描述自然界多样性程度的一个内容广泛的概念，并且不同学者对其理解和定义也不尽相同，Norse（1986）认为，生物多样性体现在多个层次上，而 Wilson 等则认为生物多样性就是生命形式的多样性（The Diversity of Life）（Wilson and Peter，1988；Wilson，1992）。孙儒泳（2002）认为，生物多样性一般是指“地球上生命的所有变异”。蒋志刚等（1997）在《保护生物学》中的定义则是：生物多样性是生物及其环境形成的生态复合体以及与此相关的各种生态过程的总和，包括动物、植物、微生物和它们所拥有的基因以及它们与其生存环境形成的复杂的生态系统。目前，在对生物多样性的理解中，已达成共识的内容包括基因多样性、物种多样性和生态系统多样性，一些学者将景观多样性也列入了生物多样性的范畴。

生物多样性丰富程度决定着区域生态系统的自我调节能力。它不仅自身具有重要的功能和价值，而且是许多生态系统服务功能的基础（刘纪远等，2016）。生态系统，如森林、草地、湿地等，为野生动植物提供栖息地，保障了野生动植物繁衍生息（赵国松等，2014）。但是，人类活动所导致的土地覆盖变化是对地球陆表自然生态系统影响最直接的表征信号（刘纪远等，2016），改变了动物的栖息地状况，进而影响了生物多样性。人类活动已经成为生物多样性变化的首要驱动因子，导致了物种有效栖息地破碎和丧失，造成地球上的物种以前所未有的速度灭绝（Daily et al.，1997；李延梅等，2009；苏宏新和马克平，2010；Başnou et al.，2013；Mooney et al.，2013）。近年来，遥感对物种栖息地监测评估的优势和作用日趋明显，加快了区域各种生态因子的获取与更新速度，可以对大尺度范围的气候、水文、植被、土地覆被等陆表生态因子进行适时监测（张红梅，2005），实现了全球、国家和区域等森林、草地、湿地、荒漠等自然生态系统以及居民地、农田等工生态系统的精细制图和变化监测（邹亚荣等，2003；常庆瑞等，2003；李爱农等，2003；

李森等，2004；张增祥等，2009；牛振国等，2012；刘纪远等，2014；吴炳方等，2014），为进一步认识国家及区域的生物多样性的状况、变化以及驱动力提供了新的信息源。同时，不少研究对大熊猫（*Ailuropoda melanoleuca*）、金丝猴（*Rhinopithecus*）、藏羚（*Pantholops hodgsonii*）等一些重要的动物种群，开展了适宜生境动态变化监测（欧阳志云等，2001；刘雪华和金学林，2008；徐卫华和罗翀，2010；宋晓阳等，2016），研究结果为重要物种的保护提供了更为精细的科学依据。

面对我国生物多样性保护与管理面临的部分生态系统功能不断退化、物种濒危程度加剧等形势（环境保护部，2011），以及生物多样性监测评估的多源观测手段融合发展的趋势，迫切需要研究和综合利用多源观测手段和技术途径，特别是地面调查和遥感观测相结合，一方面结合传统的物种地面调查获取物种种群状况，另一方面充分利用遥感技术优势，及时了解物种生境及其变化，进而开展区域性生物多样性综合评估与分析，提高对物种种群变化规律及其驱动力的认识。遥感技术因其宏观性、可重复观测性等优点而被用于生物多样性的监测，有大量成功的案例，包括对物种、物种生境（栖息地）和生态系统多样性的监测，并在生物多样性本底调查、监测网络构建、保护规划和综合评价方面发挥了重要作用。

针对物种的直接监测方面，遥感技术对物种的直接探测工作相对较少，但近年来的高光谱和高空间分辨率影像为直接测量个体和种群提供了可能。超高分辨率影像的一个关键特征是具有对个体单个树冠探测和分类的能力，可以对监测区内的某种特别的植物类型的空间分布进行监测和制图。动物种群数量的直接测量只有当研究的动物或其踪迹容易被发现时才能够勉强实现，成功的监测案例包括塞伦盖蒂平原的大型哺乳动物、蒙古国的土拨鼠和南极洲的帝企鹅，以及互花米草等入侵植物等。

针对物种生境和栖息地监测方面，基于遥感影像的生境制图是生物多样性保护研究的基础和核心部分，遥感技术得到的植被指数、地表温度和降水量等数据，都是描述物种生境的重要参数，可用于构建栖息地模型，识别物种分布的热点和冷点区域。针对植物的多样性，遥感技术可以获取描述植被生长状况的各种定量指数，在此基础上，可以描述植被类型、活力、高度、生长阶段、密度、生产力和多样性，以及所受到的胁迫和扰动因素。针对动物栖息地，可通过监测栖息地的破碎化程度、连通性、质量等指标，并结合野外观测，解释生境与生物多样性之间的紧密联系。

针对生态系统多样性的遥感监测，生态系统多样性是生物多样性的一部分，借助于遥感数据得到的土地覆盖可以识别生态系统边界和组成结构，配合地面数据，可以对生态系统的质量、功能和问题进行评估。目前美国等多数国家已建立起国家尺度生态系统数据集的生产和定期更新机制，我国在生态调查等专项工作中也积累了生态系统多样性调查的技术体系，可以对生态系统进行定期评估。同时，遥感数据集也可以用于保护规划和成效评价中，加拿大已有成功的方法和案例，对协助生物多样性保护工作起到重要作用。

14.2 区域尺度生物多样性监测评估

本节选择东北地区为研究区域，综合利用物种调查数据和生境遥感观测数据，以地球生命力指数和生态系统面积、破碎度等指标作为指示性参数，开展了近 40 年东北地区陆栖脊椎动物种群数量及其生境的变化监测与评估，介绍了区域尺度生物多样性监测评估的技术方法及流程。

14.2.1 研究区概况及数据资料

14.2.1.1 研究区概况

东北地区是我国纬度最高的地区，是一个完整的自然地理区域（刘东生和黄东，2009），包括黑龙江、吉林、辽宁三省和内蒙古东部（呼伦贝尔市、兴安盟、通辽市、赤峰市和锡林郭勒盟）地区，涉及4省41个地级市，总面积约为144万km^2。该地区面积广，按中国动物地理区划，东北属古北界东北亚界东北区，具体又可以分为大兴安岭亚区、长白山亚区和松辽平原亚区；区系分为温带和寒温带动物区系，以东北类为主。区域内地貌多种多样，既有山地森林，又有湿地草原，独特的自然环境和气候孕育了多样的生态系统和特有物种，野生动植物资源极其丰富，在我国生物资源中占据重要位置（吴正方等，2003；姜晓艳等，2009），为东北虎（*Panthera tigris amureusis*）、丹顶鹤（*Grus japonensis*）、原麝（*Moschus moschiferus*）等珍稀濒危野生动物提供了栖息条件，成为中国最重要的生物多样性保护区域之一。研究区概况如图14-1所示。

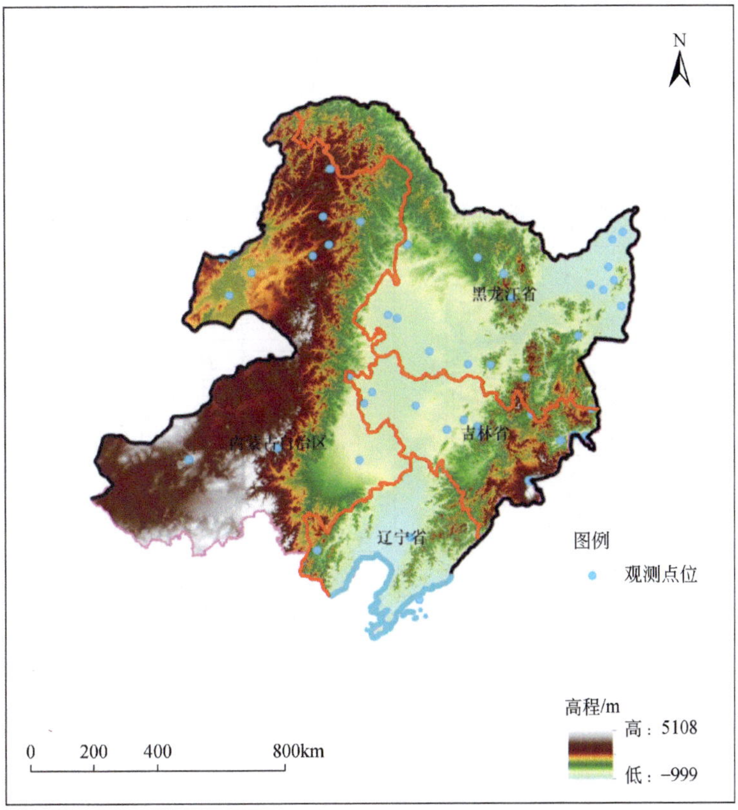

图14-1 东北地区位置示意

14.2.1.2 主要数据资料

物种数据。物种数据来源于中国科学院动物研究所基于公开文献调研以及研究组长期观测所建立的《中国陆栖脊椎动物种群时间序列数据库》，东北地区总计有 93 个物种地面种群调查和观测点位，具体包括 40 种兽类、51 种鸟类和 2 种两栖爬行动物的调查点位，如图 14-1 所示。

生境状况数据。基于 Landsat、环境一号等卫星遥感数据，对东北地区按照森林、草地、荒漠、水体、湿地与聚落 6 类生态系统类型进行分类和专题提取，获取了 1980 年、1990 年、1995 年、2000 年、2005 年、2010 年和 2015 年，共计 7 个时期的生态系统类型构成及其分布的基础数据。

14.2.2 技术路线与分析方法

14.2.2.1 技术路线

利用卫星遥感数据，解译研究区生态系统类型分布，同时收集长时间序列物种分布数据，计算研究区陆栖脊椎动物地球生命力指数（Living Planet Index，LPI），利用生态系统面积变化率及 LPI 指数变化率评估区域生物多样性，技术路线图见图 14-2。

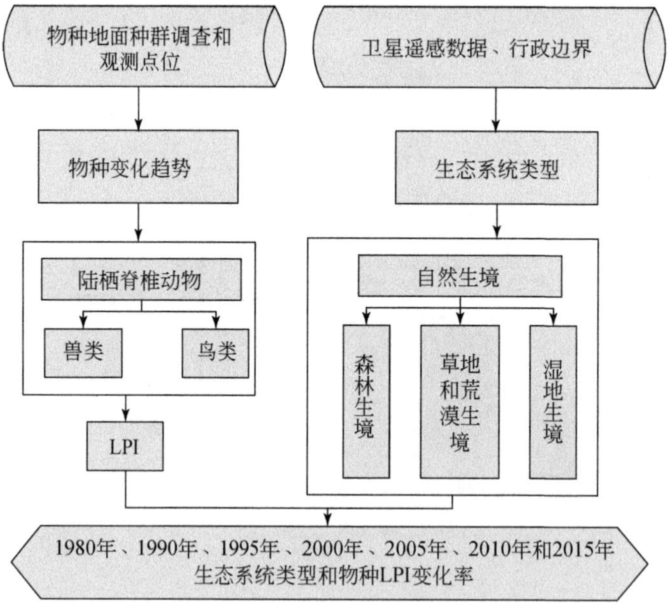

图 14-2 技术路线

14.2.2.2 物种变化分析方法

采用联合国《生物多样性公约》所使用的生物多样性重要指标之一——地球生命力指

数（LPI）。该指数主要通过计算动物种群数量随时间的年变化趋势（年变化率）（Loh et al., 2005, 2006；Mcrae et al., 2010；WWF, 2015），并通过对数据库按动物类群、生态系统、保护区域等分层解离，评估分析东北地区生物多样性水平及其总体变化趋势。具体计算步骤如下。

（1）某物种种群年变化趋势计算公式为

$$d_t = \log_{10}(N_t - N_{t-1}) \tag{14-1}$$

式中，t 为年份；N 为种群数量值（密度、捕获率、种群实际数量等）；对于所有种群数量为 0 的年份，$N_t = 0+1\%$（某物种整个时间序列的算术平均值），对于缺失数据的年份的种群数据使用线性内插法获得，公式为

$$N_i = N_p(N_s/N_p)^{[(i-p)/(s-p)]} \tag{14-2}$$

式中，i 为缺失数据的年份；p 为缺失数据的年份之前相邻的具有种群数据的年份；s 为缺失数据的年份之后相邻的具有种群数据的年份；对于在同一年份具有多个种群数据的物种，某一个物种的种群变化趋势计算公式为

$$d_t = \frac{1}{nt}\sum_{i=1}^{n} d_{it} \tag{14-3}$$

（2）运用单个物种各年变化趋势计算所有物种各年份变化趋势的平均值：

$$L_t = l_{t-110}{}^{dt} \tag{14-4}$$

（3）生成 LPI：设置初始年份，$I_0 = 1.00$（本研究设置 1970 年为 $I_0 = 1.00$，但实际应用中可以选择任意时间为 1）。

（4）对于种群时间序列数<6 的物种可以使用上述进行计算，对于其他具有多个种群时间序列的物种使用广义相加模型方法（Generalized Additive Model，GAM），首先，使用 R 软件中 mgcv 包的 GAM 模型，将 $\log_{10}N_t$ 设为因变量，把“年（t）”设为自变量；然后将平滑参数（Smoothing Parameter）设为种群时间序列长度值的一半，当平滑参数成功的以 1 递增，根据估计自由度（EDF）选择平滑参数值；再使用 GAM 拟合值计算种群所有年份的预测值（包括没有实测数据的年份），运用该值采用上文中的方法计算 d_t 获得最终 LPI。

（5）采用 Bootstrap 对指数值进行重复自抽样检验，产生 95% 置信区间。

14.2.2.3 生境状况分析方法

生境破碎化是造成当前物种灭绝危机的最主要原因之一（林振山和汪曙光，2002），生境的破碎化使原本连续分布的种群以集合的方式生存（Medvinsky et al., 2001）。因此，采用该生态系统类型面积、自然生态系统面积和景观破碎度指数（王云才，2011；黄麟等，2015），评估分析了自然生境面积变化和景观破碎化程度的变化情况。其中，破碎度是根据式（14-5）计算的

$$C_i = N_i / A_i \tag{14-5}$$

式中，C_i 为生境 i 的破碎度；N_i 为生境 i 的斑块数；A_i 为生境 i 的总面积。对土地利用数据进行重分类后，在景观分析软件 Fragstats 中统计不同生境类型的斑块数，再根据在 ArcGIS 中统计的面积计算破碎度。

14.2.3 区域物种数量及其变化评估

根据中国陆栖脊椎动物种群时间序列数据库中鸟类、兽类、两栖爬行类共405个物种、1385个动物种群数据，计算发现中国1970～2010年陆栖脊椎动物种群数量自1970年以来下降了49.7%。其中，161个兽类物种变化趋势指数在1970～2010年减少50.1%，但在21世纪初呈现出减缓的迹象；而184个鸟类物种数量却在1970～2010年增加了42.8%。

对东北地区40种兽类、51种鸟类、2种两栖爬行类共计93个物种进行计算，结果显示：东北地区的陆栖脊椎动物种群数量自1970年以来下降了70.1%，如图14-3所示，其中42个兽类物种数量在1970～2010年下降了63.4%，并在21世纪初与全国兽类数量呈现出同样的减缓趋势，如图14-4所示；而与全国鸟类数量不同的是，东北地区51个鸟类

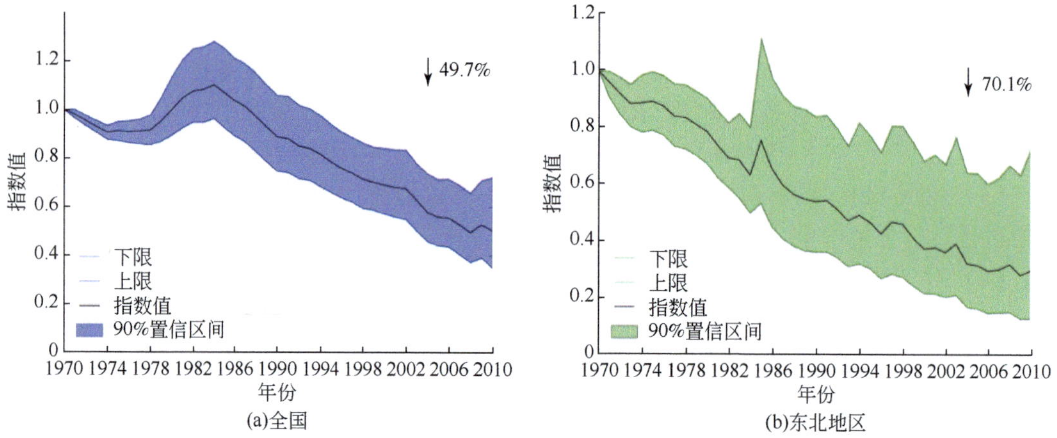

图14-3　全国和东北地区1970～2010年脊椎动物变化趋势

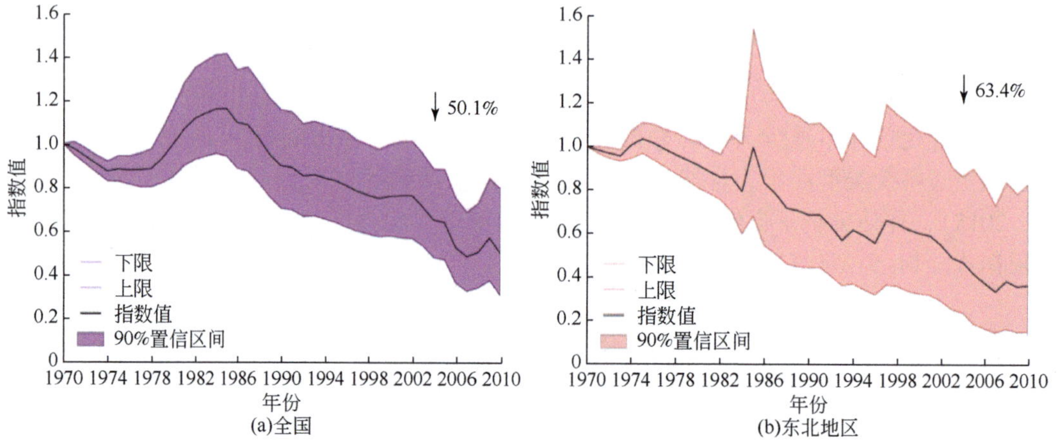

图14-4　全国和东北地区1970～2010年兽类物种变化趋势

物种数量呈现出强烈的下降趋势，在 1970 ~ 2010 年减少 90.7%，如图 14-5 所示。可以看出，1970 ~ 2010 年，东北地区的陆栖脊椎动物种群数量与全国趋势基本一致，但降幅大于全国。其中，兽类物种下降趋势比全国趋势更为明显，鸟类种群变化与全国趋势变化不一致，东北地区仍为降低，而全国鸟类种群数量则为上升。

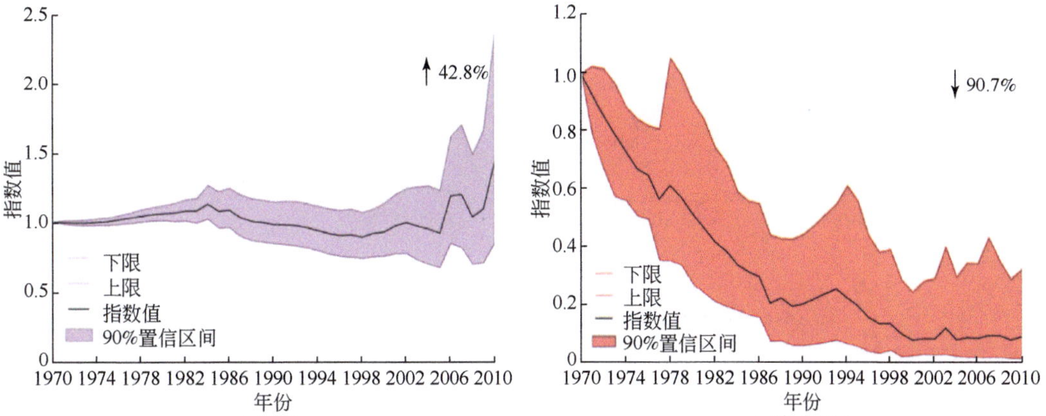

(a)全国 (b)东北地区

图 14-5 全国和东北地区 1970 ~ 2010 年鸟类物种变化趋势

对于不同生态系统的脊椎动物而言，东北森林和湿地生态系统中动物种群数量下降幅度均高于全区整体水平，而草原荒漠生态系统则呈明显上升趋势，如图 14-6 所示。1970 ~ 2010 年，东北地区 42 个森林动物种群数量总体呈现减少趋势，减少幅度约为 80.9%；草原荒漠兽类物种种群呈明显波动且具有上升趋势，增加幅度达到 181%。1980 ~ 2010 年，湿地鸟类种群数量总体呈现下降趋势，下降幅度约为 75.7%。

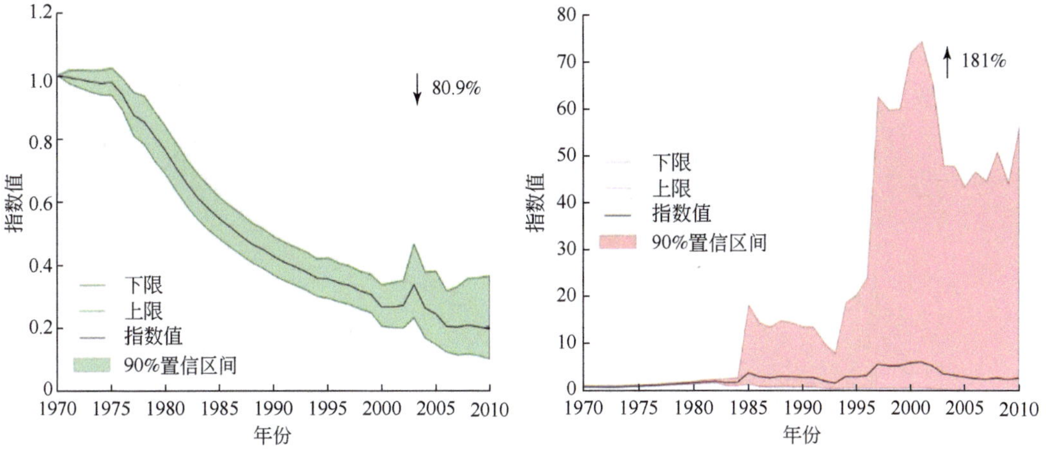

(a)森林 (b)草原荒漠

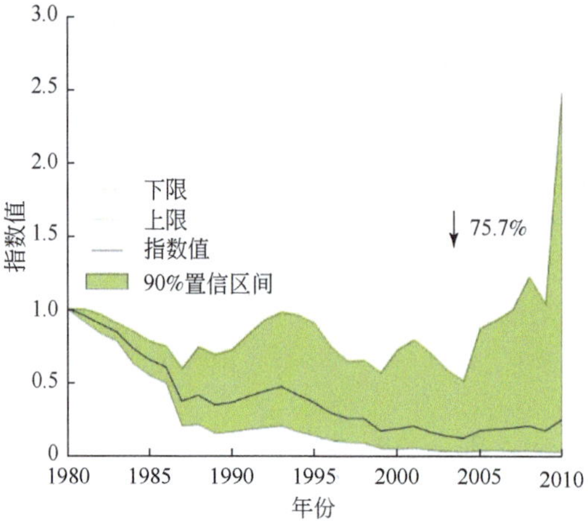

(c)湿地

图 14-6　东北地区不同生态系统 1970 ~ 2010 年物种变化趋势

14.2.4　区域生境状况及其变化监测评估

14.2.4.1　生境总体变化

2015 年，以森林、草地、湿地和荒漠四种自然生态系统为主的东北地区自然生境面积占比约为 69.9%，以农田和城镇建设用地为主的人工生境面积占比为 29.8%。其中，自然生境以森林生态系统为主，占自然生境总面积的 34.8%；其次为草地生态系统，占自然生境总面积的 23.8%；湿地和荒漠生态系统分别为 8.3% 和 3.0% （图 14-7）。1980 ~ 2015

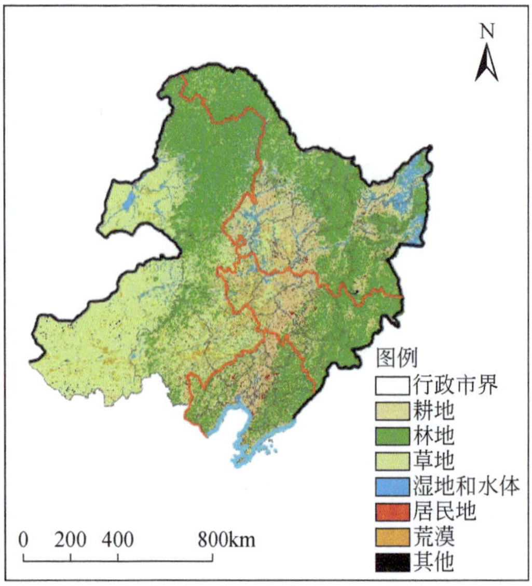

(a)1980年

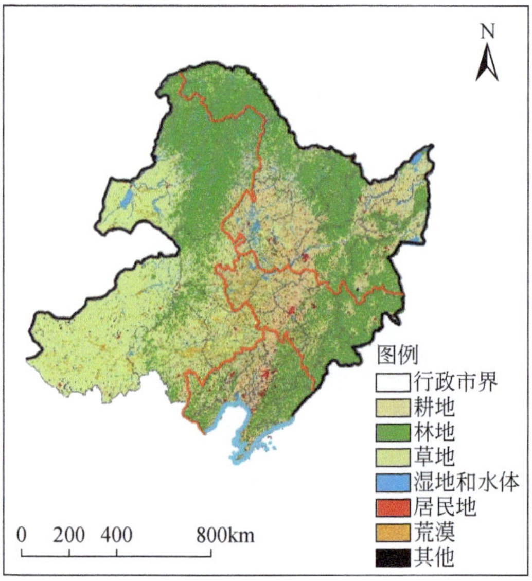

(b)2015年

图 14-7　东北地区 1980 年和 2015 年生态系统类型空间分布

年，农业用地和城镇建设用地增幅分别达到 25.2% 和 32.3%，由于农业开垦和城镇化扩张等对自然生态空间的不断挤占，约有 6.1% 的自然生境转为人工生境，致使动物种群的自然生境面积不断减少，减少幅度约为 8.0%。

从生境破碎化来看，森林生态系统的破碎度最低，说明森林的完整性最好；荒漠生态系统的破碎度最高，说明荒漠分布比较离散。1980 ~ 2010 年，自然生境的景观破碎度指数总体呈现增加趋势，但是 2005 年之后的增加幅度很小，这与东北地区 2005 年之后脊椎动物种群数量减少幅度减缓保持一致（表 14-1），从而说明生境破碎化成为影响动物种群数量变化的重要影响因素。2010 年之后，生境破碎化程度略有降低，改善着区域自然生境质量，有利于生物多样性保护（图 14-8）。

表 14-1　东北地区生境破碎度和物种 LPI 的变化率

年份	自然生境破碎度变化率	陆栖脊椎动物 LPI	森林破碎度变化率	森林物种 LPI	草原荒漠破碎度变化率	草原荒漠物种 LPI	湿地破碎度变化率	湿地物种 LPI
1970	—	1.00	—	1.00	—	1.00	—	—
1980	1.00	0.79	1.00	0.76	1.00	1.79	1.00	1.00
1990	1.10	0.54	1.28	0.42	0.87	2.94	0.92	0.36
1995	1.19	0.47	1.35	0.35	0.87	3.05	0.94	0.36
2000	1.27	0.37	1.46	0.26	0.88	6.03	0.97	0.18
2005	1.42	0.32	1.55	0.24	1.02	3.01	1.21	0.17
2010	1.49	0.30	1.61	0.19	1.07	2.81	1.27	0.24
2015	1.46	—	1.43	—	1.02	—	1.07	—

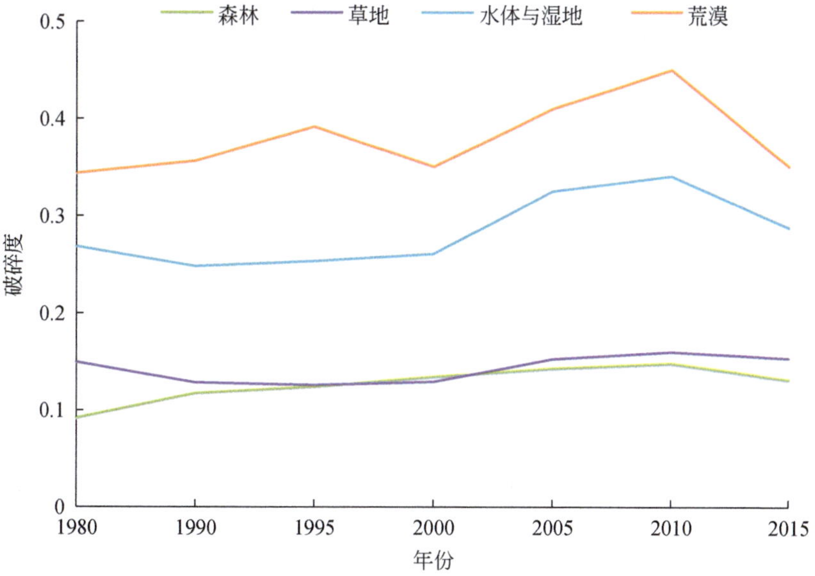

图 14-8　1980 ~ 2015 年各生态系统类型的破碎度

14.2.4.2 森林生境变化

东北地区的森林生态系统主要分布在小兴安岭、长白山和大兴安岭北部地区。2015年，森林生境面积为50.28万km^2，占东北地区总面积的34.8%。从面积变化来看，1980～2015年森林生境面积共减少7.91万km^2，减幅约为13.59%。其中，1980～1995年森林面积减少迅速，主要分布在呼伦贝尔东部和佳木斯北部、呼伦贝尔西南部、通辽西北部和赤峰西部。2010年之后森林生境面积有所增加。从破碎化程度来看，1980～2015年森林生境破碎化指数增加约42.7%，其中，1980～2010年持续增加，表明森林生境的完整性遭到持续破坏；2010年之后森林生境破碎度有所减小，如图14-9所示。

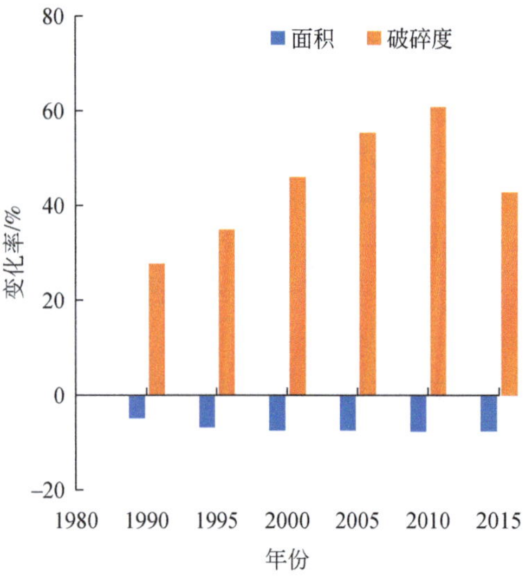

(a)面积和破碎度变化率

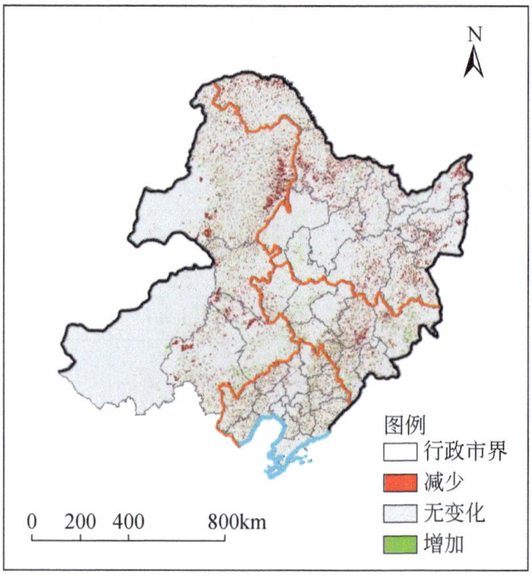

(b)森林变化

图14-9　1980～2015年森林生态系统变化

14.2.4.3 草地和荒漠生境变化

东北地区的草原和荒漠生态系统主要分布在西部和中部，2015年面积分别为34.42万km^2和4.33万km^2，占东北地区总面积的23.8%和3.0%。从面积变化来看，1980～2015年草地生境共减少3.88万km^2，减幅约为10.1%，荒漠面积共增加0.17万km^2，增幅约为4.1%。其中，1980～1990年草地迅速增加，在2010年之后又迅速减少；草地减少区域主要分布在呼伦贝尔市中西部、松嫩平原、三江平原和赤峰市东部。1980～2015年荒漠呈缓慢增加趋势，其中1995年的荒漠面积有所减少；荒漠主要减少区域分布在锡林郭勒盟东南部，锡林郭勒盟东南部和白城东部及南部的部分荒漠在1990～1995年转变为草地，在1995～2000年又变成荒漠。从破碎化程度来看，1980～2015年草地和荒漠的整体生境破碎度基本不变，呈先降低后又增加的趋势，如图14-10所示。

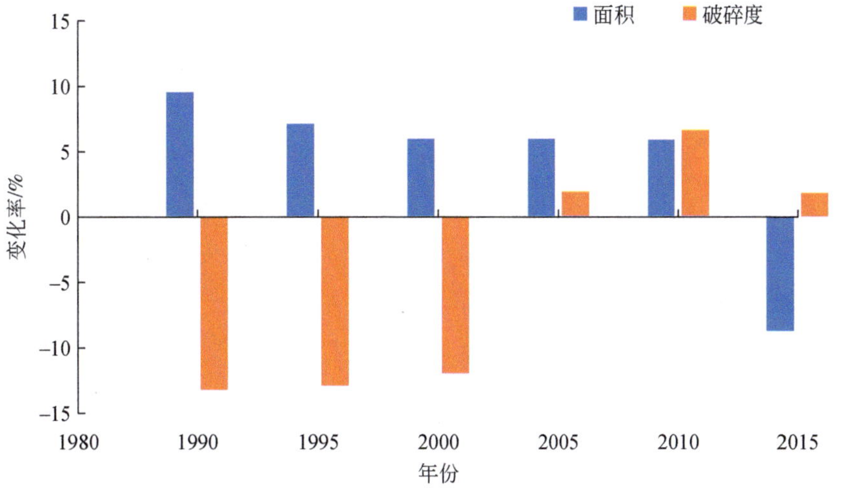

(a)面积和破碎度变化率

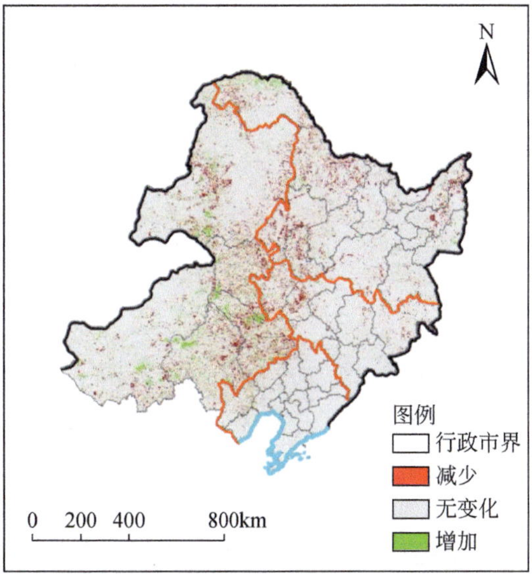

(b)草地变化

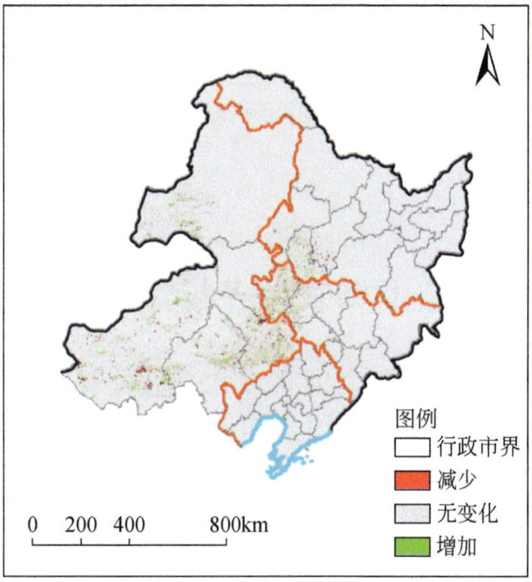

(c)荒漠变化

图 14-10 1980～2015 年草地和荒漠生态系统变化

14.2.4.4 湿地生境变化

东北地区湿地生态系统主要分布在呼伦湖流域、松嫩平原、三江平原和兴凯湖流域等，2015 年面积分别为 11.96 万 km^2，占东北地区总面积的 8.3%。从面积变化来看，1980～2015 年湿地生境共减少 1.03 万 km^2，减幅约为 7.9%。其中，1980～1990 年湿地面积减少迅速，在 2010 年之后明显增加；1980～1990 年佳木斯市、双鸭山市、鸡西市和呼伦贝尔市北部的湿地面积大幅度减少；2010～2015 年呼伦贝尔市北部和佳木斯市东北部的水体与湿地面积增加。从破碎化程度来看，1980～2015 年湿地生境破碎度整体变化较小，与1980年相比增加了7.2%，其中，2000～2010年不断增加，之后有所降低，如图14-11所示。

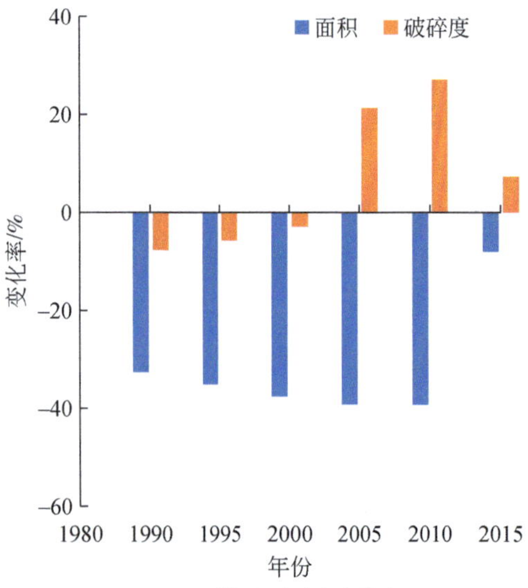

(a)面积和破碎度变化率

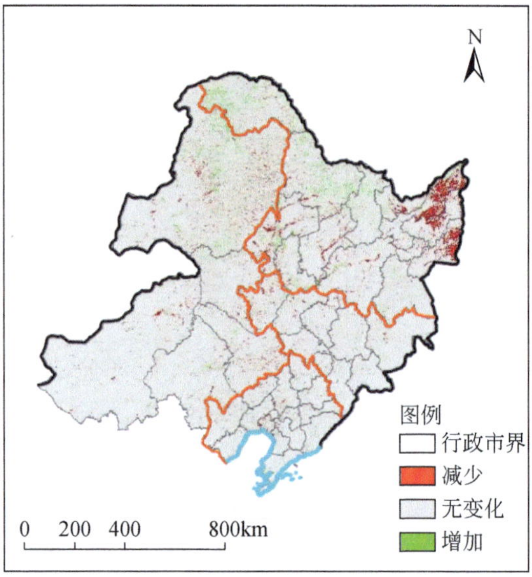

(b)湿地变化

图14-11　1980～2015年湿地生态系统变化

14.2.5　区域生物多样性保护综合分析

本节选择东北地区为研究区域，综合利用物种调查数据和生境遥感观测数据，以地球生命力指数、生态系统面积和破碎度等指标作为指示性参数，开展了近40年东北地区陆栖脊椎动物种群数量及其生境的变化监测与评估，了解该地区动物种群数量及其生境变化，对区域生物多样性保护研究和管理具有重要意义。监测结果表明，1970年以来，中国东北野生动物种群趋势呈现出比全国更为显著的下降趋势，东北地区陆栖脊椎动物整体下降趋势明显，森林和湿地生态系统种群数量减少幅度较大，草原、荒漠生态系统动物种群数量增加明显。东北地区陆栖脊椎动物种群数量在1970～2012年下降了近70.1%，较全国陆栖脊椎动物种群数量下降趋势更为显著，1980～2015年整个东北地区约6.1%的面积由自然生境转为人工生境。其中，森林面积减幅7.5%，草地减幅10.1%，湿地减幅7.9%，荒漠增幅4.3%。森林砍伐、人口扩张、城镇化、交通发展等造成的栖息地破碎化和栖息地质量下降对野生动物多样性造成了显著影响。降水等气候变化因素及湿地破碎化导致东北水鸟数量的降低。此外，森林退缩、荒漠扩张为东北地区草原和荒漠生态系统中啮齿动物种群带来正面影响。

按照野生动物所依存的生态系统划分，森林中动物种群数量在1970～2010年减少最为明显，特别是在2000年左右之前。而东北地区森林面积也是在1980～1995年迅速减少，2010年后，森林面积有所增加。由于森林生境的物种种群的整个生活史都要在森林中完成，具有明显依林性特点，特别是东北虎、林麝、梅花鹿等大型野生动物，更是需要相对完整和稳定的栖息环境才能维持种群稳定。国土开发建设活动致使森林生境面积减少和破碎化程度增加，进而导致动物物种生境被隔离或碎片化，使得东北地区森林动物种群数量减少，而2000年以来，随着森林保护力度加大和生境破坏速度趋缓，物种种群数量减少的幅度才逐步趋于缓和。

草原和荒漠生态系统动物种群数量增加趋势明显，而草原面积呈减少趋势，荒漠呈增加趋势。草原荒漠兽类中啮齿目和兔形目物种占绝对优势，大型哺乳动物稀少。此类物种个体小但种群数量巨大，生命周期短但繁殖力强大，对环境干扰敏感，具有高死亡率、高繁殖率的生存对策，也因此种群数量往往会随环境和气候条件变化而呈现出强烈的波动趋势。此外，东北地区荒漠和草原生境连续性弱，面积小，边缘与人类农田、牧场、村落等接壤，生境交错明显，已非自然的动物栖息地，动物种群受人类活动影响明显，如农牧业生产、农药使用等，种群变化缺乏与气候因子和自然演替之间的相关性。

草原和荒漠生态系统动物与森林兽类不同，东北森林中生活东北虎、林麝、熊、梅花鹿等大型食肉类和有蹄类物种，此类物种体型大、寿命长但繁殖率低，对原生植被的依赖程度高，一旦经历了狩猎、森林火灾等毁灭性事件，种群恢复能力差，需要较长的时间周期，即使采取人为保护措施也要经历数个乃至数十个世代（十几至几十乃至更长）才能改变其下降的趋势。因此，在同样的气候条件下，森林物种种群下降趋势远比草原和荒漠物种更加明显，且经过了近30年野生动物保护法、枪支管制、保护区建设等保护措施，恢复过程仍显得十分缓慢。此外，由于森林物种具有更高的开发和利用价值，如获取麝香、各种毛皮，森林兽类猎杀远比草原和荒漠更为严重，同样，森林中的植物利用率也更高，如各种药材、木材等，因此栖息地破坏程度也更加明显，更加剧了对森林物种的不利影响。

湿地中动物种群数量减少了近75.7%，减少幅度较大，湿地面积减幅7.9%，两者变化趋势相同，种群数量减少一定程度上与人类活动所造成的栖息地面积缩减和破碎度增加相关。湿地生态系统中，鸟类物种丰富，其生存状况可以在一定程度上反映湿地健康状况。由于鸟类为卵生动物，其产卵量和成活率均与气候、湿地条件等密切相关，且鸟类数量较大，繁殖周期较短，因此可以比较敏感地反映环境波动。此外，鸟类数量的变化与湿地面积变化也比较密切，一些迁徙鸟类的迁徙路线也会因湿地条件改变而变化和波动。东北湿地鸟类数量呈现出较明显的下降趋势，与东北主要湿地面积改变和周边由于开发建设造成的干扰具有相关性。

近年来，针对生态恢复和修复，国家出台了一系列保护政策，包括天然林保护工程和退耕还林等政策。其中，天然林保护工程是国家在1998年我国发生重大洪涝灾害后提出的，旨在实现我国森林覆被的恢复发展并发挥其抑制水土流失与保育生态环境的目的(State Forestry Administration，2004)。退耕还林政策是1999年由国家决策部署和组织实施的一项生态环境保护重大工程（Rozelle S，2005)，在很大程度上保护了东北地区的森林生态环境。随着林地保护政策的实施，2000年之后森林面积减少趋势减缓、破碎度增大趋势平缓，森林动物种群减少趋势也变缓。现有的保护措施已初见成效，但还需加强对生态环境的保护，改善栖息地破碎化，有效保护和提高区域生物多样性水平。此外，在物种收集的过程中，该区域两栖爬行类等物种基础信息严重不足，且不同来源的种群调查方法和时间上缺乏连续性及一致性，需要加强对野生动物种群的基础调查和动物种群的持续监测，实现数据共享。

14.3 重要物种栖息地监测评估

本节以重要物种野生双峰驼（简称野骆驼）的适宜生境为研究区域，综合利用物种调查数据和气候数据，基于 Maxent 模型对野骆驼当前及未来适宜生境进行评估，并对适宜生境脆弱性及保护空缺进行分析。

14.3.1 研究区概况及数据资料

14.3.1.1 研究区概况

本节以野骆驼为例，对物种栖息地内的人类活动以及受气候变化影响进行分析。野骆驼属偶蹄目骆驼科骆驼属，最早由普尔热瓦尔斯基于 1887 年发现，定名为 *Camelus bactrianus ferus*。野生单峰驼早已灭绝，目前分布于澳大利亚的野外单峰驼属于入侵物种（Spencer et al., 2012）。野骆驼的濒危等级已被世界自然保护联盟（IUCN）调整到极度濒危的级别，属于我国国家Ⅰ级保护动物。骆驼属动物依靠自身的代谢、血液、组织等生理机能调节，在损失占体重 30% 水分的情况下仍能存活（Cain Ⅲ et al., 2006），被认为是适应沙漠环境最为成功的有蹄类动物。而栖息于中国干旱半干旱荒漠和山地的野骆驼能适应高矿化度的水，对研究骆驼的起源、物种分化及家骆驼品种改良都有重要的科研与实际应用价值。

自 19 世纪中期以来，野骆驼分布范围不断缩小，种群数量日渐减少。现存种群数量不足 1000 峰，其中中国大约有 600 峰，蒙古国大约有 350 峰，野骆驼种群孤立分布在我国的塔克拉玛干沙漠东部、罗布泊北部噶顺戈壁、阿尔金山北麓及阿奇克谷地，以及中蒙边境的外阿尔泰戈壁等地区（Tulgat and Schaller, 1992; NatureServe and IUCN, 2007; Hare, 2008），如图 14-12 所示。20 世纪 70 年代始，国内外学者对野骆驼的分布、数量和栖息地开展了多次考察和研究（Bannikov, 1976；夏训诚，1985；谷景和和高行宜，1987；谷景和等，1991；Tulgat and Schaller, 1992; Hare, 1997），但由于野骆驼生性机敏，分布区自然条件极端恶劣，野骆驼种群生态学、行为生态学基础研究较为缺乏，对其分类地位和进化关系仍有争论。当前，分布区野骆驼面临着环境恶化、盗猎、道路建设、矿产开发以及畜牧业的发展等威胁（袁磊等，2004；Hare, 2008）。道路修建、矿产开发、无序的旅游活动和围栏加剧了野骆驼生境的破碎化，严重影响到该地区野骆驼的活动和迁徙。

14.3.1.2 主要数据资料

野骆驼分布数据。新疆罗布泊野骆驼分布数据来源包括：①野骆驼颈圈坐标点；②红外相机监测项目；③日常巡护监测数据；④野骆驼粪便、脚印等痕迹；⑤公开发表的文献

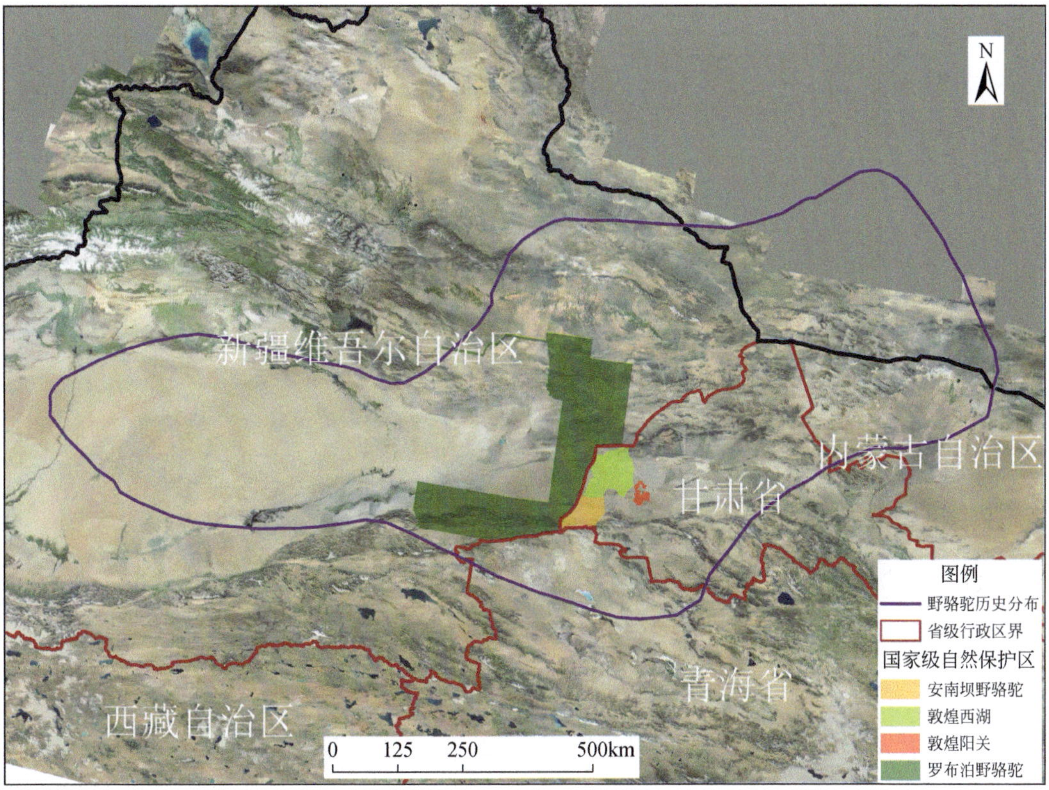

图 14-12 研究区概况

资料。对于没有矢量化的数据点，利用 ArcGIS 10.1 进行地理校正并数字化物种分布位点。对所有收集到的 12 517 个野骆驼分布数据进行过滤（图 14-13），随机删除同一 10km×10km 栅格内出现的多个分布数据点，最终每个 10km×10km 栅格内只保留一个分布点。在 Excel 2010 中将所有野骆驼坐标点转换为模型模拟所需的 CSV 格式。

气候数据。气候数据来源于世界天气和气候数据库 Worldclim（http://www.worldclim.org/version1），Worldclim 数据库采用插值方法将全球气象站点收集到的气候数据生成全球气候栅格数据（Raster Data），并衍生 19 个反映气温和降水的特点以及季节性差异的生物气候变量（Bioclim Variables）。本研究利用该数据库的两期气候数据，分别是当前气候数据（1950～2000 年）及未来气候情景下 21 世纪 50 年代前后（2041～2060 年）气候数据，空间分辨率为 30″。未来气候数据采用英国气象局哈德利中心（Met Office Hadley Centre）基于联合国政府间气候变化专门委员会发布的第 5 次全球气候耦合模式数据，典型浓度路径（Representative Concentration Pathway，RCP）4.5 排放情景。在 RCP 4.5 情景下，到 21 世纪 50 年代，全球平均地表温将升高 0.9～2.0℃，符合《巴黎协定》，即将全球气温升幅控制在 2℃以内的目标。

其他环境变量数据包括：水源点密度、矿点密度、铁路密度、道路密度、居民点密度，以及人类足迹数据（http://wcshumanfootprint.org/）。其中铁路、道路、居民点数据

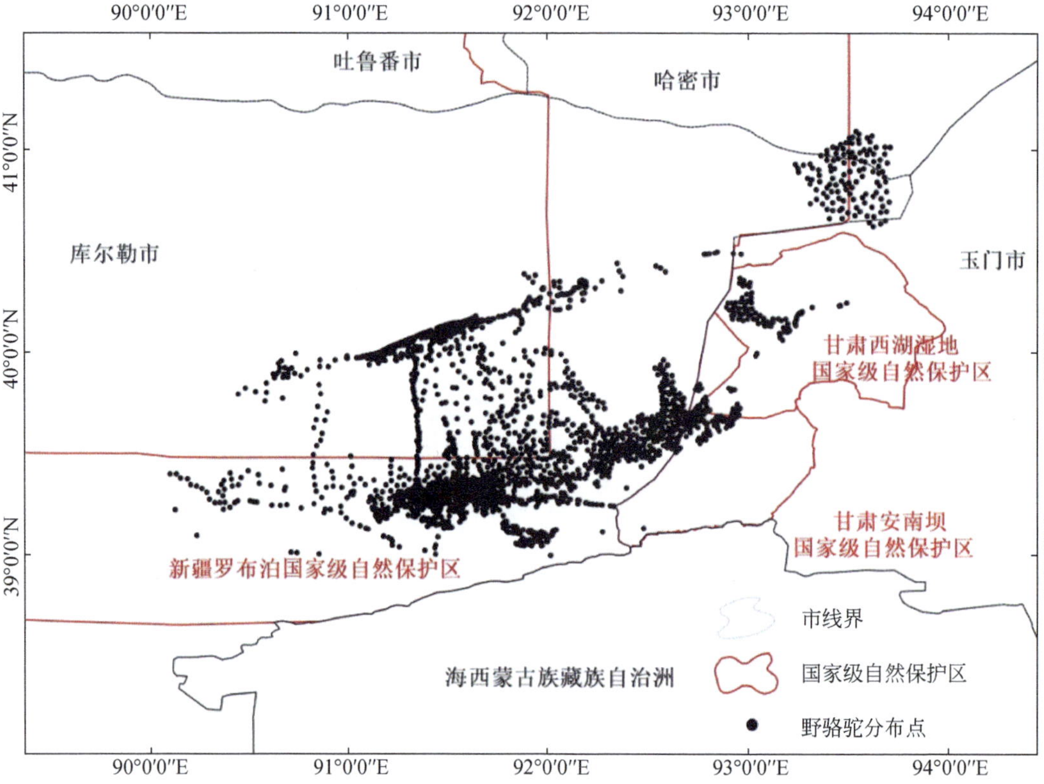

图 14-13　库姆塔格地区野骆驼分布点

来源于 OpenStreetMap（https://www.openstreetmap.org/），矿点、水源点数据来源于实际调查，海拔数据来源于 Worldclim 数据库所提供的 30″分辨率的 DEM 数据（表 14-2）。

表 14-2　用于 Maxent 模型中的环境变量描述及代码及野骆驼范围内各环境变量的最小值、最大值、平均值和标准差

变量代码	描述	单位	数据类型	最小值	最大值	平均值	标准差
Bio1	年平均温	℃	连续	-143	149	75.33	46.45
Bio2	年均日较差	℃	连续	129	172	155.81	6.65
Bio3	等温性		连续	27	37	32.36	2.86
Bio4	温度季节性		连续	8 266	14 249	11 511.18	1 280.67
Bio5	最暖月的最高气温	℃	连续	39	414	303.60	62.04
Bio6	最冷月的最低气温	℃	连续	-332	-130	-173.22	29.01
Bio7	气温年范围	℃	连续	365	547	476.82	34.96
Bio8	最湿季平均气温	℃	连续	-34	319	212.99	60.03
Bio9	最干季平均气温	℃	连续	-238	116	-31.11	49.79

续表

变量代码	描述	单位	数据类型	最小值	最大值	平均值	标准差
Bio10	最暖季平均气温	℃	连续	-34	320	215.36	59.36
Bio11	最冷季平均气温	℃	连续	-251	-40	-80.56	29.64
Bio12	年降水	mm	连续	12	212	35.06	17.69
Bio13	最湿月降水	mm	连续	2	56	9.95	5.13
Bio14	最干月降水	mm	连续	0	2	0.18	0.38
Bio15	降水季节性变化		连续	29	151	93.80	20.38
Bio16	最湿月降水	mm	连续	5	144	24.00	12.64
Bio17	最干月降水	mm	连续	0	6	1.22	1.17
Bio18	最暖月降水	mm	连续	5	144	23.99	12.63
Bio19	最冷月降水	mm	连续	0	6	1.61	1.01
Alt	海拔	m	连续	-156	5 957	1 591.71	1 032.01
Hfp	人类足迹		连续	0	38	1.47	2.04
Dmine	矿点密度	个/km^2	连续	0	3.319 4	1.36	0.72
Drail	铁路密度	m/km^2	连续	0	3.347	0.85	0.65
Droad	道距密度	m/km^2	连续	0	0.778 4	0.20	0.17
Dset	居民点密度	个/km^2	连续	0	1.674	0.56	0.38
Dwat	水源点密度	个/km^2	连续	0	2.571 7	0.80	0.50

14.3.2 技术路线与分析方法

14.3.2.1 技术路线

基于野骆驼观测点位数据和当前（1950～2000 年）及未来气候情景下 2041～2060 年气候数据，利用 Maxent 模型对物种分布进行评估。根据当前和物种分布评估结果，评价当前野骆驼栖息地的脆弱性，并结合目前的保护区域分布，分析当前及未来保护空缺情况，技术路线图如图 14-14 所示。

14.3.2.2 适宜生境模型

Maxent 模型是近年来发展起来的基于最大熵理论的生态模型，被广泛用于预测物种栖息地适宜性的研究。该模型仅需利用物种分布出现的数据（Presence Data）与研究区域的环境信息，来预测物种分布。因此，本研究利用 Maxent 3.3.3K 模型来模拟气候变化背景下野骆驼适宜生境的变化。许多研究表明，由于存在样点取样偏差（如物种信息大多仅分布在调查样线两侧，高山、峡谷、河流等地缺少取样调查），仅有物种有分布的信息，缺

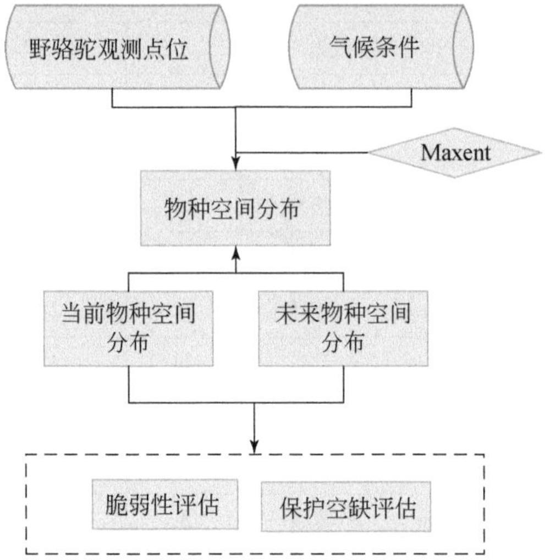

图 14-14　技术路线

少物种无（Absence Data）分布的信息构建模型，可能会影响模型精度，需利用出现具有同样偏差的背景点作为“伪-未发现点”（Peudo-Absence Data）构建物种分布模型，来提高模型精度。本研究基于青海野骆驼出现点进行 50km 缓冲区分析，50km 缓冲区外随机生成 10 000 个背景点作为“伪-未发现点”来构建野骆驼分布模型。

所有数据准备好后，首先，将野骆驼分布信息在 Excel 中进行整理后连同环境数据一起导入 Maxent 软件中；然后，随机选取野骆驼分布数据的 75% 作为训练数据（Training Data）来建立模型，将剩余 25% 的分布数据作为检验数据（Testing Data）来验证模型；其次，利用刀切（Jackknife）法来检验环境变量的重要性；最后，模型重复 10 次，采用重采样（Subsample）法来评估模型表现（Wisz et al.，2008；Khatchikian et al.，2010），并选择创建环境变化反应曲线（Response Curves），模型中其余参数设置为模型默认值。采用受试者工作特征曲线（Receiver Operating Characteristic，ROC）下的面积（Area Under Curve，AUC）对模型的精度进行评估。AUC 值评价模型的标准：0.9～1.00，预测结果优秀（Excellent）；0.8～0.9，满意（Good）；0.7～0.8，一般（Fair）；0.6～0.7，较差（Poor）；0.5～0.6，失败（Fail）。

模型模拟输出结果为物种出现概率栅格图，输出值为 0～1 之间的连续值，值越接近 1 表示物种潜在分布的可能性越高。本研究采用灵敏度和特异度之和最大值（Maximized Training Sensitivity Plus Specificity）作为阈值，将出现概率高于阈值的栅格作为野骆驼的适宜栖息地。

14.3.2.3　保护空缺分析

为保护该区域野骆驼及众多珍稀濒危物种，目前已建立起 3 个国家级自然保护区，初步形成了边界相互连通的完整保护区体系格局。保护空缺分析（Gap Analysis of Protection）是寻找保护区系中没有被保护或充分保护的区域的过程，为下一步保护规划提供指导依据。本研究将库姆塔格当前和未来预测适宜生境与已建立起来的自然保护区边界相叠加，识别现有保护区系统之外具有较高保护价值的适宜生境，同时评估当前已建立的自然保护区在未来气候变化背景下的有效性。

14.3.2.4 脆弱性评估

脆弱性评估是研究气候变化影响野生动物的重要内容，识别野生动物脆弱性，是适应和减缓气候变化影响的关键和基础。通过开展气候变化背景下野骆驼的脆弱性评估工作，提出建立该物种适应气候变化的科学对策，最终为人类能有效应对气候变化和野骆驼保护提供强有力的依据。本研究通过对比野骆驼当前适宜生境和未来（2041～2060 年）适宜生境的变化，来评估物种脆弱性，评估准则如下。①脆弱区域：到 21 世纪 50 年代前后，预测当前适宜生境转化为不适宜生境的区域；②未发生变化的适宜生境：当前和未来（2041～2060 年）适宜生境重叠的区域；③新增适宜生境：到 21 世纪 50 年代前后，预测当前不适宜生境转化为适宜生境的区域；④不适生境：当前和未来（2041～2060 年）不适宜生境重叠的区域。

同时，我们利用三个适宜生境变化指数来评估气候变化对野骆驼的影响：①适宜生境变化率（Percentage of Area Change，AC）；②当前适宜生境丧失率（Percentage of Loss Area of Current Suitable Habitat，SH_c）；③未来适宜生境增加率（Percentage of Increased Area of 2050's Suitable Habitat，SH_f）。计算公式如下：

$$AC=(A_f-A_c)/A_c\times100\% \tag{14-6}$$

$$SH_c=(A_c-A_{fc})/A_c\times100\% \tag{14-7}$$

$$SH_f=(A_f-A_{fc})/A_f\times100\% \tag{14-8}$$

式中，A_f为 21 世纪 50 年代前后野骆驼适宜生境总面积；A_c为野骆驼当前适宜生境总面积；A_{fc}为当前和未来适宜生境叠加区域的总面积（Thuiller et al.，2005b；Levinsky et al.，2007；Duan et al.，2016）。

14.3.3 生境状况及其变化监测评估

为评估人类活动影响对野骆驼分布的影响，对可以追溯到的人为干扰因子进行收集和量化，最为主要的人类活动因素是道路数据，包括铁路、公路、油气开发道路等，其次是采矿点分布数据。据文献记载和分析，野骆驼的主要分布区塔克拉玛干沙漠、库姆塔格沙漠、嘎顺戈壁和南湖戈壁，在 20 世纪 80 年代以前都尚有较大的野骆驼种群分布。因此，分别以 1984 年、1998 年和 2012 年为划分，统计和量化了 20 世纪中期野骆驼分布范围内的道路建设情况，三个年份的道路情况分布见图 14-15、图 14-16 和图 14-17。

铁路包括建于 1952～1962 年的兰新铁路和 2012 年开通的哈罗铁路。公路包括国道 218（若羌至库尔勒段）、国道 315（若羌至茫崖段）、国道 312（酒泉至吐鲁番段）、国道 215、高速 G30（瓜州至吐鲁番段）、高速 G7，以及 2005 年开通的哈罗公路（S235）、省道 S314，还包括 1995 年贯通的轮台-民丰沙漠公路。2003 年，西气东输管线包括穿西气东输伴行公路越罗布泊野骆驼自然保护区，管道穿越总长为 384.53km。

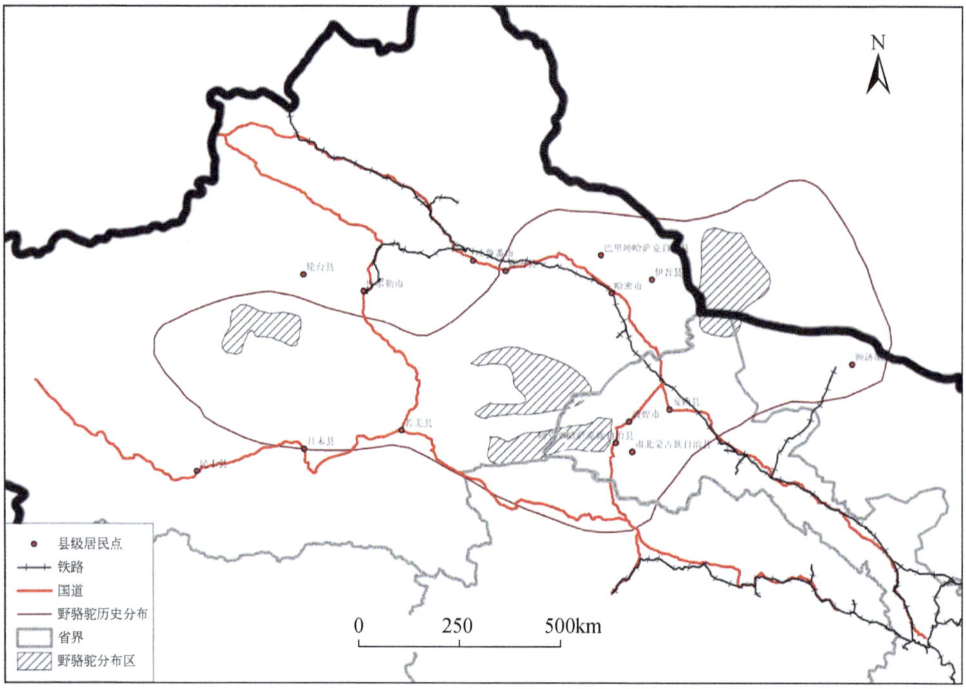

图 14-15　1984 年野骆驼分布区道路情况

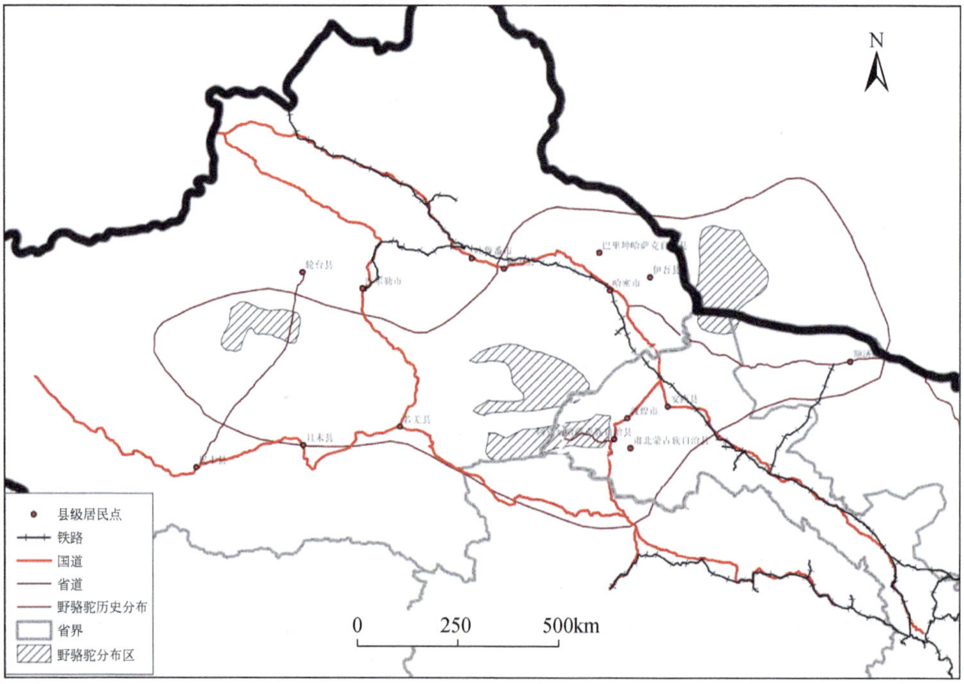

图 14-16　1998 年野骆驼分布区道路情况

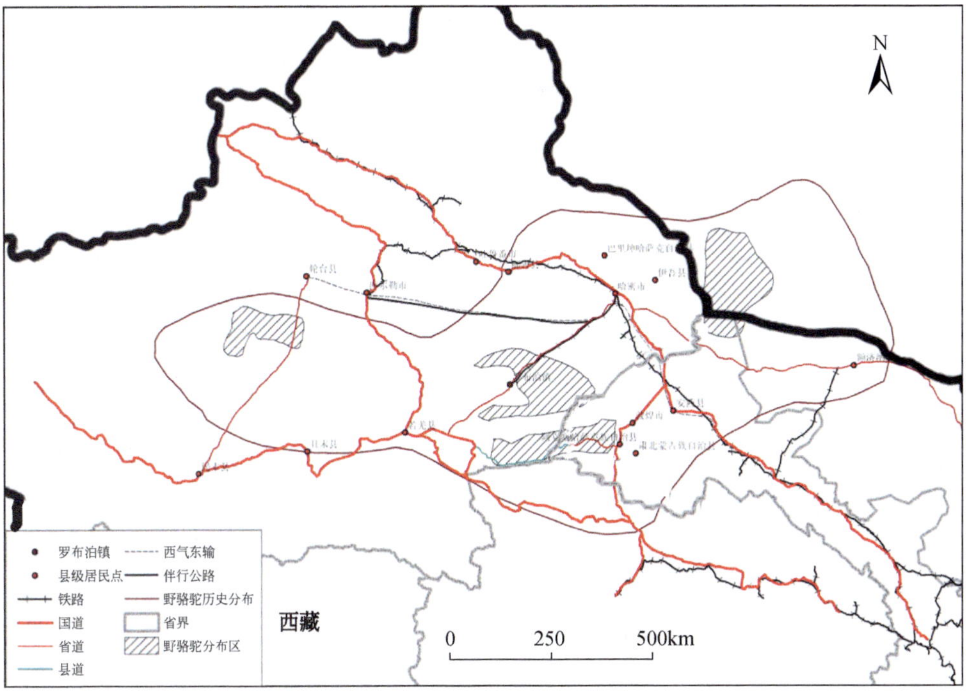

图 14-17　2012 年野骆驼分布区道路情况

1984 年以前，野骆驼的三个分布区，塔克拉玛干沙漠、库姆塔格沙漠、中蒙边界已经被兰新铁路和三条国道分隔开。到 1998 年，塔克拉玛干沙漠公路的贯通直接影响到野骆驼在塔克拉玛干沙漠的分布区，同时也有省道修进了野骆驼在阿尔金山北麓的分布区，这两条公路的修建，都可以为油气资源开发和矿产资源开发服务，而我们 2011 年对塔克拉玛干沙漠的调查发现，除了沙漠公路之外，在野骆驼的当前分布区内还分布有多条支线公路用于油气资源开发；截至 2012 年，随着罗布泊钾盐的开发，哈罗公路和哈罗铁路相继开通，直接穿越了罗布泊地区北部和东北部的嘎顺戈壁和南湖戈壁，另外，随着西气东输管线和阿尔金山道路的修建，嘎顺戈壁分布区和阿奇克谷地与阿尔金山分布区进一步被分隔，生境丧失和破碎化加剧，该地区是受道路影响最大的区域。

14.3.4　重要保护物种变化评估

野骆驼的历史分布。历史上双峰驼的分布范围相当广泛，从中亚至西亚东部都可能有双峰驼的分布，其分布范围东部可达陕西黄河，西部到里海，北部到贝加尔湖，南部到青藏高原北部（文焕然，1990；Tulgat and Schaller，1992；袁国映等，2000）。直到 20 世纪，野骆驼在我国境内的地理分布区域还相当大，其范围从青海省苏干湖地区经阿尔金山、罗布泊地区、塔克拉玛干、天山以北卡拉麦里地区，直到中蒙边境，且分布区连续（Schaller，1998），见图 14-18。

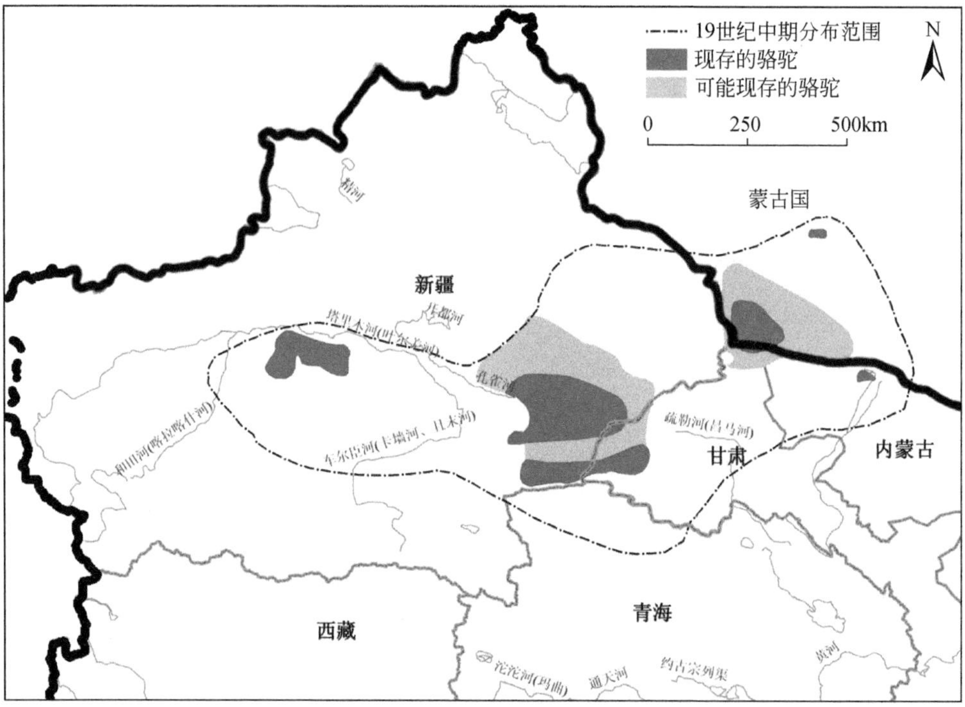

图 14-18　野骆驼历史及现状分布

野骆驼种群现状和分布。在人类活动的影响下野骆驼的分布区迅速缩小，种群数量也不断下降。野骆驼现存种群数量不足 1000 峰，其中中国大约有 600 峰，蒙古国大约有 350 峰（Hare，2008），孤立分布在我国的塔克拉玛干沙漠东部、罗布泊北部嘎顺戈壁、阿尔金山北麓及阿奇克谷地，以及中蒙边境的外阿尔泰戈壁等地区（Tulgat and Schaller，1992；Nature Serve and IUCN，2007；Hare，2008），见图 14-18。其中，嘎顺戈壁分布区因阿奇克谷地与阿尔金山分布区在库姆塔格沙漠东部和西部有沟谷联系，也可视为仍然连通的一片。

20 世纪中叶前后，野骆驼在和田河以东的塔克拉玛干沙漠中分布面积较大（袁国映等，2000）。20 世纪 80 年代以来，野骆驼分布区所在的塔克拉玛干沙漠东部地区开始大规模的油气开采。1991 ~ 1992 年，兰新等科考发现，石油勘探和开采地点附近也有野骆驼活动痕迹，证明了克里雅河下游地区野骆驼分布仍然存在（兰新等，1998）。但近些年这些地区受放牧、石油开采等影响，野骆驼的分布必定会受到人为干扰的影响，其分布区变化仍有待进一步调查。1995 ~ 1996 年，Hare（1997）在塔克拉玛干进行的科考估计该地区大概有 50 ~ 80 峰野骆驼。2011 年，Hare 等（2011）对克里雅河下游地区的考察表明该地区可能有 3 峰野骆驼的活动，整个种群大概有 30 ~ 50 峰。

位于库姆塔格沙漠南沿的阿尔金山北麓，以及罗布泊南岸的阿奇克谷地由于较好的植被状况，为野骆驼提供了较好的栖息环境。20 世纪 60 ~ 70 年代，该地区良好的生态环境为野骆驼提供了生存必需的水源和植被，包括西湖湿地、阿奇克谷地，以及梭梭沟、小泉沟一带，300 峰以上的野骆驼群体极为常见。20 世纪末对阿尔金山北麓地区的科考中，已很难见到大的野骆驼种群。据 20 世纪 80 ~ 90 年代各种考察和目击资料的估计，该区域的种群数量约为 330 ~ 380 峰（Hare，1997；袁磊等，1999；高丽君等，2003）。在科技部基础性工作“库姆塔格沙漠综合调查”资助下，2007 ~ 2009 年对库姆塔格沙漠地区野骆驼进行的野外调查，共记录到野骆驼群体 30 次，个体 120 余峰，估计其种群数量为 430 峰（李迪强等，2012）。该地区为野骆驼数量分布最多的地区。

嘎顺戈壁和南湖戈壁位于罗布泊北部和东北部。1980 年前后，嘎顺戈壁和南湖戈壁野骆驼数量为 800 峰左右（高丽君等，2003），由于环境恶化以及各种人为活动的影响，据 1995 年前后的考察，该区域的种群数量为 60 ~ 80 峰（Hare，1997；高丽君等，2003）。罗布泊地区是野生双峰驼模式产地及纯血统种群的分布区，其他 3 个分布区都与家驼放牧区有重合现象，因此这一地区野骆驼的保护显得尤为重要（袁磊等，1999；Hare，2008）。

据考察，中蒙边境的外阿尔泰戈壁同我国新疆、甘肃和内蒙古交界的边境一带的野骆驼数量为 350 ~ 400 峰（Hare，1997；Reading et al.，1999）。而 1985 年，该地区野骆驼种群数量为 650 峰（Hare，2008）。由于人类放牧、开矿，以及狼等天敌的影响，这一地区的野骆驼生存状况堪忧，并且边境地区铁丝网的存在进一步阻碍了这一地区野骆驼种群的活动和迁移。

14.3.5 生境适宜性综合评估

14.3.5.1 生境现状适宜性评估

野骆驼为满足其特定的生存需求，会选择特定的生境。由于干旱荒漠地区水源的稀缺，野骆驼饮水需选择位于阿尔金山常年有水的山谷。野骆驼的觅食则主要选择植被丰富度较好的山前戈壁，野骆驼的栖息地则会选择视野较好，且地面松软的沙地，如要躲避捕食和人为干扰，野骆驼会选择逃入沙漠。水源、植被和人为干扰是限制野骆驼分布和迁徙的三个重要环境因子，水源和植被的季节性变化决定了野骆驼在不同水源点和觅食地之间的迁徙活动（袁国映等，2000）。普遍认为野骆驼存在季节性迁徙，其迁徙行为与气候、水、食物状况有关。在塔克拉玛干沙漠分布区，野骆驼种群在历史上形成了沿从西南流向东北入塔里木河的古克里雅河道来回迁移的习性，嘎顺戈壁地区的野骆驼冬季也会迁移到罗布泊南岸的阿奇克谷地和相邻的西湖湿地（袁国映等，2000）。库姆塔格沙漠地区野骆驼迁徙主要是在南部阿尔金山到北面阿奇克谷地间沿沙漠东部或西部的河谷进行。

Kaczensky 等（2014）通过对 7 峰野骆驼佩戴 GPS 颈圈，研究了中蒙边境的外阿尔泰戈壁野骆驼的活动范围和生境选择情况。通过对 3 峰野骆驼全年的监测，野骆驼全年的活动范围达到 12 000km^2，日活动直线距离为 3.0 ~ 6.4km/d。野骆驼偏好选择中等植被指数和生产力的生境类型，以及中等的海拔和距水源距离，同时避免选择陡峭的坡度。其生境选择可能是对觅食和安全需求的一种平衡。

结合野外调查和遥感影像解译数据，进行库姆塔格沙漠及周边地表覆被变化监测，获取野骆驼研究区土地利用与土地覆盖变化（LUCC）图及数据，在 LUCC 数据的基础上，分析研究区土地利用变化趋势，结合研究区土壤、气象、植被等历史数据，分析野骆驼分布区植被、水域、土壤等自然因子的变化趋势和变化规律。对野骆驼分布区植被生长状况进行了评估，根据中蒙野骆驼种群分布现状，把野骆驼分布区分为东、西、南、北四个地区。分析 2000 ~ 2012 年中蒙野骆驼分布区植被生长变化状况，发现 2000 年以来研究区植被生长状况整体上呈现波动趋于改善趋势。在西分布区，植被以 2012 年生长状况最佳、2007 年次之、2000 年植被整体生长状况最差；南分布区，以 2012 年植被生长状况最佳、2007 年次之、2001 年最差；北分布区，植被生长状况以 2012 年最佳、2007 年次之、2000 年最差；东分布区，植被生长状况以 2003 年最佳、2002 年次之、2001 年最差。在野骆驼四个分布区的横向比较上，植被生长状况以南分布区最佳、东分布区次之、西分布区最差，这与我国降水的空间分布特征相吻合，降水量是影响野骆驼分布区生境中可食性植被分布的最主要限制因素。

利用物种分布模型 Maxent 评估野骆驼对不同类型生境的利用程度，探索影响野骆驼分布的各环境变量的特征，进而分析影响野骆驼分布的环境限制因子。利用野骆驼生境选择特征，建立评价准则，结合其对不同景观组分的选择利用，进行野骆驼生境适宜性评价。在 30m 和 300m 的尺度上，Maxent 模型的预测结果均达到优秀水平。两个尺度上距水源点距离、距矿点距离、距居民点距离、海拔是影响野骆驼生境分布的主要环境因子。4 个环境变量的累计贡献率分别达 93% 和 87.5%，表明这 4 个环境因子对野骆驼的生境选择具有重要影响，其中距水源点距离因子贡献率最大。野骆驼偏好海拔 800 ~ 2000m 的生境，并且偏好坡度小的地带；野骆驼对水源的利用表现了其对安全因素的权衡；对人为干扰因子的响应表明，人类活动已经深入野骆驼的适宜生境。随着人为活动的加剧，野骆驼的适宜生境被进一步挤压。野骆驼适宜生境面积为 5068.7km^2，野骆驼在库姆塔格沙漠地区的适宜生境主要分为三个独立的区块，分别是阿尔金山北麓、阿奇克谷地和西湖湿地。其中，以阿尔金山北麓适宜生境分布最大，面积最大的斑块为 3581.9km^2；阿奇克谷地适宜生境中最大斑块的面积为 481.8km^2；西湖湿地适宜生境中最大斑块的面积为 235.5km^2。

在当前气候条件下，预测库姆塔格地区野骆驼适宜生境面积为 38 386km^2，主要分布在新疆库尔勒市（31 191km^2）和哈密市（369km^2）、甘肃玉门市（6119km^2）和青海海西蒙古族藏族自治州（707km^2）。到 21 世纪 50 年代，预测库姆塔格地区野骆驼适宜生境面积为 21 949km^2，相对于当前适宜生境减少 42.82%（生境适宜面积），主要分布在新疆库尔勒市（19 299km^2）、甘肃玉门市（2633km^2）和青海海西蒙古族藏族自治州（17km^2），见表 14-3和图 14-19。

表 14-3　库姆塔格地区野骆驼适宜生境分布地区　（单位：km^2）

地区	适宜生境面积	
	1950 ~ 2000 年	2041 ~ 2060 年
甘肃玉门市	6119.00	2633.00
青海海西蒙古族藏族自治州	707.00	17.00

续表

地区	适宜生境面积	
	1950～2000 年	2041～2060 年
新疆哈密市	369.00	0.00
新疆库尔勒市	31191.00	19 299.00

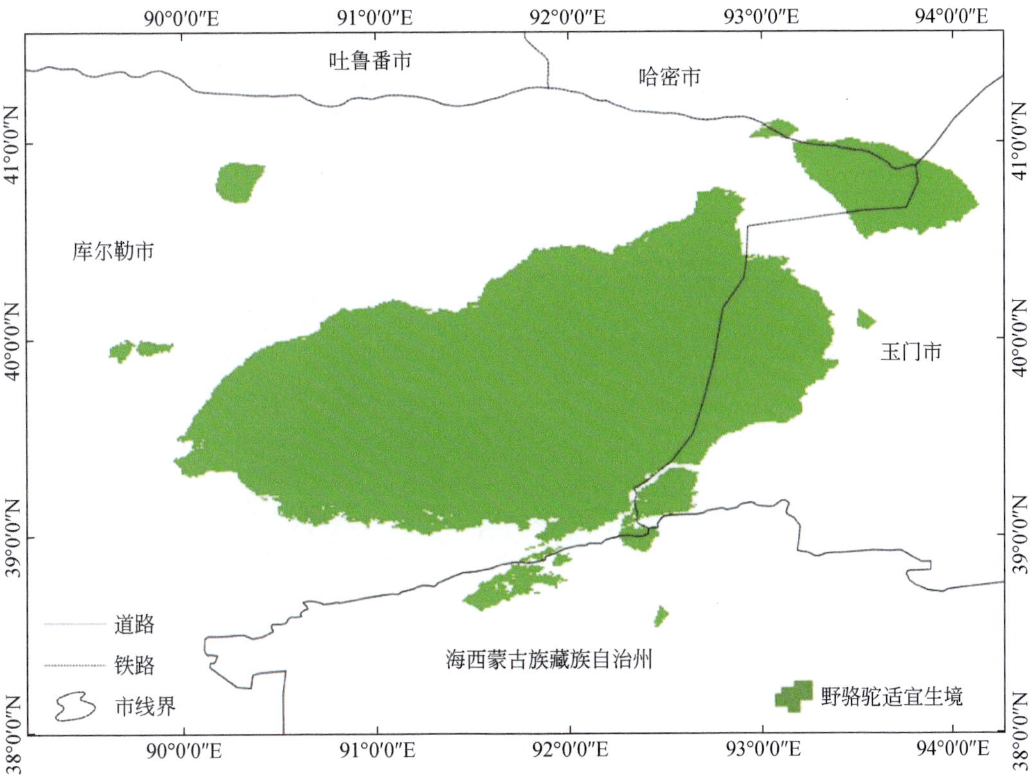

图 14-19　库姆塔格地区野骆驼当前适宜生境分布

14.3.5.2　保护区空缺及未来变化预测分析

保护区空缺分析结果表明，新疆罗布泊野骆驼国家级自然保护区（1496.83km^2）、甘肃安南坝国家级自然保护区（2844.14km^2）和甘肃西湖湿地国家级自然保护区（17 936.89km^2）共覆盖58.03%的野骆驼当前适宜生境，尚有16 108.14km^{2}的适宜生境处于保护区之外，如表14-4和图14-20所示。在21世纪50年代气候条件下，预测新疆罗布泊野骆驼国家级自然保护区（10 003.96km^2）、甘肃安南坝国家级自然保护区（597.91km^2）和甘肃西湖湿地国家级自然保护区（1431.82km^2）共覆盖54.82%的野骆驼适宜生境，尚有9915.61km^{2}的适宜生境处于保护区之外，如图14-21所示。预测到21世纪50年代前后气候条件下，新疆罗布泊野骆驼国家级自然保护区（-7933.23km^2）、甘肃安南坝国家级自然保护区（-898.92km^2）和甘肃西湖湿地国家级自然保护区

(−1412.32km²）都将丧失大量的适宜生境。

表 14-4　预测自然保护区野骆驼适宜生境变化

自然保护区	适宜生境面积/km²		变化/%
	1950～2000 年	2041～2060 年	
甘肃安南坝	1496.83	597.91	−60.05
甘肃西湖湿地	2844.14	1431.82	−49.66
新疆罗布泊野骆驼	17936.89	10003.66	−44.23

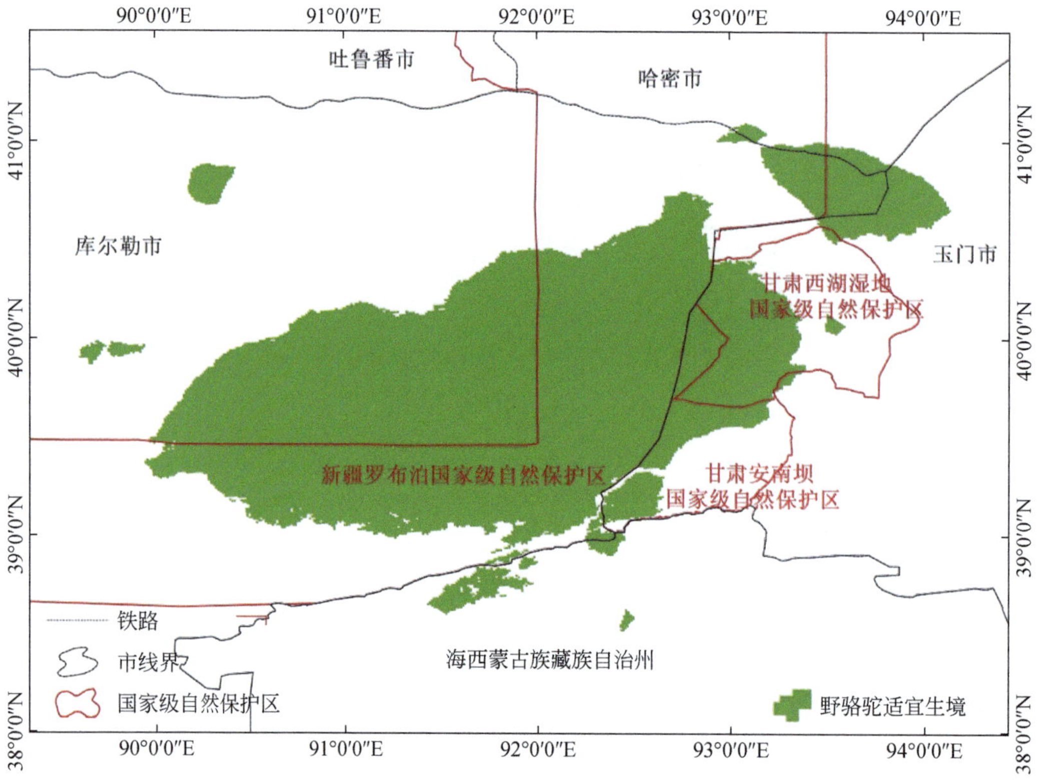

图 14-20　库姆塔格地区野骆驼当前适宜生境保护空缺

变化趋势分析。模型预测结果表明，到 21 世纪 50 年代，当前分布在库姆塔格地区外围的16 543km²野骆驼适宜生境将会成为生境脆弱区域，适宜生境约丧失 43.09%（SH_c）；总共有 21 843km²适宜生境当前和未来保持不变，主要分布在库姆塔格地区中心区域；同时，未来气候变化还将新增 106km²野骆驼适宜生境，仅增加 0.48%（SH_f），如图 14-22 所示。

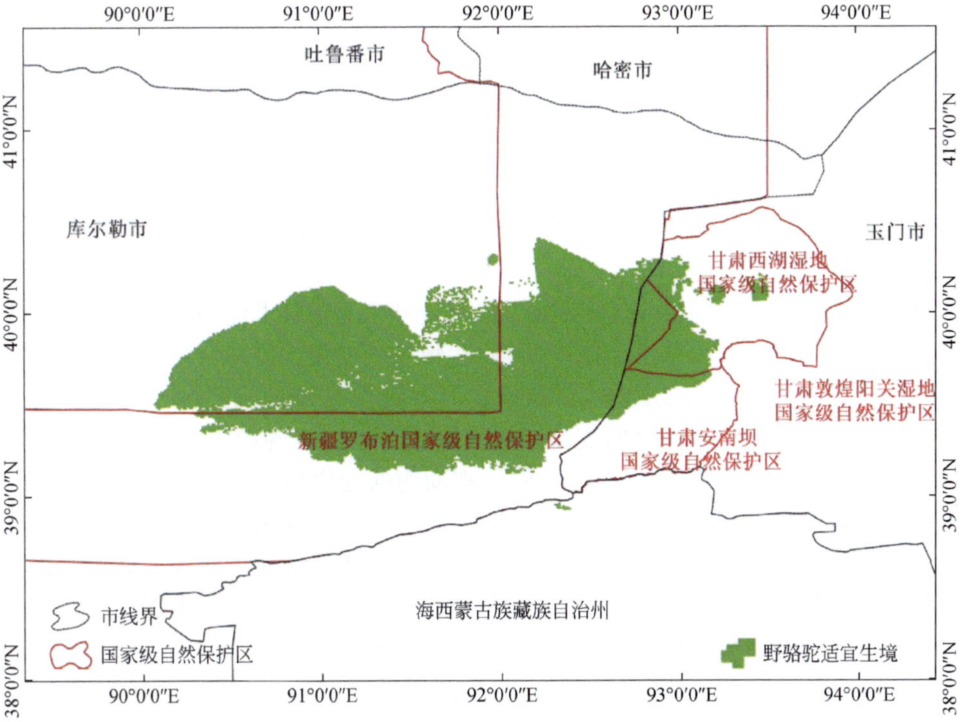

图 14-21 库姆塔格地区野骆驼 21 世纪 50 年代适宜生境保护空缺

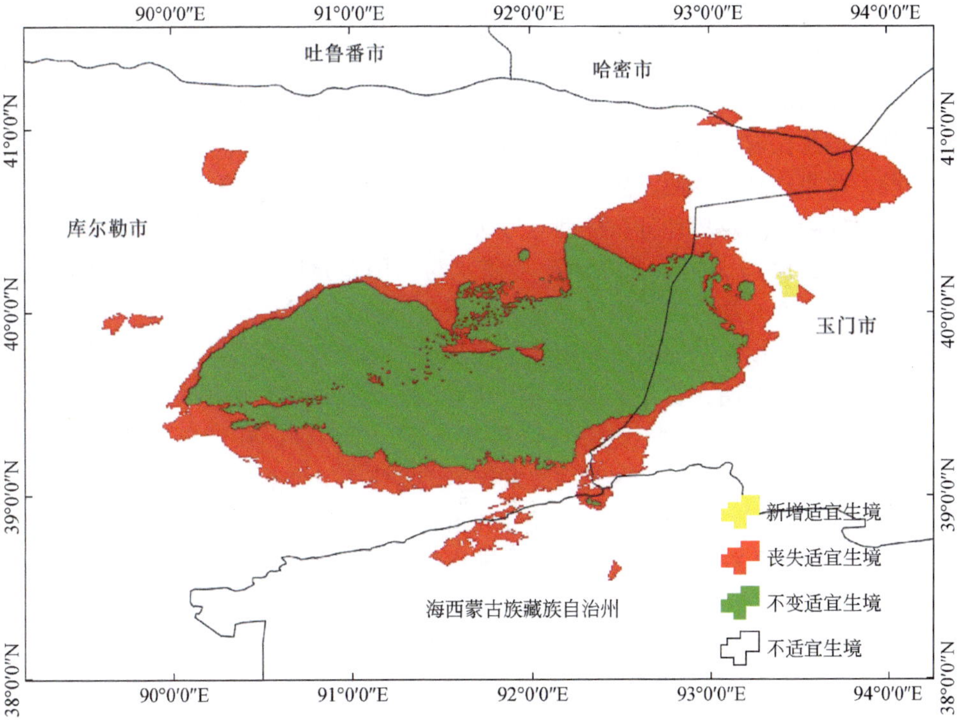

图 14-22 库姆塔格地区野骆驼适生境脆弱性评估

14.4 小　结

生物多样性本身是一个具有多重内涵的概念，而且对它的度量也有很多不同途径，难以用简单的指标说明生命系统复杂性；此外，知识和数据的不足也限制了生物多样性指标的发展，即使提出了很好的指标，在实际应用中也因缺乏数据支持而难以推广（陈圣宾等，2008）。

以地面调查和遥感观测相结合的方法，能充分利用遥感技术优势，同时结合传统的物种地面调查获取物种种群状况，及时了解物种生境及其变化，提高对物种种群变化规律及其驱动力的认识（万华伟等，2018）。地球生命力指数（LPI）通过追踪哺乳类、鸟类、鱼类、爬行类和两栖类动物种群的变化，反映地球生态系统的健康状况（世界自然基金会，2011）。这一指标的缺陷在于仅仅反映脊椎动物的变化趋势，还不能用于其他生物类群，而且数据的采集需要大量人力和物力，限制了它的应用（陈圣宾等，2008）。

生物的生境是野生动物生活的场所，它不仅为动物提供食物、水等生命活动必需的资源，同时也为其生存、繁衍和躲避天敌提供隐蔽条件（郝美玉等，2010）。近几个世纪以来，物种绝灭的速度加快，生物多样性丧失最重要的原因是生物生境的破坏（欧阳志云等，2002）。因此，通过分析观测物种的生存条件，对于具有明显生境特点的物种，对其适宜生境开展监测，从而评估物种的生物多样性，但这种方法不能反映物种对生境的实际利用程度（王学志等，2008）。

物种分布模型能较好地反映物种对生境的实际利用程度。根据区域内某物种出现的地点占整个区域的比例反映该物种种群分布大小，对其分布范围的变化进行监测就可以得到该物种种群变化的信息（Trenham et al.，2003；Weber et al.，2004）。其中，对于生境条件不突出而分布信息获取相对困难的物种，通过其生物、生态学研究，运用多种现代非损伤技术、手段，收集物种的粪便、生存痕迹特征，以及相机陷阱拍摄到的照片等基础数据，进而利用景观遗传学以及物种分布模型等方法，估计其种群丰度或密度和分布格局驱动过程（薛亚东等，2014）。由于不同物种生境需求与利用差异较大，同时需要大量的实地观测数据，目前针对重要物种仍然缺乏定量和系统化的研究。

通过遥感技术可以从空中俯瞰生物多样性状况，这为我们提供了一种认识生物多样性的新的视角。有研究表明，物种丰富度可以通过与遥感数据的关系模型获得，其优点是可以用于动物物种多样性的监测，这一方法是基于统计学原理，在结果验证上有较大的争议，仍存在大量挑战（徐文婷和吴炳方，2005）。此外，卫星数据容易受到天气影响，航空数据的获取成本较高，以及动物的移动性和植被冠层光谱差异较小等限制了遥感对物种的直接探测；在轨的 100 余颗卫星的空间分辨率从厘米到千米级，重访周期从 1 天多次到 2 周 1 次，时空分辨率的不一致等增加了用户使用卫星数据的难度。

同时，应着眼于构建长效“天地一体化”的生物多样性观测网络。我国在生物多样性观测网络的建设已取得了一些成绩，但缺乏针对生物多样性的遥感观测网络，需借鉴相关经验和管理需求，逐步建立我国生物多样性的遥感观测网络，真正构建“天地一体化”的生物多样性观测网络。将卫星遥感和航空遥感与原位传感器联网，定期监测并记录生物多样性的指标，构建“天地一体化”的生物多样性观测网络至关重要。当前多个国家已经在向该方向努力：在美国国家生态观测站网络（NEON）建设中，提出将全国台站的原位采样与机载和卫星遥感链接起来。国际地球观测组织（GEO）伙伴，特别是其下的全球生物多样性观测网络（GEO BON），由国家政府第一次尝试共同协调卫星、航空、生物多样性元素跨基因、物种和生态系统的原位观测。日本生物多样性观测网络（J-BON）和亚太地区生物多样性观测网络（AP-BON）在2009年建立了“野外/遥感集成”工作组，将充分整合生物多样性分布的监测以及它在气候与土地利用变化下与生态系统服务的关联。这对在生物多样性公约和政府间生物多样性和生态系统服务平台背景下实现政府义务来评估国家生物多样性至关重要。

参考文献

常庆瑞，刘京，杨勤科，等．2003. 基于RS与GIS的黄土丘陵沟壑区土地覆盖动态研究．应用生态学报，14（12）：2187-2190.

陈圣宾，蒋高明，高吉喜，等．2008. 生物多样性监测指标体系构建研究进展．生态学报，28（10）：5123-5132.

高丽君，袁磊，于谦．2003. 罗布泊野骆驼自然保护区野双峰驼的分布与生态环境的关系．新疆环境保护，25（1）：9-12.

谷景和，高行宜，周家镝．1991. 新疆动物研究．北京：科学出版社．

郝美玉，张耀南，雷富民，等．2010. 基于数字地形模型的斑头雁潜在生境分析．动物学杂志，45（1）：35-42.

环境保护部．2011. 中国生物多样性保护战略与行动计划．北京：中国环境科学出版社．

黄麟，曹巍，吴丹，等．2015. 2000—2010年我国重点生态功能区生态系统变化状况．应用生态学报，26（9）：2758-2766.

姜晓艳，刘树华，马明敏，等．2009. 东北地区近百年降水时间序列变化规律的小波分析．地理研究，28（2）：354-362.

蒋志刚，马克平，韩兴国．1997. 保护生物学．杭州：浙江科学技术出版社．

兰新，谷景和，阿布利米提，等．1998. 塔克拉玛干沙漠野生双峰驼的生存现状．干旱区研究，（2）：35-39.

李爱农，周万村，江晓波．2003. 遥感和GIS技术支持下的岷江上游15年土地利用/土地覆被动态变化研究．水土保持学报，17（4）：153-156.

李迪强，张于光，马强，等．2012. 库姆塔格沙漠研究．北京：科学出版社．

李森，杨萍，高尚玉，等．2004. 近10年西藏高原土地沙化动态变化与发展态势．地球科学进展，19（1）：63-70.

李延梅，牛栋，张志强，等．2009. 国际生物多样性研究科学计划与热点述评．生态学报，29（4）：2115-2122.

林振山，汪曙光．2002. 栖息地毁坏与动物物种灭绝关系的模拟研究．生态学报，22（4）：535-540.

刘东生，黄东．2009. 中国东北地区生态保护对策研究．林业经济，（11）：25-27.

刘纪远，匡文慧，张增祥，等．2014. 20世纪80年代末以来中国土地利用变化的基本特征与空间格局．地理学报，69（1）：3-14.

刘纪远，邵全琴，于秀波，等．2016. 中国陆地生态系统综合监测与评估．北京：科学出版社．

刘雪华，金学林．2008. 秦岭南坡两个大熊猫活动密集区的生境特征及大熊猫对生境的选择．生态学杂志，27（12）：2123-2128.
牛振国，张海英，王显威，等．2012. 1978—2008 年中国湿地类型变化．科学通报，57（16）：1400-1411.
欧阳志云，李振新，刘建国，等．2002. 卧龙自然保护区大熊猫生境恢复过程研究．生态学报，22（11）：1840-1849.
世界自然基金会．2011. 地球生命力报告 2010（下）生物多样性，生态承载力与发展．世界环境，(2)：50-53.
世界自然基金会．2015. 地球生命力报告·中国 2015. 北京：世界自然基金会．
宋晓阳，申文明，万华伟，等．2016. 基于高分遥感的可可西里自然保护区藏羚羊生境适宜性动态监测．资源科学，38（8）：1434-1442.
苏宏新，马克平．2010. 生物多样性和生态系统功能对全球变化的响应与适应：进展与展望．自然杂志，32（6）：344-347，352.
孙儒泳．2002. 芸芸众生皆平等—漫谈生物多样性．科学中国人，(3)：28-30.
万华伟，夏霖，侯鹏，等．2018. 近 40 年东北地区陆栖脊椎动物种群数量及其生境变化评估．生态学报，38（16）：5649-5658.
王学志，徐卫华，欧阳志云，等．2008. 生态位因子分析在大熊猫（*Ailuropoda melanoleuca*）生境评价中的应用．生态学报，28（2）：821-828.
王云才．2011. 基于景观破碎度分析的传统地域文化景观保护模式：以浙江诸暨市直埠镇为例．地理研究，30（1）：10-22.
文焕然．1990. 历史时期中国双峰野骆驼分布变迁的初步研究．湘潭大学自然科学学报，12（1），116-123.
吴炳方，苑全治，颜长珍，等．2014. 21 世纪前十年的中国土地覆盖变化．第四纪研究，34（4）：723-731.
吴正方，靳英华，刘吉平，等．2003. 东北地区植被分布全球气候变化区域响应．地理科学，23（5）：564-570.
夏训诚．1985. 新疆罗布泊科学考察综述．干旱区研究，(1)：1-5.
夏训诚．1987. 罗布泊科学考察与研究．北京：科学出版社．
徐卫华，罗翀．2010. MAXENT 模型在秦岭川金丝猴生境评价中的应用．森林工程，26（2）：1-3，26.
徐文婷，吴炳方．2005. 遥感用于森林生物多样性监测的进展．生态学报，25（5）：1199-1204.
薛亚东，吴三雄，孙志成，等．2014. 野骆驼的研究和保护：现状与展望．四川动物，33（3）：476-480.
袁国映，张莉，袁磊．2000. 2000 年的世界新物种—野双峰驼．乌鲁木齐：新疆青少年出版社．
袁磊，张莉，袁国映，等．1999. 野双峰驼各分布区的生存环境差异及评价．生物多样性，7（1）：24-30.
袁磊，张永山，张宇，等．2004. 罗布泊野骆驼自然保护区的建设及生物多样性保护．新疆环境保护，26（3）：39-42.
张红梅．2005. 遥感与 GIS 技术在区域生态环境脆弱性监测与评价中的应用研究．福建：福建师范大学．
张增祥，汪潇，王长耀，等．2009. 基于框架数据控制的全国土地覆盖遥感制图研究．地球信息科学学报，11（2）：216-224.
赵国松，刘纪远，匡文慧，等．2014. 1990—2010 年中国土地利用变化对生物多样性保护重点区域的扰动．地理学报，69（11）：1640-1650.
邹亚荣，张增祥，周全斌，等．2003. 遥感与 GIS 支持下近十年中国草地变化空间格局分析．遥感学报，7（5）：428-432.
Bannikov A G. 1976. Wild camel of the Gobi. Wildlife, 18: 398-403.
Başnou C, Álvarez E, Bagaria G, et al. 2013. Spatial patterns of land use changes across a Mediterranean

metropolitan landscape: implications for biodiversity management. Environmental Management, 52 (4): 971-980.

Cain Ⅲ J W, Krausman P R, Rosenstock S S, et al. 2006. Mechanisms of thermoregulation and water balance in desert ungulates. Wildlife Society Bulletin, 34 (3): 570-581.

Daily G C. 1997. Nature's Services: Societal Dependence on Natural Ecosystems. Washington, D. C.: Island Press.

Duan R Y, Kong X Q, Huang M Y, et al. 2016. The potential effects of climate change on amphibian distribution, range fragmentation and turnover in China. PeerJ, 4 (10): e2185.

Hare J. 2012. Camelus ferus//IUCN. IUCN Red List of Threatened Species. Version 2012. 2. http://redlist. org [2013-03-15].

Hare J. 1997. The wild Bactrian camel *Camelus bactrianus* ferus in China: The need for urgent action. Oryx, 31 (1): 45-48.

Hare J. 2008. Camelus ferus. The IUCN Red List of Threatened Species 2008. https://dx. doi. org/10. 2305/IUCN. UK. 2008. RLTS. T63543A12689285. en[2013-03-15].

Hare J. 2011. Expedition to the Taklamakan Desert and the Desert of Lop. http://www. wildcamels. com/[2013-01-02].

Kaczensky P, Adiya Y, von Wehrden H, et al. 2014. Space and habitat use by wild Bactrian camels in the Transaltai Gobi of southern Mongolia. Biological Conservation, 169: 311-318.

Khatchikian C, Sangermano F, Kendell D, et al. 2011. Evaluation of species distribution model algorithms for fine-scale container-breeding mosquito risk prediction. Medical and Veterinary Entomology, 25 (3): 268-275.

Levinsky I, Skov F, Svenning J C, et al. 2007. Potential impacts of climate change on the distributions and diversity patterns of European mammals. Biodiversity and Conservation, 16 (13): 3803-3816.

Loh J, Green R E, Ricketts T, et al. 2005. The Living Planet Index: using species population time series to track trends in biodiversity. Philosophical Transactions of the Royal Society of London Series B, Biological Sciences, 360 (1454): 289-295.

Loh J, Collen B, McRae L, et al. 2006. Living Planet Index. Living Planet Report, Regent's Park, London.

Mcrae L, Gill M, Loh J, et al. 2010. Arctic Species Trend Index 2010. Tracking Trends in Arctic Wildlife, CAFF International Secretariat, 2010.

Medvinsky A B, Tikhonova I A, Aliev R R, et al. 2001. Patchy environment as a factor of complex plankton dynamics. Physical Review E, Statistical, Nonlinear, and Soft Matter Physics, 64 (2 Pt 1): 021915.

Mooney H A, Duraiappah A, Larigauderie A. 2013. Evolution of natural and social science interactions in global change research programs. Proceedings of the National Academy of Sciences of the United States of America, 110 (Suppl 1): 3665-3672.

NatureServe, International Union for Conservation of Nature (IUCN). 2007. Camelus ferus//IUCN 2012. IUCN Red List of Threatened Species. Version 2012. 1. http: //www. iucnredlist. org [2012-03-15].

Norse E A. 1986. From the Washington office: biological diversity and tropical agroecology. The Bulletin of the Ecological Society of America, 67 (1): 36-37.

Reading R P, Mix H, Lhagvasuren B, et al. 1999. Status of wild Bactrian camels and other large ungulates in south-western Mongolia. Oryx, 33 (3): 247-255.

Schaller G B. 1998. Wildlife of the Tibetan Steppe. Chicago: University of Chicago Press.

Spencer P B S, Giustiniano D, Hampton J O, et al. 2012. Identification and management of a single large population of wild dromedary camels. The Journal of Wildlife Management, 76 (6): 1254-1263.

Thuiller W, Lavorel S, Araújo M B. 2005. Niche properties and geographical extent as predictors of species sensitivity to climate change. Global Ecology and Biogeography, 14 (4): 347-357.

Trenham P C, Koenig W D, Mossman M J, et al. 2003. Regional dynamics of wetland-breeding frogs and toads: Turnover and synchrony. Ecological Applications, 13 (6): 1522-1532.

Tulgat R, Schaller G B. 1992. Status and distribution of wild Bactrian camels *Camelus bactrianus* ferus. Biological Conservation, 62 (1): 11-19.

Uchida E, Xu J, Rozelle S. 2005. Grain for green: Cost-effectiveness and sustainability of China's conservation set-aside program. Land Economics, 81 (2): 247-264.

Weber D, Hintermann U, Zangger A. 2004. Scale and trends in species richness: considerations for monitoring biological diversity for political purposes. Global Ecology and Biogeography, 13 (2): 97-104.

Wilson E O. 1992. The diversity of life. Cambridge: Harvard University Press.

Wilson E O, Peter F M. 1988. Biodiversity. Washington D. C.: National Academies Press.

Wisz M S, Hijmans R J, Li J, et al. 2008. Effects of sample size on the performance of species distribution models. Diversity and Distributions, 14 (5): 763-773.

15 自然保护地遥感

自然保护地是我国生态建设的核心载体，同时也是美丽中国的重要象征，在维护国家生态安全中具有不可替代的作用。遥感技术已经越来越多地应用于自然保护地的监测和评估，为自然保护地的管控提供了技术支撑。本章首先介绍自然保护地定义与分类，概述自然保护地管控要求，总结自然保护地的遥感管控现状；然后，分别从人类活动监测、植被监测、保护地成效评估等方面，给出自然保护地遥感应用的案例；最后，总结自然保护地管控、遥感监测和评估存在的问题，并提出了我国自然保护地遥感监测和评估发展展望。

15.1 概　　述

15.1.1 自然保护地定义

自然保护地体系是最重要的绿色基础设施，是世界各国自然保护战略的核心，也是世界公认的最有效的自然保护手段，对于保护生物多样性以及保障世界各国的生态安全至关重要。世界上第一个自然保护地是建立于 1872 年的美国黄石公园，目标是保护那里独特的自然景观、濒危野生动物以及生态系统（解焱，2016）。世界自然保护联盟（IUCN）将自然保护地定义为：一个明确界定的地理空间，通过法律或其他有效方式获得承认、得到承诺和进行管理，以实现对自然及其所拥有的生态系统服务和文化价值的长期保护。根据主要管理目标将自然保护地分为 7 类：严格自然保护区、荒野保护地、国家公园、自然历史遗迹或地貌、栖息地/物种管理区、陆地/海洋景观自然保护地和自然资源可持续利用保护地（Crofts et al.，2020）。

根据 2019 年由中共中央办公厅、国务院办公厅印发的《关于建立以国家公园为主体的自然保护地体系的指导意见》，自然保护地是由各级政府依法划定或确认，对重要的自然生态系统、自然遗迹、自然景观及其所承载的自然资源、生态功能和文化价值实施长期保护的陆域或海域。

15.1.2 自然保护地的分类

按照自然生态系统原真性、整体性、系统性及其内在规律，依据管理目标与效能并借鉴国际经验，将自然保护地按生态价值和保护强度高低依次分为国家公园、自然保护区和自然公园三类。

国家公园是指以保护具有国家代表性的自然生态系统为主要目的，实现自然资源科学保护和合理利用的特定陆域或海域，是我国自然生态系统中最重要、自然景观最独特、自然遗产最精华、生物多样性最富集的部分，保护范围大，生态过程完整，具有全球价值、国家象征，国民认同度高。

自然保护区是指保护典型的自然生态系统、珍稀濒危野生动植物种的天然集中分布区、有特殊意义的自然遗迹的区域。具有较大面积，确保主要保护对象安全，维持和恢复珍稀濒危野生动植物种群数量及赖以生存的栖息环境。

自然公园是指保护重要的自然生态系统、自然遗迹和自然景观，具有生态、观赏、文化和科学价值，可持续利用的区域。确保森林、海洋、湿地、水域、冰川、草原、生物等珍贵自然资源，以及所承载的景观、地质地貌和文化多样性得到有效保护。包括森林公园、地质公园、海洋公园、湿地公园等各类自然公园。

15.1.3 自然保护地分区分类管控

加强自然保护地管控是保留自然本底、保护濒危生物物种、筑牢国家生态安全屏障的重要手段。为加强自然保护地管控，国务院于1994年10月发布了《中华人民共和国自然保护区条例》，并于2017年进行了第二次修订，其中明确规定“禁止在自然保护区内进行砍伐、放牧、狩猎、捕捞、采药、开垦、烧荒、开矿、采石、挖沙等活动”“禁止任何人进入自然保护区的核心区”“禁止在自然保护区的缓冲区开展旅游和生产经营活动”。另外，相关部门针对不同类型的自然保护地制定了20余项规章制度，提出了一系列针对自然保护区及其他类型保护地的管控要求。例如，为加强对风景名胜区的有效保护，2016年，国务院发布《风景名胜区条例》（2016年修订），其中规定“禁止违反风景名胜区规划，在风景名胜区内设立各类开发区和在核心景区内建设宾馆、招待所、培训中心、疗养院以及与风景名胜资源保护无关的其他建筑物”。1994年，林业部发布了《森林公园管理办法》，2011年和2016年国家林业局对其进行了修订，其中规定“在珍贵景物、重要景点和核心景区，除必要的保护和附属设施外，不得建设宾馆、招待所、疗养院和其他工程设施”“禁止在森林公园毁林开垦和毁林采石、采砂、采土以及其他毁林行为”。1995年，国家海洋局发布了《海洋自然保护区管理办法》，其中规定“核心区内，除经沿海省、自治区、直辖市海洋管理部门批准进行的调查观测和科学研究活动外，禁止其他一切可能对保护区造成危害或不良影响的活动。缓冲区内，在保护对象不遭人为破坏和污染前提下，经该保护区管理机构批准，可在限定时间和范围内适当进行渔业生产、旅游观光、科学研究、教学实习等活动。实验区内，在该保护区管理机构统一规划和指导下，可有计划地进行适度开发活动”。2013年，农业部修订1997年颁布的《中华人民共和国水生动植物自然保护区管理办法》，其中规定“未经批准，禁止任何人进入水生动植物自然保护区的核心区和一切可能对自然保护区造成破坏的活动”“禁止在水生动植物自然保护区的缓冲区开展旅游和生产经营活动”“在水生动植物自然保护区的实验区开展参观、旅游活动的，由自然保护区管理机构提出方案，报省级人民政府渔业行政主管部门批准”。这些条例和办法为自然保护地生态保护与管控工作提供了依据，有力推进了保护地事业的发展。

2019年，中共中央办公厅、国务院办公厅印发的《关于建立以国家公园为主体的自然保护地体系的指导意见》中明确提出：“实行自然保护地差别化管控。根据各类自然保护地功能定位，既严格保护又便于基层操作，合理分区，实行差别化管控；国家公园和自然保护区实行分区管控，原则上核心保护区内禁止人为活动，一般控制区内限制人为活动。自然公园原则上按一般控制区管理，限制人为活动。结合历史遗留问题处理，分类分区制定管理规范”。

目前，自然保护地体系尚未完全建立，自然保护地管控相关的法律法规还未出台。在这一过渡时期，相关部门印发的文件对自然保护地管控要求进行了细化。例如，2020 年，自然资源部国家、林业和草原局印发的《关于做好自然保护区范围及功能分区优化调整前期有关工作的函》中明确提出，自然保护区功能分区由核心区、缓冲区、实验区转为核心保护区和一般控制区。对核心保护区，除满足国家特殊战略需要的有关活动外，原则上禁止人为活动，但允许开展以下活动。①管护巡护、保护执法等管理活动，经批准的科学研究、资源调查以及必要的科研监测保护和防灾减灾救灾、应急抢险救援等。②因病虫害、外来物种入侵、维持主要保护对象生存环境等特殊情况，经批准，可以开展重要生态修复工程、物种重引入、增殖放流、病害动植物清理等人工干预措施。③根据保护对象不同实行差别化管控措施：保护对象栖息地、觅食地与人类农业生产生活息息相关的自然保护区，经科学评估，在不影响主要保护对象生存、繁衍的前提下，允许当地居民从事正常的生产、生活等活动。保留一定数量的耕地，允许开展耕种、灌溉活动，但应禁止使用有害农药。保护对象为水生生物、候鸟的自然保护区，应科学划定航行区域，航行船舶实行合理的限速、限航、低噪声、禁鸣、禁排管理，禁止过驳作业、合理选择航道养护方式，确保保护对象安全。保护对象为迁徙、洄游、繁育野生动物的自然保护区，在野生动物非栖息季节，可以适度开展不影响自然保护区生态功能的有限人为活动。保护对象位于地下的自然遗迹类自然保护区，可以适度开展不影响地下遗迹保护的人为活动。④暂时不能搬迁的原住居民，可以有过渡期。过渡期内在不扩大现有建设用地和耕地规模的情况下，允许修缮生产生活以及供水设施，保留生活必需的少量种植、放牧、捕捞、养殖等活动。⑤已有合法线性基础设施和供水等涉及民生的基础设施的运行和维护，以及经批准采取隧道或桥梁等方式（地面或水面无修筑设施）穿越或跨越的线性基础设施，必要的航道基础设施建设、河势控制、河道整治等活动。⑥已依法设立的铀矿矿业权勘查开采；已依法设立的油气探矿权勘查活动；已依法设立的矿泉水、地热采矿权不扩大生产规模、不新增生产设施，到期后有序退出；其他矿业权停止勘查开采活动。⑦根据我国相关法律法规和与邻国签署的国界管理制度协定（条约）开展的边界通视道清理以及界务工程的修建、维护和拆除工作；根据中央统一部署在未定界地区开展旨在加强管控和反蚕食斗争的各种活动。对于一般控制区，除满足国家特殊战略需要的有关活动外，原则上禁止开发性、生产性建设活动。仅允许以下对生态功能不造成破坏的有限人为活动：①核心保护区允许开展的活动。②零星的原住居民在不扩大现有建设用地和耕地规模前提下，允许修缮生产生活设施，保留生活必需种植、放牧、捕捞、养殖等活动。③自然资源、生态环境监测和执法，包括水文水资源监测和涉水违法事件的查处等，灾害风险监测、灾害防治活动。④经依法批准的非破坏性科学研究观测、标本采集。⑤经依法批准的考古调查发掘和文物保护活动。⑥适度的参观旅游及相关的必要公共设施建设。⑦必须且无法避让、符合县级以上国土空间规划的线性基础设施建设、防洪和供水设施建设与运行维护；已有的合法水利、交通运输等设施运行和维护。⑧战略性矿产资源基础地质调查和矿产远景调查等公益性工作；已依法设立的油气采矿权在不扩大生产区域范围，以及矿泉水、地热采矿权在不扩大生产规模、不新增生产设施的条件下，继续开采活动；其他矿业权停止勘查开采活动。⑨确实难以避让的军事设施建设项目及重大军事演训活动。

2020 年 12 月，生态环境部印发了《自然保护地生态环境监管工作暂行办法》，该办法将国家公园、自然保护区和自然公园各类自然保护地纳入监管范围实施分级监管。明确了国家级、省级和地市级生态环境部门对于自然保护地生态环境的监管职责，中央层面以国家级自然保护地作为监管重点，持续加强自然保护地监管，实行最严格的自然保护地生态环境保护监管制度，加强对自然保护地的设立、晋（降）级、调整、整合和退出实施监督。深入推进“绿盾”自然保护地强化监督，强化对各类国家级自然保护地和重点区域自然保护地的监督检查力度。建立健全自然保护地生态环境问题台账，严格落实整改制度。开展常态化监控，坚决遏制新增违法违规问题（中华人民共和国生态环境部，2020）。

15.1.4 自然保护地遥感管控研究现状

我国自然保护地数量多、面积大，截至 2019 年底，全国共建立以国家公园为主体的各级、各类保护地逾 1.18 万个，保护面积占全国陆域国土面积的 18.0%、管辖海域面积的 4.1%[①]。同时，我国自然保护地分布广，且地理环境复杂，仅依赖传统的地面调查手段难以及时发现和监督自然保护地内的各项违法违规活动。遥感具有宏观性、及时性、客观性等特点，随着高精度传感器和遥感技术的不断开发和发展，遥感技术越来越多地应用于自然保护地人类活动监测评估、生态环境监测评估、保护成效评估等，并取得了不错的成果。

在自然保护地人类活动遥感监测方面，环境保护部在 2014 年印发了《自然保护区人类活动遥感监测技术指南（试行）》，生态环境部 2021 年发布了《自然保护地人类活动遥感监测技术规范》（HJ 1156—2021），这两项标准给出了自然保护地人类活动的定义及类别、人类活动本底与变化监测的方法与流程等内容，为自然保护地人类活动监测提供指导。自 2016 年开始，环境保护部每年开展一次全国国家自然保护区和两次省级自然保护区人类活动监测，发现大量的问题，为自然保护地管控提供了有力的技术支撑（中华人民共和国环境保护部，2014；中华人民共和国生态环境部，2021）。此外，国内专家学者在人类活动提取和人类活动干扰影响评价方面也开展了一些工作，如王坎等（2019）利用 Landsat TM/ETM 数据对三峡大老岭自然保护区农田、居民点、人工设施、旅游用地、工矿和道路等人类活动进行提取，认为该区人类活动干扰不会对三峡大老岭自然保护区的生态演替产生很大阻碍；罗仪宁等（2019）基于 GF-1 和 ZY-3 的优于 10m 卫星影像，获取自然保护区人类活动监测结果，计算各自然保护区人类活动的影响指数 NRHI，再根据其分级结果对自然保护区人类活动影响进行评价；刘晓曼等（2020）利用 5026 景 2m 国产

① 中华人民共和国生态环境部. 2019 年中国生态环境状况公报. 2020.

影像分析了 2013 ~ 2015 年全国 446 个国家级自然保护区人类活动变化，发现农业用地和居民点是保护区最主要的人类活动。

自然保护地生态环境遥感监测主要集中在自然保护地生态系统、植被状况、生物多样性监测等方面。在生态系统监测方面，主要以生态系统类型和分布遥感监测为主，如王坎等（2019，2020）利用 Landsat TM/ETM 影像，对 2000 年和 2010 年三峡大老岭自然保护区和丹江口库区生态系统类型进行分类和提取，明确了两个自然保护区不同类型生态系统转入和转出类型；温礼等（2018）利用 RapidEye 影像和高分影像对珠江源自然保护区湿地进行遥感监测，发现自然湿地人工化比较严重，功能有所减退；何兴元等（2018）对不同时间的遥感数据进行分类后比较各时期森林的分布变化来监测森林生态系统的变化。在植被监测方面，主要集中在基于植被参数，分析自然保护地植被状况和变化趋势，如王一富等（2020）利用 Landsat-5 影像提取的 NDVI 对 2001 ~ 2011 年大理苍山自然保护区植被覆盖度进行了监测；孙传亮等（2013）利用遥感影像对贵州麻阳河国家级自然保护区植被覆盖度动态变化监测发现保护区植被覆盖呈良性恢复趋势；彭凯锋等（2020）对 2000 ~ 2018 年三江源国家公园植被覆盖进行了时空变化分析，发现过半园区植被覆盖持续增长；靳川平等（2019）利用 GF-1 对丹江湿地国家级自然保护区土地覆盖变化进行分析，发现 2000 ~ 2015 年保护区内植被覆盖度变化较小。在生物多样性方面，王乐等（2021）基于 Sentinel-2 影像提取了太行山生物多样性保护优先区的灌丛、森林和农业植被多样性，生产了重要的本底数据；张华等（2013）利用 1991 年和 2009 年 Landsat TM 遥感影像，提取了北京松山国家级自然保护区的景观类型，监测了该自然保护区景观多样性。

在自然保护地成效评估方面，主要从区域构成要素或完整的生态系统能力方面开展了相关的研究工作，以保护价值评价、保护对象和生态系统服务价值为主要内容，探究区域的生态成效和保护区的管理成效，使我国区域生态建设与环境保护工作有据可依，对国家的生态政策产生了重大影响。目前我国已开展的自然保护区保护成效评估研究主要集中在我国东北、华东、西南等地区。例如，何兴元等（2017）利用 2000 ~ 2015 年的遥感数据，从净初级生产力、水禽栖息地等生态系统服务功能角度分析三江平原湿地保护成效；邵全琴等（2017）对三江源生态保护区从水土能力、产草量等方向进行生态成效评估；王坎等（2015）结合 30m 的 Landsat TM/ETM 影像和 2.5m ALOS 影像对十八里长峡自然保护区保护效果进行评估，发现 2000 ~ 2010 年对保护区的管护工作是有效果的。

15.2 自然保护地人类活动监测评估

对人类活动进行长期、持续、稳定的监测，能为自然保护地环境状况研究提供可靠的依据。生态环境部在《自然保护区人类活动遥感监测技术指南（试行）》中将人类活动分为农业用地、居民点、工矿用地、采石场、能源设施、旅游设施、交通设施、养殖场、道路和其他人工设施 10 个方面，而在 2021 年发布的行业标准《自然保护地人类活动遥感监测技术规范》（HJ 1156—2021）将道路和交通设施合并为交通开发，将居民点和其他人工设施合并为居民点与其他活动，从而调整为矿产资源开发、工业开发、能源开发、旅游开发、交通开发、养殖开发、农业开发和居民点与其他活动 8 个方面。同时，该标准还给出了自然保护地人类活动遥感监测的技术流程与方法。

本节以黄河流域国家级自然保护区为例，参照上述标准规范，开展 2013 ~ 2020 年黄河流域国家级自然保护区人类干扰活动变化监测，并在此基础上，分析 2013 ~ 2020 年黄河流域国家级自然保护区人类干扰活动变化特征及变化态势，更好地支撑“绿盾”自然保护地强化监督工作和自然保护地综合监管。

15. 2. 1 监测范围

党的十八大以来，习近平总书记多次实地考察黄河流域生态保护和发展情况，多次就三江源、祁连山、秦岭等重点区域生态保护建设提出要求。2019 年 9 月 18 日上午，中共中央总书记、国家主席、中央军委主席习近平在郑州主持召开黄河流域生态保护和高质量发展座谈会并发表重要讲话，指出黄河流域构成我国重要的生态屏障，是我国重要的经济地带。目前黄河流域生态环境持续明显向好，发展水平不断提高，但是当前黄河流域仍存在生态环境脆弱、水资源保障形势严峻等问题，总书记提出黄河流域生态保护和高质量发展的主要目标任务，有条件的地方要大力建设旱作梯田、淤地坝等，有的地方则要以自然恢复为主，减少人为干扰，逐步改善局部小气候。因此，对黄河流域国家级自然保护区的人类活动变化进行监测，就变得尤为重要。为了摸清黄河流域自然保护地人类干扰活动变化规律，更好支撑自然保护地监管，以黄河流域 9 个省份国家级自然保护区为研究区，利用 2013 ~ 2020 年黄河流域国家级自然保护区遥感监测数据，生态环境部卫星应用中心开展了 2021 年上半年黄河流域国家级自然保护区人类活动变化分析。

监测范围包括黄河流域涉及的青海、四川、甘肃、宁夏、内蒙古、陕西、山西、河南、山东 9 个省（自治区）中的国家级自然保护区。143 个国家级自然保护区的分布情况如图 15-1 所示。

15. 2. 2 数据源

数据源主要包括卫星遥感影像数据、自然保护区边界矢量数据及地面核查数据。其中，卫星遥感数据为 2013 年、2015 年、2016 年，2017 ~ 2020 年每年上半年和下半年的高空间分辨率遥感数据。由于保护区中人类活动大小不一，为了确保人类干扰活动监测精度，选择分辨率优于 2m 的卫星遥感数据进行监测。2013 年以 Google Earth 上的高空间分辨率卫星数据为主；2015 ~ 2020 年的数据以高分一号卫星数据为主，用高分二号、高分六号、资源三号等国产高空间分辨率卫星数据进行补充。其中，高分一号卫星是我国高分辨率对地观测系统重大专项天基系统中的首发星，2013 年 4 月发射成功，该卫星搭载了全色多光谱相机和多光谱相机，其中全色多光谱相机获取的全色影像和多光谱影像分辨率分别为 2m 和 8m，幅宽为 60km，为保护区人类活动干扰监测提供了优质的数据源。

15. 2. 3 技术方法

2013 ~ 2020 年黄河流域国家级自然保护区人类干扰活动监测，主要采取技术路线如

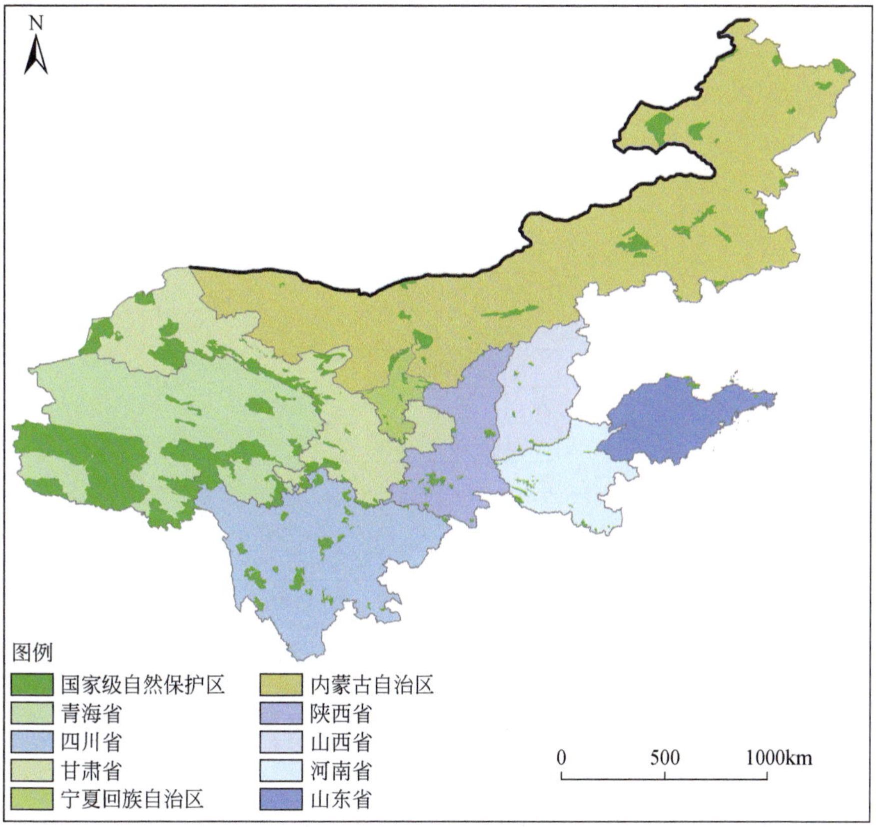

图 15-1　黄河流域涉及省份国家级自然保护区分布情况

图 15-2 所示。

人类干扰活动监测分析包括数据准备、图像预处理、解译与质量控制、信息提取、统计分析和成果应用 6 个部分。具体如下。

1）数据准备

根据自然保护区的矢量边界数据，查找与下载 2013 年、2015 年、2016 年，2017 ~ 2020 年每年上半年和下半年的高空间分辨率遥感数据。

2）图像预处理

对已经获取的高分遥感数据进行几何校正、图像融合、图像镶嵌与裁剪处理。

3）解译与质量控制

（1）人类干扰活动类型。根据《自然保护区人类活动遥感监测技术指南（试行)》，人类活动类型分为工矿用地、采石场、能源设施、旅游设施、交通设施、养殖场、农业用地、居民点、道路、其他人工设施十类，本次监测分析不考虑道路这一类线性地物。

（2）解译。利用 2013 年、2015 年、2016 年及 2017 ~ 2020 年每年上半年和下半年的高分遥感影像数据，结合实地核查数据，采用人机交互的方法，对 2013 ~ 2015 年、2015 ~ 2016 年、2017 年上半年、2017 年下半年、2018 年上半年、2018 年下半年、2019 年上半年、2019 年下半年、2020 年上半年和 2020 年下半年的人类干扰活动变化进行解

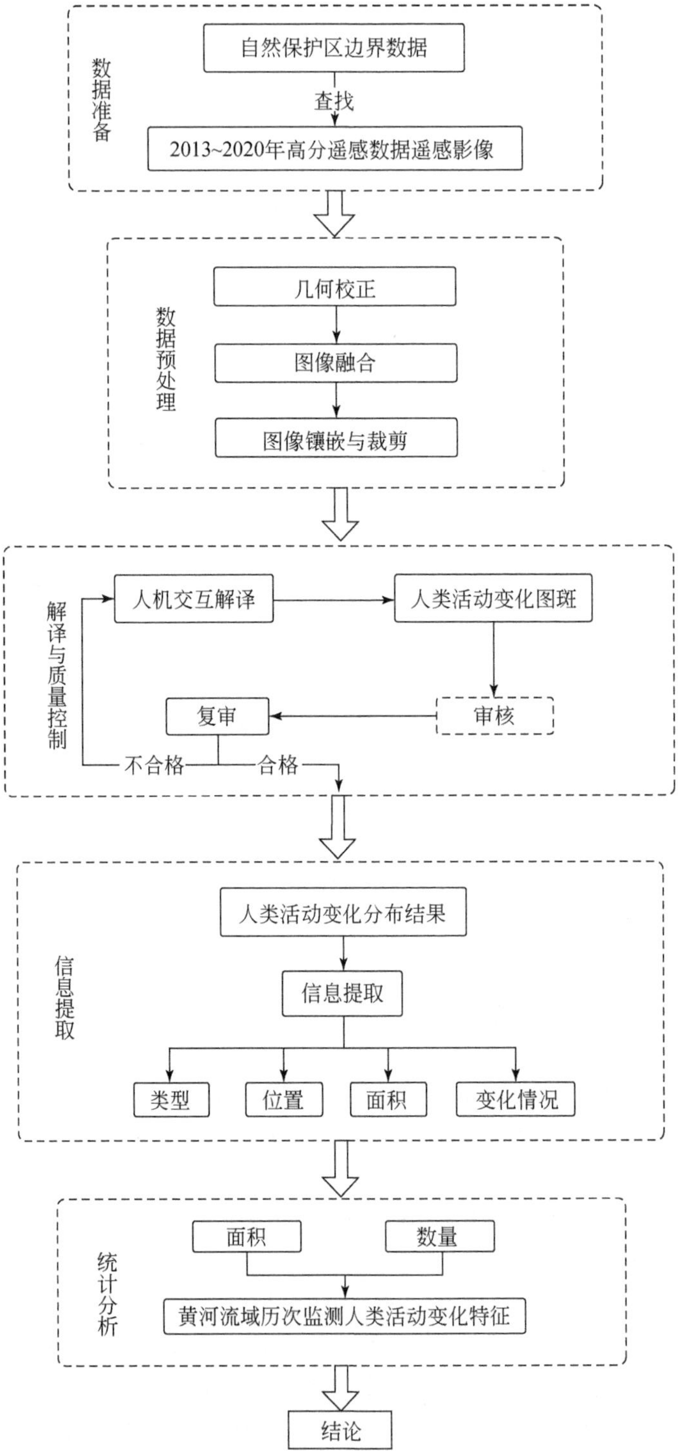

图 15-2　黄河流域国家级自然保护区人类干扰活动遥感监测评估技术路线

译，勾画出新增、规模扩大、拆除和恢复的疑似人类干扰活动变化斑块，形成十期人类干扰活动变化解译结果。

（3）质量控制。为了确保解译结果的精度，对十期人类干扰活动变化图斑一一进行审核，如果不合格，则返回重新解译，直到合格为止；然后对通过审核的结果进行复审，不合格的返回修改，直到合格为止。

4）信息提取

基于十期黄河流域国家级自然保护区人类干扰活动变化遥感监测结果，提取变化的人类干扰活动的类型、位置、面积、变化情况等信息。

5）统计分析

基于提取的信息，从数量和面积两个方面，分别对人类干扰活动和重点问题①，统计其 2013～2020 年长时间序列的变化值，同时分析其变化特征，研判其变化态势。

考虑到 10 次遥感监测的时间周期不一致，为了分析人类干扰活动变化趋势，统一以半年新增和规模扩大面积与数量作为指标。其中，2013～2015 年和 2015～2016 年分别计算每半年平均新增面积（数量），2017 年上半年、2017 年下半年、2018 年上半年、2018 年下半年、2019 年上半年、2019 年下半年、2020 年上半年、2020 年下半年则为实际新增和规模扩大面积（数量）。

6）成果应用

根据统计分析，得出黄河流域国家级自然保护区人类活动监测分析结论，并结合自然保护地监管提出对策建议，为自然保护地监管提供技术支撑。

15.2.4 结果与分析

15.2.4.1 人类干扰活动变化情况

从人类干扰活动面积变化来看，2013～2020 年新增和规模扩大面积整体呈减少趋势，见图 15-3。由图 15-3 可见：2013～2015 年每半年的 3037.50hm^2 减少至 2015～2016 年每半年的 2961.49hm^2；2017 年上半年持续减少至 1600.77hm^2；2017 年下半年增加至 8833.58hm^2；2018 年上半年面积减少至 441.11hm^2、2018 年下半年增加至 555.8hm^2；2019 年上半年略有减少，面积为 377.42hm^2，2019 年下半年持续减少至 310.46hm^2；2020 年上半年增加至 791.35hm^2，2020 下半年增加至 868.58hm^2。

从人类干扰活动数量变化来看，2013～2020 年新增和规模扩大数量整体呈上升趋势。从图 15-4可以看出：2013～2015 年每半年的 277 处增加至 2015～2016 年每半年的 1663 处，再到 2017 年上半年的 2521 处，2017 年下半年减少至 1967 处，2018 年上半年持续减少至 952 处，2018 年下半年略有增加，数量为 1120 处；2019 年上半年减少至 422 处；2019 年下半年增加至 1629 处；2020 上半年减少至 1245 处，2020 下半年增加至 3684 处。

---

① 重点问题是指对自然保护地生态环境影响较大的采石场、工矿用地、水电设施和旅游设施四类人类干扰活动。

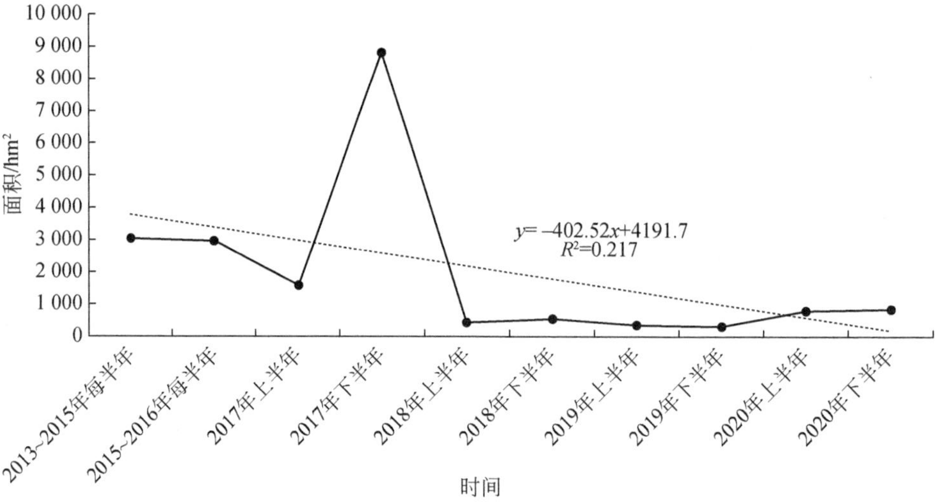

图 15-3　2013 ~ 2020 年黄河流域国家级自然保护区人类活动新增和规模扩大面积变化

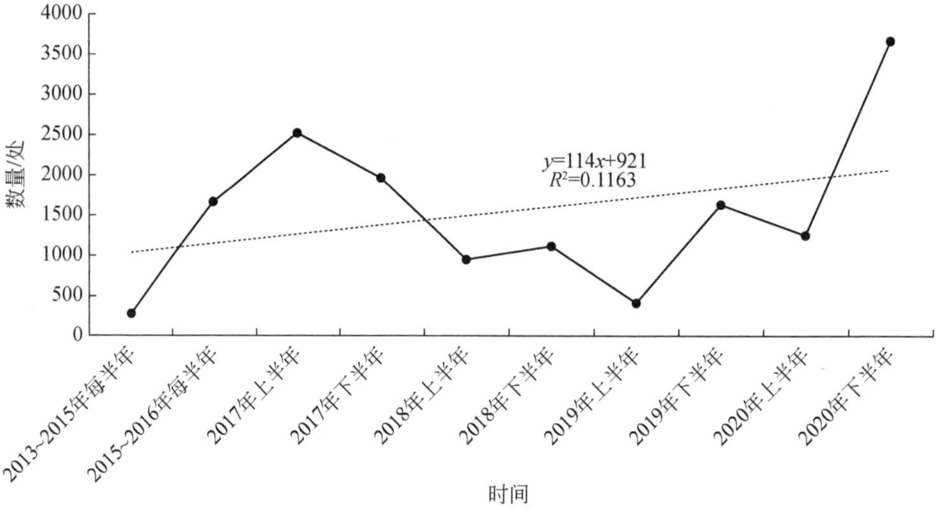

图 15-4　2013 ~ 2020 年黄河流域国家级自然保护区人类活动新增和规模扩大数量变化

15. 2. 4. 2　重点问题变化情况

从重点问题面积变化来看，2013 ~ 2020 年新增和规模扩大面积整体呈减少趋势。从图 15-5可见：2013 ~ 2015 年每半年的 791. 65hm² 减少至 2015 ~ 2016 年每半年的 278. 04hm²；2017 年上半年至减少至 143. 37hm²；2017 年下半年减少至 107. 77hm²；2018 年上半年减少至 107. 36hm²；2018 年下半年持续减少至 59. 26hm²；2019 年上半年略有增加，面积为 85. 43hm²；2019 年下半年减少至 21. 90hm²；2020 年上半年增加至 62. 32hm²；2020 下半年增加至 86. 89hm²。

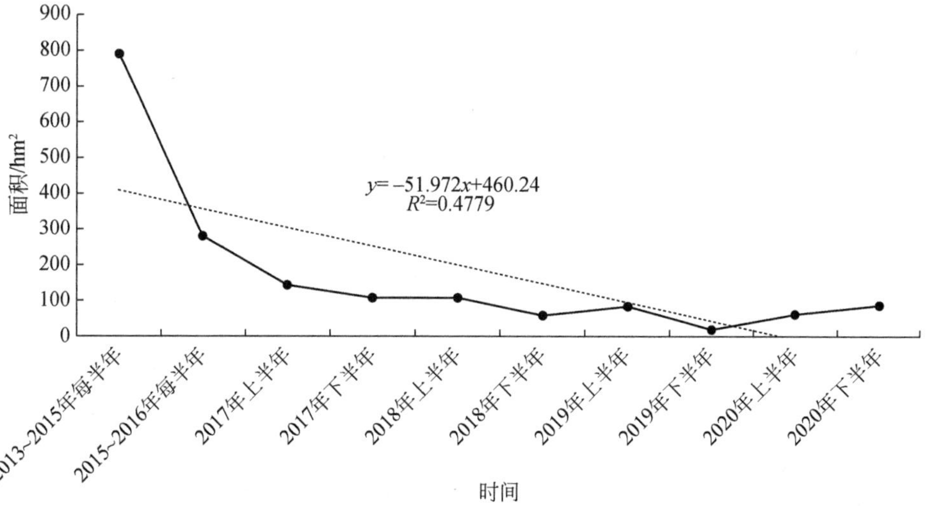

图 15-5　2013～2020 年黄河流域国家级自然保护区重点问题新增和规模扩大面积变化统计

从重点问题数量变化来看，2013～2020 年新增和规模扩大数量整体呈减少趋势。从图 15-6可见：2013～2015 年每半年的 92 处，增加至 2015～2016 年每半年的 98 处，再到 2017 年上半年的 105 处；2017 年下半年持续增加至 137 处；2018 年上半年减少至 50 处；2018 年下半年略有增加，数量为 98 处；2019 年上半年减少至 33 处，2019 年下半年略有增加，数量为 41 处；2020 年上半年增加至 89 处，2020 年下半年增加至 138 处。

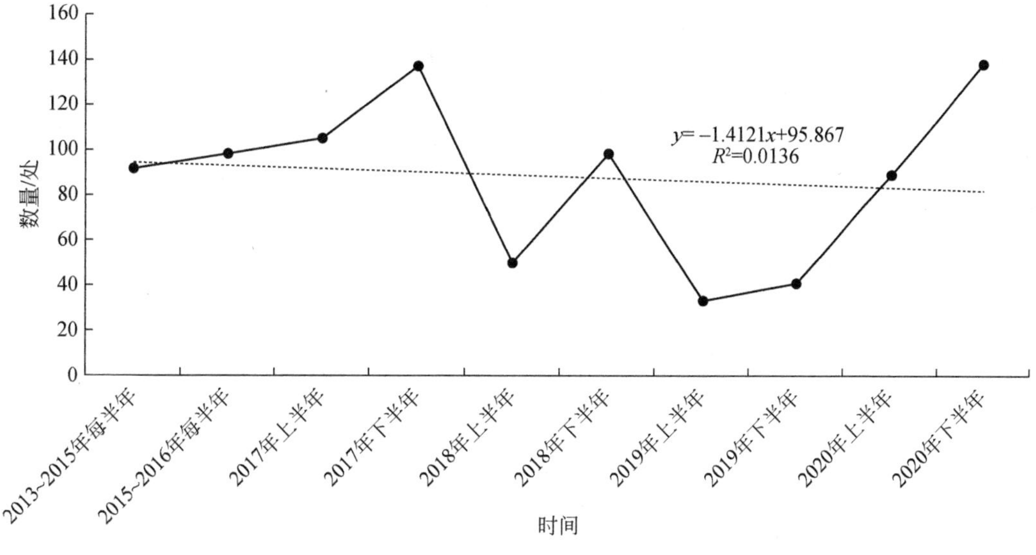

图 15-6　2013～2020 年黄河流域国家级自然保护区重点问题新增和规模扩大数量变化统计

15.2.5 结论

2013～2020 年，黄河流域国家级自然保护区，新增和规模扩大人类干扰活动数量总体呈增加趋势，面积整体呈下降趋势；对于新增和规模扩大的重点问题，数量和面积整体均呈下降趋势。

15.3 自然保护地植被时空变化监测评估

植被作为大气、水体、土壤等外部环境形成下的生态类型，常作为表征区域生态环境质量的重要指标（Xu et al.，2018；高庆等，2019）。因此，从植被的角度探究自然保护地的生态状况，对于揭示自然保护地生态状况的演化过程、预测未来生态质量变化趋势等具有重要意义。近年来，国内外学者从不同的空间视角对区域植被变化进行研究。Peng 等（2012）使用 NDVI 数据和 Hurst 指数的方法研究了 1982～2003 年青藏高原植被的动态变化；Bonney 等（2018）基于 Landsat 影像分析了加拿大苔原地区的植被变化，并使用随机森林方法探究了植被变化的驱动机制；李卓等（2017）基于 MODIS NDVI 数据对京津冀城市圈的植被覆盖度动态变化进行了研究；刘宪锋等（2015）使用线性趋势拟合、Hurst 指数和相关分析等方法对秦巴山区植被时空变化及其驱动因素进行了分析。目前，区域植被生态变化研究多从行政区域、地貌规划、气候区划等视角开展，以国家公园为视角的植被变化研究较少。

本节借鉴以上研究，以三江源国家公园为例，将植被时空变化研究应用于三江源国家公园，基于 GLASS（Global Land Surface Satellite）的植被覆盖度产品，使用线性趋势分析和 Hurst 指数方法探究三江源国家公园的植被变化特征及未来的变化趋势，并使用皮尔逊相关系数和残差分析法探究气候变化、人类活动对园区植被覆盖度的影响，以期为全面科学认知园区的植被状况、实行差异化的保护与管理提供科学依据①。

15.3.1 研究区概况

三江源国家公园是我国面积最大、成立时间最早的国家公园（胡曾曾等，2018；黄超等，2019），地处长江、黄河、澜沧江源头的交汇区，位于青海省的南部区域，总面积为 12.8 万 km^2，分别占青海省和三江源区总面积的 18.79% 和 31.16%。园区分布于高原大陆性气候带，主要表现为冷热两季交替、干湿两季分明，冷季较长、暖季较短，牧草生长期不足 3 个月。三江源是我国和亚洲的重要淡水来源地，其产生的地表径流是长江、黄河、澜沧江的重要水源补给（向宝惠和曾瑜皙，2017）。同时，由于该地区特殊的地理位置、丰富的自然资源、重要的生态功能，其成为我国青藏高原的重要生态安全屏障。该地

① 本小节内容已在《生态学杂志》上发表，论文信息为：彭凯锋，蒋卫国，侯鹏，等．2020. 三江源国家公园植被时空变化及其影响因子. 生态学杂志，39（10）：3388-3396.

区生物多样性丰富、生态系统的原真性和完整性较好，但其生态环境脆弱，是全球气候变化最为敏感的区域之一（曹巍等，2019）。因此，开展三江源国家公园的植被状况监测与评估，对于其生态系统的质量评估、自然环境和野生动物的保护具有重要意义（Shen et al.，2018）。

为了发挥国家公园的多重功能，实现国家公园内部区域的差别化保护和管理，三江源国家公园又进一步划分了4个功能区，分别为传统利用区、科教游憩区、严格保护区、生态保育区。

15.3.2 数据源及处理

本研究收集了2000～2018年的GLASS数据的植被覆盖度产品，空间分辨率为500m，时间间隔为8天。该产品是以MOD09A1数据的红波段和近红外波段为输入数据，结合全球高分辨率植被覆盖度样本数据集，使用机器学习算法生产的（Yang et al.，2016）；通过地面验证数据与模型反演结果对比分析发现，两者的 $R^2=0.809$，均方根误差（RMSE）为0.157，数据精度优于GEOV1FVC产品（Jia et al.，2015）。本研究将4～10月（暖季）作为研究时段，使用最大值合成法生产年植被覆盖度数据。同时，为了更好地反映研究区的植被信息，使用2017年500 m空间分辨率的MCD12Q1土地利用数据（Sulla-Menashe et al.，2019）对年植被覆盖度数据进行掩膜处理，生成仅包含植被区的植被覆盖度数据。

为了分析园区植被覆盖度变化与气候因子的关系，本研究收集了降雨、温度数据集，数据来源于Peng等（2019）的研究，该研究以月尺度、1km空间分辨率将气象数据更新到2017年。为了保证时间范围的一致性，本研究将植被覆盖度影响因素研究的时间范围框定为2000～2017年，即使用2000～2017年的气候因子数据，探究对应时间段内气候因子对植被覆盖度变化的影响。此外，本研究收集了2000年、2005年、2010年、2015年的30m土地利用数据，该数据是基于Landsat影像进行生产的，数据精度优于91.2%（刘纪远等，2014），用于分析园区农田和建设用地的面积变化特征。

15.3.3 技术方法

15.3.3.1 一元线性回归

使用一元线性回归的方法分析2000～2018年植被覆盖度的变化趋势。通过计算年最大植被覆盖度在时间序列上的变化斜率，来表征研究区植被状况的变化趋势，其计算公式如下（Ge et al.，2018）：

$$S=\frac{n\times\sum_{i=1}^{n}i\times \text{cover}_i-\sum_{i=1}^{n}i\sum_{i=1}^{n}\text{cover}_i}{n\times\sum_{i=1}^{n}i^2-(\sum_{i=1}^{n})^2} \tag{15-1}$$

式中，n 为总的年数（$n=19$）；i 为年份的索引，其取值范围为1～19；cover_i 为第 i 年的植被覆盖度。如果 $S>0$，则植被覆盖度呈增加趋势，否则植被覆盖度呈减少趋势。

15.3.3.2 Hurst 指数

Hurst 指数用于检测长时间序列变量未来演变趋势，在水文、气象和经济等领域应用广泛。目前，Hurst 指数常常使用重标极差（R/S）分析方法来计算，其原理如下（Jiang et al.，2015）。

对于时间序列 $\{X(t)\}$，$t=1, 2, \cdots, T$，将其分成 d 组，每组元素有 n 个，其中 $d=1,2, \cdots, T/2$。对于任意一次分组，原始数据集被分成了长度为 n 的 d 个子集 $\{X_i, m\}$，其中 $i=1, 2, \cdots, n$；$m=1, 2, \cdots, d$，然后进行如下计算：

（1）计算子集 $\{X_i, m\}$ 的均值 E_m 和标准差 S_m。

（2）计算子集的累积离差：

$$Y_{i,m} = \sum_{j=1}^{i}(X_{j,m} - E_m) \quad i = 1,2,\cdots,n \tag{15-2}$$

（3）计算子集的极差：

$$R_m = \max\{Y_{1,m},\cdots,Y_{n,m}\} - \min\{Y_{1,m},\cdots,Y_{n,m}\} \tag{15-3}$$

（4）计算 R_m/S_m。

（5）重复执行步骤（1）~（4），计算每个子集的 R/S，所有 R/S 的均值即为所求 $(R/S)_n$。

如果 R/S 统计量存在 $(R/S)_n \approx cnH$（c 为常数，n 为时间序列中的元素个数），则表明 $\{X(t)\}$ 存在 Hurst 现象。通过对数变换，得到一元线性回归方程 $\ln(R/S)_n = a+H\times\ln(n)$，然后使用最小二乘方法拟合 H。一般情况下，Hurst 指数（H 值）可分为 3 种情形：$H=0.5$，表明植被覆盖度在时间序列上呈随机分布；$0.5<H<1$，表明植被覆盖度时间序列的变化具有正向持续性；$0<H<0.5$，表明植被覆盖度时间序列的变化具有反向持续性，序列有突变特性。

15.3.3.3 皮尔逊相关系数

本研究使用皮尔逊相关系数探究降雨、温度对植被覆盖度的影响。该方法在植被与气候变化响应的研究中应用广泛，其计算公式如下（刘纪远等，2014）：

$$r_{x,y} = \frac{\sum_{i=1}^{n}(x_i - \bar{x})(y_i - \bar{y})}{\sqrt{\sum_{i=1}^{n}(x_i - \bar{x})^2}\sqrt{\sum_{i=1}^{n}(y_i - \bar{y})^2}} \tag{15-4}$$

式中，n 为总的年数；x_i 和 y_i 分别为第 i 年的植被覆盖度和气象因子（降雨、温度）；$\bar{x}$ 和 $\bar{y}$ 分别为植被覆盖度和气象因子的均值；$r_{x,y}$ 为 x 与 y 的相关系数。

15.3.3.4 残差分析法

残差分析法能够将气候变化、人类活动对植被覆盖度的影响分离出来，可以定量化反映人类活动对植被覆盖度的影响（黄悦悦等，2019）。该方法的理论基础为两个假设：①植被动态变化主要受气候变化和人类活动的影响；②使用降雨、温度两个因子能够充分表征气候变化对植被动态的影响。残差分析法的主要公式如下（Li et al.，2019）：

$$\Delta = NDVI_{ob} - NDVI_{cl} \tag{15-5}$$

式中，Δ 为植被覆盖度观测值与预测值的残差；$NDVI_{ob}$ 为植被覆盖度观测值，可用 GLASS 影像的像元值表征；$NDVI_{cl}$ 为基于降雨和温度的植被覆盖度预测值，可使用多元线性回归计算。如果 $\Delta>0$，则人类活动对植被生长正干扰；如果 $\Delta<0$，则人类活动对植被负干扰。

15.3.4 结果与分析

15.3.4.1 植被覆盖度时空变化特征分析

2000～2018 年，三江源国家公园的平均植被覆盖度为 0.24。园区大部分植被区域的植被覆盖度小于 0.2，占园区植被面积的 52.15%；其次为中等植被覆盖度区域（0.2≤FVC<0.5），占园区总面积的 32.05%；高植被覆盖度区域（0.5≤FVC<1.0）的面积占比最小，占园区总面积的 15.80%。总体上，三江源国家公园的植被覆盖度较低，其原因是园区位于高海拔的寒冷地区，植被生长的水热条件相对于平原地区较差。从空间上看（图 15-7），园区的植被覆盖度具有差异性，低植被覆盖度区域主要分布在严格保护区，60.89% 的低植被区（FVC<0.2）分布于该功能区；中、高植被覆盖度区域主要分布在传统利用区，53.15% 的中高植被区分布于该功能区。

从时间序列上来看（图 15-8），三江源国家公园的植被覆盖度呈波动变化状态，总体上，植被覆盖度呈轻微增加趋势，其年均增长 0.0012。分阶段来看，2000～2015 年，园区的植被先增加后下降的趋势，2000～2010 年，植被覆盖度平均增长 0.0035，至 2010 年植被覆盖度最大（值为 0.27）；2010～2015 年植被覆盖度年均减少 0.0092，至 2015 年植被覆盖度最低（值为 0.21）。2015～2018 年，三江源国家公园的植被呈强烈改善趋势，其年均增长 0.023，至 2018 年植被覆盖度为 0.28。

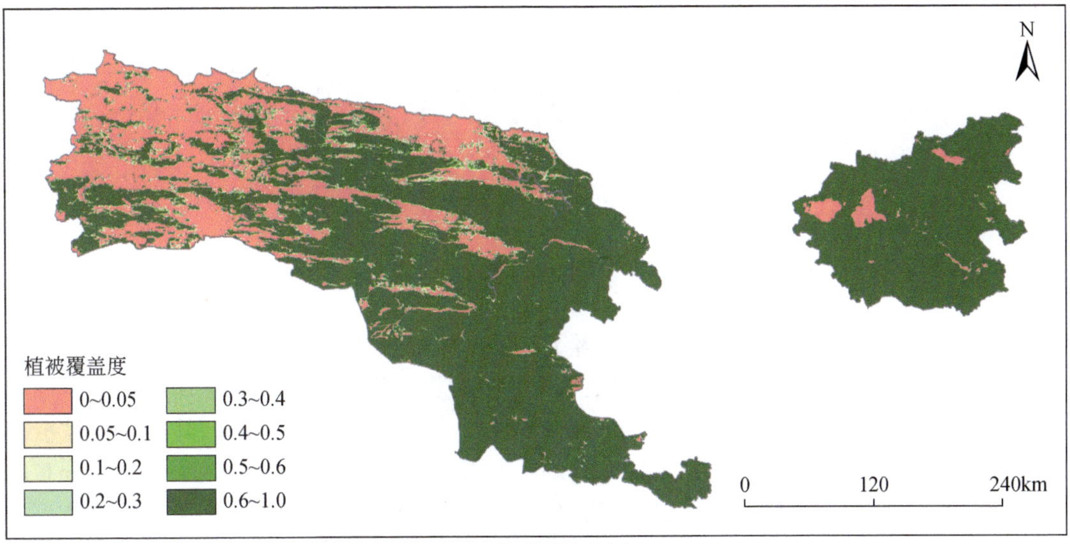

(a)平均植被覆盖度空间

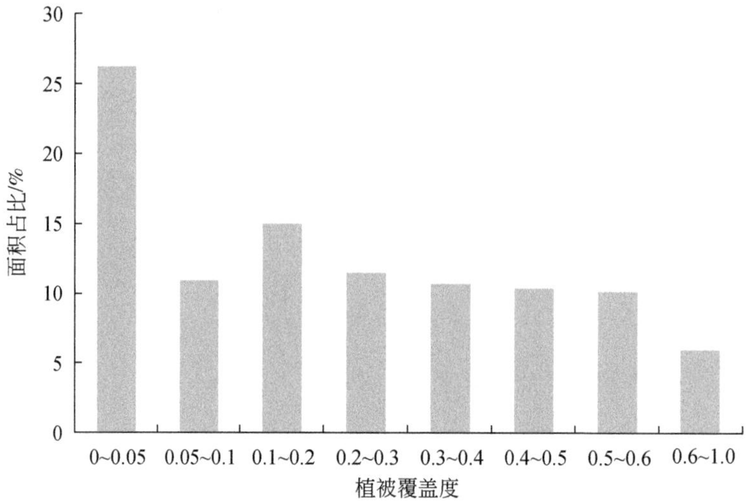

(b)平均植被覆盖度统计结果

图 15-7　2000～2018 年三江源国家公园年平均植被覆盖度空间图及其统计结果

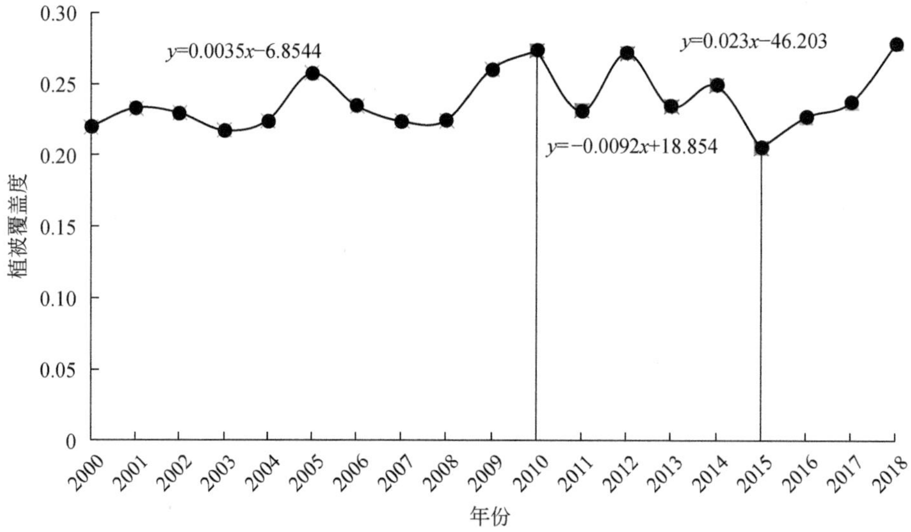

图 15-8　2000～2018 年三江源国家公园植被覆盖度年际变化趋势

15.3.4.2　植被覆盖度时空变化趋势特征分析

使用线性回归拟合，在像元水平绘制三江源国家公园植被覆盖度变化斜率图（图 15-9）。2000～2018 年，三江源国家公园的植被覆盖度以增长（slope>0）为主，面积为67 940.98km^2，占园区植被面积的 69.33%，主要分布在严格保护区；其次为植被覆盖度退化类型（slope<0），面积为 24 206.84km^2，占园区植被面积的 24.70%，主要分布在传统利用区。同时，植被覆盖度保持不变（slope＝0）的区域占园区植被区的 5.97%，该区域的植被覆盖度常年为零，其原因一方面是 MODIS 土地利用数据存在误分类，其他类

型误分为植被；另一方面是部分植被类型 NDVI 数值较低，使得模型反演的植被覆盖度为零。

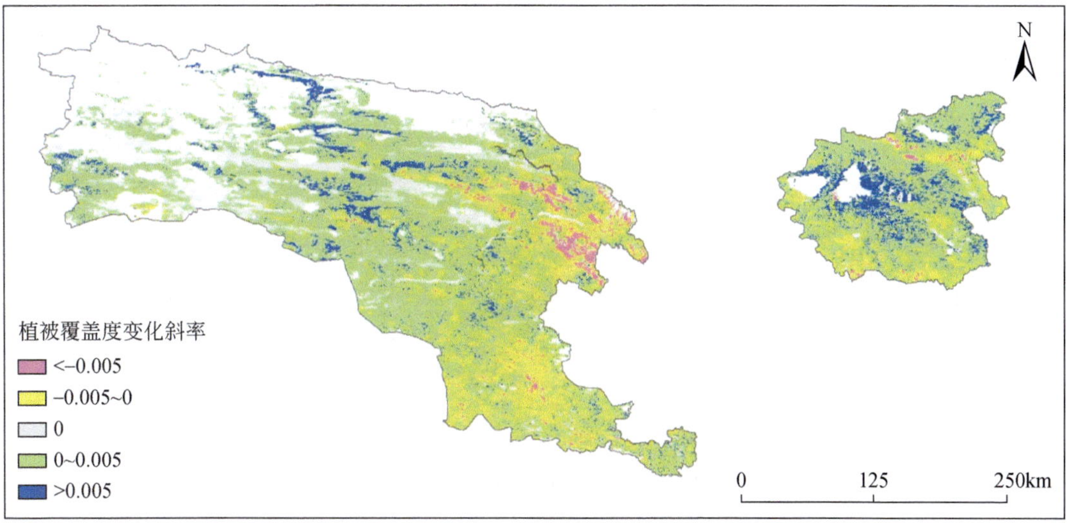

图 15-9　2000～2018 年三江源国家公园植被覆盖度变化斜率图

基于 Hurst 指数分析，发现三江源国家公园植被覆盖度呈正向持续性变化（Hurst>0.5）的区域占园区总面积的 83.68%，呈反向持续性变化（Hurst<0.5）的区域占园区总面积的 4.99%；同时，由于园区内分布着大面积植被覆盖度常年或连续多年为零的区域，其计算的 Hurst 指数为无效值，本研究将其归为持续性保持不变，占园区植被的 11.33%。园区植被的 Hurst 均值为 0.72，其中 Hurst>0.65 的区域占园区植被面积的 70.62%，参照李卓等（2017）对植被覆盖度 Hurst 指数的划分标准，三江源国家公园的植被覆盖度表现出较强的正向持续性。将植被覆盖度变化斜率图与 Hurst 指数计算结果进行空间叠加，得到 6 种植被覆盖度未来变化趋势类型（图 15-10），其划分标准及其统计结果如表 15-1 所示。

表 15-1　研究区植被未来变化类型划分标准及其统计结果

Hurst 指数	变化斜率	变化类型	面积占比/%
>0.5	<-0.005	持续性明显退化	2.78
>0.5	-0.005～0	持续性轻微退化	19.59
>0.5	0～0.005	持续性轻微增长	52.12
>0.5	>0.005	持续性明显增长	9.21
—	—	持续性保持不变	11.32
<0.5	—	未来变化不确定	4.98

注：Hurst<0.5 的植被呈反向持续趋势，具有突变性的特点，且占园区面积比例较小，本研究将其统称为未来变化不确定类型

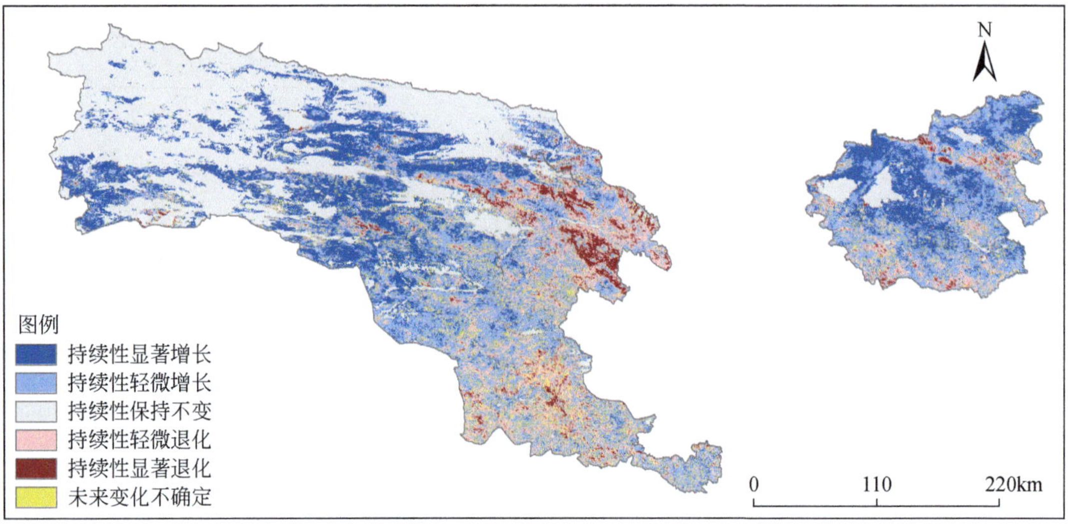

图 15-10　三江源国家公园植被覆盖度的未来变化趋势空间分布

未来植被的变化类型以持续增长（包括持续性明显和轻微增长）为主，占园区植被的 61.33%；其次为持续退化（包括持续性明显和轻微退化），占园区植被的 22.37%；未来变化不确定类型面积占比较小（值为 4.98%），其植被变化具有反持续性、突变性特点，呈零星状分布于园区内。因此，园区未来植被状况在空间上大体呈向好态势。分析持续性植被变化类型在空间上的分布特点（图 15-10），持续性明显增长面积占比为 9.21%，主要分布在严格保护区和传统利用区；持续性轻微增长面积占比为 52.12%，同样也是主要分布在严格保护区和传统利用区；持续性明显退化面积占比为 2.78%，主要分布在传统利用区；持续性轻微退化面积占比为 19.59%，主要分布在传统利用区。以此为基础，推断未来一段时间内，如果没有剧烈的气象波动、自然灾害或人类活动的干扰，三江源国家公园的植被覆盖度总体上呈持续性增长态势，但由于园区的植被覆盖度较低、生态环境脆弱，未来变化趋势还需要进一步密切关注。

15.3.4.3　植被覆盖度变化趋势的影响因子分析

基于 2000～2017 年的降雨和温度数据，分析三江源国家公园植被覆盖度对气候变化的响应。图 15-11 表明，植被覆盖度与降雨、温度的变化趋势均具有一定的相似性，其中降雨与植被覆盖度的变化趋势更为一致。分析皮尔逊系数发现，降雨与植被覆盖度呈较强的显著正相关（$R=0.73$，$P<0.01$）；相比之下，温度与植被覆盖度的相关性较弱（$R=0.41$，$P<0.1$）。由此可知，三江源国家公园的植被覆盖度受到降雨和温度的共同影响，其中降雨对园区植被的影响最大。2000～2017 年，园区的降雨、温度分别增加了 98.84mm、0.49℃，改善了植被生长季的水热条件，促进了园区植被的生长。

基于残差分析法进一步探究人类活动对三江源国家公园的影响。分析图 15-12（a）发现，基于降雨和温度预测的植被覆盖度与观测的植被覆盖度变化趋势基本吻合，表明园区植被变化主要受气候要素的影响，人类活动对园区植被的影响较小。主要原因是三江源国

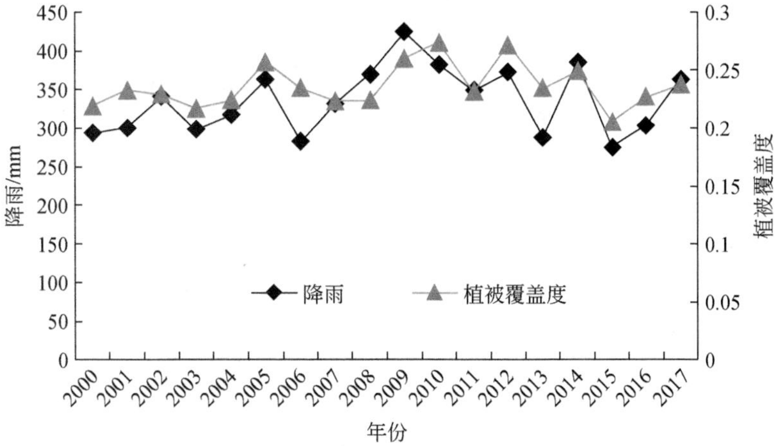

(a)植被覆盖度与降雨的年际变化

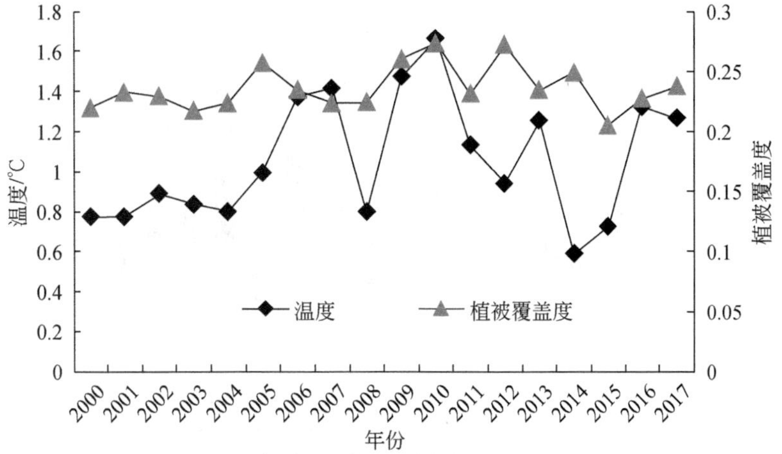

(b)植被覆盖度与温度的年际变化

图 15-11　三江源国家公园植被覆盖度与降雨、温度的年际变化

家公园位于高海拔地区，人类活动较少；同时，在被批准为国家公园体制试点前，园区的大部分区域被划分到自然保护区范畴内，限制了人类生产生活的不合理开发。图 15-12（b）统计了植被覆盖度残差值，负值表明人类活动造成了园区植被退化，正值表明人类活动促进植被生长。分析发现，2007 年、2008 年、2010 年、2012 年人类活动对园区植被的影响相对显著，残差值分别为-0.017、-0.018、0.013、0.026，其数值与农田、建设用地面积变化有关（图 15-13）。2005～2010 年，建设用地面积增加，农田面积变化较小，人类活动导致对园区植被造成了一定程度的退化；2010～2015 年，建设用地面积基本不变，农田面积减少，人类活动一定程度上促进了园区植被生长。

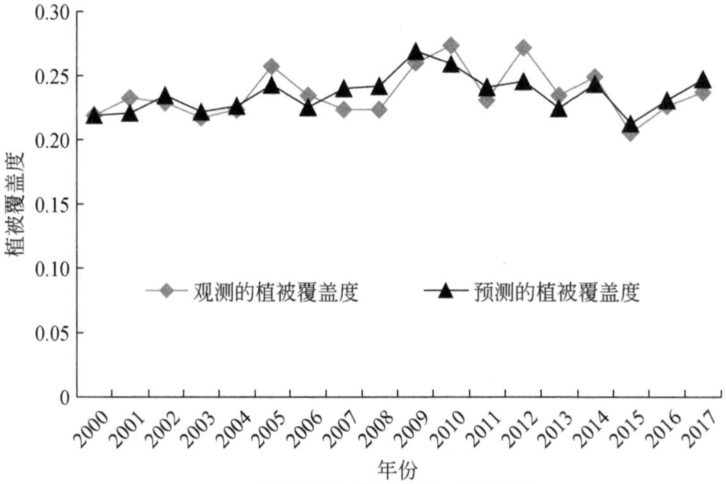

(a)植被覆盖度的预测与观测曲线

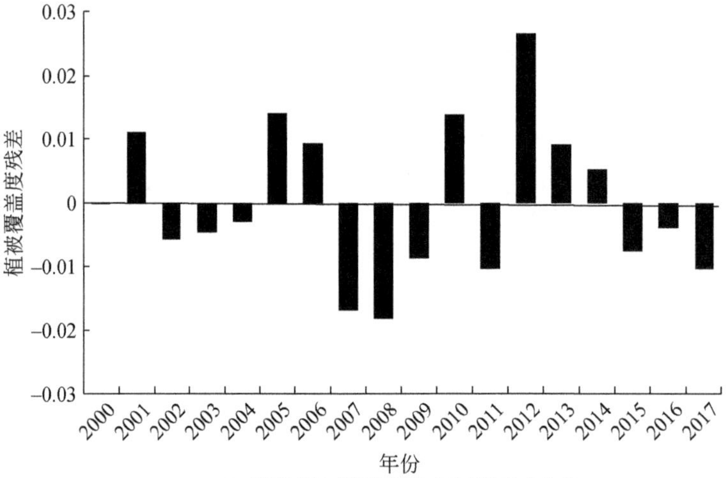

(b)植被覆盖度的预测与植被覆盖度残差

图 15-12　三江源国家公园植被覆盖度的预测与观测曲线、植被覆盖度残差

15.3.5　小结与综述

15.3.5.1　植被变化监测及其不确定性分析

三江源国家公园植被覆盖度在时间序列上呈增长态势，在空间分布上以持续性增长为主，因此，2000～2018 年园区植被生长状况总体呈向好态势。其主要原因与温度和降雨变化有关，人类活动对园区植被的影响较小，该结论与以往的研究结果相近（李辉霞等，2011；孙庆龄等，2016）。在全球变暖背景下，高海拔的寒冷地带变暖效应更明显。三江源国家公园平均高程为 4698m，位于长江、黄河、澜沧江源头的交汇区，淡水资源丰富，

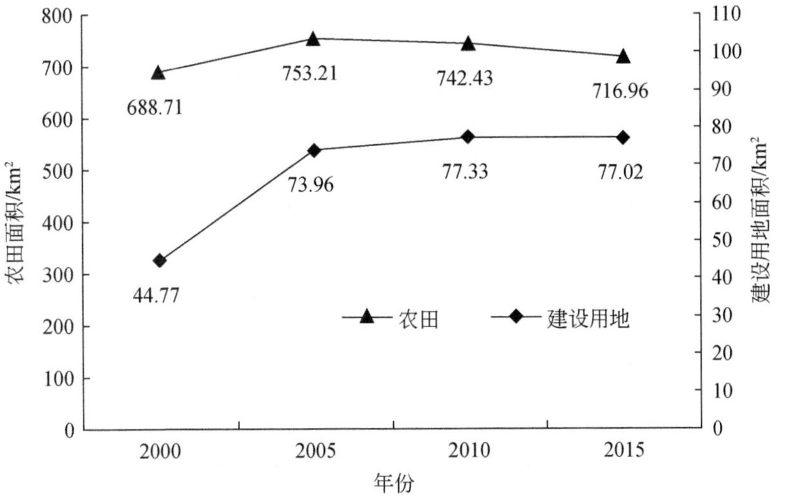

图 15-13 2000～2015 年农田和建设用地面积变化

且园区内有永久性冰川积雪分布。温度的升高为园区植被提供了温暖的生长环境，并且冰川融水也为植被生长提供了良好的水分条件，加之暖季降水量的轻微增长，园区的植被覆盖度呈增长态势。

本研究探究了三江源国家公园的植被变化及其影响因子，可为认知园区生态状况、制定科学合理的保护政策提供支撑。同时，本研究也存在一定的局限性。首先，植被覆盖度表征植被生长状况存在一定的不确定性，即某像元内的植被稀疏程度、植被面积占比不同，但计算的植被覆盖度数值可能会相同。本研究直接使用 GLASS 的植被覆盖度表征植被状况，但未对植被覆盖度的合理性进行深层次的探究。其次，本研究使用残差分析法探究总的人类活动对园区植被变化的影响，但未进一步从人口密度、经济发展等社会经济要素层面探究人类活动的影响力。再次，我国的国家公园体制试点起步较晚，2015 年，三江源国家公园作为我国第一个国家公园体制试点正式启动于 2015 年。因此，使用现有遥感产品数据不能充分反映国家公园成立前后生态保护成效的差异。同时，本研究使用的植被覆盖度产品空间分辨率为 500m，虽能够反映园区整体的植被变化情况，但不能充分表征不同植被群落长势的细节信息。

鉴于此，未来三江源国家公园生态变化研究，可以使用最新的中高分辨率遥感植被产品数据探究园区植被变化趋势，结合气候变化、社会经济等多源数据分析园区植被变化的驱动机制，对比分析国家公园成立前后的生态保护成效，以期为国家公园的科学管理与保护提供科学的数据支撑。

15.3.5.2 植被变化的综述

本研究基于 GLASS 数据的植被覆盖度产品，分析了 2000～2018 年三江源国家公园植被覆盖度的时空变化特征，探究了园区植被区的变化趋势，并使用皮尔逊相关系数和残差分析法，探究气候变化和人类活动对植被覆盖度变化趋势的影响。得到的主要结论如下。

（1）三江源国家公园的植被覆盖度较低，其园区植被的年平均植被覆盖度均值为0.24，其低植被区主要分布在严格保护区，中、高植被区主要分布在传统利用区。2000～2018年，园区年平均植被覆盖度总体呈增加趋势，年均增长0.0012。

（2）三江源国家公园的植被表现出较强的正向持续性。线性拟合与Hurst指数结果叠加分析表明，园区植被的变化趋势以持续性增长为主，占园区总面积的61.33%，主要分布于严格保护区和传统利用区；持续性退化面积占比为22.37%，以传统利用区的植被居多。

（3）园区植被变化主要受降雨、温度的影响，人类活动对其影响较小，其中降雨是影响园区植被变化的主要因子。2000～2017年，园区的降雨和温度均呈轻微增加态势，改善了植被的水热条件，使得园区植被呈改善态势。

15.4 自然保护地保护成效评估

滨海湿地是海陆交界处的生态过渡带，兼具海、陆生态特征，具有特殊的水文、植被和沉积物特征，有着重要的生态功能（许国晶等，2013）。从国家层面上来说，保护滨海湿地，是陆海统筹与环境保护等国家战略的一项重要内容。我国滨海湿地面积达580万hm^2，孕育着丰富的生物多样性。滨海湿地是许多水生生物产卵和育幼的场所，它们不仅是海洋渔业的基础，也对海洋生态系统的稳定起着关键作用。有几百余种水鸟在此栖息，另有数以百万计的鸟类在迁徙途中停留于此，或越冬，或繁殖，或换羽，或觅食以补充能量。同时，滨海湿地能够吸附、净化来自陆地的污染物。在台风等极端天气来临时，滨海湿地更是保护沿海居民生命和财产安全的一道生态屏障（关道明等，2012）。据估算，尽管我国滨海湿地的面积不到全国所有生态系统总面积的1%，但它们每年提供了价值2000亿美元的生态系统服务，占全国所有生态系统提供生态服务总量的16%（Ma et al.，2014）。

为更好地保护滨海湿地，自20世纪80年代以来，我国开始在沿海区域建立保护区，并实施了一系列生态工程以保护濒危物种和滨海湿地生态系统。建立较早的国家级保护区有以保护红树林为主的海南东寨港国家级自然保护区（1980年）和以保护濒危动物丹顶鹤为目标的江苏盐城国家级珍禽自然保护区（1983年）等。随后，保护区的设立与建设如火如荼。截至2019年底，国家涉海类保护地有271个，涉及海岛3000多个，包括海洋自然保护区、海洋特别保护区、国家级海洋公园等。然而，滨海湿地保护区建立以后，是否达到了预期的生态保护效果，仍然是一个需要深入讨论的问题。基于生态系统状态的综合快速评估方法，为回答这一问题提供了可操作的手段。

不可否认，自保护区设立以来，其为我国的滨海湿地保护做出了巨大贡献。多年保护实践表明，保护区所采取的自然湿地生态修复、人工湿地重建、设置红树林苗圃等生态工程均取得了巨大的生态效益。长期效益评估显示，与周边区域相比，保护区的建立及其所产生的生态环境保护措施具有明显优势。这种优势更多地体现为长期的综合效益，且难以用货币的形式直接兑现（顾蓉等，2014）。但这种长期效益极易被大众忽略，很难引起管理者和利益相关者的关注，因而破坏湿地的短视行为时常发生。一个健康的生态系统要求该系统具有原真性、完整性，其自组织结构可以长期保持自然的原始状态，并具有一定的抗干扰能力。针对生态系统长期保护的原真性和完整性要求，“格局-质量-服务-管理”评估模型（PQSM Model）可以从管理层次上进行保护成效的即时监测，并快速成效评估，为自然保护地监管提供技术支撑（王焕等，2020）。

本节以江苏盐城国家级珍禽自然保护区为例，介绍在“格局-质量-服务-管理”滨海湿地保护区生态系统综合评估框架下，有关自然保护区成效评估指标体系、技术方法及应用案例的研究成果。

15.4.1 研究区概况

1983 年 2 月，江苏省人民政府批准建立“江苏省盐城地区省级沿海滩涂珍禽自然保护区”。1992 年 10 月，经国务院批准晋升为国家级自然保护区，更名为“江苏盐城国家级珍禽自然保护区”（以下简称盐城保护区）。同年 11 月，被联合国教育、科学及文化组织人与生物圈委员会协调理事会批准为生物圈保护区，并纳入“世界生物圈保护区网络”（刘大伟等，2016）。盐城保护区地处江苏中部沿海，是我国最大的滩涂湿地保护区之一。盐城拥有太平洋西岸、亚洲大陆边缘面积最大的淤泥质海岸湿地，拥有自陆向海过渡的完整生物演替群落，亦具有普遍突出价值的典型生物学、生态学过程（王启慧，2019）。其南部海域属典型的淤积淤长型海岸，拥有丰富多样的滩涂湿地生态系统。

盐城保护区因其独特地理位置，成为南北半球候鸟迁徙的重要驿站，也是连接不同生物界区鸟类的重要节点。盐城保护区作为东北亚—澳大利西亚候鸟迁徙的重要停歇地，每年大约有近 300 万只候鸟在此停歇，季节性/常年居留的鸟类达近百万只，其中最具代表性的是雁鸭类、鸻鹬类和鹤类（张亚楠等，2018）。区内有各类动植物 2000 余种，包括鸟类 421 种，高等植物 697 种；其中国家重点保护野生动物 129 种，国家一级保护动物 38 种（鸟类 28 种），包括丹顶鹤、白头鹤、白鹤、东方白鹳、黑鹳、中华秋沙鸭、麋鹿等，国家二级保护动物 91 种（鸟类 80 种），有 17 个物种被列入 IUCN 物种红色名录。该保护区的主要保护对象为丹顶鹤等珍稀野生动物及其赖以生存的滩涂湿地生态系统（李海萍和李菁，2011）。

20 世纪 80 ~ 90 年代，保护区范围覆盖整个海岸带。该时期的滨海湿地基本处于原生湿地状态，无工业区，农业围垦、盐业生产、鱼塘养殖等活动对整体区域的生态环境影响不大。20 世纪 90 年代以后，农业围垦和鱼塘养殖提上日程，土地利用类型变化明显。2000 年以后，随着海洋经济的高速发展，滨海湿地的环境保护和经济发展日益成为一种难以把握适当尺度的矛盾（王腾等，2015）。保护区用地类型的限制与地方经济发展存在冲突。在多次与地方政府协商之后，保护区先后经历了两次调整。一次是 2007 年 2 月，经国务院批准，保护区更名为“江苏盐城湿地珍禽国家级自然保护区”，保护区进行了第一次范围调整，面积由最早的 45.3 万 hm^2，减为 28.4 万 hm^2。2013 年初，保护区范围依据 2010 年 12 月国务院批复的《国务院办公厅关于做好自然保护区管理有关工作的通知》进行了第二次调整，再次缩减为 24.7 万 hm^2。其面积变化如图 15-14 所示（左平等，2014）。

由图 15-14 可以看出，为满足地方经济发展的需要，保护区配合地方政府，于 2007 年

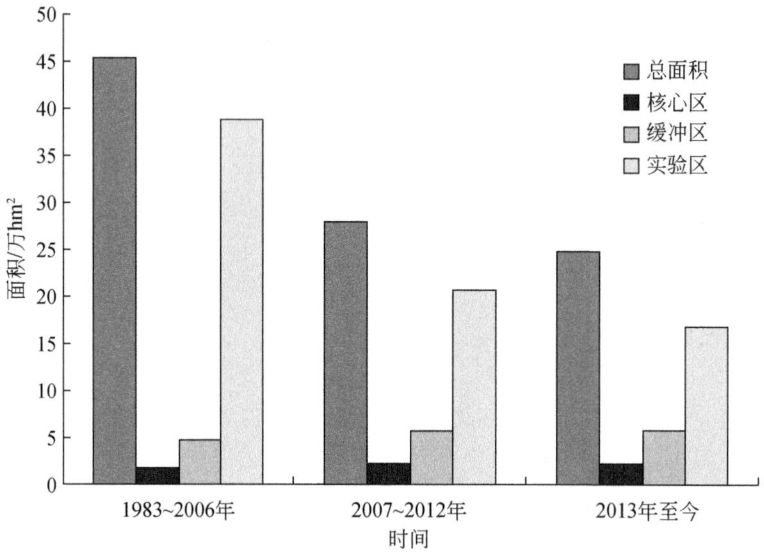

图 15-14　江苏盐城国家级珍禽自然保护区面积变化

先后调整出响水县陈家港、滨海县滨海港和大丰市（现大丰区）王港，总面积大幅度减少。2013 年又调整出射阳县射阳港、东台市弶港以南的区域，总面积再次减少。调整区域主要集中在实验区，少量在缓冲区，保护区的总面积比初建时减少了近一半。保护区亦由早期的全海岸带保护，转变为 3 个块状区域（2007 年后）和 5 个块状区域（2013 年后）。虽然核心区和缓冲区面积均稍稍有所增加，但位于实验区的滨海湿地已调出很多，其调出部分几乎全部用作工业用地。

工业用地看似是位于海岸上的陆地，但对涉水鸟类，尤其是迁徙的候鸟影响很大。涉水鸟类一般在海滩上休息、取食。滨海湿地一旦变成工业用地，包括港口及物流区，各类潜在的污染物质极有可能会出现在近岸水域及滩涂。通过食物链的生物富集和生物放大效应，所有污染问题最终都会影响到鸟类的健康，甚至威胁到人类自身。另外，有观测数据显示，沿海市县大面积的风电场建设，已经影响到鸟类的起飞、迁徙、嬉戏等行为，并进一步威胁到栖息地的生态系统健康（朱永可等，2016）。

基于以上分析，本研究以 1987 年的滨海湿地生态系统状况为评估的背景值（基准值），基于 5 年度的遥感数据、生态环境状况、生态服务功能以及保护与管理 4 个方面进行保护区的生态综合评估。

15.4.2　指标体系

指标体系的建立是进行生态系统综合评估的核心、前提和基础。在对滨海湿地保护区的生态系统进行评估时，本章选用了基于“格局—质量—服务—管理”的生态系统综合评估法。在这一评估体系下，滨海湿地保护区的评估内容分为四个部分，分别是生态系统格局（Pattern）、生态系统质量（Quality）、生态系统服务（Service）与保护区综合管理

(Management)。在这四个一级指标下，我们又设立了 14 个二级指标，构建了滨海湿地保护区生态系统综合评估框架。各个指标的具体信息如表 15-2 所示。

表 15-2 海岸海洋类滨海湿地保护区生态系统综合评估指标体系

一级指标	二级指标	解释	数据来源	备注
生态系统格局（P）	自然湿地占比（P_1）	自然湿地面积的比例	遥感影像	
	人工湿地占比（P_2）	人工湿地面积的比例	遥感影像	
	人类活动强度（P_3）	道路、建筑等 800m 缓冲区面积的比例	遥感影像	负向指标
生态系统质量（Q）	保护物种栖息地（Q_1）	保护物种栖息地的面积	遥感影像 + 模型计算	
	保护物种数量（Q_2）	保护物种的数量	调查数据	
	外来物种影响（Q_3）	外来物种面积占比（无法衡量面积的则定性评估）	遥感影像	负向指标
	水体质量（Q_4）	近岸水体中Ⅰ、Ⅱ类水质占比	环境公报	
	岸线指数（Q_5）	自然岸线长度占总岸线长度的比例	遥感影像	
生态系统服务（S）	直接价值（S_1）	根据生态服务功能的方法估算，数据考虑通货膨胀后以 2017 年为基准年重新调整	遥感影像 + 定量计算	
	间接价值（S_2）			
	选择价值（S_3）			
生态系统管理（M）	行政区划（M_1）	根据保护区行政区划调整进行专家评估	政府资料	
	人力投入（M_2）	保护区行政管理人员数量	调查数据	
	资金投入（M_3）	保护区的财政资金投入	调查数据	

15.4.3 数据源及处理

15.4.3.1 数据源及预处理

盐城保护区的数据来源有两类。一类是 1976 年国家测绘局测绘的 1∶100 000 地形图。数据经过扫描、配准后，进行研究区域的数字化工作，最终获得研究区域早期的土地利用图。另一类是选用 1987 年、1992 年、1997 年、2002 年、2007 年、2012 年、2017 年 7 个时相的 Landsat 和 CCD 数据（表 15-3）。外业调查与 GPS 定位数据服务于遥感数据的配准和提取。遥感影像的配准精度在 0.5 个像元内，用于提取土地利用和景观的时空变化信息。各时相的遥感影像选用 TM5、TM4 和 TM3 三个波段进行标准假彩色合成。在目视判读的基础上，利用 ERDAS 9.1 中的非监督分类模块进行分类，并对不同时相的遥感数据进行叠加分析，其量化和出图均在 ArcGIS 9.0 软件平台下完成。

表 15-3　盐城保护区基础地理数据

数据信息	1976 年		1987 年		1992 年		1997 年	
行/列号	国家测绘局		120/36	119/37	120/36	119/37	120/36	119/37
成像时间			2 月 2 日	2 月 2 日	10 月 20 日	6 月 7 日	6 月 28 日	5 月 20 日
分辨率/m	1∶100 000 地形图		30	30	30	30	30	30
数据类型	地形图		TM		TM		ETM+	
数据信息	2002 年		2007 年		2012 年		2017 年	
行/列号	120/36	119/37	120/36	119/37	450/76		120/36	119/37
成像时间	10 月 24 日	5 月 26 日	5 月 7 日	6 月 17 日	10 月 10 日		5 月 18 日	5 月 27 日
分辨率/m	30	30	30	30	30		15	
数据类型	TM		TM		HJ-1B 星 CCD 数据		OLI	

15.4.3.2　土地利用信息提取

实地调查和验证分别于 2018 年 8 月、2019 年 8 月完成。通过野外样区调查与遥感卫星影像对照（5、4、3 波段合成），对海岸盐沼湿地目视解译，确定各种植被类型和土地利用的解译标志：农田形状一般规则，以红色为主；撂荒地形状一般不规则，有红色杂斑；鱼塘和盐场一般呈蓝色，大面积的国营盐场分布信息非常明确，与鱼塘区分明显；林地呈红色，多沿海堤呈条带状分布；獐茅滩（大穗结缕草、獐茅、白茅等陆生盐土群落的统称）呈红褐色斑杂色；盐蒿滩植被矮小，呈点状灰红色；盐蒿滩外为颜色渐深的红褐色互花米草带；裸露的泥滩呈浅粉色。结合野外调查、GPS 定位与遥感识别等，对盐城滨海湿地的植被景观进行详细的定位和分类工作，提取结果精度良好。提取结果如图 15-15 所示。

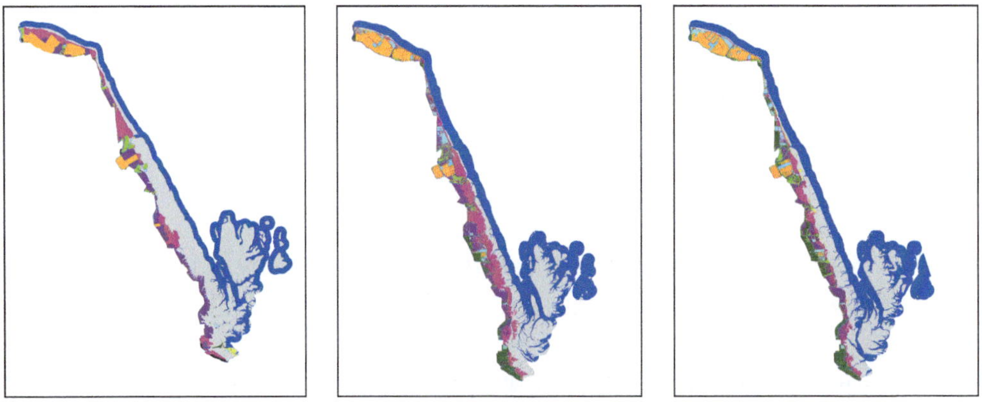

(a)1976年　(b)1987年　(c)1992年

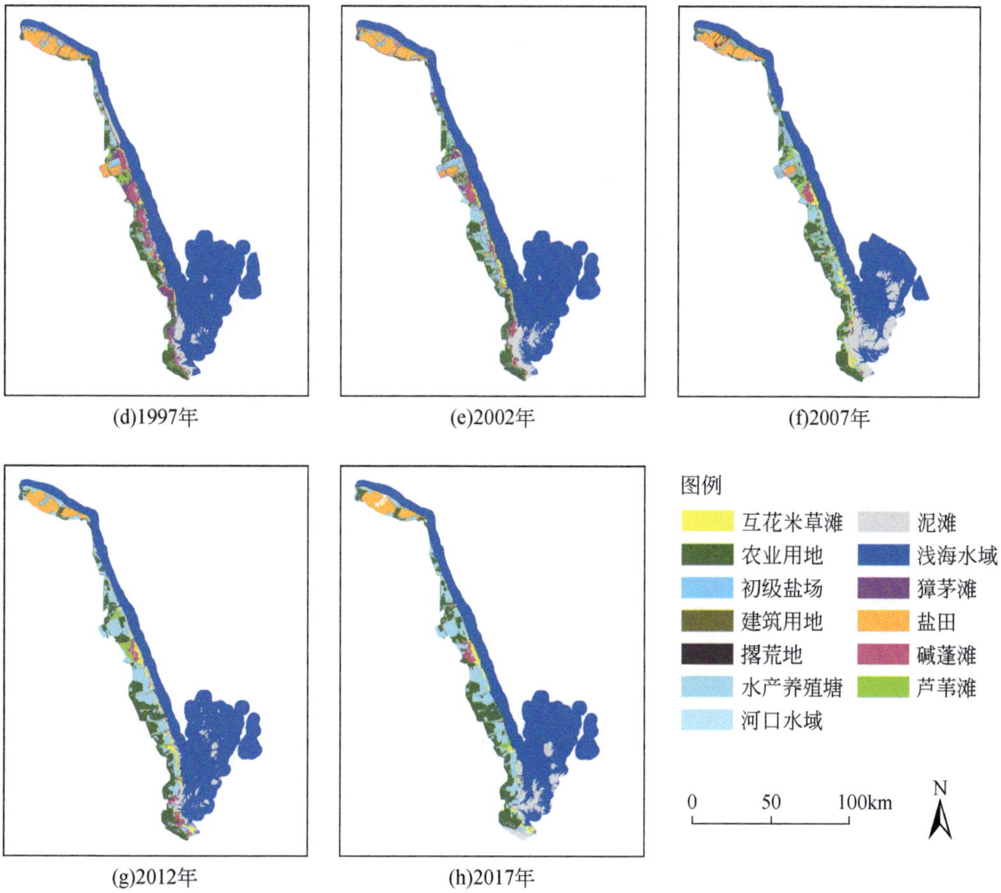

图 15-15　近 40 年来江苏盐城滨海湿地景观变化

15.4.4　技术方法

15.4.4.1　技术路线

生态系统综合评估是分析生态系统自身状况及其为人类社会提供服务的能力，认识它们的现状和变化情况，以更好地服务于生态系统综合管理、增强生态系统对人类社会支撑福祉的一种科学行为。目前为止，已经建立了多种不同类型的生态系统综合评估方法，涉及生态系统的格局、质量、生态服务、综合管理等多个方面。生态系统综合评估方法成为认识生态系统现状、进行生态系统管理的重要手段。

本研究选取了我国保护历史较长的盐城保护区作为分析案例，尝试建立了一个统一的“格局-质量-服务-管理”滨海湿地保护区生态系统综合评估框架。在这一框架下，运用多年卫星遥感数据和调查数据，以及多种评估方法，可以对滨海湿地保护区的保护效果进行长时序的定量评估，以认识保护区建立这一人类的正向干预行为对滨海湿地生态系统的影响（图 15-16）。

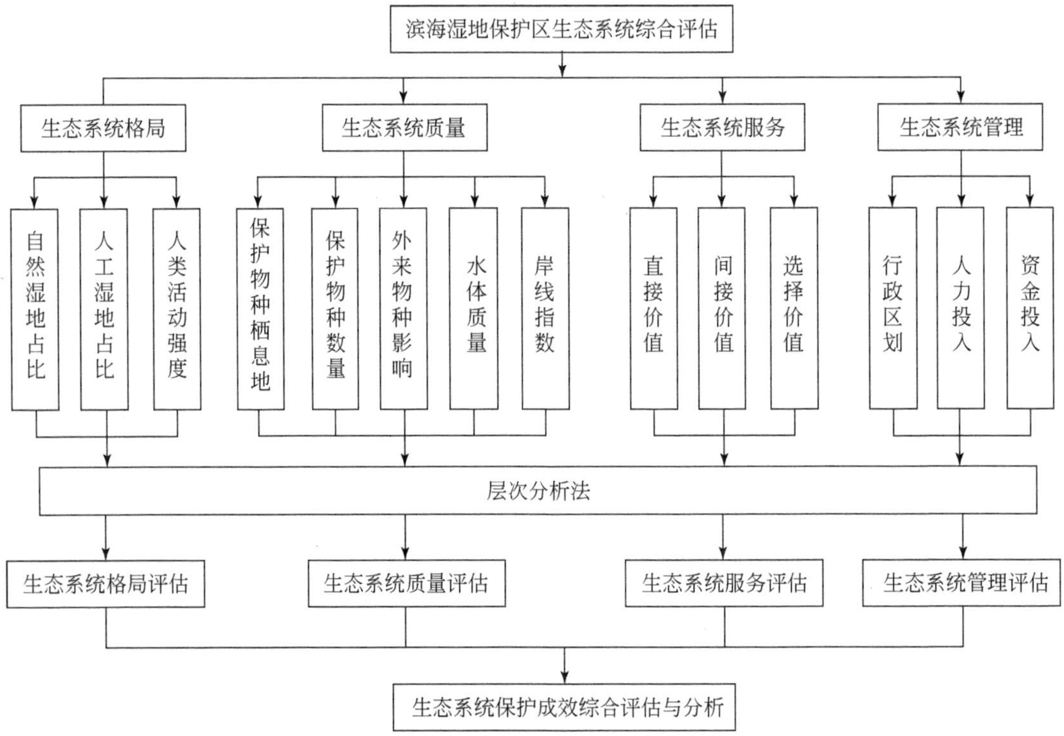

图 15-16　海岸海洋类滨海湿地保护区生态系统保护成效综合评估技术路线

15.4.4.2　评估方法

1）数据标准化方法

在实际评估中，我们使用了多源数据进行评估。由于数据来源的复杂性和评估指标的多样性，需要使用标准化方法消除不同指标间单位和量纲差异的影响，使其具有可比性。

基准年以研究区未受人类干扰活动时的生态系统现状为背景值。生态系统背景值均取 10 分，设 6 个层次（0、2、4、6、8、10），评价标准如表 15-4 所示。

表 15-4　滨海湿地类保护区生态系统综合评估

成效等级	极差	差	较差	中等	良	优
得分	0	2	4	6	8	10

本研究使用的标准化方法为极差标准化法。对于正向性指标，其具体公式为

$$Y=\frac{X-X_{\min}}{X_{\max}-X_{\min}}\times 10 \qquad (15\text{-}6)$$

式中，X 为各个指标的原始数值；$X_{\max}$、$X_{\min}$ 分别为不同年份 X 的最大值、最小值。通过这一方法，可以将所有指标标准化为 0～10 的无量纲数。

而对于少部分负向性指标，我们采用了修正形式的极差标准化方法。具体公式如

式（15-7）所示，其中各个变量含义同式（15-6）：

$$Y=(1-\frac{X-X_{min}}{X_{max}-X_{min}})\times 10 \tag{15-7}$$

需要注意的是，对于指标“岸线指数”，由于国家规定的“红线值”在各个省份均不一样，因此我们并没有使用多年最小值作为X_{min}，而是使用国家规定的各省自然岸线保有率最小值，即“红线值”作为这一数值（国家海洋局，2016）。

2）综合加权模型法

综合加权模型法是一种常用的评估方法。这一方法可以根据不同指标的相对重要性程度，分别对其赋予不同的权重，以得到综合的加权评估结果。在本研究中，四个一级指标具有相同的重要性，赋予其同等权重。因此，我们的保护区生态系统评分计算公式为

$$\text{Score}=\frac{1}{4}(P+Q+S+M) \tag{15-8}$$

式中，Score 为保护区生态系统的最终评分；P、Q、S、M 分别为保护区生态系统在格局、质量、服务、综合管理方面的得分。然而，在计算各个一级指标的得分时，考虑到保护区的保护目的与重点保护对象的不同，各个二级指标的权重也有所不同。权重的具体数值通过德尔菲法得到。二级指标得分的计算方法如下面各式所示：

$$P=0.4\times P_1+0.2\times P_2+0.4\times P_3 \tag{15-9}$$

$$Q=0.35\times Q_1+0.35\times Q_2+0.1\times Q_3+0.1\times Q_4+0.1\times Q_5 \tag{15-10}$$

$$S=0.2\times S_1+0.5\times S_2+0.3\times S_3 \tag{15-11}$$

$$M=0.6\times M_1+0.2\times M_2+0.2\times M_3 \tag{15-12}$$

15.4.5 结果与分析

15.4.5.1 生态系统格局评估

在盐城保护区，生态系统格局二级指标的自然湿地主要包括獐茅滩、芦苇滩、碱蓬滩、互花米草滩、撂荒地、泥滩、浅海水域、河口水域等；人工湿地包括水产养殖塘、盐田、农业用地；人类建筑被列入人类对保护区生境的干扰区域，主要表现为道路与建筑物等。盐城保护区 30 年来的生态系统格局指标的评分结果如表 15-5 所示。

表 15-5 盐城保护区 1987～2017 年生态系统格局指标评分 （单位：%）

年份	自然湿地占比（P_1）	人工湿地占比（P_2）	人类活动强度（P_3）	P
1987	10	0	10	8.000
1992	8.522	0.917	8.279	6.904
1997	7.294	3.093	6.586	6.171
2002	4.764	5.539	4.305	4.735
2007	0	7.355	2.229	2.363

续表

年份	自然湿地占比（P_1）	人工湿地占比（P_2）	人类活动强度（P_3）	P
2012	1.369	9.248	1.066	2.824
2017	0.273	10	0	2.109

由表 15-5 可知，就生态系统格局来说，保护区自然湿地评分以 2007 年为最低。30 年来，保护区自然湿地呈减少状态，而人工湿地则呈持续增加状态。至 2002 年，自然湿地、人工湿地、人类活动干扰基本呈均衡状态。随后的 15 年间，自然湿地持续减少，人类活动干扰持续增加。人类活动对环境的扰动为负向指标。因此，人类活动对生态系统的干扰越来越大，其在评估中得分也越来越低。

由图 15-17 可知，1987～1992 年，保护区内以自然湿地为主，受人类活动干扰较少。人类活动区域集中于远离滨海湿地，土壤已经完全淡化的农业种植区。人工湿地主要以盐场形式存在。盐场分初级晒盐场和高级晒盐场两类，其中初级晒盐场水面大，一般为半咸水水库，易于鸟类觅食。高级晒盐场一般为小盐池，因盐度高，基本无生物生活，故不是鸟类的适宜生境。到 1997 年，人工湿地面积明显增加，自然湿地面积明显减少。2002 年，人类干扰持续增加，自然湿地面积持续减少，人工湿地面积增加。自 2007 年开始，人工湿地面积占比大幅度增加，整个生态系统景观格局趋向于由自然湿地向人工湿地转化。相应地，人类对保护区的干扰也日趋严重。对应表 15-5，2012 年，盐城保护区的景观格局评估得分为 2.824，结果较差，到 2017 年时达到最低点。

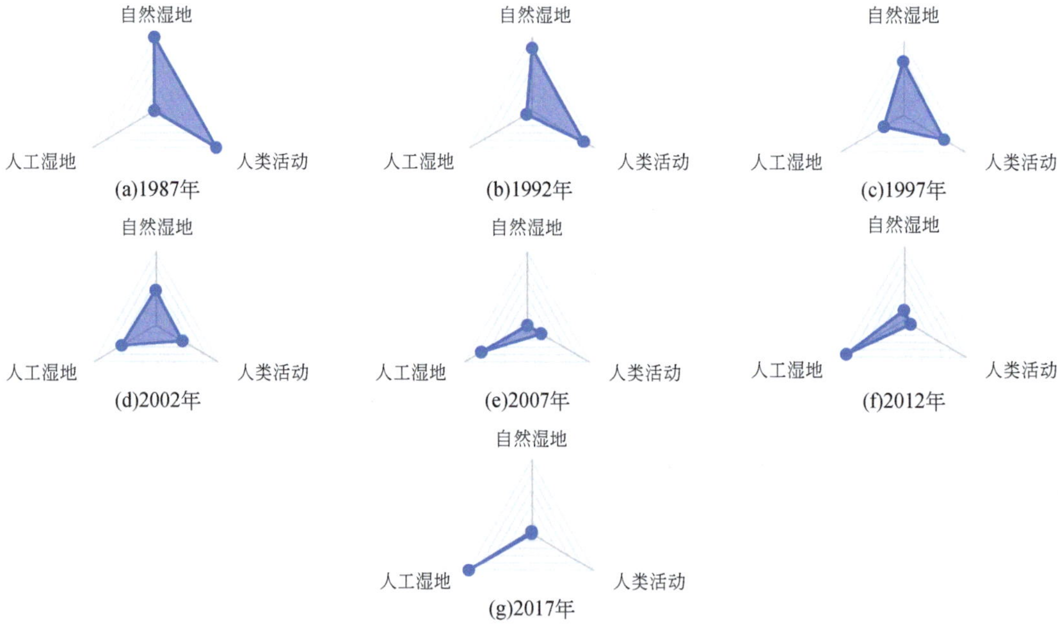

图 15-17 盐城保护区 1987～2017 年生态系统格局变化

15.4.5.2 生态系统质量评估

盐城保护区的主要保护对象是丹顶鹤等珍禽及其栖息地。因此，我们重点考虑的指标是丹顶鹤适宜栖息地的面积变化与其种群数量变化。此外，外来物种、岸线指数、水体质量等也被纳入到指标的构建中。盐城保护区30年来的生态系统质量指标的评分结果如表15-6所示。

表15-6 盐城保护区1987～2017年生态系统质量指标评分

年份	保护物种栖息地变化（Q_1）	保护物种数量变化（Q_2）	外来物种影响强度（Q_3）	岸线指数（Q_4）	水体/沉积物质量（Q_5）	Q
1987	10.000	0	10	10	10	6.500
1992	6.515	5.375	8.629	10	10	7.024
1997	3.893	10	5.626	10	10	7.425
2002	1.387	5.631	2.340	10	10	4.690
2007	1.385	4.895	0	10	4.269	3.625
2012	0.916	3.438	0.183	5.766	3.546	2.473
2017	0	2.538	1.900	1.987	0	1.277

由表15-6可知，丹顶鹤的栖息地质量一直在下降，其数量于1997～2000年达到最高值（实际调查数据），之后逐年下降。总体生态系统质量评估结果显示，1997年生态系统质量最高，其后依次为1992年、1987年、2002年、2007年、2012年、2017年，表现为自2002年以后，生态系统质量持续下降。生态系统质量在2017年最差，达到最低值。以在盐城越冬的丹顶鹤种群实际数量变化为例，观测数据亦显示，自2002年以后，其种群数量逐年连续下降，与生态系统质量变化趋势呈正相关。

如图15-18所示，1987年作为基准年，其生态系统质量并不是最高的，主要是因为丹顶鹤种群数量偏低。1987～1997年，整个生态系统质量为中等偏良的水平，这得益于人工湿地等生态修复措施，丹顶鹤种群数量有所增加，至1997年达到最高值。但自2002年以后，丹顶鹤的各项生态系统质量指标评分全部下降，直接导致生态系统于2017年的质量评分为1.277，处于差与极差水平。

15.4.5.3 生态系统服务评估

滨海湿地生态系统具有重要的生态系统服务价值。基于周鑫等（2011）的研究，本研究选取直接经济价值、间接经济价值和选择价值，作为盐城滨海湿地生态系统服务价值。其中，直接经济价值包括物质生产和科考旅游价值，间接经济价值包括大气调节、水分调节、干扰调节、营养循环和废物处理价值，列入选择价值的是栖息地价值。这里所用（1997）的指标的价格以2017年为准，对其他年份的价格均用计量统一方法换算。因Costanza等的成果以1994年美元为基准，故按历年美联储联邦基金利率算得2017年的终

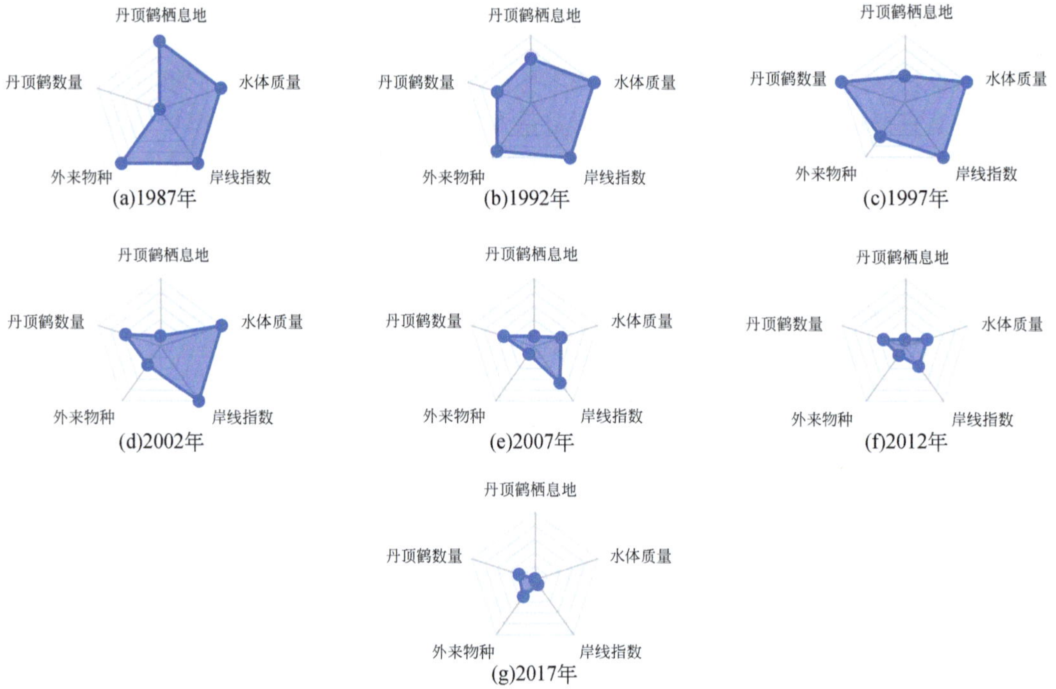

图 15-18　盐城保护区 1987～2017 年生态系统质量变化

值，再按 2017 年的汇率兑换成人民币，将货币的时间增值考虑在内[①]。

由表 15-7 可知，盐城保护区的直接经济价值，1987 年最低，在 2012 年达最高值。2012 年、2017 年直接经济价值均很高，这与当地旅游业发展、人工湿地增加密切相关。而间接经济价值与选择价值的变化趋势一致，均是在 1987 年最高，2007 年最低。总体来说，盐城保护区的生态系统服务得分 2002 年以前均为中等偏上。其总体评分亦为 1987 年最高，2007 年最低，自 2007 年以后，基本处于差至极差水平。

表 15-7　盐城保护区 1987～2017 年生态系统服务指标评分

年份	直接价值（S_1）	间接价值（S_2）	选择价值（S_3）	S
1987	0	10	10	8.000
1992	1.033	8.771	8.716	7.207
1997	4.608	7.311	7.218	6.743
2002	5.817	5.258	5.119	5.328
2007	7.376	0	0	1.475
2012	10	1.312	1.171	3.007
2017	9.619	0.088	0.109	2.001

① 该部分数据由周鑫根据 2017 年的土地利用变化数据，考虑了通货膨胀及汇率等因素后重新计算所得。

由图15-19可知，盐城保护区的直接经济价值在1987年以间接经济价值和选择价值为主。虽然总体价值不高，但直接经济活动并没有影响到原生湿地生态系统。至1997年，直接经济价值、间接经济价值与选择价值并重，人类活动的直接干扰开始出现。在2007年以后，直接经济价值一枝独秀，产值很高，这与当地旅游业发展、人工湿地增加密切相关。尤其是人工湿地的增加，导致直接经济产值升高。但从总体评分来看，生态系统服务得分并不因直接经济价值的增加而升高，因而相对客观。

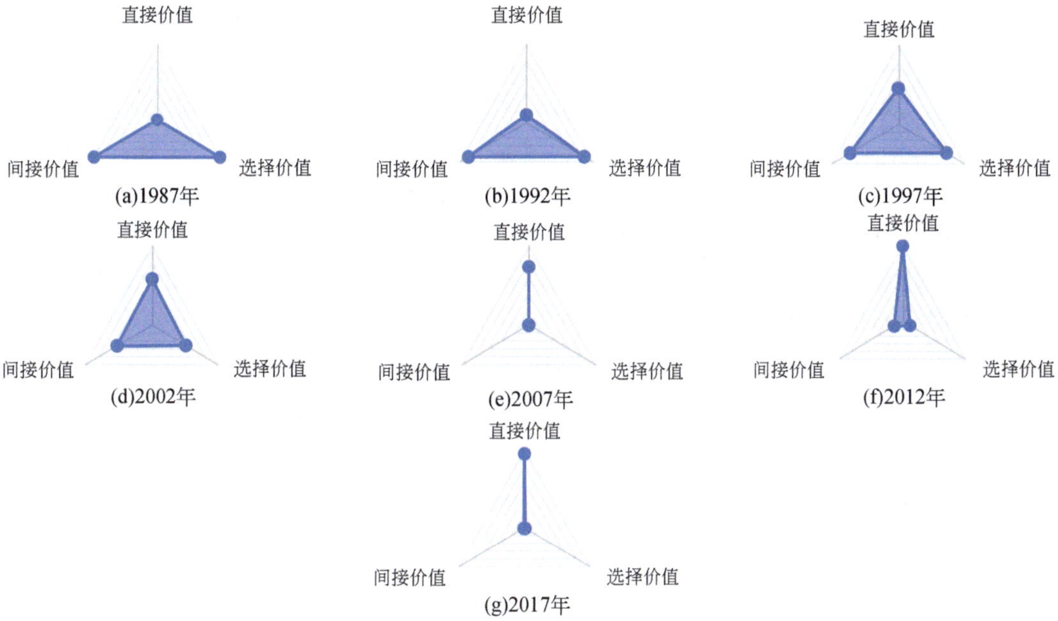

图15-19　盐城保护区1987～2017年生态系统服务价值变化

15.4.5.4　生态系统管理评估

对于通过行政力量建立起来的滨海湿地保护区而言，保护区的综合管理也是决定保护区保护质量的重要因素之一。一般来说，保护区的区划设计越合理、管理人员越多、财政投入越大，保护区越能发挥其滨海湿地保护和生物多样性保护的作用。因此，我们利用行政区划、人力投入、资金投入三个指标评估保护区的综合管理得分。原始数据由调研获得，盐城保护区30年来的综合管理评分结果如表15-8所示。

由调研可知，盐城保护区进行过两次区划调整。第一次区划发生在2007年，此次调整不仅导致滨海湿地保护区面积减半，而且连续型湿地出现人为管理上的破碎化，连通度降低。发生在2013年的第二次区域调整进一步导致湿地破碎化，由上一次调整后的3块变为5块。同时，原生湿地类型也发生了置换，表现为用东台市离岸沙洲——东沙置换了原来海岸上的滨海湿地。因此，在区划调整打分上，直接根据调整年代划分为2个档次，分别赋值5分和0分。管理人数包括在编和非在编两种。资金投入以财政直接投入的运行费用计算。从国家财政投入来看，管理人数和资金投入均呈增长趋势。

表 15-8　盐城保护区 1987 ~ 2017 年保护区综合管理指标评分

年份	行政区划（M_1）	人力投入（M_2）	资金投入（M_3）	M
1987	10	2	2	6.8
1992	10	4	2	7.2
1997	10	4	2	7.2
2002	10	4	6	8.0
2007	5	4	6	5.0
2012	5	8	6	5.8
2017	0	10	10	4.0

由图 15-20 可知，盐城保护区的综合管理评估直接受控于区划调整。区划调整带来了滨海湿地的破碎化，同时被调出区域因用地类型的转换而产生的潜在环境风险也一直存在，如工业用地造成的环境污染、大面积的风电建设、港口及潜在油类污染等。就评估结果来看，尽管人力资源投入和资金投入均在不断增加，但区划调整带来的直接后果仍极为明显，直接导致 2017 年的评估结果为差。

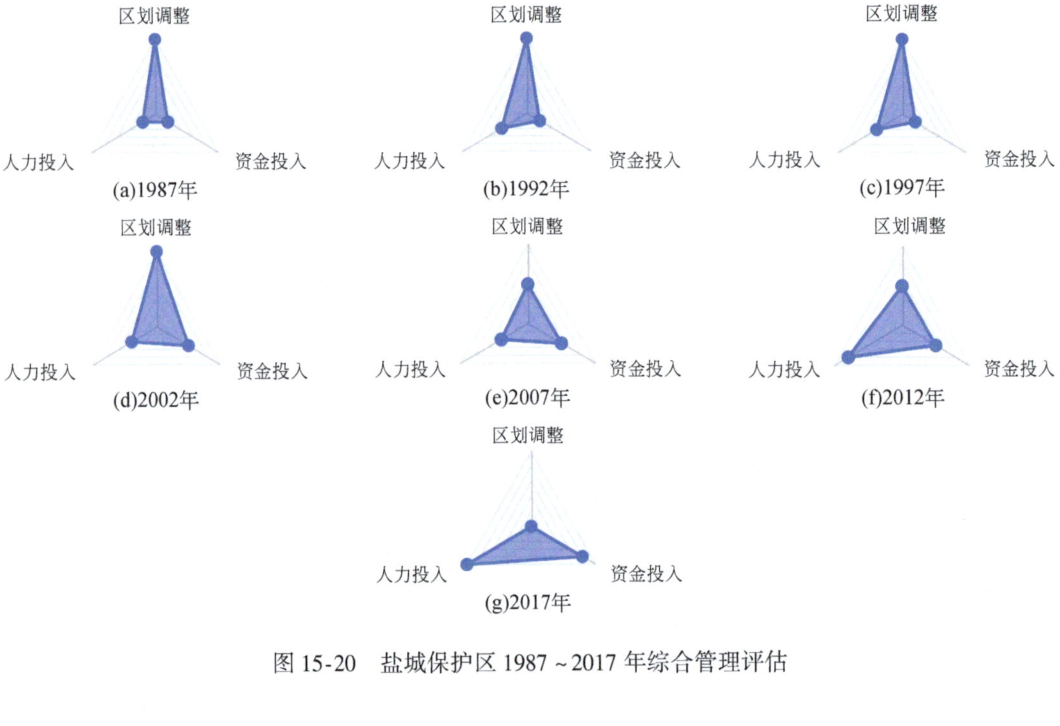

图 15-20　盐城保护区 1987 ~ 2017 年综合管理评估

15.4.5.5　综合评估结果

作为我国海岸中部的重要滨海湿地，盐城滨海湿地为数以百万计的迁徙鸟类提供了丰富的食物资源，是勺嘴鹬、丹顶鹤等珍稀濒危候鸟不可替代的自然栖息地，具有全球突出普遍价值。盐城滨海湿地是东北亚–澳大利亚候鸟迁徙路线上的关键枢纽，是全球数以百万计的迁徙候鸟的停歇地、换羽地、繁殖地和越冬地。保护区的生态系统综合评估，体现在生态系统的格局、质量、服务、管理等多个方面。结合前 4 个方面的评估结果，根据保护成效和综合管理方面的相关数据，可以对保护区生态系统保护成效进行综合评估。综合评估各指标评分结果如表 15-9 所示。

表 15-9　盐城保护区 1987～2017 年保护区生态系统综合评估指标评分

年份	*P*	*Q*	*S*	*M*	综合评分
1987	8.000	6.500	8.000	6.8	7.325
1992	6.904	7.024	7.207	7.2	7.084
1997	6.171	7.425	6.743	7.2	6.885
2002	4.735	4.690	5.328	8.0	5.688
2007	2.363	3.625	1.475	5.0	3.116
2012	2.824	2.473	3.007	5.8	3.526
2017	2.109	1.277	2.001	4.0	2.347

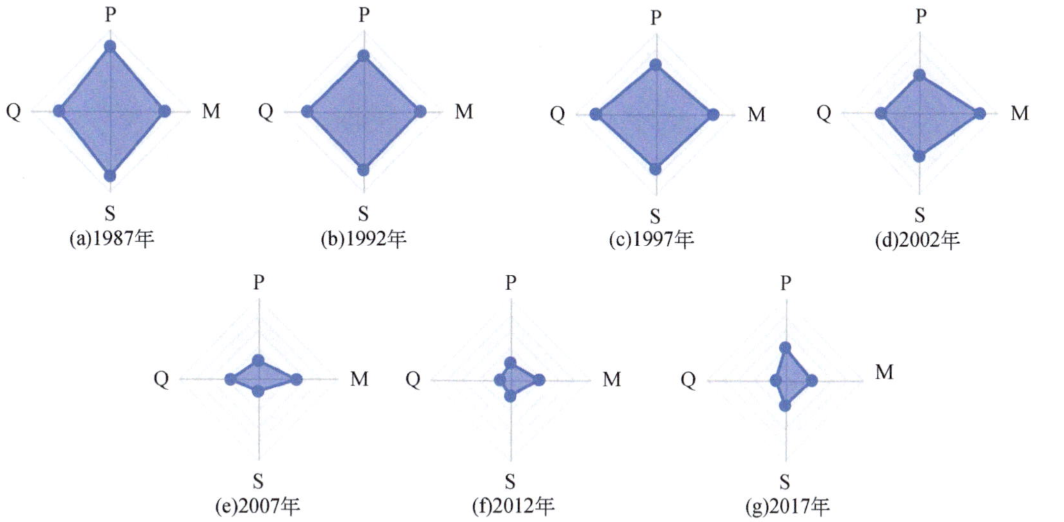

图 15-21　盐城保护区 1987～2017 年生态系统综合评估变化

由表 15-9、图 15-21 可知，盐城保护区的生态系统综合评估呈下降趋势。1987 年，保护区的综合得分为 7.325，水平为良。但到 2002 年时，生态系统综合评分为中。而到 2017 年时，由于人类的过度干扰和生态环境的恶化，综合评估得分已经下降到 2.347，表现为差。盐城保护区的生态系统综合评估呈下降趋势，表现为生态系统格局、质量、服务和管理的全方位降低。自 2007 年以来，人力资源和资金投入有所增加，对生态系统综合评估的分值有所拉升。但是，这种管理类的投入，并不能扭转整个生态系统在自然属性上的退化趋势。

图 15-21、图 15-22 是保护区生态效益的综合评分随时间变化的示意图。从图中可以看到，1987～2017 年，保护区的综合生态效应呈下降趋势。其变化趋势可以明显地分为三个阶段：① 相对稳定期（1987～1997 年）：在这一阶段，虽然综合评分略有变化，但总体

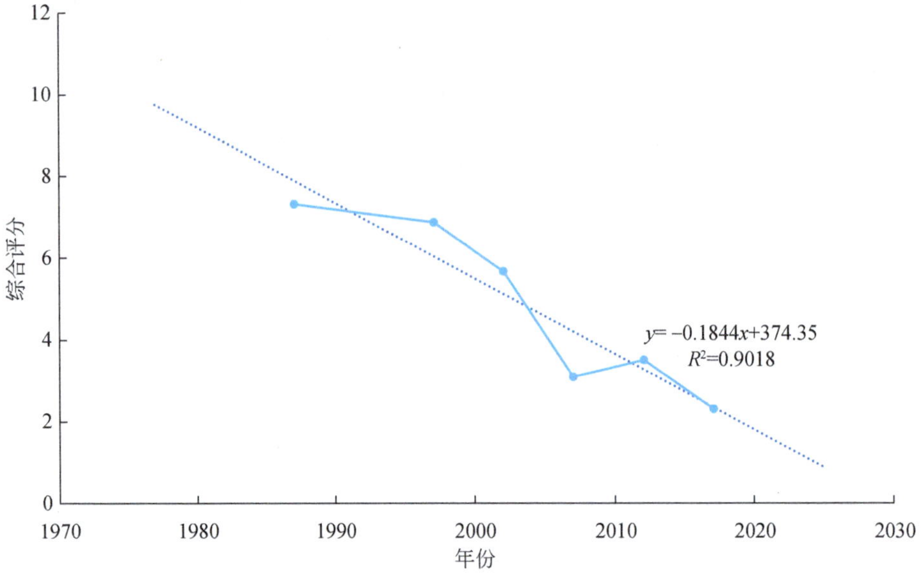

图 15-22　盐城保护区 1987～2017 年生态系统综合评估变化趋势

幅度不大，可以视为较为稳定的阶段；② 急剧下降期（1998～2007 年）：在这一阶段，盐城自然保护区的生态环境状况急剧恶化，保护成效不明显，主要原因是人类活动介入过多，土地利用发生剧烈变化，大量人类活动用地（人工湿地+人工建筑）取代自然湿地，生态系统间接功能大幅度下降；③ 波动稳定期（2008～2017 年）：在这一阶段，保护区综合评分略有波动但总体稳定，波动的原因来自多影响因素的耦合，如保护区区划调整、人类干扰增加、生态系统服务的间接经济价值和选择价值减少、管理人数及财政投入增加等。

15.4.6　结论

结合 30 年来的生态系统综合评估变化，可拟合出其变化趋势曲线。由图 15-22 拟合线特征可知，R^2 为 0.9018，说明曲线拟合度很高。斜率为-0.1844，说明保护区生态系统综合评估得分一直在逐年减少。根据上述结果综合看来，在 1983 年盐城保护区建立后，早期保护效果相对明显。而在 1997 年之后，人类活动对保护区的干扰太多，大量的自然湿地被鱼塘、农田等取代，保护区内也新修了大量建筑物与道路，使得保护区的状况急剧恶化，因此保护效果并不明显。就目前变化趋势来看，如果不采取强有力的保护及生态修复措施，保护区的生态现状将有可能进一步恶化。

近年来，我国滨海湿地保护工作取得了一定成效，但由于长期以来的大规模围填海活动，滨海湿地大面积减少，自然岸线锐减，损害了海洋和陆地生态系统。因此，《国务院关于加强滨海湿地保护严格管控围填海的通知》（国发〔2018〕24 号）明确指出，“滨海湿地（含沿海滩涂、河口、浅海、红树林、珊瑚礁等）是近海生物重要栖息繁殖地和鸟类迁徙中转站，是珍贵的湿地资源，具有重要的生态功能”，从而严控各类围填海项目。随着我国滨海盐沼湿地生态修复项目和工程的急剧增加，作为滨海湿地类国家级保护区，有关其保护效果与生态修复监测的快速评估工作顺应时势，其结果可直接服务于保护与管理措施的调整，推动我国海洋生态文明建设，对保护地经济发展和社会进步具有重大的现实意义。

15.5 小　　结

15.5.1 存在问题

在自然保护地管控、监测与评估等方面，主要存在的问题如下。

1）自然保护地管控

自然保护地管控方面存在自然保护地管控立法工作相对滞后、自然保护地边界不清等问题。

在立法方面，自然保护地管控相关的法律法规制定相对滞后，自然保护地监管制度和综合执法等相关内容不完善，效力不够，难以为加强自然保护地管控提供充分的法律保障；自然保护地整合优化工作缺乏法治保障，如我国自然保护区将由原来的核心区、缓冲区和试验区分为核心保护区和一般控制区，缺乏相关法律法规指导和保障“三区变两区”的落实；各类自然保护地分区分类管控措施尚未上升为法律制度；历史遗留问题的彻底解决缺乏法律依据。

在边界方面，存在边界不清、落地不准问题。有的自然保护地总体规划长期缺失、勘界立标等基础工作滞后，造成自然保护地范围和功能分区边界不清，很多保护措施难以落地，无法对自然保护地进行有效精准的管控。

2）自然保护地遥感监测

自然保护地遥感监测中，存在缺乏多源遥感数据应用、缺乏高效数据管理平台、缺乏自动化快速监测方法等问题。

在遥感数据方面，目前在全国或区域范围内的自然保护地监测中，主要应用高空间分辨率多光谱遥感数据，对于受云雨等天气影响较大的区域，比如我国的西南地区，难以获取短周期、全覆盖的多光谱遥感数据，造成监测的缺失，无法满足管控需求。而主动遥感数据刚好能弥补这一不足，因此，有必要综合应用主动遥感数据作为补充数据，弥补被动遥感数据因天气影响而造成的空间上的缺失。

在数据管理方面，自然保护地遥感监测多源的大量的影像数据的处理、管理与共享能力依然比较薄弱。自然保护地遥感监测数据类型繁多，数据量巨大，格式差异很大，且时空尺度经常不一致，迫切需要汇聚、融合和共享来自多种观测手段的自然保护地遥感监测数据资源，提升自然保护地遥感监测的精确度、普适度和智能化水平。但目前仍然缺少统一的高效数据管理和集散平台，导致了数据的滞后性，极大地阻碍了卫星遥感数据的管理和共享，限制了自然保护地遥感监测时效性。

在监测方法方面，目前多利用目视判读的方法对自然保护地人类活动等进行监测，虽然精度较高，但效率低。缺乏面向全国自然保护地的自动或半自动监测方法，缺乏主动发现生态环境问题的能力，特别是对重点保护区和重点生态环境问题的及时锁定，该问题已经成为中国自然保护地遥感监测技术发展迫切需要解决的问题。

3）自然保护地遥感评估

自然保护地遥感评估中，存在遥感数据产品精度无法满足需求，以及评估指标体系、分级标准等依赖主观判断等问题。

在遥感数据产品方面，遥感数据产品精度无法完全满足当前自然保护区评估的需要。现有国产卫星数据产品精度距当前环境遥感监测评估需要的高精度尚有较大差距，比如目前用于自然保护地评估的地表参数产品多是中分辨率或中高分辨率的，对于面积小的自然保护地，缺乏高空间分辨率的高精度的参数产品。此外，虽然目前已有一些成熟的地表参数反演方法，但多针对中分辨率遥感数据，缺乏针对高空间分辨率遥感数据的地表参数反演方法，需解决遥感反演模型普适性不强、反演精度不高等难题。

自然保护地遥感评估指标体系、过程和结果划定过于依赖主观判断，评估结果分级标准的界定缺乏科研基础。评估方法的选取和评估指标的权重赋予是自然保护地遥感评估主观判断最强的两个方面。虽然在评价过程中可以客观计算生态安全程度的标准值，但在实际应用过程中，人为主观判断难以避免，定量化的计算方法不能完全表达自然保护地评估特性。另外，当前绝大部分研究成果对自然保护地的评估指标的分级标准在国家、地方和行业的规定以及国际标准中找不到依据，多由研究者主观划定。

15.5.2 展望

（1）在自然保护地管控方面，积极推动建立以国家公园为主体的自然保护地体系，提出针对不同类型自然保护地和不同自然保护地管控措施，出台有针对性的法律法规，明确各单位和部门职责，提高自然保护地管控效能。同时，加快开展自然保护地勘界立标，完善区界标识等设施，全面加强自然保护地管控。

（2）在遥感数据的应用与管理方面，加紧推动以高分辨率载荷为核心的新一代生态环境监测卫星的研发，大幅提升可见光、热红外、微波、雷达等环境专用载荷的技术性能，加强融合多源遥感数据的自然保护地信息提取技术研究。在数据处理和管理方面，重点提升基于多源遥感数据的数据处理能力和产品生产的准确性和时效性，提升陆表参数遥感监测的精度和效率，包括植被指数、生物量、净初级生产力、地表反照率、比辐射率、地表蒸散等，为自然保护地水源涵养、洪水调蓄、防风固沙、水土保持等生态服务功能等遥感评估提供基础数据支持；同时，加快自然保护地多源遥感数据管理与应用平台的建立，减小数据获取成本，提升数据的精度和时效性。

（3）在自然保护地遥感监测评估方面，充分利用人工智能、云计算、大数据等新技术，加快自然保护地自动化监测方法研究，提高工作效率与监测精度；研究建立科学统一的自然保护地评估标准和方法，重视对自然保护地评估过程和结果的科研投入和进展，建立广适的阈值数据库，使评价结果更为客观、可信，提升自然保护地监测评估水平。

参考文献

曹巍，刘璐璐，吴丹，等．2019．三江源国家公园生态功能时空分异特征及其重要性辨识．生态学报，39

(4): 1361-1374.
高庆, 艾里西尔·库尔班, 肖昊. 2019. 塔里木河下游区域植被时空变化. 自然资源学报, 34 (3): 624-632.
顾蓉, 高军, 张松贺, 等. 2014. 滨海湿地类自然保护区的成本–效益研究: 以江苏盐城湿地珍禽国家级自然保护区为例. 生态与农村环境学报, 30 (1): 32-37.
关道明. 2012. 中国滨海湿地. 北京: 海洋出版社.
国家海洋局. 1995. 海洋自然保护区管理办法. 北京: 国家海洋局.
国家海洋局. 2016. 海洋生态红线划定技术指南. 北京: 国家海洋局.
国家林业局. 2017. 森林公园管理办法. 北京: 国家海洋局.
国家林业和草原局. 2020. 关于做好自然保护区范围及功能分区优化调整前期有关工作的函. 北京: 国家林业和草原局.
何兴元, 贾明明, 王宗明等. 2017. 基于遥感的三江平原湿地保护工程成效初步评估. 中国科学院院刊, 32 (1): 3-10.
何兴元, 任春颖, 陈琳, 等. 2018. 森林生态系统遥感监测技术研究进展. 地理科学, 38 (7): 997-1011.
胡曾曾, 赵志龙, 张贵祥, 等. 2018. 国家公园湿地生态补偿研究进展. 湿地科学, 16 (2): 259-265.
黄超, 王亮, 李西灿, 等. 2019. 三江源国家公园自然生态系统服务功能价值空间格局分析. 山东农业大学学报 (自然科学版), 50 (2): 202-205.
黄悦悦, 杨东, 冯磊. 2019. 2000 ~ 2016 年宁夏植被覆盖度的时空变化及其驱动力. 生态学杂志, 38 (8): 2515-2523.
靳川平, 王超, 闻瑞红, 等. 2019. 丹江湿地国家级自然保护区及其内外区域 2000 ~ 2015 年土地覆被变化分析. 环境监控与预警, 11 (6): 8-13.
李海萍, 李菁. 2011. 盐城保护区丹顶鹤越冬栖息地变化及成因分析. 中国人口 (资源与环境), (S2): 212-215.
李辉霞, 刘国华, 傅伯杰. 2011. 基于 NDVI 的三江源地区植被生长对气候变化和人类活动的响应研究. 生态学报, 31 (19): 5495-5504.
李卓, 孙然好, 张继超, 等. 2017. 京津冀城市群地区植被覆盖动态变化时空分析. 生态学报, 37 (22): 7418-7426.
刘大伟, 张亚兰, 孙勇, 等. 2016. 江苏盐城滨海湿地越冬丹顶鹤种群动态变化与生境选择. 生态与农村环境学报, 32 (3): 473-477.
刘纪远, 匡文慧, 张增祥, 等. 2014. 20 世纪 80 年代末以来中国土地利用变化的基本特征与空间格局. 地理学报, 69 (1): 3-14.
刘宪锋, 潘耀忠, 朱秀芳, 等. 2015. 2000 ~ 2014 年秦巴山区植被覆盖时空变化特征及其归因. 地理学报, 70 (5): 705-716.
刘晓曼, 付卓, 闻瑞红, 等. 2020. 中国国家级自然保护区人类活动及变化特征. 地理研究, 39 (10): 2391-2402.
罗仪宁, 吴笛, 丁强, 等. 2019. 省级自然保护区人类活动遥感监测. 地理空间信息, 17 (1): 68-71.
彭凯锋, 蒋卫国, 侯鹏, 等. 2020. 三江源国家公园植被时空变化及其影响因子. 生态学杂志, 39 (10): 3388-3396.
邵全琴, 樊江文, 刘纪远, 等. 2017. 基于目标的三江源生态保护和建设一期工程生态成效评估及政策建议. 中国科学院院刊, 32 (1): 35-44.
孙传亮, 兰安军, 向刚. 2013. 基于 RS 与 GIS 的麻阳河黑叶猴自然保护区植被覆盖动态变化监测研究. 贵州师范大学学报 (自然科学版), 31 (1): 17-21.

孙庆龄，李宝林，许丽丽，等. 2016. 2000～2013 年三江源植被 NDVI 变化趋势及影响因素分析. 地球信息科学学报，18（12）：1707-1716.

王焕，侯鹏，蒋金豹，等. 2019. 基于"格局-质量-功能"的生态系统综合评估方法研究与实践. 环境生态学，1（7）：32-37.

王坎，唐瑶，王玲玲，等. 2015. 基于遥感技术的十八里长峡自然保护区保护效果监测与评估. 华中师范大学学报（自然科学版），49（6）：929-935.

王坎，文威，王自业，等. 2019. 三峡大老岭保护区生态系统遥感监测与分析. 环境科学与技术，42（S2）：296-301.

王坎，吴兴华，文威，等. 2020. 湖北省丹江口库区生态系统格局遥感监测评估. 环境科学与技术，43（S2）：250-254.

王乐，董雷，赵志平，等. 2021. 太行山生物多样性保护优先区域京津冀地区植被多样性与植被制图. 中国科学（生命科学），51（3）：289-299.

王启慧. 2019. 江苏盐城湿地申遗成功成省内首项世界自然遗产. http://travel.cnr.cn/list/20190706/t20190706_524681941.shtml[2023-06-30].

王腾，左平，王羽涵，等. 2015. 江苏盐城自然保护区的企业社会责任分析. 海洋开发与管理，32（4）：89-92.

王一富，袁磊. 2020. 云南大理苍山保护区植被覆盖度动态变化遥感监测与分析. 科学技术与工程，20（8）：2997-3002.

温礼，王锦，张所林，等. 2018. 珠江源自然保护区湿地遥感监测与动态变化研究. 西南林业大学学报（自然科学），38（6）：159-165.

解焱. 2016. 我国自然保护区与 IUCN 自然保护地分类管理体系的比较与借鉴. 世界环境，（S1）：53-56.

向宝惠，曾瑜晳. 2017. 三江源国家公园体制试点区生态旅游系统构建与运行机制探讨. 资源科学，39（1）：50-60.

许国晶，李秀启，客涵. 2013. 基于能值分析的黄河口滨海湿地生态价值评价. 中国农学通报，29（35）：211-217.

张华，黎聪，张波，等. 2013. 北京松山国家级自然保护区景观多样性遥感监测与评价. 绿色科技，（6）：1-6.

张亚楠，赵永强，陈浩，等. 2018. 1983—2017 年间丹顶鹤在盐城越冬地的种群变化分析. 四川环境，37（6）：154-159.

周鑫，左平，腾厚峰，等. 2011. 基于土地利用变化的生态系统服务价值核算——以江苏盐城滨海湿地为例. 海洋通报，30（6）：656-661.

朱永可，李阳端，楼瑛强，等. 2016. 风力发电对鸟类的影响以及应对措施. 动物学杂志，51（4）：682-691.

左平，李云，赵书河，等. 2012. 1976 年以来江苏盐城滨海湿地景观变化及驱动力分析. 海洋学报（中文版），34（1）：101-108.

左平，吴其江，等. 2014. 江苏盐城滨海湿地生态系统与管理：以江苏盐城国家级珍禽自然保护区为例. 北京：中国环境出版社.

Bonney M T, Danby R K, Treitz P M. 2018. Landscape variability of vegetation change across the forest to tundra transition of central Canada. Remote Sensing of Environment, 217: 18-29.

Costanza R, Darge R, Groot R, et al. 1997. The value of the world's ecosystem services and natural capital. Nature, 387: 253-260.

Crofts R, Gordon J E, Brilha J, et al. 2020. Guidelines for geoconservation in protected and conserved areas.

IUCN, International Union for Conservation of Nature.

Ge J, Meng B Q, Liang T G, et al. 2018. Modeling alpine grassland cover based on MODIS data and support vector machine regression in the headwater region of the Huanghe River, China. Remote Sensing of Environment, 218: 162-173.

Jia K, Liang S L, Liu S H, et al. 2015. Global land surface fractional vegetation cover estimation using general regression neural networks from MODIS surface reflectance. IEEE Transactions on Geoscience and Remote Sensing, 53 (9): 4787-4796.

Jiang W G, Yuan L H, Wang W J, et al. 2015. Spatio-temporal analysis of vegetation variation in the Yellow River Basin. Ecological Indicators, 51: 117-126.

Li H, Liu L, Liu X C, et al. 2019. Greening Implication Inferred from Vegetation Dynamics Interacted with Climate Change and Human Activities over the Southeast Qinghai-Tibet Plateau. Remote Sensing, 11: 2421.

Ma Z J, Melville D S, Liu J G, et al. 2014. Rethinking China's new great wall. Science, 346 (6212): 912-914.

Peng J, Liu Z H, Liu Y H, et al. 2012. Trend analysis of vegetation dynamics in Qinghai-Tibet Plateau using Hurst Exponent. Ecological Indicators, 14 (1): 28-39.

Peng S Z, Ding Y X, Liu W Z, et al. 2019. 1km monthly temperature and precipitation dataset for China from 1901 to 2017. Earth System Science Data, 11 (4): 1931-1946.

Shen X J, An R, Feng L, et al. 2018. Vegetation changes in the Three-River Headwaters Region of the Tibetan Plateau of China. Ecological Indicators, 93: 804-812.

Sulla-Menashe D, Gray J M, Abercrombie S P, et al. 2019. Hierarchical mapping of annual global land cover 2001 to present: The MODIS Collection 6 Land Cover product. Remote Sensing of Environment, 222: 183-194.

Xu G C, Zhang J X, Li P, et al. 2018. Vegetation restoration projects and their influence on runoff and sediment in China. Ecological Indicators, 95: 233-241.

Yang L Q, Jia K, Liang S L, et al. 2016. Comparison of four machine learning methods for generating the GLASS fractional vegetation cover product from MODIS data. Remote Sensing, 8 (8): 682.

16 区域生态修复评估遥感

生态修复是促进全球可持续发展的重要途径。随着全球气候变化、生态系统退化、环境污染等问题日趋严重，部分生态系统服务功能逐渐减弱。生态修复有助于提高生物多样性，改善人类健康和福祉，保障粮食安全和水安全，实现经济繁荣，并增强生态系统的弹性以及适应性。本章基于国内外文献综述，阐述了生态修复的定义；参考联合国千年生态系统评估计划（MA）提出的概念框架，选定了生态恢复评估指标，介绍了生态系统宏观结构变化的遥感监测方法，水源涵养、土壤侵蚀、防风固沙等生态系统服务定量模拟方法，并以青藏高原和黄土高原为例，进行了生态恢复遥感监测与评估案例分析。

16.1 概　　述

16.1.1 生态修复的定义

长期以来，凭借人口红利与土地红利的经济增长模式使全球经济得到快速发展，但同时导致生态破坏严重，重大自然灾害的发生频率大大增加，这向人类社会敲响了警钟，使人类意识到保护自然环境、恢复生物多样性刻不容缓。自改革开放以来，中国的经济发展取得了举世瞩目的成就，但是我国所取得的巨大经济发展，在一定程度上是以生态破坏为代价的。天然植被破坏、水土流失、土地沙化等是生态环境恶化最直接的表现，面对如此恶劣的生态情况，国家实施了退耕还林还草工程、天然林资源保护工程、三北防护林工程、长江防护林工程、京津风沙源治理工程等重大生态修复工程。从鼓励经济结构调整的角度出发，国内许多行业正通过经济转型来促进发展，我国经济的持续向好发展，离不开生态环境的有力支撑。同时，生态文明建设是我国社会主义建设的重要组成部分，为贯彻落实“山水林田湖草是生命共同体”理念，必须采取强有力的生态修复措施。

尽管各学科领域早已对生态修复的理论和实践开展了研究，但不同学者对生态修复的认识仍存在误区，如王建平（2009）认为生态修复的目的就是“恢复、改善生态环境，继而使生态系统正常有效运行”；吕玉梅（2010）认为生态修复就是一种恢复过程。二者都只是单一地将生态恢复的概念运用到了生态修复概念中，并没有考虑到生态修复内涵本身的复杂性。现阶段大部分学者仅仅关注环境要素的治理，并未考虑生态修复概念及其内涵演化为今天这种复杂、多样、有序的生态系统维护措施的重要社会价值，因而无法全面认识生态修复的完整内涵。然而，也有少数学者已经认识到了生态修复内涵的复杂性，他们认为生态修复不仅包括环境污染治理，还包括社会治理，是一项综合的系统工程（吴鹏，2016）。

生态修复指在帮助受损生态系统重建和改进的过程中，强调对生态系统的改良和全面改善，达到生态环境与人类社会和谐发展的效果（邬晓燕，2017）。生态修复是以满足生态文明建设需要为目标，从生态系统整体平衡维护出发，由国家统一部署并实施的治理环境污染和维护生态系统平衡的系统工程，以及在此基础上进行的促进当地社会经济转型发展，逐步缩小地区发展差距，实现国家社会经济均衡发展的一系列政治、经济和文化等社会综合治理措施（吴鹏，2016）。

实践中，生态修复以修复生态系统结构和功能及提升人类生态福祉为目标，聚焦社会-生态耦合系统，强调社会与生态的协同发展（程健华，2010；吴鹏，2016）。然而鉴于生态、经济、社会等要素的复杂性和多样性，生态修复往往无法达到预期目标。生态修复效果评估作为判定生态修复工作有效性的重要途径，为生态修复决策制定和生态系统管理提供决策依据。在人与自然和谐共生理念指导下，国内外学者围绕生态修复及其效果评价开展了大量理论与实践探索（邵全琴等，2016），但已有研究多聚焦山水林田湖草某一具体生态系统或局地尺度的生态修复效果，缺乏对修复效果研究的系统归纳和梳理，对生态修复效果评价的研究现状及科学规律的整合研究较少。

16.1.2 生态恢复遥感监测与评估方法

生态恢复遥感监测与评估的指标体系参照了联合国千年生态系统评估计划提出的概念框架。该评估框架以生态系统为人类福祉提供的各种服务作为评估的核心内容，充分考虑了生态系统自身的健康状况。生态系统为人类提供了供给服务、调节服务和文化服务等服务功能，这些服务功能的维持又依赖于生态系统的支持功能（刘纪远等，2009）（图 16-1）。

联合国千年生态系统评估计划在进行生态系统评估时，首先考虑了生态系统的宏观结构，即各组分及其相互关系，强调对各组分在时空尺度上的复杂性问题的理解与认识，并且认识到各组分之间的关系不是一种简单的线性关系。联合国千年生态系统评估计划关注生态系统服务功能的变化对人类福祉的影响，同时认为，人口增长、技术进步与人类生活方式等因素可以通过影响生态系统服务功能变化的直接因素，间接驱动生态系统的变化，而且影响因素、生态系统服务功能与人类福祉三者之间的相互作用关系可以在一个或者多个时空尺度上发生。这一评估框架体现了联合国千年生态系统评估计划进行生态系统评估的理论依据，是开展区域生态系统评估的一个重要参考（刘纪远等，2009）。

生态恢复评估指标包括生态系统宏观结构指标和服务功能指标。生态系统宏观结构指标主要指生态系统空间分布特征指标，主要体现生态系统类型的分布特征及其时空变化。结合联合国千年生态系统评估计划对生态系统服务的定义，同时考虑数据局限性和可操作性，主要选择与人类福祉相关的粮食、林产品、水产品等供给服务；水源涵养、土壤保持、防风固沙、碳源汇等调节服务；NPP、土壤养分和生物多样性等支持服务功能，建立评估的概念框架。在数据资料的获取受到制约的前提下，结合评估的概念框架，来探求生态系统评估的定量化方法，建立农田、森林、湿地等不同类型生态系统的服务功能评估指标体系，主要包括水源涵养、土壤侵蚀、防风固沙。

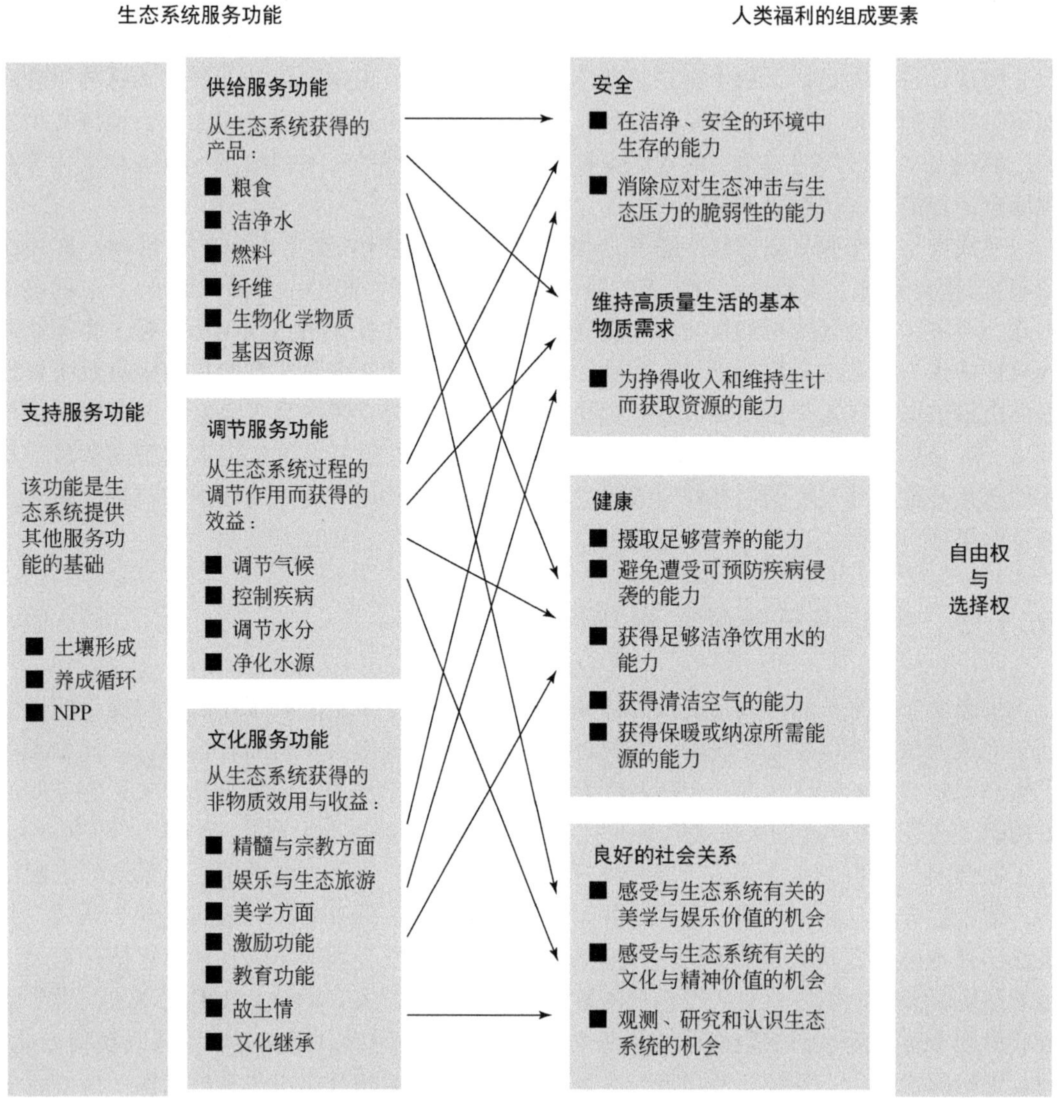

图 16-1　联合国新千年生态系统评估计划（MA）概念框架

16.1.2.1　生态系统宏观结构变化的遥感监测方法

生态系统宏观结构数据是基于 2000 年、2010 年和 2015 年三个时间段的陆地卫星 TM 数据，结合实地调查和其他辅助高分遥感影像数据，采用全数字人机交互作业方法制备的空间数据。为分析生态脆弱区生态系统时空变化特征，在分期完成土地利用类型矢量图形的基础上，以 1km^2 为单位面积计算的各种生态类型的面积比例，有效反映了生态脆弱区生态系统宏观结构空间分布格局及其时空变化特征（地理国情监测平台，2014）。

16.1.2.2　土壤保持服务指标定量模拟方法

修正的通用土壤流失（Revised Universal Soil Loss Equation，RUSLE）模型由美国农业部自然资源保护局（NRCS）于1997年正式决定实施，并在世界范围得到推广和应用（Yoder et al.，1995）。RUSLE是一种保持了USLE基本结构的改进模型，其改进之处主要表现在：用更准确的气象资料来代替USLE中的平均降水量；增加考虑如冻融、湿度等要素信息，扩大土壤侵蚀度的适宜范围；丰富地形信息及考虑各种水保措施对侵蚀的影响等。通过改进后，RUSLE的预测模拟能力得到了加强。

本书基于RUSLE计算单位面积的水土流失量，即土壤侵蚀模数。通用RUSLE中包含六大因子，即降雨侵蚀力因子（R）、土壤可蚀性因子（K）、坡长因子（L）、坡度因子（S）、覆盖和管理因子（C）以及土壤保持措施因子（P），详见公式：

$$A=R\times K\times L\times S\times C\times P \tag{16-1}$$

通过对陆地生态系统土壤保持量以及土壤保持服务功能保有率进行定量分析来衡量生态系统的保育土壤的能力。土壤保持量的定义为生态系统在极度退化状况下的土壤流失量与现实状况下土壤流失量的差值（黄麟等，2016），公式如下：

$$\mathrm{AB}_i=\mathrm{AD}_i-\mathrm{AT}_i \tag{16-2}$$

$$\mathrm{AT}_i=\sum_{j=1}^{23}\mathrm{AT}_{ij} \tag{16-3}$$

$$\mathrm{AT}_{ij}=R_{ij}\times K\times L\times S\times \mathrm{CT}_{ij}\times P_i \tag{16-4}$$

$$\mathrm{AD}_i=\sum_{j=1}^{23}\mathrm{AD}_{ij} \tag{16-5}$$

$$\mathrm{AD}_{ij}=R_{ij}\times K\times L\times S\times \mathrm{CD}_{ij}\times P_i \tag{16-6}$$

式中，AB_i为第i年土壤保持量［t/(hm^2·a)］；AD_i为第i年生态系统在极度退化状况下的水土流失量［t/(hm^2·a)］；AT_i为第i年现实状况下水土流失量［t/(hm^2·a)］；CD_{ij}为第i年第j期不同气候带生态系统极度退化状况下的盖度和管理因子（无量纲）；CT_{ij}为第i年第j期现实状况下的盖度和管理因子（无量纲）；R_{ij}为第i年第j期降雨侵蚀力［(MJ·mm)/(hm^2·h·a)］；K为土壤可蚀性因子［t·h/(hm^2·MJ·mm)］；L为坡长因子；S为坡度因子。

本研究中土壤保持服务功能保有率的定义为土壤保持量与生态系统在极度退化状况下的水土流失量的比值，在计算过程中该值能够抵消降雨侵蚀力对结果的影响，使结果主要受生态系统植被覆盖度的影响（黄麟等，2016）。

$$\mathrm{SP}_i=\mathrm{AB}_i/\mathrm{AD}_i \tag{16-7}$$

式中，SP_i为第i年土壤保持服务功能保有率；AB_i为第i年土壤保持量［t/(hm^2·a)］；AD_i为第i年生态系统在极度退化状况下的水土流失量［t/(hm^2·a)］。

其中，数据来源如下。

（1）降雨侵蚀力因子（R）。为了使降雨侵蚀力因子的时间分辨率与C因子保持一致，本研究将半月降雨侵蚀力模型改进为16天降雨侵蚀力模型。计算降雨侵蚀力因子的数据主要来源于国家气象台站的日降水量数据以及日平均气温等气象资料。

（2）坡度坡长因子（LS）。本研究利用基于 SRTM3 V4.1 数据加工制作得到的全国 90m 分辨率 DEM 数据以及基于 ASTER GDEM V1 数据加工制作得到的黄土高原 30m 分辨率 DEM 数据完成全国和黄土高原地区坡度坡长因子的计算，最后将黄土高原 30m 分辨率的坡度坡长因子计算结果与全国 90m 计算结果进行融合，得到最终的坡度坡长因子。

（3）NDVI。本研究使用的 NDVI 数据来源于 1990 ~ 2000 年的 AVHRR-NDVI 和 2000 ~ 2013 年 MODIS-NDVI，从而构成 1990 ~ 2013 年的长时间序列完整 NDVI 数据集。由于 NOAA/AVHRR 和 MODIS 数据由不同的卫星传感器观测得到，因此它们的辐照强度具有一定差异。为了消除二者的差异，本研究以 AVHRR-NDVI 和 MODIS-NDVI 在 2000 年的同时期数据为基础，对同时间、同空间、位置的栅格点进行线性拟合，得到拟合系数，并根据拟合系数将两套数据进行归一化处理，从而消除二者间的差异（曹魏等，2018）。

（4）极度退化生态系统的盖度和管理因子（$C_{退化}$）。本研究通过植被覆盖度指标来衡量生态系统状况的优劣，不同地区的生态系统由于所处气候条件、水热环境等方面的差异，在极度退化状况下的植被覆盖度也是有差异的（吴丹等，2016）。在中国南方等植被普遍较好的区域，当生态系统发生极度退化时，该区域依然会有植被覆盖，不可能出现裸土的情况。因此，本研究以中国生态系统研究网络的生态分区作为基础分区数据，分别计算 1990 ~ 2013 年各分区中的每 16 天的最低覆盖度（覆盖度直方统计图低值端 5% 处的覆盖度），然后基于覆盖度推导得出相应的盖度和管理因子，即极度退化生态系统的 C 因子。

16.1.2.3　防风固沙服务指标定量模拟方法

从 20 世纪初期开始，由于受到中西部平原频发的沙尘暴影响，美国农业部开始重点关注土壤风蚀的影响。农业部科学家利用野外观测与风洞模拟数据提出风蚀方程（Wind Erosion Equation，WEQ），标志着土壤风蚀理论体系的初步形成，美国农业部将此模型应用于农田管理措施对风蚀的潜在影响评估，并通过调整管理制度降低了农田风蚀；但此模型不能预测高低降水量区的风蚀情况，随着科技进步，WEQ 应用局限性也日渐凸显，20 世纪 80 年代中期，美国农业部提出修正的风蚀方程（Revised Wind Erosion Equation，RWEQ），本研究在充分考虑气候条件、植被状况、地表土壤的粗糙度、土壤可蚀性、土壤结皮的情况下，利用 RWEQ 来估算陆地生态系统的土壤风蚀（巩国丽等，2014b）。气候因子（WF）是土壤风蚀的基本驱动力，其中风是产生风蚀的基本动力，风因子（Wf）强弱在一定程度上显示了风蚀作用强弱，土壤湿度因子（SW）和积雪盖度因子（SD）能够减弱风蚀强度。地表土壤粗糙度（K'）在一定程度上阻滞风蚀发生，在非农田区域，主要由自由糙度因子（RR）来确定。地表覆盖植被能有效降低风蚀危害，而植被因子（COG）由植被冠层覆盖因子（SLRc）、倒伏植被覆盖因子（SLRf）以及农田区域的直立残差覆盖因子（SLRs）三者共同决定。土壤结皮既可减少土体表面可蚀颗粒含量，又可削弱土壤颗粒磨蚀作用。此外，土壤可分为可蚀性土壤和不可蚀性土壤，与土壤颗粒的大小等有关。其中，土壤结皮因子（SCF）和土壤可蚀性因子（EF）的计算与土壤颗粒含量和有机质有关，图 16-2 中 OM、Cl、Si 和 Sa 分别为土壤有机质含量、土壤黏粒含量、土壤粉粒含量和土壤砂粒含量。

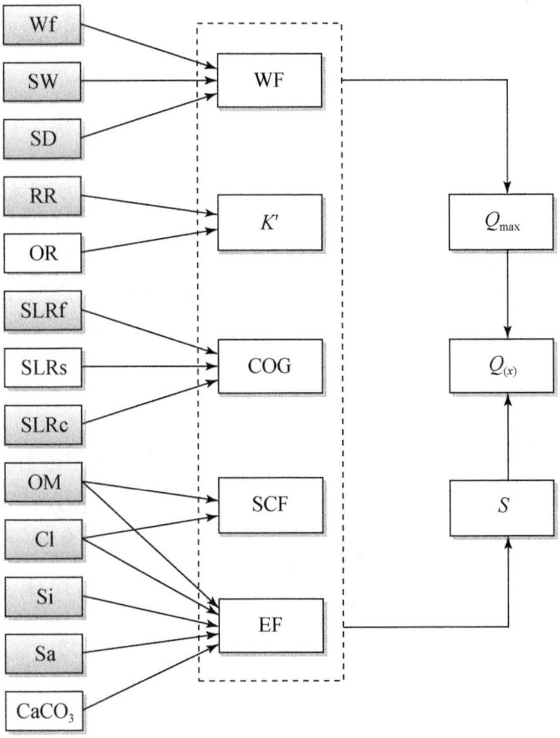

图 16-2 RWEQ 模型计算流程示意

图 16-2 第一列中无色填充的参量在本次计算过程中未用到（OR 为垄向糙度，SLRs 为农田区域的直立残差覆盖因子，由于本研究主要为非农田区域，在计算过程中不予考虑；$CaCO_3$为土壤中的碳酸钙含量，数据未获取）。

在充分考虑气候条件、植被状况、地表土壤的粗糙度、土壤可蚀性、土壤结皮的情况下，利用 RWEQ 定量评估土壤风蚀量，裸土条件下和地表覆盖植被条件下的土壤风蚀量的差值即为防风固沙服务功能量（黄麟等，2016）。

$$Q_x = Q_{\max}\left[1 - e^{\left(\frac{x}{s}\right)^2}\right] \tag{16-8}$$

$$Q_{\max} = 109.8(\mathrm{WF}\cdot\mathrm{EF}\cdot\mathrm{SCF}\cdot K'\cdot\mathrm{COG}) \tag{16-9}$$

把关键地块长度 s 与风、土壤因子和作物参量之间的关系进行回归分析，得出方程：

$$s = 150.71(\mathrm{WF}\cdot\mathrm{EF}\cdot\mathrm{SCF}\cdot K'\cdot\mathrm{COG})^{-0.3711} \tag{16-10}$$

式中，SL 为土壤风蚀模数；x 为地块长度；Q_x 为地块长度 x 处的沙通量（kg/m）；Q_{max}为风力的最大输沙能力（kg/m）；s 为关键地块长度（m）；WF 为气象因子；EF 为土壤可蚀性成分；SCF 为土壤结皮因子；K'为土壤糙度因子；COG 为植被因子，包括平铺、直立作物残留物和植被冠层。

其中，数据来源如下：

（1）气候因子。气候因子中的风因子和土壤湿度因子利用从国家气象科学数据中心网上下载（https://data.cma.cn/）的国家台站的日均风速、降水、温度、日照时数、纬度等来计算完成；雪盖因子则利用从国家青藏高原科学数据中心（https://data.tpdc.ac.cn/）下载的中国雪深长时间序列数据集来计算。

（2）土壤可蚀性因子和土壤结皮因子。土壤颗粒分为可蚀性土粒和非可蚀性土粒，研究表明，粒径小于0.84mm的土粒不易被风蚀，为非可蚀性颗粒。因此，土壤可蚀性因子为土壤表层直径小于0.84mm的颗粒的含量。土壤结皮为土壤颗粒物（特别是黏土、粉砂与有机质颗粒）因胶结作用而在土壤表面生成一层物理、化学和生物性状均较特殊的土壤微层。土壤数据来源于中国西部环境与生态科学数据中心（http://westdc.westgis.ac.cn）1∶100万土壤属性空间数据。RWEQ中的土壤颗粒分级使用美国制，与我国土壤颗粒分级不同，因此需要先对土壤颗粒含量进行粒径转换，且实测的土壤颗粒含量参数需符合RWEQ标准数据库中的物质含量范围表，当实测值不符合要求时，可以使用RWEQ内嵌的土壤质地资料的输入参数。

（3）地表粗糙度因子。土壤糙度因子K'取决于自由糙度RR和定向糙度OR，本研究采用滚轴式链条法来测定地表糙度。其基本原理是：两点间直线距离最短，当地表糙度增加时，其地表距离随之增加。于是当一个给定长度为L_1的链条放于粗糙的地表时，其水平长度将缩小为L_2、L_1和L_2的差值和地表粗糙程度密切相关，可用来计算地表糙度。为获得土壤糙度因子，选取锡林郭勒盟部分区域测定了不同土壤属性下的农田、草地、沙地的土壤糙度。

（4）综合植被因子。该因子用来确定生长植被、枯萎植被（农作物为倒伏残茬）以及农作物的直立残茬对土壤风蚀的影响。综合植被因子COG为枯萎植被、直立残茬和生长植被覆盖三因子的乘积。用于计算生长植被覆盖度的遥感数据来源于美国国家航空航天局（NASA）的EOS/MODIS数据以及AVHRR的数据。NOAA/AVHRR和MODIS数据由不同的卫星传感器观测得到，其测量参数有所差异，为了保证AVHRR NDVI和MODIS NDVI数据具有一致可比性，利用2000年各期（40期）的NDVI采用线性回归的方法对AVHRR NDVI数据进行校正，并对数据进行格式转换、重投影、图像的空间拼接、重采样和滤波处理。采用最大合成法（MVC）得到半月NDVI数据，利用像元二分法计算1990～2013年长时间序列的半月植被覆盖度（巩国丽等，2014a）。

16.1.2.4　水源涵养服务指标定量模拟方法

陆地生态系统水源涵养量模拟拟采用降水贮存量法估算，即与极度退化状态下的残留植被相比较，森林、草地、湿地等生态系统截留降水、涵养水分的能力。森林、草地数据采用基于IGBP分类系统的森林、草地时空分布数据，湿地数据采用基于遥感湿地分类系统的湿地时空分布数据。森林生态系统减少径流的效益系数通过已有文献整理得到，草地生态系统降雨径流率通过草地植被覆盖度计算得到，湿地的水源涵养量根据文献采用固定参数。计算中国不同区域、不同时段下三类生态系统的水源涵养量，通过对前后两个阶段的年平均水源涵养量进行对比分析，来评估中国主要陆地生态系统水源涵养服务功能变化状况。

降水贮存量法的计算公式可表示为

$$Q=A \cdot J \cdot R \tag{16-11}$$

$$J=J_0 \cdot K \tag{16-12}$$

$$R=R_0-R_g \tag{16-13}$$

式中，Q 为与裸地相比森林和草地生态系统涵养水分的增加量（m^3）；A 为研究区生态系统面积（hm^2）；J 为研究区产流降水量（mm）；J_0为研究区年降水总量（mm）；K 为研究区产流降水量占年降水总量的比例（吴丹等，2016a）。以秦岭-淮河一线为界将全国划分为南方地区和北方地区，南方地区年降雨次数多、强度大，且主要集中于4～9月的雨季，北方地区年降雨较少，主要集中于6～9月，甚至主要集中在一两次降雨中；根据南北方降雨特征分布选取 K 参数值：南方地区取0.6，北方地区取0.4；R 为与裸地（或皆伐迹地）相比较，林草生态系统减少径流的效益系数，根据已有实测和文献成果得到（赵同谦，2004）；R_0为产流降雨条件下裸地降雨径流率；R_g为产流降雨条件下生态系统降雨径流率。

在一定的气候条件下，自然植被在极度退化状态下也会保留一定的覆盖度，不会完全退化至纯裸地，因此上式中裸地降雨径流率用极度退化下残留植被的降雨径流率代替（吴丹等，2016a）。

森林生态系统水源涵养服务功能保有率计算公式可以表达为

$$\mathrm{WP}_{ijk}=\frac{W_{ijk}}{\mathrm{WG}_{ij}} \tag{6-14}$$

式中，WP_{ijk}为第 i 年第 j 个气候带第 k 个栅格的森林生态系统水源涵养服务功能保有率；W_{ijk}为第 i 年第 j 个气候带第 k 个栅格的森林水源涵养量；WG_{ij}为第 i 年第 j 个气候带中降雨径流率最小（假设量）的森林类型的水源涵养量。

草地生态系统水源涵养服务功能保有率计算公式可以表达为

$$\mathrm{WP}_{ik}=\frac{W_{ik}}{\mathrm{WG}_{ik}} \tag{6-15}$$

式中，WP_{ik}为第 i 年第 k 个栅格的草地生态系统水源涵养服务功能保有率；W_{ik}为第 i 年第 k 个栅格的草地水源涵养量；WG_{ik}为第 i 年第 k 个栅格草地植被覆盖度为100%（假设量）的水源涵养量。

湿地生态系统水源涵养服务功能保有率计算公式可以表达为

$$\mathrm{WP}_{ik}=\frac{W_{ik}}{\mathrm{WG}_{ik}} \tag{6-16}$$

式中，WP_{ik}为第 i 年第 k 个栅格的湿地生态系统水源涵养服务功能保有率；W_{ik}为第 i 年第 k 个栅格的湿地水源涵养量；WG_{ik}为第 i 年第 k 个栅格100%为湿地（假设量）的水源涵养量。

水源涵养服务功能保有率消除了年际降水波动对模拟结果的影响，其结果集中体现了生态系统由于自身变化导致的服务功能的变化（吴丹等，2016a）。

其中，数据来源如下。

（1）土地覆被数据。土地覆被数据采用2000年、2010年和2013年三期基于IGBP分类系统的全国1km栅格百分比成分数据集。湿地百分比成分数据集由中国科学院遥感与数字地球研究所①提供，该数据集以 LANDSAT TM/ETM 遥感影像为基本数据源解译而成，并以全国土地利用/覆盖数据（1∶10 万）、全国高程数据（GTOPO30）、Google Earth 平台的影像与照片数据，以及全国沼泽数据等为辅助数据进行检查与验证。

（2）降水数据。本研究首先通过中国地区 756 个气象站点的日降雨资料，采用基于薄片样条理论的 ANUSPLIN 方法进行空间插值，生成了 1990～2013 年全国 1km 逐月降水数据集。该方法在空间插值过程中考虑了地形因子的影响，能够表达一定的空间异质性。但由于未考虑周边国际气象台站的数据，边界处插值结果偏低。将 ANUSPLIN 插值结果与国家气象信息中心提供的 0.25°×0.25°日值降水格点数据结合，以每个格点降水量纠正控制 ANUSPLIN 插值结果的总量，同时保留 ANUSPLIN 插值数据中的空间差异，生成了 1990～2013 年全国 1km 逐月降水数据集（吴丹等，2016b）。

（3）产流降水量占降水总量的比例（*K* 值）。通过搜集已公开发表文献中的实测降雨产流临界值，根据点位信息，以邻近国家气象台站实测日降水数据修正同时期热带降雨测量卫星（Tropical Rainfall Measuring Mission，TRMM）提供的逐日 3 小时降水量数据，累积单次降水量大于降雨产流临界值的数值，得到单点产流降水量占降水总量的比例（*K* 值）。本研究扫描并数字化了多年平均河川径流系数等值线，并进行了空间插值，将上述 *K* 值与该点径流系数建立线性关系，相关系数高达 0.8 以上。通过该线性关系，可得到产流降水量占降水总量比例的空间分布（吴丹等，2016b）。

（4）降雨径流率。森林生态系统降雨径流率主要通过已有文献和专著收集整理得到。根据文献中的位置信息、植被类型信息、实测地表径流量等信息，结合气候分区数据，进行不同气候带下不同森林类型的文献数据、参数整理工作。

（5）植被覆盖度。植被覆盖度可以通过归一化植被指数（NDVI）估算植被覆盖度。本研究利用 2000～2013 年 MODIS 1km 16 天最大合成 NDVI 数据产品计算植被覆盖度。不同地区生态系统由于所处气候条件、水热环境等方面的差异，在极度退化状况下的植被覆盖度也是有差异的。本研究以中国科学院中国生态系统研究网络（CERN）提供的生态分区作为基础分区数据，根据统计各生态分区中 1990～2010 年每 16 天的最低植被覆盖度（直方统计图低值端 5% 处的值）取平均，得到极度退化状态下的残留植被覆盖度，用于计算残留植被的降雨径流率（吴丹等，2016b ）。

16.2 青藏高原生态恢复遥感监测与评估

16.2.1 区域概况

青藏高原是世界海拔最高、中国面积最大的高原，享有“第三极”“世界屋脊”的称号。其为亚洲内陆高原，东及东北部与秦岭山脉西段和黄土高原相接，西至帕米尔高原，

① 2019 年 4 月，中国科学院电子学研究所、中国科学院遥感与数字地球研究所、中国科学院光电研究院整合组建中国科学院空天信息创新研究院。

南接喜马拉雅山脉，北抵昆仑山、阿尔金山和祁连山，东西长约 2800km，南北宽 300 ~ 1500km，介于 25°N ~ 40°N，72°E ~ 105°E，主要位于中国境内的西藏自治区和青海省，总面积约为 250 万 km^2，约占中国面积的四分之一。青藏高原地势险峻，平均海拔约为 4000m，呈西北高、东南低的特点，地形上可分为六大部分，分别是藏北高原、藏南谷地、柴达木盆地、祁连山地、青海高原和川藏高山峡谷区。此外，青藏高原作为世界上最高、最年轻且水平地带性和垂直地带性紧密结合的自然地理单元，具有独特的高原气候，气温低、湿度小、光照丰富；拥有众多湖泊，如纳木错、青海湖等，是东亚、东南亚和南亚许多大河流的发源地。青藏高原不仅加强了亚洲的季风环流，而且削弱了海洋对青藏高原内部地区的影响，对中国的西北干旱区有着重要的影响。

16.2.2 生态系统宏观结构恢复监测评估

在 2015 年陆地生态系统中，农田生态系统面积约为 2.34 万 km^2，占 0.91%；森林生态系统面积约为 31.07 万 km^2，占 12.05%；草地生态系统面积约为 126.20 万 km^2，占 48.92%；水体与湿地生态系统面积约为 16.67 万 km^2，占 6.46%；聚落生态系统面积为 0.28 万 km^2，占 0.11%；荒漠生态系统面积约为 33.06 万 km^2，占 12.81%；其他生态系统面积约为 48.35 万 km^2，占 18.74%（表 16-1）。

表 16-1 2015 年陆地生态系统宏观结构面积统计

中国陆地生态系统类型	面积/km^2	占全国陆地总面积比例/%
农田生态系统	23 446	0.91
森林生态系统	310 695	12.05
草地生态系统	1 262 049	48.92
水体与湿地生态系统	166 716	6.46
聚落生态系统	2 829	0.11
荒漠生态系统	330 552	12.81
其他生态系统	483 466	18.74

各生态系统主要分布如图 16-3，农田生态系统多分布于青藏高原地区东部，即西宁市和海东市；森林生态系统多分布于青藏高原地区南部，即山南市、林芝市和怒江傈僳族自治州；草地生态系统分布范围较广，多集中于青藏高原地区中东部，即玉树藏族自治州和果洛藏族自治州；荒漠生态系统多分布于青藏高原区北部，即酒泉市和海西蒙古族藏族自治州。

从 2000 ~ 2010 年和 2010 ~ 2015 年两个时段各生态系统类型面积变化发现（表 16-2、表 16-3），两个时段，农田生态系统面积均有所减少；森林生态系统面积在前期有所减少，在后期有所增加；草地生态系统面积前期显著减少，后期有所增加；水体与湿地生态系统面积均呈增加趋势；聚落生态系统面积均明显上升；荒漠生态系统前期增加，后期明显减少；其他生态系统均有所减少。

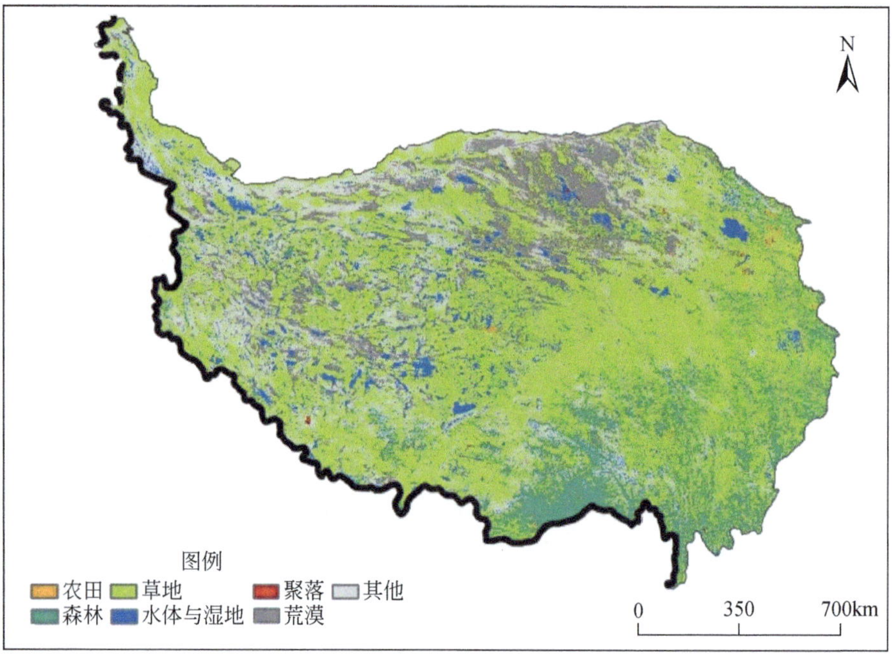

图 16-3　2015 年陆地生态系统主要类型分布

表 16-2　2000 ~ 2010 年各生态系统类型面积变化

生态系统类型	变化面积/km^2	变化比例/%	年变化速率/%	变化程度
农田生态系统	-215	-1.11	-0.11	轻微下降
森林生态系统	-161	-0.06	-0.01	基本持平
草地生态系统	-642	-0.04	0	基本持平
水体与湿地生态系统	589	0.46	0.05	基本持平
聚落生态系统	425	46.15	4.61	明显上升
荒漠生态系统	-22	-0.01	0	基本持平
其他生态系统	26	0.01	0	基本持平

表 16-3　2010 ~ 2015 年各生态系统类型面积变化

生态系统类型	变化面积/km^2	变化比例/%	年变化速率/%	变化程度
农田生态系统	4 268	22.25	4.45	明显上升
森林生态系统	35 666	12.97	2.59	明显上升
草地生态系统	-260 558	-16.11	-3.42	明显下降
水体与湿地生态系统	38 546	30.07	6.01	明显上升
聚落生态系统	1 483	110.18	22.04	明显上升

续表

生态系统类型	变化面积/km²	变化比例/%	年变化速率/%	变化程度
荒漠生态系统	66 416	25.14	5.03	明显上升
其他生态系统	113 544	30.69	6.14	明显上升

16.2.3 生态系统服务功能恢复监测评估

16.2.3.1 水源涵养

2015 年森林、草地、水体与湿地生态系统水源涵养量为 1020.29 亿 m^3/a，单位面积水源涵养量为 912.97$m^3/(hm^2 \cdot a)$。其中，森林生态系统水源涵养量为 493.64 亿 m^3/a，单位面积水源涵养量为 2062.21$m^3/(hm^2 \cdot a)$；草地生态系统水源涵养量为 394 亿 m^3/a，单位面积水源涵养量为 648.11$m^3/(hm^2 \cdot a)$；水体与湿地生态系统水源涵养量为 60.28 亿 m^3/a，单位面积水源涵养量为 1843.85$m^3/(hm^2 \cdot a)$（图 16-4）。

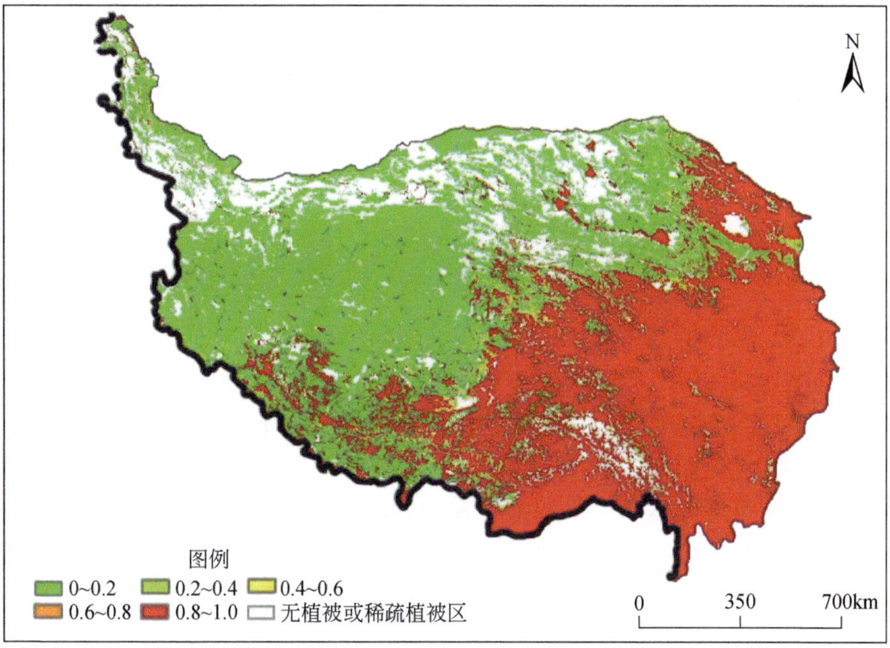

图 16-4 2015 年陆地生态系统水源涵养量空间分布

2000 ~ 2010 年森林、草地、水体与湿地生态系统水源涵养量为 1052.87 亿 m^3/a，单位面积水源涵养量为 942.12$m^3/(hm^2 \cdot a)$；2010 ~ 2015 年森林、草地、水体与湿地生态系统水源涵养量为 1077.19 亿 m^3/a，单位面积水源涵养量为 963.89$m^3/(hm^2 \cdot a)$。与2000 ~ 2010 年相比，2010 ~ 2015 年的年均水源涵养量上升了 2.31%，单位面积水源涵养量上升了 2.31%。

青藏高原西北地区水源涵养能力较弱，甚至部分地区不具备水源涵养的能力，反之东南地区水源涵养能力较强。与 2000 ~ 2010 年相比，2010 ~ 2015 年水源涵养能力减弱的地区主要分布于青藏高原西部，特别是青藏高原南部边缘地带，主要位于怒江傈僳族自治州西北部及甘孜藏族自治州西南部；水源涵养能力不断增强的地区则主要分布于青藏高原东部地区，主要包括阿坝藏族羌族自治州、甘南藏族自治州、果洛藏族自治州、玉树藏族自治州及甘孜藏族自治州北部（图 16-5 ~ 图 16-7）。

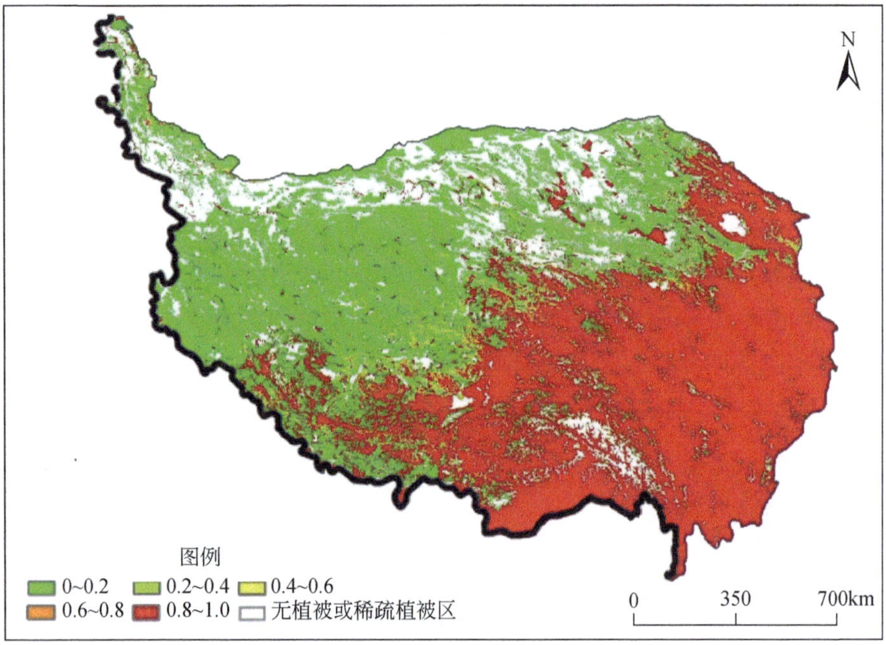

图 16-5　2000 ~ 2010 年陆地生态系统水源涵养量空间分布

2000 ~ 2010 年森林生态系统水源涵养量为 494. 49 亿 m^3/a，单位面积水源涵养量为 2147. 7$m^3/(hm^2 \cdot a)$；2010 ~ 2015 年森林生态系统水源涵养量为 514. 56 亿 m^3/a，单位面积水源涵养量为 2149. 64$m^3/(hm^2 \cdot a)$。与 2000 ~ 2010 年相比，2010 ~ 2015 年的水源涵养量上升了 4. 06%，单位面积水源涵养量上升了 0. 09%。

2000 ~ 2010 年草地生态系统水源涵养量为 421. 52 亿 m^3/a，单位面积水源涵养量为 657. 11$m^3/(hm^2 \cdot a)$；2010 ~ 2015 年草地生态系统水源涵养量为 425. 64 亿 m^3/a，单位面积水源涵养量为 700. 16$m^3/(hm^2 \cdot a)$。与 2000 ~ 2010 年相比，2010 ~ 2015 年的年均水源涵养量上升了 0. 98%，单位面积水源涵养量上升了 6. 55%。

2000 ~ 2010 年水体与湿地生态系统水源涵养量为 54. 37 亿 m^3/a，单位面积水源涵养量为 2013. 94$m^3/(hm^2 \cdot a)$；2010 ~ 2015 年水体与湿地生态系统水源涵养量为 61. 32 亿 m^3/a，单位面积水源涵养量为 1875. 56$m^3/(hm^2 \cdot a)$。与 2000 ~ 2010 年相比，2010 ~ 2015 年的年均水源涵养量上升了 12. 78%，单位面积水源涵养量下降了 6. 87%。

总体来看，2010 ~ 2015 年森林生态系统的年均水源涵养量较 2000 ~ 2010 年有所增加，单位面积水源涵养量增加；2010 ~ 2015 年草地生态系统的年均水源涵养量较 2000 ~ 2010

年有所增加，单位面积水源涵养量增加；2010～2015 年水体与湿地生态系统的年均水源涵养量较 2000～2010 年有所增加，单位面积水源涵养量减少。

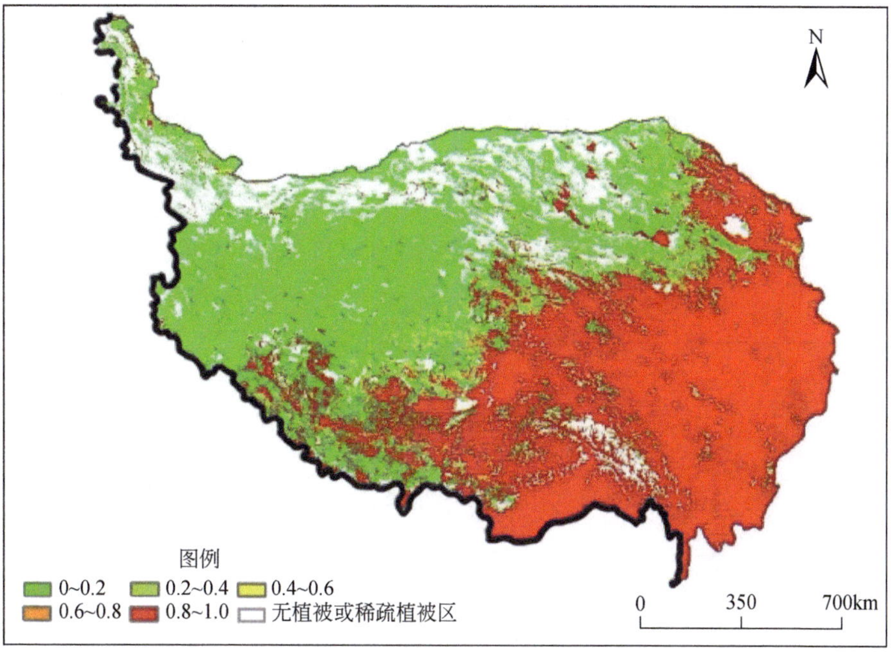

图 16-6　2010～2015 年陆地生态系统水源涵养量空间分布

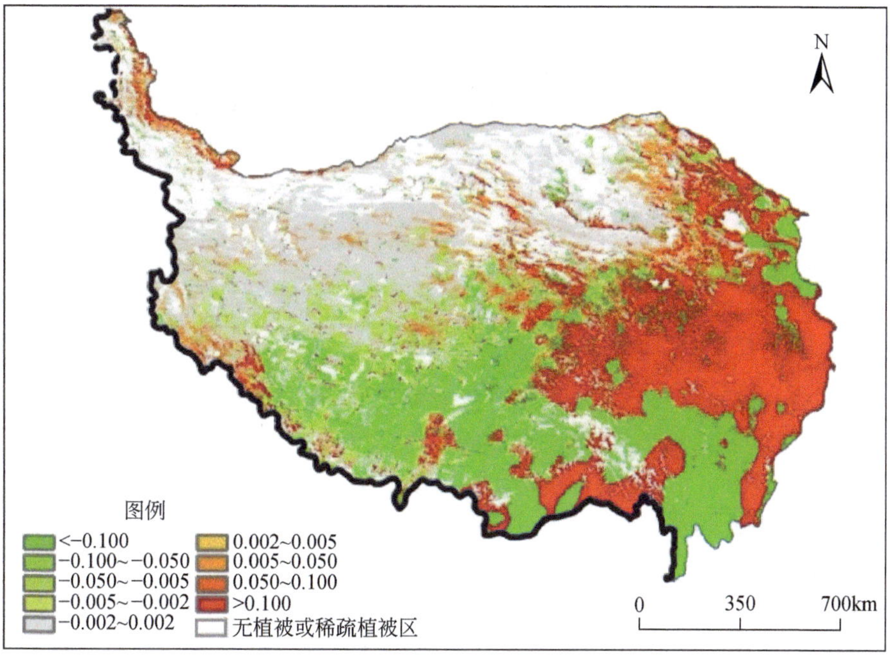

图 16-7　两时段水源涵养量变化量

16.2.3.2 土壤侵蚀

2015 年，陆地生态系统土壤水蚀模数为 13.09t/(hm^2 · a)，土壤水蚀量为 8.15 亿 t/a，生态系统土壤保持量为 40.46 亿 t/a，单位面积土壤保持量为 65.01t/(hm^2 · a)。其中，农田类型区土壤水蚀模数为 8.33t/(hm^2 · a)，土壤水蚀量为 0.13 亿 t/a，生态系统土壤保持量为 1.02 亿 t/a，单位面积土壤保持量为 62.98t/(hm^2 · a)；森林类型区土壤水蚀模数为 17.66t/(hm^2 · a)，土壤水蚀量为 3.26 亿 t/a，生态系统土壤保持量为 25.35 亿 t/a，单位面积土壤保持量为 137.41t/(hm^2 · a)；草地类型区土壤水蚀模数为 13.15t/(hm^2 · a)，土壤水蚀量为 3.79 亿 t/a，生态系统土壤保持量为 13.55 亿 t/a，单位面积土壤保持量为 47.06t/(hm^2 · a)（图 16-8、图 16-9）。

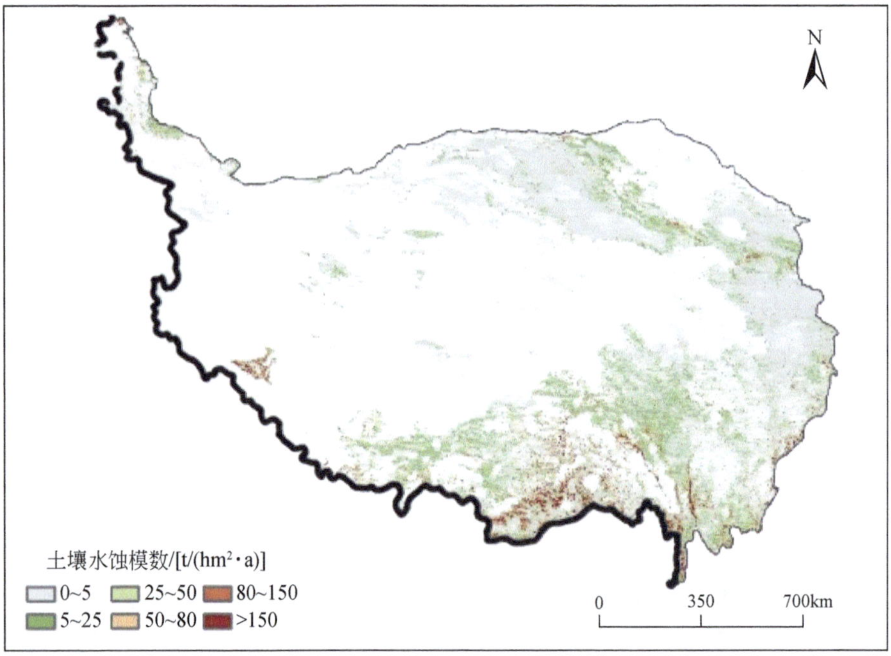

图 16-8　2015 年陆地生态系统土壤水蚀模数空间分布

2000 ~ 2010 年土壤水蚀模数为 17.89t/(hm^2 · a)，土壤水蚀量为 11.13 亿 t/a，单位面积土壤保持量为 57.36t/(hm^2 · a)，土壤保持量为 35.7 亿 t/a。2010 ~ 2015 年土壤水蚀模数为 15.45t/(hm^2 · a)，土壤水蚀量为 9.62 亿 t/a，单位面积土壤保持量为 68.65t/(hm^2 · a)，土壤保持量为 42.72 亿 t/a。与 2000 ~ 2010 年相比，2010 ~ 2015 年土壤水蚀模数下降了 13.84%，土壤水蚀量下降了 13.57%，单位面积土壤保持量上升了 19.68%，土壤保持量上升了 19.66%。

除青藏高原区东部边缘地带土壤水蚀模数相对较大外，绝大部分地区降水稀少、地面缓坦、河网稀疏，为低土壤水蚀模数区；单位面积土壤保持量基本呈从西北向东南递增的趋势。与 2000 ~ 2010 年相比，2010 ~ 2015 年青藏高原区东南部边缘地带土壤水蚀模数有所下降，主要包括山南市东南部、林芝市西南部及怒江傈僳族自治州西北部，但西北部部

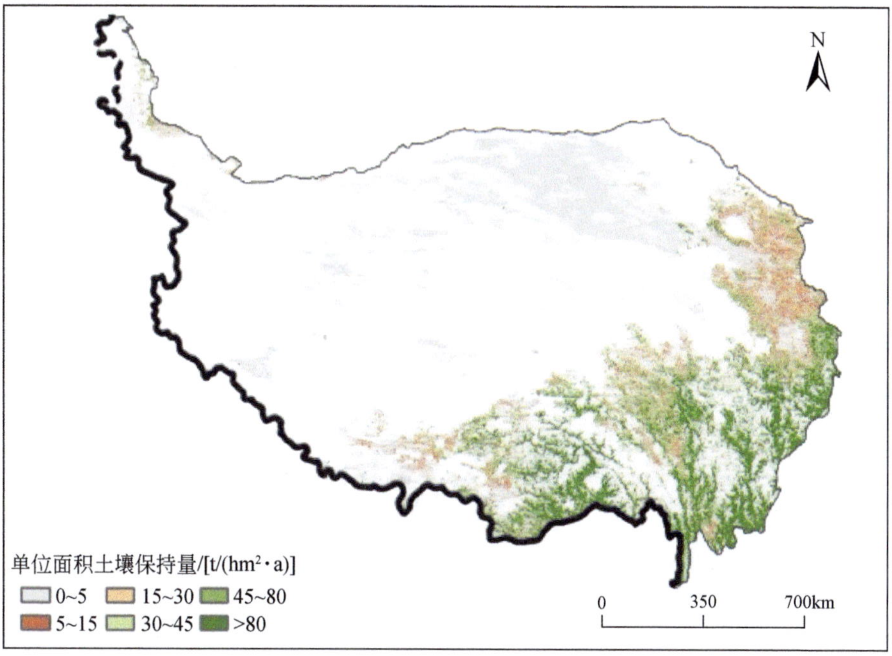

图 16-9　2015 年陆地生态系统单位面积土壤保持量空间分布

分地区则有所上升，主要位于喀什地区；青藏高原区东南边缘地带土壤保持量上升，东北和西南部分地区则下降，这与陆地生态系统的空间分布有关（图 16-10 ~ 图 16-15）。

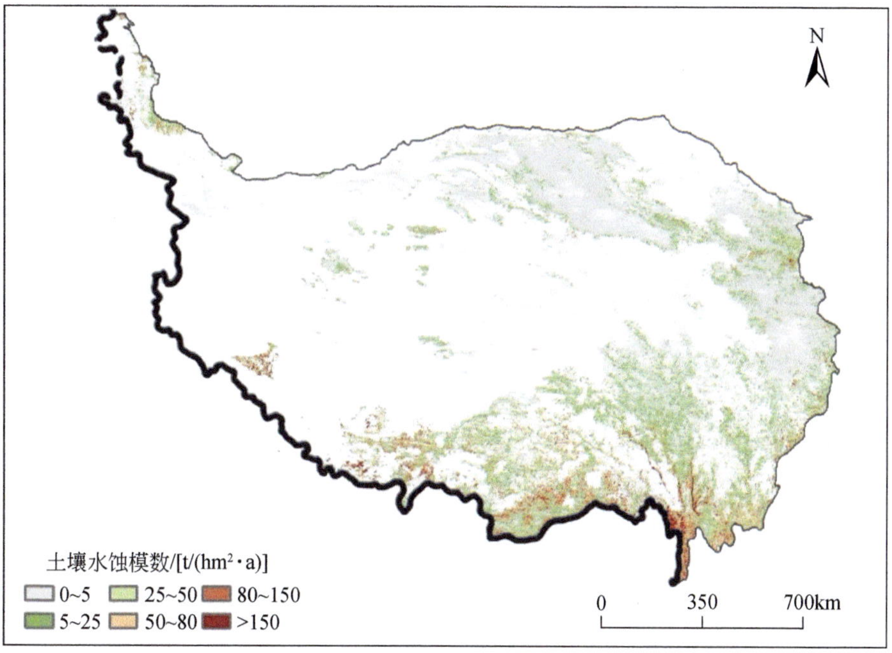

图 16-10　2000 ~ 2010 年陆地生态系统土壤水蚀模数空间分布

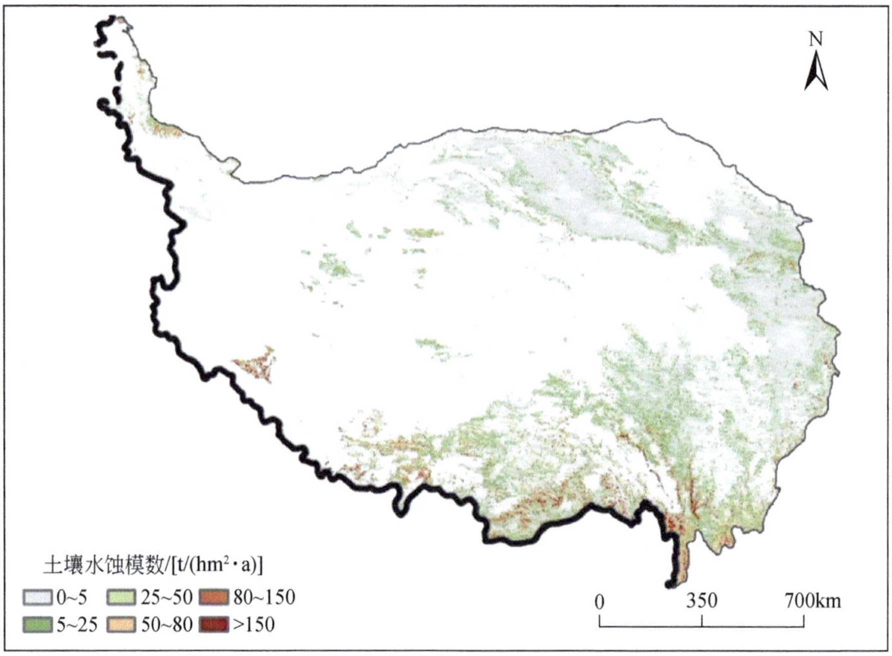

图 16-11　2010～2015 年陆地生态系统土壤水蚀模数空间分布

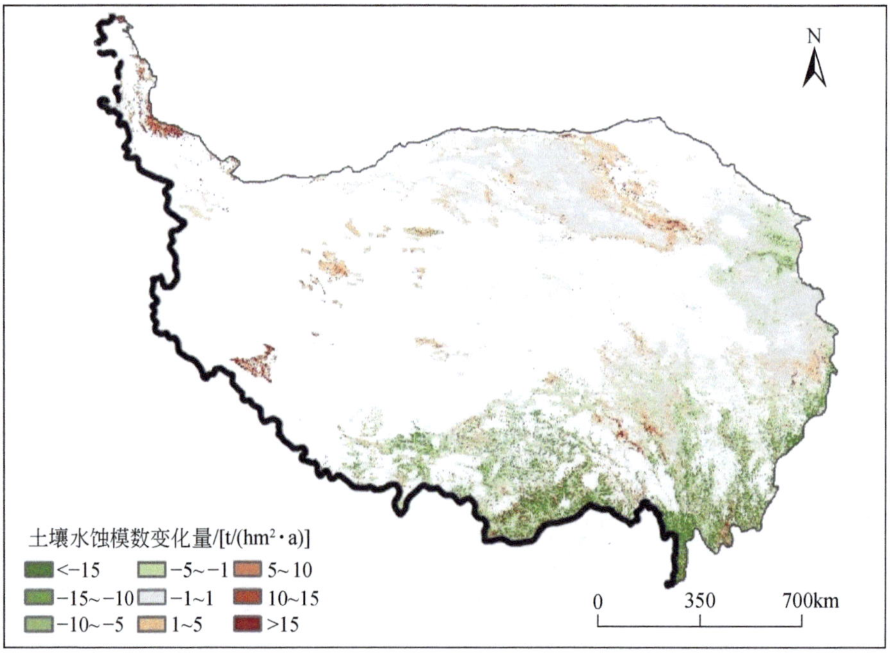

图 16-12　两时段土壤水蚀模数变化量

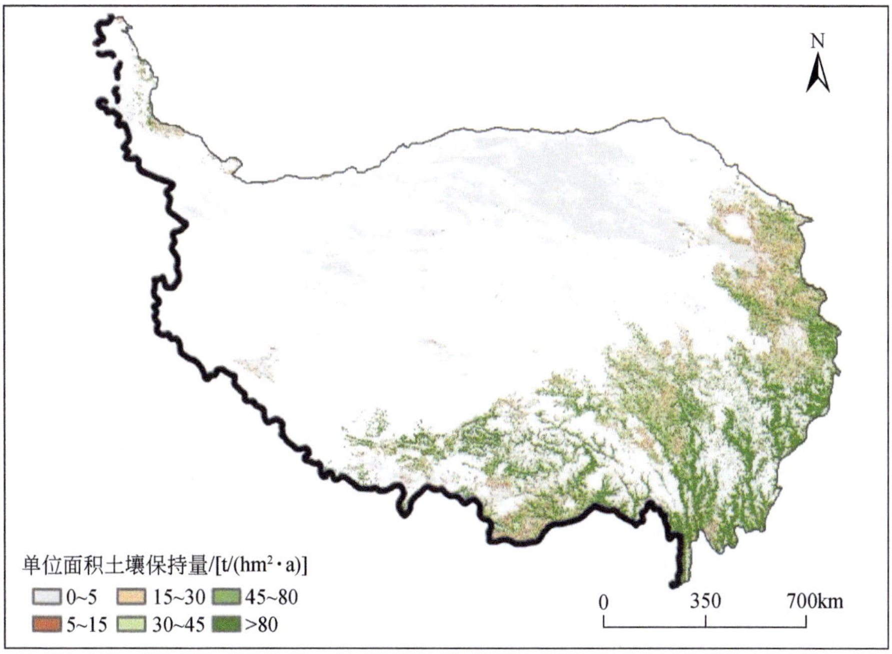

图 16-13　2000～2010 年陆地生态系统单位面积土壤保持量空间分布

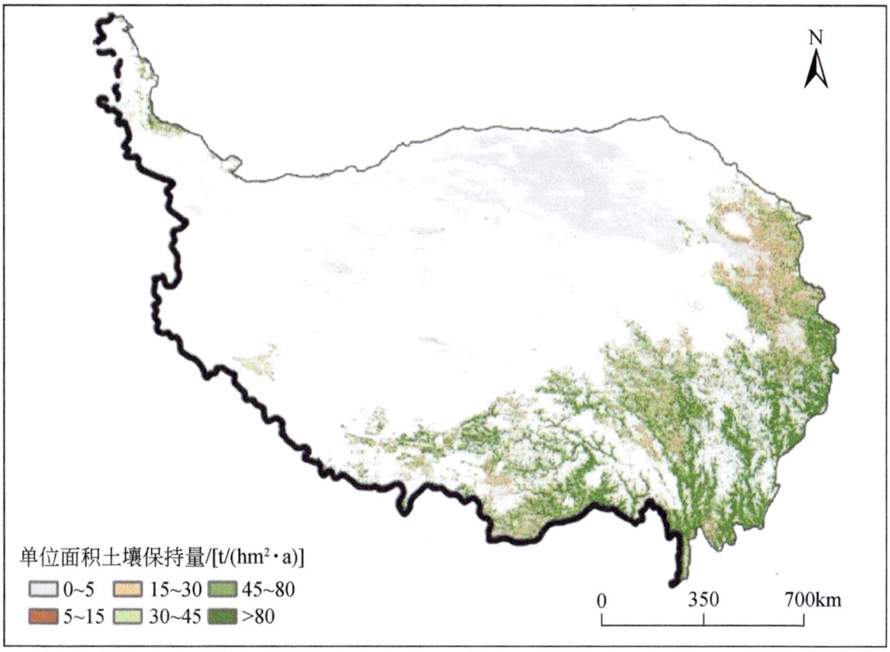

图 16-14　2010～2015 年陆地生态系统单位面积土壤保持量空间分布

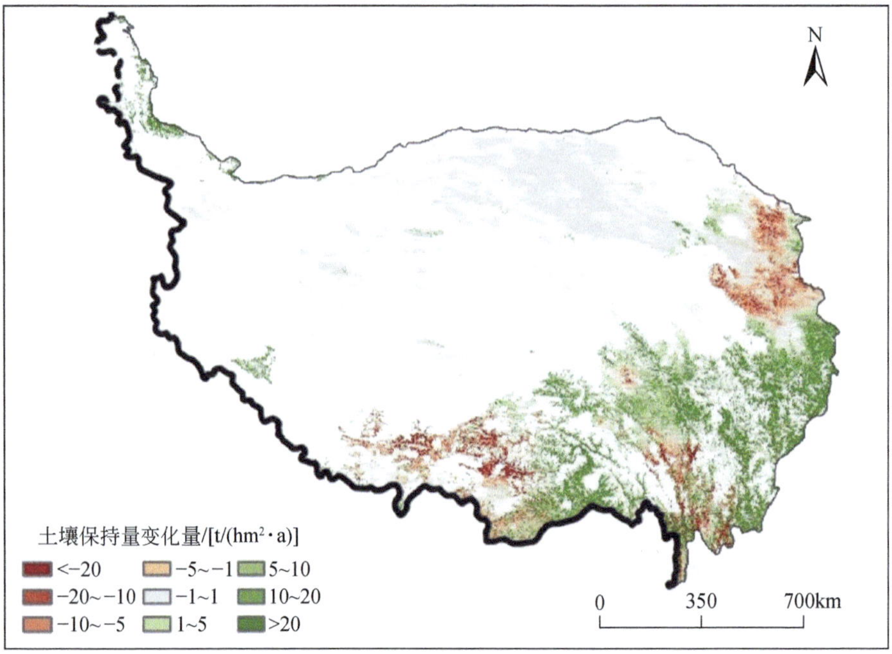

图 16-15　两时段土壤保持量变化量

2000～2010 年农田土壤水蚀模数为 13.49t/(hm^2·a)，土壤水蚀量为 0.2 亿 t/a，单位面积土壤保持量为 59.98t/(hm^2·a)，土壤保持量为 0.91 亿 t/a。2010～2015 年农田土壤水蚀模数为 10.73t/(hm^2·a)，土壤水蚀量为 0.17 亿 t/a，单位面积土壤保持量为 65.75t/(hm^2·a)，土壤保持量为 1.06 亿 t/a。与 2000～2010 年相比，2010～2015 年土壤水蚀模数下降了 20.46%，土壤水蚀量下降了 15.00%，单位面积土壤保持量上升了 9.62%，土壤保持量上升了 16.48%。

2000～2010 年森林土壤水蚀模数为 28.62t/(hm^2·a)，土壤水蚀量为 5.34 亿 t/a，单位面积土壤保持量为 112.59t/(hm^2·a)，土壤保持量为 21.02 亿 t/a。2010～2015 年森林土壤水蚀模数为 20.73t/(hm^2·a)，土壤水蚀量为 3.83 亿 t/a，单位面积土壤保持量为 132.96t/(hm^2·a)，土壤保持量为 24.53 亿 t/a。与 2000～2010 年相比，2010～2015 年土壤水蚀模数下降了 27.57%，土壤水蚀量下降了 28.28%，单位面积土壤保持量上升了 18.09%，土壤保持量上升了 16.70%。

2000～2010 年草地土壤水蚀模数为 16.52t/(hm^2·a)，土壤水蚀量为 4.94 亿 t/a，单位面积土壤保持量为 45.33t/(hm^2·a)，土壤保持量为 13.55 亿 t/a。2010～2015 年草地土壤水蚀模数为 15.72t/(hm^2·a)，土壤水蚀量为 4.52 亿 t/a，单位面积土壤保持量为 57.37t/(hm^2·a)，土壤保持量为 16.52 亿 t/a。与 2000～2010 年相比，2010～2015 年土壤水蚀模数下降了 4.86%，土壤水蚀量下降了 8.50%，单位面积土壤保持量上升了 26.56%，土壤保持量上升了 21.92%。

总体来看，2010～2015 年，青藏高原地区农田、森林和草地的土壤水蚀模数、土壤水蚀量与 2000～2010 年相比均下降，森林地区土壤水蚀量下降最多；农田、森林和草地的单位面积土壤保持量和土壤保持总量与 2000 ~ 2010 年相比均增加，草地土壤保持量增加最多。青藏高原地区整体表现为土壤水蚀下降，土壤保持量增加，土壤保持服务功能得到改善。

16. 2. 3. 3　防风固沙

2015 年，土壤风蚀模数为 8. 27t/(hm^2 · a)，土壤风蚀量为 11. 87 亿 t/a，生态系统防风固沙量为 7. 3 亿 t/a，单位面积防风固沙量为 5. 09t/(hm^2 · a)。其中，农田类型区土壤风蚀模数为 1. 4t/(hm^2 · a)，土壤风蚀量为 0. 02 亿 t/a，生态系统防风固沙量为0. 24 亿 t/a，单位面积防风固沙量为 13. 53t/(hm^2 · a)；森林类型区土壤风蚀模数为 0. 3t/(hm^2 · a)，土壤风蚀量为 0. 07 亿 t/a，生态系统防风固沙量为 1. 78 亿 t/a，单位面积防风固沙量为 7. 29t/(hm^2 · a)；草地类型区土壤风蚀模数为 3. 84t/(hm^2 · a)，土壤风蚀量为 2. 58 亿 t/a，生态系统防风固沙量为 3. 97 亿 t/a，单位面积防风固沙量为 5. 92t/(hm^2 · a)；荒漠类型区土壤风蚀模数为 46. 17t/(hm^2 · a)，土壤风蚀量为 8. 15 亿 t/a，生态系统防风固沙量为 0. 68 亿 t/a，单位面积防风固沙量为 3. 86t/(hm^2 · a)（图 16-16、图 16-17）。

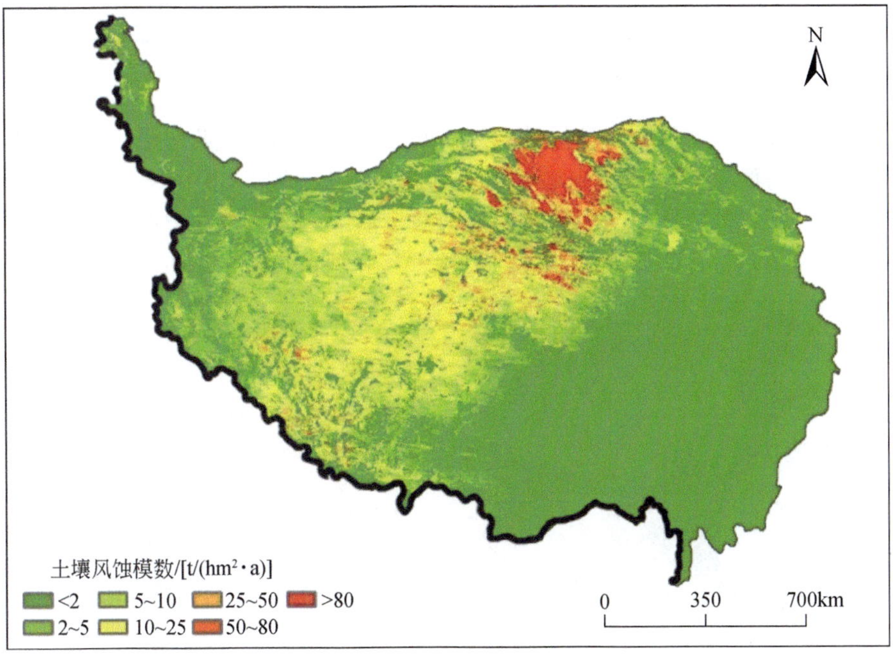

图 16-16　2015 年陆地生态系统土壤风蚀模数空间分布

2000 ~ 2010 年土壤风蚀模数为 7. 79t/(hm^2 · a)，土壤风蚀量为 11. 17 亿 t/a，单位面积防风固沙量为 5. 85t/(hm^2 · a)，防风固沙量为 8. 39 亿 t/a。2010 ~ 2015 年土壤风蚀模数为 6. 9t/(hm^2 · a)，土壤风蚀量为 9. 9 亿 t/a，单位面积防风固沙量为 4. 97t/(hm^2 · a)，防风固沙量为 7. 13 亿 t/a。与 2000 ~ 2010 年相比，2010 ~ 2015 年土壤风蚀模数下降了 11. 42%，土壤风蚀量下降了 11. 37%，单位面积防风固沙量下降了 15. 04%；防风固沙量下降了 15. 02%。

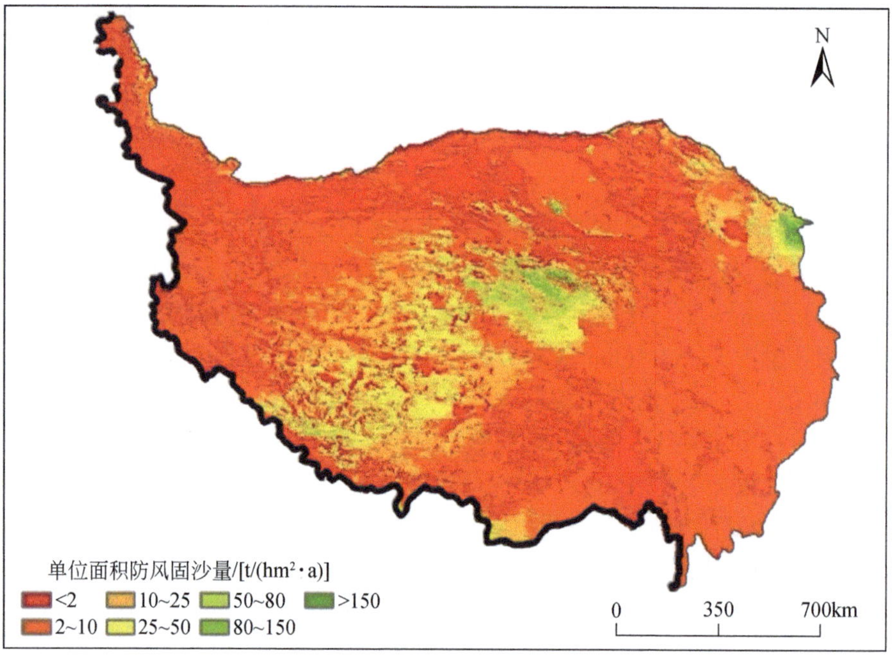

图 16-17　2015 年陆地生态系统单位面积防风固沙量空间分布

青藏高原区陆地生态系统土壤风蚀模数空间分布为中部高、两边低，呈中部向两边递减的趋势，其中海西蒙古族藏族自治州风蚀力最大。与 2000～2010 年相比，2010～2015 年青藏高原区西部风蚀力明显减弱，特别是西藏自治区中部地区，但西藏自治区中部地区和西南边缘地区的单位面积防风固沙量则明显下降（图 16-18～图 16-23）。

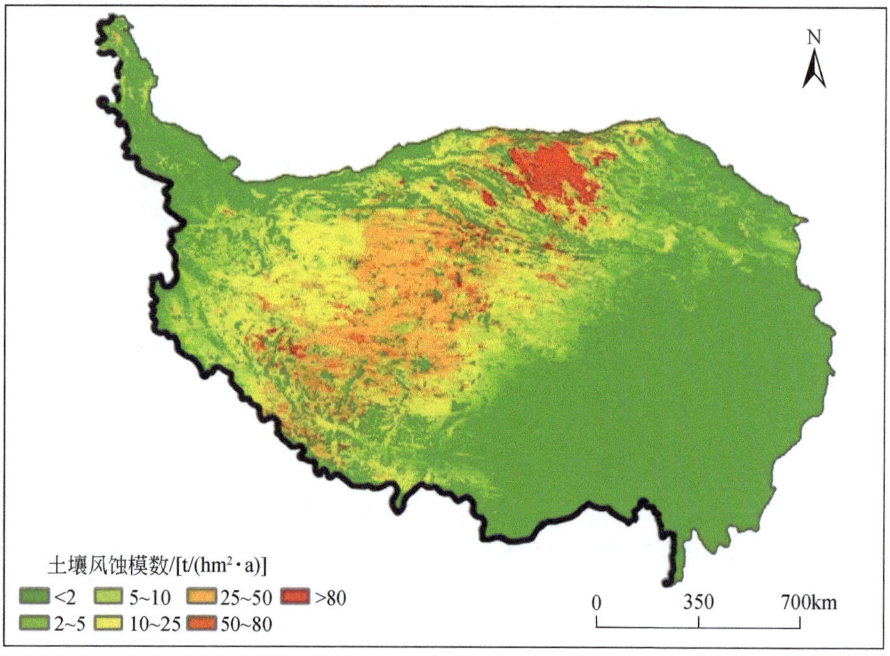

图 16-18　2000～2010 年陆地生态系统土壤风蚀模数空间分布

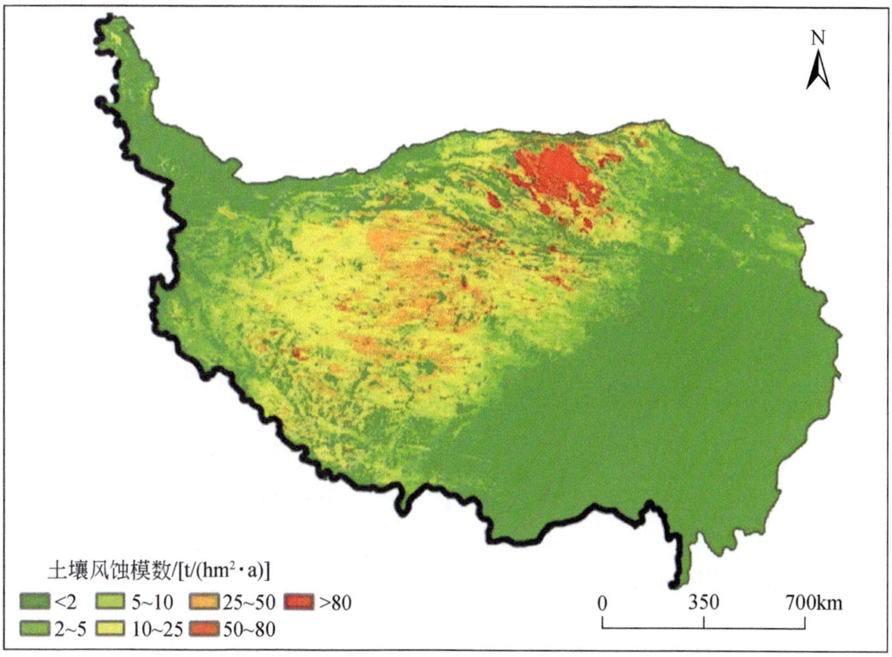

图 16-19　2010～2015 年陆地生态系统土壤风蚀模数空间分布

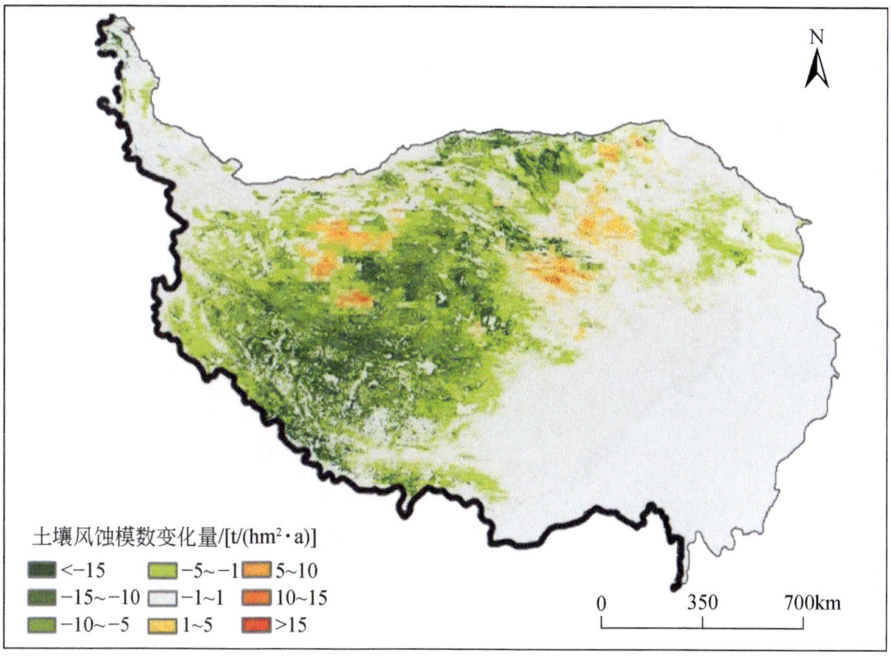

图 16-20　两时段土壤风蚀模数变化量

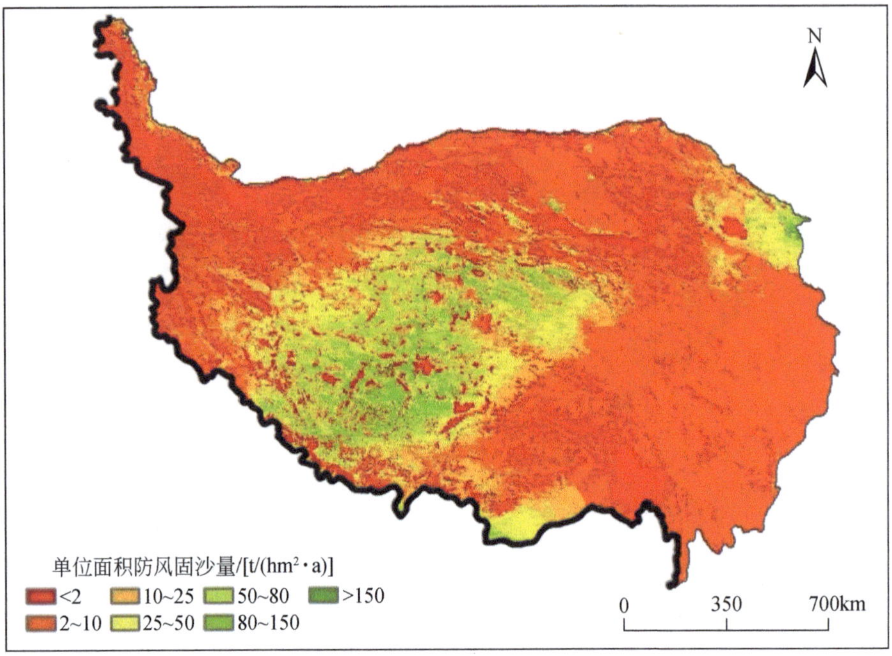

图 16-21　2000 ~ 2010 年陆地生态系统单位面积防风固沙量空间分布

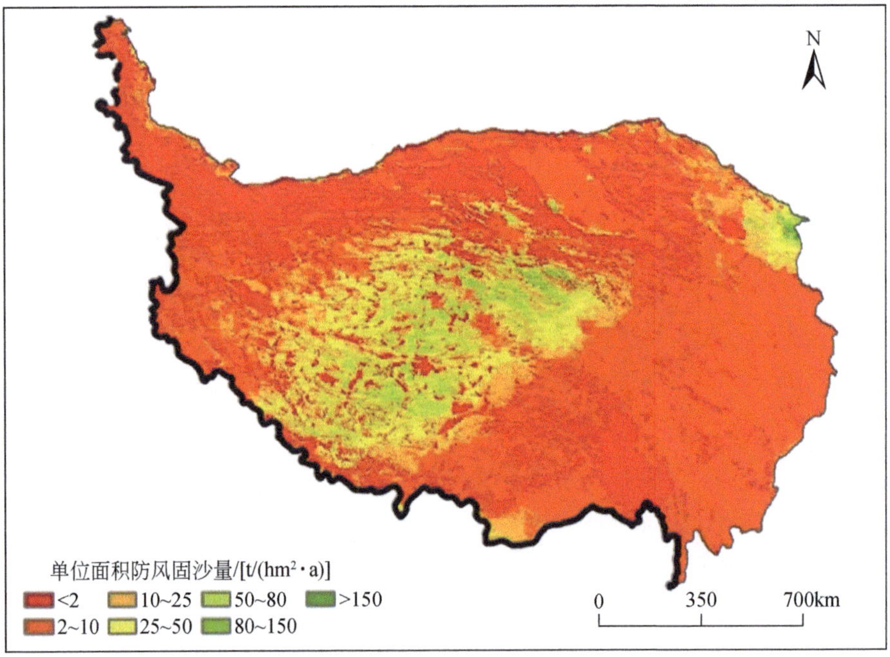

图 16-22　2010 ~ 2015 年陆地生态系统单位面积防风固沙量空间分布

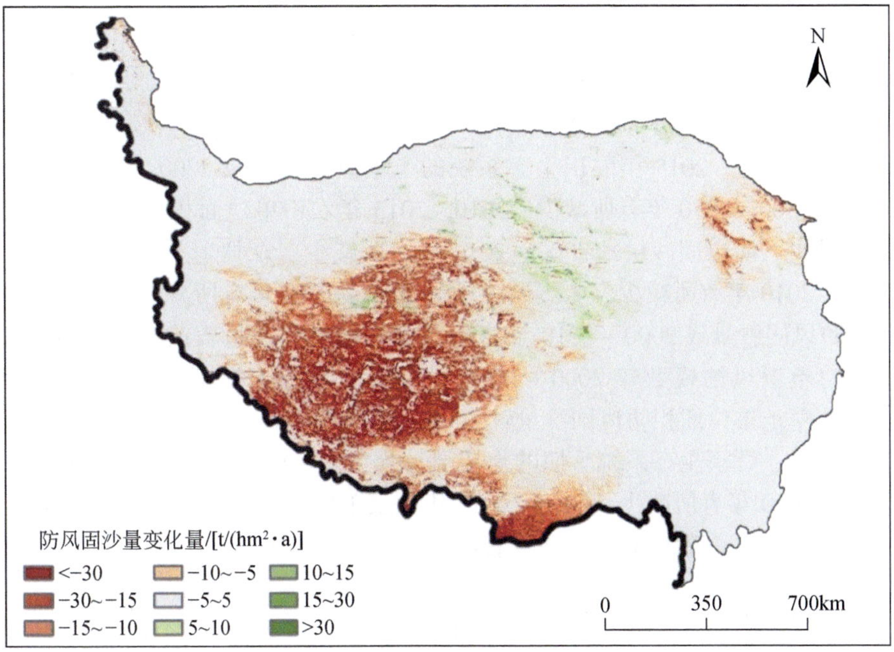

图 16-23　两时段防风固沙量变化量

2000～2010 年农田土壤风蚀模数为 2.05t/(hm^2·a)，土壤风蚀量为 0.03 亿 t/a，单位面积防风固沙量为 14.7t/(hm^2·a)，防风固沙量为 0.24 亿 t/a。2010～2015 年农田土壤风蚀模数为 1.45t/(hm^2·a)，土壤风蚀量为 0.03 亿 t/a，单位面积防风固沙量为 12.07t/(hm^2·a)，防风固沙量为 0.21 亿 t/a。与 2000～2010 年相比，2010～2015 年土壤风蚀模数下降了 29.27%，土壤风蚀量下降了 24.01%，单位面积防风固沙量下降了 17.89%，防风固沙量下降了 12.50%。

2000～2010 年森林土壤风蚀模数为 0.3t/(hm^2·a)，土壤风蚀量为 0.07 亿 t/a，单位面积防风固沙量为 8.68t/(hm^2·a)，防风固沙量为 2.01 亿 t/a。2010～2015 年森林土壤风蚀模数为 0.27t/(hm^2·a)，土壤风蚀量为 0.07 亿 t/a，单位面积防风固沙量为 6.35t/(hm^2·a)，防风固沙量为 1.55 亿 t/a。与 2000～2010 年相比，2010～2015 年土壤风蚀模数下降了 10.00%，土壤风蚀量下降了 3.9%，单位面积防风固沙量下降了 26.84%，防风固沙量下降了 22.89%。

2000～2010 年草地土壤风蚀模数为 5.17t/(hm^2·a)，土壤风蚀量为 3.37 亿 t/a，单位面积防风固沙量为 7.59t/(hm^2·a)，防风固沙量为 4.95 亿 t/a。2010～2015 年草地土壤风蚀模数为 3.39t/(hm^2·a)，土壤风蚀量为 2.27 亿 t/a，单位面积防风固沙量为 5.9t/(hm^2·a)，防风固沙量为 3.96 亿 t/a。与 2000～2010 年相比，2010～2015 年土壤风蚀模数下降了 34.43%，土壤风蚀量下降了 32.64%，单位面积防风固沙量下降了 22.27%，防风固沙量下降了 20.00%。

2000～2010 年荒漠土壤风蚀模数为 38.87t/(hm^2·a)，土壤风蚀量为 6.99 亿 t/a，单位面积防风固沙量为 4.78t/(hm^2·a)，防风固沙量为 0.86 亿 t/a。2010～2015 年荒漠土

壤风蚀模数为 37.19t/(hm^2·a)，土壤风蚀量为 6.56 亿 t/a，单位面积防风固沙量为 4.24t/(hm^2·a)，防风固沙量为 0.75 亿 t/a。与 2000～2010 年相比，2010～2015 年土壤风蚀模数下降了 4.32%，土壤风蚀量下降了 6.15%，单位面积防风固沙量下降了 11.30%，防风固沙量下降了 12.79%。

总体来看，2010～2015 年农田生态系统的土壤风蚀模数较 2000～2010 年有所减少，土壤风蚀量较 2000～2010 年有所减少。2010～2015 年农田单位面积防风固沙量较 2000～2010 年有所减少，防风固沙量较 2000～2010 年有所减少；森林生态系统后期的土壤风蚀模数较 2000～2010 年有所减少，土壤风蚀量较 2000～2010 年有所减少。2010～2015 年森林单位面积防风固沙量较 2000～2010 年有所减少，防风固沙量较前期有所减少；草地生态系统后期的土壤风蚀模数较 2000～2010 年有所减少，土壤风蚀量较前期有所减少。2010～2015 年草地单位面积防风固沙量较 2000～2010 年有所减少，防风固沙量较 2000～2010 年有所减少；荒漠生态系统后期的土壤风蚀模数较 2000～2010 年有所减少，土壤风蚀量较 2000～2010 年有所减少。2010～2015 年荒漠单位面积防风固沙量较 2000～2010 年有所减少，防风固沙量较 2000～2010 年有所减少。

16.2.4 生态状况恢复状况综合评估

青藏高原 2000～2010 年和 2010～2015 年两个时段，农田生态系统面积均有所减少；森林生态系统面积在前期有所减少，在后期有所增加；草地生态系统面积前期显著减少，后期有所增加；水体与湿地生态系统面积均呈增加趋势；聚落生态系统面积均明显上升；荒漠生态系统前期增加，后期明显减少；其他生态系统均有所减少。

2000～2010 年与 2010～2015 年相比，森林、草地生态系统水源涵养功能后一时段较前一时段略有减少；水体和湿地生态系统后一时段较前一时段明显增加。森林与草地类型区年均土壤水蚀模数、土壤水蚀量及土壤保持量后一时段均略低于前一时段。农田类型区土壤水蚀模数后一时段低于前一时段，土壤水蚀量两时段基本持平，土壤保持量后一时段略高于前一时段。两个时段，森林类型区土壤风蚀模数后一时段明显高于前一时段，土壤风蚀量、防风固沙量后一时段略高于前一时段。草地类型区土壤风蚀模数、土壤风蚀量、防风固沙量后一时段均低于前一时段。农田类型区土壤风蚀模数后一时段低于前一时段，土壤风蚀量、防风固沙量两时间段基本持平。荒漠类型区土壤风蚀模数后一时段明显低于前一时段，土壤风蚀量、防风固沙量后一时段高于前一时段。

青藏高原作为全球最为典型的生态脆弱型地区，可利用土地资源稀缺、人地关系矛盾突出，近代以来不断加剧的过度放牧、城镇化建设以及旅游活动等造成的土地利用结构变化严重影响着生态环境的变化（张晓瑶等，2021）。与气候变化影响的间接性相比，青藏高原地区人类活动的影响更加深刻直接。

受全球气候变化和人类活动共同影响，青藏高原面临冰川消融、草地退化、土地沙化、生物多样性受损等生态问题，高原生态系统不稳定。超过 70% 的草原存在不同程度的退化问题，西藏和青海黑土滩型草原面积达 1100 万 hm^2，草原鼠害严重；在强盛风力和气候干旱共同作用下，土地沙化加剧，西藏和青海沙化土地面积合计 3412 万 hm^2，占全国沙化土地面积的19.78%；区内水土流失面积约2590万hm^2。通过对青藏高原生态状况恢复状况进行综合评估分析发现，青藏高原生态修复取得了一定成效，但部分地区生态修复成效不明显，仍需进一步开展生态保护与修复。今后，青藏高原应以推动高寒生态系统自然恢复为导向，立足三江源草原草甸湿地生态功能区等7个国家重点生态功能区，全面保护草原、河湖、湿地、冰川、荒漠等生态系统，加快建立健全以国家公园为主体的自然保护地体系，进一步突出对原生地带性植被、特有珍稀物种及其栖息地的保护，加大沙化土地封禁保护力度，科学开展天然林草恢复、退化土地治理、矿山生态修复和人工草场建设等人工辅助措施，促进区域野生动植物种群恢复和生物多样性保护，提升高原生态系统结构完整性和功能稳定性。

16.3 黄土高原生态恢复遥感监测与评估

16.3.1 区域概况

黄土高原是我国四大高原之一，也是世界上面积最大的黄土堆积区。它东起太行山，西至乌鞘岭日月山，南接秦岭，北至长城，位于100°54′E～114°33′E，33°43′N～41°16′N，位于中国中部偏北的黄河中游及海河上游地区，面积约为62.5万km^2。黄土高原地处从平原向山地高原过渡、从沿海向内陆过渡、从湿润向干旱过渡、从森林向草原过渡、从农业向牧业过渡的地区，其温度日较差大，降水分布不平衡；地貌类型以黄土塬、黄土梁和峁为主，沟谷众多，地面破碎；植被类型从东南到西北呈森林向草原过渡的总体趋势。

黄土高原地区各种自然要素相互交错，自然环境条件不够稳定，抵御自然灾害的能力低。随着人口的增加，人类活动的加剧，环境逐渐恶化。在现有的经济、技术条件下，黄土高原的环境遭到破坏后恢复困难。因此，黄土高原虽然具有煤炭、石油、铝土矿等自然资源丰富的优势，但却存在气候变化敏感、生态环境脆弱的劣势，现该区已作为黄河中上游水土保持的重点防治区域（孙文义等，2014）。

16.3.2 生态系统宏观结构恢复监测评估

2015年，在陆地生态系统中，农田生态系统面积约为19.69万km^2，占31.55%；森林生态系统面积约为9.46万km^2，占15.17%；草地生态系统面积约为26.00万km^2，占41.67%；水体与湿地生态系统面积约为0.95万km^2，占1.52%；聚落生态系统面积约为2.47万km^2，占3.97%；荒漠生态系统面积约为3.27万km^2，占5.25%；其他生态系统面积约为0.54万km^2，占0.87%（表16-4）。

表16-4　2015年陆地生态系统宏观结构面积统计

中国陆地生态系统类型	面积/km^2	占全国陆地总面积比例/%
农田生态系统	196 924	31.55

续表

中国陆地生态系统类型	面积/km^2	占全国陆地总面积比例/%
森林生态系统	94 632	15. 17
草地生态系统	259 998	41. 67
水体与湿地生态系统	9511	1. 52
聚落生态系统	24 747	3. 97
荒漠生态系统	32 732	5. 25
其他生态系统	5 439	0. 87

各生态系统主要分布如图 16-24，农田生态系统和森林生态系统主要分布半湿润区和半干旱区，主要位于黄土高原东南及东部地区；草地生态系统在半湿润区、半干旱区和干旱区均有分布，在干旱区分布比例略大一些；聚落生态系统主要分布在半湿润区；荒漠生态系统主要分布在干旱区，大部分集中在鄂尔多斯市。

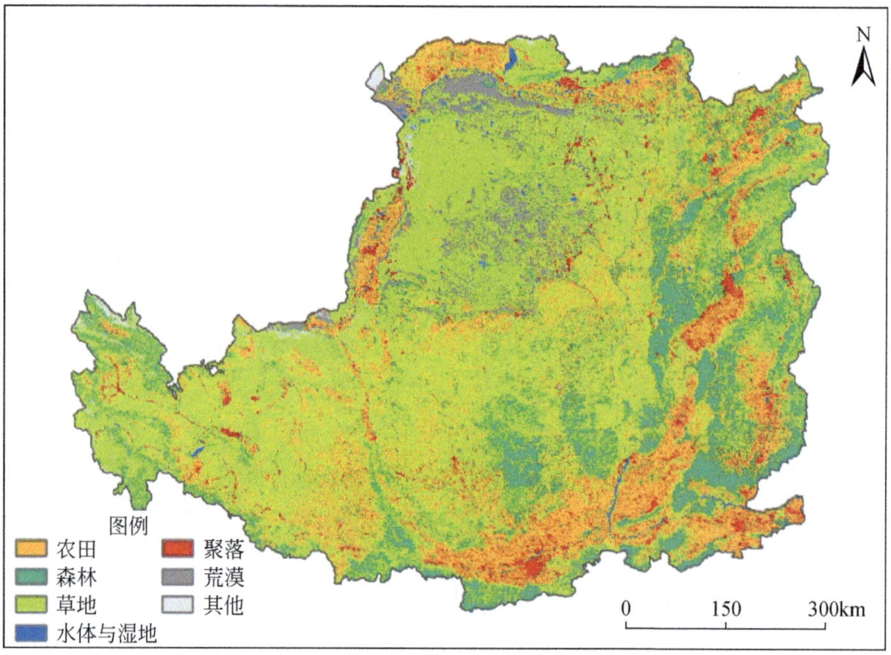

图 16-24　2015 年陆地生态系统主要类型分布

分析 2000 ~ 2010 年和 2010 ~ 2015 年两个时段各生态系统类型面积变化（表 16-5、表 16-6）发现，两个时段，农田生态系统面积均显著减少；森林生态系统面积前一阶段明显增加，后一阶段有所减少；草地生态系统面积均有所减少；水体与湿地生态系统面积均有所增加；聚落生态系统面积明显增加，而且后期增加速率高于前期；荒漠生态系统面积均有所减少。

表 16-5　2000～2010 年各生态系统类型面积变化

生态系统类型	变化面积/km^2	变化比例/%	年变化速率/%	变化程度
农田生态系统	-4957	-2.25	-0.22	轻微下降
森林生态系统	2773	3	0.3	轻微上升
草地生态系统	-247	-0.1	-0.01	基本持平
水体与湿地生态系统	284	3.67	0.37	轻微上升
聚落生态系统	1839	18.1	1.81	明显上升
荒漠生态系统	-9	-0.02	0	基本持平
其他生态系统	317	8.57	0.86	较明显上升

表 16-6　2010～2015 年各生态系统类型面积变化

生态系统类型	变化面积/km^2	变化比例/%	年变化速率/%	变化程度
农田生态系统	-18 679	-8.66	-1.73	较明显下降
森林生态系统	-544	-0.57	-0.11	基本持平
草地生态系统	7 605	3.01	0.6	轻微上升
水体与湿地生态系统	1 482	18.46	3.69	明显上升
聚落生态系统	12 749	106.26	21.25	明显上升
荒漠生态系统	-4 042	-10.99	-2.2	明显下降
其他生态系统	1 423	35.43	7.09	明显上升

16.3.3　生态系统服务功能恢复监测评估

16.3.3.1　水源涵养

2015 年，黄土高原森林、草地、水体与湿地生态系统水源涵养量为 146.02 亿 m^3/a，单位面积水源涵养量为 266.15$m^3/(hm^2 \cdot a)$。其中，森林生态系统水源涵养量为 64.2 亿 m^3/a，单位面积水源涵养量为 698.81$m^3/(hm^2 \cdot a)$；草地生态系统水源涵养量为 49.5 亿 m^3/a，单位面积水源涵养量为 193.72$m^3/(hm^2 \cdot a)$；水体与湿地生态系统水源涵养量为 4.79 亿 m^3/a，单位面积水源涵养量为 639.46$m^3/(hm^2 \cdot a)$（图 16-25）。

2000～2010 年森林、草地、水体与湿地生态系统水源涵养量为 155.86 亿 m^3/a，单位面积水源涵养量为 284.07$m^3/(hm^2 \cdot a)$；2010～2015 年森林、草地、水体与湿地生态系统年均水源涵养量为 169.6 亿 m^3/a，单位面积水源涵养量为 309.12$m^3/(hm^2 \cdot a)$。与2000～2010 年相比，2010～2015 年的年均水源涵养量上升了 8.82%，单位面积水源涵养量上升了 8.82%。

黄土高原区陆地生态系统水源涵养量基本呈由半湿润区向干旱区递减的趋势，其中，水源涵养服务最高的为半湿润区和高原区，其次为半干旱区，最低的为干旱区。与 2000～

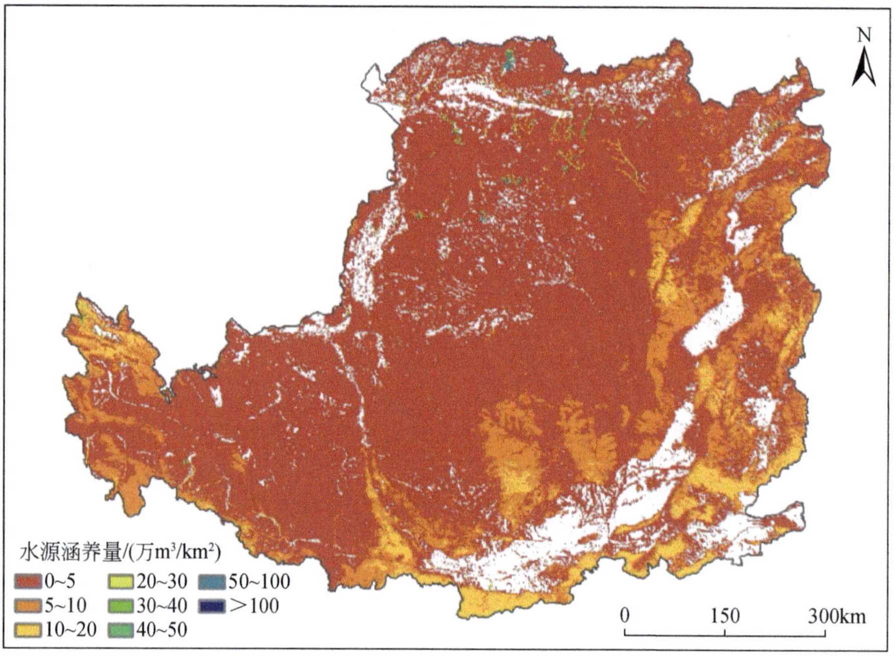

图 16-25　2015 年陆地生态系统水源涵养量空间分布

2010 年相比，2010 ~ 2015 年黄土高原半湿润区和半干旱区单位面积水源涵养量呈上升趋势，其中中部半湿润区和半干旱区的水源涵养能力明显增强；干旱区和高原区单位面积水源涵养量则呈下降趋势，但下降比例不高（图 16-26 ~ 图 16-28）。

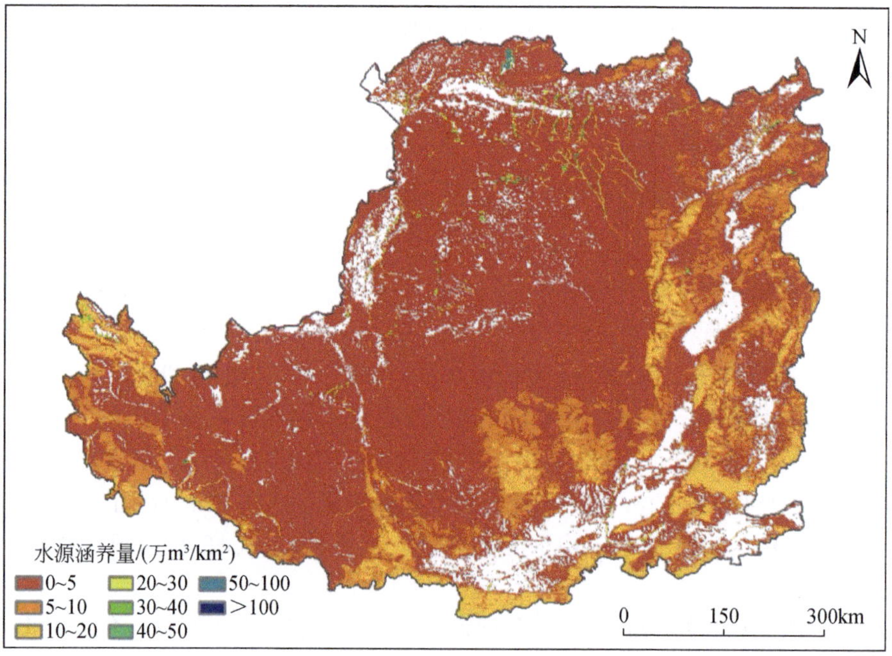

图 16-26　2000 ~ 2010 年陆地生态系统水源涵养量空间分布

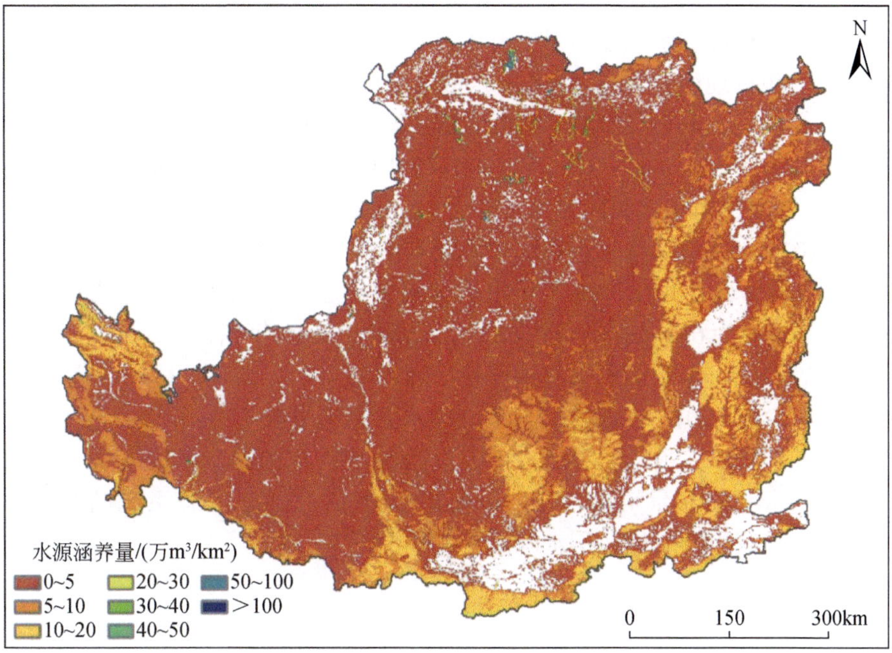

图 16-27　2010 ~2015 年陆地生态系统水源涵养量空间分布

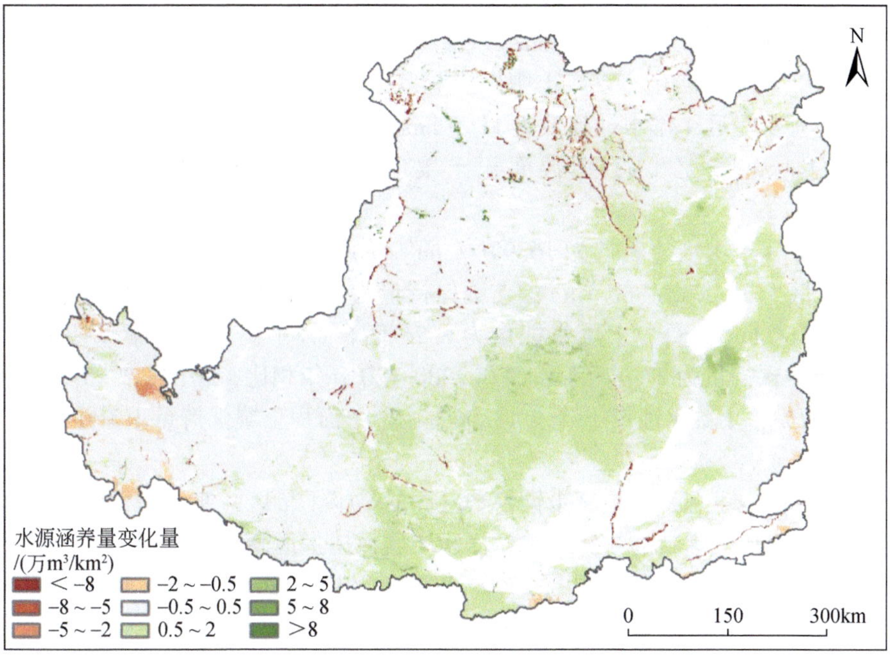

图 16-28　两时段水源涵养量变化量

2000 ~2010 年森林生态系统水源涵养量为 69.96 亿 m^3/a，单位面积水源涵养量为 758.1$m^3/(hm^2 \cdot a)$；2010 ~2015 年森林生态系统水源涵养量为 74.26 亿 m^3/a，单位面积水源涵养量为 808.36$m^3/(hm^2 \cdot a)$。与 2000～2010 年相比，2010～2015 年的水源涵养量上升了 6.15%，单位面积水源涵养量上升了 6.63%。

2000～2010 年草地生态系统水源涵养量为 49.77 亿 m^3/a，单位面积水源涵养量为 201.04$m^3/(hm^2 \cdot a)$；2010～2015 年草地生态系统水源涵养量为 58.6 亿 m^3/a，单位面积水源涵养量为 229.29$m^3/(hm^2 \cdot a)$。与 2000～2010 年相比，2010～2015 年的水源涵养量上升了 17.74%，单位面积水源涵养量上升了 14.05%。

2000～2010 年水体与湿地生态系统水源涵养量为 5.27 亿 m^3/a，单位面积水源涵养量为 849.16$m^3/(hm^2 \cdot a)$；2010～2015 年水体与湿地生态系统水源涵养量为 4.89 亿 m^3/a，单位面积水源涵养量为 652.4$m^3/(hm^2 \cdot a)$。与 2000～2010 年相比，2010～2015 年的水源涵养量下降了 7.21%，单位面积水源涵养量下降了 23.17%。

总体来看，2010～2015 年森林生态系统的水源涵养量较 2000～2010 年有所增加，单位面积水源涵养量增加；2010～2015 年草地生态系统的水源涵养量较 2000～2010 年有所增加，单位面积水源涵养量增加；2010～2015 年水体与湿地生态系统的水源涵养量较 2000～2010 年有所减少，单位面积水源涵养量减少。

16.3.3.2 土壤保持

2015 年，土壤水蚀模数为 9.34$t/(hm^2 \cdot a)$，土壤水蚀量为 5.54 亿 t/a，生态系统土壤保持量为 15.17 亿 t/a，单位面积土壤保持量为 25.58$t/(hm^2 \cdot a)$。其中，农田类型区土壤水蚀模数为 9.41$t/(hm^2 \cdot a)$，土壤水蚀量为 1.8 亿 t/a，生态系统土壤保持量为 3.21 亿 t/a，单位面积土壤保持量为 16.82$t/(hm^2 \cdot a)$；森林类型区土壤水蚀模数为 7.65$t/(hm^2 \cdot a)$，土壤水蚀量为 0.7 亿 t/a，生态系统土壤保持量为 6 亿 t/a，单位面积土壤保持量为 65.42$t/(hm^2 \cdot a)$；草地类型区土壤水蚀模数为 11$t/(hm^2 \cdot a)$，土壤水蚀量为 2.8 亿 t/a，生态系统土壤保持量为 5.78 亿 t/a，单位面积土壤保持量为 22.69$t/(hm^2 \cdot a)$（图 16-29、图 16-30）。

2000～2010 年土壤水蚀模数为 16.99$t/(hm^2 \cdot a)$，土壤水蚀量为 10.08 亿 t/a，单位面积土壤保持量为 31.57$t/(hm^2 \cdot a)$，土壤保持量为 18.72 亿 t/a。2010～2015 年土壤水蚀模数为 13.92$t/(hm^2 \cdot a)$，土壤水蚀量为 8.26 亿 t/a，单位面积土壤保持量为 46.65$t/(hm^2 \cdot a)$，土壤保持量为 27.67 亿 t/a。与 2000～2010 年相比，2010～2015 年土壤水蚀模数下降了 18.07%，土壤水蚀量下降了 18.06%，单位面积土壤保持量上升了 47.77%，土壤保持量上升了 47.81%。

黄土高原区陆地生态系统土壤水蚀模数最高的是半干旱区，基本呈由半干旱区向半湿润区、干旱区和高原区递减的趋势；单位面积土壤保持量最高的是半湿润区，其次为半干旱区和高原区，最低的是干旱区。与 2000～2010 年相比，2011～2015 年半湿润区、半干旱区、干旱区和高原区的土壤水蚀模数均有所下降，其中半湿润区下降比例最大，这与退耕还林还草工程的实施有一定的关系；就土壤保持量而言，半湿润区和半干旱区单位面积土壤保持量显著上升，干旱区增加比例较小，而高原区却明显下降（图 16-31～图 16-36）。

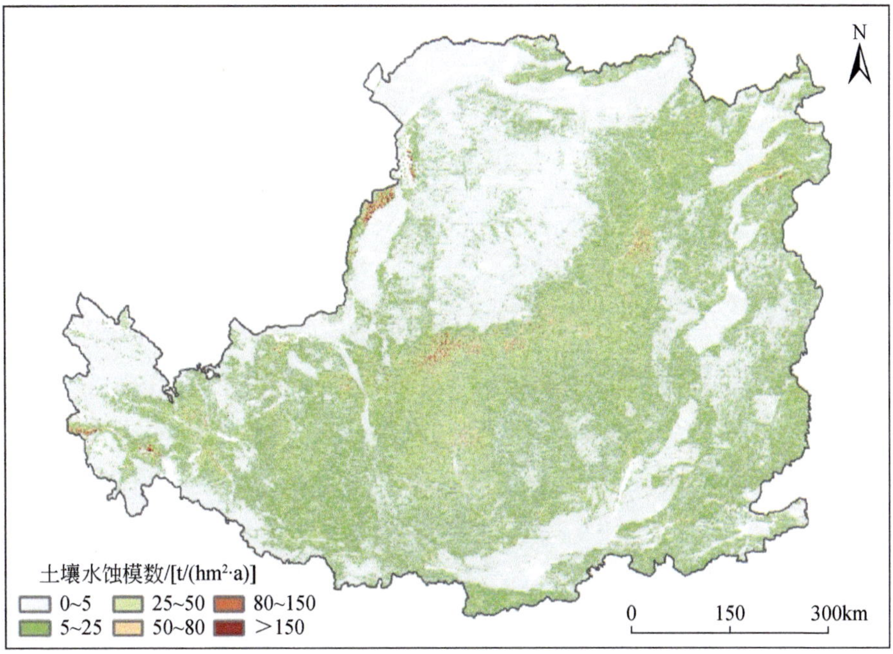

图 16-29　2015 年陆地生态系统土壤水蚀模数空间分布

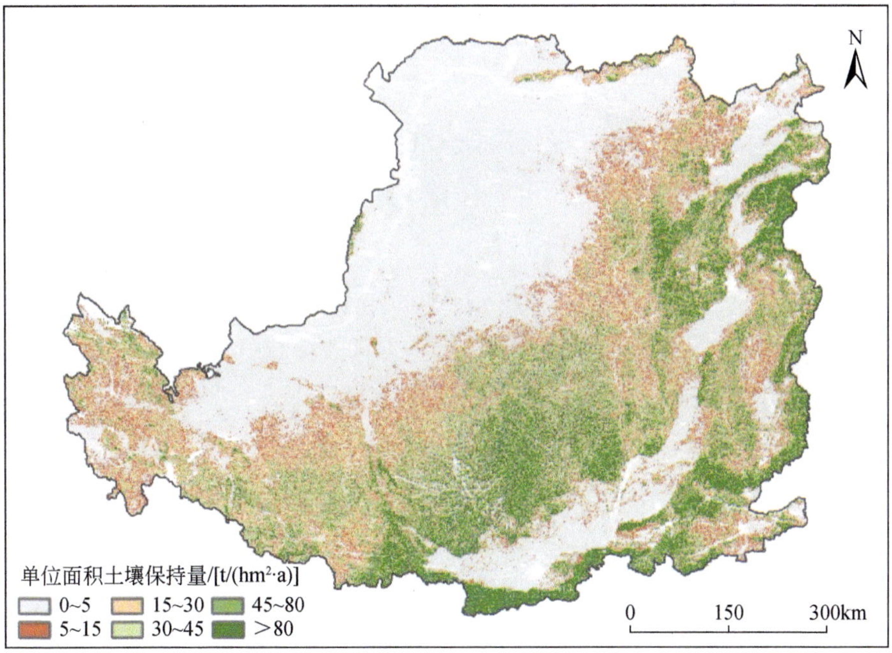

图 16-30　2015 年陆地生态系统单位面积土壤保持量空间分布

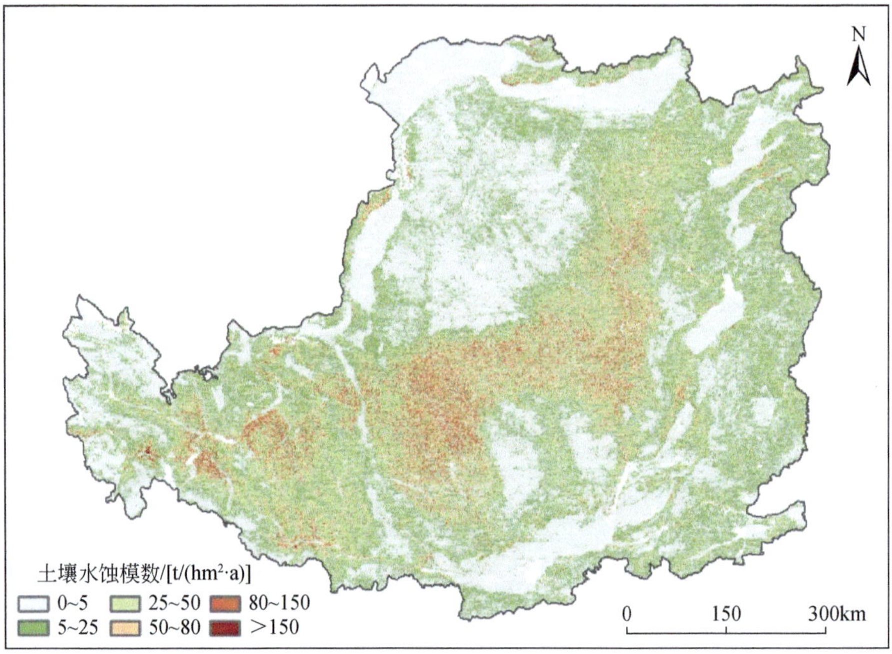

图 16-31　2000 ~ 2010 年陆地生态系统土壤水蚀模数空间分布

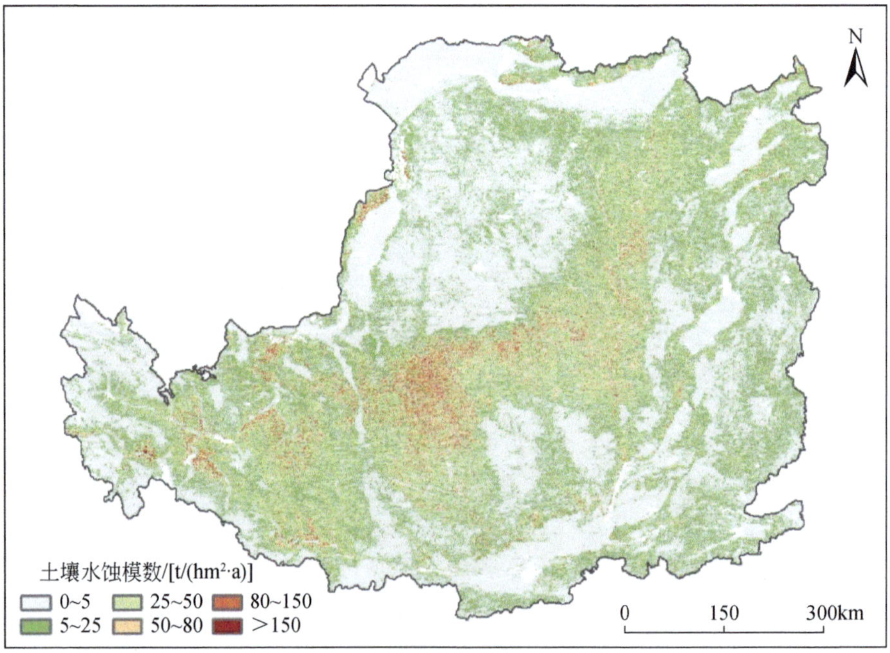

图 16-32　2010 ~ 2015 年陆地生态系统土壤水蚀模数空间分布

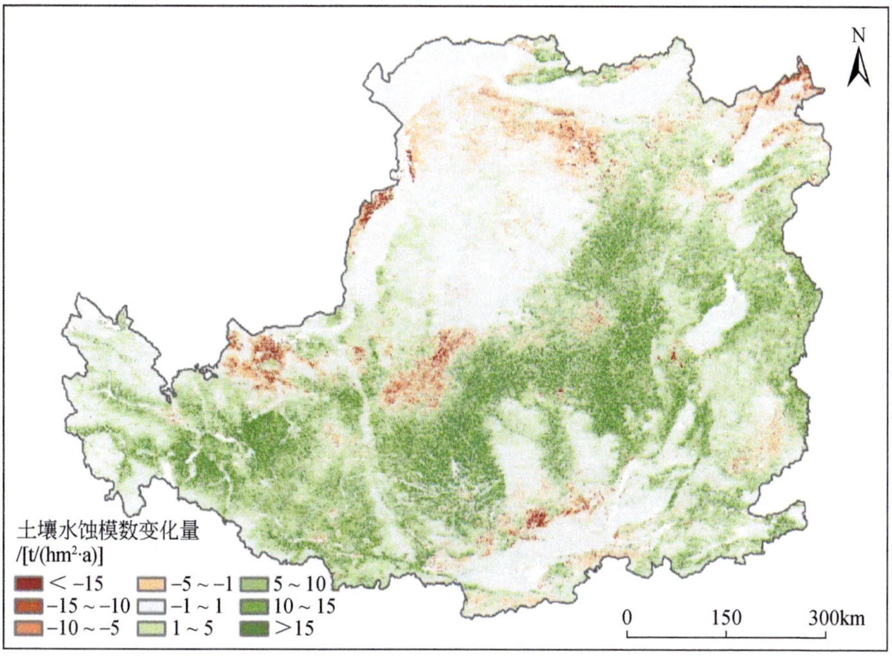

图 16-33　两时段土壤水蚀模数变化量

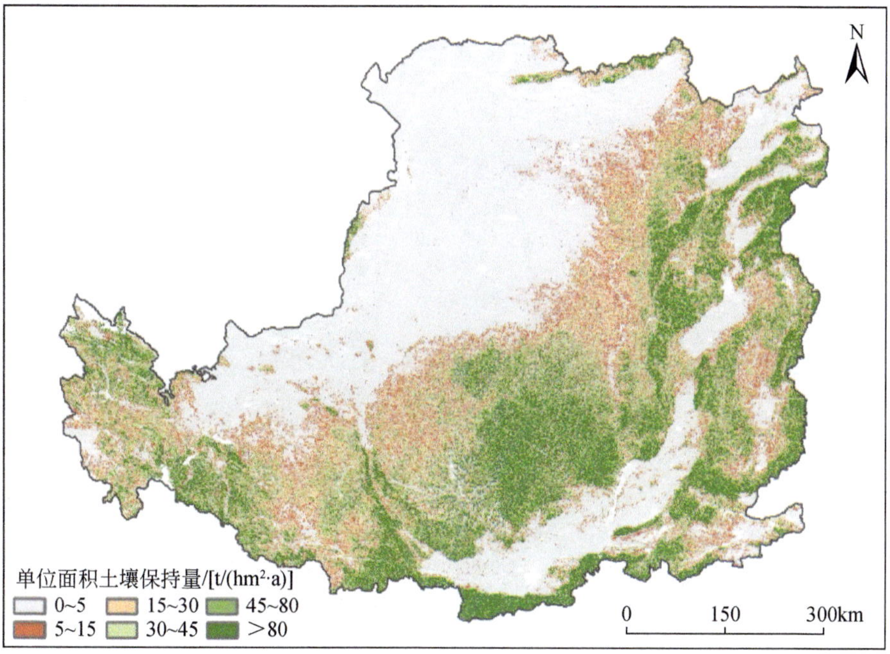

图 16-34　2000～2010 年陆地生态系统单位面积土壤保持量空间分布

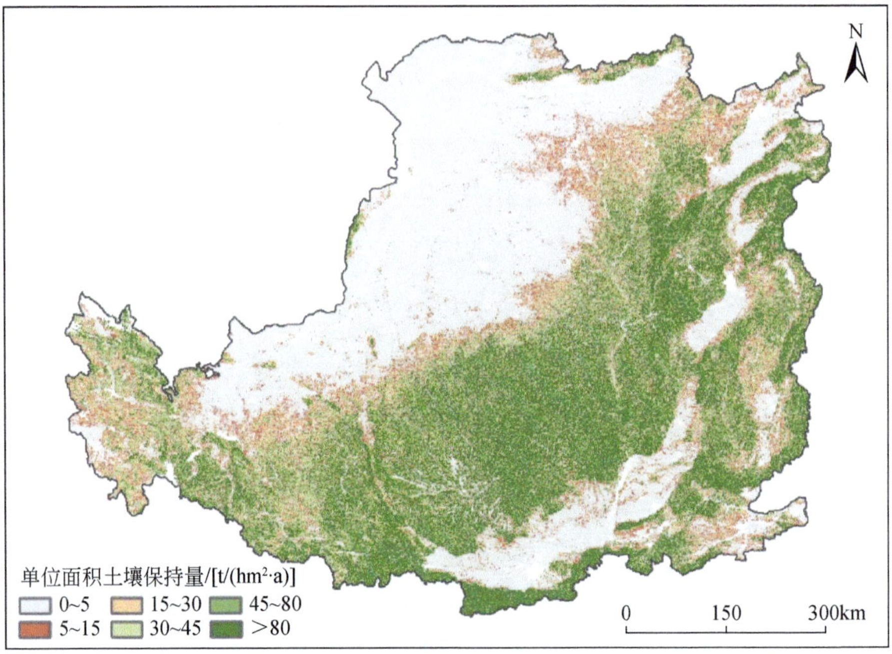

图 16-35　2010 ~ 2015 年陆地生态系统单位面积土壤保持量空间分布

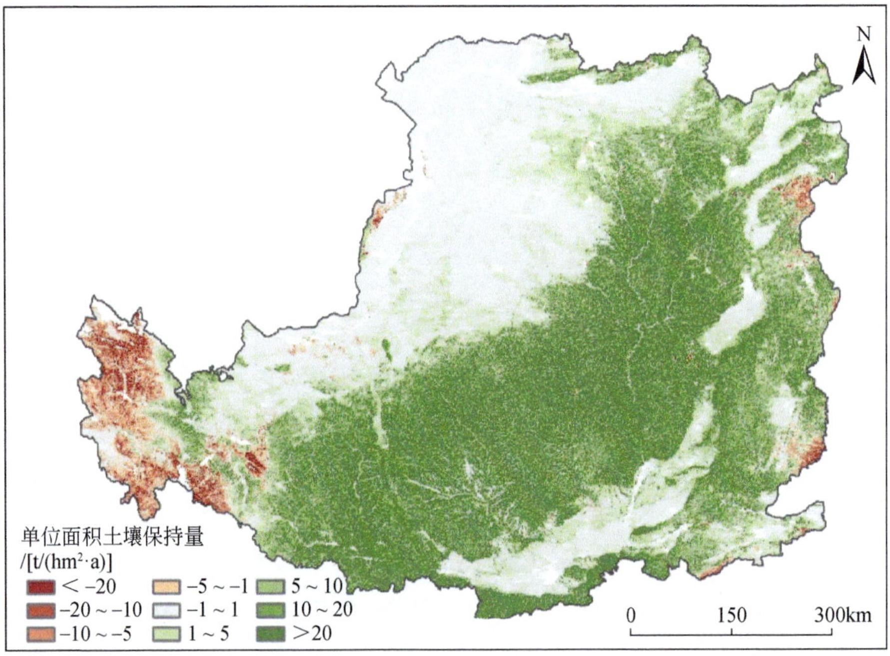

图 16-36　两时段单位面积土壤保持量变化量

2000～2010 年农田土壤水蚀模数为 17.91t/(hm^2·a)；土壤水蚀量为 3.75 亿 t/a，单位面积土壤保持量为 17.89t/(hm^2·a)，土壤保持量为 3.74 亿 t/a。2010～2015 年农田土壤水蚀模数为 14.78t/(hm^2·a)，土壤水蚀量为 2.82 亿 t/a，单位面积土壤保持量为 33.75t/(hm^2·a)，土壤保持量为 6.45 亿 t/a。与 2000～2010 年相比，2010～2015 年土壤水蚀模数下降了 17.48%，土壤水蚀量下降了 24.80%，单位面积土壤保持量上升了 88.65%，土壤保持量上升了 72.46%。

2000～2010 年森林土壤水蚀模数为 10.33t/(hm^2·a)，土壤水蚀量为 0.95 亿 t/a，单位面积土壤保持量为 85.72t/(hm^2·a)，土壤保持量为 7.91 亿 t/a。2010～2015 年森林土壤水蚀模数为 7.98t/(hm^2·a)，土壤水蚀量为 0.73 亿 t/a，单位面积土壤保持量为 106.6t/(hm^2·a)，土壤保持量为 9.78 亿 t/a。与 2000～2010 年相比，2010～2015 年土壤水蚀模数下降了 22.75%，土壤水蚀量下降了 23.16%，单位面积土壤保持量上升了 24.36%，土壤保持量上升了 23.64%。

2000～2010 年草地土壤水蚀模数为 20.58t/(hm^2·a)，土壤水蚀量为 5.09 亿 t/a，单位面积土壤保持量为 28.26t/(hm^2·a)，土壤保持量为 6.98 亿 t/a。2010～2015 年草地土壤水蚀模数为 16.93t/(hm^2·a)，土壤水蚀量为 4.31 亿 t/a，单位面积土壤保持量为 43.67t/(hm^2·a)，土壤保持量为 11.12 亿 t/a。与 2000～2010 年相比，2010～2015 年土壤水蚀模数下降了 17.74%，土壤水蚀量下降了 15.32%，单位面积土壤保持量上升了 54.53%，土壤保持量上升了 59.31%。

总体来看，在 2010～2015 年，黄土高原地区农田、森林和草地的土壤水蚀模数、土壤水蚀量与 2000～2010 年相比均下降，农田土壤水蚀量减少程度最大；农田、森林和草地的单位面积土壤保持量和土壤保持总量与 2000～2010 年相比均增加，农田土壤保持量增加程度最大。黄土高原地区整体表现为土壤水蚀下降，土壤保持量增加，土壤保持服务功能得到明显改善。

16.3.3.3 防风固沙

2015 年，土壤风蚀模数为 3.2t/(hm^2·a)，土壤风蚀量为 1.97 亿 t/a，生态系统防风固沙量为 8.76 亿 t/a，单位面积防风固沙量为 14.24t/(hm^2·a)。其中，农田类型区土壤风蚀模数为 2.1t/(hm^2·a)，土壤风蚀量为 0.41 亿 t/a，生态系统防风固沙量为1.98 亿 t/a，单位面积防风固沙量为 10.21t/(hm^2·a)；森林类型区土壤风蚀模数为 0.73t/(hm^2·a)，土壤风蚀量为 0.07 亿 t/a，生态系统防风固沙量为 1.54 亿 t/a，单位面积防风固沙量为 16.64t/(hm^2·a)；草地类型区土壤风蚀模数为 2.95t/(hm^2·a)，土壤风蚀量为 0.76 亿 t/a，生态系统防风固沙量为 4.07 亿 t/a，单位面积防风固沙量为 15.77t/(hm^2·a)；荒漠类型区土壤风蚀模数为 17.24t/(hm^2·a)，土壤风蚀量为 0.56 亿 t/a，生态系统防风固沙量为 0.73 亿 t/a，单位面积防风固沙量为 22.42t/(hm^2·a)（图 16-37、图 16-38）。

2000～2010 年土壤风蚀模数为 5.96t/(hm^2·a)，土壤风蚀量为 3.67 亿 t/a，单位面积防风固沙量为 15.56t/(hm^2·a)，防风固沙量为 9.57 亿 t/a。2010～2015 年土壤风蚀模数为 3.86t/(hm^2·a)，土壤风蚀量为 2.38 亿 t/a，单位面积防风固沙量为 12.91t/(hm^2·a)，防风固沙量为 7.94 亿 t/a。与 2000～2010 年相比，2010～2015 年土壤风蚀模数下降了 35.23%，

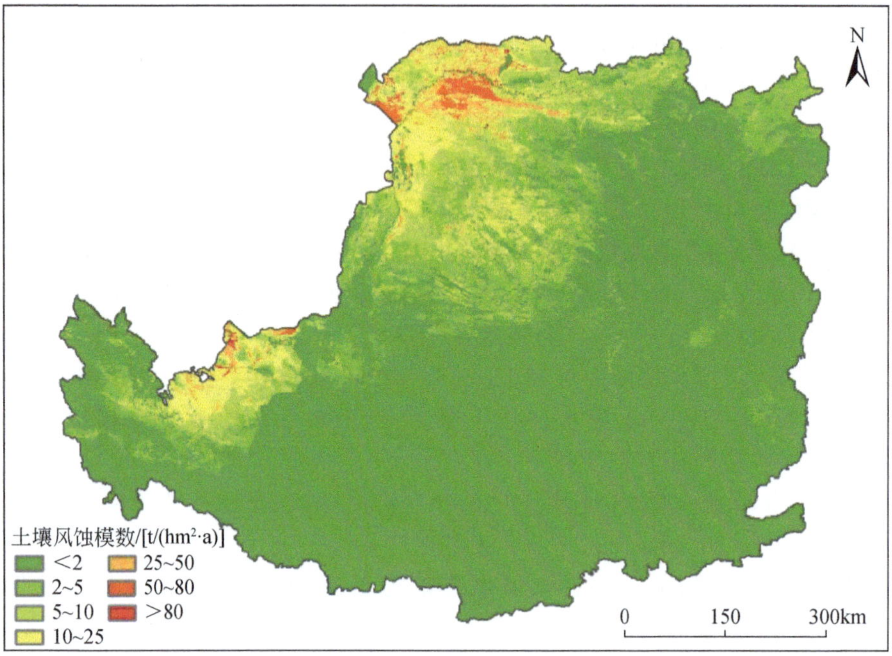

图 16-37　2015 年陆地生态系统土壤风蚀模数空间分布

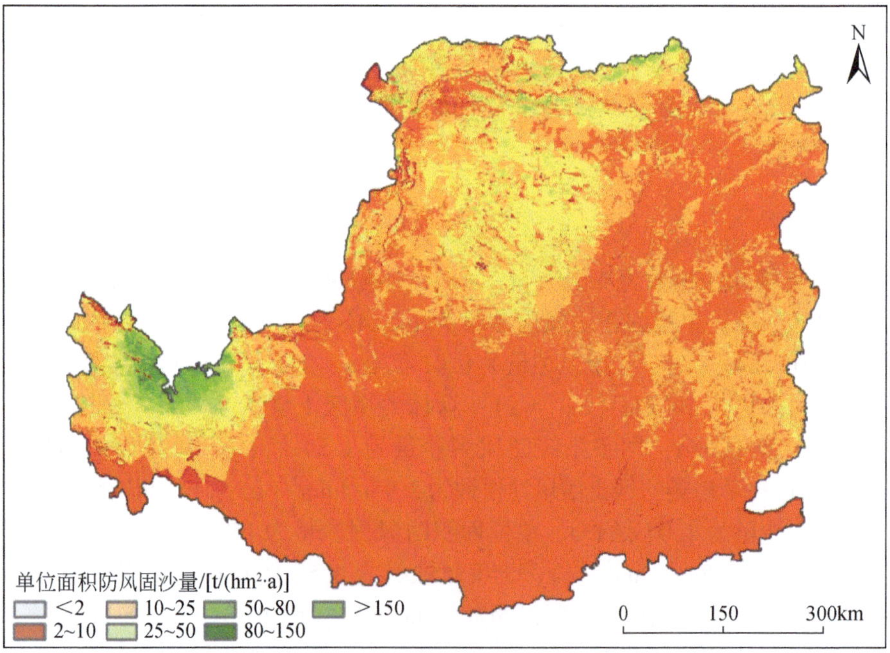

图 16-38　2015 年陆地生态系统单位面积防风固沙量空间分布

土壤风蚀量下降了 35.15%，单位面积防风固沙量下降了 17.03%，防风固沙量下降了 17.03%。

黄土高原区陆地生态系统土壤风蚀模数最高的为干旱区，其次为高原区，半干旱区和半湿润区相对较低，呈西北向东南递减的趋势，其中土壤风蚀力最大的为巴彦淖尔市和鄂尔多斯市的北部地区；单位面积防风固沙量最高的地区主要分布在高原区，其次为干旱区，半干旱区和半湿润区相对较低。与 2000～2010 年相比，2011～2015 年黄土高原全区土壤风蚀力和防风固沙能力均有所减弱，其中干旱区，特别是干旱北部地区土壤风蚀模数和防风固沙量显著下降（图 16-39～图 16-44）。

2000～2010 年农田土壤风蚀模数为 3.26t/(hm^2·a)，土壤风蚀量为 0.69 亿 t/a，单位面积防风固沙量为 11.34t/(hm^2·a)，防风固沙量为 2.4 亿 t/a。2010～2015 年农田土壤风蚀模数为 2.68t/(hm^2·a)，土壤风蚀量为 0.52 亿 t/a，单位面积防风固沙量为 9.96t/(hm^2·a)，防风固沙量为 1.93 亿 t/a。与 2000～2010 年相比，2010～2015 年土壤风蚀模数下降了 17.79%，土壤风蚀量下降了 24.64%，单位面积防风固沙量下降了 12.17%，防风固沙量下降了 19.58%。

2000～2010 年森林土壤风蚀模数为 1.08t/(hm^2·a)，土壤风蚀量为 0.1 亿 t/a，单位面积防风固沙量为 15.43t/(hm^2·a)，防风固沙量为 1.44 亿 t/a。2010～2015 年森林土壤风蚀模数为 0.78t/(hm^2·a)，土壤风蚀量为 0.07 亿 t/a，单位面积防风固沙量为 13.08t/(hm^2·a)，防风固沙量为 1.21 亿 t/a。与 2000～2010 年相比，2010～2015 年土壤风蚀模数下降了 27.78%，土壤风蚀量下降了 30.00%，单位面积防风固沙量下降了 15.23%，防风固沙量下降了 15.97%。

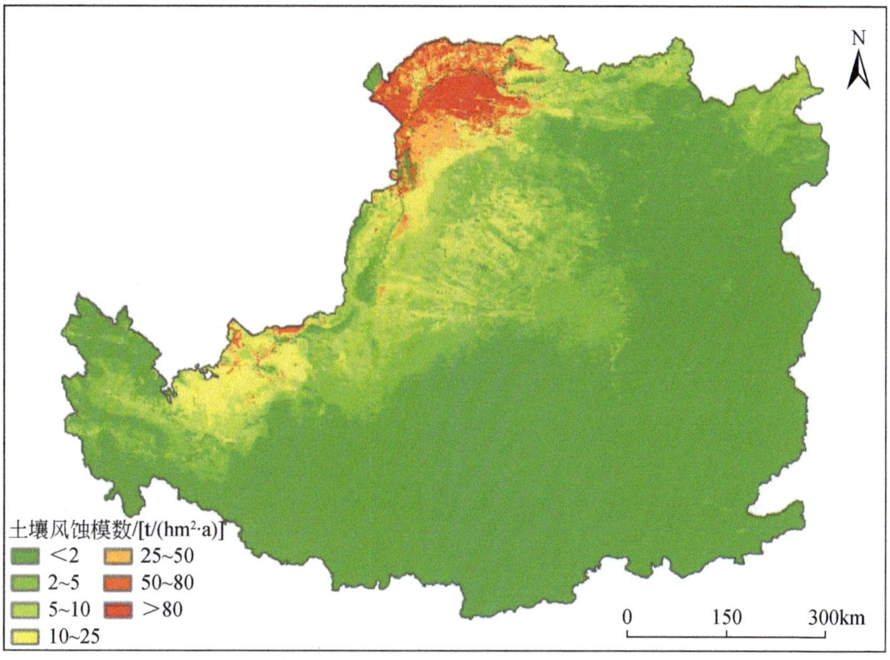

图 16-39　2000～2010 年陆地生态系统土壤风蚀模数空间分布

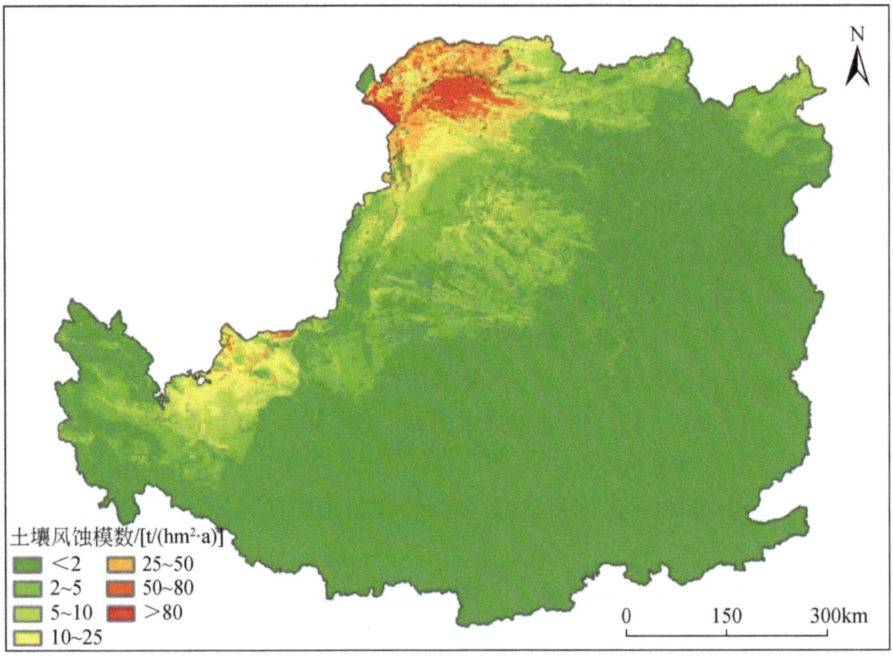

图 16-40　2010～2015 年陆地生态系统土壤风蚀模数空间分布

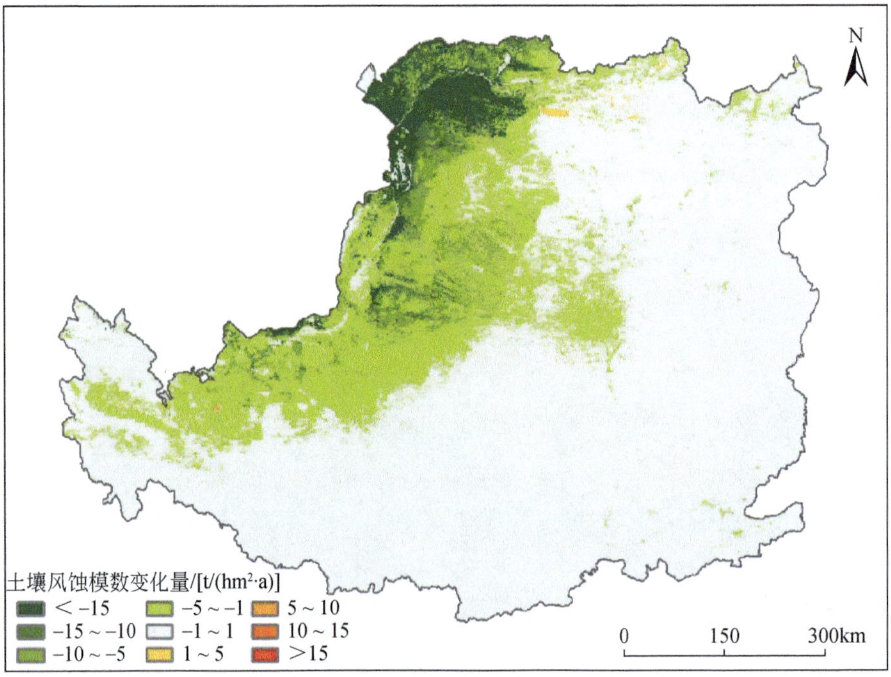

图 16-41　两时段土壤风蚀模数变化量

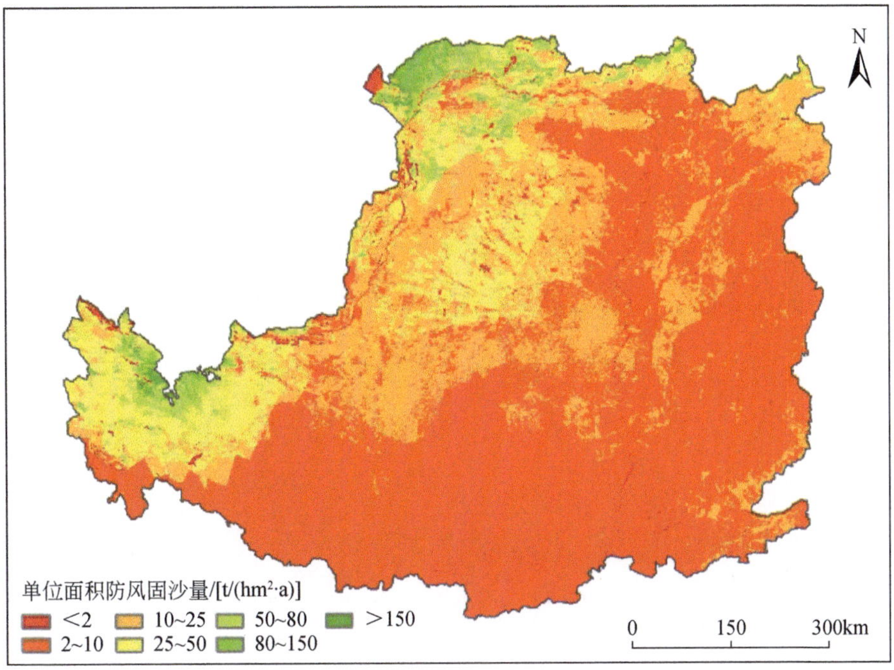

图 16-42　2000～2010 年陆地生态系统单位面积防风固沙量空间分布

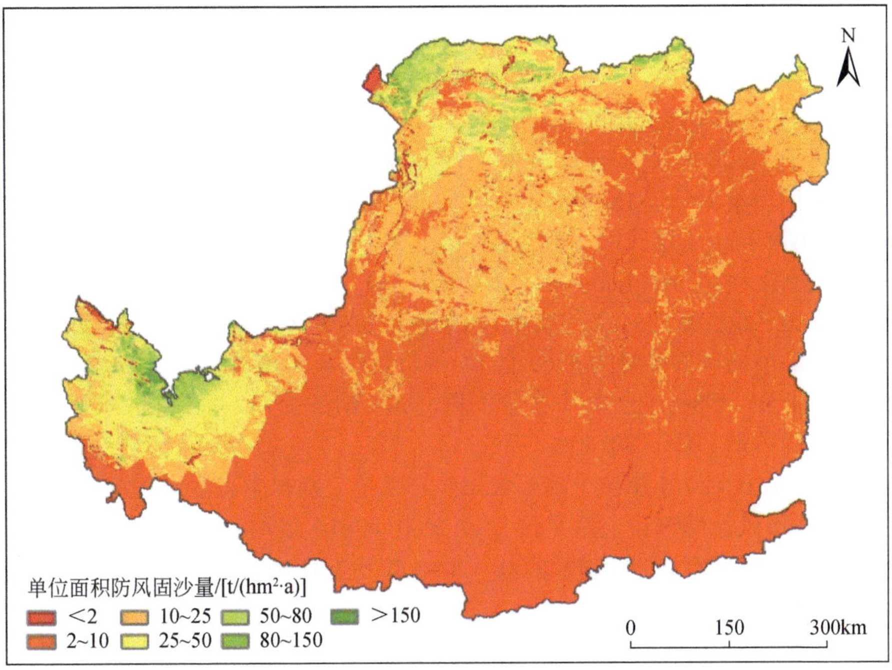

图 16-43　2010～2015 年陆地生态系统单位面积防风固沙量空间分布

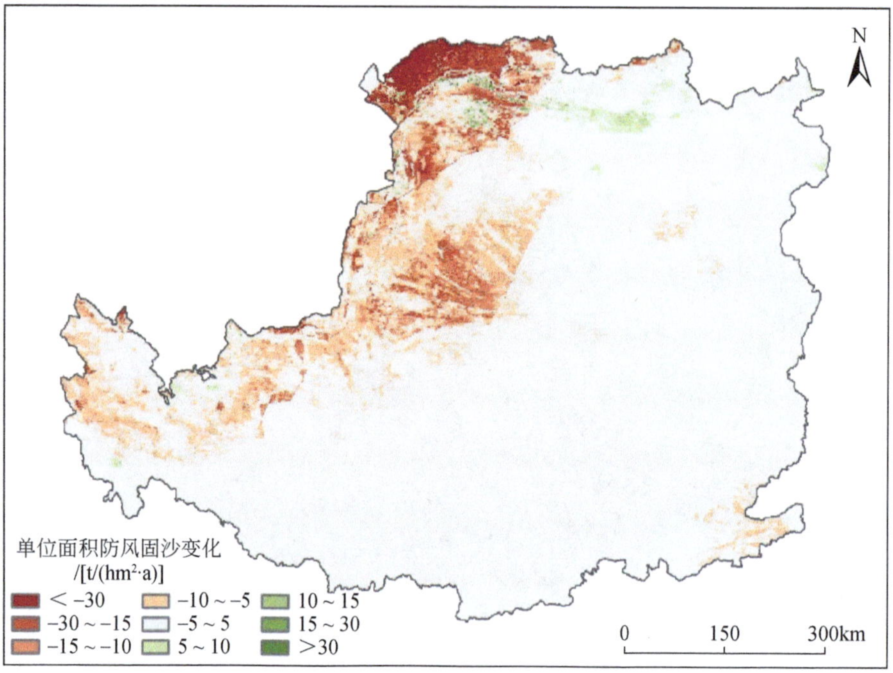

图 16-44　两时段单位面积防风固沙量变化量

2000～2010 年草地土壤风蚀模数为 5.13t/(hm^2·a)，土壤风蚀量为 1.28 亿 t/a，单位面积防风固沙量为 17.46t/(hm^2·a)，防风固沙量为 4.37 亿 t/a。2010～2015 年草地土壤风蚀模数为 3.18t/(hm^2·a)，土壤风蚀量为 0.82 亿 t/a，单位面积防风固沙量为 14.22t/(hm^2·a)，防风固沙量为 3.67 亿 t/a。与 2000～2010 年相比，2010～2015 年土壤风蚀模数下降了 38.01%，土壤风蚀量下降了 35.94%，单位面积防风固沙量下降了 18.56%，防风固沙量下降了 16.02%。

2000～2010 年荒漠土壤风蚀模数为 36.15t/(hm^2·a)，土壤风蚀量为 1.33 亿 t/a，单位面积防风固沙量为 26.9t/(hm^2·a)，防风固沙量为 0.99 亿 t/a。2010～2015 年荒漠土壤风蚀模数为 22.96t/(hm^2·a)，土壤风蚀量为 0.75 亿 t/a，单位面积防风固沙量为 21.11t/(hm^2·a)，防风固沙量为 0.69 亿 t/a。与 2000～2010 年相比，2010～2015 年土壤风蚀模数下降了 36.49%，土壤风蚀量下降了 43.61%，单位面积防风固沙量下降了 21.52%，防风固沙量下降了 30.30%。

总体来看，2010～2015 年黄土高原农田生态系统、森林生态系统、草地生态系统和荒漠生态系统的土壤风蚀模数和土壤风蚀量较 2000～2010 年均有所减少。农田、森林、草地和荒漠的单位面积防风固沙量较 2000～2010 年均有所减少，防风固沙总量较 2000～2010 年也有所减少。

16.3.4　生态状况恢复状况综合评估

2000～2010 年和 2010～2015 年两个时段，黄土高原农田生态系统面积均显著减少；

森林生态系统面积前期明显增加，后期有所减少；草地生态系统面积均有所减少；水体与湿地生态系统面积均有所增加；聚落生态系统面积明显增加，而且后期增加速率高于前期；荒漠生态系统面积均有所减少。

在黄土高原，2000～2010 年和 2010～2015 年，森林生态系统水源涵养量两个时间段基本持平；草地生态系统、水体和湿地生态系统水源涵养量后期较前期略有增加。森林、草地与农田生态系统类型区土壤水蚀模数、土壤水蚀量后五年低于前十年，土壤保持量后一时段高于前一时段。森林类型区土壤风蚀模数后一时段略低于前一时段，土壤风蚀量、防风固沙量两时间段基本持平；草地、农田、荒漠三种类型区土壤风蚀模数、土壤风蚀量、防风固沙量后一时段均低于前一时段。

黄土高原生态系统宏观结构变化主要是受气候变化和人为活动两大因素影响。2000 年以来黄土高原地区农田生态系统转为草地和森林生态系统，主要受已实施的生态保护工程，包括退耕还林还草工程、天然林保护工程、三北防护林工程等的影响。其中，退耕还林的农田生态系统主要分布在坡度大于 25°的丘陵地区的坡耕地和旱地。与此同时，西北大开发战略开始实施。在此战略的影响下，黄土高原也开始了大规模快速的城镇化进程，直接影响了建设用地的扩张，导致了聚落生态系统对耕地、林草用地和未利用地等其他生态系统类型的侵占（宁佳和邵全琴，2020）。受全球气候变化的影响，2000～2015 年，黄土高原地区的气温有一定程度的升高，降水有所增加（任婧宇等，2018），这有利于植被的恢复，但整体上对该区生态系统宏观结构变化影响相对较小（周书贵等，2016）。综上所述，人为因素对黄土高原地区生态系统宏观结构变化产生较大影响。

生态系统服务受到全球变化和人类变化的双重影响，与生态系统宏观结构变化的驱动因素不同，全球气候变化对生态系统服务直接影响较为明显，生态系统服务对气温和降水等气候因子的变化响应较为迅速和明显（宁佳和邵全琴，2020）。人类活动导致的土地利用类型的变化在年际反映较为缓慢，一般 5～10 年才会有较为显著的反映，因此对生态系统服务年际变化影响较小。而气温、降水等气候因子年际变化较大，作为服务功能的直接影响因子，通常能够直接影响水源涵养、土壤保持和防风固沙等生态系统服务的年际变化（Fu et al.，2011）。但考虑到气温、降水等气候因子每年变化的不确定性，分析全球气候变化对生态系统服务影响时通常在 10 年或者更长的时间尺度上进行。受限于数据的可获得性，目前已有研究通常在时间尺度上受限，且大多是从定性角度进行讨论。生态系统服务的年际变化受全球气候变化影响较大，主要受气温和降水等气候因子的影响，而在 10 年或者更长的时间尺度上，生态系统服务受人类活动和全球气候变化的双重影响较大。全球变化和人类活动对生态系统服务影响的贡献率则需要进一步定量深入研究（宁佳和邵全琴，2020）。

通过对黄土高原生态系统变化评估可知，近年来，黄土高原生态修复取得了一定的成效，但仍需继续开展生态修复工作。今后，黄土高原应继续开展营造林及森林资源保护，加强草地生态系统保护与建设，加强湿地保护与自然保护区建设，提升生态系统水源涵养能力，加强水土流失综合治理，开展沟谷和废弃矿山综合整治等生态恢复举措。

16.4 小　　结

本章基于国内外文献综述，阐述了生态修复的定义，基于联合国千年生态系统评估计划（MA）提出的概念框架，选定了生态恢复评估指标，并介绍了生态系统宏观结构变化的遥感监测方法，水源涵养、土壤侵蚀、防风固沙等生态系统服务定量模拟方法，并以青藏高原和黄土高原为例，进行了生态恢复遥感监测与评估案例分析。

目前，国内基于环境质量评估生态修复效果研究成果丰硕，但是评估方法及指标体系还有待完善。文献调研发现国内研究多从环境质量改善的角度出发，基于具体修复地衡量生态修复效果，但不同修复对象的环境评估指标、测量方法等仍然缺乏标准和规范，尚未形成统一的评估标准，对生态修复实践的指导作用有限。此外，缺乏对同类型生态系统、同一区域生态修复效果评估的规律总结，仍需在未来的研究中进一步完善。

生态系统服务评估是国内外研究热点，文化服务价值评估亟须深入。当前，国内外基于生态系统服务评估生态修复效果的研究已取得一定进展，但国内研究仍存在研究总量不足、文化服务重视不够等现实问题。文化服务涵盖娱乐休闲、美学欣赏等多功能价值，有助于增加居民对修复后生态空间的认同感和满意度，对于提升修复地质量、增进居民福祉具有重要意义，未来生态修复效果评估中应深入推进文化服务价值评估，文化服务的指标选取、量化方式选择等仍是需要解决的突出问题。

基于综合效益评估生态修复效果的发展趋势，因地制宜构建指标体系成为研究重点。国内生态修复效果研究重视生态、社会、经济等多方面效益协同，已有研究从单一效益评估逐步发展至多维效益评估，综合效益评估成为探索人与自然协同目标下生态修复效果评估的重要手段。未来研究中，考虑到修复地类型复杂多样，生态环境、地域和文化特色各异，构建契合实际的综合评估指标体系是研究重点。

基于以上生态修复效果评估的研究现状，我国未来生态修复效果研究应重视以下几个方面。

（1）增加同类型生态修复效果评估的系统研究。目前，我国基于环境质量评估生态修复效果的研究成果丰硕，由于生态修复效果的评估没有固定的参照标准，已有研究多基于具体修复地生态和环境资源受损现状，根据生态系统类型及修复目标选择评估指标及方法，缺乏对同类生态系统修复效果的经验总结，影响修复工程的效益和效率的提升。因此，增加对相似地域中同类生态系统修复效果评估的系统分析，探寻相似环境、文化、社会经济体系中生态修复效果的差异和规律，有助于节约成本，为修复工程的设计和管理提供经验，促进修复工程的优化和改良。

（2）重视文化服务与其他生态系统服务的权衡与协同研究。生态系统服务是连接自然生态系统与人类社会系统的纽带，直接影响人类福祉，我国未来研究应加强生态系统文化服务导向下的生态修复效果评估研究，特别是注重文化服务与其他服务的权衡与协同，社会文化服务关乎居民生活质量，是生态修复与城乡品质提升的重要组成部分，有助于促进生态修复的生态价值与社会文化价值融合，综合提升生态修复效果。

（3）加强生态与社会文化协同的综合效益评估研究。在我国，基于综合效益视角评估生态修复效果的研究尚处于初始阶段，后续研究应杜绝“一刀切”的评估模式，探索符合区域实际的综合效益评估指标，重视地域文化特色与修复后生态空间融合、人地关系协调等方面，注重生态修复对居民福祉的影响，把握生态效益与社会经济效益的权衡与协同，确保生态修复效果评估结果的科学性和准确性。

（4）加强多学科体系交叉研究。生态修复效果研究集成多学科研究理论，具体涉及生态学、环境科学、工程学、地理学等领域。已有研究多侧重基于环境科学、生态学等评估修复效果，基于人文地理学、景观生态学等视域的研究不足。多学科交叉评估生态修复效果仍然处于起步阶段，融合多学科理论制定生态修复政策和适应性研究框架，深化多学科理论和方法系统，有助于优化生态修复效果评估体系，提升生态修复的科学性和综合性。

参考文献

曹巍，刘璐璐，吴丹．2018. 三江源区土壤侵蚀变化及驱动因素分析．草业学报，27（6）：10-22.

程健华．2010. 基于生态系统服务的城市海岸带生态修复效果评估研究——以厦门五缘湾为例．厦门：国家海洋局第三海洋研究所．

地理国情监测云平台．2014. 陆地生态系统变化的空间特征．https://blog.csdn.net/dsac1/article/details/24300227[2014-04-22].

巩国丽，黄麟．2018. RWEQ 模型中土壤结皮和可蚀性因子的改进和应用．水土保持通报，38（2）：271-274，280.

巩国丽，刘纪远，邵全琴．2014a. 草地覆盖度变化对生态系统防风固沙服务的影响分析——以内蒙古典型草原区为例．地球信息科学学报，16（3）：426-434.

巩国丽，刘纪远，邵全琴．2014b. 基于 RWEQ 的 20 世纪 90 年代以来内蒙古锡林郭勒盟土壤风蚀研究．地理科学进展，33（6）：825-834.

国家发展改革委，自然资源部．2020. 全国重要生态系统保护和修复重大工程 总体规划（2021—2035 年）．http://www.gov.cn/zhengce/zhengceku/2020-06/12/5518982/files/ba61c7b9c2b3444a9765a248b0bc334f[2023-06-30].

黄麟，曹巍，吴丹，等．2016. 西藏高原生态系统服务时空格局及其变化特征．自然资源学报，31（4）：543-555.

黄麟，祝萍，肖桐，等．2018. 近 35 年三北防护林体系建设工程的防风固沙效应．地理科学，38（4）：600-609.

刘纪远，邵全琴，樊江文．2009. 三江源区草地生态系统综合评估指标体系．地理研究，28（2）：273-283.

吕玉梅．2010. 我国采矿塌陷区生态修复法律制度研究．济南：山东师范大学硕士学位论文．

宁佳，邵全琴．2020. 黄土高原土地利用及生态系统服务时空变化特征研究．农业环境科学学报，39（4）：774-785.

任婧宇，彭守璋，曹扬，等．2018. 1901—2014 年黄土高原区域气候变化时空分布特征．自然资源学报，33（4）：621-633.

邵全琴，樊江文，刘纪远，等．2016. 三江源生态保护和建设一期工程生态成效评估．地理学报，71（1）：3-20.

孙文义，邵全琴，刘纪远．2014. 黄土高原不同生态系统水土保持服务功能评价．自然资源学报，29（3）：365-376.

王建平．2009. 灾区生态修复的法律支持——以 5.12 汶川大地震灾区生态修复条例制定为视角//中国法学会环境资源法学研究会. 生态文明与环境资源法——2009 年全国环境资源法学研讨会论文集. 北京：中国农业科学技术出版社.
邬晓燕. 2017. 中国生态修复的进展与前景. 北京：经济科学出版社.
吴丹，邵全琴，刘纪远，等. 2016a. 三江源地区林草生态系统水源涵养服务评估. 水土保持通报，36（3）：206-210.
吴丹，邵全琴，刘纪远，等. 2016b. 中国草地生态系统水源涵养服务时空变化. 水土保持研究，23（5）：256-260.
吴鹏. 2016. 论生态修复的基本内涵及其制度完善. 东北大学学报（社会科学版），18（6）：628-632.
张晓瑶，陆林，虞虎，等. 2021. 青藏高原土地利用变化对生态系统服务价值影响的多情景模拟. 生态学杂志，40（3）：887-898.
赵同谦，欧阳志云，郑华，等. 2004. 中国森林生态系统服务功能及其价值评价. 自然资源学报，19（4）：480-491.
周书贵，邵全琴，曹巍. 2016. 近 20 年黄土高原土地利用/覆被变化特征分析. 地球信息科学学报，18（2）：190-199.
Fu B J, Liu Y, Lü Y H, et al. 2011. Assessing the soil erosion control service of ecosystems change in the Loess Plateau of China. Ecological Complexity, 8 (4): 284-293.
Liu J Y, Zhang Z X, Xu X L, et al. 2010. Spatial patterns and driving forces of land use change in China during the early 21st century. Journal of Geographical Sciences, 20 (4): 483-494.
Liu J Y, Kuang W H, Zhang Z X, et al. 2014. Spatiotemporal characteristics, patterns, and causes of land-use changes in China since the late 1980s. Journal of Geographical Sciences, 24 (2): 195-210.
Ning J, Liu J Y, Kuang W H, et al. 2018. Spatiotemporal patterns and characteristics of land-use change in China during 2010–2015. Journal of Geographical Sciences, 28 (5): 547-562.
Sun W Y, Shao Q Q, Liu J Y. 2013. Soil erosion and its response to the changes of precipitation and vegetation cover on the Loess Plateau. Journal of Geographical Sciences, 23 (6): 1091-1106.
Yoder D, Lown J. 1995. The future of RUSLE: Inside new Revised Universal Soil Loess Equation. Journal of Soil and Water Conservation, 50 (5): 484-489.

17 区域生态遥感

生态系统是人类社会生存和可持续发展的基础。联合国开展的千年生态系统评估，以生态系统服务功能概念为核心，系统全面地阐述了人类福祉与生态系统之间的关系（赵士洞等，2007）。生态系统综合评估是科学认知区域生态系统状况和理解生态系统时空变化规律的技术手段，也是了解区域生态系统保护修复政策实施成效和优化调整管理策略的重要途径。本章首先介绍了生态系统构成及其时空分布特征、生态系统质量及时空变化、土壤保持和水源涵养服务功能的监测评估方法，然后介绍了基于生态空间保护和管控措施的差异从区域尺度上开展生态系统综合评估的框架思路与方法。

17.1 概　　述

作为一个开放性、动态性、整体性的系统，生态系统内部各组成要素之间通过物质循环和能量交换过程，不断地实现着相互作用的动态协调而达到新的平衡，实现着生态系统与外部环境的相互适应和自身演化过程（侯鹏等，2015）。通过生态系统监测评估，可以客观地了解和科学地认知区域生态系统的动态特征和时空变化规律，为生态系统保护修复和可持续发展决策提供重要依据。生态系统监测评估一直是生态学和地理学等相关学科领域的研究热点，从生态系统监测评估涉及的内容来看，可以概括为三个方面：一是生态系统要素监测评估，侧重于监测评估生态系统的某一个方面，重点是分析和揭示生态系统某一要素的时空变化特征等，如生态系统类型构成及变化、水土保持功能；二是生态系统综合监测评估，涉及生态系统的多个方面，重点是分析和揭示区域生态系统总体状况及其时空变化特征，如包含水土保持、水源涵养等多种类型在内的生态系统服务功能总体情况；三是从生态保护措施实施效果评估角度出发，重点分析政策实施对生态系统总体变化的驱动效应。

生态系统要素监测评估。从生态系统格局角度，以生态系统类型或土地利用类型空间分布及时间变化，评估区域生态系统演变规律和对生态环境的影响（李秀彬，1996；刘纪远等，2003，2009，2014）。从生态环境质量指数角度，以植被指数、叶面积指数、总初级生产力等生态参数，以及统计数据和监测数据，分析区域生态系统质量变化态势及空间分异规律（李晓秀等，1997；高志强等，1999；孙东琪等，2012；徐涵秋，2013）。从生态系统提供的服务功能和资产角度，采用生态资产或生态系统服务功能模型，对土壤保持功能等单一服务功能的评估，或通过多种生态系统服务的综合评估，探究区域提供的生态系统服务和转化的生态资产状况（陈龙等，2012；饶恩明等，2013；王敏等，2014；孙文义等，2014；高吉喜等，2016；Wang et al.，2021）。

生态系统综合监测评估。例如，以土地利用或生态系统的变化为驱动，研究不同生态系统提供生态系统服务的能力，或土地利用类型的变迁对区域生态系统服务功能的影响效应（傅伯杰等，1999；陈雅琳等，2011；葛菁等，2012；吕一河等，2013；孙文义等，2014）。综合利用生态系统、生态系统服务功能、生态问题等多方面生态要素构建生态综合指数，以定量化地综合评估区域生态状况（李世东等，2005，2006）。除仅考虑自然生态方面的因素外，耦合社会经济因子，评估区域生态系统的生态安全或综合承载力（冯宁等，2010；苏盼盼等，2014）。

生态系统保护成效评估。一方面重点从生态要素出发，利用时空分析与空间统计方法，基于生态参数的长时间序列时空变化，结合生态保护政策，对保护类区域进行生态保护成效评估（侯鹏等，2018a，2018b；陈妍等，2020；刘慧明等，2020）；另一方面重点考虑社会经济因素，从生态补偿角度，对重要保护区域实施保护类社会经济政策带来的生态系统质量改善进行评估（李国平等，2016；李国平和李宏伟，2018；张文彬和李国平，2015）。

海南岛是我国热带生物多样性保护重要地区和全球生物多样性保护热点地区之一，陆续划定了包括自然保护区、生态功能区和生态保护红线等多类型重要生态保护空间①。其中，海南岛中部山区于2001年被列为国家生态功能保护试点，2010年成为国家重点生态功能区（侯鹏等，2018a）。2019年，中共中央办公厅、国务院办公厅印发了《国家生态文明试验区（海南）实施方案》，旨在进一步发挥海南省生态优势，深入开展生态文明体制改革综合试验。本章节以海南岛为研究区对区域生态系统遥感监测评估的思路与方法进行系统阐述。

17.2 区域生态系统监测评估

生态系统的类型构成及分布等水平结构、陆表植被长势等垂直结构，共同影响和决定着服务功能等陆表生态系统的内在特征，这三个方面也是区域生态系统监测评估研究的重点内容。鉴于遥感技术具有的周期性空间观测等独特优势，可以实现对区域生态系统全覆盖、全要素的监测，成为监测评估区域生态系统状况及其时空变化特征的最主要手段。

17.2.1 区域生态系统评估方法

17.2.1.1 生态系统格局评估方法

生态系统格局主要是描述某一个区域范围内的生态系统类型及其构成、生态系统在水平空间里的分布与配置关系，以及这些特征随着时间的变化情况。常用生态系统类型面积比例、生态系统类间转换强度、生态系统类型转移矩阵等方法进行表征和分析。

① 海南热带雨林国家公园．海南热带雨林国家公园简介．http://www.hntrnp.com/index.php? m=content&c=index&a=lists&catid=42[2023-06-11].

（1）生态系统类型面积比例。指标越大，表示生态系统类型在研究中所占面积比例越高（环境保护部和中国科学院，2014），公式如下：

$$P_{ij}=\frac{S_{ij}}{\mathrm{TS}} \tag{17-1}$$

式中，P_{ij}为第 i 类生态系统在第 j 年的面积比例；S_{ij}为第 i 类生态系统在第 j 年的面积；TS 为评价区域总面积。

（2）生态系统类型转移矩阵。生态系统类型转移矩阵是马尔可夫模型在生态系统类型变化方面的应用，可以有效分析生态系统变化结构和变化方向。生态系统类型转移矩阵格式见表 17-1，表格第一列为评估期初生态系统类型；表格第一行为评估期末生态系统类型；a_{ij}表示研究初期第 i 类生态系统转换为第 j 类生态系统的面积占变化总面积的比例；n 为生态系统类型数据；P_{in}和 P_{jn}分别为第 i 类和第 j 类生态系统转出总面积占变化总面积的比例；P_{ni}和 P_{nj}分别为其他类型转入第 i 类和第 j 类生态系统的总面积占变化总面积的比例（《全国生态状况调查评估技术规范》）。

表 17-1　生态系统类型转移矩阵格式

类型	A_1	A_2	…	A_i	…	A_j	…	A_n	合计
A_1	—	a_{12}	…	a_{1i}	…	a_{1j}	…	a_{1n}	P_{1n}
A_2	a_{21}	—	…	a_{2i}	…	a_{2j}	…	a_{2n}	P_{2n}
…	…	…	—	…	…	…	…	…	…
A_i	a_{i1}	a_{i2}	…	—	…	a_{ij}	…	a_{in}	P_{in}
…	…	…	…	…	—	…	…	…	…
A_j	a_{j1}	a_{j2}	…	a_{ji}	…	—	…	a_{jn}	P_{jn}
…	…	…	…	…	…	…	—	…	…
A_n	a_{n1}	a_{n2}	…	a_{ni}	…	a_{nj}	…	—	P_{nn}
合计	P_{n1}	P_{n2}	…	P_{ni}	…	P_{nj}	…	P_{nn}	100

17.2.1.2　陆表植被生态系统质量评估方法

生态系统质量反映区域生态系统质量整体状况，由植被覆盖度、叶面积指数和总初级生产力的相对密度来构建（《全国生态状况调查评估技术规范》），具体计算方法为

$$\mathrm{EQI}_{i,j}=\frac{\mathrm{LAI}_{i,j}+\mathrm{FVC}_{i,j}+\mathrm{GPP}_{i,j}}{3}\times 100 \tag{17-2}$$

式中，$\mathrm{EQI}_{i,j}$为第 i 年第 j 分区生态系统质量；$\mathrm{LAI}_{i,j}$为第 i 年第 j 区叶面积指数相对密度；$\mathrm{FVC}_{i,j}$为第 i 年第 j 区植被覆盖度相对密度；$\mathrm{GPP}_{i,j}$为第 i 年第 j 区总初级生产力相对密度。根据《全国生态状况调查评估技术规范——生态系统质量评估》等的要求和内容，将生态系统质量分为优、良、中、低、差总共 5 个等级（表 17-2）。

表 17-2　生态系统质量分级

级别	优	良	中	低	差
生态系统质量	EQI≥75	55≤EQI<75	35≤EQI<55	20≤EQI<35	EQI<20
描述	生态系统质量为优	生态系统质量为良好	生态系统质量为中等水平	生态系统质量较低	生态系统质量较差

17.2.1.3　生态系统服务功能评估方法

生态系统服务是指人类从生态系统获得的各种收益，可以概括为供给、调节、支持和文化四大类（赵士洞等，2007）。

（1）土壤保持服务功能。土壤保持服务功能是指生态系统通过其结构与过程保护土壤，降低雨水的侵蚀能力，减少土壤流失，防止泥沙淤积的功能。综合利用生态系统类型、植被覆盖度、坡度和坡向数据、降水量数据，以及土壤数据等多源数据，计算多年平均降雨侵蚀力[(MJ·mm)/(hm^2·h·a)]、土壤可蚀性因子[(t·hm^2·h)/(hm^2·MJ·mm)]、坡长因子、坡度因子和植被覆盖因子等参数因子（《全国生态状况调查评估技术规范》），运用 RUSLE，计算2000～2019 年海南岛生态保护红线长时间序列土壤保持量。

基于通用土壤流失方程（USLE）计算：

$$
\begin{aligned}
Q_{sr} &= Q_{se\_p} - Q_{se\_a} \\
Q_{se\_p} &= R \times K \times L \times S \\
Q_{se\_a} &= R \times K \times L \times S \times C
\end{aligned}
\tag{17-3}
$$

式中，Q_{sr}为土壤保持量［t/(hm^2·a)］；Q_{se_p}为潜在土壤侵蚀量［t/(hm^2·a)］；Q_{se_a}为实际土壤侵蚀量［t/(hm^2·a)］；R 为降雨侵蚀力因子［(MJ·mm)/(hm^2·h·a)］；K 为土壤可蚀性因子[(t·hm^2·h)/(hm^2·MJ·mm)]；L 为坡长因子；S 为坡度因子；C 为植被覆盖因子。

（2）水源涵养服务功能。水源涵养服务功能是指生态系统通过其结构和过程拦截滞蓄降水，增强土壤下渗，涵养土壤水分和补充地下水，调节河川流量，增加可利用水资源量的功能。综合利用产流降雨量（mm/a）、地表径流量（mm/a）、蒸散发量（mm/a）、生态系统类型等参数因子（《全国生态状况调查评估技术规范》），采用水量平衡方程，计算2000～2019 年海南岛生态保护红线长时间序列水源涵养量。

计算生态系统通过拦截滞蓄降水，增强土壤下渗、蓄积，涵养土壤水分、调节地表径流和补充地下水所增加的水资源总量。通过水量平衡方程计算：

$$
Q_{wr} = \sum_{i=1}^{n} A_i \times (P_i - R_i - ET_i) \times 10^{-3} \tag{17-4}
$$

式中，Q_{wr}为水源涵养量（m^3/a）；P_i为第 i 类生态系统的产流降水量（mm/a）；R_i 为第 i 类生态系统的地表径流量（mm/a）；ET_i 为第 i 类生态系统的蒸散发量（mm/a）；A_i 为第 i 类生态系统的面积（m^2）；i 为第 i 类生态系统类型；n 为生态系统类型总数。

17.2.2 生态系统格局现状及变化

17.2.2.1 生态系统构成与现状

从面积占比来看，海南岛生态系统各类型面积差异较大。主要为农田和森林生态系统，总面积占海南岛面积的90%以上。农田生态系统面积最大，占海南岛总面积的63.21%，主要由耕地和园地组成，其中园地面积占比较大、主要包括橡胶林等乔木园地。森林生态系统面积次之，占总面积的27.64%。城镇、湿地和灌丛面积相对较少，其中城镇面积占总面积的3.78%，如图17-1所示。

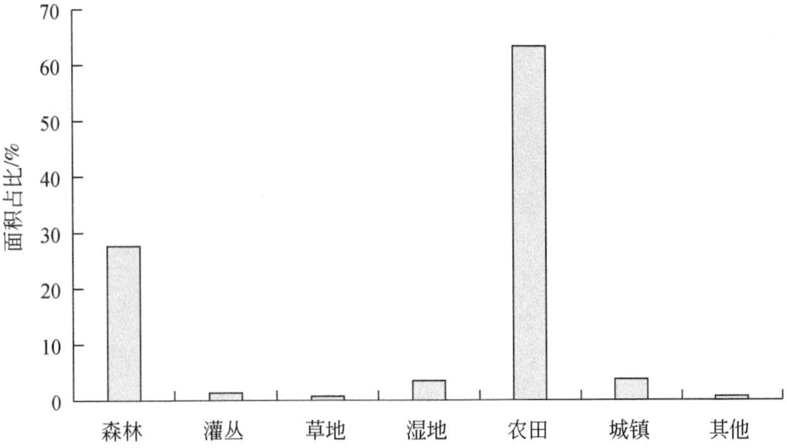

图17-1 海南岛各类生态系统面积占比

从空间分布来看，海南岛生态系统分布空间差异明显。自然生态空间集中分布在中部山区，主要包括森林、灌丛、草地、湿地等生态系统。其中，森林面积最大，主要分布在岛屿中部和中部偏西南的区域，在白沙黎族自治县（简称白沙县）、昌江黎族自治县（简称昌江县）、东方市、琼中黎族苗族自治县（简称琼中县）与五指山市交界区域。灌丛和草地主要镶嵌分布于森林生态系统之中。湿地呈斑块状或长条形，离散分布于全岛。农田生态系统遍布中部山区和海岸线之间的广袤地区，主要包括水田、旱地和园地，多呈集中连片分布。城镇在沿海区域呈连片或带状密集分布，在内陆区域多呈斑块状，镶嵌于农田中，如图17-2所示。

17.2.2.2 生态系统时空变化特征

从面积净变化来看，2000～2019年海南岛生态系统总体呈现森林等自然生态系统和城镇面积增加、农田等类型逐渐减少的变化特点。从变化幅度来看，海南岛生态系统面积变化较为剧烈的是农田和城镇，其中农田面积占比从66.74%减少至63.21%、城镇面积占比从1.53%增加至3.78%，城镇面积占比增加了近1.5倍。此外，森林、湿地、草地和灌丛四类生态系统面积均有所增加，森林面积占比从26.69%增加至27.64%、湿地从

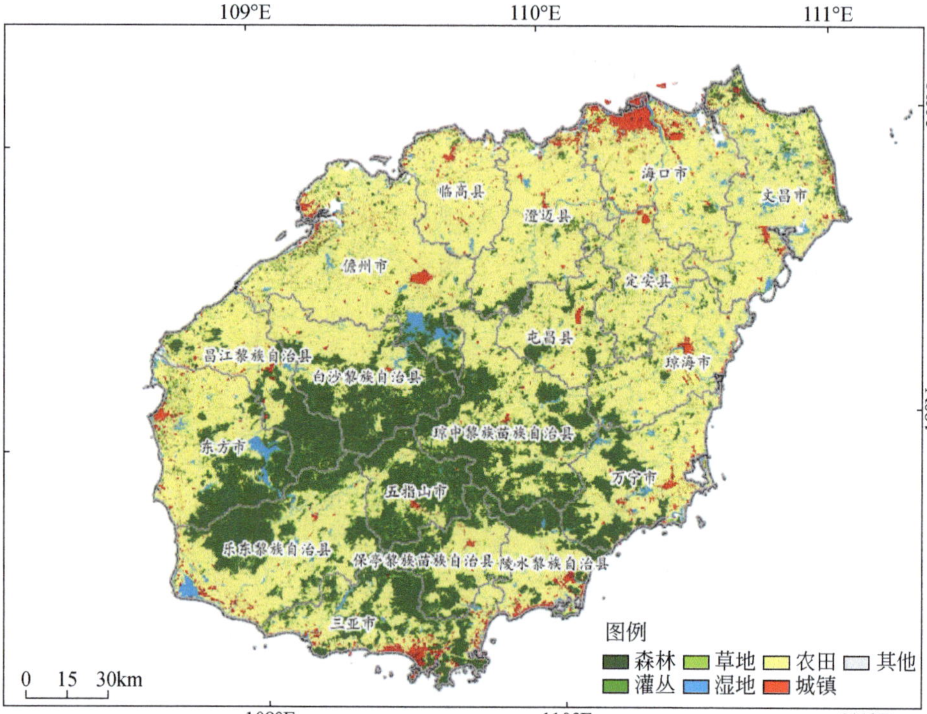

图 17-2　2019 年海南岛各类生态系统空间分布

3.17%增加至3.49%，如图17-3所示。

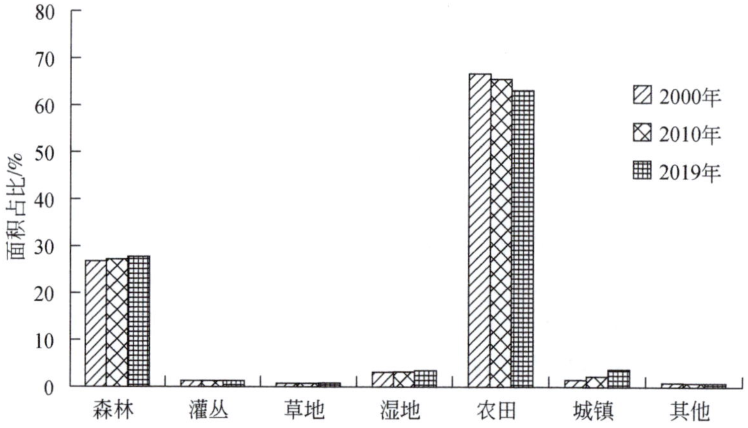

图 17-3　2000～2019 年海南岛生态系统面积占比变化

从空间分布来看，2000年、2010年和2019年三个时期生态系统类型在空间上的整体分布格局基本一致，森林分布主要分布在中部和西南部，农田处于森林外围，一直延伸至沿海，城镇主要分布在沿海地区。2000～2019年，空间上变化最明显的类型是城镇，特别是沿海城市，如北部的海口市、南部的三亚市等区域城镇面积明显扩张，而城镇外围多分布有农田，城镇在扩张中明显对周边农田进行了挤占。南部三亚市等城市周边分布有森林，城市镇在扩张中也对部分森林生态系统有所挤占。森林基本维持空间分布格局，面积较大的湿地未有明显的缩减，海南岛中部地区的生态系统格局整体比较稳定，如图 17-2 和图 17-4 所示。

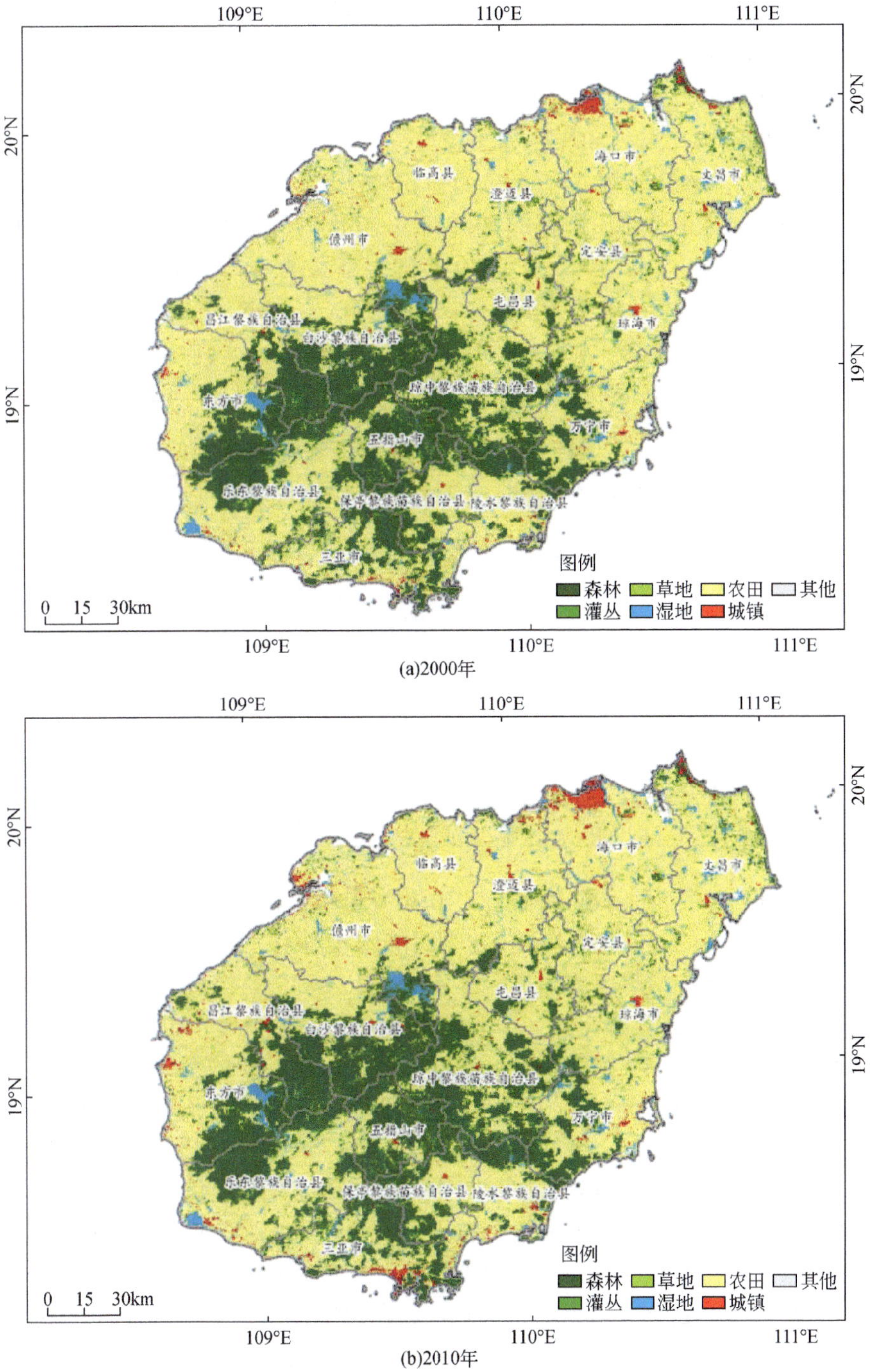

图 17-4　2000 年（a）和 2010 年（b）海南岛生态系统空间分布

17.2.2.3 生态系统类型转换特征

为了解不同生态系统类型之间的时空转换特征，本节利用生态系统类型转移矩阵的方法，定量分析了2000～2010年、2010～2019年、2000～2019年的不同生态系统类型之间的时空转换特征，对比分析了前10年和后10年的生态系统变化幅度和空间分布特征差异。

从类型间面积转换特征来看，2000～2010年以农田转为城镇的面积最大，占了2000年转出类型总面积的37.63%，城镇扩张特点明显。其他大部分生态系统类型之间的转换均在7%以下，相对于农田转城镇和森林的面积较小。从2000年的生态系统转出特征来看，农田转出最多，占了总转出面积的73.93%；其次为其他类型和森林转出面积，分别占总转出面积的8.42%和8.35%。在2010年的生态系统转入特征来看，城镇占比最大，占了总转入面积的39.23%，说明城镇扩张明显；其次为森林，占总转入面积的29.93%，对二者转入贡献最大的生态系统均为农田；农田转入仅次于城镇和森林，转入面积占转入总面积的15.32%，主要由森林和湿地转换而来（表17-3）。

表17-3 2000～2010年海南岛生态系统类型转移矩阵

生态系统类型	森林	灌丛	草地	湿地	农田	城镇	其他	2000年合计
森林	—	0.27	0.41	0.23	6.78	0.39	0.27	8.35
灌丛	0.03	—	0	0	0.31	0	0	0.34
草地	0.03	0	—	0.09	0.08	0.12	0	0.32
湿地	0.60	0.03	0.06	—	4.80	0.89	0.33	6.71
农田	23.00	1.00	0.95	7.44	—	37.63	3.91	73.93
城镇	1.01	0.02	0	0.05	0.84	—	0.01	1.93
其他	5.26	0.24	0	0.21	2.51	0.20	—	8.42
2010年合计	29.93	1.56	1.42	8.02	15.32	39.23	4.52	100

从类型间空间转换特征来看，2000～2010年海南岛生态系统类型发生变化明显的区域主要分布在沿海城市及周边，主要由城镇扩张引起。其中，变化面积较大的区域主要为海口市北部、三亚市南部和儋州市西北部等区域。在东方市、昌江县、乐东黎族自治县（简称乐东县）、万宁市、文昌市等市县，沿海岸线区域变化区域分布也相对较多。在内陆市县中，白沙县、琼中县、保亭黎族苗族自治县（简称保亭县）的变化区域也相对较多，主要分布在森林边沿，多与农田交界。三亚市西北部也存在较为明显的变化区域，主要由水库建设引起，如图17-5所示。

与前10年对比，2010～2019年海南岛各类生态系统类型变化更为剧烈。其中，农田生态系统的转出面积占比最大，占了整个转出面积的61.68%，2000～2010年农田生态系统的转出面积占比相比有所减少；其次为森林，占了整个转出面积的17.79%，与2000～2010年相比，转出面积占比有所增加，但转入面积占比仍然高于转出面积，说明森林面积整体是增加的。从转入面积来看，城镇建设用地占比最高、达到36.40%，说明城镇扩张仍在继续，延续了2000～2010年的增长态势；其次是森林，占了整个转入面积的21.82%，说明受各类生态保护措施和政策的影响，森林面积恢复仍在继续；农田转入面

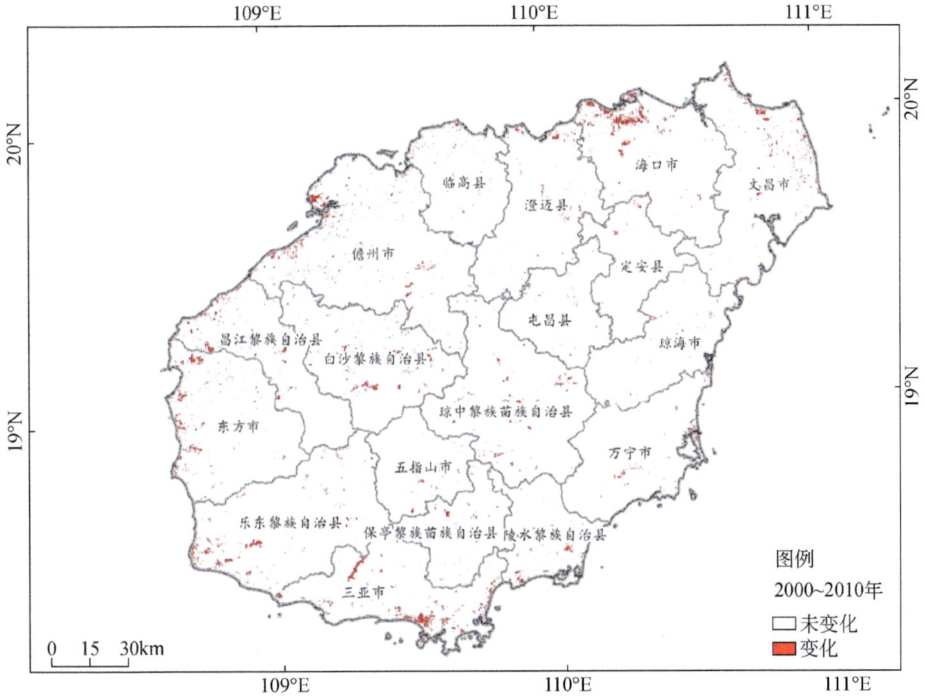

图 17-5　2000 ~ 2010 年海南岛生态系统类型变化情况空间分布

积仅略低于森林，占了整个变化面积的 21.19%，分析原因可能是橡胶树等人工经济林有所增加。总体来看，2010 ~ 2019 年生态系统变化剧烈程度总体高于 2000 ~ 2010 年，其中前 10 年的灌丛和草地面积变化均较小的生态系统，在后 10 年中面积变化占比均有少量增加，仅草地转其他变化面积占比仍小于 0.01%，见表 17-4。

表 17-4　2010 ~ 2019 年海南岛生态系统类型转移矩阵

生态系统类型	森林	灌丛	草地	湿地	农田	城镇	其他	2010 年合计
森林	—	2.30	0.19	1.58	10.12	2.95	0.65	17.79
灌丛	2.13	—	0.01	0.09	0.94	0.12	0.03	3.32
草地	0.43	0.01	—	0.11	0.69	0.09	0.01	1.34
湿地	0.74	0.05	0.08	—	3.59	1.16	0.24	5.86
农田	17.05	1.35	1.51	9.12	—	31.03	1.61	61.68
城镇	1.01	0.03	0.35	0.51	5.16	—	0.08	7.14
其他	0.46	0.02	0.16	0.49	0.69	1.05	—	2.87
2019 年合计	21.82	3.76	2.30	11.91	21.19	36.40	2.62	100

从空间分布来看，2010 ~ 2019 年各生态系统类型变化的区域比 2000 ~ 2010 年变化的区域明显增多，变化最剧烈的区域是沿海地区。2000 ~ 2010 年，海口市和三亚市是变化集中区域。2010 ~ 2019 年，除海口市和三亚市之外，儋州市西部、东方市西北部、陵水黎族自治县（简称陵水县）南部、文昌市北部等区域的生态系统类型变化也较为明显。这些沿海城市海岸线附近生态系统类型变化主导驱动因素是城市扩张，主要侵占了周边农田。除

此之外，非沿海区域的主要城市建成区周边，也是生态系统变化集中区域，如儋州市中部、五指山市中部、屯昌县、琼海市中部等区域。只有在白沙县、琼中县、保亭县等海南岛中部地区，变化不是很明显，如图 17-6 所示。

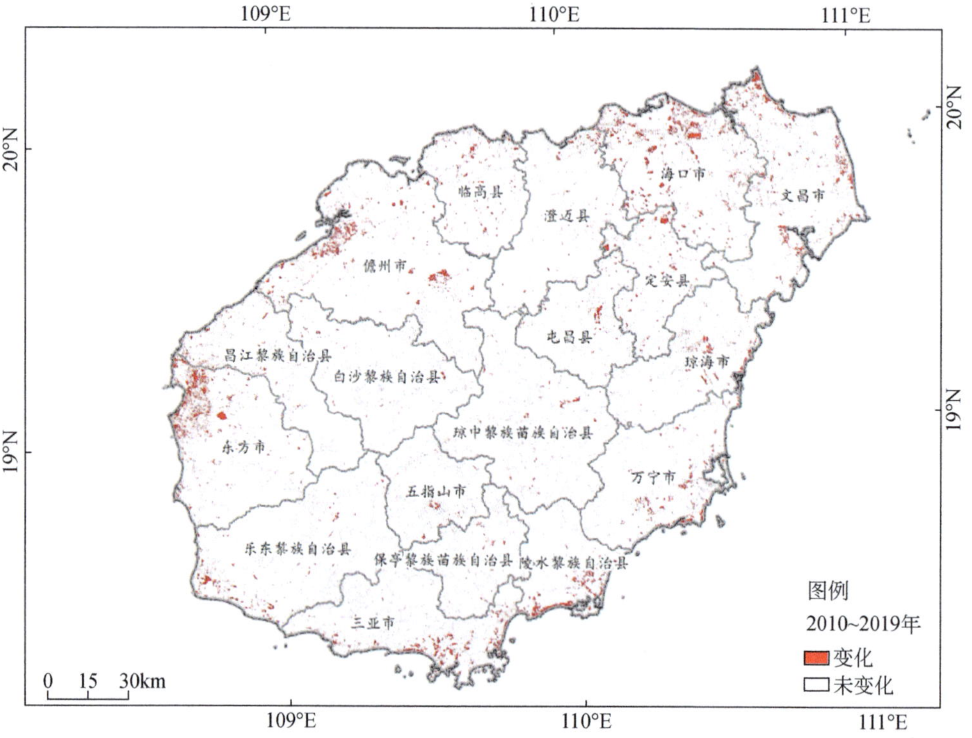

图 17-6　2010 ~ 2019 年海南岛生态系统类型变化情况空间分布

2000 ~ 2019 年，海南岛生态系统转出面积最大是农田生态系统，占整个转出总面积的 67. 58%，主要转为了城镇和森林，有部分转为了湿地；其次为森林，转出面积占转出总面积的 14. 88%，虽然森林转出面积较多，但转入面积大于转出面积，森林面积总体是增加的。转入面积最大的为城镇，占总转入面积的 38. 20%；其次为森林，占总转入面积的 24. 87%，森林生态系统转入面积比转出面积多约 10%，森林和城镇主要由农田转化而来；农田和湿地转入面积占比也相对较高，分别占了总转入面积的 18. 04% 和 10. 97%（表 17-5）。

从空间分布来看，2000 ~ 2019 年生态系统转换最为集中区域主要分布在沿海一带，其中变化最为明显的是海口市北部、三亚市南部和东部、儋州市西北部、东方市西部、陵水县南部和文昌市北部等区域。在内陆范围内，变化较为集中的仍为各城市建成区周围和部分新建水库区域，如儋州市中部、屯昌县中部、五指山市中部、三亚市西北部水库等区域。此外，其他区域主要呈斑点状零散分布在整个区域。其中，变化较小的区县主要为琼中县、白沙县、保亭县、五指山市、屯昌县等，多分布于中部山区，是各类保护区域分布较为集中的区域，如自然保护区、生态保护红线和重点生态功能区等，如图 17-7 所示。

表 17-5　2000 ~ 2019 年海南岛生态系统类型转移矩阵

生态系统类型	森林	灌丛	草地	湿地	农田	城镇	其他	2000 年合计
森林	—	1.80	0.24	1.15	9.17	2.08	0.44	14.88
灌丛	1.60	—	0.01	0.06	0.76	0.07	0.03	2.53
草地	0.32	0.01	—	0.14	0.48	0.06	0	1.01
湿地	0.71	0.05	0.08	—	3.77	1.15	0.22	5.99
农田	19.54	1.30	1.55	9.01	—	34.37	1.81	67.58
城镇	0.86	0.02	0.13	0.24	2.73	—	0.05	4.03
其他	1.84	0.09	0.09	0.37	1.13	0.47	—	3.99
2019 年合计	24.87	3.26	2.10	10.97	18.04	38.20	2.55	100

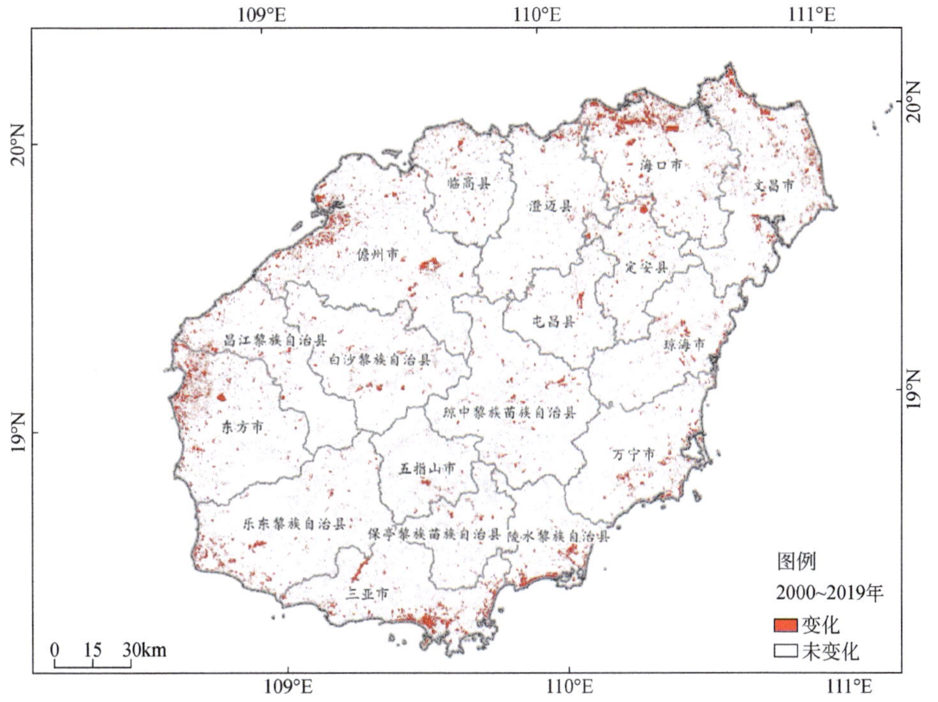

图 17-7　2000 ~ 2019 年海南岛生态系统类型变化情况空间分布

总体上，2000 ~ 2019 年海南岛生态系统类型之间转换面积最大的为农田转为城镇，20 年间，海南岛共有 719km^2 的农田转为城镇。农田转为城镇主要是城镇建设开发活动，多分布在沿海城市，如海口市北部、三亚市南部等区域，以及城市周边区域。其次为农田转为森林、森林转为农田、农田转为湿地，农田转为森林主要为退耕还草等生态保护修复工程或轮耕休耕，森林转为农田主要为农田开垦活动，20 年间，约有 190km^2 的森林转为农田，发生转换的区域多分布于中部山区周边，如琼中县，以及乐东县、三亚市等农林交错带地区。农田转为湿地主要为河流入海口的耕地转为水产养殖坑塘和水库蓄水等，20 年间，约有 187km^2 的农田转为湿地，主要发生在河流入海口及水库周边，如三亚市大隆水库、东方市西部等区域，如图 17-8 所示。

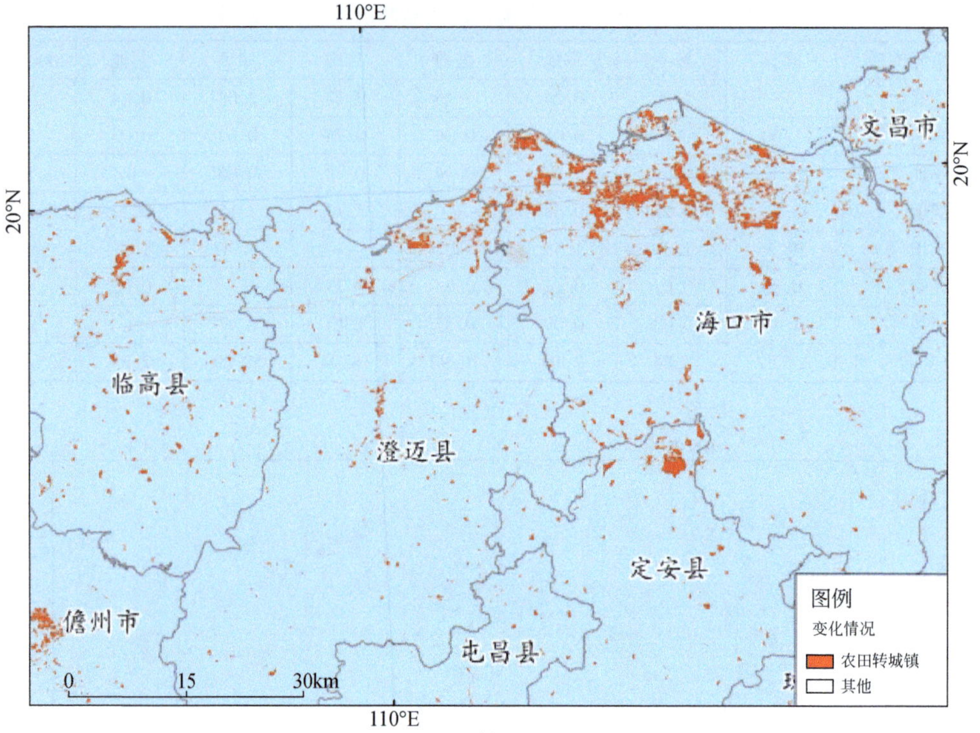

110°E
20°N
文昌市
海口市
临高县
澄迈县
定安县
儋州市
屯昌县
图例
变化情况
农田转城镇
其他
0
15
30km

(a)

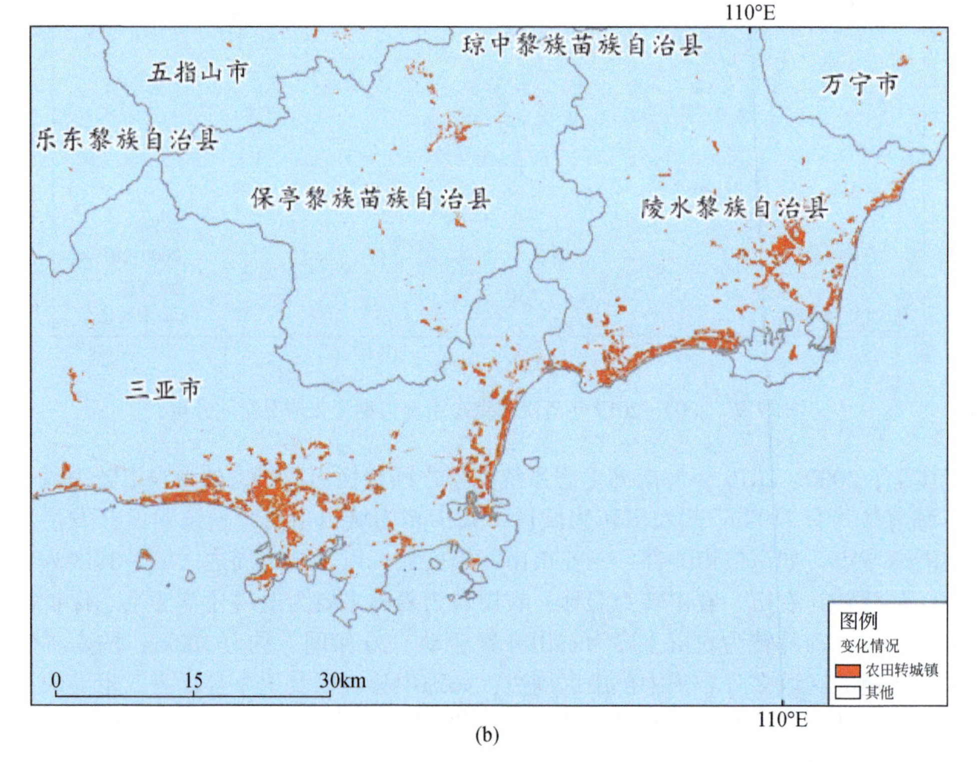

110°E
琼中黎族苗族自治县
五指山市
万宁市
乐东黎族自治县
保亭黎族苗族自治县
陵水黎族自治县
三亚市
图例
变化情况
农田转城镇
其他
0
15
30km

(b)

(c)

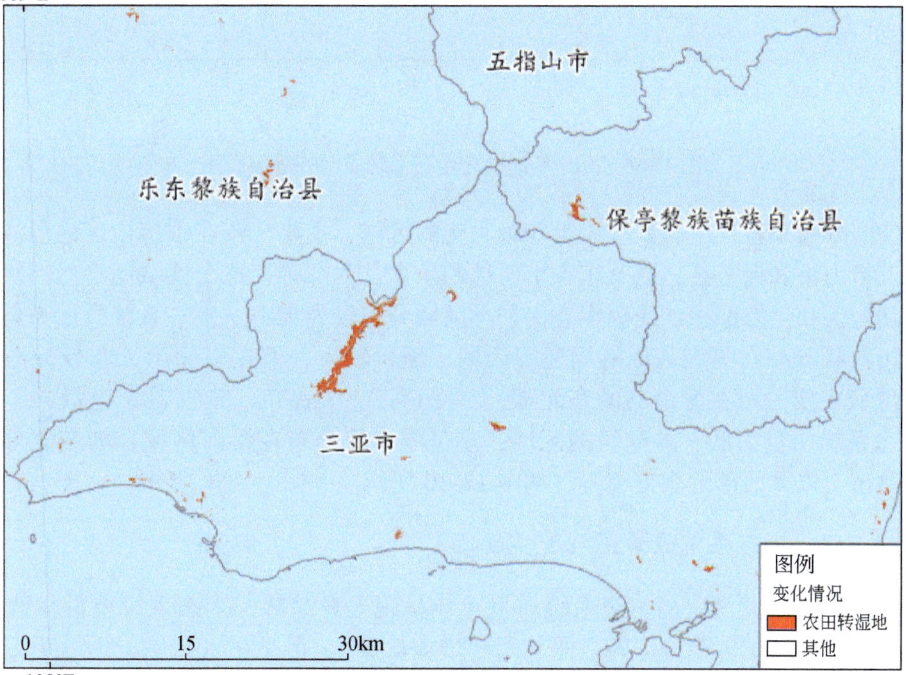

(d)

图 17-8 2000～2019 年海南岛生态系统转换典型区域

17.2.3 陆表植被生态系统质量现状及变化

17.2.3.1 生态系统质量现状

从生态系统质量等级分布来看，海南岛的生态系统质量主要为优和良，优良等级的面积占比约为 82.65%。其中，良等级的生态系统面积为 13 749.3km^2，面积占比为 41.60%，优等级的生态系统面积为 13 569.0km^2，面积占比为 41.05%。总体来看，海南岛的生态系统质量整体较高，如图 17-9 所示。

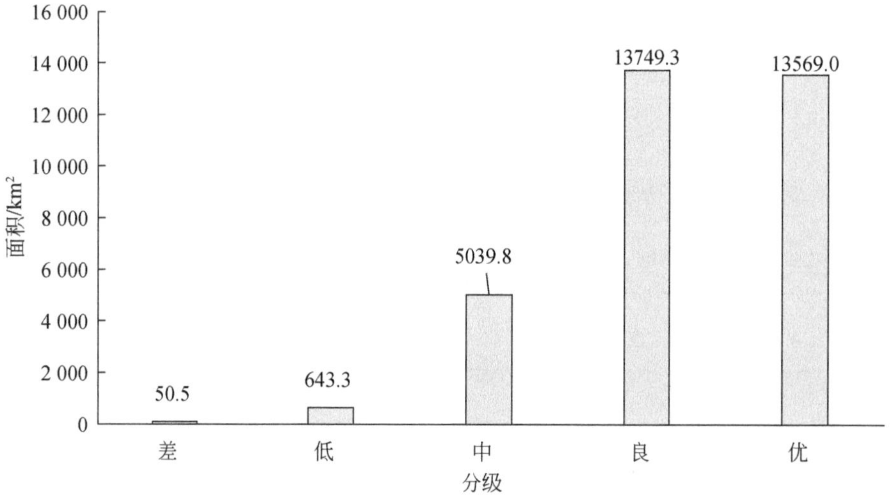

图 17-9 2019 年海南岛生态系统质量各等级面积

从空间分布来看，生态系统质量等级为优的区域，主要分布在中部山区的白沙县、琼中县、五指山市和保亭县，以及东方市西部和乐东县北部等，这个区域的自然保护区、重点生态功能区和生态保护红线等生态保护类区域分布较为集中。生态系统质量为良的区域主要呈斑块状分布在等级为优的周边等区域，面积较大，但在空间上分布较分散，较为集中的区域主要分布在海南岛的东北部，如海口市、文昌市、定安县、屯昌县、琼海市等。生态系统质量为低、差等级的区域，多呈零星状分布在沿海区域，如东北部的海口市和文昌市，以及西部的东方市等，如图 17-10 所示。

17.2.3.2 生态系统质量时空变化特征

2000 ~ 2019 年，海南岛生态系统质量总体呈现上升趋势，生态系统质量指数从 2000 年的 0.67 上升至 2019 年的 0.78，平均每年增加 0.006，但是在 2012 年之后上升趋势更为明显（图 17-11）。从空间统计来看，约 90% 区域的生态系统质量呈改善趋势，其中明显改善区域占比为 70.6%，轻微改善区域占比为 19.27%。生态系统质量退化区域仅占 10% 左右，其中轻微退化的区域占比为 7.34%，明显退化的区域占比为 2.79%，如图 17-12 所示。

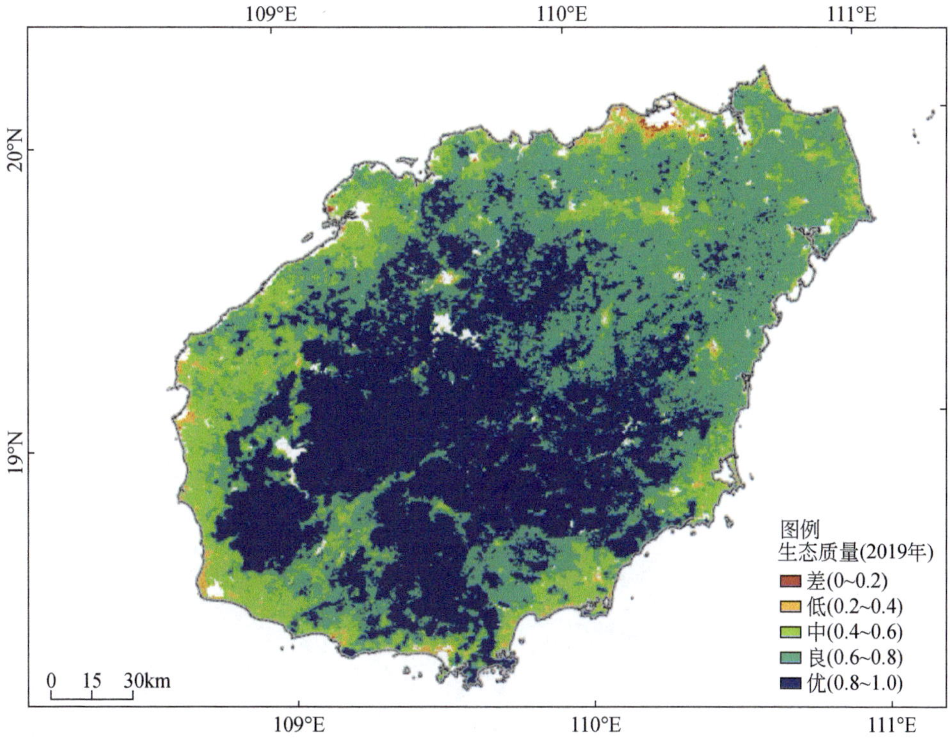

图 17-10　2019 年海南岛生态系统质量空间分布

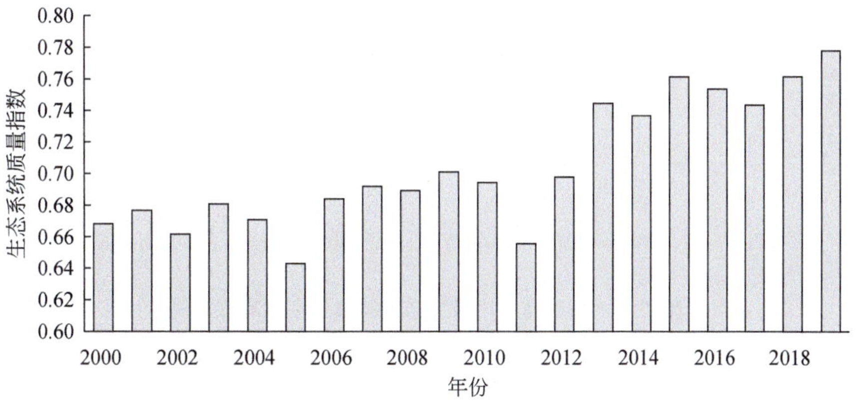

图 17-11　2000 ~ 2019 年海南岛生态系统质量指数

从生态系统质量变化趋势的空间分布来看，生态系统质量改善区域，主要分布在中部及与沿海之间的区域。分析可能原因，一是由于海南岛生态保护措施和政策的实施，对区域整体生态环境质量有改善作用；二是由于海南岛中部为热带雨林区域，热带雨林的生态系统质量本底较高，总体表现为稳中向好的良好变化态势。生态系统质量退化区域，主要分布在沿海城市及周边，主要是因为城市的自然植被覆盖度低、生态系统质量较差，同时城市在发展及扩张过程中挤占了周边自然生态系统，致使生态系统质量有所降低，如图 17-12

所示。

从生态系统质量变化趋势的市县差异来看，明显改善的市县主要有临高县、儋州市和定安县，三个市县的生态系统质量有较大改善，其中明显改善区域占比超过90%，生态系统质量改善区域占比超过97%；其次为澄迈县、琼海市、文昌市、屯昌县和海口市等，生态系统质量有较大改善，生态系统质量明显改善的区域在80%以上。生态系统质量退化趋势最为明显为三亚市，退化占比为40.8%，保亭县退化区域占比仅次于三亚市，占比为25.52%（表17-6）。

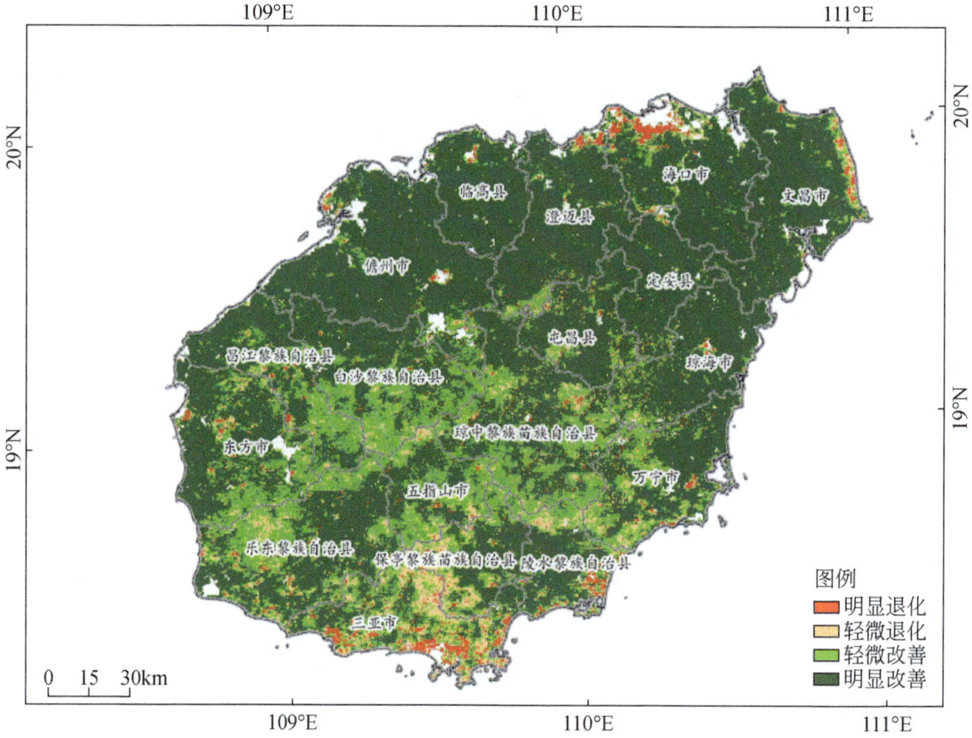

图 17-12　2000～2019 年海南岛生态系统质量变化各分级空间分布

表 17-6　海南岛各市县生态系统质量变化等级比例

地区	明显退化	轻微退化	轻微改善	明显改善
海口市	5.43	4.87	7.32	82.38
三亚市	13.69	27.11	28.58	30.62
白沙县	1.03	4.75	31.59	62.63
保亭县	3.24	22.28	24.02	50.46
昌江县	1.96	5.47	27.92	64.65
澄迈县	1.69	2.61	6.13	89.57
定安县	0.75	1.83	3.41	94.01

续表

地区	明显退化	轻微退化	轻微改善	明显改善
东方市	2.02	5.45	25.31	67.22
乐东县	2.11	10.12	30.22	57.55
临高县	0.83	0.99	1.99	96.19
陵水县	5.63	13.24	24.09	57.04
琼海市	1.32	3.36	9.16	86.16
琼中县	2.43	7.71	35.63	54.23
屯昌县	2.11	4.40	10.70	82.79
万宁市	3.15	10.73	24.13	61.99
文昌市	1.55	3.47	5.61	89.37
五指山市	1.77	11.66	43.21	43.36
儋州市	1.05	1.41	6.41	91.13

从生态系统质量等级的空间变化来看，2000～2019 年生态系统质量为优的区域有明显扩大。2000 年海南岛生态系统质量各等级在空间分布上分异明显，生态系统质量为优的区域主要集中分布在中部区域；生态系统质量为良的区域主要分布在优区域的周边，特别是偏北的区域；生态系统质量为中的区域围绕优良区域的周边，分布相对广泛；生态系统质量为低和差的区域主要分布在沿海城市。20 年间，生态系统质量为优的区域逐渐向周边扩张，特别是向东北方向延伸，至 2019 年，面积已经扩张了约二分之一，主要覆盖了生态系统质量为良的区域。生态系统质量为良的区域也呈向外扩张的趋势，特别是向东北方向，至 2019 年，生态系统质量为良的区域基本已侵占了绝大多数生态系统质量为中的区域。生态系统质量为中的区域则逐渐减少，被生态系统质量为优良的区域侵占，但海南岛西南部等区域，生态系统质量基本保持在中等级，变化相对较小，如图 17-13 所示。

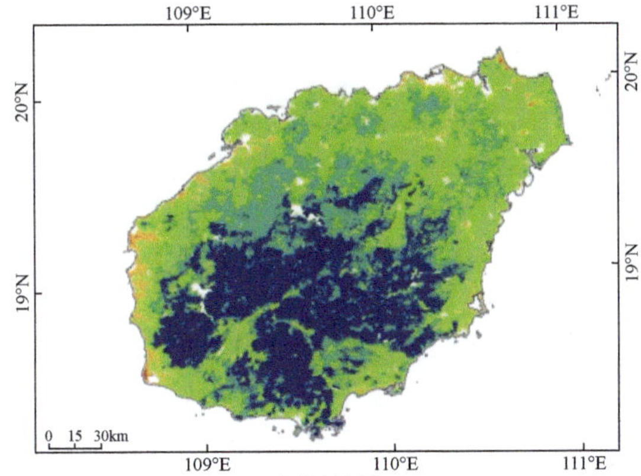

(a)2000年

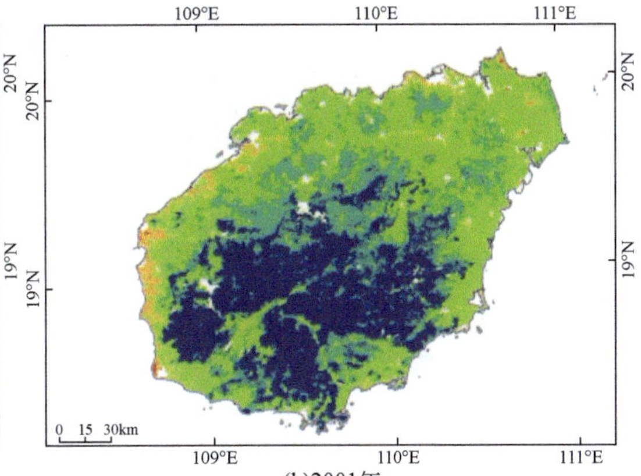

(b)2001年

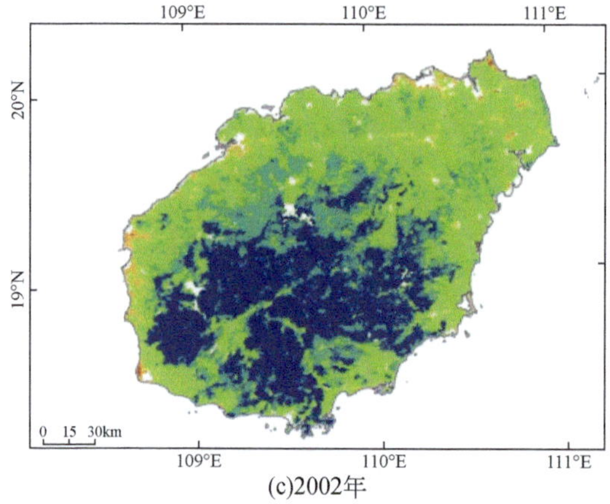

(c)2002年

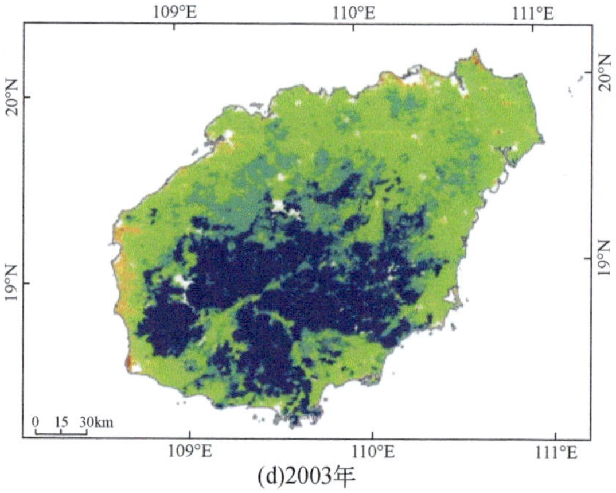

(d)2003年

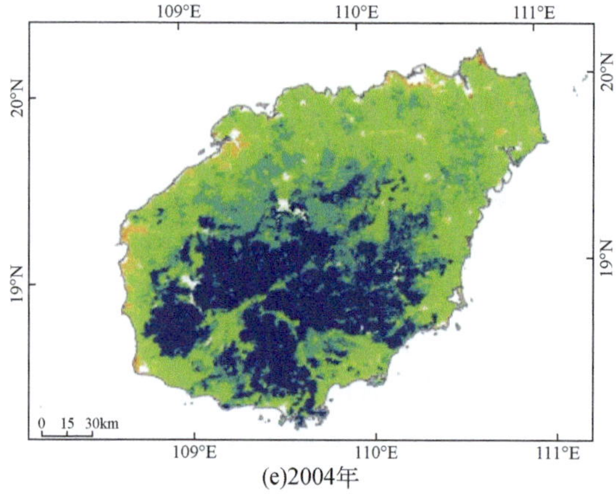

(e)2004年

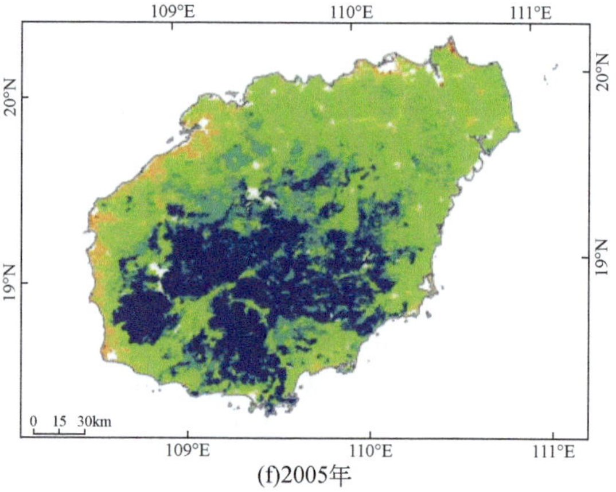

(f)2005年

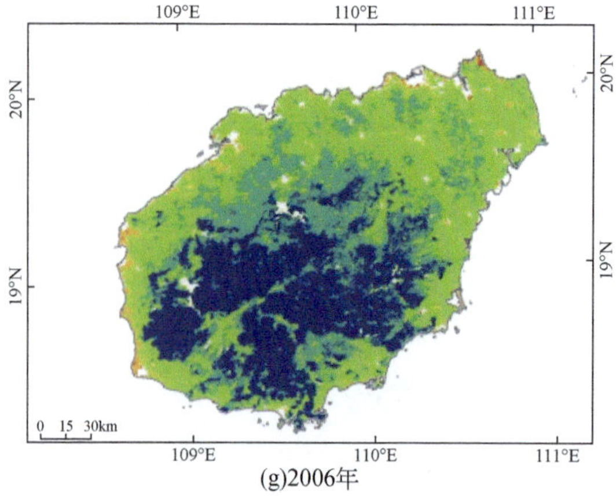

(g)2006年

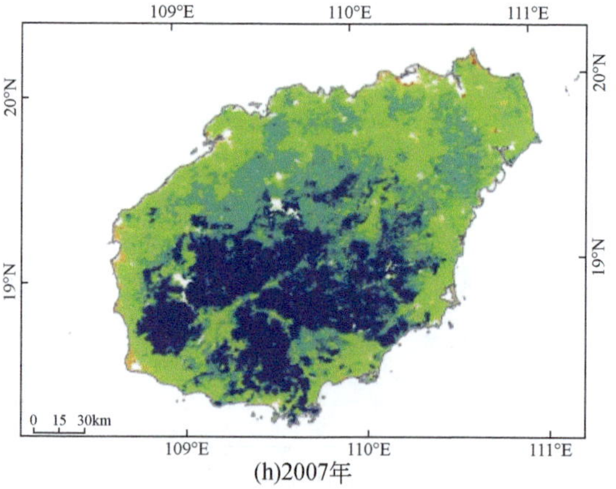

(h)2007年

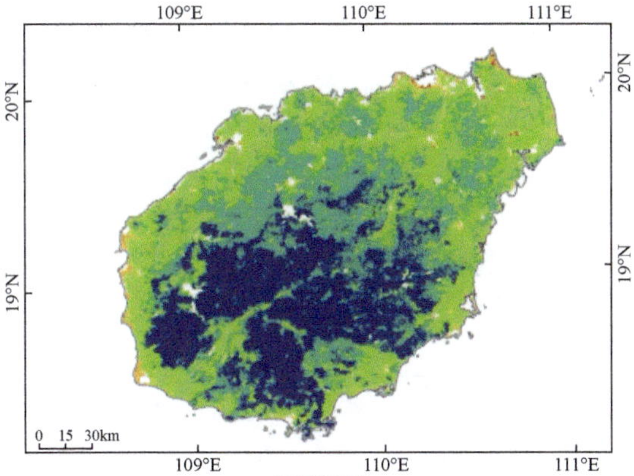

(i)2008年

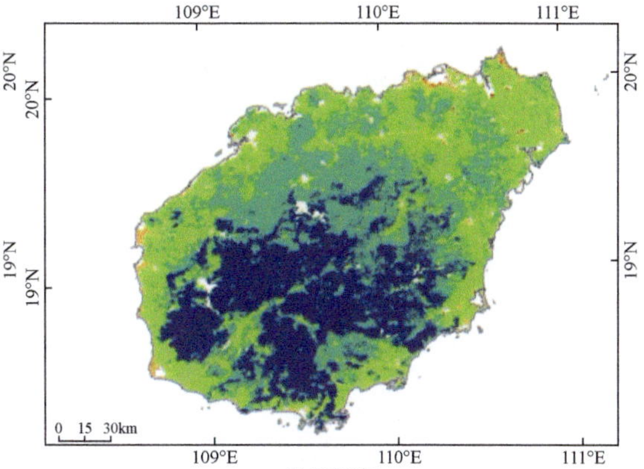

(j)2009年

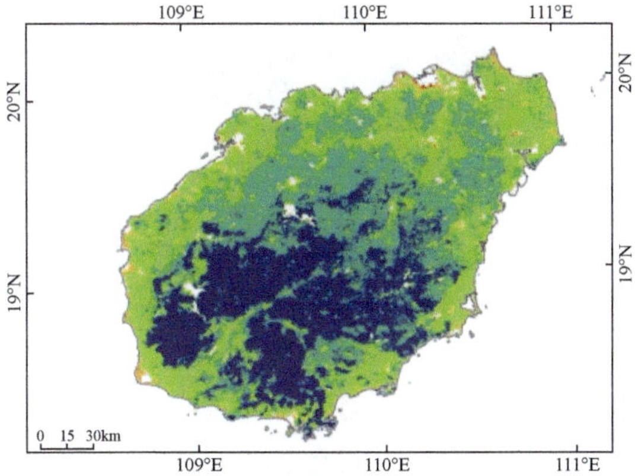

(k)2010年

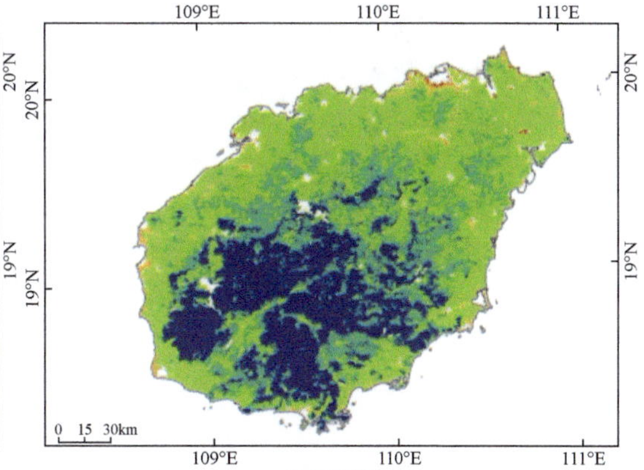

(l)2011年

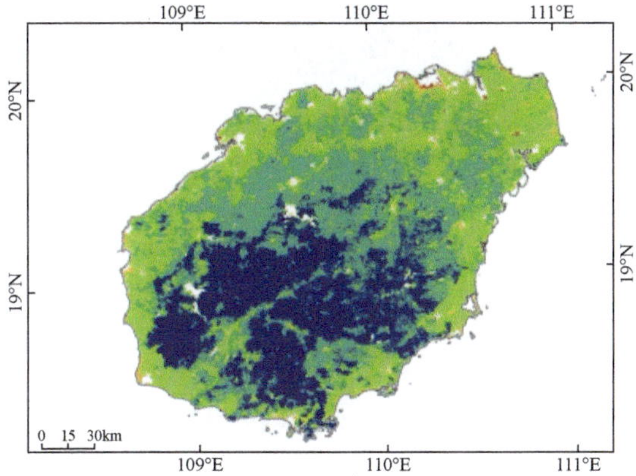

(m)2012年

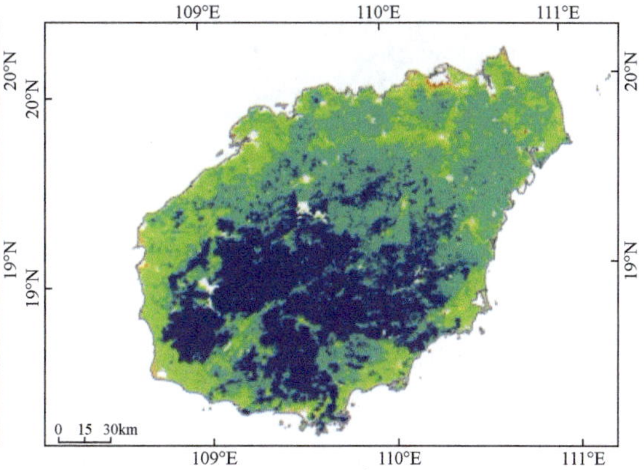

(n)2013年

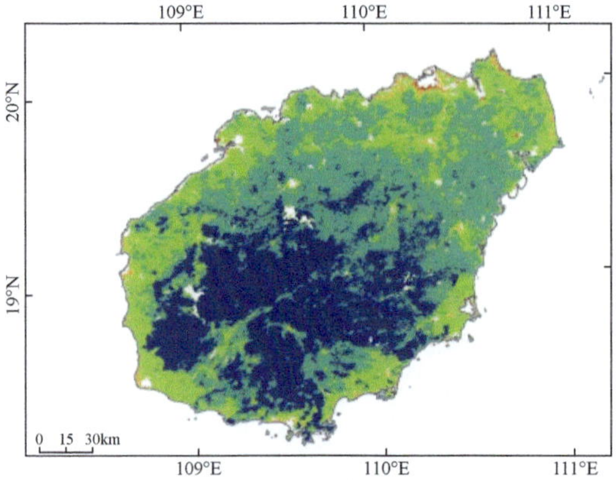

(o)2014年

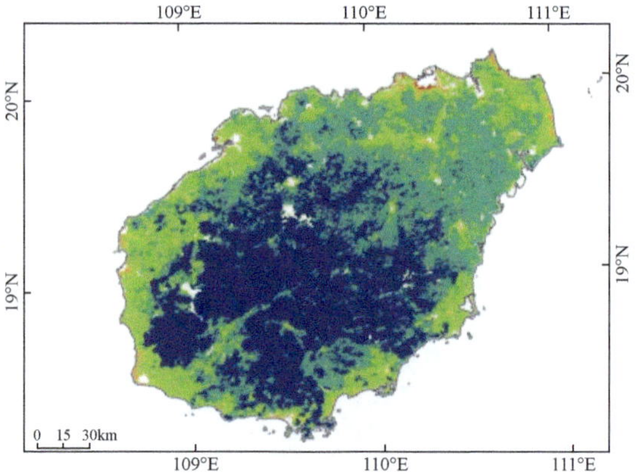

(p)2015年

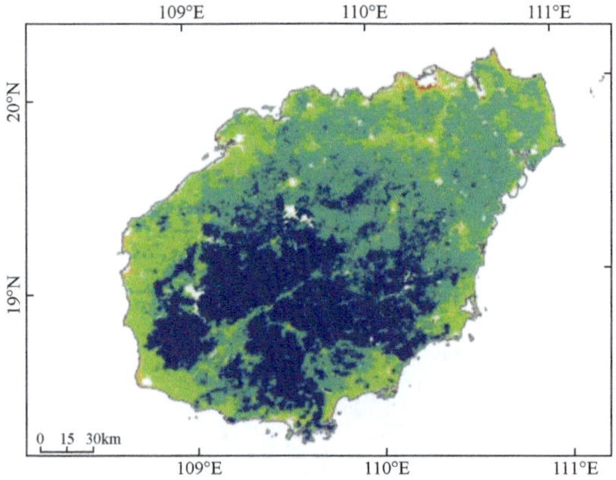

(q)2016年

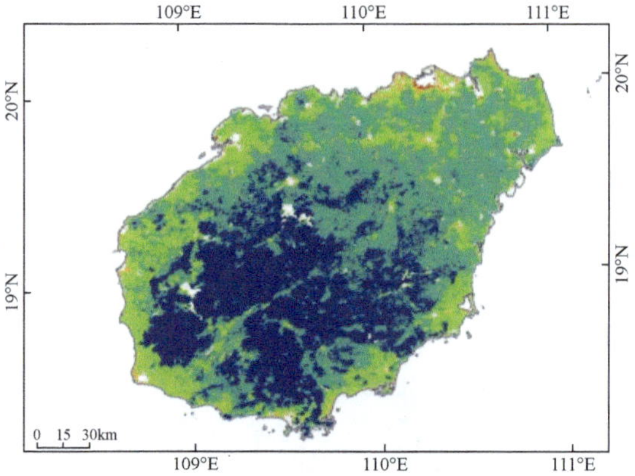

(r)2017年

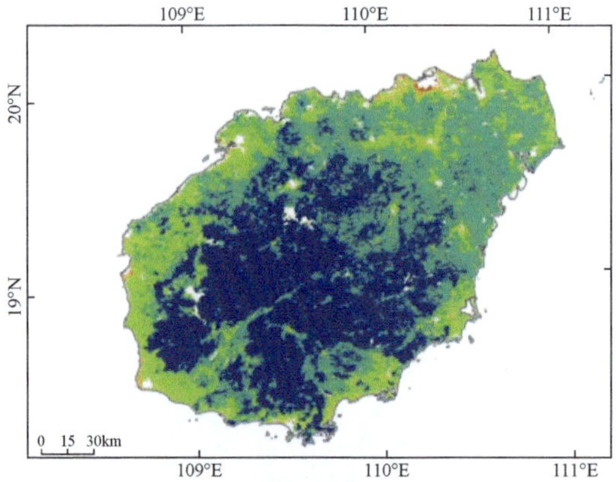

(s)2018年

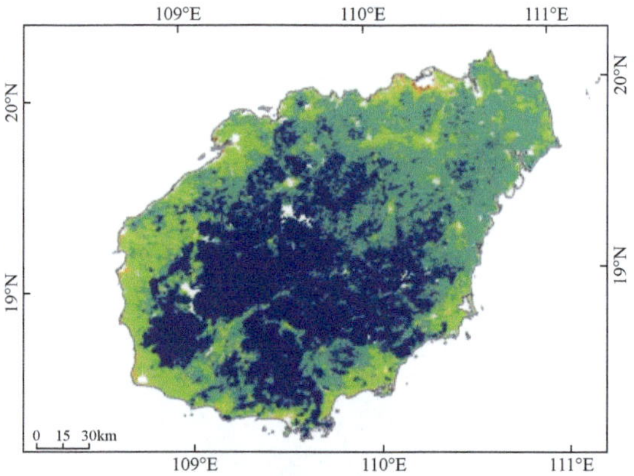

(t)2019年

图例

生态系统质量

差(0~0.2)　低(0.2~0.4)　中(0.4~0.6)

良(0.6~0.8)　优(0.8~1.0)

图 17-13　2000～2019 年海南岛生态系统质量年空间分布

17.2.4 生态系统服务功能现状及变化

17.2.4.1 土壤保持服务功能及变化

1）土壤保持服务功能现状

基于土壤保持功能模型，计算2019年海南岛的土壤保持量，结果表明，海南岛单位面积土壤保持量为1748.2t/hm²，土壤保持量总值为59.23亿t。其中，各类生态系统类型中，森林和农田为提供土壤保持服务功能的主要生态系统类型，森林生态系统土壤保持总量占整个海南岛土壤保持总量的63.98%，农田生态系统土壤保持总量占整个海南岛土壤保持总量的31.46%，其他生态系统类型土壤保持总量共占海南岛土壤保持总量的4.56%。每公顷土壤保持量最高的为森林和灌丛生态系统，其中，森林单位面积土壤保持量为4099.7t/hm²，灌丛单位面积土壤保持量为3726.17t/hm²。

从海南岛土壤保持服务功能空间分布来看，土壤保持功能空间分布差异明显，总体呈现中部山区高、四周低的分布形势。土壤保持量高值区多分布于中部山区，基本在2000t/hm²以上，其中五指山市、白沙县和琼中县单位面积土壤保持量较高，均达到2300t/hm²，中部地区为山区，且是热带雨林分布区域，地势高造成该区域潜在的水土流失较大，但高覆盖度的植被起到了重要的保持土壤的作用，使得实际水土流失较小，因此，高覆盖的植被使得这些区域土壤保持量较高。土壤保持量由中部山区向四周逐渐减少，沿海区域土壤保持量较低，其中海口市和文昌市土壤保持量最低，单位面积土壤保持量均在300t/hm²以下。此外，定安县、临高县、澄迈县、东方市、三亚市、乐东县、儋州市、陵水县和琼海市整体单位面积土壤保持量相对较小，基本在500～1000t/hm²之间；而万宁市、屯昌县、昌江县和保亭县单位面积土壤保持量相对较高，基本在1000～1500t/hm²之间，如图17-14所示。

为了解每个市县的土壤保持量情况，分别统计了各市县内土壤保持量均值和总值，均值指示区域的整体情况，总值表明各市县对整个海南岛土壤保持的贡献，除了与土壤保持功能强弱有关，也与土地面积有关。2019年，从各市县土壤保持总量来看，中部山区琼中县和白沙县土壤保持总量较高，分别占全岛土壤保持总量的15.28%和11.11%，其他城市占比基本在10%以下。从各市县单位面积土壤保持量来看，五指山市、保亭县和琼中县单位面积土壤保持量较高，分别为4017.48t/hm²、3373.29t/hm²和3341.88t/hm²，但五指山市和保亭县由于面积相对较小，土壤保持总量相对较小，占比分别为7.68%和6.65%。总体来看，沿海市县整体土壤保持量小于中部市县，如图17-15所示。

2）土壤保持服务功能时空变化特征

为分析海南岛土壤保持功能的长时间序列变化，以评估在2000～2019年20年间生态系统服务功能是否提升，统计了每年土壤保持量均值，并用折线图的方式研究其变化或波动规律。经统计发现，2000～2019年海南岛的土壤保持功能总体变化为：土壤保持功能变化波动较小，总体呈上升趋势，但在不同时间段有明显波动差异。2000年，海南岛单位面

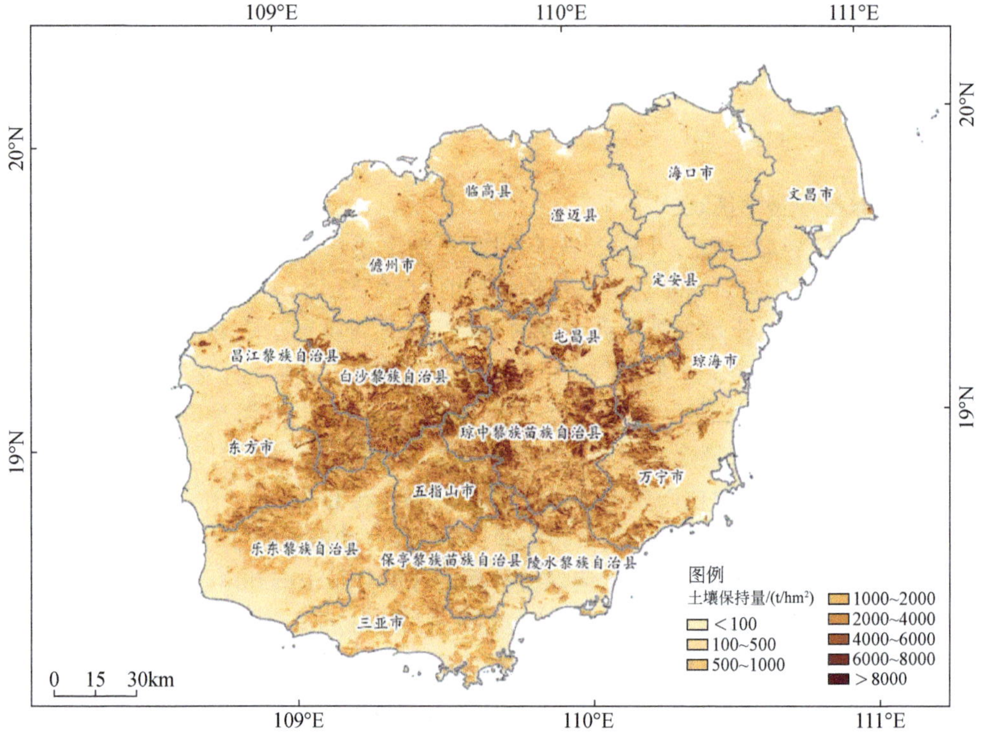

图 17-14　2019 年海南岛土壤保持量空间分布

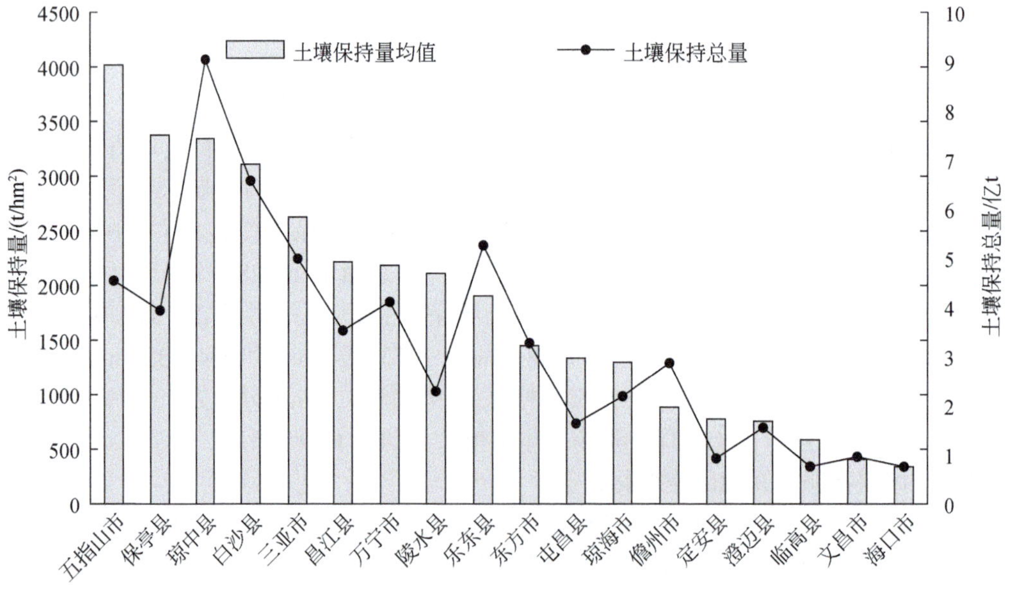

图 17-15　海南岛各市县单位面积土壤保持量和总量

积土壤保持量为1747.05t/hm²，至2019年，增加至1748.20t/hm²，增加了1.15t/hm²。其中，2007年之前，土壤保持量变化波动相对较大，但总体呈上升趋势，仅2003年和2005年呈降低趋势，2007年后，土壤保持量变化幅度相对平稳，波动幅度有所降低，总体仍呈上升趋势。在2007～2011年和2013～2015年呈缓慢下降趋势，但以2010年为界限，2010年以后整体仍呈增长趋势。2000～2010年，海南岛土壤保持量虽然上升明显，但相比于2010～2019年，土壤保持量均值仍较低，而在2010～2019年土壤保持量虽然变化平缓，但土壤保持量均值整体高于前10年，如图17-16所示。总体上，2000～2019年，海南岛土壤保持量呈增加趋势，同时后10年的土壤保持量均值要高于前10年，说明2010年后土壤保持功能有所提升。

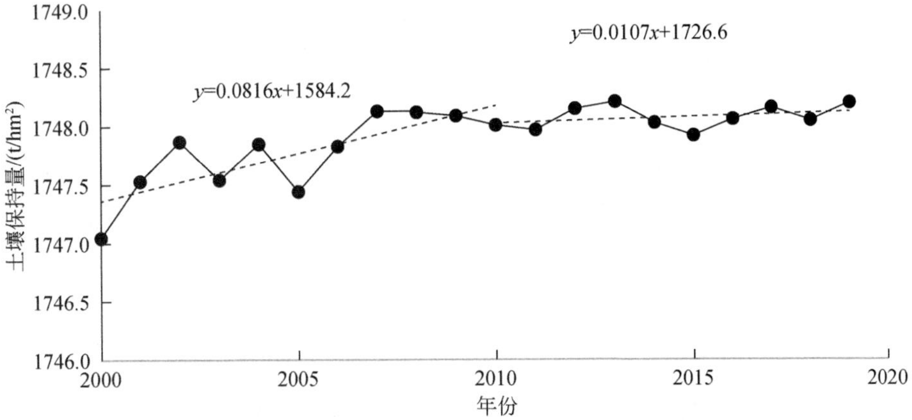

图17-16　海南岛单位面积土壤保持量年际变化

土壤保持功能主要受降水量、地形、植被状况和土壤的属性等影响，生态状况变化主要表现在地表植被和生境的变化，而降水量等气象因素不能直接反映生态状况变化情况，且具有不确定性。因此，为探究海南岛生态状况变化，采用因子控制法对降雨侵蚀因子进行平均化，即采用多年平均降雨侵蚀力参与计算，消除了降雨突变的影响。

从空间分布来看，海南岛土壤保持功能在空间上的变化不明显，主要是因为海南岛的植被覆盖度极高，基本在80%以上，20年间植被变化相对较小，植被覆盖因子基本无变化。蔡崇法等（2000）在径流小区人工降雨和部分天然降雨的实验中，经过公式推算，认为植被覆盖度在78.3%以上，植被覆盖因子为0。2000～2019年，海南岛植被覆盖度变化幅度基本在78.3%以上浮动，因此，植被覆盖度因子变化较少，仅在城镇附近有变化，主要是因为城镇扩张挤占周边自然植被或农田生态系统，造成植被覆盖度降低明显，植被覆盖因子有所变化。总体来看，2000～2019年海南岛土壤保持功能在空间上分布基本一致，主要呈现中部和西南部山区土壤保持量较高，这是因为该区域植被覆盖度高，土壤保持量相对较高，基本在2000t/hm²以上；从中部山区向沿海延伸的区域，土壤保持量逐渐降低，至沿海城镇区域，土壤保持量减小到最低，基本在500t/hm²以下。20年间，自然植被和农田生态系统的土壤保持量基本无变化，变化区域主要发生在城镇周边和山区的山谷地区，这些区域植被易发生变化，如图17-17所示。

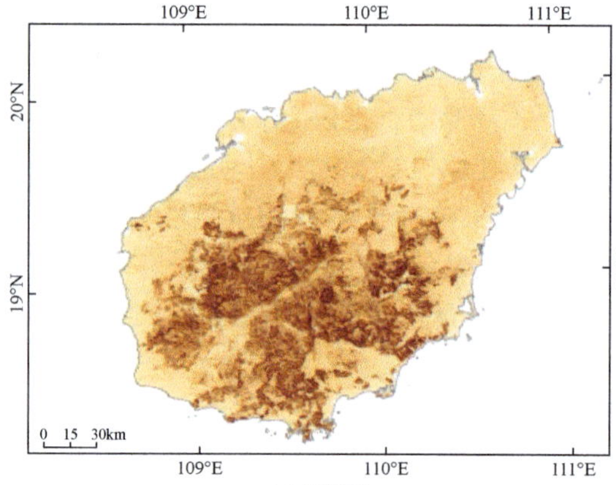

(a)2000年

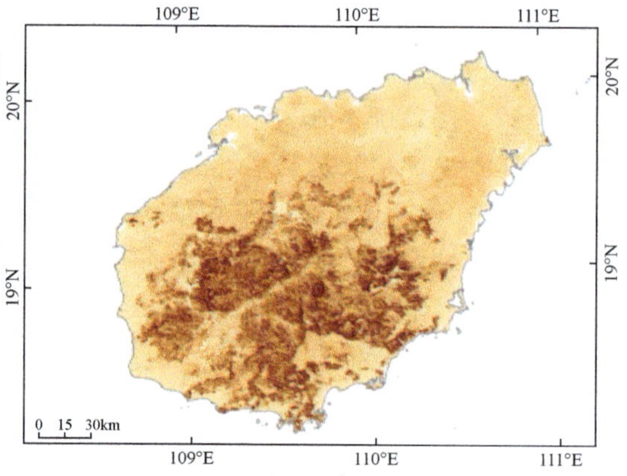

(b)2001年

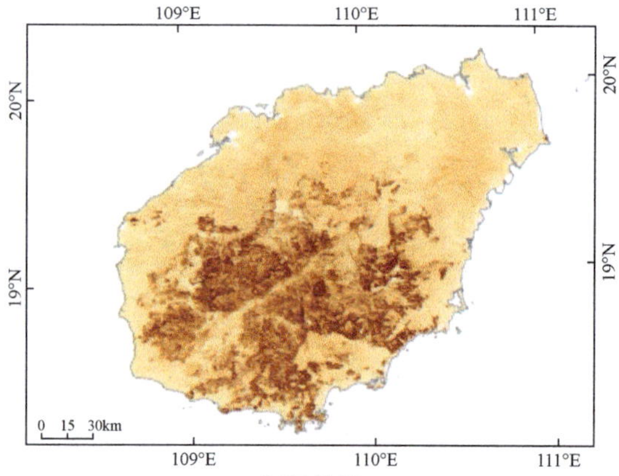

(c)2002年

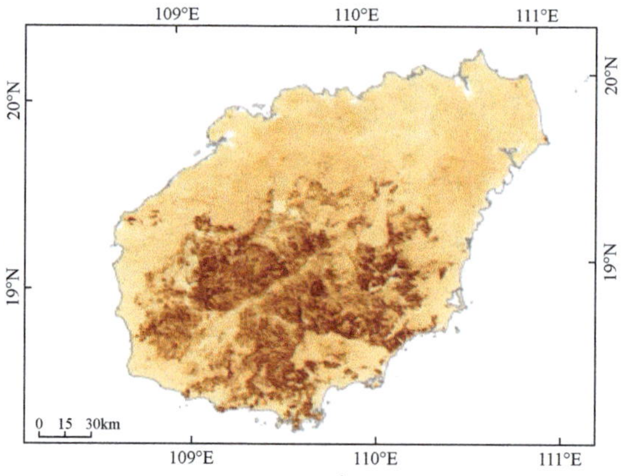

(d)2003年

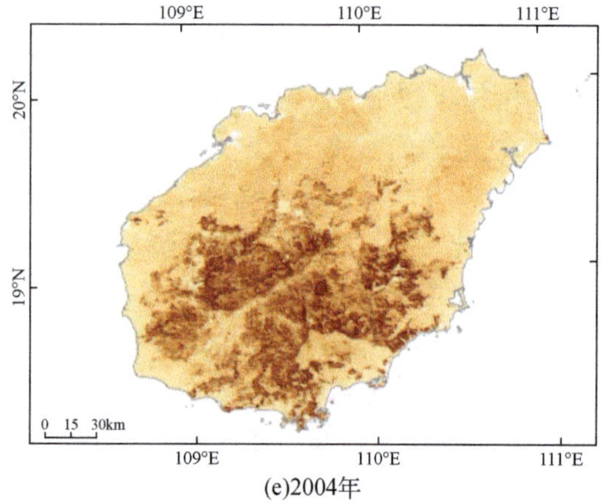

(e)2004年

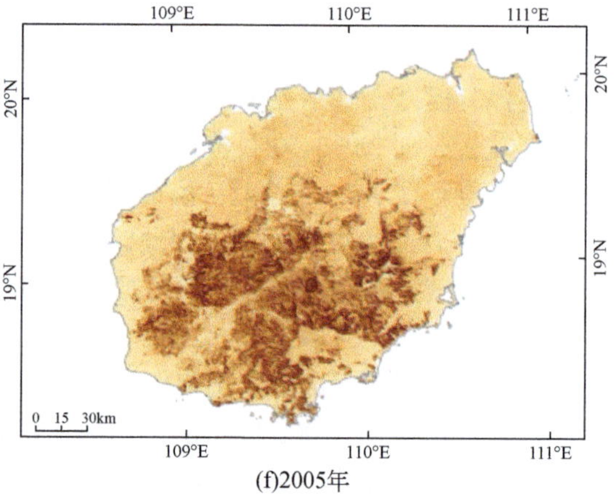

(f)2005年

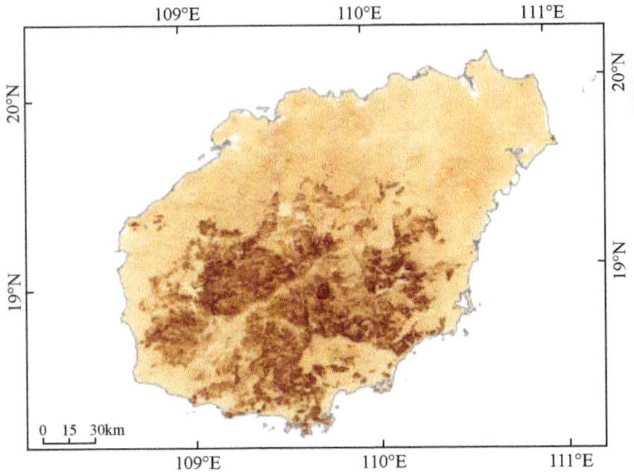

(g)2006年

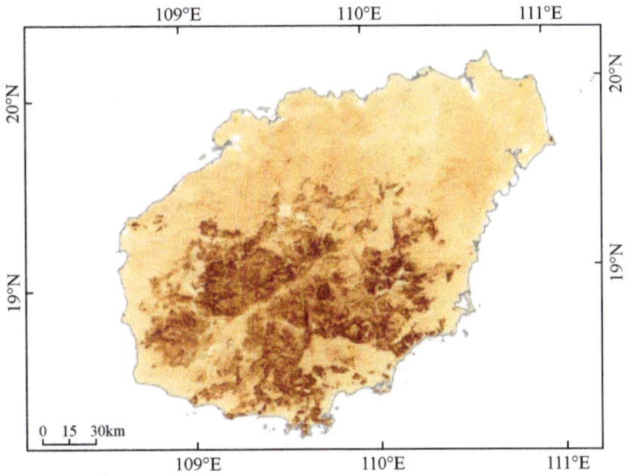

(h)2007年

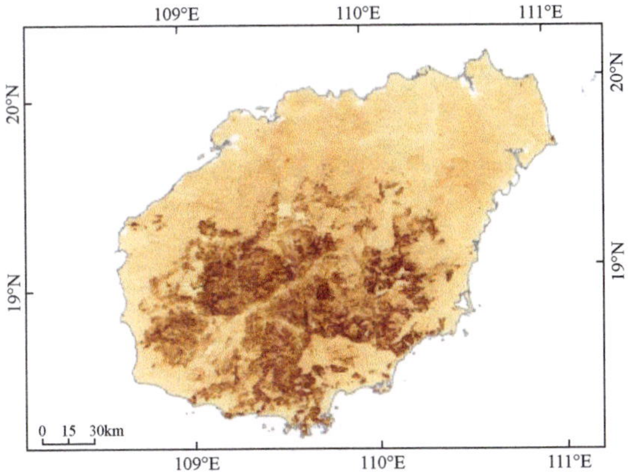

(i)2008年

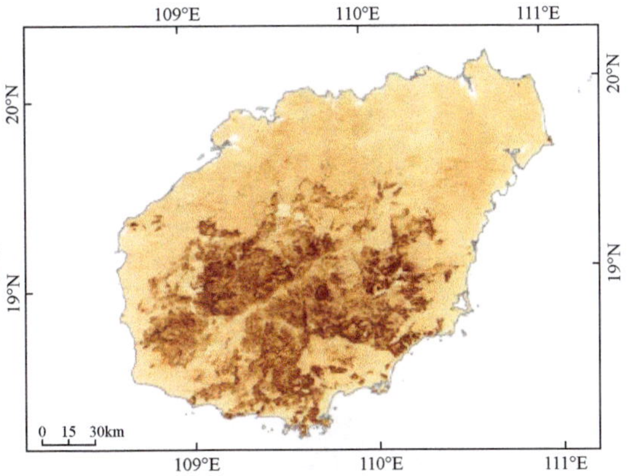

(j)2009年

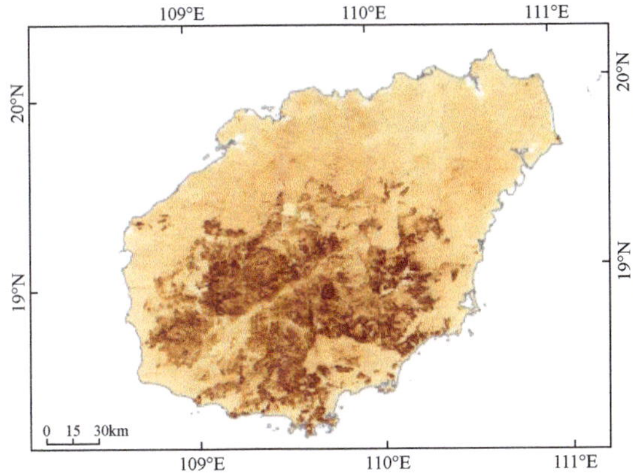

(k)2010年

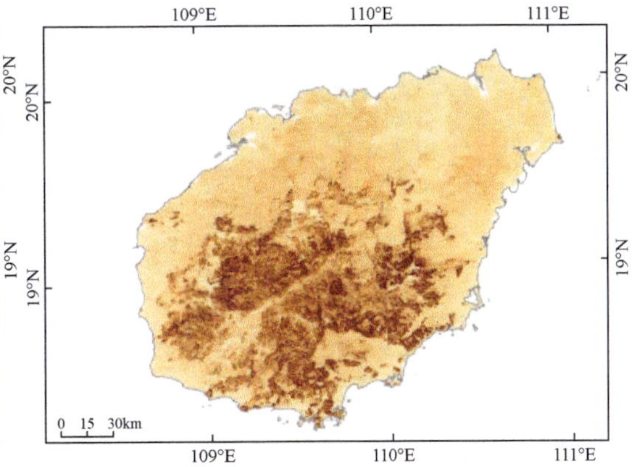

(l)2011年

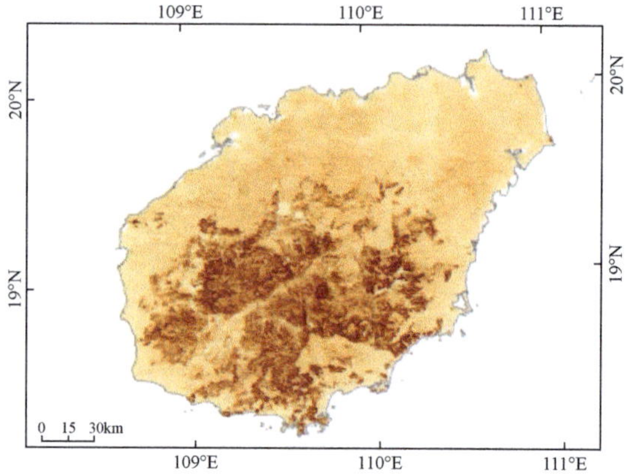

(m)2012年

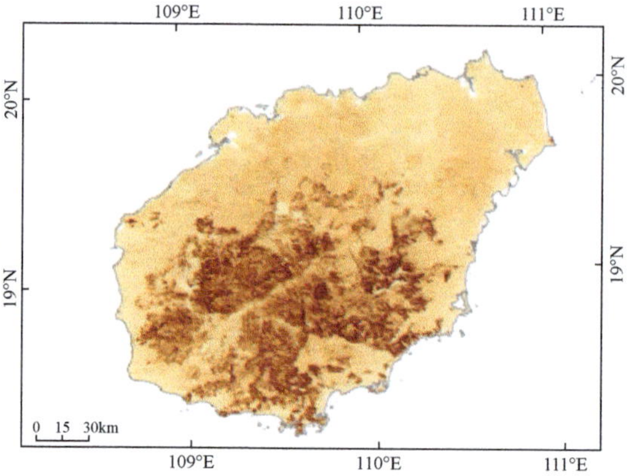

(n)2013年

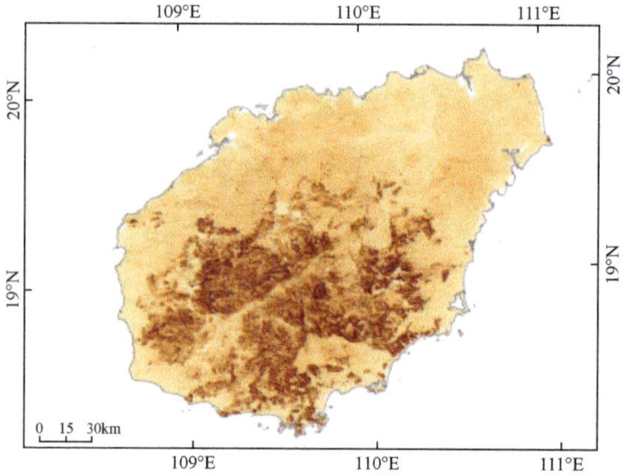

(o)2014年

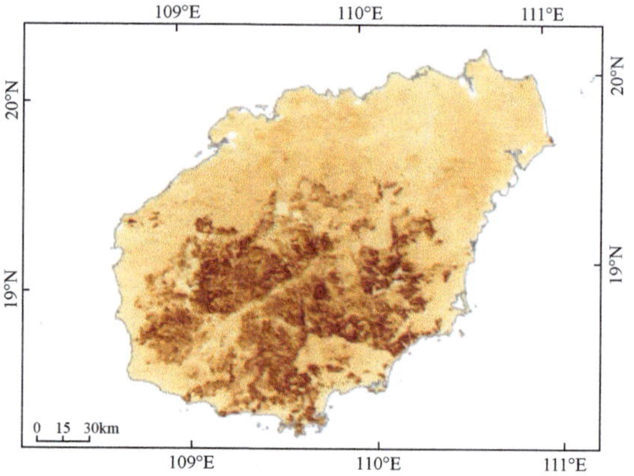

(p)2015年

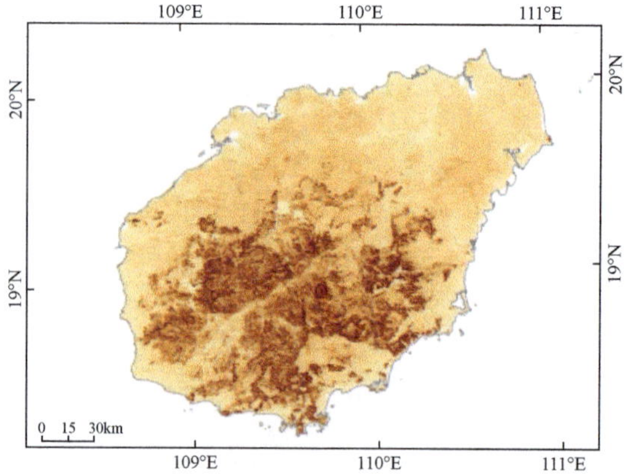

(q)2016年

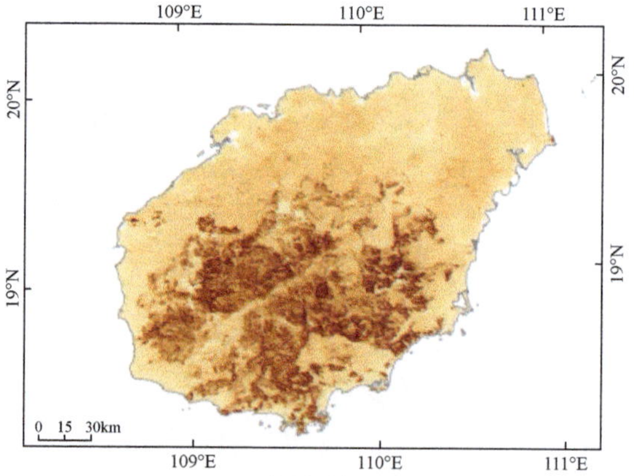

(r)2017年

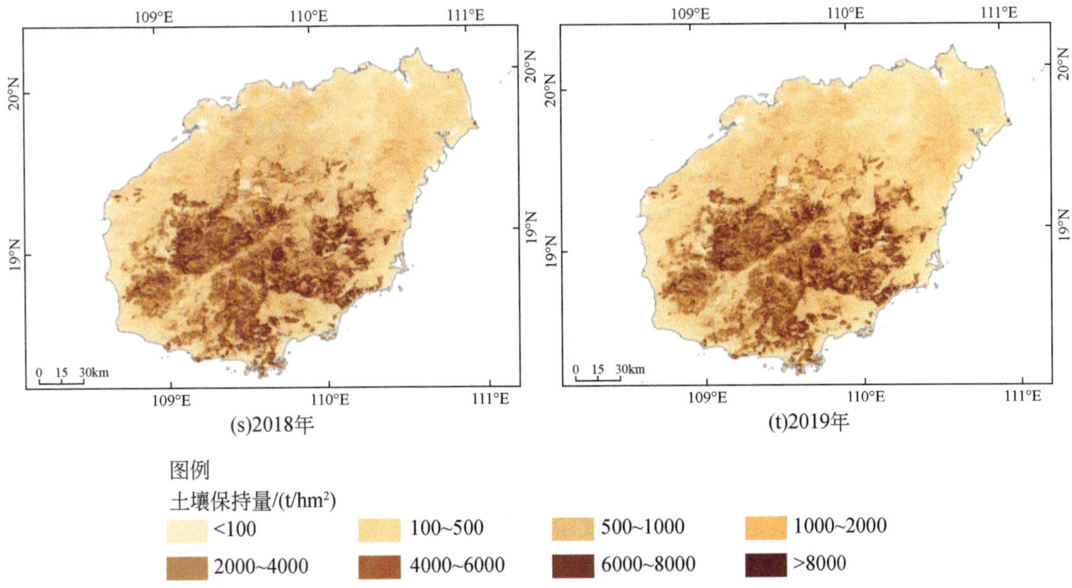

图 17-17　2000～2019 年海南岛土壤保持量年空间分布

17.2.4.2　水源涵养服务功能及变化

1）水源涵养服务功能现状

2019 年，海南岛水源涵养总量为 117.15 亿 m^3，单位面积水源涵养量为 34.58 万 m^3/km^2。各生态系统中，森林生态系统是海南岛生态系统水源涵养功能的主体，其水源涵养量约占全岛水源涵养总量的 36.8%。单位面积水源涵养量较高的生态系统为森林和灌丛生态系统，分别为 46.06 万 m^3/km^2 和 38.43 万 m^3/km^2；农田生态系统仅次于森林和灌丛生态系统，为 31.73m^3/km^2，单位面积水源涵养量较低的生态系统类型为裸地和城镇，分别为 8.20m^3/km^2 和 11.82m^3/km^2。

从水源涵养空间格局来看，海南岛区域水源涵养量整体较高，空间差异明显，呈现北部及中部高、西南低的空间梯度变化特征。水源涵养量高值区主要分布在中部山区，即琼中县、屯昌县、白沙县东南、五指山市东北部等区域，单位面积水源涵养量超过 76.5 万 m^3/km^2，这些市县的自然保护区、重点生态功能区和生态保护红线分布密集，有热带雨林等森林生态系统分布，整体生态状况较好，导致水源涵养量较高。其中，东北部区域水源涵养高值区分布也较多，如屯昌县等，主要因为这些区域农田生态系统分布广泛，而农田的水源涵养功能仅次于森林和灌丛生态系统，造成这些区域的水源涵养量较高。水源涵养能力较低的区域主要位于海南岛西南部，东方市、昌江县北部等，单位面积水源涵养量低于 14.5 万 m^3/km^2，如图 17-18 所示。

为了解每个市县的水源涵养量情况，分别统计了各市县内水源涵养量均值和总值，均值指示区域的整体情况，总值表明各市县对整个海南岛水源涵养的贡献，除了与水源涵养功能强弱有关，也与土地面积有关。2019 年，从海南岛 18 个市县的水源涵养总量来看，

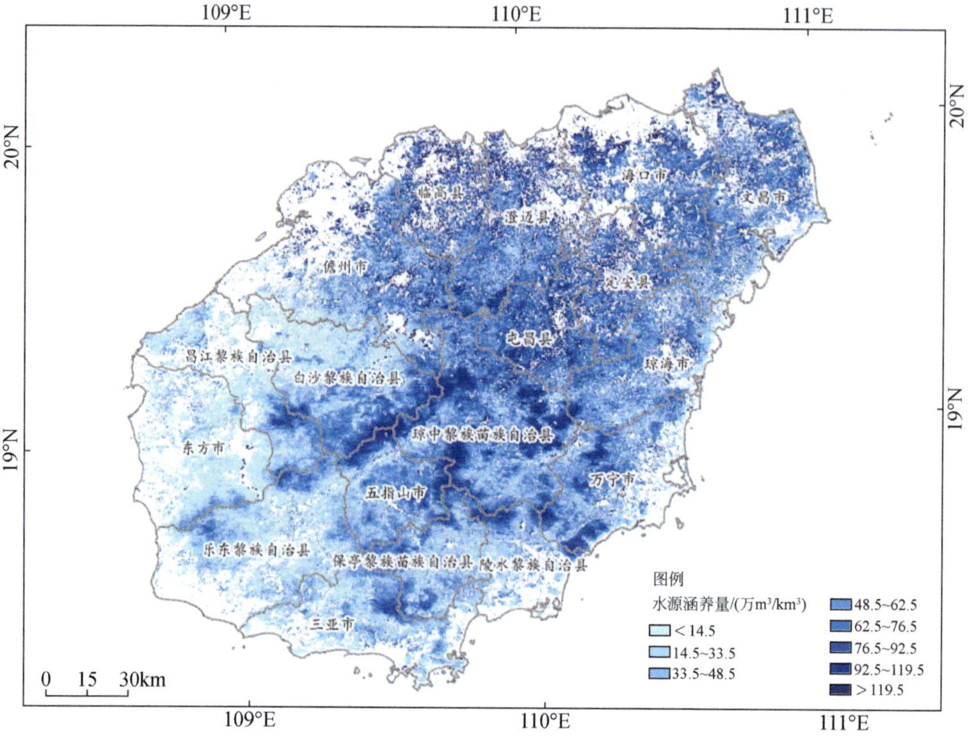

图 17-18　2019 年海南岛水源涵养空间格局

琼中县、儋州市、澄迈县、文昌市和海口市的水源涵养总量较高，分别占全岛水源涵养总量的 13.3%、8.0%、7.9%、7.5% 和 6.9%，其中，琼中县面积大、水源涵养均值高，是海南岛水源涵养功能最好的一个县，而屯昌县水源涵养均值最高，但水源涵养总量相对较低，说明屯昌县整体水源涵养功能较高，但由于面积相对较小，水源涵养总量并不高，对整个岛屿的水源涵养贡献在各市县中处于中位。东方市水源涵养总量最低，为 2.2 亿 m^3，占全岛水源涵养总量的 1.9%。在所有市县中，儋州市虽然水源涵养总量仅次于琼中县，对整个岛屿的贡献较大，但主要因为其面积较大，水源涵养量均值排在倒数第 6 位，因此其水源涵养整体功能并不高。从海南岛 18 个市县的单位面积水源涵养量来看，有 11 个市县的单位面积水源涵养量高于全岛的平均值。其中，屯昌县的水源涵养总量只占 18 个市县中的第 6 位，但其单位面积水源涵养量最高，为 60.17 万 m^3/km^2。白沙县、儋州市、陵水县、三亚市、昌江县、乐东县、东方市 7 个市县的水源涵养量较低，其中东方市的单位面积水源涵养量最低，仅为 9.74 万 m^3/km^2，如图 17-19 所示。

2）水源涵养服务功能时空变化特征

从时间变化来看，近 20 年来，海南岛水源涵养服务功能波动较大，整体上呈现降低趋势，水源涵养总量降低了 164.80 亿 m^3，单位面积水源涵养量由 2000 年的 83.22 万 m^3/km^2 减少到 2019 年的 34.58 万 m^3/km^2，水源涵养量年均降幅为 4.52%。分时段来看，2000～2010 年，水源涵养总量和单位面积水源涵养量分别降低了 91.80 亿 m^3 和 27.10 万 m^3/km^2。2010 年以后，水源涵养量与前十年相比降低趋势更为明显，单位面积水源涵养总量

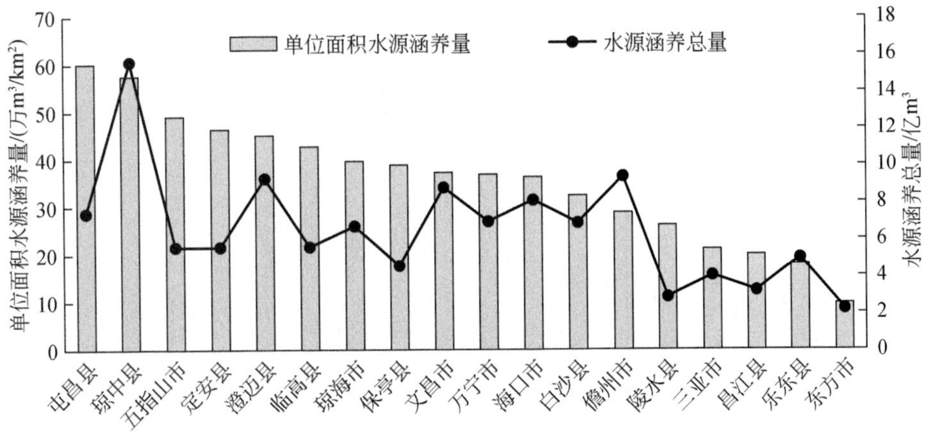

图 17-19　2019 年海南岛各市县单位面积水源涵养量和水源涵养总量

由 56.12 万 m^3/km^2，降低为 34.58 万 m^3/km^2，年均降幅为 5.24%，但波动程度有所减小，如图 17-20 所示。

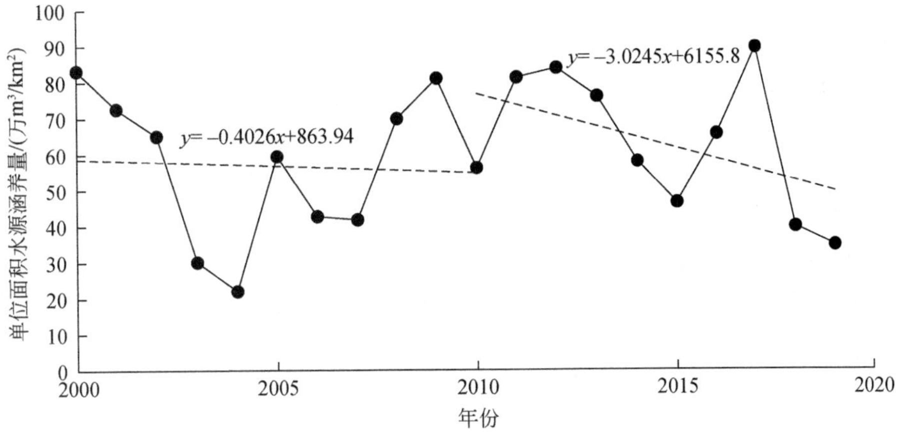

图 17-20　2000 ~ 2019 年海南岛单位面积水源涵养量年际变化

从生态系统类型和植被质量来看，2000 ~ 2019 年海南岛生态状况整体呈变好趋势，为探究水源涵养功能降低的驱动因素，从水源涵养功能机理和模型出发，分析降低原因。水源涵养功能主要体现在植被和土壤对降水的截留和涵养能力上，受降水量影响相对较大。因此，在时间序列上对比降水量和水源涵养量的变化趋势，发现 2000 ~ 2019 年，海南岛水源涵养量与降水量的变化呈现非常好的耦合趋势，两者变化趋势基本一致，说明降水量是水源涵养功能非常重要的驱动因素。从图 17-21 中可以看出，降水量与单位面积水源涵养量在各时段的变化趋势均较为吻合，2000 ~ 2004 年两者均呈降低趋势，2004 ~ 2009 年均呈波动上升趋势，2010 ~ 2019 年两者上下波动一致，在 2012 年、2017 年上升为高点，在 2015 年和 2019 年又下降为低点。

从空间变化来看，2000 ~ 2019 年海南岛水源涵养量空间变化明显。在水源涵养量较高

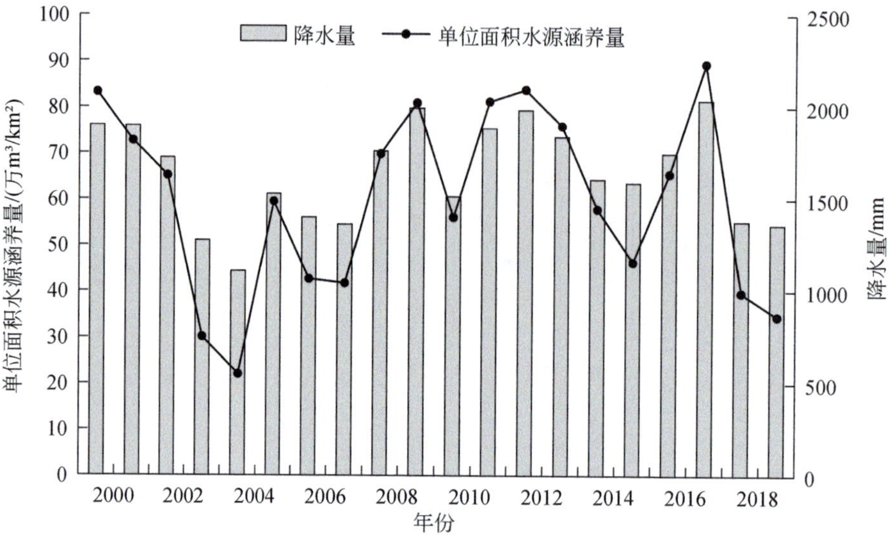

图 17-21　2000～2019 年海南岛单位面积水源涵养量年际变化

的年份，如 2000～2002 年、2009 年、2011～2013 年、2017 年等年份，整个岛屿水源涵养量均较高，基本在 60 万 m^3/km^2 以上，仅西北部和中部山区周边水源涵养量相对较低。而在水源涵养量较低的年份，如 2003～2004 年、2018～2019 年，整个岛屿的水源涵养量也较低，多在 60 万 m^3/km^2 以下，仅中部山区和岛屿东北部相对较高，但高值区极少。20 年间，海南岛水源涵养量变化最为明显的是中东部，2000～2002 年，水源涵养量高值区逐渐向东部缩减，至 2003 年和 2004 年，海南岛整个区域水源涵养量有明显降低，高值区基本消失，至 2005 年，水源涵养量高值区域明显增多。2006～2008 年水源涵养高值区逐渐由东部向西部蔓延，面积逐渐增多。2009～2019 年，水源涵养量高值区随时间的推移，逐渐由东向西扩张或由西向东缩减，至 2019 年，海南岛的水源涵养量总体较低，高值区分布极少，如图 17-22 所示。

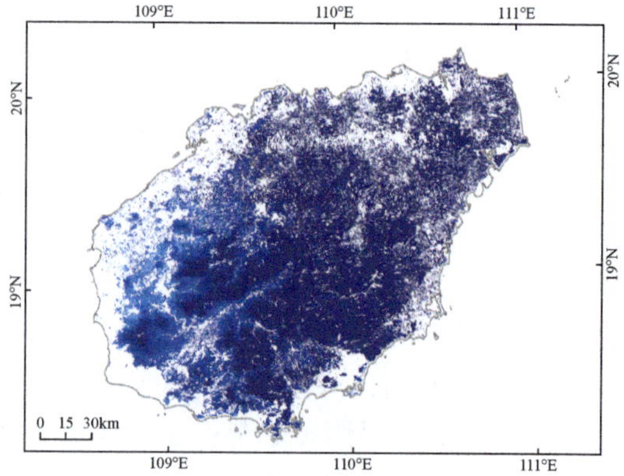

(a)2000年

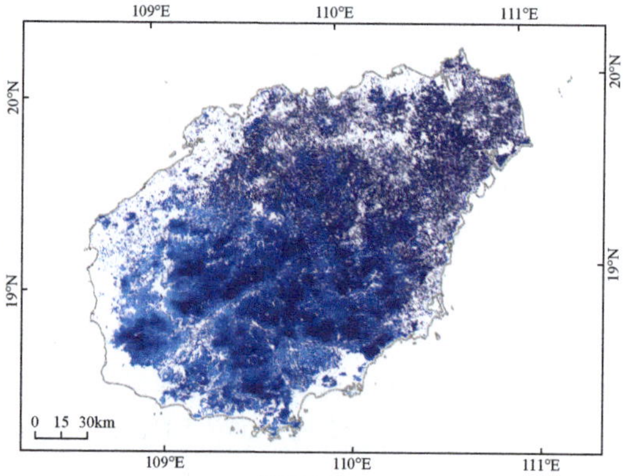

(b)2001年

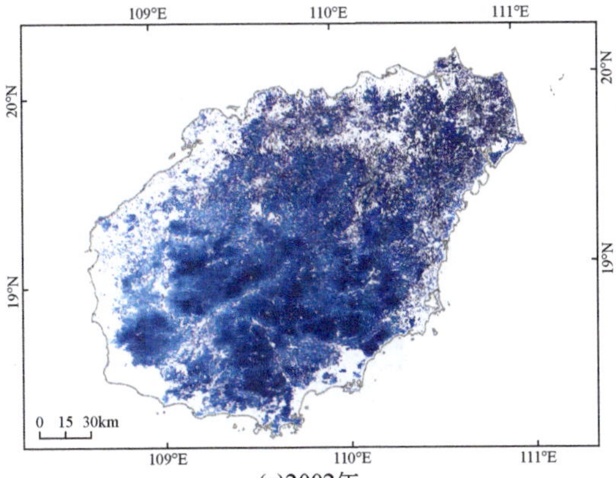

(c)2002年

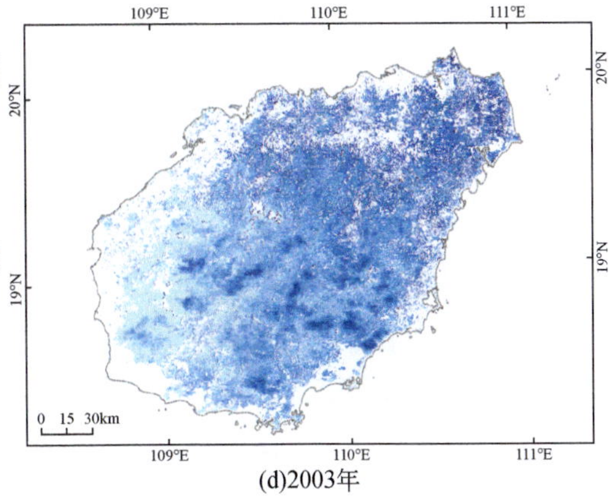

(d)2003年

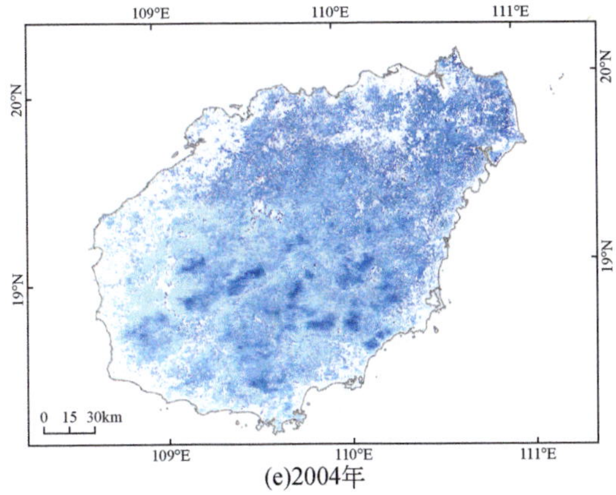

(e)2004年

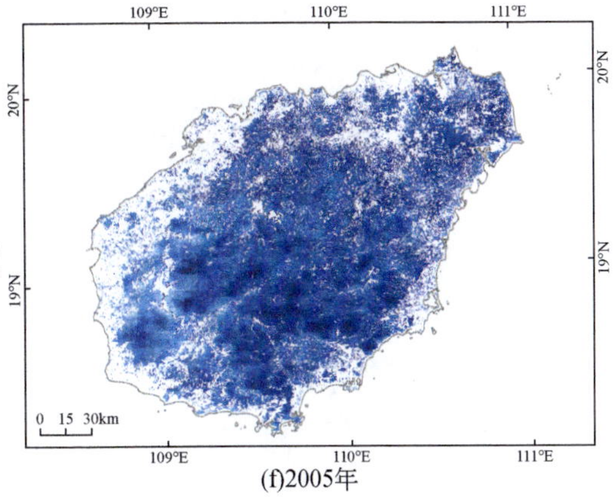

(f)2005年

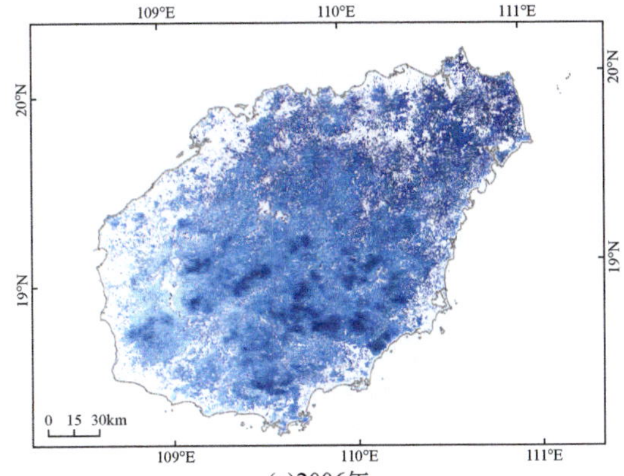

(g)2006年

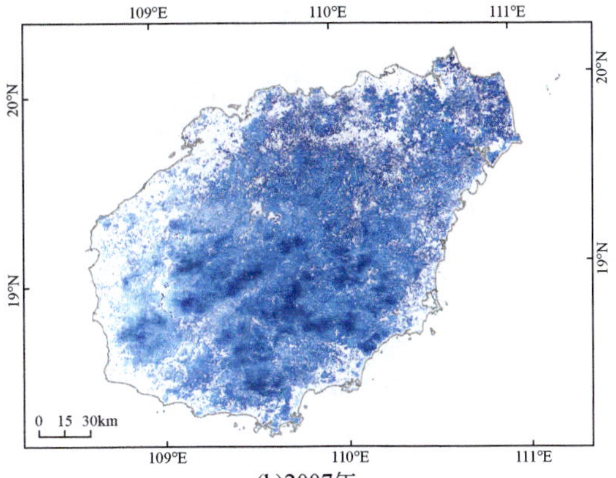

(h)2007年

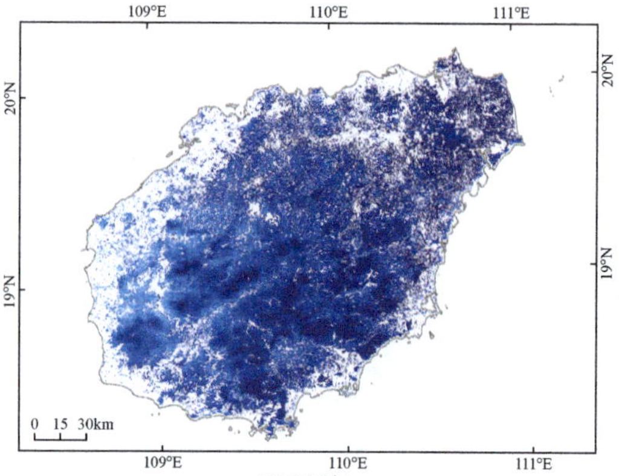

(i)2008年

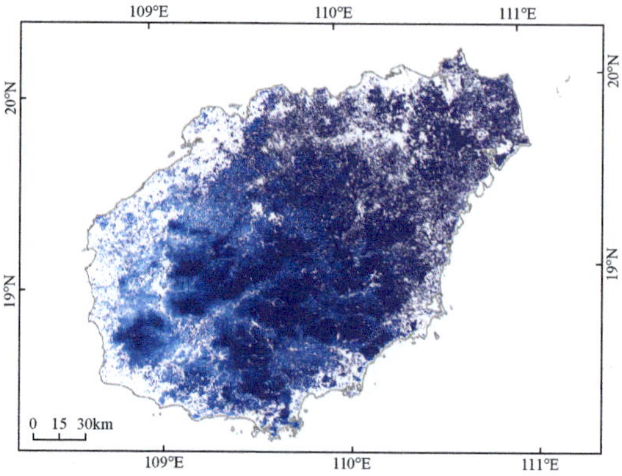

(j)2009年

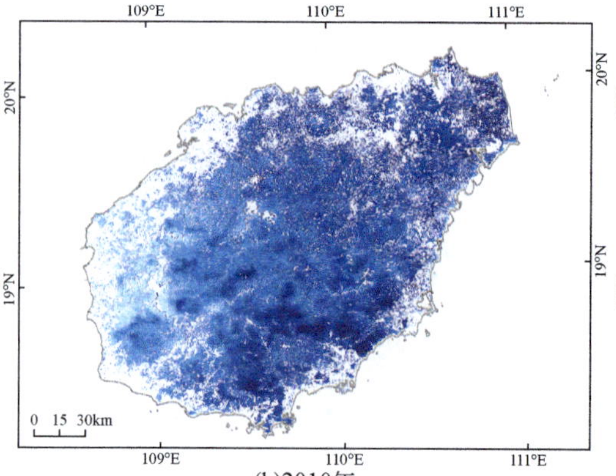

(k)2010年

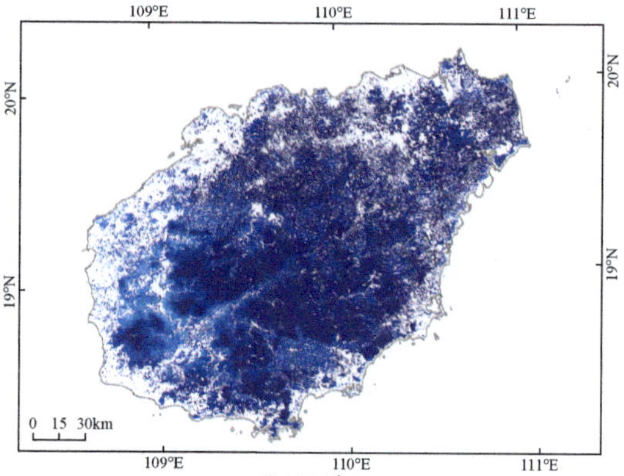

(l)2011年

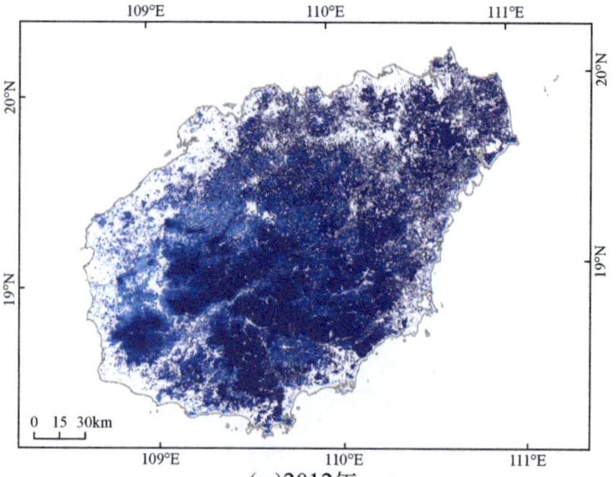

(m)2012年

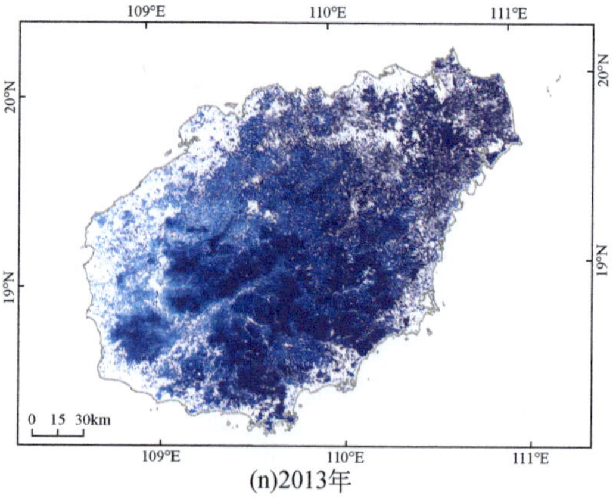

(n)2013年

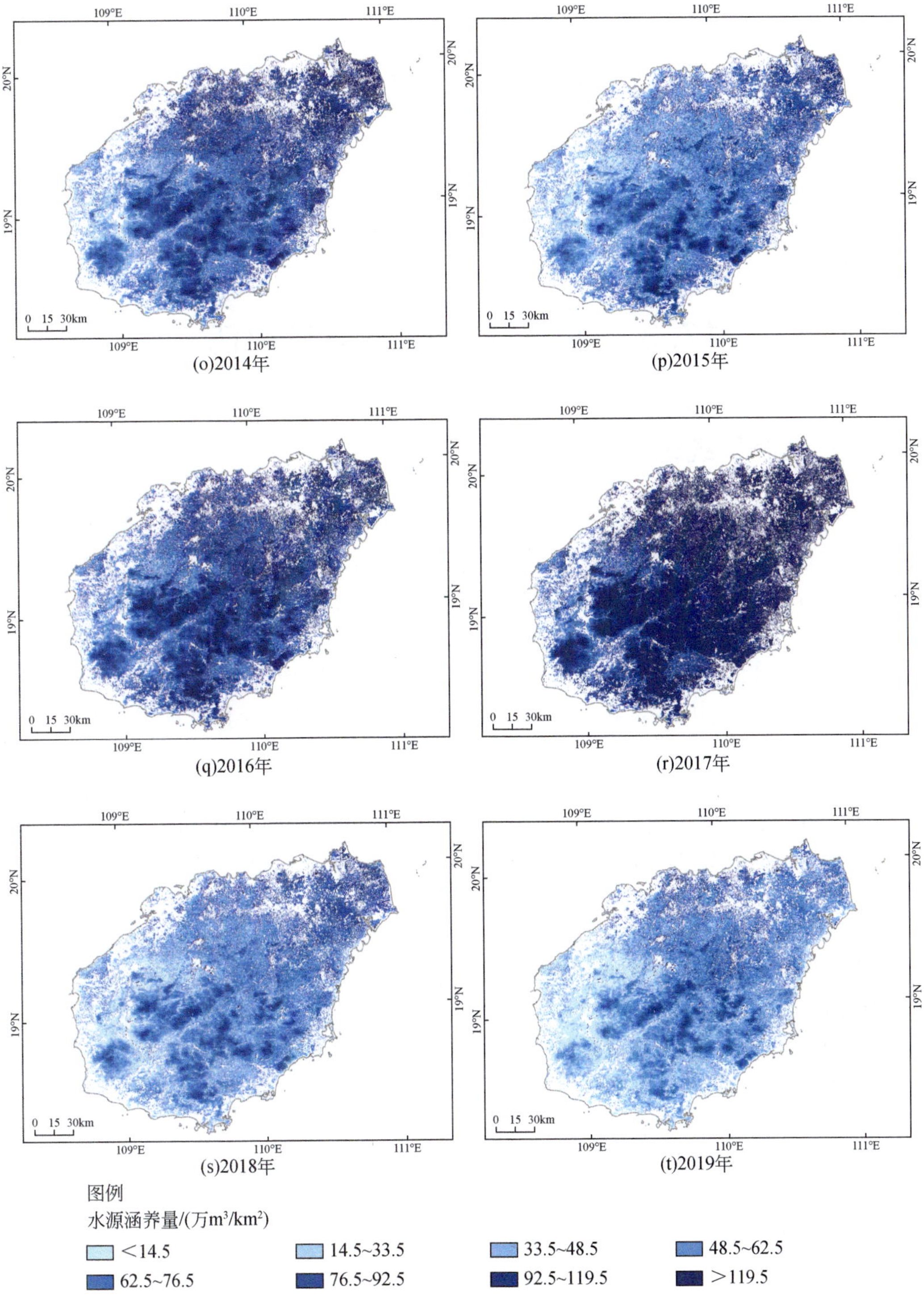

图 17-22 2000～2019 年海南岛水源涵养量年空间分布

生态系统评估能够直接反映区域生态系统的结构、分布和变化等特征；植被能够提供有机质和氧气等物质，陆表植被的生态系统质量是反映区域生态状况的直接指标之一；生态系统服务功能是反映生态系统为人类社会或自然系统提供产品和服务能力的重要指标之一。因此，对生态系统的类型、植被质量和服务功能的评估能系统全面地了解区域的生态状况，也是生态综合评估必要的指标。总体上，海南岛自然生态系统面积增加、农田生态系统有所减少、城镇扩张明显，主要挤占了农业空间；陆表植被生态系统质量较高，且呈逐步改善的趋势；生态系统服务功能中的土壤保持功能逐渐提升，受降水影响，水源涵养能力有所降低。

17.3 区域生态系统综合评估

17.3.1 生态系统综合评估基本框架

系统性和整体性是自然生态系统的基本特征之一。从区域视角，将生态系统融入所在的完整而独立的自然地理单元，从生态系统格局、质量和服务功能三个方面，耦合时间、空间、管控措施等生态系统状况的重要属性特征，基于长时序数据的卫星遥感数据分析区域生态系统状况的时空变化和稳定性等特征。

对于区域存在的自然保护地、生态保护红线、重点生态功能区等生态保护管控区域，通过空间尺度拓展，利用生态安全贡献度类的指标，评估分析生态保护管控区域对区域生态安全保障的贡献度；通过时间空间尺度的双拓展，利用生态系统变化和稳定类的指标，分析区域系统变化规律、稳定性特征，评估生态保护管控区域对区域生态系统改善的作用。进而，可以关联分析可能引起生态保护红线生态状况变化的管控政策、制度和其他间接驱动因素，评估生态保护政策实施成效（侯鹏等，2018b）。区域生态系统综合评估基本框架和总体思路如图 17-23 所示。

自然地理单元尺度下的生态保护类区域对区域生态安全保障的贡献度评估，可以重点从两个方面考虑：自然生态空间保障的贡献度和生态系统服务功能保障的贡献度（侯鹏等，2018b）。

（1）自然生态空间保障贡献度的评估，重点考虑森林、草地、湿地等类型的自然生态系统，具体指标可以选择：生态保护类区域内的森林、草地、湿地等自然生态系统总面积占区域自然生态系统总面积的比例。

（2）生态系统服务功能保障贡献度的评估，重点考虑水源涵养、水土保持、生物多样性维持等生态系统调节服务功能，具体指标可以选择：生态保护类区域水源涵养量占区域水源涵养总量的比例、生态保护类区域水土保持量占区域水土保持总量的比例、生态保护类区域自然生境比例和人为干扰指数与区域总体情况的比较。

通过时间和空间尺度拓展，分析生态保护类区域生态系统的自身变化、区域内外变化趋势的对比，开展生态保护类区域的协同管控成效、区域生态系统自身调节能力提升的贡献度评估，可以重点从三个方面考虑：自然生态空间保有率、生态系统质量改善、生态系

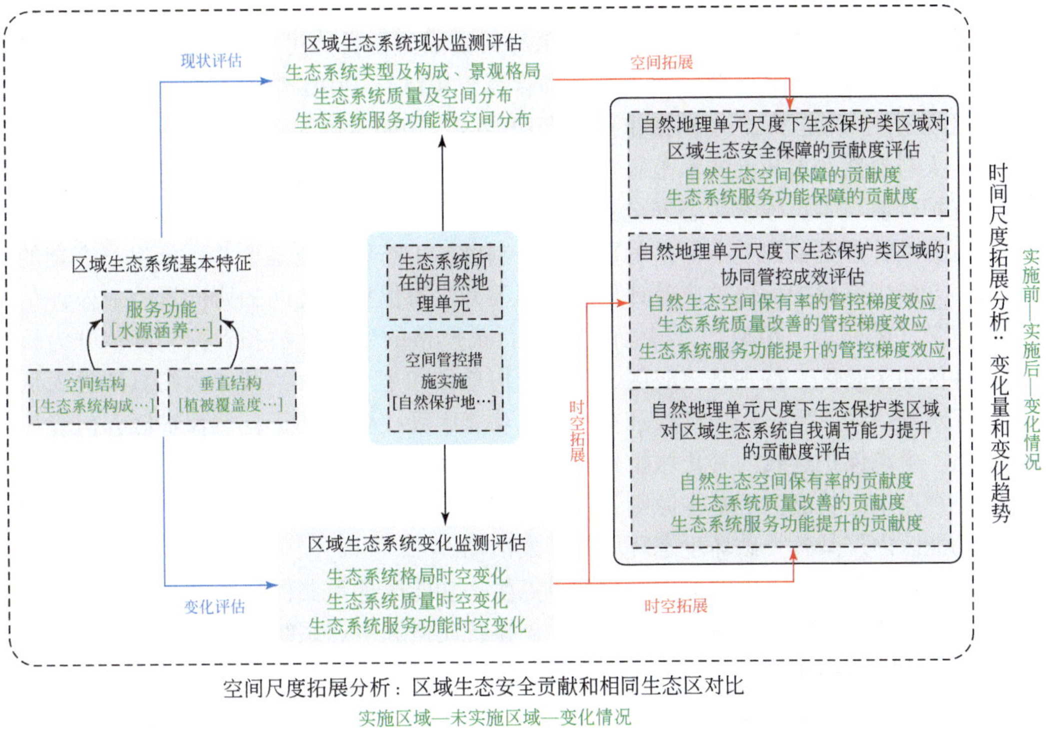

图 17-23　区域生态系统综合评估基本框架与总体思路

统服务功能提升（侯鹏等，2018b）。

（1）自然生态空间保有率的评估，主要考虑森林、草地、湿地等类型的自然生态系统，具体指标可以选择：生态保护类区域内的森林、草地、湿地等自然生态系统面积占区域总面积的比例。

（2）生态系统质量改善的评估，主要考虑陆地植被生态系统的长势，具体指标可以选择植被覆盖度或者相对生物量密度。

（3）生态系统服务功能提升的评估，重点考虑水源涵养、水土保持、生物多样性维持等生态系统调节服务功能，具体指标可以选择：生态保护类区域水源涵养量的变化、生态保护类区域水土保持量变化、生态保护类区域自然生境比例和人为干扰指数的变化。

17.3.2　区域生态安全保障贡献度评估

自 1956 年我国在广东省建立了第一个鼎湖山自然保护区以来，历经 60 多年的发展，我国在生态保护方面取得了重大成果，形成以自然保护区为核心的自然保护地体系，包括自然保护区、重点生态功能区和生态保护红线等重要保护区域（侯鹏等，2017）。自然保护区是我国自然保护地的基础，是生物多样性保护的核心区域，建立自然保护区是世界各国保护物种栖息地的重要基础，也是保护栖息地内生物多样性最直接、最有效的措施之一（刘晓曼等，2020）。生态保护红线的划定对维护国家和区域生态安全及经济社会可持续发展，保障人民群众健康具有重要作用，在提升生态功能、改善环境质量、促进资源高效利用等方面必须实行严格保护的空间边界控制与数量限值，具体可包括生态功能保障基线、环境质量安全底线和自然资源利用上线（高吉喜，2014）。2010 年国务院发布了《全国主体功能区规划》，确定了 25 个国家重点生态功能区，功能定位为“保障国家生态安全的重要区域，人与自然和谐相处的示范区”，国家重点生态功能区是国家重要的生态安全屏障，其生态保护价值对维护国家生态安全具有重要意义（刘慧明等，2020）。

分区分类管理是我国生态保护的重要管控制度，生态保护地是事关国家生态安全的关键区域，开展生态保护地保护成效评估及不同类型生态保护地之间的协同管控成效评估具有重要意义（陈妍等，2020）。自然保护区实行最严格的生态保护和管控制度，分为核心区、缓冲区和实验区，特别是核心区，禁止任何单位和个人进入，缓冲区则只准进入从事科学研究观测活动。生态保护红线和重点生态功能区管控要求弱于自然保护区，但管控仍较为严格，生态保护红线内禁止城镇化和工业化活动，严禁不符合主体功能定位的各类开发活动；重点生态功能区的基本原则是坚持生态主导、保护优先，坚持严格准入、限制开发等，功能区内严禁各类破坏生态环境的开发活动。

为探究自然保护区、生态保护红线和重点生态功能区等重要保护区域之间的协同管控和生态保护成效，以国土空间面积占比、生态系统质量和生态系统服务功能的贡献度三类生态状况评估因素为研究对象，分析重要保护区域内外的生态状况差异，了解重要保护区域对区域生态安全的贡献度。

17.3.2.1 区域生态空间安全保障的贡献度

将生态系统类型归为生态空间、农业空间和城镇空间三类，生态空间包括森林、灌丛、草地和湿地等自然生态系统，农业空间主要包括农田生态系统，城镇空间主要包括城镇等建设用地。统计自然保护区、生态保护红线和重点生态功能区内外的面积占比，以及不同国土空间面积的占比，对比分析二者大小可以反映不同管控区对区域生态空间安全保障的贡献度，以较小的面积占比承担更多的生态空间占比，则表明管控区内生态状况较好，单位面积对区域的生态安全保障贡献度较高。

从生态空间面积占比来看，自然保护区以 6.88% 的面积承担了区域内 19.59% 的生态空间，约是 2.85 倍；生态保护红线以 27.65% 的面积承担了 67.82% 的生态空间，约是 2.45 倍；重点生态功能区以 21.01% 的面积承担了 37.24% 的生态空间，约是 1.77 倍，三类重要保护区域的生态空间面积占比均高于本身面积占比。经分析发现，自然保护区的生态本底最好，以较小的面积承载了较多的生态空间，生态保护红线面积较大，承载了大部分的生态空间，生态本底状况仅次于自然保护区，重点生态功能区的生态本底状况低于其他两类重要保护区域。总体上，从单位面积生态安全保障贡献度来看，自然保护区的生态安全保障贡献度最高，生态保护红线略低于自然保护区，重点生态功能区最低，与管控政策严格程度相吻合。

从农业空间和城镇空间来看，自然保护区内的农业空间和城镇空间面积极小，均小于 1%，远低于自身面积占比；生态保护红线内分布有少量的农业空间和城镇空间，分别为 8.51% 和 1.82%，与自身面积相比仍较低；重点生态功能区的农业空间和城镇空间相对较多，分别为13.65%和4.26%（表17-7）。总体来看，在人类活动干扰方面，重点生态功能区受人类活动干扰最大，生态保护红线仅次于重点生态功能区，自然保护区受人类活动干扰最小，与人类活动管控政策基本一致。

表17-7 国土空间在重要保护区域内外的面积占比 （单位：%）

国土空间	自然保护区		生态保护红线		重点生态功能区	
	内	外	内	外	内	外
面积占比	6.88	93.12	27.65	72.35	21.01	78.99
生态空间	19.59	80.41	67.82	32.18	37.24	62.76
农业空间	0.71	99.29	8.51	91.49	13.65	86.35
城镇空间	0.74	99.26	1.82	98.18	4.26	95.74

17.3.2.2 区域生态系统质量安全保障的贡献度

统计生态系统质量各等级分别在重要保护区域内外的比例，与自然保护区、生态保护红线和重点生态功能区内外面积占比对比，在生态系统各等级的占比高于面积占比，则表明该重点保护区域在该生态系统质量等级的贡献度较高。

经统计，自然保护区生态系统质量主要表现为优，以6.88%的面积提供了16.14%生态系统质量为优等级的面积比例，约是2.35倍；自然保护区外却以93.12%的面积提供了83.86%生态系统质量在优等级的面积比例，在自然保护区外的面积比例低于国土面积占比，此外，自然保护区外生态系统质量主要表现为良及以下等级，且其在自然保护区外的面积比例均高于自然保护区外面积占比，因此自然保护区生态系统质量主要表现为优等级。生态保护红线生态系统质量主要表现为优，以27.65%的面积提供了56.72%生态系统质量为优等级的面积占比，约是2.05倍。与自然保护区表现基本一致，在生态系统质量为良及以下的占比相对较小，生态保护红线外生态系统质量则主要表现为良及以下等级，且其面积占比均超过生态保护红线外面积占比。重点生态功能区生态系统质量主要表现为优，以21.01%的面积提供了42.71%生态系统质量为优等级的面积占比，约是2.03倍（表17-8）。总体上，重点生态功能区内的生态系统质量均较优，重点生态功能区外的生态系统质量主要表现为良及以下，单位面积对优质生态系统质量的贡献度自然保护区最大，生态保护红线相对较小，重点生态功能区最小。

表17-8 生态系统质量各等级在重要保护区域内外的面积占比 （单位：%）

国土空间	自然保护区		生态保护红线		重点生态功能区	
	内	外	内	外	内	外
面积占比	6.88	93.12	27.65	72.35	21.01	78.99
差	1.01	98.99	10.61	89.39	0.00	100.00
低	0.63	99.37	8.21	91.79	0.43	99.57
中	0.34	99.66	5.63	94.37	1.14	98.86

续表

国土空间	自然保护区		生态保护红线		重点生态功能区	
	内	外	内	外	内	外
良	0.68	99.32	7.42	92.58	9.06	90.94
优	16.14	83.86	56.72	43.28	42.71	57.29

17.3.2.3 区域生态系统服务功能安全保障的贡献度

统计生态系统服务量在自然保护区、生态保护红线、重点生态功能区内外的比例，与面积占总区域面积的比例相比，土壤保持量占比越大，说明土壤保持量的贡献越大，对区域生态安全保障的贡献越高。

经统计，自然保护区以6.88%的面积提供了20.09%的土壤保持量和11.24%的水源涵养量，分别是自身面积占比的2.92倍和1.63倍；而自然保护区外则以93.12%的面积仅提供了79.91%的土壤保持量和88.76%的水源涵养量，贡献率均低于自身面积占比。生态保护红线内以27.65%的面积提供了区域的61.86%的土壤保持量和33.95%的水源涵养量，分别是自身面积占比的2.24倍和1.23倍；生态保护红线外以72.35%的面积仅提供区域的38.14%的土壤保持量和66.05%的水源涵养量，均小于自身面积占比，特别是土壤保持量，提供的土壤保持量占比约是自身面积占比的一半，生态保护红线外的区域发挥的土壤保持功能较小。重点生态功能区以21.01%的面积提供了40.78%的土壤保持量和27.74%的水源涵养量，分别是自身面积占比的1.94倍和1.32倍；重点生态功能区外以78.99%的面积提供了59.22%的土壤保持量和72.26%的水源涵养量，提供的生态系统服务量占比均小于自身面积占比（表17-9）。总体来看，在提供生态系统服务功能方面，自然保护区最大，生态保护红线次之，重点生态功能最小。

表17-9 各重要保护区域内外对生态系统服务功能的贡献度 （单位:%）

生态系统服务功能	自然保护区		生态保护红线		重点生态功能区	
	内	外	内	外	内	外
面积占比	6.88	93.12	27.65	72.35	21.01	78.99
土壤保持量贡献率	20.09	79.91	61.86	38.14	40.78	59.22
水源涵养量贡献率	11.24	88.76	33.95	66.05	27.74	72.26

17.3.3 区域生态系统调节能力提升与生态保护协同管控成效评估

通过区域生态安全保障贡献度研究，发现自然保护区、生态保护红线和重点生态功能区等重要保护区域对区域生态安全保障贡献率均高于区域外，为进一步探究区域生态变化过程中重要保护区域发挥的作用，以长时间序列数据为基础，分析重要保护区域内外生态状况的变化，评估各类重要保护区域及其之间的协同管控成效。

17.3.3.1 自然生态空间保有率及协同管控成效

2000～2019 年，自然保护区、生态保护红线、重点生态功能区内的生态空间均有不同程度的增加。自然保护区内的生态空间面积占比从 2000 年的 92.69% 增加到 2019 年的 93.01%，生态空间面积占比极高，20 年间仍增加了 0.32 个百分点。生态保护红线内的生态空间从 2000 年的 79.51% 增加到 2019 年的 80.15%，生态空间面积占比略小于自然保护区，生态空间上涨空间仍较多，20 年间增加了 0.64 个百分点。重点生态功能区的生态空间面积占比从 2000 年的 57.64% 增加到 2019 年的 57.89%，与自然保护区和生态保护红线相比，生态空间面积占比相对较小，20 年间增加了 0.25 个百分点。20 年间，重点生态保护区域内的农业空间主要表现为减少趋势，城镇空间主要表现为增加趋势。其中，自然保护区农业空间减少了 0.59 个百分点，城镇空间增加了 0.28 个百分点；生态保护红线内农业空间减少了 0.76 个百分点，城镇空间增加了 0.12 个百分点；重点生态功能区内农业空间减少了 0.7 个百分点，城镇空间增加了 0.45 个百分点（表 17-10）。

表 17-10 2000～2019 年各重要保护区域国土空间面积占比 （单位：%）

国土空间	自然保护区			生态保护红线			重点生态功能区		
	2000 年	2010 年	2019 年	2000 年	2010 年	2019 年	2000 年	2010 年	2019 年
生态空间	92.69	92.71	93.01	79.51	79.82	80.15	57.64	57.82	57.89
农业空间	7.20	7.04	6.61	20.37	20.03	19.61	42.08	41.71	41.38
城镇空间	0.11	0.25	0.39	0.12	0.15	0.24	0.28	0.46	0.73

总体上，自然保护区生态保护管控最为严格，生态空间占比极高，20 年间仍在增加。生态保护红线生态保护管控措施弱于自然保护区，面积大于自然保护区，包含自然保护区及其他重要的区域，自然本底相对较弱，但在 20 年间，生态空间增加最多。重点生态功能区功能定位为限制开发，保护与发展相协同，实现可持续发展，与自然保护区和生态保护红线相比，重点生态功能区的生态保护措施严格程度相对较弱，自然本底弱于其他两种重要保护区域，但生态空间仍呈增加的趋势，生态状况逐渐转好。由此可见，在不同生态本底和重要保护区域实行不同的生态管控措施，对生态的保护成效明显，不同重要保护区域与自己的生态保护和发展定位完全吻合，实现有效的协同管控。

17.3.3.2 生态系统质量改善及协同管控成效

2000～2019 年，自然保护区、生态保护红线和重点生态功能区内的生态系统质量指数均呈持续增加的趋势，其中，自然保护区内生态系统质量指数最高，基本在 0.9 以上，生态保护红线次之，生态系统质量指数基本在 0.9 上下浮动，重点生态功能区内的生态系统质量指数相对较低，基本在 0.85 上下浮动。

从自然保护区生态系统质量指数长时序变化来看，总体呈波动上升趋势，每年的生态系统质量指数均较高，除 2011 年以外，每年的生态系统质量指数均高于 0.9，其中，2003

年、2006 年、2015 年和 2019 年生态系统质量指数均超过了 0.95。与自然保护区内相比，自然保护区外的生态系统质量指数较低，基本在 0.75 以下，但上升空间较大，变好趋势大于自然保护区内。总体来看，自然保护区内生态系统质量指数明显高于自然保护区外，自然保护区外的生态系统质量指数上升速率为 0.006/a，自然保护内的上升速率为 0.002/a，自然保护区内生态系统质量指数变化相对稳定，自然保护区外上升趋势更为明显，相较于保护区内相对不稳定，如图 17-24 所示。

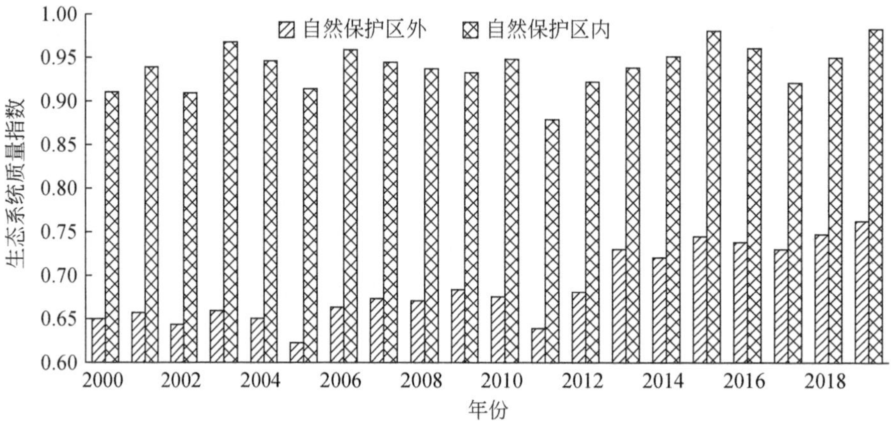

图 17-24　2000 ~ 2019 年自然保护区内外生态系统质量指数变化

从生态保护红线生态系统质量指数长时序变化来看，总体呈波动上升趋势，每年的生态系统质量指数均较高，除 2011 年以外，每年的生态系统质量指数均在 0.85 ~ 0.95 波动，其中，2013 年以后生态系统质量指数较高，均超过了 0.9。与生态保护红线内相比，生态保护红线外的生态系统质量指数较低，基本在 0.7 以下，与自然保护区情况基本一致，上升空间较大，变好趋势大于生态保护红线内。总体来看，生态保护红线区内的生态系统质量指数明显高于生态保护红线外，生态保护红线内生态系统质量指数相对稳定，变化趋势不是很明显，生态保护红线区外生态系统质量指数呈现明显上升趋势，上升趋势度为 0.007/a，如图 17-25 所示。

从重点生态功能区生态系统质量指数长时序变化来看，与自然保护区和生态保护红线变好趋势基本一致，总体呈波动上升趋势，每年的生态系统质量指数相对较高，除 2011 年以外，每年的生态系统质量指数均在 0.80 ~ 0.95 波动，低于生态保护红线。其中，2013 年以后生态系统质量指数较高，均超过了 0.85。与重点生态功能区内相比，重点生态功能区外的生态系统质量指数较低，基本在 0.7 以下，但上升空间较大，变好趋势大于重点生态功能区内。总体来看，重点生态功能区内生态系统质量指数明显高于重点生态功能区外，重点生态功能区内生态系统质量指数上升比较平缓，生态系统质量指数相对稳定，上升趋势度仅为 0.004/a，而重点生态功能区外生态系统质量指数上升趋势比较明显，上升速率为 0.006/a，说明重点生态功能区由于自然禀赋和管控，生态系统质量高且稳定，而重点生态功能区外受到人类活动和气候影响，生态系统质量较不稳定，生态系统质量指数呈波动上升趋势，如图 17-26 所示。

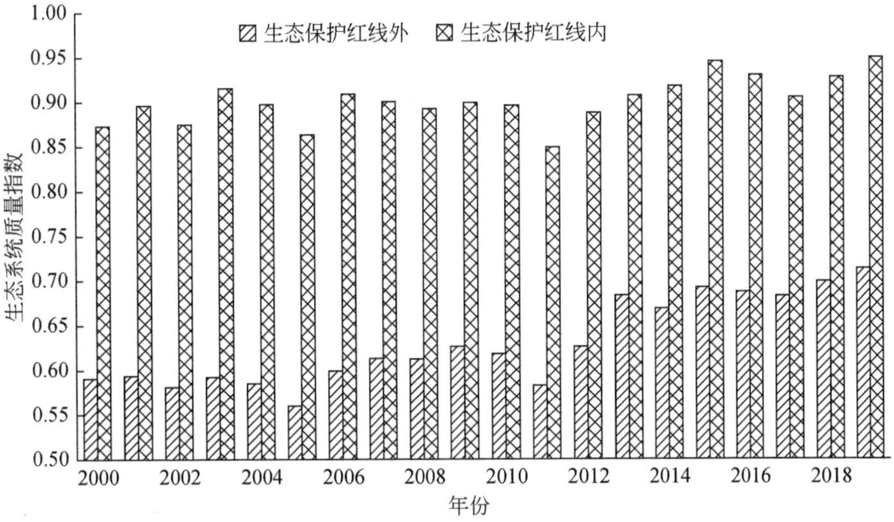

图 17-25　2000 ~ 2019 年生态保护红线内外生态系统质量指数变化

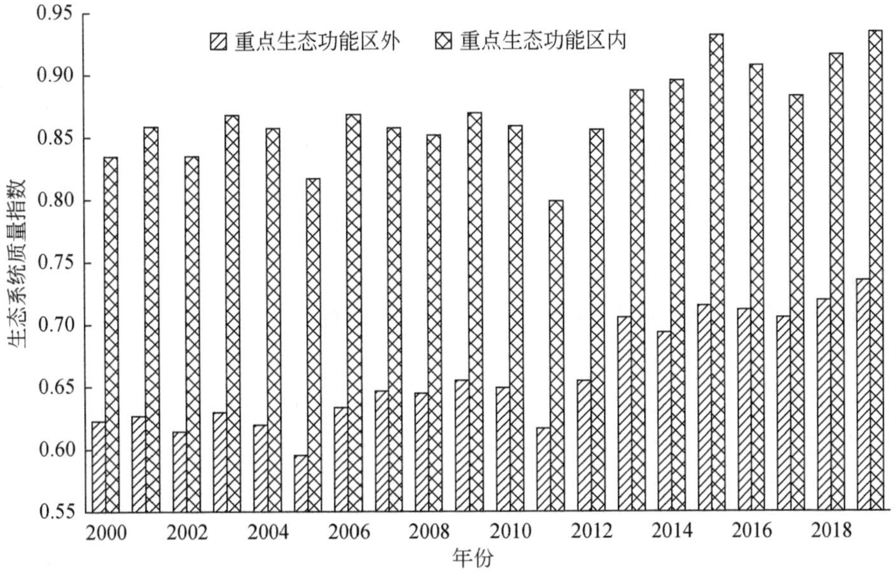

图 17-26　2000 ~ 2019 年重点生态功能区内外生态系统质量变化

17.3.3.3　生态系统服务功能提升及协同管控成效

将自然保护区、生态保护红线和重点生态功能区融合，形成重要保护区域总体边界，统计重要保护区域内外土壤保持量长时间序列变化。2000 ~ 2019 年重要保护区域内的土壤保持量远高于重要保护区域外，土壤保持量波动均较小。20 年来，重要保护区域内土壤保持量从 3366.02t/hm^2 增加至 3366.95t/hm^2，共增加了 0.93t/hm^2；重要保护区域外土壤保持量从 757.67t/hm^2 增加至 758.96t/hm^2，共增加了 1.29t/hm^2，高于重要保护区域内

（图 17-27）。重要保护区域内多年土壤保持量均值为 3366.55t/hm²，重要保护区域外为 758.74t/hm²，重要保护区域内多年土壤保持量均值约是区域外的 4.4 倍。

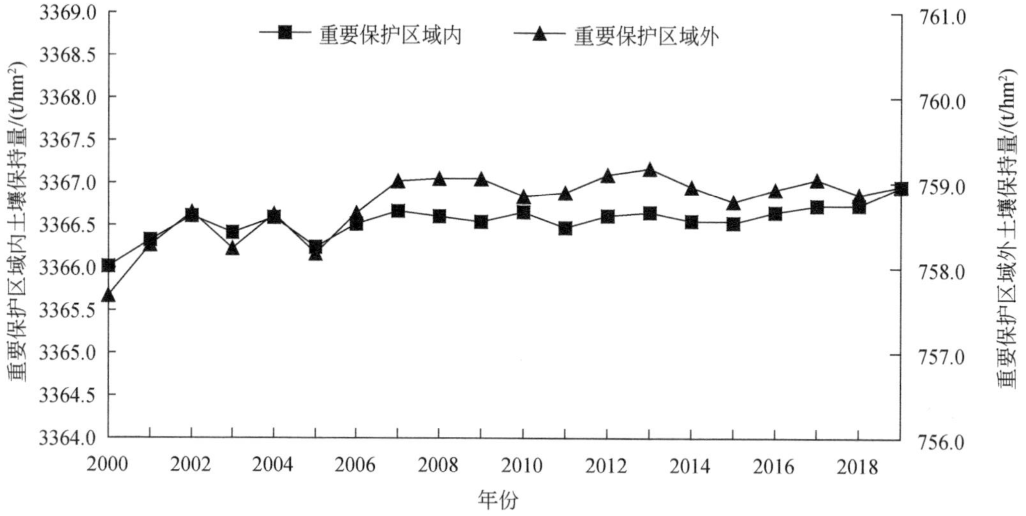

图 17-27　2000～2019 年海南岛重要保护区域内外土壤保持量变化

对比自然保护区、生态保护红线和重点生态功能区三类重要保护区域内土壤保持量的差异，发现不同管控区的土壤保持量存在差异。其中，自然保护区、生态保护红线和重点生态功能区多年土壤保持量均值分别为 5105.31t/hm²、3911.68t/hm² 和 3384.41t/hm²。总体来看，自然保护区土壤保持功能最好，土壤保持量最高，分别比生态保护红线和重点生态功能区高出约 31% 和 51%。

从长时间变化来看，自然保护区、生态保护红线和重点生态功能区土壤保持量变化幅度较小，其中自然保护区和生态保护红线土壤保持量略有上升，重点生态功能区略有下降。2000～2019 年，自然保护区土壤保持量从 5105.03t/hm² 增加至 5105.47t/hm²，增长 0.44t/hm²；生态保护红线土壤保持量从 3910.97t/hm² 增长至 3912.26t/hm²，增长 1.29t/hm²；重点生态功能区土壤保持量从 3384.37t/hm² 降至 3384.36t/hm²，略有下降，下降 0.01t/hm²，如图 17-28 所示。

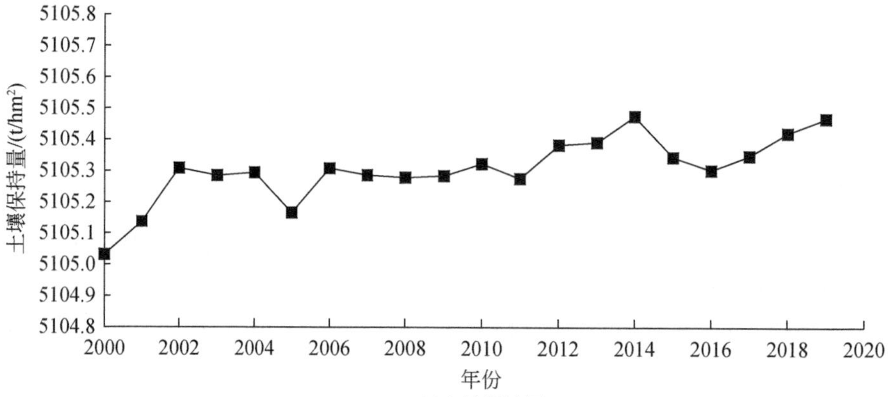

(a)自然保护区

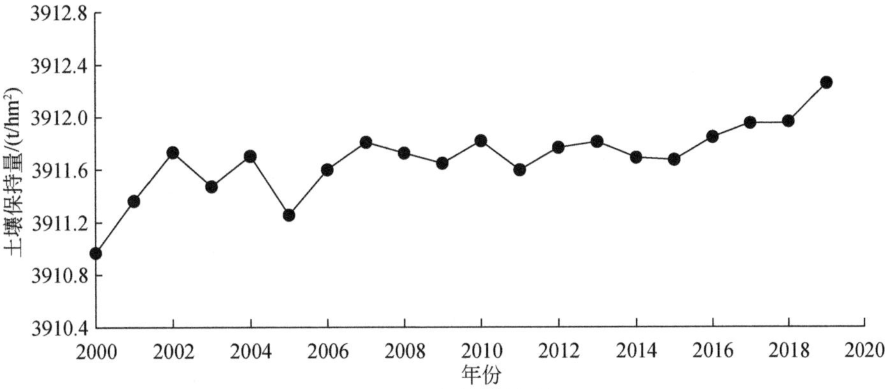

(b)生态保护红线

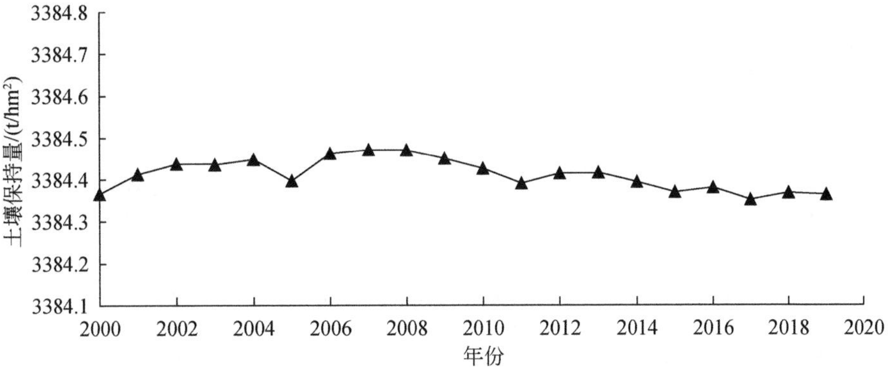

(c)重点生态功能区

图 17-28　2000～2019 年海南岛不同重要保护区域土壤保持量变化

从重要保护区域内外水源涵养量年际变化来看，重要保护区域内外水源涵养量均呈现波动降低趋势。整体上，重要保护区域内多年平均水源涵养量为 73.84 万 m^3/km^2，比重要保护区域外高出约 43.7%。2000～2019 年，水源涵养量由 107.16 万 m^3/km^2 降低到 40.27 万 m^3/km^2，降低 66.89 万 m^3/km^2，降幅为 62.4%，如图 17-29 所示。

不同管控单元水源涵养量有一定的差异。自然保护区、重点生态功能区和生态保护红线多年平均水源涵养量分别为 90.55 万 m^3/km^2、80.18 万 m^3/km^2 和 76.12 万 m^3/km^2。总体来看，自然保护区水源涵养功能较好，水源涵养量最高，分别比重点生态功能区和生态红线区域高出约 12.9% 和 19.0%。

从时间变化来看，2000～2019 年，水源涵养服务功能均呈波动降低趋势。自然保护区内水源涵养量由 126.18 万 m^3/km^2 降低到 56.45 万 m^3/km^2，降低了 69.73 万 m^3/km^2，降幅约 55.3%；生态功能区内水源涵养量由 116.56 万 m^3/km^2 降低到 45.66 万 m^3/km^2，降低了 70.90 万 m^3/km^2，降幅约 60.8%；生态保护红线由 108.93 万 m^3/km^2 降低到 42.44 万 m^3/km^2，降低了 66.49 万 m^3/km^2，降幅约 61.0%，2010 年后波动程度有

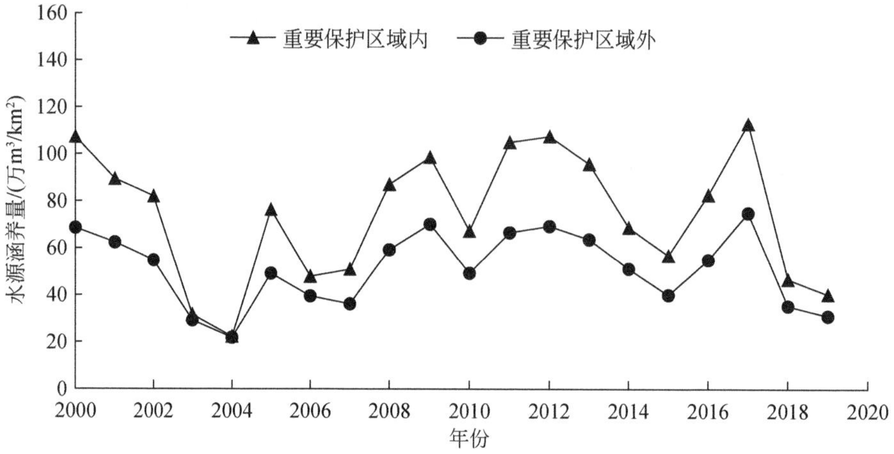

图 17-29　2000～2019 年海南岛重要保护区域内外水源涵养量年际变化

所降低，如图 17-30 所示。

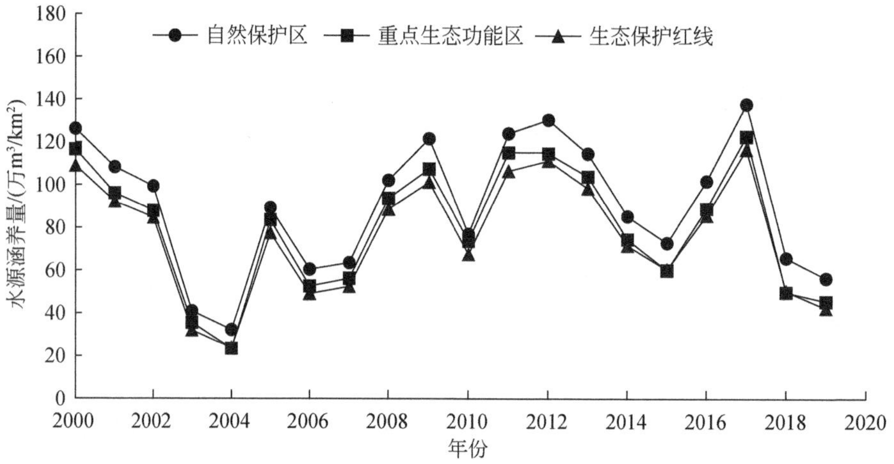

图 17-30　2000～2019 年海南岛不同保护区域水源涵养量年际变化

总体上，自然保护区为禁止开发区，管控措施最严格，受人类活动影响较小，生态系统服务量最高。生态保护红线和重点生态功能区为限制开发区，生态系统服务量相对较低。其中，生态保护红线管控措施相对严格，土壤保持量略高于重点生态功能区，受降雨影响，水源涵养量略低于重点生态功能区。

17.4　小　　结

生态系统综合评估是生态保护与修复决策的基础，不仅是一个科学问题，还是一个生态管理问题。面对多元、综合、复杂、开放的生态系统与人类社会共同形成的人与自然复合生态系统，基于生态系统与人类社会交互关系的评估框架及相关理论研究、生态系统综合评估指标和方法体系的构建、生态系统综合评估时空尺度的选择、生态保护修复成效评估基准的合理选择和确定、生态系统观测技术方法集成和数据同化等方面，还存在诸多科学问题迫切需要解决，进而提高人类社会对生态系统的认知水平（侯鹏等，2015）。

（1）基于生态系统与人类社会交互关系的评估框架及相关理论研究。随着生态系统对人类社会可持续发展的基础支撑作用日益显著，以及生态系统的人类扰动强度日益明显，生态系统管理、生态系统服务、生态资产、生态安全、生态健康等概念不断被提出并成为研究热点，但是目前这些概念和内涵仍然处在研究或“百家争鸣”的阶段。特别是，生态系统服务和生态资产的概念，更加强调了生态系统与人类社会之间的交互关系，同时使得复杂的生态系统综合评估更加复杂和综合。生态系统综合评估不仅仅是科学问题，还是一个服务于生态系统管理和人类可持续发展的管理问题。由于生态系统本身具有的复杂和综合性特征，加之生态系统与复杂的人类社会系统的交互过程，生态系统综合评估涉及内容更加广泛，建立基于生态系统与人类社会交互关系的生态系统综合评估框架，明确生态系统综合评估内容，也成为生态系统综合评估的热点和难点。

（2）生态系统综合评估指标和方法体系的构建。生态系统综合评估指标筛选和指标体系建立是生态系统综合评估的核心、前提和基础。指标体系建立就是根据评估框架和评估内容，结合生态系统本质特征及其与人类社会的互动关系，将生态系统综合评估内容分解为具有可操作性、可度量的构成要素的过程。面对复杂、综合的生态系统，评估指标体系及每个指标内涵的界定决定了生态系统综合评估结论是否客观、真实。与指标体系对应的每个指标测算分析方法，所有方法形成的方法体系也是生态系统综合评估的关键，直接影响生态系统综合评估的准确性。理论上，生态系统每个指标只有一个真值，方法选择是否科学合理，直接影响评估指标测算结果是否最大限度地接近这个真值。同时，也直接影响指标的组合性能否最大限度地反映生态系统真实特征。目前，针对以陆生植被为主体的森林、灌丛、草地等生态系统，观测评估的技术方法研究较为成熟。相比之下，荒漠、冰川、湿地、城市、海洋、农田等生态系统，由于受到生态系统自身特点和现有观测技术方法的双重影响，其观测、综合评估、保护修复成效评估的技术方法体系较为欠缺。对于荒漠和冰川生态系统，由于为人类社会直接提供的供给服务和文化服务较少，看似与人类福祉关系不够“紧密”，致使社会关注度较低，观测技术方法和科学认知水平也不高。

（3）生态系统综合评估时空尺度的选择。尺度问题是生态学研究的核心问题之一，科学理解时空尺度差异是正确认知生态系统的基础。无论是生态系统结构、过程和功能等自身特征，还是生态系统为人类社会提供生态系统服务等衍生产品，这些特征和服务的表现都受时间尺度和空间尺度特征的影响，都是在一定的尺度条件下，才能够表现出显著作用和服务效果。生态系统综合评估空间尺度包括两个方面的含义，即空间范围和粒度（或分辨率）。其中，空间范围所表现出的空间尺度效应，主要是生态系统区域差异引起的。对于粒度（或分辨率）所表现出的空间尺度效应，主要是生态系统内在异质性引起的。生态系统综合评估的时间尺度和空间尺度的选择和合理确定至关重要，直接关系到评估结论的科学性和准确性。空间尺度和时间尺度分别是生态系统现状评估和变化评估的关键。实质上，生态系统综合评估的尺度选择就是要根据生态系统综合评估的主旨内容和主要目的，使评估时空尺度最接近于生态系统本身的时空尺度特征，从而反映生态系统特征和状况。

生态保护修复是人类社会促进自然生态系统恢复和支撑可持续发展的重要途径，如何客观准确地认知生态保护修复所发挥出的重要作用和存在的不足，仍然面临着许多挑战和科学问题亟待解决。

（4）合理选择和确定生态保护修复成效评估基准的合理选择和确定。生态系统是一个多元、开放、复杂的系统。气候条件和人为影响的外界驱动因素，以及生态系统自我演替过程的物质和能量等内在驱动因素，共同驱动着生态系统发生复杂变化。生态保护修复成效评估基准值或背景值是科学判断生态保护恢复效果，定量解析生态保护修复措施对生态系统恢复贡献度的关键和基础，也应成为今后生态学研究的重点内容之一。实质上，基于生态学自身具有的时空特性，选择确定生态保护修复成效评估的空间与时间基准值是一个需要深入研究的科学难题，与生态系统评估的最佳尺度选择也是密不可分的。在空间上来看，开展一般区域的保护恢复评估时，基于自然生态系统的空间分异规律，选择同一地理分区或生态分区范围内生态系统质量较好的生态保护类区域（如自然保护地）作为评估基准是科学合理的，但是开展生态保护类区域的保护恢复成效评估时，如何科学合理地选择空间基准值就成为一个难题。同时，由于生态系统所具有的动态性基本特征，如何能够在正确认知生态系统演替周期基础上，科学合理选择一个时间跨度范围作为生态评估的时间基准，反映生态系统的原始状况或者稳定状况，难度更大。如果再考虑到生态系统评估的空间尺度效应问题，在多大尺度的空间单元内选择评估基准，即选择最优的评估单元并确定最优的生态系统为空间基准，那就更是一个难以解决的科学问题。

（5）生态系统观测技术方法集成和数据同化。生态系统综合评估离不开多学科、多类型、多方式、多尺度的生态系统观测方法的支撑。多元观测方法获得的多源观测数据是生态系统综合评估的基础，数据信息的准确性和丰富程度直接影响着生态系统综合评估结论的可靠性。目前，生态系统观测方法可以概括为地面观测和遥感观测两种。地面观测主要是通过定位观测技术实现样点/样方尺度上的生态系统长期观测，或者通过移动式的观测设备实现样点/样线、样方/样带的生态系统抽样观测，观测时空尺度较小。遥感观测主要是通过地物的光谱特征，实现对生态系统的快速、宏观观测，观测时空尺度较大。两种观测手段观测得到的数据信息可以很好地相互补充，但是它们观测机理和时空尺度特征存在差异，集成使用两种观测方法，实现对生态系统的全面、准确观测，是为生态系统综合评估提供全面、科学、有效信息技术支撑的关键。观测的目的是获取数据信息，如何实现不同观测数据之间的尺度转化，并基于生态系统综合评估模型实现不同观测数据的同化，也是生态系统综合评估的技术难点之一。

参考文献

蔡崇法，丁树文，史志华，等．2000. 应用 USLE 模型与地理信息系统 IDRISI 预测小流域土壤侵蚀量的研究．水土保持学报，(2)：19-24.

蔡运龙．2007. 自然资源学原理．北京：科学出版社．

陈龙，谢高地，裴厦，等．2012. 澜沧江流域生态系统土壤保持功能及其空间分布．应用生态学报，23（8）：2249-2256.

陈雅琳，高吉喜，常学礼，等．2011. 矿区土地利用及生态服务价值动态评估：以山西省朔州市为例．干旱区资源与环境，25（1）：44-48.

陈妍，侯鹏，王媛，等．2020. 生态保护地协同管控成效评估．自然资源学报，35（4）：779-787.
冯宁，毛锋，李晓阳，等．2010. 滇池生态安全综合评估研究．环境科学，31（2）：282-286.
傅伯杰，陈利顶，马克明．1999. 黄土丘陵区小流域土地利用变化对生态环境的影响：以延安市羊圈沟流域为例．地理学报，54（3）：241-246.
高吉喜．2014. 国家生态保护红线体系建设构想．环境保护，42（Z1）：18-21.
高吉喜，李慧敏，田美荣．2016. 生态资产资本化概念及意义解析．生态与农村环境学报，32（1）：41-46.
高志强，刘纪远，庄大方．1999. 中国土地资源生态环境质量状况分析．自然资源学报，（1）：94-97.
葛菁，吴楠，高吉喜，等．2012. 不同土地覆被格局情景下多种生态系统服务的响应与权衡：以雅砻江二滩水利枢纽为例．生态学报，32（9）：2629-2639.
侯鹏，王桥，申文明，等．2015. 生态系统综合评估研究进展：内涵、框架与挑战．地理研究，34（10）：1809-1823.
侯鹏，杨旻，翟俊，等．2017. 论自然保护地与国家生态安全格局构建．地理研究，36（3）：420-428.
侯鹏，翟俊，曹巍，等．2018a. 国家重点生态功能区生态状况变化与保护成效评估——以海南岛中部山区国家重点生态功能区为例．地理学报，73（3）：429-441.
侯鹏，王桥，杨旻，等．2018b. 生态保护红线成效评估框架与指标方法．地理研究，37（10）：1927-1937.
环境保护部，中国科学院．2014. 全国生态环境十年变化．北京：科学出版社．
李国平，李宏伟．2018. 绿色发展视角下国家重点生态功能区绿色减贫效果评价．软科学，32（12）：93-98.
李国平，杨雷，刘生胜．2016. 国家重点生态功能区县域生态环境质量空间溢出效应研究．中国地质大学学报（社会科学版），16（1）：10-19.
李世东，张大红，李智勇．2005. 生态综合指数初步研究．世界林业研究，18（5）：5-8.
李世东，张大红，翟洪波．2006. 生态综合指数及其在生态状况评估中的应用研究．自然资源学报，21（5）：782-789.
李文华．2006. 生态系统服务研究是生态系统评估的核心．资源科学，28（4）：4.
李晓秀．1997. 北京山区生态环境质量评价体系初探．自然资源，（5）：33-37.
李秀彬．1996. 全球环境变化研究的核心领域——土地利用/土地覆被变化的国际研究动向．地理学报，（6）：553-558.
刘慧明，高吉喜，刘晓，等．2020. 国家重点生态功能区 2010—2015 年生态系统服务价值变化评估．生态学报，40（6）：1865-1876.
刘纪远，张增祥，庄大方，等．2003. 20 世纪 90 年代中国土地利用变化时空特征及其成因分析．地理研究，22（1）：1-12.
刘纪远，张增祥，徐新良，等．2009. 21 世纪初中国土地利用变化的空间格局与驱动力分析．地理学报，64（12）：1411-1420.
刘纪远，匡文慧，张增祥，等．2014. 20 世纪 80 年代末以来中国土地利用变化的基本特征与空间格局．地理学报，69（1）：3-14.
刘晓曼，付卓，闻瑞红，等．2020. 中国国家级自然保护区人类活动及变化特征．地理研究，39（10）：2391-2402.
吕一河，马志敏，傅伯杰，等．2013. 生态系统服务多样性与景观多功能性——从科学理念到综合评估．生态学报，33（4）：1153-1159.
饶恩明，肖燚，欧阳志云，等．2013. 海南岛生态系统土壤保持功能空间特征及影响因素．生态学报，33（3）：746-755.

苏盼盼，叶属峰，过仲阳，等．2014. 基于AD-AS模型的海岸带生态系统综合承载力评估：以舟山海岸带为例．生态学报，34（3）：718-726.
孙东琪，张京祥，朱传耿，等．2012. 中国生态环境质量变化态势及其空间分异分析．地理学报，67（12）：1599-1610.
孙文义，邵全琴，刘纪远．2014. 黄土高原不同生态系统水土保持服务功能评价．自然资源学报，29（3）：365-376.
王敏，阮俊杰，姚佳，等．2014. 基于InVEST模型的生态系统土壤保持功能研究：以福建宁德为例．水土保持研究，21（4）：184-189.
徐涵秋．2013. 城市遥感生态指数的创建及其应用．生态学报，33（24）：7853-7862.
张文彬，李国平．2015. 国家重点生态功能区转移支付动态激励效应分析．中国人口·资源与环境，25（10）：125-131.
赵士洞，张永民，赖鹏飞译．2007. 千年生态系统评估报告集（一）．北京：中国环境科学出版社.
Wang S, Zhang B, Wang S, et al. 2021. Dynamic changes in water conservation in the Beijing-Tianjin Sandstorm Source Control Project Area: A case study of Xilin Gol League in China. Journal of Cleaner Production, 293: 126054.